Die Ablösung und Regelung

der

Waldgrundgerechtigkeiten.

Von

Dr. jur. Bernhard Danckelmann,

Königl. Preußischem Oberforstmeister und Director der Forstakademie zu Eberswalde.

Zweiter Theil.

Die Ablösung und Regelung der Waldgrundgerechtigkeiten im Besonderen.

Springer-Verlag Berlin Heidelberg GmbH

1888.

ISBN 978-3-642-52546-9   ISBN 978-3-642-52600-8 (eBook)
DOI 10.1007/978-3-642-52600-8

Vorwort.

Das Buch, welches ich hiermit der Oeffentlichkeit übergebe, ist eine Frucht vieljähriger Arbeit. Als vor 8 Jahren der erste, „Die Ablösung und Regelung der Waldgrundgerechtigkeiten im Allgemeinen" behandelnde, Theil der Schrift erschien, war seine Grundlage, die Niederschrift des besonderen, die einzelnen Waldgrundgerechtigkeiten darstellenden Theils beendet. Die damalige Bearbeitung genügte, um aus dem Besonderen das Allgemeine abzuleiten, die maßgebenden Gesichtspunkte in rechtlicher, wirthschaftlicher und forsttechnischer Hinsicht zu entwickeln, den Grundplan des Werks zu entwerfen, den Gang des Ablösungs= und Regelungs=Verfahrens darzulegen; allein sie erschien mir nach sorgfältiger Prüfung nicht ausreichend als Hand= und Lehr=Buch über das Recht, die Politik und die Werthermittelung der Waldgrundgerechtigkeiten. Ein solches zu liefern, theils als Beitrag für Gesetzgebung und Verwaltung, theils und hauptsächlich als Anleitung für eine gerechte, dem Gemeinwohl zuträgliche Auseinandersetzung zwischen Servitutberechtigten und Waldeigenthümern, war von vorne herein das Ziel gewesen, welches ich erstrebt hatte.

Hätte ich gleich Anfangs die Schwierigkeiten in ihrem ganzen Umfange erkannt, welche diese Aufgabe enthielt, so würde ich auf ihre Lösung verzichtet und mich anderen literarischen Arbeiten zugewendet haben. Die Schwierigkeiten lagen in der Vielseitigkeit des zugleich rechtlichen, wirthschaftlichen und forsttechnischen Gebiets und in der Unzulänglichkeit der vorhandenen Literatur.

Das Recht der einzelnen Waldgrundgerechtigkeiten, wie es sich in deren Umfang äußert, war noch nicht Gegenstand einer eingehenden, die Rechte des Waldeigenthümers und des Servitutberechtigten allseitig abgrenzenden Behandlung gewesen. Specialschriften fehlten

darüber. In den Lehrbüchern des bürgerlichen Rechts wird vielfach
mehr Rücksicht auf die römisch-rechtlichen Servituten als auf die
Waldgrundgerechtigkeiten des deutschen Rechts genommen. Diese
Wahrnehmung hat mich veranlaßt, als Vorarbeit für das gegenwärtige Werk, die Grenzen zwischen Servitutrecht und Eigenthumsrecht bei Waldgrundgerechtigkeiten in einer besonderen, 1884 erschienenen Schrift zu behandeln. Andererseits kommt in Betracht, daß
die Ablösungs-Praxis in Preußen in den Entscheidungen der höchsten
Gerichtshöfe, des Obertribunals bezw. Reichsgerichts und des Re-
visions-Collegiums für Landesculturfachen bezw. des Oberlandes-
Culturgerichts ein reiches Material über die Rechtsverhältnisse der
Waldgrundgerechtigkeiten beigebracht hat, dessen Bedeutung sich auf
alle Länder deutschen Rechts erstreckt. Diese bisher nicht im Zusammenhange bearbeiteten Ergebnisse juristischen Scharfsinns und
praktischer Rechtsübung in den Abschnitten über Begriff, rechtliche
Natur und Umfang der einzelnen Waldgrundgerechtigkeiten unter
Bezugnahme auf die Quellen und in Vergleichung mit dem außer-
preußischen Recht einheitlich darzustellen, wurde als eine wesentliche
Aufgabe des vorliegenden Werks erachtet.

Von dem Umfange der Waldgrundgerechtigkeiten ist ihre Bedeutung, von ihrer gemeinwirthschaftlichen Bedeutung die auf Regelung oder Ablösung der Waldgrundgerechtigkeiten abzielende Politik
und ihre Verwirklichung in Gesetzgebung und Verwaltung abhängig.
Die Richtung dieser Politik war und ist mitunter eine einseitige.
Als Beispiel möge die in den meisten Beziehungen mustergültige
Preußische Gemeinheitstheilungs-Ordnung vom 7. Juni 1821 dienen,
welche in § 23, abgesehen von einigen hier nicht zutreffenden Fällen
ausspricht, es sei „ohne Beweisführung anzunehmen, daß jede Ge-
meinheits-Auseinandersetzung zum Besten der Landescultur gereiche
und ausführbar sei". Als Regel kann die Richtigkeit dieses Grundsatzes bei dem heutigen Culturzustande anerkannt werden, als aus-
nahmslose Regel meines Dafürhaltens nicht. Entscheidend kann nur
sein die Gesammt-Bedeutung der Waldgrundgerechtigkeiten für die
Waldwirthschaft, für die ihr nahestehende Landwirthschaft und für
alle übrigen betheiligten Erwerbs- und Lebenskreise. Jene Gesammt-
bedeutung in ihren Verschiedenheiten nach Zeit und Ort, nach Ser-
vitutarten und Culturzuständen gebührend zu würdigen, in dem

Gesammtbilde Vergangenheit und Gegenwart zu berücksichtigen und aus allem diesem den richtigen Maßstab für die zeitgemäße Regelung und Ablösung der Waldgrundgerechtigkeiten zu gewinnen, wurde als eine weitere, bedeutungsvolle Aufgabe bei der Darstellung der einzelnen Waldgrundgerechtigkeiten angesehen.

Den Schwerpunkt und zugleich den schwierigsten Punkt meiner Arbeit bildete die gemeinverständliche, mit den erforderlichen Rechnungs-Grundlagen auszustattende Darstellung des Verfahrens, welches die Werthermittelung der Waldgrundgerechtigkeiten einzuschlagen hat. Es fehlt nicht an beachtenswerthen Anleitungen hierüber, denen ich manche fruchtbare Anregung und Beihülfe zu danken habe. Allein in zweifacher Hinsicht genügen die vor 20 und mehr Jahren erschienenen Schriften den nothwendigen Anforderungen nicht. Sie konnten keine ausreichende Rücksicht auf die erst in neuerer Zeit durchgebildete Methode forstlicher Werthberechnungen nehmen, und sie enthalten ganz unzureichende Mittheilungen über die Rechnungs-Grundlagen für servitutische Werthermittelungen. Wer mit letzteren practisch befaßt gewesen ist, wird den hierin liegenden Mangel empfunden haben. Die Beschaffung der, des bequemeren Gebrauchs wegen, in einem Anhange beigefügten, auf 44 Tafeln dargestellten Rechnungshülfen hat einen sehr beträchtlichen Zeit- und Arbeits-Aufwand verursacht. Sie beruhen zum großen Theile auf neuen, Jahre lang fortgesetzten, kürzlich abgeschlossenen Erhebungen und Untersuchungen im Walde und haben in Verbindung mit der Umarbeitung des Buchs nach den erwähnten Gesichtspunkten erst jetzt seine Fertigstellung ermöglichen lassen. Das „nonum prematur in annum" hat sich hier buchstäblich erfüllt. Bei der Umarbeitung wurde Werth darauf gelegt, für jede Servitutart den Gang der Werthermittelung in der Reihenfolge der vorzunehmenden Arbeiten zur Anschauung zu bringen und durch Lehrbeispiele zu verdeutlichen. Wenn dadurch die Knappheit der Darstellung beeinträchtigt worden ist, und Wiederholungen nicht vermieden worden sind, so mögen solche Unschönheiten in der Form mit Rücksicht auf die erstrebte Klarheit und Gemeinverständlichkeit der Darstellung eine nachsichtige Beurtheilung finden.

Vor Jahren hat der größte Staatsmann unserer Zeit, der zugleich ein Pfleger eigenen Waldes und ein Behüter und Förderer der

deutschen Waldwirthschaft ist, im deutschen Reichstag den Ausspruch
gethan: „Für mich hat immer nur ein einziger Kompaß, ein ein=
ziger Polarstern, nach dem ich steure, bestanden: salus publica",
ein alter Regierungs=Grundsatz, welcher in diesen für jeden Deutschen
überaus schmerzlichen· und doch erhebenden Tagen von Allerhöchster
Stelle aus durch den Hinweis darauf Bestätigung gefunden hat, daß
im deutschen Reiche die „Hebung der öffentlichen Wohlfahrt" das
„oberste Gesetz bleibt". Diesem Gesetze auf einem wenig betretenen
Gebiete der Wissenschaft nach dem geringen Maße meiner Kraft zu
dienen, ist der Zweck des vorliegenden Buchs gewesen.

Eberswalde, den 16. März 1888.

Danckelmann.

Inhalts-Uebersicht des II. Bandes.

Die

Hülfstafeln zur Werthermittelung von Waldgrundgerechtigkeiten

auf welche im II. Theil unter Angabe der Tafel-Nummern verwieſen iſt, ſind in einem beſonderen III. Theil dem Werke beigegeben.

Abkürzungen.

a. a. O.	=	am angeführten Orte.
Abs.	=	Absatz.
AGO.	=	Allgemeine Gerichtsordnung.
ALR.	=	Allgemeines Landrecht.
Altpr. GThO.	=	Altpreußische Gemeinheitstheilungs-Ordnung vom 7. Juni 1821.
Anm.	=	Anmerkung.
Ann.	=	Annalen.
Arch. f. Rechtsf.	=	Archiv für Rechtsfälle.
Art.	=	Artikel.
Aufl.	=	Auflage.
Ausführ. Ges.	=	Ausführungsgesetz.
Ausg.	=	Ausgabe.
Bad. FG.	=	Badisches Forstgesetz vom 15. Nov. 1833.
Bayer. FG.	=	Forstgesetz für das rechtsrheinische Bayern vom 28. März 1852.
Bd.	=	Band.
Code for.	=	Code forestier.
Comp. Ger.	=	Gerichtshof zur Entscheidung der Competenz-Conflikte.
CR.	=	Cirkular-Reskript.
Decl.	=	Declaration.
EC.	=	Erkenntniß des Gerichtshofes zur Entscheidung der Competenz-Conflikte.
Entsch.	=	Entscheidungen des Obertribunals.
Erg. Ges.	=	Ergänzungs-Gesetz.
Erk.	=	Erkenntniß.
Fin.M.	=	Finanz-Ministerium.
Fisch.G.	=	Fischerei-Gesetz für den preußischen Staat.
FMR.	=	Reskript des Finanz-Ministeriums.
FO.	=	Forstordnung.
F.- u. JO.	=	Forst- und Jagd-Ordnung.
Gerichtsh. z. E. d. Comp. Confl.	=	Gerichtshof zur Entscheidung der Competenz-Conflikte.
Ges.	=	Gesetz.

Grimm W.	=	Grimm's Weisthümer.
Grundſ.	=	Grundſatz, bezieht ſich auf die in Bd. XI, XXI, XXVIII der Zeitſchrift für Landes-Kulturgeſetzgebung in fortlaufender Nummerfolge mitgetheilten, auf Präjudizen beruhenden Rechts-Grundſätze.
GS.	=	Geſetz-Sammlung.
GThO.	=	Gemeinheits-Theilungs-Ordnung.
Hann. GThO.	=	Hannoverſche Gemeinheits-Theilungs-Ordnung vom 13. Juni 1873.
Heſſ. GThO.	=	Verordnung betreffend die Ablöſung der Servituten, die Theilung der Gemeinſchaften und die Zuſammenlegung der Grundſtücke für das vormalige Kurfürſtenthum Heſſen vom 13. Mai 1867.
Jahrb.	=	von Kamptz Jahrbücher für die Pr. Geſetzgebung und Rechtspflege. Berlin 1813—1844.
Jahrb. d. Preuß. F.- u. JG. u. V.	=	Jahrbuch der Preußiſchen Forſt- und Jagd-Geſetzgebung und Verwaltung von Danckelmann.
JMBl.	=	Juſtiz-Miniſterial-Blatt.
JzMR.	=	Reſkript des Juſtizminiſters.
JO.	=	Jagd-Ordnung.
K. HsMR.	=	Reſkript des Königl. Haus-Miniſteriums.
KO.	=	Kabinets-Ordre.
Land. Cult.Ed.	=	Landes-Cultur-Edikt vom 14. Sept. 1811.
LCG.	=	Landes-Cultur-Geſetzgebung.
LGO.	=	Land-Gemeinde-Ordnung.
MBl. d. i. V.	=	Miniſterial-Blatt für die innere Verwaltung. Herausgegeben von dem Miniſterium des Innern.
MO.	=	Mark-Ordnung.
Moſer FA.	=	Moſer's Forſt-Archiv.
Naſſ. GThO.	=	Gemeinheitstheilungs-Ordnung für den Regierungsbezirk Wiesbaden mit Ausnahme des Kreiſes Biedenkopf vom 5. April 1869.
OAG.	=	Oberappellations-Gericht.
Ob.-Appell.-Sen.	=	Ober-Appellations-Senat des Preußiſchen Kammergerichts.
Oeſterr. RFG.	=	Oeſterreichiſches Reichsforſtgeſetz.
OLCG.	=	Ober-Landesculturgericht.
Oppenhoff's Rechtſpr.	=	Die Rechtsſprüche des Königlichen Ober-Tribunals in Strafſachen, herausgegeben von Oppenhoff.
OT.	=	Ober-Tribunals-Erkenntniß.
Pfeil Ablöſ. d. Waldſ.	=	Ablöſung der Waldſervituten von Pfeil.
Pr. oder Präj.	=	Präjudiz.

Präj.Samml.	=	Präjudizien des Königl. Obertribunals, herausgegeben von den Redactoren der Entscheidungen.
Pr. Erg.Gs.	=	Ergänzungsgesetz zur Preußischen Gemeinheits-Theilungs-Ordnung.
Preuß. Rev.-Coll.	=	Preußisches Revisions-Collegium.
RC.	=	Erkenntniß des Revisions-Collegiums für Landeskultur-Sachen.
Rechtsf.	=	Rechtsfälle aus der Praxis des Preuß. Obertribunals neueren Verfahrens.
Reg.-Instr.	=	Regierungs-Instruction.
Regul.	=	Regulativ.
Reskr.	=	Reskript.
RGBl.	=	Reichs-Gesetz-Blatt.
Rhein. GThO.	=	Rheinische Gemeinheits-Theilungs-Ordnung.
v. Rönne Erg.	=	Ergänzungen und Erläuterungen des allgemeinen Landrechts für die Pr. Staaten.
S.	=	Seite.
Schlesw.-Holst. GThO.	=	Schleswig-Holstein'sche Gemeinheits-Theilungs-Ordnung vom 17. August 1876.
Simon Rechtspr.	=	Simon und von Strampf, Rechtsprüche der Pr. Gerichtshöfe.
Strieth. Arch.	=	Archiv für Rechtsfälle, die zur Entscheidung des Königl. Ober-Tribunals gelangt sind, herausgegeben von Striethorst.
Techn. Instr.	=	Technische Instruction.
Thl.	=	Theil.
Tit.	=	Titel.
u. f.	=	und folgende.
V.	=	Verordnung.
vgl.	=	vergleiche.
VMBl.	=	Ministerial-Blatt für die innere Verwaltung.
WG.	=	Waldstreu-Gesetz.
Z.	=	Zeile.
z. B.	=	zum Beispiel.
Z. f. LCG.	=	Zeitschrift für die Landes-Cultur-Gesetzgebung der Preußischen Staaten.

Hauptsächlich benutzte Literatur.

Agrarische Gesetze des Fürstenthums Schwarzburg-Sondershausen. Sonders-
hausen 1855.

J. Albert: Lehrbuch der Forstservitutenablösung für Forst- und Landwirthe.
Würzburg 1868.

Anlagen zu den stenographischen Berichten des Preuß. Abgeordneten-Hauses.

Anton: Geschichte der teutschen Landwirthschaft von den ältesten Zeiten bis
zum Ende des XV. Jahrh. 3 Bde. Görlitz 1799, 1800/2.

Beck: Tractatus de jurisdictione forestali. Frankfurt u. Leipzig 1748.

v. Berg: Staatsforstwirthschaftslehre. 1850.

    — Pürschgang im Dickicht der Forst- u. Jagdgeschichte. Dresden 1869.

    — Geschichte der deutschen Wälder bis zum Schlusse des Mittelalters.
Dresden 1871.

Bernhardt: Geschichte des Waldeigenthums, der Waldwirthschaft und Forstwissenschaft in Deutschland. 3 Bde. Berlin 1872—1875.

v. Bodungen: Die Waldrechte in Elsaß-Lothringen. 1878.

C. Brater: Bayerisches Forstgesetz vom 28. März 1852. Erlangen 1855.

v. Brauchitsch: Preuß. Verwaltungsgesetze. 1886/87.

Burckhardt: Der Waldwerth. Hannover 1860.

Danckelmann: Jahrbuch der Preuß. Forst- und Jagd-Gesetzgebung und
Verwaltung.

    — Ueber die Grenzen des Servitutrechts u. des Eigenthumrechts bei Wald-
grundgerechtigkeiten. Berlin 1884.

Dernburg: Lehrbuch des Preuß. Privatrechts. Halle 1875.

Dönniges: Die Landeskultur-Gesetzgebung Preußens. 3. Bd. Berlin 1843—45.

    — Die neueste Preuß. Gesetzgebung über die Befreiung des Grundbesitzes.
1849/50.

E. Ebermayer: Die gesammte Lehre der Waldstreu. Berlin 1876.

Eding: Die Rechtsverhältnisse des Waldes. Berlin 1874.

Eytelwein: Anleitung zur Ermittelung der Dauer u. Unterhaltungskosten der
Gebäude u. zur Bestimmung der Bau-Ablösungs-Capitalien u. jährlichen Renten. Berlin 1831.

Foerster: Theorie u. Praxis des heutigen gemeinen Preuß. Privatrechts auf
der Grundlage des gemeinen deutschen Rechts. 3. Aufl. Berlin 1873—
1874 — 4. Aufl. 1881—1883.

Forstverwaltung Bayerns. München 1861 mit Nachtrag 1869.

Ganghofer: Forstgesetz für Bayern nach der Textirung von 1879.

v. Gerber: System des deutschen Privatrechts. 11. Aufl. Jena 1873.

Gesetzgebung der Provinz Hannover über die Ablösung von Waldservituten.
    Hameln 1877.

Gierke: Das deutsche Genossenschaftsrecht. I. Bd. Rechtsgeschichte der deutschen
    Genossenschaft. Berlin 1868; II. Bd. Geschichte des deutschen Körper=
    schaftsbegriffs. Berlin 1873.

Grefe: Hannovers Recht. 3. Aufl. 1861 II Th. Hannover.

Greiff: Die Preuß. Gesetze über Landeskultur und landwirthschaftl. Polizei.
    Berlin 1866.

Grimm: Weisthümer. 5 Theile. Göttingen 1840—1866.

Habermann: Studien über Agrargesetzgebung und Pflege der landwirthschaftl.
    Interessen in Oesterreich. Wien 1872.

Haeberlin: Lehrbuch des Landwirthschaftsrechts. Leipzig 1859.

Handbuch für die Forst= und Cameralverwaltung im Großherzogthum Hessen.
    1883.

G. L. Hartig: Beiträge zur Lehre von Ablösung der Holz=, Streu= und Weide=
    servituten 1829.

Hessische Staatsrecht, das. 9. Buch. Vom Forstwesen. Darmstadt u.
    Leipzig 1836.

Hildebrandt: Agrarstatistik Thüringens. Mittheilungen des statistischen
    Büreaus vereinigter Thüringischer Staaten. I. Bd. Jena 1871; II. Bd.
    Jena 1878.

v. Holtzendorff: Rechtslexikon 2. Theil dessen Encyklopädie der Rechtswissen=
    schaft. Leipzig 1873—1876 3. Aufl. 1880/81.

Hundeshagen: Waldweide u. Waldstreu in ihrer ganzen Bedeutung. Tübingen.
    1830.

Jacquot: Les codes de la législation forestière. Paris 1861.

Kius: Forstwesen Thüringens im 16. Jahrh. 1869.

Koch: Allgemeines Landrecht für die Preuß. Staaten I. Th. 1. Bd. 5. Aufl.
    1870; — I. Th. 2. Bd. 4. Aufl. 1870; — 6. Aufl. 1879; — II. Th.
    4. Aufl. 1871/72.

    — Die Agrargesetze des Preuß. Staates 4. Aufl. Breslau 1855.

Laubinger: Das Gesetz über die Ablösung der Holzberechtigungen vom
    13. Juni 1873. Hannover 1877.

Lette u. v. Rönne: Die Landeskultur = Gesetzgebung des Preuß. Staates.
    2 Bde. Berlin 1853.

Z. v. Lingenthal: Handbuch des franz. Civilrechts. 6. Aufl. 1875.

v. Maurer: Einleitung zur Geschichte der Mark=, Hof=, Dorf= und Stadt=
    Verfassung u. der öffentl. Gewalt. München 1854.

    — Geschichte der Markenverfassung in Deutschland. Erlangen 1856.

    — Geschichte der Fronhöfe, der Bauernhöfe u. der Hofverfassung in Deutsch=
    land. 4 Bde. Erlangen 1862/63.

v. Maurer: Geschichte der Dorfverfassung in Deutschland. 2 Bde. Erlangen
1865/66.

— Geschichte der Städteverfassung in Deutschland. 4 Bde. Erlangen 1869
bis 1871.

Meitzen: Der Boden und die landwirthschaftlichen Verhältnisse des Preuß.
Staates nach dem Gebietsumfange vor 1866. 4 Bde. Berlin 1868/69.

J. Frd. Meyer: Ueber die Gemeinheitstheilung. Celle 1801—1804.

Muncke: Das Badische Forstgesetz in seiner jetzigen Gestalt nebst den Verordnungen über die Bewirthschaftung der Privatwaldungen, der Ge-
meinde- und Körperschaftswaldungen, über das Verfahren in Forst-
straffachen und über die Holzmaaße. Karlsruhe 1874.

Neubauer: Zusammenstellungen des in Deutschland geltenden Rechts betreffend
verschiedene Rechtsmaterien (Expropriationsrecht, Forstrecht u. s. w.)
Berlin 1880.

Oppenhoff: Die Rechtsprechung des Ober-Tribunals in Straffachen. Berlin
1877—79.

Peters: Die Heidflächen Norddeutschlands. Hannover 1862.

Peyrer: Die Regelung der Grundeigenthums-Verhältnisse. Wien 1877.

— Die Zusammenlegung der Grundstücke, die Regelung der Gemeingründe
und die Ablösung der Forstservituten in Oesterreich u. Deutschland.
Wien 1873.

Pfeil: Ablösung der Waldservituten. 3. Aufl. 1854.

Qvenzel: Rechtskunde für Forstbeamte im Königreiche Sachsen. Dresden.

Ranke: Geldwerth der Forstberechtigungen. 1. Aufl. Breslau 1855; 2. Aufl.
Breslau 1856.

v. Rönne: Staatsrecht der Preuß. Monarchie. 2 Bde., jeder mit 2 Abtheilungen. 3. Aufl. Leipzig 1869—1872; 4. Aufl. 1881—1883.

— Ergänzungen u. Erläuterungen der Preuß. Rechtsbücher. 6. Ausg.
Berlin 1874—1876.

F. C. Roth: Handbuch des Forstrechts und des Forstpolizeirechts nach den
in Bayern geltenden Gesetzen. München 1863.

Schindler: Die Forst- und Jagdgesetze der Oesterreichischen Monarchie.
Wien 1866.

Schneider: Landeskultur-Gesetzgebung des Preuß. Staates. 3. Abschnitt,
Gemeinheitstheilung. 1882.

Schönemann: Die Servituten. Eine civilistische Abhandlung. Leipzig 1866.

Schwandner: Gesetz über die Ausübung und Ablösung der Weiderechte auf
landwirthschaftlichen Grundstücken sowie über die Ablösung der Wald-
weide-, Waldgräserei- und Waldstreurechte in Württemberg vom
26. März 1873. Stuttgart 1873.

Schwappach: Handbuch der Forst- und Jagdgeschichte Deutschlands. Berlin
1886—1888.

Solff und Mitscher: Die in Elsaß-Lothringen herrschenden Forst- u. Jagdgesetze. Straßburg 1876.

Stuhr: Ueber die Abfindung der Hütungsberechtigten in den Forsten. Quedlinburg u. Leipzig 1834.

Stutzer: Die Waldservituten. Hameln 1877.

Technische Instruktion für die von der Königl. General-Commission von Pommern beauftragten Oekonomie-Commissarien. Stargard 1842.

Technische Instruktion für die Auseinandersetzungs-Angelegenheiten im Frankfurter Regierungsbezirke. Frankfurt a./O. 2. Aufl. 1852.

Technische Instruktion in Auseinandersetzungs-Angelegenheiten für den Bezirk der General-Commission zu Breslau. 2. Ausg. Breslau 1846.

v. Wangerow: Lehrbuch der Pandekten. 3. Aufl. 1863.

Waitz: Deutsche Verfassungs-Geschichte. 2. Aufl. Kiel 1865—78.

Windscheid: Lehrbuch des Pandektenrechts. 3. Aufl. 3 Bde. Düsseldorf 1873/74.

E. v. Wolff: Die praktische Düngerlehre. Berlin 1880.

— Die rationelle Fütterung der landwirthschaftlichen Nutzthiere. 3. Aufl. 1881 Berlin.

Zeitschrift für die Landeskultur-Gesetzgebung der Preuß. Staaten. Herausgegeben von dem Königl. Revisions-Collegium für Landeskultursachen. Band I (1847) — XXIX (1886).

Druckfehler.

Band I.

Seite 2 22. Zeile von unten ist „ebenfalls" zu streichen.

= 17 17. = = oben „13. Juli" muß heißen „30. Juli".

= 93 18. = = unten „7. u. 9. Sept." muß heißen „7. u. 9. Nov.".

= 99 5. = = = „Juli" muß heißen „Juni".

= 135 16. bis 22. Zeile von „dasselbe" bis „Weideberechtigungen" fällt weg.

= 135 23. und 24. Zeile von oben fällt der Zwischensatz von „selbst" bis einschließlich „Berechtigungen" weg.

Band II.

Seite 13 2. Zeile von unten „27. Mai" muß heißen „21. Mai".

= 74 16. = = oben „29. Dec." = „24. Dec.".

= 123 9. = = unten „29. Dec." = „24. Dec.".

= 124 18. = = oben „1877" = = „1777".

= 166 7. = = = „13. Juli" = = „30. Juli".

= 167 13. = = = „Juni" - = „Juli".

= 323 8. und 19. Zeile von unten fällt das „von" vor „Oesten" weg.

= 419 21. Zeile von oben „13. Juli" muß heißen „30. Juli".

424 15. = = = „13. Juli" = = „30. Juli".

= 449 19. = = unten „21. Juni" = = „7. Juni".

= 465 17. - = = „Ergänz.-Ges." = = „Ergänz.-Ges. v. 25. Juli 1876".

= 545 4. = = oben „17. Mai" = = „19. Mai".

= 554 3. = = unten „17. Mai" = = „19. Mai".

§ 1.

Ueberſicht der Waldgrundgerechtigkeiten.

Waldgrundgerechtigkeiten ſind Grundgerechtigkeiten, welche auf Waldungen (Holzungen) d. h. auf zur Holzzucht beſtimmten, mit Holz beſtandenen Grundſtücken laſten.

Je nachdem der Inhalt der Berechtigung, die Benutzung des Waldgrundſtücks, in einem bloßen Gebrauche (uti) ohne Aneignung von Erzeugniſſen oder Beſtandtheilen des dienenden Waldes, oder in einer Nutzung (frui) d. i. in einer Aneignung von Erzeugniſſen oder Beſtandtheilen deſſelben beſteht, zerfallen die Waldgrundgerechtigkeiten in Gebrauchs-Gerechtigkeiten (z. B. Waldwegeberechtigungen) und in Nutzungs-Gerechtigkeiten.

Nach römiſchem Rechte fallen Nutzungsrechte, z. B. auf Foſſilien, Torf u. ſ. w., welche durch Aneignung von Beſtandtheilen des dienenden Grundſtücks ohne Wiedererzeugung deſſen Subſtanz (die causa) zerſtören, nicht unter den Begriff der Servitut.

Schönemann: Die Servituten. Eine civiliſtiſche Abhandlung. Leipzig 1866. § 30 S. 110.

Das Preußiſche Landrecht, welches das Recht, auf fremdem Grund und Boden Erde, Steine, Lehm u. ſ. w. zu holen, zu den Grundgerechtigkeiten zählt (ALR. I 22 § 241), hat ſich der ſtrengen römiſch-rechtlichen Auffaſſung nicht angeſchloſſen.

Nur die Wald-Nutzungs-Gerechtigkeiten ſind in der nachfolgenden Darſtellung behandelt.

Die Haupteintheilung der Waldnutzungs-Gerechtigkeiten ergiebt ſich aus den Nutzungsgegenſtänden. Der Vielartigkeit der letzteren entſpricht diejenige der Waldgrundgerechtigkeiten, deren Zahl wegen der Entſtehung neuer Nutzungsarten keine geſchloſſene iſt.

Die wichtigſten Waldnutzungs-Berechtigungen ſind:

Holz-Berechtigungen mit vielfacher Gliederung,

Mast-Berechtigungen und sonstige Berechtigungen auf Waldfrüchte,

Harzberechtigungen,

Waldstreu-Berechtigungen,

Plaggen-Berechtigungen,

Waldweide-Berechtigungen und

Waldgräserei-Berechtigungen.

Je nachdem die servitutischen Nutzungsgegenstände von den Waldbäumen geliefert werden oder in sonstigen Erzeugnissen bez. Bestandtheilen des Waldbodens bestehen, kann man zwischen Be-stands-Servituten und Boden-Servituten unterscheiden. Bei den Be-standsservituten (Holz-, Mast-, Harz-, Laub-, Nadel- und Reißstreu-Berechtigungen) liegt die Erhaltung und forstmäßige Behandlung des Waldbestandes im Interesse der Servitutberechtigten, bei den Boden-Servituten (Unkräuterstreu-, Plaggen-, Weide- und Gräserei-Berechti-gungen) nicht.

Torf- und Fischerei-Berechtigungen sind keine Waldgrundgerechtig-keiten. Da dieselben mitunter auf Torfbrüchern und Fischgewässern in Waldungen vorkommen und mit diesen der Forst-Verwaltung unterstellt sind, so sind der nachfolgenden Einzeldarstellung der wich-tigsten Waldgrundgerechtigkeiten die Torf- und Fischerei-Berechtigungen angereiht.

§ 2.

Holz-Grundgerechtigkeiten im Allgemeinen.

I. Begriff und rechtliche Natur der Holz-Berechtigungen.

Holzgrundgerechtigkeiten (Holzberechtigungen im Sinne dieses Worts) sind Grundgerechtigkeiten, welche sich auf eine Holznutzung erstrecken.

Begriffs-Merkmale sind Holznutzung und Grundgerechtigkeit.

Rinde, Harz, Laub, Nadeln, Baumfrüchte bilden daher für sich allein nicht Gegenstände einer Holzgrundgerechtigkeit.

Holzberechtigungen an einem bestimmten fremden Grundstücke, welche dessen jeweiligen Eigenthümer zu dauernden Leistungen verpflichten, sind keine Grundgerechtigkeiten, sondern Reallasten.

Vgl. über die rechtliche Natur der Reallasten gegenüber den Grundgerechtig=
keiten Th. I § 1 S. 6 dieses Werks, ferner die eingehenden Erörterungen
in von Gerber, System des deutschen Privatrechts 11. Aufl. 1873 § 168
S. 445.

Holzberechtigungen von Pfarrern, Küstern, Schullehrern u. s. w.
können Grundgerechtigkeiten oder Reallasten oder subjectiv und ob=
jectiv persönliche Berechtigungen sein.

Als Grundgerechtigkeiten sind dieselben zu erachten, wenn die
Pfarr=, Küster= oder Schulgrundstücke Träger der Berechtigung sind,
ein bestimmter fremder Wald Träger der Belastung ist und ein
Dulden oder Unterlassen den Inhalt der Belastung bei Entstehung
der Berechtigung bildete.

Die rechtliche Natur der Reallasten wohnt ihnen bei, wenn ein
bestimmter, fremder Wald Träger der Belastung ist und ein Thun
oder Leisten den Inhalt der Belastung bildet, während die Gebunden=
heit der Berechtigung an die Pfarr=, Küster= oder Schulgrundstücke
kein Erforderniß der Reallast ausmacht.

Subjectiv und objectiv persönlich endlich und deshalb den Ab=
lösungs=Gesetzen nicht unterworfen sind die Holz=Berechtigungen dann,
wenn sie einerseits auf einem persönlichen Amts= oder Dienstverhält=
nisse beruhen und eine Vergütung für Dienstleistungen bilden (Be=
stallungshölzer, Amtsemolumente sind), und wenn sie anderseits nicht
auf einem bestimmten Walde lasten.

In Uebereinstimmung mit dieser Auffassung steht eine kürzlich ergangene
Entscheidung des Oberlandeskulturgerichts. Nach derselben sind Holzabgaben an
Pfarren, Organisten= und Lehrerstellen im ehemaligen Kurfürstenthum Hessen,
welche sich auf landesherrliche Verleihung gründen und aus den fiscalischen For=
sten geleistet werden, aber nicht auf einem bestimmten Forstreviere ruhen,
keine ablösbare Reallasten.

Vergl. Z. f. LCG. Bd. XXIX S. 121.

Freiholz=Deputanten im Sinne des § 61 des Anhangs zum
Allg. Landrecht für die Preußischen Staaten, welcher lautet:

> „§ 61. Freiholzdeputanten sind schuldig, da wo ihnen Torf
> gegeben werden kann, wenigstens die Hälfte in Torf, oder wenn
> sie dies nicht wollen, in Geld nach der Forsttaxe zu nehmen,
> welches jedoch auf wirkliche Holzungsberechtigte nicht auszu-
> dehnen ist."

sind, sofern nicht das Gegentheil besonders nachgewiesen wird, nicht
als Realberechtigte, sondern nur als subjectiv und objectiv persönlich
Berechtigte anzusehen.

1*

RG. 5. Januar 1877. OT. 11. Dez. 1877 (Grundf. 2146 Z. f. LEG.
Bd. XXVII S. 108).

Nach den Entscheidungsgründen dieses Erkenntnisses, bei welchem es sich
um die Holzberechtigung einer Pfarre im Regierungsbezirke Marienwerder
handelte, sind unter Freiholzdeputanten solche Personen zu verstehen, welche
entweder auf Grund besonderer Verträge für deren Dauer oder auf Grund
eines besonderen Dienstverhältnisses für die Dauer des letzteren ein bestimmtes
Deputat freien Holzes als Theil ihrer Besoldung (in partem salarii) vom
Fiscus oder von Privatpersonen erhalten.

Die Deputatholz=Berechtigungen der Pfarrer und Schullehrer
in Ostpreußen sind in der Regel nicht als objectiv dingliche, sondern
als subjectiv und objectiv persönliche Rechte anzusehen.

OLEG. 25. Juni 1880.

RG. 21. Nov. 1879 RG. 17. Juni 1880.

(Z. f. LEG. Bd. XXVII S. 90.)

Eine Art von Sonderstellung nehmen die Holzberechtigungen
bei einer Theilung des herrschenden Grundstücks hinsichtlich
des Uebergangs des Servitutrechts auf die Theilstücke ein.

Ausführliche Zusammenstellungen der Rechts=Entscheidungen und Rechts=
ansichten über die viel bestrittene Frage enthalten:

von Rönne: Ergänzungen und Erläuterungen der Preuß. Rechtsbücher
6. Ausg. II. Bd. 1875 S. 345 §§ 22, 23 Tit. 19 I ALR.;

ferner Koch: Allgem. Landrecht für die Preuß. Staaten. 2 Bd. 6. Ausg.
1879 Note 47 zu § 23 19 1 ALR. S. 649.

Schneider: Landeskultur=Gesetzgebung des Preuß. Staats III. Abschnitt
Berlin 1882 S. 28 flg.

Vgl. auch Th. I § 5 S. 31 dieses Werkes.

Entscheidend für die rechtlichen Folgen der Theilung von Holz=
Grundgerechtigkeiten sind: die rechtliche Natur der Grundgerechtig=
keiten im Allgemeinen, die Beziehungen der Holzberechtigungen zu
dem herrschenden Grundstücke, die Art der Theilung des letzteren und
die Bestimmungen des Theilungsvertrags.

Grundgerechtigkeiten sind ihrem Wesen nach untheilbar, d. h.
sie stehen dem ganzen herrschenden Grundstücke gegen das ganze
dienende Grundstück zu. Die Servitut wird daher von einer Theilung
der Grundstücke nicht berührt. Die Theilung trifft immer nur die
Eigenthumsrechte an dem herrschenden oder dienenden Grundstücke,
nicht die Servitut, welche bei allen Theilstücken des herrschenden gegen
alle Theilstücke des dienenden Grundstücks verbleibt.

Bei denjenigen Dienstbarkeiten, welche wie z. B. Weide=, Gräserei=

und Streu=Berechtigungen allen Theilen des herrschenden Grundstücks
gleichmäßig zum Vortheile gereichen, gelangt dieser Grundsatz nach
der herrschenden Rechtsansicht unbedingt zur Geltung. Die Berechti=
gungen gehen auf jedes Theilstück nach Verhältniß des demselben
zufallenden Vortheils über.

Anders liegt die Sache bei Holzberechtigungen. Berechtigt ist
zwar auch bei ihnen das ganze herrschende Grundstück bez. Gut.
Allein der Vortheil, den die Dienstbarkeit gewährt, kann hier aus=
schließlich dem mit Gebäuden besetzten Theile des herrschenden Grund=
stücks (der Haus= und Hofstelle) zufallen. Wenn dies zutrifft: so
verbleibt nach der bestehenden Rechtspraxis bei einer Theilung des
berechtigten Gutes die Holzberechtigung in Ermangelung anderweiter
rechtsgültiger Bestimmungen bei den Gebäuden.

Vgl. über die rechtlichen Folgen der Theilung des berechtigten Grundstücks
Foerster: Preuß. Privatrecht III. Bd. 3. Aufl. 1874 § 185 S. 300.
Dernburg: Preuß. Privatrecht I. Bd. 1875 § 294 S. 645.

Die Ansicht, daß Holzberechtigungen ausschließlich der Haus= und Hof=
stelle zum Nutzen gereichen, ist nicht allgemein richtig. Bauholzberechtigungen
für die Wirthschaftsgebäude (Scheunen, Ställe), Brennholzberechtigungen,
welche nicht blos zur Zimmerheizung und zum Kochen, sondern auch zum
Brühen des Viehfutters dienen, Schirrholzberechtigungen für Ackergeräthe,
Zaunholzberechtigungen für Feldeinfriedigungen dienen offenbar auch zum
Nutzen der für die landwirthschaftliche Fruchterzeugung bestimmten Ländereien.
Es wird daher bei Theilungen und Abveräußerungen von dem berechtigten
Grundstücke in Ermangelung besonderer Abreden zu untersuchen sein, ob und
in welchem Maße die Holzberechtigung den Theilstücken zum Vortheile gereicht
hat, und danach die Anwendbarkeit der nachfolgenden Rechts=Entscheidungen zu
beurtheilen sein.

Die Judikatur der neueren Zeit hat für das Gebiet des Preußi=
schen Landrechts folgende Rechtssätze über Theilbarkeit und Ueber=
tragbarkeit von Holzberechtigungen aufgestellt.

    a) Bau= und Brennholz=Berechtigungen verbleiben bei Ab=
       trennung der Gebäude von den Ländereien in Er=
       mangelung anderweiter Willensbestimmung lediglich bei
       den Gebäuden.

Erkannt durch eine Reihe von Entscheidungen des Obertribunals und
des Rev. Coll., mitgetheilt in Th. I § 5 S. 31 dieses Werkes.

    b) Bau= und Brennholz=Berechtigungen können bei Ab=
       trennung der Gebäude von den Ländereien durch

vertragsmäßige Feststellung auch ohne Zustimmung
des belasteten Waldeigenthümers mit rechtlicher Wirkung
lediglich auf die Ländereien übertragen werden.

R. C. 5. Juli 1872, OT. 1. Mai und 5. Juni 1873.

Entsch. Bd. 70 S. 49.

Grundf. 2128, 2130.

(Z. f. LCG. Bd. XXIII S. 344, Bd. XXVIII S. 54.)

Die rechtliche Wirkung besteht darin, daß die einstweilen ruhenden Holz=
berechtigungen bei der Errichtung von Gebäuden auf den Ländereien wieder
aufleben, ferner darin, daß der Eigenthümer der Ländereien, selbst wenn er
keine Gebäude auf den Ländereien errichtet, vor Ablauf der Verjährung
durch Nichtgebrauch die Abfindung für das Holzrecht mittelst Ablösung for=
dern kann.

Von den ad a) angegebenen Entscheidungen enthalten mehrere (OT.
4. Dez. 1847, OT. 1. Juni 1854, OT. 14. Juli 1863) den ausdrücklichen Hin=
weis darauf, daß die vertragsmäßige Uebertragung der Holzberechtigungen auf
die Ländereien ohne Zustimmung des verpflichteten Waldeigenthümers mit
rechtlicher Wirkung nicht erfolgen könne. Zu den Erkenntnissen ad b) wird
dagegen die Einwilligung des Waldeigenthümers nicht für erforderlich erachtet.

Nach einem kürzlich ergangenen Erkenntnisse des Oberlandesculturgerichts
bedarf es bei vertragsmäßiger Veräußerung der Gebäude ohne die Ländereien,
behufs Zurückbehaltung einer Holzberechtigung für die letzteren, nicht einmal
einer dahin gehenden ausdrücklichen Bestimmung in dem Veräußerungsvertrage.
Es genügt vielmehr eine stillschweigende Willens=Uebereinstimmung beider Con=
trahenten, sofern die hier wieder für nothwendig erachtete Genehmigung des
verpflichteten Waldeigenthümers hinzutritt.

Z. f. LCG. Bd. XXIX S. 126.

c) Holzberechtigungen können bei Parcellirung und vollständiger
Veräußerung des berechtigten Grundstücks seitens des Parcellanten
mit rechtlicher Wirkung von der Veräußerung ausgeschlossen und
nachträglich auf eines der Theilstücke übertragen werden.

OT. 20. Mai 1879, Grundf. 2129.

Z. f. LCG. Bd. XXVII S. 56 und Bd. XXVIII S. 54.

Der Rechtsfall bezog sich auf eine Brennholzberechtigung.

d) Wenn sich die Parcellirung des herrschenden Grundstücks
auf eine Theilung der Gebäude erstreckt, so verbleiben in Er=
mangelung anderweiter Bestimmung die Bauholz= und Brennholz=
Berechtigungen ausschließlich bei der ursprünglichen Hofstelle.

OT. 11. April 1861. Entsch. Bd. 45 S. 258; Strieth. Arch. Bd. 41 Nr. 34.
Z. f. LCG. Bd. XIV S. 375.

OT. 26. Januar 1872; Strieth. Arch. Bd. 83 S. 292 Nr. 61. Z. f. LCG.
Bd. XXIII S. 305. Grundsatz 2131 b.

Anderer Ansicht ist das Rev. Coll., nach dessen Entsch. v. 28. Oktober 1853 (3. f. LCG. Bd. VII S. 109) ein verhältnißmäßiger Theil der Holzberechtigung ipso jure auf die Theilgebäude übergeht; ebenso Koch in Betreff der Bauholz=berechtigungen (Koch Allgem. Landr. II. Bd. 6. Ausg. Note 65 zu § 203 Tit. 22 I).

e) Durch vertragsmäßige Feststellung können Bauholzbe=rechtigungen bei einer Theilung der Gebäude mit rechtlicher Wirkung verhältnißmäßig auf die Gebäude der Theilgrundstücke über=tragen werden.

OT. 16. Januar 1872. Entsch. Bd. 67 S. 68. 3. f. LCG. Bd. XXIII S. 305. Grundsatz 2131 a.

Bedingung des Uebergangs der Bauholzberechtigung an die Theilerwerber ist, daß dadurch die Belastung des dienenden Grundstücks nicht vergrößert oder erschwert werde.

ALR. I 19 § 23.

f) Dasselbe gilt von bestimmten (sowohl ursprünglich bestimm=ten, als fixirten) Brennholzberechtigungen.

Vgl. Ebing: Die Rechtsverhältnisse des Waldes. 1874. S. 126.

Nach der bei b) erwähnten Entscheidung des OLCG. werden unbestimmte Holzberechtigungen überhaupt durch Fixation theilbar, weil der Berechtigte über das Holz frei verfügen, es verkaufen 2c. kann. Dasselbe gilt natürlich von ur=sprünglich bestimmten Holzberechtigungen.

g) Bei unbestimmten Brennholz=Berechtigungen kann im Falle einer Theilung der berechtigten Gebäude die Ausübung der Holzberechtigung zwischen den Theilerwerbern unter der Voraussetzung getheilt werden, daß dadurch die Last des dienenden Grundstücks nicht erschwert wird.

OT. 22. Dec. 1847. Rechtsf. Bd. 3 S. 252 Nr. 125.

In dem betreffenden Rechtsfalle erfolgte die Theilung eines leseholzbe=rechtigten Grundstücks mit dem darauf befindlichen Wohnhause derartig, daß mittelst einer Scheidemauer 2 Wohnungen gebildet wurden. Die oberstgericht=liche Entscheidung lautete dahin, daß jeder Theilerwerber an einem der beiden wöchentlichen Holztage zur Ausübung des Leseholzrechts befugt sei. Thatsächlich kann indessen ungeachtet dieser Zeitvertheilung der Ausübung durch die Errich=tung von zwei Feuerstellen an Stelle einer Feuerstelle dem Sinne des Gesetzes zuwider eine größere Belastung des dienenden Grundstücks herbeigeführt werden, wenn ein Wochentag zum Sammeln des gesammten Feuerungsbedarfs genügt.

Bei einer Translocation des Wirthschaftshofs gehen die Holzberechtigungen, abgesehen von einer Theilung des berechtigten Grundstücks, auf die neuen Gebäude über.

OT. 29. Januar 1863.

Vgl. Th. I § 5 S. 31 dieses Werkes.

II. Arten der Holzberechtigungen.

Die Holzberechtigungen zerfallen nach Nutzungsmaß, Nutzungs=
zweck und Nutzungsgegenstand in:

A. **bestimmte** Holzberechtigungen (§ 3) und in

B. **unbestimmte** Holzberechtigungen (§§ 4 bis 14).

Die **unbestimmten** Holzberechtigungen lassen sich theilen in:

1. Holzbedarfsberechtigungen (§ 4) und zwar in

   a) Nutzholzbedarfsberechtigungen auf Bauholz (§ 5) und auf
     Schirrholz (§ 6);

   b) Brennholzbedarfsberechtigungen (§ 7) auf:
     Leseholz (§ 8),
     Stockholz zur Feuerung (§ 9),
     Stockholz zum Theerschwelen (§ 10),
     Leucht= und Feuerkien (§ 11),
     Lagerholz, Bruchholz, Astholz (§ 12);

   c) sonstige Holzbedarfsberechtigungen (§ 13):
     zum freien Holzhiebe,
     auf bestimmte Holzarten,
     auf Windfall,
     auf trockene Stämme,
     auf Wildholz außerhalb des Waldes,
     auf Taxholz.

2. Holzverkaufsberechtigungen (§ 14). Außerhalb dieser
der weiteren Behandlung zum Grunde gelegten Eintheilung stehen

   Einzel= und Gemeinschaftsholzberechtigungen,

   Verleihungs= und Verjährungsberechtigungen.

Vgl. darüber Th. I § 2.

Die Holzberechtigungen auf Bauholz, Schirrholz, Brennholz, oder auf
besondere Arten der Brennholznutzung (Leseholz, Lagerholz 2c.) sind selbständige
Grundgerechtigkeiten. Wenn daher ein Berechtigter mehrere derartige Holzbe=
rechtigungen durch einen und denselben Vertrag erworben hat, so können ein=
zelne derselben mittelst Verjährung durch Nichtgebrauch verloren gehen, während
sich die übrigen bei fortgesetzter Ausübung erhalten. Eine solche Verjährung
durch Nichtgebrauch wird auch dadurch nicht verhindert, daß der Berechtigte
seine Vertrags=Verbindlichkeiten erfüllt hat, es sei denn, daß die erfüllten Ver=
bindlichkeiten mit der nicht ausgeübten Holzberechtigung in einem solchen Zu=
sammenhange stehen, daß sie als Gegenleistung für das nicht ausgeübte Recht
klar hervortreten.

OT. Entscheid. Bd. 17 S. 283.

III. Umfang der Holzberechtigungen.

Bestandtheile des Umfangs der Grundgerechtigkeiten sind: Nutzungsgegenstand, Nutzungszweck, Zeit, Ort und Art der Nutzungs-Aneignung und Nutzungsgröße, Gegenleistungen des Berechtigten. Bestimmungsgründe des Umfangs sind: der Berechtigungsanspruch, die Leistungsfähigkeit des Servitutwaldes (der Waldertrag), das Mitnutzungsrecht des Waldeigenthümers, die Waldschonpflicht des Servitutberechtigten, das Waldbewirthschaftungsrecht und die Wald-schonpflicht des Waldeigenthümers. Nutzungsgegenstand und Nutzungs-zweck werden durch den Berechtigungsanspruch, Zeit, Ort und Art der Nutzung sowie Gegenleistungen für dieselbe durch die Wald-schonpflicht des Berechtigten und durch das Bewirthschaftungsrecht des Waldeigenthümers, die Nutzungsgröße endlich durch sämmtliche genannten Bestimmungsgründe begrenzt.

Für die Holzberechtigungen im Allgemeinen sind aus dem Ge-sammtgebiete der Befugnisse, Beschränkungen und Verpflichtungen, welche dem Berechtigten und dem Waldeigenthümer aus der Dienst-barkeit erwachsen und deren Umfang bilden, folgende Verhältnisse hervorzuheben.

1. Berechtigungsanspruch.

Gegenstand des Berechtigungsanspruchs ist bei Holzberechti-gung ohne nähere Angabe des Verwendungszwecks nach Preußischem Landrecht sowohl Nutzholz als Brennholz.

Unter Brennholz versteht man nach dem strengen Wortbegriffe das zur Verbrennung bestimmte, der Wärme- und Lichterzeugung dienende Holz. Es wird dazu aber auch das zur Verkohlung behufs Gewinnung von Brennkohlen und sonstigen Verkohlungsproducten verwendete Holz gerechnet. Zum Nutzholze gehört Holz, welches zu anderen Nutzzwecken als zur Verbrennung und Ver-kohlung bestimmt ist (Bauholz und Schirrholz).

Die bezügliche landrechtliche Bestimmung in Th. I Tit. 22 § 201 ALR. lautet:

> „§ 201. Wem das Recht, das benöthigte Holz aus einem anderen Walde zu nehmen, als eine Grundgerechtigkeit, ohne weitere Einschränkung oder Bestimmung, zukommt, der ist nicht nur Brenn-, sondern auch Bauholz aus dem Walde zu holen befugt.“

Es ist zweifelhaft geworden, ob zu dem „benöthigten Holze“ auch Schirr-holz (Geschirrholz) zu rechnen ist. Koch (a. a. O. Note 63 zu § 201 Tit. 22

I ALR.) bejaht die Frage hinsichtlich des Mühlengeschirrholzes d. i. des zur Erhaltung und Ausbesserung des Mühlenwerks erforderlichen Holzes bei holzberechtigten Mühlengrundstücken. Dasselbe dürfte bei holzberechtigten bäuerlichen Wirthschaften in Betreff des zu Ackergeräthen erforderlichen Holzes (des Acker-Geschirrholzes) insoweit gelten, als es ortsüblich ist, die Ackergeräthe nicht fertig zu kaufen, sondern das Holz zu den Ackergeräthen in den bäuerlichen Wirthschaften zu verarbeiten oder zur Verarbeitung zu liefern.

. Vgl. über den Begriff des Schirrholzes § 6.

Die zeitliche Begrenzung des Berechtigungs-Anspruchs im Nutzungs-Zeitraum bildet das Wirthschaftsjahr. Das Preußische Landrecht bestimmt in dieser Hinsicht § 204 Tit. 22 Th. I für Holzberechtigungen Folgendes:

> „§ 204. Der Berechtigte kann sein Bedürfniss nicht auf mehrere Jahre vorausnehmen, sondern dasselbe nur für jedes Wirthschaftsjahr besonders fordern.“

Nach der übereinstimmenden Ansicht sowohl der Gesetzes-Revisoren des Landrechts, als von Bornemann, Koch und Foerster ist der Holzberechtigte auch nicht befugt, den Bedarf für vergangene Jahre nachzufordern, wenn er es verabsäumt hat, denselben zu entnehmen. In demselben Sinne hat sich das Obertribunal ausgesprochen.

OT. 11. Nov. 1873 (Präj. Nr. 2771).

Vgl. von Rönne: Ergänzungen und Erläuterungen der Preuß. Rechtsbücher. 6. Ausg. II. Bd. S. 576.

Die landrechtliche Bestimmung scheint für unbestimmte Holzberechtigungen gegeben zu sein, weil in den §§ 203 und 205 von solchen die Rede ist. Dieselbe dürfte indessen auch für bestimmte Holzberechtigungen Gültigkeit haben. Für diese Auffassung spricht das Wesen der Grundgerechtigkeiten, wonach ein actives Verhalten, eine Nutzungsaneignung, mindestens eine Geltendmachung des Rechts von Seiten des Berechtigten, sowie ein durch Fällung, Aufarbeitung oder Anweisung des Holzes durch den Waldeigenthümer nicht beeinträchtigtes passives Verhalten seitens des Letzteren erforderlich ist. Natürlich ist die Nachforderung nur dann unstatthaft, wenn die Nutzungsaneignung, bez. die Geltendmachung des Nutzungs-Anspruchs von dem Berechtigten versäumt worden ist. Versäumnisse seitens des Waldeigenthümers z. B. bezüglich der rechtzeitigen Fällung, Aufarbeitung oder Ueberweisung des Berechtigungsholzes können die nachträgliche Erfüllung des Berechtigungs-Anspruches nicht hindern.

Maßgebend für die Größe des Berechtigungs - Anspruchs sind:

bei bestimmten Holzberechtigungen (§ 3) der Erwerbstitel (bei ursprünglich bestimmten Servituten) bez. die Feststellungs-Urkunde (bei ursprünglich unbestimmten, später fixirten Servituten);

bei unbestimmten Holzberechtigungen zum Bedarf (§ 4) der Berechtigungsbedarf (Holzrechtsbedarf), d. i. derjenige Holzbedarf des berechtigten Grundstücks, dessen Befriedigung auf den Servitutwald angewiesen ist (der Ueberschuß des Vollbedarfs über das gesetzlich abzurechnende Maß der anderweiten Befriedigungsmittel);

bei unbestimmten Holzberechtigungen zum Verkauf (§ 14) der Umfang des Verkaufgeschäfts und, wenn es sich um Ablösung handelt, die bisherige Nutzungsgröße.

2. Waldertrag.

Nächst dem Berechtigungs-Anspruche bestimmt der Ertrag des Servitutwaldes an Berechtigungsholz den Umfang der Holzgrundgerechtigkeiten.

Der Berechtigungs-Anspruch bildet die obere Grenze der Nutzungsgrößen für den Servitutberechtigten. Die wirkliche Nutzungsgröße ergiebt sich aus dem Verhältnisse zwischen den Nutzungs-Ansprüchen aller Berechtigten einschließlich des Waldeigenthümers mit seinem Mitnutzungsrechte und zwischen dem Ertrage am Berechtigungsholz, welchen der Servitutwald liefert.

Dies Verhältniß ist dreierlei Art, indem der Waldertrag den Gesammt-Nutzungsanspruch entweder übertrifft (Fall der Wald-Ueberzulänglichkeit), oder demselben genau gleichkommt (Fall der Waldzulänglichkeit), oder hinter demselben zurückbleibt (Fall der Waldunzulänglichkeit).

In den beiden ersten Fällen wird der Berechtigungs-Anspruch durch den Waldertrag erfüllt, oder die Nutzungsgröße der Holzberechtigung ist gleich dem Berechtigungs-Anspruch.

Im Falle dauernder oder vorübergehender Waldunzulänglichkeit dagegen bildet die servitutische Nutzungsgröße dauernd oder zeitweise nur einen Theilbetrag des Berechtigungs-Anspruchs. Dieser Theilbetrag (die Zulänglichkeits-Quote) ergiebt sich als Quotient aus dem Waldertrag und dem Gesammt-Anspruch aller Berechtigten einschließlich des Waldeigenthümers. Die Nutzungsgröße einer Holzberechtigung ist alsdann, sowohl bei bestimmten als bei unbestimmten Berechtigungen, das Product aus Berechtigungs-Anspruch und Zulänglichkeits-Quote.

In dem Preußischen Landrechte ist die Kürzung des Berechtigungs=Anspruchs bei Walbunzulänglichkeit für Holzberechtigungen ausdrücklich ausgesprochen. Es heißt in Th. I. Tit. 22 § 226, 227 ALR.:

> „§ 226. Der Holzungsberechtigte kann den Eigenthümer des Waldes von dessen Gebrauch, unter dem Vorwande der Unzulänglichkeit desselben für ihre beiderseitigen Bedürfnisse nicht ausschliessen.

> § 227. Vielmehr muss, wenn dergleichen Unzulänglichkeit wirklich vorhanden ist, ein jeder von beiderlei Interessenten eine nach dem Bedarfe der beiderseitigen Wirthschaften verhältnissmässig zu bestimmende Einschränkung sich gefallen lassen.“

In Uebereinstimmung damit bestimmt § 123 der Altpreuß. GThO. vom 7. Juni 1821 Folgendes:

> „§ 123. Wenn der Holzungsberechtigte wegen Unzulänglichkeit des Waldes oder seiner Bestände, nach den Vorschriften des ALR. Th. I Tit. 22 §§ 226 und 227 sich eine Einschränkung in der Benutzung seines Rechts gefallen lassen muss, so wird mit Rücksicht auf die Dauer dieses Zustandes nach dem Ermessen der Sachverständigen ein verhältnissmässiger Theil von der Abfindung gekürzt.“

Nach dem Erkenntnisse des Preuß. Obertribunals vom 24. September 1844 (Pr. S. 1 S. 133), mitgetheilt von Koch Note 3 zu § 227 Tit. 22 I ALR. in dessen Allg. Landrecht, sollen die §§ 226, 227 eine unbestimmte, sich nach dem Bedürfnisse des Berechtigten richtende Holzberechtigung voraussetzen und keine Anwendung auf solche Rechte finden, vermöge deren der Berechtigte eine bestimmte Quantität Holz aus dem belasteten Walde zu fordern hat. Diese Ansicht kann nur insoweit als richtig anerkannt werden, als es sich um das in § 226 behandelte Mitnutzungsrecht des Walbeigenthümers handelt, welches allerdings nach den weiter unten bei 3 folgenden Erörterungen nur bei unbestimmten Holzberechtigungen einer ebensolchen „verhältnißmäßigen“ Einschränkung unterliegt, wie der Berechtigungsanspruch, während bei bestimmten Holzberechtigungen dem Servitutberechtigten ein Vorzugsrecht vor dem Walbeigenthümer gebührt. Dagegen ist kein Grund zu der Ansicht vorhanden, daß bei bestimmten Holzberechtigungen der Berechtigungs=Anspruch im Falle der Walbunzulänglichkeit keine Kürzung erleiden dürfe. Abgesehen davon, daß § 227 a. a. O. von Holzberechtigungen im Allgemeinen, nicht blos von unbestimmten Holzberechtigungen handelt, spricht gegen eine derartige Auslegung die landrechtliche Analogie bei Weideberechtigungen in §§ 103 bis 106 Tit. 22 I ALR., nach denen die Walbunzulänglichkeit sowohl bei bestimmten als bei unbestimmten Weideberechtigungen eine Einschränkung des weideberechtigten Viehstandes begründet, ferner die nachfolgend angegebene Judicatur, Literatur und die Gesetzgebung in anderen Ländern. Hiernach bedürfen die entgegenstehenden Angaben in § 8 VI S. 78 und in § 15 I B. S. 135 Th. I dieses Werkes,

welche sich auf das OT.-Erkenntniß vom 24. Sept. 1844 stützten, der Berichtigung.

Nach den Präjudizien des Preuß. Obertribunals hat sich im
Falle der Waldunzulänglichkeit der Berechtigte nicht nur bei ur=
sprünglich unbestimmten, später firirten Holzberechtigungen eine
Kürzung der bestimmten Holzquantität gefallen zu lassen,

R. E. 23. Juni 1848. OT. 11. Dez. 1849.

Z. f. LEG. Bd. III S. 73.

sondern ist ganz allgemein das Recht des Servitutberechtigten seiner
Natur nach kein absolutes, auf die Gewährung einer bestimmten
oder vom Bedarf des Berechtigten abhängigen Quantität zielendes,
vielmehr ein relatives, durch die Leistungsfähigkeit der dienenden
Sache begrenztes.

OT. 13. März 1879. Z. f. LEG. Bd. XXVI S. 308.

Dieselbe Ansicht theilt Ranke in einem Rechtsfalle, wo es sich
um eine vertragsmäßige, bestimmte Holzberechtigung handelte.

Ranke, Geldwerth der Forstberechtigungen. 2. Aufl. 1856 S. 38.

Auch in den Lehrbüchern des Preußischen Rechts wird aner=
kannt, daß der Umfang der Waldservituten nicht schlechthin nach
dem Bedürfnisse des herrschenden Grundstücks, sondern nach dem,
was das dienende Grundstück tragen könne, bestimmt werde,

Foerster a. a. O. § 185 S. 302.

ferner, daß die Holzungs=Gerechtigkeit in dem Rechte des Eigen=
thümers auf die Unversehrtheit der nachhaltigen Ertragsfähigkeit des
Waldes ihre Schranke finde.

Dernburg a. a. O. § 304 S. 671.

Das Forstgesetz für Bayern vom 28. März 1852 bestimmt in
Art. 25, daß Forstberechtigungen, welche die nachhaltige Bewirth=
schaftung beeinträchtigen, auf Antrag des Verpflichteten für einen
bestimmten Zeitraum entsprechend zu ermäßigen seien.

Nach § 107 des Badischen Forstgesetzes vom 15. November
1833 darf auch bei bestimmten Holzberechtigungen der Nutzungs=
bezug den nachhaltigen Ertrag des Waldes nicht übersteigen.

In Art. 627 des Code Napoléon ist als Rechtsgrundsatz aus=
gesprochen, daß die Ansprüche der Berechtigten in der Leistungsfähig=
keit der Forst unbedingt ihre Grenze finden müssen. In Ausführung
dieses Grundsatzes ist in dem Code forestier vom 27. Mai 1827
Art. 65, 112, 119 die Bestimmung getroffen, daß die Ausübung

der Servitutnutzungen stets nach Maßgabe des Zustandes und der Leistungsfähigkeit des Waldes beschränkt werden könne.

Bei Concurrenz mehrerer gleichartiger Holzberechtigungen oder sonstiger Waldgrundgerechtigkeiten kann im Falle der Waldun=zulänglichkeit die Entstehungszeit der Servituten einen Einfluß auf deren Umfang ausüben. Die im positiven Rechte und in der Lite=ratur wenig behandelte Frage dürfte nach folgenden Grundsätzen zu entscheiden sein, gleichviel ob Vertrags= mit Verjährungs=Servituten, oder bestimmte mit unbestimmten Holzberechtigungen concurriren.

Gleichzeitige Entstehung begründet Gleichberechtigung, somit gleichmäßige Einschränkung.

Auch bei ungleichzeitiger Entstehung findet Gleichberechtigung dann statt, wenn die Waldunzulänglichkeit erst nach Begründung sämmtlicher Servituten entstanden ist.

Nur die Neuberechtigten unterliegen der Einschränkung, wenn die Waldunzulänglichkeit durch den Hinzutritt neuer Servituten herbeigeführt worden ist.

Wenn endlich die Waldunzulänglichkeit in der Zwischenzeit nach den alten und vor den neuen Grundgerechtigkeiten hervorgetreten ist, so trifft die Einschränkung zuerst die Neuberechtigten bis zur Nutzungs=Einstellung und erst hinter denselben die Altberechtigten so weit, als die Waldunzulänglichkeit eine Verkürzung ihres Berechtigungs=Anspruchs erfordert.

Vergl. über den Einfluß der Entstehungszeit der Servituten auf den Um=fang derselben bei Concurrenz mehrerer Berechtigungen und bei Wald=unzulänglichkeit: Danckelmann „Ueber die Grenzen des Servitutrechts und des Eigenthumsrechts bei Waldgrundgerechtigkeiten" Berlin 1884 — und Zeitschrift für Forst= und Jagdwesen von Danckelmann, Jahrgang 1884.

Wenn die Waldunzulänglichkeit durch den Waldeigenthümer verschuldet worden ist, steht dem Servitutberechtigten bezüglich des dadurch herbeigeführten Ausfalls an dem Berechtigungs=Anspruche ein Entschädigungs=Anspruch gegen den Waldeigenthümer und bei Ablösung des Servitutrechts ein Abfindungsanspruch zu. Das Preußische Landrecht verordnet in dieser Hinsicht in Th. I Tit. 22 Folgendes:

in Betreff der Leseholz=Berechtigungen

„§ 225. Hat aber der Waldbesitzer in der Benutzung des Waldes solche Anstalten und Vorkehrungen gemacht, dass da-

durch den Raff- und Leseholz-Berechtigten die Ausübung ihres
Rechts vereitelt worden, so muss er ihnen stehendes Holz zu
ihrer Nothdurft so lange anweisen, bis der Mangel an Raff- und
Leseholz aufhört,"

ferner in Betreff der Berechtigungen auf bestimmte Holzarten

„§ 233. Hat der Eigenthümer den Mangel durch seine Schuld
verursacht, so muss er den Berechtigten auf so lange, bis der
Bedarf desselben von der bestimmten Art im Walde wieder vorhanden ist, entschädigen.

§ 234. Diese Entschädigung muss der Regel nach durch Holz
von anderer Art, nach einem durch Forstverständige zu bestimmenden Verhältnisse, wenn aber auch dergleichen nicht vorhanden
ist, in baarem Gelde geleistet werden."

Die sinngemäße Anwendbarkeit dieser auf allgemeinen Rechtsgrundsätzen beruhenden Bestimmungen für die übrigen Waldgrundgerechtigkeiten kann nicht zweifelhaft sein.

Zur Geltendmachung des Entschädigungs-Anspruchs hat der
Berechtigte entweder zu beweisen, daß er bis zu den die Verschuldung
des Waldeigenthümers begründenden Handlungen seinen Berechti-
gungs-Anspruch thatsächlich aus dem Walde gedeckt habe, oder durch
Sachverständige die Möglichkeit darthun, daß der Anspruch aus dem
Walde hätte bestritten werden können.

OT. 23. und 28. November 1865.
Strieth. Arch. 61 S. 266.

Fälle der in Rede stehenden Verschuldung des Waldeigenthümers sind:

Verminderung der Waldsubstanz durch Uebernutzung oder Vernachlässigung der Holznachzucht (Walddevastation, üble Waldwirthschaft), ferner Bestellung neuer Servituten zum Nachtheile der Altberechtigten, Verkürzung der Servitutnutzung durch ungerechtfertigte
Aenderung der Bewirthschaftungsart (z. B. durch Umwandlung des
Waldes in landwirthschaftliches Kulturland, Aenderung der Holzart,
Betriebsart, Umtriebszeit), sowie durch ungebührliche Nutzungserwei-
terung zum Schaden des Berechtigten.

Daß unter übler Waldwirthschaft auch eine schuldbare Vernachlässigung
der Waldkultur zu verstehen sei, hat das Preuß. Obertribunal ausdrücklich anerkannt.

OT. 13. Juni 1850. Präj. 2229.
Präj.-Samml. Bd. 2 S. 44. Entsch. Bd. 20 S. 229.

3. Mitnutzungsrecht des Waldeigenthümers.

Vergl. Th. 1 § 3 S. 26.

Auf den Nutzungs-Gegenstand z. B. Bauholz, Leseholz, welchen der Servitutwald liefert, hat nicht blos der Servitutberechtigte, sondern auch der Waldeigenthümer einen Rechts-Anspruch. In dem Anspruche des Waldeigenthümers besteht dessen Mitnutzungsrecht. Durch dasselbe wird der Umfang der Grundgerechtigkeiten nur bei Waldunzulänglichkeit berührt. In welchem Maße dies der Fall ist, hängt ab:

von den Ursachen der Waldunzulänglichkeit, je nachdem dieselbe von dem Waldeigenthümer verschuldet ist oder nicht,

von der Servitutart, insofern, als es sich um bestimmte oder unbestimmte Grundgerechtigkeiten handelt, und

von dem Gegenstande des Mitnutzungsrechts, indem der Wirthschaftsbedarf für die Forstbeamten und für den forstlichen Betrieb des Servitutwaldes (z. B. der Holzbedarf für Wege, Brücken, Gestellpfähle, Einfriedigungen) besser berechtigt ist, als der Wirthschaftsbedarf des Waldeigenthümers für Hauswirthschaft, Landwirthschaft und etwaigen Gewerbs-Betrieb.

Nach Preußischem Rechte gelten in den erwähnten Beziehungen folgende Rechtssätze (Th. I § 3 S. 28).

Dem Waldeigenthümer gebührt bei einer durch ihn nicht verschuldeten Waldunzulänglichkeit ein allen andern Ansprüchen vorgehendes Vorzugsrecht für den Holzbedarf der Forstbeamten und des forstlichen Betriebes.

Nach einem in Preußen ergangenen oberstgerichtlichen Erkenntniß darf der Waldeigenthümer den Holzhauern das Feuerungsholz zum Kochen und Wärmen auf den Holzschlägen nur insoweit überlassen, als dadurch die Berechtigten an der Nutzung der ihnen zustehenden Rechte nicht beeinträchtigt werden.

Ranke, Geldwerth der Forstberechtigungen. 2. Aufl. 1856. S. 62.

Der Berechtigte besitzt in 2 Fällen ein Vorzugsrecht, nämlich einerseits bei einer durch den Waldeigenthümer verschuldeten Waldunzulänglichkeit, andrerseits, auch wenn letztere nicht vorliegt, für bestimmte Grundgerechtigkeiten. Im ersten Falle muß der Waldeigenthümer mit dem ganzen Mitnutzungsrechte, im zweiten Falle nur mit dem eigenen Wirthschaftsbedarfe zurückstehen.

In Betreff der von dem Waldeigenthümer verschuldeten Waldunzulänglichkeit bestimmt das Preußische Allg. Landrecht in § 229 Tit. 22 I Folgendes:

„§ 229. Hat der Eigenthümer des Waldes die Unzulänglichkeit durch üble Wirthschaft und übertriebenen Verkauf selbst verursacht, so muss er dem Holzungsberechtigten nachstehen."

Das „und" zwischen „üble Wirthschaft" und „übertriebenen Verkauf" ist alternativ, nicht cumulativ zu verstehen.

OT. 13. Juni 1850. Pr. 2229. Entsch. 20 S. 229.

Die Fälle der Verschuldung, welche sich nicht auf üble Wirthschaft und übertriebenen Holzverkauf beschränken, wurden vorhin unter 2 angegeben.

Ueber das Vorzugsrecht bestimmter Grundgerechtigkeiten enthält das Preußische Landrecht nur hinsichtlich der Weideberechtigungen in § 105 Tit. 22 I Bestimmungen, welche lauten:

„Ist aber die Anzahl des Viehes von Seiten des Berechtigten bestimmt, so trifft eine nothwendig gewordene Verminderung des Viehstandes zuerst den Eigenthümer des Grundstücks."

Dieselben haben indessen für alle Grundgerechtigkeiten sinngemäße Gültigkeit.

Dernburg a. a. O. § 293 S. 642.

Nur ursprünglich bestimmte, nicht ursprünglich unbestimmte Holzberechtigungen gewähren dem Berechtigten ein Vorzugsrecht, weil durch die Fixation die Natur des Rechts nicht geändert wird.

Vergl. OT. 11. Dezember 1849. Z. f. LCG. Bd. III S. 73.

OT. 10. Juli 1856. Z. f. LCG. Bd. X S. 386. Entsch. Bd. 33 S. 393.

Gleichberechtigung zwischen dem Servitutberechtigten und dem Waldeigenthümer sowie verhältnißmäßige Theilung des Waldertrags nach Maßgabe des beiderseitigen Bedarfs finden endlich statt bei unbestimmten Grundgerechtigkeiten und bei einer durch den Waldeigenthümer nicht verschuldeten Waldunzulänglichkeit. Als Bedarf kommen dabei in Betracht:

für den Servitutberechtigten der nach Abrechnung der anderweiten Befriedigungsmittel auf den Servitutwald entfallende Bedarfstheil (der Berechtigungs-Bedarf);

für den Waldeigenthümer der haus- und landwirthschaftliche bez. der gewerbliche Bedarf, wogegen der mit einem Vorzugsrechte ausgestattete Bedarf für die Forstbeamten (Besoldungsholz zur Feuerung, Bauholz für Dienstwohnungen der Forstbeamten) und für den forstlichen Betrieb (Holz zu Kulturen, Wege- und Brückenbauten) keine Kürzung erleidet.

Für unbestimmte Holzberechtigungen ist die Gleichberechtigung in §§ 226, 227 Tit. 22 I des Preußischen Allg. Landrechts ausdrücklich ausgesprochen.

S. den Wortlaut oben unter 2 S. 12.

Nach § 228 a. a. O. ruht jedoch alsdann „die Befugniß des Waldeigenthümers, Holz aus dem Walde zu verkaufen, so lange, bis der Mangel gehoben ist".

Die landrechtlich auch für unbestimmte Weideberechtigungen angeordnete Gleichberechtigung (§ 103 Tit. 22 I ALR.) hat nach Preußischem Rechte Gemeingültigkeit für alle unbestimmte Grundgerechtigkeiten.

Dernburg a. a. O. § 293 S. 642.

In dem Badischen Rechte ist die Gleichberechtigung für Holz- und Mastberechtigungen ausgesprochen.

Badisches Forstgesetz v. 15. November 1833 §§ 107, 127.

Gemeinrechtlich ist die Frage controvers. Nach Dernburg vertritt die herrschende gemeinrechtliche Doctrin den Standpunkt der Gleichberechtigung, während neuere Romanisten, unter Anderen von Vangerow und Windscheid in Uebereinstimmung mit von Gerber bei Waldunzulänglichkeit ein Vorzugsrecht des Servitutberechtigten annehmen.

Vergl. Dernburg a. a. O. § 293 S. 642.

von Vangerow, Lehrbuch der Pandecten. 7. Aufl. 1863 § 340 Anm. 2, 4.

Windscheid, Lehrbuch des Pandectenrechts. I. Bd. 3. Aufl. 1873 § 209 Anm. 13.

von Gerber, System des deutschen Privatrechts. 11. Aufl. 1873 § 145 S. 391.

Nach Preußischem Rechte gestaltet sich in Folge der mitgetheilten Rechtssätze die Rangordnung zwischen dem Berechtigungs-Anspruche und dem Mitnutzungsrechte des Waldeigenthümers, wie folgt. Es gelangen nach einander zur Befriedigung:

bei einer durch den Waldeigenthümer nicht verschuldeten Waldunzulänglichkeit

der Holzbedarf für die Forstbeamten und für den forstlichen Betrieb des Servitutwaldes,

der Berechtigungs-Anspruch für bestimmte Holzberechtigungen*),

---

*) Die Rangordnung gilt nicht für die Berechtigten unter sich, welche, soweit nicht die Entstehungszeit der Berechtigungen Unterschiede begründen, gleichberechtigt sind. Bestimmte und unbestimmte Holzberechtigungen stehen daher auf gleicher Linie.

Vergl. das Beispiel S. 47.

der Berechtigungs=Anspruch für unbestimmte Holzberechti=
gungen gemeinschaftlich mit dem Holzbedarf des Wald=
eigenthümers in Haus= und Landwirthschaft, sowie
in etwaigen gewerblichen Betrieben; — dagegen
bei einer durch den Waldeigenthümer verschuldeten Waldunzulänglichkeit
zuerst der Berechtigungs=Anspruch für bestimmte und unbe=
stimmte Holzberechtigungen und erst hinter demselben
das Mitnutzungsrecht des Waldeigenthümers in allen seinen Theilen.

Ueberschreitungen des dem Waldeigenthümer zustehenden
Mitnutzungsrechts zum Nachtheile des Berechtigten begründen für
letzteren gegen den ersteren einen Entschädigungs=Anspruch, welcher
sich auf den Rechtsgrundsatz stützt, daß der Eigenthümer des dienen=
den Grundstücks die rechtmäßige Ausübung des servitutischen Nutzungs=
rechts nicht hindern oder vereiteln darf. Solche Ueberschreitungen
sind bei schon vorhandener oder durch die betreffenden Maßregeln
herbeigeführter Waldunzulänglichkeit:

Bestellung neuer Servituten;

Vergl. über die Unzulässigkeit derselben zum Nachtheile von schon bestehenden
Berechtigungen

ALR. I. 19 § 19.

OT. 5. Mai 1874. Strieth. Arch. Bd. 91 S. 24;

Aneignung oder Verwerthung der dem Berechtigten zukommen-
den Servitutnutzungen z. B. durch Aufarbeitung des Abraums bei
Leseholz=Berechtigungen seitens des Waldeigenthümers,

Ueberlassung der Servitutnutzungen an Unberechtigte z. B. des
Leseholzes an Einmiether.

Vergl. über die letztgedachten beiden Nutzungs=Uebergriffe weiter unten bei
Leseholz=Berechtigungen § 8.

4. Waldschonpflicht des Holzberechtigten.

Die dem Servitut = Berechtigten obliegende Waldschonpflicht,
welche in der Erhaltung der Waldsubstanz, in der Erfüllung der
eigentlichen Bestimmung des Waldes und in der Unterordnung des
Servitutrechts unter das Eigenthumsrecht ihre rechtliche Begründung
findet, regelt den Umfang der Servitut=Ausübung in Bezug auf
Nutzungszeit, Nutzungsort und Nutzungsart.

Die gesetzlichen Bestimmungen über die Waldschonpflicht bei
Holzberechtigungen beziehen sich auf die einzelnen Arten der letzteren
und werden bei Behandlung derselben erörtert werden.

Allgemein für die Holzberechtigungen ist in § 213 Tit. 22 Thl. I des Preußischen Landrechts angeordnet, daß die Berechtigten den beschränkenden Bestimmungen der Forstordnungen unterworfen sind. § 213 lautet:

> „Auch die zum Bau-, Brenn-, Nutz- und Leseholz Berechtigten müssen sich nach der vorgeschriebenen Forstordnung richten."

Streitig war geworden, ob sich die Berechtigten eine durch Forstpolizeigesetze gebotene Beschränkung ihrer Rechte auch dann gefallen lassen müßten, wenn die Forstpolizeigesetze erst nach Erwerb des Servitutrechts z. B. durch vollendete Verjährung erlassen seien. Das Preußische Obertribunal hat diese Frage unbedingt bejaht.

OT. 10. Febr. 1847. Entsch. Bd. 15 S. 283.

Nach der Rechtsprechung des Obertribunals ist es auch im Wege einer auf Grund des Gesetzes vom 11. März 1850 erlassenen Polizeiverordnung statthaft, die Ausübung einer Forstservitut in der Weise zu beschränken, daß durch dieselbe die Bestimmung des belasteten Grundstücks nicht behindert wird.

OT. 21. Juni 1862. Oppenhoff, Rechtssprüche des Obertribunals in Straf-sachen. Bd. 2 S. 477.

5. Bewirthschaftungsrecht des Waldeigenthümers.

Das auf der rechtlichen Natur der Servitut und des Eigenthums beruhende Recht des Waldeigenthümers zur Bewirthschaftung der Servitutwaldungen begrenzt die Nutzungsgröße und die Aus-übung der Grundgerechtigkeiten. Die Grenzbestimmung zwischen den wirthschaftlichen Befugnissen und wirthschaftlichen Uebergriffen des Waldeigenthümers ist daher für den Umfang der Servituten von hervorragender Wichtigkeit.

Innerhalb des Bewirthschaftungsrechts liegen alle wirthschaft-lichen Maßregeln, welche zur Erhaltung der Waldsubstanz erforder-lich, zur Erfüllung der eigentlichen Bestimmung des Waldes noth-wendig, durch eine geregelte Waldwirthschaft geboten, sowie der landes-üblichen Bewirthschaftung und dem Waldbestande zur Zeit der Servitutbegründung entsprechend sind. Die Grundgerechtigkeiten müssen salva substantia und salva cultura des belasteten Waldes ausgeübt werden. In diesem Sinne hat das Preußische Ober-tribunal hinsichtlich der Holzberechtigungen folgende Entscheidung ge-troffen:

„Wenn einem Holzberechtigten sein Bedarf an Holz nicht ohne Nachtheil für die Forstkultur gewährt werden kann, so muß er sich die Einschränkung seines Rechts insoweit gefallen lassen, als dessen Ausübung mit der Forstkultur unverein= bar ist.“

Unter dem Ausdrucke „Forstkultur“ ist eine geregelte Waldwirthschaft zu verstehen, welche die Forstkulturen im engeren Sinne d. h. Holzbestands-Anlagen n sich schließt.

Außerhalb des Bewirthschaftungsrechts des Waldeigenthümers fallen dagegen solche dem Berechtigten zum Nachtheile gereichende Aenderungen der zur Zeit der Servitut=Begründung vorhandenen Bestandsarten und Bewirthschaftungsarten, welche nicht durch die Walderhaltung, die Erfüllung der Waldbestimmung oder durch eine diesen Zwecken dienende geregelte Waldwirthschaft geboten, sondern nur zur Erhöhung des Waldertrages oder zur Erzielung anderartiger Zwecke des Waldeigenthümers bestimmt sind.

Vergl. über die Grenzen und die rechtliche Begründung des Bewirthschaftungs= rechts bei Servitutwaldungen: Danckelmann, Ueber die Grenzen des Ser= vitutrechts und des Eigenthumsrechts bei Waldgrundgerechtigkeiten. Berlin 1884. S. 33, 40.

Solche Ueberschreitungen des Wirthschaftsrechts begründen für den Berechtigten einen Anspruch auf Wiederherstellung des der Dienst= barkeit entsprechenden Zustandes bezw. auf Ersatz des verursachten Schadens.

In dem Preuß. Landrechte ist die Wiederherstellungspflicht nur bezüglich der Berechtigung auf eine bestimmte Holzart ausgesprochen, indem § 232 Tit. 22 I ALR. dem Berechtigten die Befugniß beilegt, bei einem im Walde vorhandenen Mangel der betreffenden Holzart den Waldeigenthümer zur „Wiederanpflanzung“ derselben anzuhalten.

In Betreff der Entschädigungspflicht hat das Preuß. Landrecht in Tit. 22 I für Leseholz=Berechtigungen und Berechtigungen auf bestimmte Holzarten Bestimmungen getroffen, deren Wortlaut unter III 2 S. 14, 15 in diesem § angegeben ist.

Daß auch bezüglich aller übrigen Waldgrundgerechtigkeiten, für welche das Preußische Landrecht keine besonderen Bestimmungen über die Entschädigung enthält, der Waldeigenthümer zum Ersatze des durch wirthschaftliche Uebergriffe verursachten Schadens verpflichtet ist, folgt u. A. aus § 31 Tit. 22 I ALR., welcher lautet:

„§ 31. Er" (der Besitzer des belasteten Grundstücks) „darf
aber in seinem Grundstück nichts vornehmen, wodurch der andere
in Ausübung seiner Grundgerechtigkeit gehindert oder ihm dieselbe vereitelt werden könnte",

sowie aus den allgemeinen Rechtsgrundsätzen über Schadenersatz.

Durch das Badische Forstgesetz vom 15. November 1833 ist
die Entschädigungspflicht des Waldeigenthümers bei Ueberschreitungen
des Waldwirthschaftsrechts in § 107 für Holzberechtigungen im Allgemeinen, in § 111 für Berechtigungen auf bestimmte Holzarten geregelt. Nach § 107 hat der Holzberechtigte einen Entschädigungs-
anspruch, „wenn der Waldeigenthümer durch Verminderung des nachhaltigen Bestandes den Ertrag unter das Maß der Berechtigungen
herabgedrückt hat". In § 111 heißt es:

„Hat der Eigenthümer den nachhaltigen Bestand vermindert
oder die Kultur verändert, und kann in Folge dessen die bestimmte Holzart ganz oder theilweise nicht mehr abgegeben
werden, so kann der Berechtigte entweder für das Mangelnde
Entschädigung fordern, oder aber verlangen, dass ihm dafür ein
gleicher Werth in einer anderen im Walde vorfindlichen Holzart,
die eventl. forstmässig abgegeben werden kann, verabfolgt
werde."

Unter den Gegenständen, auf welche sich das Waldwirthschaftsrecht
erstreckt, kommen für Holzberechtigungen insbesondere in Betracht:

das Holzeinschlagsrecht, das Verfügungsrecht über die Bewirthschaftungsart und das Anweisungsrecht.

Das Holzeinschlagsrecht gewährt dem Waldeigenthümer die
Befugniß, sowohl die Höhe, als den Gegenstand des Holzeinschlags
nach forstwirthschaftlichen Grundsätzen zu bestimmen.

Die Höhe des Holzeinschlags wird durch die Forsteinrichtung
(Ertragsregelung) geregelt. Der durch die Ertragsregelung festgestellte Abnutzungssatz bildet die obere Grenze für den Berechtigungs-
anspruch. Das Nutzungsmaß für Berechtigungen auf Stockholz, Abraum u. s. w. hängt von dem forstwirthschaftlich zulässigen Abnutzungssatz ab. Anderseits ist der Waldeigenthümer nicht befugt,
durch übermäßigen Holzeinschlag die Leistungsfähigkeit des Waldes
zur nachhaltigen Erfüllung des Berechtigungsanspruchs zu vermindern.

Anlangend den Gegenstand des Holzeinschlagsrechts, so kann der
Holzberechtigte wirthschaftlich nothwendige Hauungen, bei deren

Unterlaffung das Holz verderben, abfterben oder das Wachsthum der Beftände ftocken würde, nicht hindern. Von befonderer Bedeutung und durch oberftgerichtliche Entfcheidungen feftgeftellt find in diefer Hinficht die Grenzen des Einfchlagsrechts bei Berechtigungen auf Lagerholz und Trockenholz (Trockenftämme, Lefeholz).

Lagerholz=Berechtigungen können den Waldeigenthümer nicht verpflichten, das Holz fo alt werden zu laffen, daß es verbirbt und umfällt. Da die Servituten die Hauptbeftimmung des Waldes nicht beeinträchtigen, eine geregelte Waldwirthfchaft nicht hindern dürfen, am wenigften aber den Waldeigenthümer zu unwirthfchaftlichen Unter= laffungen verpflichten können, fo ift der Waldeigenthümer ohne Zweifel berechtigt, der Entftehung von Lagerholz durch rechtzeitigen Holzeinfchlag vorzubeugen. Dagegen fteht dem Lagerholz=Berechtigten bei einem durch geregelte Waldwirthfchaft herbeigeführten Mangel an Lagerholz ein Entfchädigungsanfpruch, im Falle der Ablöfung ein Abfindungsanfpruch dann zu, wenn dem Berechtigten durch ver= tragsmäßige, vielleicht fogar entgeltliche Beftellung der Servitut eine beftimmte Quantität oder der volle Feuerungsbedarf zugefichert worden ift.

Bergl. die darüber ergangenen Rechtsentfcheidungen und Rechtsanfichten weiter unten bei Lagerholz=Berechtigungen § 12.

Aehnlich verhält es fich mit dem Durchforftungsrechte bei Be= rechtigungen auf Trockenftämme, deffen Begrenzung in der Preußi= fchen Rechtfprechung eine verfchiedene Beurtheilung gefunden hat. Wirthfchaftlich nothwendige Durchforftungen, ohne welche der Holz= wuchs ftocken würde, kann der Berechtigte nicht hindern. Sie ge= währen demfelben im Falle einer durch fie herbeigeführten Waldun= zulänglichkeit nur bei vertragsmäßiger Zuficherung eines beftimmten Nutzungsmaßes oder des vollen Bedarfs einen Anfpruch auf Ent= fchädigung. Ueber das Maß wirthfchaftlicher Nothwendigkeit hinaus dagegen, blos zum Zwecke der Waldertrags=Steigerung, darf der Waldeigenthümer keine Durchforftungen vornehmen, welche die Ent= ftehung von Trockenholz verhindern und dadurch die Befriedigung des Berechtigungs=Anfpruchs vereiteln oder vermindern.

Bergl. die nähere Begründung diefer Anficht, fowie die einander wider= fprechenden oberftgerichtlichen Entfcheidungen in § 13 unter Trockenftamm= Berechtigungen.

Das Verfügungsrecht des Waldeigenthümers über die Be=
wirthschaftungsart des Servitutwaldes erstreckt sich hauptsächlich
auf Holzart, Betriebsart und Umtriebszeit. Maßgebend für den
Umfang des Servitutrechts und des Waldwirthschaftsrechts ist in
dieser Hinsicht zuvörderst der Waldzustand zur Zeit der Servitut=
begründung. Aenderungen der damals in dem Servitutwalde üb=
lichen Bewirthschaftungsart, welche dem Berechtigten zum Nachtheile
gereichen, darf der Waldeigenthümer ohne Zustimmung des Berech=
tigten und ohne Entschädigungspflicht nur in einem einzigen Falle,
nämlich nur dann vornehmen, wenn die Aenderungen zur Walder=
haltung oder zur Erfüllung der Waldbestimmung wirthschaftlich
nothwendig sind, und wenn zugleich die Nothwendigkeit nicht durch
Schuld des Waldeigenthümers veranlaßt worden ist. Nicht unbe=
dingt nothwendige, sondern blos nützliche oder zweckmäßige Aende=
rungen der Bewirthschaftungsart liegen, sofern sie das Servitutrecht
schmälern, hindern oder vereiteln, außerhalb des Bewirthschaftungs=
rechts und gewähren dem Berechtigten einen Entschädigungsanspruch.

Im Gegensatze zu dieser Rechtsauffassung steht das kürzlich in
einer Holz=Ablösungssache ergangene Präjudiz, daß der Waldeigen=
thümer zu einer von der Forstwissenschaft als zweckmäßig anerkannten
Aenderung wohl befugt und zu einer Entschädigung des dadurch be=
nachtheiligten Berechtigten nicht verpflichtet sei, indem als Grundsatz
gelten müsse, daß das Servitutrecht „durch die von der Forstwissen=
schaft als zweckmäßig anerkannte Bewirthschaftungsart der belasteten
Forst" begrenzt sei.

RG. 24. Mai 1878. OT. 13. März 1879. Z. f. LGG. Bd. XXVI S. 308,
XXVII S. 103, XXVIII S. 60.

In dem betreffenden Rechtsfalle handelte es sich um Vertragsberechti-
gungen auf abständiges und dürres Holz, welche durch Umwandlung des ursprünglichen Plänterbetriebs in den Hochwaldbetrieb mit seinen Durchforstungen
benachtheiligt waren.

Zufolge dieser Entscheidung würde der Waldeigenthümer be=
rechtigt sein, herkömmliche Bewirthschaftungsarten, auf deren Beibe=
haltung der Ertrag der Servitut beruht, durch andere von der Forst=
wirthschaft nicht etwa als unbedingt nothwendig, sondern als zweck=
mäßiger anerkannte Bewirthschaftungsarten zu ersetzen und dadurch,
im Widerspruche mit den Bestimmungen des Preußischen und gemeinen

Deutschen Rechts die Ausübung der Grundgerechtigkeit zu hindern zu schmälern oder zu vereiteln.

Vergl. ALR. Th. I Tit. 19 §§ 17, 18; Tit. 22 §§ 31, 80; mitgetheilt in Th. I § 3 S. 24 dieses Werks.

Gerade darin, daß Waldservituten häufig die Einführung zweck-mäßiger Bewirthschaftungsarten hindern, liegt einer der hauptsächlich-sten Gründe für die Zwangsablösung. Das Recht, innerhalb der zur Zeit der Servitutbegründung üblichen Bewirthschaftungsarten eine geregelte Waldwirthschaft einzuführen, also einen ungeregelten durch einen geregelten Plänterbetrieb zu ersetzen, muß dem Wald-eigenthümer gewahrt bleiben. Darüber hinaus kann nur wirthschaft-liche Nothwendigkeit, aber nicht wirthschaftliche Zweckmäßigkeit, einen Wechsel der Wirthschaftsart zum Nachtheile des Servitutberechtigten begründen. In Uebereinstimmung mit dieser Ansicht befindet sich eine Entscheidung des Ober-Appellations-Gerichts zu Berlin vom 30. October 1872, wonach es unzulässig ist, das Servitutrecht durch solche Anordnungen, Anlagen oder Aenderungen mittelbar oder un-mittelbar zu schmälern, welche nicht die Erhaltung, sondern die Ver-besserung des Waldes bezwecken.

Mitgetheilt in der Z. f. LEG. Bd. XXVII S. 111.

Das einer geregelten Waldwirthschaft dienende Anweisungs-recht des Waldeigenthümers ist für Holzberechtigungen im Preußi-schen und außerpreußischen Rechte angeordnet.

Das Preußische Recht bestimmt, daß die Holzberechtigten ohne Vorwissen des Waldaufsehers kein Holz fällen und abführen dürfen,

ALR. 1. 22 § 214.

ferner, daß die Leseholz-Berechtigten ihr Recht nur an bestimmten Tagen unter Aufsicht der Forstbeamten und nach deren Vorschrift ausüben dürfen, wenn der Waldeigenthümer gut findet, diese Ein-richtung zu treffen.

Land.-Kult.-Ed. 14. Sept. 1811 § 26.
ALR. I. 22 § 218.

Von den Gesetzen anderer Länder enthalten unter Anderem das Badische Forstgesetz vom 15. Nov. 1833 in § 106, das Oester-reichische Reichsforstgesetz vom 3. Dezember 1852 in §§ 14, 15, der Code forestier vom 21. Mai 1827 in Art. 79, 112, 120 Vor-schriften über die Anweisung des Berechtigungsholzes durch den Wald-eigenthümer.

Die betreffenden Gesetzesstellen lauten:

Bad. FG. § 106. Der Berechtigte hat sich das Holz, welches er zu fordern hat, vor dem Bezuge desselben von dem Förster oder in Privatwaldungen vom Eigenthümer anweisen zu lassen.

Oesterr. RFG. §§ 14, 15. Das Berechtigungsholz ist den Berechtigten von dem Waldbesitzer bei stehenden starken Bäumen durch Bezeichnung mit dem Waldhammer, bei schwächeren stehenden Stämmen und Stangen durch beispielsweise Bezeichnung, bei Lager- und Abholz (Abraumholz) durch Vorweisung an Ort und Stelle, bei Stock- und Wurzelholz, Raff- und Klaub- oder Leseholz durch Bezeichnung der Nutzungsorte anzuweisen.

Code for. Art. 79, 112, 120. Bei Rechten auf Abgabe von Holz darf das Berechtigungsholz erst nach Ueberweisung durch den Waldeigenthümer bez. Forstbeamten entnommen werden.

Ursprünglich fand die Werbung des Berechtigungsholzes durch die Berechtigten ohne Beschränkung und Controlle in Bezug auf Gegenstand, Maß, Ort und Zeit der Nutzung statt. Die Waldverwüstungen, welche der unbeschränkte Holzhieb zur Folge hatte, führten sodann, früher bei hochwerthigem, später bei geringwerthigem Holze zu mehr oder minder speciellen Vorschriften über Anweisung des Berechtigungsholzes, die sich bereits im Urbarium des Klosters Maurermünster (1144) finden, im 13. und 14. Jahrhundert häufiger auftreten, im 15. und 16. Jahrhundert fast überall für Bauholz eingeführt sind und im 16. bis 18. Jahrhundert in Marken- und Forstordnungen z. B. für Lingen (MO. von 1590), für Braunschweig (FO. 1591), Württemberg (FO. 1614), Bayern (FO. 1616) auch auf Brennholz ausgedehnt wurden.

Die Holzanweisung erfolgte häufig gegen Anweisegeld (Stammgeld, Stammrecht) durch die Mark- und Forstbeamten (Holzrichter, Förster, Holzmeister, Maltermannen, Weiser). Sie bestand entweder z. B. beim Bauholze auf Grund vorheriger Bedarfsfeststellung in der Anweisung der Bäume, welche mit dem Scharbeil (dem Schlageisen oder der Malbarbe) gezeichnet wurden, oder in der Anweisung der Nutzungsorte, oder in der Feststellung bestimmter Nutzungszeiten (Jahreszeiten und Wochentage). In Verbindung damit wurden häufig Bestimmungen über Fortschaffung des Holzes innerhalb einer bestimmten Zeit und über die Verwendungscontrolle erlassen.

von Maurer, Markenverfassung 1856 § 36 S. 126, § 38 S. 130, § 76 S. 265,
 — Dorfverfassung I. Bd. § 31 S. 78, § 102 S. 235, § 103 S. 239.
Gierke, Deutsches Genossenschaftsrecht II 1873 § 10 S. 261.
Smoler, Historische Blicke auf das Forstwesen 1847 S. 147.
Kins, Forstwesen Thüringens im 16. Jahrh. 1869 S. 46.

6. **Walderhaltungspflicht des Waldeigenthümers.**

Abweichend von dem strengen Rechtsbegriffe der Servitut, deren Belastung in Duldungen oder Unterlassungen besteht, ist dem Waldeigenthümer bei denjenigen Grundgerechtigkeiten, deren Nutzungs=

gegenstände von den Waldbäumen, dem Waldbestande geliefert werden (Waldbestands-Servituten), die Erhaltungspflicht des Servitutwaldes auferlegt. Dieselbe erstreckt sich auf den Holzeinschlag und die Holznachzucht. Beide müssen so geregelt und gehandhabt werden, daß ein zur nachhaltigen Erhaltung des servitutischen Nutzungsrechts erforderlicher Holzbestand, soweit dies überhaupt wirthschaftlich zulässig ist (also z. B. nicht ein Bestand von Lagerholz) erhalten bleibt.

Da die Größe des nachhaltigen bez. wirthschaftlich angemessenen Holzeinschlages durch die Forsteinrichtung festgestellt wird, so ist dem Eigenthümer von Servitutwaldungen nach Preußischem und Oesterreichischem Rechte auf Antrag des Servitutberechtigten die Forsteinrichtungspflicht auferlegt.

Das Preußische Recht bestimmt in dieser Hinsicht in § 230 Tit. 22 I in Betreff der Holzberechtigungen, nachdem vorher von dem durch üble Wirthschaft oder übertriebenen Holzverkauf herbeigeführten Holzmangel die Rede gewesen war, Folgendes:

> „§ 230. Auch ist der Holzberechtigte, um einem solchen Mangel vorzubeugen, darauf anzutragen befugt, dass der Eigenthümer des Waldes angehalten werde, den Wald in ordentliche Schläge einzutheilen.“

Zur Zeit der Emanation des Preußischen Landrechts bestand die übliche Methode der Forsteinrichtung in der Schlageintheilung. — Unter dem „Eintheilen in ordentliche Schläge“ ist daher die Forsteinrichtung zu verstehen.

Weiter gehen die Bestimmungen des Oesterreichischen Forstgesetzes vom 3. Dezember 1852 über nachhaltige Bewirthschaftung und forstliche Einrichtung der Servitutwaldungen, indem in § 9 vorgeschrieben wird:

> „§ 9. Wälder, auf welchen Einforstungen (s. g. Waldservituten) lasten, müssen nicht blos erhalten, sondern in angemessener Betriebsweise nachhaltig bewirthschaftet werden.
>
> Die Art und Grösse der Waldnutzung in derlei Wäldern bestimmt der nach diesem Grundsatze auf Verlangen des Berechtigten oder Belasteten festzustellende Wirthschaftsplan.“

Die Pflicht der Holznachzucht ist dem Waldeigenthümer durch das Preußische Landrecht bei den Berechtigungen auf bestimmte Holzarten auferlegt, indem es in § 232 Tit. 22 I ALR. bezüglich des Servitut-Berechtigten heißt:

> „§ 232. Er kann jedoch den Eigenthümer zur Wiederanpflanzung dieser Holzart anhalten.“

Auch aus dem Präjudiz des Preußischen Obertribunals vom 13. Juni 1850 (Präj. 2229 Entsch. Bd. 20 S. 229) geht hervor, daß bei Holzberechtigungen die Holznachzucht zu den wirthschaftlichen Pflichten des Waldeigenthümers gehört, indem eine schuldbare Vernachlässigung der Waldkultur als eine Art von übler Waldwirthschaft bezeichnet wird, welche den Waldeigenthümer bei einem dadurch verursachten Holzmangel zur Entschädigung verpflichtet.

7. Gegenleistungen für Holzberechtigungen.

Die Ausübung der Holzberechtigungen ist häufig mit Gegenleistungen seitens der Berechtigten verbunden. Sie bestehen in Arbeitsleistungen, Naturalabgaben oder Geld, sind ihrer rechtlichen Natur zufolge bald Entgelder für die Holznutzung, bald Beiträge zu den Kosten der forstlichen Verwaltung oder Wirthschaft und gründen sich theils auf specielle Rechtstitel, theils auf allgemeine gesetzliche Verordnungen (Forstordnungen). Ihre Entstehung reicht mitunter zurück bis zur Bildung des Grundeigenthums und der Nutzungsrechte am Walde.

Arbeitsleistungen (z. B. Kulturdienste, Jagddienste) sind meist aus der Grundherrlichkeit hervorgegangen. Sie bildeten ein Entgeld für die den Grundhörigen eingeräumten Waldnutzungen und sind zum Theile z. B. die Jagddienste unentgeltlich aufgehoben.

Naturalleistungen (z. B. Wahrkorn, Holzhafer, Lieferungen von Kienäpfeln) lassen sich vielfach auf die Verhältnisse der Markgenossenschaft, der Grundherrlichkeit oder der Kolonisation zurückführen. Sie bildeten theils Entgelder für Waldnutzungen, theils Vergütungen für die Forstbeamten, theils Beihülfen zur Waldkultur.

Neuen Ansiedlern in der Mark oder unfreien, des echten Grundeigenthums unfähigen Leuten wurden von der Markgenossenschaft „Wahrberechtigungen" auf geringwerthiges Brandholz, Lagerholz ꝛc., auch auf Waldweide gegen Entrichtung von „Wahrkorn" überlassen.

R. E. 28. März 1851. OT. 21. October 1852.

Z. f. LEG. Bd. VI S. 268.

Nach dem Urbarium des Klosters Maurermünster vom Jahre 1144 erhielten die Förster von den Bau- und Brennholzberechtigten zu Ostern ein Huhn und 5 Eier.

Anton, Geschichte der deutschen Landwirthschaft. Bd. II. S. 340.

Dasselbe gilt von den Gegenleistungen in Geld, welche unter verschiedenen Bezeichnungen (Anweisegeld, Stammgeld, Pflanzgeld, gewöhnliches Holzgeld, Stockpennig, Stockgeld, Brennzins, Haide=miethe) vorkommen.

Das Anweisegeld ist eine Gebühr für die Holz-Anweisung durch die Forstbeamten, also ein Beitrag zu den Forstverwaltungs=kosten.

Das in den Forstordnungen vorgeschriebene Stammgeld be=sitzt nach den Entscheidungen des Preußischen Obertribunals und Revisions=Collegiums ebenfalls die rechtliche Natur einer Forst=Ver=waltungs=Gebühr, und ist wegen dieser seiner Eigenschaft nicht nur von den Holzkäufern, sondern auch ohne vertragsmäßige Feststellung von den Holzberechtigten zu entrichten, gleichviel, ob die letzteren das Berechtigungsholz für einen Theil ($\frac{1}{2}$, $\frac{1}{3}$) der Holztaxe oder völlig taxfrei beziehen.

> OT. 13. Januar 1852. Präj. 2431. Präj.=Samml. Bd. 2 S. 114. Entsch.
> Bd. 25 S. 77.
> OT. 5. Januar 1854. Strieth. Arch. Bd. 11 S. 193 Nr. 42. —
> Beide Entscheidungen ergangen für den Bereich der Schles. Holz=, Mast= und
> Jagd=Ordn. v. 19. April 1756; —
> R. C. 9. Sept. 1853. Z. f. LCG. Bd. VII S. 217, erkannt für den Bezirk
> der Holz= ꝛc. O. vom 20. Mai 1720 für die Mittel=, Alt=, Neu= und
> Uckermark; —
> R. C. 27. Sept. 1850. Z. f. LCG. Bd. III S. 277, erkannt für den Gültig=
> keitsbereich der Westpreuß. Forst= und Jagd=O. v. 8. Oct. 1805 selbst für
> den Fall, daß Berechtigungen auf freies Bau= und Nutzholz sich auf
> Privilegien gründen, welche vor Erlaß der F.= u. JO. verliehen sind.

Koch hält es für bedenklich, dem Stammgelde den Character einer Forst=verwaltungs=Gebühr bezw. =Steuer beizulegen, indem er die Ansicht vertritt, daß dieselbe lediglich als ein Theil des Holzpreises anzusehen sei.

> Koch Allg. Landr. für die Preuß. Staaten II. Bd. 6. Ausg. 1879 Note 78 zu
> § 213 Tit. 22. I ALR.

Nach der Kurmärkischen Holz=, Mast= und Jagdordnung vom 20. Mai 1720 erfolgte der Holzverkauf aus freier Hand gegen Entrichtung der von Zeit zu Zeit festgestellten Holztaxe. Von den Holzkäufern wurde außer der Holztaxe der achte Theil derselben als Stammgeld gezahlt, so daß der gemeine Werth des Holzes sich aus der Summe von Holztaxe und Stammgeld ergab. Nach=dem der taxmäßige durch den licitationsweisen Holzverkauf ersetzt worden war, welcher nunmehr den gemeinen Holzwerth darstellte, kam die besondere Erhebung des Stammgeldes von den Holzkäufern in Wegfall. Es entstand nun bezüglich des von den Holzberechtigten zu entrichtenden Stammgeldes die Streitfrage, ob dasselbe dem achten oder dem neunten Theile des Licitationspreises gleich=zustellen, mit anderen Worten, ob der Licitationspreis nach Abzug oder ohne Abzug des Stammgeldes als gemeiner Werth des Holzes anzusehen sei. Das

Rev. Coll. hat sich mit Recht für die zweite Alternative entschieden, so daß das von den Berechtigten zu entrichtende Stammgeld nur mit dem neunten Theile des Licitationspreises in Ansatz gebracht werden darf.

R. E. 8. Januar 1858. 3. f. LEG. Bd. XII S. 58.

OT. 10. Febr. 1859. Grundf. 1478 in 3. f. LEG. Bd. XXI S. 126.

Das nach einigen Forstordnungen z. B. für die Provinz Preußen vom 23. März 1739, für Ostpreußen und Litthauen vom 3. Dezember 1775, für Magdeburg und Halberstadt vom 3. October 1743, für die Mark Brandenburg vom 20. Mai 1720 von Holzkäufern und Holzberechtigten zu entrichtende Pflanzgeld für Eichen ist eine Forstkultur=Gebühr. Dasselbe muß in dem Bezirke der Schlef. Holz=, Mast= und Jagdordnung vom 19. April 1756 auf Grund der letzteren von allen Holzberechtigten, auch wenn sie das Berechtigungsholz taxfrei erhalten, gezahlt werden.

OT. 5. Januar 1854. Strieth. Arch. Bd. 11 S. 193 Nr. 42.

Das Pflanzgeld bildete einen Ersatz für die den Holzberechtigten nach den Weisthümern obliegende Verpflichtung zur Nachpflanzung in den Berech= tigungswäldern. So sollte nach der Hofsprache des Amtshofs zu Lüdinghausen „jeder Hofhörige nicht allein 25 Telgen und zwar zu rechter Zeit potten und „pflanzen, sonst ein Blamüser für jede nicht gepflanzte Telge geben, sondern „auch einen Kamp oder bezäunten Platz mit Eicheln besäen zum Bepflanzen".

Aehnliches verordnet das Hofrecht von Loen.

v. Maurer, Geschichte der Frohnhöfe, der Bauernhöfe und der Hofverfassung in Deutschland. 1863. III. Bd. S. 215.

Unter dem „gewöhnlichen Holzgelbe", gegen dessen Ent= richtung in einem Rechtsfalle der Fiscus angesetzten Kolonisten das Recht auf Raff= und Leseholz verliehen hatte, ist das zur Zeit der ursprünglichen Verleihung gewöhnliche Holzgeld zu verstehen.

OT. 16. December 1845.

von Rönne, Ergänzungen 6. Ausg. II. Bd. 1875 Note 6e zu § 213 Tit. 22 I. ALR.

Wegen der Haidemiethe f. § 8 bei Leseholzberechtigungen.

IV. Bedeutung der Holzberechtigungen.
Vgl. Th. I § 7 S. 59—67.

In den Bereich der Holzberechtigungen fallen die verschiedensten Nutzungsgegenstände, Aneignungsarten und Verwendungszwecke von Holz. Bauholzrechten unterliegen die hochwerthigsten, Leseholzrechten die geringwerthigsten Waldprodukte. Bestimmte Brennholzberechtigungen beeinträchtigen die Waldwirthschaft selten, können sogar mitunter für den Holzabsatz förderlich sein, während Berechtigungen auf Lagerholz, Bruchholz, Trockenstämme mit jeder geordneten Waldwirthschaft unverträglich sind. Umfangreiche Nutzholz=Berechtigungen, welche den größten Theil des Waldertrags dem Berechtigten zuwenden, bilden einerseits ein Hinderniß waldwirthschaftlicher Verbesserungen, deren Früchte vorzugsweise dem Berechtigten zufallen würden, und geben andererseits dem Berechtigten Anlaß zu einer dem volkswirth=schaftlichen Interesse zuwiderlaufenden unwirthschaftlichen Consumption. Leseholzberechtigungen dagegen können bei unzureichender Arbeitsge=legenheit und armer Bevölkerung für den Berechtigten und für die nationale Gesammtwirthschaft überwiegende Vortheile darbieten.

Die Verschiedenheit dieser und anderer von den Nutzungsgegen=ständen und dem Umfange der Holzberechtigungen abhängigen Ver=hältnisse läßt es zur Vermeidung von Wiederholungen rathsam er=scheinen, die Bedeutung der Holzservituten für den Waldeigenthümer, den Berechtigten und die Volkswirthschaft unter Anlehnung an die in § 7 Th. I vorgetragenen allgemeinen Gesichtspunkte bei den ein=zelnen Arten der Holzgrundgerechtigkeiten (§ 3—14) einer ein=gehenden Würdigung zu unterziehen.

V. Regelung der Holzberechtigungen.

Die Waldgrundgerechtigkeiten unterliegen, wie früher (Th. I § 8 S. 68) auseinandergesetzt wurde, theils der allgemeinen, ein für allemal durch Gesetz geordneten forstpolizeilichen Regelung, theils der besonderen, auf Grund des Gesetzes durch die Behörden statt=findenden zwangsweisen Regelung in jedem einzelnen Falle, welche nach Preußischem Rechte nur auf Antrag des Waldeigenthümers in das Werk gesetzt wird.

Für die polizeiliche Regelung der Holzberechtigungen, welche sich im Interesse der Waldschonung auf Art, Zeit und Ort der Holznutzung erstreckt, ist meist in befriedigender Weise gesorgt. In welchem Umfange dadurch die Waldschonpflicht des Berechtigten geordnet ist, und in welchen Beziehungen Ergänzungen der forst=polizeilichen Bestimmungen wünschenswerth erscheinen, wird bei den einzelnen Arten der Holzberechtigungen zur Erörterung gelangen.

Die Antrags = Regelung der Holzberechtigungen, welche den Nutzungsgegenstand durch Umwandlung, den Umfang der servitut= belasteten Fläche durch Freilegung und Umlegung, das Nutzungsmaß durch Feststellung (Fixation) und Einschränkung regelt, besitzt in Preußen wegen der daselbst bestehenden Ablösbarkeit sämmtlicher Holzservituten und wegen des sowohl dem Waldeigenthümer als dem Berechtigten zustehenden Ablösungs=Antrags nur eine unter= geordnete Bedeutung.

Die in Th. I § 8 nicht erwähnte Umlegung besteht in der Verlegung der Dienstbarkeit von der ursprünglich belasteten auf eine andere Stelle. Die Ver= legung auf eine dem Servitutberechtigten gleich bequeme Stelle ist nach fran= zösischem Rechte (Art. 701 des Code civil) zulässig, wenn veränderte Umstände eine stärkere Belastung des Eigenthümers herbeigeführt haben oder die Dienst= barkeit ein Hinderniß von Verbesserungen bildet.

Zachariae von Lingenthal, Handbuch des französischen Civilrechts, 6. Aufl. II. Bd. 1875 § 254 a S. 91.

Das Preußische Allg. Landrecht berührt die Servitutumlegung in dem für Weideberechtigungen erlassenen, durch § 174 der Altpreuß. G. Theil.=Ordn. vom 7. Juni 1821 auf alle Arten von ländlichen Grundgerechtigkeiten ausge= dehnten § 81 Tit. 22 Th. I, indem es dort heißt:

> „§ 81. Andere Arten der Benutzung kann der Besitzer des belasteten Guts nur insofern ausüben, als der erforderliche Weide= bedarf dadurch nicht geschmälert oder der entgehende Bedarf durch Anweisung eines anderen gleich gut gelegenen Stücks vollständig vergütet wird.“

Die Servitut=Umlegung unterliegt aus denselben Gründen, wie die selbst= ständige Freilegung in Gemäßheit des § 174 der GThO. vom 7. Juni 1821 und des § 1 des Ausführ.=Ges. von demselben Tage zu dieser GThO. der Zu= ständigkeit der Auseinandersetzungs=Behörden, jedoch mit der durch §§ 178 bis 180 d. GThO. angeordneten Vorentscheidung durch Magistrat oder Kreis= landrath.

S. Th. I § 8 S. 71, Th. II § 24 IV und § 26 II 2 dieses Werkes.

In der untergeordneten Bedeutung der Antrags=Regelung von Holzberechtigungen mag es begründet sein, daß von den vorhin er= wähnten Arten derselben nur die Servitut=Freilegung nach Theil= Ablösungen in allen Preuß. GThO. mit alleiniger Ausnahme der Rhein. GThO. eine Stelle gefunden hat. Umwandlung, selbständige Freilegung, Umlegung und Einschränkung von Holzberechtigungen beschränken sich auf den Geltungsbereich der Altpr. GThO. vom 7. Juni 1821. — Die Fixation von unbestimmten Holzservituten ist außer dem gedachten Gebiete noch zugelassen in dem Gültigkeits=

bezirke der Hessischen GThO. (zufolge Art. 5 des Ergänz.-Ges. vom 25. Juli 1876), der Verordnung vom 14. September 1867 für den Oberharz (Provinz Hannover) und der Hohenzollern'schen GThO. vom 23. Mai 1885 (§ 23).

Unter Umständen kann die Regelung der Waldgrundgerechtig=keiten für den Waldeigenthümer oder den Berechtigten oder die Volkswirthschaft und Gesellschaft vortheilhafter sein, als die Ab=lösung.

Im Interesse des Waldeigenthümers liegt die Regelung der Holzberechtigungen anstatt der Ablösung, wenn dieselben bei ge=regelter Ausübung die vortheilhafteste Waldwirthschaft nicht hin=dern, wenn der Absatz des Berechtigungsholzes etwa durch die Konkurrenz fossiler Brennstoffe Schwierigkeiten findet, wenn die Ausübung der Berechtigungen in der Abnahme oder Einstellung begriffen ist, wenn die Ablösung nach dem Nutzungsertrage dem Waldeigenthümer größere Opfer auferlegen würde, als die durch den Ablösungsantrag des Belasteten ausgeschlossene Vortheilsab=lösung oder endlich, wenn der Waldeigenthümer die Mittel zur Ablösung nicht aufzubringen vermag.

Der Berechtigte wird der Regelung den Vorzug geben, wenn er nach Lage seiner wirthschaftlichen Verhältnisse die durch die Dienstbarkeit bezogene Nutzung nicht entbehren, einen Ersatz für die=selbe nicht beschaffen oder die auf die Servitutausübung verwendete Arbeit anderweit nicht verwerthen kann.

Den volkswirthschaftlichen und socialen Rücksichten entspricht die Regelung mehr als die Ablösung, wenn das Volkseinkommen und die Erwerbsgelegenheit der Unbemittelten durch die Ablösung eine Einbuße erleiden würden.

In welchen Fällen und in welcher Weise nach diesen allge=meinen Gesichtspunkten die Regelung der Holzberechtigungen in Be=tracht zu ziehen ist, wird bei den einzelnen Arten derselben zur Er=örterung gelangen.

VI. Ablösung der Holzberechtigungen.

1. Ablöslichkeit.

Nach Preußischem Rechte sind mit 2 Ausnahmen alle Arten von Holzberechtigungen der Zwangs-Ablösung auf Antrag des Be=

rechtigten oder des Verpflichteten unterworfen. Die erste Ausnahme bezieht sich nach § 13 der Hannover'schen GThO. vom 13. Juni 1873 auf die Brennholzberechtigungen im Oberharze insofern, als die Zwangsablösung ausgeschlossen sein soll, wenn nach den gesetzlichen Bestimmungen über die Abfindungsart (§ 12 a. a. O.) eine Abfindung in Geldrente eintreten würde. Die zweite Ausnahme enthält § 4 der Hohenzollern'schen GThO. vom 23. Mai 1885, wonach die Ablösung sowohl von bestimmten Holzberechtigungen, als von Leseholz nur auf Antrag aller Betheiligten erfolgen kann.

2. Die Nutzwerth-Ermittelung.

Die Holzberechtigung folgt im Allgemeinen unter Sonderung von Natural-Ertrags-Ermittelung, Geldwerthermittelung und Kapitalisirung den im Th. I § 15 S. 128 u. f. gegebenen Regeln.

Die Naturalertrags-Ermittelung hat die Größe des Berechtigungs-Anspruchs in den servitutmäßigen Holzarten und Holzsorten festzustellen. Zu diesem Zwecke ist häufig der Holzertrag sowohl des Berechtigungs-Waldes (bei Waldunzulänglichkeit), als der dem Servitutberechtigten gehörigen Holzungen (behufs Feststellung der vom Vollbedarfe abzurechnenden anderweiten Befriedigungsmittel, bei unbestimmten Holzberechtigungen) zu ermitteln. Die beste Grundlage für die Holzertrags-Ermittelung sind brauchbare Abschätzungswerke und Wirthschaftsbücher. Wenn dieselben fehlen, ist es Sache der Forst-Sachverständigen, die Einschätzung des Holzertrags zu bewirken. Als Hülfsmittel für diesen Zweck sind Holzertragstafeln

für die Rothbuche (Tafel I)

= = Kiefer (Tafel II)

= = Fichte (Tafel III)

unb = = Weißtanne (Tafel IV)

beigefügt, welche sich auf regelmäßige Hochwaldungen beziehen und die Holzerträge nach Haupterträgen und (mit Ausnahme der Weißtanne) nach Vorerträgen, sowohl im Ganzen als nach Holzsortimenten, für die Verschiedenheiten der Standortsklassen und des Alters enthalten. Für die übrigen Holzarten, sowie für Mittel- und Niederwaldungen fehlen brauchbare, allgemeine Ertragstafeln. In Betreff derselben hat sich daher die Einschätzung auf örtliche Erhebungen oder auf Local-Ertragstafeln unter Benutzung der hinsichtlich ihrer Anwendbarkeit zu prüfenden älteren Ertragstafeln z. B. von Burckhardt zu stützen.

Des bequemen Gebrauchs wegen sind die sämmtlichen diesem Werke beigegebenen Tafeln am Schlusse desselben zusammengestellt.

Wenn die Holzberechtigung sich auf verschiedene Holzarten und Sortimente erstreckt, empfiehlt es sich in der Regel, aus Rücksichten der Einfachheit und Uebersichtlichkeit, namentlich auch für die Geld=werthermittelung, den Naturalertrag in Kubikmetern fester Holzmasse (Festmetern) der am meisten benutzten Berechtigungssortimente der meist vertretenen Holzart (Normal=Sortimente) auszudrücken. Der Umwandlung in Festmeter des Normal=Sortiments dient

die Festgehaltstafel (Tafel V), welche für die gebräuchlichen Holz= und Rindensortimente der Hauptholzarten den Festgehalt der Raummaße und Gewichte angiebt.

Die Besonderheiten der Naturalertrags=Ermittelung bezüglich der verschiedenen Arten von Holzberechtigungen werden bei Erörte= rung der letzteren zur Darstellung gelangen.

Für die Geld=Werthermittelung kommen vorzugsweise die Holzpreise und Werbungskosten in Betracht.

Gesetzliche Bestimmungen über die Ermittelung der Holzpreise enthalten nach Preußischem Rechte nur Art. 1 des Ergänzungsgesetzes vom 25. Juli 1876 zur Hessischen GThO. und § 14 der Hohen= zollern'schen GThO. vom 23. Mai 1885. Dieselben bestimmen gleichlautend:

> „Der Jahreswerth von Holzsortimenten wird, soweit es aus=
> führbar, nach dem Durchschnitt derjenigen Preise bestimmt,
> welche für dieselben in der belasteten Forst während der der
> Werthbestimmung vorhergegangenen fünf Jahre in den öffent=
> lichen Holzversteigerungen erzielt worden sind.“

Der Zeitraum von 5 Jahren ist für die Preisermittelung des Holzes zu kurz gegriffen, weil ungewöhnliche Preisschwankungen bei demselben keine Aus= gleichung finden. Bei ungewöhnlich hohem Preisstande, wie solcher in den Jahren 1872 bis 1876 herrschte, wird der Waldeigenthümer, bei ungewöhn= lich tiefem Preisstande, wie solchen die Jahre 1877 bis 1882 brachten, der Berechtigte durch die Ablösung beeinträchtigt. Es liegt nahe, daß die Preis= bewegung von dem dabei gewinnenden Theile zu Ablösungsanträgen be= nützt wird.

In Ermangelung gesetzlicher Vorschriften hat die Ermittelung der Holzpreise unter Berücksichtigung der mittleren Absatzlage des Servitutwaldes nach den früher (Th. I § 15) gegebenen Regeln durch Forst=Sachverständige, womöglich auf Grund der Steigerpreise für die

Berechtigungs-Sortimente oder die den letzteren qualitativ nahe stehen=
den Holzsortimente stattzufinden. Dabei dürfte es sich in der Regel
empfehlen, einen 14 jährigen Zeitraum mit Ausschluß der beiden
theuersten und der beiden wohlfeilsten Jahre zum Grunde zu legen.

Die in der technischen Instruction für die Generalcommission von Pommern (§ 91) empfohlene Zugrundelegung der Holztaxe ist nicht rathsam, weil
die letztere weder auf hinreichend lange Zeiträume, noch auf die mittlere Ent=
fernung des Servitutwaldes von den Berechtigungsorten die gebührende Rück=
sicht nimmt.

Die Holzwerbungskosten bestehen je nach der Art der Holz=
berechtigungen in der Fällung, Rodung, Zerkleinerung, Aufarbeitung,
dem Sammeln und Zusammenbringen in Haufen. Einen brauch=
baren Anhalt für dieselben gewährt in Betreff der marktgängigen
Holz=Sortimente die Hauerlohnstaxe des belasteten Forstreviers.
Soweit die letztere nicht ausreicht, kann für die Veranschlagung der
Werbungskosten die auf Arbeitszeit bezogene Holzwerbungs=Tafel
(Tafel VI) benutzt werden. Bei Anwendung derselben ist ebenfalls
auf die mittlere Entfernung des Servitutwaldes von den Berechti=
gungsorten Rücksicht zu nehmen.

Für die Kapitalisirung der jährlichen oder periodischen,
gleichen oder ungleichen Nutzungsrenten ist die Wahl des Berechti=
gungszinsfußes (Th. I § 15 S. 148) von hervorragender Wichtigkeit.
Derselbe kann, wie dies bei den einzelnen Berechtigungsarten zur
Erörterung gelangen wird, alle Stufen von der unteren Grenze
(z. B. bei Bauholzberechtigungen) bis zur oberen Grenze (z. B. bei
Leseholzservituten) durchlaufen.

3. Die Vortheils-Werthermittelung s. Th. I § 16

hat bei Holzberechtigungen nur den unmittelbaren, in der
Verwerthung des Servitutholzes durch den Waldeigenthümer lie=
genden Vortheil in Anschlag zu bringen. Ein mittelbarer Vor=
theil ist bei hochwerthigen Holzsortimenten nicht vorhanden, und läßt
sich bei geringwerthigen Holznutzungen, z. B. bei Leseholz nicht in
zuverlässiger Art begründen.

4. Abfindungsarten.

Nach preußischem Ablösungsrechte findet bei Holzberechtigungen,
vorbehaltlich einer Einigung der Betheiligten über die Abfindungs=
art, je nach den Umständen und Rechtsgebieten die Abfindung in
landwirthschaftlichem Nutzlande, oder in Waldland, oder in an=

derem als landwirthschaftlichem bezw. forstlichem Nutzlande, oder in Geld statt.

a) Abfindung in landwirthschaftlich benutzbarem Grund und Boden muß, abgesehen von den zur ausschließlichen Geldabfindung bestimmten Holzberechtigungen (s. unter d) gegeben bezw. ange= nommen werden, wenn die landwirthschaftliche Benutzung nachhaltig einen höheren Reinertrag liefert, als die forstliche Benutzung, wenn ferner den allgemeinen gesetzlichen Bedingungen der Landabfindung genügt und die gesetzlich zulässige Waldabfindung vom Waldeigen= thümer nicht gewählt wird bezw. nicht gegeben zu werden braucht.

Vgl. namentlich auch bezüglich der zulässigen Arten des landwirthschaftlichen Nutzlandes Th. I §§ 18, 19.

b) Die gesetzlichen Bestimmungen über die Waldabfindung für alle nicht zur ausschließlichen Geldabfindung bestimmten Holzberechti= gungen sind territorial verschieden.

Im Bereiche der Altpreußischen, Rheinischen, Nassauischen und Schleswig=Holsteinischen Gem.=Theil.=Ordnungen ist der Waldeigen= thümer berechtigt, aber nicht verpflichtet, Waldabfindung zu geben, wenn dieselbe zu einer nachhaltigen forstmäßigen Benutzung geeignet ist und den allgemeinen Bedingungen der Landabfindung entsprochen wird.

Vgl. Th. I § 20 S. 221.

In der Provinz Hannover, mit Ausschluß des Oberharzes, liegt dem Waldeigenthümer bei Holzberechtigungen von Gemeinden und Genossenschaften die Verpflichtung ob, Waldabfindung zu gewähren, wenn er nicht Landabfindung in außerforstlicher Kulturart wählt, und wenn sowohl das abzutretende als das dem Waldeigenthümer verbleibende Forstland zur forstwirthschaftlichen Benutzung ge= eignet ist.

Vgl. Th. I § 20 S. 219.

In dem Bezirke der Hessischen und der Hohenzollern'schen Gem.= Theil.=Ordnung endlich gelten bezüglich der Waldabfindung für Holz= berechtigungen von Gemeinden und Genossenschaften bei Provoca= tion des Waldeigenthümers die Vorschriften des Hannover'schen Ablösungsrechts, dagegen im Uebrigen die Bestimmungen des Alt= preußischen Ablösungsrechts.

Vgl. Th. I § 20 S. 220.

c) Landabfindung in anderem als landwirthschaftlichem oder forstwirthschaftlichem Nutzlande, z. B. in Torfland, unterliegt außer=

halb des Bereichs der Altpreußischen Gem.-Theil.-Ordnung denselben Bedingungen, wie landwirthschaftliches Nutzland, jedoch mit der Maßgabe, daß bei der alternativen Reinertragsberechnung die außerforstliche Benutzung mit der forstlichen Benutzung verglichen wird. Vgl. Th. I § 21 S. 229.

d) Die Geldabfindung für Holzberechtigungen ist entweder eine ausschließliche oder eine eventuelle.

Ausschließliche Geldabfindung ist vorgeschrieben:

im Bezirke der Altpreußischen Gem.-Theil.-Ordnung für Wildholzberechtigungen auf Agrikulturland,

im Bereiche der Nassauischen GThO. für Berechtigungen auf urkundlich verliehene Holzabgaben,

im Oberharz bei Berechtigungen auf Nutzholz und Holzkohlen.

Eventuelle Geldabfindung findet bei den übrigen Holzberechtigungen dann statt, wenn Landabfindung nicht gegeben oder angenommen zu werden braucht.

Für Brennholzberechtigungen im Oberharze ist Geldabfindung gegen den Willen des Berechtigten oder Belasteten unzulässig und die Ablösung ausgeschlossen, wenn Abfindung in außerforstlich benutzbarem Lande nicht gegeben werden kann. Vgl. Th. I § 23 S. 235 flg. und oben VI, 1 S. 34.

§ 3.

Bestimmte Holzberechtigungen.

I. Begriff und rechtliche Natur.

Bestimmte (gemessene) Holzberechtigungen sind diejenigen Holzberechtigungen, deren Nutzungsansprüche qualitativ, quantitativ und zeitlich feststehen. Gegenstand, Maß und Zeit des servitutischen Nutzungsanspruchs müssen sammt und sonders bestimmt sein.

Die Bestimmtheit des Gegenstandes (qualitative Bestimmtheit) erstreckt sich auf Holzart und Holzsorte (Nutzholz, Scheitholz, Knüppelholz rc.). Die Bestimmtheit des Maßes (quantitative Bestimmtheit) findet ihren Ausdruck in der Quantität des Maßes (Raummeter, Festmeter) oder des Gewichts. Der Bestimmtheit hinsichtlich der Zeit wird genügt, wenn die Nutzung jährlich stattfindet oder die Nutzungszeiten sonstwie zahlenmäßig feststehen.

Die bestimmten Holzberechtigungen erstrecken sich gewöhnlich auf Brenn-holz mit jährlichem Nutzungsbezuge, während die Berechtigungen auf Nutzholz (Bauholz, Schirrholz) in der Regel schon wegen der nicht im Voraus zu be-stimmenden Bedarfszeit unbestimmt sind.

Die bestimmten Holzberechtigungen zerfallen in ursprünglich d. i. durch den Erwerbstitel bestimmte, und in firirte d. h. solche ursprünglich unbestimmte Holzberechtigungen, welche in Bezug auf Gegenstand, Maß und Zeit der Nutzung durch späteres Ueberein-kommen festgestellt worden sind.

Sowohl bei ursprünglich bestimmten, als bei firirten Holz-Be-rechtigungen kann die Werbung des Holzes durch den Holzberechtigten oder durch den verpflichteten Waldeigenthümer erfolgen.

Eine bloße Beihülfe des Belasteten z. B. die Fällung und Aufarbeitung des Holzes gegen Erstattung des Hauerlohns, ferner die Anweisung des Holzes beeinträchtigen die rechtliche Natur der Servitut nicht.
Vgl. darüber sowie über die Unterscheidungsmerkmale zwischen Holzservituten und Holz-Reallasten Th. I § 1 S. 6.

Durch Firation einer unbestimmten Holzberechtigung wird die rechtliche Natur der Grundgerechtigkeit nicht verändert.
Vgl. darüber a. a. O. S. 7.

Bestimmte Holzberechtigungen jeglicher Art enthalten für den Berechtigten die Befugniß, das Berechtigungsholz zu verkaufen.
Erf. des vormal. Ob.-Apell.-Sen. des Preuß. Kammergerichts vom 23. Dec. 1812 (v. Kampß Jahrb. Bd. 1 S. 142).
Koch: Preuß. Landr. Note zu § 235 Tit. 22 I ALR.
Ebing, Rechts-Verhältnisse des Waldes S. 111, welcher die Verkaufs-Befugniß damit begründet, daß der Waldeigenthümer bei bestimmten Holz-berechtigungen kein rechtliches Interesse an der Verfügung über das Holz habe.
Auch nach Bayerischem Forstrechte ist der Verkauf der in ein jährliches Maß umgewandelten Forstberechtigungen statthaft. Vgl. Ganghofer, Forstgesetz Art. 97.
Dagegen untersagt der Code forestier in Art. 83 bei Strafe den Verkauf des Berechtigungsholzes für alle Holzberechtigungen.

Im Zusammenhange damit steht die vom Ober-Landes-Cultur-Gerichte vertretene, aus dem freien Verfügungsrechte abgeleitete Rechts-Ansicht, daß Holzberechtigungen durch Firation theilbar werden, was aus dem gleichen Rechtsgrunde auch für ursprünglich bestimmte Holzberechtigungen Geltung haben dürfte. Daraus würde folgen, daß bestimmte Holzberechtigungen bei Parcellirung des berechtigten

Grundstücks von dem Berechtigten einseitig auf die Theilstücke (Ge=
bäude oder Ländereien) vertheilt werden können.

Vgl. § 2 I f. S. 7

II. Umfang.

Aus den in § 2 über den Umfang der Holzberechtigungen im
Allgemeinen erörterten Rechtsgrundsätzen ist in Betreff der bestimmten
Holzberechtigungen Folgendes hervorzuheben:

Die Erfüllung des Berechtigungs=Anspruchs ist an das Wirth=
schaftsjahr gebunden, in welchem der Anspruch fällig ist. Voraus=
Entnahme für künftige Jahre, ingleichen (bei Versäumnissen der
Nutzungs=Aneignung bez. der Geltendmachung des Anspruchs seitens des
Berechtigten) Nachforderungen für vergangene Jahre sind unstatthaft.

Vgl. § 2 III 1 S. 10.

Im Falle der Waldunzulänglichkeit unterliegen bestimmte Holz=
berechtigungen jeder Art, also sowohl firirte als ursprünglich be=
stimmte Berechtigungen, für die Dauer der Waldunzulänglichkeit,
sofern letztere nicht von dem Waldeigenthümer verschuldet ist, einer
nach dem Verhältnisse des Waldertrags zu dem Nutzungs=Anspruche
aller Berechtigten zu bemessenden Kürzung des Nutzungsmaßes.

Vgl. § 2 III 2 S. 13.

Bei Waldunzulänglichkeit haben ursprünglich bestimmte Holz=
berechtigungen ein Vorzugsrecht vor dem Mitnutzungsrechte des
Waldeigenthümers, soweit das letztere zur Befriedigung des haus=
und landwirthschaftlichen bez. gewerblichen Holzbedarfs dient, so daß
die Bedarfsbefriedigung des Waldeigenthümers erst nach Befriedi=
gung des vollen Berechtigungs=Anspruchs in Frage kommt. Auf
firirte Holzberechtigungen bezieht sich dies Vorzugsrecht nicht. Die=
selben stehen vielmehr mit dem erwähnten Mitnutzungsrechte des
Waldeigenthümers, falls den letzteren hinsichtlich der Waldunzuläng=
lichkeit keine Schuld trifft, in der Rangordnung der Theilnehmer=
rechte auf derselben Stufe.

S. § 2 III 3 S. 17.

III. Bedeutung.

Die maßgebenden Gesichtspunkte für die privatwirthschaftliche und
volkswirthschaftliche Bedeutung bestimmter Holzberechtigungen ergeben
sich einerseits aus Verwendungszweck (Bauholz, Schirrholz, Brenn=

holz) und Gegenstand (Leseholz, Stockholz, Lagerholz, Windfallholz ꝛc.) der Holzberechtigungen, anderseits aus der Eigenschaft der Bestimmtheit.

Der Einfluß, welchen Nutzungszweck und Nutzungs=Gegenstand auf die wirthschaftliche Zuträglichkeit oder Unzuträglichkeit der Holz= berechtigungen ausüben, wird später bei Darstellung der nach jenen Eintheilungsgründen behandelten Berechtigungsarten gebührend ge= würdigt werden. Gegenwärtig kommt es nur darauf an, die Be= deutung klarzulegen, welche die Bestimmtheit von Holzberechti= gungen in Bezug auf Holzart, Holzsortiment, Nutzungsmaß und Zeitmaß für den Waldeigenthümer, den Berechtigten und das öffent= liche Interesse besitzen.

Im Allgemeinen sind bestimmte Grundgerechtigkeiten die zu= träglichsten Formen derselben sowohl im privatwirthschaftlichen als im öffentlichen Interesse. Sie bilden daher häufig theils vermöge freiwilligen Uebereinkommens, theils im Wege staatlichen Zwanges eine Uebergangsstufe zu freiwilliger oder zwangsweiser Ablösung. Indessen gilt dies nicht in gleicher Weise bezüglich der Gegenstände (Zeit, Holzart, Holzsortiment, Nutzungsmaß), auf welche sich die Bestimmtheit der Holzberechtigungen erstreckt.

Gewisse Holzberechtigungen, z. B. auf Bauholz, gestatten gar keine Zeitbestimmung, weil sich die Zeit des eintretenden Bedürfnisses nicht im Voraus bestimmen läßt. Theils aus diesem Grunde, theils wegen des wechselnden Bedarfsmaßes kann nach Preußischem Rechte die Fixation von unbestimmten Bauholz=Berechtigungen nicht er= zwungen werden. Bei den meisten übrigen Holzberechtigungen ist die an das Wirthschaftsjahr gebundene bestimmte Nutzungszeit durch die Natur der Dinge, zum Theil auch durch gesetzliche Vorschrift (vgl. § 2 III 1 S. 10) sowohl für bestimmte als für unbestimmte Holzberechtigungen festgestellt, giebt mithin zu Betrachtungen über die wirthschaftliche Bedeutung der ersteren keinen Anlaß.

Die qualitative Bestimmtheit in Bezug auf Holzart und Holz= sortiment kann für den Waldeigenthümer ein Hinderniß der vortheil= haftesten Waldwirthschaft sein. Dies ist der Fall, wenn die Er= ziehung anderer Holzarten z. B. von Nadelholz an Stelle von Buchen, oder anderer Holzsortimente z. B. von schwachen Nutzholz= sortimenten an Stelle von Starknutzholz wirthschaftlich vortheilhafter ist, oder wenn der Waldbesitzer wegen unzureichenden Vorraths an den betreffenden Holzarten und Holzsortimenten genöthigt ist, an den Berechtigten Nutzholz zu Brennholzzwecken abzugeben. Auch dem volkswirthschaftlichen Interesse gereichen solche Umstände zum Nachtheile, weßhalb sie zur Umwandlung oder zur Ablösung der Holzberechtigung Veranlassung geben. Wo dagegen der Berechtigungsanspruch in Bezug auf Holzart und Sortiment die Freiheit der Waldwirthschaft nicht beschränkt, stehen der qualitativen Bestimmtheit der Holzberechtigungen überwiegende Vortheile zur Seite, weil sie Nutzungs-Uebergriffe des Berechtigten bei Selbstwerbung des letztern ausschließt, Uebervortheilungen desselben durch den Waldeigenthümer, auch wenn dieser die Holzwerbung besorgt, entgegenwirkt und Unzufriedenheit mit der Erfüllung des Berechtigungs-Anspruchs nicht leicht aufkommen läßt.

Besonders wirksam in den letzterwähnten Beziehungen ist endlich die Bestimmtheit des Nutzungsmaßes. Zu Gunsten derselben gegenüber unbestimmten Holzberechtigungen spricht namentlich auch der Umstand, daß die Zulässigkeit des Holzverkaufs für den Berechtigten einen Antrieb zu vortheilhafter Verwendung und haushälterischer Benutzung des Berechtigungsholzes bildet, und in volkswirthschaftlicher Hinsicht einer unproductiven Konsumption entgegenwirkt. Gleichwohl giebt es Fälle, in denen die Unbestimmtheit des Nutzungsrechtes theils, z. B. bei Bauholz-Berechtigungen mit wechselndem Bedarfe, geboten, theils, z. B. bei Leseholz, unbedenklich erscheint.

Jedenfalls gehören bestimmte Holzberechtigungen zu denjenigen Waldgrundgerechtigkeiten, welche sich am ersten mit den Grundsätzen einer rationellen Wald- und Volkswirthschaft vertragen. Daß es für den Waldbesitzer sogar rathsam sein kann, wegen der immer weiter um sich greifenden Verdrängung des Brennholzes durch Steinkohlen und Braunkohlen auf die Ablösung bestimmter Brennholz-Berechtigungen zu verzichten, wird später (§ 7) nachgewiesen werden.

IV. Regelung bestimmter Holzberechtigungen.

Vgl. Th. I § 8 III S. 69, VI S. 78. Th. II § 2 III 2 S. 11 und V S. 31.

Der polizeilichen Regelung bestimmter Holzberechtigungen dienen die in Gesetzen und Polizei-Verordnungen enthaltenen Bestimmungen

über das Anweisungsrecht des Waldeigenthümers, über die Holzab=
fuhr u. s. w.

Der Antrags = Regelung unterliegen Umwandlung und Ein=
schränkung.

1. Die Umwandlung substituirt den Holzarten und Holz=
sortimenten des Berechtigungs=Anspruchs andere Holzarten und Holz=
sortimente.

Die Zulässigkeit der Zwangs=Umwandlung beschränkt sich in
Preußen auf den Geltungsbereich des Allgem. Landrechts, für welche
sie durch oberstgerichtliche Entscheidungen aus §§ 17 und 20, Tit. 19
Th. I ALR. gefolgert wird. Aus der Fassung dieser Gesetzesbe=
stimmungen geht hervor, daß der Antrag auf Umwandlung nur dem
Waldeigenthümer zusteht.

Als Ausnahme von dieser Regel hat das ALR. in § 234 Tit. 22 I bei
der Berechtigung auf bestimmte Holzarten dem Servitutberechtigten ein klagbares
Recht auf Umwandlung in eine andere Holzart für den Fall eingeräumt, daß
der Waldeigenthümer den Mangel der Berechtigungsholzart verschuldet hat.

Auch nach Art. 26 des Bayr. Forstgesetzes hat unter gewissen Umständen
auf Antrag des Waldeigenthümers eine Umwandlung der Berechtigungsholzart
stattzufinden.

Veranlassung zu dem Umwandlungs=Antrage kann der Wald=
eigenthümer bei Berechtigungen auf bestimmte Holzarten oder Holz=
sortimente haben, wenn einerseits die Ablösung dem Interesse des
Waldeigenthümers zuwiderläuft, und wenn anderseits entweder die
Nachzucht der Berechtigungsholzart unvortheilhaft ist, oder wenn der
Waldbesitzer genöthigt ist, zur Befriedigung des Berechtigungsan=
spruchs Holzsortimente abzugeben, welche einen höheren Gebrauchs=
werth besitzen, als der Nutzungszweck der Berechtigung erfordert.

Das Umwandlungs=Verfahren hat die Aufgabe, an Stelle der
dem Servitutrechte entsprechenden Holznutzung eine dem servitutischen
Nutzungszwecke dienende, gleichwerthige Holznutzung anderer Art
zu ermitteln. Da der Naturalertrag der Berechtigung nach Be=
schaffenheit und Maß feststeht, kommt es im Wesentlichen nur darauf
an, die Werthe zu ermitteln, welche die Maßeinheiten der aufzu=
gebenden und der künftig zu gewährenden Holznutzung besitzen. Die
Ermittelung der Einheitswerthe, sowie die hiernach und nach dem
Naturalertrage der Dienstbarkeit zu bewirkende Erstattung des servi=
tutischen Nutzungswerths in anderen Holzarten bez. Holzsortimenten

(die Werth-Ausgleichung) kann nach Geldwerthen oder nach Gebrauchswerthen ·erfolgen.

Am einfachsten und zuverlässigsten ist die Werth-Ausgleichung
nach Geldwerthen, weil sie allein dem gemeinen Werthe der Servitutnutzung zum Ausdrucke dienen. Die Einheits-Geldwerthe sind
aus den durchschnittlichen Steigerpreisen in der Mitte des Berechtigungswaldes (Waldpreisen) abzuleiten. Bei Selbstwerbung durch
den Berechtigten kommen davon die Werbungskosten der Maßeinheit
in Abzug (vgl. Th. I § 15 II S. 143). Wenn n_1 den Naturalbe-
trag, p_1 den Einheitswerth der bisherigen Nutzung, p_2 den Einheitswerth der künftigen Nutzung bezeichnen, so ergiebt sich der Natu-
ralbetrag (n_2) der künftigen Nutzung aus der Gleichung

$$n_2 = \frac{n_1 \times p_1}{p_2}.$$

Die Werth-Ausgleichung nach Gebrauchswerthen wird nur
ausnahmsweise anzuwenden sein. Verhältnißzahlen für den Gebrauchswerth des Nutzholzes, welche aus den maßgebenden technischen Eigenschaften des Holzes abgeleitet sind, werden für die practischen Zwecke
der Servitut-Regelung oder Ablösung schwerlich ermittelt werden
können. Sie sind auch überflüssig, weil die Preisfeststellung des
Nutzholzes nirgends Schwierigkeiten darbieten wird. Der Gebrauchswerth des Brennholzes ist allerdings durch zahlreiche Untersuchungen
über die Brennkraft bez. Heizkraft des Holzes bestimmt worden. Die
Untersuchungs-Methoden haben indessen vielfach Wege eingeschlagen,
welche sich von den Verhältnissen des practischen Lebens, unter denen
das Brennholz verbraucht wird, mehr oder weniger weit entfernen.
Dazu kommt, daß die Brenn- und Heizkraft von dem Standorte
und der Erziehungsart des Holzes abhängig ist, die bei den Untersuchungen nicht genügend berücksichtigt und beschrieben sind. Theils
hierin, theils in der Verschiedenheit der Untersuchungs-Methoden mag
es begründet sein, daß die Untersuchungsergebnisse für gleiche Holzarten und Holzsortimente erhebliche Abweichungen zeigen. Die
maßgebenden Preis-Verhältnißzahlen stimmen mit den Brennkraft-
Verhältnißzahlen ebenfalls nicht überein. Für die Zwecke der Um-
wandelung und Ablösung von Brennholz-Berechtigungen ist daher von
den Brennwerth-Verhältnißzahlen nur in denjenigen Fällen Gebrauch
zu machen, in denen brauchbare Grundlagen für die Ermittelung der

Holzpreise fehlen. In derartigen Fällen mag die Tafel IX mitgetheilte Brennwerth-Tafel benutzt werden. Bei Anwendung derselben kommt es zunächst darauf an, den Brennwerth des bisher bezogenen Berechtigungsholzes aus dessen Menge nach Raummetern, aus dem Festgehalt oder Gewicht pro Raummeter nach Tafel V und aus den Brennwerth-Verhältnißzahlen nach Tafel IX zu ermitteln, um dann nach denselben Grundlagen das Quantum des Ersatzholzes festzustellen, welches den gleichen Brennwerth enthält. Außerdem ist dann noch, sofern dem Berechtigten aus der Werbung und dem Transport des Ersatzholzes größere Kosten als bisher erwachsen, der Mehrbetrag dieser Kosten in Holz oder Geld zu ersetzen.

2. Die Einschränkung bestimmter Holz-Berechtigungen jeder Art auf ein hinter dem Berechtigungsanspruche und bisherigen Nutzungsbezuge zurückbleibendes Maß hat im Geltungsbereiche des Preußischen Landrechts auf Antrag des Waldeigenthümers im Falle einer durch den letzteren nicht verschuldeten Waldunzulänglichkeit stattzufinden. Die maßgebenden für bestimmte und unbestimmte Holzberechtigungen gültigen Gesetzesbestimmungen in §§ 226 bis 228 Tit. 22 Th. II ALR. lauten:

> „§ 226. Der Holzungsberechtigte kann den Eigenthümer des Waldes von dessen Gebrauch, unter dem Vorwande der Unzulänglichkeit desselben für ihre beiderseitigen Bedürfnisse, nicht ausschliessen.
>
> § 227. Vielmehr muss, wenn dergleichen Unzulänglichkeit wirklich vorhanden ist, ein jeder von beiderlei Interessenten eine nach dem Bedarfe der beiderseitigen Wirthschaften verhältnissmässig zu bestimmende Einschränkung sich gefallen lassen.
>
> § 228. Doch ruht in einem solchen Falle die Befugniss des Eigenthümers, Holz aus dem Walde zu verkaufen, so lange, bis der Mangel gehoben ist.“

Der allgemeine Grundsatz, wonach fixirte Holzberechtigungen der Einschränkung bei Waldunzulänglichkeit unterliegen, ist in § 8 der Regulirungs-Verordnung für den Oberharz vom 14. September 1867, in Art. 5 der Hessischen G. Theil.-Novelle und in § 23 der Hohenzollern'schen GThO. gleichlautend wie folgt ausgesprochen:

> „In der Befugniss des Forsteigenthümers, im Falle der Unzulänglichkeit der Forsten die bezügliche Nutzung einzuschränken, wird durch die Festsetzung nichts geändert.“

Daß sich die Einschränkung nicht blos auf ursprünglich unbestimmte, später

firirte Holzberechtigungen, sondern auch auf ursprünglich bestimmte Holzberechtigungen erstreckt, wurde in § 2 III 2 S. 13 nachgewiesen.

Das Einschränkungs=Verfahren hat den Theilbetrag (die Zu=
länglichkeitsquote) festzustellen, welche dem einzuschränkenden Berech=
tigten nach Maßgabe des Waldertrages (We) und des Gesammt=
anspruchs (B) aller Holzberechtigten einschließlich des Waldeigen=
thümers von dem Berechtigungsanspruche (der bestimmten Holz=Na=
turalrente Nr) gebührt.

Der zu ermittelnde Waldertrag beschränkt sich auf die der Be=
rechtigung unterliegenden Holzarten und Sortimente. Eine Ausnahme
von dieser Regel kann bei der Einschränkung firirter Holzberechti=
gungen dann eintreten, wenn bei Firation der ursprünglich unbe=
stimmten Holzberechtigung nicht nur eine Feststellung des Nutzungs=
maßes, sondern auch eine Begrenzung des Nutzungsgegenstandes
(der Holzart, des Holzsortiments) stattgefunden hat. In diesem
Falle bedarf es, sofern darauf nicht von dem Berechtigten bei der
Firation ausdrücklich Verzicht geleistet worden ist, der Walbertrags=
Ermittelung in Betreff derjenigen Holzarten und Sortimente, welche
der unbestimmten Holzberechtigung unterlegen haben.

Im Uebrigen folgt die Walbertragsermittelung dem in Th. I
§ 15 II. B. S. 135 angegebenen Verfahren. Namentlich bleibt in
dieser Hinsicht zu untersuchen, ob die Waldzustände und Walderträge
zur Zeit des Einschränkungs=Verfahrens als dauernde zu betrachten
sind oder nicht, und ob demgemäß die Zulänglichkeitsquote und die
darnach zu ermittelnden Holzrenten sich gleichbleiben oder dem
Wechsel unterworfen sind. Wenn letzteres der Fall ist, empfiehlt
es sich, die Einschränkung nur auf Zeit z. B. auf die nächsten
20 Jahre zu bewirken, weil sich die Walderträge bei wechselnden
Waldzuständen nicht auf lange Zeit im Voraus berechnen lassen.

Bei Ermittelung und Anrechnung des Gesammt=Anspruchs (B)
aller Berechtigten ist die Rangordnung festzustellen, nach welcher die
Einzelberechtigten an dem Walbertrage Theil nehmen. Vor allen
anderen Theilnahmerechten wird das Besoldungsholz der Forstbeamten,
sowie das zu sachlichen Zwecken des Forstbetriebs erforderliche Holz
aus dem Walbertrage gedeckt (vgl. § 2 III 3 S. 17). In den
Rest des Walbertrags theilen sich die Servitut=Berechtigten und der
Waldeigenthümer für seinen eigenen Haus= und Wirthschaftsbedarf.

Bestimmte und unbestimmte Berechtigungen sind bei gleicher Ent=
stehungszeit unter sich gleichberechtigt. In wie weit die Ungleich=
zeitigkeit in der Entstehung einen Einfluß auf die Rangordnung der
Servitutberechtigungen hat, ist in § 2 III 2 S. 14 nachgewiesen.
Das Mitnutzungsrecht des Waldeigenthümers bezüglich seines Haus=
und Wirthschaftsbedarfs befindet sich nach Preußischem Recht mit
dem Nutzungsanspruche sowohl der unbestimmten als der fixirten
Holzberechtigungen auf gleicher Linie, steht dagegen hinter dem
Nutzungsanspruche von ursprünglich bestimmten Holzberechtigungen
zurück, so daß der letztere bis zur vollen Deckung aus dem auf den
Waldeigenthümer fallenden Theile befriedigt wird.

Beispiel.

Auf einem Kiefernwalde lasten eine ursprünglich bestimmte Holzberechti=
gung von 40 Raummetern und eine fixirte Holzberechtigung von 20 Raum=
metern Kiefern=Knüppelholz, ferner unbestimmte Holzberechtigungen mit einem
Berechtigungsbedarfe von 70 Raummetern Kiefern=Knüppelholz. Der Holz=
bedarf für Besoldung der Forstbeamten und für Instandhaltung von Kultur=
gattern beträgt 30 Raummeter, der Haus= und Wirthschaftsbedarf des Wald=
eigenthümers 50 Raummeter Kiefern=Knüppelholz, der Waldertrag an diesem
Sortimente 150 Raummeter. Die beiden bestimmten Holzberechtigungen sollen
wegen Waldunzulänglichkeit eingeschränkt werden.

Vorab in Abzug gelangen das Besoldungs= und Kulturholz mit 30 Raum=
metern. Auf den übrigbleibenden Theil des Waldertrags mit 120 Raum=
metern kommen zur Anrechnung 40 + 20 + 70 + 50 = 180 Raummeter. Die
Zulänglichkeitsquote würde bei Gleichberechtigung $\frac{120}{180}$, somit
der Antheil

a) für die ursprünglich bestimmte Holzberechtigung $40 \times \frac{120}{180} = 26\frac{120}{180}$ Rm.

b) = = fixirte Holzberechtigung . . . . . $20 \times \frac{120}{180} = 13\frac{60}{180}$ =

c) = = unbestimmten Holzberechtigungen . . $70 \times \frac{120}{180} = 46\frac{120}{180}$ =

d) = den Haus= und Wirthschaftsbedarf des
Waldeigenthümers . . . . $50 \times \frac{120}{180} = 33\frac{60}{180}$ =

$$= 120 \quad \text{Rm.}$$

betragen.

Durch das Vorzugsrecht der ursprünglich bestimmten Holzberechtigung
gegenüber dem Haus= und Wirthschaftsbedarf des Waldeigenthümers erhöht
sich der Antheil der ersteren bis zum vollen Berechtigungsanspruch, zu dessen
Erfüllung der Antheil des Waldeigenthümers eine Kürzung von $13\frac{60}{180}$ Rm. er=
leidet. Demzufolge vertheilt sich der gesammte Waldertrag von 150 Rm.

mit 30 Rm. auf das Besoldungs- und Kulturholz

» 40 »   »   die ursprünglich bestimmte Holzberechtigung a

» » 13 $\frac{60}{180}$ Rm. auf die firirte Holzberechtigung b

» 46 $\frac{120}{180}$ »   »   »   unbestimmte Holzberechtigung c

» 20 Rm. auf den Haus- und Wirthschaftsbedarf des Waldeigenthümers d

= 150 Rm.

V. Ablösung bestimmter Holzberechtigungen.

1. Ablöslichkeit. S. § 2 VI S. 33.

2. Nutzwerth=Ermittelung.

Vergl. Th. I § 15, Th. II § 2 S. 34.

Die Nutzwerthermittelung bestimmter Holzberechtigungen folgt im Allgemeinen dem in Th. I § 15 dargestellten Verfahren in Bezug auf Naturalrente, Geldwerth und Kapitalisirung.

Vereinfacht wird das Verfahren dadurch, daß der Berechtigungs= Anspruch nach Holzart und Holzsortiment feststeht. Von einer An= rechnung anderweiter Befriedigungsmittel ist daher keine Rede. Bei Waldzulänglichkeit ist die servitutische Naturalrente (Natural=Sollhaben= rente) dem Berechtigungsanspruche gleich; — bei einer durch den Waldeigenthümer unverschuldeten Waldunzulänglichkeit ergiebt sich die= selbe aus dem Berechtigungsanspruch und der Zulänglichkeitsquote nach den vorhin S. 45 bezüglich der Einschränkung entwickelten Grundsätzen und Regeln.

Daß Waldunzulänglichkeit auch bei ursprünglich bestimmten Holzberech= tigungen eine Kürzung des Berechtigungsanspruchs begründet, wurde früher nachgewiesen (§ 2 S. 12, 13). Die entgegengesetzte Ansicht in Th. I § 15 S. 135 Z. 16 von oben bedarf daher der Berichtigung.

Bei wechselndem Waldertrage sind die periodischen Zulänglich= keitsquoten (Th. I § 15 S. 138) zu ermitteln.

Die nach Th. I § 15 S. 143 zu bewirkende Ermittelung der Holzpreise wird in der Regel keine Schwierigkeiten verursachen, weil es sich fast immer um verkaufsfähiges, dem regelmäßigen Holzhandel unterliegendes Holz handelt. An Werbungskosten sind, wenn die Holzpreise für aufgearbeitetes Holz ermittelt worden sind, und die Werbung dem Holzberechtigten obliegt, nur diejenigen Beträge in Rechnung zu stellen, welche sich auf die von dem Berechtigten wirklich vorgenommenen Werbungs=Arbeiten beziehen. Bei einer Berechti=

gung auf Brenn=Scheitholz, bei welcher der Holzberechtigte das auf
dem Stamme angewieſene Holz gefällt, zerkleinert und ohne vorherige
Aufmeterung abgefahren hat, dürfen, ſofern die Holzpreiſe aus den
Verſteigerungspreiſen für aufgearbeitetes Holz abgeleitet worden ſind,
nur die Koſten der Fällung und Zerkleinerung, aber nicht die Koſten
der Aufmeterung und die Koſten des Rückens nur dann in Anſatz
gebracht werden, wenn letzteres auch von dem Berechtigten hat be=
wirkt werden müſſen (vgl. § 5 S. 83).

Die Höhe des nach den allgemeinen Regeln in Th. I § 15 S. 151
zu ermittelnden Berechtigungszinsfußes iſt von dem Nutzungsgegen=
ſtande der Holzberechtigung abhängig und wird weiter unten bei
Darſtellung der einzelnen Arten von Nutzholz= und Brennholz=Be=
rechtigungen zur Erörterung gelangen.

3. Vortheils=Werthermittelung.

Vergl. Th. I § 16, Th. II § 2 S. 36.

Auch die Art der Vortheils=Werthermittelung iſt von dem
Nutzungs=Objecte der beſtimmten Holzberechtigungen abhängig.

Mittelbare Vortheile, welche dem Waldeigenthümer aus der
Verbeſſerung des Waldzuſtandes in Folge von Einſtellung der Ser=
vitutnutzung erwachſen, werden ſchwerlich nachzuweiſen ſein, weil be=
ſtimmte Holzberechtigungen der Waldwirthſchaft in der Regel weder
ſchädlich noch hinderlich ſind.

Die unmittelbaren, aus der Verwerthung der Servitutnutzungen
hervorgehenden Vortheile finden bei hochwerthigen Holzberechtigungen
z. B. auf Brennſcheitholz oder Nutzholz ihren Ausdruck in dem
Nutzungswerthe der Berechtigung, können dagegen bei Holzberechti=
gungen mit beſchränkter Verwerthbarkeit des Nutzungsobjects z. B.
bei wohlfeilem Steinkohlenbrande, welche die Abſetzbarkeit des Be=
rechtigungsholzes nach erfolgter Ablöſung in Frage ſtellt oder bei
Berechtigungen auf eine beſtimmte Quantität Leſeholz hinter dem
Nutzungswerthe der Berechtigung zurückbleiben. In dieſem Falle
wird auch bei beſtimmten Holzberechtigungen eine Vortheils=Werth=
ermittelung angebracht ſein.

4. Die Abfindungsarten für beſtimmte Holzberechtigungen
fallen zuſammen mit den in § 2 S. 36 für Holzberechtigungen im
Allgemeinen angegebenen Abfindungsarten.

§ 4.

Unbeſtimmte Holzberechtigungen zum Bedarf (Holz-Bedarfs-Berechtigungen).

I. Begriff und rechtliche Natur.

Unbeſtimmt (ungemeſſen) heißen diejenigen Holzberechtigungen, deren Nutzungsanſpruch entweder qualitativ oder quantitativ oder zeitlich nicht feſtſteht.

Holz-Bedarfs-Berechtigungen ſind unbeſtimmte Holzberechtigungen mit einem durch das Bedürfniß des berechtigten Grundſtücks begrenzten Nutzungsanſpruch und Verwendungszweck.

Verkauf ſowie Verwendung des Berechtigungsholzes zu anderen Zwecken, als zur Bedürfnißbefriedigung des berechtigten Grundſtücks ſind unſtatthaft. Das Preußiſche Allg. Landrecht beſtimmt in dieſer Hinſicht in Th. I Tit. 22 §§ 203, 237 bis 239 Folgendes:

> „§ 203. Auch schränkt sich dergleichen unbestimmte Holzungs-gerechtigkeit nur auf das Bedürfniss des begünstigten Grund-stücks ein, und der Berechtigte kann sich dasselbe weder zum Verkaufe, noch zur Versorgung anderer unberechtigten Be-sitzungen zu Nutze machen.
>
> § 237. Der Holzungsberechtigte kann zwar das zu seinem Bedürfniss ihm angewiesene Holz in der Regel nicht verkaufen, sondern muss, wenn er es gethan hat, den Werth des Holzes dem Eigenthümer des Waldes vergüten.
>
> § 238. Wenn ihm aber sein Bedarf in einer so entlegenen Gegend angewiesen wird, dass die Herbeischaffung desselben mehr als eine Tagereise erfordert, so muss der Eigenthümer des Waldes, auf geschehene Anzeige, sich gefallen lassen, dass der Holzberechtigte sich seine Bedürfnisse mehr in der Nähe an-schaffe, und dazu den Werth des angewiesenen entlegenen Holzes mit verwende.
>
> § 239. Will der Eigenthümer des Waldes dies nicht geschehen lassen, so muss er dem Berechtigten, statt des Holzes in Natur, den Werth nach der Forsttaxe entrichten.“

Das Bayeriſche Forſtgeſetz ſtellt den Verkauf des Berechti-gungsholzes bei unbeſtimmten Holzberechtigungen in Art. 97 unter Strafe.

Vergl. Ganghofer, Forſtgeſetz nach der Textirung von 1879 S. 135.

Im Code forestier vom 21. Mai 1827 Art. 83 iſt ſowohl der Verkauf, als die ſonſtige nicht beſtimmungsmäßige Verwendung des Berechtigungsholzes bei Holzberechtigungen jeder Art unterſagt.

Die Beſchränkung der Holznutzungsrechte auf den Bedarf der berechtigten Grundſtücke, ſowie das Verkaufsverbot des Berechtigungsholzes ſind althergebracht in dem Marken- und Hofrechte. Zahlreiche Stellen in den Weisthümern beſtätigen dies.

> Vergl. Jacob Grimm, Weisthümer Göttingen 1844 bis 1866 z. B. Bd. II S. 550, desgl. von Maurer, Geſchichte der Fronhöfe, der Bauernhöfe und der Hofverfaſſung in Deutſchland 1862—1863, z. B. Bd. III S. 211. Wer mehr Holz hieb, als er gebrauchte, wurde beſtraft, ebenſo derjenige, welcher das Holz verkaufte.

> v. Maurer, Markenverfaſſung 1856 § 38 S. 136.

> Gierke, Das deutſche Genoſſenſchaftsrecht II Bd. 1873 § 10 S. 261.

Auch bei Verleihung von Holzberechtigungen an Klöſter und Städte wurde die Holzentnahme in der Regel auf die Verwendung zum eigenen Bedarf beſchränkt, Verkauf und Ausfuhr ausgeſchloſſen.

> Vergl. Anton, Geſchichte der deutſchen Landwirthſchaft 1779—1804. Bd. III S. 450.

Die Unbeſtimmtheit in der Holzqualität (Holzart, Holzſortiment) iſt mitunter durch geſetzliche Beſtimmungen begrenzt. So im Preuß. Allg. Landrecht Th. I Tit. 22 § 201, wonach Holzberechtigungen ohne nähere Angabe des Nutzungsobjects ſich auf Brenn- und Bauholz erſtrecken, ferner in dem Badiſchen Forſtgeſetz, welches in § 115 das Beholzungsrecht, wo nicht das Herkommen einen anderen Sinn ſicher bezeichnet, auf Bau- und Brennholz, mit Ausſchluß von Schnittwaaren, Gerüſtſtangen, Umzäunungs- und Teichelholz beſchränkt, wogegen nach Bayeriſchem Landrecht das Beholzungsrecht im zweifelhaften Falle nur das Brennholz, nicht das Bauholz umfaßt.

> Vergl. in letztgedachter Hinſicht Roth Forſtrecht 1863 § 280 S. 279.

Die Unbeſtimmtheit in der Holzquantität, dem weſentlichſten Merkmale der meiſten unbeſtimmten Holzberechtigungen, findet ihre Grenze in dem Bedarfe des berechtigten Grundſtücks, d. i. in der Quantität ſeines Bedürfniſſes.

Die Unbeſtimmtheit in der Zeit endlich äußert ſich darin, daß die Nutzungsjahre nicht feſtſtehen. Bauholzberechtigungen z. B., bei denen die Nutzungsjahre ſich nicht im Voraus beſtimmen laſſen, ſind in der Regel zeitlich unbeſtimmt, Brennholzberechtigungen dagegen mit jährlich wiederkehrendem Bedürfniſſe zeitlich beſtimmt.

Die nach Preußischem Rechte gültigen Grundsätze über Theil=
barkeit und Uebertragbarkeit unbestimmter Holzberechtigungen
sind in § 2 S. 4 u. f. zusammengestellt.

II. Umfang von Holz-Bedarfs-Berechtigungen.
Vergl. § 2 S. 9.

Im Anschlusse an die Erörterungen in § 2 über den Umfang
der Holzberechtigungen im Allgemeinen und als Uebergang zu den
später folgenden Bemerkungen über den Umfang der einzelnen Arten
von Holzbedarfsberechtigungen erfordern hier nur diejenigen Verhält=
nisse eine eingehendere Behandlung, welche sich auf den Berechti=
gungs=Anspruch der Holzbedarfs=Berechtigungen beziehen.

Bei denselben ist der Berechtigungs=Anspruch stets quantitativ,
mitunter auch qualitativ oder zeitlich durch das Bedürfniß begrenzt.

Bei Bauholz=Bedarfs=Berechtigungen z. B. sind Holzsortiment
und Nutzungszeit vom Bedürfnisse abhängig. Die Quantität des
Holz=Bedürfnisses bildet den Holzbedarf, dessen voller Betrag als
Vollbedarf bezeichnet wird.

Der Holzbedarf des berechtigten Guts kann sich auf den häus=
lichen, den landwirthschaftlichen und den gewerblichen Bedarf an Holz
erstrecken. Unter landwirthschaftlichem Bedarf wird der zur Erzeu=
gung von Nutzpflanzen und Nutzthieren, unter gewerblichem Bedarf
der zur Verarbeitung von Rohstoffen (zur Fabrikation) erforderliche
Holzbedarf verstanden. In der Regel beschränkt sich das Holzrecht
eines Landwirthschaftsguts auf den häuslichen und landwirthschaft=
lichen Holzbedarf. Auf die Bedarfsbefriedigung der mit der Land=
wirthschaft verbundenen Fabrikationszwecke, z. B. von Brennereien,
Brauereien, Ziegelbrennereien erstreckt sich die Holzberechtigung nicht
ohne Weiteres, sondern nur dann, wenn dieselben entweder bereits
bei der Entstehung der Berechtigung in Verbindung mit der Guts=
wirthschaft betrieben wurden, oder wenn dieselben in der Verleihungs=
Urkunde ausdrücklich als mitberechtigt benannt worden sind.
Vergl. darüber weiter unten § 7.

Belangreich für den Umfang der Holzbedarfs=Berechtigungen ist
die Frage, ob der unveränderliche Bedarf zur Zeit der Servitutbe=
gründung, oder ob der jederzeitige, mit dem Wechsel der Zeiten wech=

ſelnde Bedarf maßgebend für den Berechtigungs-Anſpruch iſt. Das
Preußiſche Recht unterſcheidet in dieſer Hinſicht zwiſchen Verjährungs-
und Vertrags- (Verleihungs-) Servituten, indem bei den erſtern der
Holzbedarf während der Verjährungszeit für alle Zeiten, bei den
letztern der jederzeitige Bedarf unter der Vorausſetzung beanſprucht
werden kann, daß die Bedarfsänderungen nicht zum Nachtheile des
dienenden Waldes durch ungewöhnliche, außerordentliche wirthſchaft-
liche Anlagen und Einrichtungen oder durch vollſtändige Aenderung
des Wirthſchaftsſyſtems herbeigeführt worden ſind.

Vergl. Th. I § 3 S. 23, ferner

Dernburg, Preuß. Privatrecht I Bd. 1875 § 284 S. 645,

wo ausgeführt wird, daß die Wandelbarkeit in der Benutzungsweiſe und Beſtimmung des ſervitutberechtigten Grundſtücks eine naturgemäße und voraus-
ſehbare ſei, daß deshalb der status quo bei Begründung der Servitut nicht
für immer maßgebend ſei, vielmehr die dienende Sache geſteigerten Anſprüchen
unterliege, wenn die Zeitverhältniſſe und die wirthſchaftlichen Umſtände eine
veränderte Benutzungsweiſe des herrſchenden Grundſtücks z. B. deſſen intenſivere
landwirthſchaftliche Kultur herbeiführten.

In beſtimmter Weiſe hat das Preußiſche Landrecht dieſem
Rechtsgrundſatze hinſichtlich der Bauholz-Bedarfsberechtigungen Ausdruck gegeben.

Vergl. unten § 5 S. 68.

Bei Holz-Bedarfsberechtigungen hat häufig nicht der Vollbedarf, ſondern nur derjenige Theil des vollen Holzbedarfs Anſpruch
auf Befriedigung durch die Servitut, welcher nicht durch anderweite
Bezüge des Berechtigten gedeckt wird. Die rechtlichen Unterſchiede,
welche ſich daraus hinſichtlich der Bedarfsbefriedigung des berechtigten Grundſtücks ergeben, mögen im Verlaufe der weiteren Darſtellung durch die Ausdrücke „Holzrechtsbedarf“ und „anderweite
Befriedigungsmittel“ bezeichnet werden. Unter „Holzrechtsbedarf“ iſt
dann derjenige Holzbedarf des berechtigten Grundſtücks zu verſtehen,
deſſen Befriedigung auf die einen beſtimmten Wald belaſtende Holzberechtigung bei Waldzulänglichkeit angewieſen iſt. Der Holzrechtsbedarf kann
den vollen Holzbedarf oder einen Theil deſſelben umfaſſen. Die anxer-
weiten Befriedigungsmittel, welche den Holzrechtsbedarf zu dem vollen
Holzbedarf ergänzen, ſind theils Erträge des berechtigten Grundſtücks
(eigene Befriedigungsmittel), z. B. Holzerträge, Torferträge aus den
zu dem berechtigten Grundſtücke gehörigen Holzungen oder Torfmooren,

theils sind es Nutzungsbezüge, welche dem Berechtigten aus anderweiten Holz- oder Torfberechtigungen zufließen.

Vergl. darüber Th. I § 15 S. 131, ferner die Specialisirung der anderweiten Befriedigungsmittel bei den einzelnen Arten von Holzberechtigungen.

Für die Anrechnung der anderweiten Befriedigungsmittel bei Holzbedarfs-Berechtigungen und somit für die Feststellung des Holzrechtsbedarfs kommen zwei Gesichtspunkte in Betracht, nämlich einerseits die Zulässigkeit, anderseits die Art der Anrechnung. Bezüglich der Art der Anrechnung handelt es sich um die bereits in Th. I § 15 S. 133 berührte Frage, ob die Anrechnung der anderweiten Befriedigungsmittel auf den Vollbedarf nach ihrem vollen Betrage (volle Anrechnung) oder nach dem Ertragsverhältnisse des belasteten Grundstücks und der anderweiten Befriedigungsmittel (verhältnißmäßige Anrechnung) stattzufinden hat.

Die Beurtheilung der erwähnten beiden Gesichtspunkte gestaltet sich verschieden für die beiden Kategorien von anderweiten Befriedigungsmitteln. Für die auf anderen Berechtigungen beruhenden Befriedigungsmittel kann es nicht zweifelhaft sein, daß die Anrechnung und zwar verhältnißmäßig zu erfolgen hat. Anders verhält es sich mit den eigenen Befriedigungsmitteln des Berechtigten. In Betreff dieser entscheiden sowohl über die Zulässigkeit als über die Art der Anrechnung theils das Gesetz, theils der Rechtstitel und die bisherige rechtmäßige Ausübung der Servituten.

Nach Preußischem Rechte ist bei Holzbedarfs-Berechtigungen die Anrechnung und zwar die „volle Anrechnung" der eigenen Befriedigungsmittel des Berechtigten nur für Brennholz-Berechtigungen und nur in dem Geltungsbereiche der Altpreuß. Gem. Th.-Ordnung vom 7. Juni 1821 vorgeschrieben.

Vergl. darüber unten § 7.

Für die übrigen Holzbedarfs-Berechtigungen und Landestheile sind daher Zulässigkeit und Art der Anrechnung der einzelnen Befriedigungsmittel des Berechtigten in jedem einzelnen Falle nach Titel und Ausübung der Servitut zu beurtheilen.

Das auch in Elsaß-Lothringen gültige französische Ablösungsgesetz vom 19. Mai 1857 (vergl. Th. I § 11 S. 114) enthält in Art. 8 die sachgemäße Bestimmung, daß bei der Ablösung von Holzberechtigungen die Abrechnung (précomptage) der Holzerträge aus eigenen Waldungen des Berechtigten nur dann erfolgen soll, wenn dies entweder im Titel der Servitut ausdrücklich bestimmt iſt, oder wenn die Holzberechtigung ihrer thatſächlichen Ausübung zufolge nur zur Befriedigung des aus den eigenen Holzerträgen nicht gedeckten Bedarfs der Berechtigten gedient hat.

Von hervorragender Wichtigkeit iſt noch der Umfang des Be= rechtigungs=Anſpruchs bei Holzbedarfs=Berechtigungen von Gemeinden. Es handelt ſich dabei um die Frage, ob die Berech= tigung nur den zur Zeit der Servitutbegründung vorhanden gewe= ſenen, oder auch den ſpäter gegründeten Stellen zuſteht. Nach oberſt= gerichtlichen Entſcheidungen gilt für das Gebiet des Preußiſchen Landrechts und des gemeinen deutſchen Rechts der Rechtsgrundſatz,

daß bei Verleihungs=Berechtigungen nur die bei der Verleihung vorhandenen, bei Verjährungsberechtigungen dagegen auch die erſt nach Ablauf der Verjährungszeit begründeten Stellen holzberech= tigt ſind.

Vergl. die ausführliche Begründung des Rechtsſatzes in Th. I § 3 S. 21.

Ferner in Eding, Rechtsverhältniſſe des Waldes 1874 S. 109.

III. Bedeutung der Holzbedarfs-Berechtigungen.

Die Bedeutung der Holzbedarfs=Berechtigungen iſt theils durch deren Nutzungsgegenſtände, theils durch die qualitative, quantitative oder zeitliche Unbeſtimmtheit der Nutzungen bedingt. Nur die letztere kommt hier in Betracht.

Vgl. über den Einfluß des Nutzungsobjects auf die Bedeutung der Holz-ſervituten die Erörterungen bei den einzelnen Arten derſelben.

Dem Waldeigenthümer gereicht die Unbeſtimmtheit der Holzberechtigungen unter gewiſſen Umſtänden zum Nachtheile, unter anderen nicht. Nachtheilig ſind namentlich diejenigen Berechtigungen, deren Nutzungsanſpruch Bedarfsmehrungen einſchließt. Dahin ge= hören in Folge der obigen Erörterungen unter II einerſeits Ver= leihungsberechtigungen (S. 53), anderſeits Verjährungs=Berechtigungen von Gemeinden (S. 55), indem der Berechtigungswald bei erſteren für den durch die wirthſchaftlichen Fortſchritte vermehrten Bedarf, bei letzteren für die durch die Vermehrung der Stellen geſteigerten Anſprüche aufkommen muß. Die Entwerthung des Waldeigenthums, welche daraus erwachſen kann, nöthigt den Waldeigenthümer, unter allen Umſtänden die Fixation oder Ablöſung ſolcher Holzberechti=

gungen zu bewirken. Nachtheilig für den Waldeigenthümer ſind ferner hochwerthige Holzbedarfsberechtigungen, deren Nutzungsanſpruch und beſtimmungsmäßige Verwendung nicht, wie dies für Brennholz= berechtigungen gilt, bei jedem Bedarfsfalle feſtgeſtellt wird. Der Wald muß bei ſolchen Holzrechten, z. B. auf Derbbrennholz mit Selbſtwerbung durch den Berechtigten, faſt immer mehr hergeben, als der Berechtigte bei haushälteriſcher Verwendung zu beanſpruchen hat. Auch hier liegt daher, wenn nicht Ablöſung, ſo doch Feſt= ſtellung des Holzrechts auf ein beſtimmtes Nutzungsmaß mit Wer= bung durch die Forſtverwaltung in dem wohlverſtandenen Intereſſe des Waldeigenthümers. Wo die Werbung durch die Forſtverwaltung wegen Geringwerthigkeit des Serviutholzes und unverhältnißmäßiger Höhe der Werbungskoſten nicht angebracht erſcheint, z. B. bei Leſe= holzrechten, hat auch die Unbeſtimmtheit der Nutzung keine Bedenken. Wenn daher die Servitutnutzung an ſich ſtatthaft iſt, wird zur Feſtſtellung derſelben keine Veranlaſſung gegeben ſein.

Anlangend die Bedeutung von Holzbedarfsberechtigungen für den Berechtigten, ſo iſt bei allen ſolchen Holzrechten, z. B. Bau= holzberechtigungen, bei denen ſich Zeit und Maß, mitunter auch der Gegenſtand des Bedürfniſſes nicht im Voraus beſtimmen laſſen, die Unbeſtimmtheit eine Nothwendigkeit. Beſtimmtheit würde hier Zweck= widrigkeit bedeuten. Abgeſehen hiervon wird der Berechtigte bei ſteigendem Bedürfniſſe nicht geneigt ſein, eine Feſtſtellung des Nutzungsmaßes zu wünſchen, während ihm durch letztere bei gleich= bleibendem Bedarfe der Vortheil erwächſt, das Berechtigungsholz verkaufen zu dürfen und dadurch, in Verbindung mit ſparſamem Holzverbrauche oder mit Anſchaffung von wohlfeileren Holzſurrogaten (Kohlen, Torf) Nutzen zu ziehen.

In volkswirthſchaftlicher Hinſicht iſt die Unbeſtimmtheit aller derjenigen hochwerthigen Holzbedarfsberechtigungen ein Uebel, bei denen die Zeit des Bedürfniſſes feſtſteht, und das Maß deſſelben (der Bedarf) feſtgeſtellt werden kann. Durch die Unbeſtimmtheit wird in ſolchen Fällen die Waldproduction gehemmt, und die unproductive Conſumption gefördert.

IV. Regelung von Holzbedarfs-Berechtigungen.

Vergl. Th. I § 8 S. 68.
Vergl. Th. II § 2 S. 31, § 3 S. 42.

Gegenſtand der polizeilichen Regelung unbeſtimmter Holzberech=
tigungen ſind Werbung, Fortſchaffung und Verwendung des Berech=
tigungsholzes. Die Einzelheiten werden bei den Arten der unbe=
ſtimmten Holzberechtigungen zur Erörterung gelangen.

Die Antrags=Regelung erſtreckt ſich auf Umwandlung, Frei=
legung, Feſtſtellung und Einſchränkung.

1. Die Zwangs=Umwandlung beſchränkt ſich nach Preu=
ßiſchem Rechte auf den Geltungsbezirk des Preußiſchen Landrechts.
Berechtigt zum Antrage auf Umwandlung iſt in der Regel nur der
Waldeigenthümer. Ausnahmsweiſe kann auch der Berechtigte bei
Berechtigungen auf beſtimmte Holzarten die Umwandlung dann ver=
langen, wenn die Berechtigungsholzart durch Schuld des Waldeigen=
thümers nicht mehr genügend vertreten iſt.

Der Umwandlung unterliegen Bau= und Brennholz=Berechti=
gungen auf beſtimmte Holzarten oder Holz=Sortimente. In welchen
Fällen die Umwandlung angebracht, und nach welchem Verfahren
dieſelbe zu bewerkſtelligen iſt, wurde im § 3 erörtert.

2. Die Freilegung iſt nach Th. I § 8 theils unabhängig von
Theilablöſungen (ſelbſtändige Freilegung), theils bedingt durch Theil=
ablöſungen. Die Zuläſſigkeit der ſelbſtändigen, nur auf Antrag des
Waldeigenthümers und nur bei Ueberzulänglichkeit des Waldes ſtatt=
haften Zwangs=Freilegung beſchränkt ſich auf den Geltungsbezirk
des Preußiſchen Landrechts. Veranlaſſung zu dem Freilegungs=An=
trage kann der Waldeigenthümer haben bei Selbſtwerbung des
Holzes durch den Berechtigten, wenn die Ablöſung bez. der Ab=
löſungs=Antrag für den Waldbeſitzer unvortheilhaft iſt und die Aus=
übung der Holzberechtigung den Forſtſchutz erſchwert, die Jagdaus=
übung beeinträchtigt oder die Freiheit der Wirthſchaft hindert.

Die ebenfalls nur auf Antrag des Waldeigenthümers zuläſſige
Zwangs=Freilegung nach Theil=Ablöſungen iſt in dem geſammten Um=
fange des Preußiſchen Staats mit alleiniger Ausnahme des Bezirks
der Rheiniſchen GemeinhThO. ſtatthaft. Dieſelbe bietet dem
Waldeigenthümer ein Mittel dar, bei Holzberechtigungen mit Selbſt=

werbung des Holzes durch den Berechtigten z. B. bei Leſeholz-Be=
rechtigungen im Falle der Walbunzulänglichkeit die Theil-Ablöſungen
nutzbar zu machen, indem ohne Freilegung die verbleibenden Be=
rechtigten ſich den auf die abgefundenen Berechtigten fallenden An=
theil aneignen würden.

Das techniſche Verfahren beider Freilegungs-Arten iſt in Th. I
§ 8 dargeſtellt.

3. Die Feſtſtellung (Fixation) unbeſtimmter Holzberechtigungen
ſonbert ſich nach Th. I § 8 in die eigentliche unb uneigentliche Feſt=
ſtellung.

Die eigentliche Feſtſtellung beſteht, indem ſie außer Holzart
und Holzſortiment auch Nutzungszeit und Nutzungsmaß regelt, in
der Umwandlung unbeſtimmter in allſeitig beſtimmte Holzberechti·
gungen. Sie iſt in Preußen zwangsweiſe nur zuläſſig

im Geltungsbereiche der Altpreußiſchen GThO. (§§ 166, 168,
169, 170), bez. des Allgemeinen Landrechts (I 22 §§ 235, 236),
in der Verordnung wegen Regulirung der Holz= und Kohlen=
nutzungen der Einwohner des Oberharzes vom 14. September 1867,
in der Heſſiſchen GThO. .(Ergänz. Geſ. vom 25. Juli 1876 Art. 5)
unb in der Hohenzollern'ſchen GThO. (§ 23). Der Wortlaut von
§§ 166, 169, 170 der Altpr. GThO. iſt in Th. I § 8 angegeben.

Das Preußiſche Landrecht, worauf § 168 der GThO. v. 7. Juni
1821 Bezug nimmt, beſtimmt Folgendes:

> „§ 235. Bei einer unbestimmten Holzungs-Gerechtigkeit kann
> der Eigenthümer des Waldes verlangen, dass dieselbe in An-
> sehung des Brennholzes auf ein mit der rechtmässigen Be-
> nutzung im Verhältniss stehendes bestimmtes Holzdeputat fest-
> gesetzt werde.
>
> § 236. In Ansehung des Bauholzes aber kann dergleichen
> Festsetzung nicht anders, als durch gütliches Einverständniss
> der Parteien erfolgen.“

Ueber das feſtgeſtellte Holzquantum kann der Berechtigte frei verfügen,
daſſelbe z. B. auch verkaufen.

Die Verordnung vom 14. September 1867 iſt bereits vor
längerer Zeit zur vollſtänbigen Durchführung gelangt, hat baher nur
noch ein hiſtoriſches Intereſſe. Nach derſelben unterlagen nur
Brennholzberechtigungen von Gemeinden der eigentlichen Feſtſtellung.
Dieſelbe fand nicht auf Antrag, ſondern von Amtswegen durch be=

ſonders dazu beſtellte Firations-Kommiſſionen ſtatt.   Die Untervertheilung des gemeindeweiſe feſtgeſtellten Holzes an die Gemeinde-Angehörigen ſoll durch die Gemeinde-Verwaltung ſtattfinden.   Ueber
das Berechtigungsholz kann jeder Empfänger frei disponiren; jedoch
iſt der Regierung die Befugniß vorbehalten, im Wege der Polizei-
Verordnung die Verwendung des Berechtigungsholzes zu andern
Zwecken, als zum eigenen Feuerungsbedarfe zu beſchränken oder aufzuheben (§ 35 der V.).

Die maßgebenden Beſtimmungen in Art. 5 des Heſſiſchen Er-
gänzungs-Geſetzes und in § 23 der Hohenzollern'ſchen GThO. haben
folgenden Wortlaut:

> „. . . Will der Belaſtete nicht auf Ablöſung provociren, so
> kann er verlangen, dass die Berechtigungen zum Bezuge von
> Holz auf ein mit der rechtmäſſigen Benutzung im Verhältniſſe
> ſtehendes beſtimmtes Holzdeputat feſtgeſetzt werden.
>
> Die Koſten des Feſtſetzungs-Verfahrens ſind von dem Eigen-
> thümer der belaſteten Forſt zu beſtreiten.
>
> In der Befugniſs des Forſteigenthümers, im Falle der Unzu-
> länglichkeit der Forſten die bezügliche Benutzung einzuſchränken,
> wird durch die Feſtſetzung nichts geändert.
>
> Ueber das gelieferte Holz kann der Berechtigte frei ver-
> fügen.“

Nach der Heſſiſchen Novelle und der Hohenzollern'ſchen GThO.
iſt daher die Zwangs-Feſtſtellung, abweichend vom Preuß. Landrechte,
nicht blos bei Brennholz-Berechtigungen, ſondern auch bei Bauholz-
Berechtigungen zuläſſig, wird aber in Betreff der letzteren kaum
praktiſch werden, weil die unſtändige Natur der Bauholz-Berechtigungen der eigentlichen Feſtſtellung widerſtrebt und die Ablöſung derſelben faſt immer den Vorzug verdient.

Nach beiden Preußiſchen Geſetzen iſt ferner nur der belaſtete
Waldeigenthümer zum Antrage auf eigentliche Feſtſtellung berechtigt.

Daſſelbe iſt in dem Badiſchen Forſtgeſetze vom 15. Nov. 1833 (§ 107) beſtimmt, während das Bayeriſche Forſtgeſetz vom 28. März 1852 in Art. 27 ſowohl
dem Waldeigenthümer, als dem Berechtigten das Provocationsrecht einräumt.

Daß durch die Firation einer unbeſtimmten Holzberechtigung die
Natur der Grundgerechtigkeit nicht geändert wird, iſt in Th. I § 1 S. 7
nachgewieſen und in Uebereinſtimmung mit den daſelbſt mitgetheilten
Rechtsregeln durch Urtheil des Reichsgerichts vom 19. Januar 1884
(3. f. LCG. XXIX. 299) beſtätigt.

Die in der Heſſiſchen Novelle und in der Hohenzollern'ſchen GThO. (§ 23) ausgeſprochenen Rechtsſätze, daß bei eintretender Waldunzulänglichkeit eine Kürzung des feſtgeſtellten Berechtigungs= holzes einzutreten habe und daß der Berechtigte über das fixirte Holzquantum frei verfügen, mithin daſſelbe auch verkaufen dürfe, haben allgemeine Gültigkeit.

Bei dem durch die Konkurrenz der Steinkohle herbeigeführten Preis= druck des Brennholzes wird in Betreff der marktgängigen Brennholz= Sortimente die Fixation von unbeſtimmten Brennholzberechtigungen für den Waldbeſitzer in der Regel vortheilhafter ſein, als die Ablöſung. Zur Fixation von Nutzholz=Berechtigungen (Bauholz=, Schirrholz= Berechtigungen) wird ſich nur ſelten Veranlaſſung ergeben.

Die eigentliche Feſtſtellung hat die unbeſtimmte Erfüllungsform des Berechtigungs=Anſpruchs in eine gleichwerthige beſtimmte Er= füllungsform umzugeſtalten. Weſen und Werth des Berechtigungs= Anſpruchs bleiben unverändert, nur die Erfüllungsform wechſelt. Auf dieſer Grundlage läßt ſich das techniſche Verfahren der eigent= lichen Feſtſtellung theilen

in die Feſtſtellung des Berechtigungs=Anſpruchs nach Holzart, Holz= ſortiment, Zeit und Maß,

in die Feſtſtellung der künftigen Nutzungsart (Holzwerbung), und

in die Feſtſtellung der durch die veränderte Nutzungsform veran= laßten Geldvergütungen.

Die Feſtſtellung des Berechtigungs=Anſpruchs beſteht lediglich in der Ermittelung des Naturalertrags, welchen die unbe= ſtimmte Holzberechtigung dem Berechtigten bei Waldzulänglichkeit liefert. Das in Th. I § 15 I A dargeſtellte Verfahren, hat ſich in der Regel auf den Holzbedarf des berechtigten Grundſtücks zu ſtützen (Naturalbedarfsrente, Holzrechtsbedarf), und wird nur ausnahmsweiſe den bisherigen Holzbezug (Naturalvergangenheitsrente) zur Grundlage nehmen. Der Holzrechtsbedarf, d. h. derjenige Holzbedarf, deſſen Be= friedigung auf den belaſteten Wald bei Waldzulänglichkeit angewieſen iſt, ergiebt ſich einerſeits aus dem vollen Holzbedarf des berechtigten Grund= ſtücks, andererſeits aus den ſonſtigen Holzertragsmitteln, welche der Berechtigte neben dem belaſteten Walde in Anſpruch zu nehmen ver= pflichtet iſt (Nebenbedarf). Der Ueberſchuß des Vollbedarfs über den vollſtändig oder verhältnißmäßig anzurechnenden Nebenbedarf

ergiebt den Holzrechtsbedarf, der nach Holzart, Sortiment, Quantität
und Zeit feſtgeſtellt werden muß. Sollen, was häufig zweckmäßig er=
ſcheint, den bisher bezogenen Holzarten und Sortimenten ganz oder
theilweiſe andere Holzarten oder Sortimente ſubſtituirt werden, ſo
tritt die Feſtſtellung in Verbindung mit der Umwandlung, welche
letztere alsdann nach den in § 3 S. 43 angegebenen Regeln zu be=
handeln iſt. Iſt Waldunzulänglichkeit vorhanden, ſo handelt es ſich
ebenfalls um ein gemiſchtes, aus Feſtſtellung und Einſchränkung zu=
ſammengeſetztes Verfahren. Die Feſtſtellung hat dann den Holzbe=
darf für den Fall der Waldzulänglichkeit, die weiter unten beſprochene
Einſchränkung den Holzanſpruch für den Zuſtand und die Zeit der
Waldunzulänglichkeit zu beſtimmen.

Die Feſtſtellung der künftigen Nutzungsart hat über
die Art der Holzwerbung Beſtimmung zu treffen. Die Holzwerbung
kann entweder durch den Waldeigenthümer oder durch den Berechtigten
erfolgen. Regel und ſachgemäßer iſt die Werbung des Waldeigenthümers.
Einen geſetzlichen Zwang zur Einführung derſelben enthält jedoch in
Preußen nur die Verordnung für den Oberharz vom 14. September
1867. Es muß als ein Mangel bezeichnet werden, daß in den übrigen
Preußiſchen Gem.=Theil.=Ordnungen darauf bezügliche Beſtimmungen
fehlen. Die Frage, ob die Auseinanderſetzungsbehörden befugt ſind,
im Streitfalle die Holzwerbung ſeitens des Waldeigenthümers mit=
telſt richterlicher Entſcheidung feſtzuſtellen, dürfte um deswillen zu
bejahen ſein, weil die Zuſtändigkeit derſelben ſich auf die Streitig=
keiten über die Abfindungsart erſtreckt (Th. I § 27).

Vergl. auch §§ 169, 170 der Altpr. GThO. v. 7. Juni 1821 (Wortlaut in
Th. I § 8 S. 77 dieſes Werkes).

Ausnahmsweiſe kann auch die Selbſtwerbung durch den Be=
rechtigten nach vorheriger Anweiſung durch den Waldeigenthümer
dem Zwecke der Fixation entſprechen.

Einer Feſtſtellung der Werbungskoſten bedarf es nur bei
Holzwerbung durch den Waldeigenthümer. Nur ſolche nothwendige
Werbungskoſten ſind dem Waldeigenthümer zu vergüten, welche der
Berechtigte bei der bisherigen Eigenwerbung ſelbſt aufzuwenden
hatte. Welche Werbungskoſten demgemäß zu vergüten ſind, hängt
von der Art und bisherigen Ausübung der Holzberechtigungen ab.

Die Kosten des Fällens und Zerkleinerns sind zu ersetzen, die Kosten des Rückens und Aufmeterns nicht.

R.-C. Datum nicht ersichtlich. (Z. f. LCG. III. 280.)

R.-C. 13. Januar 1854. (Lette und von Rönne, Landeskultur-Gesetzgeb. Bd. 2 Abth. II S. 190—191.)

Bei der Feststellung der Werbungskosten wird die jeweilige Hauerlohnstaxe mit einem entsprechenden Abzuge für das Aufmetern zum Grunde zu legen sein.

Die uneigentliche Feststellung beschränkt sich darauf, die Grundlagen des Nutzungsmaßes so genau festzustellen, daß danach im Bedarfsfalle Quantität und Qualität des Berechtigungsholzes bestimmt werden können. Von praktischer Bedeutung ist dieselbe nur bei Bauholz-Berechtigungen (§ 5 S. 78). Sie besteht alsdann in der genauen Begrenzung des Umfangs der Berechtigung durch Anfertigung von Gebäude-Katastern, welche eine Beschreibung der Gebäude und sonstiger Baulichkeiten von Holz (Befriedigungen, Wasserleitungen, Brunnen, Brücken ꝛc.) nach ihren Constructionen, Dimensionen und den verwendeten Holzarten enthalten. In Preußen verbreitet sich nur die V. vom 14. September 1867 für den Oberharz über die uneigentliche Feststellung von Bauholz-Berechtigungen.

In Bayern ist dieselbe durch Art. 27 des Forstgesetzes vom 28. März 1852 vorgeschrieben.

4. Die nur bei Waldunzulänglichkeit, dauernd oder auf Zeit eintretende Einschränkung unbestimmter Holzberechtigungen besteht in deren Festsetzung auf ein hinter dem Berechtigungs-Anspruche (Holzrechtsbedarfe) zurückbleibendes Maß.

Die maßgebenden Gesetzesbestimmungen wurden bei Einschränkung bestimmter Holzberechtigungen (§ 3 S. 45) angegeben.

Das Einschränkungs-Verfahren für unbestimmte Berechtigungen hat zunächst nach den unter 3 angeführten Regeln des Feststellungs-Verfahrens den Berechtigungs-Anspruch (Holzrechtsbedarf bei Waldzulänglichkeit) festzustellen. Im weiteren Verlaufe folgt dasselbe dann lediglich dem Gange des Einschränkungs-Verfahrens für bestimmte Holzberechtigungen (§ 3 a. a. O.).

V. Ablösung von Holz-Bedarfs-Berechtigungen.

Ablöslichkeit, Nutzwerth-Ermittelung, Vortheils-Werth-Ermittelung und Abfindung für Holzbedarfs-Berechtigungen richten sich im Allgemeinen nach den in § 2 (Holz-Grundgerechtigkeiten im Allgemeinen) vorgetragenen Gesetzes-Bestimmungen, Grundsätzen und Regeln. Die besonderen Verhältnisse werden bei den einzelnen Arten der Holzbedarfs-Berechtigungen zur Erörterung gelangen.

§ 5.

Bauholz-Bedarfs-Berechtigungen.

I. Begriff, rechtliche Natur, Arten.

Begriff und rechtliche Natur der Bauholz-Berechtigungen ergeben sich aus dem Begriffe von Bauholz und aus dem Wesen der Grundgerechtigkeit.

1. Begriff von Bauholz.

Das Preußische Landrecht enthält keine ausreichende Definition von Bauholz. Das Landrecht beschränkt sich in § 208 Tit. 22 I darauf, den Bauholz-Berechtigungen dasjenige Holz zu unterstellen, was zu Wohn- und Wirthschaftsgebäuden erforderlich ist.

Die Ansichten über den Begriffs-Inhalt von Bauholz sind verschieden.

G. L. Hartig rechnet bei Bauholzberechtigungen, wo nicht Gesetze oder Observanz etwas Anderes bestimmen, zum Bauholze nur dasjenige Holz, was in der Regel vom Zimmermann verarbeitet und bis zum Richten oder Aufschlagen der Gebäude verwendet wird.

> G. L. Hartig, Beiträge zur Lehre von Ablösung der Holz-, Streu- und Weideservituten 1829. S. 3.

Die Ansicht ist unhaltbar und vom Obertribunal verworfen.

Die technische Instruction für die Generalcommission von Posen (§ 34 S. 209) schließt das zu jeder geleimten Arbeit, zu Fenster- und Thürrahmen, zur Ausbohlung von Pferdeställen, zu Krippen, Raufen und Trögen erforderliche Holz vom Bauholze aus.

Nach der technischen Instruction für die Generalcommission zu Frankfurt a. O. (§ 126 S. 287) gehören Schindeln, Raufen und Krippen, sowie das vom Tischler verarbeitete Holz nicht zum Bauholze, wogegen demselben das Holz zu

Brücken, Brunnen, Wasserröhren, Feuerleitern, Feuerhaken, Faschinen und Buhnenpfählen zugerechnet werden.

Die technische Instruction für Schlesien (§ 109 S. 142 2. Ausg.) zählt zum Bauholz auch das zu Fußböden, Dielen, Treppen, Giebelverschlägen, zu rauh ausgearbeiteten Thüren, zu Scheunenthoren, Schweineställen und Krippen erforderliche Holz.

In Ermangelung einer umfassenden Legal-Definition bestimmt sich der Inhalt des Bauholzbegriffs, soweit nicht der Titel der Servitut darüber Auskunft giebt, nach der Ausübung der Servitut, nach den Bestimmungen der Forstordnungen und nach den Ergebnissen der Rechtsprechung.

Von Bedeutung ist die ortsübliche Ausübung des Bauholzrechts, in welchem Sprachgebrauch, örtliche Rechtsauffassung und Gewohnheit ihren Ausdruck zu finden pflegen.

In den Forstordnungen ist der Begriff des Bauholzes mitunter durch polizeiliche Vorschriften eingeengt, welche gewisse Bauarten, z. B. Schrotholzbauten und hölzerne Schornsteine untersagen. Vergl. Koch, Allg. Landrecht, 6. Ausgabe, Note 68 zu § 208 Tit. 22 I.

Die Rechtsprechung der obersten Gerichtshöfe für Preußen hat den Begriff des Bauholzes bei Bauholz-Berechtigungen in einer Anzahl von Einzelfällen wie folgt begrenzt:

> Bauholz ist dasjenige Holz, welches theils zur Construction (den Hauptbestandtheilen) und zum Ausbau von Gebäuden, theils zu solchen Baulichkeiten, Vorrichtungen und Geräthen erforderlich ist, die zur Sicherung und Benutzung der Gebäude nothwendig sind.

> Zu den Gebäuden gehören Wohngebäude und Wirthschaftsgebäude (Scheunen, Ställe), sowohl für den Wirth als für die Vorwirthe (Auszügler, Ausgedinger, Altsitzer), ferner unter Umständen z. B. bei vertragsmäßiger Verleihung der Servitut auch Gebäude zu industriellem Betriebe, z. B. Mühlen.

> Konstructionsholz sind: Schwellen, Säulen, Riegel, Wand- und Dachrahmen, Balken, Sparren, Latten.

> Zum Ausbau werden gerechnet: Fensterrahmen und Fensterläden, Treppen, Thüren, Holzbekleidungen, Dielen, Deckenhölzer (Schalhölzer), Dachstöcke, Bohlen zu Ställen, Krippen und Raufen, dagegen nicht Wand- und Ofenbänke.

Den Baulichkeiten, welche die Sicherung und Benutzung der Gebäude vermitteln, gehören an: Hof-Umwehrungen nebst Thorwegen und Thüren, Brunnen nebst damit in Verbindung gebrachten Tränktrögen, Brücken innerhalb des Gehöftes oder solche am Gehöft, welche den Zugang zu letzterem vermitteln, ferner die Abschlagsschleuse des zu einer bauholzberechtigten Wassermühle gehörigen Mühlenteichs, dagegen nicht: im Felde befindliche Brücken-, Garten-, Feld- und Weidezäune.

Als Vorrichtungen und Geräthe, welche wegen ihrer Pertinenz-Qualität dem Bauholzrechte unterliegen, werden bezeichnet: Dachleitern, Feuerleitern und Feuerhaken, wogegen Hopfenstangen, sowie Rüststangen zum Trocknen des Tabacks ausgeschlossen sind.

R.-E. in Z. f. LCG. III. 235.

OT. 17. Juli 1840 (Z. f. LCG. VIII. 477).

R.-E. 16. December 1853 (Z. f. LCG. VII. 190).

OT. 4. Mai 1852 wegen einer Abschlagsschleuse (Striethorst Arch. Bd. 6 S. 137).

R.-E. 23. November 1855. OT. 7. October 1856 (Auszugshäuser Z. f. LCG. IX. 395).

OT. 19. Sept. 1854 (Z. f. LCG. VIII. 471).

OT. 24. October 1854 (Z. f. LCG. VIII. 477).

Anderseits ist für Schlesien erkannt worden, daß das Holz zum Dielen von Kammern als „Luxus"

R.-E. in Z. f. LCG. III. 235.

sowie das Holz zu Brunnensäulen und Brunnenschwengeln

OT. 24. October 1854 (Z. f. LCG. VIII. 477)

der Bauholzberechtigung nicht unterworfen seien.

Nach § 117 des Badischen Forstgesetzes vom 15. Nov. 1833 ist Holz zu Schnittwaaren, Gerüststangen, Umzäunungen, Brunnenteicheln in dem Bauholzrechte nicht einbegriffen.

2. Rechtliche Natur der Bauholz-Berechtigung.

Träger der Bauholz-Berechtigung ist ein bestimmtes, mit Gebäuden besetztes Grundstück, von welchem der mit Gebäuden besetzte Theil (die Haus- und Hofstelle) insofern eine bevorzugte Stellung einnimmt, als demselben der Vortheil der Servitut ausschließlich oder zum größten Theile zufließt (vergl. § 29, I). Daraus folgt zweierlei.

Einerseits bleibt die Bauholzberechtigung auf die zur Zeit ihrer Begründung bei dem berechtigten Gute vorhandenen Grundstücke beschränkt. Sie erstreckt sich somit weder auf die dem Gute später, sei es durch gutsherrlich-bäuerliche Regulirung oder sonstwie zugewachsenen Ländereien, noch auf die zur Bewirthschaftung des Landzuwachses errichteten Gebäude.

OT. 18. Sept. 1847 (Präj. 1915. Präj.-Samml. S. 133. Entsch. Bd. 16 S. 213; Rechtsf. Bd. 2 S. 242 Nr. 122).

OT. 11. März 1851. (Strieth. Arch. Bd. 1 S. 307 Nr. 68.)

Vergl. auch OT. 10. Dec. 1860 in Th. I § 4 S. 29.

Anderseits ergeben sich daraus die in § 2 S. 5 angeführten Rechtssätze über die Folgen der Theilung des berechtigten Guts in Ansehung der Bauholzberechtigungen.

Bauholz-Berechtigungen sind unständige Servituten, weil Bedürfniß und Benutzungszeit nicht regelmäßig und gleichmäßig in jedem Jahre, sondern unregelmäßig und ungleichmäßig in solchen Jahren wiederkehren, in denen Neubauten oder Reparaturen nothwendig sind.

3. Arten der Bauholz-Berechtigungen.

Wichtige Arten der Bauholzberechtigungen sind in Bezug auf Umfang und Regelung (Feststellung) derselben:

Verleihungs- und Verjährungs-Berechtigungen, Einzel- und Gemeinde-Berechtigungen, allseitig unbestimmte oder blos zeitlich unbestimmte Bauholz-Berechtigungen.

II. Umfang der Bauholz-Berechtigungen.

Der Umfang der Bauholz-Berechtigungen ergiebt sich einerseits aus den früheren Erörterungen über den Umfang der Grundgerechtigkeiten (Th. I § 3), der Holzberechtigungen (Th. II § 2), der Holzbedarfs-Berechtigungen (Th. II § 4), sowie über den Begriffsinhalt des Bauholzes und die rechtliche Natur der Bauholzrechte (S. 63, 65), anderseits aus der nachfolgenden Darstellung, welche die bauholzberechtigten Stellen, die darauf befindlichen Gebäude, die Bauholzmittel des Berechtigten, die Waldunzulänglichkeit, die Verwendung des Servitutholzes und die Gegenleistungen des Berechtigten behandelt.

Das Preußische Landrecht enthält in dieser Hinsicht in Theil I Tit. 22 § 208 bis 210 folgende Bestimmungen:

„§ 208. Die Befugniss, Bauholz aus einem Walde zu nehmen, erstreckt sich, insoweit sie eine Grundgerechtigkeit ist, nur auf dasjenige, was zur Unterhaltung oder Wiederherstellung der zur Zeit der Verleihung des Rechts vorhanden gewesenen Wohn- und Wirthschaftsgebäude erforderlich ist.

§ 209. Zu neuen Anlagen also darf der belastete Wald das Bauholz nicht hergeben.

§ 210. Wenn aber auch die veränderten Umstände oder vermehrten Bedürfnisse des berechtigten Guts eine Verlegung oder Erweiterung der anfänglich vorhanden gewesenen Gebäude nothwendig machen, so kann auch dazu das Bauholz aus dem belasteten Walde genommen werden.“

1. Die Anzahl der bauholzberechtigten Stellen ist bei Einzelberechtigungen, soweit nicht eine Vermehrung derselben durch Theilung eintritt (§ 2 S. 7), eine geschlossene. Dasselbe gilt von denjenigen Gemeinde-Berechtigungen, welche auf Verleihung beruhen. Dagegen sind bei Gemeinde-Berechtigungen, welche durch Verjährung entstanden sind, auch die erst nach Ablauf der Verjährungszeit begründeten Stellen bauholzberechtigt (Th. II § 4 S. 55, Th. I § 3 S. 21).

2. In Betreff der **berechtigten Gebäude** sind die Verleihungs-Berechtigungen, die Verjährungs-Berechtigungen und die beiden Berechtigungsarten gemeinsamen Rechts-Verhältnisse auseinander zu halten.

Bei den Verleihungs-Berechtigungen, auf welche sich die obigen Bestimmungen des Preußischen Landrechts beschränken, kommen Vermehrung, Erweiterung, Verlegung und bauliche Einrichtung der berechtigten Gebäude bez. der dazu gehörigen Baulichkeiten (S. 65) in Betracht.

Nach dem Entwurfe zum allgemeinen Preußischen Landrecht sollte die Bauholzberechtigung auf die zur Zeit der Verleihung derselben vorhandenen Gebäude beschränkt bleiben. Diese Bestimmung entsprach, wie Suarez bemerkte, genau dem Rechtsgrundsatze, wonach Servituten stricte interpretirt werden müssen. Auf das Gutachten von Goßler hin wurden indessen dem § 208, welcher dieser Auffassung Ausdruck giebt, aus wirthschaftspolitischen und sonstigen Zweckmäßigkeits-Rücksichten (Goßler meinte, die Einschränkung sei der Industrie schädlich und gebe zu großen Weitläufigkeiten Anlaß), die beiden folgenden Paragraphen hinzugefügt, welche zwar neue Anlagen ausschließen, aber eine Verlegung und Erweiterung der Gebäude zu Gunsten der Landwirthschaft einschließen.

Demgemäß unterliegen der Bauholzberechtigung nur die zur Zeit der Verleihung vorhanden gewesenen, nicht die später hinzugekommenen Gebäude (§§ 208, 209 a. a. O.).

OT. 11. März 1851 (Striethorst Arch. Bd. 1 S. 307 Nr. 68).

OT. 9. März 1852 (Striethorst Arch. Bd. 6 S. 65 Nr. 18).

Erweiterungen der ursprünglich berechtigten Gebäude sind, wenn die baulichen Erweiterungen erst nach Verleihung der Bauholzservitut eingetreten sind, nur bedingungsweise, aber nicht unter allen Um= ständen bauholzberechtigt. Bedingung sind veränderte Umstände oder vermehrtes Bedürfniß (§ 210 a. a. O.), jedoch nach den oberstgerichtlichen Entscheidungen nur insoweit, als die baulichen Er= weiterungen durch den allgemeinen Kulturfortschritt, sowie durch Verbesserungen in der gewöhnlichen Bewirthschaftung des berechtigten Guts herbeigeführt worden sind. In diesem Sinne ist das jeweilige Bedürfniß, nicht das Bedürfniß zur Zeit der Verleihung maß= gebend.

OT. II 17. Juli 1840 (Präj. 902).

OT. II 4. Mai 1852 wegen einer Wassermühle (Striethorst Arch. Bd. 6 S. 137 Nr. 35).

OT. II 18. Sept. 1847. Motive. (Präj. 1915. Präj.-Samml. S. 133. Entsch. Bd. 16 S. 213. Rechtsf. Bd. 2 S. 242 Nr. 122).

Auch diejenigen Erweiterungen der ursprünglich berechtigten Ge= bäude, welche in dem Anbau von Wohnräumen für die Auszügler (Ausgedinger) bestehen, sind bauholzberechtigt.

R.-S. 23. Nov. 1855. OT. 7. Oct. 1856 (Z. f. LEG. IX. 395).

Bauliche Erweiterungen dagegen, auf welche sich das Bauholz= recht nicht erstreckt, sind:

Erweiterungsbauten, welche durch Areal=Vermehrung des be= rechtigten Guts herbeigeführt worden sind.

OT. II 18. Sept. 1847. Präj. 1915 a. a. O.

OT. 11. März 1851 (s. oben).

OT. 10. December 1860 (Entsch. Bd. 45 S. 182).

Erweiterungsbauten, welche in der Einführung von neuen Kul= turarten oder in einer wesentlichen Umgestaltung der Wirthschafts= führung z. B. in der Einführung von Tabakbau oder Fabrikbetrieb anstatt Getreidebaus ihren Grund haben.

OT. II 23. Juni 1857 (Entsch. Bd. 36 S. 22, Striethorst Arch. Bd. 25 S. 257 Nr. 51).

Erweiterungsbauten von solchen Gebäuden, welche erst nach der Verleihung errichtet, aber gleichwohl titelmäßig bauholzberech= tigt sind.

OT. 19. Sept. 1854 (Z. f. LEG. VIII. 476).

Die Verlegung der berechtigten Gebäude soll nach §210 a. a. O. unter denselben Umständen statthaft sein, wie die Erweiterung. Es kommt indessen in Betracht, daß schon nach allgemeinen Rechtsgrundsätzen die Holzberechtigungen bei Translocation der Gebäude auf die neuen Gebäude übergehen (Th. II § 2 S. 7, Th. I § 5 S. 31).

Die für Erweiterungsbauten maßgebenden Gesichtspunkte finden auch Anwendung auf die bauliche Einrichtung (Bauart). Auch hier ist das jeweilige, durch den materiellen Kulturfortschritt herausgebildete und gemeingebräuchlich gewordene landwirthschaftliche und Wohnungsbedürfniß, nicht das Bedürfniß und die Lebenshaltung zur Zeit. der Verleihung maßgebend. Zu Aenderungen in der Bauart dagegen, welche über das gewöhnliche Bedürfniß hinausgehen oder durch neue Kulturarten und wesentliche Umgestaltungen des Wirthschaftsbetriebs veranlaßt werden, braucht der belastete Waldeigenthümer kein Bauholz abzugeben.

OT. II 17. Juli 1840. Präj. 902. — OT. 23. Juni 1857 (a. a. O.).

Bei Verjährungs-Berechtigungen ist für jedes einzelne Gebäude der Verjährungsbeweis zu führen, somit nachzuweisen, daß für dasselbe in mindestens 3 Fällen, von denen einer am Anfange einer am Ende des Verjährungszeitraums liegt, Bauholz gefordert und verabreicht worden ist. Nur dann, wenn der Berechtigte bei der Besitzergreifung des Rechts für ein Gebäude die Absicht zu erkennen gegeben hat, diesen Besitz zugleich für die übrigen zu dem Gute gehörigen Gebäude anzutreten, genügt der Verjährungsbeweis für ein Gebäude.

OT. 20. März 1866 (Z. f. LEG. XVIII. 361).

Im Gegensatze zu dieser Entscheidung hat das Revisions-Collegium in zwei Rechtsfällen die Ansicht vertreten, daß das berechtigte Gut als ein Ganzes aufzufassen sei, und daß es demgemäß zum Erwerbe der Bauholzberechtigung für alle Gebäude genüge, wenn entweder für ein einziges Gebäude der Verjährungsbeweis erbracht oder wenn nachgewiesen werde, daß das Bauholzrecht für ein Gebäude bei Beginn der Verjährungsfrist, für ein zweites Gebäude am Ende desselben und für ein drittes Gebäude innerhalb des Verjährungs-Zeitraums ausgeübt worden sei.

R.-C. 8. April 1865 (vernichtet durch das vorhin angegebene OT.-Erkenntniß; — R.-C. 2. Nov. 1866 (Z. f. LEG. XVIII. 361).

Nach dem Grundsatze quantum possessum tantum praescriptum (ALR. I Tit. 22 § 28, Tit. 9 §§ 665, 666) ist der durch die Verjährung begründete Umfang des Bauholzrechts ein dauernder.

Weder spätere Vermehrung, noch Erweiterung der Gebäude, noch Aenderungen in der Bauart verändern daher den Umfang der Bauholzberechtigung. Nur in dem einzigen Falle, daß die Erweiterung des Bauholzrechts unter veränderten Verhältnissen bereits bei Begründung der Verjährungs=Servitut erweislich in dem muthmaßlichen Willen der Betheiligten lag, ist die Erweiterung gemeinrechtlich zulässig.

RG. 13. April 1880. Entsch. Bd. 1 S. 331. Grundf. 2233 (Z. f. LFG. XXVII. 291).

Gleichmäßig für Verleihungs= und Verjährungs=Berechtigungen auf Bauholz gelten folgende Rechtssätze:

Zu polizeilich verbotenen Bauarten kann Bauholz auf Grund einer Bauholz=Berechtigung nicht verlangt werden. Dagegen muß Bauholz zu solchen Bauausführungen gegeben werden, welche an die Stelle der polizeilich untersagten Bauten treten (Ersatzbauten). Zu einer Entschädigung der Mehrkosten, welche die Ersatzbauten verursachen, ist der Waldeigenthümer nicht verpflichtet.

R.=G. 19. Nov. 1858 (Z. f. LFG. XII. 263).

OT. 18. Nov. 1858 (Z. f. LFG. XII. 290).

Die beiden Rechtsfälle beziehen sich auf den Geltungsbereich des Schlesischen Forstregulativs vom 9. December 1799, in dessen § 6 verordnet ist, daß in Zukunft zu neuen Schrotholzbauten kein Bauholz mehr abgegeben werden soll. Demgemäß ist dahin erkannt worden, daß bis zum Neubau noch Reparaturholz zu berechtigten Schrotholzbauten gegeben werden müsse, daß vom nächsten Neubau ab aber nur noch das Holz zu den an die Stelle der Schrotholzbauten tretenden Fachwerksbauten verlangt werden könne, und daß der Waldeigenthümer für die Mehrkosten des Fachwerksbaus nicht aufzukommen habe.

Wenn Holzbauten, z. B. hölzerne Schornsteine, zu welchen bisher auf Grund einer Bauholzberechtigung Holz abgegeben worden, in Folge späteren polizeilichen Verbots durch Massivbau ersetzt werden, kann der Berechtigte zu letzterem kein Bauholz verlangen.

Pfeil war der Ansicht, daß der Berechtigte in diesem Falle Bauholz beanspruchen, verkaufen und das Kaufgeld zu dem Massivbau verwenden dürfe. Die Unhaltbarkeit dieser Ansicht wird von Koch in Note 68 zu § 208. 22. I. ALR. a. a. O. nachgewiesen.

In § 28 Tit. II der Forstordnung für Westpreußen und den Netzedistrict v. 8. Oct. 1805 ist aus Rücksichten der Holzersparung verordnet, daß an Stelle seitheriger Holzconstructionen im Neubaufalle die örtlich zweckmäßigsten, Holz ersparenden Bauarten (Fachwerksbau, Massivbau) anzuwenden seien, daß aber der belastete

Waldeigenthümer verpflichtet sei, die etwaigen Mehrkosten der neuen Bauart bis zur Höhe desjenigen Werth-Betrages zu ersetzen, welchen das für die bis-herige Bauart erforderliche Holz erreicht haben würde. Wenn z. B. gemäß der Forstordnung anstatt eines bisherigen bauholzberechtigten Holzgebäudes beim Neubau ein Massivbau ausgeführt werden muß, und wenn betragen würden

für den Massivbau die Gesammtkosten	10000	Mark
der Holzwerth	4000	"
für den Holzbau die Gesammtkosten	7000	"
der Holzwerth	5000	"
so würde der Berechtigte zu fordern haben das Holz zum Massivbau mit	4000	" Werth
und außerdem ein für allemal den Ueberschuß des Holzwerths für Massivbau über den Holzwerth für Holzbau mit	1000	"
zusammen	5000	Mark

Dem belasteten Waldeigenthümer erwächst dann immer noch der Vortheil, daß er in Zukunft nur das Bauholz für Massivbau zu gewähren braucht.

R.-E. 16. December 1853 (Z. f. LCG. VII. 190).

Nach dem Präjudiz 1685 des OT. II vom 2. Febr. 1846 (Präj.-Samml. 109) muß sich derjenige, welchem freies Bauholz zur Nothdurft zugesichert ist, statt des Fachwerksbaus auf den Bau in Wellerwänden beschränken lassen, wenn nach dem Urtheile von Sachverständigen der Fachwerksbau mit gleicher Wirkung durch Wellerwände ersetzt werden kann. — Die Entscheidung erscheint nicht gerechtfertigt, weil sie dem Berechtigten zumuthet, eine hochwerthige Bau-art, worauf sich das durch Verleihung oder Verjährung begründete Bauholz-recht erstreckt, durch eine geringwerthige zu ersetzen.

Wenn der Berechtigte aus freier Wahl, also nicht in Folge gesetzlicher Vorschrift, beim Neubau eines bauholzberechtigten Gebäudes die bisherige Bauart z. B. Fachwerksbau durch eine andere, weniger Holz verbrauchende Bauart, z. B. durch Massivbau ersetzt, so hat er nur das Bauholz für die neue Bauart ohne einen Anspruch auf die dadurch verursachten Mehrkosten zu verlangen. Durch Massivbau geht aber das Recht auf Bauholz für Fachwerksbau nicht unter. Dasselbe ruht vielmehr und lebt bei etwaigem, künftigem Fachwerks-bau wieder auf. Jedoch ist im Falle der Ablösung die Abfindung nur nach dem Holzbedürfnisse des zur Zeit der Ablösung vorhandenen Massivbaues, nicht nach demjenigen des früheren Fachwerksbaues zu bemessen.

R.-E. 9. Sept. 1853 (Z. f. LCG. VII. 216).

Versicherung des bauholzberechtigten Gebäudes gegen Feuersge-fahr und Empfang der Versicherungssumme durch den Berechtigten beeinträchtigen nicht deſſen Recht auf Verabfolgung des zum Neubau herkömmlich erforderlichen Bauholzes ſeitens des belaſteten Waldeigen=thümers.

R.-E. 30. Juni 1854 (Z. f. LEG. VIII. 120 Grundſ. 296).
OT. 4. Dec. 1854 (Striethorſt Arch. Bd. 19 S. 148 Nr. 36).

3. **Bauholzmittel des Berechtigten** (Th. I § 15 S. 131, Th. II § 4 S. 54).

Der Bauholzrechts=Bedarf d. i. derjenige Bauholzbedarf, deſſen Be=friedigung auf den Servitutwald bei Waldzulänglichkeit angewieſen iſt, ergiebt ſich aus dem Ueberſchuſſe des Vollbedarfs über die anderweiten Bauholzmittel des Berechtigten. Geſetzliche Beſtimmungen, welche die Anrechnung der anderweiten Bauholzmittel vorſchreiben, beſtehen in Preußen nur in der weiter unten erwähnten V. wegen Regulirung der Holz= und Kohlennutzungen für den Oberharz vom 14. Septem=ber 1867. Abgeſehen hiervon entſcheiden daher über die Zuläſſigkeit und die Methode (volle oder verhältnißmäßige Anrechnung) der An=rechnung Titel und Ausübung des Rechts.

An anderweiten Bauholzmitteln des Berechtigten können in Rück=ſicht auf eine in Rede ſtehende Bauholzberechtigung in Betracht kommen:

das aus eigenen Holzungen des Berechtigten, ſoweit ſie zu dem bauholzberechtigten Gute gehören, nachhaltig zu entnehmende Bauholz;

das aus anderen Bauholzberechtigungen zu beziehende, ſtets verhältnißmäßig anzurechnende Bauholz; endlich

das aus den alten Gebäuden herrührende, noch brauchbare Bauholz.

Nach der V. für den Oberharz vom 14. September 1867 (§ 24) ſollen bei den Bauholz=Bedarfsanſchlägen für die auf Grund dieſer V. feſtgeſtellten Bau=holzberechtigungen „das aus den Gebäuden und Anlagen, welche reparirt oder umgebaut werden ſollen, zu gewinnende noch brauchbare Bauholz" mit berück=ſichtigt werden, dagegen das zu Bauzwecken untaugliche Holz dieſer Art, ſowie die beim Bau nicht brauchbaren Abfälle von dem abgegebenen neuen Bauholze dem Berechtigten zur freien Verfügung verbleiben.

Außerhalb des Geltungsbereichs der V. vom 14. Sept. 1867 hat bei aus-ſchließlichen Bauholzberechtigungen der Waldeigenthümer das Recht, die zur baulichen Wiederverwendung unbrauchbaren Holzreſte aus alten Gebäuden zurück=zunehmen. Daſſelbe gilt für die Abfälle von Neubauholz. Bei gleichzeitigen Brennholzberechtigungen kommen beide Arten von Holzrückſtänden als eigene Feuerungsmittel des Berechtigten in Anrechnung.

Vergl. Ebing, Rechtsverhältniſſe des Waldes. 1874. S. 115.

4. Waldunzulänglichkeit.

Der Waldeigenthümer ist nicht verpflichtet, diejenigen Holz-Sortimente, welche sich zur Zeit eines vorzunehmenden Baues im belasteten Walde ohne seine Schuld nicht vorfinden, anderweit zu beschaffen oder dem Berechtigten zu bezahlen.

OT. 9. Januar 1847 (3. f. LCG. III. 182 Grundf. 318).

5. Bedarfs-Feststellung und Verwendung des Bauholzes.

Der Verwendungszweck des Berechtigungs-Bauholzes besteht in baulichen Unterhaltungen und Wiederherstellungen (Neubauten).

ALR. I. 22 § 208.

Die Bedarfs-Feststellung für jeden Baufall ist mitunter durch Gesetz oder Verordnung geregelt.

Schon für die alten Markenwaldungen bestanden umfassende Vorschriften über die Prüfung und Feststellung des Bauholz-Bedürfnisses.

v. Maurer, Geschichte der Markenverfassung 1856 S. 128, — Geschichte der Dorf-Verfassung 1865 I. Bd. S. 237.

Für die Bauholzberechtigungen des Oberharzes ist die Anmeldung, Begründung und Feststellung des Bauholzbedarfs durch §§ 20, 21 der V. vom 14. Sept. 1867 geordnet.

Andere noch jetzt in Preußen gültige gesetzliche Vorschriften enthalten die Forstordnungen.

Für Bayern, Baden, Frankreich, Elsaß-Lothringen verbreiten sich die Forstgesetze und deren Ausführungs-Verordnungen über die Bauholz-Bedarfs-Feststellung.

Forstgesetz für Bayern de 1852 Art. 28, für Baden de 1833 § 112, für Frankreich und Elsaß-Lothringen de 1827 Art. 123 der Ausführungs-Verordnung.

Die bestimmungswidrige Verwendung des Bauholzes, namentlich auch dessen Verkauf sind untersagt und unter Strafe gestellt.

Vergl. § 4 S. 50.

Wenn das dem Bauholzberechtigten gelieferte Holz von diesem nicht zweckmäßig verwendet worden ist, so muß der Bauholzberechtigte oder sonstige Empfänger dem Waldeigenthümer das volle Interesse vergüten, ohne Rücksicht darauf, ob der letzte Zweck der Verwendung mit anderem Material [sogar besser erreicht ist.

OT. 17. Nov. 1857 (Grundf. 1297 3. f. LCG. XXI. 65).

Für die Verwendung ist vielfach eine bestimmte Frist vorgeschrieben.

V. für den Oberharz 14. Sept. 1867 § 23 2 Jahre, — Bayer. Forstgesetz Art. 28 2 Jahre mit Verbindlichkeit zum Werthersatze bei Zuwiderhandlungen, — Badisches Forstgesetz § 108 2 Jahre mit dem Rechte des Waldeigenthümers auf Zurücknahme des Holzes und auf Entschädigung für den Minderwerth, — Code forestier de 1827 Art. 84 2 Jahre.

Die Verwendungs=Controlle ist meist durch Gesetz oder Verord= nung geregelt.

In den Markenwaldungen war schon frühzeitig eine Verwendungs=Controlle eingerichtet, welche den Markbeamten und Gemeindevorständen oblag.

> v. Maurer, Markenverfassung 1856 S. 133, Dorfverfassung I 186 S. 240, Geschichte der Fronhöfe Bd. III. S. 212.

Nach § 23 der V. vom 14. Sept. 1867 für den Oberharz steht die Ver= wendungs=Controlle der Forstverwaltung zu.

In Bayern hat der Berechtigte die Verwendung auf Verlangen des Ver= pflichteten genügend nachzuweisen. Forstgesetz Art. 28.

In manchen Forstordnungen ist den Forstbeamten und Ortsbehörden das Recht der Verwendungs=Controlle eingeräumt, so in den Forstordnungen

> für Ostpreußen und Litthauen vom 3. Dec. 1775 VI § 4,
> = Pommern vom 29. Dec. 1777 VI § 4,
> = Schlesien vom 26. März 1788 § 5.

6. Gegenleistungen der Berechtigten für Bauholz bestehen häufig in einem zu entrichtenden, bestimmten Theile ($\frac{1}{3}$, $\frac{1}{4}$) der Holztaxe, — in Stammgeld, Anweisegeld, Pflanzgeld, Hauerlohn.

Vergl. § 2 S. 28.

Der Bauholzberechtigte ist verbunden, dem belasteten Waldeigenthümer das Schlägerlohn für das zu erhaltende Bauholz (bei Werbung durch den Waldeigenthümer) zu erstatten.

R.=C. 9. September 1853 (Z. f. LCG. VII. 217).

III. Bedeutung der Bauholz-Berechtigungen.

Die Bedeutung der Bauholz=Bedarfs=Berechtigungen für den belasteten Wald ist eine ungünstige, in hervorragender Weise un= günstig bei Verleihungs=Servituten aller Art und bei Verjährungs= Servituten von Gemeinden.

Die rechtliche Natur der Verjährung bringt es mit sich, daß bei Einzelberechtigungen ihr Umfang, somit die Naturalbelastung für den Wald sich gleich bleibt, es sei denn, daß der Verjährungsbesitz erweislich darauf gerichtet war, ein dem wechselnden Bedarfe ange= paßtes Nutzungsrecht zu erwerben, ein Absicht, die selten nachzuweisen sein wird.

Anders bei Verleihungsberechtigungen. Ihr Umfang wechselt mit dem wechselnden Bedarf des berechtigten Guts, je nach Servitutart und Wirthschaftsrichtung sich ausdehnend oder einengend (S. 53, 68). Diese allgemeine Rechtsregel hat in § 210 Tit. 22 I A.L.R. einen concreten gesetzlichen Ausdruck hinsichtlich der Bauholz-Berechtigungen gefunden. Die Bauholz-Servituten gehören zu den sich ausdehnenden Berechtigungen. Sie wachsen mit dem landwirthschaftlichen Kulturfortschritte, mit den Viehständen, mit den Ernteerträgen zum Nachtheile des Waldes. Der Landwirth gewinnt, der Waldwirth verliert dabei. Zur Zeit der Emanation des Preußischen Landrechts machte sich dieser Gegensatz noch nicht fühlbar. Die Landwirthschaft konnte unter dem Drucke der persönlichen und dinglichen Unfreiheit des Bauernstandes zu keiner rechten Entwickelung gelangen. Eine Landwirthschafts-Wissenschaft gab es noch nicht. Absatz und Verkehr bewegten sich in engen Kreisen. Landwirthschaftlicher Betrieb und Lebenshaltung, Ausdehnung und Einrichtung der Wohn- und Wirthschaftsgebäude, Umfang der Bauholz-Berechtigungen befanden sich im Beharrungs-Zustande. Als dann im 19. Jahrhundert die Grundentlastung, die Ausbildung der darin wurzelnden rationellen Landwirthschaft, der wissenschaftliche Fortschritt und die gewaltige Umgestaltung des Verkehrs durch den Dampf einen ungeahnten Aufschwung der Landwirthschaft zur Folge hatten, Scheunen und Ställe zu enge wurden, wuchsen die Bauholzgerechtsame der berechtigten Stellen und die Belastung des Waldes weit über die Grenzen hinaus, welche zur Zeit der Verleihung bestanden.

Bei den Verjährungs-Berechtigungen von Gemeinden vermehrte sich mit der Bevölkerungs-Mehrung die Anzahl der berechtigten Stellen (S. 55), eine weitere Ursache zunehmender Waldbelastung.

Die nachtheiligen Folgen dieses wachsenden Umfangs der Bauholz-Berechtigungen für den Waldeigenthümer und die Waldwirthschaft liegen auf der Hand. Von den Walderträgen, deren werthvollsten Antheil in der Regel das Bauholz bildet, fließen immer größere Quoten dem Berechtigten zu. Der Waldeigenthümer wird depossedirt. Mit dem Sinken der Waldrente sinkt die Waldwirthschaft, deren wichtigste Triebkraft verloren geht. Die Bauholz-Berechtigungen werden ein Hinderniß des Kulturfortschritts.

Nur die auf Verjährung beruhenden Einzelberechtigungen machen hiervon insofern eine Ausnahme, als ihr Umfang keiner Aenderung unterliegt. Bei ihnen machen sich andere Nachtheile für die Wald-

wirthschaft geltend, welche den Bauholz-Berechtigungen im Allgemeinen, ohne Unterschied der Entstehungsart, eigenthümlich sind.
Dazu gehören einmal die Beschränkungen, welche die Bauholzberechtigungen dem Waldwirth in der Wahl der vortheilhaftesten Bewirthschaftungsart (Holzart, Betriebsart, Umtriebszeit) auferlegen, sodann
der Zeitaufwand und die Belästigung, welchen die Anweisung und
Verwendungs-Controlle des Berechtigungsholzes verursachen, weiter
die vermehrte Belastung, welche der Waldeigenthümer bei Zerstörung
oder Beschädigung der Gebäude durch Feuer und sonstige Unfälle zu
tragen hat, endlich die Einbuße, welche demselben durch Unredlichkeit
und Fahrlässigkeit in der schwer controllirbaren Verwendung des
Bauholzes erwächst.

Die hierin beruhenden, meist bedeutenden Nachtheile der Bauholz-Berechtigungen für den Waldeigenthümer finden in den Interessen des Berechtigten und der Volkswirthschaft kein genügendes
Gegengewicht.

Die Berechtigten sind der Ablösung der Bauholzberechtigungen
häufig abgeneigt, weil sie die Bedarfsmehrung und eine steigende
Preisbewegung des Bauholzes in Anschlag bringen. Eine Beeinträchtigung des Berechtigten wird indessen durch die Ablösung nicht
herbeigeführt, weil begründete Aussichten auf Bedarfsmehrung und
Preisbewegung durch die sachgemäße Wahl des Berechtigungs-Zinsfußes in dem Ablösungs-Kapitale Berücksichtigung finden. Andererseits kommt in Betracht, daß der Berechtigte bei Empfang des Freibauholzes nicht auf die beste Holzqualität, sondern nur auf Mittel-
waare zu rechnen hat und, was hauptsächlich in das Gewicht fällt,
daß die Bauholz-Gerechtsame den Berechtigten in vielen Fällen ab-
hält, zweckmäßigere und auf die Dauer wohlfeilere Bauarten
(Massivbau) zu wählen.

Im volkswirthschaftlichen Interesse aber, welches für die Werthbeurtheilung der Bauholzberechtigungen den Ausschlag giebt, liegt es,
die Holzverschwendung und die Hindernisse der Waldwirthschaft, zu
denen die Bauholzberechtigungen meist führen, durch Regelung oder
besser durch Ablösung zu beseitigen.

IV. Regelung der Bauholzbedarfs-Berechtigungen.

Gegenstand der Regelung können bei Bauholz=Berechtigun=
gen sein:

Polizeiliche Regelung, Umwandlung, Feststellung und Ein=
schränkung.

Der polizeilichen Regelung unterliegen: Bedarfs=Feststellung,
Werbung, Anweisung, Abfuhr und Verwendungs=Controlle.

Die Bedarfsfeststellung (S. 73) hat bei jedem Baufalle durch
Bau=Sachverständige zu erfolgen.

Die Werbung sollte stets durch die Forstverwaltung erfolgen,
wie es thatsächlich auch in der Regel der Fall ist. Zur Erstattung
des Schlägerlohnes ist der Berechtigte verpflichtet (S. 74).

Die Anweisung ist ein altes dem Waldeigenthümer wohl überall
zustehendes Recht.

Für die Abfuhr sind bestimmte Holztage mit Ausschluß der
Nachtzeit festzustellen.

Die Verwendungs=Controlle (S. 73) ist nicht zu entbehren.
Sie kann sachgemäß nur durch Bautechniker bewirkt werden.

Umwandlung, Feststellung und Einschränkung der Bauholz=Be=
rechtigungen können nur da in Frage kommen, wo entweder die
Zwangs=Ablösung auf Antrag des Waldeigenthümers gesetzlich nicht
zulässig ist, oder wo der Absatz des nachhaltigen Holzertrags Schwie=
rigkeiten findet. In allen anderen Fällen verdient die Ablösung aus
den vorhin S. 74 entwickelten Gründen den Vorzug.

Die Umwandlung, deren gesetzliche Verhältnisse und tech=
nische Durchführung in § 3 S. 43 behandelt sind, erscheint ange=
bracht, wenn sich die Bauholzberechtigung auf hochwerthige Holz=
arten und Sortimente erstreckt, welche unbeschadet des baulichen
Zwecks durch minderwerthige Holzarten und Holzsorten ersetzt werden
können.

Von den beiden Arten der Feststellung entspricht nur die un=
eigentliche Feststellung dem Zwecke des Nutzungsrechts, weil die Un=
bestimmtheit in Nutzungszeit und Nutzungsmaß, letzteres wenigstens
in Betreff der Reparaturen, der eigentlichen Feststellung widerstreben.
Gleichwohl hat die eigentliche Feststellung in Preußen und zwar

im Allgemeinen Landrechte, in der Novelle zur Hessischen Gem.
Th.=Ordn. und in der Gem. Th.=Ordn. für Hohenzollern eine Stelle
gefunden.

Nach § 236 Tit. 22 I ALR. (s. den Wortlaut S. 58) ist
die Regelung eine freiwillige, nach den gleichlautenden Vorschriften
in Art. 5 der Hessischen Novelle vom 13. Mai 1867 und in § 23
der Hohenzollern'schen Gem. Th.=Ordn. vom 23. Mai 1885 (s. den
Wortlaut S. 59), die sich auf alle Holzbedarfs = Berechtigungen
erstrecken, kann die Fixation auf Antrag des Waldeigenthümers er=
zwungen werden. Es ist kaum anzunehmen, daß diese Bestimmungen
bei Bauholzberechtigungen zur Anwendung gelangen werden, weil
sie gegen die Natur der Dinge gehen. Das Fixations=Verfahren
ist in § 4 S. 60 ausführlich erörtert.

Auch das Oesterreichische Patent über die Regulirung und Ablösung
einiger Waldservituten vom 5. Juli 1853 behandelt in § 16 die Fixation der
Bauholzberechtigungen. Dieselbe erfolgt zwangsweise und von Amtswegen,
erstreckt sich auf alle Holzberechtigungen und hat das Nutzungsmaß jährlich oder
periodisch festzustellen.

Das Bestreben, die Bauholzbedarfsberechtigungen zu fixiren, giebt sich
schon in den Markenweisthümern des Mittelalters zu erkennen, so z. B. in
dem Weisthum von 1329 für Seligenstadt, ferner in Oberhessen und Bayern.
Vernünftiger Weise beschränkte sich dann aber die Fixation auf den Neubau,
indem für Wohnhäuser, Scheunen 2c. eine bestimmte Anzahl von Stämmen
ausgesetzt wurden.

v. Maurer, Dorfverfassung I. Bd. 1865 S. 234.

Die für Bauholzberechtigungen specifische Form der Feststellung,
die uneigentliche Feststellung, besteht darin, daß ein für alle
Mal die berechtigten Gebäude und sonstigen Baulichkeiten, nach
Belegenheit, Dimensionen, Constructionen und Holzarten, ingleichen
die Gegenleistungen der Berechtigten als Norm für die künftige
Nutzungs = Ausübung durch Beschreibung (in Gebäude = Katastern)
und durch Zeichnung dargestellt werden. In dieser Form ist auf
Grund der V. vom 14. September 1867 §§ 9—18 sehr sachgemäß
die Feststellung der Bauholzberechtigungen für den Oberharz ohne
Anspruch auf Bauholz für Gebäude=Erweiterung (§ 25 a. a. O.)
von Amtswegen zwangsweise durchgeführt.

Auf ähnliche Weise behandelt das Forstgesetz für das rechtsrheinische
Bayern vom 28. März 1852 in Art. 27 und zwar auf Antrag sowohl des
Waldbesitzers als des Berechtigten die Feststellung von Bauholzberechtigungen.

Bei der Einschränkung von Bauholzberechtigungen für den Fall der Waldunzulänglichkeit kommt es darauf an, einerseits die uneigentliche Feststellung nach den vorhin angegebenen Regeln zu bewirken, sofern solche nicht bereits stattgefunden hat, anderseits die Quote des Bauholzrechtsbedarfs zu ermitteln, auf welche der Berechtigte in jedem vorkommenden Neubau= oder Reparaturfalle einen Anspruch hat. Diese Quote ist gleich dem Quotienten $\frac{We}{B}$, worin We den nach V 2 in diesem § zu ermittelnden periodischen Waldertrag, und B den auf den Berechtigungswald entfallenden periodischen Bauholzbedarf aller Berechtigten und des Waldeigen= thümers bedeuten (Th. I § 15 S. 143, Th. II § 2 S. 34 § 5 S. 94).

V. Ablösung der Bauholzbedarfs-Berechtigungen.

Einer besonderen Behandlung bedarf die Ablösung der Bau= holzberechtigungen nur in Betreff der Nutzwerthermittelung.

Die Ablöslichkeit ist in Th. I § 15 und in Th. II § 2 behandelt, wonach in Preußen alle Bauholzberechtigungen der Zwangsablösung auf Antrag des Berechtigten oder des Verpflichteten unterliegen, in Hannover unter der Bedingung, daß die Ablösung für stattnehmig erklärt wird.

Zur Vortheils=Werthermittelung ist keine Veranlassung vorhanden, weil der Werth des dem Waldeigenthümer aus der Ablösung erwachsenden Vortheils dem Nutzungswerthe der Berechtigung mindestens gleichsteht. Die entgegengesetzte Ansicht von Pfeil (Ablösung der Waldservituten 3. Aufl. S. 178) erscheint nicht begründet. Pfeil meint, der Waldbesitzer könne bei schlechtem Bauholz-Absatze leicht in die Lage kommen, das in geringen Sortimenten und kurzen Stücken (zu Riegeln 2c.) abgegebene Berechtigungsholz, welches er bei der Nutzwerthermittelung des Rechts zum vollen Bauholzpreise ver= güten müsse, nach erfolgter Ablösung nicht mehr als Bauholz, sondern nur noch als Brennholz abzusetzen und dafür auch nur den viel geringeren Brenn= holzpreis zu erzielen. Die Unhaltbarkeit dieser Ansicht ergiebt sich aus Folgen= dem: Die Veranschlagung der Holzpreise bei der Nutzwerthermittelung der Servituten hat nach dem gemeinen Werthe des Holzes stattzufinden. Dies ist der durchschnittliche Versteigerungspreis. Kann das geringwerthige Bauholz bei der Versteigerung nur zum Brennholzpreise verwerthet werden, so ist eben dieser auch der Bauholzpreis, der bei der Nutzwerthermittelung zum Grunde zu legen ist. Dazu kommt, daß das Bauholz verkäuflicher und absatzfähiger, als das bloße Brennholz ist, weil zu dem Gebrauchswerthe als Brennholz der Nutzholz-Gebrauchswerth hinzutritt, ferner, daß die Bauholzpreise fast überall im Steigen begriffen sind, alles Momente, welche die Ansicht Pfeil's widerlegen.

In den meisten Fällen steht sogar der Vortheilswerth der Ablösung für den Waldeigenthümer höher, als der Nutzungswerth des Bauholzrechts für den Berechtigten, weil der Waldeigenthümer durch die Ablösung der mitunter mit einer unvortheilhaften Ausnutzung und fast immer mit einem erhöhten Arbeitsaufwande verbundenen Sortirung, Anweisung und Verwendungscontrolle des Berechtigungsholzes enthoben wird. Es ist daher kein Grund für den Waldeigenthümer vorhanden, die Vortheilsablösung bei Bauholz-Ablösungen zu wählen, so daß die Werthermittelung stets auf den Nutzungswerth zu richten sein wird.

Die in Preußen bestehenden gesetzlichen Bestimmungen über die Abfindungsart für Bauholzberechtigungen unterscheiden sich nicht von den in § 2 S. 36 angegebenen Gesetzesvorschriften über die Abfindung der Holzberechtigungen im Allgemeinen.

Aufgabe der Nutzwerthermittelung ist es, ein dem Nutzungsertrage der Bauholz-Berechtigung gleichwerthiges Geldkapital, das Baukapital (K) zu ermitteln. Gleichwerthigkeit wird erzielt, wenn die Verzinsung des sicher angelegten Baukapitals dem Berechtigten jedesmal zur Bedarfszeit die Geldmittel zum Ankaufe des Berechtigungsholzes, nicht mehr und nicht weniger liefert, eine Bedingung, die in Wirklichkeit kaum jemals genau erfüllt werden wird, aus der aber die leitenden Gesichtspunkte für das bei der Nutzwerthermittelung einzuschlagende Verfahren zu entnehmen sind, um dem Berechtigten und dem Waldeigenthümer, soweit möglich, gleichmäßig gerecht zu werden.

Der Bauholzbedarf ist theils ein gewöhnlicher, durch Neubau und Unterhaltung der Gebäude unter gewöhnlichen Verhältnissen veranlaßt, theils ein ungewöhnlicher, durch Unfälle (Feuer, Wasser, Wind) herbeigeführt. Es ist üblich und zweckmäßig, nach diesen Bedarfs-Verschiedenheiten das Baukapital für die Zwecke der Werthermittelung in Neubau-Kapital, Unterhaltungs-Kapital und Unfall-Kapital zu sondern.

Bei Darstellung des Verfahrens der Werthermittelung möge zunächst unter 1 A bis C der Fall der Waldzulänglichkeit vorausgesetzt und demnächst unter 2 der Fall der Waldunzulänglichkeit in Betracht gezogen werden.

Specielle gesetzliche Vorschriften über die Werthermittelung der Bauholz-Berechtigungen enthält das Preußische Recht nur in §§ 120 bis 122 der Altpreußischen G. Th.-Ordn. vom 7. Juni 1821, deren Wortlaut unter C S. 91, 92 mitgetheilt ist.

1. **Fall der Waldzulänglichkeit.**

A. **Ermittelung des Neubau-Kapitals.**

Neubauten kehren nach Ablauf einer gewissen Periode, der Bau-Periode, wieder. Der nächste Neubau ist in der Regel nicht sogleich, sondern erst nach Ablauf einer gewissen Zeit, der Neubau-zeit, erforderlich. Mit Rücksicht auf diese Verhältnisse und auf die in Preußen übliche Ablösungs-Praxis sind nachstehend zu erörtern:

die Ermittelung des Holzrechtsbedarfs für einmaligen Neubau (Neubauholz-Bedarf);

die Geldwerth-Ermittelung desselben (Neubauholz-Werth);

die Feststellung der Bauperiode;

die Feststellung der Neubauzeit;

die Wahl der Zinsart;

die Bestimmung des Berechtigungszinsfußes und

das anzuwendende Rechnungs-Verfahren.

a) **Neubauholz-Bedarf.**

Bei Waldzulänglichkeit ergiebt sich der aus dem Berechtigungs-walde zu befriedigende Neubauholz-Bedarf, sofern darüber nicht die Forstrechnungen zuverlässigen Aufschluß ertheilen, aus dem vollen, zu einmaligem Neubau erforderlichen Holzbedarfe abzüglich der ander-weiten, von dem Berechtigten bei dem Neubau zu verwendenden Bauholzmittel.

Der Vollbedarf ist durch Bau-Sachverständige zu veran-schlagen. Grundlage der Veranschlagung bilden vorhandene Ge-bäude-Kataster oder die Dimensionen, Bauarten und Holzarten, in und mit denen die Gebäude und die sonstigen Baulichkeiten aufge-führt sind, vorausgesetzt, daß dieselben dem Umfange des Rechts entsprechen. Die Veranschlagung hat in Waldsortimenten (als Rundholz) mit Rücksicht auf sparsame Holzverwendung so zu er-folgen, daß für jedes Gebäude der Bauholzbedarf in Festmetern, gesondert nach Holzarten und Sortimentsklassen (Preisklassen), festge-stellt wird. Der Vereinfachung wegen kann es zweckmäßig sein, das Ergebniß der Veranschlagung durch Reduction nach dem Preis-verhältnisse der einzelnen Sortimente in einem einzigen Sortimente (Normal-Sortiment) einer einzigen Holzart zusammenzufassen. Als Normal-Sortiment ist das am meisten verwendete Sortiment der vorherrschend benutzten Holzart am geeignetesten.

Für größere Berechtigungs-Verbände (Gemeinden), die im Ganzen ab-
gefunden werden, wird von Burckhardt vorgeschlagen, an Stelle der Einzel-
veranschlagung eine Veranschlagung nach Normal- oder Mittelgebäuden in orts-
üblicher Bauart treten zu lassen. Es sollen zu dem Zwecke, bei Mangel eines
Gebäude-Katasters, sämmtliche Gebäude, nach Länge und Tiefe gemessen, Eigenthümer, Gebäudeart, Nummer, Stockwerke, Altersklasse u. s. w. notirt, für jede
Gebäudeart, auch wohl für jede Größenklasse ein ortsübliches Normalgebäude
entworfen, für dieses der Bedarf an Neubauholz veranschlagt, pro Flächeneinheit (Quadratmeter) der Grundfläche ausgedrückt und danach, sowie nach der
aufgemessenen Gesammt-Grundfläche der Neubauholz-Bedarf für die einzelnen
Gebäude oder summarisch für jede Altersklasse gleichartiger Gebäude berechnet
werden.

Burckhardt, Waldwerth 1860 § 84.

Die Abrechnung der anderweiten Bauholzmittel des
Berechtigten von dem vollen Neubauholz-Bedarfe wurde in Bezug
auf Zulässigkeit, Gegenstand und Methode bereits oben (S. 72)
behandelt. In welchem Umfange die brauchbaren Holztheile der
alten, durch Neubau zu ersetzenden Gebäude in Ansatz zu bringen
sind, ist Sache bautechnischer Schätzung. Wenn nach Titel oder Ausübung der Servitut Holzungen des Berechtigten in Bezug auf Abrechnung eigener Bauholzmittel in Betracht kommen, so ist der Bau-
holzertrag dieser Holzungen durch Forstsachverständige abzuschätzen.
Maßgebend für die Abschätzung ist der Umstand, daß der Neubau-
holzbedarf periodisch eintritt, während die Holznutzung jährlich erfolgt. Neubauholz-Bedarf und jährlicher Waldertrag sind nicht ver-
gleichbar. Daraus folgt, daß sich die Abschätzung des Bauholzer-
trags, welchen die Holzungen des Berechtigten liefern, nicht auf den
nachhaltigen Jahresertrag, sondern auf den Bauholzvorrath zur
Bedarfszeit (bei eintretendem Neubau) zu erstrecken hat. In der
Regel wird dabei ein Waldzustand zum Grunde zu legen sein, welcher
einer geordneten forstlichen Bewirthschaftung entspricht, also regelmäßige Altersabstufung und ausreichende Bestockung (Holzhaltigkeit).

b) Neubauholzwerth.

Der Neubauholzwerth bildet das Product aus dem Neubau-
holzbedarf und den Einheits-Holzpreisen abzüglich der von dem Berechtigten zu entrichtenden Gegenleistungen.

Die Holzpreise sind für die dem Bauanschlage zum Grunde
liegenden Einzel- oder Normal-Sortimente nach den in § 2 S. 35
angegebenen Regeln zu ermitteln.

An Gegenleistungen kommen je nach den Umständen Arbeits=
leistungen, Naturalleistungen, Anweisegeld, Stammgeld, Pflanzgeld,
Schlägerlohn (Hauerlohn) und Rückerlohn in Abzug (§ 2 S. 28,
§ 5 S. 74).

Die Kosten des Rückens dürfen dem Berechtigten nur dann zur Last
gestellt werden, wenn dasselbe bei Selbstwerbung des Holzes durch den Berechtigten von letzterem ebenfalls hätte vorgenommen werden müssen, nicht aber,
wenn das Rücken lediglich im Interesse des Waldeigenthümers z. B. aus Rücksichten der Waldverjüngung erfolgt ist. Auf ebenem Terrain ist daher die
Anrechnung des Rückerlohns unzulässig, dagegen gerechtfertigt an steilen Hängen,
bei denen behufs Fortschaffung des Holzes mit Wagen das Rücken nothwendig ist.

c) Bau=Periode.

Die Dauer der Gebäude von einem Neubau zum anderen oder
die Länge der Bau=Periode (u) ist sehr verschieden. Sie hängt
ab von der Ortslage, von der Art der Baulichkeiten (Wohnhäuser,
Scheunen, Ställe, Brauereien, Brennereien, Umwehrungen, Brücken,
Brunnen), von der Bauart (Massivbau, Fachwerk), von der Holz=
art, von Alter, Fällungszeit und Beschaffenheit des Holzes, von der
mehr oder minder großen Sorgfalt der baulichen Unterhaltung. Die
Ermittelung der Bauperiode unter Berücksichtigung dieser Verhält=
nisse und mit Zugrundelegung guter Bau=Ausführung und Unter=
haltung ist Sache bautechnischer Schätzung. Den besten Anhalt ge=
währen dabei ältere vorhandene Gebäude mit Rücksicht auf die
Fortschritte, welche die Bautechnik gemacht hat. Allgemeine Angaben
über die Bau=Periode finden sich für die Zwecke der Forstablösung
in den Schriften von Eytelwein und Burckhardt, ferner in den tech=
nischen Instructionen der General=Kommissionen für die Mark Bran=
denburg, für Schlesien u. s. w. Aus denselben ist die Bau=Perioden=
Tafel (Tafel VII) zusammengestellt.

Eytelwein, Anleitung zur Ermittelung der Dauer und Unterhaltungskosten
der Gebäude und zur Bestimmung der Bau=Ablösungs=Kapitalien und
jährlichen Renten. Berlin 1831 S. 8—10.

Burckhardt, Der Waldwerth, 1860 S. 114, giebt die in Hannover üblichen
Sätze.

Technische Instr. für die Auseinandersetzungs=Angelegenheiten im Frankfurter
Regierungsbezirke 2. Aufl. 1851 S. 287.

Technische Instr. in Auseinandersetz=Angelegenheiten für den Bezirk der
General=Kommission zu Breslau 2. Aufl. 1846 S. 148 flg.

d) Neubauzeit.

Auch die muthmaßliche Dauer alter Gebäude bis zum nächsten Neubau (die Neubauzeit n) ist durch bautechnisches Gutachten auf Grund genauer örtlicher Untersuchung festzustellen.

Eytelwein macht in der erwähnten Schrift den Vorschlag, die Neubauzeit in demselben Verhältnisse zur Bauperiode anzunehmen, in welchem der Alt-holzwerth zur Zeit der Ablösung zum Neubauholzwerth steht. Das Verfahren dürfte kaum zu einem brauchbaren Ergebnisse führen. Das Holz in einem zum Abbruch reifen Gebäude kann noch einen ansehnlichen Geldwerth theils als Bauholz rücksichtlich einzelner Holztheile, theils als Brennholz haben. Ent-scheidend für die Neubauzeit ist die bauliche Beschaffenheit in den Haupt-constructionstheilen des Gebäudes.

Sind die Gebäude von dem Berechtigten eigenmächtig abge-brochen, so wird der Ablösung, worauf das Recht durch den Ab-bruch nicht erlischt, derjenige Zustand zum Grunde gelegt, in welchem sich die Gebäude unmittelbar nach dem Neubau befinden würden. Es wird somit die Neubauzeit der Bau-Periode gleichgesetzt.

R.-E. 28. October 1870 (Z. f. LEG. XXII 232).

e) Zinsart.

Ueber die Zinsart, nach welcher die Umrechnung der periodi-schen Neubaugeldrente (des Neubauholzwerths) in das gleichwerthige Neubaukapital stattzufinden hat, sind die Ansichten verschieden. Es kommen in Betracht einfache Zinsen, beschränkte Zinseszinsen und volle Zinseszinsen. Bei einfacher Zinsrechnung bringt nur das Ka-pital Zinsen, während die Zinsen zinslos bleiben. Bei beschränkten Zinseszinsen beschränkt sich die Zinswerbung auf das Kapital und auf die von diesem entfallenden Zinsen (die Kapitalzinsen), — sie er-streckt sich aber nicht auf die weiteren Zinsen. Bei vollen Zinses-zinsen endlich bringen alle Zinsen wiederum Zinsen.

Einfache Zinsen führen zu den höchsten, beschränkte Zinseszinsen zu mittleren, volle Zinseszinsen zu den niedrigsten Ablösungs-Kapi-talien.

Die einfache Zinsrechnung mit einem Zinsfuße von 5% ist von Hartig,

> Georg L. Hartig, Beitrag zur Lehre von der Ablösung der Holz-, Streu- und Wald-Servituten. 1829. S. 8.

die Rechnung nach beschränkten Zinseszinsen von Eytelwein in seiner mehrerwähnten Schrift für Bauholz-Ablösungen vorgeschlagen und in Preußen auf dem Verwaltungswege, nicht gesetzlich, eingeführt.

Hülfstafeln zur Berechnung der Neubaurenten nach beschränkten (Eytelwein'schen) Zinseszinsen für verschiedene Bau-Perioden und Neubauzeiten sind enthalten:

für einen Zinsfuß von 5 Procent

in Greiff, Landes-Kult.-Ges. S. 297—303 nebst Erläuterung (ausgearbeitet im Finanzministerium),

. in Ranke, Geldwerth der Forstberechtigungen 2. Aufl. S. 26;

für einen Zinsfuß von 4 Procent

in der techn. Instr. für den Regierungsbezirk Frankfurt 2. Aufl. S. 289,

in Pfeil, Ablösung der Waldservituten 3. Aufl. S. 183.

für einen Zinsfuß von 4 und 3½ Procent

in Burckhardt's Waldwerth Tafel VI.

Beide Rechnungsarten — nach einfachen Zinsen und nach beschränkten Zinseszinsen — sind mathematisch unrichtig.

Zum Beweise zwei Beispiele*).

Erstes Beispiel.

Für eine Zeitrente von jährlich 100 Mark, die nach 1 Jahre beginnt und 80 Jahre dauert, berechnet sich bei einem Zinsfuße von 4 Procent ein Kapitalwerth (Jetztwerth):

nach einfachen Zinsen von 3549,93 Mark

beschränkten Zinseszinsen von 2731,04 Mark,

während eine ewige Rente von gleichem Betrage zu 4 Procent nur 2500 Mark Kapitalwerth hat.

Zweites Beispiel.

Es soll der gegenwärtige Gesammt-Werth zweier Einnahmen von je 1000 Mark berechnet werden, von denen die eine nach 10 Jahren, die andere nach 20 Jahren fällig ist. Zinsfuß 4 Procent.

Die Rechnung sowohl mit einfachen Zinsen als mit beschränkten Zinseszinsen führt zu verschiedenen Ergebnissen, jenachdem Discontirung oder Prolongirung angewendet wird.

Einfache Zinsen.

Discontirungs-Verfahren.

Der gesuchte Kapitalwerth berechnet sich zu

$$1000 \times 0,7143 + 1000 \times 0,5556 = 1269,9 \text{ Mark.}$$

Prolongirungs-Verfahren.

Der gesuchte Kapitalwerth sei x. Dann ist

$$[x \times 1,4 - 1000] \, 1,4 - 1000 = 0, \text{ mithin}$$

$$x = \frac{2400}{1,4^2} = 1224,5 \text{ Mark.}$$

---

*) Bei den Rechnungsbeispielen sind die Zinstafeln in Burckhardt's Waldwerth zum Grunde gelegt.

Beschränkte Zinseszinsen.

Discontirungs-Verfahren.

Kapitalwerth = 1000 × 0,6793 + 1000 × 0,4753 = 1154,6 Mark.

Prolongirungs-Verfahren.

Der gesuchte Kapitalwerth sei x. Dann ist

[x × 1,472 — 1000] 1,472 — 1000 = 0, mithin

$$x = \frac{2472}{1,472^2} = 1140,9 \text{ Mark.}$$

Zins- und Renten-Rechnungen nach einfachen Zinsen und nach beschränkten Zinseszinsen liefern daher fehlerhafte Ergebnisse.

Mathematisch richtig ist nur die Rechnung nach vollen Zinseszinsen. Nur sie darf daher bei Bauholz-Ablösungen zum Grunde gelegt werden, wie sie denn auch schon längst im Gebiete der Waldwerthberechnung anstatt der früher üblichen einfachen und Mittelzinsen-Rechnung allgemein eingeführt ist. Die von Eytelwein in seiner Anleitung (S. 83) angegebenen Gründe für beschränkte Zinseszinsen-Rechnung sind nicht haltbar. Es soll dem Berechtigten an Gelegenheit fehlen, das Ablösungs-Kapital mit vollen Zinseszinsen werbend anzulegen. Abgesehen davon, daß jede Sparkasse diese Gelegenheit, wenngleich mit Zinswerbung zu niedrigem Zinsfuße unmittelbar darbietet, ist die durch den Zufluß des Ablösungs-Kapitals gesteigerte Kapitalkraft des wirthschaftlichen Betriebes und die freie Verfügbarkeit über das Ablösungs-Kapital für einen verständigen Wirth höher anzuschlagen, als der in langen Zeiträumen wiederkehrende, an eine bestimmte Verwendung gebundene, baulichen Verbesserungen und Bauholzersparnissen hinderliche Bezug des Freibauholzes. Unter allen Umständen ist es sachgemäßer, eine genügende Entschädigung für das Bauholzrecht durch die Wahl eines angemessenen Berechtigungs-Zinsfußes, als durch eine Zinsart sicher zu stellen, die zu mathematisch unrichtigen, widerspruchsvollen Rechnungsergebnissen führt.

f) Bauholzrechts-Zinsfuß.

Bei den Berechtigungen auf Bauholz, namentlich auf starkes Bauholz, treffen mehrere Umstände zusammen, welche nach den Erörterungen in Th. I § 15 S. 148 eine Werthvermehrung des Servitutrechts, somit einen hohen Kapitalisirungsfactor und einen demselben entsprechenden niedrigen Berechtigungs-Zinsfuß begründen. Die Preisbewegung des Bauholzes, des hochwerthigsten Walderzeugnisses, verfolgt im Allgemeinen mit der Zunahme der Bevölkerung, der Aus-

breitung und Vervollkommnung der Verkehrsmittel, sowie mit der
darin beruhenden Vergrößerung des Absatzgebiets, eine steigende
Tendenz, die zwar durch Eisen-Constructionen, Massivbau und
Holz-Import aus dem Auslande beschränkt, aber nicht aufgehoben
wird. Bei Verleihungs-Berechtigungen führen landwirthschaftlicher
Kulturfortschritt und bessere Lebenshaltung, bei Verjährungs-Berechtigungen von Gemeinden Vermehrung der berechtigten Stellen zur
Steigerung des Bauholzbedarfs. Der Einfluß, welchen die steigende
Bewegung des Arbeitslohnes auf die Werthminderung des Bauholz-
rechts ausübt, ist deshalb von keinem großen Belang, weil die Werbungskosten des Bauholzes nur einen verhältnißmäßigen geringen
Theil des Bauholzpreises ausmachen. Unter diesen Umständen liegt
ein Sinken des Werthes der Bauholzgerechtigkeit außerhalb des Bereichs der Wahrscheinlichkeit. Regel wird Werthsteigerung, Ausnahme
Werthgleichheit sein. Demgemäß erscheint es berechtigt, die untere
Grenze des Bauholzrechts etwas über dem Waldzinsfuße festzustellen,
die obere Grenze dem landesüblichen Geldzinsfuße gleichzustellen und
zwischen diesen Grenzen je nach dem Gewichte der wertherhöhenden
oder werthmindernden Elemente in jedem einzelnen Falle den Bauholzrechtszinsfuß niedriger oder höher zu wählen.

Gesetzliche Bestimmungen über den Zinsfuß für die Werthermittelung von Bauholz-Berechtigungen bestehen in Preußen nicht
(Th. I § 15 S. 149). Die Wahl des Bauholzrechts-Zinsfußes bleibt
daher dem sachverständigen Ermessen der Schätzer überlassen.

g) Das Rechnungs-Verfahren zur Ermittelung des Neu-
bau-Kapitals (NK) aus Neubauholzwerth (R), Bauperiode (u),
Neubauzeit (n) nach dem Bauholzrechts-Zinsfuß (p) und nach vollen
Zinseszinsen ist einfacher Art. Es ist

$$NK = \frac{R \cdot 1{,}0p^u}{(1{,}0p^u - 1)\, 1{,}0p^n}$$

Zur Ausführung der Rechnung sind die bekannten Waldwerth-
berechnungs-Tafeln (die Nachwerth-, die Vorwerth- und die Perioden-
renten-Tafel) anzuwenden.

Nachwerth- und Perioden-Rententafeln für Zinsfuße von 3, 3½, 4, 4½
und 5 Procent sind enthalten in

G. Heyer, Anleitung zur Waldwerthberechnung 3. Aufl. 1883 Tafel I, II u. III,
Preßler, Forstliches Hülfsbuch 6. Aufl. 1874 Tafel 33, 34 und 37 (auch für
2 und 2½ Procent).

Das in Preußen übliche, im Verwaltungswege eingeführte, daher nicht obligatorische Verfahren zur Ermittelung der Entschädigung für Neubauten ist von dem vorhin dargestellten Verfahren wesentlich verschieden und führt zu anderen Ergebnissen. Man ermittelt in Preußen die jährliche Neubaurente, rechnet nach beschränkten Zinseszinsen und nach einem Zinsfuße von 5 oder 4 Procent.

Das Verfahren ist von dem Preußischen Finanzministerium durch Verfügung vom 4. Mai 1834 bez. 28. Januar 1838 mitgetheilt.

Da bei Bauholz-Ablösungen die Neubaurente aus dem Neubaukapital abgeleitet werden muß und letzteres die Grundlage der Abfindung bildet, so ist die Ermittelung der Neubaurente überflüssig.

Zu welchen Verschiedenheiten die Anwendung einerseits des Preußischen Verfahrens, anderseits der vollen Zinseszins-Rechnung mit verschiedenen Zinsfußen führt, geht aus den nachfolgenden Beispielen hervor. Es sei der Neubauholzwerth R = 1000 Mark, alsdann ist

	für eine Bauperiode von	für eine Neubau-Zeit von	nach beschränkter Zinseszins-Rechnung mit 5 Procent		Nach voller Zinseszinsrechnung mit			
					3%	3½%	4%	5%
	Jahren	(Der erste Neubau erfolgt nach Jahren)	die jährliche Neubaurente	das Neubau-Capital	das Neubau-Capital			
			Mark	Mark	Mark	Mark	Mark	Mark
a	100	100	2,878	57,56	54,9	33,1	20,2	7,7
b	„	0 (sofort)	52,878	1057,56	1055,1	1032,4	1020,2	1012,56·
c	20	20	33,897	677,94	1240,5	1010,3	839,5	604,9
d	„	0 (sofort)	83,897	1677,94	2240,5	2010,3	1839,4	160,5

Eine Vereinfachung des Rechnungsverfahrens zur Ermittelung des Neubau-Kapitals kann in denjenigen Fällen eintreten, wo es sich um Bauholz-Ablösungen von größeren Gemeinden mit zahlreichen Gebäuden und um Abfindung derselben im Ganzen anstatt der einzelnen berechtigten Güter handelt. Man kann alsdann anstatt der Veranschlagung und Kapitalisirung des periodischen Neubauholzwerths für jedes Gebäude (Einzel-Veranschlagung mit Einzel-Kapitalisirung) eine Einzel-Veranschlagung mit Gesammt-Kapitalisirung vornehmen. Zu diesem Zwecke wird die Einzel-Veranschlagung der Neubauholzwerthe auf einen Zeitraum (Berechnungszeit) ausgedehnt, welcher die längste Bauperiode der Gebäude umfaßt — die Berechnungszeit in 10 oder 20jährige Bedarfs-Perioden getheilt — in diese nach Maßgabe der Neubauzeiten und der Bauperioden die Eintragung der

Neubauholzwerthe für sämmtliche Gebäude bewirkt, für jede Bedarfs=
periode die Summe der Neubauholzwerthe gezogen, die Prolongirung
der periodischen Neubauholzwerthe aus den Periodenmitten auf das
Ende der Berechnungszeit vorgenommen, und der hieraus hervor=
gehende summarische Nachwerth als eine Periodenrente kapitalisirt,
welche am Ende der Berechnungszeit zum ersten Male eingeht und
am Ende jeder folgenden Berechnungszeit wiederkehrt.

Vergl. darüber Burckhardt, Waldwerth S. 122.

B. Ermittelung des Unterhaltungs=Bau=Kapitals.

Schwieriger, als die Ermittelung des Neubauholzbedarfs nach
Masse und Bedarfszeit (Bauperiode, Neubauzeit), ist die ebenfalls
von einem Baufachverständigen zu bewirkende Veranschlagung sowohl
der zur baulichen Unterhaltung erforderlichen Holzmasse (des Repa=
raturholzes), als der Zeit, in welcher die Reparaturen nothwendig
werden (Reparaturzeit). Beide werden nicht nur beeinflußt von
allen denjenigen Verhältnissen, welche die Größe des Neubauholz=
bedarfs und die Länge der Bauperiode bestimmen, sondern es kommt
außerdem in Betracht, daß die Dauer des Holzes in den einzelnen
Gebäudetheilen, je nachdem sie mehr oder weniger der Abnutzung,
z. B. durch die Witterung ausgesetzt sind, eine verschiedene ist, ferner
daß Reparaturen um so umfangreicher sind und um so häufiger ein=
treten, je älter die Gebäude sind. Daraus ergiebt sich, daß der
Reparaturholzbedarf nicht in gleichen Zeiträumen und Quantitäten
wiederkehrt, sondern bei einem und demselben Gebäude nach Zeit
und Betrag sehr verschieden ist, ferner, daß derselbe in geradem
Verhältnisse zum Neubauholzbedarfe und zu dem Gebäudealter steht.

Gewöhnlich wird das Sollhaben für den Reparaturholzbedarf
in sehr summarischer Weise als jährliche Geldrente (Reparatur=
Rente) nach Procenten von dem dem Berechtigungswalde zur Last
fallenden Neubauholzwerthe (R) veranschlagt, ein Verfahren, welches
auch in Preußen in der Gebrauchsanweisung zu der Procenttabelle für
Ermittelung der Neubaurente nach beschränkten Zinseszinsen (f. S. 88)
erwähnt ist. Es wird dabei nach Mittelsätzen gerechnet, welche in
Tafel VIII (Baureparatur=Tafel) unter A nach den Angaben von
Eytelwein und der technischen Instruction für die General=Kommission
zu Frankfurt a. O. zusammengestellt sind.

Eytelwein a. a. O.

Frankfurter technische Instr. S. 287.

Wenn z. B. der Neubauholzwerth einer Fachwerks-Scheune mit einer Bauperiode von 80 Jahren 1000 Mark beträgt, so würde die jährliche Reparaturrente sich auf $1000 \times 0,01 = 10$ Mark, also das Reparatur-Kapital bei einem Bauholzrechtszinsfuße von 4 Procent auf 250 Mark belaufen.

Das Verfahren giebt zu erheblichen Bedenken Anlaß. Dasselbe entfernt sich, indem es einen jährlich gleichen Reparaturholzbedarf unterstellt, von dem Boden der thatsächlichen Verhältnisse und nimmt auf das Alter der Baulichkeiten keine Rücksicht. Ein annähernd richtiges Resultat kann auch hier nur dann gewonnen werden, wenn Zeit und Umfang des Bedarfs mit Rücksicht auf den gegenwärtigen Zustand und die Dauer der Gebäude gehörig in Rechnung gestellt werden. Zu diesem Behufe ist für jedes Gebäude die Berechnungszeit der Summe von Neubauzeit (n) und Bauperiode (u) gleichzustellen, die Berechnungszeit in kurze, etwa 10jährige Perioden zu theilen, für jede Periode mit Rücksicht auf die einzelnen der Reparatur resp. Ergänzung bedürftigen Gebäudetheile und deren gegenwärtigen Zustand der Reparaturholzbedarf zu veranschlagen, von demselben der Betrag der eigenen Baumittel des Berechtigten in Abzug zu bringen, für den verbleibenden Bedarf nach den früher angegebenen Regeln der von Werbungskosten und Gegenleistungen befreite Reparaturholzwerth zu berechnen und aus den periodischen Reparaturholzwerthen das Reparatur=Kapital nach den Regeln der Zineszinsrechnung zu berechnen, welches sich zusammensetzt

aus dem Reparatur=Kapitale bis zum nächsten Neubau (berechnet aus der Summe der aus den Periodemitten zu discontirenden Reparaturholzwerthe der Neubauzeit n),

und aus dem Reparatur=Kapitale für die dem nächsten Neubau folgende Zeit (berechnet als eine Periodenrente, die sich aus der Vorwerthsumme der Reparaturholzwerthe innerhalb der Bau=Periode u, bildet, nach n Jahren zum ersten Male eingeht und alle u Jahre wiederkehrt).

Einen brauchbaren Anhalt für die Veranschlagung des Reparaturholzes gewähren mitunter die Forstrechnungen.

Mittelsätze für den Reparaturholzbedarf neuer Baulichkeiten enthält die „technische Instruction für Auseinandersetzungs=Angelegen=

heiten im Regierungsbezirk Breslau, 2. Aufl." S. 148, wo überhaupt die ganze Materie ausführlich und mit Sachkunde behandelt ist. Derselben sind die in Tafel VIII (Bau-Reparaturtafel) unter B mitgetheilten Angaben entnommen.

C. Ermittelung des Unfall-Baukapitals.

Das Unfall-Baukapital stellt den Geld-Kapitalwerth desjenigen Berechtigungs-Bauholzes dar, welches zur Wiederherstellung der durch Feuer, Wasser oder Sturm zerstörten oder beschädigten Baulichkeiten erforderlich ist. Demgemäß zerfällt das Unfall-Baukapital in Feuer-, Wasser- und Sturm-Schaden-Baukapital.

Gesetzliche Bestimmungen über die Ermittelung des Unfall-Baukapitals enthält das Preußische Recht nur in den §§ 120 bis 122 der Altpreußischen G. Th.-Ordn. vom 7. Juni 1821.

Ueber die Ermittelung des Feuerschaden-Baukapitals lautet § 120 a. a. O. wie folgt:

„§ 120. Bei der Abschätzung des Bauholzbedarfs ist nicht allein die erste Instandsetzung der Gebäude und die gewöhnliche Unterhaltung, sondern auch die mögliche Beschädigung derselben durch Feuer zu berücksichtigen. Sind die Gebäude des berechtigten Guts bei einer Feuer-Societät versichert, so wird die Feuersgefahr nach dem Durchschnitt der in den letzten, der Einleitung der Auseinandersetzung unmittelbar vorhergehenden zehn Jahren gezahlten Feuersocietätsbeiträge angeschlagen. Sind sie aber nicht versichert, so bleibt es dem Ermessen der Sachverständigen überlassen, die Beitragssätze derjenigen Feuer-Societät, deren Erfahrungen auf den gegebenen Fall vorzugsweise Anwendung finden, bei dem Anschlage zum Grunde zu legen. Beträgt also zum Beispiel nach dem Durchschnitt der jährliche Betrag $\frac{1}{2}$ Procent der Versicherungssumme, und der Werth des Holzes in den Gebäuden nach dem Einkaufspreise 1000 Thaler, so beläuft sich der Anschlag der Feuersgefahr auf 5 Thaler jährlich."

Auf Grund dieser sachgemäßen Bestimmungen ergiebt sich daher aus dem Neubauholzwerthe (R), der Versicherungsprämie (m pro mille) und dem Bauholzrechtszinsfuße p

die jährliche Entschädigungsrente für Feuerschaden (Fr) zu R $\times$ 0,00 m und das Feuerschaden-Kapital (FR) zu

$$\frac{Fr}{0,0\ p}$$

Was die Ermittelung des Wasserschaden=Baukapitals be= trifft, so schreibt § 121 a. a. O. Folgendes vor:

> „§ 121. Sind Gebäude der Zerstörung oder Beschädigung durch die Gewalt des Wassers ausgesetzt, so ist auch noch für diese Gefahr eine verhältnissmässige Summe dem nach § 120 auszumittelnden Betrage hinzuzurechnen, welche von Sachver- ständigen, nach der Grösse der Gefahr, zufolge der bisherigen Erfahrung, zu bestimmen ist.“

Aufgabe sachverständiger Schätzung ist es, da Versicherungs= Gesellschaften für Wasserschäden fehlen, Wiederkehr und Anfang der Wasserbeschädigungen statistisch festzustellen, wozu mitunter alte Forst= rechnungen das Material liefern werden. Es empfiehlt sich dann, ähnlich wie bei Feuerschäden, aus Neubauholzwerth, Gefahrpro= centsatz und Bauholzrechtszinsfuß das Wasserschaden = Baukapital abzuleiten.

Anlangend endlich das Sturmschaden=Baukapital, so be= stimmt § 122 der Altpr. G. Th.=O. Folgendes:

> „§ 122. Die Gefahr der Beschädigung durch Sturm wird bei dieser Ausmittelung nicht berücksichtigt, indem sie durch die Gefahren, welchen der Wald ausgesetzt war, ausgeglichen wird.“

Diese Bestimmung erscheint nicht gerechtfertigt, weder an sich, noch im Vergleiche mit den Vorschriften über Feuerschäden (§ 120). Wenn Bauholzberechtigungen zum Bedarf ohne Einschränkung ver= liehen sind, müssen sie auch dem durch höhere Gewalt herbeigeführten Bauholzbedarfe gerecht werden. Die Analogie mit der dem Walde drohenden Sturmgefahr ist nicht zutreffend, noch weniger die von der Feuersgefahr abweichende Behandlung. Viele Waldungen, z. B. Laubholzwaldungen, auch Kiefernwälder auf Höhensandboden sind Sturmbeschädigungen nicht in nennenswerther Weise unterworfen, die für Fichtenwaldungen eine hervorragende Bedeutung haben. Feuerbeschädigungen sind in Nadelwäldern mit namhaften Verlusten verbunden. In richtiger Würdigung dieser Verhältnisse hat es denn auch die General=Kommission für Breslau für gerechtfertigt gehalten, die Sturmgefahr bei Windmühlen ungeachtet der entgegenstehenden Vorschriften der Altpr. G. Th.=O. bei Bauholz=Ablösungen in An= schlag zu bringen.

Die General=Kommission bringt die Sturm= und Feuersgefahr bei Windm= mühlen mit ¼ Procent des Neubauholzwerths in Anschlag. Dem Anschlage

liegt eine Zusammenstellung der in den Jahren 1820 bis 1835 an 19567 Wind=
mühlen durch Sturm und Feuer angerichteten Beschädigungen zum Grunde.
Breslauer Instruction S. 152.

Bei der Ermittelung des Sturmschaden=Baukapitals ist da, wo
§ 122 der Altpr. G. Th.=O. nicht entgegensteht, in ähnlicher Weise,
wie bei der Feststellung des Baukapitals für Feuer= und Wasser=
schäden zu verfahren.

2. Nutzwerth=Ermittelung bei Walbunzulänglichkeit.

Das Wesen der Walbunzulänglichkeit besteht darin, daß der
Ertrag (We) des Berechtigungswaldes hinter dem Berechtigungs=
Anspruch aller Berechtigten einschließlich des Walbeigenthümers (Ge=
sammtbedarf B) zurückbleibt. Bei der Ablösung muß das Verhält=
niß zwischen Walbertrag und Gesammtbedarf, die Zulänglichkeitsquote
$\dfrac{We}{B}$ ermittelt werden. Das Product aus Berechtigungsanspruch (b)
des abzulösenden Berechtigten und aus Zulänglichkeitsquote bildet
die Natural=Servitutrente (Nr)

$$Nr = b \times \frac{We}{B}.$$

Aus der Kapitalisirung des Geldwerths der jährlichen oder perio=
dischen Naturalrente nach Berechtigungs=Zinsfuß ergiebt sich das
Sollhaben=Kapital (Th. I § 15).

Bei den meisten Walbgrundgerechtigkeiten kehrt der Berechti=
gungs=Anspruch jährlich in gleicher Höhe wieder, gestattet somit eine
unmittelbare Gegenüberstellung mit dem jährlichen Walbertrage be=
hufs Feststellung der Zulänglichkeitsquote. Bei den Bauholzberech=
tigungen dagegen ist der Berechtigungs=Anspruch (Bauholzrechtsbe=
darf) weder ein jährlicher noch ein gleichmäßiger; vielmehr macht sich
der Bauholzrechtsbedarf periodisch, theils in kleineren Beträgen zu
Reparaturbauten, theils in großen Quantitäten zu Neubauten geltend.
Auf dieser Besonderheit, welche die Vergleichung der jährlichen Walb=
erträge mit den periodischen Bedarfsmengen ausschließt, beruht fol=
gendes Verfahren behufs Ermittelung des Gesammt=Baukapitals bei
Walbunzulänglichkeit.

a) Feststellung der Berechnungszeit. Dieselbe hat für die in
Betracht kommenden Gebäude sämmtlicher Berechtigten einschließlich
des Walbeigenthümers die längste Bauperiode, ferner bei annähernd
regelmäßigem Walbzustande die einfache Umtriebszeit, bei sehr un=

regelmäßigem Waldzuftande die doppelte Umtriebszeit des Berechti=
gungswaldes in sich zu schließen, und ift dem längften von diefen
3 Zeiträumen gleichzuftellen.

b) Eintheilung der Berechnungszeit in Bauholzbedarfs=Perio=
ben, welche den in der Regel 20 jährigen Nutzungs=Perioden des
Berechtigungswaldes gleich zu ftellen find.

c) Veranfchlagung des Bauholz=Berechtigungsbedarfs (Ueber=
fchuß des Vollbedarfs über anderweite Bauholzmittel) zu Neubauten
und Reparaturbauten nach Größe und Bedarfsperiode in Normal=
Sortimenten für jedes berechtigte Gebäude fowohl des abzulöfenden
Berechtigten, als der übrigen Servitutberechtigten, als des Wald=
eigenthümers, fowie Eintragung des veranfchlagten Bauholzquantums
in die betreffenden Bedarfsperioden der Berechnungszeit.

d) Abfchätzung der periodifchen Walderträge am Berechti=
gungs=Bauholz in Normal=Sortimenten und Eintragung derfelben
in die betreffenden Nutzungsperioden (Baubedarfsperioden) der Be=
rechnungszeit.

e) Ermittelung der Zulänglichkeitsquoten

$$\frac{\mathrm{We}_1}{\mathrm{B}_1}, \quad \frac{\mathrm{We}_2}{\mathrm{B}_2} \quad \text{2c.}$$

für jede Bedarfsperiode aus den periodifchen Gefammtwalderträgen
(We_1 We_2 2c.) und den periodifchen Gefammtbauholz=Bedarfsmengen
(B_1, B_2 2c).

f) Ermittelung der periodifchen Bauholz=Naturalrenten (Nr_1,
Nr_2 2c.) d. i. der Producte aus den periodifchen Bauholzbedarfs=
mengen (b_1, b_2 2c.) des abzulöfenden Berechtigten und aus den pe=
riodifchen Zulänglichkeitsquoten ad e).

g) Ermittelung der periodifchen Servitut=Geldrenten aus den
periodifchen Bauholz=Naturalrenten und aus den von Werbungs=
koften und Gegenleiftungen befreiten Holzpreifen für die Normal=
Sortimente.

h) Prolongirung der periodifchen Geldrenten auf das Ende
der Berechnungszeit nach Bauholzrechts=Zinsfuß und vollen Zinfes=
zinfen.

i) Kapitalifirung des am Ende der Berechnungszeit (u) zum
erften Male eingehenden und nach je u Jahren wiederkehrenden
Renten=Endwerths ad h) nach dem Bauholzrechts=Zinsfuß. Der auf

diese Weise ermittelte Kapitalwerth stellt das Baukapital für Neu=
und Reparaturbauten dar.

— Die Ungenauigkeit dieser Berechnung, welche darin beruht, daß die Walderträge des 1. Umtriebs bei unregelmäßigem Waldzustande von den Walderträgen
des 2. Umtriebs verschieden sein können, darf mit Rücksicht auf die lange Dauer
der Berechnungszeit, sowie auf die Unkenntniß der einer fernen Zukunft angehörigen Waldzustände füglich unberücksichtigt bleiben.

k) Ermittelung des Unfall=Baukapitals aus dem Neubau= und
Reparatur=Kapital ad i) und aus der Versicherungsprämie für
Feuerschäden bez. dem Gefahren=Procentsatze für Wasser= und Sturm=
beschädigungen.

l) Ermittelung des Gesammtbaukapitals als Summe aus dem
Neubau=, Reparatur= und Unfall=Kapital ad i) und k).

§ 6.
Schirrholz=Bedarfs=Berechtigungen.

I. Begriff, rechtliche Natur, Umfang.

Eine Legal=Definition von Schirrholz (Geschirrholz) fehlt im
Preußischen Rechte. Ueber den Begriff entscheiden daher Sprachge=
brauch und Servitut=Ausübung.

Nach dem Sprachgebrauche versteht man unter Geschirr Ge=
räthe, welche zum Gebrauche bei der Erzeugung, Umformung, Fort=
bewegung, Aufbewahrung und Verzehrung von Stoffen dienen
(Ackergeschirr, Handwerksgeschirr, Pferdegeschirr, Tafelgeschirr rc.).
Geräthe, welche dem Gebrauche zu anderen Zwecken dienen, z. B.
Möbel sind kein Geschirr.

Nicht jegliches Geschirrholz kann Gegenstand einer Grundgerech=
tigkeit sein, sondern nur das Holz zu solchem Geschirr, welches Zu=
behör eines Grundstücks ist. Zubehör einer Sache (der Hauptsache),
sind Sachen, welche zwar für sich selbst bestehen können, aber will=
kürlich mit der Hauptsache in eine derartige dauernde Verbindung
gebracht sind, daß die Hauptsache erst durch diese Verbindung ihren
Zweck erfüllt.

ALR. I Tit. 2 § 42.

Foerster, Preuß. Privatrecht 3. Aufl. 1873 Bd. I S. 108.

In diesem Sinne gehören zum Geschirrholze je nach den ver=
schiedenen Arten der berechtigten Güter:

bei einem Ackergute das Holz zu Ackergeräthschaften, z. B.
Pflügen (Pflugbalken, Pflugsterze, Pflugschleifen 2c.), Eggen, (Egge=
balken, Eggezähne), Walzen, Ackerwagen (Naben, Speichen, Felgen,
Achsen, Schemelbrettern, Rungenschemeln, Rungen, Deichseln, Armen,
Wagenbrücken oder Reibscheiten, Wagen, Ortscheiten, Langwagen oder
Lenkbäumen, Wagenleitern, Linzspießen), Ackerschlitten, Schiebekarren,
Hacken, Spaten, Rechen, Sensen, Dreschflegeln 2c., ferner das Holz zu
sonstigen Wirthschaftsgeräthschaften (Schwingen, Scheffeln, Futterladen,
Windfegen, Milch= und Tränkeimern 2c.);

bei einem Weingute außer dem Holze zu den Bodenbear=
beitungs=Werkzeugen das Holz zu den Kelter= und Lagerfässern, aber
nicht das Holz zu den Verkaufsfässern;

Rudolf von Habsburg erkannte Ende des 13. Jahrhunderts jedem Ein=
wohner im Weißenburger Gebiete das Recht zu, in den Waldungen 3 Bäume
zu fällen, um eine Kelter davon zu machen.
von Bodungen, Die Waldrechte in Elsaß-Lothringen 1878 S. 27;

bei einem Mühlengute das zum Mühlentriebwerke erforder=
liche Holz.

Ein Gutachten des Preuß. Oberbaudepartements vom 7. November 1802
rechnet zum Mühlen= (Nutz= und) Schirrholze bei Wasser= und Windmühlen das
Holz zu Rädern, Dreilingen, Getrieben, Wellen, Beutelkasten, Rumpfen, Rumpf=
leitern, Angewegen, Sterzen, Trageböcken, Rückscheeren, Windmühlenruthen und
=Pressen, dagegen das sonst erforderliche Holz zum Bauholze.
Koch, Preuß. Landr. 6. Aufl. Note 63 zu § 201 Tit. 22 I ALR.; ferner
v. Rönne, Ergänz. zu § 201 l. c.

Baumpfähle, Hopfenstangen, Bohnenstangen, Weinpfähle, Erbsen=
reisig 2c., die ebenfalls beim landwirthschaftlichen Betriebe gebraucht
werden, kann man nach dem Sprachgebrauche nicht zum Geschirr
und Schirrholze rechnen, obgleich die technische Instruction für
den Regierungsbezirk Frankfurt (2. Aufl. S. 293) dies anzuneh=
men scheint.

Schirrholz sowohl als Bauholz gehören zum Nutzholze, welches
das ohne Zerstörung der Substanz zur Verarbeitung gelangende
Holz begreift gegenüber dem Brennholze, bei welchem eine mehr oder
weniger vollständige Zerstörung der Substanz durch Feuer (vollstän=
dige oder unvollständige Verbrennung) sei es zur Wärme=Erzeugung,

sei es zur Erzeugung von Licht (Leuchten) oder von Holzproducten (Theer, Kohlen) stattfindet. Es ist daher sprachlich nicht richtig, wenn man, wie gewöhnlich geschieht, von Bau= und Nutzholz, oder von Nutz= und Schirrholz spricht.

Mit dem Bau= und Schirrholze ist der Begriff des Nutzholzes nicht er= schöpft. Es giebt noch manche andere Nutzhölzer z. B. Flechtnutzhölzer, Draht= hölzer, Schuhstiftholz, Papiernutzholz ꝛc. Auch erweitert sich der Begriff des Nutzholzes durch neue Erfindungen fortwährend. Außer Bauholz und Schirr= holz können daher noch andere Arten von Nutzholz Gegenstand von Nutzholz= berechtigungen sein. Dieselben sind indessen keiner weiteren Erörterung unter= zogen, theils weil sie ungewöhnlich sind, theils weil sich die Behandlung der Ablösung aus dem Verfahren bei den übrigen Holzberechtigungen leicht ergiebt.

Je nach Art und Gebrauchszweck des Schirrholzes ist Entschei= dung darüber zu treffen, ob die Schirrholzberechtigung bei einer Theilung des berechtigten Grundstücks, wie bei den Bauholzberech= tigungen, ungetheilt bei der Haus= und Hofstelle (den Gebäuden) verbleibt, oder ob dieselbe, wie bei Streu=, Weide= und Gräsereibe= rechtigungen antheilmäßig auf die Theilstücke übergeht. Bei Mühlen= geschirrholz, dessen Vortheil dem Mühlengebäude zu Theil· wird, ist ersteres, bei Ackergeschirr, dessen Nutzen auch den Ländereien zukommt, letzteres der Fall (§ 2 S. 5). In Uebereinstimmung mit dieser Auffassung hat sich auch kürzlich das Oberlandes=Kulturgericht in Preußen dahin ausgesprochen, es lasse sich nicht behaupten, daß die Nutzholzberechtigung eines Gutes (es handelte sich um einen Achsen= baum) den Gebäuden desselben folgen müsse.

Z. f. LCG. XXIX S. 129.

Der Umfang der Schirrholz=Berechtigung richtet sich von Alters her nach dem Bedarf.

Vergl. Gierke, Deutsches Genossenschaftsrecht II. Bd. 1873 S. 261.
von Maurer, Dorfverfassung 1. Bd. 1865 S. 236.

Da der Bedarf nicht jährlich und gleichmäßig, sondern unregel= mäßig in Bezug auf Zeit und Größe eintritt, so theilen die Schirr= holzberechtigungen in dieser Hinsicht als unständige Servituten die rechtliche Natur der Bauholz=Gerechtsame.

In dem Badischen Forstgesetz von 1833 ist die Bedarfsfeststellung des Geschirrholzes in § 113 geregelt.

II. Bedeutung der Schirrholz-Berechtigungen.

Schirrholz-Berechtigungen haben für den Berechtigten gegen=
wärtig in der Regel nur einen untergeordneten Werth, weil in den
landwirthschaftlichen Betriebsgeräthen das Holz vielfach mit Vortheil
durch Eisen ersetzt wird, und weil es vortheilhafter ist, die Holzge=
räthe fertig vom Stellmacher, der dazu ausgesuchtes, trockenes Holz
verwenden kann, zu kaufen, als dieselben aus frisch aus dem Walde
entnommenem Holze anfertigen zu lassen. Vorwegnahme des Be=
rechtigungsholzes über das Jahr hinaus, in welchem das Bedürfniß
eintritt, ist landrechtlich unzulässig.

ALR. I 22 § 204.

Nur bei Mühlenschirrhölzern, wenn es sich bei unvermuthet
hervortretendem Bedürfnisse, zur Vermeidung von längere Zeit wäh=
renden Betriebsstockungen, um die sofortige Beschaffung von seltenen,
starken Hölzern, z. B. von Mühlwellen handelt, kann es für den
Berechtigten wünschenswerth werden, vermöge seiner Berechtigung der
raschen Befriedigung des Bedürfnisses sicher zu sein. Indessen ist
das hierin² liegende Interesse kein so schwer wiegendes, um die Un=
ablöslichkeit der Berechtigung zu begründen. Der Berechtigte wird,
wenn er ein vorsorglicher Wirth ist, aus der Ablösung Veranlassung
nehmen, derartige Hölzer oder deren Ersatztheile in Eisenconstruction
auf Lager zu halten und dann im Stande sein, dem eintretenden
Bedürfnisse der Auswechselung schadhaft gewordener Mühlenwerks=
bestandtheile rascher und mit geringeren Betriebsverlusten abzuhelfen,
als es bei Fortdauer der Berechtigung möglich sein würde.

Für die Waldwirthschaft sind Schirrholzberechtigungen mit
Rücksicht auf den verhältnißmäßig geringen Holzbedarf, den sie bean=
spruchen, in der Regel nicht hinderlich. Eine Ausnahme begründet
auch hier die Abgabe von starken Mühlenschirrhölzern, welche in den
zum Hiebe stehenden Schlägen häufig nicht gefunden werden und den
Waldeigenthümer zu außerordentlichen Holzhieben nöthigen, denen er
sich nicht entziehen kann, weil dieselben bei vorsichtiger Fällung und
geeigneter Lückenkultur nicht als unwirthschaftliche bezeichnet werden
können, die aber in der Regel einen mehr als gewöhnlichen Kosten=
aufwand und lästige Betriebsstörungen verursachen. Bei landwirth=
schaftlichen Geschirrhölzern liegt in der kaum durchführbaren Ver=

wendungskontrolle ein Grund für den Waldbesitzer, die Ablösung zu
wünschen, die im volkswirthschaftlichen Interesse mit Rücksicht
auf Sparsamkeit im Holzverbrauche und Einführung von leistungs=
fähigeren Betriebswerkzeugen allgemein wünschenswerth erscheint.

III. Regelung der Schirrholz-Berechtigungen.

Zu einer Regelung von Schirrholzberechtigungen wird kaum
Veranlassung gegeben sein. Fixation entspricht dem nach Zeit und
Maß wechselnden Bedürfnisse nicht. Wo Waldunzulänglichkeit nach
Masse oder Qualität des Berechtigungsholzes auf Einschränkung oder
Umwandlung hinweisen, wird man anstatt derselben die für alle
Theile geeignetere Ablösung wählen.

In den Markenwaldungen erstreckte sich die für Brennholz= und selbst für
Bauholzberechtigungen schon frühzeitig vorgenommene Fixation in der Regel
nicht auf das Schirrholz, welches selbst der uneigentlichen Fixation nur aus=
nahmsweise fähig ist.
von Maurer, Dorfverfassung I 1865 S. 235.

IV. Ablösung der Schirrholz-Berechtigungen.

Die Werthermittelung für die Ablösung ist stets auf den
Nutzungsertrag der Schirrholzberechtigung zu richten, weil der Vor=
theilswerth der Ablösung für den Belasteten aus den bei Gelegen=
heit der Bauholz=Ablösung entwickelten Gründen dem Nutzungs=
werthe des Rechts mindestens gleichsteht.

Bauholz= und Schirrholz=Berechtigungen haben das mit einander
gemein, daß die Berechtigungshölzer einem längeren Gebrauche dienen,
daß sie periodische Erneuerungen und Reparaturen erfordern, daß
mithin der Bedarf nach Zeit und Quantität wechselt. Verschieden=
heiten bestehen insofern, als in der Regel die zweckentsprechend ver=
wendeten Schirrhölzer beweglicher und von geringerer Dauer sind,
als die Bauhölzer. In diesen Beziehungen stehen die Mühlen=
schirrhölzer den Bauhölzern näher, als die landwirthschaftlichen
Schirrhölzer, ein Umstand, welcher für die beiden Arten von Schirr=
hölzern ein verschiedenes Verfahren der Werthermittelung begründen
kann.

a) Die Mühlenschirrhölzer sind der Mühle fest eingefügt.
Sie sind Bestandtheile der Mühle, kein bloßes Zubehör derselben,

gehören zur Substanz und theilen das Schicksal des Mühlen=Bau=
werks bei Unfällen. Aus diesem Grunde ist, wie beim Bauholz,
außer der Erneuerungs= und Reparaturrente, auch die Unfallrente,
veranlaßt durch Feuer=, Wasser= und Windbeschädigungen zu vergüten.
Es steht ferner die Erneuerungs=Periode der Mühlenschirrhölzer der=
jenigen mancher Bauhölzer nahe, es handelt sich um nicht unbe=
deutende Beträge, und es ist die Größe des Ablösungs=Kapitals
wesentlich bedingt durch die Länge der Zeit, nach deren Verlauf die
nächste Erneuerung nothwendig wird. Aus allen diesen Gründen
kann die Werthermittelung der Berechtigung auf Mühlenschirrholz,
begründet auf die sachverständigen Gutachten von Mühlenbautechnikern
nach denselben allgemeinen Grundsätzen und Regeln erfolgen, wie
die Werthermittelung bei Bauholz=Ablösungen (§ 5 S. 81 u. f.).

b) Anders verhält es sich mit den landwirthschaftlichen
Schirrhölzern. Sie sind beweglich, unterliegen Unfällen durch
Feuer ꝛc. nicht in gleichem Maße wie Gebäude und Mühlenschirr=
hölzer, können bei Feuers= und Wassergefahr leicht gerettet werden,
bedingen daher keine Entschädigung für Unfälle. Sie sind ferner
verwendet in einer größeren Anzahl von theils gleichartigen, theils
verschiedenen Geräthen, repräsentiren geringere Werthe, sind meist
einer starken Abnutzung unterworfen, bedürfen daher eine häufigere
Erneuerung, als Bau= und Mühlenschirrhölzer. Es erscheint deshalb
zulässig und durch den unverhältnißmäßig großen Zeitaufwand, welchen
die Werthermittelung nach dem Bauholz=Ablösungsverfahren bei der
großen Anzahl verschiedener meist geringwerthiger Geräthe erfordern
würde, geboten, die Werthermittelung unmittelbar nach dem durch=
schnittlich gleichen Jahresbedarf an Geschirrholz vorzunehmen und
damit den Weg zu betreten, welcher bei den ständigen alljährlich
annähernd gleichmäßig ausgeübten Grundgerechtigkeiten üblich ist.

Dies vorausgesetzt würde die Werthermittelung entsprechend dem
in Th. I § 15 dargestellten Verfahren zunächst

die jährliche Naturalrente (Holzrente), womöglich nach dem
bisherigen, aus den Forstrechnungen für einen möglichst langen Zeit=
raum festzustellenden Verbrauch, event. durch sachverständige Veran=
schlagung des Vollbedarfs und der davon abzurechnenden Schirrholz=
mittel des Berechtigten, sowie mit Rücksicht auf etwaige Waldunzu=
länglichkeit festzustellen,

sobann die Holzrente nach den gangbaren Holzpreisen in eine Geldrente zu verwandeln und von dieser die Werbungskosten und Gegen= leistungen abzurechnen,

endlich die daraus hervorgehende Nettogeldrente zu einem nie= drigen Berechtigungs=Zinsfuße (§ 5 S. 86) zu capitalisiren haben, um das Ablösungs=Kapital zu finden.

Nach § 38 der V. v. 14. Sept. 1867 für den Oberharz soll bei Nutzholz= berechtigungen die jährliche Naturalrente nach dem Durchschnitt der in den letzten 5 Jahren erfolgten Abgabe ermittelt und das Ablösungs=Kapital durch 5 procentige Kapitalisirung der jährlichen Geldrente gefunden werden.

Ranke (Geldwerth der Forstber. 2. Aufl. S. 27) theilt einen Fall mit, in welchem der Jahresbedarf an Nadelholz zu Ackergeräthschaften veranschlagt ist

für eine Wirthschaft mit 4 Dienstboten	zu	6 Kubikfuß	= 0,186 Kubikmeter	
⸗ ⸗ ⸗ ⸗ 3	⸗	⸗ 5	⸗	= 0,155	⸗
⸗ ⸗ ⸗ ⸗ 2	⸗	⸗ 4	⸗	= 0,124	⸗
⸗ ⸗ ⸗ ⸗ 1	⸗	⸗ 3	⸗	= 0,093	⸗
⸗ ⸗ ⸗ ⸗ 1—2 Kühen	⸗	2	⸗	= 0,062	⸗

Derartige Sätze haben nur einen Werth für die Fälle, auf welche sie sich be= ziehen. Allgemeine Sätze sind, weil der Bedarf an Schirrholz nach Bodenart, Kulturart, Kulturstufe verschieden ist, nicht anwendbar.

§ 7.

Brennholz=Bedarfs=Berechtigungen im Allgemeinen.

I. Begriff, Arten, rechtliche Natur.

Brennholz im weitesten Sinne des Worts ist dasjenige Holz, welches durch vollständige oder unvollständige Verbrennung zur Wärmeerzeugung, zur Erleuchtung oder zur Darstellung von Holz= producten (Kohlen, Theer ꝛc.) benutzt wird (§ 2 S. 9, § 6 S. 96). Zur Verbrennung geeignet ist alles Holz. Thatsächlich wird daher der Begriffs=Umfang des Brennholzes begrenzt durch die Verwend= barkeit des Holzes als Nutzholz. Wo die Verwendbarkeit des Holzes als Nutzholz aus Gründen der Qualität oder der Absatzfähigkeit aufhört, beginnt der Brennholzbegriff.

Die Arten der Brennholz=Bedarfs=Berechtigungen sondern sich nach Verwendungszweck des Brennholzes, Holzbeschaffenheit und Gegenleistungen für die Berechtigungen.

Nach dem Verwendungszwecke sind Brennholzberechtigungen

zur Feuerung, zur Lichterzeugung (Leuchtkien=Berechtigungen § 11) und zur Bereitung von Holzproducten (Theer § 10, Kohlen 2c.) zu unterscheiden.

Die Beschaffenheit des Holzes führt zur Unterscheidung von Brennholzberechtigungen auf Leseholz (§ 8), Stockholz (§ 9), Lager=holz, Bruchholz, Astholz (§ 12).

Unter den durch die Gegenleistung gekennzeichneten Brennholz=berechtigungen sind die Taxholz=Berechtigungen (§ 13) hervorzuheben.

Zum Brennholze durfte von Alters her nach Markenrecht nur das zu Bauholz, zu sonstigem Nutzholze und zur Masterzeugung untaugliche Holz genommen werden. Es wurden zum Brennholz gerechnet:

Unholz d. i. das zu Nutzholz untaugliche Holz,

Urholz, unfruchtbares Holz (Urgeholze, Urhulze, Orholp, Orcholpe), ligna infructuosa d. i. zur Mastnutzung untaugliches Holz,

Oberholz, Abholz, Afterschlag d. i. Ast= und Wipfelholz,

Unterholz,

unnützliches Holz, unnützes Holz, unschädliches Holz d. i. ohne nützlichere Verwendung, somit ohne Schaden zu entnehmendes Holz,

schadbar Holz, dürres und windbläsiges Holz, Bloßholz, liegendes Holz, liegendes Urholz, weiches Holz,

taubes Holz, Taubholz, Daupholz, Doupholz, Doufholt, Douffholp,

Dußholt, Duftholt d. i. schlechtes, schwammiges Holz, welches nicht viel Hitze giebt.

Als Brennholz durfte demnach nicht gehauen werden:

fruchtbares Holz (masttragendes Holz), Blumholz (Eichen und Buchen),

nützliches Holz (Nutzholz),

mitunter auch nicht: hartes Holz, grünes Holz.

von Maurer, Markenverfassung 1856 § 38 S. 134, § 18 S. 51.

Ihrer rechtlichen Natur nach gehören die Brennholzbedarfsbe=rechtigungen zu denjenigen Servituten, welche wegen des Vortheils, den sie gewähren, in einer engen, meist als untrennbar aufgefaßten Verbindung mit Haus= und Hofstelle und Gebäuden stehen. Daraus ergeben sich die in § 2 S. 5 mitgetheilten Rechtssätze über die Folgen, welche die Theilung des berechtigten Grundstücks rücksichtlich des Uebergangs der Holzberechtigungen auf die Theilstücke nach sich zieht.

II. Umfang der Brennholz-Bedarfs-Berechtigungen.

Abgesehen von den allgemeinen Erörterungen über den Umfang der Holzberechtigungen (§ 2 S. 9) und der Holzbedarfs=Berechti=gungen (§ 4 S. 52) bedürfen hinsichtlich des Umfangs der Brenn=

holz-Bedarfsberechtigungen Brennholzrechts-Bedarf und Anweisungsrecht einer besonderen Behandlung. Da die Berechtigungen auf
Leuchtkien und zum Theerschwelen weiter unten in §§ 10, 11 zur
Darstellung gelangen werden, so sind hier nur die Berechtigungen
zur Feuerung in Betracht zu ziehen.

1. **Brennholzrechts-Bedarf.**

Der Brennholzrechtsbedarf besteht in dem Ueberschusse des Vollbedarfs über die von letzterem abzurechnenden anderweiten Feuerungsmittel des Berechtigten.

An dem vollen Feuerungsbedarf können je nach den wirthschaftlichen Verhältnissen des berechtigten Guts betheiligt sein (§ 4 S. 52.)

der hauswirthschaftliche Bedarf (Haushaltsbedarf),

der landwirthschaftliche Betriebsbedarf, und

der gewerbliche Nebenbetriebsbedarf.

Der Haushaltsbedarf an Brennholz erstreckt sich auf das Holz
zum Heizen, Kochen, Backen, Waschen, Bleichen, Schlachten, Obst-
darren, Flachsdarren.

Der landwirthschaftliche, auf die Erzeugung von Nutzpflanzen
und Nutzthieren gerichtete Betriebsbedarf an Brennholz umfaßt das
Holz zur Bereitung (zum Kochen und Brühen) des Viehfutters und
zur Milchwirthschaft (Molkerei).

Der gewerbliche Nebenbetriebsbedarf bezieht sich auf Fabrikations-
und Handelsgewerbe, welche mit dem berechtigten Gute verbunden
sind und theils die Verarbeitung von Bodenerzeugnissen, theils den
Betrieb von Handelsgewerben zum Gegenstande haben. Es gehört
zu dem hierfür verwendeten Brennholze das Holz zum Bierbrauen,
Branntweinbrennen, Kalkbrennen, Ziegelbrennen, zum Gastwirthschafts-
betriebe 2c. Indessen erstreckt sich eine Brennholzbedarfs-Berechti-
gung nicht ohne Weiteres, sondern nur dann auf das Brennholz zu
gewerblichen Nebenbetrieben, wenn die letzteren nachweisbar bereits
zur Zeit der Entstehung der Berechtigung bei dem berechtigten Gute
vorhanden waren, oder wenn in der Verleihungsurkunde die Brennholzberechtigung ausdrücklich auf gewerbliche Nebenbetriebe ausgedehnt worden ist.

OT. 12. März 1847 (Z. f. LCG. III. 226. Grundf. 291).
OT. 14. März 1848 (Z. f. LCG. III. 229).
Ebing, Rechtsverhältnisse des Waldes S. 117.

Abweichend hiervon ist dem Besitzer einer Stelle, mit welcher Back= und Branntweinbrennerei=Gerechtsame, ingleichen eine Gastwirthschaft pertinentialiter verbunden waren, das für diese Gewerbe erforderliche Holz zugesprochen worden, indem angenommen wurde, daß das Bedürfniß sich auf alle zum Hauptgute gehörigen Theile erstrecke. Die hiergegen eingelegte Nichtigkeitsbeschwerde ist durch OT.=Erkenntniß vom 9. Februar 1849 verworfen worden, weil nicht fest=gestellt worden ist, daß die in Rede stehenden Gewerbsgerechtigkeiten zur Zeit der Verleihung des Rechts der Stelle noch nicht zugestanden haben.

Z. f. LEG. III. 229.

Aus der rechtlichen Natur der Servitut, deren Träger das be=rechtigte Grundstück ist, und deren Nutzung dem letzteren zum Vor=theile gereichen muß, folgt,

daß die einer ländlichen Stelle zustehende Brennholzbedarfs=Berechtigung sich auch auf den Brennbedarf für die Haushaltungen der Ausgedinger erstreckt,

OT. 15. Sept. 1847 (Entsch. Bd. 15 S. 491 Präj. 1914, Z. f. LEG. II. 449). R.=E. 23. Nov. 1855. OT. 7. Oct. 1856 (Z. f. LEG. IX. 395),

ferner daß auch die auf dem Gute wohnenden Pächter und Wirthschaftsbeamten Anspruch auf Brennholz haben,

ALR. I. 22 § 206.

daß dagegen der Berechtigte nur dann, wenn er auf dem Gute wohnt, aber nicht, wenn er sich anderswo aufhält, Berechtigungsholz für den häuslichen Bedarf zu fordern hat.

ALR. I. 22 § 205.

Ueber Zulässigkeit, Gegenstand und Methode der Abrechnung anderweiter Feuerungsmittel von dem vollen Brennholzbedarfe des Berechtigten bestehen in Preußen nur für den Gültigkeitsbezirk der Altpreuß. GThOrdnung vom 7. Juni 1821 gesetzliche Vor=schriften.

Für die übrigen Landestheile richtet sich daher die Abrechnung anderweiter Feuerungsmittel nach Titel und Ausübung der Brenn=holz=Berechtigung.

Die erwähnten gesetzlichen Bestimmungen sind enthalten in Art. 4 des Erg. Ges. vom 2. März 1850 und in § 54 der GThO. vom 7. Juni 1821. Nach denselben sollen bei Brennholz=bedarfs=Berechtigungen die eigenen Feuerungsmittel des Berechtigten an Holz, Torf ꝛc., falls nicht die Abrechnung ausdrücklich durch Ur=kunden, Judicate oder Statuten ausgeschlossen worden ist, mit der Maßgabe von dem Vollbedarfe abgerechnet werden, daß dabei solche dem Berechtigten gehörige Torflager, welche zur Zeit der Anbringung des Ablösungs=Antrags noch nicht aufgedeckt waren, außer Betracht bleiben.

Dadurch, daß der Berechtigte die eigenen Feuerungsmittel innerhalb rechts= verjährter Zeit stets verkauft oder überhaupt in seiner Wirthschaft nicht ver= wendet hat, wird die Abrechnung der eigenen Feuerungsmittel desselben gegen= über den gesetzlichen Bestimmungen in Art. 4 des Erg. v. 2. März 1850 nicht ausgeschlossen.

R.=C. 18. Januar 1855. Z. f. LCG. VIII. 97. Grundf. 655.

Zu den nach Maßgabe des Gesetzes abzurechnenden eigenen Feuerungsmitteln des Berechtigten gehören folgende:

a) Der Brennholzertrag aus solchen Holzungen und anderen Grundstücken (Aeckern, Wiesen, Grabenrändern ꝛc.), welche Bestand= theile des berechtigten Guts sind.

Bei Brennholzbedarfsberechtigungen, welche auf bestimmte Holzarten oder Holzsorten z. B. auf Leseholz beschränkt sind, ist nicht blos der Ertrag der eigenen Holzungen an diesen Holzarten bez. Holzsorten, sondern deren Ertrag an Brennholz abzurechnen, weil es sich um Befriedigung des Feuerungsbedarfs handelt, und dazu Feuerungsmittel jeder Art geeignet sind. Aus diesem Grunde ist gesetzlich auch die Abrechnung von Torf bei Brennholzberechtigungen vor= geschrieben.

b) Nutzholz=Abfälle d. i. das Abfallholz bei Verwendung von Nutzholz (Bauholz, Geschirrholz ꝛc.), welches der Berechtigte entweder aus eigenen Holzungen oder auf Grund von Nutzholzberechtigungen aus fremden Waldungen bezieht, sofern im letzteren Falle der be= lastete Waldeigenthümer nicht zur Zurücknahme des Abfallholzes be= rechtigt ist;

c) Abgangholz d. i. altes, abgenutztes, nur noch zum Verbrennen taugliches Bau=, Geschirr=, Zaun= und sonstiges Nutzholz, welches in der Wirthschaft des Berechtigten abgängig wird;

d) der Torfertrag aus bereits aufgedeckten, zum berechtigten Gute gehörigen Torflagern.

Außer den eigenen Feuerungsmitteln sind dann noch

e) die Brennholz= und Torferträge aus solchen Berechtigungen in Abzug zu bringen, welche dem berechtigten Grundstücke in anderen Waldungen, als in denjenigen, worauf sich die Ablösung erstreckt, zustehen.

Was die Art der Abrechnung der anderweiten Feuerungsmittel des Berechtigten betrifft, so kann kein Zweifel darüber bestehen, daß die anderen Berechtigungen entstammenden Feuerungsmittel ad e

verhältnißmäßig, d. h. nach dem Ertrags= bez. Benutzungs=Verhält=
nisse einerseits der in der Ablösung begriffenen, andererseits der
übrigen Berechtigungswaldungen stattzufinden hat (§ 5 S. 72).
Kontrovers ist dagegen die Frage, ob im Bereiche der Altpreuß.
GThO. die eigenen Feuerungsmittel des Berechtigten nach ihrem
vollen Betrage oder blos verhältnißmäßig abzurechnen sind.

Beispiel 1. Der jährliche volle Brennbedarf eines brennholzberechtigten
Bauernguts betrage 80 Festmeter, der Jahresertrag an eigenen Feuerungs=
mitteln 60 Festmeter und der Jahresertrag des belasteten Waldes 540 Fest=
meter, reducirt auf Kiefernscheitholz. Alsdann würde der auf den belasteten
Wald entfallende Holzrechtsbedarf sich stellen

bei voller Abrechnung auf 20 Festmeter,

bei verhältnißmäßiger Anrechnung, berechnet nach dem Ertragsverhältnisse
des Berechtigungswaldes und der eigenen Bezugsquellen des Berechtigten auf

$$80 \times \frac{540}{600} = 72 \text{ Festmeter.}$$

Beispiel 2. Voller Brennbedarf des Berechtigten: 40 Festmeter, Jahresertrag der eigenen Feuerungsmittel des Berechtigten 60 Festmeter, Jahresertrag
des belasteten Waldes 540 Festmeter.

Der Holzrechtsbedarf beträgt

bei voller Abrechnung 0 Festmeter,

bei verhältnißmäßiger Anrechnung $40 \times \frac{540}{600} = 36$ Festmeter.

Für die verhältnißmäßige Anrechnung hat sich das Preuß.
Revisions=Kollegium für Landeskultursachen entschieden.

R.=E. 18. Januar 1855 (Z. f. LEG. VIII. 97).

R.=E. 20. Februar 1863 (Z. f. LEG. XV. 60).

In beiden Rechtsfällen deckten die eigenen Feuerungsmittel des Berech=
tigten dessen gesammten Feuerungsbedarf. Der Berechtigte würde daher bei
voller Abrechnung gar nichts erhalten haben.

. Ranke (Geldwerth der Forstberechtigungen 2. Aufl. 1856 S. 7) hat die
Entscheidungen des Rev. Coll. dahin aufgefaßt, daß die verhältnißmäßige An=
rechnung der eigenen Feuerungsmittel nur dann stattfinden solle, wenn die=
selben den ganzen Brennbedarf deckten, daß dagegen die volle Abrechnung ge=
rechtfertigt sei, wenn der Ertrag an eigenen Feuerungsmitteln hinter dem vollen
Brennbedarfe zurückbleibe. Eine derartige ungleichartige An= und resp. Ab=
rechnung würde allerdings, wie Ranke weiter ausführt, zu widerspruchsvollen
Ergebnissen führen. Es würde dann der Berechtigte nach obigem Beispiele
unter übrigens völlig gleichen Verhältnissen in dem Falle 1 bei einem vollen
Brennbedarfe von 80 Festmetern nur 20 Festmeter, dagegen in dem Falle 2 bei
einem vollen Brennbedarfe von nur 40 Festmetern 36 Festmeter aus dem belaste=
ten Walde zu beanspruchen haben. In den Motiven einer Entscheidung des R.=E.
vom 10. October 1856 (Z. f. LEG. IX. S. 339) ist in der That dieser Auffassung

unter Bezugnahme auf das oben erwähnte R.-C.-Erkenntniß vom 18. Januar 1855 klar und bestimmt Ausdruck gegeben. Dagegen geht aus den Gründen oben erwähnten R.-C.-Erkenntnisses vom 20. Februar 1863 hervor, daß das Rev.-Collegium später an dieser Ansicht nicht mehr festgehalten hat, vielmehr die verhältnißmäßige Anrechnung der eigenen Feuerungsmittel des Berechtigten für geboten hält.

Im Gegensatze zu den Entscheidungen des Revisions-Kollegiums hat das Preuß. Obertribunal unter Vernichtung der vorhin angegebenen Entscheidungen des Revisions-Kollegiums den Grundsatz aufgestellt, daß sich bei Ablösung einer unbestimmten Brennholzberechtigung der Besitzer des berechtigten Gutes die auf demselben vorhandenen Feuerungsmittel nicht blos verhältnißmäßig, sondern nach ihrem vollen Betrage selbst dann anrechnen lassen müsse, wenn er dadurch genöthigt werde, ein gegen Entgeld erworbenes Recht ohne Entschädigung aufzugeben, weil der Berechtigungs-Anspruch nach § 4 des Erg.-Ges. vom 2. März 1850 überall nur ein eventueller, auf Gewährung des fehlenden Brennmaterials gerichteter sei.

OT. 20. Juni 1857 (Entsch. Bd. 36 S. 205, Z. f. LCG. X. 260).
OT. 19. März 1864 (Z. f. LCG. XV. 361).
OT. 29. Sept. 1870 (Entsch. Bd. 64 S. 149, Strieth. Arch. Bd. 79 S. 219).

Gegenüber der ganz allgemeinen, klaren, keine andere Auslegung zulassenden Vorschrift in Art. 4 des Erg.-Ges. vom 2. März 1850 entspricht die Ansicht des Obertribunals vollständig dem formellen, durch Art. 4 l. c. neu geschaffenen Rechte, mit welchem die Auffassung des Revisions-Kollegiums sich nicht vereinbaren läßt. Aber das formelle Recht verletzt das materielle Recht, indem es ein wohlerworbenes, häufig sogar unter lästigem Titel erworbenes, seither unbehindert ausgeübtes nutzbares Recht, entgegen den allgemeinen Rechtsgrundsätzen und den Grundgedanken der Ablösungsgesetzgebung ohne Entschädigung zur Aufhebung bringen kann.

Auch die verhältnißmäßige, nach den Ertrags-Verhältnissen bemessene Abrechnung kann ungerecht sein. Der Gerechtigkeit entspricht allein eine dem Titel der Servitut und der bisherigen Ausübung entsprechende Behandlung der Sache, wie sie außerhalb des Bereichs der GThO. vom 7. Juni 1821 in Preußen stattfindet und im französischen Ablösungsrecht (§ 4 S. 54) vorgeschrieben ist.

2. Das dem belasteten Waldeigenthümer zustehende Anweisungsrecht (§ 2 S. 25) begreift nicht die Befugniß in sich, dem

Berechtigten bei nicht näher begrenzten Brennholzbedarfs-Berechtigungen vorzugsweise geringwerthige Sortimente, z. B. Leseholz, anzuweisen.

Das Preuß. Obertribunal hatte über die Frage zwei entgegengesetzte Entscheidungen getroffen. Das Erk. OT. II. v. 17. Sept. 1841 (Präj. 1048 b) lautete:

Der Eigenthümer des Waldes ist nicht befugt, solchen Personen, denen eine ausgedehntere Holzungsgerechtigkeit, als das Recht zum Raff- und Leseholz zusteht, auf das Sammeln von Raff- und Leseholz zu beschränken, auch wenn solches in hinlänglicher Quantität im Walde vorhanden ist.

In dem OT. II. Erk. vom 3. März 1834 war die entgegengesetzte Meinung ausgesprochen.

In dem Plenarbeschlusse des OT. vom 22. Januar 1844 (Präj. 1393 Entsch. Bd. IX. S. 36) ist schließlich folgende Entscheidung ergangen:

„Derjenige, dem als Grundgerechtigkeit ein Anspruch auf Brennholz ohne weitere Modification zusteht, ist nicht verbunden, sich seinen Bedarf auf Raff- und Leseholz vorzugsweise anweisen zu lassen."

Das Ministerium des Königl. Hauses hat diesen OT.-Beschluß mittelst Rescr. v. 12. October 1844 dahin ausgelegt, daß derselbe sich nicht auf Brennholzberechtigungen im Allgemeinen, sondern nur auf Vertragsservituten erstrecke. Die Ansicht ist indessen nach Koch und von Rönne nicht haltbar.

Koch, Landrecht 6. Ausg. Note 77 zu § 213 Tit. 22 I. ALR.

von Rönne, Ergänzungen 6. Ausg. Note 1 zu § 213 Tit. 22 I. ALR.

III. Bedeutung der Brennholz-Bedarfs-Berechtigungen.

Für die privatwirthschaftliche und volkswirthschaftliche Bedeutung der Brennholz-Bedarfs-Berechtigungen sind als leitende Gesichtspunkte voranzustellen die bereits in § 4 S. 55 behandelte Unbestimmtheit des Berechtigungs-Anspruchs und die hier zu erörternden Werthverhältnisse des Brennholzes.

Der wirthschaftliche Werth des Brennholzes hat in einem großen Theile von Deutschland seit etwa 50 Jahren eine bedeutende, tief in die Waldwirthschaft eingreifende Umwandlung erfahren. Der Tauschwerth des Brennholzes ist, verschieden nach Waldlage und Holzsortiment, mehr oder weniger erheblich gesunken. Zwei dauernde und wachsende Ursachen, von theils örtlicher, theils allgemeiner Bedeutung, tragen daran die Schuld, auf der einen Seite die von Jahr zu Jahr zunehmende Production von Brennholz-Surrogaten, namentlich von Steinkohlen, außerdem von Braunkohlen und Torf, auf der anderen Seite die Ausbreitung und Verdichtung des Eisenbahnnetzes, welches die das Brennholz an Transportfähigkeit weit übertreffende Kohle auf

Hunderte von Meilen in die Betriebsstätten der Industrie und in
die Feuerstätten der Haushaltungen führt. Ehedem zählte das
Brennholz zu den unentbehrlichen Verkehrsgütern mit einem durch
die Bevölkerungszunahme und den Kulturfortschritt steigenden Tausch=
werthe. Brennholz=Erzeugung bildete die Grundlagen der Wald=
rente und die Zielpunkte der Forstpolitik. Gegenwärtig hat das
Brennholz in den weiten Absatzgebieten der Kohle die Natur der
unentbehrlichen Güter, in der Umgebung der Kohlenbergwerke sogar
die Eigenschaft der Verkehrsgüter eingebüßt. Geringwerthige Brenn=
hölzer, z. B. Reisig, Stockholz sind dort unverkäuflich, hochwerthige
decken die Productionskosten der Waldwirthschaft nicht. Die seit Jahr=
hunderten auf Brennholzproduction eingerichteten, mit Brennholz=
beständen gefüllten Waldwirthschaften, vor Allem die ausgedehnten
Gebiete der Buchenwirthschaft sind zu Verlustwirthschaften geworden.
Ihre Umwandlung in Nutzholzwirthschaften, die sich vermöge des, der
Forstwirthschaft eigenthümlichen, langsamen Kapitalumlaufs nur all=
mählich vollzieht, entspricht den unabweisbaren Forderungen der
Wirthschaftlichkeit. In den Absatzgebieten der Kohle haben sich Be=
triebsarten, Holzarten, Umtriebszeit, Bestandsgründung, Bestands=
pflege und Holzernte dem vor allen anderen maßgebenden Gesichts=
punkte des Angebots von vielem und werthvollem Nutzholze unter=
zuordnen. Das Angebot von reinem Brennholze, dessen Miterzeu=
gung in keiner Waldwirthschaft zu vermeiden ist, bleibt auf ein
möglichst geringes Quantum zu beschränken. Nur in denjenigen
Waldgegenden, welche außerhalb des Absatzgebietes der Kohle liegen
und nach menschlicher Voraussicht in dasselbe in absehbarer Zeit
nicht eintreten werden, kann auch ferner eine auf Production von
Brennholz und Nutzholz gerichtete Waldwirthschaft ihre Berechtigung
haben.

Daß die in immer weitere Kreise vordringende Verschiebung
in den Werthverhältnissen des Brennholzes einen großen Einfluß auf
die Bedeutung der Brennholzbedarfs=Berechtigungen äußern muß,
liegt auf der Hand. Andere einflußreiche Verhältnisse außer der
bereits erwähnten Unbestimmtheit des Berechtigungs=Anspruchs sind:

die nach der Art der Berechtigung verschiedenen, bald schäd=
lichen, bald hinderlichen, bald indifferenten Folgen der Servitutnutzung

für die Waldwirthschaft, die Wohlstands= und Erwerbsverhältnisse der Berechtigten, Arbeitsgelegenheit und Lohnbewegung.

Die specielle Würdigung aller genannten, für die Bedeutung der Holzbedarfs=Berechtigungen grundlegenden Verhältnisse muß der Behandlung der einzelnen Arten von Brennholzbedarfs=Berechtigungen (§ 8—13) vorbehalten bleiben. Im Allgemeinen ergiebt sich die Bedeutung für Waldeigenthümer, Berechtigten und Gesammtheit aus Folgendem.

1. Bedeutung für die Waldwirthschaft.

Schädlich für die Waldwirthschaft sind Brennholz=Berechtigungen, welche unmittelbar durch die Nutzungsart oder mittelbar z. B. durch Vermehrung waldschädlicher Insecten die Holzproduction nach Masse oder Qualität beeinträchtigen.

Ein Hinderniß vortheilhaftester Waldwirthschaft können bilden:

Berechtigungen auf werthvolle Brennholzsortimente mit steigender Preisbewegung in Waldgegenden, welche außerhalb des Absatzgebiets von Kohlen und Torf liegen. Die Aussicht, die Früchte wirthschaftlicher Verbesserungen, z. B. von Wegeanlagen, mit den Berechtigten theilen zu müssen, sind in um so höherem Maße ein Hinderniß intensiver Waldwirthschaft, je umfangreicher die Berechtigungen entweder sind oder z. B. bei Verleihungsberechtigungen bez. Verjährungsberechtigungen von Gemeinden in Zukunft werden können. Der Waldeigenthümer wird nicht säen wollen, was der Berechtigte erntet.

Hinderlich für die Erzielung der höchsten Waldrente können hochwerthige Brennholzberechtigungen, selbst in den Absatzgebieten der Kohle, dann sein, wenn sie den Waldeigenthümer z. B. in Nadelholz= oder Eichenwäldern nöthigen, Holz von Nutzholzqualität den Brennholzberechtigten zu überlassen.

Indifferent für die Waldwirthschaft können Holzberechtigungen auf geringwerthige Sortimente z. B. Leseholzberechtigungen auf gutem Waldboden bei geregelter Ausübung in denjenigen Fällen sein, wo der Waldeigenthümer nicht in der Lage ist, das Servitutobject durch Eigenwerbung zu verwerthen.

Nützlich für den Wald sind Brennholz=Berechtigungen, wenn der Brennholz=Absatz zurückgeht oder stockt und die Berechtigten bei Ablösung zum Kohlenbrande übergehen würden, eine in den Kohlenabsatzgebieten bei Brennholzwäldern gewöhnliche Erscheinung. Hier ist Regelung, Feststellung, aber nicht, wenigstens nicht in der Uebergangszeit zum Nutzholzwalde, Ablösung angebracht.

Auch dann, wenn der Nutzwerth der Berechtigung wegen steigender Werbungskosten und vermehrten Wohlstandes sinkt, z. B. bei Leseholzberechtigungen, wo die Ausübung der Berechtigung im Laufe der Zeit voraussichtlich von selbst aufhört, ist der Ablösungs-Antrag seitens des Waldeigenthümers unangebracht.

2. Bedeutung für den Berechtigten.

Brennmaterial ist in Deutschland für Geld überall zu haben. Brennholz-Berechtigungen sind daher für den Bemittelten entbehrlich. Unvortheilhaft ist für denselben die Fortdauer hochwerthiger Brennholz-Berechtigungen dann, wenn Steinkohlenbrand wohlfeiler zu beschaffen ist, als Holzbrand. Bei steigenden Holzpreisen wird der Berechtigte zu einstweiliger Beibehaltung, bei sinkenden Holzpreisen zur alsbaldigen Ablösung der Brennholz-Berechtigungen geneigt sein. Unentbehrlich sind dieselben nur für den unbemittelten Berechtigten, wenn sie demselben Gelegenheit geben, in arbeitloser Zeit seinen Feuerungsbedarf durch Selbstwerbung geringwerthigen Holzes zu befriedigen.

3. Volkswirthschaftliche und sociale Bedeutung.

Im letzterwähnten Falle können die Berechtigungen eine nicht gering anzuschlagende sociale Bedeutung gewinnen. Volkswirthschaftlich nützlich werden dieselben, wenn sie ohne Nachtheile für die Waldwirthschaft eine Benutzung von sonst werthlosem Holze ermöglichen. Volkswirthschaftlich schädlich ist ihre Wirkung, wenn die Nachtheile der Berechtigungen für die Waldwirthschaft den Nutzen für die Berechtigten überwiegen.

IV. Regelung der Brennholz-Bedarfs-Berechtigungen.

Nach den Erörterungen über die Bedeutung der Brennholzbedarfs-Berechtigungen entspricht in vielen Fällen die Regelung dem allgemeinen Interesse mehr als die Ablösung. Die mit Ausnahme von Hannover und Hohenzollern in Preußen auf einseitigen Antrag

des Berechtigten oder des Belasteten gesetzlich vorgeschriebene Zwangs=
Ablösung erscheint daher bei Brennholzbedarfs=Berechtigungen aus
wirthschaftspolitischen Gründen nicht allgemein angebracht.

Die Regelung kann sich erstrecken auf polizeiliche Regelung,
Umwandlung, Freilegung, eigentliche Feststellung und Einschränkung.

1. Die polizeiliche Regelung genügt bei unbestimmten
Brennholzberechtigungen auf geringwerthige, der Selbstwerbung durch
den Berechtigten unterliegende Sortimente, z. B. auf Leseholz. Sie
hat Sorge zu tragen für eine dem Walde unschädliche Werbung
z. B. durch Ausschluß von Haken bei Leseholzberechtigungen;

für die aus Rücksichten des Forstschutzes nothwendige Beschrän=
kung der Nutzung auf gewisse Holztage, die im Preuß. Rechte nur
für Leseholz vorgeschrieben ist;

für rechtzeitige Fortschaffung des Berechtigungsholzes aus dem
Walde, wenn dasselbe die Brutstätte schädlicher Forstinsecten bildet;

für eine rechtmäßige Verwendung des Berechtigungsholzes durch
Strafbestimmungen für den Fall des Verkaufs.

2. Veranlassung zur Umwandlung kann gegeben sein, wenn
die Berechtigung sich auf Brennholz von der Qualität des Nutzholzes
z. B. auf Holz, welches zur Papierfabrikation abgesetzt werden
kann, erstreckt. Zulässigkeit und Verfahren der Umwandlung wurden
in § 3 S. 43 erörtert. Zum Zwecke der dort erwähnten Werthaus=
gleichung zwischen Berechtigungsholz und Ersatzholz wird in Erman=
gelung brauchbarer Geldwerthe von der in Tafel IX beigefügten
Brennwerthtafel Gebrauch zu machen sein. Wenn das Ersatzholz
nicht in geringwerthigen Holzsortimenten (Abraum=, Stockholz) be=
steht, empfiehlt es sich in der Regel, mit der Umwandlung eine Fest=
stellung zu verbinden.

3. Freilegungen sind angebracht: theils bei Waldunzulänglich=
keit nach Theilablösungen, um die letzteren für den Waldeigenthümer
nutzbar und die verbleibenden Berechtigten zur Ablösung geneigt zu
machen, theils aus Rücksichten des Forst= und Jagdschutzes in Form
der selbständigen Freilegung bei Waldüberzulänglichkeit. Gesetzliche
Zulässigkeit und Freilegungsverfahren wurden in Th. I § 8 S. 70
und in Th. II § 4 S. 57 behandelt.

4. Am häufigsten angebracht ist die Regelung durch Fest=
stellung (Fixation). Nur die eigentliche Feststellung ist bei Brenn=

holzbedarfsberechtigungen geeignet. Sie bietet das Mittel dar, Erweiterungen der Servitut bei Verleihungs-Berechtigungen und bei
Verjährungs-Berechtigungen von Gemeinden abzuschneiden, schädliche
Berechtigungsformen in unschädliche zu verwandeln, in Kohlenge-
bieten den Brennholz-Absatz zu erhalten, durch Holzwerbung seitens
des Waldeigenthümers allen Rücksichten der Waldschonung und des
Forstschutzes gerecht zu werden.

In den Markenwaldungen wurde das Brennholzrecht vielfach schon seit
dem 13. Jahrhunderte fixirt.

v. Maurer, Dorfverfassung I. 1865 § 101 S. 234.

Gierke, Genossenschaftsrecht II. 1873 § 10 S. 265.

Ueber die gesetzliche Zulässigkeit nach Preußischem Rechte und
über das Feststellungs-Verfahren giebt § 5 S. 58 Aufschluß.

5. Die Einschränkung hat einzutreten, wenn bei Waldunzulänglichkeit die Fortdauer der Brennholzberechtigung und die Beseitigung der Unbestimmtheit wünschenswerth ist. Zulässigkeit nach
Maßgabe des Gesetzes und Einschränkungs-Verfahren gelangten in
§ 3 S. 45 und in § 4 S. 62 zur Darstellung.

V. Ablösung der Brennholz-Bedarfs-Berechtigungen.

Ablösbarkeit und Abfindung der Brennholzbedarfs-Berechtigungen richten sich in Preußen nach den in § 2 S. 33 und 36
angegebenen gesetzlichen Bestimmungen. Einer besonderen Erörterung
bedürfen daher hier nur einige Grundsätze und Regeln für das
Verfahren bei der Nutzwerth- und Vertheilswerth-Ermittelung.

1. Nutzwerth-Ermittelung.

Die Besonderheiten in der Nutzwerth-Ermittelung der Holzbedarfsberechtigungen, deren allgemeine Behandlung in Th. I § 15 S. 128
und in Th. II § 2 S. 34 dargestellt wurde, erstrecken sich auf die Ermittelung des Vollbedarfs in Normal-Sortimenten, auf die Massen-
Ermittelung der von dem Vollbedarfe abzurechnenden anderweiten
Feuerungsmittel in Normal-Sortimenten, auf die Umrechnung der
Normal-Sortimente in die Nutzungs-Sortimente des Berechtigungsholzes und auf die Preisermittelung der letzteren.

Mitunter ist das Berechtigungsholz nach dem wechselnden Bedarfe durch
die Forstverwaltung aufgearbeitet worden. Alsdann ergiebt sich die Naturalrente unmittelbar aus dem Jahresdurchschnitte der seitherigen Holzabgabe.

a) Der **Vollbedarf** an Brennholz für Haushalt, Landwirth-
schaft und damit verbundenen anderweiten Gewerbebetrieb (§ 7
S. 103) ist abhängig vom Klima (namentlich von der Länge des
Winters), von der Größe der Heizräume und der Landwirthschaft,
von Art und Umfang des sonstigen Gewerbebetriebs, von Bauart,
Landessitte und von der Einrichtung der Feuerungs-Anstalten. Die
Veranschlagung erfolgt zweckmäßig nach Festmetern und Normal-
Sortimenten d. h. in Festmetern des gangbarsten, gegenbüblichen
Brennholz-Materials (Kiefern-, Fichten-, Buchen-Scheitholz). Sie
ist Sache landwirthschaftlich-technischer Schätzung.

In der Ablösungs-Praxis haben sich für den Brennholzbedarf
Mittelsätze herausgebildet, die sich theils auf den Gesammtbedarf,
theils auf den Einzelbedarf nach Maßgabe der Verwendung des
Holzes beziehen. In den mehrerwähnten technischen Instructionen
der General-Kommissionen für den Regierungsbezirk Frankfurt a. O.,
für Pommern und Breslau, ferner in der Schrift von G. L. Hartig,
„Ueber die Ablösung der Holz-, Streu- und Weide-Servituten (Berlin 1829)", sind die in der Brennholzbedarfstafel (Tafel X) mitgetheilten Mittelsätze angegeben.

Der in der letzteren enthaltene Einheits-Maßstab für die Be-
darfs-Veranschlagung, welcher sich auf eine Person, ein Stück Vieh
oder ein Hectoliter bezieht, ist insofern kein recht geeigneter, als der
Brennbedarf nicht in gleichem Verhältnisse mit der Personen-, Vieh-
und Hectoliterzahl wächst, vielmehr mit dem Wachsen der letzteren
relativ d. h. für die Einheit geringer wird. Hierauf wird bei der
Veranschlagung des Brennbedarfs Rücksicht zu nehmen sein. Waschen
und Backen wird mitunter mit dem Brennbedarfe für Kochen und
Backen bestritten werden können und dann einer besonderen Veranschlagung nicht bedürfen.

b) **Ermittelung der anderweiten Feuerungsmittel des
Berechtigten.**

Bei Ermittelung der von dem vollen Brennbedarfe abzurechnenden Feuerungsmittel, welche ebenfalls in Normal-Sortiments-
Festmetern zu veranschlagen sind, kommen in Betracht die Abschätzungsart und die Abrechnungsart.

aa) Die **Abschätzungsart** ist abhängig von der Art der Feuerungsmittel (Holzertrag aus Eigenholzungen, Nutzholzabfälle, Ab-

gangholz, Torf, Berechtigungsholz) und von der rechtlichen Grund=
lage der Abrechnung. Die letztere kann durch einen besonderen
Rechtstitel (Verleihungs=Urkunde, Urtheilsspruch) stipulirt sein (titel=
mäßige Abrechnung), oder sie kann der bisherigen, unter Mitverbrauch
der eigenen Feuerungsmittel erfolgten Ausübung der Servitut ent=
sprechen (ausübungsmäßige Abrechnung), oder endlich sie kann durch
Gesetz, in Preußen durch Art. 4 des Erg.=Ges. vom 2. März 1850
angeordnet sein (gesetzmäßige Abrechnung).

Nachstehend soll unter gesetzmäßiger Abrechnung die nach Preußischem
Gesetze vorzunehmende Abrechnung verstanden werden.

Die Abschätzung des Brennholzertrags aus Eigenholzun=
gen des Berechtigten hat durch Forstsachverständige stattzufinden.

Titelmäßige Verwendung dieser Holzungen zur Brennbedarfs=
befriedigung begründet für den Berechtigten die Pflicht zu deren
Erhaltung und pfleglichen Behandlung, genau ebenso, wie diese
Pflicht dem belasteten Waldeigenthümer vermöge der Servitut hin=
sichtlich der Berechtigungswaldungen obliegt. Ist dieser Pflicht ge=
nügt worden, so hat bei regelmäßigem oder einigermaßen regelmä=
ßigem Waldzustande (Alters= und Holzhaltigkeits=Zustande), ingleichen
bei unbedeutenden Holzparcellen, die Abschätzung nach dem durch=
schnittlich jährlichen Brennholzertrage, dagegen bei sehr unregelmäßigem
Waldzustande mit bedeutenden Abweichungen in den periodischen
Holz=Erträgen die Abschätzung nach den periodisch wechselnden Holz=
erträgen unter sinngemäßer Anwendung der in Th. I § 15 S. 135 an=
gegebenen Regeln stattzufinden. Für den Fall endlich, daß der Be=
rechtigte der pflichtmäßigen Erhaltung und pfleglichen Benutzung der
Eigenholzungen nicht nachgekommen ist, und die letzteren demzufolge
— ein häufig vorkommender Fall — ganz oder theilweise gerodet
oder devastirt sind, rechtfertigt es sich, den jährlichen Durchschnittser=
trag von Brennholz unter Zugrundelegung eines regelmäßigen Wald=
zustandes abzuschätzen.

Bei ausübungsmäßiger (hergebrachter) Mitbenutzung der
Eigenholzungen zur Brennbedarfs=Befriedigung hat die Abschätzung
lediglich den bisher thatsächlich im jährlichen Durchschnitte aus den
Eigenholzungen des Berechtigten in dessen Wirthschaft verbrauchten
Brennholzbetrag festzustellen.

Im Falle der blos gesetzlichen Abrechnung endlich ist zu

8*

unterscheiden, ob die Berechtigten in der Bewirthschaftung ihrer Waldungen durch Forstpolizei-Gesetze beschränkt sind oder nicht. Bei gesetzlicher Beschränkung auf Walderhaltung und pflegliche Waldwirthschaft erfolgt die Abschätzung nach den oben für titelmäßige Beschränkung angegebenen Grundsätzen. Bei gesetzlicher Freiheit ist die Abschätzung nach dem Zustande der Eigenholzungen zur Zeit des Ablösungs-Antrags zu bewirken.   .

Auf diesen letzterwähnten Fall bezieht sich die Entscheidung des Rev.Colleg. vom 10. October 1856, wonach „bei der Ablösung von Streu und Brennholz-Berechtigungen die Anrechnung der eigenen Düngungs und Feuerungsmittel nach dem Zustande der Grundstücke des Servituts-Berechtigten zur Zeit der Auseinandersetzung" erfolgen soll.

Z. f. LCG. IX. 335.

Bauholz-Abfälle sind durch Bau-Sachverständige, sonstige Nutzholz-Abfälle durch landwirthschaftliche Sachverständige entweder auf ihre Jährlichkeit (bei annähernd gleichmäßigem Bezuge oder in unbedeutenden Fällen), oder nach ihrem periodischen Eingange (bei bedeutenden, nur periodisch wiederkehrenden Bezügen, z. B. in Folge von Neubauten) abzuschätzen. Für Neubauten bieten der Neubauholz-Bedarf (§ 5 S. 81) und die erfahrungsmäßigen Abfall-Procente die Grundlagen der Veranschlagung.

Brenntaugliche Abgänge in der Wirthschaft des Berechtigten (Abgangholz) sind ebenfalls je nach den Umständen durch bautechnische oder landwirthschaftliche Sachverständige, nach jährlich gleichen oder periodisch wechselnden Beträgen zu veranschlagen. In der Regel wird hier die Abschätzung des Jahresertrages angebracht sein.

In einem Specialfalle ist nach Ranke der Jahresertrag veranschlagt in Raummetern Kiefernscheitholz

an Abfallholz für Späne und sonstige Abfälle von Neubau und Reparaturholz

bei einem Kretscham auf 0,47 Raummeter

= einer Bauernstelle = 0,27   =

= = Gärtnerstelle = 0,13   =

= = Häuslerstelle = 0,10   =

an Abgangholz an altem, abgenutztem Holze von Gebäuden, Zäunen, Brücken, Geräthschaften

bei einem Kretscham auf 1,17 Raummeter

= einer Bauernstelle = 0,67   =

= = Gärtnerstelle = 0,33   =

bei einer Häuslerstelle mit Land auf 0,27 Raummeter

\. \. \. \. \. \. ohne \. \. 0,20 \. ,

Sätze, die natürlich nur eine beispielsweise Bedeutung haben.

Ranke, Geldwerth der Forstberechtigungen 2. Aufl. 1856 S. 9.

Für Torf-Erträge ist das Abschätzungsverfahren in § 31 (Torf-Berechtigungen) angegeben. Auch hier kommen die Unterschiede der titelmäßigen, ausübungsmäßigen und gesetzlichen Abrechnung in Betracht.

Erträge an Berechtigungsholz, welche andere, als die in der Ablösung begriffenen Berechtigungswaldungen liefern, sind nach den Regeln in Th. I § 15 abzuschätzen.

bb) Abrechnungsart.

Von den beiden Arten der „vollen" und verhältnißmäßigen Abrechnung, sowie von den Fällen, in denen die eine oder andere Art nach gesetzlicher Vorschrift, Servitutentitel oder Servitutenausübung stattzufinden hat, war früher (§ 7 S. 104) die Rede. Hier handelt es sich noch um das Verfahren, welches einerseits bei Concurrenz voller und verhältnißmäßiger Abrechnung, andererseits bei Deckung des vollen Brennbedarfs durch die eigenen Feuerungsmittel des Berechtigten einzuschlagen ist.

Eine Concurrenz voller und verhältnißmäßiger Abrechnung tritt ein, wenn die eigenen Feuerungsmittel des Berechtigten gesetzmäßig (nach Art. 4 des Pr. ErgG. vom 2. März 1850) oder titelmäßig voll abzurechnen sind, und wenn dem Berechtigten außer diesen eigenen Feuerungsmitteln und außer dem Berechtigungsholze, welches die in der Ablösung begriffene, der Nutzwerthermittelung unterliegende Berechtigung liefert, noch Brennholzbezüge aus anderen, sei es noch fortbestehenden, sei es bereits abgelösten Berechtigungen zufließen bez. zugeflossen sind. In diesem Falle stehen resp. standen zur Befriedigung des vollen Brennbedarfs zur Verfügung:

der Ertrag der eigenen Feuerungsmittel,

der Ertrag der in der Ablösung begriffenen Berechtigung und

der Ertrag der nicht in der Ablösung begriffenen resp. der bereits abgelösten Berechtigungen.

Der Ertrag der eigenen Feuerungsmittel ist von dem Vollbedarfe vorweg abzurechnen. Es bleibt der auf die Holzberechtigungen anzurechnende Brennbedarf. Zur Befriedigung desselben haben die

beiden Brennholz=Berechtigungen nach dem Verhältnisse der Wald=
erträge an Servitutholz beizutragen.

Wenn z. B. eine Dorfgemeinde mit einem vollen Brennholzbedarfe von 1200
Raummetern Kiefernklobenholz und einem Ertrage an eigenen Feuerungsmitteln
von 300 Raummetern Kiefernklobenholz die Brennholzberechtigung in 2 Wäldern

A mit einem Servitutholzertrage von   800 Raummetern
und B =   =   =   = 2400   =

zusammen von 3200 Raummetern

besitzt, und die Brennholzberechtigung der Gemeinde in dem Walde B in der
Ablösung begriffen ist, so betragen die bei der Ablösung abzurechnenden ander=
weiten Feuerungsmittel der Gemeinde

an eigenen Feuerungsmitteln . . . . 300 Raummeter

= Berechtigungsholz aus dem Walde A: $900 \times \dfrac{800}{3200} = 225$ =

zusammen 525 Raummeter,

so daß für die Ablösung der Brennholzberechtigung in dem Walde B die Ab=
findung für einen Brennbedarf von jährlich 675 Raummetern Kiefernklobenholz
zu gewähren ist.

Was sodann den nicht selten vorkommenden Fall betrifft, daß
die eigenen Feuerungsmittel des Berechtigten dessen Brennbedarf
vollständig decken, also ebenso groß oder größer sind, als der Brenn=
bedarf, so richtet sich das Abrechnungsverfahren nach folgenden Er=
wägungen. Unrichtig ist die Ansicht, daß in diesem Falle die Brenn=
holz=Berechtigung wegen Werthlosigkeit unentgeldlich aufzuheben sei.
Einer Aufhebung ohne Entschädigung würde der Rechtsboden fehlen.
Ablösung ohne Entschädigung ist ein begrifflicher Widerspruch, weil
„Ablösung“ nichts Anderes bedeutet, als: ein Recht gegen Erstattung
seines Werthes, d. i. gegen Entschädigung, aufheben (Th. I § 9 S. 80).
Hätte das Servitutrecht in der That keinen Werth, so würde nach
oberstgerichtlichen Entscheidungen die Ablösung zur Zeit unstatthaft
sein, mithin das Servitutrecht fortbestehen. Unrichtig ist ferner die
Ansicht, daß die Brennholz=Berechtigung bei Zulänglichkeit oder
Ueberzulänglichkeit der eigenen Feuerungsmittel des Berechtigten zur
Befriedigung des Brennbedarfs keinen Werth besitze. Ein solcher
Werth ist in der That vorhanden. Derselbe beruht auf der Mög=
lichkeit, daß der Ertrag des Berechtigten an eigenen Feuerungsmitteln,
sei es durch Vergrößerung des Brennbedarfs, sei es durch Ertrags=
minderung der eigenen Holzungen (Feuerschaden, Insectenschaden,
Verwüstung, Rodung ꝛc.), den Brennbedarf in Zukunft nicht mehr

zu decken vermag und daß dann der Mangel durch die Brennholz=
Berechtigung zu decken ist, deren jederzeitige Ausübung dem Berech=
tigten ohnehin, auch bei Ueberfluß an eigenen Feuerungsmitteln, un=
verwehrt ist. Mit Rücksicht auf diese Verhältnisse erscheint es ge=
boten, selbst bei einem derzeitigen Ueberschusse an eigenen Feuerungs=
mitteln, dennoch den Brennholzrechtsbedarf mit einem gewissen, je
nach den Umständen durch Sachverständige festzusetzenden Betrage in
Ansatz zu bringen.

·   c) Der nach Normal=Sortiments=Festmetern ermittelte Brenn=
holzrechts=Bedarf (Ueberschuß des Vollbedarfs über die anzurechnen=
den anderweiten Feuerungsmittel) bedarf, um die Geldwerthermitte=
lung desselben bewirken zu können, einer Umrechnung in Berechti=
gungsholz=Festmeter, d. i. in Festmeter von denjenigen Holzarten und
Sortimenten, auf welche sich die Berechtigung erstreckt. Umfaßt das
Berechtigungsholz mehrere Holzarten und Sortimente, so ist zunächst
das Procentverhältniß derselben nach Walbertrag bez. seitheriger Be=
nutzung festzustellen, und demgemäß der Berechtigungsholzbedarf nach
den einzelnen Holzarten und Sortimenten zu zerlegen. Die darauf
folgende Umrechnung geschieht nach Reductionsfactoren, welche für
den Festmeter des Normal=Sortiments die Aequivalentwerthe in
Festmetern des Berechtigungsholzes (der Nutzungs=Sortimente) an=
geben. Die Reductionsfactoren können nach den Geldwerthen oder
nach den Gebrauchswerthen der Vergleichssortimente gebildet werden
(§ 3 S. 44).

Den Vorzug verdient der Geldmaßstab wegen seiner größeren
Einfachheit und Sicherheit. Als Geldwerthe sind, behufs Bildung
der Reductionsfactoren, die unter gleichen Verhältnissen, d. h. für
dieselben Oertlichkeiten, Zeiten und für annähernd gleiche, nicht zu
geringe Festmeter=Quantitäten zu ermittelnden Versteigerungspreise
aufgearbeiteten Holzes, möglichst in dem Berechtigungswalde, zum
Grunde zu legen. Sind die Versteigerungspreise für den Berechti=
gungswald nicht zu beschaffen, so empfiehlt es sich in der Regel
noch mehr, die in anderen Wäldern mit ähnlichen Absatz=Verhält=
nissen bestehenden Geldwerthe bei der Umrechnung zum Grunde zu
legen, als den Maßstab der Gebrauchswerthe zu wählen.

Bei Sortimenten, welche nicht Gegenstand des Verkehrs sind,
z. B. bei Leseholz, ist der Gebrauchswerth=Maßstab nicht zu umgehen.

Die Reductionsfactoren nach Gebrauchswerth sind nach den Brenn-werth-Verhältnissen der Vergleichs-Sortimente unter Benutzung der Brennwerthtafel (Tafel IX) zu bilden.

Beträgt der Brennwerth pro Festmeter

des Normalsortiments N Brenneinheiten

- Nutzungssortiments n   ,

so ist der Reductionsfactor, mit welchem der Holzrechtsbedarf in Normalsorti-ments-Festmetern zu multipliciren ist, um den Holzrechtsbedarf in Nutzungs-

festmetern zu erhalten: $\dfrac{N}{n}$.

In der Verschiedenheit der Brenngüte nach Standort, Alter und Beschaffenheit des Holzes, in der Unzulänglichkeit der vorliegen-den Untersuchungen über die Brenngüte, sowie in den Differenzen, welche vielfach zwischen dem Holzpreis-Verhältnisse und dem Brenn-werth-Verhältnisse bestehen, liegt die Unsicherheit der Reduction nach Gebrauchswerthen.

d) Preis-Ermittelung des Berechtigungsholzes.

Bruttopreise (Preise des aufgearbeiteten Holzes), Werbungs-kosten und Gegenleistungen für das Berechtigungsholz sind auf Fest-meter zu beziehen. Da die Aufarbeitung des Brennholzes nach Raummaß (Raummetern, Wellen) erfolgt, so sind die Festmetersätze, unter gebührender Rücksichtnahme auf die ortsübliche Art der Aufar-beitung, nach den Einheitssätzen für Raummaße und nach dem Festge-halte der Raummaße unter Benutzung der Festgehaltstafel (Tafel V) zu bestimmen.

Für die Preisbestimmung von Holzsorten, welche keinen Preis haben, weil sie nicht Gegenstand des Verkehrs sind, z. B. für Lese-holz, sind nicht, wie dies gewöhnlich geschieht, die Preise solcher Normal-Sortimente, deren Qualität von derjenigen des Berechtigungs-holzes erheblich abweicht, sondern die Preise der dem Berechtigungs-holze qualitativ am nächsten stehenden Holzverkaufssorten, z. B. von Reisig für Leseholz zum Grunde zu legen (Th. I § 15 S. 145).

Der Preis P für solche Holzsorten wird gebildet

aus der Brenngüte des Verkaufssortiments (g v)

- der Brenngüte des Berechtigungsholzes (g b) und

- dem Preise des Verkaufssortiments (p v);

und ist: $P = p\,v \times \dfrac{g\,b}{g\,v}$.

Bei der Preisbildung für Kiefern-Leseholz sind daher g v und p v nicht für Kiefernscheitholz, sondern für Kiefern-Reisig einzustellen.

Fossile Brennstoffe (Steinkohle, Braunkohle) und Torf dürfen bei der Preisbildung für Brennholzberechtigungen (nach Brenngüten und Verkaufspreisen) nicht in Betracht gezogen werden.

R.-E. 14. März 1862 (3. f. L.G.G. XIV. 249).

R.-E. 25. Mai 1864. O.T. 24. Mai 1865 (3. f. L.G.G. XVII. 115).

Die entgegengesetzte, auf § 54 der Altpr. G.-Th.O. vom 7. Juni 1821 begründete Ansicht von Ranke (Geldwerth der Forstberechtigungen 2. Aufl. 1856 S. 11) ist hiernach unhaltbar.

2. Vortheils-Werthermittelung.

Daß bei Holzberechtigungen nur ein unmittelbarer, nicht ein mittelbarer Vortheil der Ablösung für den Waldeigenthümer in Geldwerth nachweisbar sei, wurde früher (§ 2 S. 36) erwähnt. Allerdings erwächst dem Waldeigenthümer durch Einstellung der Servitutnutzung thatsächlich insofern ein Vortheil, als das in dem Berechtigungsholze enthaltene Nährstoff-Kapital im Walde zurückbleibt, die Bodenfruchtbarkeit erhöht und den Holzertrag unter Umständen (auf armem Boden) zu steigern vermag. Allein Maß und Geldwerth dieser Holzertrags-Erhöhung lassen sich mit den heutigen Hülfsmitteln der Wissenschaft oder Erfahrung nicht feststellen.

Der unmittelbare Vortheil, welcher dem Waldbesitzer durch Verwerthung des Berechtigungsholzes erwächst, wird durch die Concurrenz der Steinkohle mehr und mehr herabgedrückt. Vor der Ablösung, im Besitze des Berechtigten, hat auch das geringwerthige Berechtigungsholz einen Nutzungswerth. Nach der Ablösung gehen die Wohlhabenden unter den ehemaligen Holzberechtigten zum Steinkohlenbrande über, wenn sich derselbe wohlfeiler als Holzbrand stellt. Häufig sind nur die Unbemittelten geneigt, in arbeitsloser Zeit geringwerthiges Brennholz gegen geringes Entgeld durch Selbstwerbung an sich zu bringen. Ein Theil des Berechtigungsholzes bleibt zum Nachtheile der Bestandspflege unverwerthbar, für den übrigen Theil wird ein unbedeutender Erlös erzielt. Vortheilswerth für den Waldeigenthümer und Nutzungswerth für den Berechtigten können daher bei Brennholz-Bedarfs-Berechtigungen auf geringe Holzsortimente wesentlich verschieden sein. Zu der von mehreren Seiten in Anregung gebrachten Aufhebung der Vortheils-Ablösung von Holzbedarfs-Berechtigungen, die in der Hohenzollern'schen Gem.-Theil.-Ordnung vom 23. Mai 1885 verwirklicht wurde, ist gegenwärtig weniger, wie jemals, Veranlassung vorhanden.

§ 8.

Leseholz-Berechtigungen.

I. Begriff, rechtliche Natur, Arten.

1. Begriff von Leseholz.

Leseholz oder Raffholz, ein deutschrechtlicher Begriff, ist das im Wirthschaftswalde auf dem Boden aufgelesene, zusammengeraffte, ge= ringwerthige Holz, welches entweder durch gewöhnliche natürliche Vor= gänge (Absterben und Abfallen von Aesten) an den Boden gelangt ist, oder beim Holzeinschlage vom Waldbesitzer am Boden zurück= gelassen ist. Der deutschrechtliche Begriff des Leseholzes wird daher bestimmt und begrenzt durch die Nutzungsart und durch die Ent= stehungsart des Holzes. Ausgeschlossen ist sowohl das durch Ab= brechen, Abhauen ꝛc. gewonnene, als das durch ungewöhnliche Natur= ereignisse (Windbruch, Schneebruch, Umfallen wegen Alters) im Wirthschaftswalde an den Boden gelangte Holz.

In Uebereinstimmung mit dem deutschrechtlichen Begriffe befindet sich der landrechtliche Begriff des Leseholzes in Preußen. Das Preußische Landrecht bestimmt in dieser Hinsicht in Th. I Tit. 22 Folgendes:

> „§ 215. Zum Raff- und Leseholz wird nur dasjenige Holz ge-rechnet, welches in trockenen Aesten abgefallen ist, oder in ab-geholzten Schlägen an Abraum zurückgelassen worden.
>
> § 217. Wer nur zum Raff- und Leseholz berechtigt ist, kann weder auf Lagerholz noch auf Windbrüche Anspruch machen.
>
> § 219. Wer nur zum Raff- und Leseholze berechtigt ist, darf keine Aexte, Beile oder andere Instrumente, wodurch stehende Bäume oder Aeste heruntergebracht werden können, mit in den Wald nehmen.
>
> § 220. Wird er mit einem solchen Instrumente betroffen, so hat er nicht nur den Verlust desselben, sondern ausserdem noch die in den Provincial-Forstordnungen näher bestimmten Strafen verwirkt.
>
> Die Befugniss, Streu zu rechen, oder Kien zu holen, ist unter dem Rechte zum Raff- und Leseholze nicht mit begriffen.“

Leseholz, Raffholz, Raff= und Leseholz, Sammelholz sind gleich= artige Begriffe.

OT. 12. Novbr. 1834 (Simon, Rechtsp. Bd. 4 S. 359).

OT. II. 27. Febr. 1877 (Z. f. LCG. XXV. S. 349. Grundj. 2149).

Nach Preuß. Landrechte fallen somit hinsichtlich der Entstehungs=
art des Holzes in den Begriff von Leseholz nur Abfall an trockenen
Aesten (Trocken=Astabfall) und Abraum auf den Schlägen. Nicht
zum Leseholze gehören: Lagerholz, Windbruchholz, Schnee=, Duft=
und Eisbruchholz, Kien, trockene am Stamme befindliche Aeste,
trockene, seien es umgefallene oder noch stehende Stangen, abgefallene
Nadelholzzapfen (Kienäpfel).

Ebing rechnet abgefallene Nadelholzzapfen zum Leseholze, was sich mit
dem Wortlaute von § 215 a. a. O. (nur!) nicht vereinbaren läßt.

Ebing, Rechtsverhältnisse des Waldes 1874 S. 118.

Holz von Eis= und Schneebrüchen gehört nicht zum Leseholze, weil die=
selben Folgen ungewöhnlicher Naturereignisse sind.

OT. 27. Febr. 1877 (Z. f. LCG. XXV. S. 352).

Was die Nutzungsart des Leseholzes betrifft, so gestattet das
Preußische Landrecht nur das Auflesen vom Boden mit Ausschluß
jeder anderen Werbungsart. Ausgeschlossen ist daher sowohl, was
aus § 215 a. a. O. folgt, das Abbrechen von sitzenden Aesten oder
stehenden Stämmchen mit der Hand, als die Anwendung von In=
strumenten jeder Art (Aexte, Beile, Haken von Eisen oder Holz),
wodurch stehende Bäume oder Aeste herunter gebracht werden können
(§ 219). Da §§ 219, 220 den Gebrauch solcher Instrumente bei
Strafe verbieten, so können die Leseholz=Berechtigten das Recht zum
Gebrauche derselben auch nicht durch Verjährung erwerben, weil
nach Th. I Tit. 9 § 664 ALR. gegen ein Verbotsgesetz keine Ver=
jährung anfangen kann und eine begonnene Verjährung durch Erlaß
eines Verbotsgesetzes unterbrochen wird.

OT. II. 10. März 1845, ergangen für Schlesien (Präj. 1555. Präj.=Samml. 1
S. 304. Z. f. LCG. I. 422).

OT. 10. April 1847, ergangen für Westpreußen (Rechtsf. Bd. 1 S. 39 Nr. 20.
Z. f. LCG. I. 484. Grundf. 311).

OT. 29. Dec. 1847 für Pommern (Rechtsf. Bd. 3 S. 259 Nr. 128).

R.=C. 31. Juli 1849 (Schlesien).

R.=C. 21. Juni 1850 (Schlesien).

Vergl. Z. f. LCG. III. 196.

Strafbestimmungen über den Gebrauch von Aexten und Beilen, worauf
§ 220 a. a. O. hinweist, finden sich unter anderm in den Forstordnungen
für Ostpreußen und Litthauen vom 3. Dec. 1775 Tit. 5 § 19, Tit. 14 § 20,
für Pommern vom 24. Dec. 1777 Tit. 5 § 18, Tit. 14 § 20.

Der Leseholz=Berechtigte erwirbt auch durch einen früheren, un=

unterbrochenen Gebrauch von Instrumenten bei der Leseholzwerbung keinen Rechtsbesitz, welcher in possessorio zu schützen wäre.

OT. 11. und 15. April 1853 (JMBl. 1854 S. 106 Nr. 22).

Auch dann, wenn der Leseholzberechtigte befugt ist, in Bezug auf andere Holzberechtigungen, z. B. beim Kienroden Instrumente zu gebrauchen, darf er sich derselben dennoch nicht bei der Leseholzwerbung bedienen.

OT. 19. Oct. 1854 (Strieth. Arch. Bd. 15 S. 145 Nr. 32).

Der Code forestier vom 21. Mai 1827 verbietet in Art. 80, 112, 120 für Berechtigungen auf abgestorbenes, trockenes und am Boden liegendes Holz den Gebrauch von Haken und von eisernen Werkzeugen jeder Art bei Geldstrafe.

Der landrechtliche Begriff des Leseholzes ist in Preußen nicht unbedingt maßgebend. Erweiterungen dieses Begriffs kommen theils auf Grund von Specialgesetzen (Forstordnungen), theils in Folge von Verjährung vor.

Gegenüber den Forstordnungen hat das Preuß. Landrecht in Betreff der Forstberechtigungen nur eine subsidiarische Gültigkeit.

Nach den Forstordnungen für Pommern vom 24. Dec. 1877 Tit. V § 16 und vom 22. Juni 1800 Tit. II §§ 1 und 2 gehören auch Stubben zum Leseholze.

R.-E. 30. Nov. 1876. OT. 13. Juni 1878 (Z. f. LEG. XXVI. 175).

Nach diesem Erkenntnisse können da, wo Stubben zum Raff- und Lese= holze gehören, zu dessen Gewinnung — was durchaus berechtigt erscheint — auch schneidende Instrumente gebraucht werden.

Das Forst=Regulativ vom 26. März 1788 für Schlesien be= stimmt den Begriff von Leseholz in § 14, wie folgt:

> „Unter Raff- und Leseholz kann nur dasjenige verstanden werden, welches entweder in trockenen Stämmen vor Alter umgefallen und als Lagerholz liegen geblieben, oder in trockenen Aesten abgefallen, oder endlich in den verlassenen Schlägen an Abraum zurückgeblieben ist, und, ohne eine Axt zu gebrauchen, genommen werden kann, welches also nicht bis zum Abstämmen abgestandener Bäume, im Fall nicht ausdrückliche Abkommen dahin gerichtet sind, ausgebreitet, und überhaupt nichts anderes darunter verstanden werden darf, als was unter der Qualität des zu versilbernden Klafterholzes und des Gebundholzes, wie es in den Landforsten stattfindet, aber doch zur Feuerung den Unterthanen tauglich ist.“

Da im Jahre 1788 die Aufarbeitung und die Verwerthung des Holzes durch den Waldeigenthümer bis herab zu 3 Zoll (7 cm) stattfand, so darf der letztere in dem Gültigkeitsbezirke des schlesischen Forstregulativs nur bis zu dieser Stärke das Lagerholz und das Holz auf den Schlägen für sich in Anspruch nehmen.

R.-E. 20. Oct. 1865 (Z. f. LEG. XVII. 138).

Auch durch Verjährung kann ein über den landrechtlichen Begriff hinausgehender Umfang des Leseholzes begründet werden, so daß sich dasselbe z. B. auf trockene geringe Stangen, auf sitzende trockene Aeste, auf das zu Scheitklaftern untaugliche Wipfel- und Astholz (Knüppelholz), auf abgefallene Nadelholzzapfen, erstrecken kann. Die landrechtliche Definition enthält nur die gesetzliche Regel, schließt Ausnahmen nicht aus, enthält namentlich bezüglich des Nutzungsgegenstandes kein Verbotsgesetz (wie ein solches hinsichtlich der Nutzungsart besteht), so daß zur Ersitzung eines größeren Umfangs die gewöhnliche Verjährungsfrist genügt und die 50 jährige Verjährung nicht erforderlich ist.

OT. 20. Nov. 1847 (Z. f. LEG. III. 211. Grundf. 304).

In der That überschreitet die Nutzung von Raff- und Leseholz häufig den landrechtlichen Umfang desselben, was in vielen Fällen durch eine übel angebrachte, pflichtwidrige Nachsicht der Forstbeamten herbeigeführt ist. In diesen thatsächlichen, durch Observanz gebildeten Verhältnissen mag es begründet sein, daß die „technische Instruction für den Reg.-Bez. Frankfurt" (2. Aufl. 1851 § 123 S. 281), entgegen dem landrechtlichen Begriffe, zum Raff- und Leseholz sowohl die dürren, ohne Anwendung von Instrumenten abzubrechenden Aeste, als auch trockene, schwache, unterdrückte Stämmchen rechnet.

Dagegen enthält das schon erwähnte Forstregulativ für Schlesien vom 26. März 1788 ein Verbotsgesetz in Betreff der Aneignung des nach diesem Gesetze zum Raff- und Leseholz nicht gehörigen Holzes. Es konnte daher seit Erlaß des Forstregulativs ein Recht auf das damals zum Raff- und Leseholze nicht gehörige Holz durch Verjährung nicht erworben werden.

OT. 3. October 1850 (Z. f. LEG. IV. 333. Grundf. 536. Entsch. Bd. 20 S. 465. Präj.-Samml. Bd. 2 S. 118).

OT. 12. Juni 1855 (Z. f. LEG. IX. 315. Grundf. 537. Präj. 2629. Präj.-Samml. Bd. 2 S. 118. Entsch. Bd. 31 S. 83).

OT. 16. Juli 1861 (Z. f. LEG. XIV. 377. Entsch. Bd. 46 S. 156. Strieth. Arch. Bd. 42 S. 261).

Nach den beiden letzten Präjudizien auch für Privatforsten und für die ſchleſiſchen Gebirgsforſten gültig, für welche letzteren die FO. v. 8. Septbr. 1777 beſtimmt iſt.

Die vom Kurfürſten Joachim für die Mark Brandenburg erlaſſene V. von 1602 rechnet auch das Holz, welches mit der Hand umgeſtoßen werden kann, zum Raffholze.

Nach dem Badiſchen Forſtgeſetze vom 15. Nov. 1833 § 119 wird unter Raff= und Leſeholz „das natürlich abgeſtorbene geringe Holz verſtanden, wel= ches entweder auf dem Boden liegt, oder mit der Hand ohne Anwendung von Werkzeugen gewonnen werden kann. Es erſtreckt ſich nicht auf Holz, welches über fünf Zoll Dicke hat und nicht auf Lager= und Windfallholz“.

Daß der Begriffs=Umfang von Leſeholz durch Verjährung über den landrechtlichen Begriff hinaus erweitert worden iſt, bildet die Regel. Gewöhnlich gehören, da der Gebrauch von Werkzeugen bei der Leſeholzwerbung durch Verbotsgeſetz ausgeſchloſſen iſt, in dieſem Falle zum Leſeholz:

der Abfall von trockenen Aeſten (in Oeſterreich) „Klaubholz“ genannt) und Nadelholzzapfen (Trocken=Abfall), ferner

trockene, ſitzende, vom Boden aus mit der Hand erreichbare Aeſte und trockene, geringe Stangen, welche mit der Hand abge= brochen werden können (Trocken=Abbruchholz), endlich

Abraum.

2. Abraum, Afterſchlag.

Nach der Legal=Definition des Preußiſchen Landrechts (§ 215 a. a. O.) iſt unter Abraum nur dasjenige Holz zu verſtehen, was in abgeholzten Schlägen zurückgelaſſen wurde. Es ſind dem= gemäß 2 Begriffselemente, welche die Zugehörigkeit von Holz zum Abraum beſtimmen, ein thatſächliches in dem „Zurücklaſſen“ ſeitens des Waldeigenthümers begründetes, und ein örtliches, auf die „Schläge“ hinweiſendes.

Nach dem thatſächlichen Begriffs=Merkmale iſt Abraum kein qualitativ nach Holzſtärke oder ſonſtigen Eigenſchaften allgemein begrenzter, ſondern nur ein relativer, von der Holznutzung des Waldeigenthümers abhängiger Begriff. Das Servitutrecht beginnt alſo da, wo die Nutzung des Waldeigenthümers aufhört. Hieran knüpft ſich die praktiſch wichtige Frage: Hängt die Ausdehnung der Nutzung von dem Belieben des Waldbeſitzers ab? Iſt er befugt, alles eingeſchlagene Holz zu nutzen, ſo daß an Abraum nichts übrig bleibt? oder beſteht eine Nutzungs=Grenze, welche der Waldeigen=

thümer nicht überschreiten darf, ohne das Recht des Leseholz-Berech=
tigten zu verletzen?

Einige oberstgerichtliche Entscheidungen lassen allerdings der
Auffassung Raum, daß das Nutzungsrecht des Waldeigenthümers
ein unbeschränktes sei. Diese Entscheidungen lauten dahin,

daß die Raff= und Leseholz-Berechtigten nicht befugt seien, von
dem Forsteigenthümer zu verlangen, daß er Aeste und Wipfel als
Abraum zurücklasse, welche sich noch zum Einklaftern eignen, inso=
fern sie diese Befugniß nicht durch ein Untersagungsrecht erworben
haben;

OT. 9. März 1848 und 10. Aug. 1848 (Z. f. LCG. III. 216 und 218,
Grundf. 305);

ferner noch allgemeiner:

daß der Waldeigenthümer nicht verpflichtet sei, Theile der ein=
zuschlagenden Bäume als Abraum in den Schlägen für die Lese=
holzberechtigten zurückzulassen.

OT. 2. Nov. 1854 (Präj. 2567, Präj.=S. Bd. 2 S. 43. Entsch. Bd. 29
S. 132).

Gestützt auf diese Entscheidungen, haben die Waldeigenthümer,
namentlich auch der Forstfiscus, mehrfach den früher unverkäuflichen
Abraum nach eingetretener Verwerthbarkeit ganz oder theilweise
aufarbeiten lassen und dadurch den Berechtigten entzogen. Die
rechtliche Zulässigkeit kann man für den Fall, auf welchen sich die
erwähnten Erkenntnisse beziehen werden, anerkennen, daß das nach
der erweiterten Aufarbeitung im Walde verbleibende Leseholz zur
Bedarfsbefriedigung des Leseholzberechtigten ausreicht, also in dem
Falle der Waldzulänglichkeit, weil nach § 20 Tit. 19 I ALR. in
Fällen, wo das Servitutrecht mit gleicher Wirkung für den Berech=
tigten auf mehr als eine Art ausgeübt werden kann, stets die dem
Eigenthümer am wenigsten lästige oder nachtheilige Ausübungsart
zu wählen ist. Anders liegt die Sache bei Waldunzulänglichkeit.
Wenn diese vorhanden ist oder durch Aufarbeitung von seitherigem
Abraum herbeigeführt wird, so ist die Aufarbeitung eine Rechtsver=
letzung, weil es mit dem Begriffe eines Rechts unvereinbar ist, daß
die Bestimmung der Grenzen desselben lediglich der Willkür des
Verpflichteten überlassen wird,

ALR. I. Tit. 5 § 71,

weil die Aufarbeitung im Widerspruche mit den gesetzlichen Vor=
schriften die rechtmäßige Ausübung der Leseholzberechtigung hindern
oder vereiteln würde,

ALR. I. Tit. 19 § 18 und Tit. 22 § 31,

und weil sie der gesetzlichen Bestimmung zuwiderläuft, wonach bei
Waldunzulänglichkeit für die Dauer der letzteren der Holzverkauf
ruhen soll.

ALR. I. Tit. 22 § 228.

Im Falle der Waldunzulänglichkeit ist daher das Nutzungsrecht
des Waldeigenthümers hinsichtlich des Abraums kein unbegrenztes,
sondern begrenzt einerseits durch die Beschaffenheit des Holzes, welches
zur Zeit der Servitutentstehung ungenutzt im Walde liegen blieb,
anderseits durch die Grenze der Waldzulänglichkeit. Liegt die Grenze
der Waldzulänglichkeit innerhalb des ursprünglichen z. B. bis 7 Cent.
Durchmesser liegengebliebenen Abraums, so daß außer dem Trocken=
Leseholze ein Theil des Abraums, etwa bis zu 4 Cent. Stärke zur
Bedarfsbefriedigung genügt, so kann der Ueberschuß, im vorliegenden
Beispiele von 4 bis 7 Cent., vom Waldeigenthümer genützt werden.
Reicht dagegen außer dem Trocken=Leseholze auch der gesammte ur=
sprüngliche Abraum zur Bedarfsbefriedigung nicht aus, oder wird letztere
nur eben gedeckt, so ist der Waldeigenthümer nicht berechtigt, sich von
dem ursprünglichen Abraum etwas anzueignen. In diesem Sinne
haben denn auch die oberen Gerichtshöfe in Preußen in einem
Falle, in welchem es sich um eine vertragsmäßige Leseholzberechtigung
handelte, bei deren Begründung das Holz auf den Schlägen bis zu
3 Zoll (7 Cent.) Stärke als Abraum zurückgelassen wurde, die vom
Forstfiscus vorgenommene theilweise Aufarbeitung des Abraumes
wegen Waldunzulänglichkeit als rechtswidrig erklärt.

R.=R. 30. Nov. 1876. OT. 18. Juni 1878 (Z. f. LEG. XXVI. 175).

Daß diese Entscheidung sich nicht blos auf vertragsmäßige, sondern auch
auf verjährungsmäßige Leseholzberechtigungen erstreckt, folgt aus dem Grundsatze quantum possessum tantum praescriptum.

Hiernach dürfte die oben gestellte Frage über das Nutzungsrecht
des Waldeigenthümers in Betreff des Abraums für den Geltungs=
bereich des Preuß. Landrechts folgendermaßen zu beantworten sein:

Wo die Qualität des Abraums nach Holzsortiment oder Holz=
stärke durch Specialgesetz (Forstordnungen) oder durch besondere
Rechtstitel (Vertrag, Urtheilsspruch) bestimmt worden ist, behält es

dabei sein Bewenden. Der Waldeigenthümer ist in diesem Falle zwar zur Mitbenutzung des Abraums bei Waldzulänglichkeit, aber nicht zu einer Veränderung der Qualitätsgrenze des Abraums, also nicht zur Aneignung der werthvollsten Theile des Abraums für befugt zu erachten.

Wenn die Qualitätsgrenze des Abraums nicht durch Special-gesetz oder Titel der Servitut bestimmt ist, und demgemäß die Bestimmungen in § 215 Tit. 22 Th. I des Allg. LR. ausschließlich maßgebend sind, so richtet sich das Nutzungsrecht des Waldeigenthümers nach dem Ertrage des Berechtigungswaldes an Leseholz.

Bei Waldzulänglichkeit an Trocken-Leseholz ist der Waldeigenthümer berechtigt, den Abraum ganz oder theilweise für sich aufarbeiten zu lassen.

Bei Waldunzulänglichkeit an Trocken-Leseholz ist die Qualitätsgrenze des Abraums festzustellen, welche zur Zeit der Servitut-Begründung bestand, gleichviel ob die letztere durch Verleihung oder durch Verjährung erfolgt ist. Unter dieser Grenze darf der Waldeigenthümer den Abraum nur dann und nur bis zu dem Maße nutzen, wenn und soweit das im Walde zurückbleibende Leseholz zur Erfüllung des Holzrechtsbedarfs ausreicht.

Was dann weiter das örtliche, landrechtliche Begriffs-Merkmal des Abraums, die „abgeholzten Schläge" betrifft, so gehören zu den Schlägen nicht nur die ordentlichen, durch den regelmäßigen Hiebsfortschritt bedingten Verjüngungs- und Durchforstungs-Schläge, sondern alle vom Waldeigenthümer veranstalteten Hauungen, z. B. an Trockniß-, Windbruch-, Schneebruchhölzern rc.

R.-E. 20. Oct. 1865 (Z. f. LEG. XVII. 185). .

Als abgeholzt sind die Schläge erst dann zu erachten, wenn sie gänzlich beendet sind. Holz, welches vor völliger Beendigung der Schläge in denselben umherliegt, gehört noch nicht zum Abraum. Vor völliger Beendigung der Schläge darf daher der Leseholz-Berechtigte sein Nutzungsrecht auf Abraum nicht ausüben.

OT. 4. Dec. 1863 (Senat für Straff. Oppenhoff, Rechtspr. Bd. 4 S. 242).

Bestandtheile des Abraumes sind:
geringwerthiges Brennholz an Spänen,

Reifig (Holz bis zu 7 Cent. Stärke), mitunter auch
Knüppelholz, (Holz von 7 bis 14 Cent. Stärke).

Wenn zwischen dem auf den Schlägen zurückgelassenen Abraume von der üblichen Beschaffenheit und Stärke sich einzelne andere Holzsorten z. B. Knüppel, Stangen befinden, so gehören auch diese zum Leseholze.

OT. II. 27. Jan. 1874 (Z. f. LCG. XXlV. 299, Strieth. Arch. Bd. 92 S. 117).

Einen Bestandtheil des Abraums bildet namentlich der sogen. Afterschlag. Das Wort Afterschlag findet sich häufig in den Weisthümern als eine den Märkern, Förstern 2c. zustehende Holznutzung erwähnt, so z. B. in folgenden in dem deutschen Wörterbuche der Gebrüder Grimm Bd. 1 S. 188 als Belagstellen für die Wortbedeutung von Afterschlag angeführten Weisthümern:

in dem Dingbriefe über die Rechte des Klosters St. Ulrich unweit Freiburg im Breisgau vom Jahre 1316 („affterslaga des ligenden Holzes");

in dem Weisthum, betr. den Hof zu Sundhaus unweit Schletstadt und dem Rhein de 1320 („afterslage, die in dem Walde erloeset" [gewonnen] „werden");

in dem Weisthum, betr. den Hof zu Baffenheim im Bezirke Bar de 1412 („afterslege");

in dem Weisthum von Schwanheim am Main de 1421 („affterslege, die da blyben ligen");

in dem Weisthum zu Kirburg im Westerwalde v. J. 1461 („afterschlag von bawholzern");

in dem Weisthum von dem Hofe zu Nieder-Speckbach, Kanton Altkirch v. J. 1438 („afterschlag");

in dem Weisthum von dem Hofe zu Hongerath unweit St. Goar v. J. 1532 („afterschlege");

in dem Weisthum von dem Hofe zu Molkirch im Amte Girbaden v. d. J. 1548 („afterschlage").

In dem Grimm'schen Wörterbuche wird Afterschlag als das „jus secandi ligna tenuiora silvae, sarmenta, Aeste und Wipfel" definirt, wobei das Recht und dessen Ausübungsart verwechselt werden mit dem den Begriff des Afterschlags ausmachenden Nutzungsgegenstande (ligna tenuiora und sarmenta d. h. abgeschnittene Reiser, dünne Zweige, Reisholz überhaupt).

Pfeil (Ablösung der Waldservituten 3. Aufl. S. 25) nennt Afterschlag die zu Bau- und Nutzholz untaugliche, liegenzulassende Spitze des Baumes, — während Adelung und Campe in ihren deutschen Wörterbüchern darunter „die Aeste und Wipfel oder Gipfel der gefällten Bäume, welche nicht zu Klafterholz taugen, den Abraum" verstehen.

In Uebereinstimmung mit dieser letzteren Definition, also im Wesentlichen gleichbedeutend mit Abraum, befinden sich die von dem Revisions-Kollegium und dem Obertribunal angenommenen Begriffsbestimmungen von Afterschlag.

R.-C. 21. Oct. 1870. OT. 27. Febr. 1872 (Z. f. LCG. XXIII. S. 182).

3. Aus der rechtlichen Natur der Leseholz-Berechtigungen ist hier Folgendes hervorzuheben.

Da das herrschende Grundstück Träger der Leseholz-Berechtigung ist, so ist die Ausübung derselben nicht an die Person des Berechtigten gebunden; vielmehr kann derselbe das Berechtigungsholz auch durch Mitglieder seiner Familie oder durch Dienstboten einsammeln lassen.

OT. 24. Nov. 1853 (Strieth. Arch. Bd. 13 S. 16; Ebing, Rechtsverhältnisse des Waldes S. 120).

Auf dem Rechtssatze, daß die servitutische Benutzung des dienenden Grundstücks civiliter d. h. auf die dem Eigenthümer desselben am wenigsten lästige oder nachtheilige Art stattfinden soll (ALR. I Tit. 19 § 15), beruht die in dem letzterwähnten Obertribunals-Erkenntnisse ergangene Entscheidung, wonach der Leseholzberechtigte nicht befugt ist, mit dem zum Heimbringen des gesammelten Holzes zu benutzenden Karren oder Wagen außerhalb der offenen Fahr- und Kommunicationswege, z. B. in den Schlägen, auf Gestellen oder Triften zu fahren;

ferner das Präjudiz, wonach der Leseholzberechtigte nicht befugt ist, das zusammengebrachte Leseholz über Nacht im Walde liegen zu lassen und erst am folgenden Tage oder später abzufahren, weil dadurch die Forstaufsicht erschwert wird.

OT. 15. Sept. 1847 (Z. f. LCG. III. 219).

4. Arten der Leseholz-Berechtigungen. Heidemiethe.

Nach der Transportart sind zu unterscheiden Leseholz-Berechtigungen auf Traglasten, Handkarren, Handwagen, Handschlitten und Gespann transport. Die Transportart fällt in das Gewicht bezüglich der später zu erörternden Bedeutung und Nutzwerth-Ermittelung.

Eine Sonderstellung nimmt die theils in, theils außer den Begriff der Leseholz-Berechtigungen fallende Heidemiethe (Heydemiethe, Heydeeinmiethe, Haidemiethe) ein.

Heide ist in Norddeutschland vielfach gleichbedeutend mit Wald, Heidemiethe ein in den Forstordnungen der altpreußischen Provinzen häufig vorkommender Ausdruck, welcher bald das Recht auf Leseholznutzung gegen Entgeld, bald dieses Entgeld selbst bedeutet.

FO. für die Mark Brandenburg vom 20. Mai 1720 (Tit. IV) und deren Deklaration wegen der Einmiethe zum Raff- und Leseholzholen vom 18. Aug. 1806;

FO. für Ostpreußen und Litthauen vom 3. Dec. 1775 (Tit. V).

FO. für Pommern vom 24. Dec. 1777 (Tit. V) nebst Declaration vom 22. Juni 1800, —

FO. für Westpreußen und den Netzedistrict vom 8. Oct. 1805 I § 41, II § 35.

In der letzteren Wortbedeutung umfaßt Heidemiethe alle Gegenleistungen, welche für die Befugniß zur Entnahme von Leseholz entrichtet werden, mögen sie in Naturalien (Miethshafer) oder in Geld bestehen. Es ist ein technischer, mit Holzzins, Holzgeld, Brennzins gleichbedeutender Ausdruck.

Vergl. Krynitz, ökonom.-techn. Encyclopädie Thl. 14 S. 613 und Thl. 24 S. 692.

Benkendorf, Oeconomia forensis Hauptstück 11 § 502, 503.

Hymmens, Beiträge Sammlung 4 S. 93.

Leyser, Meditationes Spec. 103, Med. 1.

Die Ausübung der Heidemiethe ist durch die Forstordnungen dahin geregelt, daß die „Heidemiether" sich alljährlich bei der Forstbehörde melden und gegen Entrichtung der Heidemiethe die zur Raff- und Leseholz-Nutzung berechtigenden Holzzettel erhalten.

Die nach Nutzungsgegenstand und Nutzungsart gleichartige Heidemiethe ist in Bezug auf Dauer, Entgeld und Rechtsgrund wesentlich verschieden.

Man unterscheidet nach der Dauer des Rechts beständige und unbeständige Heidemiethe, je nachdem die Zulassung zu derselben auf einem dauernden, von der Willkür des Waldeigenthümers unabhängigen Rechte beruht oder aber lediglich von dem Belieben des letzteren abhängig ist.

Das Entgeld ist entweder ein unveränderliches, ein für allemal

beſtimmtes, oder ein veränderliches, durch die Feſtſetzung des Wald=
eigenthümers bedingtes.

Der Rechtsgrund iſt bald ein urkundlich, durch Lehnbriefe, Pri=
vilegien, Judicate, Verträge verbriefter, bald ein in dem gutsherr=
lich=bäuerlichen Verhältniſſe beruhender.

Aus den zahlreichen Verſchiedenheiten der Heidemiethe, die
hiernach gebildet werden können, haben ſich vorzugsweiſe 4 Arten
derſelben herausgebildet, die in der Regel in den Forſtordnungen
auseinandergehalten werden und in Bezug auf ihre rechtliche Natur
theils wirklich verſchieden ſind, theils zu verſchiedenen oberſtgericht=
lichen Entſcheidungen Anlaß gegeben haben. Dieſe Arten der
Heidemiethe ſind:

a) Die beſtändige, urkundlich verliehene Heidemiethe
mit unveränderlichem (beſtimmtem) Entgelde.

Dieſelbe iſt nach Anſicht des Preuß. Reviſions=Kollegiums eine
ablösbare Grundgerechtigkeit.

R.=C. 30. October 1846 (3. f. LCG. III. 189, Grundſ. 503).

Dieſer Auffaſſung hat ſich auch das Preuß. Obertribunal an=
geſchloſſen, welches zwar in ſeinem Urtheil v. 12. Nov. 1834 die
blos zu Raff= und Leſeholz Berechtigten nicht als eigentliche Holz=
berechtigte betrachtet wiſſen will,

(Rechtſp. d. OT. Bd. IV S. 359 3. f. LCG. III. 191)

jedoch in den Entſcheidungs=Gründen zu dem Erkenntniſſe vom
25. September 1851 ausdrücklich anerkannt hat, daß diejenigen,
welche in Gemäßheit des § 1 der Deklaration vom 18. Auguſt 1806
zu der FO. für die Mark Brandenburg v. 20. Mai 1720 das Leſeholz
gegen Dienſte oder gegen Abgaben in Geld oder in Körnern, oder
unentgeltlich durch Lehnbriefe, Privilegien, rechtliche Erkenntniſſe oder
Verträge, oder ſonſt auf rechtliche Weiſe erlangt haben, eine Grund=
gerechtigkeit beſitzen.

OT. 25. Sept. 1851 (3. f. LCG. V. 392).

Unter „gewöhnlicher Heidemiethe, gewöhnlichem Holzgelde‟ iſt
das zur Zeit der Verleihung übliche Entgeld zu verſtehen.

3. f. LCG. III. 193.

b) Die beſtändige, urkundlich verliehene Heidemiethe
mit veränderlichem Entgelde wird vom Reviſions=Kollegium
ebenfalls, dagegen nicht vom Obertribunale als eine ablösbare

Grundgerechtigkeit betrachtet, welches letztere darin nur ein dauerndes, der Ablösung nicht unterliegendes Miethsverhältniß erkennt.

R.-C. 18. Oct. 1850 (Z. f. LCG. V. 385).

OT. 25. Sept. 1851 (ebendort Grundf. 504 und Entsch. Bd. XXI S. 288).

Das Erkenntniß des Rev.-Coll. ist vom Obertribunal vernichtet. Es handelte sich um eine Grundverleihung an Kolonisten in Erbzins, wobei den Kolonisten zur Erlangung des nöthigen Brennholzes das „Einmiethen in die Heide" accordirt wurde.

In gleicher Weise controvers ist

c) die rechtliche Natur der beständigen, auf gutsherrlich-bäuerlichem Verhältnisse beruhenden Heidemiethe mit veränderlichem Entgelde.

Vergl. darüber die Abhandlung über die Brennholz-Gerechtsame der sog. Amtsunterthanen (Domainenbauern) in den fiscalischen Forsten in der Z. f. LCG. V. 469.

.. Den sog. Amtsunterthanen, d. h. denjenigen bäuerlichen Wirthen, welche zum Fiscus im gutsherrlichen Verhältnisse stehen, ist in allen oben genannten Forstordnungen, soweit jene Wirthe nicht durch ihre Hofbriefe oder sonstwie ein anderweites besseres Recht erworben haben, Raff- und Leseholz zum Bedarf zugesichert. Nach § 3 der oben erwähnten Deklar. vom 18. Aug. 1806 für die Mark sollen dieselben nicht anders, als im Falle des Holzmangels zurückgewiesen werden, jedoch verbunden sein, die vom Fiscus nach Zeit und Um-ständen zu erhöhende oder zu vermindernde Heidemiethe zu ent-richten.

Das Revisions-Kollegium nimmt auch hier das Vorhandensein einer ablösbaren Grundgerechtigkeit an,

R.-C. 4. Juli 1856 (Z. f. LCG. XII. 134),

während das Obertribunal in dem Rechtsverhältnisse wiederum nur ein dauerndes, durch Ablösung nicht zu beseitigendes Miethsverhältniß erkennt.

OT. 27. Oct. 1857 (ebendort).

OT. 13. Febr. 1849 (Z. f. LCG. V. 472).

Dernburg (Lehrb. d. Pr. Privatrechts I. Bd. 1875 S. 649 Anm.) tritt der Ansicht des Obertribunals entgegen, hält Grundgerechtigkeit und Miethsverhältniß nicht für Gegensätze und ist mit dem Rev.-Coll. der Ansicht, daß es sich hier um eine eigentliche Grundgerechtigkeit handle. Dasselbe gilt dann auch für die Heidemiether unter b.

Die weitere Frage, ob die Heidemiethe durch Verjährung zur

Grundgerechtigkeit werden könnte, ist von dem Obertribunale theils bejaht

OT. 12. Dec. 1848 und 11. Nov. 1851,

theils verneint

OT. 26. Jan. 1849 und 24. Oct. 1850 (3. f. LCG. V. 472, 473).

b) Bezüglich der aus bloßer Vergünstigung gegen ver=
änderliches Entgelb eingeräumten (unbeständigen) Heidemiethe
endlich besteht kein Zweifel darüber, daß dieselbe weder eine Grund=
gerechtigkeit ist, noch als solche durch Verjährung erworben werden
kann.

OT. 16. Oct. 1851 (3. f. LCG. V. 481).

OT. 31. Oct. 1803 (Simon, Rechtspr. Bd. 1 S. 31).

II. Umfang der Leseholz-Berechtigungen.

Hinsichtlich des Umfangs der Leseholz=Berechtigungen kommen
außer den früheren, allgemeinen Erörterungen (Th. I § 3 S. 15,
Th. II S. 9, 52, 102) in Betracht:

der Leseholzrechtsbedarf, der Leseholzertrag des Berechtigungs=
waldes, das Nutzungsrecht des Waldeigenthümers und das Anwei=
sungsrecht desselben.

1. Leseholzrechtsbedarf.

Die Leseholz=Berechtigung ist nach ihrer wirthschaftlichen Natur
und nach ihrer gewöhnlichen Ausübung eine unbestimmte, durch den
Feuerungsbedarf begrenzte Berechtigung.

In dem Preußischen Landes=Kultur=Edict vom 14. September
1811 heißt es:

„§ 26. Hinsichtlich des Raff- und Leseholzes verordnen wir:
1) Dass jeder Waldeigenthümer befugt sein soll, das Sammeln
der Berechtigten auf das Bedürfniss einzuschränken.“

Verkauf des Berechtigungsholzes ist bei einer Geldstrafe von
dem doppelten Betrage des verkauften Holzes im ersten Falle und
bei Verlust des Rechts auf die Dauer der Besitzzeit des Berechtigten
im Wiederholungsfalle untersagt.

ALR. Th. I Tit. 22 §§ 222, 223.

Der Leseholzrechtsbedarf ergiebt sich aus dem Ueberschusse des
vollen Feuerungsbedarfs (§ 7 S. 103) über die anderweiten Feuerungs=
mittel des Berechtigten (§ 7 S. 104).

2. Der Leseholzertrag des Berechtigungswaldes, dessen Er=
mittelung bei unverschuldeter Waldunzulänglichkeit erfolgen muß, bei
Waldzulänglichkeit behufs Feststellung des Nutzungs=Verhältnisses
zwischen Trocken=Leseholz und Abraum erfolgen kann, ist abhängig
von dem Nutzungsgegenstande der Berechtigung (S. 122), der
Nutzungsart (S. 123) und von dem Waldzustande.

Wenn die Waldunzulänglichkeit durch den Waldeigenthümer
verschuldet ist, so ist er verpflichtet, für die Dauer der Waldunzu=
länglichkeit den Mangel an Leseholz durch Anweisung stehenden
Holzes zu ersetzen. Die darauf bezügliche Vorschrift des Preußischen
Landrechts in Th. I Tit. 22 § 225 lautet:

> „§ 225. Hat aber der Waldbesitzer in der Benutzung des
> Waldes solche Anstalten und Vorkehrungen gemacht, dass da-
> durch den Raff- und Leseholz-Berechtigten die Ausübung ihres
> Rechts vereitelt worden, so muss er ihnen stehendes Holz zu
> ihrer Nothdurft so lange anweisen, bis der Mangel an Raff- und
> Leseholz aufhört.“

Das „und“ zwischen Anstalten und Vorkehrungen hat alternative, nicht
kumulative Bedeutung.

OT. II. (Präj. 2229) vom 13. Juni 1850, Entsch. 20 S. 229.

Welche „Anstalten“ oder „Vorkehrungen“ eine Verschul=
dung des Waldeigenthümers begründen, ist in § 2 S. 15 ange=
geben. Unzweifelhaft gehört dazu auch eine die Waldunzulänglich=
keit verursachende oder vermehrende Zulassung von Leseholz=Ein=
miethern.

Die entgegengesetzte Ansicht des Obertribunals

OT. 12. Nov. 1834 (Simon, Rechtspr. Bd. 4 S. 359)

wird von Koch als zweifelhaft bezeichnet.

Koch, allg. Landr. 6. Ausg. Note 100 zu § 225 a. a. O.

Das ist indessen zu wenig gesagt. Die übermäßige Zulassung von Lese=
holzeinmiethern enthält vielmehr eine flagrante Verletzung der Gesetzesbestim=
mungen in § 31 Tit. 22 I. und § 18 Tit. 19 I. ALR., weil der Waldeigenthümer
durch die in Rede stehende Verfügung über eine dem Leseholzberechtigten zu=
stehende Nutzung den Letzteren in der rechtmäßigen Ausübung seines Rechts in
gleicher Weise hindert, wie durch die in § 19 Tit. 19 I. ALR. bei Waldunzu=
länglichkeit ausgeschlossene Bestellung von neuen Leseholz=Berechtigungen.

Unter dem den Leseholzberechtigten nach § 225 a. a. O. zu ge=
währendem „stehenden Holze“ ist eine Quantität Holz zu verstehen,
welches mit der entzogenen Leseholz=Quantität gleichen Brennwerth,
nicht gleichen Geldwerth hat, weil der Berechtigte einen Anspruch auf

Befriedigung seines Bedarfs an Brennmaterial aus dem belasteten Walde hat.

Koch a. a. O. Note 1 zu § 225 a. a. O.

Die Verpflichtung des Waldbesitzers zur Gewährung von stehendem Holze währt so lange, bis derjenige „Mangel" aufhört, welcher durch die rechtswidrigen Anstalten oder Vorkehrungen herbeigeführt worden ist.

Koch a. a. O. Note 2 zu § 225 a. a. O.

Im Falle der Ablösung bedarf es bei einer lediglich durch den Waldeigenthümer verschuldeten Waldunzulänglichkeit keiner Leseholz-Ertragsermittelung, weil dann der volle Leseholzrechts-Bedarf zu vergüten ist.

Waldunzulänglichkeit, welche ohne Schuld des Waldeigenthümers herbeigeführt ist, begründet selbstverständlich für den Berechtigten keinen Anspruch auf stehendes Ersatzholz.

ALR. I. Tit. 22 § 224.

OT. 12. Nov. 1834 (Simon, Rechtsspr. 4 S. 359).

Vergl. zu Nr. 2 auch § 2 S. 11 u. flgd.

3. Mitnutzungsrecht des Waldeigenthümers.

Rechtsgrund und Umfang des dem Waldeigenthümer zustehenden Theilnahmerechts an der Leseholznutzung sind controvers.

Das Preuß. Revisions-Kollegium nimmt an, daß das Recht der Mitbenutzung des Waldeigenthümers an einzelnen Holzsortimenten, namentlich am Raff- und Leseholze, aus dem Eigenthumsrechte am Walde allein nicht abgeleitet werden könne, sofern die Bedürfnisse desselben aus den besseren Holzsortimenten (Klafterholz, stehenden Bäumen 2c.) gedeckt werden können, auch entnommen worden sind, und die Theilnahme des Eigenthümers an jenen geringeren Holzsortimenten die Befriedigung des wirthschaftlichen Bedarfs der Raff- und Leseholzberechtigten benachtheiligen würde.

R.-C. 10. Oct. 1856 (Z. f. LEG. Grundf. 315 IX. 345).

In ähnlichem Sinne hat anfangs das Preuß. Obertribunal dahin entschieden, daß der Waldeigenthümer befugt sei, an den Forstnutzungen sowohl selbst Theil zu nehmen, als auch dritte Personen daran Theil nehmen zu lassen, beides jedoch nur insoweit, als dies ohne Benachtheiligung der bereits bestehenden Rechte der Servitutarien geschehen könne.

OT. 20. Nov. 1847 (Z. f. LEG. III. 211).

R.-C. 16. Jan. 1846, Grundf. 314.

Später hat jedoch das Obertribunal, indem es sich gegen die Entscheidung des Rev.-C. v. 10. Oct. 1856 wendet, das Theilnahme= recht des Waldeigenthümers an der Leseholz= und Streunutzung gegenüber und neben den dazu berufenen Forstservitut=Berechtigten als Ausfluß des Eigenthumsrechts anerkannt und nur eine vertrags= mäßig eingeräumte Servitut zum Bedarf als eine Beschränkung dieses Theilnahmerechts erachtet. In den Entscheidungsgründen wird ausgeführt, daß der Waldeigenthümer vermöge seines Eigenthums= rechts zur Entnahme sämmtlicher Producte des Waldes befugt sei und sowohl die besseren Holzsortimente (Klafterholz rc.), als Raff= und Leseholz selbst benutzen und Anderen überlassen könne. Erst durch Ergreifung eines entgegenstehenden Untersagungsrechts und durch Besitz desselben innerhalb rechtsverjährter Zeit seitens des Be= rechtigten könne hierin eine Aenderung herbeigeführt und das Theil= nahmerecht des Eigenthümers beschränkt werden.

OT. 6. Juli 1858 (Entsch. Bd. 39 S. 172, Z. f. LCG. Grundf. 1295 XII. 323)
OT. 28. Juni 1859 (Z. f. LCG. Grundf. 1294 XII. 276).

Nach welchen Regeln sich das Nutzungsrecht des Waldeigen= thümers hinsichtlich des Abraums richtet, wurde früher (S. 126) erörtert.

4. Das Anweisungsrecht des Waldeigenthümers (§ 2 S. 25) ist ein zeitliches und örtliches.

In Betreff der Zeit bestimmen:

das Preuß. Landes=Kulturedict vom 14. September 1811 in § 26, 2

> „§ 26, 2. Hinsichtlich des Raff- und Leseholzes bestimmen wir:
>
> 2) dass es nur an bestimmten Tagen unter der Aufsicht eines Forstbedienten geschehen darf, wenn der Eigenthümer gut findet, diese Einrichtung zu treffen",

ferner das Preußische Landrecht in Th. I Tit. 22

> „§ 218. Dem Waldeigenthümer kommt es zu, für diejenigen, welche nur Raff- und Leseholz aus dem Walde zu nehmen be- rechtigt sind, gewisse Holztage zu bestimmen und ausserhalb derselben ihnen den freien Eingang in den Wald zu wehren."

Durch oberstgerichtliche Entscheidung ist das Anweisungsrecht auch auf die Jahreszeit und auf die Nutzungsorte ausgedehnt, indem dem Waldbesitzer die Befugniß zuerkannt wurde, dem Berechtigten die zur Ausübung seiner Gerechtsame geeigneten und seinen Bedarf decken=

den Reviere anzuweisen, ferner, ihn auf bestimmte wöchentliche Holz=
tage in den Wintermonaten von Michaelis bis Marien zu beschränken.

OT. II. 24. Nov. 1853 (Strieth. Arch. Bd. 13. S. 16 Nr. 5, — von Rönne,
Ergänzungen 6. Ausg. Note 2 zu § 218 Tit. 22 I. ALR.).

III. Bedeutung der Leseholz-Berechtigungen.

Die Leseholzberechtigungen werden vielfach als unschädlich für
den Wald (Pfeil), als eine Wohlthat für den Berechtigten und als
ein Gewinn für die Gesellschaft, ihre Ablösung als ein wirthschafts=
und socialpolitischer Fehler angesehen. Diese Ansicht ist in ihrer
allgemeinen Fassung nicht richtig. Die Bedeutung des Leseholzrechts
ist vielmehr, wie diejenige der meisten Servituten, nach Zeit und
Ort verschieden. Es können überwiegende Gründe für die Ablösung
oder für die zeitweise Beibehaltung sprechen. Die fortschreitende
Kultur weist auf Ablösung hin.

Ein Hinderniß für den Waldwirthschaftsbetrieb ist die
Raff= und Leseholzberechtigung nur in seltenen Fällen. Der freien
Bewegung in der Wahl der Holzart, Betriebsart und Umtriebszeit
steht sie nicht entgegen, es sei denn, daß es sich um den auf größeren
Waldflächen kaum ausführbaren Uebergang in den Buschholzbetrieb
handeln sollte.

Das Abraumreisig beim Nadelholze ist, wenn es längere Zeit
zur Verfügung der Berechtigten im Walde liegen bleibt, das Fraß=
material und die Brutstätte von waldschädlichen Insecten (großer
Rüsselkäfer, Bostrichiden rc.). Der darin liegenden, nicht unerheb=
lichen Gefahr kann aber dadurch begegnet werden, daß den Berech=
tigten ein Termin zur Schlagräumung gesetzt, und daß das liegen=
gebliebene Reisig nach Ablauf desselben verbrannt wird, eine Maß=
regel, gegen welche die Berechtigten erfolgreich keinen Widerspruch
erheben können, vermöge des allgemeinen Grundsatzes, daß die Be=
rechtigungen die eigentliche Bestimmung des Waldes nicht hindern
und auf die dem Waldeigenthümer am wenigsten lästige Art ausge=
übt werden sollen.

Auch die Ansicht, daß die Leseholzberechtigung Dankbarkeit gegen
den Wald erzeuge (Roscher), die in der Ausübung des Rechts in
der Regel recht wenig bethätigt wird, daß sie die Berechtigten an

den Wald fessele, das Interesse derselben an der Walderhaltung wecke und rege halte, der Waldwirthschaft Arbeitskräfte zuführe und erhalte, beruht theils auf Täuschung, theils fällt sie, soweit sie richtig ist, nicht wesentlich in das Gewicht, weil die in jenen Verhältnissen beruhenden Vortheile für den Wald nicht in der Leseholz-Berechtigung, sondern in der Leseholznutzung liegen und nach der Ablösung durch Leseholzeinmiethe mindestens in gleichem Grade erzielt werden können.

Die Bedeutung der Raff- und Leseholz-Berechtigung für den Wald liegt auf anderen Gebieten und ist keine dem Walde zuträgliche. Sie beruht abgesehen von den mit derselben verbundenen Beunruhigungen des Wildstandes, die nicht als kulturschädlich bezeichnet werden können, einerseits in der Verminderung der Bodenfruchtbarkeit, welche dem Walde durch die Ausführung der im Raff- und Leseholze vorhandenen mineralischen Nährstoffe erwächst, und andererseits in den Uebergriffen und mißbräuchlichen Waldbeschädigungen, welche fast überall die lästigen Begleiter der Raff- und Leseholzberechtigung sind.

Die Erhaltung der Bodenfruchtbarkeit ist eine sehr wichtige, ihrem ganzen Werthe nach erst in neuerer Zeit erkannte Aufgabe der Waldwirthschaft, um so mehr, je mehr die letztere, entsprechend dem Fortschritte der Bevölkerung und der Kultur auf den geringen Boden zurückgedrängt wird. Die Bodenfruchtbarkeit beruht ganz wesentlich in dem mineralischen Nährstoffgehalte des Bodens, an welchem, abgesehen von dem Kleinbetriebe in Weidenhegern, die keine Düngung zulassende Waldwirthschaft stets ohne Ersatz zehrt, sofern dabei das Gesammt-Kapital an mineralischen Nährstoffen in gelöstem und ungelöstem Zustande in Betracht gezogen wird. Es lohnt sich daher der Mühe, zu untersuchen, in welchem Maße das mineralische Nährkapital des Bodens durch die Leseholznutzung in Anspruch genommen wird.

Zu einer annähernden Beurtheilung dieser Frage möge die in Tafel XI beigefügte Berechnung dienen. Dieselbe bezieht sich auf die Mineralstoffmenge, welche in einem voll bestandenen Kiefernhochwalde auf Mittelboden (III. Ertragsklasse nach Tafel II) während einer 100 jährigen Umtriebszeit durch die vollständige Nutzung des Abraums nebst Nadeln und des Trockenleseholzes an Astabfall, Astab-

bruch und geringen Stangen dem Waldboden entzogen wird. Vor=
ausgeſetzt iſt, daß zum Abraum das geſammte Reiſig bis zu 7 Cent.
Durchmeſſer gerechnet wird.

1 Hectar liefert nach der Kiefern=Ertrags=Tafel II an Abraum=
holzmaſſe:

bei der Durchforſtung				im 20.	Jahre	9	Feſtmeter	
=	=	=	=	= 30.	=	12	=	
=	=	=	=	= 40.	=	13	=	
=	=	=	=	= 50.	=	9	=	
=	=	=	=	= 60.	=	5	=	
=	=	=	=	= 70.	=	2	=	
=	=	=	=	= 80.	=	2	=	
=	=	=	=	= 90.	=	1	=	

zuſammen in den Durchforſtungen 53 =
beim Abtriebe in 100 Jahren 47 =
im Ganzen 100 Feſtmeter,

ferner im jährlichen Durchſchnitte an Abraum=Nadeln, die mit
dem Abraumholze von den Berechtigten gewonnen werden, während
der 100jährigen Umtriebszeit = 18000 kg.

Es iſt angenommen worden, daß beim Beſtandsabtriebe im 100jährigen
Alter die Nadeln von 2 Jahren, oder ein 2jähriger Nadelabfall gewonnen
werden. Der einjährige Nadelabfall für haubare Kiefernbeſtände beträgt nach
Ebermayer's Lehre der geſammten Waldſtreu (Anhang S. 59) 3636 Kilogramm im
völlig trockenen Zuſtande, mithin der an dem Abraumreiſig (gleich 47 Feſtmeter) vor=
handene 2jährige Nadelertrag 7272 Kilogramm, oder pro Feſtmeter Abraum=
holz 155 Kilogramm Nadeln. Wird ferner angenommen, daß das Abraum=
holz aus den Durchforſtungen denſelben Nadelertrag pro Feſtmeter liefert, ſo
ergiebt ſich für die geſammte Abraumholzmaſſe von 100 Feſtmetern während
der 100jährigen Umtriebszeit ein Nadel=Anhang von 155 × 100 = 15500 Kilo=
gramm lufttrockener Nadeln.

Der Ertrag an Trocken=Leſeholz endlich iſt angenommen nach
der Erläuterung in Tafel XI pro Hectar auf 0,68 Feſtmeter im jähr=
lichen Durchſchnitte, ſomit auf 68 Feſtmeter während der 100jährigen
Umtriebszeit, denen ein Trockengewicht von ungefähr 30000 kg ent=
ſpricht.

Aus der nach dieſen Grundlagen berechneten Tafel XI ergiebt
ſich Folgendes.

Die geſammte Leſeholznutzung entzieht dem Boden an minera=
liſchen Nährſtoffen im jährlichen Durchſchnitte etwa $\frac{1}{3}$ bis $\frac{1}{5}$

von derjenigen Mineralstoffmenge, welche die Streunutzung in einem Jahres-Nadelabfalle entnimmt.

Der Nährstoff-Verlust durch die Nutzung des Trockenleseholzes ist unbedeutend, namentlich an Kali und Phosphorsäure, eine Thatsache, die darin beruht, daß diese beiden wichtigen Pflanzennährstoffe aus den absterbenden Baumtheilen (Aesten, Nadeln) zum größten Theile in die lebenden Baumtheile zurücktreten, während die übrigen Mineralstoffe, namentlich Kalkerde, in den absterbenden Aesten zurückbleiben. So beträgt nach den in der vorstehenden Tabelle schon erwähnten Untersuchungen von Schröder der Aschengehalt in 1000 Gewichtstheilen bei 100° C. getrockneter Kiefernäste

	von gesunden vegetirenden	von abgestorbenen
	Aesten	
	Gewichtstheile	
von Kali	3,15	0,43
= Kalkerde . . .	3,20	3,69
= Bittererde . .	1,33	0,45
= Eisenoxyd . .	0,44	0,83
= Phosphorsäure .	1,42	0,30
= Schwefelsäure .	0,52	0,30

Vergl. Ebermayer, Waldstreu S. 20.

Die Abraum-Nutzung ist auf mineralisch reichem Boden, z. B. auf den meisten Gebirgsböden, ferner auf den feldspatreichen und kalkreichen Diluvial-Sand- und Sandlehmböden unbedenklich, theils weil hier der Abgang an mineralischen Nährstoffen im Verhältnisse zu dem Gesammtcapital des Bodens an gelösten und ungelösten Nährstoffen sehr geringe ist, anderntheils weil der Ersatz an löslichen Mineralnährstoffen durch Verwitterung und Humusbildung größer ist, als die Mineralstoff-Ausfuhr durch die Holznutzung.

Auf den mineralisch armen Böden dagegen, z. B. auf Kiefernböden IV. und V. Klasse, ist die Mineralstoffausfuhr durch die Abraumnutzung nicht mehr unerheblich. Hier kann die Erhaltung der Bodenfruchtbarkeit es rathsam erscheinen lassen, die Nutzung des Reisigs auf das Starkreisig von 4—7 Cent. (sog. ausgeknüppeltes Reisig) zu beschränken, dagegen das geringe, nährstoffreichere Reisig dem Walde zu belassen und zur Verhütung von Insectengefahr nöthigenfalls zu verbrennen, eine Maßregel, welche die Ablösung der Leseholzberechtigung erfordert.

Ein weiterer erheblicher Grund für den Waldeigenthümer, die Ablösung der Leseholzberechtigung zu wünschen, liegt in deren mißbräuchlicher, übergreifender Ausübung. Die Abraumnutzung läßt sich leicht controlliren, die Trockenleseholznutzung nicht. Unter dem Titel des Raff= und Leseholzrechts werden häufig trockene Stämme abgesägt, trockene und bei Frost grüne Aeste mit hölzernen und Schneidehaken von den Bäumen gerissen, und dadurch dem Waldeigenthümer nicht allein widerrechtlich bedeutende Holznutzungen entzogen, sondern auch durch Wasseransammlung und Eindringen von Pilzsporen den Stämmen Schäden durch Fäulniß zugefügt, welche den Ertragswerth der Raff= und Leseholzberechtigung übersteigen können. Es ist nicht unwahrscheinlich, daß die verderbliche rasch fortschreitende Stammfäule durch den Kiefernschwamm (Trametes pini) hauptsächlich durch Abbrechen von Aesten herbeigeführt wird*). Am häufigsten sind Nutzungs=Uebergriffe bei Leseholzberechtigten mit Wagen, die sich mit Astabfallholz nicht begnügen und der Kontrolle durch Verpacken des widerrechtlich angeeigneten Holzes im Innern der Wagenladung leichter entziehen, als Berechtigte mit Handkarren oder Handwagen.

Können diese Verhältnisse dem Waldeigenthümer Veranlassung geben, die Ablösung der Leseholz=Berechtigung herbeizuführen, so kommt andererseits in Betracht, daß bei wachsendem Wohlstande und Verkehr und vermehrter, lohnender Arbeits=Verwerthung die Leseholznutzung vielfach von selbst aufhört, somit dem Waldbesitzer keine Veranlassung darbietet, für die Beseitigung durch Ablösung Kosten aufzuwenden.

Der von den Vertheidigern der Leseholzberechtigung und den Gegnern ihrer Ablösung mit besonderem Nachdrucke hervorgehobene Werth dieses Rechts für den Berechtigten beruht darin, daß ihm dasselbe Gelegenheit darbietet, in arbeits= und verdienstloser Zeit seinen Brennbedarf kostenfrei zu beschaffen. Das Leseholzrecht ermöglicht eine allerdings sehr niedrige Verwerthung der Arbeit. Sein Werth oder Unwerth für den Berechtigten hängt lediglich ab von der mangelnden oder gebotenen Gelegenheit zu einer in höherem Maße lohnenden Arbeit. Fehlt diese Gelegenheit auf niedrigen Kul-

---

*) S. darüber Robert Hartig, Wichtige Krankheiten der Waldbäume. Berlin 1874 bei Springer. S. 57.

turstufen, in verkehrs= und industriearmen Gegenden mit landwirth=
schaftlichem Kleinbesitz und einer ländlichen Bevölkerung, die im
Winter friert, so ist die Raff= und Leseholzberechtigung für den Be=
rechtigten eine Wohlthat, für die Volkswirthschaft bei geregelter
Ausübung ein Gewinn, für die unterste Stufe der Gesellschaft
ein werthvoller Besitz und ein wenngleich schwacher Damm gegen
die Vermehrung des Proletariats. Alsdann kann die gesetzliche
Zwangs=Ablösung ein wirthschafts= und socialpolitischer Fehler sein.

Hat dagegen die Volkswirthschaft eine Kulturstufe erreicht, bei
welcher die gemeine Handarbeit jederzeit begehrt und gut bezahlt
wird, so daß der Arbeitskostenwerth den Ertragswerth der Leseholz=
nutzung übersteigt, so ist die Leseholzberechtigung für den Berech=
tigten ohne Werth, ihre Ausübung ein volkswirthschaftlicher Verlust,
ihre Beibehaltung ohne sociale Bedeutung und kein Schutzmittel
mehr gegen das Proletariat, weil sie die Verarmung nicht hindert
und die Unzufriedenheit nicht aufhebt. Die durch den Kulturfort=
schritt herbeigeführte Zwangs=Ablösung erscheint dann gerechtfertigt.

IV. Regelung der Leseholz-Berechtigungen.

Wo die Ablösung der Leseholz=Berechtigungen bei niedriger
Kulturstufe, Armuth der Bevölkerung und unzureichender Arbeitsge=
legenheit nicht angebracht erscheint, müssen dieselben durch gesetzliche
Regelung in eine Form gebracht werden, welche den Wald gegen
Nutzungs=Uebergriffe und Beschädigungen so viel als möglich schützt,
ohne den Berechtigten zu benachtheiligen. Geeignet zu diesem Zwecke
sind polizeiliche Regelung und Freilegung. Anderen Arten der Rege=
lung steht die Geringwerthigkeit der Leseholznutzung entgegen, welche
für Umwandlung keinen Raum läßt, die Selbstwerbung durch den
Berechtigten erfordert, die Aufarbeitung ausschließt und damit der
Feststellung und Einschränkung auf ein bestimmtes Maß den Boden
entzieht.

Die polizeiliche Regelung hat aus Rücksichten des Forst=
schutzes und zur Verhütung von Nutzungs=Ueberschreitungen die
Nutzungsart durch Ausschließung von Schneidewerkzeugen und Haken,
die Nutzungszeit durch Beschränkung der Ausübung auf bestimmte
Wochentage, die Nutzungsorte durch Anweisung von bestimmten

Waldtheilen bei Leseholz-Ueberfluß, die Fernhaltung von Unberech=
tigten durch Zettelcontrolle, die Verwendung durch Verkaufsverbote
mit Geldstrafen zu regeln. In allen diesen Beziehungen ist meist
durch Gesetz und Polizeiverordnung genügend gesorgt.

Zu selbstständigen, nur bei Wald-Ueberzulänglichkeit zulässigen
Freilegungen (Th. II S. 57, Th. I S. 70) können Erleichterung
des Forstschutzes und Hebung der Jagd die Veranlassung darbieten.

Freilegung nach Theil=Ablösungen (s. ebendort) dient theils
denselben Zwecken, theils ermöglicht sie die Nutzbarmachung der
durch die Ablösung erworbenen Theilnahmerechte mittelst Zulassung
von Leseholz=Einmiethern und macht zugleich die verbliebenen Lese=
holz=Berechtigten zur Ablösung eher geneigt.

V. Ablösung der Leseholz-Berechtigungen.

Die Ablösung von Leseholz=Berechtigungen ist im Bereiche der
GThO. für Hohenzollern v. 23. Mai 1885 (§ 4) nur auf Antrag
aller Betheiligten zulässig. Im Uebrigen bestehen über Ablösbarkeit
und Abfindung der Leseholz=Berechtigungen keine Unterschiede von
den für Holzberechtigungen im Allgemeinen (§ 2, S. 33, 36) gültigen
gesetzlichen Bestimmungen.

Eine in mehrfacher Hinsicht besondere Behandlung erfordern
dagegen die Nutzwerth=Ermittelung und die Vortheilswerth=Ermitte=
lung der Leseholz=Berechtigungen.

1. **Nutzwerth=Ermittelung.**

Der Weg, welchen die Nutzwerth=Ermittelung von Leseholz=
Berechtigungen einzuschlagen hat, ist im Allgemeinen folgender:

A. Bei Waldzulänglichkeit:

I. Ermittelung der jährlichen, gleichen Leseholz=Natural=
rente (Nr) in Festmetern Leseholz, gesondert nach den verschieden=
werthigen Leseholzsorten (Trocken = Astabfall, Trocken = Astabbruch,
Trocken=Stangenholz, Abraum):

1. aus dem Leseholzrechts=Bedarfe in Festmetern des Normal=
    Sortiments (Normalfestmetern) nach § 7 S. 114,

2. aus dem Nutzungs=Verhältnisse der Leseholzsorten und

3. aus den Reductionsfactoren zur Umwandlung der Normal=
    Festmeter in die Nutzungsfestmeter der einzelnen Leseholzsorten.

II. Ermittelung der jährlichen Lefeholz-Geldrente (Gr):

4. aus der Lefeholz-Naturalrente (Nr),

5. aus den Bruttowerthen pro Feftmeter der Lefeholzforten,

6. aus den Werbungs- und event. Transportkoften pro Feft-meter der Lefeholzforten und

7. aus den Gegenleiftungen.

III. Ermittelung des Lefeholz-Ablöfungs-Kapitals:

8. aus der jährlichen Lefeholz-Geldrente (Gr) und

9. aus dem Lefeholzrechts-Zinsfuße.

B. Bei Waldunzulänglichfeit:

I. Ermittelung der jährlichen, dauernd gleichen oder periodifch wechfelnden Lefeholz-Naturalrente (Nr) in Lefeholzfeftmetern gefondert nach Lefeholzforten:

1. aus dem Lefeholzrechtsbedarfe (b) in Normalfeftmetern,

2. aus dem dauernd gleichen oder periodifch wechfelnden Jahres-Ertrage (We) des Berechtigungswaldes an Lefeholz in Feft-metern der einzelnen Lefeholzforten,

3. aus den Reductionsfactoren zur Umwandlung der Lefeholz-forten-Feftmeter in Normalfeftmeter und der Normalfeftmeter in Lefeholzforten-Feftmeter,

4. aus dem jährlichen Gefammt-Lefeholzbedarfe (B) aller Be-rechtigten einfchließlich des Waldeigenthümers in Normal-Feft-metern.

II. Ermittelung der dauernd gleichen oder periodifch wechfelnden Jahres-Geldrenten (Gr) für die Lefeholzberechtigung:

5. aus den Lefeholz-Naturalrenten (Nr),

6. aus den Bruttowerthen für die Lefeholzforten-Feftmeter,

7. aus den Werbungs- und event. den Transportkoften für die Lefeholzforten-Feftmeter und

8. aus den Gegenleiftungen.

III. Ermittelung des Lefeholz-Ablöfungs-Kapitals:

9. aus den dauernd gleichen oder periodifch wechfelnden Jahres-geldrenten (Gr) und

10. aus dem Lefeholzrechts-Zinsfuße.

Beifpiel 1. Waldzulänglichfeit.

Es mögen betragen

der volle jährliche Feuerungsbedarf des abzulöfenden Berechtigten 21 Feft-meter Buchenknüppelholz (Normal-Sortiment),

der voll abzurechnende Jahreſertrag an eigenen Feuerungsmitteln des Berech=
tigten 6 Feſtmeter Buchenknüppelholz,

mithin der Leſeholzrechtsbedarf (b) in Normalfeſtmetern 15 Fm. Buchenknüppelholz, ferner

die Nußungsprocente der Leſeholzſorten: 60% für Abraum, 40% für Aſtabfall,

die Aequivalentwerthe für 1 Normalfeſtmeter Buchenknüppelholz: 1,4 Fm. für
Abraum, 1,75 Fm. für Aſtabfall,

die Bruttowerthe pro Feſtmeter im Walde: 1,5 Mark für Abraum, 1,2 Mark
für Aſtabfall,

die Werbungskoſten pro Feſtmeter: 0,3 Mark für Abraum, 0,6 Mark für
Aſtabfall,

der Leſeholzrechts=Zinsfuß: 4 %.

Alsdann berechnen ſich

die Leſeholznaturalrente auf 12,6 Fm. Abraum

$$\underline{10,5 \quad \text{- Abfall}}$$

23,1 Fm. im Ganzen

die Leſeholzgeldrente (Jahresnußungswerth) auf 15,12 Mark für Abraum

$$\underline{6,30 \quad \text{= - Abfall}}$$

21,42 Mark = im Ganzen

oder nahe 0,93 - pro Feſtmeter

das Leſeholz-Ablöſungs-Kapital (Nußungs=Kapital) auf 535,5 Mark im Ganzen

23,2 = pro Feſtm.

**Beiſpiel 2. Waldunzulänglichkeit bei regelmäßigem Wald=
zuſtande und gleichbleibendem Leſeholzertrage.**

Es mögen betragen unter übrigens gleichen Vorausſetzungen, wie in
Beiſpiel 1:

der Leſeholzertrag des Berechtigungswaldes pro Jahr: 600 Fm. Abraum,
400 Fm. Aſtabfall,

die Aequivalentwerthe für 1 Normalfeſtmeter Buchenknüppelholz (wie in Bei=
ſpiel 1) 1,4 Fm. für Abraum, 1,75 Fm. für Aſtabfall,

mithin die Aequivalentwerthe

für 1 Fm. Abraum $\dfrac{1}{1,4}$ Normalfeſtmeter Buchenknüppelholz

= = = Aſtabfall $\dfrac{1}{1,75}$ = =

der jährliche Geſammtleſeholzbedarf aller Berechtigten (B) 1200 Normalfeſtmeter.

Alsdann berechnen ſich

der Leſeholzertrag (We) auf $\dfrac{600}{1,4} + \dfrac{400}{1,75} = 657{,}2$ Normalfeſtmeter,

die Zulänglichkeitsquote $\dfrac{We}{B}$ auf $\dfrac{657{,}2}{1200} = 0{,}548$

die Leſeholznaturalrente $b \times \dfrac{We}{B}$ in Normalfeſtmetern auf

$15 \times 0{,}548 = 8{,}22$ Normalfeſtmeter,

10*

die Leſeholznaturalrente in Leſeholzfeſtmetern auf 6,905 Abraumfeſtmeter

⸱ 5,754 Aſtabfallfeſtmeter

= 12,659 Leſeholzfeſtmeter

die Leſeholzgeldrente auf 8,286 Mark für Abraum

⸱ 3,452 ⸱ ⸱ Aſtabfall

= 11,738 Mark im Ganzen

das Leſeholz-Ablöſungs-Kapital auf 293,4 Mark im Ganzen

⸱ 23,2 ⸱ pro Fm. Leſeholz.

**Beiſpiel 3. Walbunzulänglichkeit bei unregelmäßigem Wald-
zuſtande und periodiſch ungleichem Leſeholzertrage.**

Es mögen betragen:

der jährliche Leſeholzertrag des Berechtigungswaldes

    in der I. 20jähr. Periode 600 Fm. Abraum, 400 Fm. Abfall

    ⸱ ⸱ II. ⸱ ⸱ 700 ⸱ ⸱ 500 ⸱ ⸱

    von da ab 800 ⸱ ⸱ 600 ⸱ ⸱

bei übrigens gleichen Vorausſetzungen wie in Beiſpiel 2.

Alsdann berechnen ſich

für die I. 20jährige Periode

der jährliche Leſeholzertrag (We) in Normalfeſtmetern auf

$$\frac{600}{1,4}+\frac{400}{1,75}=657,2 \text{ Feſtmeter,}$$

der jährliche Geſammt-Leſeholzbedarf (B) aller Berechtigten in Normalfeſtmetern auf 1200 Feſtmeter,

die Zulänglichkeitsquote auf $\dfrac{We}{B}=\dfrac{657,2}{1200}=0,548$

die jährliche Leſeholznaturalrente (Nr) in Normalfeſtmetern auf

15 × 0,548 = 8,22 Feſtmeter,

die Leſeholznaturalrente in Leſeholzfeſtmetern auf

8,22 × 0,60 × 1,4 = 6,905 Abraumfeſtmeter

8,22 × 0,40 × 1,75 = 5,754 Abfallfeſtmeter

= 12,659 Leſeholzfeſtmeter,

die jährliche Leſeholzgeldrente (Gr) auf

6,905 × 1,2 = 8,286 Mark für Abraum

5,754 × 0,6 = 3,452 ⸱ ⸱ Abfall

= 11,738 Mark im Ganzen;

für die II. 20jähr. Periode

We auf $\dfrac{700}{1,4}+\dfrac{500}{1,75}=500+285,7=785,7$ Normalfeſtmeter,

B auf . . . . 1200 ⸱

$\dfrac{We}{B}$ auf 0,655

Nr in Normalfeſtmetern auf 15 × 0,655 = 9,825 Feſtmeter.

Nr in Leseholzfestmetern auf

$$9{,}825 \times \frac{500}{785{,}7} \times 1{,}4 \;=\; 6{,}255 \times 1{,}4 \;=\; 8{,}753 \text{ Abraumfestmeter}$$

$$9{,}825 \times \frac{285{,}7}{785{,}7} \times 1{,}75 = 3{,}573 \times 1{,}75 = 6{,}253 \text{ Abfallfestmeter}$$

$$= 15{,}006 \text{ Leseholzfestmeter}$$

Gr auf 8,753 × 1,2 = 10,504 Mark für Abraum
und 6,253 × 0,6 = 3,752   =   =   Abfall

$$= 14{,}256 \text{ Mark im Ganzen;}$$

von der III. 20 jährigen Periode nach Herstellung des normalen Waldzustandes, also vom 41. Jahre ab

$$\text{We auf } \frac{800}{1{,}4} + \frac{600}{1{,}75} = 571{,}4 + 342{,}8 = 914{,}2 \text{ Normalfestmeter}$$

B auf 1200   =

$$\frac{\text{We}}{\text{B}} \text{ auf } . . . . 0{,}762$$

Nr in Normalfestmetern auf 11,43 Fm.
Nr in Leseholzfestmetern auf

$$11{,}43 \times \frac{571{,}4}{914{,}2} \times 1{,}4 \;=\; 7{,}144 \times 1{,}4 \;=\; 10{,}002 \text{ Abraumfestmeter}$$

$$\text{und } 11{,}43 \times \frac{342{,}8}{914{,}2} \times 1{,}75 = 4{,}286 \times 1{,}75 = \; 7{,}500 \text{ Abfallfestmeter}$$

$$= 17{,}502 \text{ Leseholzfestmeter,}$$

Gr auf 10,002 × 1,2 = 12,002 Mark für Abraum
und 7,500 × 0,6 = 4,500   =   =   Abfall

$$= 16{,}502 \text{ Mark im Ganzen,}$$

mithin besteht das 4procentige Leseholz-Ablösungs-Kapital aus der Summe der Kapitalwerthe (K_1, K_2, K_3)

für die Geldrente der I. Periode: $K_1 = 11{,}738 \times 13{,}59$ $= 159{,}5$ Mk.

=   =   =   = II.   = $K_2 = 14{,}256 \times 13{,}59 \times 0{,}456 = \; 88{,}8$ =

=   = nach 41 Jahren ab begin-
nende ewige Rente . . . $K_3 = 16{,}502 \times 25 \times 0{,}208 \; = \; 85{,}8$ =

Das Leseholz-Ablösungskapital beträgt somit im Ganzen 334,1 Mk.

Zur Erläuterung von Einzelheiten diene Folgendes:

a) **Bedarfsmaßstab.**

Von einigen Seiten, z. B. von G. L. Hartig in dessen „Beitrag zur Lehre von der Ablösung der Holz-, Streu- und Weideservituten" (1829 S. 27), ferner in der „technischen Instruction der General-Kommission zu Frankfurt a. O." (2. Aufl. S. 285) ist vorgeschlagen worden, bei Waldzulänglichkeit die Leseholz-Naturalrente nach der bisherigen Ausübung der Berechtigung (dem Bezugs-Maßstabe) zu veranſchlagen, derartig, daß die Leſeholz-Naturalrente ſich als Product aus der Zahl der thatſächlich benutzten Leſeholz-Sammeltage und aus der erfahrungsmäßig an einem Tage eingebrachten Leſeholzmenge ergiebt. In der Regel iſt jedoch der Bezugs-Maßſtab nicht anwend=bar und der Bedarfsmaßſtab nicht zu entbehren, theils weil die Grundlagen der Bezugsberechnung nicht mit hinreichender Genauig=keit feſtgeſtellt werden können, theils weil ſie den Nutzwerth des Leſeholzes in ſolchen Fällen nicht trifft, in denen von dem Leſeholz=rechte gar kein oder nur ein untergeordneter Gebrauch gemacht worden iſt.

Vergl. Th. I § 15 S. 134.

b) Leſeholzſorten.

Weſentliche Verſchiedenheiten in den Bruttowerthen oder in den Werbungskoſten, ſomit in den Nettowerthen pro Feſtmeter der ein=zelnen Leſeholzſorten machen es wegen der Geldwerthermittelung in der Regel erforderlich, daß die verſchiedenwerthigen Leſeholzſorten in der Leſeholz-Naturalrente geſondert werden. Trockenleſeholz und Abraum, bei genauerem Verfahren Trockenaſtholz (Abfall und Ab=bruch) nebſt Zapfenabfall, Trockenſtangen und Abraum ſind daher beſonders zu ermitteln. Nur dann, wenn die Nutzungsmengen der verſchiedenwerthigen Leſeholzſorten gleich oder annähernd gleich ſind, kann eine Vereinfachung der Nutzwerthermittelung dadurch erzielt werden, daß die Leſeholz-Naturalrente nicht die Sortenmengen, ſondern nur die Geſammtmenge an Leſeholz nachweiſt, und daß als Leſe=holzwerth das arithmetiſche Mittel der Sortenwerthe eingeſtellt wird.

Das Nutzungs-Verhältniß der Leſeholzſorten ergiebt ſich bei Walbunzulänglichkeit unmittelbar aus der Leſeholz-Ertragsermittelung (B I, 2), bei Walbzulänglichkeit (A I, 2) aus der thatſächlichen Ausübung oder ebenfalls aus dem Walbertrage an Leſeholz, zu deſſen ſorten=weiſer Ermittelung in dieſem Falle ein ſummariſches Verfahren genügt.

c) Die Reductionsfactoren zur Umrechnung des Normal=Sortiments in die Nutzungsſortimente des Leſeholzes und der Nutzungs=ſortimente in das Normal-Sortiment ſind in Ermangelung eines brauchbaren Holzpreis-Maßſtabes nach den Brennwerthen (Tafel IX) unter Berückſichtigung des Leſeholz= bez. Reiſigertrags zu ermitteln, welchen die Holzarten des Berechtigungswaldes liefern.

Beispiel. Normalsortiment Buchenknüppelholz mit dem Brennwerthe 100. Nutzungssortimente des Leseholzes: Aſtabfall und Abraum.

Von dem Leseholzertrage bez. Reiſigertrage des Berechtigungswaldes entfallen auf Buchen 0,6, auf ·Kiefern 0,4.

Brennwerthverhältnißzahlen für:

Aſtabfall von Buchen 80, von Kiefern 50
Abraum = = 100, · = 60.

Alsdann ſind die Reductionsfactoren

zur Umrechnung von Normalfeſtmetern in

$$\text{Abfall-Feſtmeter} \quad \frac{100}{0{,}6 \times 80 + 0{,}4 \times 50} = \frac{100}{78} = 1{,}282$$

$$\text{Abraum-Feſtmeter} \quad \frac{100}{0{,}6 \times 100 + 0{,}4 \times 60} = \frac{100}{84} = 1{,}190$$

ferner die Reductionsfactoren

zur Umwandlung von Leseholzſortenfeſtmetern in Normalfeſtmeter

für Abfall 0,78
= Abraum 0,84.

d) Leseholz-Ertrags-Ermittelung.

Grundlage der Leseholz-Ertrags-Ermittelung bildet eine Standorts- und Beſtands-Beſchreibung des Berechtigungswaldes. Dieſelbe wird zweckmäßig für gewöhnliche Fälle zu enthalten haben:

die Bezeichnung der Forſtorte nach Jagen (Diſtrict) und Abtheilung;

ferner für jede Holzboden-Abtheilung:

die Flächengröße in ha,

die Standortsgüte durch Angabe der Standortsklaſſe für die Hauptholzart und des normalen Geſammtdurchſchnittszuwachſes (für Haupt- und Vornutzung) im Laufe der Umtriebszeit pro ha an Derbholz und Reiſig, endlich

den Holzbeſtand nach

Hauptholzart,

Beſchaffenheit,

mittlerem Alter und

Holzhaltigkeit.

Beiſpiel.

Forſtort Altenhau. Diſtr. 5. Abthl. h.

11,15 ha
Kiefern 0,5 II, 0,5 III Standortsklaſſe, 5,2 Fm. Derbholz 1 Fm.
Reiſig (100 jähr. Umtrieb),
Kiefern geringes Stangenholz aus Plätzeſaat, 29 jährig, 0,9 be·
ſtanden.

Zur Einschätzung der Standortsklassen und des Gesammt-Durch-schnittszuwachses können die Holzertragstafeln I bis III benutzt werden.

Die Ertrags-Ermittelung gestaltet sich verschieden, je nachdem der jährliche Leseholzertrag bei regelmäßigem Waldzustande ein dauernd gleicher, oder bei unregelmäßigem Waldzustande ein un-gleicher ist.

Als regelmäßig kann der Waldzustand angesehen werden, wenn die Altersabstufung nach Jungholz, Mittelholz und Altholz eine annähernd gleichmäßige und die Holzhaltigkeit eine befriedigende, im Durchschnitt 0,8 des Vollbestandes und darüber betragende ist. Als-dann ist für jede Abtheilung der jährliche Leseholzertrag gesondert nach den verschiedenwerthigen Leseholzsorten (Abraum und Trocken-leseholz, oder bei genauerem Verfahren Abraum, Astholz und Stan-genabbruchholz) einzuschätzen.

Der Abraum zerfällt in Lang-Abraum und Hauspan-Abraum. Lang-Abraum umfaßt je nach dem Umfange der Aufarbeitung des Holzes blos das geringe Reisig (bis 3, 4, 5 cm), oder das Ge-sammtreisig (bis 7 cm), oder Reisig und Knüppelholz (bis 14 cm). Nur der Lang-Abraum unterliegt der abtheilungsweisen Einzel-schätzung. Sie erfolgt nach Procenten vom Holzertrage. Die Schätzungs-Grundlagen sind, soweit sich der Abraum auf Gesammt-reisig und Knüppelholz bezieht, in den Tafeln I bis III enthalten. Fällt nur das Geringreisig in den Abraum, so ist das Abraumpro-cent je nach der Stärke des Abraumreisigs örtlich zu ermitteln.

In dem obigen Beispiele würde der jährliche Abraumertrag an Gesammt-reisig betragen

pro ha $1 \times 0,9 = 0,9$ Fm.

in der ganzen Abtheilung $11,15 \times 0,9 = 10,04$ Fm.

Der Ertrag an Hauspan-Abraum ist theils von der Methode der Holzfällung, theils von der Stärke des Holzes abhängig und bleibt örtlich zu ermitteln.

Nach Gayer beträgt der Holzverlust bei Fällung und Zerkleinerung mit der Säge und Axt 1 bis $2\frac{1}{2}$ Procent, während der Hauspan bei Fällung blos mit der Axt zwischen 4 bis 7 Procent, selbst 12 und 15 Procent der ganzen Schaftmasse ausmachen kann.

Pfeil rechnet bei Fällung mit der Axt und Zerkleinerung mit der Säge in 120jähr. Umtriebe nur $\frac{1}{3}$ bis $\frac{1}{4}$ Kubikfuß auf 1 Klafter Holz an Spänen (0,3 bis 0,4 Procent).

Gayer, Forstbenutzung 6. Aufl. 1883 S. 198.

Pfeil, Ablösung der Waldservituten 3. Aufl. 1854. S. 153.

Der Hauspan=Ertrag wird am zweckmäßigsten summarisch von dem gesammten Derbholz=Einschlage des Berechtigungs=Waldes berechnet.

Trocken=Leseholz schließt je nach den Umständen Trocken=Astbruch, Astabfall, Trocken=Gertenholz und Zapfen=Abfall in sich.

Trocken=Astbruch beschränkt sich auf die vom Boden aus mit der Hand erreichbaren Aeste. Die Nutzung beginnt mit der Stammreinigung und dauert nur kurze Zeit. Der Leseholz=Ertrag wird durch dieselbe nicht vermehrt, sondern nur anticipirt.

· Trocken=Astabfallholz, nach einigen Weisthümern, z. B. in Hannover, „das Holz, welches die Krähe abtritt", stellt sich etwas später ein als Trocken=Astbruch. Ausgeschlossen vom Trocken=Astabfall ist nur die jüngste Altersstufe. Astabfall und Astabbruch sind jedenfalls gemeinschaftlich bei der Einschätzung zu behandeln.

Die Nutzung von Trockengertenholz beschränkt sich auf die Bestandsart des geringen Stangenholzes, beginnend mit der Bestandsausscheidung und endigend etwa bei 10 cm Stammstärke, worüber hinaus die Stangen in der Regel nicht mehr ohne Anwendung von Werkzeugen abgebrochen werden können. Trockengertenholz ist je nach den Verhältnissen für sich allein, oder mit Trocken=Astholz gemeinschaftlich einzuschätzen. Beide unterliegen der abtheilungsweisen Einschätzung. Die letztere beginnt mit der Feststellung der Nutzungsflächen. Nicht nutzbare Bestände (die jüngste Altersstufe), mitunter auch vertragsmäßige Schonflächen, z. B. die Weideschonflächen, werden ausgeschieden. Sodann erfolgt für jede Nutz=Abtheilung die Abschätzung des Trockenleseholz=Ertrags nach Fläche, Standortsklasse, Holzart, Bestandsalter und Holzhaltigkeit unter Benutzung der in Tafel XII beigefügten Leseholzertragstafel für Trocken=Leseholz.

Beispiel. Abtheilungsfläche 10 ha Holzboden. Kiefer II. Standortsklasse. Kiefern geringes Stangenholz 30 jähr. 0,8 bestanden. Jahresertrag an Trockenleseholz (Ast= und Gertenholz) bei Vollbestand 0,7 Festmeter.

Alsdann beträgt der Ertrag der Abtheilung $10 \times 0,7 \times 0,8 = 5,6$ Fm.

Der Jahresertrag an Zapfenabfall wird zweckmäßig summarisch für die zapfentragenden Bestände von Kiefern und Fichten mit Rücksicht auf die Wiederkehr der vollen und geringeren Zapfenjahre, sowie

auf den von Standort, Alter und Bestandschluß abhängigen Zapfen=
ertrag auf Grund örtlicher Ermittelung abgeschätzt.

Nach Pfeil kann in reichen Samenjahren 1 Morgen Kiefern von 80 bis
120 Jahren 14—16 Scheffel Zapfen liefern (pro ha 30 bis 34,5 hl). 1 Preuß.
Scheffel (1,77 Kubikfuß Rauminhalt) trockner Kiefernzapfen wird bei 20 Pfd.
Gewicht einem Brennwerthe von ½ Kubikfuß guten Kiefernholzes gleichgestellt.
(1 hl Trockenzapfen = 18 kg = 0,028 cm Kiefern-Scheitholz.) Hiernach würde
1 ha haubarer Kiefern an Zapfen in reichen Zapfenjahren einen Brennwerth
von 0,84 bis 0,96 cm Kiefern-Scheitholz liefern. Auf 6 Jahre werden ein
volles, ein halbes und zwei Viertel Zapfenjahre gerechnet, ferner der Zapfenertrag der jüngeren Bestände zu etwa ¼ des Zapfenertrags der 80 bis 120
jähr. Bestände angenommen.

Pfeil, Ablösung der Waldservituten 3. Aufl. 1854 S. 153.

Auf einer 7 ar großen Fläche wurden zu Eberswalde in einem 90jähr.
ziemlich geschlossenen Kiefernbestande der III. Bodenklasse im Februar 1881, bei
ziemlich gutem Zapfenjahre nur 48,1 l Zapfen gewonnen, — mithin pro ha
6,9 hl Zapfen. Ein nicht erheblicher Theil der Zapfen war vorher durch einen
starken Sturm abgeworfen.

Zu derselben Zeit wurden an großkronigen, vorherrschenden mit Zapfen
reich besetzten Kiefern gepflückt:

an 1 Kiefer mit 60 cm Durchmesser in Brusthöhe 17 l Zapfen

= 1 = = 50 = = = = 14 = =

= 1 = = 51 = = = = 18 = =

Kienitz in Danckelmann's Zeitschrift für Forst- und Jagdwesen Bd. 13 S. 549.

Nach 11jährigen Beobachtungen, angestellt in 502 Oberförstereien des
Preußischen Staats für die Jahre 1874 bis 1884 betrug der Jahresdurchschnitt
des Zapfenertrages 0,37 einer vollen Zapfenernte, so daß in 3 Jahren auf eine
Vollernte gerechnet werden kann.

Bei der Fichte betrug der 11jährige Durchschnittsertrag in 370 Ober=
förstereien 0,36 einer Vollernte, so daß ebenfalls in 3 Jahren auf einen vollen
Zapfenertrag zu rechnen ist.

Bei unregelmäßigem Waldzustande mit sehr ungleicher
Altersabstufung und ungenügender Holzhaltigkeit sind die periodisch
verschiedenen Leseholzerträge zu ermitteln. In der Regel genügt es,
dabei das Normalertrags=Verfahren (Th. I § 15 S. 141) zum Grunde
zu legen. Dasselbe setzt voraus, daß durch eine geordnete Wirth=
schaft ein regelmäßiger Waldzustand mit gleichbleibendem Leseholz=
ertrage hergestellt wird, und daß innerhalb des Zeitraums (Einrich=
tungszeit), in welchem sich die Ueberführung des ungeregelten in den
geregelten Waldzustand vollzieht, der Leseholzertrag des ungeregelten
Waldes allmählich in den Leseholzertrag des geregelten Waldes
(Normalwaldes) übergeht. Daraus ergiebt sich als Aufgabe der

Leseholz = Ertrags = Ermittelung, die Einrichtungszeit festzustellen, den Leseholzertrag am Anfange und am Ende der Einrichtungszeit zu ermitteln und aus beiden mittelst arithmetischer Interpolation die periodischen Leseholzerträge während der Einrichtungszeit zu berechnen.

Beispiel. Waldfläche 800 ha. Kiefernwald der III. Bodenklasse mit unregelmäßiger Altersabstufung und schlechter Bestockung. Einrichtungszeit 60 Jahre (3 20jährige Perioden). Das Leseholzrecht erstreckt sich auf Trocken= leseholz an Aesten und Stangen und auf den Abraum an dem gesammten Reisig.

Der jährliche Leseholzertrag bei Beginn der Einrichtungszeit möge im Wege des vorhin für regelmäßigen Waldzustand dargestellten Verfahrens ermittelt worden sein auf 550 Fm. Abraum und 160 Fm. Trockenleseholz.

Der Jahresertrag an Leseholz am Ende der Einrichtungszeit berechnet sich für den Normalwald mit regelmäßiger Altersabstufung und einer Holz= haltigkeitsziffer von 0,8 des Vollbestandes wie folgt:

An Abraum sind nach Tafel II zu erwarten $1,2 \times 0,8 \times 800 = 768$ Fm. Reisig,

an Trockenleseholz mögen jährlich liefern

100 ha im Alter von 11—20 Jahren	$0,5 \ \times 0,8 \times 100 = 40$ Fm.
200 = = = = 21—40 =	$0,45 \times 0,8 \times 200 = 72$ =
200 = = = = 41—60 =	$0,35 \times 0,8 \times 200 = 56$ =
200 = = = = 61—80 =	$0,35 \times 0,8 \times 200 = 56$ =

mithin die gesammte Waldfläche 224 Fm.

Demgemäß sind zu erwarten:

im Jahresdurchschnitte

der I. 20jähr. Periode an Abraum 585 Fm., an Trockenleseholz 170 Fm.
  = II. = = = = 657 = = = 191 =
  = III. = = = = 730 = = = 213 =
von der IV. Periode ab = = 768 = = = 224 =

e) Bruttowerth der Leseholzsorten.

Trocken=Leseholz ist selten Gegenstand des Verkaufs, hat daher keinen Verkehrspreis. Sein Bruttowerth pro Festmeter im Walde oder auf dem Wirthschaftshofe des Berechtigten ist deshalb nach dem Versteigerungspreise der dem Trocken=Leseholze qualitativ am nächsten stehenden Holzsorten und nach dem Brennwerth=Verhältnisse (Tafel IX) beider zu berechnen (Th. I § 15 S. 145). Der Bruttowerth im Walde ist nach den Versteigerungspreisen des Vergleichs=Sortiments in der Mitte des Berechtigungswaldes zu ermitteln. Von dem Versteigerungs= preise sind diejenigen Werbungskosten (Aufmeterung) in Abzug zu bringen, welche bei der Werbung des Leseholzes nicht vorkommen.

Beispiel. Das Trockenleseholz besteht in Astabfall. Von den Verkaufs= sortimenten steht ihm Kiefern=Astreisig von 1 bis 7 cm am nächsten. Der

Steigerpreis des letzteren abzüglich der Koſten für Rücken und Aufmetern beträgt in der Mitte des Berechtigungswaldes 1,5 Mark pro Fm. Das Brennwerth-verhältniß zwiſchen Kiefern-Reiſig und Aſtabfallholz ſtellt ſich wie 10 : 8. Als-dann iſt der Bruttowerth pro Fm. Trockenleſeholz mit 1,2 Mark zu berechnen.

Abraum gehört in vielen Berechtigungswäldern zu den Ver-kaufshölzern, in anderen nicht. Im erſteren Falle iſt der Steiger-preis abzüglich des nicht zu berückſichtigenden Theils der Werbungs-koſten als Bruttowerth zum Grunde zu legen, im zweiten Falle wie beim Trocken-Leſeholze zu verfahren.

f) Werbungs- und Transportkoſten des Leſeholzes.

Die Werbungskoſten des Leſeholzes beſtehen in dem Auf-leſen, Abbrechen und Zuſammenbringen in Haufen. Ihre Höhe iſt abhängig von dem Zeit- und Kraftaufwande der Arbeit und von der Höhe des ortsüblichen Tagelohns während der Leſeholzwerbungs-zeit. Am wenigſten Zeit und Kraft (Frauenarbeit) erfordert die Werbung des Abraums, welche ſich auf das Zuſammenbringen in Haufen beſchränkt, oder bei haufenweiſem Zuſammenliegen ganz weg-fällt. Geringen Kraftaufwand (Frauenarbeit) und größeren, mitunter bei geringem Vorrathe recht großen Zeitaufwand verurſacht die Werbung des Aſtabfalls, Zapfenabfalls und des mit der Hand vom Boden aus erreichbaren Trocken-Aſtholzes. Den größten Kraftauf-wand endlich (Männerarbeit) und einen, je nach dem größeren oder geringeren Vorrathe an Trockenſtangen verſchiedenen Zeitaufwand beanſprucht die Werbung des Trocken-Stangenholzes. Für jede Leſeholzart iſt der Zeitaufwand bedingt durch die Entfernung des Wohnorts der Berechtigten von dem Berechtigungswalde, indem die Dauer der Arbeitszeit mit zunehmender Entfernung abnimmt, mit abnehmender zunimmt.

Durchſchnittsſätze ſind:

nach von Oeſten für Trockenleſeholz (Abfall- und Bruchholz) ein Zeitaufwand von 1 Stunde für die Werbung von 0,03 Feſtmeter,

nach der techniſchen Inſtruction der General-Commiſſion zu Frankfurt für Trockenleſeholz und Abraum ein Zeitaufwand von 1 Stunde für 0,08 Feſt-meter Leſeholz.

von Oeſten in Z. f. L&G. XVI. S. 313.

Techn. Inſtr. Frankfurt 2. Aufl. S. 286.

Für das Zuſammenbringen von Abraum darf man unter Umſtänden auf 1 Stunde 0,2 Feſtmeter rechnen.

Der ortsübliche Tagelohn iſt für gemeine Handarbeit mit Rück-

sicht auf Arbeitsqualität (Männerarbeit oder Frauenarbeit) und Ar=
beitsgelegenheit während der Werbungszeit des Leseholzes zu veran=
schlagen. Auf dem Lande steht der Tagelohn im Winter wegen un=
zureichender Arbeits=Gelegenheit in der Regel niedrig.

Tagelohn und Zeitaufwand für die Werbung sowohl von Ab=
raum als von Trocken=Leseholz sind durch Sachverständige bez. durch
Schiedsrichter festzustellen. Allgemeine Normen lassen sich bei der
großen Verschiedenheit der maßgebenden örtlichen Verhältnisse für
beide nicht geben.

Transportkosten des Leseholzes.

Elemente des Transports sind Hinschaffung des unbeladenen
Transportmittels bis zur Ladestelle, Aufladen, Fortschaffung und Ab=
laden des Leseholzes. Die Transportkosten sind abhängig von der
Transportart (Tragelasten, Handkarren, Handschlitten, Gespanntrans=
port), von der Ladefähigkeit des Transportmittels, von der Länge und
Beschaffenheit des Wegs und von der ortsüblichen Lohnhöhe während
der Werbungszeit des Leseholzes. Die Einheitssätze für die Ladefähigkeit
des Transportmittels mit Rücksicht auf die Beschaffenheit der Wege,
für den Zeitaufwand des Auf= und Abladens, für das Zeitmaß der
Fortbewegung ohne und mit Last je nach der Wegebeschaffenheit, für
Handarbeits= und Gespannlohn bedürfen bei der großen Verschieden=
heit der maßgebenden Verhältnisse örtlicher Feststellung durch Sach=
verständige oder Schiedsrichter.

Ladefähigkeit: 1 Traglast Leseholz 0,03 Fm. (Frankfurter techn. Instr.
S. 285); — für 1 Mann 0,06 Fm., für eine Frau 0,05 Fm. (Ranke, Geld=
werth der Forstberechtigungen 2. Aufl. S. 16), —

1 Schiebkarrenlast Leseholz 0,06 Fm. (Frankfurter Instr. a. a. O.), 0,08 Fm.
(Ranke a. a. O.), bei Fortbewegung durch einen Mann, welcher schiebt und
durch eine Frau, welche zieht, für Kiefern=Trockenstangenholz 0,3 Festmeter mit
141 kg (1 Fm. wog nach xylometrischer Untersuchung 444 kg = 8,8 Centner),
ferner für Kiefern=Trockenastholz (Hakholz von Altkiefern) 0,23 Fm. mit 148 kg
(1 Fm. wog nach xylometrischer Untersuchung 650 kg = 13 Centner) (Danckel=
mann, Zeitschrift für Forst= und Jagdwesen Bd. 13 S. 214).

1 Wagenlast Leseholz für bäuerliches Zweipferdegespann 0,68 Fm. (Ranke
und Frankfurter techn. Instr. a. a. O.). Das Ladegewicht kann bei Wagen
wegen der sperrigen Beschaffenheit des Leseholzes nicht voll ausgenutzt werden.
Nach eigenen Ermittelungen des Verfassers kann ein zweispänniger Wagen mit
5 bis 7 Raummetern (= 0,8 bis 1,2 Fm.) Leseholz beladen werden.

Zeitaufwand für Auf= und Abladen von 1 Fm. Leseholz bei Wagen=

transport 0,12 Tage (v. Oesten in Z. f. LG.G. XVI. S. 314). In einem von
dem Verfasser abgegebenen Gutachten auf 0,23 Tage ermittelt.

Zeitaufwand für Fortbewegung

bei Traglasten und Handkarrentransport in 1 Minute unbeladen 80 Meter,
beladen 60 Meter Weg,

bei Wagentransport auf guten Waldwegen für Hin- und Rückweg (ohne und
mit Last) in 1 Minute 100 Meter Weg.

(Nach Ermittelungen des Verfassers in einem Ablösungs-Gutachten.)

Der Gespannlohn kann bei mangelnder Arbeitsgelegenheit im Winter
nach dem Unterhaltungsaufwande berechnet werden. Derselbe wird angegeben
pro Arbeitstag

für ein Pferd

in von Golz, Landw. Taxationslehre 1880 S. 126 . . auf 2,17 M.
  - Thaer, Grundsätze der ration. Landwirthschaft 1880 S. 99 - 2,58 -
für ein Zweipferdegespann in Zeeb und Martin, Landwirthschaft 1884 S. 793

    mit Knecht . . . . - 5,48 -
    ohne Knecht . . . . - 3,84 -
für einen Zugochsen

    in von Golz a. a. O. . . . . - 1,56 -
für zwei Zugochsen

    in Thaer a. a. O. . . . . - 2,2 -
    in Zeeb und Martin a. a. O. mit Knecht . . . . - 4,97 -
                        ohne Knecht . . . . . . - 3,27 -

Bei Tragelasten- und Handkarren-Transport lassen sich die
Kosten für Werbung und Transport des Leseholzes nicht gut von
einander trennen, weil beide Arbeitsarten sich zu einer Handlung
vereinigen. Für diese Transportkosten ist es deshalb zweckmäßig,
bei der Geldwerth-Ermittelung die Bruttowerthe auf dem Wirthschaftshofe und die Werbungs- und Transportkosten zum Grunde
zu legen. Die Bruttowerthe ergeben sich, wenn Verkaufspreise am
Wohnorte des Berechtigten nicht zur Verfügung stehen, aus dem
Waldpreise des Vergleichsholzes, dessen Transportkosten bis zum
Verbrauchsorte und aus dem Brennwerthverhältnisse zwischen Ver-
gleichsholz und Leseholz. Bei Wagentransport können dagegen die
Netto-Einheitswerthe aus den Bruttowerthen im Walde und aus den
Werbungskosten abgeleitet werden.

Beispiel 1. Karrentransport. Trockenleseholz. (Entfernung von der Waldmitte 5 km.

Verkaufspreis des verglichenen Reisigholzes im Walde pro Festmeter ohne
Aufmeterung 1,5 Mark. Ladefähigkeit eines 2spännigen Wagens 1 Festmeter.
Gespannlohn für den 8stündigen Wintertag nach dem Unterhaltungsaufwande

4 Mark. Zeitaufwand für Hin- und Rückfahrt, Auf- und Abladen 3 Stunden. Kostenaufwand für Wagentransport pro Wagenlast und Festmeter $\frac{3}{8} \times 4 = 1{,}5$ M.

Mithin Bruttowerth für das Vergleichssortiment auf dem Wirthschaftshofe 3 Mark. Brennwerth des Trockenleseholzes vom Vergleichsholze 0,9. Somit Bruttowerth des Leseholzes auf dem Wirthschaftshofe 2,7 Mark.

Werbungs- und Transportkosten des Leseholzes. Karrenlast: 0,1 Fm.

Zeitaufwand pro Karrenlast für Werbung . . . . 50 Min.

für Hin- und Rückweg, Auf- und Abladen 161 =

zusammen 211 Min.

Kostenaufwand p. Handkarre bei einem

Tagelohne von 0,5 Mark $\frac{211}{480} \times 0{,}5 = 0{,}22$ Mark p. Festmeter $0{,}22 \times 10$

$= 2{,}2$ Mark,

Nettowerth p. Festmeter auf dem Wirthschaftshofe $2{,}7 - 2{,}2 = 0{,}5$ Mark.

Beispiel 2. Wagentransport. Trockenleseholz. 5 km Entfernung.

Verkaufswerth des Vergleichs-Reisigs im Walde 1,5 Mark pro Fm. Brennwerth des Leseholzes vom Vergleichs-Holze 0,9, mithin Bruttowerth des Leseholzes im Walde 1,35 Mark pro Fm.

Werbungskosten:

Zeitaufwand der Sammler für Hin- und Rückweg 125 Min. Sammelzeit pro Tag $480 - 125 = 355$ Min.

Werbungsquantum in 1 Stunde $= 60$ Min. 0,1 Festmeter, mithin Werbungsquantum pro Tag $\frac{355}{60} \times 0{,}1 = 0{,}59$ Festmeter. Werbungskosten

pro Festmeter bei einem Tagelohne von 0,5 Mark: $\frac{0{,}5}{0{,}59} = 0{,}85$ Mark.

Nettowerth pro Festmeter Leseholz: $1{,}35 - 0{,}85 = 0{,}5$ Mark.

g) Leseholzrechts-Zinsfuß.

Die Leseholzberechtigungen gehören im Allgemeinen zu denjenigen Waldservituten, deren Werth im Sinken begriffen ist. Ein Merkmal der Werthverminderung liefert die zurückgehende Ausübung des Leseholzrechts. Die Ursachen dieser Erscheinung liegen einerseits in dem Preisrückgange der geringwerthigen Brennhölzer, herbeigeführt durch die Concurrenz der fossilen Brennstoffe und durch die fortschreitende Ausdehnung und Verdichtung des Verkehrsnetzes, andererseits in der Preissteigerung der gemeinen Handarbeit. Wo diese Umstände zusammentreffen, ist es gerechtfertigt, den Leseholzrechts-Zinsfuß höher, als den Geldzinsfuß, also unter den gegenwärtigen Verhältnissen des Geldmarkts auf $4\frac{1}{2}$ bis 5 Procent festzustellen. Auf eine Werthsteigerung des Leseholzrechts wird kaum irgendwo zu rechnen sein.

In Gegenden mit voraussichtlich auch in Zukunft befriedigendem Brennholzabsatze und Ueberfluß an Arbeitskräften kann daher der Leseholzrechts=Zinsfuß dem landesüblichen Geldzinsfuße gleichgestellt werden.

2. Vortheils=Werthermittelung.

Bei Leseholz=Berechtigungen ist nicht selten der Werth des Vortheils, welcher dem Waldeigenthümer aus der Ablösung erwächst, geringer, als der Nutzungswerth für den Berechtigten. Dieser Fall kann eintreten und den Waldeigenthümer bei Provocation des Berechtigten auf Ablösung bestimmen, die Vortheils=Werthermittelung zu wählen, wenn zwar der Berechtigte bei unzureichender Arbeits=Gelegenheit einen beachtenswerthen Reinertrag aus der Leseholznutzung zu erzielen vermag, dagegen der Waldeigenthümer entweder garnicht oder nur in beschränkter Weise in der Lage ist, das Leseholz durch Verkauf oder Einmiethe zu verwerthen.

Der Vortheil kann ein unmittelbarer oder mittelbarer sein. Einen unmittelbaren Vortheil liefert der Verkauf des durch die Ablösung erworbenen Leseholzes oder dessen Verwerthung durch Einmiethe. Mittelbar vortheilhaft wirkt das dem Walde verbleibende Leseholz durch Bodenbereicherung an Nährstoffen und darauf beruhender Erhöhung des Holzertrags.

Erstreckt sich die Ablösung auf mehrere Berechtigte, so ist außer der Vortheils=Werthermittelung auch die Vertheilung des Vortheils=Kapitals zu bewirken.

a) Werthermittelung des unmittelbaren Vortheils.

Einer annähernd zuverlässigen Geldwerthschätzung ist nur der unmittelbare Vortheil fähig. Zur Berechnung desselben sind diejenigen Antheile der vorher zu ermittelnden Leseholz=Naturalrente qualitativ und quantitativ festzustellen, welche

durch Aufarbeitung und Verkauf verwerthbar,

durch bloße Leseholz=Einmiethe verwerthbar und

durch kauf= oder miethsweise Ueberlassung unverwerthbar sind.

Aufbereitungsfähig und verkäuflich pflegt bei hohen Brennholz=preisen der gesammte Abraum, in anderen Fällen nur stärkeres Abraumholz zu sein. Die Vortheils=Geldrente für den verkäuflichen Theil des Abraums ergiebt sich als Product aus dessen Menge und

aus dem Einheits = Waldpreise abzüglich der Werbungskosten (Zu=
sammenbringen, Aufmetern event. nach vorherigem Ausknüppeln,
d. i. Entästen und Ablängen bis zu der verkäuflichen Stärke).

Zur Aufarbeitung untauglich, aber zur miethsweisen Verwerthung
durch Leseholzzettel geeignet, sind häufig das geringe Abraumreisig
etwa unter 4 cm Stärke und das Astabfallholz. Die Vortheils=
Geldrente für diesen Theil der Leseholz=Naturalrente wird gefunden
aus der Anzahl der auszugebenden Leseholzzettel und aus dem Ein=
heitspreise derselben. Die Anzahl der Leseholzzettel ergiebt sich, wenn
die miethsweise Verwerthung des gesammten unverkäuflichen Berech=
tigungs=Leseholzes gesichert ist, aus der Menge des letzteren und aus
dem durchschnittlichen jährlichen Leseholzbedarfe einer von denjenigen
Familien (Häuslern, Kossäthen, Tagelöhnern 2c.), welche voraussichtlich
von der Leseholz=Einmiethe Gebrauch machen werden. Wenn dage=
gen in wohlhabenden Gegenden nur ein Theil des unverkäuflichen
Leseholzes durch miethsweise Ueberlassung verwerthet werden kann,
so richtet sich die Anzahl der auszugebenden Leseholzzettel nach der
Anzahl von besitzlosen Familien, welche sich voraussichtlich an der
Leseholz=Einmiethe betheiligen werden.

Der Zettelpreis für die Leseholz = Einmiethe ist womöglich nach
ortsüblichen Sätzen zu bemessen.

In der Mark Brandenburg beträgt das Zettelgeld für unberechtigte Heide-
einmiether zur Leseholznutzung mit Schiebekarren während des Winters zwischen
2 und 4 Mark.

Fehlen derartige Sätze, so kann der Zettelpreis aus dem Rein=
ertrage der Leseholznutzung für den Einmiether abgeleitet werden.
Der Reinertrag (Nutzungswerth) bildet die obere Grenze des Zettel=
preises und ist gleich dem Bruttowerthe des jährlichen Leseholzbedarfs
einer Einmietherfamilie am Verbrauchsorte abzüglich der nach mäßi=
gen Sätzen zu veranschlagenden Werbungs= und Transportkosten.
Der Zettelpreis steigt mit den Brennmaterialpreisen, fällt mit stei=
genden Löhnen für gemeine Handarbeit. Beim Zusammentreffen
von niedrigen Holzpreisen und hohen Tagelöhnen liefert die Leseholz=
miethe überhaupt keinen Reinertrag mehr und ist dann durch Ein=
miethe nicht verwerthbar.

b) Ein blos mittelbarer Vortheil erwächst dem Wald=
eigenthümer aus demjenigen Theile der Leseholz=Naturalrente, welcher

weder durch Aufarbeitung und Verkauf, noch durch Leseholz-Einmiethe verwerthet werden kann. Dieser mittelbare Vortheil besteht darin, daß die in dem Leseholze vorhandenen, für die Holzproduction wirksamen Nährstoffe dem Walde verbleiben, durch Zersetzung des Leseholzes dem Boden in löslicher Form zugeführt, von den Wurzeln aufgenommen, in den Blättern verarbeitet und zur Vermehrung des Holzertrags verwendet werden. Aufgabe der Vortheilsberechnung würde es sein, die Größe, die Zeit und den Geldwerth dieser Holzertragsmehrung zu ermitteln. Zur Lösung dieser Aufgabe könnten zwei Wege eingeschlagen werden.

Man könnte einerseits auf dem Wege des vergleichenden Versuchs unter sonst gleichartigen Verhältnissen den Holzertrag von Bestandsflächen ermitteln, in denen eine Leseholznutzung theils stattfindet, theils unterbleibt, um in dem Unterschiede der Holzerträge den gesuchten mittelbaren Vortheil unmittelbar zu finden. Das Verfahren würde indessen einen langen Zeitraum erfordern, von Störungen nicht frei zu halten sein und die Wirkung der Leseholznutzung auf den Holzertrag bei dem relativ geringen Bruchtheile, den die Leseholz-Nährstoffe von dem Nährstoffkapitale des Bodens ausmachen, schwerlich erkennen lassen. Auf dieses Verfahren muß daher verzichtet werden.

Eine zweite Methode würde darin bestehen, daß man für die verschiedenen Bodenklassen einer und derselben Holzart einerseits das Bodenkapital an löslichen Nährstoffen im Bereiche des Wurzelraums und andererseits die Holzerträge ermittelt, um daraus den Holzertrag pro Gewichtseinheit mineralischer Nährstoffe abzuleiten und unter Zugrundelegung dieser Verhältnißzahl den Holzertrag zu berechnen, welcher der im Leseholze vorhandenen, ebenfalls zu ermittelnden Nährstoffmenge entspricht.

Wenn z. B., um einen wichtigen Bodennährstoff herauszugreifen, entsprechend den auf Diluvialsandboden angestellten Untersuchungen pro Hectoliter beträgt:

der Phosphorsäure-Gehalt der III. Kiefernbodenklasse
bis zu 1,57 m Tiefe . . . . 7735 kg
der IV. Bodenklasse . . . . 6062 =
der Holzertrag an Haupt- und Vornutzungen im Laufe eines 100=
jährigen Umtriebs auf der III. Bodenklasse . . . . 450 Fm.
= = IV. = ... 320 =

so würden

    auf 7735 — 6062 = 1673 kg Phosphorsäure in 100 Jahren 450 — 320

    = 130 Festmeter Holzertrag,

        mithin auf 1 kg Phosphorsäure in 100 Jahren 0,077   Fm.

       =   =   =   =   = 1   = 0,00077   =

Holzertrag kommen.

Wenn ferner anstatt der Phosphorsäure der Gesammtgehalt des Bodens an nothwendigen mineralischen Nährstoffen (Kali, Kalkerde, Magnesia, Eisen= oxyd, Phosphorsäure, Schwefelsäure) zur Berechnung gezogen würde, so könnte in dem durchschnittlich jährlichen Holzertrage, welcher auf die Gewichtseinheit des mineralischen Nährstoffgehalts fällt, der Maßstab gefunden werden, um den Geldwerth des mittelbaren Vortheils zu berechnen. Es würde zu diesem Zwecke nur erforderlich sein, die dem Walde durch die Ablösung zufallende jährliche Leseholzmenge zu ermitteln, den Nährstoffgehalt derselben zu berechnen, denselben nach dem obigen Maßstabe in jährlichen Holzertrag umzusetzen und den letzteren nach dem Netto=Holzpreise in Geld zu verwandeln.

Diese Methode der Vortheilsberechnung hat indessen bei dem gegenwärtigen, unzureichenden Stande der forstlichen Bodenkunde nur einen beschränkten Werth. Ihre Richtigkeit beruht auf angreif= baren, oder doch nicht genügend begründeten Voraussetzungen, und ihre Durchführung erfordert Untersuchungen sehr mühsamer und zeit= raubender Art, die seither nur vereinzelt angestellt sind.

Anfechtbar ist es, daß der Holzertrag dem Mineralstoffgehalte des Bodens proportional sei. Das wirklich stattfindende Verhältniß zwischen beiden ist nicht bekannt. Sodann sind die einzelnen mine= ralischen Nährstoffe nicht gleichwerthig, lassen sich daher auch nicht einfach summiren, um den Gesammtgehalt des Bodens an minera= lischen Nährstoffen zu finden. Untersuchungen über den Bodengehalt an mineralischen Nährstoffen im Bereiche des Wurzelraums liegen nur für Kiefernböden vor. Sie beziehen sich auf den in kochender Salz= säure löslichen Theil dieser Mineralstoffe, legen also einen willkür= lichen, dem Verhalten im Walde schwerlich entsprechenden Maßstab für die Löslichkeit zum Grunde. Gleich dürftig sind die Untersuchungen über den mineralischen Nährstoffgehalt des Leseholzes. Die Methode erscheint daher zur Zeit ebenfalls nicht practisch verwerthbar. Daraus folgt, daß von einer rechnungsmäßigen Begründung des mittelbaren Vortheils überhaupt abgesehen werden muß. Berechnen läßt sich nur der unmittelbare, durch Leseholz=Verkauf oder Leseholz=Einmiethe erzielbare Vortheil. Bleibt ein erheblicher Theil des Leseholzes un=

verwerthbar, so kann der mittelbare Vortheil insofern zur Berücksichtigung gelangen, als man den unmittelbaren Vortheil reichlich
hoch bemißt.

Beispiel zu a und b. Zwei Gemeinden sind auf Karren-Leseholz berechtigt. Die Leseholzmassenrente ist ermittelt auf 300 Festmeter Abraum,
400 Fm. Trockenleseholz. Von dem Abraum ist das Starkreisig mit
200 Fm. für den Netto-Waldpreis von 1,5 Mark pro Festmeter verwerthbar. Für den Rest des Abraums (100 Festmeter) und für das Trockenleseholz
kann nur eine Verwerthung durch Leseholz-Karreneinmiethe von Tagelöhnern
in Aussicht genommen werden. Der Jahresbedarf einer Tagelöhner-Familie
an Leseholz von der mittleren, dem Walde verbleibenden Qualität beträgt
10 Festmeter. Der unverkäufliche Theil der Leseholz-Massenrente (100 + 400 Fm.)
liefert daher den Feuerungsbedarf für $\dfrac{500}{10} = 50$ Tagelöhner-Familien. In den
Ortschaften, welche für die Leseholzeinmiethe in Betracht kommen, befinden sich
indessen nur 30 Tagelöhner-Familien mit einem Gesammt-Leseholzbedarfe von
300 Fm. Der Nutzungswerth des Leseholzbedarfs einer Tagelöhner-
Familie berechnet sich auf 0,6 Mark pro Festmeter, mithin auf 6 Mark im
Ganzen. Erfahrungsmäßig kann indessen der Waldeigenthümer höchstens auf
ein Einmiethegeld von 4 Mark rechnen. Hiernach berechnet sich die Vortheils-
geldrente wie folgt:

Von der Leseholz-Massenrente mit 700 Fm. sind

verkäuflich	200 Fm.	Starkreisig à 1,5 M. .	= 300 M.
durch Einmiethe verwerthbar 300	»	mittelst Ausgabe von 30	
		Leseholzzetteln à 4 M.	= 120 »
unverwerthbar 200	»	Die Geldrente des un-	
mittelbaren Vortheils beträgt daher			= 420 M.

Um auch den mittelbaren Vortheil, welchen der Verbleib von 200 Fm. Leseholz
im Walde bringt, zu berücksichtigen, ist der Leseholzrechtszinsfuß auf 4 Procent
angenommen. Das Vortheils-Ablösungs-Kapital berechnet sich demgemäß
auf 420 × 25 = 10500 Mark.

c) Vertheilung des Vortheil-Kapitals.

Die Vertheilung des Vortheil-Kapitals unter mehrere Berechtigte kann nach dem Leseholzrechtsbedarfe (Naturalmaßstab) oder
nach dem Nutzungswerthe (Geldmaßstab) erfolgen. Der einfachere
Naturalmaßstab ist anzuwenden, wenn die Nutzungswerthe für Lese-
holzfestmeter gleich sind, z. B. bei gleichartigen Berechtigungen einer und derselben Ortschaft. Andernfalls müssen die reinen
Nutzungswerthe den Vertheilungsmaßstab bilden, z. B. bei Leseholz-
berechtigungen von mehreren Ortschaften mit verschiedener Entfernung
vom Walde. Wollte man auch hier die Vertheilung nach dem Lese-

holzrechtsbedarf in Festmetern bewirken, so würden dadurch die wald=
nahen Gemeinden, welche wegen geringeren Werbungs= und Trans=
port=Aufwandes einen größern Nutzen von dem Leseholzrechte bezogen
haben, als die fern vom Walde ansässigen Gemeinden, benachtheiligt
werden. Im letzteren Falle hat daher die Hauptvertheilung an die
Gemeinden nach dem Nutzungswerthe, die Untervertheilung an die
Einzelberechtigten jeder Gemeinde nach dem Leseholzrechtsbedarfe zu
erfolgen.

Beispiel. Von den beiden leseholzberechtigten Gemeinden A und B,
für welche das Vortheils=Ablösungs=Kapital vorhin auf 10500 Mark berechnet
wurde, liegt

> A 2 km weit von der Waldmitte. Es beträgt der reine Nutzungswerth
> pro Fm. 1 Mark, für den Leseholzrechtsbedarf von 400 Fm. 400 Mark.
> Dagegen liegt
> B 3 km weit von der Waldmitte. Es beträgt der reine Nutzungswerth
> pro Fm. 0,7 Mark, für den Leseholzrechtsbedarf von 300 Fm. 210 Mark.

Demgemäß stellt sich der Gesammtnutzungswerth für A und B auf 400 + 210
= 610 Mark, und es erhält von dem Vortheils=Ablösungs=Kapitale mit 10500 M.

$$\text{die Gemeinde A } \frac{400}{610} \times 10,500 \quad \ldots\ldots\ldots = 6885,2 \text{ Mark}$$

$$\text{B } \frac{210}{610} \times 10,500 \quad \ldots\ldots\ldots = 3614,8$$

$$= 10500 \text{ Mark.}$$

§ 9.

Stockholz-Berechtigungen zur Feuerung.

I. Begriff und Umfang.

Stockholz (Stukenholz, Stubbenholz, Stumpen) nennt man
das Wurzelholz (die unterirdische Holzmasse) und den daran bei der
Holzernte verbleibenden Theil des Stammes (der oberirdischen Holz=
masse). Man unterscheidet hiernach, jenachdem das Stockholz von
den Wurzeln oder von dem Stamme herrührt, Wurzelstöcke und
Stammstöcke (Haustöcke). Die ersteren besitzen einen mit der Stärke
der Wurzeln abnehmenden, die letzteren bei gesunder Beschaffenheit
einen dem besten Theile des Schaftholzes gleich kommenden Brennwerth.

Nach § 120 des Badischen Forstgesetzes beschränkt sich Stock= und
Stumpenholz auf den Theil des Baumes, welcher nach dem Abhauen oder Ab=
schneiden noch über der Erde hervorragt und auf dessen Wurzeln.

Die Gewinnung (das Roden) des Stockholzes erfolgt entweder durch Baumroden oder durch Stockroden. Beim Baumroden wird der Baum mit seinen Wurzeln bezw. mit einem Theile derselben gefällt und der Stock vom liegenden Stamme abgetrennt. Beim Stockroden wird der Baum durch Abtrennung vom Stocke gefällt und der Stock hinterher gewonnen. Baumroden erfordert einen geringeren Arbeitsaufwand (bis 20 Procent gegenüber der Stock= robung) und gestattet durch tieferes Abtrennen des Stammes aus= schließlich mit der Säge und durch vollständigere Gewinnung des Wurzelholzes eine vortheilhaftere Ausnutzung, als das Stockroden, bei welchem der Haupspan verloren geht, mehr werthvolles Nutzholz am Stocke bleibt und bei gleichem Arbeitsaufwande weniger Wurzel= holz gewonnen wird.

Der Gewinn an Schaftholz durch Baumroden kann 8—10 Procent der Schaftholzmasse betragen.

Stockholzberechtigungen bedingen Stockroden oder begründen wenigstens die Verpflichtung des Waldeigenthümers, bei Baumrodung die Stockabschnitte für die Berechtigten in der zu ihrer Bedarfsbe= friedigung erforderlichen Menge und in einer zum Spalten der Stöcke genügenden bezw. in der observanzmäßigen Länge des Stock= abschnitts auf den Schlägen liegen zu lassen.

Stöcke, welche so lange in der Erde bleiben, bis die schwächeren Wurzeln abgefault sind (Erdstöcke), lassen sich leichter roden.

Das Verbot des Preußischen Landrechts (§ 214 Tit. 22 I ALR.), wonach die Berechtigten ohne Vorwissen des Waldaufsehers kein Holz fällen und abführen dürfen, gilt nach der Ansicht von Koch auch für das Stockroden.

Note 79 zu § 214 l. c. in Koch's Pr. Landr. 6. Ausg.

In Bayern macht sich der zum Bezug von Stockholz Berechtigte durch Gewinnung von Stockholz an nicht dazu angewiesenen Orten eines Forst= frevels schuldig.

Ganghofer, Forstgesetz 1880 S. 68.

Nach dem Sächsischen Waldnebennutzungs=Mandat vom 13. Juli 1813 ist der Waldeigenthümer befugt, dem Berechtigten die Forstorte zur Stock= robung anzuweisen, ferner anzuordnen, daß die Stockrobung zu einer Zeit und in einer Art erfolgt, bei welcher der Nachwuchs nicht beschädigt wird, auch zu verlangen, daß die Wurzeln völlig ausgerodet und die Stocklöcher wieder zu= gefüllt werden.

Die Frage, ob die Stockholzberechtigten Erdstöcke in den Scho=

nungen roden dürfen oder auf Verlangen und nach Anweisung des Waldbesitzers verpflichtet sind, die frischen Stöcke wegzunehmen, ist controvers. Pfeil (in Gans Beiträgen S. 323) vertritt die Ansicht, daß den Berechtigten die Befugniß zum Roden von Erdstöcken in Schonungen beiwohne. Bornemann bestreitet dieselbe, indem er die Vorschrift in § 33 des Landescultur=Edicts vom 14. Spt. 1811

> „Es soll mit Strenge und Nachdruck auf Respectirung der Schonungen gehalten und Alles entfernt werden, wodurch sie verletzt werden können"

auch auf das Stockroden bezieht und als Verbotsgesetz des Stock= rodens in Schonungen auslegt.

Bornemann, System 2. Ausg. Bd. 4 S. 392.

von Rönne, Ergänz. des Preuß. Landrechts, Note zu § 214 Tit. 22 I.

Die letztere Ansicht dürfte indessen nicht begründet sein, weil sowohl in § 32 als in den weiteren Bestimmungen des § 33 a. a. O. lediglich von Weideberechtigten die Rede ist, und das fragliche Verbot nach dem gesammten Zusammenhange nur auf Weideschonungen be= zogen werden kann. Entscheidend für die Beantwortung der Frage dürfte vielmehr die seitherige Ausübung sein. Hat der Berechtigte seit rechtsverjährter Zeit die Rodung von Erdstöcken in Schonungen ausgeübt, so wird ihm dieselbe auch in Zukunft nicht versagt werden können. War dieses aber nicht der Fall, so erscheint der Waldeigen= thümer nach dem allgemeinen Rechts=Grundsatze, daß die Berechti= gungen auf die dem Waldeigenthümer am wenigsten lästige Art aus= geübt werden sollen, befugt, das Roden in Schonungen zu unter= sagen und die Rodung der Stöcke in frischem Zustande zu verlangen.

Nach dem Sächsischen Waldnebennutzungs=Mandat vom 30. Juni 1813 § 30 muß die Stockrodung durch den Berechtigten in Ermangelung ausdrück= licher Zeitbestimmung in dem auf den Holzhieb folgenden Jahre, bei receß= mäßiger Zeitbestimmung aber spätestens innerhalb eines Zeitraums von 3 Jahren nach dem Holzhiebe erfolgen.

Besondere gesetzliche Bestimmungen zur Verhütung des dem Walde durch Stockroden erwachsenden Schadens (Insectenschaden bei verzögerter Stockrodung, Windbruch bei Stockroden in Fichtenbaum= holzbeständen, Erdabschwemmung an steilen Hängen) bestehen in Preußen nicht.

Durch § 29 des Preuß. Feld= und Forstpolizeigesetzes vom 1. April 1880 ist das unterlassene Zuwerfen von Stocklöchern, sofern dazu eine Verpflichtung besteht, mit Strafe bedroht.

Größe und Nutzwerth der Nutzholzberechtigungen sind wesentlich abhängig von der Höhe der Stammstöcke. Dieselbe bewegt sich zwischen 0,2 und 0,6 Meter. Je höher die Stammstöcke, desto werthvoller ist die Stockholzberechtigung für den Berechtigten und desto nachtheiliger für den Wald und die Waldwirthschaft.

II. Bedeutung.

Die Stockholz-Berechtigungen entstammen einer Zeit niedriger Holzpreise, mangelnder Arbeitsgelegenheit und extensiver Waldwirthschaft, meist der Zeit der Plänterwirthschaft mit Selbstverjüngung des Waldes oder doch beschränktem Holzanbau.

Ludwig der Baier verlieh 1346 den Johannitern zu Frankfurt a. M. das Recht, täglich mit einem Pferde aus dem Frankfurter Reichswalde Stockholz, Urholz und liegendes Holz zu holen.

von Berg, Geschichte der deutschen Wälder 1871 S. 179.

In dieser Zeit war die Stockholzberechtigung häufig eine Ertragsquelle für den Waldeigenthümer, welcher als Entgelt für die Stockholznutzung Arbeit (Dienste) oder Naturalien eintauschte, sie war dem Berechtigten ein Mittel zur Verwerthung seiner brach liegenden Arbeitskraft und für die Volkswirthschaft eine Quelle des Einkommens. Die Nachtheile für den Wald beschränkten sich auf die Nutzungs-Uebergriffe und Waldfrevel, zu denen die Berechtigung Anlaß bot.

Mit Hebung der Holzpreise, Einführung einer intensiven Waldwirthschaft, Abstellung des Plänterbetriebs und Ersetzung desselben durch die Schlagwirthschaft wurden die Stockholzberechtigungen dem Walde schädlich, der Waldwirthschaft hinderlich, dem Berechtigten minder vortheilhaft, der Volkswirthschaft nachtheilig und ihre Ablösung eine berechtigte Forderung der Wirthschafts-Politik.

In Nadelholzhochwaldungen bilden die im Boden zurückbleibenden Stöcke und Wurzeln den Brutherd für wurzelbrütende Rüsselkäfer und Bastkäfer. Möglichst vollständige Entfernung der Wurzeln aus dem Boden durch Baumroden vor der Eierablage, oder durch Stockroden mit Fortschaffung des Stockholzes aus dem Walde vor der Reife der Brut ist daher geboten, um die Käferbeschädigungen zu verhüten oder zu vermindern. Die Stockholzberechtigungen, bei welchen die Entfernung des Brutmaterials weder rechtzeitig noch vollständig

erfolgt, stehen dieser Waldschutzmaßregel entgegen und werden da=
durch waldschädlich.

Stockrodungen in Fichtenbaumholzbeständen vermindern deren
Widerstandsfähigkeit gegen Windwurfgefahr, weil dadurch der Zu=
sammenhang der mit einander verwachsenen Wurzeln örtlich aufge=
hoben wird. In windwurfgefährlichen Lagen kann daher das Stock=
roden die Stellen schaffen, an welchen der Sturmschaden in den Be=
ständen Eingang findet, um sich von dort aus weiter zu verbreiten.

An steilen Hängen ist Stockroden die Veranlassung zu Boden=
abschwemmungen, in Schonungen bewirkt es empfindliche Be=
standsbeschädigungen, bei der Holzernte verhindert es, wie schon er=
wähnt wurde, die bei Baumrodung mögliche vollständige Gewinnung
und vortheilhafteste Ausnutzung des Holzes, der Holzanbau erleidet
durch Stockroden Verzögerungen, die mit Zuwachsverlusten ver=
bunden sind.

Stockroden ist, abgesehen von dem meist waldschädlichen Roden
von Erdstöcken, eine schwere, Uebung und gute Werkzeuge erfordernde
Arbeit. Der Berechtigte besitzt in der Regel, wenn er nicht Holz=
hauer ist, keines von beiden Erfordernissen. Es wird daher bei den
Stockholzberechtigungen eine leistungsfähige Arbeitskraft nicht gehörig
ausgenutzt. Der Arbeitsgewinn ist geringe und der Ertragswerth
des Rechts, bei anderweit gebotener Gelegenheit zu vortheilhafter
Verwerthung der leistungsfähigen Mannsarbeit, ein unbedeutender.

Volkswirthschaftlich sind daher Stockholzberechtigungen bei vor=
geschrittener Entwickelung der Waldwirthschaft und des Verkehrs als
Hindernisse der vortheilhaftesten Wald= und Arbeits=Benutzung nur
dann angebracht, wenn der Waldeigenthümer wegen unzureichenden
Brennholz=Absatzes die Stockholz=Gewinnung unterlassen muß.

III. Regelung.

Wo die Preise des Stockholzes und der Arbeit niedrig sind,
der Brennholzabsatz beschränkt ist und die Berechtigung die einzige
oder eine wünschenswerthe Form der Stockholzbenutzung bildet, kann
die Fortdauer der Stockholzberechtigungen sowohl den Sonder=
interessen des Waldeigenthümers und des Berechtigten, als dem
allgemeinen Interesse dienlicher sein, als die Ablösung. Alsdann

ist es geboten, die waldschädlichen Folgen der Stockholzberechtigungen durch Regelung derselben zu beseitigen oder zu mindern.

Die für die Stockholzberechtigungen zweckmäßigen Formen der Regelung bewegen sich theils auf dem Gebiete der polizeilichen Regelung, theils gehören sie der Antrags-Regelung an. Zu der ersteren zählt die Regelung der Nutzungsflächen und der Nutzungszeit, zu der letzteren die Feststellung (Fixation).

Es könnte auffallend erscheinen, daß das Preußische Recht, welches für weit weniger schädliche Servituten, z. B. für Leseholz-Berechtigungen eine Reihe von forstpolizeilichen Bestimmungen zu Gunsten der Walderhaltung enthält, die polizeiliche Regelung der Stockholz-Berechtigungen, über deren Waldschädlichkeit bei unbeschränkter Ausübung kein Zweifel besteht, außer Acht läßt. Diese Thatsache findet ihre Erklärung darin, daß zur Zeit der Emanation des Preußischen Landrechts und des Landeskultur-Edicts die waldschädlichen Folgen der Stockholz-Berechtigungen theils noch nicht in der Wirthschaft stark hervorgetreten, theils durch die Wissenschaft nicht auf ihre Ursachen zurückgeführt waren. Der Plänterbetrieb, dessen starke Seite in dem Schutze gegen Beschädigungen durch Insekten, Windbruch, Bodenverschlechterung, Frostgefahren 2c. liegt, war damals noch nicht lange verlassen, der an seine Stelle getretene Hochwald, welcher Uebersicht und Ordnung in die Wirthschaft brachte, noch nicht in seinen nachtheiligen Wirkungen, die in der Mehrung jener Gefahren liegen, erkannt. Die Wissenschaft gab keinen genügenden Aufschluß über die Ursachen der Insektenbeschädigungen und keine Mittel zur Verhütung derselben. Gegen Waldübel, welche nicht gekannt oder erkannt waren, konnte die Gesetzgebung nicht einschreiten. Gegenwärtig bietet in Preußen das Polizei-Verordnungs-recht eine genügende Handhabe, um die Waldschädlichkeit unbestimmter Stockholz-Berechtigungen zu vermindern. Das Bedürfniß dazu ist in Folge der Fortschritte, welche die Ablösung gemacht hat, in keinem großen Umfange mehr vorhanden.

Wo ein solches Bedürfniß besteht, würde die polizeiliche Regelung der Nutzungsfläche diejenigen Waldflächen von der Stockholznutzung dauernd oder zeitweise auszuschließen haben, auf denen die letztere Waldbeschädigungen von Erheblichkeit unmittelbar oder mittelbar herbeiführt. Derartige Stockholz-Schonungsflächen sind:

Anwüchse (nachbesserungsfähige, noch nicht geschlossene Jungbestände), Aufwüchse (nicht mehr nachbesserungsfähige und noch nicht geschlossene Jungbestände) und Dickungen (in Schluß getretene Jungbestände, in denen die Bestandsreinigung noch nicht eingetreten ist); ferner steile, der Bodenabschwemmung ausgesetzte Hänge, sowie der Gefahr des Windwurfs unterworfene Fichtenbaumholzbestände.

Die polizeiliche Regelung der Nutzungszeit würde in Fichten= und Kiefern=Abtriebsschlägen die Stockrodung auf das Kalenderjahr zu beschränken haben, in welchem von den schädlichen Insecten die Eierablage an den Wurzeln erfolgt.

Das geeignetste, auch nach Preußischem Rechte zulässige Mittel, um die Stockholzberechtigungen mit den Interessen des Waldes und der Waldwirthschaft in Uebereinstimmung zu bringen, ist die Fest= stellung unbestimmter Stockholzberechtigungen mit Aufarbeitung des Stockholzes für Rechnung des Waldeigenthümers. Hierdurch kann, wenn nur die rechtzeitige Abfuhr des Stockholzes sichergestellt wird, jeglicher Waldschaden vermieden und eine vortheilhaftere Ausnutzung des Holzes erzielt werden. Für den Berechtigten ist eine solche Fixation dann vortheilhafter, als die Selbstgewinnung des Stock= holzes, wenn derselbe seine Arbeit jederzeit höher verwerthen kann, als durch die Stockholzwerbung.

IV. Ablösung.

Die Ablösungsberechnung wird stets nach dem Nutzungswerthe der Stockholzberechtigung vorzunehmen sein, weil der Vortheil, welcher dem Waldeigenthümer aus der Ablösung erwächst, niemals hinter dem Ertragswerthe des Rechts zurückbleiben, denselben viel= mehr in der Regel übertreffen wird.

Das Rechnungs=Verfahren bietet nichts Ungewöhnliches dar.

Der Waldertrag an Stockholz, welcher bei Waldunzulänglichkeit für den Berechtigungswald und bei Ermittelung der eigenen Feue= rungsmittel des Berechtigten für dessen Holzungen zu schätzen ist, hängt ab von der Holzart, vom Standorte, vom Haubarkeitsalter, von der Bestandsgüte, der Stockhöhe und der mehr oder minder vollständigen Rodung. Die Schätzung des Stockholzes wird be=

zogen auf den Derbholzertrag, oder auf den Gesammtertrag an oberirdischer Holzmasse oder auf die Abtriebsflächen. Eine nach diesen Schätzungsmaßstäben angefertigte Stockholzertrags-Tafel ist in Tafel XIII beigefügt.

Der Preis des Stockholzes kann in Ermangelung von ortsüblichen Waldpreisen für Stockholz je nach dem Ueberwiegen von Stamm- oder Wurzelstockholz nach den Preisen von gutem oder geringerem Scheitholze und nach dem Brennwerthverhältnisse beider Sortimente (Tafel IX) berechnet werden.

Werbungskostensätze für Stockholz sind in der Werbungskosten-Tafel (Tafel VI) enthalten.

§ 10.

Stockholz-Berechtigungen zum Theerschwelen.

I. Begriff und Umfang.

Das Theerschwelen, ein Proceß der trockenen Destillation, besteht in der Theergewinnung durch Ofen-Verkohlung von Kien (harzreichem Nadelholz, namentlich Kiefernholze) und Stöcken.

Der Theerofen, in der Regel aus Ziegelsteinen gemauert, ist ein conischer, mit doppeltem Mantel überwölbter Hohlraum mit nach der Mitte vertieftem Boden, in welchen eine Abzugsrinne mündet. Er besteht somit aus dem Innenraum, dem Mantelraum und der Abzugsrinne.

Das Stockholz wird gerodet, geputzt (von dem harzarmen Splintholze befreit) und der geputzte Kien in kleine Stücke von 0,3 bis 0,6 m Länge, 5—7 cm Stärke gespalten.

Der in den Innenraum dicht eingesetzte, geputzte und klein gespaltene Kien wird durch Verbrennen des Feuerungsholzes (Schwelholzes) in dem Mantelraume so stark erhitzt, daß daraus der Theer und die übrigen Destillations-Producte (Theergalle und Harzöl) durch die Theerrinne abfließen. Der Hauptertrag des Theerschwelens besteht in Theer, der auch zu Pech gesotten werden kann, und in Kohlen.

Die Theergalle wird zur Bereitung von Bleiweiß oder von Wagenschmiere, das Harzöl durch Destillation zur Herstellung von Kienöl verwendet.

Die Theerschwelerei-Berechtigung besteht in dem Rechte auf Stockholz oder in dem Rechte auf Stockholz und Schwelholz zur Theerbereitung. Sie ist daher eine Holzberechtigung zum gewerblichen Bedarfe. Das Stockholzrecht bezieht sich theils auf frische Stöcke, theils auf Erdstöcke, die erst gerodet werden, wenn die schwachen Wurzeln und der Splint verfault sind. Das Theerschwelen aus solchen alten Erdstöcken ist einträglicher, weil das Roden und Putzen des Kiens weniger Arbeit erfordern und die Ausbeute an Theer größer ist. Zum Schwelholze werden der abgespaltene Splint und Scheit- oder Knüppelholz verwendet. Alte Erdstöcke mit abgefaultem Splint liefern kein Schwelholz. Bei frischem Stockholz ist der Ertrag an Splintabfallholz größer als der Schwelholzbedarf.

Die durch den Bedarf bestimmte Nutzungsgröße der Theerschwelerei-Gerechtsame ist abhängig von der Größe des Ofens und von der Anzahl der Brände in einem Jahre, die letztere theils ebenfalls von der Ofengröße, theils von der Länge der Betriebszeit. Je größer der Theerofen und die Masse des eingesetzten Kiens, desto mehr Zeit erfordert ein Brand. Im Durchschnitt sind zum Füllen des Ofens 2 Tage, zum Schwelen 3 Tage, zum Abkühlen des Ofens 3 Tage und zum Ausräumen der Kohlen 2 Tage, mithin im Ganzen zu einem Brande 10 Tage erforderlich. Die Betriebszeit beschränkt sich in der Regel auf die warme Jahreszeit.

Vgl. über Theerschwelen Pfeil, Forstbenutzung und Forsttechnologie, 3. Ausg. 1845 S. 326, ferner

Pfeil, Ablösung der Waldservituten 3. Aufl. 1854 S. 159.

Völker, Forsttechnologie 1803, S. 596 bis 609, welche auch die ältere Speciallitteratur über das Theerschwelen enthält.

II. Bedeutung.

In früheren Jahrhunderten, bei Waldüberfluß und geringer Bevölkerung, bei niedrigen Holzpreisen und beschränkter Arbeitsgelegenheit, unter der Herrschaft des Plänterbetriebs, war das Theerschwelen in den Kiefernwaldungen, als Berechtigung und Miethsverhältniß, ein ebenso zweckmäßiges, als beliebtes Mittel zur Erhöhung

des Waldertrags an Holz und Geld. Die meisten größeren Kiefern=
forsten des norddeutschen Flachlandes waren mit Theerschwelereien
besetzt.

Von der Bedeutung der Theerschwelerei-Berechtigungen für den
Wald und die Waldwirthschaft gilt alles dasjenige, was im vorigen
Paragraphen von den Stockholzberechtigungen zur Feuerung gesagt
worden ist. Es kommt hinzu, daß die Theerschwelereiberechtigungen
die freie Bewegung in der Wahl der Umtriebszeiten hindern, weil
nur altes Kiefernholz kienig genug ist, um die Theergewinnung zu
lohnen.

Gegenwärtig erinnern fast nur noch die Namen von Forstorten
und Forsthäusern an die Theerschwelereien einer vergangenen Zeit.
Die Theerschwelereien sind verschwunden, bevor sie dem Walde lästig
wurden, nicht weil die moderne Waldwirthschaft mit Schlagbetrieb
und freier wirthschaftlicher Bewegung es erforderte, sondern, weil die
Berechtigten und die Mieths=Theerschweler bei dem seither betriebenen
Gewerbe ihre Rechnung nicht mehr fanden. Die Preise für Theer
und Pech sanken in Folge der massenhaften Einfuhr aus dem Aus=
lande (Norwegen, Schweden, Amerika), die Arbeitslöhne und die
Lebensbedürfnisse stiegen, die inländischen Theerschwelereien lieferten
keinen Reinertrag mehr, sie waren privat= und volkswirthschaftlich
nicht mehr haltbar und kommen in Preußen nur noch vereinzelt
unter besonders günstigen Bedingungen vor. Da das Stockholz
auch als Brennholz vielfach keinen Absatz mehr findet, weil die
Brennholzpreise in Folge der Concurrenz der fossilen Brennstoffe
sinken, dagegen die beträchtlichen Werbungskosten des Stockholzes
mit dem Arbeitslohne steigen, so bleibt das Stockholz in der Erde,
zum Nachtheile für den Wald, für den Waldeigenthümer und für
die nationale Production. Das zurückbleibende Stockholz ist eine
Brutstätte für waldschädliche Insekten. Ein sehr bedeutender Theil
der Holzproduction bleibt unbenutzt. Die Waldrente sinkt. Die
Arbeitsrente, welche der Wald liefert, wird erheblich vermindert. Der
durch alle diese Umstände herbeigeführte volkswirthschaftliche Verlust
legt die Erwägung nahe, ob es nicht angebracht erscheint, auf die
sämmtlichen zollfrei in Deutschland eingehenden Destillationsproducte
des Holzes einen hohen Schutzzoll zu legen.

III. Regelung und Ablösung.

Unter den vorhin erörterten Verhältnissen hat die Regelung und Ablösung der Theerschwelerei=Berechtigungen für Preußen beinahe nur noch ein historisches Interesse.

Ihre Regelung würde den Gesichtspunkten zu folgen haben, welche bei den Stockholz=Berechtigungen zur Feuerung hervorge= hoben sind.

Die Ablösungs=Berechnung hat ausschließlich den Maßstab des Nutzungswerthes anzulegen, weil der Ablösungs=Vortheil für den Waldeigenthümer den Ertragswerth übertrifft.

Das Verfahren der Nutzwerth=Ermittelung hat folgenden Gang einzuschlagen:

I. Ermittelung der jährlichen Naturalrente (Massenrente) (Nr) in Festmetern, gesondert nach den Sortimenten des Berechtigungsholzes

1. bei Waldzulänglichkeit aus dem Holzrechts=Bedarfe (b).
   Nr = b,

2. bei Waldunzulänglichkeit aus dem Holzrechts=Bedarfe (b), dem dauernd gleichen oder dem periodisch wechselnden Jahres= ertrage (We) des Berechtigungswaldes an Servitutholz und aus dem jährlichen Gesammtbedarfe (B) aller Berechtig= ten, ausschließlich des Waldeigenthümers, an Servitutholz.

$$Nr = b \times \frac{We}{B}.$$

II. Ermittelung der jährlichen, dauernd gleichen oder periodisch wechselnden Servitut=Geldrente (Gr) aus

3. der Naturalrente,

4. dem Bruttowerthe (w) pro Festmeter der Servitutholz=Sorten,

5. den Werbungskosten (k) pro Festmeter der Servitutholz= Sorten.   Gr = Nr × (w — k).

III. Berechnung des Ablösungs=Kapitals aus

6. der Geldrente (Gr) und

7. dem Berechtigungs=Zinsfuße (0,0p).

1. Sortimente des Berechtigungsholzes.

Die Theerschwelerei=Gerechtsame kann sich erstrecken

entweder blos auf den Kien von alten Stöcken mit abgefaultem Splinte (Faulstockkien), oder auf Faulstockkien und Schwelholz vom Stamme (Stamm=Schwelholz),

oder auf frisches Stockholz (Frischstockholz), dessen Splintabfall zugleich das Schwelholz liefert,

oder auf Frischstockholz z. B. aus den Abtriebsschlägen, Faulstockkien z. B. aus den Vornutzungen und, soweit der Splintabfall aus dem Frischstockholz nicht ausreicht, auch noch auf Schwelholz.

Die Holzsortimente, welche die Naturalrente zu sondern hat, können daher sein Faulstockkien, gerodet, geputzt und gespalten, Frischstockholz gerodet und gespalten, Stammschwelholz in Scheit= oder Knüppelholz, sämmtlich ausgedrückt in Festmetern.

Erstreckt sich die Berechtigung sowohl auf Faulstockkien als auf Frischstockholz, so ist das Verhältniß zwischen beiden nach der seitherigen Ausübung oder nach dem Waldertrage festzustellen.

2. Holzrechts=Bedarf.

Der Holzrechts=Bedarf besteht in dem Ueberschusse des Vollbedarfs über den davon abzurechnenden Theil der anderweiten Holzmittel des Berechtigten.

Grundlage der Vollbedarfs=Ermittelung für alle Servitutholzarten ist der Jahresbedarf an geputztem und gespaltenem Kien. Derselbe ergiebt sich aus dem Ofenraum, dem Festgehalte eines Raummeters Kien und aus der Anzahl von Bränden in einem Jahre.

Beträgt der Ofenraum 40 Kubikmeter, der Festgehalt pro Raummeter Kien 0,50, die Anzahl der Brände 10, so ist der Kienbedarf $40 \times 0,50 \times 10 = 200$ Festmeter.

Der Vollbedarf an Frischstockholz berechnet sich aus dem Kienbedarf und aus dem Kiengehalte des Frischstockholzes. Nur die inneren harzreichen Holzlagen liefern brauchbaren Kien. Die äußeren Holzlagen (Splint, Abfallholz) werden als Schwelholz verwendet. Das Massen=Verhältniß zwischen Kien und Splint ist sehr verschieden nach Boden und Holzalter. Trockener Boden und altes Holz geben mehr Kien, als feuchter Boden und jüngeres Holz. Allgemeine Erfahrungssätze über den Kien= und Splintgehalt fehlen. Die der Nutzwerthermittelung zum Grunde zu legenden Verhältnißzahlen müssen daher durch örtliche Untersuchung (Messung und cubische Berechnung des Kern= und Splintholzes) festgestellt werden.

Pfeil bezeichnet es als ein sehr günstiges Verhältniß, wenn 25 % des Kiefern-Stockholzes aus Kien, 75 % aus Splint bestehen.

Pfeil, Forstbenutzung 3. Aufl. 1845 S. 333.

von Oesten rechnet

bei 120jährigem Umtriebe

    in den Abtriebsschlägen 30 % Kien   70 % Splint

    $\bullet$ $=$ Vornutzungen   20 $=$ $=$ 80 $=$ $=$

bei 80jährigem Umtriebe

    in den Abtriebsschlägen 20 % Kien   80 % Splint

    $=$ $=$ Vornutzungen   15 $=$ $=$ 85 $=$ $=$

Z. f. LCG. Bd. XVI. S. 312.

Beträgt der Kienbebarf 200 Festmeter, der Kiengehalt des Frischstock-holzes 20 %, so ergeben sich als Jahresbebarf an Frischstockholz

$$\frac{200 \times 100}{20} = 1000 \text{ Festmeter,}$$

worauf 800 Festmeter Splintholz kommen.

Der Bedarf an Schwelholz wird von Pfeil für einen Brand von 9 Klaftern (30,05 Raummetern) Kien auf 2 ½ Klafter (8,35 Raummeter) Kiefern-Scheitholz angegeben.

Pfeil, Ablösung der Waldservituten 3. Aufl. 1854 S. 164.

Darnach berechnet sich bei einem Festgehalte von 0,5 für das Raummeter Kien und von 0,75 für das Raummeter Scheitholz der Bedarf an Schwelholz auf 42 Procent des Kienbedarfs nach Festmetern. In dem obigen Beispiele würde daher der Schwelholzbedarf für 200 Fm. Kien 84 Fm. Kiefernscheitholz betragen. Rechnet man mit von Oesten (a. a. O.) den Brennwerth des Stock-splintholzes zu 0,8 des Brennwerths vom Kiefernscheitholz, so ergiebt sich für 200 Fm. Kien ein Schwelholzbedarf von 105 Fm. Stocksplintholz. Von 1000 Fm. Frischstockholz würden daher

    200 Fm. als Kien,

    105 $=$ als Schwelholz verwendet werden und

    695 $=$ zu anderweiter Verwendung übrig bleiben.

Die Zulässigkeit und Art der Anrechnung der anderweiten Feuerungsmittel des Berechtigten an Kien und an Schwelholz richten sich nach den früher (S. 104) für Brennholz-Bedarfsberechtigungen angegebenen Regeln.

3. Waldertrags-Ermittelung.

Bei Waldunzulänglichkeit ist der Ertrag des Berechtigungs-waldes an Frischstockholz in der Regel in Procenten des Derb-holzeinschlags, gesondert nach Abtriebs- und Vornutzung, unter Be-nutzung der Stockholz-Ertragstafel (Tafel XIII),

der Ertrag an Faulstockkien in Procenten des Stockholzertrags zu ermitteln.

Stockholzerträge von jüngerem Holze, welches keinen zur Theer-Gewinnung mit Nutzen verwendbaren Kien liefert, sind von der Ertrags-Ermittelung auszuschließen. Einen Anhalt für die Alters-grenze, bis zu welcher hinab die Stockholz-Ertrags-Ermittelung aus-zudehnen ist, giebt die bisherige Ausübung des Rechts.

Der Schwelholz-Ertrag ist, sofern nicht Stocksplintholz als Schwelholz verwendet wird, nach dem Waldertrage derjenigen Sor-timente an Derbholz oder Reisig zu ermitteln, auf welche sich die Schwelholz-Berechtigung erstreckt.

Bei sehr unregelmäßigem Waldzustande und ungleichmäßigen Holzerträgen sind die periodischen Holzerträge, Zulänglichkeitsquoten und Naturalrenten nach einer der in Th. I § 15 angegebenen Methoden zu ermitteln und die darnach sich ergebenden periodisch wechselnden Geldrenten zu capitalisiren.

Beispiel. Betriebsfläche 5000 ha. III. Bodenklasse für Kiefern. Reiner Kiefernwald in 120jähr. Umtrieb. Altersklassenverhältniß ziemlich regelmäßig.

Jährlicher Hauptnutzungsertrag nach Tafel II

$$5000 \times 3{,}1 \times 0{,}8 = 12400 \text{ Fm. Derbholz.}$$

Jährlicher Vornutzungsertrag an

$$\text{über 80jährigen Beständen } \frac{5000}{3} \times 1 = 1667 \quad \text{ }$$

zusammen 14067 Fm. Derbholz.

Jährlicher Stockholzertrag 20 % vom Derbholze = 2813 Fm.

     Kienertrag 20 % vom Stockholze   = 563 „

     Stocksplintertrag 80 % vom Stockholze = 2250 „

4. Bruttowerth.

Der Bruttowerth für Kien und Frischstockholz ist bei man-gelndem Verkehrspreise nach dem durchschnittlichen Versteigerungs-preise für Kiefernscheitholz in der Waldmitte und nach dem Brenn-werth-Verhältnisse zwischen Kien bez. Frischstockholz und zwischen Kiefernscheitholz zu ermitteln.

Nach von Oesten (a. a. O.) beträgt der Brennwerth des Kiens 150 % von dem Brennwerthe des Kiefernscheitholzes, während Frischstockholz dem letzteren an Brennwerth gleich steht.

Von dem Steigerpreise des Kiefernscheitholzes sind die Kosten des Aufmeterns in Abzug zu bringen.

5. Kosten-Ermittelung.

An Werbungskosten kommen in Betracht für Faulstockkien die Kosten des Rodens, Putzens und Ausspaltens im Rohen;

beim Frischstockholze die Kosten des Rodens und Spaltens im Rohen.

Wenn der Waldeigenthümer die Ablösung einer Theerschwelerei=Berechtigung auf Faulstockkien beantragt, und der Berechtigte bei Fortsetzung des Theerschwelerei=Betriebs nur noch frisches Stockholz kaufen kann, so müssen demselben die Mehrkosten für die An=schaffung des Ersatz=Materials, also der Unterschied zwischen den Werbungskosten für Frischstockholz und Faulstockkien vergütet, bez. von den Werbungskosten abgezogen werden (Th. I § 15 S. 147).

6. Der Berechtigungs=Zinsfuß ist in der Regel mit Rück=sicht auf den sinkenden Preis des Stockholzes und auf die steigende Tendenz des Arbeitslohns über dem landesüblichen Geldzinsfuß oder doch höchstens in gleicher Höhe mit demselben anzunehmen (Th. I § 15 S. 155).

§ 11.

Leuchtkien= und Feuerkien=Berechtigungen.

Leuchtkien ist harzreiches Kiefernholz zur Erleuchtung von Wohn=räumen in einem dazu besonders eingerichteten Kamine; Feuerkien Kien zum Feueranmachen.

Man unterscheidet Stockkien, Stammkien und Wipfelkien, je nachdem der Kien von Wurzel= oder Stammstöcken, von dem unteren Theile der Stämme oder aus dem Wipfel genommen wird.

Nur der Stockkien ist in der Regel Gegenstand einer Be=rechtigung.

Stammkien entsteht durch frevelhafte Stammbeschädigungen (Entrindung, Holzverletzung).

Wipfelkien (Kienzopf, Vogelkien) ist Folge einer in Kiefern=Baum=holzbeständen und starken Stangenholzbeständen häufig verbreiteten Pilzkrankheit am Schafte innerhalb oder unterhalb der Krone, welche durch einen Rostpilz (Aecidium, auch Peridermium Pini, Kiefern=blasenrost) erzeugt wird, sich durch krebsartige Beschädigung des Schafts und kienige, schwärzlich gefärbte Beschaffenheit der Krebs=stelle äußert, das Absterben des oberhalb der Krebsstelle befindlichen Baumtheils (des Wipfels), und sofern sich unterhalb der Krebsstelle keine grünen Aeste mehr befinden, das Absterben des ganzen Stamms zur Folge hat und dadurch eine der Ursachen für die Lichtstellung der Kiefernbestände im Baumholzalter wird. Auch der Wipfelkien ist häufig Gegenstand frevelhafter Aneignung.

Besondere gesetzliche Beschränkungen in der Ausübung der Leucht= und Feuerkien=Berechtigungen enthält das Preußische Recht nicht.

In dem Geltungsbereiche des Schles. Forstregulativs v. 26. März 1788 kann nach dessen Publikation das Recht auf Leuchtkien von den Schlesischen Amtsunterthanen in den fiscalischen Forsten nicht mehr erworben werden.
OT. II 20. Febr. 1860. Entsch. 43 S. 179.

Der Leucht= und Feuerkien wird in gleicher Weise wie der Kien zum Theerschwelen (§ 10) gerodet, geputzt und klein gespalten. Es werden dazu in der Regel abgefaulte Erdstöcke benutzt.

Das Kleinspalten des Kiens durch die Berechtigten im Walde ist durch ein Erkenntniß des Revisions=Kollegiums vom Jahre 1846 für unstatthaft erklärt.
Ranke, Geldwerth der Forstberechtigungen 2. Aufl. S. 53.

Qualitativ ist die Bedeutung der Leucht= und Feuerkien=Be= rechtigung für den Wald und die Waldwirthschaft dieselbe, wie die= jenige der Theerschwelerei=Berechtigung. Quantitativ dagegen sind die beiden Berechtigungen von keinem großen Belange.

Feuerkien ist noch immer eine gesuchte, gut bezahlte Waare, während Leuchtkien durch das Petroleum fast ganz verdrängt ist.

Die Mißbräuche, Uebergriffe und Waldbeschädigungen, zu denen die beiden Kienberechtigungen Anlaß geben, machen deren Ablösung nothwendig.

Grundlage der Bedarfsermittelung an Leuchtkien ist die Dauer der Erleuchtungszeit, die Anzahl und Größe der zu erleuch= tenden Wohnräume und die Leuchtzeit des Kiens.

Die Dauer der Erleuchtungszeit innerhalb eines Jahres beträgt nach Pfeil 1721 Stunden.
Pfeil, Abl. d. Waldserv. 2. Aufl. Berlin 1844 S. 164.

Zur Erleuchtung einer Bauernstube reicht

1 Kilogr. fetten Kiens 70 Minuten
1   =   magern   =   48   =

Nach den in altem Gewichte in Pfeil's „Ablösung der Waldserv." 3. Aufl. S. 165 und in der „techn. Instr. für den Reg.=Bez. Frankfurt" 2. Aufl. S. 280 angegebenen Sätzen umgerechnet auf neues Gewicht.

Es sind daher zur Erleuchtung einer Bauernstube jährlich erforderlich an fettem   Kien 1475 Kilogr.

= magerem   = 2151   =

Rechnet man (nach den umgerechneten Sätzen von Pfeil und der Frankf. Instr. l. c.)

1 Festmeter fetten   Kiens zu 953 Kilogr.

1   =   mageren   =   = 726   =

so beträgt der Jahresbedarf an Leuchtkien für eine Bauernstube

an fettem Kien 1,55 Festmeter = 3,9 Raummeter

= magerem = 2,96   =   = 7,4   =

das Raummeter zu 0,4 Festmeter angenommen.

von Oesten veranschlagt dagegen den Jahresbedarf an Leucht= und Feuerkien zusammen nur:

für ein Gut von 1 — 2 Hufen auf 1,24 Festm. = 3,1 Raummeter

=   =   =   = $^1/_4$—1   =   =   1,08   =   = 2,7   =

= eine Gärtner=, Kossäthen= oder

Häuslerstelle   = 0,93   =   = 2,3   =

Z. f. LCG. Bd. XVI S. 225.

Die gesetzliche Bestimmung, wonach sich der Brennholz=Berech= tigte das eigene Feuerungs=Material anrechnen lassen soll, findet keine Anwendung auf das Recht zum Leuchtkien.

OT. 26. April 1853. (Z. f. LCG. Bd. XI Grundf. 1047).

Geldwerth und Werbungskosten werden für Leucht= und Feuer= kien in gleicher Weise ermittelt wie für Kien zum Theerschwe= len (§ 10).

§ 12.

Brennholz=Bedarfs=Berechtigungen auf Lagerholz, Bruchholz und Astholz.

I. Lagerholz-Berechtigungen.

1. Begriff und Umfang.

Zum Lagerholze gehören nach Preußischem Landrechte Stämme, die wegen Alters umgefallen sind. Die landrechtlichen Bestimmun= gen über Lagerholz in Th. I Tit. 22 §§ 216, 217 lauten:

„§ 216. Stämme, die vor Alter umgefallen sind, werden zum Lagerholze gerechnet.

§ 217. Wer nur zum Raff- und Leseholze berechtigt ist,

kann weder auf Lagerholz, noch auf Windbrüche Anspruch machen.“

Windbruchholz gehört nicht zum Lagerholze.

OT. 16. Jan. 1849 (Entsch. Bd. 17 S. 410 Z. f. LFG. Grundf. 517, III. 45).

OT. II 30. April 1850 (Präj. 2211, Präj.=Samml. Bd. 2 S. 44, Entsch. Bd. 20 S. 442, Z. f. LFG. Grundf. 306 XI, 84).

OT. 17. Juli 1851 (Entsch. Bd. 21 S. 122 Z. f. LFG. Grundf. 307 XI, 84).

Das Preuß. Rev.=Collegium rechnet Windbruch im Bereiche des Mär= kischen und Schlesischen Provinzialrechts nur dann zum Lagerholze, wenn die umgeworfenen Bäume sowohl untauglich zu Bauholz, als auch schon vorher abständig waren.

R.=E. 30. October 1846 (Z. f. LFG. III. 188).

Auch Schneebruchholz gehört nicht zum Lagerholze, ebensowenig zum Windbruchholze.

R.=E. 10. October 1856 (Z. f. LFG. IX. 344 Motive).

Lagerholz begreift kein Leseholz, Leseholz kein Lagerholz in sich.

OT. 12. Nov. 1834 (Simon's Rechtspr. Bd. 4 S. 359; Z. f. LFG. Grundf. 545 XI. 154).

ALR. I 22 § 217.

Viel weiter, als nach Preuß. Landrechte, geht der Begriff von Lagerholz in Baden, wo auch Abraum, und sämmtliche (nicht blos infolge Alters) von selbst umgefallene, abgestorbene Stämme zum Lagerholze gehören. § 118 des Badischen Forstgesetzes bestimmt darüber Folgendes:

> „Die Lagerholz-Gerechtigkeit erstreckt sich auf abgestorbene, von selbst umgefallene, grosse oder kleine Stämme, und auf solche Abgänge, welche nach der Schlagräumung im Walde liegen bleiben.“

Gegenüber dem Lagerholz=Berechtigten ist der Waldeigenthümer befugt, der Entstehung von Lagerholz durch rechtzeitigen Holzeinschlag vorzubeugen (§ 2 S. 23). Dagegen entsteht die Rechtsfrage, ob dem Lagerholz=Berechtigten bei einem durch geregelte Forstwirthschaft herbeigeführten Mangel an Lagerholz ein Entschädigungs=Anspruch, im Ablösungs=Falle ein Abfindungs=Anspruch zusteht. Die Antwort wird von dem Servituttitel und dessen Inhalt abhängig zu machen sein. Bei vertragsmäßiger, vielleicht sogar entgelblicher Bestellung einer Lagerholzberechtigung zum vollen Feuerungs=Bedarfe oder in einer bestimmten Quantität, erscheint der Anspruch auf Entschädigung, die am besten durch Umwandlung in andere Holz=Sortimente erfolgt, begründet, bei Verjährungs=Berechtigungen dagegen nicht, weil das Recht wirthschaftlicher Waldbehandlung durch Verjährung nicht ver=

loren geht, es sei denn, daß der Berechtigte ein die wirthschaftliche Handlung ausschließendes Untersagungsrecht erworben hat. Bei Verjährungs-Berechtigungen und Mangel an Lagerholz ruht sowohl die Ausübung des Rechts, als wegen Werthlosigkeit desselben die Zulässigkeit der Zwangs-Ablösung, weil eine Aufhebung von Rechten ohne Wertherstattung dem Begriffe der Ablösung zuwiderläuft.

Dieser Rechts-Auffassung entsprechen folgende richterliche Entscheidungen:

Nach dem Erkenntnisse des Oberlandesgerichts zu Bromberg v. 7. Febr. 1838 ist der Waldeigenthümer nicht verpflichtet, Bäume abständig werden zu lassen, um im Interesse der Servitutberechtigten Lagerholz zu erzielen. Das Recht auf Lagerholz ruht, wenn ein Mangel daran eingetreten ist, und der Waldeigenthümer ist nur dann zu einer Entschädigung verpflichtet, wenn sich der Belastete bei Constituirung der Lagerholz-Berechtigung ein Entgeld dafür ausbedungen hat.

von Rönne, Ergänz. 6. Ausg. Note 2 zu § 30 Tit. 22 I ALR.

Nach Ansicht des Preuß. Rev.-Coll. ist bei Ablösung einer auf Ver- leihung beruhenden Lagerholzberechtigung der Waldeigenthümer zur Ent- schädigung nach dem vollen Brennbedarfe verpflichtet, wenn der Wald zur Zeit der Verleihung den vollen Bedarf an Lagerholz lieferte und durch Einführung einer geordneten Forstwirthschaft Mangel an Lagerholz entstanden ist.

R.-C. 12. April 1861. Z. f. LCG. XIII. 335.

Denselben Grundsatz hat nach den Entscheidungsgründen des letzt- erwähnten Erkenntnisses das Preuß. Obertribunal in dem Urtheil v. 30. Nov. 1831 anerkannt.

Dagegen haben nach der Westpreuß. Forstordnung vom 8. October 1805 Tit. II § 36 die Lagerholzberechtigten in Ermangelung von Lagerholz keinen Anspruch auf anderes Holz.

OT. 12. Nov. 1834. Rechtsf. Bd. 4 S. 359, Z. f. LCG. XI. 154, Grundf. 544.

Auch Ebing vertritt die Ansicht, daß von dem Waldbesitzer eine so schlechte Wirthschaft, daß dabei Bäume vor Alter umfallen und verfaulen, nicht verlangt werden kann. Nur wenn der Rechtstitel der Lagerholz-Berechtigung von solcher Art ist, daß er einen bestimmten Bedarf in den Vordergrund stellt, und die Befriedigung desselben durch Lagerholz als nebensächlich erscheint, hält Ebing es in Ermangelung von Lagerholz für zulässig, dem Berechtigten einen An- spruch auf anderes Holz zu bewilligen.

Ebing, Rechtsverhältnisse des Waldes S. 133.

2. Bedeutung.

Die Entstehung von Lagerholz-Berechtigungen gehört den Zeiten und Gegenden des Holzüberflusses und des mangelnden Holz- absatzes an.

1347 verlieh Ludwig der Bayer dem Gotteshause Raitenhaslach wind- fälliges und liegendes, 1346 den Johannitern zu Frankfurt Stockholz, Urholz

(d. i. unfruchtbares Holz) und liegendes Holz. Noch Mitte des 18. Jahrh. scheinen Lagerholzberechtigungen in deutschen Wäldern nur noch selten verliehen zu sein.

Bei genügendem Holzabsatze kann in einem geregelten Forstbetriebe kein Lagerholz vorkommen, weil es unwirthschaftlich ist, das Holz so alt werden zu lassen, daß es verdirbt und umfällt. Vor Alter fällt das Holz nur dann um, wenn es zuvor abständig und faul geworden ist, das physische Haubarkeitsalter überschritten hat. Das wirthschaftliche Haubarkeitsalter fällt in eine Zeit, in welcher das Holz noch bei voller Gesundheit ist, seinen vollen Gebrauchswerth besitzt. Lagerholz im Walde ist daher bei ausreichendem Holzabsatze ein Zeichen nachlässiger Waldwirthschaft, bei geordneter Waldwirthschaft ein Merkmal von Waldüberfluß. Gegenwärtig kommt Lagerholz in größerer Menge nur noch in einigen wenigen, ausgedehnten, schwer zugänglichen, dünn bevölkerten Waldgegenden vor. Man findet dasselbe z. B. auf den Höhen des Bayerischen Waldes, in den Bayerischen Alpen als Zubehör urwaldähnlicher Waldzustände.

Eine geregelte Wirthschaft mit befriedigendem Brennholz-Absatze räumt mit dem Lagerholze rasch auf. Verjährungs-Berechtigungen erlöschen bei Lagerholzmangel durch Verjährung mittelst Nichtgebrauchs. Da der Waldbesitzer keine Verpflichtung zur Entschädigung für den Lagerholzmangel hat, so hat er auch keine Veranlassung zum Ablösungs-Antrage.

Verleihungs-Berechtigungen auf Lagerholz dagegen bedürfen wegen des ihnen für den Fall des Mangels beruhenden Entschädigungs-Anspruchs bei dauernd gesichertem Brennholzabsatze der Ablösung, bei unbefriedigendem oder zurückgehendem Brennholz-Absatze dagegen der Umwandlung und Feststellung.

3. Ablösung.

Bei genügendem Brennholz-Absatze kann sich die Ablösung nur auf die Nutzwerthermittelung stützen, weil in dem gedachten Falle der dem Waldeigenthümer aus der Ablösung erwachsende Vortheil mindestens dem Nutzungswerthe gleich ist.

Die Lagerholz-Massenrente ist bei Verleihungs-Berechtigungen zum vollen Bedarfe nach dem Holzrechtsbedarfe, bei Verjährungs-Berechtigungen nach dem im Walde vorhandenen Vorrathe an Lagerholz einzuschätzen.

Bei der Ermittelung des Bruttowerthes ist auf die Beeinträch=
tigung der Brenngüte durch die anbrüchige oder halb anbrüchige
Holzbeschaffenheit Rücksicht zu nehmen.

In der Z. f. LEG. ist der Brennwerth des Lagerholzes bald zu ¹/₅ und ¹/₃
(Bd. XIII. S. 338), bald zu 0,8 (Bd. XVI. S. 289) von dem Brennwerthe des
gesunden Scheitholzes angenommen worden.

Die Werbungskosten sind wegen des zerstreuten Vorkommens
von Lagerholz höher zu veranschlagen, als die Holzwerbungskosten in
Schlägen.

Von einer Vortheils=Werthermittelung kann bei Ablösung
von Lagerholz=Berechtigungen nur bei ungenügendem Brennholz=Ab=
satze die Rede sein, bei welchem das Lagerholz im Walde auch nach
der Ablösung liegen bleiben muß, weil es der Waldbesitzer nicht zu
nutzen vermag. Eine auf Boden=Verbesserung und darauf beruhende
Holzertrags=Steigerung gestützte Vortheils=Berechnung ist, ganz ab=
gesehen von der früher (S. 162) hervorgehobenen Unzuverlässigkeit
solcher Berechnungen, schon deshalb nicht ausführbar, weil der ver=
mehrte Holzertrag wegen mangelnden Absatzes nicht gehoben werden
kann. Gleichwohl ist die Vortheilswerth=Ermittelung nicht gegenstands=
los. Sie beruht auf der Wahrscheinlichkeit, daß der Holzabsatz sich
bessern und in Zukunft eine volle Verwerthung des zur Zeit unver=
werthbaren Lagerholzes ermöglichen werde. In dem für die Zeit
bis zur muthmaßlichen Verwerthbarkeit diskontirten Nutzungswerthe
liegt dann der Ablösungsvortheil für den Waldeigenthümer.

II. Bruchholz-Berechtigungen.

Bruchholz nennt man das durch Waldunfälle abgebrochene, am
Boden liegende Holz. Man unterscheidet nach den abgebrochenen
Baumtheilen: Schaftbruch, Wipfelbruch, Astbruch, Zweigbruch, nach
den Ursachen: Windbruch, Schneebruch, Duftbruch, Eisbruch. Auf
die letzteren beziehen sich die Bruchholz=Berechtigungen.

Windbruchholz im strengen Wortsinne ist das durch den
Wind von dem Schafte, dem Wipfel, den Aesten oder Zweigen ab=
gebrochene, am Boden liegende Holz solcher Stämme, deren Wurzeln
im Boden bleiben, verschieden vom Windwurf (Windfall), bei welchem
der Baum mit den Wurzeln durch die Gewalt des Windes um=
gelegt wird. Außerdem entsteht Windbruch mittelbar (sekundär) durch

das Aufeinanderstürzen von Stämmen bei Windwurf. Mitunter wird indessen, abweichend von dieser strengen Terminologie, unter Windbruch in einem allgemeineren Sinne (pars pro toto) das ge= sammte durch den Wind niedergelegte, also sowohl das gebrochene, als das geworfene Holz verstanden. In welchem Sinne in einem gegebenen Falle die Berechtigung auf Windbruchholz aufzufassen ist, darüber entscheidet der örtliche Sprachgebrauch und die bisherige Ausübung.

Koch unterscheidet Windfälle (vom Winde mit der Wurzel umgerissene gesunde (?) Bäume) und Windbrüche (vom Winde abgebrochene Baumstücke) und vertritt die Ansicht, daß der nur zu Windbrüchen Berechtigte die umge= rissenen gesunden (?) Bäume (Windfälle) nicht in Anspruch nehmen könne.

Koch, Preuß. Landr. 6. Ausg. Note 86 zu § 217 Tit. 22 I. ALR.

Das Badische Forstgesetz v. 15. Nov. 1833 enthält über den Begriff von Windbruch und Windfall Folgendes:

> „§ 117. Als Windbruchholz gelten nur einzelne vom Sturm-
> wind abgebrochene Bäume, nicht aber solche, die blos umgebogen
> sind, noch auch beschädigte, aber fest anhängende Aeste; eben
> so wenig die Stöcke der abgebrochenen Bäume.
>
> Unter Windfall werden die mit der Wurzel umgeworfenen
> einzelnen Bäume verstanden.“

Windbruchbeschädigungen im engeren Sinne sind abhängig von Holzart, Holzalter, Gesundheit des Holzes und Bestandsschluß. (Eichen, Lärchen, Buchen, Birken sind widerstandsfähiger gegen Bruch, als Erlen, Kiefern, Aspen, Fichten. Die Widerstandsfähigkeit gegen Windbruch steigt mit Alter, Holzreife und Bestandsschluß, wird beein= trächtigt durch Fehler und Schäden des Holzes (stammfaules, vom Wilde geschältes, geharztes Holz ꝛc.).

Schneebruch ist das durch auflagernden Schnee abgebrochene Holz, verschieden von Schneedruck, welcher die Stämme blos nieder= biegt, ohne sie zu zerbrechen. Schneebruch entsteht, wenn nasser, großflockiger, leicht haftender Schnee in großen Massen fällt, sich auf den Baumkronen ablagert, bei niedriger Temperatur und wenig be= wegter Luft längere Zeit liegenbleibt, ohne zu schmelzen und abge= weht zu werden, wohl gar anfriert und neue Schneemassen auf= nimmt, bis die Baumschäfte, Wipfel oder Aeste unter der Last des Schnees zusammenbrechen. Je brüchiger das Holz (Kiefern gegen= über Weißtannen), je dichter die Baumkronen und je größer die Haftflächen für den Schnee (Traubeneichen, Birken mit Laubanhang im Winter, Hochwald gegenüber Plänterwald), je häufiger und massenhafter nasser Schnee fällt und je länger er liegen bleibt, desto häufiger, umfangreicher, verderblicher ist der Schneebruchschaden, welcher zu den durch die moderne Waldwirthschaft begünstigten Waldübeln gehört. In den tieferen Lagen innerhalb Deutschlands (Flachland, Hügelland), wo der Schneefall minder beträchtlich ist und bald schmilzt, sind Schneebruchbeschädigungen seltene Erscheinungen. Auch in den hohen Gebirgslagen mit starkem und lange liegenbleibendem Schnee ist Schneebruchschaden nicht so umfangreich und verderblich, als im Mittelgebirge, theils weil das langsam gewachsene Holz widerstandsfähiger ist, hauptsächlich aber, weil der Schnee bei größerer Kälte mehr kleinflockig fällt und minder leicht haftet. Die eigentliche Schneebruchregion bildet die niedere und obere Bergregion (Buchen= und Fichtenregion), wo viel Schnee naß fällt und lange liegen bleibt.

Baumhölzer leiden hauptsächlich durch Astbruch, Stangenhölzer, in denen die Verheerungen am größten sind, durch Schaft= und Wipfelbruch, sowohl einzeln (Einzelbruch) als flächenweise (Massenbruch) bis zur völligen Bestandszerstörung, Dickungen, welche dem Schneeschaden am wenigsten ausgesetzt sind, vorzugsweise durch Schneedruck.

Duft (Rauhreif) nennt man den in Form von feinen Eisnadeln ausgeschiedenen Wasserdampf der Luft. Die Duftbildung erfolgt, wenn die Luft gleichzeitig unter den Thaupunkt und unter den Gefrierpunkt abgekühlt wird. Die Entstehungsursache ist verschieden. Duft bildet sich einerseits bei dem Uebergange aus einer längere Zeit kalten in eine minder kalte Witterung mit hoher relativ feuchter Luft, z. B. bei Verdrängung des Polarstroms durch den Aequatorialstrom, oder bei dem Aufsteigen wasserdampfreicher Luft in kältere Gebirgslagen, immer unter der Voraussetzung, daß die nachfolgende duftausscheidende Luft unter dem Gefrierpunkte bleibt. Alsdann wird die zuströmende wärmere, mit Wasserdampf beinahe gesättigte Luft bei ihrer Berührung mit den kälteren Baumtheilen unter den Thaupunkt abgekühlt und der in Form von Eisnadeln ausgesonderte überschüssige Wasserdampf als Duftanhang an den Baumtheilen abgelagert. Andererseits kann bei Eindringen eines kalten polaren Luftstroms in einen dem Gefrierpunkte nahestehenden, mit Wasserdampf

beinahe gesättigten äquatorialen Luftstrom, welcher durch die Luft=
mischung unter den Gefrier= und Thaupunkt erniedrigt wird, der
überschüssige Wasserdampf als Eisnebel ausgesondert werden und
ebenfalls an den Baumtheilen, mit denen er in Berührung kommt,
haften bleiben. Der Duftanhang ist stets lose angelagert, undurch=
sichtig, häufig einseitig von dem herrschenden gelinden Luftzuge ange=
trieben, fällt bei geringer Erschütterung, z. B. durch Anklopfen von
Stangen oder bei stärkerem Winde ab, vermag aber bei längerer
Dauer der beschriebenen Bildungsursachen die Bäume derartig zu
belasten, daß selbst stärkere Aeste, deren Holz durch den Frost an
Bruchfestigkeit Einbuße erlitten hat, brechen. Duftbruch im Flach=
und Hügellande gehört zu den Seltenheiten, weil sich der Wasser=
dampf hier mehr in wässriger Form abscheidet und der Duft bei der
höheren Temperatur leichter schmilzt. Die unteren und oberen
Grenzen der Duftregion liegen tiefer, als diejenigen der Schnee=
region. Ueber die niedre Bergregion verbreitet sich die obere Grenze
der Duftregion nicht erheblich. Duftbruchbeschädigungen sind seltener
und minder verderblich als Schneebruchbeschädigungen, weil der lose
anhängende Duft durch stärkeren Wind leicht abgeweht wird und sich
nicht in so großen Massen ablagert, als der Schnee.

Eisbruch in Wäldern entsteht durch Gefrieren von wässrigem
Niederschlag an den Bäumen. Eis ist durchsichtig und haftet fest.
Die zu Eis umgebildeten wässrigen Niederschläge können in wässri=
gem Beschlage, gewöhnlichem Regen, geschmolzenem Schnee und in
Eisregen bestehen. Wässriger Beschlag bildet sich aus einer feucht=
warmen, über dem Gefrierpunkte befindlichen Luft nach vorhergegan=
gener kälteren Periode durch Ausscheidung von Wasserdampf an
festen Gegenständen, deren kältere Temperatur die berührenden
Schichten der Luft unter den Thaupunkt erniedrigt. Befindet sich in
diesem Falle die Temperatur der festen Gegenstände unter dem Ge=
frierpunkte, so gefriert der Beschlag auf denselben; es entsteht Glatt=
eis. In dem gleichen Falle wird Regen beim Aufschlagen auf feste
Gegenstände (Boden, Bäume) in Glatteis, Eisbeschlag umgebildet.
Stark abgelagerter Schnee schmilzt bei vorübergehend über dem Ge=
frierpunkte stehender Temperatur an der Oberfläche zu Wasser und
überzieht sich bei wiederkehrendem Froste durch Gefrieren des Schnee=
wassers mit einer Eiskruste oder bildet herabhängende Eiszapfen,

die sich mitunter so schwer an die Zweige hängen, daß diese herab=
gezogen und aus dem Schafte gerissen werden. Eisregen endlich ist
ein in hohen Luftschichten mit positiven Temperaturen gebildeter
Regen, welcher bei dem Durchfallen durch darunter befindliche Luft=
schichten mit negativer Temperatur zwar den wässrigen Aggregatzu=
stand beibehält, aber eine Temperatur unter dem Gefrierpunkte an=
nimmt (Ueberkältung) und erst bei dem Aufschlagen auf feste Gegen=
stände (Bäume u. s. w.) plötzlich erstarrt.

Eisregenbrüche gehören zu den Seltenheiten. Im November 1858 kam
ein ausgedehnter Eisregenbruch in der Winterhauch, einem zum Soonwalde
im rheinischen Schiefergebirge gelegenen Waldreviere vor. Derselbe führte zu
einem Rechtsstreite und zu sehr abweichenden Sachverständigen-Gutachten über
die Art und Ursache des angerichteten Bruchschadens.
Vergl. darüber Grunert, Forstliche Blätter 7. Heft S. 153 Jahrgang 1864.

Von den genannten Bruchbeschädigungen sind Wind= und
Schneebruch häufige, Duft= und Eisbruch seltenere Erscheinungen.
Die einzelnen Brucharten treten theils selbstständig für sich allein,
theils gemeinschaftlich mit einander auf.

Alle Arten von Bruchbeschädigungen kommen nicht alljährlich
oder gewöhnlich, sondern nur in gewissen Jahren oder bei gewissen,
durch die besonderen Witterungsverhältnisse und gewisse Waldzustände
herbeigeführten Gelegenheiten vor. Die Bruchholzberechtigungen sind
daher unständige Servituten (servitutes discontinuae) und erfor=
dern nach Preuß. Landrechte zu ihrer Ersitzung die ungewöhnliche
(40 jährige) Verjährung.
Vergl. ALR. I. 9 § 649.
Anderer Ansicht ist, hinsichtlich der Berechtigung auf Schneebruchholz, das
Preuß. Revisions-Collegium für Landeskulturfachen, welches in einem Special=
falle auf Grund der Zeugenaussage, daß der Schneebruch alle Jahre statt=
gefunden habe, und daß nur der Umfang desselben verschieden gewesen sei, die
Schneebruchberechtigung als eine ständige, der gewöhnlichen (30 jährigen) Er=
sitzung unterliegende Servitut anerkannt hat.
R.=C. 10. October 1856 (Z. f. LCG. IX. 343, Grundf. 287).
Im Gegensatze dazu steht ein Präjudiz des Obertribunals, dahin lautend:
„Ist ein Recht von solcher Beschaffenheit, daß es nicht völlig von der
Willkür des Berechtigten abhängt, dasselbe alljährlich oder gewöhnlich auszu=
üben, sondern daß die Ausübung nur bei gewissen, durch andere, außerhalb
der Willkür des Berechtigten liegende Umstände herbeigeführten, Gelegen=
heiten erfolgen kann, so bleibt die Ersitzung von 40 Jahren zum Erwerbe

dieses Rechts auch dann erforderlich, wenngleich nachgewiesen werden kann, daß ein solches Recht während 30 Jahren alljährlich ausgeübt worden sei."
OT. 20. April 1852 (Pr. 2369, Entsch. Bd. XXIII S. 91).

Bruchholz-Berechtigungen sind unter Umständen bei unzureichendem, die Verwerthung des Bruchholzes ausschließendem Holzabsatze der Waldwirthschaft nicht hinderlich, bei beschränkter Arbeitsgelegenheit dem Berechtigten und volkswirthschaftlich nützlich. Bei intensiver, durch hohe Holzpreise ermöglichter Waldwirthschaft hindern sie die schleunige Aufarbeitung des Holzes vor eingetretenem Verderben und die Wiederkultur der durch den Bruch herbeigeführten Bestandslücken. In Nadelholzbeständen werden sie durch die verzögerte Wegschaffung des Bruchholzes die Ursache von Verheerungen durch Borkenkäfer. Sie geben Anlaß zu Streitigkeiten zwischen Waldeigenthümer und Berechtigten und gewähren dem Berechtigten wegen des unregelmäßigen, durch die Witterungsverhältnisse bedingten Vorkommens an Bruchholz eine unsichere, zur regelmäßigen Bedarfsbefriedigung ungeeignete Nutzung. Ihre Ablösung oder Regelung mittelst Feststellung ist daher auf den höheren Stufen der Wald- und Volkswirthschaft eine berechtigte Forderung der wirthschaftlichen Politik.

Bei Ermittelung der Bruchholz-Naturalrente ist zu berücksichtigen, daß die Bruchholzberechtigungen nicht alljährlich, sondern nur in gewissen Jahren den Brennholzbedarf bald ganz, bald nur theilweise befriedigen, ferner, daß in einem Jahre, selbst bei großem Bruchschaden, nicht mehr als der einjährige Holzrechtsbedarf entnommen werden darf (§ 2 S. 10). Es sind daher für einen längeren Zeitraum sowohl die Bruchjahre, als die Antheile, welche sie zur Bedarfsbefriedigung der Berechtigten geliefert haben, zu ermitteln, um danach die durchschnittlich jährliche Quote zu berechnen, mit welcher sie zur Deckung des Holzrechtsbedarfs beitragen.

Ebenso sind je nach dem verschiedenen Vorkommen von Schaft-, Wipfel-, Ast- und Zweigbruch die durchschnittlichen Bruttogeldwerthe und Werbungskosten der Bruchholzerträge festzustellen, alles Ermittelungen, die sich auf eine genaue örtliche Würdigung der Verhältnisse zu stützen haben und zu einer allgemeinen Behandlung ungeeignet sind.

III. Astholz-Berechtigungen.

Astholz-Berechtigungen können sich auf liegendes und stehendes Holz und bei letzterem auf trockene und grüne Aeste erstrecken.

Astholzberechtigungen wurden frühzeitig verliehen. 1225 bestätigte Heinrich VII. dem Kloster Ottenburg das Recht, taubes und abgestandenes Holz, Windbruch, Aeste und Spitzen von gefälltem Holze zu nutzen.

Anton, Gesch. der deutsch. Landw. Bd. III S. 456.

1329 verlieh König Johann von Böhmen in der Görlitzer Heide die Aeste der umgefällten Bäume.

(Ebendort III. 457.)

Astholzberechtigungen an liegendem Holze beschränken sich auf die im ordentlichen Wirthschaftsbetriebe gefällten und auf die durch Waldunfälle niedergelegten Stämme. Es unterliegen der Berechtigung mitunter die gesammten Aeste, in andern Fällen nur die Aeste bis zu einer gewissen Stärke.

Im Büdinger Walde erstreckt sich die Astholz-Berechtigung an liegenden Stämmen auf das sog. Urholz, worunter dort, abweichend von dem anderwärts bestehenden Begriffe von Urholz (§ 13 II), das bei den Fällungen sich ergebende, unspaltbare Astholz verstanden wird.

In ihrer nach den Zuständen der Wald- und Volkswirthschaft wechselnden Bedeutung stehen sie den Abraum-Berechtigungen gleich (S. 139).

Der Astholzertrag eines Waldes an liegenden Stämmen ergiebt sich einestheils aus dem schätzungsmäßigen Gesammtertrage an oberirdischer Holzmasse, anderseits aus dem nach Alter und Stammstärke verschiedenen Procentsatze des Astholzes von dem Gesammtholze. Zum Anhalte für Ertragsschätzungen kann die in Tafel XIV beigefügte Astholztafel benutzt werden.

Berechtigungen auf Trockenäste an stehendem Holze erfordern zur Werbung besondere Werkzeuge, in der Regel auf Stangen befestigte Haken von Holz oder von Eisen mit schneidender Schärfe (Schneidehaken).

Für den Wald ist diese Berechtigung nicht günstig. Sie veranlaßt Schaftverletzungen und durch das Eindringen der Feuchtigkeit in die splittrigen Astbruchstellen Ast- und Stammfäule. Die Werbung ist mühsam, nur bei niedrigem oder fehlendem anderweiten Arbeitsverdienste lohnend, die Ablösung oder Regelung durch Umwandlung und Fixation fast immer zweckmäßig.

Zur Einschätzung des Walbertrags an Trockenästen kann die Ertragstafel für Trocken-Leseholz und Trocken-Astholz (Tafel XII) benutzt werden.

Die Ermittelung des Bruttowerths und der Werbungskosten erfolgt nach den § 8 S. 155, 156 erörterten Grundsätzen. Der Brutto-werth des Hakholzes ist aber größer, als derjenige des Fallholzes.

Berechtigungen auf Grünäste an stehendem Holze end-lich, zu deren Werbung in der Regel Schneidehaken angewendet werden, erfordern unbedingt wegen ihrer Waldschädlichkeit die Ablö-sung oder Regelung. Ast- und Stammfäule sind hier durch das Eindringen von Pilzsporen in die frischen Astbruchstellen gewöhnliche Erscheinungen, Zuwachsverluste die nothwendige Folge jeder Grün-ästung. Dem Waldeigenthümer erwachsen durch dies verderbliche Recht Verluste am Walbertrage nach Masse und Gebrauchswerth, die in keinem Verhältnisse zu dem Ertragswerthe desselben für den Berechtigten stehen.

Bei Ermittelung des Walbertrags an Grünästen bei Waldun-zulänglichkeit kommt es wesentlich darauf an, die richtige Schätzungs-grundlage festzustellen. Dieselbe dürfte nicht blos in der bisherigen Ausübung, welche entgegen den allgemeinen gesetzlichen Bestimmungen über Servituten die Waldsubstanz gefährden und die eigentliche Be-stimmung des Waldes vereiteln kann, sondern auch darin zu finden sein, daß die Astholznutzung eine nachhaltige ist, d. h. daß höchstens der jährliche Zuwachs an Astholz unter Schonung der Jungbestände entnommen wird.

Der Astholzzuwachs, also die jährliche Nutzungsgröße, ist nach Procenten des Gesammtzuwachses an oberirdischem Holze zu ermitteln. Der laufend jährliche Gesammtzuwachs für die Verschiedenheiten der Ertragsklassen, Betriebsarten, Holzarten, Altersklassen und Bestands-güten ergiebt sich aus den Holzertragstafeln (Tafel I—III). Die Ast-holzprocente sind aus der Astholztafel (Tafel XIV) zu entnehmen.

Beispiel.

Buchen-Hochwald. Schonung bis zum 30jähr. Alter. Der Astnutzung unterliegen:

<pre>
100 ha 30jähr. Bestandsgüte 1
100 * 60 =   =   0,9 des Vollbestandes
100 = 90 =   =   0,8 *   =
</pre>

Nach den Ertragstafeln mögen betragen bei Vollbestand
der Jahreszuwachs im 30. Jahre 6 Festm. pro ha

$$
\begin{array}{llll}
\text{an Haupt- und} & = 60. & = 7 & = & = & = \\
\text{Nebenbestand} & = 90. & = 6 & = & = & = \\
\text{der Astholzantheil} & = 30. & = 30 \text{ Procent} \\
\text{in Procenten der} & = 60. & = 18 & = \\
\text{Gesammtmasse} & = 90. & = 18 & =
\end{array}
$$

Alsdann beträgt der laufend jährliche Astholzzuwachs

$$
\begin{aligned}
\text{für } 100 \text{ ha } 30\text{jähr. } 100 \times 6 \times 1 \ \times 0{,}30 &= 180 \ \text{ Festm.} \\
= 100 = 60 = 100 \times 7 \times 0{,}9 \times 0{,}18 &= 113{,}4 \ , \\
= 100 = 90 = 100 \times 6 \times 0{,}8 \times 0{,}18 &= \underline{86{,}4} \ ,
\end{aligned}
$$

mithin der gesammte jährliche Nachhaltertrag an Astholz 379,8 Festm.

§ 13.

Sonstige Holzbedarfs-Berechtigungen.

Die Anzahl der Holzberechtigungen ist eine sehr große. Jede Verschiedenheit in der Holznutzung (nach Holzarten, Holzsortimenten, Gewinnungsarten 2c.) kann Gegenstand einer Holzberechtigung sein. Außer den bereits behandelten wichtigsten Holzberechtigungen mögen hier noch einige Holzgerechtsame von untergeordneter Bedeutung, seltenerem Vorkommen oder blos historischem Interesse kurz berührt werden.

I. Das Recht zum freien Holzhiebe

besteht darin, daß zum häuslichen und wirthschaftlichen Bedarfe der Berechtigten erforderliche Holz ohne Unterschied der Holzarten und Holzsorten in dem Berechtigungswalde zu hauen.

Das ehedem sehr verbreitete, mit einer geordneten Waldwirth=
schaft unverträgliche, gegenwärtig in Preußen wohl überall entweder geregelte oder abgelöste Recht ist vielfach ein Ausfluß der Markge=
nossenschaft. Die mit der Befugniß des freien Holzhiebes ausge=
statteten Markinteressenten hießen Freihauer.

Vergl. Grefe, Hannovers Recht 3. Aufl. 1861 II. Th. 311.

Nach dem Preußischen Landrechte erstreckt sich das Recht, „das benöthigte Holz" aus eines Anderen Walde zu entnehmen, auf Bau=
und Brennholz; es ist beschränkt auf „das Bedürfniß des begünstigten

Grundstücks" mit Ausschluß des Verkaufs und der Versorgung anderer unberechtigter Besitzungen.

ALR. I. 22. §§ 201, 203.

Vgl. § 4 S. 50.

II. Das Recht auf bestimmte Holzarten

erstreckt sich in der Regel auf gewisse Kategorien von Holzarten, die nach dem Gebrauchswerthe gebildet wurden, vielfach wurzelnd in den Verhältnissen der Markgenossenschaft. So unterschied und unterscheidet man Rechte auf Blumenholz, auf unfruchtbares Holz, auf Weichholz.

Roth, Forstrecht § 285. „In keinem Falle darf der Berechtigte eigenmächtig und willkürlich dies Holz entnehmen".

ALR. I. 22. § 214.

Blumenholz (Bloimholt, Bloemholt, auch Zimmerholz) nannte man das Eichen- und Buchenholz, welches vor Zeiten der Mastnutzung wegen den größten Gebrauchswerth hatte. Die Nutzung des Blumenholzes war mitunter den Vorstehern der Mark (Holzgrafen, Markenrichtern, Markenherrn) oder den zufolge echten Eigenthums vollberechtigten Markgenossen (Erbexen) vorbehalten.

Vergl. darüber Grefe, Hannovers Recht II. Bd. S. 311.

von Berg, Geschichte der deutschen Wälder 1871 S. 224.

von Maurer, Markenverfassung 1856 S. 134.

Unfruchtbares Holz (Urholz, Urhulze, Urgeholze, Orholtz, Orcholtze) hat eine zweifache Bedeutung.

In der Regel wurden darunter die zur Mastnutzung untauglichen Holzarten (ligna infructuosa, infructifera) verstanden.

Otto II. bewilligte am 12. April 977 der Salvators-Capelle zu Frankfurt das benöthigte dürre und unfruchtbare Holz „arida et infructuosa ligna in nostro foreste Trieeich (Dreieich)",

Heinrich VI. mittelst Urkunde vom 29. März 1193 den Hospitalbrüdern zu Sachsenhausen alle Zeit eine Wagenlast von unfruchtbaren Bäumen „de arboribus que fructifere non sunt, in vulgari urhulze appellantur" aus dem Dreieicher Reichswalde zu entnehmen.

von Berg a. a. O. S. 179.

von Mauer a. a. O. S. 134.

Andererseits bezeichnete man damit eine zur Fruchterzeugung (zum Samentragen) oder zum Bau- und Klafterholz untaugliche Holzqualität, gleichbedeutend mit unnützem Holze.

So nennt Anton in seiner Geschichte der deutschen Landwirthschaft (Bd. III S. 457) alles abgebrochene, kurze, struppige Holz, welches nicht zum Bau= und Klafterholz geeignet ist und keinen Samen trägt, unfruchtbares Holz. In diesem Sinne können auch Trockenäste an stehenden Bäumen zum unfruchtbaren Holze gerechnet werden.

Im Büdinger Walde zählt man zum Urholze das unspaltige Astholz von gefällten Bäumen und alle bei der Aufarbeitung abfallenden Abschnitte, welche nicht die zur Einklafterung erforderliche Länge von 3 Fuß Frankfurter Maß besitzen.

Der Begriff Weichholz gehört einer späteren Zeit an. Ueber den Begriffsinhalt sind die Ansichten verschieden. Nach dem Härte= grade rechnet man zum Weichholze:

Fichte, Tanne, Roßkastanie, Schwarzerle, Weißerle, Birke, Hasel, Wachholder, Lärche, Schwarzkiefer, gemeine Kiefer, Traubenkirsche, Salweide als weiche Hölzer, ferner

Weihmuthskiefer, Pappeln, die meisten Weiden und die Linden als sehr weiche Hölzer.

Vergl. Noerdlinger, Die technischen Eigenschaften der Hölzer. 1860 S. 235.

Nach dem gewöhnlichen Sprachgebrauche und der forstlichen Terminologie werden dagegen nur die weichen Laubhölzer als Weich= holz bezeichnet. Die Birke zählt man mitunter zum Hartholze.

In Zweifelsfällen wird bei Weichholz=Berechtigungen, da die Grenzlinie zwischen Weichholz und Hartholz eine willkürliche ist, die seitherige Ausübung des Rechts darüber zu entscheiden haben, was zum Weichholze gehört.

Gesetzliche Bestimmungen über den Umfang und die Ablösung von Berechtigungen auf eine bestimmte Holzart sind in dem Preußi= schen Landrecht und in der Gemeinheitstheilungsordnung vom 7. Juni 1821 enthalten.

Das Landrecht bestimmt in Th. I Tit. 22 §§ 231—234,

daß das Recht auf eine bestimmte Holzart aufhört, wenn die= selbe in dem Walde nicht mehr anzutreffen ist (§ 231),

daß der Berechtigte den Waldeigenthümer zum Wiederanbau dieser Holzart anhalten kann (§ 232).

Koch, Pr. Landr. 6. Ausg., bemerkt hierzu in Note 6: „vorausgesetzt, daß das Aufkommen der Holzart nicht durch Veränderung der Bodenbeschaffenheit z. B. durch Austrocknung eines Erlenbruchs verhindert ist".

Vgl. auch § 2 S. 27 dieses Werkes.

ferner,

daß der Eigenthümer, wenn er den Mangel durch seine Schuld verursacht hat, den Berechtigten auf so lange, bis dessen Bedarf in der Berechtigungsholzart wieder aus dem Walde befriedigt werden kann, entschädigen muß (§ 233), endlich,

daß diese Entschädigung der Regel nach durch Holz von anderer Art nach einem durch Forstsachverständige zu bestimmenden Verhält=nisse, für den Fall aber, daß auch eine andere Holzart nicht vor=handen, in baarem Gelde zu leisten ist (§ 234).

Vergl. § 2 S. 15 dieses Werkes.

Aehnliche Vorschriften enthält das Badische Forstgesetz vom 15. Nov. 1833 in § 111 (vergl. § 2 S. 22 dieses Werkes).

Die Bestimmungen der GThO. lauten:

„§ 124. Ist der Holzberechtigte auf eine bestimmte Holzart eingeschränkt, so kann seine Abfindung in der Regel nur nach dem Bestande dieser Holzart zur Zeit der Auseinandersetzung bestimmt werden.“

„§ 125. Ist jedoch diese Holzart ganz ausgegangen oder erheblich vermindert und der Eigenthümer zur Wiederanpflanzung derselben verbunden, so ist die Abfindung nach dem Umfange des Rechts, mit Rücksicht auf den nach der Oertlichkeit zu erwartenden Anwuchs und die dazu erforderliche Zeit durch Sachverständige zu ermitteln.“

„§ 126. Hat aber der Eigenthümer den Mangel durch seine Schuld verursacht, so kann auch in Rücksicht der Zeit, die zum Anwuchs der anzupflanzenden Holzart erforderlich ist, nichts gekürzt werden.“

Der § 125 der GThO. enthält das richtige Princip, nach welchem die Walderttragsberechnung bei der Ablösung aller Wald=servituten vorgenommen werden sollte. Dasselbe besteht darin, daß bei einem unvollkommenen Waldzustande (unregelmäßigem Alters=klassen=Verhältnisse und mangelhafter Bestockung), welcher der Aen=derung unterliegt und eine Aenderung der Walderträge herbeiführt, nicht der gegenwärtige Waldertrag als dauernd anzunehmen ist, son=dern daß die den wechselnden Waldzuständen bei geordneter Wald=wirthschaft entsprechenden künftigen Walderträge bei der Ablösungs=Berechnung berücksichtigt werden müssen.

Vergl. darüber Th. I § 15 S. 135.

Berechtigungen auf bestimmte Holzarten beengen häufig die freie wirthschaftliche Bewegung oder sind ein Hinderniß für die Einfüh=

rung von Verbesserungen. Die Umwandlung in eine andere Holz=
art und Fixation oder die Ablösung ist daher in der Regel wirth=
schaftlich geboten.

III. Windfall-Berechtigung.

Windfall (Windwurf) d. h. die durch den Wind mit den Wur=
zeln zu Boden geworfenen Bäume, sind von Alters her von Wind=
bruch unterschieden worden. Windfallrecht war ein besseres Recht,
als Windbruchrecht.

In der Raesfelder Mark bei Dorsten in Westfalen kommen nach einem Weis=
thume vor 1575 „alle windbraken, die mit der panne ommefallen, dem hufe to
Raesfeld to, und nicht den buiren".
J. Grimm, Weisthümer (Bd. III S. 170).
Nach dem Holting zu Winsen a. d. Aller v. J. 1634 gehörte der Wind=
bruch dem Vogte, der Windfall dem Grundherrn.
Grimm a. a. O. Bd. IV S. 700.
In anderen westfälischen Marken gehörte von den Windfällen der „Baum"
dem Holzgrafen, der „Fall" (die beastete Krone) den Markgenossen.
Vergl. von Berg, Gesch. d. deutsch. Wälder S. 225.

Waldbeschädigungen durch Windfälle sind am ausgedehntesten
und gefährlichsten, wenn heftige Stürme zu einer Zeit auftreten, wo
der Boden durch längere nasse Witterung aufgeweicht ist. Unter
solchen Umständen können namentlich in den Nadelholzwaldungen
große Verheerungen angerichtet werden.

Die Decemberstürme des Jahres 1868 haben eine Derbholzmasse niedergelegt
in Preußen von ca. 1,896,988 Festmeter
= Bayern = = 1,255,596 =
= Sachsen = = 473,085 =
Vergl. darüber sowie über die Verhältnisse, welche auf den Sturmschaden
von Einfluß sind, Danckelmann, Zeitschrift für Forst= und Jagdwesen III. Bd.
S. 326—347.

Abgesehen von der Witterung ist die Gefahr und der Umfang
von Windfallschäden abhängig vom Standorte, von der Betriebsart,
Holzart, vom Holzalter und von der Gesundheit des Holzes. Höhen=
lagen, dem Sturmwinde zugekehrte Hänge und Thäler, Thonböden,
flachgrundige, nasse Böden sind am meisten gefährdet, Mittelwald
ist widerstandsfähiger als Plänterwald, Plänterwald widerstandsfähiger
als Hochwald.

Eiche, Schwarzerle, Lärche, Rothbuche, Weißbuche, Kiefer auf tiefgründigem, mäßig frischem bis trockenem Sandboden, Eschen sind windfest, im Allgemeinen auch Weißtannen; Sand=, Moor=, Lehm= und Sandsteinkiefern, Birken, Aspen und vor Allem Fichten dagegen Windfall=Holzarten; Mischbestände sind mehr gesichert, als reine Bestände.

Die Windwurfgefahr wächst mit dem Alter, der Langschäftigkeit, der Kronen=Ausbreitung und dem Vorkommen von Wurzelfäule.

Dem Windfalle unterliegt daher das älteste, stärkste, nutzbarste Holz am meisten. Rasche Aufarbeitung ist unerläßlich, um das Verderben des Holzes zu verhüten und Borkenkäfer=Verheerungen, welche in Nadelholzwäldern fast immer das Gefolge der Sturmschäden bilden, abzuwenden oder zu vermindern. Nur ein rasches, energisches, umsichtiges Eingreifen vermag die Verluste, welche Sturmschäden bringen, auf dem niedrigsten Maße zu halten. Windfall=Berechtigungen vermehren die Verluste, weil sie die Aufarbeitung verzögern. Ihre Regelung durch Feststellung oder ihre Ablösung sind daher eine Nothwendigkeit.

Windfall=Berechtigungen sind, wie die Bruchholz=Berechtigungen, unständige Servituten. Sie bringen dem Berechtigten bald Ueberfluß, bald wenig oder nichts zur Bedarfsbefriedigung und treffen mit dem Bedürfnisse häufig gar nicht zusammen (Bauholzbedürfniß). Von Wichtigkeit für die Ablösungsberechnung ist hier, wie bei den Bruchholzberechtigungen, daß die Vorwegnahme des Holzes über einen Jahresbedarf hinaus nicht statthaft ist. Die Ermittelung der Naturalrente wird daher hier wie dort von der Feststellung der Windfalljahre in einem längeren Zeitraume und von der Schätzung des Beitrags, den jedes Windfalljahr zur Befriedigung des Vollbedarfs geliefert hat, auszugehen haben, um daraus die durchschnittlich jährliche Natural=Servitutrente abzuleiten.

Beispiel.

Von den letzten 30 Jahren waren 20 Windfalljahre, von denen

    8 den vollen Holzrechtsbedarf
    6   =   halben   =
    6   =   viertel   =

der Berechtigten geliefert haben. Der Einfachheit wegen wird vorausgesetzt, daß die Berechtigung auf die Befriedigung des Brennholzbedarfs beschränkt ist, und daß eigene Feuerungsmittel den Berechtigten nicht zu Gebote stehen. Alsdann haben die Berechtigten

$$\frac{8 \times 1 + 6 \times 0,5 + 6 \times 0,25}{30} = \frac{12,5}{30} = 0,42$$

des jährlichen Bedarfs als Windfallmassenrente zu beanspruchen.

IV. Das Recht auf trockene Stämme

gehört ebenfalls zu den ältesten Waldberechtigungen.

Vergl. die S. 194 angegebene Urkunde vom 12. April 977 über das Holz=
recht auf „arida ligna“.

Mitunter ist das Recht an bestimmte Stammstärken gebunden, denen hin und wieder besondere Namen entsprechen.

Dahin gehören z. B. das sog. Leibholz, worunter in Schlesien (Forst=
regulativ vom 26. März 1788 § 11) Stämme von 8 und mehr Zoll (20,9 Ctm.) im Durchmesser verstanden werden, ferner die sog. Weisebäume (Sachsen) d. h. trockene Stämme bis 12 Zoll (31,4 Ctm.) Durchmesser.

Stammtrockniß entsteht theils in dem normalen Verlaufe des Baum= und Bestandslebens (Absterben wegen Alters oder durch Bestandsreinigung in geschlossenen Beständen), theils durch Waldun= fälle und Baumbeschädigungen der verschiedensten Art (Dürre, Ueber= schwemmung, Pilzbeschädigungen, Insectenfraß, Waldfeuer). Pfeil (Ablös. d. Waldserv., 3. Aufl. S. 22) ist der Ansicht, daß der Be= rechtigte nur auf die Stammtrockniß der ersten Art, also hauptsäch= lich auf die durch die natürliche Bestandsreinigung abgestorbenen, nicht aber auf die durch Waldunfälle trocken gewordenen Stämme einen Anspruch habe, weil nicht angenommen werden könne, daß der Waldeigenthümer auf die Benutzung ganzer Bestände habe verzichten wollen. Die Ansicht kann indessen nicht als richtig anerkannt wer= den. Absterben durch Waldunfälle hat stets und zwar aus denselben Ursachen, wie gegenwärtig, stattgefunden. Servituten müssen strenge interpretirt werden. Es ist unzulässig, etwas hinein zu interpretiren, was nicht in dem Begriffe der Servituten oder in den Verleihungs= Urkunden enthalten ist. Wenn das Recht auf trockene Stämme ohne Einschränkung verliehen oder ausgeübt worden ist, so können nicht willkürlich einzelne Arten der Stammtrockniß als Berechtigungs= hölzer anerkannt, andere den Berechtigten entzogen werden. Auf ein Mehr oder Weniger an Stammtrockniß kommt es hierbei ebenso= wenig an, als bei Windfallberechtigungen. Von einer Preisgebung

ganzer Bestände kann nicht die Rede sein, da die Bedarfsberechti=
gungen, um die es sich fast immer handelt, in der Bedarfsbefriedi=
gung eines Jahres ihre Grenze finden.

Gleich unhaltbar ist die Behauptung, daß die Stammtrockniß=
Berechtigung eine bloße Brennholzberechtigung sei und sich auf die
Befriedigung anderer wirthschaftlicher Bedürfnisse, z. B. auf die
Verwendung von trockenem Holze zum Bauen nicht erstrecke. Das
Preuß. Revisions=Kollegium hat mit vollem Rechte dahin entschieden,
daß eine ohne Einschränkung verliehene Berechtigung auf trockene
Stämme deren Aneignung und Verwendung zu allen wirthschaft=
lichen Bedürfnissen gestatte. Das in dem betreffenden Falle von dem
Forstsachverständigen (einem Forstmeister!) abgegebene, entgegen=
stehende Gutachten, wonach unter dürrem Holze nach forstmännischem
Sprachgebrauche niemals Bauholz mit begriffen sei, ist einfach un=
richtig und kann nur auf einer Unkenntniß dieser nicht selten vor=
kommenden Verwendungsart beruhen.

R.=E. 20. Nov. 1846 (Ranke, Geldw. der Forstber. S. 55).

Von Wichtigkeit ist ferner die Frage, ob die Trockenholz=Be=
rechtigung dem Waldeigenthümer die Verpflichtung auferlege, sich der
Durchforstung zu enthalten, welche den durch die Bestandsreini=
gung ausgeschiedenen Nebenbestand, theils nur an abgestorbenen und
unterdrückten, theils auch an solchen Stämmen entnimmt, die im
Wuchse zurückbleiben, und dadurch dem Waldeigenthümer ein Mittel
darbietet, die Entstehung von Trockenstämmen entweder zu verhindern
(bei Laubhölzern), oder doch wesentlich zu beschränken (bei Nadel=
hölzern) und auf diese Weise die Ausübung des Servitutrechts zu
vereiteln oder zu verkürzen.

Die Frage hat in Literatur und Rechtsprechung eine verschiedene
Beurtheilung erfahren.

Pfeil hält den Waldeigenthümer bei Trockenholz=Berechtigungen
zum vollen Bedarf dann zur Entschädigung verpflichtet, wenn durch
Einführung von Durchforstungen ein Mangel an Trockenholz herbei=
geführt worden ist.

Pfeil, Ablösung der Waldservituten 3. Aufl. 1854 S. 108.

Auch das Preuß. Revisions=Kollegium vertrat Anfangs die
Ansicht, daß der Forsteigenthümer bei Brennholz=Berechtigungen auf
trockene, schwache Stämme die jüngeren Holzbestände entweder nicht

durchforsten dürfe, oder wenigstens dem Berechtigten das zur Bedarfs=
befriedigung erforderliche Durchforstungsholz überlassen müsse, indem
zur Begründung angeführt wurde, daß sich der Waldeigenthümer
nicht mit dem Schaden des Berechtigten bereichern dürfe.

R.=E. 5. Aug. 1852 Z. f. L.G.G. XXVII. 105.

Dagegen hat sich das Preuß. Obertribunal in Abänderung des
letzterwähnten Erkenntnisses für die Zulässigkeit der Durchforstungen
ausgesprochen, weil es nicht auf die zur Zeit der Verleihung
der Servitut, sondern auf die zur Zeit des Streitfalles
gewöhnliche Kultur und Benutzung ankomme, und weil der Berech=
tigte sich nach § 80 Tit. 22 Th. I ALR. diejenigen Einschränkungen
ohne Weiteres gefallen lassen müsse, welche aus der zur Zeit des
Streits gewöhnlichen Kultur der belasteten Forst folgten.

OT. 27. Mai 1854. Z. f. L.G.G. XXVII. 105 (Urtheil a).

Bald darauf hat dann auch das Revisions=Kollegium dem
Waldeigenthümer das Recht der Durchforstung zuerkannt. Die
Durchforstung, so lautet die Begründung, sei eine wirthschaftliche
Nothwendigkeit, welcher der Berechtigte nach § 27 des Landes=
kultur=Edicts nicht entgegentreten könne; sie enthalte einen recht=
mäßigen, nur durch Erwerb eines entgegenstehenden Untersagungs=
rechts zu beschränkenden Gebrauch des Eigenthums.

R.=E. 20. Oct. 1854. Mitgetheilt in Ranke, Geldwerth der Forstberechti=
gungen. 2. Aufl. 1856 S. 63 (Urtheil b).

Die Richtigkeit der in beiden Urtheilen a und b enthaltenen
Begründungen, sowie der daraus gezogenen Folgerung eines dem
Waldeigenthümer zustehenden unbeschränkten Durchforstungsrechts,
welches das Servitutrecht der Willkür des Waldeigenthümers Preis
geben würde, erregt die erheblichsten Bedenken.

Unhaltbar erscheint zunächst die Ansicht des Obertribunals in
dem Urtheile a, daß es nicht auf die zur Zeit der Servitutbegrün=
dung, sondern auf die zur Zeit des Streitfalles gewöhnliche Kultur
und Benutzung des Waldes, also auf die jeweiligen, mit der Zeit
wechselnden, üblichen Bewirthschaftungsmethoden ankomme. Die in
Bezug genommene Gesetzesstelle (§ 80 a. a. O.) enthält keine Zeit=
bestimmung. Das Gesetz bestimmt nur, daß „der Eigenthümer an
der nach Landesart gewöhnlichen Kultur und Benutzung nicht ge=
hindert" werden dürfe. Sollte darunter die mit der Zeit, dem

Kulturfortschritte und der Verkehrsentwickelung wechselnde, landes=
übliche Bewirthschaftung verstanden werden, so würde das Servitut=
recht in vielen Fällen einfach dem privatwirthschaftlichen Interesse
des Waldeigenthümers geopfert werden. Es würde z. B. an Stelle
des früher im Gebirge weit verbreiteten, wenig rentablen Laub=
holz=Mittelwaldes die später nach Landesart gewöhnliche Fichten=
hochwaldwirthschaft eingeführt und damit die Weideberechtigung
werthlos gemacht werden können. Es würde dadurch der gesetzlichen
Vorschrift (§ 31 Tit. 22 I ALR.), wodurch Eigenthumshandlungen,
welche die Ausübung der Grundgerechtigkeit hindern oder vereiteln,
unstatthaft sind, schnurstracks zuwider gehandelt werden.

Unter der nach Landesart gewöhnlichen Benutzung des § 80
a. a. O. kann daher nur die in dem dienenden Walde zur Zeit der
Servitutbegründung herrschend gewesene Bewirthschaftungsart ver=
standen sein. Entspricht diese ehemalige Bewirthschaftungsart den
Anforderungen der Zeit nicht mehr, sind andere, rationellere, einträg=
lichere Bewirthschaftungsmethoden, z. B. die Durchforstung, landes=
üblich geworden, deren Einführung durch das Servitutrecht gehindert
wird, nun, so bieten die gesetzliche Regelung und Ablösung das Mittel
dar, die in den Servituten liegenden Hindernisse wegzuräumen.
Gerade die rechtliche Gebundenheit der Wirthschaft, welche die Ser=
vituten herbeiführen, bilden den volkswirthschaftlichen Titel für Zwangs=
Ablösung und Zwangs=Regelung. Wenn der Waldbesitzer diese Ge=
bundenheit durch Einführung von landesüblichen Benutzungsarten
abstreifen könnte, so würde der wesentlichste Grund für die gesetzliche
Zwangs=Ablösung fehlen. In neuerer Zeit ist dann auch, im Gegen=
satze zu dem Urtheile a, durch das Reichsgericht anerkannt worden,
daß einerseits die dem „civiliter uti“ entsprechende schonende Ser=
vitut=Ausübung sich nach der bei dem Erwerbe der Servitut
vorhandenen Beschaffenheit des dienenden Grundstücks zu richten
habe, und daß andererseits der Belastete keine Veränderungen vor=
nehmen dürfe, welche das Servitutrecht schmälern.

R.=G. 13. April 1880. Entscheid. Bd. I. S. 331. Z. f. LCG. XXVII. 291.
Grundf. 2233.

Unhaltbar ist ferner, wenigstens in der gewählten allgemeinen
Fassung, die Ansicht in dem Urtheile b, daß die Durchforstungen
eine wirthschaftliche Nothwendigkeit, d. h. zur Erfüllung des wald=

wirthschaftlichen Zwecks, der eigentlichen Bestimmung des Waldes nothwendig seien. Durchforstungen können bei dicht gedrängtem Pflanzenstande wirthschaftlich nothwendig sein. In der Regel sind sie zwar hervorragend nützlich, aber man kann nicht sagen, daß durch Unterlassung derselben und durch Ueberlassung der mittelst Bestands-Reinigung ausgeschiedenen Trockenstämme an die Berechtigten die eigentliche Bestimmung des Waldes, die nachhaltige Holzerzeugung vereitelt werde, da ein großer Theil werthvoller haubarer Bestände ohne Durchforstungshülfe herangewachsen ist.

Aus den eben und früher (§ 2 S. 23) vorgetragenen Erörterungen ergiebt sich in Betreff des Durchforstungsrechts gegenüber Trockenstamm-Berechtigungen Folgendes:

Beschränkungen der Durchforstung kommen überhaupt nur in Frage, wenn und soweit dieselbe Waldunzulänglichkeit herbeiführt, und wenn die Durchforstung außerdem zur Zeit der Servitutbegründung noch gar nicht oder doch in geringerem Umfange stattgefunden hat.

Wirthschaftlich nothwendige Durchforstungen kann der Trockenstamm-Berechtigte nicht hindern. Dieselben begründen bei Verleihungs-Berechtigungen einen Entschädigungs-Anspruch des Berechtigten, bei Verjährungs-Berechtigungen nicht.

Blos nützliche, zur Erhöhung des Waldertrags dienende, aber nicht wirthschaftlich nothwendige Durchforstungen braucht der Berechtigte sich nicht gefallen zu lassen.

Eine geregelte Waldwirthschaft hat bei genügendem Holzabsatze die Aufgabe, der Entstehung von Stammtrockniß nach Möglichkeit vorzubeugen und vorhandene trockene Stämme so rasch als möglich zu nutzen, weil abgestorbenes Holz einen geringeren Gebrauchswerth hat, rasch verdirbt und namentlich bei Nadelhölzern die Brutstätte von waldgefährlichen Insecten ist. Die Interessen der Wald- und Volkswirthschaft befinden sich daher bei Trockenholzberechtigungen im Widerstreit mit den Interessen der Berechtigten, die überdies zu sofortiger Beseitigung des Trockenholzes nicht gezwungen werden können. Ueber die Angemessenheit der Ablösung bei genügendem, der Feststellung bei ungenügendem Holzabsatze kann demgemäß kein Zweifel sein.

Allgemeine Sätze für die Ermittelung des Waldertrags an Trockenstämmen lassen sich nicht geben. Die örtlichen Wald- und

Wirthschafts-Zustände sind hier entscheidend und müssen der Waldertragsermittelung event. unter Benutzung der Vornutzungstafeln
(Tafeln I—III) als Grundlage dienen. Zweckmäßig ist es, die verschiedenen Arten der Trockniß (Bestands-Reinigungs-Trockniß, Dürr-
trockniß, Pilztrockniß, Insectentrockniß) bei der Ertragsermittelung zu
sondern und bei ungewöhnlichen Ereignissen (Käferschäden, Wald-
feuern) auf die Waldgeschichte der letzten Zeit zurückzugehen.

Erfahrungssätze über den Waldertrag an trockenen Stämmen giebt u. A.
Oesten in seiner Abhandlung über die Ablösung der Liebenwerdaer Amtsforsten
(Z. f. LEG. Bd. XVI). Dieselben haben aber nur eine örtliche Bedeutung.

V. Wildholzrecht außerhalb des Waldes.

Das Wildholzrecht außerhalb des Waldes besteht in der Befugniß, das auf fremden Hofräumen, Gärten, Aeckern, Wiesen und
Weiden wild aufwachsende Holz sich anzueignen.

Das im Preuß. Landrechte Th. I. Tit. 22 § 243—245 erwähnte Recht,
auf fremdem Grund und Boden Gebäude, Bäume und Holzungen zu haben,
fällt nicht unter den Rechtsbegriff des Wildholzrechts. Der Inhalt jenes Rechts
besteht darin, daß der Berechtigte über das Gebäude, die Bäume und Holzung
wie ein Eigenthümer frei verfügen kann, daß sich diese Verfügung auch auf
das Fundament des Gebäudes, auf die Wurzeln der Bäume erstreckt, daß das
verfallene Gebäude wieder aufgebaut, an Stelle der ausgegangenen Bäume
neue gepflanzt, der Wald forstmäßig benutzt, erhalten und verbessert werden
darf. Die Ansichten über die rechtliche Natur des Rechts sind verschieden. Das
Landrecht behandelt es unter den Grundgerechtigkeiten. Förster faßt es ebenfalls als eine Grundgerechtigkeit auf, die nicht abgelöst werden kann, weil sie
in den Ablösungsgesetzen nicht enthalten ist.

Foerster, Theorie und Praxis des Preuß. Privatrechts III. Bd. 3. Aufl. 1874
S. 346.
Vergl. auch Koch, Preuß. Landr. 6. Ausg. Note 14 zu § 243 Tit. 22 I. ALR,
ferner Dernburg, Preuß. Privatrecht I. 1875 S. 631.

Es ist zu unterscheiden, ob diese Befugniß auf einem guts- oder
grundherrlichen Verhältnisse (dem früheren Obereigenthum an Grund
und Boden), oder ob sie auf einer Gemeinheit (Servitut oder Miteigenthum) beruht.

Im ersten Falle ist die Befugniß, das auf fremden Hofräumen, Gärten,
Aeckern und Wiesen aufwachsende Holz zu entnehmen, durch § 3 Nr. 13 des
Preußischen Ablösungs- und Regulirungs-Gesetzes vom 2. März 1850 (G.-S.
S. 77) unentgeltlich aufgehoben.

Die unentgeltliche Aufhebung bezieht sich nicht auf Forst- oder Weide-

Grundstücke, indem hier angenommen wird, daß das Wildholzrecht auf Servitut oder Miteigenthum beruhe;

Greiff, Landesculturges. Note 25 S. 115;

sie erstreckt sich aber sowohl auf das vorhandene Holz, als auf den künftigen Anwuchs.

R.-E. 31. Jan. 1851 (Z. f. LEG. IV. 72).

Für den zweiten Fall dagegen enthält rücksichtlich des auf frem= den Aeckern, Wiesen und Weiden aufwachsenden Holzes die Altpreuß. Gemeinheitstheilung vom 7. Juni 1821 in den §§ 128 bis 130 die Regeln der Ablösung. Die Ablösung der Wildholzberechtigung soll erfolgen durch Zahlung einer Geldcapital-Abfindung von 1 Procent desjenigen Werths, welchen der Holzbestand zur Zeit der Ablösung hat, und durch Uebereignung dieses Holzbestandes oder seines tax= mäßigen Werths an den Berechtigten. Diese Abfindungs-Objecte bilden die Entschädigung für Holz= und Mastnutzung. Steht die Mastnutzung dem Belasteten zu, so wird die Abfindung um den Werth der letzteren gekürzt.

Ueber die Provocationsbefugniß zur Ablösung des Wildholzrechts ent= halten die §§ 128—130 der Gemeinheitstheil.=Ordnung keine besonderen Be= stimmungen. Es gelten für dieselbe die allgemeinen Bestimmungen in §§ 4 bis 19 der Gemeinh.=Theil.=Ordnung, wonach sowohl der Eigenthümer des belasteten als des berechtigten Grundstücks die Ablösung zu beantragen befugt ist.

R.-E. 12. Febr. 1847 (Z. f. LEG. Grundf. 676 II. 196).

VI. Taxholz-Berechtigungen.

Unter einer Taxholz=Berechtigung versteht man das Recht, aus einem fremden Walde das Holz zum häuslichen, wirthschaftlichen oder gewerblichen Bedarfe gegen Entrichtung der gewöhnlichen Forst= taxe oder einer anderen niedrigeren Taxe zu kaufen.

Ueber die rechtliche Natur und die Ablösung der Taxholzberech= tigungen gelten nach den Entscheidungen der Ablösungsbehörden fol= gende Grundsätze:

a) Die Taxholz=Berechtigungen sind kein bloßes Vorkaufsrecht, sondern eine ablösbare Grundgerechtigkeit.

R.-E. 16. Mai 1846 } Z. f. LEG. II. 209 Grundf. 288.
OT. 3. März 1847 }

R.-E. 12. April 1862 } Z. f. LEG. XIV. 308, 313.
OT. 20. Mai 1854 }

b) Tarholz=Berechtigungen bäuerlicher Wirthe erstrecken sich bei Waldzulänglichkeit auf den vollen häuslichen und wirthschaftlichen Holzbedarf; bei Waldunzulänglichkeit ist der Waldeigenthümer befugt, seinen eigenen Bedarf vorweg zu nehmen.

Wegen Abrechnung der dem Berechtigten zur Bedarfsbefriedigung zu Gebote stehenden eigenen Bauholz=, Schirrholz= und Feuerungsmittel enthalten die maßgebenden Entscheidungen der Ablösungsbehörden nichts. Es kann aber keinem Zweifel unterliegen, daß in dieser Hinsicht die allgemeinen Grundsätze für Holzberechtigungen Anwendung finden.

R.=E. 16. Mai 1846. OT. 3. März 1847 a. a. O.

c) Bei Tarholz=Berechtigungen zum gewerblichen Bedarf ist die Tarholz=Naturalrente nach der in den letzten der Einleitung der Auseinandersetzung vorausgegangenen 10 Jahren im jährlichen Durch= schnitte aus dem belasteten Walde gekauften Holz=Quantität zu be= stimmen.

R.=E. 12. April 1862 a. a. O.

d) Der Holzpreis ist, bei Holzbezug nach der Forsttaxe, nach der für denselben Zeitraum für die Holzsortimente von der Qualität des Berechtigungsholzes gültig gewesenen Forsttaxe, bei Holzbezug nach einer „billigeren Taxe" nach dem bisherigen (zweckmäßig eben= falls für 10 Jahre zu ermittelnden) Verkaufspreise, den die Berech= tigten gezahlt haben, zu berechnen.

(Entscheidungen ad a).

In einem Falle, wo es neben der Verkaufstaxe für Fälle der Billigkeit eine sog. Gnadentaxe gab, die 25 Procent unter der gewöhnlichen Taxe stand, ist diese letztere als „billige Taxe" durch OT.=Entscheidung festgestellt worden.

OT. 24. Mai 1848 (Z. f. LEG. Grundf. 289).

Unter „dem laufenden Preise" ist die von der Forstverwaltung nach freiem Ermessen festgestellte, unter veränderten Verhältnissen auch einseitig abzuän= dernde Forsttaxe zu verstehen.

R.=E. 24. Mai 1878. OT. 13. März 1879. Z. f. LEG. XXVI. 323.

e) Die Tarholz=Geldrente bildet sich einerseits aus der Tarholz= Naturalrente ad b), c), anderseits aus dem Preisunterschiede zwischen den Licitationsdurchschnittspreisen und zwischen der Durchschnitts= forsttaxe bezw. der niedrigeren oder billigen Taxe, beide berechnet für dieselben 10 jährigen Zeiträume.

R.=E. 12. April 1862 (Z. f. LEG. XIV. 323).

§ 14.

Unbestimmte Holzberechtigungen zum Verkaufe.

Eine Ausnahme von der Regel, wonach die servitutischen Nutzungen lediglich zur Bedarfsbefriedigung des Berechtigten verwendet werden dürfen, bilden die Holzverkaufs-Berechtigungen. Dieselben begründen die Befugniß des Berechtigten, das Servitutholz zu verkaufen.

Gegenstand des Rechts ist in der Regel solches Holz, welches zur Zeit der Verleihung der Berechtigung einen geringen Werth besaß. Die Berechtigung hat ihren Ursprung alsdann häufig in einem gutsherr-lich-bäuerlichen Verhältnisse und wurde den Berechtigten als Erwerbs-quelle in arbeitsloser Zeit eingeräumt.

In anderen Fällen erstreckt sich die Berechtigung auf werth-volle Hölzer, z. B. Schneidehölzer. Es trifft dann öfter die Taxholzberechtigung (f. § 13) mit der Holzverkaufsberechtigung zu-sammen. Entstehungsursache ist gewöhnlich die Absicht des Wald-eigenthümers, für das Holz in seinem Walde eine Absatzquelle zu eröffnen.

Bei einigermaßen entwickelten Waldwirthschafts- und Er-werbs Verhältnissen sind derartige Berechtigungen nicht mehr an-gebracht.

Ueber die Ablösung derselben bestimmt § 118 der Preuß. Gem. Th.-O. vom 7. Juni 1821 Folgendes:

> „§ 118. Unbestimmte Holzungs-Gerechtigkeiten zum Verkauf sind nach dem in den letzten, der Einleitung der Auseinander-setzung unmittelbar vorhergehenden zehn Jahren im Durchschnitt verkauften Betrage zu bestimmen.“

Diese Begründung der Ablösungsberechnung auf den zehnjährigen Durchschnitt erstreckt sich sowohl auf die Massen- als auf die Preis-ermittelung des Servitutholzes.

R.-C. 12. April 1862 (Z. f. LCG. XIV. 308).

§ 15.

Maſt-Berechtigungen.

I. Begriff, rechtliche Natur und Arten.

1. Begriff.

Maſt-Berechtigungen ſind Grundgerechtigkeiten auf Aneignung von Waldfrüchten zur Schweine-Fütterung durch Schweineeintrieb.

Die Begriffs-Merkmale liegen in dem Nutzungszwecke (Schweine-fütterung), dem Nutzungs-Gegenſtande (Waldfrüchte) und in der Nutzungsart (Schweineeintrieb).

2. Nutzungs-Zweck

iſt Fütterung von Schweinen.

Auf andere Vieharten erſtreckt ſich die Maſt-Berechtigung nicht.

Die Fütterung iſt entweder Maſtfütterung oder Erhaltungs-fütterung.

Maſtfütterung (Mäſtung) bezweckt Gewichts-Vermehrung von Fleiſch und Fett. Sie erfordert reichliches Futter und iſt Hauptzweck der Maſtnutzung und Maſtberechtigung, welche davon den Namen tragen. Die Mäſtung erfolgt erſt, nachdem das Hauptwachsthum der Schweine beendet iſt. Schweine, welche gemäſtet werden oder ausgemäſtet ſind, heißen Maſtſchweine. Das Mäſtungsziel kann vorwiegend Fleiſch-Production oder vorwiegend Fett-(Speck-)Produc-tion ſein. Zur Fleiſchmäſtung werden jüngere Schweine, ſchon von 8- bis 10 monatlichem Alter ab (Fleiſchſchweine), zur Speckmäſtung 1¹/₂ bis 2jährige Schweine (Speckſchweine) gewählt. Die Maſt-fütterung beſchränkt ſich auf die Vormaſtzeit (ſ. unten bei II 1).

Erhaltungs-Fütterung bezweckt Lebenserhaltung. Sie erfordert weit weniger Futter als die Mäſtung und dient zur Aufzucht junger Schweine und zur Ernährung von ausgewachſenen, zur Nachzucht zugelaſſenen Schweinen (Zuchtſchweinen). Junge Schweine heißen, ſo lange ſie ſaugen (etwa 8 Wochen) Ferkel, von da ab bis zur Mäſtung oder bis zur Verwendung als Zuchtſchweine Faſelſchweine oder Läuferſchweine. Zuchtſchweine müſſen ein Alter mindeſtens von 10 Monaten, in der Regel von 12 bis 14 Monaten erreicht haben. Der Erhaltungsfütterung dient die Nachmaſtzeit (ſ. unten II 1).

3. **Nuhungs-Gegenſtand**
der Maſtberechtigung ſind Baumfrüchte und Bodenfutter (Obermaſt und Erdmaſt).

Das weſentliche, zum Begriffe des Maſtrechts nothwendige Fütterungsmittel ſind Baumfrüchte (Obermaſt).

In der Nuhung der Baumfrüchte liegt der Unterſchied zwiſchen Maſt und Weideberechtigungen. Maſtberechtigungen erſtrecken ſich ſtets auf abgefallene Baumfrüchte, Weideberechtigungen auf andere, an, unter oder über der Bodenoberfläche befindliche, noch nicht vom Boden abgetrennte Futtermittel.

Urſprünglich wurde die Maſt als eine Art der Weide angeſehen. Man unterſchied Grasweide und Maſtweide (Weide der Baumfrüchte).

Das Preuß. Landrecht behandelt Weide und Maſt=Berechtigungen als verſchiedenartige und ſelbſtſtändige Rechte. Es lautet Th. I. Tit. 22 § 195:

> „Die Mastgerechtigkeit ist unter einer selbst unbestimmten Hütungsgerechtigkeit nicht einbegriffen."

Zur Obermaſt (Eckerung, Eckerich) können alle WaldbaumFrüchte gehören, welche von Schweinen verzehrt werden. Es ſind dies Eicheln, Bucheln, Wildobſt (Aepfel, Birnen, Eß=Kaſtanien, Haſelnüſſe), Früchte der Roßkaſtanien, Hainbuchen=Samen, Hagebutten (von der Wildroſe), Schlehen (vom Schwarzdorn).

Eicheln werden als Maſtfutter höher geſchätzt als Bucheln, Stieleicheln höher als Traubeneicheln. Eicheln liefern kerniges Fleiſch und feſten Speck, Bucheln weiches Fleiſch und flüſſigen Speck. Außerdem werden die Bucheln wegen ihrer ſcharfen Kanten, wenigſtens bei Beginn der Maſtzeit, ſo lange die Schalen noch hart ſind, von den Schweinen nicht gern angenommen.

Die Wald=Holzarten, welche eßbare Früchte für Menſchen oder Thiere liefern, hießen früher fruchtbare Hölzer (ligna fructuosa, fructifera), im Gegenſatze zu den unfruchtbaren Holzarten.

Was rechtlich zur Obermaſt gehört, iſt örtlich, nach Geſetz und Herkommen, verſchieden. Ueberall zählen dazu Eicheln und Bucheln, mitunter nur dieſe. Das Preußiſche Landrecht rechnet dazu Eicheln, Bucheln und andere zur Schweinefütterung taugliche wilde Baumfrüchte.

ALR. Th. I. Tit. 22 § 194.
Ebenſo das Weisthum von St. Goar.
von Maurer, Markenverfaſſung 1856 S. 143.

Acceſſoriſches Maſtfutter ſind die in der Erde befindlichen Futtermittel für Schweine (Erdmaſt, Untermaſt). Die Erdmaſt beſteht theils in Pilzen und Wurzeln, z. B. von Farrenkräutern, theils in Inſecten-Larven und -Puppen, Würmern und ſonſtigen Thieren. Sie iſt für ſich allein zur Mäſtung meiſt unzureichend, liefert aber einen werthvollen Beitrag zur Obermaſt und iſt namentlich in friſchen und feuchten Waldorten, ſowie in Kiefern-Revieren, die von Spanner oder Eule befallen ſind, von Belang.

Erdmaſt allein, ohne Baumfrüchte, iſt Gegenſtand der Weideberechtigung mit Schweinen, nicht der Maſtberechtigung. Das Preuß. Landrecht läßt die Weideberechtigung mit Schweinen nur ausnahmsweiſe zu.

ALR. Th. I. Tit. 22 § 100.

4. Nutzungsart.

Die Maſtberechtigung kann auf zweifache Art ausgeübt werden, durch Schweineeintrieb in den Wald (Weidemaſt, Waldmaſt) und durch Aufleſen der Maſtfrüchte behufs Stallfütterung (Maſtleſe, Stallmaſt).

Regel, mitunter geſetzlich allein zuläſſig, iſt der Schweine-Eintrieb.

Die Maſtnutzung, auch durch Berechtigte, erfolgte früher gewöhnlich mittelſt der Fehme. Man verſtand darunter die unter gewiſſen Formen gegen Entgeld ſtattfindende Aufnahme von Schweinen zur Weidemaſt durch die Forſtverwaltung. Die Einfehmung (der Einſchlag) erſtreckte ſich auf die Schweine von Unberechtigten und Berechtigten (Servitutberechtigten, Forſtbeamten). Bei Eintritt eines zur Schweine-Mäſtung genügenden Maſtjahrs wurde vor Beginn der Maſt, Ende Auguſt oder Anfang September, die Anzahl der einzufehmenden, volles Maſtfutter findenden Schweine auf Grund einer Maſtſchätzung beſtimmt. Die zugelaſſenen Schweine wurden in ein Regiſter (Fehmregiſter) eingetragen, durch Brennen mit einem glühenden Eiſen bis auf die Haut mit gewiſſen, je nach den Eigenthümern verſchiedenen Zeichen verſehen, während der Maſtzeit im Walde gehalten, bei Tage von dazu angenommenen, verpflichteten Hirten gehütet, Morgens, Mittags und Abends zur Tränke getrieben, über Nacht in beſonders eingerichteten, eingefriedigten Stellen im Walde (Buchten) zuſammengehalten und nach Beendigung der Mäſtungszeit (Vormaſtzeit) den Eigenthümern zurückgegeben. Von den unberechtigten Schweinen wurden ein Maſtgeld als Pacht und ſog. Ungelder an Hirtenlohn, Verſicherungsgebühr und Verwaltungsgebühren (Accidentien), von den Berechtigungsſchweinen gewöhnlich nur Ungelder, mitunter ebenfalls Maſtgeld (Schweinezehnt) erhoben. Bei hinreichender Maſt fand nach Beendigung der Hauptmaſtzeit (Vormaſt) noch eine Einfehmung von Faſelſchweinen zur Nachmaſt ſtatt.

In den alten Markwäldern wurde das Brennen unter gewiſſen Formen, in Gegenwart des Schultheißen und des Waldförſters oder vor Geſchworenen vorgenommen. Die Brennzeichen, mittelſt deren auch die berechtigten (gewarten) von den unberechtigten (ungewarten) Schweinen unterſchieden wurden, beſtimmte

der Holzgreve. Jeder Märker durfte eigene Eiſen führen. Das Hirtenlohn
hieß „Schützgeld".

Vergl. Eckerichtsordnung des Lußhardtwaldes bei Bruchſal v. J. 1434. Grimm,
Weißth. IV. S. 519 bis 521.

Weisthum der Dernekamper Mark bei Dülmen in Weſtfalen v. 16. Juli 1603.
Grimm, Weisth. III. 138 bis 143, Nr. 16.

Für die Geſtattung der Weide und der Eichelmaſt in den herrſchaftlichen
Waldungen wurde bereits im 6. Jahrhundert eine Abgabe entrichtet. Bei der
Eichelmaſt nannte man dieſelbe glandaticum.

Des Schweinezehnts gedenkt ſchon das Weſtgothiſche Rechtsbuch in der
Zeit der Merowinger als einer Zahlung, welche regelmäßig für das Recht auf
die Maſt in fremden Wäldern gegeben wurde (Lex Wisigoth. VIII. 5, 1—4).

Vergl. Waiß, Deutſche Verfaſſungs-Geſchichte 2. Aufl. II. S. 586. v. Maurer,
Geſchichte der Frohnhöfe 2c. I. 341.

Des für die Maſtnußung zu entrichtenden Zehnts, auch Dehem, Dechem
Dechtumb genannt, gedenken ferner

das Urbarium des Kloſters Maurermünſter de 1144: Schoepflin, Alsatia
diplomatica I p. 230,

ferner das Weisthum von Neumünſter v. J. 1429. Grimm, Weisthümer II. 33.

Die Ausübung der Maſtgerechtigkeit durch Stallmaſt ſetzt die
Aneignung der Maſtfrüchte durch Sammeln voraus. In alter Zeit
war die Maſtleſe meiſt verboten.

Eckerichtsordnung im Lußhardtwald vom Jahre 1434. Grimm, Weisthümer
IV. S. 520.

Mitunter z. B. im Nürnberger Reichswalde war dieſelbe geſtattet.

Erlaß v. J. 1294 vom Burggrafen Friedrich.
=   =   · 1365 von Karl IV.
Grimm, Weisthümer Bd. VI. S. 94.

Das Preußiſche Landrecht behandelt die Maſtleſe als einbe=
griffen in dem Maſtrechte, geſtattet dieſelbe jedoch nur bei Spreng=
maſten an Stelle des dann nicht zuläſſigen Schweine-Eintriebs, in=
dem in § 194 Tit. 22 I beſtimmt wird:

„§ 194. Wenn nur Sprengmast ist, so muss er" (der Berechtigte) „mit dem Lesen der Eicheln, Bucheln und anderer dergleichen zur Schweinefütterung tauglichen wilden Baumfrüchte
sich begnügen."

Nach § 128 des Badiſchen Forſtgeſetzes vom 15. Nov. 1833 iſt dem Maſt=
berechtigten das Einſammeln der Maſtfrüchte unterſagt.

Die Fruchtleſe zu anderen Zwecken als zur Schweinemäſtung
iſt niemals in der Maſtberechtigung einbegriffen.

5. Unſtändigkeit. Theilung.

Die Maſtberechtigungen ſind unſtändige Servituten, weil ihre

14*

Ausübung an die unregelmäßig eintretenden Maſtjahre gebun=
den iſt.

Bei Theilung der berechtigten Grundſtücke kann es nicht zweifel=
haft ſein, daß die Maſtberechtigungen nach Analogie der Weide=
berechtigungen ipso jure antheilig auf die Theilſtücke übergehen.

6. Arten der Maſt=Berechtigungen.

Die Maſt=Berechtigungen zerfallen in unbeſtimmte und be=
ſtimmte, die unbeſtimmten in Bedarfs= und Verkaufs=Berechti=
gungen.

Maſt=Bedarfs=Berechtigungen ſind ſolche, bei denen die nicht
feſtſtehende Anzahl der Berechtigungsſchweine ſich auf den Bedarf der
im Haushalte des Berechtigten erforderlichen Schweine beſchränkt.
Bedarfsmaßſtäbe ſind theils die Aufzucht, theils der Verbrauch.
Zum Verkaufe beſtimmte, angekaufte oder fremde Schweine ſind aus=
geſchloſſen.

Urſprünglich waren die Maſtberechtigungen unbeſtimmte, auf die Eigen=
zucht des Berechtigten beſchränkte Berechtigungen. Nur die in der eigenen
Wirthſchaft des Berechtigten („in ſynem Huſe, uf ſeinem Erve, uf ſiner Miſten,
of ſiner bele“) erzogenen Schweine („die beelzucht, beeltucht“) durften einge=
trieben werden. Mitunter war bei dem Mangel an ſelbſtgezogenen Schweinen
nachgelaſſen, eine beſchränkte Zahl zu kaufen und zum Eigenbedarfe einzutreiben.

Heimgereite zu Landau 1295. Grimm, Weisthümer I. 767.

(2 Schweine konnten bei Mangel an Deelzucht eingetrieben werden.)

Weisthum der Oſtbewern'ſchen Mark unweit Münſter in Weſtfalen. 1339.
Grimm, W. III. 177.

Seebolder Markweisthum 1366. Grimm, W. III. 421.

W. der Hofmark Burgjoſſa in Franken 1451. Grimm, W. III. 516.

W. der Molkircher Hofmark im Elſaß 1548. Grimm, W. I. 695.

W. der Imbsheimer Hofmark im Elſaß 1559. Grimm, W. I. 752.

Zuweilen war auch beſtimmt, wie lange die Schweine im Beſitze der
Berechtigten ſein mußten, um als ſelbſtgezogene zu gelten.

Weisthum zu Wenigern (Beſitz ſeit Margret), Grimm, W. III. 59.

Speller Wald 1465 (Beſitz ſeit Johanni), Piper, Beſchreibung des Marken=
rechts in Weſtfalen 1765 S. 160.

Anderwärts beſtimmte ſich die Anzahl der maſtberechtigten Schweine nach
dem Hausbedarfe zum Schlachten und Verzehr in der berechtigten Wirthſchaft
(Verbrauchs=Maßſtab).

Weisthum von Kirburg im Weſterwald 1461. Grimm, W. I. 639.

Schweine, „die hee ſelbs uf ſeinem erve gezogen hette, und der he das
jaer gedechte zu genießen“.

Rheingauer Landweisthum 1324. Grimm, W. I. 534.

Maſt=Verkaufs=Berechtigungen mögen diejenigen heißen, bei welchen die nicht feſtſtehende Anzahl von Berechtigungsſchweinen nicht blos zum Haushaltsbedarfe der Berechtigten, ſondern auch zum Ver= kaufe verwendet werden darf. Dabei können die Verkaufsſchweine entweder in der Wirthſchaft des Berechtigten aufgezogen oder zum Zwecke der Mäſtung und des Wiederverkaufs im gemäſteten Zuſtande angekauft ſein.

Bei beſtimmten Maſt=Berechtigungen endlich ſteht die Anzahl der Berechtigungsſchweine entweder blos für die Vollmaſt oder für Voll= maſt und Theilmaſten (Halbmaſt, Viertelmaſt) ein für alle Mal feſt.

Seit dem 8. und 9. Jahrhundert wurde in vielen Marken die Anzahl der Schweine für den Fall der Vollmaſten und Theilmaſten feſtgeſtellt, ſodann jedes Jahr von den Markgrafen nach einer Beſichtigung der Maſt beſtimmt, ob volle, halbe ꝛc. Maſt vorhanden ſei, und darnach erſt feſtgeſetzt, wie viel Schweine in dem betreffenden Jahre hinausgetrieben werden durften. Man nannte dieſe jährliche Feſtſetzung des Maſtantheils öfters die „Satung“, das „Scharen“ oder „Scheren“.

W. des Dreieicher Wildbanns bei Frankfurt a. M. 1338. Grimm, W. I. 500.

W. der Altenhaßlauer Mark bei Gelnhauſen 1354. Grimm, W. III. 413.

W. der Bibrauer Mark bei Offenbach 1385. Grimm, W. I. 512.

W. der Diſſener Mark (Weſtfalen) 1582. Grimm, W. III. 187.

Vergl. von Maurer, Markenverfaſſung 1856 S. 144—146, Frohnhöfe III. Bd. 1863 S. 211.

von Berg, Geſchichte des deutſchen Waldes 1871 S. 233.

Schwappach, Forſt= und Jagdgeſchichte I. 1885 S. 167.

Das Preuß. Landrecht enthält keine Vorſchriften hinſichtlich der Zulaſſung von Berechtigungsſchweinen. Der Umfang des Maſtrechts iſt daher in jedem einzelnen Falle nach Titel und Ausübung des Rechts feſtzuſtellen.

Nach § 126 des Badiſchen Forſtgeſetzes darf der Maſtberechtigte nur ſeine eigenen, zum Gutshaushalte nöthigen und die ſelbſt erzogenen Schweine eintreiben.

Auch Art. 70 des Code forestier von 1827 beſtimmt, daß die Berech= tigten ihr Maſtrecht nur mit dem Vieh ausüben dürfen, welches ſie zu ihrem eigenem Gebrauche halten, nicht mit ſolchem, womit ſie Handel treiben.

II. Umfang der Maſtberechtigungen.

Elemente des Umfangs der Maſtberechtigungen ſind:

der Maſtrechts=Anſpruch, der Maſtertrag des Berechtigungs= Waldes, das Maſt=Theilnahmerecht des Waldeigenthümers, das Wald=

wirthſchaftsrecht und die Walderhaltungspflicht des Waldeigenthümers, die Waldſchonpflicht der Weideberechtigten und die Gegenleiſtungen des Maſtberechtigten.

1. **Maſtrechts-Anſpruch.**

Der Maſtrechts-Anſpruch bezeichnet den periodiſchen, in einem Maſt= jahre fälligen, und den daraus abzuleitenden durchſchnittlich jährlichen Betrag an Maſtfutter, auf deſſen Bezug aus dem Berechtigungs= Walde der Maſtberechtigte bei Waldzulänglichkeit einen Rechts-Anſpruch hat. Zur Ermittelung des Maſtrechts-Anſpruchs ſind feſtzuſtellen:

die Maſtzeiten nach Art und Dauer, die Maſtjahre nach Er= giebigkeit und Wiederkehr, die Maſtnutzungsarten, die Berechtigungs= ſchweine nach Zahl und Art und die Rechnungseinheit, in welcher der Maſtrechts-Anſpruch auszudrücken iſt.

a) **Maſtzeit** nennt man den Zeitraum im Jahre, auf welchen ſich die Maſtnutzung erſtreckt. Die Maſtzeit beginnt mit dem Frucht= Abfalle und dauert ſo lange, als die Maſtnutzung lohnt. Sie zer= fällt in 2 Perioden, in die Vormaſtzeit und in die Nachmaſtzeit, deren Zweck und Dauer verſchieden ſind. Zweck der Vormaſt (Haupt= maſt) iſt Mäſtung, Production von Maſtſchweinen; Zweck der Nach= maſt Erhaltungsfütterung von Faſelſchweinen und Zuchtſchweinen. Die feſtzuſtellende Dauer der Maſtperioden iſt örtlich verſchieden. Sie richtet ſich nach dem Eintritt des Fruchtabfalls, nach Geſetz, Herkommen, Titel und Ausübung der Maſtberechtigung. Die Vor= maſt beginnt je nach Maſtholzart, Ortslage und Jahres-Witterung zwiſchen Mitte September und Mitte October, bei der früher reifen= den Stieleiche eher als bei der Traubeneiche, bei der Eiche meiſt eher als bei der Buche und dauert bis Ende November (Andreas= tag, 30. November) oder bis Weihnachten oder bis Neujahr. Mit dem Abſchluß der Vormaſtzeit beginnt die Nachmaſt, welche bis zum 1. März dauern kann. Schneefall kann die Nutzungszeiten und den Maſtnutzungsertrag verringern.

In der Märkiſchen Forſtordnung vom 20. Mai 1720 Tit. IX § 9, ſowie in der Forſtordnung vom 3. October 1743 für das Herzogthum Magdeburg und das Fürſtenthum Halberſtadt Tit. VII § 11 iſt die Dauer der Vormaſt auf 9 bis 10 Wochen angegeben, indem gleichlautend beſtimmt wird:

„Wenn nun die Schweine 9—10 Wochen in der Mast gegan= gen und fett geworden, sollen selbige wieder ausgefehmet und an deren Statt Nachmast-Schweine eingenommen werden."

b) **Maſtjahre** ſind ſolche Jahre, in welchen ſo viele Eicheln oder Bucheln zur Reife gelangen, daß die Maſtnutzung lohnt.

Die Fruchtjahre der übrigen Maſtholzarten begründen wegen des geringen Vorkommens der letzteren den Begriff von Maſtjahren nicht.

Der Eintritt von Maſtjahren iſt Bedingung für die Ausübung der Maſt=Berechtigung, welche in anderen Jahren ruht. Erdmaſt allein kann nur durch Schweineweide, nicht durch Maſtberechtigung genutzt werden.

Nach der Ergiebigkeit der Maſtjahre unterſcheidet man bald nur zwiſchen Vollmaſt und Sprengmaſt (Zweitheilung), bald zwiſchen Vollmaſt, Halbmaſt und Sprengmaſt (Dreitheilung).

In den Lehrbüchern der Forſtbenutzung pflegt man unter Voll=maſt die obere Grenze des Maſtertrags, den nach Holzart, Stand=ort, Alter und Beſtandsſtellung günſtigſten Maſtertrag zu verſtehen, bei welchem alle Maſtbäume tragen und jeder das volle erreichbare Maß bringt. Dieſer lehrbuchmäßige Begriff iſt indeſſen für die obige Zweitheilung und Dreitheilung nicht haltbar. Er würde nach Preuß. Landrechte, welches nur Vollmaſt und Sprengmaſt unter=ſcheidet und nur bei Vollmaſt den Berechtigten den Schweineeintrieb geſtattet, die Ausübung der Weidemaſt beinahe illuſoriſch machen, indem z. B. ein ſo ergiebiges Maſtjahr wie das Jahr 1811 ſeitdem nicht wiedergekehrt iſt. Der richtige Begriff von Vollmaſt, Halbmaſt, Sprengmaſt ergiebt ſich einerſeits aus der Maſtnutzungsart, anderer=ſeits aus der Zwei= bez. Dreitheilung. Vollmaſt bei Zweitheilung iſt eine Fettmaſt, d. h. ein Maſtertrag, bei welchem Schweine ohne Beifutter im Walde gefeiſtet werden können. Bei Dreitheilung be=deutet Vollmaſt ein gutes, Halbmaſt ein mittelgutes Fettmaſtjahr. Sprengmaſt dagegen bedeutet Faſelmaſt, d. h. einen Maſtertrag, bei welchem durch Schweineeintrieb keine Mäſtung, ſondern nur Erhal=tungsfütterung für Faſel= und Zuchtſchweine ſtattfinden kann. An=dere Benennungen und Abſtufungen für Sprengmaſt ſind: Faſel=maſt, Viertelsmaſt, Gipfelmaſt, Stoppelmaſt, Rieſelmaſt, Vogelmaſt, Hähermaſt. Wenn man die obere Grenze des Maſtertrags mit 1 bezeichnet, ſo würden quantitativ

Sprengmaſt mit 0,1—0,4 im Durchſchnitt mit 0,25,
ferner bei Zweitheilung der Maſt

Vollmaſt mit 0,4—1 im Durchſchnitt mit 0,7,

dagegen bei Dreitheilung

    Halbmaſt mit 0,4—0,7 im Durchſchnitt mit 0,55,

    Vollmaſt = 0,7—1 = = = 0,85

des Höchſtbetrags der Maſt beziffert werden können.

Ѕn den Weisthümern iſt bald nur von voller Maſt und von Spreng= maſt „leib und ſpreit", „laub und ſprang", bald auch von halber Maſt, „halbem Eckericht", mitunter von Viertelsmaſt, „der vierte ſtrang", die Rede. Die Sprengmaſt wurde auch „geleuff" genannt.

    Vergl. das Holting über den Grimmerwald v. J. 1605, nordweſtlich von
        Hannover. Grimm, Weisthümer III. S. 288,
    ferner von Berg, Geſchichte der deutſchen Wälder. S. 228.

Die Wiederkehr der Maſtjahre, geſondert nach den für die Aus= übung des Maſtrechts maßgebenden Stufen ihrer Ergiebigkeit, in der Regel nach Vollmaſten, Halbmaſten und Sprengmaſten, bedarf örtlicher Ermittelung für längere Zeiträume. Holzart, Standort und Beſtandsbeſchaffenheit, bezüglich der letzteren namentlich Alter und Beſtandsſtellung (Schlußſtand, Lichtſtand), beeinfluſſen die Wiederkehr der Maſtjahre.

Für den nordweſtlichen Harzrand, in einer Meereshöhe von 200 bis 400 Meter, ſind nach den Ermittelungen des Forſtmeiſters Beling in Seeſen in den letzten 200 Jahren eingetreten:

bei der Eiche

    Vollmaſten 1687, 1701, 1714, 1749, 1758, 1764, 1778, 1789, 1797,
        1807, 1811, 1822, 1825, 1834, 1875, zuſammen 15.

    Halbmaſten 1689, 1691, 1704, 1712, 1715, 1721, 1731, 1735, 1737,
        1747, 1751, 1752, 1753, 1757, 1761, 1773, 1775, 1776, 1779,
        1780, 1781, 1782, 1790, 1791, 1793, 1795. 1809, 1840, 1842,
        1850, 1874, zuſammen 31.

    Sprengmaſten mit Ausſchluß der geringen Maſtjahre:
        1707, 1720, 1722, 1724, 1729, 1732, 1739, 1744, 1756, 1768,
        1771, 1774, 1784, 1787, 1792, 1798, 1806, 1808, 1815, 1817,
        1827, 1829, 1832, 1833, 1843, 1844, 1846, 1848, 1857, 1858,
        1860, 1862, 1866, 1878, 1880, zuſammen 35.

Es iſt darnach, wenn die Halbmaſten mit $\frac{1}{2}$, die Sprengmaſten mit $\frac{1}{4}$ auf Vollmaſten reducirt werden, in je 5 Jahren der Ertrag einer Vollmaſt erzeugt worden; ferner

bei den Buchen

    Vollmaſten 1748, 1767, 1789, 1797, 1803, 1811, 1823, 1834, 1858,
        1869, zuſammen 10.

    Halbmaſten 1694, 1702, 1712, 1720, 1734, 1737, 1740, 1746, 1753,
        1756, 1760, 1773, 1776, 1779, 1782, 1794, 1808, 1826, 1842,
        1843, 1846, 1848. 1850, 1853, 1860, 1884, zuſammen 26.

Sprengmaſten 1685, 1724, 1732, 1747, 1753, 1785, 1787, 1804, 1807,
1817, 1818, 1827, 1829, 1836, 1840, 1851, 1857, 1862, 1866,
1875, 1877, 1882, zuſammen 22.

Hiernach iſt in je 7 Jahren der Ertrag einer Vollmaſt erzielt worden.

Zugleich läßt die Vergleichung von ſonſt und jetzt erkennen, daß die oft gehörte Anſicht, wonach die Ergiebigkeit der Fruchterzeugung abgenommen haben ſoll, nur in beſchränktem Maaße begründet iſt.

c) Maſtnutzungs-Arten.

Von der Ergiebigkeit der Maſtjahre iſt die Benutzungsart der Maſt, ſowohl im Allgemeinen als bei Maſtberechtigungen im Beſonderen abhängig.

Allgemein gültig iſt, daß der Schweineeintrieb zum Zwecke der Mäſtung (Weide-Fettmaſt) nur in reichen Maſtjahren (bei Vollmaſten und Halbmaſten) ſtattfinden kann. Mäſtung erfordert reichliche Nahrung, die nur in guten Maſtjahren dargeboten wird. Es wurde deshalb bei Maſtnutzung durch Fehme, vielfach auf Grund geſetzlicher Beſtimmung oder nach Gewohnheitsrecht, durch eine Ende Auguſt oder Anfang September jeden Jahres ſtattfindende Maſtſchau die Ergiebigkeit der Maſt nach Vollmaſt, Halbmaſt, Sprengmaſt abgeſchätzt und darnach über die Zuläſſigkeit der Einfehmung und über die Anzahl der einzufehmenden Schweine befunden. Das Preuß. Landrecht beſtimmt darüber in Th. I Tit. 22 § 191 Folgendes:

„§ 191. In der Mitte des August muss, mit Zuziehung des Hütungsberechtigten durch Forstverständige bestimmt werden, ob volle oder nur Sprengmast vorhanden sei.“

Nach der Märkiſchen Forſtordnung vom 20. Mai 1720 Tit. IX. §§ 5, 6, ingleichen nach §§ 7, 8 Tit. XII. der Magdeburger FO. vom 3. October 1743 ſoll die Maſtſchätzung nach Vollmaſt und Halbmaſt vorgenommen und darnach die Anzahl der einzufehmenden Schweine feſtgeſtellt werden.

Sprengmaſten ſind nicht zur Fettmaſt, aber wohl bei reichlicher Untermaſt, in gleicher Weiſe wie die Nachmaſtperiode in Vollmaſtjahren, zur Erhaltungsfütterung von Faſelſchweinen und Zuchtſchweinen mittelſt Eintriebs (zur Weide-Faſelmaſt) benutzbar.

Welche Maſtnutzungsarten den Maſtberechtigten je nach der Ergiebigkeit der Maſtjahre zuſtehen, iſt nach Geſetz, Gewohnheitsrecht, Titel und Ausübung der Servitut zu entſcheiden. Nach §§ 193, 194 Tit. 22 Th. I des Preuß. Landrechts gilt als Regel, daß der Maſtberechtigte die Weidemaſt nur bei Vollmaſt ausüben darf und bei Sprengmaften nur zur Maftlefe befugt ist. Es lauten:

> „§ 193. Wenn aber Jemandem das Mastungsrecht in einem fremden Forste als eine Grundgerechtigkeit zukommt, so kann er sich desselben der Regel nach nur bei voller Mast bedienen.“

> „§ 194. Wenn nur Sprengmast ist, so muss er mit dem Lesen der Eicheln, Bucheln und anderer dergleichen zur Schweinefütterung tauglichen wilden Baumfrüchte sich begnügen.“

Unter den Ausdrücken: „Wenn der liebe Gott Maft befcheert“, „wenn Maft vorhanden“ ist volle Maft zu verftehen.

Koch, Pr. Landr. 6. Ausg. Note 59 zu § 193 a. a. O.

Ausnahmen von der landrechtlichen Regel werden durch Forftordnungen, Titel und Ausübung der Maftberechtigung begründet. So werden Sprengmaften auch durch Fafel=Weidemaft anftatt durch Maftlefe benutzt.

Demgemäß können fich die Maftnutzungsarten der Berechtigten folgendermaßen geftalten:

in Fettmaftjahren (Voll= bez. Voll= und Halbmaftjahren)
      während der Vormaftperiode: Weidefettmaft,
      während der Nachmaftperiode: Weide=Fafelmaft;
in Sprengmaftjahren
      während der Vormaftzeit: Maftlefe (landrechtliche Regel),
      während der Vor= und Nachmaftzeit oder blos in der Vor=
         maftzeit: Weide=Fafelmaft (landrechtliche Ausnahme).

d) Schweine=Viehftand.

Der wichtigfte Beftandtheil des Umfangs und Nutzwerths der Maftberechtigungen ift der nach Maftnutzungsarten getrennt zu behandelnde Viehftand an Berechtigungsfchweinen in Bezug auf Anzahl und. Altersklaffen. Es muß bekannt fein, mit wie vielen Schweinen jeder Altersklaffe bez. Gewichtsklaffe der Berechtigte die guten und mittelmäßigen Weidefettmaften (Vollmaften und Halbmaften), die Weide=Erhaltungsmaften (Nachmaften und event. Sprengmaften), endlich die Lefe=Sprengmaften nutzen darf.

Von den Altersklaffen bez. Gewichtsklaffen der Schweine hängt die Größe der Futteraneignung und des Maftnutzens ab. Es genügt, Jungfchweine (unterjährig), Mittelfchweine (Normalfchweine, Voll= fchweine, Jährlinge) und Altfchweine (überjährig) zu unterfcheiden. Da beftimmte Maftberechtigungen gewöhnlich nur die Anzahl, nicht die Altersklaſſen der Schweine angeben, ſo ſind die Altersklaſſenzahlen faſt immer nach der bisherigen Ausübung bez. nach dem Beſitzſtande feſtzuſtellen. Zugleich ſind für die Zwecke der Ablöſung die Durchſchnittsgewichte der einzelnen Altersklaſſen bez. die Aequivalentwerthe für die Reduction auf Normalſchweine durch landwirthſchaftliche Sachverſtändige zu ermitteln.

Bei beſtimmten Maſtberechtigungen ſteht die Anzahl der Schweine ſtets für Weidevollmaſten, in der Regel auch für Halbmaſten, dagegen nicht immer für Nachmaſten und Sprengmaſten feſt. Sowohl in den letzterwähnten Fällen, als bei allen unbeſtimmten Bedarfs- und Verkaufsberechtigungen hat die Ermittelung des berechtigten Schweineſtandes auf hiſtoriſchem Wege, nach bisherigem Schweine-Eintriebe oder nach bisherigem Beſitzſtande und, ſofern dieſe in Ausnahmefällen, z. B. bei zurückgegangenen Wirthſchaften, keinen gerechten Veranſchlagungs-Maßſtab darbieten, nach der gegendüblichen Schweinehaltung ſtattzufinden. In vielen Fällen gewähren die Fehmregiſter die erforderliche Auskunft über den Berechtigungs-Schweineſtand.

Die Sonderung des letzteren nach den Hauptnutzungsarten der Maſtberechtigung (Weide-Fettmaſt, Weide-Faſelmaſt, Leſemaſt) erſcheint deshalb nothwendig, weil dieſelbe Schweinezahl bei verſchiedenen Nutzungsarten ganz verſchiedene Futter- und Nutzungswerthe darſtellt.

e) Maſt-Schätzungseinheit.

Aus demſelben Grunde kann die Rechnungseinheit (Schätzungseinheit) zur Darſtellung des Maſtrechts-Anſpruchs ſowohl, wie des Maſtertrages nicht eine und dieſelbe für alle Nutzungsarten ſein. Die am meiſten geeignete Maſteinheit iſt die Schweinemaſt, d. h. das zur Fütterung eines Normalſchweines während der vollen Maſtzeit erforderliche Futter. Zu unterſcheiden ſind, je nachdem es ſich um Mäſtung in Fettmaſtjahren, oder um Erhaltungsfütterung hauptſächlich von Faſelſchweinen in Nachmaſten und Sprengmaſten handelt:

Fettmaſt und Faſelmaſt,

von denen die letztere, wegen des verſchiedenartigen Koſtenaufwandes, noch in Weide-Faſelmaſt und

Leſe-Faſelmaſt

zu sondern ist, sofern überhaupt von der selten vorkommenden Maft=
lese des Preuß. Landrechts Gebrauch gemacht wird.

f) **Maft=Nebenmittel des Berechtigten. Maftrechts=
Bedarf.**

Maft=Nebenmittel, über welche der Berechtigte außer dem Be=
trage an Maftfütterung in einem bestimmten Berechtigungswalde
verfügt, können sein:

Maftberechtigungen in anderen Wäldern und eigene Maft=
holzungen des Berechtigten.

Von denselben sind die ersteren stets bei Ermittelung des Maft=
rechts=Anspruchs in einem bestimmten Walde und zwar nach Ver=
hältniß entweder der Maftergiebigkeit der betreffenden Berechtigungs=
wälder oder der Zeiten in Rechnung zu stellen, während welcher die
Ausübung der Maftnutzung in den verschiedenen Berechtigungs=
wäldern thatsächlich stattgefunden hat.

Ueber Zulässigkeit und Art der Anrechnung von Maftmitteln
in eigenen Maftholzungen des Berechtigten bestehen in Preußen
keine gesetzlichen Bestimmungen. Entscheidend sind daher in dieser
Hinsicht lediglich Titel und seitherige Ausübung der Maftberech=
tigung.

Die nur ausnahmsweise eintretende Anrechnung der Maft=
Nebenmittel kann bei bestimmten Maftberechtigungen, bei Maft=
Bedarfs=Berechtigungen und bei Maft=Verkaufs=Berechtigungen
stattfinden.

Bei Maft=Bedarfs=Berechtigungen heißt der auf den Berechti=
gungswald angewiesene Theil des Vollbedarfs an Maftfuttermitteln:
Maftrechtsbedarf.

2. **Maft=Unzulänglichkeit.**

Wenn, entsprechend dem bei der Fehme üblichen Verfahren, die
Ergiebigkeit eines jeden Maftjahres durch Maftschau festgestellt und
nicht mehr Schweine zugelassen werden, als voll ernährt werden
können, so kann Waldunzulänglichkeit nicht eintreten. Anders liegt
die Sache bei unbeschränkter Zulassung der maftberechtigten Schweine
und bei ausgedehnten Maftberechtigungen. In diesem Falle kann
der Maftanspruch (B) aller Berechtigten, einschließlich des Waldeigen=
thümers, hinter dem Maftertrage (We) des Berechtigungswaldes
zurückbleiben. Alsdann handelt es sich darum, behufs Feststellung

des Umfangs der Maſtberechtigung die durchſchnittlich jährliche Maſtquote $\left(\frac{We}{B}\right)$ zu ermitteln. Das Product aus Maſtquote und Maſtrechtsanſpruch (b) eines einzelnen Berechtigten $\left(b \times \frac{We}{B}\right)$ ergiebt dann
die dem letzteren gebührende Maſt-Naturalrente.

Die durchſchnittlich jährliche Maſtquote ſetzt ſich zuſammen aus
den Maſtquoten der einzelnen, für die Maſtberechtigung belangreichen
Maſtjahre. Dieſe periodiſchen Maſtquoten (Zulänglichkeitsquoten)
haben die von allen anderen Waldberechtigungen abweichende Eigenthümlichkeit, daß ſie bei gleichem Waldzuſtande ungleich groß ſind.
Es kann Zulänglichkeit, ſogar Ueberzulänglichkeit in Vollmaſtjahren
mit Unzulänglichkeit in Theilmaſtjahren wechſeln. Außerdem kommt
noch in Betracht, daß in einem und demſelben Maſtjahre die Zulänglichkeitsquoten für Fettmaſten und für Faſelmaſten (Nachmaſten)
verſchieden ſein können. Daraus ergeben ſich für die Ermittelung
der durchſchnittlich jährlichen Maſtquote folgende Regeln:

Die durchſchnittlich jährliche Maſtquote iſt geſondert für Fettmaſten und für Erhaltungsmaſten zu ermitteln.

Die Ermittelung hat ſich auf einen längeren Zeitraum (Berechnungszeit) zu erſtrecken, welcher ſo zu bemeſſen iſt, daß am Anfang
und am Ende ein Vollmaſtjahr und außerdem in die Zwiſchenzeit
noch ein oder einige Vollmaſtjahre fallen.

In die Durchſchnittsberechnung ſind alle in die Berechnungszeit
fallenden Maſtjahre, auf welche ſich die Maſtberechtigung erſtreckt,
mit alleiniger Ausnahme der an das Ende der Berechnungszeit fallenden Vollmaſt einzuſchließen.

Die Berechnungszeit iſt vom Ablöſungsjahre ab rückwärts zu rechnen, ſo
daß der Anfang der Berechnungszeit das dem Ablöſungsjahre am nächſten
liegende Vollmaſtjahr bildet.

Für Vollmaſtjahre, in denen der Maſtertrag den Maſtrechts-
Anſpruch überſteigt, iſt nur der Maſtrechtsanſpruch in Rechnung zu
ſtellen, weil der Ueberſchuß von dem Berechtigten nicht benutzt werden kann.

Der Geſammt-Maſtertrag eines Jahres iſt auf Fettmaſten ein-
zuſchätzen, zunächſt auf den Maſtrechtsanſpruch der Vormaſt anzurechnen, der übrigbleibende Theil der Fettmaſten auf Erhaltungs-

maſten zu reduciren und dem Maſtrechtsanſpruch der Nachmaſt gegen-
überzuſtellen.

Die Reductionsfactoren zur Umwandlung von Fettmaſten in
Erhaltungsmaſten ſind nach der Dauer der Vormaſt und Nachmaſt
und nach dem täglichen Futterbedarfe eines Normalſchweins an
Baumfrüchten bei Weide-Fettmaſt und Weide-Erhaltungsmaſt durch
landwirthſchaftliche Sachverſtändige feſtzuſtellen.

Beiſpiel. Die Maſtberechtigung beſchränkt ſich auf Voll- und Halbmaſten, erſtreckt ſich auf Fett- und Faſelmaſten.

Der gleichbleibende Maſtanſpruch (B) aller Berechtigten einſchließlich des
Waldeigenthümers beträgt für jedes Maſtjahr

100 Fettmaſten in der Vormaſt

und 80 Faſelmaſten (gleich 40 Fettmaſten) in der Nachmaſt, mithin zuſammen 140 Fettmaſten.

Vollmaſten traten ein im 1., 8., 20. und 31. Jahre, Halbmaſten im
4., 10., 16. und 26. Jahre vom Ablöſungsantrage an rückwärts gerechnet.

Die Maſterträge in der rückwärts liegenden 30jährigen Berechnungszeit
waren während der Vor- und Nachmaſt

	im Ganzen Fettmaſten	in der Vormaſt Fettmaſten	in der Nachmaſt Faſelmaſten à 0,5 Fettmaſt.
im 1. Jahre: We_1: . . .	130	100·	60
= 4. = We_4: . . .	70	70	.
= 8. = We_8: . . .	160	100	80
= 10. = We_{10}: . . .	60	60	.
= 16. = We_{16}: . . .	80	80	.
= 20. = We_{20}: . . .	135	100	70
= 26. = We_{26}: . . .	105	100	10
mithin in 30 Jahren	610		220

Dagegen beträgt der Maſtanſpruch während der 30jährigen Berechnungszeit

für die 7mal benutzte Vormaſt $7 \times 100 =$ 700 Fettmaſten,

  = 4 =   = Nachmaſt $4 \times 80 =$ 320 Faſelmaſten.

Hiernach beläuft ſich die Maſtquote

für Fettmaſten auf $\dfrac{610}{700}$

= Faſelmaſten = $\dfrac{220}{320}$

und die Naturalrente eines Einzelberechtigten mit einem Maſtrechtsanſpruche
von 30 Fettmaſten und 15 Faſelmaſten in einem Maſtjahre oder von
$\dfrac{30 \times 7}{30} = 7$ Fettmaſten und von $\dfrac{15 \times 4}{30} = 2$ Faſelmaſten im jährlichen
Durchſchnitte.

$$\text{auf } 7 \times \frac{610}{700} = 6{,}1 \text{ Fettmaſten und}$$

$$2 \times \frac{220}{320} = 1{,}375 \text{ Faſelmaſten.}$$

3. Maſt=Theilnahmerecht des Waldeigenthümers.

Das Theilnahmerecht des Waldeigenthümers an der Vollmaſt erſtreckt ſich:

bei Waldzulänglichkeit

auf den geſammten Ueberſchuß des Maſtertrages über den Maſtrechts=Anſpruch der Berechtigten,

bei unverſchuldeter Waldunzulänglichkeit

auf den zur Holznachzucht erforderlichen Bedarf an Maſtfrüchten mit einem Vorzugsrechte vor dem Berechtigten,

auf die den Forſtbeamten als Dienſteinkommen gewährte Maſt=nutzung, ebenfalls mit einem Vorzugsrechte vor dem Berechtigten, und

auf die zu dem Haushaltsbedarfe des Waldeigenthümers erfor=derliche Maſtnutzung, jedoch mit der Maßgabe, daß nur bei urſprüng=lich unbeſtimmten Maſtberechtigungen eine Gleichberechtigung mit dem Servitutberechtigten beſteht, dagegen dem letzteren bei urſprünglich beſtimmten Maſtberechtigungen ein Vorzugsrecht gebührt, endlich

bei verſchuldeter Waldunzulänglichkeit

nur auf den nach Befriedigung der Maſtberechtigten übrig bleibenden Theil des Maſtertrages.

Vergl. Danckelmann, Ueber die Grenzen des Servitutrechts und des Eigen=thumsrechts bei Waldgrundgerechtigkeiten 1884 S. 16, wonach dieſe Rechts=grundſätze für alle Grundgerechtigkeiten Gültigkeit haben;

ferner Th. I § 3 S. 26 und Th. II § 2 S. 17 dieſes Werks.

Die Forſtordnung für Pommern vom 24. December 1777 beſtimmt in Tit. VII § 3g, daß die Maſtpächter zu geſtatten haben, daß in den von ihnen gepachteten Revieren einige Scheffel Eicheln und Bucheln zur Anlegung der Eichen= und Buchenkämpe geſammelt werden. Eding vertritt unter Bezug=nahme hierauf allgemein die Anſicht, daß die Maſtberechtigung in keinem Falle den Eigenthümer des Waldes hindern dürfe, ſoviel Eicheln und Bucheln zu ſammeln, als er zu den nothwendigen Forſtkulturen bedarf.

Eding, Rechtsverhältniſſe des Waldes. 1874. S. 95.

Das Badiſche Forſtgeſetz v. 15. Nov. 1833 beſtimmt in § 127 Folgendes:

„Der Waldeigenthümer ist von der Mitbenutzung der Mast nicht ausgeschlossen.

Wird durch diese Mitbenutzung die Mast für den Berechtigten geschmälert, so richtet sich die Benutzung des Eigenthümers zu jener des Berechtigten nach dem Verhältniss des Guts-Haushalts des Ersteren zu jenem des Letzteren.

Der Eigenthümer kann, wenn er keine Schweine eintreiben will, seinen Theil der Mast verpachten."

4. **Walbwirthſchaftsrecht und Walberhaltungspflicht des Walbeigenthümers.**

Es erſtreckt ſich das Walbwirthſchaftsrecht auf Holzeinſchlag, Holzſchonung und Anweiſungsrecht, die Wirthſchaftspflicht auf Erhal=tung des Holzbeſtanbes für die Maſtnutzung.

Das Holzeinſchlagsrecht berechtigt den Walbeigenthümer, die Maſthölzer überall vor eintretenbem Verberben und in den Grenzen nachhaltiger Nutzung nach erlangter Haubarkeit zum Einſchlage zu bringen. Das Preuß. Lanbrecht beſtimmt barüber in Th. I Tit. 22 § 196 Folgenbes:

„§ 196. Der Mastberechtigte kann den Eigenthümer des Waldes und die Holzungsberechtigten nicht hindern, auch Mast-hölzer nach forstmässigen Grundsätzen zu schlagen."

Forſtmäßig ſind Holznutzungen, welche ſich in den Grenzen der Nachhaltigkeit bewegen, ober ſich auf Bäume erſtrecken, die wegen eingetretener Haubarkeit, wegen zu beſorgenber Werthverminberung ober zum Zwecke der Verjüngung ober Beſtanbspflege eingeſchlagen werden müſſen.

Dem Holzſchonungsrechte unterliegen biejenigen Walborte, in welchen die Ausübung der Maſtberechtigung die Holznachzucht beein=trächtigen würde. Dahin gehören die Natur=Verjüngungsſchläge (Beſamungsſchläge, Lichtſchläge), wo die zur Verjüngung erforber=lichen Früchte (Eicheln und Bucheln) verzehrt und die Wurzeln des Nachwuchſes durch Wühlen der Schweine beſchäbigt werden würden. Geſetzliche Vorſchriften beſtehen in Preußen über die Holzſchonung gegen Maſtrechts=Beſchäbigungen nicht. Das Holzſchonungsrecht folgt aber aus den allgemeinen geſetzlichen Beſtimmungen, wonach durch die Ausübung der Walbgrundgerechtigkeiten die Erhaltung des Walbes und der Walbſubſtanz, ſowie die Erfüllung der eigentlichen Beſtimmung des Walbes nicht beeinträchtigt werden darf (Th. I § 3 S. 25, Th. II § 2 S. 20).

Das Anweiſungsrecht des Walbeigenthümers iſt in bem Preuß. Lanbrechte für Maſtberechtigungen nicht geregelt. Ein Bebürfniß dazu lag deßhalb nicht vor, weil in der Regel die Ausübung des Mastrechts mittelst der Einsetzung stattfand, wozu die Hirten vom Waldeigenthümer angenommen wurden.

Nach dem in Elsaß=Lothringen gültigen französischen Forstgesetze vom 21. Mai 1827 dürfen die Berechtigten in Staats= und Gemeinde=Waldungen ihr Mastrecht nur in denjenigen Waldorten ausüben, welche durch die Forst= verwaltung für geöffnet erklärt sind, vorbehaltlich der Anrufung des Bezirks= raths (Art. 67, 112). Auch in Privatwaldungen darf die Ausübung der Mast= berechtigung nur in den dazu durch die Forstverwaltung als geöffnet erklärten Waldtheilen und nur nach Maßgabe des Zustandes und der Leistungsfähigkeit des Waldes erfolgen, welche letztere seitens der Forstverwaltung zu untersuchen und festzustellen sind (Art. 119).

Aus dem Begriffe der Mastberechtigung, als eines Rechts auf Fruchtmast mit blos accessorischer Erdmast, folgt, daß sich die Aus= übung des Mastrechts auf diejenigen Waldorte beschränkt, in welchen masttragende Bäume in einer die Mastnutzung lohnenden Menge vorhanden sind.

Die Walderhaltungspflicht besteht in der dauernden Erhaltung eines zur nachhaltigen Erfüllung des Mastrechts erforderlichen Holz= bestandes in dem zur Zeit der Servitutbegründung vorhanden ge= wesenen Umfange. Die Holzarten, Betriebsarten und Umtriebszeiten dürfen, abgesehen von den Fällen wirthschaftlicher Nothwendigkeit, nicht zum Nachtheile der Mastberechtigten verändert werden. Der Holzeinschlag ist nach den Grundsätzen der Wirthschaftlichkeit und Nachhaltigkeit zu bemessen. Für die Nachzucht der Mastholzarten ist, sofern es die Standortsverhältnisse gestatten, Sorge zu tragen. Alles dieses folgt aus der im Wesen der Servitut begründeten Verpflich= tung zur Unterlassung von Handlungen, welche den zur Ausübung der Servitut erforderlichen Holzbestand vernichten.

Vergl. § 2 S. 27; ferner

Danckelmann, Grenzen des Servitutrechts und des Eigenthumsrechts 1884 S. 54.

Ebing, Rechtsverhältnisse des Waldes 1874 S. 97.

Special=Bestimmungen über die Walderhaltungspflicht bei Mast= berechtigungen enthält das Preußische Recht nicht.

5. Waldschonpflicht der Weideberechtigten.

Nach Preuß. Landrechte Th. I Tit. 22 §§ 188 bis 192 sind die Mastorte auf die Dauer der Vormast, in der Regel vom 24. August bis Weihnachten, für die Weide geschlossen (Mast= schonung). Die Bestimmungen lauten wie folgt:

„§ 188. So lange die Mastung dauert, müssen die Reviere, wo die Schweine sich befinden, mit der übrigen Hütung verschont werden."

Die Maſtſchonung iſt mithin dadurch bedingt, daß Schweine in die Maſt wirklich aufgenommen worden ſind.

OT. 28. Febr. 1860. Strieth. Arch. Bd. 37 S. 42 Nr. 16.

„§ 189. Es folgt also an Orten, wo Mastung ist, das übrige Vieh erst hinter den Schweinen."

„§ 190. Die Schonungszeit der Masthölzer nimmt der Regel nach mit dem Tage Bartholomäi ihren Anfang und dauert bis zu Weihnachten."

Bartholomäi fällt auf den 24. Auguſt. In Preußen, wo der Gregoria= niſche Kalender erſt 1800 eingeführt wurde, fällt Alt=Bartholomäi auf den 4. September. Vergl. darüber bei Weideberechtigungen § 24 I 3.

„§ 191. In der Mitte des August muss, mit Zuziehung des Hütungsberechtigten durch Forstverständige bestimmt werden, ob volle oder nur Sprengmast vorhanden sei."

Wenn die Weideberechtigten zu der in § 191 angeordneten Maſtſchau nicht zugezogen werden, ſind ſie zur Maſtſchonung nicht verpflichtet.

OT. II. 7. Juli 1837. Präj. 306. Präj.=Samml. S. 132.

OT. II. 28. Febr. 1860. Strieth. Arch. Bd. 37 S. 64.

„§ 192. „Die Schonung der Masthölzer muss aber nicht nur bei voller Mast geschehen, sondern auch alsdann, wenn die Spreng- mast zur Nothdurft des Eigenthümers oder zur Einführung fremder Schweine zulänglich ist."

Unter den Worten „zur Nothdurft des Eigenthümers" iſt nur der Bedarf für ſeine eigenen Schweine zu verſtehen.

OT. 28. Febr. 1860. Arch. f. Rechtsſ. Bd. 37 S. 64.

In den Forſtordnungen für die Mark Brandenburg vom 20. Mai 1720 Tit. VIII § 1 und für das Herzogthum Magdeburg vom 3. October 1743 Tit. VII § 1 iſt in Betreff der Maſtſchonung faſt gleichlautend Folgendes verordnet:

„Wenn die Eichel- und Buchelmast geräth, sollen diejenigen Oerter, wo Mast vorhanden, mit der Hütung und Aufraffung von Bartholomäi an und so lange verschont werden, bis solche von Unserer Cammer oder dem Oberforstmeister wiederum eröffnet und erlaubt werden. Da auch keine Mast vorhanden, ist doch niemanden zugelassen, vor geschehener Besichtigung und Permission sich der Hütung zu bedienen."

Auch die Schleſ. FO. vom 19. April 1756 Tit. XIII § 3 enthält ähnliche Beſtimmungen.

Nach den Gem. Theil=Ordnungen für Hannover von 1873 § 8, Schlesw.=Holſtein von 1876 § 10, Hohenzollern von 1885 § 14 ſoll ein verhältnißmäßiger Theil auf Schonung abgerechnet werden.

6. **Gegenleistungen**
des Mastberechtigten können bestehen:

in dem Mastgelde (Mastzehnten, Schweinezehnten), s. oben S. 210,

in Accidentien (Verwaltungsgebühren),

in Hüterlohn,

in Brenngeld und

in „Schadenstandgeld".

Accidentien, Hüterlohn, Brenngeld und Schadenstandgeld hießen Ungelder oder Umgelder. Die letzten 3 Arten von Gegenleistungen wurden nur bei der Einsehmung durch die Forst=Verwaltung entrichtet.

Die Ungelder betrugen in der Vormast pro Schwein nach den vorerwähnten Märkischen und Magdeburgischen Forstordnungen

an Accidenz	5 Gr. 3 Pf.
= Hüterlohn	3 =
= Schadenstand	1 =

dagegen in der Nachmast von jedem Thaler Mastgeld 3 =

nach der Pommerschen Forstordnung vom 24. December 1777 Tit. VII. §§ 7 und 8 für die Vormast:

an zur Forstkasse zu zahlenden Ungeldern . . .	3 Gr. 6 Pf.
= Brenngeld für den Förster	2 =
= Hüterlohn für den Hirten	2 =
= Ungeldern für die Nachmast von jedem Thaler Mastgeld	3 =

Die Schlesische Forstordnung vom 19. April 1756 setzt in Tit. XIV. folgende Ungelder bei der Einsehmung für jedes Mastschwein fest:

an Accidenz . .	5 Gr. 3 Pf.	
= Sterbegeld . .	1 =	
= Buchtenlohn .	1 =	
= Hirtenlohn . .	2 =	
= Brennen . .	— 3 =	

Aus den Sterbegeldern wurde Ersatz für die eingegangenen Schweine geleistet.

Wenn keine Schweine eingesehmt wurden, sondern eine Verpachtung der Mast stattfand, wurden von jedem Thaler Pachtgeld 3 Gr. an Ungeldern entrichtet, welche theils zur Forstkasse flossen, theils den Forstbeamten zukamen.

III. Bedeutung der Mast-Berechtigungen.

Die Geschichte der Waldmast, deren monographische Behandlung eine sehr lohnende Arbeit sein würde, bildet einen bedeutsamen Abschnitt in der Geschichte der Waldzustände, des Eigenthums und der Belaſtung des Waldes, ſeiner Bewirthſchaftung und Rentabilität, nicht minder in der Geſchichte der Landwirthſchaft und der geſammten Bodenkultur. Die Waldmaſt in Deutſchland läßt ſich verfolgen bis in das 3. Jahrhundert nach Chriſti Geburt. Die Volksgeſetze des 5. bis 9. Jahrhunderts und die Kapitularien der fränkiſchen Könige erwähnen ſie, die Weisthümer enthalten zahlreiche Belagſtellen über ihre Ausübung und Regelung, die landesherrlichen Forſtordnungen ſchenken ihr eine beſondere Beachtung.

Die Waldmaſt bildete in der älteren germaniſchen Landwirth=ſchaft ein unentbehrliches Hülfsmittel des vorzugsweiſe auf Vieh=haltung gerichteten Betriebs; ſie gehörte zu den erſten Waldnutzungen, welche Tauſchwerth erlangten, ſie war ein noch in dem Preußiſchen Landrechte erwähntes Merkmal des Waldeigenthums, ſie lieferte während des geſammten Mittelalters und Jahrhunderte ſpäter den Hauptertrag der deutſchen Laubholzwälder, bis Waldverminderung, Waldumwandlung in Nadelholz, Uebergang aus der Plänterwirth=ſchaft in die Schlagwirthſchaft ihre Bedeutung allmählich herabge=drückt, und die Umgeſtaltung der Landwirthſchaft durch den Kartoffel=bau ſie in eine unbedeutende Waldnebennutzung umgewandelt hat, die Waldwirthſchaft nicht beläſtigend, aber auch nicht weſentlich fördernd, dem Berechtigten und der Landwirthſchaft wenig nütze, für die Volks=wirthſchaft ohne erheblichen Belang. Nur da, wo größere Laubholz=waldungen auf fruchtbarem Boden mit einer niedrigen landwirthſchaft=lichen Kulturſtufe zuſammentreffen, z. B. in Ungarn, Kroatien und Slavonien, liefert die Waldmaſt noch jetzt bedeutende Erträge.

Im Lußhart=Walde zwiſchen Bruchſal und Philippsburg, für welchen eine Eckerichtsordnung vom Jahre 1434 beſteht (Grimm, Weisthümer IV. 519), befanden ſich im Jahre 1437 35000 Schweine von biſchöflich ſpeyerſchen und 8000 von pfälziſchen Unterthanen in Eichelmaſt. Außerdem wurden noch viele Schweine von anderen Waldberechtigten eingetrieben.

Mone, Zeitſchrift für die Geſchichte des Oberrheins. Karlsruhe 1850—68. 8. Bd. S. 133.

In Schleswig=Holſtein wurden nach H. von Ranzau 1590 an Schweinen zur Maſt eingetrieben:

in die Waldungen von Rendsburg	14000	Stück,
= = = = Segeberg	19000	=
= = = = Bordesholm	10000	=
= = = = Reinfeld	8000	=
= = = = Trittau	8000	=

In mäßig guten Jahren ſollen gemäſtet ſein in den Waldungen

um Schloß Gottorf . . . . 30000 Stück,

auf der Inſel Alſen in manchem Walde . . . . 5000 =

auf der jetzt faſt baumloſen Halbinſel Kekenis . . . . . 18000 =

1641 betrug die Einnahme für Maſt aus dem Reviere im Amte Cismar 9065 Reichsmark bei einer Geſammteinnahme von 34221 Reichsmark. Im Jahre 1868 dagegen betrug die Einnahme aus der Maſt in allen 16 Staats= oberförſtereien bei voller Eichelmaſt nur 54 Reichsmark, im Jahre 1869 bei voller Buchelmaſt nur 2217 Mark.

Wagner, Holzungen und Moore Schleswig=Holſteins. 1875 S. 307.

Am Deiſter (Hannover) wurden 1590 in die 25000 Morgen großen Lauenſteiner Amtsforſten 9039 Schweine eingetrieben und dafür erlöſt

1401³/₁ Scheffel Hafer = 5607 Mar.=Gulden

baar 3032 = = ·

zuſammen 8639 Mar.=Gulden,

wogegen die Einnahme für Holz nur . . . . 84 = = betrug.

von Berg, Pürſchgang in dem Dickicht der Forſt= und Jagdgeſchichte S. 20.

Am Solling wurden in die 5000—6000 Morgen großen Lauenförder Amtsforſten 1594 2124 Schweine eingetrieben und dafür 1110 Thaler erlöſt.

Hannover'ſches Magazin 1833 S. 479.

In den Eichen= und Buchenforſten des Reviers Würrigſen an der Ober= weſer, gegen 1600 ha groß, betrug am Ende des 16. Jahrhunderts bei einem Maſtbetriebe von 2000 Schweinen die Maſteinnahme etwa 1100 Thaler, die Einnahme für Holz kaum 50 Thaler.

Burckhardt, Aus dem Walde IX. Heft 1879 S. 40.

Der Reinhardswald (Kurheſſen) ſoll Ende des 16. Jahrhunderts auf 20000 Morgen für Maſtnutzung jährlich 30000 Gulden eingebracht haben. Bei voller Maſt ſollen 200000 (?) Schweine eingetrieben worden ſein.

Beck, Tractatus de jurisdictione forestali. 3. Aufl. 1748. S. 176.

In der Mark Brandenburg betrug das Maſtgeld für 1 Schwein nach der Forſtordnung von 1622 1 Rthl. 12 Gr. bis 2 Thaler, (früher 2 Scheffel Hafer), außerdem 4 Silbergr. Schreib= und Hütegeld.

In 13 märkiſchen Revieren betrug die Anzahl der eingeſehmten Schweine von 1747 bis 1769

1747	3755	Stück
1748	20351	=
1749	19077	=
1750	1820	=
1751	4860	=
1753	2538	=
1754	3674	=
1755	7406	=
1756	10757	=

1757	2680	Stück
1758	7164	⸰
1759	5790	⸰
1760	4910	⸗
1761	10397	⸗
1762	1964	⸗
1763	5405	⸗
1764	7774	⸗
1765	7915	⸗
1766	434	⸗
1768	2938	⸗
1769	5934	⸗

Sprengmaſt fand damals faſt alljährlich ſtatt.

Hennert, Anweiſung zur Taration der Forſten 1791. II. Bd. S. 654.

In den Bayeriſchen Staatsforſten betrug der jährliche Erlös für Maſt und Holzſamen in den Jahren 1825 bis 1849 nur noch zwiſchen 745 und 2307 Gulden, in den Jahren 1855 bis 1867 zwiſchen 745 und 1046 Gulden.

Die Forſtverwaltung Bayerns 1861 S. 257, Nachtrag dazu 1869 S. 18.

Pfeil (Ablöſ. d. Waldſ. 3. A. S. 39) bezeichnet die Ablöſung der Maſtberechtigung ſtets als wünſchenswerth, ihre Beibehaltung in keinem Falle als gerechtfertigt. Sehr mit Unrecht. Das Schwein iſt zunächſt weit mehr waldnützlich als waldſchädlich. Der Schade beſteht in dem Bloslegen und Benagen von Wurzeln na- mentlich in Schonungen, läßt ſich aber bei geregelter Ausübung der Maſtberechtigung faſt ganz beſeitigen. Dagegen übt das Schwein im Walde durch Mäuſe-Vertilgung und Vertreibung, durch Verzehrung von unzähligen Maikäferlarven, Eulenpuppen, Spannerpuppen eine Art von Forſtpolizei, die namentlich im Kiefernwalde auf keine andere Weiſe erſetzt werden kann, während es im Buchenwalde durch Boden- verwundung in Samenſchlägen nützliche Dienſte leiſtet. Es iſt kaum zu bezweifeln, daß Mäuſe-, Maikäfer- und Raupenſchäden im Walde zugenommen haben, weil das Schwein daraus entfernt worden iſt. Allerdings iſt die Beſeitigung von Schweinemaſt und Schweine- weide aus dem Walde hauptſächlich eine Folge der Veränderungen im landwirthſchaftlichen Betriebe. Allein für den Waldeigenthümer liegt in der Regel keine Veranlaſſung vor, hierzu durch Antrag auf Ablöſung der Maſt- und Schweineweide-Berechtigung beizu- tragen. Nur dann, wenn der Waldwirthſchaftsbetrieb Betriebsän- derungen, z. B. die Umwandlung von Laubholz in Nadelholz, von nicht einträglichen Buchen in Fichten erheiſcht, welche mit der Maſt-

berechtigung unvereinbar sind, kann es für den Waldeigenthümer ge=
boten sein, die Ablösung der Mastberechtigung, nicht der Weidebe=
rechtigung mit Schweinen herbeizuführen.

Anders liegt die Sache für den Berechtigten. Der Master=
trag hat sich vermindert durch Verminderung der Mastbäume, durch
Abstellung des Plänterwaldes. Der größte Theil ehemaliger Eichen=
und Buchenwaldungen sowie der Mischwaldungen von Laubholz und
Nadelholz im Flachlande und im Gebirge ist in Nadelholz umge=
wandelt worden. Der Plänterwald mit seinen kronenreichen, mast=
fähigen Bäumen, mit seinem Schutze gegen Blüthenzerstörung durch
Frost, mit seiner ganzen der Mastnutzung geöffneten Fläche, mit
seinem bedeutenden Zuschusse an Erdmast zur Baummast besteht nicht
mehr. An seine Stelle ist der Hochwald getreten, welcher die Mast=
nutzung nur auf dem vierten, höchstens dritten Theile der Waldfläche
gestattet, den Frostbeschädigungen mehr ausgesetzt ist und bei der ge=
ringen Kronen=Ausbreitung und Lichteinwirkung auf die Baumkronen
in den Samenjahren weniger Baumfrüchte liefert. Anderseits ist
dem Berechtigten durch den Kartoffelbau das Mittel geboten, die
unregelmäßige, unsichere Waldmast, auf welche kein regelmäßiger
landwirthschaftlicher Betrieb begründet werden kann, durch Stallmast
zu ersetzen, wobei der Dünger der Wirthschaft verbleibt, Hirtenlohn
gespart, und Verluste durch Krankheiten der Schweine vermieden
werden, welche die Waldmast mitunter herbeiführt. Die Kartoffel
hat das Schwein aus dem Walde entfernt. Die Mastberechtigung
erlischt durch Nichtgebrauch, oder die Ausübungsart ist eine andere
geworden, indem an die Stelle der Waldmast durch Schweineeintrieb
die Mastlese zur Stallfütterung getreten ist.

Das volkswirthschaftliche Interesse wird durch die Mast=
berechtigungen wenig berührt. Wirthschaftspolitisch würde es mit
Rücksicht auf die Waldnützlichkeit des Schweineeintriebs und den
geringen Werth der Waldmast für den Berechtigten genügen, die
Ablösbarkeit auf diejenigen Fälle zu beschränken, wo die Mastberech=
tigung ein Hinderniß der Waldwirthschaft bildet. Es liegt die Be=
sorgniß nahe, daß bei unbeschränkter Provocationsbefugniß die Ab=
lösung von dem Berechtigten beantragt und dadurch dem belasteten
Waldeigenthümer Opfer für die Beseitigung einer Nutzung zuge=
muthet werden, deren Fortdauer dem Walde nützlich ist. Indessen

ſchadet die unbeſchränkte Ablöslichkeit und das beiden Parteien zu=
ſtehende Antragsrecht auf Ablöſung dann nicht, wenn der Wald=
eigenthümer bei Provocation des Berechtigten das Wahlrecht der
Nutzwerth= beziehungsweiſe der Vortheils=Ablöſung hat. Es muß
als ein wirthſchaftspolitiſcher Fehler bezeichnet werden, daß dies nach
den übrigen Preußiſchen Gemeinheitstheilungs=Ordnungen dem Wald=
beſitzer für Maſtberechtigungen eingeräumte Wahlrecht in den Gem.=
Th.=Ordn. für Hannover, Schleswig=Holſtein und Hohenzollern ausge=
ſchloſſen iſt. Man könnte einwenden, daß in ſolchen Fällen, wo der
Maſtberechtigte die Waldmaſt nicht mehr ausübt und die Ablöſung
beantragt, auch der Nutzwerth des Rechts, ſomit die Abfindung eine
geringe ſein, und eine Verletzung des Belaſteten nicht eintreten werde.
Dieſer Einwand trifft aber nicht zu. Der Berechtigte verzichtet auf
die Ausübung der Waldmaſt, nicht weil dieſelbe keinen oder einen
geringen Ertragswerth liefert, ſondern weil die Stallmaſt mit Kar=
toffeln ihm einen größeren Nutzertrag bringt. Der Waldeigenthümer
aber muß nach dem Geſetze Entſchädigung für denjenigen Ertrags=
werth des Rechts leiſten, welchen der Berechtigte bei Ausübung
deſſelben beziehen kann. Die einfache Thatſache, daß der Berechtigte
ſein Recht ruhen läßt, genügt nicht, um ihm die Entſchädigung für
daſſelbe zu entziehen.

IV. Regelung der Maſt-Berechtigungen.

Da die Maſt=Berechtigungen nur ſelten ein Hinderniß der Wald=
wirthſchaft und in höherem Maße waldnützlich, als waldſchädlich
ſind, ſo iſt für den Waldeigenthümer die Regelung der Maſtberech=
tigungen gewöhnlich wichtiger, als die Ablöſung. Gegenſtand der
Regelung können ſein: die polizeiliche Regelung und die Feſtſtellung.

1. Polizeiliche Regelung. Sie hat ſich zu erſtrecken
auf die Maſtſchau, die Holzſchonung, auf das Anweiſungsrecht,
auf Hut und Maſtſchonung.

Da die Ausübung der Maſt=Berechtigung auf die Maſtjahre,
in der Regel ſogar auf Voll= oder Halbmaſten beſchränkt und mit=
unter von der Qualität der Maſt die Anzahl der einzutreibenden
Schweine abhängig iſt, während Sprengmaſten, wenigſtens für die
Weidemaſt ausgeſchloſſen zu ſein pflegen, ſo erſcheint zur Wahrung

der Rechte der Maſtberechtigten eine Regelung der Maſtſchau nothwendig. Dieſe Regelung hat über die Behörde, die Zeiten und Formen Beſtimmung zu treffen, durch welche und in denen über das Vorhandenſein und die Qualität der Maſt in den durch die Servitut bedingten Grenzen entſchieden wird. Es dürfte genügen, dieſe Entſcheidung, entſprechend dem bei der Fehme althergebrachten Verfahren, in erſter Inſtanz der Forſt-Verwaltung, jedoch unter Zuziehung der Maſt- und Weideberechtigten zu übertragen, und den Berechtigten ein Berufungsrecht bei einer höheren Behörde der inneren Verwaltung einzuräumen.

Der Holzſchonung gegenüber den Maſtberechtigten ſind die aus Rückſichten der Holznachzucht ſchonungsbedürftigen Waldorte zu unterwerfen. Dahin gehören theils die zur Natur-Verjüngung in dem Maſtjahre beſtimmten, ſowie die bereits in der Natur-Verjüngung begriffenen Waldorte, in denen der Fruchtabfall zur Verjüngung nothwendig iſt, oder der Jungwuchs durch Schweineeintrieb beſchädigt werden würde, theils diejenigen der Verjüngung nicht unterliegenden Beſtände, welche die zum Anbau unentbehrlichen Maſtfrüchte liefern.

Das Anweiſungsrecht des Waldeigenthümers hat ſich ſtets auf die Tränken und auf die Nachtquartiere (Buchten) für die Schweine zu erſtrecken.

Nach Art. 71 des franzöſiſchen Forſtgeſetzes vom 21. Mai 1827 unterliegen demſelben auch die Wege, auf denen die Schweine zur Maſt ein- und ausgetrieben werden ſollen.

Außerdem erſcheint es bei Wald-Ueberzulänglichkeit gerechtfertigt, das Anweiſungsrecht auf die Maſtorte auszudehnen, damit der Waldeigenthümer im Stande iſt, über den zur Befriedigung des Maſtrechts-Anſpruchs nicht erforderlichen Theil der Maſt durch Einſetzmung oder Maſt-Verpachtung oder Maſtleſe frei zu verfügen. Um Verletzungen der Berechtigten vorzubeugen, iſt denſelben auch in dieſem Falle ein Berufungsrecht einzuräumen.

Daß nach dem franzöſiſchen Forſtgeſetzbuche das Anweiſungsrecht bezüglich der Maſtorte der Forſtverwaltung vorbehaltlich des der letztern zuſtehenden Berufungsrechts an den Bezirksrath ſtets zukommt, wurde bereits S. 225 erwähnt.

In den Bereich der Maſt-Hutregelung fallen: Unterſagung des Einzelhütens, Schweineeintrieb durch eine ausreichende Anzahl von zuverläſſigen, waldkundigen, in Behandlung und Pflege der

Schweine erfahrenen, für Waldschäden verantwortlichen Hirten, endlich Zeichnen der jedem Berechtigten gehörigen Schweine, um den Ein= trieb von unberechtigten Schweinen zu verhüten und die Rückgabe der Schweine zu erleichtern.

Hirtenhaltung, mitunter Anzahl der auf einen Hirten zu rechnenden Schweine, sowie Brennen der Schweine sind in den Weisthümern vielfach um= ständlich vorgeschrieben.

Ueber das Brennen bez. Ringeln der Schweine handeln u. A.:

Ordnung auf Koslarbusch v. J. 1483. Grimm, W. III. 856.

Eckerichtsordnung des Lußhartwaldes v. J. 1434. Grimm, W. IV. 520.

Oefnung von Gebhardswil v. J. 1468. Grimm, W. V. 162.

Die Hirtenhaltung war bald ein Vorrecht der Grundherrschaft, bald hatte sie durch die Gemeinde, mit Ausschluß von Sonderhirten der Schweine=Eigen= thümer, zu erfolgen.

W. der Bibrauer Mark v. J. 1385. Grimm, W. I. 513.

W. von Altenhaslau 1461. Grimm, W. III. 417.

In der schon erwähnten Eckerichtsordnung des Lußhartwaldes ist die Anzahl der auf einen Hirten kommenden Schweine vorgeschrieben.

In dem Weisthum des Büdinger Waldes sind die bei voller Mast ort= schaftsweise zu bildenden Huden angegeben.

W. für den Büdinger Reichswald v. J. 1380. Grimm, W. III. 427.

Vergl. Schwappach, Forst= und Jagdgeschichte 1885 S. 168.

Sehr eingehend sind Hirtenhaltung und Zeichnen der Schweine in dem französischen Forstgesetzbuche von 1827 Art. 72 bis 75 behandelt.

Die Forstordnungen für die Mark Brandenburg von 1720, für Magde= burg von 1743, für Schlesien von 1756, für Pommern von 1777 enthalten Bestimmungen über die Eigenschaften und Pflichten der von der Forstverwal= tung anzunehmenden Masthirten.

Während der Mastzeit sind die masttragenden Forstorte gegen anderes Weidevieh als Schweine in Mastschonung zu legen (S. 225).

2. Feststellung.

Unbestimmte Mast=Berechtigungen können bei Verleihungs= Berechtigungen durch Bedarfs=Vergrößerung (§ 4 S. 53), bei Ver= jährungs=Berechtigungen von Gemeinden durch Vermehrung der be= rechtigten Stellen (Th. I § 3 S. 21, Th. II § 4 S. 55), bei Berechtigungen beiderlei Art durch Theilung der herrschenden Grundstücke eine Er= weiterung des Umfangs d. i. eine Vermehrung der Berechtigungs= schweine erlangen. Die dadurch herbeigeführte größere Belastung des Waldes läßt es für den Waldeigenthümer bei Waldzulänglichkeit stets rathsam erscheinen, die Feststellung unbestimmter Mastberech= tigungen, deren Ablösung nicht beabsichtigt wird, zu beantragen.

Der Feſtſtellung, deren Zuläſſigkeit und allgemeine Behandlung in Th. I § 8 S. 75 erörtert worden ſind, unterliegen die Qualitäten der Maſt (Vollmaſt, Halbmaſt, Sprengmaſt), bei denen die Berechtigung aus= geübt werden darf, die Dauer der Maſtzeiten nach Vormaſt und Nach= maſt, der Schweineſtand nach Anzahl und Altersklaſſen, mit welchem die Ausübung der Servitut je nach der Qualität des Maſtjahres und nach der Art der Maſtzeit (Vormaſt, Nachmaſt) ſtattfinden darf, endlich die Maſtnutzungsart (Schweineeintrieb oder Maſtleſe), welche je nach der Beſchaffenheit des Maſtjahrs geſtattet iſt.

Bei Waldunzulänglichkeit hat der Waldeigenthümer in der Regel an der Feſtſtellung der Maſtberechtigungen kein Intereſſe, weil eine Vermehrung der Schweine keine Vermehrung der Belaſtung zur Folge hat. Eine Ausnahme kann vorliegen, wenn der Wald= eigenthümer ſelbſt durch Eintrieb von eigenen Schweinen oder hin= ſichtlich der ſeinen Forſtbeamten gehörigen Schweine an der Maſt= nutzung betheiligt iſt.

V. Maſt-Ablöſung im Allgemeinen.

Die Maſtberechtigungen unterliegen im geſammten Gebiete des Preußiſchen Staats der ſelbſtändigen Ablöſung auf Antrag ſowohl des Berechtigten als des Verpflichteten. Verſchiedenheiten in der Behandlung der Ablöſung finden nach 2 Richtungen hin ſtatt.

In dem Bereiche der Hannover'ſchen GThO. iſt die Ablösbarkeit bei Maſtberechtigungen ebenſo, wie bei allen anderen Waldgrundge= rechtigkeiten inſofern eine bedingte, als die Zuläſſigkeit der Zwangs= Ablöſung in jedem einzelnen Falle auf Grund örtlicher Unterſuchung ausgeſprochen werden muß, während die Ablöſung in den übrigen Landestheilen des Preußiſchen Staats eine unbedingte, einer der= artigen Vorunterſuchung nicht bedürftige iſt (Th. I § 12 S. 118).

Sodann hat ſich die Ablöſung in dem Geltungsbereiche der GThOrdnungen für Hannover, Schleswig = Holſtein und Hohen= zollern ausſchließlich auf die Nutzwerth-Ermittelung zu ſtützen, wäh= rend in den übrigen Landestheilen dem Waldeigenthümer bei Provo= cation des Berechtigten das Recht zuſteht, zwiſchen Nutzwerth-Ermitte= lung und Vortheils-Werthermittelung zu wählen (Th. I § 13 S. 126). Da bei Maſtberechtigungen der Vortheilswerth erheblich hinter dem

Nutzungswerthe zurückbleiben kann, ſo erſcheint die Ausſchließung der Vortheilswerthermittelung nicht gerechtfertigt. Während der Berechtigte durch den Ablöſungs-Antrag zu erkennen giebt, daß er auf die Fortdauer des Servitut-Verhältniſſes keinen Werth legt, wird der Waldeigenthümer genöthigt, für den Erwerb der ſervitutiſchen Maſtnutzung mehr zu zahlen, als ihm dieſelbe werth iſt.

Ausſchließliche Abfindungsart für Maſtberechtigungen in Preußen iſt in Ermangelung anderweiter Einigung der Parteien Geldabfindung. Bei der Entbehrlichkeit der Maſtnutzung unter den heutigen Verhältniſſen der Landwirthſchaft iſt dies nur als durchaus angemeſſen zu erachten.

Nutzwerthermittelung und Vortheils-Werthermittelung bedürfen einer beſonderen Erörterung.

VI. Maſt-Ablöſung nach Nutzwerth-Ermittelung.

Nach Preußiſchem Landrechte ſind die Maſtberechtigten der Regel nach nur bei Vollmaſt (Fettmaſt) zum Schweine-Eintriebe (zur Weidemaſt), dagegen bei Sprengmaſten zur Maſtleſe berechtigt (S. 217). Beide Arten der Maſtnutzung ſind, obgleich ſie in einer und derſelben Berechtigung zuſammentreffen, nach Ausübung und Werthelementen derartig verſchieden, daß ſie einer geſonderten Werthermittelung bedürfen.

1. Nutzwerth-Ermittelung der Weidemaſt.

Bei Weidemaſt-Berechtigungen hat die Nutzwerth-Ermittelung, indem ſie Maſt-Naturalrente, Maſt-Geldrente und Ablöſungs-Kapital von einander ſondert, für die beiden, verſchieden zu behandelnden Fälle der Waldzulänglichkeit und der Waldunzulänglichkeit folgende Wege einzuſchlagen:

A. Fall der Maſtzulänglichkeit.

I. Ermittelung der durchſchnittlich jährlichen Maſt-Naturalrente Nr in Schweinemaſten, geſondert nach Fettmaſten und Erhaltungsmaſten. Die Maſt-Naturalrente iſt bei Waldzulänglichkeit gleich dem Maſtrechts-Anſpruche b (dem Maſtrechtsbedarfe). Sie ergiebt ſich aus den in die Berechnungszeit (a) fallenden Fettmaſtzeiten, d. h. den Vormaſten der Fettmaſtjahre (b), aus den in die Berechnungszeit fallenden Erhaltungs-Maſtzeiten, d. h. den Nachmaſten der Fettmaſtjahre, bez. den Spreng-maſten, ſofern letztere der Weidemaſt unterliegen (c),

aus der in den Fettmaſtzeiten der Berechnungszeit zur Maſtnutzung im Berechtigungswalde berechtigten Anzahl von Schweinen jeder Altersklaſſe und aus deren Reduction auf Normal-ſchweine (d), — endlich

aus der in den Erhaltungs-Maſtzeiten der Berechnungszeit zur Maſtnutzung im Berechtigungswalde berechtigten Anzahl von Schweinen jeder Altersklaſſe und aus deren Reduction auf Normalſchweine (e).

II. Ermittelung der durchſchnittlich jährlichen Maſt-Geldrente Gr, geſondert nach Fettmaſten und Erhaltungs-Maſten

aus der nach I ermittelten Maſt-Naturalrente und

aus den Einheits-Nettowerthen für Fettmaſten (f) und für Erhaltungs-Maſten (g).

III. Ermittelung des Weide-Maſt-Ablöſungs-Kapitals WK

aus den nach II ermittelten Maſt-Geldrenten und

aus dem Maſtrechts-Zinsfuße p (h).

B. Fall der Maſt-Unzulänglichkeit.

I. Ermittelung der durchſchnittlich jährlichen, entweder dauernd gleichen oder periodiſch wechſelnden Maſt-Naturalrente Nr, geſondert nach Fettmaſten und Erhaltungsmaſten. Die Maſt-Naturalrente iſt das Product aus Maſtrechts-Anſpruch h und aus Maſtquote, die Maſtquote gleich dem Quotienten aus Wald-Maſtertrag We und Geſammtanſpruch B aller Maſtberechtigten, ſomit

$$\text{die Natural-Maſtrente } Nr = h \times \frac{We}{B}.$$

Sie ergiebt ſich

aus dem durchſchnittlich jährlichen Maſtrechts-Anſpruch h des ab-zulöſenden Berechtigten, geſondert nach Fettmaſten und Er-haltungsmaſten,

aus der Ermittelung des dauernd gleichen oder periodiſch wechſeln-den Maſtertrages We,

aus den Geſammt-Anſprüchen B aller Berechtigten und

aus der Berechnung der für Fettmaſten und Erhaltungsmaſten getrennt zu haltenden Maſtquoten $\frac{We}{B}$ (i), welche, je nach den

Waldzuständen, entweder dauernd gleich sind oder periodisch wechseln (f).

II. Ermittelung der durchschnittlich jährlichen, dauernd gleichen oder periodisch wechselnden Mast=Geldrente Gr

aus den nach I ermittelten Mast=Naturalrenten und

aus den Einheits=Nettowerthen für Fettmasten und Erhaltungs=Masten.

III. Ermittelung des Weide=Mast=Ablösungs=Kapitals WK

aus den nach II ermittelten Mast=Geldrenten und

aus dem Mastrechts=Zinsfuße.

Die wesentlichen, der Erläuterung bedürftigen Punkte in dem angegebenen Gange der Nutzwerth=Ermittelung sind: Mastrechts=Anspruch, Mastertrags=Ermittelung, Mastquote, Nettowerth einer Schweinemast und Mastrechts=Zinsfuß.

a) Ermittelung des Mastrechts=Anspruchs.

Der durchschnittlich jährliche Mastrechts=Anspruch (Mastrechts=Bedarf) eines abzulösenden Berechtigten ergiebt sich aus den vorhin unter A I a bis e angegebenen Gesichtspunkten. Es waren dies die Berechnungszeit (a), die in dieselbe fallenden Fettmastzeiten (b) und Erhaltungs=Mastzeiten (c), und der sowohl zur Fettmast als zur Erhaltungsmast servitutberechtigte Schweinestand (d und e).

Gesetzliche Bestimmungen über die Ermittelung des Mastrechts=Anspruchs enthält in Preußen nur die Altpreußische GThO. vom 7. Juni 1821 in § 116, welcher lautet:

> „§ 116. Bei der Abschätzung einer Mastungsgerechtigkeit ist die Frage, wie oft volle oder Sprangmast eintrete, nach dem in den letzten 30 Jahren stattgefundenen Durchschnittsverhältnisse, und die Frage, wie viel Vieh, bei voller oder Sprangmast gefeistet werden könne, nach der Durchschnittszahl des in den drei letzten Fällen, beziehungsweise der vollen und Sprangmast wirklich eingetriebenen Viehs zu bestimmen."

Derartige specielle Schätzungsregeln gehören, strenge genommen, nicht in ein Ablösungsgesetz, welches nur die Aufgabe und die allgemeinen Grundsätze der Schätzung bezeichnen, dagegen das Schätzungsverfahren dem Schätzer oder der Erläuterung durch Ausführungs=Verordnungen überlassen sollte. Sie passen selten auf alle Fälle und beengen den Schätzer in der Wahl der zweckmäßigsten Schätzungsmethode, beeinträchtigen daher die Richtigkeit des Schätzungs=Ergeb=

niſſes oder ſind überflüſſig. Dies gilt auch von den obigen Vorſchriften.

Nach denſelben ſoll die Berechnungszeit (a), d. i. der Zeitraum, auf welchen ſich die Ermittelung der Maſtjahre und der Berechtigungsſchweine erſtreckt, 30 Jahre betragen. Bei dem häufig
ſeltenen und unregelmäßigen Eintritt der Maſt wird die Wahl
einer längeren Berechnungszeit in vielen Fällen zweckmäßig ſein.
Die Berechnungszeit ſollte ferner, wenn möglich, ſo bemeſſen werden,
daß ſie, von dem Jahre des Ablöſungsantrags ab rückwärts gerechnet, mit einem Vollmaſtjahre beginnt und mit dem letzten, einer
Vollmaſt folgenden Jahre endet (S. 221). Die Zugrundelegung
einer beſtimmten Berechnungszeit, z. B. von 30 Jahren, kann zu
ganz verſchiedenen Ergebniſſen führen, je nachdem zufällig Vollmaſtjahre in den Anfang und das Ende der Berechnungszeit hineinfallen
oder in den unmittelbar angrenzenden Jahren außerhalb der Berechnungszeit eingetreten ſind.

Fettmaſtzeiten (b) ſind die Vormaſtzeiten (S. 214) der Fettmaſtjahre, ferner Fettmaſtjahre nach den früheren Erörterungen (S. 215)
Jahre mit ſo reichem Maſtertrage, daß in denſelben Schweine ohne
Beifutter gemäſtet (fett gemacht) werden können. Die Wiederkehr
der Fettmaſtjahre iſt auf hiſtoriſchem Wege feſtzuſtellen.

Erhaltungs-Maſtzeiten (c) ſind theils die Nachmaſtzeiten der
Fettmaſtjahre (S. 215), theils die Sprengmaſtjahre, ſofern in den letz-
teren die Maſtberechtigten überhaupt zum Schweine-Eintriebe (zur
Weidemaſt) berechtigt ſind. Nach Preuß. Landrecht iſt dies nicht
der Fall, den Berechtigten in Sprengmaſtjahren vielmehr nur die
Maſtleſe geſtattet (S. 218).

In § 116 der GThO. vom 7. Juni 1821 iſt unter „Sprangmaſt“ offenbar keine bloße Erhaltungsmaſt und ebenſowenig eine blos zur Maſtleſe be-
rechtigende Maſt verſtanden, weil ausdrücklich auch in Beziehung auf Sprangmaſt von Schweinefeiſtung durch Eintrieb die Rede iſt. Darnach erſcheint die
Annahme gerechtfertigt, daß die landrechtliche „Sprengmaſt“ und die „Sprangmaſt“ der GThO. nicht gleichbedeutend ſind, ſondern daß nach der GThO.
unter Sprangmaſten geringere Fettmaſtjahre (die Halbmaſten der Märkiſchen
und Magdeburg-Halberſtädter Forſtordnungen) verſtanden werden ſollen.

Auch die Jahre, in denen Erhaltungsmaſt eingetreten iſt, ſind
hiſtoriſch zu ermitteln. Dabei kommt in Betracht, daß die Ausübung der Nachmaſt in Fettmaſtjahren durch eine Schneedecke voll-

ſtändig oder zeitweiſe verhindert werden kann. Bei der Nutzwerth=
ermittelung iſt dies dadurch zu berückſichtigen, daß unbenutzte Nach=
maſten weggelaſſen werden, nur theilweiſe benutzte mit einem
entſprechenden Bruchtheile der vollen Nachmaſtzeit in Anſatz kommen.
Frühzeitiger Schneefall kann auch einen theilweiſen Ausfall der
Vormaſtnutzung in Fettmaſtjahren zur Folge haben, welcher dann
ebenfalls bei der Nutzwerthermittelung Berückſichtigung finden muß.

Die zur Fettmaſtnutzung im Berechtigungswalde berechtigte An=
zahl von Normalſchweinen (b) ergiebt ſich einerſeits aus der Anzahl der
den einzelnen Altersklaſſen (Jungſchweine, Mittelſchweine, Altſchweine)
angehörigen Berechtigungsſchweine, anderſeits aus der Reduction auf
Normalſchweine.

Bei beſtimmten Maſtberechtigungen ſteht die Anzahl der
Schweine mit oder ohne Sonderung nach Altersklaſſen feſt. Letztere
bleibt eventl. auf hiſtoriſchem Wege zu ergänzen.

Bei unbeſtimmten Maſtberechtigungen und regelmäßiger Be=
nutzung derſelben bietet die Anzahl der wirklich zur Weidemaſt ein=
getriebenen Schweine den ſicherſten Maßſtab für die Feſtſtellung des
Maſtrechts=Anſpruchs. Es bedarf dann keiner Abrechnung ander=
weiter Maſtmittel des Berechtigten. Bei Maſt=Verkaufs=Berech=
tigungen iſt der Maßſtab des wirklich ſtattgefundenen Schweine=
Eintriebs ſtets anzuwenden. Derſelbe iſt in dem oben angeführten
§ 116 der Altpr. GThO. unter Beſchränkung auf die 3 letzten Fett=
maſten allgemein vorgeſchrieben.

Bei Maſt=Bedarfsberechtigungen, welche gar nicht mehr oder nicht
mehr regelmäßig ausgeübt werden, gewährt dagegen die Anzahl der
thatſächlich eingetriebenen Schweine keinen genügenden Maßſtab für
die Ermittelung des Maſtrechtbedarfs. Der Umſtand, daß der Be=
rechtigte ſein Recht hat ruhen laſſen, iſt kein Grund, den Werth
deſſelben niedriger zu ſchätzen, weil die Grundgerechtigkeit dem
Grundſtücke zuſteht, und ihr Werth nach dem dieſem aus der Ser=
vitut zufließenden Vortheile bemeſſen werden muß. In dieſem
Falle wird daher außerhalb des Geltungsbereiches der GThO. vom
7. Juni 1821 die Ermittelung auf die von den Berechtigten wäh=
rend der Maſtzeit thatſächlich gehaltene Anzahl von Schweinen
eigener Zucht zu richten, oder durch landwirthſchaftliche Sachverſtän=
dige eine Einſchätzung des Schweineſtandes nach Durchſchnittsſätzen und

Ortsgebrauch vorzunehmen ſein. Sind Maſtnebenmittel in Rechnung zu ſtellen (S. 220), ſo iſt der Schweineſtand entſprechend zu vermindern.

Auch die Reductionsfactoren zur Umwandlung von Jung= ſchweinen und Altſchweinen auf Normalſchweine (Mittelſchweine) ſind durch Sachverſtändige feſtzuſtellen (S. 219).

In gleicher Weiſe, wie für die Weidefettmaſten, ſind die Be= rechtigungsſchweine für die Erhaltungsmaſten (e) zu ermitteln.

Beiſpiel. Unbeſtimmte Maſtberechtigung zum Bedarf, beſchränkt auf Voll= und Halbmaſten. Ablöſungsantrag 1886.

Es haben ſtattgefunden (S. 216)

Vollmaſten 1834, 1875;

Halbmaſten 1840, 1842, 1850, 1874.

Eingetrieben wurden:

1834 in die Vormaſt 200 Mittelſchweine, in die Nachmaſt 150 Mittelſchweine,
                 100 Jungſchweine,   80 Jungſchweine,

1840 = = = 120 Mittelſchweine,
                 70 Jungſchweine.

Die Vormaſt konnte wegen frühzeitigen Schneefalls nur in der erſten Hälfte, die Nachmaſt gar nicht benutzt werden.

1842 in die Vormaſt 90 Mittelſchweine, in die Nachmaſt 60 Mittelſchweine,
                 50 Jungſchweine,   30 Jungſchweine,

1850 = = = 80 Mittelſchweine, = = = 30 Mittelſchweine,
                 30 Jungſchweine,   30 Jungſchweine,

1874 = = = 60 Mittelſchweine,
                 40 Jungſchweine,

1875 = = = 150 Mittelſchweine, = = = 100 Mittelſchweine,
                 80 Jungſchweine,   60 Jungſchweine.

Nach ſchiedsrichterlichem Urtheile ſind im Maſtnutzungswerthe 5 Jungſchweine 3 Mittelſchweinen (Normalſchweinen) gleichzuſtellen. Der Reductionsfactor zur Umwandlung von Jungſchweinen in Normalſchweine beträgt demgemäß 0,6.

Die Berechnungszeit iſt auf die 41 Jahre von 1875 bis einſchließlich 1835 auszudehnen. 1834 iſt als der nächſt vorhergehenden Vollmaſtperiode angehörig auszuſchließen.

Die durchſchnittlich jährliche Natural=Maſtrente, welche dem jährlichen Maſtrechtsbedarfe gleich iſt, berechnet ſich wie folgt. Es ſind bezogen:

<table>
<tr><td></td><td>an Fettmaſten</td><td>an Erhaltungsmaſten</td></tr>
<tr><td>1875</td><td>$150 + 0,6 \times 80 = 198$</td><td>$100 + 0,6 \times 60 = 136$</td></tr>
<tr><td>1874</td><td>$60 + 0,6 \times 40 = 84$</td><td></td></tr>
<tr><td>1850</td><td>$80 + 0,6 \times 30 = 98$</td><td>$30 + 0,6 \times 30 = 48$</td></tr>
<tr><td>1842</td><td>$90 + 0,6 \times 50 = 120$</td><td>$60 + 0,6 \times 30 = 78$</td></tr>
<tr><td>1840</td><td>$\dfrac{120 + 0,6 \times 70}{2} = 81$</td><td>—   —</td></tr>
</table>

mithin von 1835 bis 1875 in 41 Jahren   581   262, ſo daß die jährliche Natural-Maſtrente

$$\text{beträgt } \frac{581}{41} = 14{,}171 \text{ Fettmaſten.}$$

$$\text{und } \frac{262}{41} = 6{,}390 \text{ Erhaltungsmaſten.}$$

Wenn dagegen nach der Vorſchrift in § 116 der GThO. vom 7. Juni 1821 gerechnet wird, ſo ergiebt ſich für den rückwärts liegenden 30jährigen Zeitraum von 1856 bis 1885 nur eine Natural-Maſtrente von jährlich

$$\frac{150 + 80 \cdot 0{,}6 + 60 + 40 \cdot 0{,}6}{30} = \frac{282}{30} = 9{,}4 \text{ Fettmaſten.}$$

und von

$$\frac{100 + 60 \cdot 0{,}6}{30} = \frac{136}{30} = 4{,}533 \text{ Erhaltungsmaſten.}$$

b) Maſt-Ertragsermittelung.

Die Aufgabe der Maſtertrags-Ermittelung geht dahin, den Maſtertrag des Berechtigungswaldes in den für die Servitut belangreichen Maſtjahren (Vollmaſten, Halbmaſten eventl. auch Sprengmaſten) abzuſchätzen, um aus den mit der Ergebniß der Maſtjahre wechſelnden Maſterträgen und aus dem gleichbleibenden Geſammtanſpruch aller Berechtigten die durchſchnittliche Maſtquote abzuleiten. Da die Erträge der Theilmaſten (Halbmaſten ꝛc.) Bruchtheile der Vollmaſten ſind, ſo iſt das techniſche Verfahren der Maſtſchätzung auf die Vollmaſt zu beziehen. Als Maſtſchätzungseinheit gelten der Hectoliter Eicheln und Bucheln und die Weidefettmaſt. Bei der Maſtertragsermittelung iſt daher die Frage zu beantworten:

Wie groß iſt in Vollmaſtjahren der Maſtertrag des Berechtigungswaldes an Maſtfrüchten (Eicheln, Bucheln) nach Hectolitern und an Fettmaſten? Das Maſtſchätzungs-Verfahren iſt verſchieden, je nachdem der Waldzuſtand regelmäßig oder unregelmäßig iſt.

α) **Maſtertrags-Ermittelung bei regelmäßigem Waldzuſtande.**

Regelmäßig iſt der Waldzuſtand, wenn die Altersabſtufung (Verhältniß zwiſchen Jungholz, Mittelholz und Altholz) der Maſtholzarten eine gleichmäßige oder annähernd gleichmäßige iſt, und wenn die Beſtockung der letzteren (Holzhaltigkeit im Hochwalde, Oberholzvorrath im Mittelwalde) befriedigt, ſo daß die Annahme gerechtfertigt erſcheint, es werde der zur Zeit der Ablöſung zu erwartende durchſchnittlich jährliche Maſtertrag in Zukunft keine weſentliche Aen-

derung erfahren. Unter dieser Voraussetzung ist der Gang des Maft=
schätzungs=Verfahrens folgender:

Beschreibung der mit Maftholzarten ausreichend bestandenen
Forftorte,

Ermittelung der Maftfläche zur Zeit der Ablösung,

Aufstellung einer örtlichen Maftertragstafel,

Einschätzung des Voll=Maftertrags nach Maftfrüchten in Hecto=
litern mit Sonderung von Eicheln und Bucheln,

Einschätzung des Voll=Maftertrags nach Schweine=Fettmaften.

Die Forft=Beschreibung hat sich auf alle Beftände zu er=
strecken, welche Maftholzarten (Eichen und Buchen) in solcher Menge
enthalten, daß die Weide=Maftnutzung lohnt. Dies ist der Fall,
wenn die Schirmfläche der Maftholzarten mindeftens 0,1 der Be=
standesfläche einnimmt. In der Forftbeschreibung sind alle Verhält=
nisse kurz zu erwähnen, welche auf den Maftertrag sowohl an Baum=
früchten, als an Erdmaft einen Einfluß ausüben. Dahin gehören
die Holzbodenfläche, die Standortsklasse bezogen auf Eichen und
Buchen, die Beftandsbeschaffenheit in Bezug auf Holzarten, Alter,
Beftandsftellung der Maftholzarten (raumer, lichter, geschlossener
Stand), das Schirmflächen=Procent, welches Eichen, Buchen und
Maft=Nebenholzarten (Hainbuchen, Wildobft) von der Beftandsfläche
einnehmen.

Unter Maftfläche ist die Schirmfläche der im maftfähigen
Alter ftehenden Maftholzarten in den zur Maftnutzung geöffneten
Beftänden zu verftehen. Schirmfläche heißt die unter der Baum=
krone liegende Bodenfläche. Sie ist für jede Beftands=Abtheilung,
gesondert nach Eichen, Buchen und Nebenmaftholzarten, aus Boden=
fläche und Schirmflächen=Procent abzuleiten. Das Alter der Maft=
fähigkeit (reichlichen Tragfähigkeit) ist für eine und dieselbe Holzart
abhängig von Standort, Beftandsentftehung und Beftandsftellung.
Je fruchtbarer der Boden, je wärmer die Lage und je freier der
Baumftand sind, desto frühzeitiger und reichlicher ist die Tragfähig=
keit. Im geschlossenen Hochwalde stellt sich dieselbe später ein, als
bei dem freieren Stande des Mittelwaldes und Pflanzwaldes, bei
Stockausschlägen früher, als bei Kernwüchsen. Eichen= und Buchen=
Hochwaldungen tragen

16*

unter günſtigen Verhältniſſen ſchon vom   70. Jahre ab
   =   minder günſtigen Verhältniſſen etwa vom 100.   =   =
reichlich Samen. Jüngere Baumholzbeſtände liefern in Vollmaſt=
jahren Sprengmaſt.

Ausgeſchloſſen von der Maſtnußung ſind die in der Natur=
Verjüngung begriffenen Beſtände (Holzſchonungen S. 224). Geſetzliche
Beſtimmungen über den Ausſchluß von Holz=Schonungen bei der
Werthermittelung enthalten in Preußen nur die GThOrdn. für
Hannover § 8, für Schleswig=Holſtein § 10 und für Hohenzollern
§ 14. Es lautet in der Hannoverſchen GThOrdnung vom 13. Juni
1873:

> „§ 8. Bei der Mastberechtigung muss ein verhältnissmässiger
> Theil auf Schonung derart abgerechnet werden, dass derselbe bei
> der Werthermittelung der Berechtigung ausser Ansatz bleibt.
> Steht dieser nicht durch Verträge, Verjährung oder rechtskräftige
> Erkenntnisse fest, so ist er durch Schätzung zu bestimmen.“

Im Weſentlichen denſelben Wortlaut haben die Beſtimmungen
der GThO. für Schleswig=Holſtein vom 17. Auguſt 1876 und
für Hohenzollern vom 23. Mai 1885.

Zur Aufſtellung einer örtlichen Maſtertragstafel empfiehlt
es ſich, da allgemeine Maſtertragstafeln fehlen, in dem Berechti=
gungswalde eine größere Anzahl von Muſterflächen auszuwählen,
welche die vorkommenden für den Maſtertrag belangreichen Ver=
ſchiedenheiten des Standorts und des Holzbeſtandes darſtellen, ferner
für jedes Muſterſtück pro ha durch Forſtſachverſtändige den auf voll
beſchirmter Fläche zu erwartenden Voll=Maſtertrag an Eicheln und
Bucheln nach Hectolitern, endlich durch landwirthſchaftliche Sachver=
ſtändige den zur Mäſtung eines Normalſchweins während der ge=
ſammten Vormaſtzeit erforderlichen Futterbedarf an Eicheln bez. an
Bucheln zu veranſchlagen und den letzteren ſo zu bemeſſen, daß dabei
der Beitrag, welchen Erdmaſt und die Baumfrüchte von Nebenholz=
arten zur Maſtfütterung liefern, gehörig in Anſchlag gebracht wird.

Bei der Schätzung des Futterbedarfs an Baumfrüchten iſt zu berück=
ſichtigen, daß ein Theil der Baummaſt beim Schweineeintrieb nicht verzehrt,
ſondern eingewühlt wird und im Walde liegen bleibt. Unter Umſtänden kann
der liegenbleibende Theil der Baummaſt gegen die Erdmaſt compenſirt werden.

Alsdann ergiebt ſich die Anzahl von Fettmaſten pro ha als
Quotient aus dem Vollmaſtertrage an Eicheln bez. Bucheln und aus

dem Maſtfutterbedarfe eines Normalſchweines an Eicheln= bez. Buchelnnahrung der Vormaſtzeit. Auf Grund der von ſämmtlichen Sachverſtändigen anzuerkennenden Maſtſchätzung der Muſterflächen iſt dann eine Maſtertragstafel ſowohl für Eichen als für Buchen aufzuſtellen, welche für jede Maſt=Standortsklaſſe für die weſentlichen Verſchiedenheiten des Alters (geringes, mittleres, ſtarkes Baumholz) und der Beſtandsſtellung (Schlußſtand, Lichtſtand, Freiſtand) den zu erwartenden Vollmaſtertrag nach Hectolitern und nach Fettmaſten angiebt.

Zur Einſchätzung der Muſterflächen können die Maſtertragsſätze für Eiche und Buche in Einzelbäumen und in Beſtänden (Tafel XV bis XVIII), zur Veranſchlagung des Maſtfutterbedarfs an Baum= früchten für ein Normalſchwein die Futterbedarfsſätze auf S. 248 be= nutzt werden.

Auf Grund der örtlichen Maſtertragstafel erfolgt endlich für die Maſtfläche eines jeden maſtfähigen und zur Maſtnutzung geöff= neten Beſtandes die Maſt=Einſchätzung nach Hectolitern Eicheln und Bucheln und nach Fettmaſten. Der Abſchluß der Maſtertrags= Ermittelung ergiebt dann den geſammten in einem Vollmaſtjahre zu erwartenden Weide=Maſtertrag des belaſteten Waldes.

b) Maſtertrags=Ermittelung bei unregelmäßigem Wald= zuſtande.

Wenn die Altersabſtufung der Maſtholz=Beſtände ſo ungleich= mäßig und die Beſtockung derſelben ſo unvollkommen iſt, daß vor= ausſichtlich die künftigen Maſterträge von dem zur Zeit der Ablöſung zu erwartenden Maſtertrage erheblich abweichen, ſo hat ſich die Maſtertrags=Ermittelung auch auf die künftigen Waldzuſtände und Maſterträge zu erſtrecken. In der Regel wird es genügen, dabei in gleicher Weiſe wie bei der Leſeholz=Ertragsermittelung (§ 8 S. 154) das Normalertrags=Verfahren anzuwenden, alſo die zur Ueberführung des unregelmäßigen in den regelmäßigen Waldzuſtand erforderliche Einrichtungszeit feſtzuſtellen, den Vollmaſtertrag bei Beginn und bei Schluß der Einrichtungszeit zu ermitteln und dar= nach durch arithmetiſche Interpolation die Vollmaſt=Erträge in den Perioden der Einrichtungszeit zu berechnen, nach deren Ablauf der Vollmaſtertrag des Normalwaldes eintritt.

Wenn die Vollmaſterträge des Normalwaldes von denjenigen

des unregelmäßigen Waldzuſtandes keine erheblichen Abweichungen zeigen, ſo genügt es, das arithmetiſche Mittel zwiſchen beiden der Berechnung der Maſtquote zum Grunde zu legen.

c) Maſtquote und Maſt=Naturalrente bei Waldunzu= länglichkeit.

Aus den Maſterträgen einer Vollmaſt ergeben ſich für die gewählte Berechnungszeit (S. 221) die Maſterträge der Theilmaſten (Halbmaſten ꝛc.). In welcher Weiſe durch Gegenüberſtellung der Maſterträge (We) in Voll= und Theilmaſtjahren mit dem Geſammt= Maſtanſpruche (B) aller Berechtigten einſchließlich des Waldeigen= thümers die durchſchnittlichen Maſtquoten für die Fettmaſten der Vormaſtzeit und für die Erhaltungsmaſten der Nachmaſtzeit zu berechnen ſind, wurde oben (S. 221) erörtert. Der Geſammt= Maſtanſpruch aller Berechtigten ſetzt ſich zuſammen aus den Maſt= rechts=Anſprüchen einerſeits der in der Ablöſung begriffenen, der früher abgelöſten und der nicht in der Ablöſung befangenen Servi= tutberechtigten, anderſeits aus dem Maſt=Anſpruche des Waldeigen= thümers. Zu dem letzteren gehört der Maſtbedarf der Forſtbeamten und der Kulturbedarf an Maſtfrüchten, die mit ihrem Geſammtbe= trage vorweg in Anrechnung kommen, ſodann der Maſtbedarf für Haus= und Landwirthſchaft des Waldeigenthümers, welcher mit dem ſervi= tutiſchen Maſtrechts=Anſpruche bei urſprünglich unbeſtimmten Berechti= gungen gleichberechtigt iſt, während bei urſprünglich beſtimmten Maſtberech= tigungen dem Servitutberechtigten ein Vorzugsrecht gebührt (S. 223). Behufs Ermittelung der durchſchnittlichen Maſtquote für Erhaltungs= maſt in der Nachmaſtzeit iſt entweder der für die Nachmaſt ver= bleibende Ueberſchuß an Fettmaſt=Erträgen auf Erhaltungsmaſten, oder der Maſtrechtsanſpruch an Erhaltungsmaſten für die Nachmaſtzeit auf Fettmaſten zu reduciren. Die Reductionsfactoren zur Umwand= lung von Fettmaſten in Erhaltungsmaſten oder von Erhaltungsmaſten in Fettmaſten ſind durch landwirthſchaftliche Sachverſtändige nach dem Verhältniſſe einerſeits des täglichen Futterbedarfs für Fettmaſten und Erhaltungsmaſten, anderſeits der Vormaſt= und der Nachmaſt= Dauer feſtzuſtellen.

Die Natural=Maſtrente für Fett=Vormaſt und Erhaltungs=Nach= maſt endlich ergiebt ſich für die in der Ablöſung begriffenen Berech= tigten als Product aus dem durchſchnittlich jährlichen Maſtrechts=

Anſprüche an Fettmaſten und Erhaltungsmaſten und aus den entſprechenden Maſtquoten.

Beiſpiel.

Buchenwald mit geregeltem Waldzuſtande. Jährlicher Maſtrechts=Anſpruch (b) für die 41 jährige Berechnungszeit von 1834 bis 1875 wie Seite 242.

14,17 Fettmaſten für die Vormaſtzeit,
6,39 Erhaltungsmaſten für die Nachmaſtzeit.

Geſammtanſpruch (B) aller Berechtigten einſchließlich des gleichberechtigten Waldeigenthümers in einem Weidemaſtjahre

700 Fettmaſten für die Vormaſtzeit,
360 Erhaltungsmaſten für die Nachmaſtzeit.

Nach landwirthſchaftlich ſachverſtändigem Gutachten iſt 1 Fett=Vormaſt gleichwerthig mit 3 Erhaltungs=Nachmaſten.

Während der 41 jährigen Berechnungszeit ſind eingetreten (S. 241)

1 Vollmaſt (1875) abgeſchätzt mit 1000 Fettmaſten,
4 Theilmaſten (1874, 1850, 1842, 1840), von denen

2 mit $^3/_4$ des Vollmaſtertrags
2 = $^1/_2$ =

veranſchlagt ſind.

Es kommen von den Maſterträgen:

	auf die Vormaſt	auf die Nachmaſt
der Vollmaſt mit 1000		
Fettmaſten	700 Fettmaſten	120 Fettmaſten = 360 Erhaltungsmaſten
der 2 Dreiviertelmaſten		
mit 2 × 750 = 1500		
Fettmaſten 1400	= 100 = = 300 =	
der 2 Halbmaſten mit		
2 × 500 = 1000		
Fettmaſten 1000	= — = — =	
mithin in der 41 jähr.		
Berechnungszeit . . 3100 Fettmaſten	220 Fettmaſten = 660 Erhaltungsmaſten.	

Der Geſammtmaſtan=
ſpruch für 5 Vor=
maſten und 3 Nach=
maſten beträgt . . . 3500   =   —   =   = 1080   =

Hiernach berechnen ſich

die Maſtquoten für die Fettvormaſt auf $\dfrac{3100}{3500} = 0{,}8857$

= = Erhaltungs=Nachmaſt auf $\dfrac{660}{1080} = 0{,}6111$

die Maſtnaturalrente

für die Vormaſt auf 14,17 × 0,8857 = 12,55 Fettmaſten
= = Nachmaſt = 6,39 × 0,6111 = 3,905 Erhaltungsmaſten.

d) Nettowerth einer Schweinemaſt.

Der Nettowerth einer Schweinemaſt ſetzt ſich zuſammen aus Bruttowerth, Koſten und Gegenleiſtungen.

Maßſtäbe des Bruttowerths ſind Futterwerth, Ertragswerth und Maſtgeld.

Den am meiſten üblichen Maßſtab bildet der Futterwerth, d. i. der Geldwerth des Maſtfutters, welches ein Normalſchwein während der vollen Maſtzeit (Vormaſt oder Nachmaſt) bei der Weidemaſt verzehrt hat. Derſelbe ergiebt ſich aus dem täglichen Futterbedarf an Normalfutter, z. B. Roggen, aus deſſen Einheits-Geldwerth und aus der Dauer der Maſtzeit. Bei Fettmaſt iſt der volle Futterbedarf in Anſatz zu bringen, bei Erhaltungsmaſten das im Stalle gereichte Beifutter abzurechnen. Täglicher Bedarf an Normalfutter und deſſen Einheitsgeldwerth ſind durch landwirthſchaft-liche Sachverſtändige zu veranſchlagen.

Futterbedarfsſätze. Die techniſche Inſtruction für die General-Commiſſion in Frankfurt a. O. 2. Aufl. 1851 S. 278 rechnet den täglichen Futterbedarf zur Mäſtung eines ausgewachſenen Schweines

bei reichlicher Erdmaſt auf 3 Metzen (10,3 l) Eicheln, ob. 5 Metzen (17,2 l) Bucheln,
  = geringer   =   = 6   =   (20,6 l)   =   = 10   =   (34,4 l)   =
ferner den Futterwerth von 1 Scheffel (55 l) Roggen
         gleich 3 Scheffeln (165 l) Eicheln oder
           = 5   =   (275 l) Bucheln,
die Dauer der Fettmaſtzeit auf 10 bis 12 Wochen, gleich 70 bis 84 Tagen, endlich den Geſammt-Futterbedarf während der Vormaſt an Baumfrüchten

bei reichlicher Erdmaſt auf 9 Schffl. (4,95 hl) Eicheln ob. 15 Schffl. (8,24 hl) Bucheln
  = geringer   =   = 18   =   (9,89 hl)   =   = 30   =   (16,49 hl)   =
im Durchſchnitt   = 12   =   (6,6 hl)   =   = 20   =   (10,99 hl)   =
   an Roggen
auf 3—6 Scheffel (1,65—3,3 hl), im Durchſchnitt auf 4 Scheffel (2,2 hl).

In der techniſchen Inſtruction für die General-Commiſſion zu Breslau 2. Aufl. 1846 S. 126 wird der Futterbedarf zur vollen Mäſtung eines Schweines ebenfalls im Durchſchnitt auf

12 Schffl. (6,6 hl) Eicheln, 20 Schffl. (10,99 hl) Bucheln, 4 Schffl. (2,2 hl) Roggen veranſchlagt, während die General-Commiſſion für Pommern in ihrer techni-ſchen Inſtruction (S. 109) den Bruttowerth der Maſtnutzung für ein ausge-wachſenes Schwein nur auf 2 Scheffel (1,1 hl) Roggenwerth angiebt.

Pfeil (Forſtbenutzung 3. Ausg. 1845 S. 309) veranſchlagt den Mäſtungs-Futterbedarf für ein Schwein nur

       pro Tag auf 1,5—1,75 Metzen (5,15—6,01 l) Eicheln oder
         = 2 Metzen (6,87 l) Bucheln,

für die ganze Maſtzeit von 75 bis 80 Tagen
auf 8 bis 9 Scheffel (4,4—4,95 hl) Eicheln
oder 10 Scheffel (5,50 hl) Bucheln.

Nach Grebe (Forſtbenutzung 3. Aufl. 1882 S. 242) ſind zur Mäſtung von 1 Schwein 8 bis 12 hl Eicheln erforderlich, wozu in Alteichen=Beſtänden 1 bis 2 ha Fläche gehören.

Der tägliche Futterbedarf für bloße Erhaltungsmaſt iſt halb ſo groß, als der Mäſtungs=Futterbedarf (Schlipf, Landwirthſchaft 6. Aufl. 1859 S. 599).

Martin (Landwirthſchaft 2. Aufl. 1884 S. 725) veranſchlagt die Koſten des täglichen Futters für 1 Maſtſchwein auf 0,35 Mark.

Der Brutto=Ertragswerth einer Schweine=Fettmaſt oder Er=haltungsmaſt läßt ſich aus dem Unterſchiede der durchſchnittlichen Verkaufspreiſe eines Normalſchweins bei Beginn und am Ende der Maſtzeit ermitteln.

Das Maſtgeld, d. i. das Entgeld, welches der Waldeigen=thümer für Verpachtung der Maſt an Unberechtigte bezieht, ſtellt nicht den Nutzungswerth der Maſt für den Pächter, ſondern deren Reinertragswerth für den Waldeigenthümer dar, kann daher auch nur als Anhalt zur Veranſchlagung des Maſt=Nutzungswerthes für den Berechtigten, etwa als untere Grenze für den Nettowerth einer Schweinemaſt, in Betracht gezogen werden.

Grebe (Forſtbenutzung a. a. O.) giebt das gewöhnliche Maſtgeld für ein Normalſchwein auf 4 bis 10 Mark an.

Die dem Berechtigten aus der Weide=Maſtnutzung erwachſenden Unkoſten beſtehen

bei Veranſchlagung des Bruttowerths nach dem Futterwerthe in den Koſten der Hirtenhaltung, in den durch Einrichtung von Nachtlagerplätzen (Buchten) herbeigeführten Koſten und in dem Ver=luſte, welcher durch Krepiren von Schweinen entſteht.

Auf 200 Schweine pflegt man 1 Hirten, auf jedes folgende Hundert 1 Beihirten zu rechnen.

An Buchten ſind auf 1 Schwein 4 Quadratmeter Raum zu veranſchlagen. Zur Einfriedigung der Buchten ſind feſte Latten= oder Pfahlzäune erforderlich. An Koſten kommen nur die Arbeitslöhne in Betracht, wenn das Holz nach Beendigung der Maſt ohne Verluſt verkauft werden kann. Die Arbeitskoſten ſind mit etwa 0,3 Mannstagelöhnen für den laufenden Meter Einfriedigung anzunehmen.

Der Verluſt durch Schweineſterben wurde früher in der Form von Sterbe=geld (Verſicherungsprämie) mit 20 bis 40 Markpfennigen für 1 Schwein in Anſchlag gebracht. Derſelbe iſt durch landwirthſchaftliche Sachverſtändige nach dem Procentſatze der Sterblichkeit der eingetriebenen Schweine zu bemeſſen.

Erfolgt die Schätzung des Brutto=Nutzungswerths nach dem Ertragswerthe bez. nach dem Unterſchiede der Verkaufspreiſe der Schweine, ſo ſind außer den vorhin angegebenen Unkoſten auch noch die Zinſen des Anfangs=Kaufpreiſes für die Dauer der Maſt nach einem hohen, den Unternehmer=Gewinn einſchließenden Zinsfuße als Koſtenbeſtandtheile in Rechnung zu ſtellen.

Von dem Maſtgelde kommen keine Koſten in Abzug.

Der Gegenleiſtungen des Maſtberechtigten an den Waldeigen=thümer geſchah bereits (S. 227) Erwähnung.

e) Maſtrechts=Zinsfuß.

Auf einen in Zukunft ſteigenden Werth der Maſtnutzung iſt kaum zu rechnen. Unter beſonders günſtigen Verhältniſſen, bei aus=gedehnter Schweinezucht und vorherrſchendem Kleinbeſitz mit be=ſchränktem Kartoffelbau wird ein gleichbleibender Werth der Maſt=nutzung angenommen werden können. In der. Regel iſt die Preisbewegung für Maſtnutzung, entſprechend der ſeitherigen allge=meinen Entwickelung, eine ſinkende. Daraus folgt, daß zur Kapi=taliſirung der durchſchnittlich jährlichen Maſtgeldrente ein Zinsfuß zu wählen iſt, welcher dem landesüblichen Geldzinsfuße gleich ſteht oder denſelben übertrifft. Unter den heutigen Verhältniſſen des Geld=marktes dürfte ſich demgemäß der Maſtrechtszinsfuß zwiſchen 4 und 6 Procent, der Kapitaliſirungsfactor zwiſchen 25 und $16^2/_3$ bewegen.

2. Nutzwerth=Ermittelung der Maſtleſe.

Nach Preußiſchem Landrechte ſteht den Maſtberechtigten die Ausübung der Weidemaſt nur in Vollmaſtjahren, nicht in Spreng=maſtjahren zu. Dagegen haben ſie in letzteren das Recht der Maſt=leſe, welches darin beſteht, daß die zur Schweinefütterung tauglichen Baumfrüchte im belaſteten Walde behufs Fütterung der Schweine im Stalle geſammelt werden dürfen. Dem Maſtberechtigten ge=bührt daher außer dem nach Nr. 1 zu berechnenden Abfindungs=Kapital für Weidemaſt noch eine Abfindung für Maſtleſe.

Die Nutzwerthermittelung der letzteren folgt im Allgemeinen dem Gange, welchen die Nutzwerthermittelung der Weidemaſt (S. 236) einzuſchlagen hat, jedoch mit folgenden Abweichungen.

Es bleibt feſtzuſtellen, ob ſich das Recht der Maſtleſe auf Fett=maſt oder auf Erhaltungsmaſt oder auf beide Fütterungsarten er=ſtreckt. In den beiden erſten Fällen vereinfacht ſich die Ermittelung des Maftrechts=Anspruchs. Bei Maftbedarfs=Berechtigungen wird in der Regel die Annahme gerechtfertigt sein, daß der in Vollmaft= jahren gehaltene Schweineftand auch in Sprengmaftjahren unter= halten wurde. Bei Maft=Verkaufs=Berechtigungen dagegen liegt die Wahrscheinlichkeit vor, daß der Schweineftand in Sprengmaftjahren geringer war, als in Vollmaftjahren. Es muß in diesem Falle der Schweineftand für Sprengmaftjahre nach dem thatsächlich stattge= fundenen Besitzftande ermittelt werden.

Der durchschnittlich jährliche Maftleseanspruch in Schweine= maften ergiebt sich aus dem Schweineftande eines Sprengmaftjahres und aus der Anzahl von Sprengmaftjahren, welche in die Berech= nungszeit fallen.

Die auf Vollmaft zu beziehende Maftertrags = Ermittelung (S. 242) hat lediglich den Maftertrag an Baumfrüchten zu berück= sichtigen.

Behufs Ermittelung der Maftquote (S. 246) ist der Bruchtheil des Vollmaftertrages feftzuftellen, welchen im Durchschnitte eine Sprengmaft enthält.

Bei Veranschlagung des Nettowerthes einer Schweinemaft (S. 248) kommen die Koften der Hirtenhaltung, des Verluftantheils durch Schweinesterben und der Buchten in Wegfall. An Stelle derselben treten die in Sprengmaftjahren nicht unerheblichen Koften des Sammelns, welche den Nutzungswerth völlig in Frage stellen können.

Die Sammelkoften können sich in Sprengmaftjahren für Eicheln auf 5 bis 10, für Buchein auf 10 bis 20 Frauentagelöhne pro Hektoliter stellen.

VII. Maft-Ablöfung nach Vortheils-Werthermittelung.

Aus der Ablöfung der Maftberechtigung können dem Wald= eigenthümer unmittelbare Vortheile und mittelbare Nachtheile er= wachsen. Beide sind bei der Vortheils=Werthermittelung zu berück= sichtigen, da die Vortheils=Geldrente in dem Ertrags=Unterschiede des Berechtigungswaldes vor und nach der Ablöfung besteht.

Es sind nur unmittelbare Vortheile, welche dem Waldeigen= thümer aus der Ablöfung in Rechnung gestellt werden können. Sie bestehen in der Verwerthung der erworbenen Maftnutzung durch

Verpachtung zur Weidemaſt oder zur Leſe. Mittelbare Vortheile durch Erhöhung der Holzrente erwachſen dem Waldeigenthümer nur dann, wenn die Maſtberechtigung ein Hinderniß zur Einführung eines rentableren Waldbetriebes oder überhaupt einer vortheilhafteren Bodenbenutzung durch Aenderung der Waldbetriebsart, Holzart, Umtriebszeit oder durch Auflöſung der Waldwirthſchaft und Einführung des landwirthſchaftlichen Betriebes bildet. Derartige, im Bereiche der bloßen Möglichkeit, außerhalb der thatſächlichen Wirthſchaftszuſtände liegende Vortheile braucht ſich aber der Waldeigenthümer nicht anrechnen zu laſſen (vgl. Th. I § 16 S. 159).

Dagegen hat die Ablöſung der Maſtberechtigung für die Waldwirthſchaft nicht ſelten mittelbare Nachtheile dadurch zur Folge, daß mit der Weidemaſt auch die durch Aneignung der Erdmaſt herbeigeführte Vertilgung waldſchädlicher Thiere aufhört. Dieſe Nachtheile können bei der Abwägung des Vortheils der Ablöſung nicht unberückſichtigt bleiben.

1. Die Verpachtung der durch die Ablöſung erworbenen Maſtnutzung zur Weidemaſt iſt die vortheilhafteſte Benutzungsart für den Waldeigenthümer, weil ſie unmittelbaren Vortheil bringt und die mittelbaren Vortheile der Maſtberechtigung erhält. Die Verpachtung kann flächenweiſe und ſtückweiſe (pro Schwein) geſchehen.

Haben unter vergleichbaren Verhältniſſen flächenweiſe Verpachtungen zur Weidemaſt gegen Meiſtgebot ſtattgefunden, ſo gewähren dieſe eine ſehr brauchbare Grundlage für die Schätzung der Vortheilsrente.

Bei ſtückweiſer Maſtverpachtung (Zettelpacht) bildet ſich die Vortheils-Geldrente aus der Anzahl von Pachtſchweinen und aus dem Maſtgelde (Pachtgelde) pro Schwein. Die Anzahl der Pachtſchweine iſt einerſeits abhängig von der nach VI zu ermittelnden Natural-Maſtrente, welche die Anzahl von Schweinemaſten angiebt, die durch die Ablöſung im jährlichen Durchſchnitte erworben werden, andererſeits iſt ſie bedingt durch die Möglichkeit, beziehungsweiſe die Wahrſcheinlichkeit, die Maſt in der angegebenen Weiſe auch wirklich verwerthen zu können. Dieſe Wahrſcheinlichkeit wird ſich häufig auf die Schweine der Kleinbeſitzer und Häusler beſchränken, denen es an Futter zur Stallmaſt fehlt. Iſt die Anzahl der nach den örtlichen Beſitz- und Betriebsverhältniſſen der Landwirthſchaft zu erwartenden

Weidemaſtſchweine geringer, als die Natural=Maſtrente in Schweine=
maſten, ſo kann nur die erſtere der Vortheilsberechnung zum Grunde
gelegt werden.

Das Pachtgeld für 1 Schwein wird am beſten nach dem orts=
üblichen Maſtgelde bemeſſen. Als ein niedriger Satz war 4 Mark,
als hoher Satz 10 Mark für die Zeit der Hauptmaſt (Vormaſt) an=
gegeben (S. 249).

Haben Weidemaſt=Verpachtungen in dem Berechtigungswalde
oder in vergleichbaren Oertlichkeiten ſeither nicht ſtattgefunden, ſo
kann das Pachtgeld nach dem Ertragswerthe der Schweinemaſt
(S. 249) ermittelt, muß aber niedriger angenommen werden, weil ſich
Niemand zu einer Nutzung bereit finden laſſen wird, die ihm keinen
Reinertrag liefert.

2. Für die Verpachtung der erworbenen Maſtnutzung zur
Leſe iſt die Nachfrage in der Regel größer, als für die Verpachtung
zur Weidemaſt, weil die geſammelten Maſtfrüchte auch noch zu an=
deren Zwecken, als zur Schweinefütterung, z. B. als Saatgut oder
bei Bucheln zur Oelbereitung verwendet werden können. Die Ver=
pachtung kann flächenweiſe oder auf die Perſon (durch Zettelausgabe)
erfolgen.

Liegen Ergebniſſe meiſtbietender, vergleichbarer Flächen=Ver=
pachtungen zur Maſtleſe vor, ſo ſind dieſe am brauchbarſten zur
Ermittelung der Vortheils=Geldrente. Für den Fall der Zettelpacht
ſind wiederum Zettelzahl und Zettelpreis zu beſtimmen. Die Zettel=
zahl (Z) ergiebt ſich bei voller Verwerthbarkeit aus der durchſchnitt=
lich jährlichen Maſt=Naturalrente in Zettelwerth (M) und aus der
Menge von Maſtfrüchten (m), welche eine Perſon während der
Sammelzeit ſammeln kann,

$$Z = \frac{M}{m}$$

bei unvollſtändiger Verwerthbarkeit nach dem muthmaßlichen Abſatze
mit Rückſicht auf Beſitz= und Bevölkerungsverhältniſſe.

1 Mann ſammelt und reinigt bei voller Maſt etwa 1 Hectoliter Eicheln,
½ Hectoliter Bucheln. Die Sammelzeit iſt auf 30 Tage zu veranſchlagen.

Der Zettelpreis iſt womöglich nach bisher unter gleichen oder
vergleichbaren Verhältniſſen gezahlten Sätzen, nöthigenfalls nach dem
Reinertrage, den ein Mann durch die Leſe während der Sammelzeit
erzielt und der ſich als Ueberſchuß des Verkaufspreiſes über die

Werbungskoſten herausſtellt, zu berechnen. Die Eicheln- und Bucheln-Sammler beanſpruchen einen hohen Arbeitsverdienſt beim Leſen, begnügen ſich aber auch damit. Es kann daher der volle Reinertrag als Zettelpreis angenommen werden, wenn der Arbeitsaufwand nach hohem (etwa 20 Procent über dem Lohn für gemeine Handarbeit ſtehendem) Lohnſatze veranſchlagt wird.

3. Wenn es ſich um die Ablöſung einer Weidemaſt-Berechtigung, nicht etwa einer Maſtleſe-Berechtigung handelt, und wenn die Vortheils-Werthermittelung ſich auf die Verpachtung der erworbenen Maſtnutzung zur Leſe ſtützt, weil Verpachtung zur Weidemaſt nicht ausführbar erſcheint, ſo kann bei der Vortheils-Ermittelung der mittelbare Nachtheil nicht unberückſichtigt bleiben, welcher dem Waldeigenthümer durch die Entfernung der Schweine aus dem Walde erwächſt. Dieſer Nachtheil beſteht hauptſächlich in der Vermehrung der Mäuſeſchäden, gegen welche der Schweineeintrieb ein wirkſames Mittel bildet. Eichen- und Buchen-Maſtjahre haben erfahrungsmäßig faſt regelmäßig zur Folge, daß ſich die Mäuſe in großer Anzahl aus dem Felde in den Wald ziehen, dort einen erheblichen Theil der Maſtfrüchte verzehren, ſich durch die reichliche Nahrung ſtark vermehren, durch Abnagen der Rinde in den Buchen-Verjüngungsſchlägen und Dickungen den Jungwuchs zum Abſterben bringen und einen erhöhten Kultur-Aufwand herbeiführen. Der dadurch verurſachte Schade, welcher durch die Ausübung der WeidemaſtBerechtigung verhütet wurde, iſt durch eine geringere Veranſchlagung des Maſtertrages und durch Abzug des Kultur-Mehr-Aufwandes von dem Vortheilswerthe der erworbenen Maſtnutzung zu berückſichtigen.

Außerdem kann durch Einſtellung des Schweineeintriebs in Folge Ablöſung der Maſtberechtigung eine Vermehrung ſolcher waldſchädlicher Inſecten (Eule, Spanner, Maikäfer) eintreten, welche von den Schweinen als Erdmaſt verzehrt werden. Eine Kürzung der Vortheilsrente wegen derartiger Schäden läßt ſich indeſſen ſelten begründen, theils weil dieſelben in den Baummaſtbeſtänden, auf welche ſich der Eintrieb der berechtigten Schweine vorzugsweiſe erſtreckt, von keiner großen Erheblichkeit ſind, theils weil die Schadenſchätzung jeder zuverläſſigen Grundlage entbehrt.

4. Die Feſtſtellung des Maſtrechts-Zinsfußes erfolgt nach denſelben Grundſätzen, wie bei der Maſt-Nutzwerth-Ermittelung.

§ 16.

Sonstige Berechtigungen auf Waldfrüchte.

Berechtigungen auf Waldfrüchte zu anderen Zwecken, als zur Schweine-Fütterung bezw. Mästung, kommen nur selten vor. Sie sind unbestimmt, fast immer Verkaufs-Berechtigungen, bis auf seltene Ausnahmen (Haselnuß-Berechtigungen) waldunschädlich und für die Waldwirthschaft nicht hinderlich, gewähren dagegen dem ärmeren Theil der Bevölkerung eine beachtenswerthe Arbeitsrente, ermöglichen die Nutzbarmachung von anderweit nicht immer leicht verwerthbaren Waldproducten, sind mithin volkswirthschaftlich nützlich und bieten zur Ablösung nur ausnahmsweise Veranlassung. Nach Preußischem Ablösungsrechte sind dieselben nicht selbstständig, sondern nur gelegentlich ablösbar. Die wichtigsten unter ihnen sind folgende:

1. Das Recht auf Buchelnlese zur Oelbereitung.

Die Bucheln werden gesammelt, von tauben Früchten und Unrath gereinigt, langsam getrocknet, mitunter geschält und auf Oelmühlen ausgepreßt. Sie liefern Speiseöl, Brennöl und Oelkuchen als Viehfutter.

Es geben nach Gayer (Forstbenutzung 6. Aufl. S. 514) 100 Kilogr. Bucheln 17 bis 25 Kilogr. Oel, nach Pfeil (Forstbenutzung 3. Aufl. S. 317) die Bucheln 17 Procent ihres Gewichts an Oel und zwar 12 Procent an Speiseöl, 5 Procent an Brennöl.

Nach Ihrig (Allg. Forst- und Jagdzeitung 1860 S. 347) gewährt 1 ha haubaren Buchenhochwaldes in einem guten Mastjahr 16 hl trockner Bucheln mit einem Reinertrage von über 100 Mark.

2. Das Recht auf Haselnüsse.

Dasselbe kommt in Mittel- und Niederwaldungen vor, ist häufig waldschädlich durch die Beschädigungen des Unterholzes beim Pflücken der Haselnüsse, mitunter ein Hinderniß zur Einführung von einträglicheren Holzarten und Betriebsarten (Eichenschälwald).

Die Haselnüsse werden als Speisefrüchte, seltener zur Bereitung von Speiseöl verbraucht. Der Oelgehalt von geschälten Haselnüssen wird auf 50 bis 54 % angegeben (Gayer a. a. O.).

Ein Sammler kann in guten Nußjahren bei reichlicher Bestockung mit Haseln in 1 Tage bis zu 14 Liter Haselnüsse sammeln.

Die Sammelzeit beginnt mit der Reife, endet mit dem Abfallen der Nüsse, fällt je nach dem Klima in den September bis October, dauert etwa 3 Wochen.

3. Das Recht auf Waldbeeren.

Waldbeernutzungen erstrecken sich hauptsächlich auf Erdbeeren, Heidelbeeren, Preißelbeeren, Himbeeren und Wachholderbeeren.

Erdbeeren verlangen frischen, humosen Boden, gedeihen im Halbschatten von Kiefern=Baumholzbeständen, Buchenverjüngungs= schlägen und im Seitenschatten auf Waldblößen, gerathen fast all= jährlich und liefern auf mittelgutem und gutem Kiefernboden von der III. Bodenklasse an aufwärts vom 60. Jahre ab beträchtliche Einnahmen für die Waldanwohner. Ein Kind kann dort mit Leichtigkeit in guten Jahren und bei günstiger Verkaufsgelegenheit täglich etwa 3 Wochen lang für 1 bis 1,5 Mark Erdbeeren sammeln, die nur als Speisefrüchte verwendet und weder aufbewahrt noch auf bedeutende Entfernungen versendet, daher nur da in größeren Men= gen verwerthet werden können, wo größere Ortschaften in der Nähe des Waldes liegen.

Heidelbeeren erfordern Halbschatten und Bodenfrische, meiden geschlossene Bestände, Blößen, trockenen und armen Boden, kommen ausgedehnt vor in lichten Nadelholz= und Laubholzbeständen, in Ebene und Gebirge, bilden einen namhaften, selbst nach England ausgeführten Handelsartikel und finden hauptsächlich Verwendung zur Fabrikation von künstlichem Rothwein und von Branntwein.

Preißelbeeren gedeihen unter ähnlichen Standorts=Verhält= nissen, sind indessen minder wählerisch als Heidelbeeren in Bezug auf Bodenbeschaffenheit und Licht, indem sie auch auf ärmerem, trockenem Boden und in vollem Lichte vorkommen. Sie sind als Speisefrüchte sehr geschätzt.

Himbeeren erfordern fruchtbaren, humosen Boden, ertragen wenig Schatten, stellen sich namentlich nach den Schlag=Abtrieben und in den Lichtschlägen bei rascher und reichlicher Humusbildung ein und werden als Speisefrüchte und zur Bereitung von Himbeer= saft in großen Quantitäten gesammelt.

Wachholder ist minder begehrlich in Bezug auf Bodenfrucht= barkeit, meidet aber armen und trockenen Boden, gedeiht im Halb= schatten der Wälder und im Freien, wird in seinen Beeren als

Arzneimittel, zur Speiſebereitung ſowie zur Fabrikation von Brannt=
wein (Genèvre) verwendet und könnte in viel ausgiebigerer Weiſe
benutzt werden, als es in der Regel geſchieht.

4. **Pilzberechtigungen.**

Pilze liefern ein hochwerthiges, bei weitem nicht genügend gewürdig=
tes Nahrungsmittel. Der Wald bringt ſie als freie Gabe der Natur
in überreichem Maße hervor. Ihre Werbung iſt in keiner Weiſe
hinderlich für die Waldwirthſchaft, iſt einfach und leicht und verſchafft
der unbemittelten Volksklaſſe im Frühjahr und Herbſt einen lohnen=
den Erwerb. Die Ablöſung von Pilzberechtigungen erſcheint daher
nach keiner Seite hin angezeigt.

§ 17.

Harzſcharrberechtigungen.

I. Begriff. Arten.

Gegenſtand der Harzberechtigungen iſt das aus abſichtlich ange=
brachten Schaftwunden der Nadelhölzer ausfließende Harz.

Harzbäume ſind in Deutſchland die Fichte, in Oeſterreich die
Schwarzkiefer, in Frankreich die Seekiefer. Nur die Fichten=Harz=
berechtigungen ſind Gegenſtand der nachfolgenden Darſtellung.

Das Verfahren der Harzgewinnung (des Harzſcharrens) bei der
Fichte iſt folgendes.

An den Fichten, welche Baumholzſtärke erreicht haben, wird die
Rinde, am beſten im Frühjahr, in Manneshöhe zunächſt in 2 etwa
1 Meter langen, 3—5 Centm. breiten, ſenkrechten, unten rinnenförmig
auslaufenden Längsſtreifen (Lachten) bis auf den Splint mit einem
hakenförmigen Meſſer (Harzmeſſer) entfernt. Das aus der Rinde
hervorquellende Harz ſammelt ſich theils in den Lachten (Scharrharz),
theils fließt es über dieſelben hinaus bis zum Boden herab. Nach
2 Jahren, im Sommer (Juni bis Auguſt), wird das in den Lachten
erhärtete (reife) Harz mit dem Harzmeſſer, möglichſt rein von Holztheilen
abgeſchabt, in untergeſtellten Gefäßen (Harzmeſten) aufgefangen und in
andern Gefäßen (Stücken) transportirt. Alle 4 Jahre, unmittelbar
nach dem Harzſcharren, werden die Ränder der Lachten durch Weg=

nahme der gebildeten Ueberwallungsschichten, welche den weiteren Harzausfluß hindern, mit dem Harzmesser aufgefrischt (es wird Fluß gemacht). Die dabei gewonnenen harzigen Holztheile mit dem über die Lacht hinausgeflossenen, an Rinde und Boden angesammelten Harze bilden das s. g. Flußharz, welches besonders gesammelt und verwendet wird. Mit zunehmender Stärke der Bäume werden die Lachten vermehrt, so daß auf etwa 0,3 bis 0,4 Meter Umfang je eine Lacht kommt.

Das Scharrharz wird in Pechöfen, im Thüringerwalde gewöhnlich mit 6 Pechtöpfen, durch Erhitzung zu Pech verarbeitet, wobei als Nebenproduct Pechöl gewonnen wird.

Die nach dem Pechsieden in den Pechtöpfen verbliebenen Harzrückstände (die Pechgriefen) werden mit dem Flußharz in der Kienrußhütte zu Kienruß verschwelt.

Vergl. über Harzscharren, Pechsieden und Kienrußbrennen

Voelker, Technologie 1805 S. 584, wo zugleich die ältere Literatur angegeben ist,

Grebe, Forstbenutzung 3. Aufl. 1882 S. 250, 382, 386.

Gayer, Forstbenutzung 6. Aufl. 1883 S. 458.

Die Harzberechtigungen zerfallen in Rohharz=Verkaufs=Berechtigungen und in Pechler=Berechtigungen.

Bei den Rohharz=Verkaufs=Berechtigungen gewinnen die Berechtigten das Rohharz zum Verkaufe.

Bei den Pechler=Berechtigungen gewinnen und verarbeiten die berechtigten Pechhüttenbesitzer das Rohharz zu Pech und Pechöl, sowie zu Kienruß.

Beiden Berechtigungsarten gemeinsam ist der Umstand, daß jeder Berechtigte der Regel nach einen besonders ausgeschiedenen, ihm allein zur Benutzung zustehenden Harzwald besitzt. Nur dadurch ist dem Berechtigten die Möglichkeit gegeben, daß er an den Bäumen, an welchen er angelachtet und Fluß gemacht hat, 2 Jahre darauf auch das Harz erntet.

II. Umfang der Harzberechtigungen.

Gesetzliche Bestimmungen über den Umfang der Harzberechtigungen enthalten in Preußen nur die Forstordnungen. Das gemeine Recht behandelt die Harzberechtigungen nicht. Specialgesetze bestehen über dieselben ebenfalls nicht. Unter den Forstordnungen ist die Wald=, Holz= und Forstordnung für die Grafschaft Henneberg vom Jahre 1697 bemerkenswerth.

Der Umfang der Harzberechtigungen erstreckt sich hauptsächlich auf den Berechtigungs=Anspruch, auf das Wirthschaftsrecht des Waldeigenthümers und auf die Gegenleistungen.

1. Der Berechtigungs=Anspruch umfaßt die Nutzungsreviere, den Nutzungsgegenstand, die Nutzungsart und die Nutzungszeit.

Die Natur der Berechtigung bringt es mit sich, daß den einzelnen Berechtigten bestimmte Reviertheile (Harzwälder, Privatharzwälder, Erbharzwälder) zur ausschließlichen Harznutzung zustehen.

Nutzungsgegenstand sind Fichten (Rothtannen) von einer gewissen Stärke oder von einem gewissen Alter ab.

Nach § 30 der Henneberg'schen Forstordnung darf kein Harzwaldbesitzer einen Fichtenstamm eher „lochen oder reißen", bevor derselbe nicht in den „eisernen Ring" paßt, welcher von Alters gewesen.

Das Badische Forstgesetz vom 15. November 1833 bestimmt in § 49, daß das Harzen nur in Schlägen stattfinden dürfe, welche ein Alter von 50 Jahren erreicht haben.

Die Nutzungsart bezieht sich auf die Anzahl und Dimensionen der Lachten.

Nach der Henneberg'schen Forstordnung soll eine zum ersten Male gerissene Fichte nicht mehr als 1, höchstens 2 Lachten enthalten und die Breite der letzteren 2 Zoll nicht überschreiten.

In den auf die Forst= und Waldordnung vom Jahre 1644 begründeten forstpolizeilichen Bestimmungen des Herzogthums Gotha ist vorgeschrieben, daß ein Stamm

| von 45 Zoll Umfang nur 3 Risse |
| = 51 = = = 4 = |
| = 57 = = = 4 = |
| = 60 = = = 5 = |
| = 75 = = = 6 = |

erhalten und jeder Riß nur 2—3½ Fuß lang und 1½—2 Zoll breit sein darf.

Bezüglich der Nutzungszeit sind Wiederkehr und Jahreszeit des Harzscharrens gesetzlich bestimmt. Fast allgemein besteht die Vorschrift, daß das Harzscharren nur alle 2 Jahre, das Flußmachen nur alle 4 Jahre wiederkehren darf.

So in den Gotha'schen forstpolizeilichen Vorschriften, ferner in § 50 des Badischen Forstgesetzes, nach welchem ohne Genehmigung der Forstbehörde nur alle 2 Jahre in demselben District geharzt werden darf, in zweijähriger Periode das Anreißen der Lacken (Lachten) nicht vor Mitte Juni beginnen und das Harzscharren bis Mitte September beendet werden soll.

2. Dem Wirthschaftsrechte des Waldeigenthümers unterliegen theils das Ausschließungsrecht von Nutzholzstämmen und Nutzholzdistricten von der Harznutzung (Gotha), theils das örtliche Anweisungsrecht.

In Baden kann der Forstbeamte die Samenbäume von der Harznutzung ausschließen und an den Harzbäumen die Anzahl der Lacken bestimmen.

In Art. 86 des Bayerischen Forstgesetzes ist das Pecheln in nicht dazu angewiesenen Waldorten unter Strafe gestellt.

3. Die Gegenleistungen bestanden in regelmäßigen und in Besitzwechsel-Abgaben, in Naturalleistungen, Diensten und Geldabgaben.

An Naturalabgaben wurden vielfach Zehntpech ($^1/_{10}$ des Pechgewinns), Accidenzpech ($^1/_{50}$ der Pechausbeute) gegeben.

Nach Kius „Forstwesen Thüringens im 16. Jahrhundert" 1869 S. 91 hatten die Harzberechtigten (Harzpicher)

1524 im Amte Werdau 30 Stein Pech mit einem Geldwerth von zusammen 3 Gulden,

1559 im Amt Schwarzwald Haselhühner zu liefern, Arbeiter für Wildhecken zu stellen,

anderwärts außer Haselhühnern und Pech auch noch Harzgriefen (zu Nachtlichtern verwendet) oder Geld zu geben.

III. Bedeutung der Harzberechtigungen.

Die Entstehung der Harzberechtigungen gehört einer Zeit an, in welcher das Holz wegen örtlichen Waldüberflusses, Unwegsamkeit und geringer Bevölkerungsziffer einen geringen Preis hatte und nur in beschränktem Maße verwerthbar war. Sie fanden im Thüringer Walde bereits im Anfang des 16. Jahrhunderts in größerer Ausdehnung statt. Den Berechtigten war dort die Harznutzung in gewissen Waldrevieren gegen Entrichtung eines sehr mäßigen Entgelds in der Regel erbpachtweise oder zu Lehn übertragen. Derartige auf Harz genützte Wälder (Harzwälder), in denen die Harzberechtigung an Private verliehen war, hießen Privatharzwälder, Erbharzwälder, im Gegensatze zu den herrschaftlichen Harzwäldern, in denen die Harznutzung für Rechnung des Grundherrn betrieben wurde.

Eine längere Zeit fortgesetzte Harznutzung ist als Ursache von

Stammfäule, Nutzholzverlust, Windbruch, Insectenbeschädigung und Bestandslichtung in hervorragender Weise waldschädlich. Es wurden daher schon frühzeitig durch landesherrliche Forstordnungen die Harz=berechtigungen theils eingeschränkt, theils durch Ankauf abgestellt, theils die Harznutzung verboten.

1340 wurde das Harzscharren im Nürnberger Reichswalde verboten. Schwappach, Forstgeschichte 1885 S. 166.

Die Kursächsische Waldordnung von 1544 verbot den Harzpichern im Thüringer Walde bei Verlust ihrer Gerechtigkeit, junge Bäume zu reißen; 1570 wurde dort der Ankauf von Harzberechtigungen angeordnet. Den Ge=meinden im Thüringer Walde war um dieselbe Zeit die Anlegung von Harz=wäldern in ihrem eigenen Gebiete untersagt.

Kius a. a. O. S. 92—94.

Durch die Fürstlich Hessische Forst= und Jagdordnung v. J. 1665 und durch die Herz. Württembergische Forstordnung v. J. 1669 wurde das Harz=scharren verboten.

Grunert, Forstl. Bl. 15. Heft S. 143.

Mit dem gegenwärtigen Zustande der Forst= und Volkswirth=schaft in Deutschland sind Harzberechtigungen in Fichtenwäldern un=verträglich.

Sie waren gerechtfertigt in Zeiten und an Orten des Wald=überflusses und des mangelnden Holzabsatzes, in Folge deren ein erheblicher Theil hochwerthigen Holzes im Walde verfaulte. Sie können wirthschaftlich zulässig sein in reinen oder ganz überwiegenden Brennholzwirthschaften, zumal nicht nachgewiesen ist, daß der Holz=zuwachs durch die Harznutzung beeinträchtigt wird. Bei der heutigen deutschen Forstwirthschaft dagegen, deren Hauptziel wegen Verdrän=gung und Entwerthung des Brennholzes durch fossile Kohle auf Nutzholzerzeugung gerichtet ist, sind Harzberechtigungen ein hervor=ragendes Waldübel, weil sie einen sehr bedeutenden und zwar den werthvollsten Theil der Holzproduction durch Stammfäule und ihre Folgewirkungen zu Nutzholz untauglich machen. Schon eine kurze Harznutzung von nur 10 Jahren hat nachgewiesener Maßen zur Folge, daß das innere Holz ganz oder zum großen Theile in der Längen=Ausdehnung der Lachten von Fäulniß ergriffen wird, die sich bei längere Zeit hindurch fortgesetzter Harznutzung rasch nach oben hin verbreitet. Der dadurch dem Waldeigenthümer erwachsende Ver=lust läßt sich in Fichten=Normalbeständen der I. Ertragsklasse bei günstigen Absatzverhältnissen und 100jährigem Umtriebe auf 200 Fest=

meter Nutzholz oder auf etwa 1200 Mark pro ha Abtriebsfläche, somit für eine Betriebsfläche von 100 ha auf 12 Mark pro Jahr und ha allein aus der Hauptnutzung veranschlagen.

An Bedeutung für den Berechtigten stehen die Harz-Berechtigungen weit hinter den meisten anderen Waldberechtigungen zurück. Harz und Harzfabrikate sind nicht wie Holz, Streu, Weide, Gras unentbehrliche Güter im Haushalt des Berechtigten, sondern Rohmaterial und Producte einer im Rückgange begriffenen Industrie, Industrie- und Handels-Artikel, die überall leicht und wohlfeil gekauft werden können. Für die berechtigten Pechler und Harzscharrer fällt lediglich der Reinertrag des Pechler-Gewerbes und die Arbeitsrente der Harzgewinnung in das Gewicht. Beide sind sehr gering, weil die Preise für Pech und Rohharz durch die Concurrenz des vom Auslande, namentlich von Amerika eingeführten Pechs und Terpentinöls auf einen sehr niedrigen Stand herabgedrückt worden sind, welcher nur zur Zeit des amerikanischen Bürgerkriegs vorübergehend eine bedeutende Steigerung erfahren hat.

Aus der überwiegenden Schädlichkeit der Harznutzung für die Waldwirthschaft und aus deren geringer Gewerbs- und Arbeitsrente folgt, daß die Harzberechtigungen volkswirthschaftlich unvortheilhaft, in socialer Hinsicht bedeutungslos sind. Der Reinertrag des Pechler-Gewerbes bleibt bei den heutigen Preisverhältnissen des Pechs weit hinter dem Schaden der Harznutzung für den Wald zurück.

Unter Zugrundelegung der Erfahrungssätze in Tafel XIX und XX berechnet sich der Reinertrag der Harznutzung auf Fichtenboden I. Klasse unter den für den Harzertrag günstigsten Standortsverhältnissen (auf Buntsandstein), bei 100jährigem Umtriebe, normalem Holzbestande und 30 Jahre lang (vom 70. bis zum 100. Jahre) fortgesetzter Harznutzung, wie folgt:

100 ha liefern Scharrharz

vom 70. bis 80. Jahre jährlich pro ha 107,5 kg, im Ganzen 1075 kg
  = 80. = 90. =   =   = = 111,5 = = = 1115 =
  = 90. = 100. =   =   = . 100,5 = = = 1005 =

zusammen auf 30 ha   3195 kg,
ferner an Flußharz das $1^{1}/_{2}$fache ==   4792 =
oder in Centnern rund 64 Centner Scharrharz
und 96   =   Flußharz
64 Centner Scharrharz geben rund 32 Centner Pech
= 16   =   Pechgriefen

mit einem Geldreinertrage von

$$32 \times 22 = 704 \text{ Mark für Pech und von}$$
$$16 \times 2{,}2 = 35 \quad \cdot \quad \cdot \quad \text{Pechgriefen}$$

zuſammen von . . . . 739 Mark,
96 Centner Flußharz ſind in Rechnung zu ſtellen mit einem
Geldreinertrage von $96 \times 0{,}5 =$ . . . . 48 ⸗

Es würde ſomit der geſammte durch Pech⸗ und Kienrußbetrieb
erzielbare Geldreinertrag für die Harznußung auf 100 ha 787 Mark
oder pro ha . . . . : . . runb 8 ⸗
betragen, gegenüber einem Nußholzverluſte von 1200 Mark auf der Betriebs⸗
fläche oder von 12 Mark pro ha.

Die Arbeitsrente, welche Harzgewinnung und Pechſieden für
das Volkseinkommen liefern, iſt geringfügig.

In dem vorigen Beiſpiele würden betragen die Arbeitslöhne
für Werbung des Lachtenharzes (Anlachten, Scharren, Zu⸗
ſammenbringen) 1,7 Mark auf den Centner Scharr⸗
harz . . . . $64 \times 1{,}7 = 109$ Mark,
⸗ die Werbung des Flußharzes, 1,5 Mark für den Centner
Flußharz . . . . $96 \times 1{,}5 = 144$ ⸗
⸗ Harz⸗ und Pechfuhren 1 Mark auf den Centner Pech $32 \times 1 = 32$ ⸗
⸗ Pechſieden 4 Mark auf den Centner Pech . . $32 \times 4 = 128$ ⸗
⸗ Kienrußbrennen von 16 Centnern Pechgriefen und 96 Ctrn.
Flußharz mit einer Ausbeute von zuſammen $2{,}4 + 6{,}7$
$= 9{,}1$ Centner Kienruß à 4,8 Mark, . . . $9{,}1 \times 4{,}8 = 44$ ⸗

zuſammen auf 100 ha 457 Mark
oder auf 1 ha . . . 4,57 ⸗

Es würde ſomit unter den günſtigſten Verhältniſſen, auf beſtem Fichten⸗
boden, bei dem höchſten Harzertrage, in normalen Beſtänden bei 30 Jahre
lang fortgeſeßter Harznußung auf 100 ha Wald durch Harzſcharren, Pechſieden,
und Kienrußbrennen eine Arbeiter⸗Familie ihren Lebensunterhalt gewinnen.
Dagegen kann die Verarbeitung von 200 Fm. Fichtennußholz, welche auf der⸗
ſelben Fläche durch Harzſcharren verloren gehen, recht gut 5 Arbeiterfamilien
ein ausreichendes Einkommen gewähren.

In Wirklichkeit iſt der Arbeitsverdienſt aus der Harznußung natürlich
weit geringer. In dem Kreiſe Schleuſingen des Thüringer Waldes gewährte
dieſelbe auf 2809 ha ſcharrbarer Beſtände über 60 Jahre, welche bei 100⸗
jährigem Umtriebe einer Betriebsfläche von 7023 ha entſprechen würde, bei
3 Pechhütten und 2 Kienrußhütten nur 10 Familien den Lebensunterhalt, ſo
daß auf den Unterhalt einer Arbeiterfamilie 700 ha Fichtenwald kamen.
Grunert, Die Harznußung im Thüringer Walde in den Forſtlichen Blättern
Heft 15 S. 148.

In den Schwarzburg⸗Rudolſtadt'ſchen Staatsforſten des Thüringer Waldes
mit rund 10 000 ha Holzbodenfläche, 3 Pechhütten und einer auf etwa 10 Jahre

vor dem Bestandsabtriebe beschränkten Harznutzung stellte sich im jährlichen Durchschnitte von 1868/77

    die Arbeitsrente auf 1502 Mark oder pro ha auf 0,15 Mark,
    der Reinertrag　=　52898　=　=　=　=　=　5,29　=

Für das Volkseinkommen bedeutet daher die Harznutzung Ver= luft an Walbrente und Verluft an Arbeitsrente. Ihre Gefammt= wirkung ift Einbuße an der nationalen Production.

Allerdings läßt sich der Einwand erheben, daß die zur Zeit geringe Rentabilität der Harznutzung durch den Preisdruck veranlaßt sei, welchen die zollfreie Einfuhr von Pech und Terpentinöl aus dem Auslande, namentlich aus Amerika, herbeigeführt habe. Man könnte daran denken, durch einen hohen Schutzzoll die Einfuhr von Pech und Pechöl zu verhindern. Zu Gunften dieser Anficht ließe sich anführen, daß Deutschland in seinen Fichtenwäldern mit etwa 3 Mill. ha den Bedarf an Pech und Pechöl, welcher jetzt zum bei weitem größten Theile vom Auslande gedeckt wird, selbst zu erzeugen ver= möge. Der Ueberschuß der Einfuhr über die Ausfuhr an Pech und Terpentin hat im Durchschnitte der beiden Jahre 1884/1885 jährlich rund 51000 Tonnen à 20 Cent. betragen. Veranschlagt man die

      Jahres=Production an Pech und Terpentin in
      Deutschland

auf 9000 Tonnen, so würde der jährliche Gefammtbedarf

60000 Tonnen oder 1,200,000 Cent. betragen, somit auf 1 ha Fichtenwald 0,4 Cent. Pech oder 0,8 Cent. Rohharz erzeugt werden müffen, was sich vielleicht erreichen ließe. Allein der Gedanke muß aufgegeben werden gegenüber der Erwägung, daß seine Durchführung lediglich dazu bienen würde, Harz statt Nutzholz, also ein minder= werthiges Product an Stelle eines hochwerthigen Products zu er= zeugen. Das Ziel einer richtigen Forftpolitik in Deutschland kann daher nur in der Abftellung der Harznutzung und in der Ablöfung der Harzberechtigungen, nicht in deren Begünftigung, Erhaltung oder Regelung gefunden werden.

IV. Ablösung der Harzberechtigungen.

Die Berechtigungen zum Harzscharren gehören nach Preußischem Rechte zu den selbftänbig, auf Antrag sowohl des Berechtigten als des Wald= eigenthümers ablösbaren Waldgrundgerechtigkeiten (Th. I § 12 S. 119).

Ausschließliches Abfindungsmittel ist Geldabfindung (Th. I § 23 S. 235 u. f.).

Da der dem Waldeigenthümer aus der Ablösung erwachsende Vortheil stets höher zu veranschlagen ist, als der Nutzungswerth des Rechts für den Berechtigten, so kann für die Ablösung nur die Nutzwerthermittelung in Betracht kommen.

Die Nutzwerth-Ermittelung hat verschiedene Wege einzuschlagen, je nachdem es sich um Rohharz-Verkaufs-Berechtigungen oder um Gewerbs-Berechtigungen zum Pechsieden und Kienrußbrennen (Pechler-Berechtigungen) handelt.

In der nachfolgenden Darstellung, bei welcher vorausgesetzt wird, daß dem Berechtigten bestimmte Forstbezirke zur ausschließlichen Harznutzung zustehen, soll zunächst der allgemeine Gang des Verfahrens angegeben und daran die Erörterung von Einzelnheiten angeschlossen werden.

1. Verfahren der Nutzwerth-Ermittelung im Allgemeinen.

A. Bei Rohharz-Verkaufs-Berechtigungen ist der Kapitalwerth der jährlichen Netto-Geldrente zu ermitteln, welche der Berechtigte aus der Gewinnung und aus dem Verkaufe des Scharrharzes und Flußharzes bezieht. Das Verfahren zerfällt

in die Ermittelung der Harz-Naturalrente,
= = = = = Geldrente und
= = Kapitalisirung.

I. Harz-Naturalrente.

Zu sondern sind der Jahresertrag an Scharrharz und an Flußharz.

Die Harz-Naturalrente ist gleich dem jährlichen Harzertrage, welchen der Berechtigungswald bisher geliefert hat (Vergangenheitsrente) oder in Zukunft zu liefern verspricht (Zukunftsrente). Im letzteren Falle ist der Harzertrag entweder bei geregeltem Waldzustande dauernd gleich und dann nach dem Waldzustande bei der Ablösung zu schätzen (Waldzustands-Verfahren), oder bei ungeregeltem Waldzustande periodisch wechselnd und dann auf Grund des Bestands-Verfahrens oder des Normalertrags-Verfahrens oder des Betriebsplan-Verfahrens (Th. I § 15 S. 141 u. flgde) zu ermitteln. Die Ermittelung der jährlichen, dauernd gleichen oder periodisch wechseln-

den Harznaturalrente läuft daher hinaus auf eine Harzertrags-Ermittelung

nach Vergangenheitsrente (f. unten S. 267),

oder nach dem Waldzuftands-Verfahren (f. unten S. 268),

oder nach Beftands-, oder Betriebsplan- oder Normalertrags-Ver-
fahren (f. unten S. 268).

II. Harz-Geldrente.

Die jährliche, dauernd gleiche oder periodisch wechselnde Harz-
geldrente ergiebt sich aus der Harz-Naturalrente, aus den Verkaufspreisen des Rohharzes an der Pech- und Kienrußhütte, aus den
Werbungs- und Transportkosten des Rohharzes bis zu den Verar-
beitungsstätten und aus den früher (S. 260) erwähnten Gegenleistungen.
Verkaufspreise und Beschaffungskosten des Rohharzes sind weiter
unten S. 271 behandelt.

III. Die Kapitalisirung der jährlichen, dauernd gleichen oder
periodisch wechselnden Harz-Geldrente hat nach dem Harzrechts-Zinsfuße (f. weiter unten S. 273) zu erfolgen.

B. Bei Pechler-Berechtigungen ist der Kapitalwerth der
jährlichen Netto-Geldrente zu ermitteln, welche der berechtigte Pech-
und Kienrußbrenner durch Eigen-Gewinnung und Eigen-Bearbeitung
des Rohharzes zu erwarten hat. Auch hier folgen aufeinander:

I. die Ermittelung der Harz-Naturalrente, welche sich entweder
auf den Waldertrag, wie bei A, oder auf den Betriebsbedarf (f. unten
S. 270) stützen kann;

II. die Ermittelung der Harz-Geldrente, welche insofern von
dem unter A angedeuteten Verfahren abweicht, als die Netto-Geld-
werthe des Rohharzes nicht blos aus den Verkaufspreisen und den
Beschaffungskosten des Rohharzes, sondern auch aus den Verkaufspreisen der Harzfabrikate und aus den Betriebskosten der Harz-In-
dustrie, also aus den Reinerträgen der letzteren (f. unten S. 271) abgeleitet werden können;

III. Die Ermittelung des Harz-Ablösungs-Kapitals aus den
jährlichen, dauernd gleichen oder periodisch wechselnden Harzgeldrenten und aus dem Harzrechts-Zinsfuße, sowie unter Umständen aus
einem zusätzlichen Entschädigungs-Kapital für die Auflösung des Betriebs (f. unten S. 273).

2. **Harzertrags-Ermittelung nach Vergangenheits-Naturalrente.**

Die Harzberechtigung ist die einzige Waldgrundgerechtigkeit, welche die Merkmale ihrer Ausübung so deutlich im Walde hinterläßt, daß darnach der Umfang der bisherigen Nutzung mit Genauigkeit ermittelt werden kann. Das Schätzungsverfahren nach Vergangenheits-Naturalrente ist daher eines der sicherften. Bedingung für seine Anwendbarkeit ist die Uebereinstimmung der künftigen mit der bisherigen Harznutzung. Ueberzulänglichkeit des Berechtigungswaldes, Ungleichartigkeit der Beftandsformen, Ausschluß werthvoller Nutzhölzer von der Harznutzung lassen das Verfahren besonders empfehlenswerth erscheinen. Dasselbe besteht

in der Bildung von Harzertragsklassen nach den für den Harzertrag maßgebenden Verschiedenheiten des Standorts, wobei namentlich die Meereshöhe, die Gebirgsart und die Himmelslage zu berücksichtigen sind,

in der Anfertigung einer Harzertragstafel, welche auf Grund örtlicher Untersuchung an Musterstämmen für die Verschiedenheiten des Alters und der Baumstellung mit Unterscheidung von Schlußstand, Lichtstand und Freistand, bez. von geringer, mittlerer und starker Kronen-Entwickelung den jährlichen Ertrag einer Lacht an Scharrharz und Flußharz, ferner bei gleichalterigen Beständen die Anzahl der Lachten für den Mittelstamm, die Stammzahl und den jährlichen Ertrag an Scharr- und Flußharz auf 1 ha angiebt, endlich

in einer die geharzten Bestände umfassenden Forstbeschreibung, welche die Bezeichnung des Forstorts, die Größe der Holzbodenfläche, Ertragsklasse, Alter, Baumstellung, Anzahl der Lachten auf Grund von Zählungen und den nach der Harzertragstafel einzuschätzenden Jahresertrag an Scharrharz und Flußharz nachweist. Bei constantem Verhältnisse zwischen Scharrharz und Flußharz kann insofern eine Vereinfachung der Schätzung eintreten, als sich die ortsweise Ermittelung auf den Scharrharzertrag beschränkt und der Flußharzertrag summarisch für den ganzen Berechtigungswald berechnet wird.

Um eine unanfechtbare Grundlage für die Harzeinschätzung zu gewinnen, empfiehlt es sich, bei der Auswahl und Harzertrags-Ermittelung der Musterstämme, auf welchen die Anfertigung der Harzertragstafel beruht, die von dem Berechtigten und dem Waldeigenthümer bestellten Sachverständigen zuzuziehen und von ihnen das Ergebniß der Einzel=Untersuchungen anerkennen zu lassen.

Eine Harzertragstafel für Einzelstämme und Normalbestände auf Porphyr und Buntsandstein ist in Tafel XIX beigefügt worden.

Nach der Vergangenheitsrente ist die Naturalharzrente bei der Ablösung der Harzberechtigungen in den Staatsforsten des Herzogthums Gotha ermittelt worden. Die örtlichen Untersuchungen hatten ergeben, daß eine Lacht in Höhenlagen

von 2300 bis 2450 Fuß im Durchschnitt 4 Loth Lachtenharz
= 2450 = 2574 = = = 3 = =

lieferte, und daß der Ertrag des Flußharzes 1,4 von dem Ertrage des Lachten= harzes betrug. Harzstämme und Anzahl der Lachten wurden ausgezählt.

Grunert, Forstliche Blätter 15. Heft S. 158.

3. Harzertrags=Ermittelung nach Waldzustands=Ver= fahren.

Das Waldzustands=Verfahren ist angebracht, wenn einerseits der gesammte, dem Umfange des Rechts entsprechende Harzertrag des Berechtigungswaldes genutzt wird, und wenn andererseits wegen regelmäßiger Altersabstufung und befriedigender Holzhaltigkeit der Fichtenbestände die Annahme gerechtfertigt erscheint, daß sich der Harz= ertrag zur Zeit der Ablösung bei Fortbestand der Berechtigung dau= ernd auf gleicher Höhe erhalten würde.

Auch hier sind in der unter 2 angegebenen Weise durch Bil= dung von örtlichen Harzertragsklassen und durch Aufstellung einer Harzertragstafel die Grundlagen für die Einschätzung des Harzertrags zu beschaffen, welche sich auf die zur Ablösungszeit harzbaren Waldab= theilungen beschränkt. Die Ertragsermittelung hat für jede Waldab= theilung in Form einer Forstbeschreibung, welche die Bezeichnung der Forstorte, die mit Fichten bestandene Fläche, Ertragsklasse, Holzalter und Bestandsstellung enthält, den zu erwartenden Jahresbetrag an Scharr= harz und Flußharz anzugeben, bezw. bei ortsweiser Ermittelung des Scharrharzes den Ertrag an Flußharz summarisch zu berechnen.

4. Harzertrags = Ermittelung bei unregelmäßigem Waldzustande.

Unregelmäßig ist der Waldzustand, wenn die Altersabstufung un= gleichmäßig, oder die Bestockung ungenügend ist oder beides zusammen= trifft. In diesem Falle hat sich die Harzertrags=Ermittelung wegen der periodisch wechselnden Harzerträge nicht blos auf den Waldzu=

ftand zur Zeit der Ablöfung, fondern auch auf die künftigen Wald=
zuftände zu erftrecken. Vorausfetzung ift hier ebenfalls, daß der ge=
fammte, dem Umfange des Rechts entfprechende Harzertrag von den
Berechtigten genutzt wird.

Zur Anwendung kann je nach den Umftänden das Beftands=
verfahren, oder das Normalertragsverfahren oder das Betriebsplan=
Verfahren gelangen. Unerläßliche Vorarbeit ift bei jeder der ge=
nannten Schätzungs=Methoden die vorhin unter 2 und 3 erwähnte
Aufftellung einer örtlichen, klaffenweife gefonderten Harzertragstafel.
Auch die ortsweife bez. fummarifche Einfchätzung des Jahresertrages
an Scharrharz bez. an Flußharz folgt den unter 2 · angegebenen
Regeln, jedoch mit der Maßgabe, daß fich die Forftbefchreibung und
Schätzung auf alle Fichtenbeftände und auf die zum Fichten=Anbau
beftimmten Blößen zu erftrecken hat.

Das Beftands=Verfahren (Th. I § 15 S. 142) ift überall
anzuwenden, wo die Ueberführung des Harzwaldes in den Normal=
zuftand mit regelmäßiger Altersabftufung, fei es wegen geringer
Größe der Fichten=Betriebsfläche, fei es wegen der Gemenglage der
Fichtenbeftände mit anderen Beftänden oder aus fonftigen Gründen
nicht durchführbar erfcheint oder nicht beabfichtigt wird. Die Be=
rechnungszeit ift auf 2 Umtriebszeiten auszudehnen, jede Umtriebszeit
in 20 jährige Perioden zu theilen, für jede Fichten=Abtheilung die
Abtriebsperiode nach dem Gefichtspunkte der vortheilhafteften Be=
nutzungsart für jeden Umtrieb feftzuftellen und darnach, fowie nach
dem Alter der beginnenden Harzbarkeit ortsweife der periodifche
Rohharzertrag auf Grund der in der Befchreibung niederzulegenden
Ertragsfactoren und der Harzertragstafel auszubringen. Für die
Abtriebs=Periode wird der Harzertrag nur bis zur Perioden=Mitte,
in welcher erfahrungsgemäß der Abtrieb ftattfindet, alfo nur auf eine
10 jährige Harzungsdauer berechnet. Die Summirung der Harz=
erträge innerhalb einer jeden Periode und die Divifion der periodi=
fchen Gefammterträge durch die (20) Jahre der Periode ergiebt die
gefuchten jährlichen Harz=Naturalrenten jeder Periode.

Für ausgedehnte, zur Normal=Waldwirthfchaft geeignete und
beftimmte Harzwälder mit fehr unregelmäßigem Waldzuftande, na=
mentlich in reinen oder faft reinen Fichtenwirthfchaften ift das Be=
triebsplan=Verfahren (Th. I § 15 S. 141) anwendbar. Die Ein=

richtungszeit wird in der Regel der Umtriebszeit gleichgestellt, für jeden
Bestand nach Maßgabe der betriebsplanmäßigen Abtriebsperiode und
des harzungsfähigen Alters der in den Perioden der Einrichtungszeit
zu erwartende Harzertrag abgeschätzt, sodann der Jahresertrag jeder
Periode des Einrichtungszeitraums für den ganzen Berechtigungs=
wald in der vorhin angegebenen Weise berechnet, endlich für die der
Einrichtungszeit folgende Zeit die jährlich gleiche Harz=Naturalrente
unter Zugrundelegung regelmäßiger Altersabstufung und mittlerer
Holzhaltigkeit (etwa von 0,8 des Vollbestandes) ermittelt.

Wenn die Betriebsordnung bereits durch brauchbare Betriebs=
pläne festgelegt ist, so können diese benutzt werden. Letzteres ist
auch zulässig für die zu selbständiger Betriebs=Einrichtung un=
geeigneten, nach dem Bestands=Verfahren zu behandelnden Harz=
wälder.

Eine Vereinfachung der Harzertrags=Ermittelung gestattet das
Normal=Ertrags=Verfahren (Th. I § 15 S. 141), anwendbar in
größeren, zur selbständigen Bewirthschaftung geeigneten, schon längere
Zeit regelmäßig bewirthschafteten und in einem Theile der Alters=
klassenreihe bereits regelmäßig bestandenen Harzwäldern. Die Ein=
richtungszeit umfaßt den zur vollen Herstellung des geregelten Wald=
zustandes erforderlichen Zeitraum. Die Harz=Naturalrente wird für
die Waldzustände am Anfange und am Ende der Einrichtungszeit
ermittelt. Die periodischen Zwischenerträge ergeben sich durch arith=
metische Interpolation. Die jährlichen periodisch wechselnden Harz=
erträge gehen mit Ablauf der Einrichtungszeit in die jährliche,
dauernd gleiche Harz=Naturalrente des Normalwaldes über.

5. Ermittelung der Harznaturalrente nach dem Be=
triebsbedarfe der Harz=Industrie.

Bei Pechler=Berechtigungen kann unter gewissen Voraussetzun=
gen die jährliche Harz=Naturalrente ohne Harzertragsermittelung le=
diglich nach dem bisherigen Rohharz=Bedarfe festgestellt werden. Diese
Voraussetzungen bestehen darin, daß der künftige Nutzungsbezug nach
dem Umfange der Berechtigung und dem Zustande des Berechtigungs=
waldes dem bisherigen Betriebsbedarfe gleichgestellt werden kann,
ferner darin, daß die Berechtigten entweder ausschließlich Berechti=
gungsharz verarbeitet haben oder durch ihre Wirthschaftsbücher den

Verbrauch an Berechtigungsharz und an Kaufharz nachzuweisen ver=
mögen.

Da die Harzerträge und somit auch der Rohharz=Verbrauch
von der Jahres=Witterung abhängig sind, so ist es zweckmäßig, für
die Berechnung der Harznaturalrente einen längeren Zeitraum von
etwa 10 Jahren zum Grunde zu legen. Der Verbrauch an Scharr=
harz zur Pechbereitung und an Flußharz zur Kienrußfabrication
ist für diesen Zeitraum entweder unmittelbar aus den Wirthschafts=
büchern zu entnehmen, oder mittelbar aus der Dauer der Betriebs=
zeiten, der Anzahl der Brände in jeder Betriebszeit und aus dem
Rohharz=Bedarf für einen Brand abzuleiten. Bei der mittelbaren
Ableitung genügt es, dieselbe auf den Bedarf der Pechbetriebe an
Scharrharz zu beschränken und den Bedarf des Kienrußbetriebs an
Flußharz aus dem Ertragsverhältnisse zwischen Scharrharz und
Flußharz zu ermitteln.

6. Verkaufspreise und Beschaffungskosten des Roh=
harzes.

Bei Rohharz=Verkaufsberechtigungen müssen, bei Pechler=Berech=
tigungen können die Verkaufspreise und Beschaffungskosten des Roh=
harzes behufs Ermittelung der Harz=Geldrente zum Grunde gelegt
werden.

Die Verkaufspreise des Scharr= und Flußharzes verstehen sich
loco Pechhütte bezw. Kienrußhütte. Sie sind nach den früher
(Th. I § 15 S. 143) gegebenen Regeln für einen längeren Zeitraum
von etwa 14 Jahren mit Ausschluß der beiden theuersten und
beiden wohlfeilsten Jahre zu ermitteln.

Die Beschaffungskosten des Rohharzes bestehen in Werbungs=
kosten und Transportkosten, die Werbungskosten in dem Aufwande
für Anlachten, Harzscharren, Flußmachen und Zusammenbringen in
Transportgefässen (Stücken).

Durchschnittssätze für Preise und Werbungskosten sind .in Ta=
fel XX (Erträge und Kosten für Pech und Kienruß=Betrieb) an=
gegeben.

7. Werthermittelung nach dem Reinertrage der Harz=
Industrie.

Ein anderer Weg zur Ermittelung der Harzgeldrente besteht bei
Pechler=Berechtigungen darin, daß die Einheitsnettowerthe für die

Harz=Naturalrente aus den Reinerträgen des Pech= und Kienrußbe=
triebs abgeleitet werden.

Die Reinertragswerthe ergeben ſich: für den Centner Scharrharz
aus der Naturalrente an Scharrharz,
aus dem Brutto=Erlöſe für die daraus hergeſtellten Harzfabrikate
    an Pech, Pechöl und Harzgrieſen, und
aus den auf der Herſtellung dieſer Harzfabrikate ruhenden
    Koſten;
ferner für den Centner Flußharz
aus der Naturalrente an Flußharz,
aus dem Brutto=Ertrage für den daraus hergeſtellten Kienruß und
aus den auf deſſen Fabrikation ruhenden Koſten.

Erfahrungsſätze über Brutto=Erträge, Koſten und Reinerträge
für Pech= und Kienrußbetrieb enthält Tafel XX.

Beiſpiel.

Harz=Naturalrente 200 Centner Scharrharz,
                300   =   Flußharz.

Harz=Fabrikate daraus
    auf der Pechhütte 100 Centner Pech,
                50 kg Pechöl,
                50 Centner Pechgrieſen;
    auf der Kienrußhütte
        aus 50 Centnern Pechgrieſen 8 Centner Kienruß,
       = 300   =   Flußharz 24   =   =

Verkaufspreiſe für 1 Centner Pech   30 Mark,
          = 1 kg Pechöl   1,4   =
          = 1 Centner Kienruß 30   =

Betriebskoſten (Harz=, Werbungs= und Transportkoſten, Pecher= und Brenner=
    lohn, Holz= und ſonſtiger Materialien=Verbrauch, Baukoſten) und Zinſen
    des Anlagekapitals
        auf der Pechhütte   1100 Mark,
       =   = Kienrußhütte 700   =

Hiernach berechnen ſich:
der Reinertrag für Kienruß auf $32 \cdot 30 - 700 = 260$ Mark,
    wovon kommen 65 Mark auf Pechgrieſen=Kienruß,
                195   =   = Flußharz=Kienruß;
der Reinertrag aus dem Lachtenharz oder die Geldrente für Lachtenharz auf
    $100 \times 30 + 50 \times 1{,}4 + 65 - 1100 = 2035$ Mark im Ganzen
    oder $\dfrac{2035}{200} = 10{,}175$ Mark pro Centner Lachtenharz;

der Reinertrag aus dem Flußharz oder die Geldrente für Flußharz auf

195 Mark im Ganzen oder $\frac{195}{300} = 0{,}65$ Mark pro Centner Flußharz;

der Reinertrag oder die Harzgeldrente im Ganzen auf

$$200 \times 10{,}175 + 300 \times 0{,}65 = 2035 + 195 = 2230 \text{ Mark.}$$

Der Reinertrag enthält nicht nur den Nettowerth des aus dem Berechtigungswalde bezogenen Rohharzes, sondern auch den Gewerbs=Gewinn des Pechlers. Die darauf begründete Ermittelung der Harzgeldrente erscheint daher nur dann gerechtfertigt, wenn der Berechtigte wider seinen Willen abgelöst wird, also bei Provocation des Wald=eigenthümers, und wenn der Berechtigte zugleich durch die Ablösung zur Auflösung des Pechler=Gewerbes genöthigt wird. Bei Provoca=tion durch den Berechtigten ist die Harzgeldrente lediglich nach dem Nettogeldwerthe des Rohmaterials zu berechnen; bei Provocation durch den Belasteten und gesicherter Fortsetzung des Pechler=Gewerbes in dem bisherigen Umfange hat der Berechtigte außerdem einen An=spruch auf die Vergütung der Mehrkosten, welche die künftige Be=schaffung des Rohmaterials herbeiführt (Th. I § 15 S. 147); bei Provocation durch den Belasteten und dadurch herbeigeführter Ein=stellung des Pechler=Betriebs ist die Werthermittelung nach dem Ge=werbs=Reinertrage und außerdem noch eine Entschädigung für die Entwerthung des Anlage=Kapitals (s. unter 8) gerechtfertigt.

8. Harzrechts=Zinsfuß und Harz=Ablösungs=Kapital.

Der Harzrechts=Zinsfuß, mit welchem die zahlreichen, sei es dauernd gleichen, sei es periodisch ungleichen Harzgeldrenten capita=lisirt werden, ist mit Rücksicht auf die fallende Preisbewegung der Harzfabrikate und auf den hauptsächlich darin beruhenden sinkenden Werth der Harzberechtigung mindestens in der Höhe des landüblichen Geldzinsfußes zu veranschlagen.

Außer dem darnach berechneten Ablösungs=Kapitale hat der Be=rechtigte in dem schon erwähnten Falle, daß durch die vom Wald=eigenthümer beantragte Ablösung die Einstellung des Pechlergewerbs herbeigeführt wird, einen Anspruch auf Entschädigung für die Ent=werthung des Anlage=Kapitals, welches in der Pechhütte, Kienruß=hütte und den Pechler=Geräthen besteht. Diese Entschädigung ist gleich der Differenz der Verkaufswerthe, welche sich bei Veräußerung der Baulichkeiten und Geräthe einerseits bei Fortsetzung, andererseits nach Einstellung des Betriebs ergeben würden. In vielen Fällen wird es zweckmäßig sein, die Entwerthungs=Entschädigung dadurch zu gewähren, daß dem Berechtigten noch eine bestimmte Anzahl von Jahren nach der Ablösung die Fortsetzung der Harznutzung in den bereits früher geharzten Beständen unentgeltlich oder gegen Entrich= tung eines mäßigen Pachtzinses gestattet wird.

§ 18.
Waldstreu=Grundgerechtigkeiten im Allgemeinen.

I. Begriff, rechtliche Natur und Arten der Waldstreu= Berechtigungen.

1. Begriff.

Waldstreu=Berechtigungen sind Grundgerechtigkeiten auf Aneig= nung von Walderzeugnissen zum Unterstreuen unter Vieh in Ställen.

Wesentliche Begriffs=Merkmale sind Nutzungszweck und Nutzungs= Gegenstand.

Der Nutzungszweck besteht in dem Unterstreuen unter Vieh.

Die Waldstreu kann vorübergehend auch zu anderen wirthschaftlichen Zwecken z. B. zur Bekleidung der Wände von Wohngebäuden oder Ställen gegen Kälte oder zur Bedeckung von Kartoffelmiethen benutzt, muß aber in ihrer Endbestimmung zum Unterstreuen unter Vieh verwendet werden.

In der Regel dient die Waldstreu nicht blos zum Unterstreuen, sondern auch zur Düngerbereitung für landwirthschaftlich benutzte Grundstücke. Sie ist dann zugleich Streumittel und Düngungs= mittel. In dem Begriffe der Waldstreu liegt diese mitunter durch Gesetz, z. B. durch das Preußische Waldstreugesetz vom 5. März 1843 (vgl. darüber weiter unten) ausgesprochene Begrenzung des Nutzungs= zwecks indessen nicht. Viehhalter ohne Land, somit ohne Dünger= bedarf, z. B. Pferdehalter in Städten, Häusler, welche sich eine Kuh, Ziege oder Schweine halten, bedürfen Streu und können streu= berechtigt sein. Dies wird auch in der Altpreuß. GThO. vom 7. Juni 1821 rücksichtlich der Plaggen=, Heide= und Bültenhiebs=Be= rechtigungen anerkannt, indem nach § 53 der Streubedarf von Be= rechtigten, welche nicht mit Aeckern, Wiesen und Gärten angesessen sind, nach der Viehzahl bestimmt werden soll. Wo daher gesetzliche

Bestimmungen fehlen, ist der Nutzungswerth und der davon abhän=
gige Umfang von Streuberechtigungen nach deren Titel und Aus=
übung festzustellen.

Nutzungs=Gegenstände von Waldstreu=Berechtigungen können
Bodenstreu und Reisstreu sein.

Bodenstreu nennt man die aus lebenden oder abgestorbenen
Pflanzen oder Pflanzentheilen bestehende Bodendecke ausschließlich
oder einschließlich der darunter befindlichen obersten Erdschicht (Damm=
erdenschicht, Wurzelschicht) des Bodens. Sie zerfällt in:

Laub=, Nadel= und Moosstreu (Rechstreu), bestehend aus ab=
gefallenen Blättern, Nadeln und Moos, die wegen der bloßen Auf=
lagerung auf oder losen Verbindung mit dem Boden mittelst des
Rechens (der Harke) geworben werden; ferner in

Unkrautstreu, bestehend aus fest im Boden wurzelnden Klein=
pflanzen (Unkräutern), welche durch Abtrennung über dem Boden
gewonnen werden; endlich in

Plaggenstreu, bestehend aus Kleinpflanzen und der darunter be=
findlichen, durchwurzelten oberen Bodenschicht.

Reisstreu (Aststreu, Zweigstreu, Schneidelstreu, Hackstreu, in
Oesterreich Grasset) sind die dünnen, benadelten bez. belaubten
Zweige, welche durch Abtrennen mit Schneidewerkzeugen gewonnen
und mittelst Zerhackens als Streumaterial zugerichtet werden.

Das Preuß. Allg. Landrecht enthält keine Begriffsbestimmung der Wald=
streu. In demselben ist nur beiläufig von der Berechtigung, „Streu zu rechen"
die Rede (Th. I. Tit. 22 § 221). Dagegen giebt das in den 7 östlichen Pro=
vinzen von Preußen gültige Waldstreu=Gesetz vom 5. März 1843 folgende
Definition:

> „§ 1. Die Waldstreuberechtigung besteht in der Befugniss,
> abgefallenes Laub und Nadeln, so wie dürres Moos zum Unter-
> streuen unter das Vieh, behufs der Bereitung des Düngers, in
> dem Walde eines Anderen einzusammeln."

Das Gesetz beschränkt daher den Nutzungszweck auf Unterstreuen behufs
Düngerbereitung, den Nutzungsgegenstand auf Rechstreu. Ohne Dünger=
bedarf besteht somit keine Waldstreu=Berechtigung.

„Auf einem Grundstücke, auf welchem kein Vieh gehalten wird oder ein
Düngerbedarf nicht vorhanden ist, ist eine Waldstreu=Berechtigung nicht denkbar."
OT. II. 31. October 1867. Strieth. Arch. 68 S. 333.

Nach dem Badischen Forstgesetz vom 15. November 1833 § 125 enthält
„das Recht zum Laub und zur Streu die Befugniß, das abgefallene Laub, das
Moos und die abgefallenen Nadeln zu sammeln".

18*

2. Theilung des streuberechtigten Guts.

Vergl. Th. I. § 5 S. 33 und Th. II. § 2 S. 4 dieses Werks.

von Rönne, Ergänzungen der Preuß. Rechtsbücher 6. Ausg. II. Bd. 1875
    S. 347 §§ 22, 23 Tit. 19 I. ALR.

Koch, Allg. Landr. für die Preuß. Staaten 2. Bd. 6. Ausg. 1879 Note 47
    zu § 23, 19. I. ALR. S. 650.

Schneider, Landeskulturgesetzgebung des Preuß. Staats III. Abschn. 1882 S. 28.

Bezüglich der rechtlichen Folgen einer Theilung des streuberech=
tigten Guts für die Ausübung der Streuberechtigung ist zu unter=
scheiden zwischen Landgütern mit Haus, Hof und landwirthschaft=
lichem Nutzlande und zwischen bloßen Hausgütern ohne Land.

Auf den Landgütern, der weitaus überwiegenden Regel, dienen
die Streuberechtigungen dem Streu= und Düngerbedürfnisse. Die
Streunutzung gereicht bei ihnen allen Theilen des Guts zum Vor=
theile. Auf dieser Grundauffassung beruhen folgende Rechtssätze:

a) Bei einer Theilung des Guts geht die Streuberechtigung
ipso jure auf die Parcellen antheilig über.

b) Wenn ein Theilstück nicht so groß ist, daß darauf ein Stück
Vieh erhalten werden kann, so geht die Berechtigung für dies Theil=
stück verloren.

Grundf. 2355. Z. f. LCG. XXVIII S. 149.

c) Ein Vorbehalt des gesammten Streurechts für die Stamm=
gut=Parcelle ist rechtlich unwirksam. Bei der letzteren verbleibt nur
derjenige Theilbetrag des Streurechts, welcher auf das dem Stamm=
gute verbliebene Land entfällt.

Grundf. 2308, 2355. Z. f. LCG. XXVIII S. 130, 149.

Zu a bis c: OT. II. 13. Jan. 1852; Strieth. Arch. Bd. 4 S. 247 Nr. 58.
OT. II. 14. März 1871 Entsch. Bd. 65 S. 140. Z. f. LCG. XXIII S. 119.

Auf Hausgüter ohne Land beziehen sich die oberstgerichtlichen Ent=
scheidungen nicht. In Betreff jener dürften die Rechtssätze analoge
Anwendung finden, welche für Holzberechtigungen bei einer Theilung
der Gebäude bestehen. Hiernach würden die Streuberechtigungen in
Ermangelung anderweiter Verabredung ausschließlich bei der
ursprünglichen Hofstelle verbleiben müssen, aber durch vertrags=
mäßige Feststellung verhältnißmäßig mit der Maßgabe auf die
getheilten Gebäude übertragen werden können, daß dadurch die Be=
lastung des dienenden Grundstücks nicht vermehrt wird.

3. Arten.

Die Streuberechtigungen zerfallen nach dem Nutzungsgegen=
stande in:

Rechstreu=Berechtigungen (§ 19),

Unkrautstreu= = (§ 20),

Plaggen= = (§ 21) und

Reisstreu= = (§ 22);

nach dem Nutzungsmaße in

bestimmte (gemessene) Berechtigungen und

unbestimmte (ungemessene) Berechtigungen mit Untertheilung in

unbestimmte Streubedarfs= und Streu = Verkaufs = Berechti=
gungen;

nach dem Rechts=Subjecte in

Einzel=Berechtigungen und Gemeinschafts= (Gemeinde=, Genossen=
schafts= und Interessenten=) Berechtigungen;

nach der Entstehung in

Verleihungs= und Verjährungs=Berechtigungen.

In Württemberg waren die meisten (441 von 664) Streuberechtigungen
Gemeinschafts=Berechtigungen.

Schwandner, Ablösungsgesetz vom 26. März 1873 S. 9.

II. Umfang der Waldstreu-Berechtigungen.

Eingreifende gesetzliche Bestimmungen über den Umfang
von Waldstreu=Berechtigungen sind erst in neuerer Zeit erlassen.

Die Forstordnungen der früheren Jahrhunderte enthalten mit=
unter Vorschriften über Plaggennutzung; dagegen werden Rechstreu=
nutzungen selten erwähnt.

In dem Preußischen Landrecht (1794) Th. I Tit. VIII § 92 ist
den Waldeigenthümern das Nadelharken nur bei Mangel anderweiter
Düngungsmittel, sowie mit Ausschluß eiserner Harken gestattet. Diese
Eigenthums=Beschränkung ist durch § 4 des Preuß. Landeskultur=
Edicts vom 14. September 1811 aufgehoben. Special=Bestim=
mungen über die Beschränkung von Streuberechtigungen enthält das
Preuß. Landrecht nicht.

Die landrechtliche Bestimmung ist in allgemeiner (nicht auf den
Waldeigenthümer beschränkter) und verschärfter Fassung in den noch

jetzt gültigen § 36 der Forst= und Jagd=Ordnung für Westpreußen und den Netze=District vom 8. October 1805 übergegangen.

Das Preuß. Landes=Kulturedict vom 14. September 1811 erkennt zwar in § 25 die Kulturschädlichkeit der Waldstreu=Berechtigungen an, unterläßt es aber, für dieselben einschränkende Special=Bestimmungen zu geben.

Letzteres geschah in wirksamer Weise durch das Königl. Sächs. Waldnebennutzungs=Mandat vom 30. Juli 1813 (§§ 5 und 26: Beschränkung auf das Streubedürfniß, Anweisungsrecht des Wald=eigenthümers).

Das Waldnebennutzungs=Mandat ist in den von Sachsen 1815 an Preußen abgetretenen Landestheilen nach oberstgerichtlicher Entscheidung nicht gültig. Vergl. Th. I. § 3 S. 18 dieses Werks.

Erst durch die schon erwähnte vorläufige Verordnung vom 5. März 1843 über die Ausübung der Waldstreu=Berechtigung (GS. S. 105), gültig für die Provinzen Ost= und Westpreußen, Brandenburg, Pommern, Schlesien, Posen, Sachsen wurde die Rechstreu=Berechtigung vorläufig bis zur Publication einer neuen allgemeinen Forst= und Jagdpolizei=Ordnung gesetzlich in Preußen einigermaßen genügend geregelt. Die Gültigkeit dieses Gesetzes ist in § 96 Nr. 3 des Preuß. Feld= und Forst=Polizei=Gesetzes vom 1. April 1880 mit der Maßgabe aufrecht erhalten worden, daß an die Stelle der in dem Waldstreu=Gesetze angedrohten Strafen und des Verfahrens die bezüglichen Vorschriften des Feld= und Forst=Polizei=Gesetzes von 1880 treten.

Das für den ganzen Umfang der Preuß. Monarchie erlassene Feld= und Forst=Polizei=Gesetz vom 1. April 1880 enthält keine Vorschriften über den Umfang von Waldstreu=Berechtigungen. Nach § 96 Abs. 3 des Ges. sind alle das Rechts=Verhältniß der Nutzungsberechtigten zu den Waldeigenthümern betreffenden Gesetze ausschließlich der darin enthaltenen Straf= und Verfahrens=Bestimmungen aufrecht erhalten worden. Zu solchen Gesetzen gehören bezüglich der Streuberechtigungen:

die bereits genannte Forst=Ordnung für Westpreußen und den Netzedistrict vom 8. October 1805, § 36,

das Bayerische Forstgesetz vom 28. März 1852 bezüglich der ehemals Bayerischen Landestheile, das Großherz. Hessische Ges. vom 2. Juli 1839 über die Abgabe von Waldstreu aus Gemeindewaldungen und an berechtigte Gemeinden bezüglich der ehemals Hessischen Landestheile.

Auf die nur Einzelheiten enthaltenden Bestimmungen dieser Gesetze wird betreffenden Orts hingewiesen werden.

Von außerpreußischen Gesetzen enthalten das Badische Forstgesetz vom 15. November 1833 in §§ 41 bis 43 und das Oesterreichische Reichsforstgesetz vom 3. December 1852 in §§ 11 bis 14 die vollständigsten Bestimmungen über die Beschränkung von Waldstreu=Berechtigungen.

Bezüglich des Umfangs der Streuberechtigungen kommen vorzugsweise in Betracht: der Streurechts=Anspruch, das Streunutzungs=recht des Waldeigenthümers, die Waldschonpflicht des Berechtigten, das Waldwirthschaftsrecht des Waldeigenthümers, der Waldstreuertrag des belasteten Waldes und die Gegenleistungen des Berechtigten.

1. Streurechts=Anspruch.

Unter Streurechts=Anspruch ist diejenige Streumenge zu verstehen, auf deren Entnahme aus dem belasteten Walde der Berechtigte bei Waldzulänglichkeit einen Rechtsanspruch hat.

Bei bestimmten Streuberechtigungen ist der Streurechtsanspruch gegeben.

Bei unbestimmten Streubedarfs=Berechtigungen besteht derselbe in dem Ueberschusse des Streu=Vollbedarfs über solche gesetzlich anzurechnenden Streunutzungs=Beträge, welche dem Berechtigten außer dem Berechtigungswalde zur Verfügung stehen (Streunebenmittel).

Zum Wesen der Waldstreu=Berechtigung gehört deren Einschränkung auf den Bedarf des berechtigten Grundstücks. Bei Bestimmung des Umfangs der Ausübung im verpflichteten Grundstücke muß daher diejenige Streu in Abzug kommen, welche im berechtigten Grundstücke selbst gewonnen wird.

OT. 9. October 1849. Präj. 2151. Entsch. Bd. 18 S. 279.

a) Streuvollbedarf des berechtigten Guts.

Beachtenswerth für die Ermittelung des Streuvollbedarfs sind die Schätzungseinheit, der Bedarfsmaßstab und die Zeit, auf welche sich die Bedarfsschätzung bezieht (Schätzungszeit).

Als Rechnungseinheit sowohl für die Einschätzung des vollen Streubedarfs, als für die Veranschlagung der Streunebenmittel, unter Umständen auch für die Waldstreu=Preisermittelung wird zweckmäßig das gegenbübliche Haupt=Streumittel, in der Regel Roggenstroh und zwar Streustroh (Wirrstroh) gewählt, letzteres deshalb, weil Langstroh wegen seiner anderweiten Verwendbarkeit, z. B. als Futtermittel, einen höheren Preis hat, als Streustroh und deshalb bei der Werthermittelung von Streuberechtigungen nicht zum Grunde gelegt werden kann.

Streubedarfs=Maßstab ist naturgemäß der streubedürftige Viehstand des berechtigten Guts. Der letztere kann entweder historisch=statistisch nach dem bisher gehaltenen Viehstande, oder ästimativ nach Düngerbedarf und Durchwinterungs=Vermögen des berechtigten Guts ermittelt werden.

Den Vorzug verdient in der Regel die historisch=statistische Ermittelungsart, weil darin die realen Verhältnisse am schärfsten zum Ausdrucke gelangen. Bei Hausgütern ohne Land bildet sie die einzig mögliche Grundlage für den Streuvollbedarf. Es empfiehlt sich, bei Anwendung derselben nach den für die Viehstands=Ermittelung bei Weideberechtigungen üblichen Regeln sinngemäß zu verfahren (10jähriger Besitzstand in Bezug auf Art, Altersklassen und Zahl des streubedürftigen Viehs, Ausschließung von Nothjahren mit geringem Viehstande und Einstellung der nächst früheren Jahre an Stelle derselben, Erhöhung ungewöhnlich niedriger Viehstände von wirthschaftlich zurückgegangenen Berechtigten und Erniedrigung ungewöhnlich und ungerechtfertigt hoher Viehstände auf 'mittlere Viehstände).

Vergl. darüber § 24 I 2 bei Weideberechtigungen.

Die ästimative, durch landwirthschaftliche Sachverständige zu vollziehende Viehstands=Ermittelung nach Düngerbedarf und Durchwinterungs=Vermögen des berechtigten Guts wird eintreten müssen, wenn die historisch=statistischen Grundlagen nicht mit hinreichender Zuverlässigkeit zu beschaffen sind. Der nach Düngerbedarf zu berechnende Viehstand wird nach oben hin seine Grenze in demjenigen Viehstande zu finden haben, welcher mit den Futterkräften des berechtigten Guts durchwintert werden kann. Auch bei Einschätzung des Durchwinterungs=Vermögens können die für Weideberechtigungen gültigen Regeln zum Anhalte genommen werden.

Vergl. § 24 a. a. O.

Aus Viehstand und Strohbedarf für ein Haupt Vieh ergiebt sich der Streu=Vollbedarf. Wird das Vieh auf die Weide getrieben, so ist die Dauer der Weidezeit und Stallzeit zu ermitteln, und unter

Berücksichtigung des verschiedenen Streu=Erfordernisses für dieselben der gesammte Streu=Vollbedarf zu berechnen.

Bezüglich der Schätzungszeit ist darauf hinzuweisen, daß bei Verleihungs=Berechtigungen, abgesehen von ungewöhnlichen und ungerechtfertigten Bedarfserweiterungen, der jederzeitige Bedarf, bei Verjährungs=Servituten dagegen nur der Bedarf während der Verjährungszeit beansprucht werden kann. Für den Fall, daß bei Verjährungsberechtigungen Streubedarfs=Erweiterungen seit der Verjährungszeit vorgekommen sind, hat sich die Bedarfsermittelung auf letztere zu beschränken.

Vergl. Th. I. § 3 S. 23, Th. II. § 4 S. 52 dieses Werks.

Gesetzliche Bestimmungen über die Ermittelung des Streurechts=Anspruchs (des Streuvollbedarfs und der S. 282 behandelten Streu=Nebenmittel) bestehen für Preußen nur in dem Bereiche der Altpreuß. GThO. und zwar in Art. 4 des Erg.=Ges. vom 2. März 1850 und in den §§ 52 bis 53 der GThO. vom 7. Juni 1821. Dieselben lauten, soweit sie hier in Betracht kommen:

Erg.=Ges. vom 2. März 1850

> Art. 4 Abs. 2. „Mit dieser letzteren Massgabe*) finden die §§ 52 bis 54 der Gem. Th.-O. auch auf Streu-Berechtigungen in fremden Forsten Anwendung, wenn sich dieselben auf das Bedürfniss des Berechtigten beschränken, und die Abrechnung der eigenen Düngerbereitungsmittel nicht ausdrücklich durch Urkunden, Iudicate oder Statuten ausgeschlossen worden ist."

ferner in der GThO. vom 7. Juni 1821

> „§ 52. Der Umfang der Berechtigung zum Plaggen-, Heide- und Bültenhieb wird, insofern sie zum Zweck der Düngung stattfindet, bei den mit Aeckern, Wiesen und Gärten angesessenen Berechtigten nach dem Bedürfnisse der Düngung in der jeden Orts hergebrachten Bestellungsart bestimmt. Davon werden jedoch die eigenen Mittel zur Düngerbereitung, die jeder an Stroh, Schilf etc. hat, abgerechnet."

> „§ 53. Bei Berechtigten, die mit dergleichen (§ 52) Grundstücken nicht angesessen sind, wird dieses Theilnahmerecht nach dem Bedürfnisse der Streu für die Viehzahl, die sie auf die zu theilende gemeine Weide zu bringen befugt sind, bestimmt."

---

*) Daß „solche dem Berechtigten gehörige Torflager, welche zur Zeit der Anbringung des Ablösungs = Antrags noch nicht aufgedeckt sind", bei Anrechnung der eigenen Streumittel des Berechtigten nicht in Betracht kommen.

b) Streu-Nebenmittel des Berechtigten.

Nach den eben erwähnten, für den Geltungsbereich der Altpr. GThO. vom 7. Juni 1821, also im Wesentlichen für die östlichen Provinzen des preußischen Staats gültigen Bestimmungen sind behufs Ermittelung des Streurechts-Anspruchs von dem nach a festzustellenden Streu-Vollbedarfe die Streu-Nebenmittel des Berechtigten in Abzug zu bringen.

Die Beschränkung der Waldstreuberechtigung auf den Bedarf des berechtigten Grundstücks und die Abrechnung der auf dem letzteren gewonnenen Streumittel ist bereits durch Präj. des OT. II. vom 9. October 1849 ausgesprochen und der Grundsatz dieses Präj. demnächst in Art. 4 des Erg.-Ges. vom 2. März 1850 aufgenommen.

Präj. 2151, Präj.-Samml. Bd. 2 S. 148, Entsch. Bd. 18 S. 279.

Z. f. LCG. XI Grundf. 313.

Vergl. oben S. 279.

Zu unterscheiden sind:

die dem Berechtigten eigenthümlichen Streumittel und

diejenigen Streumittel, welche anderen Streuberechtigungen, als der abzulösenden Servitut entnommen werden.

Zu den eigenen Streumitteln des Berechtigten gehören:

der nicht zur Fütterung verwendete Strohertrag, auch Strohabfälle an Dachstroh, Bettstroh, Strohseilen rc.,

die Heuabfälle beim Abladen und Verfüttern,

Halmstreu aus Brüchern und Gewässern, ingleichen Unkrautstreu aus Aeckern rc.,

Waldstreu und Blattabfälle aus Holzungen und von Bäumen des Berechtigten, endlich

Torfstreu aus bereits aufgedeckten, zum berechtigten Gute gehörigen Torflagern, Teichschlamm rc.

Von dem Streu-Vollbedarfe sind aus den in § 7 S. 105 angegebenen Gründen die eigenen Streumittel des Berechtigten voll, die aus anderweiten Streuberechtigungen herrührenden Streubezüge verhältnißmäßig abzurechnen.

In den übrigen Landestheilen des Preußischen Staats bestehen über Zulässigkeit und Methode der Abrechnung von Streunebenmitteln keine gesetzlichen Vorschriften. Hier entscheiden daher in beiden Beziehungen Rechtstitel und bisherige rechtmäßige Ausübung der Streu-Servituten.

Vergl. Th. I § 15 S. 131 und Th. II. § 7 S. 107 dieses Werks.

In § 6 des nicht mehr gültigen Hannover'schen Waldstreu=Gesetzes vom 7. Januar 1863 war die verhältnißmäßige Anrechnung der Streumittel aus dem berechtigten Grundstücke vorgeschrieben.

c) Streurechts=Anspruch bei Gemeinde=Berechtigungen.

Bei Gemeinde=Berechtigungen, welche auf Verjährung beruhen, kann der Streurechtsanspruch zum Nachtheile des belasteten Waldes durch Vermehrung der berechtigten Stellen eine erhebliche Steigerung erfahren. Während bei Verleihungs=Berechtigungen an Gemeinden die Anzahl der Berechtigungsstellen eine geschlossene ist, treten bei Verjährungsberechtigungen nicht blos die im Laufe der Verjährungs= zeit, sondern auch die erst nach Vollendung der letzteren der Ge= meinde zuwachsenden Mitglieder in den Genuß der Servitut nach Maßgabe ihres Bedarfs, falls nicht besondere Gründe für eine Be= schränkung der Berechtigung auf eine bestimmte Anzahl oder Klasse der Gemeindemitglieder vorhanden sind.

Vergl. Th. I. § 3 S. 21 dieses Werks.

2. Streumitnutzungsrecht des Waldeigenthümers.

Vergl. Th. I. § 3 S. 26, Th. II. § 2 S. 16 dieses Werks.

In Betreff des dem Waldeigenthümer an der Waldstreu zu= stehenden Mitnutzungsrechts gelten die allgemeinen, durch einige oberst= gerichtliche Entscheidungen auch für Streunutzung bestätigten Rechts= grundsätze. Nach denselben findet bei Waldunzulänglichkeit statt:

ein Vorzugsrecht des Waldeigenthümers hinsichtlich des Streu= bedarfs der Forstbeamten

R.=E. 10. October 1856 (Z. f. L&G. Bd. IX. S. 381).

und des forstlichen Betriebs,

ein Vorzugsrecht des Servitut=Berechtigten bei einer durch den Waldeigenthümer verschuldeten Waldunzulänglichkeit, sowie bei ur= sprünglich bestimmten Streuberechtigungen, endlich

im Uebrigen Gleichberechtigung zwischen Beiden.

OT. 6. Juli 1858 (Entsch. Bd. 39 S. 174).

3. Waldwirthschaftsrecht.

Vergl. Th. I. § 3 S. 25, Th. II. § 2 S. 20.

Wirthschaftsrecht und Servitutrecht stehen bei ausgedehnten, über die Leistungsfähigkeit des Waldes hinausgehenden Streuberechti= gungen in einem scharfen Widerstreite mit einander. Bei keiner Servitutart begegnet eine befriedigende, der ausgleichenden Gerechtig=

keit entsprechende Lösung dieses Widerstreits größeren Schwierigkeiten, als bei Streuberechtigungen, Schwierigkeiten, welche in der Mannig= faltigkeit der Waldzustände und in der unzureichenden Kenntniß über die Wirkungen der Streunutzung begründet sind. Hierin finden die Unbestimmtheit und Unzulänglichkeit der gesetzlichen Einzelbestim= mungen sowohl über das Wirthschaftsrecht des Waldeigenthümers, als über die Waldschonpflicht des Streuberechtigten ihre Erklärung. Bestimmt und zureichend sind dagegen in beiderlei Hinsicht die all= gemeinen gesetzlichen Grundlagen und Rechtssätze, auf welche sich die Entscheidungen in den Einzelfällen zu stützen haben. Diese auch im Preußischen Rechte anerkannten, in § 2 dargelegten Rechtsgrundsätze lauten dahin, daß durch die Ausübung des Servitutrechts

die Waldsubstanz (Bodenfruchtbarkeit und Holzbestand) nicht geschmälert,

die eigentliche Bestimmung des Waldes (nachhaltige Holz= erzeugung) nicht beeinträchtigt und

eine geregelte Waldwirthschaft nicht gehindert werden dürfen.

Aus diesen fundamentalen Rechtssätzen ergeben sich das Streu= schonungsrecht, das Streubetriebsregelungsrecht und das Streuan= weisungsrecht des Waldeigenthümers.

Das außerdem in Betracht kommende Verfügungsrecht über die Bewirth= schaftungsart richtet sich nach den allgemeinen, in § 2 S. 24 dargelegten Rechts= grundsätzen.

a) Das Streuschonungsrecht, das wichtigste dieser drei Rechte und die Grundlage der übrigen, ein Bestandtheil des Wald= schutzrechts, reicht so weit, aber nicht weiter, als die Erhaltung der Waldsubstanz und die Verwirklichung der eigentlichen Bestimmung des Waldes es gebieten.

In den vormals Kurhessischen, dem Gebiete des gemeinen Rechts an= gehörigen Landestheilen muß sich der Streuberechtigte die zur Walderhaltung erforderlichen Einschränkungen seines Streubedarfs gefallen lassen, wenn der Waldeigenthümer nachweist, daß durch die bisherige unbeschränkte Ausübung der Streugerechtsame die Substanz des Waldes gefährdet wird.

OAG. 29. November 1867. Entsch. d. OAG. Bd. 1 S. 272.

In dem Hannover'schen Waldstreu=Ges. vom 7. Januar 1863 war als Rechtsgrundlage für den Umfang der Streuservitut nicht die ungeschmälerte Erhaltung der Waldsubstanz in Bezug auf Bodenfruchtbarkeit und Holzbestand, sondern nur die dauernde Erhaltung der Forst in den bestehenden Holz= und Betriebsarten anerkannt.

Das einzig sichere Merkmal in dieser Hinsicht besteht in dem Holzzuwachs. Wenn und insoweit nachweisbar der Holzzuwachs durch die Ausübung des Streurechtes geschmälert wird, ist eine Beschränkung des letzteren durch örtliche und zeitliche Schonung gegen Streurechen gerechtfertigt, darüber hinaus nicht. Die herge=brachten Arten der örtlichen und zeitlichen Streuschonung sind:

dauernder Ausschluß solcher Waldorte, in denen jede Streu=nutzung der Holzproduction unbestreitbar nachtheilig ist (Ausschluß=schonung). Dahin gehören z. B. bei Bodenstreunutzung Flugsand, Steilhänge, flachgründige Rücken;

In Baden werden Forstorte, „welche besonders mageren Boden haben, oder an steilen Sommerwänden oder steilen Bergrücken liegen", der Streu=nutzung nicht geöffnet.

Bad. Forstges. 15. November 1833 § 42.

Schonung der jungen Bestände (Jugendschonung),

In Baden unterliegen der Jugendschonung bei Rechtstreunutzung die Bestände bis zum Alter von

40 Jahren bei Laubholz=Hochwald,
30   =   =   Nadelholz=Hochwald,
15   =   =   Hartholz=Niederwald,
12   =   =   Weichholz=Niederwald.

Bad. Forstges. § 41.

Schonung während der Verjüngungszeit der Bestände (Verjün=gungsschonung),

Verjüngungsschonung in Baden: 3 Jahre vor dem Hiebe.

Bad. Forstges. § 41.

In Oesterreich darf Bodenstreu in Verjüngungsschlägen nicht entnommen werden, wenn dadurch die Wiederanzucht des Holzes gefährdet wird.

In Durchforstungsschlägen ist jede Bodenstreunutzung untersagt.

Oest. R.=Forst=Ges. 3. December 1852 § 11.

ein= oder mehrjährige Schonung nach jedesmaliger Streunutzung in den der letzteren überwiesenen Beständen (Streu=Umlaufszeit).

In Baden darf die Wegnahme der Streu ohne besondere Bewilligung der Forstbehörde nie in 2 auf einander folgenden Jahren an demselben Orte geschehen.

Bad. Forstges. § 43.

In Oesterreich darf die Streugewinnung höchstens jedes dritte Jahr auf derselben Stelle wiederholt und nie auf Boden= und Aststreu zugleich ausge=dehnt werden.

Oest. R.=Forst=Ges. § 13.

Nun sind die nachtheiligen Wirkungen der Streunutzung be=
züglich des Holzzuwachses sehr verschieden nach Lage, Bodenbeschaffen=
heit und Holzbestand. Unter besonders günstigen Umständen (Au=
waldungen mit Ueberschlickung) läßt sich eine nachtheilige Wirkung,
somit die Nothwendigkeit einer Streuschonung überhaupt nicht nach=
weisen. In anderen Fällen, auf fruchtbaren Böden bei ebener Lage,
sind Schadenwirkung und Schonungsbedürfniß geringe, während
anderwärts (auf armen, trockenen, flachgründigen Böden, an Hängen)
die Einbuße an Holzzuwachs rascher und in erheblicherem Maße
hervortritt und länger dauernde Jugendschonung und Streu=Umlaufs=
zeiten erheischt. Daraus folgt, daß allgemein gültige, gesetzliche Vor=
schriften über Umfang und Maß der Streuschonung sich nur in sehr
beschränkter Weise (nur bezüglich der Ausschluß=Schonung) geben
lassen, und daß im Uebrigen Art und Umfang der Streuschonung
für jeden einzelnen Fall auf Grund örtlicher, sachverständiger Wür=
digung festgestellt werden müssen. Hierzu bietet

b) die Streu=Betriebsregelung ein geeignetes Mittel dar.
Das Recht zu derselben ergiebt sich aus dem Forsteinrichtungsrecht,
auf Grund dessen die Waldnutzungen, also auch die Waldstreu=
nutzung, einer planmäßigen Feststellung unterliegen.

In Oesterreich müssen Art und Größe der Servitutnutzungen auf Antrag
des Berechtigten oder Belasteten durch Wirthschaftspläne festgestellt werden,
welche, gleichfalls auf Antrag, der behördlichen Festsetzung unterliegen.
Oest. R.=Forst=Ges. 3. Dec. 1852 § 9.

Eine solche Streu=Betriebsregelung, bestehend in der Anfertigung
periodischer, 10 bis 20 jähriger Streunutzungspläne, begründet auf
die örtlich gebotenen Maßregeln der Streuschonung, sollte dem Wald=
eigenthümer bei Waldunzulänglichkeit zur gesetzlichen Pflicht gemacht
werden. Wenn dann die Streubetriebspläne an öffentlicher Stelle
während einer gesetzlich festzustellenden Frist ausgelegt und nur bei
Einspruch der Streuberechtigten von einer unparteiischen Behörde
(in Preußen zweckmäßig durch die Auseinandersetzungsbehörden) auf
Grund forstsachverständigen Gutachtens festgestellt würden, so würde
dadurch eine zuverlässige, die Interessen der Berechtigten und der
Waldwirthschaft gleichmäßig wahrende, Unzufriedenheit und Streit
ausschließende Grundlage für die Streunutzung gewonnen werden.

Im Großherzogthum Hessen ist für Rechstreu, Unkrautstreu und Zweig=streu von liegenden Stämmen in Domainen- und Communal-Waldungen durch Verfügungen vom August 1848 und vom 3. October 1848 die Streuabgabe nach periodischen Streunutzungsplänen angeordnet und die Flächenquote für die Streunutzung festgestellt:

in Nadelholzwaldungen auf 6 bis 20 Procent,
= Laubholzwaldungen = 5 = 19 =

der Waldfläche.

Handbuch für die Forst= und Cameralverwaltung im Großherzogthum Hessen 1883 S. 545.

c) Das Streu=Anweisungsrecht des Waldeigenthümers erstreckt sich auf Nutzungsorte und Nutzungszeit.

In Preußen enthält darüber nur das Waldstreu=Gesetz vom 5. März 1843 gesetzliche Bestimmungen.

Vergl. § 19 unter Rechstreu=Berechtigungen.

In Bayern ist die Streu=Entnahme aus nicht dazu angewiesenen Orten mit Strafe bedroht.

Bayer. Forstgef. Art. 84 (Ganghofer S. 105—107).

In Oesterreich sind dem Waldeigenthümer das Recht und die Pflicht zur Anweisung der Streunutzungsorte an die Berechtigten übertragen.

Oest. R.=Forst=Gef. § 14.

Das Sächf. Waldnebennutzungs=Mandat vom 30. Juli 1813 räumte in § 26 dem Waldeigenthümer das Anweisungsrecht hinsichtlich der Streudistricte ein, gestattete jedoch dem Streuberechtigten die Berufung auf richterliche Ent=scheidung.

4. Waldschonpflicht des Streuberechtigten.

Auf denselben Rechtsgrundsätzen, wie das Streuschonrecht des Waldeigenthümers, beruht dessen Korrelat, die Waldschonpflicht des Streuberechtigten. Sie findet ihren Ausdruck in forstpolizeilichen Gesetzen und Verordnungen und erstreckt sich vornehmlich auf Zeit, Ort und Art der Streunutzung.

In ihrer rechtlichen Begründung unterscheiden sich die Berech=tigungen auf Rechstreu und Aftstreu (Bestands=Servituten) insofern von den Berechtigungen auf Unkraut= und Plaggenstreu (Boden=Servituten), als die nachhaltige Ertragsfähigkeit (perpetua causa) nur bei den ersteren, aber nicht bei den letzteren von der Erhaltung des Holzbestandes abhängig ist.

Von Forstpolizeigesetzen, welche die Waldschonpflicht des Streu=berechtigten behandeln, kommt in Preußen hauptsächlich das auf

Rechstreu-Berechtigungen in den 7 östlichen Provinzen beschränkte Waldstreu-Gesetz vom 5. März 1843 in Betracht.

Vergl. darüber § 19 unter Rechstreu-Berechtigungen.

Die früher (§ 2, S. 20) erwähnte rückwirkende Gültigkeit polizei-gesetzlicher Beschränkungen in der Ausübung von Servituten, die bereits vor Erlaß der polizeilichen Bestimmungen bestanden haben, ist auch gegenüber dem eine andere Auslegung zulassenden § 2 des Wald-streu-Gesetzes vom 5. März 1843 durch die Rechtsprechung insofern aufrecht erhalten worden, als es sich um Verjährungsservituten handelt.

S. a. a. O. S. 293.

In Bezug auf Verjährungs-Streuberechtigungen hat das Preuß. Obertribunal mittelst Entscheidung vom 5. Juni 1847 den Grund-satz ausgesprochen, daß sich der Streuberechtigte gegenüber den öffent-lich rechtlichen forstpolizeilichen Anordnungen auf den privatrechtlichen Grundsatz „quantum possessum tantum praescriptum" nicht be-rufen könne.

Rechtsf. Bd. I. S. 222.
Z. f. LCG. XI Grundf. 312.

Von Wichtigkeit ist bei dem Mangel an polizeigesetzlichen Vor-schriften über die Streuschonpflicht die oberstgerichtliche Entscheidung, daß es auch im Wege der Polizeiverordnung statthaft sei, die Aus-übung von Forst-Servituten insoweit zu beschränken, als es die Erfüllung der eigentlichen Bestimmung des belasteten Waldes erfordere (§ 2 S. 20). Es wird dadurch die Möglichkeit eröffnet, die unzu-reichenden, allgemein gesetzlichen Bestimmungen über den Schutz des Waldes gegen Streuberechtigungen im Wege von Regierungs-Polizei-Verordnungen zu ergänzen.

Inwieweit die Waldschonpflicht des Streuberechtigten in Bezug auf Nutzungszeit, Nutzungsort und Nutzungsart durch das in wich-tigen Beziehungen unzulängliche Waldstreu-Gesetz vom 5. März 1843 geregelt ist, wird bei Behandlung der Rechstreu-Berechtigungen (§ 19) erörtert werden.

5. Waldstreu-Ertrag.

Bei Waldunzulänglichkeit gewinnt der Ertrag des belasteten Waldes an Streu einen bestimmenden Einfluß auf den Umfang der Streuberechtigung nach den früher (S. 11) bei den Holz-Berechtigungen eingehend erörterten Rechtsgrundsätzen. Streurechts-

Anspruch der Servitutberechtigten und Mitnutzungsrecht des Wald=
eigenthümers bilden das Soll, die jährlichen Waldstreu=Erträge das
Haben, die Verhältnisse, welche ein Vorzugsrecht des Berechtigten
oder des Waldeigenthümers oder Gleichberechtigung beider begründen,
entscheiden über die den Streuberechtigten von dem Streuertrage
zustehende Quote. Diese Quote kann dauernd gleich oder perio=
disch ungleich sein, jenachdem die Streuerträge mit den durch eine
geregelte Waldwirthschaft bedingten Aenderungen der Waldzustände
(Holzarten, Altersklassen, Verhältniß, Bestockungsgrad) gleich groß
bleiben oder nicht.

Daß bei zur Zeit unvollkommenen Waldzuständen und demgemäß geringen
Rech= oder Reis=Streuerträgen auch die künftigen, durch geregelte Waldwirth=
schaft gesteigerten Streuerträge bei der Streuertragsermittelung berück=
sichtigt werden müssen, ist durch Erkenntniß des Appellhofs zu Köln vom
5. April 1866 anerkannt.

Vergl. Th. I § 15 S. 139.

In gleicher Weise sind bei Unkraut= und Plaggen=Streuberechtigungen,
die Verminderungen der Streuerträge in Rechnung zu stellen, welche die
der eigentlichen Bestimmung des Waldes entsprechende Ueberführung schlecht
bestockter Waldungen in einen geregelten Waldzustand nothwendig herbei=
führt.

Außer den Waldzuständen und ihren Veränderungen sind das
Streuschonungsrecht des Waldeigenthümers und die demselben ent=
sprechende Streu=Schonungspflicht des Berechtigten von bedeutsamem
Einflusse auf die Höhe des Waldstreu=Ertrags. Als unerläßliche
Grundlagen für die Ausmittelung des letzteren sind daher die Streu=
betriebsfläche durch Ausscheidung der dauernd auszuschließenden Wald=
fläche, ferner die Dauer der Jugendschonung, der Verjüngungs=
schonung und der Streu=Umlaufszeit festzustellen.

In Frage kann kommen, ob bei Rechstreu= oder Reißstreu=Be=
rechtigungen, welche auf bestimmte Holzarten, z. B. auf Laubholz
lauten, wirthschaftlich nothwendig gewesene Umwandlungen, z. B.
in Nadelholz, die Ausdehnung des Streurechts, somit der Waldstreu=
Ertragsermittelung auf die neu eingeführten Holzarten, also im vor=
liegenden Beispiele auf die an die Stelle der Laubholzbestände ge=
tretenen Nadelholzbestände ipso jure begründen. Die Frage dürfte
zu bejahen sein, weil die Bodenfläche und nicht blos der wechselnde
Holzbestand belastet ist, weil Laub= und Nadelstreu=Berechtigungen

demselben Bedürfnisse dienen und ebenso, wie Brennholz-Berechtigun=
gen auf Laub= oder Nadelholz, als gleichartige Berechtigungen zu
erachten sind, endlich und hauptsächlich, weil der Waldeigenthümer
sich nicht zum Nachtheile des Berechtigten bereichern, das Servitut=
recht nicht vereiteln darf.

In Uebereinstimmung hiermit steht folgendes Präjudiz:

Die Befugniß, den durch die eigene Strohproduction nicht gedeckten wirth=
schaftlichen Bedarf an Streu aus einer Forst zu entnehmen, berechtigt, falls
an die Stelle der früher bestandenen Laubholzwaldungen Nadelholz getreten ist,
auch zur Entnahme der Nadelstreu, wie auch überhaupt des unter dem Laube
und den Nadeln befindlichen Mooses.

RG. 17. Mai 1878. OT. 14. Jan. 1879. Z. f. LCG. XXVI. S. 232, XXVIII.
S. 54 (Grundf. 2127).

Daß der Waldeigenthümer nicht berechtigt ist, außerhalb des
Falles wirthschaftlicher Nothwendigkeit, also aus Rücksichten
wirthschaftlicher Nützlichkeit und Einträglichkeit, zum Nachtheile des
Berechtigten die zur Zeit der Servitut-Begründung vorhandenen Be=
stands= und Bewirthschaftungsarten einseitig zu ändern, wurde früher
(S. 24 bei Holzberechtigungen) nachgewiesen.

6. Streu=Verkaufs=Berechtigungen.

Bei unbestimmten Waldstreu=Berechtigungen zum Streu=Ver=
kaufe soll der Umfang für die Zwecke der Ablösung im Bereiche der
Altpreußischen GThO.

> „nach dem, in den letzten der Einleitung der Auseinander-
> setzung unmittelbar vorhergehenden zehn Jahren im Durchschnitte
> verkauften Betrage"

bestimmt werden.

GThO. 7. Juni 1821 § 55.
Erg.=Gef. 2. März 1850 Art. 4.

III. Ablöslichkeit und Abfindungsarten bei Waldstreu-Berechtigungen.

1. Ablöslichkeit.

Th. I. § 12 S. 117.

Nach Preußischem Rechte unterliegen Streu=Berechtigungen aller
Art auf Antrag sowohl des Waldeigenthümers als des Belasteten
der Zwangsablösung.

In Hannover ist die Ablösbarkeit eine bedingte, von der „Stabtnehmigkeit" abhängige (Th. I § 12 S. 118, § 27 S. 317), in den übrigen Landestheilen eine unbedingte.

2. Abfindungsarten.

Th. I. §§ 17—25.

Zulässige Abfindungsmittel für Waldstreu-Berechtigungen sind in Preußen landwirthschaftliches Nutzland, Waldland, anderes als land- oder forstwirthschaftliches Nutzland und Geld.

In Hohenzollern ist als Zwangs-Abfindungsmittel nur Geld gestattet.

Hohenzollern'sche GThO. 23. Mai 1885 § 26.

In dem Bezirke der Alt-Preuß. GThO. ist Landabfindung in anderem, als land- oder forstwirthschaftlichem Nutzlande, in Hannover bei Streuberechtigungen Waldland als Zwangs-Abfindungsmittel ausgeschlossen.

Abgesehen von diesen Beschränkungen können in Preußen alle 4 Abfindungsarten nach folgenden Regeln vorkommen:

a) Abfindung in landwirthschaftlich benutzbarem Boden ist obligatorisch, wenn der landwirthschaftliche Reinertrag den forstlichen übertrifft, die gesetzlich zulässige Waldabfindung vom Waldeigenthümer nicht gewählt und den allgemeinen gesetzlichen Bedingungen der Landabfindung genügt wird.

b) Dasselbe gilt für anderes als land- oder forstwirthschaftliches Nutzland, jedoch mit der Maßgabe, daß bei der Reinertragsberechnung die außerforstliche resp. außerlandwirthschaftliche Benutzung mit der forstlichen verglichen wird.

c) Zur Gewährung von Waldabfindung ist der Waldeigenthümer berechtigt, aber nicht verpflichtet, wenn dieselbe zu einer nachhaltigen forstmäßigen Benutzung geeignet ist und den allgemeinen gesetzlichen Bedingungen der Landabfindung genügt wird.

d) Geldabfindung findet Statt, wenn Landabfindung nicht gegeben oder angenommen zu werden braucht.

§ 19.

Rechstreu-Berechtigungen.

I. Begriff, Arten, Umfang.

Vergl. § 18 S. 274—290.

1. Die Begriffs-Merkmale der Rechstreu-Berechtigung bestehen:

hinsichtlich des Nutzungsgegenstands in der Aneignung von abgefallenem Laub, abgefallenen Nadeln oder von Moos,

hinsichtlich des Nutzungszwecks in dem Unterstreuen unter Vieh in Ställen,

hinsichtlich der Nutzungsart in der Gewinnung mit Rechen (Harken).

Die Gewinnung von Nadelstreu und Moosstreu läßt sich nicht trennen, weil die Bodendecke in Nadelwaldungen aus Moos besteht. Nadeln und Moos sind daher Nutzungsgegenstände einer und derselben Berechtigung.

Es giebt

bestimmte und unbestimmte Rechstreu-Berechtigungen,

unbestimmte Streu-Bedarfs- und Streu-Verkaufs-Berechtigungen,

Einzel- und Gemeinschafts-Berechtigungen.

2. Soweit nicht der Umfang der Streuberechtigungen durch besondere streugesetzliche Bestimmungen begrenzt worden ist, gelten für denselben die allgemeinen, in § 18 vorgetragenen Rechtsgrundsätze. Umfassende streugesetzliche Vorschriften bestehen für Preußen nur in dem für die 7 östlichen Provinzen gültigen Waldstreu-Gesetze vom 5. März 1843 (GS. S. 105).

Außerdem kommen für die 1866 von Bayern und Hessen-Darmstadt erworbenen Gebietstheile das Bayerische Forstgesetz v. 28. März 1852 und das Heff. G. v. 2. Juli 1839 in Betracht.

Vergl. über die Lage der Streugesetzgebung § 18 S. 277.

Das Waldstreu-Gesetz verbreitet sich in zahlreichen, zum Theile nebensächlichen Einzelbestimmungen über die Fälle seiner Anwendbarkeit, über Streurechts-Anspruch, Nutzungszeit, Nutzungsort, Nutzungsart und Nutzungscontrolle, ohne die Aufgabe, den Wald gegen verderbliches Streurechen zu schützen, in völlig befriedigender Weise zu lösen. Bei der

nachfolgenden Darlegung des Gesetzes nach den vorerwähnten Ge=
sichtspunkten sollen die wenigen einschlägigen Bestimmungen der
übrigen in Preußen gültigen Gesetze angereiht werden.

Die Anwendbarkeit des Gesetzes ist durch dessen § 2 im
Widerstreite mit den Anforderungen des Waldschutzes in enge Grenzen
eingeschlossen. § 2 lautet:

> „Wo der Umfang und die Art der Ausübung dieser Berech-
> tigung durch Verleihung, Vertrag, richterliche Entscheidung" (a)
> „oder bereits vollendete Verjährung" (b) „bestimmt festgestellt wor-
> den ist, behält es hierbei sein Bewenden. In Ermangelung solcher
> auf besonderen Rechtstiteln beruhender Verhältnisse dienen die
> nachstehenden Vorschriften lediglich zur Richtschnur."

Unter den richterlichen Entscheidungen sind nicht nur solche zu verstehen,
welche bereits vor der Gesetzeskraft der Verordnung vom 5. März 1843 er·
gangen sind (a).

OT. II. 6. April 1875. Entsch. Bd. 75 S. 99.

Z. f. LCG. XXVIII. Grundf. 2356.

Bezüglich der durch Verjährung (b) erworbenen Streu=
berechtigungen ist indessen seitens des Obertribunals in Ausle=
gung des § 2 erkannt worden, daß die Bestimmung der Jahres=
zeiten (§ 4b d. G.), der Reviere (d. i. der zur Streunutzung geöff=
neten Waldorte, § 4a d. G.) und der Gestalt der Harken (§ 4e
d. G.) ungeachtet der rechtsverjährten Ausübung den forstpolizeilichen
Anordnungen des Gesetzes unterworfen bleibe, ferner, daß dawider
auch der im Wege der Possessorienklage nachgesuchte Schutz der bis=
herigen entgegenstehenden Ausübung ausgeschlossen sei.

OT. II. 24. Febr. 1848. Präj. 2015. Entsch. Bd. 16 S. 208. Rechtsf.
Bd. 3 S. 378. — Z. f. LCG. XI. Grundf. 302.

OT. III. 15. Jan. 1858. Präj. 2697. Entsch. Bd. 37 S. 85, Bd. 38
S. 393. — Strieth. Arch. Bd. 28 S. 165. — Z. f. LCG. Grundf. XXI. 1718.

OT. II. 16. Juli 1861. Strieth. Arch. Bd. 42 S. 262.

Vergl. die ausführliche Begründung bei von Rönne, Ergänz. der Preuß.
Rechtsbücher 6. Ausg. II. Bd. S. 583 flg., ferner die oberstger. Ent=
scheidungen zu Nr. 5. S. 297.

Wenn demgemäß auch bei Verjährungsberechtigungen der na=
mentlich bezüglich der Streureviere wesentliche forstpolizeiliche Schutz
des Gesetzes eintritt, so bleibt davon doch der Berechtigungswald bei
einem anderweit durch Verleihung, Vertrag oder Judicat festgestellten
Umfange ausgeschlossen.

Nicht mehr gültig sind zufolge § 96, 3 des Feld= und Forst=

Polizeigesetzes vom 1. April 1880 diejenigen Bestimmungen des Waldstreu=Gesetzes, welche sich auf Strafen und Verfahren beziehen (§§ 7, 9 bis 12). An Stelle derselben sind die Straf= und Ver= fahrens=Vorschriften des Feld= und Forst=Polizei=Gesetzes getreten. Nur der Schlußsatz in § 7 des Waldstreu=Gesetzes, wonach die Geld= strafen dem Waldeigenthümer zufallen, ist in Kraft geblieben.

3. Der Streurechts=Anspruch beschränkt sich auf die für den Bedarf in der eigenen Wirthschaft des Berechtigten erforderliche Waldstreu. Dies folgt schon aus § 1 des Waldstreu=Gesetzes (W.=G.), worin als Begriffs=Merkmal der Waldstreuberechtigung die Verwendung der Waldstreu „zum Unter= streuen unter das Vieh, behufs der Bereitung des Düngers" ange= geben ist (vgl. S. 275). In Uebereinstimmung damit sind in § 6 W.=G. der Verkauf der Waldstreu, sowie die Ueberlassung an Andere bei Strafe verboten. Es darf daher auch bei be= stimmten Waldstreu=Berechtigungen, abweichend von den sonst herr= schenden Rechtsgrundsätzen (vgl. S. 39) kein Verkauf der Waldstreu stattfinden.

Eine Begrenzung findet der Streurechts=Anspruch ferner darin, daß die Waldstreu, vorbehaltlich einer vorübergehenden anderweiten Verwendung, z. B. zur Versetzung der Wände von Wohngebäuden oder zur Bedeckung von Kartoffelgruben (W.=G. § 6), ihre Endbe= stimmung in dem Unterstreuen unter das Vieh behufs Dünger= bereitung zu erhalten hat. Die obere Grenze des Streubedarfs wird demgemäß bei unbestimmten Streuberechtigungen nach dem Waldstreu=Gesetze durch den Düngerbedarf des berechtigten Grund= stücks bestimmt. Der Streu=Vollbedarf ist daher nach dem zur Be= reitung des erforderlichen Düngers nothwendigen, und nicht nach einem größeren Viehstande zu bemessen.

Endlich kommt in Betracht, daß der Streurechts=Anspruch in dem Ueberschusse des Streu=Vollbedarfs über die Streu=Nebenmittel des Berechtigten besteht (vgl. S. 279, 282). Daraus folgt, daß der Berechtigungswald keine Waldstreu für denjenigen Streubedarf herzugeben braucht, welcher durch Strohverkauf des Berechtigten oder durch Futterverkauf und dadurch herbeigeführte Strohfütterung herbeigeführt wird. Es ist ein Mangel des Wald= streugesetzes, daß dasselbe einen solchen Stroh= und Futterverkauf nicht in gleicher Weise wie den Waldstreu-Verkauf untersagt hat, wie dies von G. L. Hartig und von Pfeil mit Recht verlangt wurde.

> G. L. Hartig, Beitrag zur Lehre von Ablösung der Holz-, Streu- und Weide-servituten 1829 S. 42.

> Pfeil, Kritische Blätter Bd. 19, 1 S. 87.

4. Hinsichtlich der Nutzungsorte, dem weitaus wichtigsten Theile polizeilicher Regelung, bestimmt das Gesetz in § 4a, daß die Berechtigung

> „nur in den vom Waldeigenthümer nach Massgabe einer zweckmässigen Bewirthschaftung des Forstes geöffneten Districten"

ausgeübt werden darf, ferner

in § 5, daß Streitigkeiten zwischen dem Waldeigenthümer und dem Berechtigten über die Frage, welche Districte zum Streusammeln zu öffnen sind,

> „von dem Kreis-Landrath unter Zuziehung eines von diesem zu wählenden hierbei unbetheiligten Forstbeamten und eines Oekonomieverständigen, unter Vorbehalt des Recurses an das Plenum der vorgesetzten Regierung"

entschieden werden sollen.

In Folge der neueren Verwaltungsgesetzgebung ist in den Provinzen Ost- und Westpreußen, Pommern, Brandenburg, Schlesien und Sachsen der § 5 des W.-G. dahin abgeändert worden, daß an Stelle des Landraths der Kreis-Ausschuß (Stadt-Ausschuß) unter Zuziehung eines forstwirthschaftlichen und landwirthschaftlichen Sach-verständigen, an Stelle des Regierungs-Plenums der Bezirks-Aus-schuß, in der Revisions-Instanz das Oberverwaltungsgericht ent-scheidet*). In der Provinz Posen dagegen, wo die neuere Verwal-

---

*) Anderer Ansicht sind Stubt und Braunbehrens in der neuesten Auf-lage (1886, 1887) der Preuß. Verwaltungsgesetze von von Brauchitsch. Die-selben vertreten (Bd. III. S. 422) in einer Anm. zu § 96, 3 des Feld- und Forstpol.-Ges. vom 1. April 1880 die Ansicht, daß auch heute noch in den er-wähnten 6 Provinzen § 5 des W.-G. von 1843 unveränderte Gültigkeit habe. Die Streitfrage ist dadurch entstanden, daß zwar durch §§ 96, 176 des Zu-ständigkeits-Gesetzes vom 26. Juli 1876 die Entscheidung in Streubistricts-Streitsachen aus Anlaß des § 5 des W.-G. 1843 den Verwaltungsgerichts-behörden (Kreisausschuß ꝛc.) unter Aufhebung der entgegenstehenden gesetz-lichen Vorschriften übertragen worden ist, daß aber das Zust.-Ges. von 1876 durch das neue Zuständigkeits-Gesetz vom 1. August 1883 (§ 164) in allen seinen Theilen in Wegfall gebracht worden ist. Es wird daraus der Schluß gezogen, daß die 1876 aufgehobenen Bestimmungen in § 5 des W.-G. von 1843 wieder aufgelebt seien. Ueber die Bedenken, welche diese der neueren Ver-waltungsgesetzgebung und der klar zu Tage liegenden Absicht des Gesetzgebers

tungsgesetzgebung noch nicht eingeführt wurde, ist § 5 des W.=G. unverändert in Geltung geblieben.

Das Verfahren ist zweckmäßig und gerecht bei Waldzulänglich=keit oder bei feststehenden Nutzungsgrundlagen, wo es auf eine bloße Orts=Anweisung hinausläuft, erscheint dagegen ungenügend im Falle der Waldunzulänglichkeit bei unbestimmten Streuberechtigungen, wo die Nutzungsgröße von der Ortsregelung abhängig ist. Hier sollte eine mit Rücksicht auf Waldzustand, Wirthschaftsart und Wald=schonungsrecht für längere Zeit ausgeführte Streubetriebsregelung die Grundlagen des Nutzungsmaßes feststellen, also eine der Antrags=Rege=lung angehörende uneigentliche Fixation (Feststellung) erfolgen, die auf Antrag sowohl des Belasteten als des Berechtigten stattzufinden hätte, aber nach Preußischem Rechte nicht erzwungen werden kann.

Auch nach dem Bayerischen Forstgesetze von 1852 Art. 84 dürfen die Streuberechtigten ihr Recht nur in den dazu angewiesenen Waldorten ausüben. Vergl. § 18 S. 287.

5. In Betreff der Streu=Nutzungszeit bestimmt das Wald=streu=Gesetz vom 5. März 1843 in §§ 4, 5 Folgendes:

§ 4. „Die Berechtigung darf nur ...

b. in den sechs Wintermonaten vom 1. October bis zum 1. April" (1),

„c. an bestimmten vom Waldeigenthümer mit Rücksicht auf die bisherige Observanz" (2) „festzusetzenden, jedoch auf höchstens 2 Tage in der Woche zu beschränkenden und von den Raff- und Leseholz-Tagen verschiedenen Wochentagen" (3) „ausgeübt werden.

Besteht aber nach dem Herkommen der Gebrauch, dass die Einsammlung der Streu gleich beim Beginn des Octobers an mehreren nach einander folgenden Tagen, von allen Berechtigten gleichzeitig unter Aufsicht des Waldeigenthümers geschieht, und hiermit das Einsammeln für das ganze Jahr geschehen ist, so be-hält es hierbei sein Bewenden.

„§ 5. ... Ueber Streitigkeiten ... über die mit Berücksich-tigung der bisherigen Observanz zum Streuholen zu bestimmende Zahl der Tage (§ 4 lit. c) findet ... das ordentliche Rechtsver-„fahren statt" (4).

---

zuwiderlaufende Rechtsanschauung findet, sowie über die Gründe, welche für die Zuständigkeit des Verwaltungsstreitverfahrens in Streudistricts=Streitsachen sprechen, vergl. die Abhandlung „Die Zuständigkeit bei Streitigkeiten über die den Streuberechtigten von dem Waldeigenthümer angewiesenen Streudistricte" (§ 5 des Waldstreugesetzes vom 5. März 1843) in Dauckelmann's Zeitschrift für Forst= und Jagdwesen 1887 S. 532.

Hierzu sind folgende oberstgerichtliche Entscheidungen ergangen:

(1.) Der Streuberechtigte kann sich gegen das in § 4b W.=G. enthaltene gesetzliche Verbot des Streurechens in den Sommermonaten auf die in § 2 des W.=G. erwähnte Verjährung nicht berufen.

OT. II. 19. Oct. 1854.   Strieth. Arch. Bd. 15 S. 145.

(1.) Auch wenn die Streugerechtsame vor Erlaß des W.=G. vom 5. März 1843 durch Verjährung erworben war und zu jeder beliebigen Zeit ausgeübt wurde, darf der Berechtigte dennoch die Streuberechtigung nur in den 6 Winter= monaten ausüben.

OT. II. 13. Nov. 1851.   Strieth. Arch. Bd. 4 S. 87.

Koch (Allg. Landr. 6. Aufl. II. Bd. S. 1002) hält die Entscheidung als im Widerspruch mit § 2 des W.=G. befindlich nicht für gerechtfertigt.

(2.) Unter „Observanz", gleichbedeutend mit Herkommen, ist die bisherige Art und Weise der Ausübung zu verstehen.

OT. II. 14. September 1854.   Präj. 2547.   Präj.=Samml. Bd. 2 S. 148. Entsch. Bd. 28 S. 430.

(3.) Das Recht des Waldeigenthümers, bestimmte Wochentage zum Streu= sammeln festzusetzen, wird dadurch allein, daß der Streuberechtigte seit rechts= verjährter Zeit ohne Feststellung solcher Tage geharkt hat, nicht ausgeschlossen.

OT. II. 6. März 1856.   Strieth. Arch. Bd. 20 S. 252.

(3.) Der Forstberechtigte ist nicht befugt, das zusammengebrachte Material an Leseholz, Streu rc. über Nacht im Walde liegen zu lassen und erst an einem späteren Tage abzufahren.

OT. 15. Sept. 1847.   Z. f. LCG. Bd. III. S. 219 Bd. XI. Grundf. 303.

(4.) Im Gegensatz zu den Bestimmungen des W.=G. über Jahreszeit, Waldorte und Werkzeuge der Streunutzung, gegen welche die Verjährung und das ordentliche Rechtsverfahren ausgeschlossen sind, unterliegen Wochentage und Transportmittel der Verjährung und dem ordentlichen Rechtsverfahren.

Motive zu OT. III. 15. Jan. 1858, Präj. 2697 f. oben S. 293.

Die durch das WG. vom 5. März 1843 festgesetzte Jahreszeit für Streurechen entspricht nicht dem Zwecke der Waldschonung und dem Rechtsgrundsatze, die Servituten auf die dem Waldeigenthümer am wenigsten lästige Art auszuüben (civiliter uti). Das Streu= rechen ist dem Walde um so nachtheiliger, je länger der Waldboden von der Streudecke entblößt ist. Daraus folgt, daß die Streunutzung unmittelbar vor dem Laub= und Nadelabfalle am wenigsten, un= mittelbar nachher am meisten schädlich ist. Im ersten Falle verbleibt dem Waldboden beinahe ununterbrochen der wohlthätige Schutz der Streudecke gegen Austrocknung und Kälte. Außerdem kommt als= dann ein Theil der in den Baumabfällen vorhandenen Pflanzen= Nährstoffe dem Waldboden durch Auslaugen zu Gute. Allerdings sind Streu= und Düngerwerth des alten Laub= und Nadel=Abfalls geringer. Um den Intereſſen ſowohl der Waldſchonung als der Streunutzung gleichmäßig gerecht zu werden, dürfte es ſich daher empfehlen, als Streunutzungszeit den Spätſommer und Herbſt bis zur Mitte der Blattabfallzeit polizeilich feſtzuſtellen, was auch von Gaher und Grebe in deren Lehrbüchern über Forſtbenutzung vorge= ſchlagen wird. Im Winterhalbjahre iſt ohnehin die Streuwerbung durch Schnee und Froſt, namentlich im Gebirge, meiſt ausgeſchloſſen oder erſchwert. Da die Zeit des Blattabfalls nach Standort und Holzart verſchieden iſt, ſo würde ein Landes=Polizeigeſetz ſich auf die obige, allgemeine Faſſung der Streunutzungszeit zu beſchränken und die ſpecielle Zeit den Bezirks = Polizei = Verordnungen zu überlaſſen haben.

Nach 2 Jahre lang bei Eberswalde angeſtellten Unterſuchungen ver= theilte ſich der Kiefern=Nadelabfall wie folgt auf die einzelnen Monate. Es entfielen von dem Geſammtgewichte des jährlichen, bei 100° C. getrockneten Nadelabfalls auf Mittelboden:

in einem Kiefernbeſtande von	in den Monaten										zu=sammen
	April	Mai	Juni	Juli	Auguſt	Septbr.	October	Novbr.	Decbr.	Februar-März	
	Procente des Jahresabfalls										
50—60 Jahren .	3	3	7	6	6	41	24	5	4	1	100
70—80 „ .	1	2	9	8	2	51	11	13	1	2	100

In Buchen erfolgt der Laubabfall je nach der Witterung von Mitte October bis Mitte November.

Hiernach würde die Streunutzungszeit in Kiefern etwa von Anfang Auguſt bis gegen Ende September, in Buchen von Anfang September bis Ende October zu beſtimmen ſein.

Landolt bringt für Laubrechen die Zeit kurz vor dem Laubabfall von Ende Auguſt bis Anfang October in Vorſchlag.

(Schweizeriſche Zeitſchrift 1865 S. 185.)

6. Ueber die Streu=Nutzungsart (Werbung, Transport) ent= hält das W.G. nachſtehende Beſtimmungen:

„§ 4. ... Die Berechtigung darf auch nur

d) mit den in den Zetteln bezeichneten, nach der bisherigen Obſervanz" (1) „zu beſtimmenden Transportmitteln und

e) nicht mit eiſernen, ſondern nur mit hölzernen unbeſchlagenen Rechen oder Harken, deren Zinken ebenfalls nur von

Holz sein dürfen und mindestens 2½ Zoll „(6,5 cm)" von einander abstehen müssen" (2)

„ausgeübt werden."

„§ 5. ... Ueber Streitigkeiten in Betreff der Transportmittel .... findet .. das ordentliche Rechtsverfahren statt" (3).

(1.) Unter „Obſervanz" iſt die bisherige Art der Ausübung zu verſtehen. OT. II. 14. September 1854 ſ. oben S. 297 (2).

(2.) Der Streuberechtigte kann ſich gegen das in § 4e des W.=G. ent=
haltene geſetzliche Verbot des Gebrauchs von Harken mit eiſernen Zinken auf
die in § 2 des W.=G. erwähnte Verjährung nicht berufen.

(3.) S. oben S. 297 (4).

Durch das Großherzoglich Heſſiſche Geſetz vom 2. Juli 1839,
die Abgabe der Waldſtreu aus den Gemeindewaldungen und an
berechtigte Gemeinden betreffend, gültig für die 1866 an Preußen
gefallenen Großherzoglich Heſſiſchen Landestheile, iſt vorgeſchrieben,

daß bei Streuberechtigungen von Gemeinden die denſelben
zuſtehende Waldſtreu in geeigneten, vom Ortsvorſtande zu beſtim=
menden Looſen verwerthet, und daß der reine Erlös unter die be=
rechtigten Ortseinwohner oder Gemeindemitglieder nach Maßgabe
ihrer Berechtigung vertheilt werden ſoll. Ausnahmsweiſe kann auf
Antrag des Ortsvorſtandes mit Zuſtimmung der Staatsbehörde der
Erlös zu Gemeindeausgaben dann verwendet werden, wenn hiergegen
in einer zu beſtimmenden Friſt von der Mehrzahl der Berechtigten
kein Widerſpruch erhoben wird.

Handbuch für die Forſt= und Cameral=Verwaltung im G.H. Heſſen 1883 S. 711.

Auch in Oeſterreich ſind bei Rechſtreuberechtigungen nur hölzerne Rechen
mit der ausdrücklichen Beſtimmung zugelaſſen, daß Erde (der Boden ſelbſt)
nicht mit entnommen werden darf, eine Beſtimmung, die ſchon aus dem Be=
griffe der Rechſtreu=Berechtigung folgt.

Oeſter. F.=Geſ. 3. December 1852 § 11.

7. Die Streunutzungs=Kontrolle iſt durch § 3 des W.G.
vom 5. März 1843 dahin geordnet, daß die Streuberechtigten ſich
jährlich bis zum 15. Auguſt bei dem Waldbeſitzer bez. bei deſſen
verwaltenden Beamten zu melden haben, daß die Berechtigten dem=
zufolge Legitimationszettel erhalten, welche unter Bezeichnung der
Streu=Transportmittel nur für den Zeitraum, für das Revier und
für die Perſon gültig ſind, auf welche ſie lauten, endlich daß die
Legitimationszettel von den Streuberechtigten oder von deren Leuten
beim Streurechen mitgeführt und nach Ablauf der Streuzeit wieder
abgeliefert werden müſſen.

II. Bedeutung der Rechſtreu-Berechtigungen.

1. Bis zur Mitte des vorigen Jahrhunderts war das ſchon im 16. Jahrhundert übliche Streurechen, abgeſehen von einzelnen Gegenden mit ausgedehntem Weinbau oder Tabacksbau, von unter= geordneter Bedeutung für den Wald.

Colerus erwähnt in ſeiner Oeconomia ruralis et domestica, zuerſt er· ſchienen 1593 bis 1607, das Düngen mit Laub und Moos als bekannt. Th. I. Buch 4, Cap. 21, Nr. 12.

Der Tabacksbau iſt Ende des 17. und Anfang des 18. Jahrhunderts in der Mark Brandenburg, in der Pfalz und in Württemberg eingeführt worden.

Gebundenheit des Grundeigenthums, Ueberwiegen von landwirth= ſchaftlichen Groß= und Mittelgütern, Dreifelderwirthſchaft begründet auf große Körner= und Strohproduction, geringe Bevölkerung und Waldreichthum wirkten zuſammen, um die Waldſtreu dem Landwirthe entbehrlich zu machen oder doch ihre Nutzung in engen Grenzen zu halten.

In den Markenweisthümern, den grundherrlichen Waldordnungen und den bis zur Mitte des vorigen Jahrhunderts ergangenen landesherrlichen Forſt= ordnungen, welche zahlreiche Beſchränkungen für Holz=, Weide= und Maſtrechte enthalten, iſt von der Streunutzung ſelten die Rede. In den Urkunden über das Forſtweſen in Thüringen während des 16. Jahrhunderts findet ſich von Laub=, Nadel=, oder Heideſtreu keine Spur. Vergl. Kius, Das Forſtweſen Thüringens 1869 S. 97.

In der Holz=, Maſt· und Jagdordnung für die Mark Brandenburg vom 20. Mai 1720 iſt die Streunutzung nicht erwähnt.

Die Waldſtreunutzung iſt erſt zum Waldübel geworden und als ſolches erkannt worden, nachdem ſeit Mitte des 18. Jahrhunderts der Kartoffelbau die Strohproduction zurückdrängte, und nachdem ein halbes Jahrhundert ſpäter die Grundbefreiung zur Zerſtückelung des landwirthſchaftlichen Grundbeſitzes und zur Entſtehung zahlloſer Zwerg= wirthſchaften führte, die mit ihrem Düngerbedarfe auf fremde Wirth= ſchaften angewieſen waren. Die Vermehrung der Nahrungsmittel durch den Kartoffelbau und die Freiheit des Grundeigenthums, eine Wohlthat für Land und Leute und der mächtigſte Hebel für den wirthſchaftlichen Aufſchwung, wurden vielfach eine Plage für den Wald. Der Wald ſollte dem landwirthſchaftlichen Kleinbetriebe mit Kartoffelbau und Strohfütterung den Dünger liefern, den er ſelbſt in der Regel nicht entbehren konnte. Es entſtand und mehrte ſich mit Vermehrung der Bevölkerung und Verminderung des Waldes der Widerstreit zwischen Forst= und Landwirthschaft, von denen die eine versagte, was die andere dringend begehrte, ein Interessenstreit, welcher vereinzelt in der forstlichen Literatur und Gesetzgebung des vorigen Jahrhunderts hervortrat, eine immer größere Ausbreitung gewann, eine umfangreiche Literatur geschaffen, die Forstpolizeigesetz= gebung vieler deutschen und außerdeutschen Staaten in Bewegung gesetzt, die wissenschaftliche Forschung in die Schranken gefordert hat und gegenwärtig noch nicht zum vollen Austrage gekommen ist.

Die Kartoffel, 1588 von Klusius in Wien und Frankfurt als botanische Seltenheit angepflanzt, fand im 17. Jahrhundert bei den an Mehlspeisen und Hülsenfrüchte gewohnten deutschen und slavischen Volksstämmen keine Ver= breitung. Mit dem Anbau auf Aeckern wurde 1710 bis 1724 in Schwaben und in der Rheinpfalz, 1716 in Baden, 1738 im Königreiche Preußen, 1740 in der Umgegend von Leipzig begonnen. Ein halbes Jahrhundert war er= forderlich, um ihr zum Theile mit Gewalt bei der ländlichen Bevölkerung Eingang und allgemeine Verbreitung zu verschaffen. In Pommern und Schlesien wurde der Kartoffelbau durch Friedrich den Großen zwangsweise ein= geführt, in Schlesien 1763 durch Dragoner überwacht. 1771 war die Kartoffel in Württemberg noch ziemlich selten, 1773 wurde sie in Sachsen, 1790 in Württemberg in großer Ausdehnung angebaut.

In Bayern wurde bereits durch Mandat vom 24. März 1762 die Güter= zerschlagung begünstigt, in Oesterreich seit 1773 die bäuerliche Untheilbarkeit gelockert, in Frankreich durch die Revolution die Gebundenheit des Grundeigen= thums aufgehoben, in Preußen durch das Edict vom 9. October 1807 und durch das Landesculturedict vom 14. September 1811 die Freitheilbarkeit des Grundeigenthums zur Regel erhoben, in Hessen=Darmstadt durch V. v. 5. Nov. 1809 die Untheilbarkeit der Güter abgeschafft, in Baden seit 1802, in Württemberg seit 1809 die Freiheit der Verfügung über das bäuerliche Grundeigenthum ange= strebt, die seitdem fast überall in Deutschland durchgeführt worden ist.

In der forstlichen Literatur weist Moser (Grundsätze der Forstökonomie II. Bd. 1757 S. 572) auf die Schädlichkeit des Laub=, Nadel= und Moos= rechens hin und führt an, daß dasselbe in der Fürstlich=Nassau=Weilburgischen, sowie in der Fürstlich=Hessen=Hanauischen Forstordnung verboten sei.

In dem Forstmagazin von Stahl (1763—1796) und in dem Forstarchiv von von Moser (1788—1804) findet die Bedeutung der Streunutzung für Wald= und Landwirthschaft bereits eine vielseitige, zum Theile erregte Er= örterung.

Der Verfasser der Oeconomia forensis, welcher der Streunutzung in dem VII., ausführlich von der Forstwirthschaft handelnden Bande eine sehr ein= gehende Besprechung widmet, kommt zu dem Schlusse, daß das an vielen Orten eingeführte Streurechen in den Nadelholzwäldern durch eine allgemeine

Landesverordnung verboten werden müsse, wenn allenthalben für eine unbe=
schädigte Erhaltung der Waldungen gesorgt werden solle, ferner, daß da,
wo die völlige Abstellung des Streurechens bei Streuberechtigungen nicht durch=
führbar sei, wenigstens durch Landesgesetze eine solche Ordnung eingeführt
werden müsse, wodurch „dieser zum offenbaren Verderben der Wälder ge=
reichende Gebrauch weniger schädlich gemacht wird".

Oeconomia forensis (von Benkendorf, Geh. Finanzrath in Berlin) VII. Bd.
1783 S. 35, 529—563.

Durch Mandat der Reichsstadt Nürnberg vom 27. September 1738, be=
treffend das Streurechen (von Moser, Forstarchiv XX. Bd. S. 215), wird An=
meldung bei den Förstern, Entrichtung des von Alters her gebräuchlichen Laub=
geldes, Schonung der Jungwüchse, Heimführung der Streu nicht vor dem
30. September, Entnahme von 8—10 Fudern durch einen Bauer, von 3—5
Fudern durch einen Kobler mit Gespann, von 2 Fudern durch Andere zur
Nothdurft mit Verbot des Verkaufs verordnet.

Der Herzogl. Württembergische Landtagsabschied vom 18. April 1739 ge=
stattet den Unterthanen in den Communal=Waldungen an Orten, wo es ohne
Schaden geschehen kann, und zur gehörigen Zeit das Streumachen und Laubrechen.
Moser, FA. I. 148, 159.

In der Königl. Preuß. Dorfordnung für das Fürstenthum Minden und
die Grafschaften Ravensberg, Tecklenburg, Lingen vom 7. Februar 1755 wurde
das Laubtragen aus Gemeindewaldungen und Marken auf die ordentlichen
Holztage beschränkt.

Die kurf. Mainzische Forstordnung v. J. 1744 regelt das hin und wieder
vorkommende Sammeln und Einäschern des Laubes zur Düngung der Grundstücke.
Vergl. Krünitz, ökonom.=technolog. Encyclopädie 65. Th. 1794 S. 622, 625.

In den alten Provinzen Preußens wurde das Streurechen durch Cab.=
Ordre vom 25. October 1766 gänzlich untersagt (Hofmann, Repert. der preuß.=
brandenburgischen Landesgesetze III. Fortsetz. S. 285), und erst infolge zahl=
reicher amtlicher Vorstellungen, daß Waldstreu auf armem Boden für kleine
ländliche Wirthschaften nicht zu entbehren sei, durch Rescr. vom November 1786
das Streurechen und Plaggenhauen an unschädlichen Orten gestattet.

Die Kurhess. V. v. 24. October 1783 beschränkt das höchst schädliche
Streurechen auf den gesetzlich zulässigen Viehstand, offene Huden, ältere Be=
stände, nur im Nothfalle auch auf stärkere Stangenhölzer und auf Werbung
im Beisein der Forstbeamten mit hölzernen Rechen.

Die Forstordnung für das Stift Essen vom 5. October 1785 (Moser,
Forstarchiv XV. 63) verbietet das Laub= und Moosrechen, ebenso das Publi=
candum der Königl. Preuß. Kriegs= und Domainenkammer zu Halberstadt vom
30. April 1787. (Moser, Forstarchiv VIII. 242.)

Die Wald=, Holz= und Forstordnung für die k. k. österreichischen Vor=
lande vom 7. December 1786 beschränkt in § 96 das Laub= und Streurechen
auf die Nothdurft der Unterthanen, auf den Gebrauch hölzerner Rechen, auf

die Herbſtzeit, auf Ortsanweiſung durch die Forſtbeamten und auf jährlichen
Wechſel der zum Streurechen geöffneten Waldorte.

Moſer, Forſtarchiv I. 242.

Die kurf. Bayeriſche Verordnung über die Forſteinrichtung vom 30. März
1789 ſchreibt unter Nr. 31 ſuderweiſen Verkauf der Laub-, Nadel- und Moosſtreu, Verſchonung der jungen Gehölze und im hohen Gehölze Wiederkehr des
Streurechens auf den nämlichen Platz im 4., höchſtens im 3. Jahre vor.

Moſer, Forſtarchiv VI. 328.

Die von den letztgedachten beiden Verordnungen vorgeſchriebenen Beſchränkungen des Streurechens kehren in den meiſten forſtpolizeilichen Beſtimmungen der ſpäteren Zeit über das Streurechen wieder.

Die Waldſtreufrage iſt, namentlich ſeit Hundeshagen's Schrift über „Waldweide und Waldſtreu 1830" in einer ziemlich großen Anzahl forſtlicher Special-
ſchriften behandelt, von denen die neueſte und beſte „Die geſammte Lehre der
Waldſtreu von Dr. Ernſt Ebermayer, Berlin 1876" iſt. Das Werk enthält
die bis dahin erlangten Ergebniſſe der in den Bayeriſchen Staatsforſten angelegten Streuverſuchsflächen, deren Anlage ſich die Erforſchung des Einfluſſes
der Streunutzung auf den Wald zur Aufgabe geſtellt hat. Außerdem ſind zu
gleichem Zwecke in den Staatsforſten von Sachſen, Preußen, Elſaß-Lothringen,
Anhalt ſtändige Streuverſuchsflächen angelegt worden, die ſeit dem Jahre 1873
nach einem von dem Vereine der forſtlichen Verſuchsanſtalten des deutſchen
Reichs feſtgeſtellten Arbeitsplane behandelt werden.

2. Die Bedeutung der Rechſtreu-Berechtigung iſt in Betracht
zu ziehen für die Waldwirthſchaft, für den Berechtigten und für das
öffentliche Intereſſe.

Das Streurechen iſt waldſchädlich durch Verminderung
der Bodenfruchtbarkeit und des Holzertrags.

Mit Recht wird die ungeſchwächte Erhaltung der Waldboden-
kraft als die Lebensbedingung einer erfolgreichen Forſtwirthſchaft angeſehen. In forſtlichen Kreiſen gilt die Streudecke des Waldes als
eine in der Regel unentbehrliche Grundlage ſeiner Bodenfruchtbarkeit, das Streurechen faſt ausnahmslos als bodenverderblich. Die
wiſſenſchaftliche Beweisführung für die Bodenſchädlichkeit des Streurechens iſt theils eine mittelbare, theils eine unmittelbare. Die mittelbare Methode ſtützt ihre Schlußfolgerungen auf die Eigenſchaften der
Waldſtreu und auf die Größe des Waldſtreuertrags. Sie war bisher die herrſchende. Die unmittelbare, erſt in neuerer Zeit vereinzelt angewandte Methode dagegen vergleicht die Bodenzuſtände auf
geſchonten und berechten Waldflächen. Es liegt auf der Hand, daß
dieſelbe einen beſſeren Aufſchluß über die Wirkung des Streurechens

auf den Waldboden giebt. Ihre Ergebnisse werden daher bei der nachfolgenden Darstellung vorangestellt und die ebenso werthvollen als umfangreichen Untersuchungen über die Eigenschaften und den Ertrag der Waldstreu zur Begründung und Ergänzung benutzt werden. Der besseren Uebersicht wegen sind die durch beide Methoden gewonnenen, ziffermäßigen Untersuchungsergebnisse, soweit sie hier in Betracht kommen, in den Tafeln

XXI „Nährstoffgehalts=Tafel für Streumittel",

XXII „Nährstoff=Verbrauchstafel", welche den Nährstoff=Verbrauch in Land= und Forstwirthschaft ersehen läßt,

XXIII „Wirkung des Streurechens auf den Nährstoffgehalt und die physikalische Beschaffenheit des Sandbodens" und

XXIV „Wirkung des Streurechens auf den Holzertrag" zusammengestellt.

Die Schadenwirkung des Streurechens auf den Boden äußert sich hauptsächlich durch Verminderung des Nährstoffgehalts und des Wassergehalts im Boden.

Von mehr untergeordneter Bedeutung sind wegen der Bodenbeschirmung durch die Baumkronen die nachtheiligen Wirkungen des Streurechens auf Boden= temperatur (Steigerung der Erwärmung im Sommer, der Erkältung im Winter) und Bodengefüge (Bodenverhärtung, Krustenbildung auf Thonboden, Auf= lockerung auf Sandboden). Nach den in Tafel XXIII niedergelegten Unter= suchungen von Ramann hat der Feinerdegehalt auf geringem Sandboden nach 16jährigem Streurechen eine kaum bemerkbare Veränderung in dem Gesammt= boden bis zu 1,5 m Tiefe herbeigeführt.

Ueber die Bodenverarmung liegen zuverlässige Untersuchungen nur für Sandboden vor. Dieselben sind in Tafel XXIII mit= getheilt.

Die Untersuchungen von Ramann, Stoeckhardt und Hanamann führen zu dem übereinstimmenden Ergebnisse, daß die längere Zeit fortgesetzte, jährliche Streunutzung auf geringem und mittelgutem Sandboden eine auffallend rasch fortschreitende Boden=Verarmung an sämmtlichen, nothwendigen, mineralischen Nährstoffen (Kali, Kalk= erde, Bittererde, Eisenoxyd, Phosphorsäure, Schwefelsäure) zur Folge hat. Auf der Biesenthaler Versuchsfläche, Taf. XXIII 1, hat sich durch 16jähriges Streurechen

für Schwefelsäure der in Salzsäure lösliche Vorrath auf 27%,

für Eisenoxyd der Gesammtvorrath auf 39%,

für Kali das lösliche Nährstoff-Kapital auf 36%, der Gesammt-vorrath auf 71%,

für Phosphorsäure bei einer Vermehrung des löslichen Nähr-stoff-Kapitals der Gesammtvorrath auf 47%
des vor Beginn des Streurechens vorhandenen Nährstoff-Kapitals vermindert. Wenn erwogen wird, daß der Mangel auch nur eines einzigen der nothwendigen mineralischen Nährstoffe Boden-Unfrucht-barkeit und Ertragslosigkeit herbeiführt, so ergiebt sich, daß daselbst bei Fortsetzung des jährlichen Streurechens in nicht ferner Zeit das Absterben des Bestandes und die Einstellung der Waldwirthschaft bevorstehen würde.

Nach den bisherigen Annahmen soll sich die Bodenverarmung durch Streurechen auch auf die Stickstoffnahrung (Ammoniak, sal-petersaure Salze) erstrecken. Die in Tafel XXIII No. 2, 3 mitge-theilten Untersuchungen von Stöckhardt und Hanamann bestätigen diese Ansicht. Dagegen haben die Untersuchungen von Ramann (Tafel XXIII 1) zu dem Ergebnisse geführt, daß durch 16 jähriges Streurechen in Kiefern-Baumholz- und Stangenholzbeständen auf Kiefernboden III. und V. Klasse keine irgendwie wesentliche Verän-derung, in 2 Fällen sogar eine Vermehrung des Stickstoffgehalts ein-getreten ist.

Die Boden-Verarmung durch Streurechen findet ihre Erklärung theils in der Ausfuhr der in der geworbenen Streu enthaltenen Mineral-stoffe (Nutzungsausfuhr), theils in der Wegführung der gelösten Mineralstoffe mit dem im Boden abfließenden Wasser (Auslaugungs-Ausfuhr).

Die Streunutzungs-Ausfuhr an Mineralstoffen ist nicht unbe-deutend. Sie beträgt, wie Tafel XXII ersehen läßt, in Betreff der gesammten Reinasche das 3 bis 6 fache, bezüglich der beiden wich-tigsten Mineral-Nährstoffe (Kali und Phosphorsäure) das $1^1/_2$ bis $2^1/_2$ fache der Holznutzungs-Ausfuhr. Allerdings bilden Streu- und Holznutzungs-Ausfuhr an Mineralstoffen nur einen geringen Bruchtheil von dem in Tafel XXIII 4 für Kiefernboden nachgewiesenen mineralischen Nährstoff-Kapital des Bodens. Allein dieselbe bleibt bei den anspruchs-volleren Holzarten (Fichte, Tanne, Buche) nicht zurück hinter dem minera-lischen Nährstoff-Verbrauche der Landwirthschaft (s. Tafel XXII). Da-raus folgt, daß die Forstwirthschaft bei dauernder Streunutzung den

Erſatz an Mineralſtoffen durch Düngung ebenſo wenig würde ent=behren können, wie die Landwirthſchaft. Eine dauernde Streunutzung ohne Düngung würde Raubwirthſchaft ſein.

Weit größer als die Streunutzungs = Ausfuhr an Mineralſtoffen iſt auf Sandboden die Auslaugungs = Ausfuhr. Nach den Unter=ſuchungen von Ramann (Tafel XXIII 1) hat nämlich in einem Kiefernſtangenholze auf geringem Sandboden die durch 16 jähriges Streurechen herbeigeführte **Mehr=Ausfuhr** (Ueberſchuß des Nährſtoff=Vorraths auf der unberecht gebliebenen Fläche über den Nährſtoff=Vorrath auf der jährlich berechten Fläche) betragen:

	Mehr = Ausfuhr		
	durch Streu=nutzung (Spalte 10)	durch Aus-laugung (Spalte 12)	im Ganzen (Spalte 6)
	Kilogramm pro Hectar		
für Geſammt=Kali	21	6639	6660
= = Kalkerde	107	523	630
= = Bittererde . . .	16	74	90
= = Eiſenoxyd	43	8102	8145
= = Phosphorſäure . .	44	1194	1238

Nichts erſcheint mehr geeignet, die durch Streurechen herbeige=führte, hauptſächlich auf Auslaugungs=Ausfuhr beruhende Boden=verarmung auf geringem Sandboden zu veranſchaulichen, als dieſe Ziffern.

Als weitere Folgerungen aus Tafel XXIII 1 ſind bemerkens=werth: die durch Streurechen auf Sandboden herbeigeführte, den bisherigen Anſichten zuwiderlaufende, energiſchere Verwitterung, die damit zuſammenhängende Ueberführung faſt des ganzen Nährſtoff=Kapitals an Phosphorſäure und Eiſenoxyd aus dem ungelöſten in den gelöſten Zuſtand, endlich die bei rapider Verminderung des Ge=ſammtvorraths an Phosphorſäure ſtattfindende Vermehrung der lös=lichen Phosphorſäure. Offenbar erfüllt die Streudecke auf Sand=boden die wichtige Aufgabe, durch die ihr und dem Humus bei=wohnende Abſorptionsfähigkeit der Auslaugung entgegenzuwirken und eine haushälteriſche Benutzung der Boden=Nährſtoffe zu vermitteln. Ueber die durch Streurechen hervorgerufenen bodenſtatiſchen Vor=gänge auf anderen Boden=Arten und =Bonitäten liegen keine Unter=

ſuchungen vor. Wahrſcheinlich iſt aber, daß bei ebener Lage auf bindigen Böden wegen der ihnen eigenen größeren Abſorptionsfähigkeit und geringeren Durchläſſigkeit eine Bodenverarmung durch Auslau= gung nicht in gleichem Maße ſtattfindet, wie auf Sandboden. Bei mäßigem Streurechen ſcheint unter ſolchen Verhältniſſen eine Be= reicherung des löslichen (umlaufenden, aſſimilirbaren) Nährſtoff= Kapitals nicht ausgeſchloſſen zu ſein.

Anlangend den Waſſergehalt des Bodens, ſo hielt man ſich bisher zu der Anſicht berechtigt, daß derſelbe und demzufolge die Bodenfruchtbarkeit durch Streurechen eine weſentliche Verminderung erlitte. Geſtützt wurde dieſe Anſicht auf die große Waſſercapacität der Waldſtreu und des daraus gebildeten Humus, auf die Zurück= haltung der Bodenverdunſtung durch die auflagernde Streudecke und auf die durch letztere herbeigeführte mechaniſche Hinderung des Waſſer= abfluſſes an Hängen.

Die Waſſercapacität der Rechſtreu bewegt ſich nach Tafel XXV Spalte 3 zwiſchen 143 (Kiefernſtreu) und 283 (Moosſtreu) Gewichtsprocenten, während nach Schübler die Waſſercapacität von Quarzſand 25, von Thon 70, von feinem kohlenſaurem Kalk 85, von Humusſäuren 190 Gewichtsprocente beträgt. Weſent= lich anders geſtaltet ſich die Waſſercapacität nach den bodenkundlich wichtigeren Raumprocenten. Sie betragen nach Ebermayer, Waldſtreu 1876 S. 176, für Heideſtreu 7,9, Farnkraut 15,4, Kiefernnadelſtreu 16, Buchenlaubſtreu 17,7, Winter=Roggenſtroh 20,3, Fichtennadelſtreu 24,8, Moosſtreu 28,

ferner nach Schübler für Quarzſand 49,9, für feinen kohlenſauren Kalk 80,8, für reinen Thon 87,5, für Humusſäuren 93,5.

Nach Ebermayer (Waldſtreu S. 182) beträgt die Bodenverdunſtung (alſo nicht die unbekannte Blattverdunſtung) in einem geſchloſſenen Walde während des Sommerhalbjahrs

auf ſtreufreiem Boden 47 Procent,
= ſtreubedecktem = 22 =
von der Verdunſtung nackten Bodens auf freiem Felde.

Von einigen Seiten wird auch die Anſicht vertreten, daß Waldſtreu und Humus dem Boden durch Abſorption und Verdichtung von Waſſerdampf aus der Luft eine belangreiche Waſſermenge zuführen, während von anderer Seite der Abſorptionsfähigkeit des Bodens für atmoſphäriſchen Waſſerdampf über= haupt keine weſentliche Bedeutung beigelegt wird.

S. Wolff, Praktiſche Düngerlehre 1880 S. 30.

Außer Zweifel iſt, daß die Entfernung der Streudecke einen weit über den Bereich der Waldwirthſchaft hinausgehenden, nach= theiligen Einfluß auf den Waſſergehalt des Bodens auszuüben ver=

mag. Regen= und Schneewasser werden zum raschen Abfließen von der Oberfläche gebracht; ferner wird das langsame Einsickern des Wassers in den Boden verhindert und die darauf beruhende nach= haltige Speisung der Quellen in Frage gestellt, ganz abgesehen von weiteren verderblichen Wirkungen in Bezug auf Bodenabfluthung und Störungen in dem Wasserstande der Flüsse.

Anders gestaltet sich die Sache in ebenen Lagen. Hier hat sich aus den zahlreichen (42), von Mai bis September 1882 vorgenom= menen Wassergehalts=Untersuchungen von Ramann ergeben, daß auf geringem Höhensandboden der Wassergehalt des berechten Bodens in allen Schichten bis zu 80 cm Tiefe nicht geringer, sondern größer als der Wassergehalt des unberechten Bodens gewesen ist, ferner daß nur in der Dammerdenschicht die wasserhaltende Kraft durch das Streurechen eine Einbuße erlitten hat. (S. Tafel XXIII Spalten 15 bis 18.) Inwieweit die Untersuchungs=Ergebnisse durch die Witterung in dem sehr feuchten Jahre 1882 beeinflußt worden sind, und wie sich auf anderen Bodenarten die Wirkung des Streurechens auf den Wassergehalt des Bodens äußert, wird durch weitere Boden= Untersuchungen festzustellen sein. Lediglich auf deductivem Wege, abgeleitet aus den Eigenschaften des Bodens und der Waldstreu, lassen sich derartige schwierige Fragen, zumal bei der Unzulänglichkeit unseres bodenkundlichen Wissens, nicht lösen.

Der Schwerpunkt der Frage nach der waldwirthschaftlichen Be= deutung des Streurechens liegt in dessen Wirkung auf Holzzu= wachs und Holzqualität. Zuverlässige, vergleichende Untersuchungen darüber sind erst in neuerer Zeit, in sehr beschränktem Umfange, an= gestellt. Tafel XXIV ertheilt darüber Auskunft.

Die älteren Angaben beruhen nicht auf genauen Erhebungen. S. über die Angaben von Hundeshagen 1825, von Wedekind 1838, Jaeger 1843: Weber, „Historischer Rückblick auf die Versuche und Untersuchungen, welche über Menge und Werth der Waldstreu, sowie über die Wirkungen der Waldstreunutzung angestellt sind", in Ganghofer, Das forstliche Versuchs= wesen 1884 II. S. 103.

Aus der Tafel ergiebt sich für Kiefern=, Fichten= und Buchen= Stangenhölzer und jährliches Streurechen,

daß Streurechen, welches sich bei gutem Boden auf wenige Jahre beschränkt, eine vorübergehende Steigerung des Holzzuwachses zur Folge haben kann (Tafel XXIV Nr. 4, 5), daß dagegen längere Zeit (6 bis 21 Jahre lang) fortgeſetztes Streurechen ein Zurückbleiben im Höhenwuchſe (Nr. 7 bis 9) und einen Zuwachsverluſt von 7 (Nr. 6) bis 42% (Nr. 2) zur Folge gehabt hat,

endlich daß bei längerem Streurechen der Aſchengehalt des Holzes an wichtigen mineraliſchen Nährſtoffen eine erhebliche Verminderung erleidet (Nr. 6, 10).

Bei der auch in das politiſche Gebiet übergreifenden Bedeutung, welche der Waldſtreufrage namentlich in Süddeutſchland (Bayern, Baden) beigelegt wird, erſcheint es dringend wünſchenswerth, den Einfluß des Streurechens auf den Holzertrag durch weitere, umfang= reiche, auch auf Althölzer und verſchiedene Streu=Umlaufszeiten aus= gedehnte Unterſuchungen feſtzuſtellen.

So unzulänglich nach den bisherigen Erörterungen die Beweis= führung der Bodenverarmung und des Zuwachsverluſtes durch Streu= rechen auf dem Wege wiſſenſchaftlicher Unterſuchung und Verſuche zur Zeit noch iſt, ſo zeigt doch die einfache Waldbeobachtung die ſchädlichen Folgen der Streunutzung für Boden und Holzbeſtand in augenfälliger Weiſe. Der Boden wird an Hängen abgeſchwemmt, überzieht ſich bei lichter Beſtandsſtellung mit Beerkraut und Heide, der Beſtand wird kurzſchäftig, wipfeldürr, licht, läßt im Maſſenzu= wachſe nach, die Samenerzeugung vermindert ſich, die Verjüngung findet Schwierigkeiten, alles um ſo augenfälliger, zeitiger und in um ſo ſtärkerem Maße, als der Boden vermöge ſeiner Zuſammenſetzung und Lage ärmer, flachgründiger und trockener iſt. Es kann keinem Zweifel unterliegen, daß ſich, abgeſehen von Ausnahmefällen, wo der Wald durch Ueberſchlickung gedüngt wird oder der Bodenüberzug der Verjüngung wegen abgeräumt werden muß, im einſeitigen Intereſſe der Waldwirthſchaft die Abſtellung der Rechſtreunutzung auf den beſſeren Böden als wünſchenswerth, auf geringen Böden dagegen nicht ſelten als eine durch die Walderhaltung gebotene Noth= wendigkeit darſtellt.

3. Die Bedeutung der Rechſtreu für den Berechtigten oder ihr landwirthſchaftlicher Werth iſt theils allgemeiner, theils beſonderer Art. Ihr landwirthſchaftlicher Gemeinwerth beruht hauptſächlich auf der Brauchbarkeit zum Einſtreuen unter das Vieh (Einſtreuwerth)

und zur Düngung (Düngerwerth), ihr landwirthſchaftlicher Sonder=
werth auf den Betriebsverhältniſſen des ländlichen Guts, auf welchem
ſie benutzt wird.

Nebenſächlich kommt außerdem der Benutzungswerth zur Winterdeckung
von Wurzelgewächſen, ſowie zum Schutze von Kellern in Betracht.

Der Einſtreuwerth iſt vorzugsweiſe durch die Fähigkeit, die
flüſſigen Excremente in ſich aufzunehmen und feſtzuhalten (Saug=
fähigkeit, Waſſercapacität) bedingt. In dieſer Hinſicht iſt, wie aus
Tafel XXV, (Streuwerths=Tafel), hervorgeht, das Roggenſtroh
wegen der Hohlräume des Halmes ſämmtlichen Waldſtreumitteln,
mit alleiniger Ausnahme des Waldmooſes, überlegen. Neben der
Saugfähigkeit beſtimmen die Weichheit, Elaſtizität und Reinlichkeit
der Streu als Viehlager den Einſtreuwerth. Auch darin ſtehen
Roggenſtroh und Waldmoos obenan. (Tafel XXV Spalte 5.)

Der Düngerwerth der Streumittel iſt, abgeſehen von minder
wichtigen Eigenſchaften (Bodendurchlüftung), abhängig von deren Nähr=
ſtoffgehalt und Zerſetzbarkeit.

Die einzelnen, in den Streumaterialien enthaltenen, nothwen=
digen Pflanzen=Nährſtoffe (ſ. darüber Tafel XXI, Nährſtoffgehalts=
Tafel für Streumittel) ſind für die Landwirthſchaft nicht gleich=
werthig. Bei der Werthbemeſſung der Nährſtoffe kommt in Betracht,
daß der Stickſtoffbedarf theils in den Viehſtällen beſchafft, theils dem
Boden aus der Atmoſphäre zugeführt wird, ferner, daß gewiſſe
mineraliſche Nährſtoffe (z. B. Kalkerde) in den meiſten Böden reich=
lich, andere (Kali, Phosphorſäure) ſparſam vertreten ſind, endlich,
daß die Landwirthſchaft gerade von den im Boden wenig vertretenen
Nährſtoffen einen namhaften Betrag erfordert.

Vergl. darüber Tafel XXII: Nährſtoffverbrauchstafel für Land= und Forſt=
wirthſchaft.

Mit Rückſicht hierauf iſt es üblich und im Allgemeinen, abge=
ſehen von den immerhin beträchtlichen Verſchiedenheiten der Boden=
arten und Kulturarten gerechtfertigt, den Nährſtoff der Streumateri=
alien nach deren Gehalt an Kali und Phosphorſäure und den Ein=
heitspreiſen für letztere zu bemeſſen. Auf dieſer Grundlage berechnet
ſich nach Tafel XXV Spalte 15 im Vergleiche mit Roggenſtroh
= 100 der Nährſtoffwerth für

Buchen-Laubstreu   zu 45

Kiefern-Nadelstreu   = 24

Fichten-Nadelstreu   = 34

Moosstreu   = 56

Bei Werth-Anrechnung des Stickstoffgehalts ergiebt sich, im Widerspruche mit der landwirthschaftlichen Praxis, ein weit höherer Nährstoffwerth für Wald=streu, als für Roggenstroh (Tafel XXV, Spalte 14).

Die den Düngerwerth mitbestimmende Zersetzbarkeit der Rech=streu (Tafel XXV Spalte 16) verhält sich im Allgemeinen vermöge des Harzgehalts der Nadeln, sowie wegen holziger Beimengungen ungünstiger als beim Roggenstroh, namentlich auf leichtem Boden.

Unter Berücksichtigung aller den Einstreuwerth und Dünger=werth beeinflussenden Verhältnisse ist in Tafel XXV Spalte 20 das Gesammtwerth=Verhältniß der wichtigsten bei der Ablösung von Streuberechtigungen in Betracht kommenden Streumittel veranschlagt

für Roggenstroh   auf 100

= Buchen-Laubstreu   = 50

= Kiefern-Nadelstreu   = 30

= Fichten-Nadelstreu   = 35

= Moosstreu   = 80

= Farnstreu   = 160

= Heidestreu   = 25

Ganz abweichend von diesen in ihren Elementen auf Untersuchungen be=ruhenden Ergebnissen sind die bei Streuablösungen üblichen Werthverhältniß=ziffern, indem in lufttrockenem Zustande

1 Gewichtstheil Roggenstroh

3 Gewichtstheilen Laub,

2   =   Nadeln und

1,5   =   Moos

gleichwerthig angenommen wird, so daß sich das Gesammtwerthverhältniß

von Stroh auf 100,

= Moos   = $66^2/_3$,

= Nadeln =   50,

= Laub   = $33^1/_3$

stellt.

So in der techn. Instr. für Frankfurt 2. Aufl. 1851 S. 296, ähnlich in den techn. Instructionen für Breslau S. 127, Pommern S. 95.

Hundeshagen, Waldweide und Waldstreu 1830 S. 52 giebt den Werth von Moosstreu auf 0,75—1,00, von Nadelstreu auf 0,50—0,75, von Laubstreu auf 0,26—0,36 des Strohwerths an. Die Richtigkeit dieser Zahlen, welche auch

in manche landwirthschaftliche Lehrbücher übergegangen sind, wurde bereits von
Pfeil auf Grund der Sprengel'schen Untersuchungen über den Düngerwerth
von Laub und Nadeln angezweifelt.

Pfeil, Ablösung der Waldservituten 3. Aufl. 1854. S. 301.
Sprengel, Düngerlehre 1839 S. 181.

Beachtenswerth für die Anwendung der in Tafel XXV ermit=
telten Werthverhältnißzahlen ist der Umstand, daß sich die Angaben
für Buchen=Laubstreu, Kiefern= und Fichten=Nadelstreu nicht etwa
blos auf den Blattabfall, sondern auf die in Buchen=, Kiefern= und
Fichten=Waldungen durch Streurechen bei jährlicher oder mehrjähriger
Wiederholung gewonnene Bodendecke beziehen, welche außer Blättern
auch Moos, Holz= und Rindentheile, humose Stoffe enthalten, daß
dagegen unter Moosstreu reines oder fast reines Moos zu verstehen
ist. Wenn daher etwa bei erstmaligem Streurechen oder in Folge
sonstiger Verhältnisse in der Buchen=, Kiefern= bez. Fichtenstreu eine
ungewöhnlich große Quote von Moos enthalten sein sollte, so würden
die angegebenen Werthverhältnißzahlen darnach gutachtlich abzu=
ändern sein.

In der Oberförsterei Biesenthal wurde im Jahre 1887 die Zusammen=
setzung der Kiefernstreu auf 7 seit 21 Jahren alljährlich berechten Versuchs=
flächen der I. bis V. Bodenklasse in Stangen= und Baumholzbeständen unter=
sucht. Als durchschnittliche Zusammensetzung der Kiefernstreu ergab sich in
lufttrocknem Zustande nach sorgfältiger Auslese und Wägung

an Nadeln . . . . 34 Gewichtsprocente,
  = Holz= und Rindentheilen 28   =
  = Moos 18   =
  = Abfall (untrennbare Reste, humose Stoffe ꝛc.) 20   =

                              = 100 Gewichtsprocente.

Vergl. Ramann in Danckelmann's Zeitschr. für Forst= und Jagdwesen 1888.

Aus den angegebenen Werthverhältnißzahlen geht hervor, daß
der landwirthschaftliche Gemeinwerth der Rechstreu ein geringer ist,
indem das doppelte bis dreifache Waldstreuquantum und demzufolge
ein unverhältnißmäßig großer Arbeitsaufwand für Werbung, Trans=
port und Zurichtung erforderlich ist, um eine der Strohstreu gleich=
werthige Wirkung zu erzielen. Durch die Rechstreunutzung wird der
natürliche, anderweit nicht zu ersetzende Walddünger mit einem be=
trächtlichen Arbeitsaufwande aus dem Walde auf das Feld gebracht,
ohne hier eine befriedigende Wirkung auszuüben. Für den land=
wirthschaftlichen Groß= und Mittelbetrieb ist daher, auch nach dem

Urtheile einsichtiger Landwirthe, die Wald-Rechstreunutzung entbehr=
lich. Demselben stehen bei den heutigen Betriebs= und Verkehrsein=
richtungen andere zweckmäßigere und wohlfeilere Hülfsmittel zur
Streu= und Düngerbeschaffung (vermehrte Strohproduction, gute
Stalleinrichtungen, Fütterung mit Kraftfutter anstatt mit Stroh,
Anlage von Moorkulturen, Mineraldünger, Torfstreu) zur Ver=
fügung.

Eine wesentlich andere Bedeutung gewinnt die Rechstreunutzung
häufig bei landwirthschaftlichem Kleinbetriebe. Hier können
die Ungunst des Standorts oder die Besonderheit der Betriebsart
der Waldstreu einen bis zu deren Unentbehrlichkeit ansteigenden
landwirthschaftlichen Sonderwerth verleihen. Kleinbetrieb im
rauhen Gebirgsklima mit geringem Getreidebau oder auf dem ge=
ringen Sandboden der Ebene bei Wiesenmangel, Strohfütterung und
vorherrschendem Kartoffelbau, Kleinwirthschaften mit düngerbedürf=
tigem Weinbau, Hopfen=, Tabacks= oder Gemüsebau, Zwergbetriebe
von 1 bis 2 ha mit Futter= und Strohmangel, wo das Stroh zum
Futtersurrogate, die Waldbodendecke zum Streusurrogate wird, ge=
hören dahin. Hier ist die Waldstreu ein vielbegehrtes Waldproduct
und ein häufig unentbehrliches Hülfsmittel der Landwirthschaft, hier
das Feld der Streuforderungen an den Wald, des Widerstreits
zwischen Land= und Waldwirthschaft, der Streufrevel und der Streu=
berechtigungen, die mitunter, zumal in Nothjahren, den Character
von Nothservituten annehmen, so daß die Angemessenheit ihrer Ab=
lösung ernste, die volkswirthschaftlichen, überhaupt öffentlichen In=
teressen berührende Bedenken hervorruft.

4. Die über dem privatwirthschaftlichen Interesse des Wald=
eigenthümers und des Berechtigten stehende öffentliche Bedeutung
der Waldstreunutzung und der Waldstreu=Berechtigungen beruht auf
der öffentlichen Bedeutung einerseits des Waldes, andererseits der=
jenigen landwirthschaftlichen Kulturzweige, welche die Waldstreu be=
nutzen. Eine übermäßige Waldstreunutzung wirkt ähnlich, langsamer
zwar, aber sicher, wie die Entwaldung mit ihren gemeinschädlichen
Folgen in Bezug auf Quellenerhaltung, Bodenabschwemmung und Was=
serstand der Flüsse. Wo daher die Walderhaltung durch das öffent=
liche Interesse geboten ist, erfordert letzteres auch die Abstellung über=
mäßiger, d. h. einer solchen Waldstreunutzung, welche die Erhaltung

oder die wirthschaftliche Benutzung des Waldes auf die Dauer in Frage stellt. Es kann je nach den Standorts-Verhältnissen die Einstellung jeder Streunutzung oder eine bloße Beschränkung derselben durch das öffentliche Interesse geboten sein.

Kartoffelbau, Weinbau, Hopfen- und Tabacksbau liefern hochwerthige Producte, auf deren Erzeugung mitunter die Ernährung und der Erwerb der landwirthschaftlichen Bevölkerung beruhen. Es würde dem öffentlichen Interesse zuwider sein, jenen Kulturarten zu Gunsten einer vermehrten, aber weniger begehrten und weniger einträglichen Holzerzeugung die Bedingungen ihrer Existenz oder ihrer Ertragsfähigkeit abzuschneiden. Wo die Waldstreunutzung diese Bedeutung in Wahrheit, nicht blos vermeintlich besitzt, und kein wichtigeres Interesse durch sie geschädigt wird, dient sie dem öffentlichen Interesse.

Gütertheilung, Bevölkerungsziffer und hergebrachte, landwirthschaftliche Kulturarten sind gegebene Verhältnisse, welche sich nicht willkürlich, in der Regel nur allmählich, mitunter gar nicht ändern lassen und stets eine Rücksichtnahme erfordern, die nicht ausschließlich von dem Gesichtspunkte der einträglichsten Waldwirthschaft, sondern von allgemeinen Erwägungen wirthschaftlicher, sogar gesellschaftlicher Art geleitet werden muß. Diese Erwägungen können dazu führen, die Fortdauer der Waldstreunutzung als nothwendig oder wünschenswerth zu erkennen, selbst wenn sie für die Waldwirthschaft nicht geeignet sein sollte.

In wesentlicher Uebereinstimmung mit dieser Auffassung hat die von der deutschen Landwirthschafts - Gesellschaft veranstaltete 2. Wanderversammlung deutscher Landwirthe im Juni 1887 zu Frankfurt a. M. fast einstimmig folgende Resolution beschlossen:

„Die Waldstreu bildet ein mangelhaftes Einstreu- und ebenso Düngermaterial, sie sollte daher entweder entbehrlich gemacht oder doch nur in Ausnahmefällen angewendet werden.

Im landwirthschaftlichen Zwergbetriebe ist sie in vielen Fällen nicht zu entbehren.

Die thunlichste Erhaltung der Streu ist aber für den Wald von hoher Bedeutung, auf schlechtem Boden geradezu eine Lebensfrage; daher sind einerseits offenkundige Mängel im landwirthschaftlichen Betriebe abzustellen, und ist andererseits der Wald durch Benutzung aller zweckmäßigen Streusurrogate bezüglich der Streuabgabe möglichst zu entlasten."

5. Die Betrachtungen einerseits der privatwirthschaftlichen Bedeutung der Streunutzung für Wald- und Landwirthschaft, andererseits

der öffentlichen Bedeutung der Streunutzung führen zu folgenden wirthschaftspolitischen Grundsätzen über Ablösbarkeit und Regelung der Rechstreuberechtigungen:

Die unbedingte Zwangs=Ablösung der Streuberechtigungen er= scheint, so wünschenswerth sie für den Wald ist, mit Rücksicht auf die Wahrung der landwirthschaftlichen und der öffentlichen Interessen nicht gerechtfertigt.

Sie ist unzulässig und wirthschaftlich ein Fehler, wenn bei Widerspruch des Berechtigten gegen die Ablösung einerseits der Nach= weis nicht zu führen ist, daß die Erhaltung und wirthschaftliche Be= nutzung des belasteten Waldes durch eine geregelte Ausübung der Streuberechtigung gefährdet wird, oder daß die Waldstreu in dem belasteten Walde einträglicher ist, als in der Wirthschaft des berech= tigten Grundstücks, und wenn gleichzeitig andererseits die Waldstreu= nutzung ein unentbehrliches, auf keine andere Weise, namentlich auch nicht durch die Abfindung zu befriedigendes Bedürfniß des berech= tigten Grundstücks darstellt.

In diesen Fällen tritt die Regelung der Waldstreu=Berechtigung an die Stelle der Zwangs=Ablösung.

In allen anderen Fällen ist die Zwangs=Ablösung statthaft.

Ueber die Zulässigkeit der Zwangsablösung sollte die Ablösungs= behörde auf Grund eines von land= und forstwirthschaftlichen Sach= verständigen abzugebenden Gutachtens entscheiden.

In Baden ist die Zwangs=Ablösung von Streuberechtigungen nur dann zulässig, wenn durch Entscheidung des Staatsministeriums festgestellt worden ist, daß durch die Ablösung der Nahrungsstand der Berechtigten nicht wesentlich gefährdet wird.

Vergl. Th. 1 § 11 S. 99.

In Braunschweig ist die Ablösung von Rechstreu=Berechtigungen nur statthaft, wenn der Berechtigte im Stande bleibt, sich das haushälterisch er= forderliche Streumaterial zu verschaffen. (GThO. § 133.)

G. L. Hartig bezeichnet es als staatswirthschaftlich unzulässig, die forst= wirthschaftlich verderblichste Streuservitut in solchen Gegenden abzulösen, wo die Landwirthschaft ohne Waldstreu wegen Strohmangels nicht bestehen kann.

Forst= und Jagd=Archiv 1816 I. 1 S. 37.

III. Regelung der Rechstreu-Berechtigungen.

Die Waldschädlichkeit der Rech=Streunutzung erfordert in allen Fällen, in denen die Ablösung der Rech=Streuberechtigungen nach dem Ablösungsrechte nicht zulässig oder nicht durchgeführt ist, deren Regelung. Sie ist theils eine allgemeine, für alle Streuberech=tigungen nach Maßgabe der Forstpolizei=Gesetze gültige, theils eine besondere, erst auf Antrag der Interessenten durch einen besonderen Rechtsact in Wirksamkeit tretende.

1. Die allgemeine polizeiliche Regelung ist in Preußen für die 7 östlichen Provinzen durch das Waldstreu=Gesetz vom 5. März 1843, für die ehemals Hessen=Darmstädt'schen und Bayerischen Ge=bietstheile durch die früher (S. 292) genannten Gesetze geordnet.

Wegen der Bestimmungen dieser Gesetze s. Nr. 1.

Die allgemeine Regelung der Rechstreu=Berechtigungen sollte enthalten:

bezüglich der Nutzungsorte eine dauernde Streuschonung (Ausschluß=schonung) derjenigen Waldorte, in welchen das Streurechen, selbst bei beschränkter Ausübung, die Erhaltung der Substanz oder eine wirthschaftliche Benutzung des Waldes gefährdet (steile Hänge, steinige, flachgründige, flugsandartige, erd=arme, nahrungsarme und dürre Böden), ferner eine vorübergehende Schonung der Bestände sowohl in der Zeit ihrer jugendlichen Entwickelung (Jugend=schonung), als in der Zeit, welche der Verjüngung unmittelbar vorhergeht (Verjüngungsschonung). Die Dauer der Jugend= und der Verjüngungsschonung würde bei Streitigkeiten auf Grund forstsachverständigen Gutachtens mit Rück=sicht auf Boden, Holzart, Betriebsart, Umtriebszeit durch die zuständige Polizei=behörde festzustellen sein;

ferner bezüglich der Nutzungszeit die Beschränkung auf eine mindestens 3jährige, auf geringem Boden längere (mindestens 6jährige), bei Streitigkeiten ebenfalls auf Grund sachverständigen Gutachtens festzustellende Umlaufszeit, sowie die Beschränkung auf den Spätsommer und Herbst bis zur Mitte der Blattabfallzeit (s. I. 5);

weiter bezüglich der jährlichen Nutzungsfläche die Anordnung, daß auf Antrag sowohl des Waldeigenthümers als des Berechtigten periodische, obrig=keitlicher Feststellung unterliegende Streunutzungspläne aufzustellen seien;

endlich bezüglich der Nutzungsart das Verbot eiserner Rechen, jeder über die Bodendecke hinausgehenden Nutzungsart, sowie des Streu= und Stroh=Verkaufs.

In Sachsen=Weimar wurde der Streuverkauf durch V. v. 18. Sept. 1851 verboten.

Hartig fordert schon 1813 eine polizeiliche Regelung der Streuberechti=gungen dahin, daß in Hochwaldungen nur die über 60jährigen, in Nieder=waldungen nur die über 20jährigen Bestände geöffnet werden sollen, ferner 3—4jährige Umlaufszeit, Streunutzungszeit nur von Mitte August bis Mitte October, ausschließlichen Gebrauch von hölzernen Rechen, Beschränkung des Streurechens auf bestimmte Wochentage.

Hartig, Grundsätze der Forstdirection 2. Aufl. 1813 S. 78.

2. Bezüglich der Antrags-Regelung kommen in Betracht die Umwandlung, Feststellung und Einschränkung der Rechstreube-rechtigungen.

Die Freilegung entspricht dem Interesse des Waldeigenthümers nicht, weil sie denselben in der Auswahl der Nutzungsorte beschränkt und zu den kürzesten zulässigen Streu-Umlaufszeiten führt.

a) Die Regelung des Nutzungsgegenstandes durch Umwand-lung von Rechstreu in Reisstreu oder in Unkräuterstreu erscheint, so wünschenswerth sie ist, nach Preußischem Rechte nicht zulässig. In § 17 Tit. 19 I des Allg. Landr., worauf sich die Umwandlung von Grundgerechtigkeiten stützt, heißt es:

> „Auch wenn die Art und Gattung des Rechts auf eine fremde Sache an sich bestimmt ist, muss dennoch dasselbe im zweifel-haften Falle, soviel es seine Natur und der ausdrücklich er-klärte Zweck seiner Bestellung zulassen, zum Besten des Eigen-thümers eingeschränkt werden.“

Die Natur, d. h. der wesentliche Begriff der Rechstreuberechti-gung auf Laub, Nadeln, Moos, ist von der Natur der Reis- und Unkräuterstreuberechtigung, ungeachtet der gleichartigen Nutzungszwecke, so wesentlich verschieden, daß die Umwandlung der ersteren in die letztere wohl nicht durch die landrechtliche Bestimmung begründet werden kann.

b) Die Zwangs-Feststellung unbestimmter Waldgrundge-rechtigkeiten auf ein bestimmtes Nutzungsmaß (eigentliche Fest-stellung) ist innerhalb Preußens nur

im Bereiche der Altpr. GThO. vom 7. Juni 1821 auf An-trag des Belasteten und

in den von Bayern erworbenen Gebietstheilen auf Antrag so-wohl des Belasteten als des Berechtigten (Bayer. F.-G. 1852 Art. 27)

zulässig.

Vergl. Th. I § 8 S. 75.

Die eigentliche Feststellung unbestimmter Streuberechtigungen erscheint, sofern nicht zur Ablösung geschritten wird, unter allen Um-ständen wünschenswerth. Als Grundsatz ist dabei festzuhalten, daß die Nutzungsgröße nach bestimmten, controllirbaren Raummaßen (Raummetern) festgesetzt wird.

Haufen ohne leicht meßbare Dimensionen, Fuderhaufen ꝛc. sind nicht controllirbar. Die Feststellung bez. Ueberweisung des Nutzungsmaßes nach der Fläche ist unzweckmäßig, weil es im Interesse des Berechtigten liegt, zum Nachtheile des Waldes die auf der Fläche befindliche Streu so vollständig als möglich zu gewinnen.

Sehr wünschenswerth ist ferner die Werbung der Waldstreu für Rechnung des Waldeigenthümers gegen Erstattung der Werbungs- kosten für diejenigen Arbeiten, welche auch vor der Fixation dem Be- rechtigten zur Last fielen (Rechen und Zusammentragen in Haufen, aber nicht Aufmetern), weil auf diese Weise die Schonung des Waldes am meisten gesichert ist. Ein gesetzlicher Zwang dazu besteht in Preußen nicht. Es wird jedoch der Waldeigenthümer bei Unent- behrlichkeit der Waldstreu vermöge des ihm zustehenden Ablösungs- rechts in den meisten Fällen in der Lage sein, die Bedingungen der Fixation festzustellen.

Vergl. die analoge Feststellung von unbestimmten Holzbedarfs-Berechtigungen § 4 S. 61.

Die uneigentliche Zwangsfeststellung, welche die Grund- lagen des Nutzungsmaßes bestimmt regelt, ist innerhalb Preußens, nur für die 1866 von Bayern erworbenen Gebietstheile und zwar zweckmäßig auf Antrag sowohl des Waldeigenthümers als des Be- rechtigten statthaft.

Bayer. Forstges. 1852 Art. 27.

Vergl. Th. I. § 8 S. 76.

Ihre vollkommenste Form findet die uneigentliche Feststellung unbestimmter Streuberechtigungen in der periodischen Streu-Betriebs- Regelung (Streunutzungsplänen).

Vergl. darüber S. 286, 296.

Der belastete Waldeigenthümer sollte ungeachtet des mangelnden gesetzlichen Zwangs schon deshalb die Streubetriebsregelung durch periodische Nutzungspläne nicht unterlassen, weil sie eine Grundlage für die Entscheidung von Streudistricts-Streitigkeiten aus Anlaß des § 5 des Waldstreu-Gf. vom 5. März 1843 bilden.

c) Auch die Zwangs-Einschränkung von bestimmten oder unbestimmten Streuberechtigungen (Feststellung auf ein hinter dem Berechtigungsanspruche zurückbleibendes Nutzungsmaß) ist innerhalb Preußens nur bezüglich der ehemals Bayerischen Gebietstheile ge- setzlich zugelassen.

Vergl. Th. I § 8 VI. S. 78.

Art. 25 des Bayer. Forstges. 1852. Die Einschränkung heißt dort „Er=
mäßigung".

Gerade für Streuberechtigungen ist bei Waldunzulänglichkeit die
„Einschränkung" wegen der Waldschädlichkeit und örtlichen Unent=
behrlichkeit der Waldstreunutzung von Werth.

Gegenwärtig wird der belastete Waldeigenthümer im Falle der
Waldunzulänglichkeit wegen der ungenügenden Streu=Schutzgesetzge=
bung zur Ablösung von Streuberechtigungen geradezu gedrängt. Nur
in den 7 östlichen Provinzen gewährt ihm das Ortsanweisungsrecht
(§ 4, 5 des WG. 1843) einigermaßen das Mittel, die Waldschäd=
lichkeit der Streuberechtigungen abzuschwächen.

IV. Nutzwerth-Ablösung der Rechstreu-Berechtigungen.

Ueber Ablöslichkeit und Abfindungsarten s. § 18 S. 290.

1. Die Nutzwerth=Ermittelung hat für die beiden abweichend
zu behandelnden Fälle der Waldzulänglichkeit und Waldunzulänglich=
keit zweckmäßig folgenden Gang zu nehmen:

A. Fall der Waldzulänglichkeit.

I. Ermittelung der jährlichen Streu=Naturalrente (Nr) in
Waldstreucentnern nach Lufttrockengewicht (a). Bei bestimmten
Streuberechtigungen ist die Naturalrente, gewöhnlich nach Raum=
metern, gegeben. Die Umwandlung in Streucentner erfolgt nach
den Sätzen der Streugewichtstafel.

Die Umwandlung kann unterbleiben, wenn die Geldwerthermittelung
nach Streumetern vorgenommen wird.

Bei unbestimmten Streu=Verkaufs=Berechtigungen ist
die Naturalrente nach dem in den letzten 10 Jahren verkauften durch=
schnittlich jährlichen Betrage zu ermitteln.

Vergl. § 18 S. 290.

Bei unbestimmten Streu=Bedarfs=Berechtigungen,
welche die Regel bilden, ergiebt sich die Streu=Naturalrente

    1. aus dem Streurechts=Bedarfe (Streurechts=Anspruch) in Stroh=
       Centnern Lufttrockengewicht, begründet auf Viehstands=Ermit=
       telung (b), Streustrohbedarf für ein Haupt Vieh (c) und
       Abrechnung der Streu=Nebenmittel (d),
       ferner

2. aus der Umwandlung von Stroh=Centnern in Waldstreu=
Centner (c).

II. Ermittelung der jährlichen Streu=Geldrente (Gr)

3. aus der nach I ermittelten Streu=Naturalrente,

4. aus dem Nettowerthe für den Waldstreu=Centner Lufttrocken=
gewicht, begründet auf Streu=Bruttowerth (f), Streu=Wer=
bungskosten (g) und event. Transportkosten (h), sowie

5. durch Abzug des Geldwerths der Gegenleistungen.

III. Ermittelung des Streu=Ablösungs=Kapitals SK aus

6. der Streu=Geldrente (II) und

7. dem Streurechts=Zinsfuße (i).

B. Fall der Waldunzulänglichkeit.

I. Ermittelung der jährlichen, dauernd gleichen oder periodisch
wechselnden Streu=Naturalrente (Nr) in Waldstreu=Centnern Luft=
trockengewicht.

Die Streu=Naturalrente ist das Product aus Streurechts=An=
spruch b und Streuquote, die Streuquote gleich dem Quotienten
aus Waldstreuertrag We und Gesammt=Anspruch aller Streuberech=
tigten, also

$$\text{die Naturalrente } Nr = b \times \frac{We}{B}.$$

Sie ergiebt sich demgemäß

8. aus dem nach A I zu ermittelnden Streurechts=Anspruche b
des abzulösenden Berechtigten,

9. aus dem dauernd gleichen oder periodisch ungleichen Streu=
Waldertrag We und

10. aus dem Gesammtanspruche B aller Streuberechtigten.

11. Bei Concurrenz mehrerer Streuberechtigten in mehreren
Streurevieren sind die Streu=Naturalrenten eines jeden Be=
rechtigten für jedes Streurevier und im Ganzen aus den
Streurechts=Ansprüchen und den Streuquoten für jedes Streu=
revier zu berechnen (f).

II. Ermittelung der jährlichen dauernd gleichen oder periodisch
wechselnden Streu=Geldrente (Gr) aus

12. der Streu=Naturalrente (B I),

13. dem Nettowerthe für den Waldstreu=Centner Lufttrockengewicht
und

14. durch Abzug des Geldwerths der Gegenleistungen.

III. Ermittelung des Streu=Ablösungs=Kapitals SK

15. aus der Streu=Geldrente B II und

16. aus dem Streurechts=Zinsfuße.

Einer Erläuterung bedürfen die Ermittelungen

des Streurechts=Anspruchs,

des Streuwald=Ertrages,

der Streu=Naturalrenten und Streuquoten bei Walbunzulänglich=
keit und bei Concurrenz mehrerer Berechtigter in mehreren
Streurevieren,

des Nettogeldwerths für den Streucentner und

des Streurechts=Zinsfußes.

2. Ermittelung des Streurechts=Anspruchs.

Vergl. § 18 S. 279, § 19 S. 204.

Der Streurechts=Anspruch, bei bestimmten Streuberechtigungen
gegeben, bei unbestimmten Streu=Verkaufsberechtigungen aus den
seither verkauften Streubeträgen hervorgehend, besteht bei unbe=
stimmten Streu=Bedarfsberechtigungen, worauf sich die weitere Er=
örterung beschränkt, in dem Ueberschusse des Streuvollbedarfs über
die gesetzmäßig, titelmäßig oder ausübungsmäßig abzurechnenden
Streunebenmittel des Berechtigten. Bei Walbzulänglichkeit ist die
Streu=Naturalrente gleich dem Streurechtsanspruche; bei Walb=
unzulänglichkeit ergiebt sie sich als Product aus Streurechts=Anspruch
und Streuquote.

Es ist zweckmäßig, den Streuvollbedarf in Streustroh, in der
Regel Roggenstroh, dem am meisten üblichen Streumittel, ferner die
Streu=Naturalrente in Waldstreu, und zwar beide (Strohstreu und
Waldstreu) nach Lufttrocken=Gewicht (Centnern) zu ermitteln (a).

Man nennt

waldtrocken den zur Zeit der Werbung im Walde bei trockenem Wetter
durch Liegen an der Luft erlangten Trockenheitsgrad,

lufttrocken (vollkommen lufttrocken) denjenigen Trockenheitsgrad, bei welchem
in gewöhnlicher, nicht künstlich erwärmter Luft und in Folge längerer
Aufbewahrung im Trockenen keine erhebliche Gewichtsveränderung mehr
stattfindet;

völlig (absolut) trocken den durch Erhitzung in einem Trockenapparat
bei 100—120° Celsius erzielten wasserfreien Zustand.

Die lufttrockene Streu (Strohstreu und Waldstreu) enthält 12 bis 15 Pro=
cent Wasser. Der Wassergehalt und demgemäß das Volumgewicht der wald=
trockenen Streu mag sich, je nach Jahreszeit und Witterung in den der Streu=

werbung vorhergegangenen Wochen, etwa zwiſchen 20 und 40 Procent bewegen. Waldtrockengewicht, nach welchem bei Streu-Veranſchlagungen oft gerechnet wird (man rechnet z. B. 5 Gewichtstheile lufttrocken gleich 11 Gewichtstheilen waldtrocken), iſt daher wegen ſeiner Unbeſtimmtheit nicht geeignet für Streuertragsermittelungen, noch weniger der Streu-Raummeter, waldtrocken geſetzt, weil ſich hier zur Unbeſtimmtheit im Waſſergehalt die durch ungleichartiges Aufarbeiten herbeigeführten ſehr beträchtlichen Verſchiedenheiten im Streuvolumen geſellen.

Grundlage für die Ermittelung des Streuvollbedarfs iſt nach früherer Darlegung der entweder hiſtoriſch-ſtatiſtiſch oder nach dem Düngerbedarf durch landwirthſchaftlich-techniſche Schätzung feſtzuſtellende Viehſtand (b) an ſtreubedürftigen Vieharten (Rindvieh, Pferden, Schweinen, Schafen, Gänſen).

Auch der Streuſtrohbedarf (c) für 1 Stück Vieh iſt durch landwirthſchaftliche Sachverſtändige zu beſtimmen. Derſelbe iſt abhängig von Menge und Beſchaffenheit der thieriſchen Auswurfſtoffe, ſomit von Art, Größe und Gewicht des Viehes, ſowie von der Reichhaltigkeit und Beſchaffenheit des Futters. Je größer für eine und dieſelbe Viehart das Gewicht des Viehes, die Menge des Futters und der Excremente, je feuchter und flüſſiger die beiden letzteren ſind, deſto größer iſt der Streuſtrohbedarf, bei deſſen Ermittelung Stallzeit und Weidezeit zu ſondern ſind, ſofern nicht ausſchließliche Stallfütterung beſteht.

Vergl. über Futterbedarf, Dauer der Weidezeit und Stallzeit Weidebered)tigungen § 24 und die Futterbedarfstafel (Tafel XXXIV).

Der Streuſtrohbedarf bei Stallfütterung beträgt:

nach Krafft, Lehrbuch der Landwirthſchaft 3. Aufl. 1880 I. Bd. S. 158, 160

    für Rindvieh ⅓ bis ¼ der Futter-Trockenſubſtanz,

    = Pferde ¼ = ⅕ = = =

    = Schafe ¼ = ⅙ = = =

nach Schlipf, Populäres Handbuch der Landwirthſchaft 8. Aufl. 1877 S. 68

    täglich für 1 Stück Groß-Rindvieh 2 bis 5 kg,

    = 1 Pferd 2 = 3 =

    = 1 Schaf ¼ =

nach Kick, Lehrbuch der Rindviehzucht 4. Aufl. 1878 S. 185

    für Rindvieh auf 6 Centner Heu 1 Centner Streuſtroh, bei wäſſerigen Futtermitteln mehr;

nach Sprengel, Düngerlehre 1839 S. 205

    für 1 Stück Rindvieh täglich 1,9 bis 5,6 kg,

    = 1 Pferd = 1,9 = 2,8 =

    = 1 Schaf = 0,24 = 0,35 =

    = 1 Schwein = 1,4 = 2,8 =

nach Thaer, Rationelle Landwirthschaft 4. Bd. 1812 S. 329
für 1 Stück Rindvieh täglich 1,4 bis 4,7 kg;
nach der technischen Instruction für Frankfurt 2. Aufl. 1851 S. 295
für 1 Stück Großvieh, Kuh, Ochs, Pferd täglich 1,41 kg,
  = 1 Schaf . . . . = 0,14 =
  = 1 Schwein . . . . = 0,35 =
  = 1 Gans . . . . = 0,06 =
nach der technischen Instruction für Pommern 1842 S. 93
für 1 Mittelkuh täglich 1,88 kg;
nach der technischen Instruction für Breslau 1846 S. 127
für 1 Stück Großvieh, Pferd, Ochs, Kuh täglich 1,88 kg,
  = 1 Schaf . . . . = 0,12 =
  = 1 Schwein . . . . = 0,71 =
  = 1 Gans . . . . = 0,08 =
nach Pfeil, Ablösung der Waldservituten 3. Aufl. 1854 S. 301
für 1 Stück Rindvieh 1,41 kg,
  = 1 Schaf 0,14 =
  = 1 Schwein 0,56 =

Der Streuhstrohbedarf während der Weidezeit wird bei Uebernachtung im Stalle dem halben Bedarfe während der Stallzeit gleichgerechnet.

Nach welchen Grundsätzen die Abrechnung der Streu-Nebenmittel (b) von dem Streuvollbedarfe stattzufinden hat, wurde in § 18 S. 282 erörtert.

Erfahrungssätze.

von Oesten rechnet als durchschnittlichen Strohertrag pro Jahr und ha:
von Gerstenland mittlerer Güte   1758 kg (Roggen-, Gersten-, Erbsenstroh),
  = Haferland I. Klasse   . . .   1299 =   (Roggen-, Hafer-, Kartoffelstroh),
  =   = II. =   . . .   1130 =   desgl.
  =   = III. =   . . .   935 =   desgl.
  = Roggenland, 2 u. 3jähr. . .   666 =   (Roggen-, Buchweizenstroh),
  ,   = 6jähr. . . .   449 =   desgl.

Das vom Vieh untergetretene und das zum Einmiethen der Kartoffeln verwandte Stroh, welches demnächst zur Einstreu dient, wird bei übrigens vollständiger Verfütterung des Strohs zu $\frac{1}{15}$ des gesammten Strohertrags veranschlagt.

von Oesten in der Z. f. LCG. Bd. XVI S. 182.

Ranke veranschlagt den Strohbedarf zu Dachschoben, Seilen, Bettstroh auf $\frac{1}{10}$ des ganzen Strohgewinns, den von jenem Stroh zur Einstreu gelangenden Theil auf $\frac{1}{3}$, mithin auf $\frac{1}{30}$ des gesammten Strohgewinns;

die Heuabfälle, welche in die Streu kommen, auf $\frac{1}{100}$ des Heugewinns,

an Kartoffelkraut auf 1 Hectol. Kartoffeln 3,4 Kil. lufttrockenes Kartoffelkraut,

an Quecken von 1 Hectar Hafer- und Roggenland 135 Kil.,

den landwirthschaftlichen Streuwerth der Heuabfälle gleich demjenigen des Roggenstrohs, des Kartoffelkrauts auf 0,45 davon,

der Quecken = 0,7 =

Ranke, Geldwerth der Forstberechtigungen 2 Aufl. 1856 S. 28.

Zur Umrechnung aus Streustroh in lufttrockne Waldstreu (e) muß das Werthverhältniß beider bekannt sein. Seine Ermittelung ist schwierig und unsicher. Grundlage derselben muß sein, daß dabei lediglich der Werth als Einstreu- und Dünger-Material, nicht etwa der Werth zur Viehfütterung oder zur Papierfabrikation in Betracht gezogen wird. Die Ermittelung kann auf die örtlichen Verkaufspreise oder auf die chemischen und physikalischen Eigenschaften der Streu gestützt werden. Der erste Weg giebt ein brauchbareres Resultat, kann aber selten eingeschlagen werden, weil die Vorbedingungen dazu meist fehlen. Es würde dazu erforderlich sein, daß die Verkaufspreise von Streustroh und von Waldstreu an demselben Orte, für lufttrockenen Zustand, nach Gewicht, aus größeren Verkäufen, unter Ausschluß anderweiter Verwendungs-Gelegenheit der Streumaterialien mittelbar oder unmittelbar ermittelt werden können. Hierzu wird die Gelegenheit selten geboten sein. Es bleibt daher in der Regel nur übrig, das Verhältniß der Streumittel aus den für Einstreu und Düngung maßgebenden physikalischen und chemischen Eigenschaften der Streumittel abzuleiten, wie solches oben unter II 3 (S. 311) und in Tafel XXV „Werthverhältniß der Streumittel" geschehen ist, aus deren Spalte 20 sich die Reductions-factoren zur Umwandlung von Streustroh (Winterroggenstroh) in Waldstreu, wie folgt, ergeben:

1 Gewichtstheil Streustroh (Winterroggenstroh) ist gleich

2 Gewichtstheilen		Buchen-Laubstreu
3¹/₃	=	Kiefern-Nadelstreu
2,857	=	Fichten- =
1,25	=	reiner Moosstreu
0,625	=	Farnkraut-Streu
4	=	Heidestreu

In den technischen Instructionen für die Generalcommissionen von Frankfurt und Breslau, ingleichen von Pfeil in seiner Ablösung der Waldservituten wird auch empfohlen, die Streu-Naturalrente aus der Anzahl von ausgegebenen Streuzetteln, von benutzten Streutagen, ferner aus der durchschnittlichen Zahl der täglichen Streutransporte und aus dem Durchschnittsgewichte der letzteren abzuleiten. Das Verfahren ist ungenügend, weil es nur den möglichen, aber nicht den wirklich stattgefundenen rechtmäßigen Streubezug angiebt, worauf es allein ankommt.

Nach dem Württembergischen Ablösungsgesetze vom 26. März 1873 (Art. 80) soll der Streubezug in den der Ablösung vorhergegangenen Jahren den Haupt=maßstab für die Streu=Naturalrente bilden, was nur dann zweckmäßig erscheint, wenn der Streubezug mit ausreichender Genauigkeit (z. B. bei stattgefundener Abgabe nach Raummaßen) festgestellt werden kann.

3. **Waldstreu=Ertrags=Ermittelung.**

Dieselbe hat den bei waldschonender Streunutzung zu erwar=tenden, mit einer nachhaltigen Waldwirthschaft verträglichen jähr=lichen Streuertrag nach Lufttrockengewicht zu ermitteln.

Vergl. über das Streuschonungsrecht des Waldeigenthümers und über die Waldschonpflicht des Streuberechtigten § 18 S. 284, 287.

Art und Maß der Streuschonung sind, soweit sie nicht gesetz=lich oder titelmäßig oder observanzmäßig zu Rechte bestehen, durch forstsachverständiges Gutachten festzustellen.

Die Altpr. GThO. vom 7. Juni 1821 bestimmt in § 140:

„Von Berechtigungen, Streu zu rechen, kann der Werth niemals höher berechnet werden, als die Berechtigung bei Beob-achtung der Forstpolizeigesetze hat benutzt werden können."

Regelmäßiger und unregelmäßiger Waldzustand erfordern eine verschiedenartige Behandlung.

a) **Regelmäßiger Waldzustand.**

Bei regelmäßigem Waldzustande (d. h. bei gleichmäßigem oder annähernd gleichmäßigem Vorhandensein von Altholz, Mittelholz und Jungholz und bei befriedigender, 0,8 und mehr betragender Holz=haltigkeit jeder Altersklasse) kann angenommen werden, daß Wald=zustand und Streuertrag dauernd gleich bleiben. Die Waldstreu=Ertragsermittelung hat sich daher auf den Waldzustand zur Zeit des Ablösungs=Antrags zu beschränken. Sie zerfällt

in die Forstbeschreibung,
=   = Feststellung der periodischen Streunutzungsfläche, und
=   = ortsweise Schätzung des Streuertrags.

Die in tabellarischer Vereinigung mit Streunutzungsfläche und Streu = Jahresertrag darzustellende Forstbeschreibung hat für jede streufähige Waldabtheilung diejenigen Verhältnisse anzugeben, welche auf die Höhe des Streuertrags von Einfluß sind. Es ge=hören dahin:

bie Flächengröße, gesondert nach Streubetriebsfläche und Streu-
Ausschlußfläche;

Der Streubetriebsfläche ist die Fläche der streufähigen Gestelle abtheilungsweise hinzuzurechnen. Der Streu = Ausschlußfläche gehören die wegen dauernd
erforderlicher Streuschonung von jeder Streunutzung auszuschließenden Abtheilungen und Theile von Abtheilungen (Steilhänge, flachgründige, erdarme
Flächen, Flugsandschollen) an;

die Standortsbeschaffenheit nach den Merkmalen dauernder
Ausschlußschonung (Steilhänge, Flachgründigkeit, Flugsand) sowie
nach Holzbodenklasse, Art und Umfang des Boden-Ueberzugs;

Heide, Beerkräuter und Haftmoose vermindern, Deckmoose vermehren den
Streuertrag;

der Holzbestand in Bezug auf Holzarten, Alter und Holzhaltigkeit;
endlich

die seitherige Streunutzung mit Angabe der bisher berechten
und nicht berechten Abtheilungen.

Die periodische Streunutzungsfläche umfaßt diejenige
Fläche, welche innerhalb einer Streu-Umlaufszeit auf Streu zu
nutzen ist. Sie ergiebt sich aus Streu-Betriebsfläche, Holzumtriebs-
zeit, Dauer der Jugend- und Verjüngungs-Schonung.

Bei 1000 ha Streubetriebsfläche, 100jähr. Umtriebe, 50jähr. Jugendschonung und 10jähr. Verjüngungsschonung beträgt die periodische Streunutzungsfläche 1000 — (500 + 100) = 400 ha.

Bestehen mehrere Umtriebszeiten, so ist die periodische Streunutzungsfläche für jede Umtriebszeit besonders zu berechnen.

Da zum ersten Male berechte Flächen höhere Streuerträge
liefern, als bereits früher berechte Flächen, so ist die periodische
Streunutzungsfläche maßgeblich der Streu-Umlaufszeit nach diesen
beiden Kategorien gesondert zu berechnen und bis zur Höhe der
beiden Flächensolls mit geeigneten Abtheilungen auszustatten.

In dem vorigen Beispiele, worin die periodische Streunutzungsfläche $\frac{40}{100}$
der Umtriebszeit oder 40 Jahresschläge gleich 400 ha enthält, betragen bei
5jähr. Streuumlaufszeit die innerhalb derselben

$$\text{erstmalig zu nutzenden Flächen} \quad \frac{5}{40} \times 400 = 50 \text{ ha}$$

$$\text{wiederholt} \cdot \qquad \cdot \qquad \cdot \qquad \frac{35 \times 400}{40} = 350 \cdot$$

Für die der periodischen Streunutzungsfläche überwiesenen erst-
malig und wiederholt auf Streu zu nutzenden Abtheilungen erfolgt

endlich die Einschätzung des innerhalb der Streu-Umlaufszeit zu erwartenden Streu-Ertrags nach Streu-Ertragstafeln für Normalbestände unter Berücksichtigung derjenigen Abzüge, welche wegen unternormalmäßiger Bestockung (Holzhaltigkeit) zu machen sind. Aus der Aufsummirung der innerhalb einer Streu-Umlaufszeit zu erwartenden Streuerträge und mittelst Division der Summen durch die Jahre der Streu-Umlaufszeit ergiebt sich dann der durchschnittlich jährliche, dauernd als gleich anzunehmende Streuertrag.

Zur Benutzung für die Streuschätzung sind in den Tafeln XXVI, XXVII und XXVIII Streu-Ertragstafeln für Normalbestände von Rothbuchen, Kiefern und Fichten beigefügt worden, deren Grundlagen und Anwendbarkeit aus den in den Tafeln enthaltenen Bemerkungen hervorgehen. Als Anhalt für die Streu-Einschätzung von Eichen- und Weißtannen-Beständen konnten nur die in einzelnen Beständen erzielten Streu-Erträge in Tafel XXIX angegeben werden. Um die Anwendbarkeit der beigefügten Streu-Ertragstafeln für gegebene Standorts-Verhältnisse und Streuwerbungs-Arten zu prüfen, empfiehlt es sich, in noch nicht berechten Normalbeständen den Streu-Vorrath nach Lufttrockengewicht auf Probeflächen zu ermitteln und mit dem in den Tafeln angegebenen Streu-Vorrath zu vergleichen. Bei erheblichen Abweichungen würden dann nach den Ergebnissen der probeweisen Ermittelungen und nach den aus den Streu-Ertragstafeln hervorgehenden Verhältnißzahlen als Grundlage der Streu-Einschätzung locale Streu-Ertragstafeln für Normalbestände aufgestellt werden können.

Aus den Normalerträgen der allgemeinen oder localen Streu-Ertragstafeln und aus den Holzhaltigkeitsziffern der in die Streunutzungsfläche fallenden Waldabtheilungen ergeben sich die von den letzteren zu erwartenden Streu-Erträge. In der Regel wird es genügen, die wirklichen Streuerträge als Product aus Streu-Normalerträgen und Holzhaltigkeitsziffer in Ansatz zu bringen. Verhältnisse, welche den Streuertrag vermindern, z. B. Streufrevel, Schweineeintrieb, Unterstand von Wachholder sind durch gutachtliche Abzüge zu berücksichtigen.

Aus der älteren Literatur über Waldstreuerträge sind hervorzuheben:
Beling, Ueber Waldstreuerträge in Baur's Monatsschrift für Forst- und Jagdwesen 1874 S. 438 (enthält eine Zusammenstellung der Streuertragsangaben von Hundeshagen, Pfeil, Jäger, Gunkel, Th. Hartig, Bartels, Krutzsch, G. L. Hartig).

Bühler, Untersuchungen über den Ertrag an Rothbuchen=Laubstreu in Baur,
Monatsschrift 1876 S. 289.

b) Unregelmäßiger Waldzustand.

Regelwidrige Waldzustände begründen nur dann ein von der
bisherigen Darstellung abweichendes Verfahren der Waldstreu=Er-
mittelung, wenn sie von solcher Erheblichkeit sind, daß sie beträchtliche Ungleichheiten in den Streuerträgen der Gegenwart und Zukunft
zur Folge haben. Die Unregelmäßigkeit kann bestehen in einem
Mißverhältnisse der Altersklassen und in einer ungenügenden Holzhaltigkeit. Geringe Holzhaltigkeit und Ueberwiegen der in Jugendschonung liegenden Altersklassen führen zu einer Steigerung, verhält-
nißmäßiges Uebergewicht der älteren Bestände bei befriedigender
Holzhaltigkeit zu einem Sinken der Zukunftserträge. Unter solchen
Umständen hat sich daher die Wald=Ertragsermittelung nicht bloß auf die
gegenwärtigen, sondern auch auf die zukünftigen Waldstreu=Erträge
zu erstrecken, um die periodisch auftretenden Quoten der Waldunzulänglichkeit festzustellen. Je nach den Umständen wird dabei das
einfache Normalertrags=Verfahren, oder ausnahmsweise das Betriebs-
plan=Verfahren oder das Bestands=Verfahren anzuwenden sein. Wird
unter besonders ungünstigen Waldzuständen eine der beiden letzten
Methoden gewählt, so sind die im Laufe der Einrichtungszeit sich
vollziehenden Aenderungen in dem Altersklassen=Verhältnisse bez. in
der Holzhaltigkeit der Altersklassen darzustellen, um darauf die Berechnung der periodischen Streuerträge begründen zu können.

Vergl. über den Gang der verschiedenen Methoden Th. I. § 15 S. 141,
ferner bezüglich des Normalertragsverfahrens das Beispiel für die Leseholz=
Ertragsermittelung Th. II. § 8 S. 154.

4. Eine besondere Behandlung erfordert die Ermittelung
der Streunaturalrenten, wenn bei Waldunzulänglichkeit
mehrere Berechtigte in verschiedenen Streurevieren concurriren. In diesem Falle genügt es nicht, den Streurechts=Anspruch
eines jeden Berechtigten einschließlich des Waldeigenthümers, und den
Streuertrag eines jeden Berechtigungsbezirks zu ermitteln, sondern es
muß auch für jeden Berechtigungsbezirk der auf denselben entfallende Streurechts=Anspruch eines jeden Berechtigten, sowie aller
Berechtigten festgestellt werden, um darnach die Streuquoten für
jeden Bezirk und die Streunaturalrenten für jeden Berechtigten zu
berechnen.

In welcher Weise sich das Rechnungsverfahren gestaltet, ist in dem nachfolgenden, auch für andere Berechtigungen, z. B. für Weide=berechtigungen (s. § 27 I 6) sinngemäß anzuwendenden Beispiele er=sichtlich gemacht worden.

Beispiel.

3 Streuberechtigte, nämlich

A mit einem jährlichen Streurechts=Anspruche von 90 Tonnen à 20 Centner,
B = = = = = = 160 = = = =
C = = = = = = 230 = = = =
                     zusammen = 480 =

3 Streureviere, nämlich

       I. mit einem jährlichen Streuertrage von 40 Tonnen,
      II. = = = = = 70 =
     III. = = = = = 130 =
               zusammen = 240 =

   A ist in I. und III.
   B = = I., II. und III.
   C = = II. und III.
streuberechtigt.

Es ist die Streu=Naturalrente eines jeden Berechtigten im Ganzen und in ihrer Vertheilung auf die einzelnen Streureviere zu berechnen.

Auflösung.

a) Vertheilung des Streuertrags in jedem Streureviere auf die einzelnen Berechtigten nach Maßgabe ihrer Streurechts=Ansprüche.

Der Streureviere		Der Streuberechtigten		
Bezeichnung	Streuertrag in Tonnen	Bezeichnung	Streurechts=anspruch	Antheiliger Streuertrag
			Tonnen	
1	2	3	4	5
I	40	A	90	14,4
		B	160	25,6
			250	40
II	70	B	160	28,7
		C	230	41,3
			390	70
III	130	A	90	24,4
		B	160	43,3
		C	230	62,3
			480	130
zusammen	240			240

b) Vertheilung des Streu-Anspruchs eines jeden Berechtigten auf die Streureviere nach Maßgabe der in a5 berechneten antheiligen Streuerträge.

Der Streuberechtigten		Der Streureviere		
Bezeichnung	Streurechtsanspruch Tonnen	Bezeichnung	antheiliger Streuertrag nach a5 Tonnen	antheiliger Streurechts-Anspruch
1	2	3	4	5
A	90	I	14,4	33,4
		III	24,4	56,6
			38,8	90,0
B	160	I	25,6	42,0
		II	28,7	47,0
		III	43,3	71,0
			97,6	160
C	230	II	41,3	91,7
		III	62,3	138,3
			103,6	230,0
zusammen	480		240	480

c) Vertheilung des Streuertrags eines jeden Streureviers auf die Streuberechtigten nach Maßgabe der antheiligen Streu-Ansprüche (b5).

Der Streureviere		Der Streuberechtigten			Der Streureviere	
Bezeichnung	Streuertrag Tonnen	Bezeichnung	antheiliger Streurechtsanspruch (b5)	antheiliger Streuertrag (Naturalrente) Tonnen	Bezeichnung	Streuzulänglichkeitsquote
1	2	3	4	5	6	7
I	40	A	33,4	17,7		
		B	42,0	22,3	I	$\frac{40}{75,4} = 53,1\,\%$
			75,4	40		
II	70	B	47,0	23,7		
		C	91,7	46,3	II	$\frac{70}{138,7} = 50,5\,\%$
			138,7	70		
III	130	A	56,6	27,7		
		B	71,0	34,7		
		C	138,3	67,6	III	$\frac{130}{265,9} = 48,9\,\%$
			265,9	130		
zusammen	240		480	240		

d) Zusammenstellung der jedem Berechtigten nach c5 in jedem Streu-reviere und im Ganzen zustehenden Antheile an dem Streuertrage (der Streu-Naturalrente).

Be-zeichnung	Streurechts-Anspruch	Der Streuberechtigten			
		Antheile an dem Streuertrage (Streu-Naturalrente) in den Streu-revieren			
		I	II	III	im Ganzen
		Tonnen Streu			
A	90	17,7	—	27,7	45,4
B	160	22,3	23,7	34,7	80,7
C	230	—	46,3	67,6	113,9
zusammen	480	40,0	70,0	130,0	240,0

5. Ermittelung des Netto-Geldwerths für den Streu-centner. Dieselbe ist auf lufttrockene Rechstreu von der mittleren im Berechtigungswalde vorhandenen Beschaffenheit und in der mitt-leren Entfernung des Waldes von dem Berechtigungsorte zu be-ziehen. Der Nettowerth bildet sich aus Bruttowerth, Werbungs-kosten und unter Umständen auch aus Transportkosten.

a) Streu-Bruttowerth.

Die Ermittelung des Waldstreu-Bruttowerths kann entweder unmittelbar nach den im Berechtigungswalde erzielten Rechstreu-Verkaufspreisen, oder mittelbar nach den im Berechtigungsorte üb-lichen Streustroh-Verkaufspreisen erfolgen. Im ersten Falle kommen von dem Bruttowerthe blos die Streuwerbungskosten, im zweiten Falle außerdem die Streu-Transportkosten in Abzug. In beiden Fällen sind wegen der bedeutenden Preisschwankungen, welchen die von den Strohernten abhängigen Streumittel-Preise unterliegen, die Durchschnittspreise aus einer längeren Reihe von Jahren so zu er-mitteln, daß in die Berechnungszeit strohreiche und stroharme Jahre (Streunothjahre) hineinfallen. Namentlich ist die Preisbildung lediglich aus Streunothjahren zu vermeiden.

Die unmittelbare Waldstreu-Preisermittelung verdient den Vorzug, weil der Gebrauchswerth des Strohs (Futterstroh, Binde-stroh, Dachstroh, Papierstroh) vielseitiger ist, als derjenige der Wald-streu, und weil deßhalb der Strohpreis häufig über dessen Einstreu-und Düngerwerthe steht. Wo daher regelmäßige Waldstreu-Ver-steigerungen nach bestimmten Raummaßen (Raummetern) oder

Gewichten vorkommen, sind sie der Bruttowerth=Ermittelung zum Grunde zu legen. Bei Verkauf nach Raummaßen sind aus den Raummeterpreisen, bezogen auf waldtrockene Streu, die Centner=preise, bezogen auf lufttrockenes Gewicht, unter Berücksichtigung der üblichen Streuwerbungszeit, zu berechnen. Hierzu dient die Wald=streu=Gewichtstafel (Tafel XXX).

Beispiel.

Es mögen betragen:

der Durchschnittspreis der in der mittleren Entfernung des Berechti=gungswaldes vom Berechtigungsorte bald nach dem Hauptnadel=Abfalle bei trockner Witterung geworbenen Kiefern=Rechstreu pro Raummeter: 1,5 Mark,

das Lufttrockengewicht pro Raummeter frisch geworbener Streu nach Tafel XXX 1,41 Meter=Centner à 100 kg,

alsdann berechnet sich der Bruttowerth für 1 Met.=Cent. lufttrockner Streu im Walde auf $\dfrac{1{,}5}{1{,}41} = 1$ Mark 6 Pfg.

Die mittelbare Ermittelung des Bruttowerths der Waldstreu geht von dem Streustrohpreise nach Lufttrockengewicht am Berechti=gungsorte aus und berechnet daraus nach dem Werthverhältnisse zwischen Streustroh und Waldstreu den Bruttowerth der letzteren am Berechtigungsorte. Der Strohpreis=Ermittelung sind womöglich die durchschnittlichen Verkaufspreise für Streustroh (Wirrstroh, Krumm=stroh), wie solches bei dem Ausdreschen mit Dreschmaschinen ge=wonnen wird, zum Grunde zu legen. Wenn Krummstroh nicht verkauft worden ist, so ist von den Langstroh=Preisen ein durch landwirthschaftliche Sachverständige festzustellender Abzug zu machen.

Der Abzug von den Futterstrohpreisen wird veranschlagt in den tech=nischen Instructionen für die Generalcommissionen in Breslau (1846) und Pommern (1842) mit 10 bis 12,5 Procent,

in Ranke, Geldwerth der Forstberechtigungen (2. Aufl. 1856 S. 27) mit 20 Procent.

Wo die Strohpreise durch besondere Verhältnisse, z. B. bei Aufkauf von Stroh zur Papierfabrikation, über dem landwirthschaftlichen Benutzungswerthe stehen, ist darauf bei der Preisfeststellung Rücksicht zu nehmen.

Beispiel.

Es mögen betragen:

die durchschnittlichen Strohpreise am Berechtigungsorte, wo Krummstroh nicht verkauft wird, pro Metercentner 4 Mark;

der Minderwerth von Krummstroh 20 Procent;

das Werthverhältniß zwischen Stroh und Kiefernstreu nach Tafel XXV 100 : 30;

alsdann berechnet sich der Bruttowerth von 1 Metercentner lufttrockner Kiefernstreu am Berechtigungsorte auf $4 \times 0{,}8 \times \dfrac{30}{100} = 0{,}96$ Mark.

b) Streu-Werbungs- und Transportkosten.

Streu-Werbung und Transport erfolgen im frischen (in der Regel waldtrockenen) Zustande der Streu. Die für waldtrockene Streu ermittelten Werbungs- und Transportkosten sind daher schließlich, unter Benutzung der Streu-Gewichtstafel (Tafel XXX), für lufttrockene Streu umzurechnen, wenn der Brutto-Streuwerth nach Lufttrockengewicht bestimmt worden ist.

Zur Werbung werden gerechnet das Abrechen und das Zusammenbringen in Haufen bis zu den Ladestellen, zum Transport das Aufladen, die Fortschaffung von den Ladestellen bis zum Verbrauchsorte und das Abladen. Der Transport findet in der Regel statt in Traglasten, mit Schiebkarren und Gespann-Wagen.

Abrechen, Zusammenbringen und Hülfeleistung beim Auf- und Abladen der Wagen sind Frauenarbeit. Trag-Transport und Schiebkarren-Transport werden sowohl von Frauen, als von Männern vorgenommen. Bei Wagen-Transport besorgt der Fuhrmann das Auf- und Abladen allein oder mit Hülfe von Frauenarbeit.

Der Arbeitsaufwand gestaltet sich verschieden:

für das Abrechen nach Streuart, Streumenge und Bodenbedeckung (z. B. mit Steinen, Heidelbeere, Heide, welche das Streurechen erschweren),

für das Zusammenbringen nach Terrainbeschaffenheit und Transportmittel, indem die Ladestellen bei Trag- und Schiebkarren-Transport in der Nähe der Rechstellen, dagegen bei Wagen-Transport je nach Terrain und Wegen in größerer oder geringerer Entfernung von den Rechstellen liegen,

für die gesammte Werbung nach der mittleren Entfernung des Waldes von dem Berechtigungsorte, weil die Arbeitszeit von dem Zeitaufwande für Hin- und Herweg abhängt,

für den Transport nach Transportmitteln (Traggewicht, Laderaum, Ladegewicht, Leistungsfähigkeit der Zugthiere), Entfernung und Beschaffenheit der Wege.

Erfahrungssätze für die Veranschlagung von Werbungs- und Transportkosten sind in Tafel XXXI mitgetheilt.

An Werbungs= und Transportkosten sind abzurechnen:

von dem nach Waldstreupreisen berechneten Bruttowerthe im Walde die Kosten des Rechens und Zusammenbringens, und, wenn der Bruttowerth nach Raummeter=Verkaufspreisen ermittelt worden ist, außerdem die Kosten des Aufmeterns,

von dem nach Strohpreisen berechneten Bruttowerthe am Berech= tigungsorte die Werbungskosten für Abrechen und Zusammenbringen und die Transportkosten für Aufladen, Fortschaffung und Abladen.

Als Anhalt für die Berechtigung der Werbungs= und Transportkosten können die Beispiele 1 und 2 bei Leseholzberechtigungen § 8 S. 158 dienen.

6. Streurechts=Zinsfuß.

Die Höhe des Streurechts=Zinsfußes läßt sich bei der großen Verschiedenheit der Verhältnisse, welche den zukünftigen Werth der Waldstreunutzung beeinflussen, nur örtlich feststellen. In stroh= und futterreichen Gegenden, in landwirthschaftlichen Groß= und Mittel= betrieben führt eine rationelle Wirthschaft bei dem durch die heutigen Verkehrsverhältnisse erleichterten Bezuge von Kraftdüngemitteln von selbst zur Abstellung der Rechstreunutzung, weil dieselbe ein mit hohem Arbeitsaufwande zu beschaffendes schlechtes Einstreu= und Düngungs= mittel liefert. Eine niedrige Kapitalisirungsquote für die Streu=Geld= rente, mithin ein hoher Streurechts=Zinsfuß sind hier angebracht.

Anders liegt die Sache unter Verhältnissen, wo die Rechstreu= nutzung als ein dauerndes, unentbehrliches Bedürfniß des landwirth= schaftlichen Betriebes anzuerkennen ist; bei Zwergbetrieb, im Ge= birge, auf armem Höhensandboden, in Weinbau=, Tabacks= oder Hopfenbau=Gegenden. Der Werth der Waldstreunutzung wird unter solchen Umständen in Zukunft voraussichtlich eher eine Erhöhung als eine Verminderung erfahren, so daß ein niedriger oder höchstens ein dem Geldzinsfuße gleicher Streurechts=Zinsfuß gerechtfertigt erscheint.

In dem Hannover'schen Waldstreu=Gesetze vom 7. Januar 1863 § 13 war der Streurechts=Zinsfuß bei Geldcapital=Abfindung auf 3 ½ Procent festgestellt.

V. Vortheils-Werthablösung.

Die Werthermittelung nach dem Vortheile, welcher dem Wald= eigenthümer aus der Ablösung der Rechstreu=Berechtigung erwächst, findet nur eine beschränkte Anwendung.

Der unmittelbare Vortheil besteht in der Geldeinnahme, welche der Waldeigenthümer durch Verwerthung der Streu=Naturalrente, am besten mittelst Verkaufs, nach der Ablösung beziehen kann. Bei Verwerthbarkeit der gesammten Streu=Naturalrente ist die Nutzrente des Berechtigten der unmittelbaren Vortheilsrente des Belasteten gleich. Veranlassung zur Ausmittelung der letzteren ist daher nur dann vorhanden, wenn sich blos ein Theil der Streu=Naturalrente verwerthen läßt. Alsdann ist zur Ermittelung der unmittelbaren Vortheilsrente die volle Streu=Naturalrente und der Nettogeldwerth der Streu für die Gewichtseinheit nach den Grundsätzen der Nutzwerthermittelung, der verwerthbare Theil der Vollrente nach Maßgabe der örtlichen Besitz= und landwirthschaftlichen Kulturverhältnisse zu ermitteln.

Der mittelbare Vortheil besteht in der Erhöhung der Waldrente, welche nach Einstellung des Streurechens durch Steigerung des Holzzuwachses erwartet werden kann. Zur Ermittelung der mittelbaren Vortheilsrente ist daher die Kenntniß dieser Holzzuwachssteigerung nach Größe und Zeit erforderlich. Hierüber fehlen indessen gegenwärtig noch ausreichende, zuverlässige Erfahrungen. Die mittelbare Vortheilsschätzung würde daher auf bloße Muthmaßungen hinauslaufen, die zur Ausmittelung der Entschädigung des Berechtigten nicht genügen.

Andererseits läßt sich annehmen, daß bei umfangreichen Streuberechtigungen, namentlich auf ärmerem Waldboden, der Schaden, welcher dem Walde durch Streurechen zugefügt wird, mithin die Vortheilsrente durch Zuwachssteigerung größer ist, als die Nutzrente für den Berechtigten. In diesem Falle liegt daher für den Waldeigenthümer, welchem nach Preußischem Ablösungsrechte allein das Wahlrecht zwischen Nutzwerth= und Vortheilswerth=Ermittelung zusteht, keine Veranlassung vor, die Vortheilswerth=Ablösung zu wählen. Die letztere würde nur dann practisch sein, wenn die mittelbare Vortheilsrente niedriger wäre, als die Nutzrente. Solche Fälle können allerdings eintreten, dort zum Beispiel, wo bei beschränktem Umfange der Streuberechtigung und bei gutem Waldboden der Waldeigenthümer im Stande ist, die Streunutzung an Orte zu verweisen, an denen Waldstreu im Ueberflusse vorhanden (Einsenkungen) oder wohl gar der Verjüngung hinderlich ist (Buchensamenschläge mit starken

Laubschichten, Fichten=Abtriebsschläge mit hoher Moosdecke). Eine mittelbare Vortheilsrente würde alsdann unter Umständen gar nicht nachweisbar sein, und nur die unmittelbare Vortheilsrente in Betracht kommen.

§ 20.

Unkrautstreu=Berechtigungen.

I. Begriff, Arten, Umfang.

Vgl. 18 S. 274—290.

1. **Begriff, Arten.** Unkrautstreu nennt man die durch Ab= trennung über dem Boden (Absicheln, Abschneiden, Abmähen, Abhacken) von geselligen, zur Holzerziehung untauglichen Sträuchern (Strauch= streu), von Gräsern, Halbgräsern (Grasstreu) und Farn (Farnstreu) gewonnene Streu.

Es liefern vornehmlich

Strauchstreu: gemeine Heide (Besenheide, Calluna vulgaris Salisb.), Sumpfheide (Erica Tetralix L.), Heidelbeere (Vaccinium Myrtillus L.), Preißelbeere (Vaccinium Vitis idaea L.), Besenpfrieme (Spartium Scoparium L., Sarothamnus vulgaris Wimm.), —

Grasstreu: Teichrohr (Arundo Phragmites L.), Binsen (Juncus), Simsen (Scirpus), Seggen (Carices).

Farnstreu: Adlerfarn (Pteris aquilina L.), Schildfarn (Aspidium Filix mas und femina L.).

Den bei weitem größten Antheil an der Unkräuterstreu liefert die gemeine Heide. Sie ist überwiegend eine Quarz= und Licht= pflanze, meidet Kalkboden, weist hin auf Armuth an mineralischen Nährstoffen, findet sich in großer Ausdehnung auf den mittelmäßigen Sandböden der Quartärformation (IV Bodenklasse für Kiefern), be= kleidet auch anmoorige und Torfböden, bildet den Hauptbestand der Heidegegenden des norddeutschen Flachlandes, findet sich im Walde auf Blößen, Bestandslücken, zwischen An= und Aufwüchsen und in lichten Baumholzbeständen. Im vollen Bestandsschlusse kommt sie nicht vor.

Sie verbreitet sich leicht durch Samen, treibt Stockausschläge und seltener Senker, erreicht bei langsamem, durch Frost und Dürre mitunter geftörtem Wachsthum eine Höhe bis zu 1 Meter und eine Stärke bis zu 2 Centim., dient zur Streu, zur Düngerbereitung, zur Vieh= und Bienen=Weide, zur Grün= und Trockenfütterung namentlich für Schafe, zur Feuerung, zur Dachdeckung, zur Wegebefferung, zur Anfertigung von Befen (Befenheide) und gewährt eine vorzügliche Wildäfung.

Die Heideweide dauert das ganze Jahr hindurch. Die für Gräfer und Kräuter üblichen, den Weidewerth der verfchiedenen Jahreszeiten ausdrückenden Verhältnißzahlen (Meyer'fche Vegetationsfcala vgl. § 24 I 3) find für Heide= weide unbrauchbar. Peters giebt für die Hannover'fchen Heidegegenden folgende Werths=Scala der Heideweide:

Werth der Heideweide

in dem Monate	in Procenten des Jahreswerthes
Mai	6,2
Juni	7,9
Juli	13,1
Auguft	15,0
September	15,4
October	13,1
November	10,8
December	7,7
Januar	1,5
Februar	2,3
März	3,1
April	3,9
	100

Vgl. Peters, Die Heidflächen Norddeutfchlands 1862 S. 16.

Als Streu= und Düngmaterial wird die Heide theils oberhalb der Erde (Streuheide) abgetrennt, fo daß die einzelnen Heideftengel keinen Zufammenhang haben, theils dicht unter der Erde (im Lüneburg'fchen Schafheide) abgehauen, fo daß ein Theil der Wurzeln mitgewonnen wird und durch diefe die Heideftengel zufammenhangen, theils endlich mit einer an den Wurzeln verbleibenden, 2 und mehr Centm. ftarken Erdfchicht (Plaggenheide) gewonnen. Zur Gewin= nung der Streuheide dienen ftarke Sicheln (Heidklingen), Senfen oder Breithacken (Twicken, Plaggenhacken), zur Gewinnung der Schafheide und Plaggenheide ausfchließlich Breithacken. Nur die Streuheide und Schafheide gehören zur Unkrautftreu und bilden den Gegen= ftand der nachfolgenden Erörterungen.

Wegen der Plaggenheide vgl. § 21 (Plaggenberechtigungen).

Zwischen der gemeinen Heide findet sich auf nassem und feuchtem Boden, oder in feuchter Luft, namentlich in dem seenahen Flachlande von Ost= und Westfriesland (Münsterland) und Holland bald vorherrschend, bald vereinzelt die gleichen Zwecken dienende Sumpfheide.

Die Heidelbeere beansprucht ein etwas größeres Maß von mineralischer Bodenkraft und Bodenfeuchtigkeit und ein geringeres Maß von Licht, als die gemeine Heide. Im sandigen Flachlande wird sie wohl als Kennzeichen für Kiefernboden III. Klasse angesehen. Halbschatten sagt ihr mehr zu, als voller Lichteinfall. Sie kommt vor im Flachlande und Gebirgslande in verlichteten Kiefern=, Fichten=, Tannen= und Buchen=Baumholzbeständen, auf Bestandslücken in Stangenhölzern und in noch nicht geschlossenen An= und Aufwüchsen.

Genügsamer in Bezug auf Mineralstoffgehalt und Feuchtigkeitsgrad des Bodens, selbst trockenen, armen Sandboden nicht meidend, mehr bodenvag, im Halbschatten und im vollen Lichte gedeihend, ist die wegen ihrer beschränkten Flächen=Ausbreitung als Streumittel wenig belangreiche Preißelbeere.

Heidel= und Preißelbeeren dienen weit mehr der Beerennutzung, als der Streunutzung. Ihre Gewinnung als Streumaterial geschieht wegen ihrer Kurzwüchsigkeit, in ähnlicher Art, wie bei der Schafheide, durch dünnes Abschälen des flachen, den Boden häufig fellartig überziehenden Wurzelfilzes mit der Hacke.

Die Besenpfrieme (Bram, fälschlich Ginster genannt) beansprucht besseren Boden und Lichtstand, verbreitet sich rasch durch Samen und Stockausschlag, wird zeitweise durch Spätfröste zurückgehalten, bildet eine häufig geschätzte Nebennutzung im Eichen=Schälwalde, wuchert ortsweise auf lehmigem Sandboden, die Holz=Jungwüchse bedrohend und vernichtend, liefert Brennmaterial, ein brauchbares, bald sehr gesuchtes, bald gar nicht begehrtes Streumittel und eine gute Wildäsung. Ihre Gewinnung erfolgt durch Abhacken oder Absicheln oder Abmähen.

Grasstreu (Halmstreu) wird hauptsächlich auf zur Holzzucht nicht benutzten Flächen, an Seerändern, Brüchern, auf Streuwiesen durch Sicheln und Mähen gewonnen. Futtergräser sind in der Regel Gegenstand der Gräserei=Nutzung zur Viehfütterung.

Unter den Farnen bildet der Adler=Farn das gebräuchlichste

mit Sichel oder Sense geworbene Streumittel. Derselbe kommt nur auf besserem, namentlich frischem Boden im Halbschatten und im Lichtstande, mitunter z. B. an der See in massenhafter, die Waldverjüngung bedrohender Entwickelung vor.

2. In Betreff des Umfangs der Unkrautstreu-Berechtigungen kommen die für Waldstreu-Grundgerechtigkeiten im Allgemeinen gültigen gesetzlichen Bestimmungen und Rechts-Grundsätze zur Anwendung. Vgl. § 18 S. 277.

Besondere, nur auf Unkrautstreu-Berechtigungen bezügliche Vorschriften enthält die Gesetzgebung in Preußen nicht. Unkrautstreu-Berechtigungen, und zwar die Berechtigung zum Heide- und Bültenhieb, werden überhaupt nur einmal in der Preußischen Gesetzgebung, nämlich in den für alle Streu-Servituten gültigen §§ 52, 53 der Altpreuß. GThO. vom 7. Juni 1821 erwähnt, welche den Streurechts-Anspruch und die Abrechnung der Streunebenmittel des Berechtigten behandeln. Vgl. § 18 S. 281, 282.

Namentlich hat das für Nechstreu-Berechtigungen erlassene Waldstreu-Gesetz vom 5. März 1843 (§ 19 S. 292) keine Gültigkeit für Unkrautstreu-Berechtigungen. Wenn daher auch die allgemeinen Rechtsgrundsätze über Waldwirthschaftsrecht des Waldeigenthümers und Waldschonpflicht des Streuberechtigten (§ 18 S. 283, 287) volle Gültigkeit für die Unkrautstreu-Berechtigungen besitzen, so fehlt es doch an positiven gesetzlichen Bestimmungen über die Handhabung derselben. Daß diesem Mangel im Wege der PolizeiVerordnungen abgeholfen werden kann, wurde in § 18 S. 288 erwähnt.

In den 1866 dem Preußischen Staate eingefügten Bayerischen Landestheilen ist jede Streu-Aneignung durch Berechtigte in dazu nicht angewiesenen Waldorten bei Strafe verboten. Bayer. Forst-Ges. 1852 Art. 84.

Für Oesterreich bestimmt § 11 des Forst-Ges. vom 3. December 1852 in § 11 Folgendes:

„Heide, Heidelbeeren, Besenpfriemen, Ginster und andere derlei Gewächse, welche als Streumateriale benützt werden, dürfen nur mit Schonung der inzwischen befindlichen Holzpflanzen abgeschnitten werden.

In Durchforstungsschlägen hat die Gewinnung der Bodenstreu gänzlich zu unterbleiben. Ebenso in Verjüngungsschlägen, wenn dadurch die Wiederanzucht des Holzes gefährdet würde."

II. Die Bedeutung der Unkrautstreu-Berechtigungen

für Waldwirthschaft, Berechtigte und öffentliches Interesse ist ver=
schieden nach Streuart, Ausdehnung der Streunutzung und wirthschaft=
lichen Verhältnissen sowohl des Streuwaldes als des Berechtigten.

Für den Wald sind Unkrautstreu=Nutzungen im Allgemeinen
weit weniger nachtheilig, als Nechstreu=Nutzungen.

Wo Heide, Heidelbeeren, Besenpfriemen und Farne wuchernd
auftreten und ein mitunter nur mit erheblichen Kosten zu beseitigen=
des Hinderniß der Holznachzucht bilden, kann eine mäßige Strauch=
streu= und Farnstreu=Nutzung sogar vortheilhaft für den Waldeigen=
thümer sein.

Halmstreu=Nutzung auf Nichtholzbodenflächen schadet nicht und
hindert die Wirthschaft nicht, wenn nicht Meliorationen der streube=
lasteten Flächen, etwa durch Umwandlung von Moorbrüchern in
Wiesen beabsichtigt werden.

Waldverderblich werden die Unkrautstreu=Berechtigungen dagegen
durch Nutzungs=Uebermaß und schonungslose Ausübung. Bodenver=
armung, Holzzuwachsverlust und Beschädigung des Holznachwuchses
sind dann ihre unausbleiblichen Folgen, Ablösung oder Regelung
eine durch die Rücksichten der Walderhaltung und geregelten Wald=
wirthschaft gebotene Nothwendigkeit.

Der landwirthschaftliche Werth der Unkrautstreu für den
Berechtigten steht je nach der Streuart theils über (Farnstreu, Be=
senpfriemstreu), bald unter (Heide) dem Einstreu= und Düngerwerthe
der Nechstreu. Die Werthverhältnißzahlen für Heide und Farn=
kraut im Vergleiche mit Nechstreu und Streustroh gehen aus Ta=
fel XXV hervor.

Heidestreu hat eine geringe Saugfähigkeit, giebt wegen ihrer
holzigen, sperrigen Beschaffenheit kein weiches Lager für das Vieh,
besitzt einen geringen Gehalt an Phosphorsäure, zersetzt sich schwer,
soll auf schwerem Boden durch Lockerung günstiger wirken als auf
Sandboden und wird als Streu= und Düngemittel um so höher ge=
schätzt, je jünger die Heide und je mehr sie mit Moos durch=
wachsen ist.

In Uebereinstimmung mit Tafel XXV schätzt Peters den Streuwerth der
Heide kaum auf 25 Procent des Strohwerths.

Peters, Die Heidflächen Norddeutschlands 1862 S. 116.

Der Nährstoffgehalt von Heidelbeere, Besenpfrieme, Riedgräsern, Binsen und Schilf ergiebt sich aus Tafel XXI. Zuverlässige Angaben über ihren Streuwerth im Vergleiche mit Stroh fehlen. Erforderlichen Falls sind die Werthverhältnißzahlen bei Ablösungen durch landwirthschaftliche Sachverständige festzustellen.

Grebe (Forstbenutzung 3. Aufl. 1882 S. 225) veranschlagt den Streuwerth von Besenpfrieme, Heidelbeere, Gras und Schilf, Farnkraut(?) auf etwa 0,4 des Strohwerthes.

Hinsichtlich der landwirthschaftlichen Betriebsverhältnisse, unter welchen die Beibehaltung von Unkrautstreu-Berechtigungen als gerechtfertigt (Kleinbetrieb mit Stroh- und Futtermangel), oder ungerechtfertigt anzusehen ist, ferner in Betreff der öffentlichen Bedeutung dieser Berechtigungen und der wirthschaftspolitischen Grundsätze über ihre Ablösbarkeit oder Regelung gelten die bei Rechstreu-Berechtigungen dargelegten Erörterungen, jedoch mit dem Unterschiede, daß Unkrautstreu-Berechtigungen sich eher mit einer geordneten Waldwirthschaft vertragen, als Rechstreu-Berechtigungen.

III. Regelung der Unkraut-Streuberechtigungen.

Die polizeiliche Regelung der Unkrautstreu-Berechtigungen ist meist eine ungenügende. Die wichtigsten Punkte, worauf sich dieselbe aus Rücksichten der Waldschonung zu erstrecken hat, sind:

Ausschluß derjenigen Waldorte (Steilhänge, Flugsand), in welchen die Entnahme des Bodenüberzugs die Walderhaltung gefährden oder den Schutz des Waldes gegen Wasserschäden aufheben würde (Ausschluß-Schonung),

die durch Strafbestimmungen bei Ueberschreitungen zu sichernde Anweisung der Streunutzungsorte durch den Waldeigenthümer,

die vorübergehende Ausschließung derjenigen Waldorte, in welchen die Streunutzung nicht ohne Beschädigung des Holznachwuchses stattfinden kann (Verjüngungsschonung),

Strafbestimmungen für Beschädigung des Holznachwuchses,

Beschränkung der Streunutzung auf Abtrennung der Forstunkräuter über dem Boden,

Verbot des Streu- und Strohverkaufs.

In Betreff der Antrags-Regelung kommen in Betracht:

bei Waldzulänglichkeit die unter allen Umständen wünschens=
werthe Feststellung,

bei Waldunzulänglichkeit die in Preußen außerhalb der ehemals
Bayerischen Gebietstheile nicht zulässige, fast unentbehrliche Ein=
schränkung,

nach den bei Rechstreu=Berechtigungen erörterten Gesichtspunkten.
Vgl. § 19 S. 317.

Wenn anerkannt werden muß, daß bei unentbehrlichem Wald=
streubedürfnisse die Ablösung gemeinwirthschaftlich unzweckmäßig sein
kann, so erwächst daraus für die Gesetzgebung die Pflicht, durch eine
sachgemäße Ordnung der polizeilichen und der Antrags=Regelung
den Interessen der Waldwirthschaft und Landeswohlfahrt gerecht zu
werden.

IV. Ablösung der Unkraut-Streuberechtigungen.

Vgl. § 18 S. 290 über Ablöslichkeit und Abfindungsart, § 19 S. 319, 334
über Nutzwerth= und Vortheilswerth=Ablösung.

Für die Nutzwerth=Ermittelung ist das Verfahren zum
Anhalte zu nehmen, welches in § 19 S. 319 bezüglich der Rech=
streu=Berechtigungen dargestellt wurde. Erstreckt sich die Berechtigung
auf mehrere Arten von Forstunkräutern, so ist der gesammte, zunächst
in Streustroh zu berechnende Streurechts=Anspruch nach Maßgabe der
bisherigen Ausübung oder des Waldertrags auf die verschiedenen
Streuarten zu vertheilen. Soweit allgemeine Erfahrungen über die
in der Literatur spärlich vertretenen Grundlagen der Werthermitte=
lung nicht vorliegen, sind solche durch örtliche Erhebungen und
sachverständige Begutachtung zu beschaffen. Einige Bemerkungen
und Erfahrungssätze über Streurechts=Anspruch, Waldertrag an Un=
krautstreu und Streugewinnungskosten mögen hier folgen.

a) Die Ermittelung des Streurechts=Anspruchs bei unbe=
stimmten Unkrautstreu=Bedarfsberechtigungen folgt dem in § 19 S. 321
angegebenen Wege (Viehstands=Ermittelung, Streuvollbedarfs=Ermit=
telung an Streustroh, Abrechnung der Streunebenmittel in Streu=
stroh, Umrechnung aus Streustroh in lufttrockene Unkrautstreu). Ab=
weichend hiervon veranschlagt Meyer (Gemeinheits=Theilung III. Thl.
1804 § 68) für Heidestreu den Streubedarf einer Kuh, muthmaßlich
waldtrocken,

bei Heide, die über der Erde abgehauen ist,

    im Winter auf 2 Fuder à 1200 Pfd. Calenbergisch Gewicht,

    im Sommer, bei Weide, auf die Hälfte, mithin bei Stall-
fütterung ebenfalls auf 2 Fuder,

    oder in Kilogramm bei ausschließlicher Stallfütterung

        pro Jahr auf 2348 kg

        pro Tag = 6,5 kg,

bei Heide, die mit einer dünnen Rasendecke gehauen ist,

    auf ⅓ mehr, also pro Tag auf 8,7 kg.

b) Die Waldertrags-Ermittelung an Unkrautstreu hat auf Grund
ortsweiser (abtheilungsweiser) Forstbeschreibung die periodische Streunutzungsfläche, den in jedem Nutzungsorte pro Hectar und im Ganzen
zu erwartenden periodischen Streuertrag und die Streunutzungs-
Periode (Streu-Umlaufszeit) festzustellen. Der jährliche Streuertrag
ergiebt sich als Quotient aus dem periodischen Streuertrage der gesammten Nutzungsfläche und aus der Streu-Umlaufszeit.

Die Streunutzungsfläche wird gebildet aus denjenigen Waldab-
theilungen, welche einerseits weder der Ausschluß-Schonung, noch der
Verjüngungs-Schonung unterliegen und andererseits nach dem ört-
lichen Befunde eine die Werbung lohnende Bestockung mit Unkraut-
streu enthalten. Zu den letzteren gehören namentlich bei den meisten
Unkrautstreuarten die Blößen, lichten Altbestände und diejenigen
Jungwuchsorte, in denen eine Streuwerbung ohne Beschädigung des
Holznachwuchses stattfinden kann.

Die abtheilungsweise Abschätzung des Streuertrages hat, sofern
nicht benutzbare Erfahrungen vorliegen, zweckmäßig auf Grund örtlicher Erhebungen des Streuertrages auf Musterflächen stattzufinden.
Die Musterflächen sind so auszuwählen, daß sie die wesentlichen Er-
tragsverschiedenheiten nach Standort und Holzbestand berücksichtigen.
Bei Lichtunkräutern, z. B. Heide, welche am besten auf unbeschatte-
tem Boden gedeihen, empfiehlt es sich, zunächst eine Ertragstafel für
holzreinen Boden aufzustellen, und darnach, sowie nach der Holzhaltigkeit, den in jeder Streuabtheilung zu erwartenden, durch die
Beschattung verminderten Streuertrag abzuschätzen.

Für Heide giebt Meyer (Gemeinheitstheilung Bd. III 1804 § 71) folgende, nach Fudern à 1200 Pfund Calenbergisch Gewicht aufgestellte, muthmaßlich
auf Waldtrockengewicht bezogene, in neues Maß und Gewicht umgerechnete
Ertragstafel:

Heibestreu-Ertragstafel für holzreinen Boden.

Alter und Größe der Heide	Boden-beschaffenheit	1 ha liefert in einer Streu-Umlaufs-zeit bei		
		guter	mittel-mäßiger	schlechter
		Heidebestockung Metercentner à 100 kg		
a) Völlig ausgewachsene, bis 1 m hohe Heide	feucht	448	429	410
	frisch	410	392	373
	trocken	373	354	336
b) Junge Heide	feucht	336	317	208
	frisch	298	280	261
	trocken	261	242	224

Nach Peters (Die Heibflächen Norbdeutschlands 1862 S. 21) ist an gewöhnlicher guter Streuheide im Durchschnitt während einer Streu-Umlaufszeit von 10 Jahren auf 2275 Cubikfuß pro Morgen Hann. Maß zu rechnen. Das Gewicht von 1 Cubikfuß lufttrockner Heide wird von ihm (S. 17) auf 3—4, im Durchschnitt auf 3,5 Pfund angegeben. Hiernach berechnet sich der periodische (10 jährige) Ertrag an lufttrockner Heidestreu pro Hectar

auf 261 Cubikmeter à 70 kg
ober = 183 Metercentner Lufttrockengewicht.

Forstmeister Meier (Die Heiden Norbdeutschlands, in Burckhardt, Aus dem Walde V. Heft S. 29) veranschlagt den Heidestreu-Ertrag auf holzreinem Boden während einer 4 bis 10 jähr. Umlaufszeit pro Hectar auf

12 bis 20 2spännige Fuder, von je 7 bis 8 Cubikmeter Raumgehalt, ober etwa 16 Centner Grün- ober 12 Centner Trockengewicht, somit auf 72 bis 120 Metercentner Trockengewicht.

Grebe (Forstbenutzung 3. Aufl. S. 219) rechnet an „Heidekraut, auch wohl Heidelbeerstreu, ziemlich vollstehend und etwa 5—6jähr., wenn die Nutzung sich nicht mit auf den Wurzelfilz erstreckt, im Durchschnitt jährlich 50 bis 60 Centner" (25 bis 30 Metercentner).

Die Umlaufszeit für Heidestreu (die nach der Werbung zur Wiedererzeugung nutzbarer Heide erforderliche Zeit) wird angegeben von Meyer (a. a. O. § 69)

bei über der Erde abgehauener Heide auf 5—6 Jahre
bei etwas unter = = = = • 8 =

von Peters (a. a. O. S. 20) auf 4 bis 24 Jahre, unter mittleren Verhältnissen auf 10 Jahre.

c) Ueber Gewinnungskosten von Unkrautstreu finden sich folgende Angaben:

von Meyer (a. a. O. I § 68): 1 Mann haut in einem Tage 1 Fuder Heide à 1200 Hann. Pfund = 5,87 Metercentner,

von Peters (a. a. O.): 1 Mann haut in einem Tage 1 Fuder Streuheide.

Die Vortheilswerth-Ermittelung läßt sich nur für den unmittelbaren Vortheil durchführen. Derselbe besteht, wie bei den Rechtstreu-Berechtigungen, in dem verwerthbaren Theile der Streu-Naturalrente.

§ 21.

Plaggen-Berechtigungen.

Vgl. § 18 Waldstreu-Grund-Ger. im Allgem.

I. Begriff, Umfang, Arten.

Plaggen (Palten) sind benarbte, aus Kleinpflanzen und Dammerde bestehende, in sich zusammenhängende, als Streu-, Dung- oder Brennmaterial dienende Trennstücke der oberen Bodenschicht.

Plaggenbildende Pflanzen sind vorzugsweise: Heide (gemeine Heide, Calluna vulgaris, und Sumpfheide, Erica tetralix) und Gras (Rasen), in untergeordnetem Maße: Beerkräuter (Heidelbeere, Preißelbeere) und Moos nebst manchen anderen Pflanzen.

Auf der Nutzung von Heideplaggen beruht die uralte Plaggenwirthschaft in den Heiden des norddeutschen Flachlandes, namentlich in Hannover und im westfälischen Münsterlande.

Vgl. darüber Peters, Die Heidflächen Norddeutschlands 1862.

Plaggen mit einer aus Heide und Gras zusammengesetzten Narbe heißen in der Lüneburger Heide Entern.

Die Stärke der an den Plaggen verbleibenden, durchwurzelten Dammerdeschicht hängt ab von der Beschaffenheit (Feuchtigkeit, Bindigkeit) des Bodens, vom Grade seiner Durchwurzelung und von örtlicher Gewöhnung. Je größer der Zusammenhang des Bodens durch die Einwirkung seiner Bindigkeit, Feuchtigkeit und Durchwurzelung ist, und je haushälterischer und schonender der Plaggenhieb gehandhabt wird, desto dünner werden die Plaggen entnommen. In den Hannoverschen Heiden bewegt sich die ortsübliche Stärke der Erdschicht zwischen $^3/_4$ und 4 hann. Zoll oder zwischen 1,8 und 9,7 cm.

Verschieden nach Ortsgebrauch und Bodenbeschaffenheit sind ferner Form und Größe der Plaggen. Heide- und Rasenplaggen auf Heiden und in lichten und lückigen Altholzbeständen, in denen

sich auf größeren Flächen und Plätzen eine zusammenhängende Bo=
denbecke bildet, werden in regelmäßigen Formen in einer Breite von
meist 0,3 m und in einer Länge von 0,3 m (Pommern) bis 0,9 m
(Lüneburger Heide) gewonnen. In Brüchern dagegen, wo die Plag=
gennutzung auf den einzelnen, kleinen, mit Gras und Schilf be=
wachsenen, moorigen und torfigen Erhebungen (Grasbülten) statt=
findet, bindet sich die Gewinnung der Plaggen nicht an bestimmte
Formen, Größen und Stärken.

Von der Stärke der Plaggen, der Bodenbeschaffenheit und
Pflanzenart ist der Zeitraum, in welcher die Wiedererzeugung der
Plaggen stattfindet und die davon abhängige Weidenutzungszeit und
Umlaufszeit der Plaggenbetriebsflächen abhängig. Auf abgeplaggtem
Heideboden der besseren Klassen bildet sich bei einer Plaggenstärke
von 2 Cent. häufig schon nach 3 Jahren eine Wiederbenarbung, die
von der Zeit der Plaggennutzung an gerechnet nach 6 Jahren die volle
Weidenutzung liefert und nach 10—12 Jahren wieder plaggenfähig
ist. Auf Mittelboden bei starken Plaggen dagegen kann die Plaggen=
Umlaufszeit gegen 20 Jahre, auf nahrungsarmem, durch langjährige
starke Plaggennutzung erschöpftem Boden bis zu 40 Jahren dauern.

Bei Rasenplaggen findet die Wiedererzeugung der Bodennarbe
rascher statt. Hier umfaßt die Plaggen=Umlaufszeit unter günstigen
Verhältnissen gegen 4, unter minder günstigen Verhältnissen gegen
8 Jahre.

Die Plaggen werden örtlich verschieden, theils (im Lüneburgi=
schen) mit einer Breithacke (Plaggenhaue, Twicke) abgehackt, theils
(im Osnabrückschen) mit einem Spaten abgestoßen und abgestochen
(geschaufelt). Die Abtrennung vom Boden geschieht bald auf der
ganzen Fläche, bald behufs Beförderung des Wiederwuchses mit Be=
lassung eines schmalen, etwa 6—7 cm breiten Randes zwischen je
2 Plaggen an deren Längs= und Breitseite.

In den Forstordnungen von Hannover und in dem dort gültig
gewesenen Gesetze über die Gemeinheits=Aufhebung vom 25. Juni
1802 (§ 132) ist ferner vorgeschrieben, daß der Plaggen= und Heide=
hieb in Holzbeständen zur Schonung der flach streichenden Wurzeln
und der Bodenfruchtbarkeit innerhalb des Haupt=Ernährungsraums
10 Fuß Calenb. Maß (= 2,92 m) von den Baumstämmen entfernt
bleiben muß.

Streuplaggen, namentlich Heideplaggen, dienen zum Unter=
streuen in den Viehställen (hauptsächlich in Schaf= und Rindvieh=
ställen) und demnächst zur Düngung.

Bloße Dungplaggen aus Heide, Rasen, Grasbülten werden als
Kompostmasse in Haufen (Dunghaufen, Faulhaufen, Brandhaufen,
Mieten), durchschichtet mit einem Zersetzungsmittel (Mist, Jauche,
Aetzkalk), aufgesetzt, nach einigen Monaten umgesetzt und dann auf
die Felder gebracht.

Zu Brennplaggen (Schollen) endlich wird die torfige, aus ab=
gestorbenen Wurzeln, Stengeln und Blättern der Heide gebildete
Humusschicht an feuchten, anmoorigen Stellen, mitunter z. B. im
Lüneburg'schen in der Größe von etwa 0,3 m im Quadrat abge=
hauen, getrocknet und zur Ofen= und Herdfeuerung benutzt.

Vgl. über die Plaggenwirthschaft außer dem Werke von Peters:
Meyer, Ueber Gemeinheitstheilung 1801 bis 1804 I §§ 48, 53, 67, 70, III
§§ 20, 51—54, 57, 58, 63, 64, 103, 104;
Burckhardt, aus dem Walde: die Heiden Norddeutschlands von Meier
Heft V;
Techn. Instr. für Pommern § 84.

II. Bedeutung der Plaggenberechtigungen.

Die Plaggennutzung ist heimisch in den futter= und waldarmen
Heidegegenden, namentlich in dem seenahen, sandigen Flachlande der Pro=
vinz Hannover (Lüneburg, Osnabrück), in Oldenburg, in dem west=
fälischen Münsterlande, in Hinterpommern, auf dem Holstein'schen Mit=
telrücken, wo das Stroh verfüttert wird und, anstatt des sonst als
Nothhelfer herangezogenen Waldes, die Heide der Landwirthschaft
Streu, Dünger, Brennmaterial, Weide und manche andere Nutzun=
gen liefern muß. Die Heide, mit Heide= und Plaggenhieb, sowie
mit Heidschnuckenweide, bildet hier die Grundlage eines extensiven,
wenig lohnenden, vorzugsweise auf Roggen= und Buchweizenbau, so=
wie auf Schafhaltung gerichteten Ackerbaus.

Die Heiden in Hannover und Westfalen gehörten ehedem und
zum Theile bis in die neueste Zeit zur gemeinen Mark. Heidehieb
und Plaggenhieb waren Markenberechtigungen, mitunter an gewisse,
Wald= und Weide=Schonung bezweckende Beschränkungen gebunden.

Das Weisthum der Dornecamper Mark (bei Dülmen in Westfalen, süd=
westlich von Münster) vom Jahre 1603 verordnet in Nr. 18, daß

„keine plaggen gemeiet werden an denen ortern da telgen hingesetzt sein,
damit den telgen ihr wachsthumb nicht entzogen werde, bei pön von fünf
mark, sondern sollen den telgen zwölf fuß weit mit der plaggenmatt verpleiben",

ferner in Nr. 19:

„da auch jemand von den baurmennern plaggen auß dero marken ver=
kaufen, und sie selbsten oder andere auf frembter leute lande auß der marken
führen würden, sollen dieselben von jeder suder plaggen einen goltgl. ver=
bruchtet haben".

Vgl. Jacob Grimm, Weisthümer III. Bd. 1842 S. 141.

Nach Piper (historisch=juridische Beschreibung des Markenrechts in West=
falen 1763) durften die Plaggen bei gemeinschaftlicher Benutzung seitens der
Markgenossen nur zur offenen Zeit gemäht oder gehauen, auf dem zur Weide
tauglichen Heideboden gar keine Plaggen gehauen werden, und mußten die ge=
mähten Plaggen binnen einer kurzen Frist aus der Mark weggeführt werden.

Vgl. von Maurer, Geschichte der Markenverfassung 1856 S. 161.

Mitunter war vorgeschrieben, daß die Plaggennutzung von größeren
Bäumen so fern bleiben müssen, als deren äußerster Tropfen fällt.

Vgl. von Berg, Geschichte der deutschen Wälder 1871 S. 237.

Die Plaggennutzung ist, abgesehen von der minder schädlichen
Grasbültennutzung in Brüchern, mit einer geordneten Waldwirthschaft
unverträglich. Alle Nachtheile der Rechstreunutzung treffen den dem
Plaggenhiebe ausgesetzten Wald in erhöhtem Maße.

Für die Landwirthschaft ist die Plaggennutzung in den meisten
Fällen entbehrlich, mindestens einer erheblichen Beschränkung fähig.
Einschränkung des Ackerbaus, Einführung einer regelmäßigen Frucht=
wechselwirthschaft, Mergeln und Kalken der besseren Ackerländereien,
Anbau von Futtergewächsen, Tiefkultur des Bodens, Wiesen=Anlagen,
Verwendung von Torfstreu zur Ergänzung der Strohstreu bieten
dazu die Mittel dar, die allerdings eine völlige Umgestaltung der
althergebrachten Heidewirthschaft erfordern.

Der Wald ist für die Heidegegenden eine Wohlthat, ein Hülfs=
und Heilmittel für Mängel, Entbehrungen und Uebel, mit denen
Land und Leute in der waldarmen Heide zu kämpfen haben. Volks=
wirthschaftlich ist die Entfernung des Plaggenhiebs aus dem Walde,
welcher demselben tiefe Wunden schlägt, ohne der Landwirthschaft
erheblichen Nutzen zu bringen, eine nicht abzuweisende Forderung.
Derselbe ist nur durch Ablösung, nicht durch bloße Regelung zu
genügen.

Die Ablösung der übrigens nur noch selten im Walde vor=
kommenden Plaggenberechtigungen hat sich fast immer auf die
Nußwerthermittelung des Rechts zu stützen, weil die Vortheilswerth=
ermittelung in der Regel mindestens zu einem dem Nußwerthe
gleichen Kapitalswerthe der Berechtigung führt. In Ausnahmefällen
haben die Vortheilswerth=Ermittelungen den bei Rechstreuberechtigungen
(§ 19 S. 344) erörterten Gesichtspunkten zu folgen.

III. Nußwerthermittelung der Plaggen-Berechtigungen.

Das Gesetz über die Abstellung von Berechtigungen zum Hauen oder
Stechen von Plaggen, Heide u. s. w. für die Provinz Hannover vom 13. April
1885 (GS. S. 109) bezieht sich nicht auf derartige Berechtigungen in Forsten.

1. Rechnungseinheit.

Gerechnet wird bei Plaggennußungen nach Stückzahl, Fläche,
Raummaß, Festmaß, Gewicht und Fudern.

Die Stückzahl ist nur brauchbar, wenn die Dimensionen der
Plaggen bekannt sind.

Zuverlässige Ermittelungen über Bedarf und Ertrag nach
Raummaß oder Festmaß, sowie über den Festgehalt der Raummaße
fehlen.

Das Gewicht der Plaggen ist wesentlich beeinflußt durch die
Stärke, die Erdbeschaffenheit und den Trockenzustand derselben.

Fuder ist ein unbestimmter Maß= bez. Gewichtsbegriff.

Am geeignetsten erscheint es daher, die Bedarfs= und Ertrags=
ermittelung der Plaggennußung nach Fläche (Quadratmetern) und
Gewicht mit Rücksicht auf übliche Stärke, Bodenart und den ge=
wöhnlichen Trockenzustand der Plaggen zu bewirken. Ermittelungen
über das Verhältniß zwischen ·Fläche und Trockengewicht sind in der
Oertlichkeit leicht anzustellen.

Verhältnißzahlen zwischen Maß, Gewicht und Stückzahl in Metermaß:
Nach Meyer (GThO. III. Th. 1804 §§ 55, 58 enthält

1 Plagge von 1,8 cm Dicke, 29,2 cm Breite, 87,6 cm Länge, also von
0,2558 □m Fläche im Durchschnitt ein Gewicht von 4,68 kg; mithin:

1 qm Plaggen 3,9 Stück mit 18,3 kg; ferner

1 2spänniges Fuder 587 Stück = 5,9 Metercentner à 100 kg;

1 Festmeter Plaggen, mitteltrocken

bei einer Plaggen-stärke von	auf moor= und torfart. Boden	auf lehm. Boden	auf Sand-boden
cm	Kilogramm		
1,8	898	973	1048
2,8	1048	1123	1197
4	1123	1197	1273

Nach der technischen Instruction für Pommern 1842 § 84 enthält
1 qm Plaggen von 2,4 cm Stärke in trockenem Zustände

auf torfigem Boden 14,2 kg

＝ sandigem ＝ 18,4 kg

In einem in der Zeitschrift für LCG. Bd. XIII S. 298 mitgetheilten
Specialfalle wird das Gewicht von 1 qm Plaggen im mittleren Feuchtigkeits=
zustande ohne Angabe der Plaggenstärke auf 28 kg angegeben.

2. Plaggen=Bedarfsermittelung.

Besondere gesetzliche Bestimmungen über die Ermittelung der
Natural=Sollhabenrente für Plaggenberechtigungen enthält von den
Preußischen Servitut=Ablösungsgesetzen nur die Altpreuß. GThO.
vom 7. Juni in §§ 52—55. Dieselben lauten:

„§ 52. Der Umfang der Berechtigung zum Plaggen-, Heide-
und Bültenhiebe wird, insofern sie zum Zwecke der Düngung stattfindet, bei den mit Aeckern, Wiesen und Gärten
angesessenen Berechtigten, nach dem Bedürfnisse der
Düngung in der jeden Orts hergebrachten Bestellungsart bestimmt. Davon werden jedoch die eigenen Mittel zur Düngerbereitung, die jeder an Stroh, Schilf etc. hat, abgerechnet.“

„§ 53. Bei Berechtigten, die mit dergleichen Grundstücken
nicht angesessen sind, wird dieses Theilnehmungsrecht nach dem
Bedürfnisse der Streu für die Viehzahl, die sie auf die zu thei-
lende gemeinschaftliche Weide zu bringen befugt sind, bestimmt.“

„§ 54. Bezweckt das vorgedachte Recht die Feuerung, so erhält es seine Bestimmung durch das Bedürfniss des Berechtigten
an Feuerung, wovon jedoch die eigenen Feuerungsmittel an Holz,
Torf etc. abzurechnen sind.“

„§ 55. Enthält das Recht zugleich die Befugniss zum Verkauf, so ist der Umfang dieser letzteren Befugniss nach dem,
in den letzten der Einleitung der Auseinandersetzung vorhergehenden 10 Jahren im Durchschnitte verkauften Betrage zu bestimmen.“

Bei Plaggen=Verkaufsberechtigungen bildet die Vergangenheits=
rente die Grundlage für die Ermittelung der Naturalrente.

Für Bedarfs-Berechtigungen liefert

bei Berechtigungen auf Streuplaggen der Streubedarf,

bei Berechtigungen auf Kompostplaggen oder Streu- und Kompostplaggen der Düngerbedarf,

bei Berechtigungen auf Brennplaggen der Feuerungsbedarf
der berechtigten Grundstücke den am meisten geeigneten Maßstab zur Ermittelung des Gesammtbedarfs.

Der jährliche Gesammtbedarf an Plaggenstreu ergiebt sich aus der Ermittelung des Viehstandes, aus der Dauer der Stall- und Weidezeit und aus dem täglichen Bedarfe für ein Stück Vieh während der Stall- und Weidezeit.

Ueber Viehstandsermittelung, Stall- und Weidezeiten vgl. § 19 S. 322 bei Rechstreu-Berechtigungen.

Plaggenstreu-Bedarfssätze:

Nach Meyer GThO. III. Th. § 55 flg.

täglicher Streubedarf für 1 Kuh oder für 8,5 Stück Schafe während der Stallzeit 0,51 qm (Lagerraum), während der Weidezeit bei Uebernachtung im Stalle die Hälfte mit 0,255 qm;

nach der techn. Instruction für Pommern § 84

täglicher Plaggen-Streubedarf einer Kuh während der Winterstallzeit (181 Tage) 0,59 qm, während der Weidezeit (184 Tage) die Hälfte mit 0,295 qm.

> Vgl. auch über den Bedarf einer Heidewirthschaft an Heide- und Plaggenstreu Peters a. a. O. S. 51 flg.

Der Gesammtdüngerbedarf an Kompostplaggen ist nach dem Umfange der Ackerfläche und nach der ortsüblichen Art zu düngen durch Schätzung landwirthschaftlicher Sachverständiger festzustellen.

Die Ermittelung des Brennplaggenbedarfs erfolgt nach den bei Torfberechtigungen (§ 31) angegebenen Regeln. Im Brennwerthe sind die Moorplaggen den geringsten Torfklassen gleich zu stellen.

Von dem Gesammtbedarfe sind, um den Berechtigungs-Bedarf an Plaggen zu erhalten, die eigenen Streu- bez. Düngungs- und Feuerungsmittel des Berechtigten in Abzug zu bringen.

> Vergl. darüber die Angaben bei Streu- und Brennholzberechtigungen.

3. Die Plaggen-Ertrags-Ermittelung bei Walbunzulänglichkeit hat den jährlichen Plaggenertrag zu erforschen.

Der jährliche Ertrag ist ein periodisch wechselnder oder ein dauernd gleicher, je nachdem der Waldzustand erheblichen, den Plaggenertrag beeinflussenden Veränderungen unterliegt oder nicht. Im erften Falle hat die Ertragsermittelung den gegenwärtigen und die künftigen Waldzuſtände, im letzteren Falle nur den gegenwärtigen Waldzuſtand in Betracht zu ziehen.

Elemente des Waldzuſtandes, welche den Plaggenertrag beeinfluſſen, ſind Bodenbeſchaffenheit, Holzart, Beſtandsalter und Beſtandsſchluß.

Von der Bodenbeſchaffenheit ſind die plaggenbildenden Pflanzenarten (Heideplaggen, Raſenplaggen ꝛc.) und der Zeitraum der Wiedererzeugung der Plaggen abhängig.

Schattenholzarten verhindern oder vermindern die Bildung einer abſchälbaren Bodennarbe unter bez. zwiſchen den Baumkronen, Lichthölzer geſtatten ſie von einem gewiſſen Alter ab ſelbſt im Bereiche der Baumkronen. Der zur Bildung einer Plaggennarbe erforderliche Lichteinfall auf den Boden findet in regelmäßig beſtockten Beſtänden theils in der Jugend vor Eintritt des Beſtandsſchluſſes, theils erſt, beſchränkt auf Lichthölzer (Kiefer, Birke), im vorgeſchrittenen Baumholzalter ſtatt.

Je geringer die Holzhaltigkeit, deſto größer der Plaggenertrag. Namentlich ſind es die in den Beſtänden vorhandenen größeren Lücken und Blößen, auf welchen der Plaggenhieb bei vollem Lichteinfalle am ergiebigſten iſt.

Außer dem Waldzuſtande ſind es die Werbungsart und die Beſtimmungen in Rückſicht auf Waldſchonung, welche die Größe des Plaggenertrags beeinfluſſen; in Bezug auf Werbungsart die Stärke der Plaggen und die Methode der Vollwerbung oder der Ränderung der Plaggen, von denen die Periodenlänge der Wiedererzeugung abhängig iſt, in Bezug auf Waldſchonung die bald nach der Entfernung vom Stamme, bald nach der Traufe (Schirmfläche) beſtimmte Schonungsfläche rings um den Stamm (Stammſchonungsfläche). Durch den Zweck der Walderhaltung, dem ſich die Servitutnutzung nach allgemeinen Rechtsregeln unterordnen muß, geboten, wenngleich nicht ausdrücklich durch ſpecielle geſetzliche Vorſchriften vorgeſehen, iſt die Schonung der Jungbeſtände bis zu dem Alter, wo eine Vernichtung oder eine erhebliche unmittelbare Beſchädigung der Holzpflanzen durch den Plaggenhieb nicht mehr ſtattfindet (Jugendſchonung).

Unter Berückſichtigung dieſer Verhältniſſe ergiebt ſich für das

Verfahren der Ertragsermittelung zunächst bei gleichbleibendem Wald=
zustande und Plaggenertrage (Waldzustands=Verfahren) folgender
Gang der Arbeiten:

a) Anfertigung einer Boden= und Bestandsklassentabelle, welche
von jeder Abtheilung des Berechtigungswaldes Bodenklasse, Holzart,
Alter, Holzhaltigkeit und Flächeninhalt mit Sonderung von Holz=
boden und Nichtholzboden (Wege, Gestelle ꝛc.) angiebt;

b) Bestimmung der Plaggennutzungsfläche mit Rücksicht auf
Holzhaltigkeit, Stammschonung in den Plaggenbeständen und Jugend=
schonung;

c) Feststellung der Plaggenhiebs=Umlaufszeit (Umtriebszeit) nach
dem Zeitraum des Wiederwuchses; unter Umständen Feststellung ver=
schiedener Umlaufszeiten für die Verschiedenheiten der Bodenklassen und
Plaggenarten;

b) Schätzung des Umlaufsertrags an Plaggen für die Plaggen=
nutzungsfläche jeder Abtheilung, zunächst nach Quadratmetern mit
Rücksicht auf Ausfall durch Fehlstellen (Steine, Wege ꝛc.) und durch
stehenbleibende Ränder, sodann nach Trockengewicht mit Rücksicht
auf Erdbeschaffenheit und Plaggenstärke;

e) Berechnung des Jahresertrags an Plaggen aus Umlaufser=
trägen und Umlaufszeiten.

Bei Waldungen mit unregelmäßigen Altersklassen= und Be=
stockungs=Verhältnissen und daraus hervorgehenden Abweichungen
der künftigen von den gegenwärtigen Plaggenerträgen sind außer den
gegenwärtigen auch die künftigen periodischen Jahreserträge, am ein=
fachsten nach Bestands=Verfahren oder nach Normalzustands=Verfahren
zu ermitteln.

Vgl. Th. I § 15 S. 141, 142.

4. Plaggen=Werthermittelung.

Die Bruttowerthermittelung am Gewinnungsorte erfolgt, wo
möglich, nach örtlichen Verkaufspreisen, in Ermangelung derselben
nach Streustroh=Verkaufspreisen bez. bei Brennplaggen nach Torf=
Verkaufspreisen und nach dem Werthverhältnisse zwischen Plaggen
und deren Surrogaten.

Die Kosten berechnen sich aus dem Arbeitsaufwande für Ab=
plaggen und aus den üblichen Tagelohnsätzen.

Nach Meyer GThO. I § 67 haut ein Mann täglich 12 bis 18 Fuder

1,6 cm starke Plaggen, das Fuder zu 562 kg, mithin 6744 bis 10 116 kg oder 135 bis 202 Centner.

Nach Meier in Burckhardt a. d. Walde a. a. O. haut ein Mann im Accord täglich etwa 766 qm Plaggen.

Nach der techn. Instruction für Pommern haut 1 Mann täglich an 2,4 cm starken Plaggen

auf moorigem Boden 175 Centner Gew.
= sandigem = 133 = =

Der Streuwerth berechnet sich nach dieser Instr. pro Centner à 50 kg für

torfige Plaggen auf 1,03—1,56 Lit.
sandige = = 0,77—1,16 =

Roggen.

5. Der Plaggenrechts-Zinsfuß zur Kapitalisirung der dauernd gleichen oder der periodisch wechselnden Geldreinerträge wird in der Regel hoch, der Kapitalisirungsfactor somit niedrig anzunehmen sein, weil die Fortschritte in der Landwirthschaft und deren allmählige Einbürgerung in den Heidegegenden den Verbrauch an Plaggen und damit die Nachfrage und den Preis derselben voraussichtlich ver=mindern werden, und weil andererseits der recht erhebliche Arbeitsauf=wand, den die Plaggengewinnung verursacht, mit den steigenden Ar=beitspreisen kostspieliger wird. Wo daher nicht örtliche Verhältnisse eine Ausnahme begründen, wird es sich rechtfertigen, für den Plag=genrechtszinsfuß die obere Grenze des Berechtigungszinsfußes an=zunehmen.

§ 22.

Reisstreu-Berechtigungen.

I. Begriff, Arten, Umfang.

Reisstreu-Berechtigungen sind Streuberechtigungen auf dünnes benadeltes Reisig. (Schneidelstreu, Hackstreu, Aststreu, Zweigstreu, in Oesterreich Graffet, Taxstreu.)

Sie erstrecken sich auf Fichten und Weißtannen, seltener auf Kiefern und Lärchen.

Ausnahmsweise werden auch Laubzweige, z. B. von Buchen, zur Reisstreu verwendet (Krain).

Nur das dünne Reisig, etwa bis zu 1 oder 1,5 cm Stärke dient als Streu.

Die Streu-Nutzung erfolgt theils an gefällten Stämmen auf den Schlägen (Schlag-Reißstreu), theils an den zur Fällung im laufenden Wirthschaftsjahre bestimmten Bäumen, theils auch an den nicht zur baldigen Fällung bestimmten Hölzern.

Schlag-Reißstreu wird vielfach nach Entästung der gefällten Bäume durch Ausschneiden des feinen Reisigs mit der Heppe auf den Schlägen gewonnen. Die Berechtigung ist dann eine reine Streuberechtigung.

Die Zweig-Gewinnung an den zur Fällung bestimmten Bäumen erfolgt gewöhnlich nach Besteigung der Bäume mit Steigeisen durch vollständige Entästung mit dem Beile.

Regel ist, behufs Vermeidung von Saftstockung und Verderben des Holzes, die Entästung während der Vegetationsruhezeit oder bei Sommerfällung kurze Zeit vor dem Abtriebe zu bewirken.

An den nicht zum baldigen Abtriebe bestimmten Stämmen beschränkt sich die von unten nach oben fortschreitende, periodisch wiederkehrende Entästung auf einen Theil der Baumkrone. Die Zweige werden entweder mit Schneidehaken abgerissen, oder mit oder ohne Belassung von Stumpen, nöthigenfalls nach Besteigung der Bäume meist abgehauen, seltener abgesägt.

Das heimgebrachte Reisig wird mit dem Beile in kurze Stücke gehackt, das feine Reisig als Streu ausgesondert, das gröbere zum Brennen verwendet. Soweit letzteres, was die Regel bildet, geschieht, sind die Berechtigungen zugleich Streu- und Brennholz-Berechtigungen.

Gesetzliche Beschränkungen der Reißstreunutzung enthält das Oesterreichische Forstgesetz vom 3. December 1852. Dasselbe bestimmt in § 12,

daß die Aststreu zunächst in den Fällungsorten (Abtriebs- und Durchforstungsschlägen) zu gewinnen sei,

daß an stehenden zur Fällung bestimmten Stämmen nur die unteren $2/3$ der Aeste entnommen, dagegen die zur Fällung nicht bestimmten Stämme in den Fällungsorten gar nicht geschneidelt werden dürfen, endlich

daß außerhalb der Fällungsorte nur $1/3$ der stärkeren Aeste mit Schonung der am Schafte befindlichen schwachen Zweige (Lebenszweige), ohne Benutzung von Steigeisen, und nur von Anfang

August bis Ende März, mit Ausschluß der strengsten Winterszeit, hinweggenommen werden dürfen,

ferner in § 13,

daß die Streugewinnung höchstens jedes dritte Jahr an der=selben Stelle wiederholt und nie auf Boden= und Aststreu zugleich ausgedehnt werden darf.

II. Bedeutung der Reisstreu-Berechtigungen.

Reisstreu=Nutzungen und =Berechtigungen haben ihren Sitz in den Gebirgen von Mitteldeutschland, Süddeutschland und Oesterreich, im Thüringerwald, Frankenwald, Fichtelgebirge, Schwarzwald, in den bayerischen Alpen, Tirol, Steiermark, Krain. Im norddeutschen Flachlande sind sie unbekannt.

Ihre waldwirthschaftliche Bedeutung gestaltet sich von Grund aus verschieden, je nachdem sich die Streunutzung auf liegendes oder stehendes Holz in Fällungsorten beschränkt, oder auch im fortwachsenden Walde stattfindet. Im ersten Falle ist sie unschäd=lich, im letzten Falle, bei Streugewinnung durch den Berechtigten, stets verderblich für den Wald. Blattverlust ist Zuwachsverlust. Die Bäume werden auf halbe Kost gesetzt. Schaftbeschädigungen, Fäulniß, Nutzholzeinbuße, Insectenschäden, Bodenverarmung sind weitere Folgen. Polizeiliche Beschränkungen halten, wie die Erfah=rungen in Oesterreich zeigen, die Walddevastation nicht auf.

Der landwirthschaftliche Werth der Reisstreu wird auf strengem, kaltem Boden gerühmt, auf lockerem Sandboden gering geschätzt. Grüne Nadeln und dünnes Reisig haben einen ansehnlichen Nährstoffgehalt, welcher bei Weißtannen am höchsten steht, bei Fichten zurücktritt, bei Lärchen und Kiefern am geringsten ist.

Vgl. Tafel XXI.

Bindiger und kalter Boden wird durch Reisstreu gelockert und erwärmt. Je holziger und stärker die Reisstreu ist, desto geringer sind Nährstoffgehalt, Zersetzbarkeit und Weichheit des Lagers. Der Arbeitsaufwand behufs Gewinnung und Zurichtung der Reisstreu ist erheblicher, als bei jeder anderen Streuart.

Genaue Untersuchungen über den Streuwerth der Reisstreu

fehlen. Grebe veranschlagt ihn für die jüngsten Triebe der Tanne und Fichte auf 0,5 des Strohwerths.

Grebe, Forstbenutzung 3. Aufl. S. 224.

Landwirthschaftlicher Groß- und Mittelbetrieb bedürfen die Reißstreu nicht. Kleinbetrieb im Gebirgslande kann sie häufig nicht entbehren.

Hier kann die Reißstreu als Existenzmittel der Landwirthschaft einen hohen volkswirthschaftlichen Werth gewinnen. Reisig von Schlägen und von stehenden, zum Einschlage bestimmten Bäumen können keine gemeinnützigere Verwendung finden, als zur Streu-nutzung im streubedürftigen Kleinbetriebe. Die Ablösung der wald-unschädlichen Einschlag-Reißstreu-Berechtigungen würde unter solchen Umständen ein wirthschaftspolitischer Fehler sein.

Ein verhängnißvollerer Fehler ist die umfangreiche Ausübung der Streunutzung im fortwachsenden Bestande mit Selbstwerbung durch die Berechtigten. Sie verdirbt nicht blos den Gebirgswald, sondern schädigt Land und Leute. Wirksame Abhülfe ist nur zu erwarten, entweder durch Ablösung bei Entbehrlichkeit der Reißstreu, oder im Falle der Unentbehrlichkeit durch eine solche Zwangsregelung mittelst Umwandlung, Fixation oder Einschränkung, welche die Reiß-streuwerbung im fortwachsenden Bestande in die Hände des Wald-eigenthümers legt und zur Bedarfsbefriedigung außer der Reißstreu andere, minder nachtheilige Waldstreumittel dem Berechtigten zur Verfügung stellt.

III. Regelung der Reißstreu-Berechtigungen.

Die polizeiliche Regelung der Reißstreu-Berechtigungen kommt hauptsächlich in Betracht bei Berechtigungen an stehenden Stämmen in Fällungsorten. Bei Berechtigungen an gefälltem Holze ist sie nicht erforderlich, bei Berechtigungen am fortwachsenden Waldbestande nicht genügend wirksam.

Gegenstand der polizeilichen Regelung sollten hauptsächlich sein:

in Fällungsorten für stehende Bäume: Anweisung der Streubäume durch die Forstverwaltung und Nutzungszeit während der Vegetationsruhe oder kurz vor dem Hiebe,

im fortwachsenden Bestande: dauernder Ausschluß theils

von besonders gefährdeten Waldorten (Flächen-Ausschluß) theils und zwar in beschränkter, gesetzlich zu begrenzender Zahl (etwa 50 pro Hectar) von Nutzholzbäumen (Nutzholz-Ausschluß), sofern sie vom Waldeigenthümer dauernd in deutlich erkennbarer Weise (Ringeln mit weißer Oelfarbe) bezeichnet werden, ferner

Jugendschonung im Hochwalde bis zu eintretendem Bestandsschluß, im Plänterwalde bis zu einer bestimmten, durch die Stammreinigung bedingten Stammstärke,

Anweisung der Nutzungsorte durch die Forstverwaltung,

Nutzungsbeschränkung auf das untere Zweigdrittel,

Aestung mit der Säge dicht am Schafte, Verbot von Baumreißern, Hauwerkzeugen und Steigeisen, endlich

eine für Kronenersatz und Schaftüberwallung ausreichende etwa 10jährige Umlaufszeit.

Eine waldwirthschaftlich genügende Regelung von Reisstreu-Berechtigungen im fortwachsenden Bestande läßt sich nur im Wege der Antrags-Regelung bewirken. Reisstreu-Berechtigungen in Fällungsorten bedürfen der Antrags-Regelung nur dann, wenn sie in Verbindung mit den Berechtigungen im fortwachsenden Bestande vorkommen.

Die Antrags-Regelung kann sich erstrecken auf Umwandlung, Feststellung oder Einschränkung. Als wesentlicher Gesichtspunkt ist festzuhalten, daß die Streuwerbung im fortwachsenden Bestande in die Hände des Waldeigenthümers gelegt wird, welcher die vom Berechtigten niemals zu erwartende Waldschonung handhaben, die Entästung im fortwachsenden Bestande mit den regelmäßigen Fällungen (Durchforstungen, Läuterungen) verbinden und den größten, mit der Waldschonung verträglichen Streuertrag erzielen kann.

Die Regelung durch Umwandlung soll dem Waldeigenthümer das Recht verleihen, den bei waldpfleglicher Ausübung der Reisstreu-Berechtigung nicht gedeckten Theil des Streurechts-Anspruchs in anderen Streuarten (Unkrautstreu, Rechstreu) zu gewähren. Zu dem Zwecke ist erforderlich, den Streurechts-Anspruch ziffermäßig (nach Raummetern) zu bestimmen, die Aequivalentwerthe von Reisstreu und anderen Streuarten festzustellen und die Streuabgabe nach bestimmten Maßen (Raummetern) zu bewirken. Umwandlung hat daher mit Feststellung oder Einschränkung Hand in Hand zu gehen.

Feststellung tritt bei Waldzulänglichkeit, Einschränkung bei Waldunzulänglichkeit ein. Es handelt sich in beiden Fällen um die Ermittelung der Naturalrente im frischen Zustande der Reißstreu. Die Streu=Abgabe erfolgt nach Raummetern. In Fällungsorten kann die gesammte Werbung, im fortwachsenden Bestande das Auf= metern den Berechtigten überlassen werden. Die Kosten des Auf= meterns sind bei Aufarbeitung durch die Forstverwaltung außer Ansatz zu lassen, bei Aufarbeitung durch den Berechtigten dem letz= teren zu vergüten, die Kosten des für Rechnung des Waldeigenthü= mers vorzunehmenden Entästens im fortwachsenden Bestande dem Waldeigenthümer zu erstatten.

IV. Ablösung der Reißstreu-Berechtigungen.

Vgl. über Ablöslichkeit und Abfindungsart § 18 S. 290.

Für die Nutzwerth=Ermittelung findet das bei Rechstreu= Berechtigungen (§ 19 S. 319) angegebene Verfahren sinngemäße An= wendung. Zu berücksichtigen bleibt, daß sich das Ablösungs=Kapital in der Regel zusammensetzt aus dem Streuwerthe des Feinreisigs (Streureisigs) und aus dem Brennholzwerthe des bei der Zurichtung ausgesonderten, als Streumaterial untauglichen Grobreisigs. Das nach dem Umfange des Rechts sehr verschiedene, von Holzart, Be= triebsart, Nutzungsalter, Nutzungsmaß 2c. abhängige Verhältniß zwischen beiden ist örtlich festzustellen.

Allgemein brauchbare Sätze über Waldertrag und Gewinnungs= kosten lassen sich bei den großen Verschiedenheiten in dem Umfange des Rechts und in den Waldzuständen kaum geben, sind auch in der Literatur nur spärlich und unzureichend zu finden. Oertliche Erhe= bungen und sachverständige Schätzung bez. schiedsrichterliche Fest= stellung müssen hier aushelfen.

Einzelne Erfahrungssätze sind:

Waldertragssätze.

In bäuerlichen Plänterwaldungen des Frankenwalds und Fichtelgebirges werden bei mäßiger Nutzung im jährlichen Durchschnitte 1—1½ Wagen Reis= streu pro Morgen (etwa 20 bis 30 Metercentner pro ha) gewonnen.

Gayer, Forstbenutzung 6. Aufl. S. 525.

Im Württembergischen Schwarzwalde wird bei bäuerlichem Femelbetrieb die Hälfte jener Sätze als nachhaltiger Ertrag gerechnet.

Gayer a. a. O. S. 441.

Grebe (Forstbenutzung 3. Aufl. S. 219) giebt für Nadelholzschläge auf je 100 Cubikmeter Stammholzertrag

in Kiefern   30— 60 Metercentner

= Tannen   50— 80   =

= Fichten   60—100   =

Grüngewicht als Schneidelstreu-Ertrag an.

Nach Wessely sollen regelmäßig und sehr vorsichtig auf Reisstreu benutzte Fichtenwälder zum ersten Male im Alter von 30 bis 40 Jahren mit 10jähriger Umlaufszeit geschneidelt werden und dann das Joch Wald während der ganzen Schneidelzeit jährlich 10 bis 16 Centner (9,7 bis 15,4 Metercentner pro Hectar) liefern.

S. Albert, Forstservituten-Ablösung 1868 S. 89.

Gewinnungskostensätze.

Nach der Oesterr. Forstzeitung 1887 Nr. 1 sind erforderlich behufs Gewinnung von 10 Raummetern ungehackter Aststreu

für Abästung	1 Arbeitstag
= Zusammenbringen an die Wege	2 Arbeitstage
= Transport bei täglich 2maligem Abholen	3 =
= Abtrennen der Zweige von den Aesten und Kleinhacken der ersteren	3 =
zusammen	10 Arbeitstage

wofür 5 Raummeter gehackter Reisstreu gewonnen werden, so daß die Werbungs-, Transport- und Zurichtungskosten für 1 Raummeter gehackter Reisstreu 2 Tagelöhne betragen.

Die Vortheilswerth-Ermittelung hat sich bei der Unberechenbarkeit des mittelbaren Vortheils auf den durch anderweite Verwerthung der Reisstreu erzielbaren unmittelbaren Vortheil nach den früher angegebenen Regeln zu beschränken.

§ 23.

Waldweide-Berechtigungen (Begriff, Wesen, Arten).

I. Begriff und Wesen.

1. Begriff. Waldweide-Berechtigungen sind Grundgerechtigkeiten auf Vieheintrieb in fremden Waldungen behufs Aneignung von Weidefutter durch Weiden. Begriffswesentlich sind Weidevieharten, Weidefutter und Weidebetrieb.

2. Weidevieharten können sein: Rindvieh, Schafe, Ziegen, Pferde, Schweine, Gänse.

Rindvieh ist das Haupt-Weidevieh (Normalvieh). Bei Ab=
lösung oder Regelung der Weideberechtigungen mit verschiedenen
Vieharten und Viehaltersklassen ist es üblich, Weiderechts=Anspruch
und Waldertrag nach Kühen (Kuhweiden) anzugeben.

Bezüglich der Altersklassen des Rindviehs werden unterschieden
bei dem männlichen Rindvieh:

Stierkalb im ersten Lebensjahre,

Jungstier in der Zeit vom zurückgelegten ersten Lebensjahre bis
    zum erstmaligen Zulassen,

Stier (Bulle) nach erlangter Geschlechtsreife,

Ochs im castrirten Zustande,

bei dem weiblichen Rindvieh:

Kuhkalb im ersten Lebensjahre,

Rind, Ferse, Stärke in der Zeit vom zurückgelegten ersten Lebens=
    jahre bis zur Geburt des ersten Kalbes,

Kuh nach der ersten Geburt.

Schafe heißen

im ersten Lebensjahre Lämmer (Bocklamm, Mutterlamm),

im zweiten Lebensjahre Jährlinge,

    von da ab

Böcke für männliche uncastrirte Thiere,

Hammel für männliche castrirte Thiere,

Schafe (Mutterschafe) für weibliche Thiere.

In Frankreich war die Waldweide mit Wollvieh (Schafen, Hammeln,
Ziegen) durch die B. von 1669 und vom 7. Januar 1806 verboten. Auch
der Code forestier vom 21. Mai 1827 enthält in Art. 78 dies Verbot für
Weideberechtigte, jedoch mit der Maßgabe, daß die Schafweide durch Kaiserliche
Verordnung gestattet werden kann.

. Die Ausübung der Waldweide=Berechtigung mit Ziegen ist in vielen
deutschen und außerdeutschen Forstordnungen und Forstgesetzen verboten.

In Preußen u. A. durch das Edict v. 27. Nov. 1719, durch die Forst=
ordnungen für Ostpreußen und Litthauen (s. auch Rescr. vom 24. Nov. 1794)
1775, Schlesien 1756, Brandenburg 1720, Magdeburg=Halberstadt 1743. Das
Preußische Allg. Landrecht enthält kein unbedingtes Verbot, bestimmt aber, daß
der Hütungsberechtigte Ziegen nicht auf solche Plätze bringen darf, „wo Be=
schädigung am Holze, an Bäumen oder Hecken zu besorgen ist".

Das Bad. Forstges. untersagt in § 36 die Waldweide mit Schafen oder
Ziegen, läßt jedoch mit Genehmigung der Forstbehörde unter Zustimmung des
Waldeigenthümers Ausnahmen zu.

Das Bayer. Landrecht läßt jede Viehart zu.

Nach § 499 des Oesterr. Allg. bürgerl. Gesetzbuchs von 1811 erstreckt sich das Weiderecht in waldigen Gegenden nicht auf Ziegen.

In Elsaß=Lothringen und Frankreich ist Waldweide mit Ziegen durch Berechtigte verboten (s. oben).

Das Pferd heißt

bis zum Ende des dritten Lebensjahres Fohlen, Füllen,

von da ab

Hengst für das männliche uncastrirte,

Wallach für das männliche castrirte,

Stute für das weibliche Pferd.

Für Schweine gelten folgende Benennungen:

in den ersten 6 bis 8 Wochen (Saugezeit) Ferkel, Frischlinge,

von da ab bis zur Geschlechtsreife, die mitunter schon im Alter

von $^3/_4$ Jahren eintritt, Läufer, Faselschweine,

später Schweine (vergl. § 15 S. 208).

In Oesterreich (bürgerl. Gesetzbuch 1811 § 499) erstreckt sich das Weiderecht nicht auf Schweine und Federvieh.

Nach dem Nutzzwecke der Viehhaltung werden unterschieden:

Milchvieh (Kühe, Schafe, Ziegen),

Mastvieh (Rindvieh, Schafe, Schweine, Gänse),

Wollvieh (Schafe),

Arbeitsvieh, Zugvieh (Rindvieh, Pferde).

Waldweiden dienen vorzugsweise

beim Rindvieh zur Milchproduction und Aufzucht,

bei Schafen zur Wollproduction und Aufzucht,

bei Ziegen zur Milchproduction und Aufzucht,

bei Pferden zur Aufzucht,

bei Schweinen zur Mästung und Aufzucht,

bei Gänsen zur Fleischproduction und Aufzucht.

3. Zum Weidefutter gehören

der Bodenüberzug von Gräsern, Kräutern, Schwämmen (Boden=
weide, Grasweide),

ferner Knospen, Blätter, Zweige und Rinden von Holzgewächsen
(Holzweide),

endlich Futterstoffe (Wurzeln, Insecten), die sich in der Erde be=
finden (Erdweide).

Baumfrüchte sind nicht Gegenstand der Weidenutzung, sondern der Mastnutzung (s. § 15 S. 209).

Rindvieh, Schafe, Ziegen, Pferde, Gänse sind ausschließliche Pflanzenfresser, Schweine nehmen auch thierische Nahrung (Insecten, Würmer). Die ersteren weiden blos über der Erde (Gras, Kräuter, Theile von Holzgewächsen), die Schweine vorzugsweise im Boden (Wurzeln, Insecten, Würmer).

Rindvieh, Schafe, Ziegen und Pferde sind Heu= und Strohfresser, Schweine und Gänse nicht.

Rindvieh liebt Weidefutter von saftigen Gräsern und Kräutern. Weiden auf armem, trockenem, mit Schafschwingel (Festuca glauca) besetztem Boden sind für dasselbe ungenügend, Bruchweiden mit sauren Gräsern ungesund.

Schafe begnügen sich mit Weiden auf dem ärmsten, trockenen Höhenboden, ertragen keine Bruchweiden mit stauender Nässe.

Pferde verlangen nahrhafte, mit guten Gräsern und Kräutern besetzte, begnügen sich nicht mit armen Weiden. Weiden auf frischem und mäßig frischem Boden sind denselben zuträglicher, als feuchte und nasse, nicht selten gesundheitsgefährliche Weiden.

Schweine finden auf allen Weiden Nahrung. Feuchte, sumpfige, schattige Weiden mit lockerem Boden sind für Schweine und Gänse besonders zuträglich.

Schweine zerstören die Bodennarbe durch Wühlen. Gänse ver= unreinigen die Weide. Nach Schweinen und Gänsen können daher andere Vieharten nicht weiden.

Auf mittelmäßigen, geringen und entfernt vom Wirthschaftshofe gelegenen Weiden ist das Weidefutter zur Ernährung des Viehs nicht ausreichend. Es wird daher dem Weidevieh häufig vor dem Austrieb zur Weide und nach der Rückkehr von derselben noch Futter im Stalle gereicht (Beifutter). Dies geschieht auch bei reich= licher Weide während des Uebergangs von der Winterstallfütterung des Rind= und Schafviehs zur Weideernährung und umgekehrt, ferner nach starken Reifen im Früh= und Spätjahre. Bei anhaltendem Regenwetter werden die Schafe mitunter ganz im Stalle gehalten. Auch Weideschweine erhalten häufig Morgens und Abends eine Futterportion im Stalle. Das Beifutter muß, wo es auf Weide=

werth=Ermittelungen ankommt, von dem täglichen Futterbedarfe ab=
gezogen werden.

4. Weidebetrieb.

Zum Begriffe der Weideberechtigung gehört die Aneignung des
Viehfutters durch Beweidung, nicht auf andere Weise, z. B. durch
Abmähen, Sicheln, Rupfen.

Das Preuß. Allgem. Landrecht bestimmt hierüber in Th. I Tit. 22 § 132
„Uebrigens kann der blos zur Hütung Berechtigte weder auf Rohr- oder
Schilfnutzung Anspruch machen, noch sich das Mähen auf dem Hütungsreviere
auf irgend eine Art anmaßen“.

Nach Bayerischem, Badischem und Oesterreichischem Rechte hat der
Weideberechtigte keinen Anspruch auf andere Arten der Futteraneignung als
auf Beweidung.

Bayer. Landr. Th. II Cap. 8 § 13.
Badisches Forstges. § 123.
Oesterr. bürgerl. Gesetzb. § 502.

5. Theilung weideberechtigter Grundstücke.

Vgl. Th. I § 5 S. 33 und Th. II § 2 S. 4, § 18 S. 276 dieses Werks.
von Rönne, Ergänzungen 6. Ausg. II. Bd. 1875 S. 346 §§ 22, 23 Tit. 19
I ALR.
Koch, Allg. Landr. 2. Bd. 6. Ausg. 1879 Note 47 zu § 23 Tit. 19 I ALR.
S. 650.
Schneider, Landescult. Gesetzg. des Preuß. Staats III. Abschn. 1882 S. 28.

Wie bei den Streu=Berechtigungen ist hinsichtlich der rechtlichen
Folgen von Theilungen des berechtigten Guts zu unterscheiden
zwischen Landgütern und bloßen Hausgütern ohne Land.

Für Landgüter mit Haus, Hof und landwirthschaftlichem Nutz=
lande gelten aus den früher bei Holz= und Streuberechtigungen ent=
wickelten Gründen folgende Rechtssätze:

a) Bei Theilung des berechtigten Guts geht die Weideberechti=
gung ipso jure auf die Theilstücke nach Verhältniß ihres Durch=
winterungs=Vermögens über.

b) Der weideberechtigte Viehstand sämmtlicher Theilstücke darf
den weideberechtigten Viehstand des Guts vor der Theilung nicht
überschreiten.

c) Für ein Theilstück, mit dessen Futtermitteln nicht wenigstens
1 Stück der berechtigten Viehart überwintert werden kann, geht die
Weideberechtigung unter.

d) Bei einer Abtrennung des bloßen Hofs von den Ländereien verbleibt die Weideberechtigung lediglich bei den letzteren.

Rechtssätze a bis d sind enthalten in

OT. II 6. März 1855 Präj. Nr. 2610. Präj. Samml. Bd. 2 S. 123, Entsch. Bd. 30 S. 227.

OT. II 28. April 1868 Strieth. Arch. Bd. 70 S. 317 Nr. 60.

Hinsichtlich des Vorbehalts des gesammten Weiderechts für die Stammgutsparcelle dürfte die für Streuberechtigungen ergangene Entscheidung (§ 18 S. 276) sinngemäße Anwendung finden.

Hinsichtlich der Theilung von Hausgütern ohne Land, für welche oberstgerichtliche Entscheidungen fehlen, dürfte wie bei den Streuberechtigungen festzuhalten sein, daß die Weideberechtigung

mangels anderweiter Verabredung ungeschmälert bei der ursprünglichen Hofstelle verbleibt, dagegen

durch vertragsmäßige Feststellung ohne Vermehrung des bisherigen Viehstandes verhältnißmäßig auf die Theilstücke übertragen werden kann.

II. Arten.

Außer den nach der Viehart verschiedenen Weideberechtigungen sind zu unterscheiden:

- bestimmte und unbestimmte Weideberechtigungen, ferner

Einzel-, Gemeinde-, Genossenschafts- und Interessenten-Weideberechtigungen.

Bestimmte Weideberechtigungen sind solche, bei denen sowohl Viehart als Viehzahl bestimmt sind, unbestimmte Weideberechtigungen diejenigen, bei denen sich die Unbestimmtheit auf Viehart oder Viehzahl oder auf beide Verhältnisse erstreckt.

Eine ausdrücklich bestimmte Weidezeit ist kein Erforderniß bestimmter Weideberechtigungen. Ist die Weidezeit durch Verleihungsurkunden oder Erkenntniß nicht ausdrücklich bestimmt, so erstreckt sich das Weiderecht auf die volle, entweder nach Gewohnheitsrecht ortsübliche oder auf Grund von Specialgesetzen, z. B. Forstordnungen gesetzliche Weidezeit.

Einzel-Weideberechtigungen heißen diejenigen, deren Begründungsact sich auf einzelne, für sich bestehende Grund-Güter erstreckt. Sie befinden sich hinsichtlich der Weidenutzung in keinem rechtlichen Verbande mit anderen Grundstücken.

Ihnen gegenüber stehen die Gesammt-Weideberechtigungen (Gemeinschafts-Weideberechtigungen), deren Wesen darauf beruht, daß ihr Begründungsact eine Gesammtheit von Grundgütern umfaßt. Dieselben bilden hinsichtlich der Weidenutzung eine Rechtsgemein=schaft. Auf der rechtlichen Natur dieser Gemeinschaft beruht der Unterschied von Gemeinde=, Genossenschafts= und Interessenschafts=Weideberechtigungen.

Bei **Gemeinde-Weideberechtigungen** besteht die Rechtsge=meinschaft in der öffentlich rechtlichen Gemeinde=Mitgliedschaft. Träger des Weiderechts ist die Gemeinde=Korporation, welcher das Ver=fügungsrecht über die Weidenutzung zusteht und bei Ablösung die Weide=Abfindung zufällt. Die Weidenutzung wird entweder durch alle Gemeindeglieder (Gemeindeglieder=Berechtigungen, Bürger=Be=rechtigungen), oder nur durch gewisse Klassen derselben, z. B. durch die Ackerwirthe (Bürgerklassen=Berechtigungen), jedoch stets nur ver=möge der Gemeinde=Mitgliedschaft ausgeübt.

Gemeindeglieder=Vermögen kann auch in einer Gerechtigkeit auf fremden Grundstücken bestehen.

OT. 9. Nov. 1867 (s. Th. I § 2 S. 10).

Neu-Anbauer, deren Stellen erst nach Begründung der Ge=meinde=Weideberechtigungen entstanden, sind bei Verjährungs=Berech=tigungen mitberechtigt, bei Verleihungs=Berechtigungen nur dann, wenn dies in der Verleihungs=Urkunde ausdrücklich kund gegeben ist.

Vgl. Th. I § 3 S. 21.

Das einer Gemeinde auch für die künftig in derselben entstehenden Neu=anbauer eingeräumte Servitutrecht wird durch die beantragte Ablösung dessel=ben dergestalt firirt, daß nur für die zur Zeit der Einleitung der Auseinander=setzung, d. h. am Tage der Insinuation der Provocation an den Provocaten vorhandenen Neuanbauer Abfindung gefordert, in Betreff der später entstan=denen Neuanbauer aber eine besondere Abfindung so wenig, als eine Fortdauer des Servitutrechts für diese dem Belasteten gegenüber verlangt werden kann.

RE. 17. April 1857 Z. f. LEG. X. 302 XI. Grundj. 652.

Gemeinde-Weideservituten können nur an einem fremden Walde, nicht am Gemeindewalde bestehen (res sua nemini servit).

Hütungsrechte, welche Gemeindegliedern vermöge der Gemeinde=Mit=gliedschaft am Gemeindewalde zustehen, kommen häufig vor, sind aber keine Servituten, haben überhaupt keinen privatrechtlichen, sondern einen öffentlich rechtlichen Charakter, können durch Beschluß der Gemeinde einfach geändert oder aufgehoben werden. Auf dieselben beziehen sich § 1 der Declar. vom 26. Juli 1847 (GS. S. 327), ferner die den Mitgliedern der Dorfgemeinden nach ALR. Th. II Tit. 7 §§ 28, 30 zustehenden Hütungsbefugnisse auf Gemein=gründen.

Servituten und Privatvermögen sind Hütungsrechte von Gemeindeange=
hörigen am Gemeindewalde nur dann, wenn die Hütungsrechte auf einem
anderen Rechtstitel, als auf demjenigen der Gemeinde-Mitgliedschaft beruhen
(§ 2 der Declar. v. 26. Juli 1847). Nach Entscheidungen des Preuß. Ober=
tribunals soll bei Hütungsrechten von Gemeindeangehörigen und Genossen=
schaften auf Gemeinde-Grundstücken die Rechtsvermuthung für die öffentlich
rechtliche und gegen die besonders zu beweisende privatrechtliche (servitutische)
Natur dieser Hütungsrechte sprechen.

OT. II 27. März 1860 Strieth. Arch. Bd. 36 S. 356.

OT. II 22. Dec. 1864 Strieth. Arch. Bd. 57 S. 198.

Jedenfalls sind die weiter unten erwähnten Hütungsrechte, welche ehemals
markgenossenschäftlichen Verbänden (Real= oder Nutzungsgemeinden, oder In=
teressentenschaften) an dem zum Gemeindewalde gewordenen ehemaligen Marken=
walde zustehen, Servituten. Die Preußische Rechtsprechung hat hierauf nicht
immer die gebührende Rücksicht genommen.

Gemeindeweide-Berechtigungen können sich außer den Ackerwirthen
auch auf die mit Häusern ohne Aecker angesessenen Gemeinde-Ange=
hörigen erstrecken (Hausgüter).

Hierauf beziehen sich z. B. die Vorschriften in §§ 41, 42 der Altpreuß.
GThO. v. 1821.

Bei Genossenschafts = Weideberechtigungen beruht die
Weidegemeinschaft auf einer, aus ehemaliger Markgenossenschaft her=
vorgegangenen, im Besitze einer gemeinen Mark gebliebenen, rechtlich
anerkannten Agrar = Genossenschaft (Realgemeinde in Hannover,
Nutzungsgemeinde in Kurhessen). Genossenschafts=Weideberechtigungen
können am Gemeindewalde und an anderen Waldungen vorkommen,
ersteres z. B. wenn die ehemalige gemeine Mark zwischen der poli=
tischen und der Realgemeinde getheilt ist, und der letzteren an dem Ge=
meindewalde Weiderechte vorbehalten worden sind, letzteres z. B. bei
Einräumung von Weiderechten an grundherrschaftliche Markenge=
nossenschaften in herrschaftlichen Sonderwaldungen.

Bei Interessenten = Weideberechtigungen ist lediglich die
gemeinschaftlich erworbene Servitut das lockere rechtliche Band, welches
die Gemeinschaft begründet. Auch sie sind häufig aus ehemaligen
Marken=Genossenschaften hervorgegangen, die bald durch Verlust der
gemeinen Mark und der genossenschaftlichen Verfassung, bald dadurch
untergegangen sind, daß bei Erhaltung der Mark die neuere Gesetz=
gebung, wie z. B. das Preuß. Landrecht, den rechtlichen Charakter
der Genossenschaft Preis gegeben hat. Nach dem auf die eine oder

andere Art herbeigeführten Zerfall der weideberechtigten Genossen=
schaft ist die Interessenschaft geblieben, deren gemeinschaftliches
Weiberecht sich sowohl auf den Wald der eigenen Gemeinde, als
auf Staats= und Privatwaldungen erstrecken kann.

Nach deutschem Rechte heißt das gemeinschaftliche Hütungsrecht Mehrerer
auf einem oder mehreren Grundstücken Koppelweide (Koppelhut). Zu derselben
werden gerechnet:

das gemeinschaftliche Hütungsrecht des Eigenthümers und Servitutbe=
rechtigten auf dem Grundstücke des Eigenthümers (jus compascendi),

das gemeinschaftliche Hütungsrecht mehrerer Servitutberechtigter auf dem
Grundstück eines Dritten (jus compascui, Preuß. ALR. Th. I Tit. 22 § 133),

das gemeinschaftliche Hütungsrecht mehrerer Gemeindeglieder auf den
Gemeindegrundstücken (jus compasculationis, Preuß. ALR. Th. I Tit. 22
§ 134), endlich

die gegenseitige Weidebefugniß Mehrerer auf den ihnen eigenthümlichen
Grundstücken (jus compasculationis reciprocum, Preuß. ALR. Th. I
Tit. 22 § 135).

Gerber, Deutsches Privatrecht § 145 Note 2.

Schönemann, Die Servituten 1866 S. 130.

§ 24.

Umfang der Weide-Berechtigungen.

Bezüglich des Umfangs der Weideberechtigungen kommen in
Betracht:

der Weiderechts=Anspruch des Berechtigten,

das Weide=Mitnutzungsrecht des Waldeigenthümers,

das Waldwirthschaftsrecht des Waldeigenthümers, und

der Weideertrag des belasteten Waldes.

I. Weiderechts-Anspruch.

Der Weiderechts=Anspruch (Weiderechts=Bedarf) umfaßt den=
jenigen Futterbedarf, auf dessen Aneignung durch Beweidung des
Servitutwaldes der Weideberechtigte bei Waldzulänglichkeit einen
Rechtsanspruch hat.

Elemente des Weiderechts=Anspruchs sind der tägliche Weide=
futterbedarf für 1 Stück Vieh, der weideberechtigte Viehstand, die

Weidezeit und der durch Nebenweiden des Berechtigten gedeckte Fut=
terbedarf (Nebenweiden=Futterbedarf).

1. Der tägliche Weidefutterbedarf für 1 Haupt Vieh
besteht in dem Ueberschusse des täglichen Gesammtfutterbedarfs über
die als Beifutter gereichte tägliche Futterportion (S. 363).

Die Ermittelung des Viehfutterbedarfs stützt sich auf die Füt=
terungslehre der landwirthschaftlichen Hausthiere, welche sich aus der
Thaer'schen Fütterungs=Theorie in neuerer Zeit auf veränderten Grund=
lagen herausgebildet hat und bei der Weidewerth=Ermittelung unter
Zugrundlegung einerseits von Wiesenheu mittlerer Beschaffenheit
(Wiesen=Mittelheu) als Normalfutter, andererseits der Kuh als Nor=
malviehart Anwendung findet.

a) Die Thaer'sche Fütterungs=Theorie.

Den im Gebrauche befindlichen Anleitungen über die Weide=
Werthermittelung, wie sie die technischen Instructionen über die Aus=
einandersetzungs=Angelegenheiten und die sonstige Ablösungs=Literatur
darbieten, liegt fast ohne Ausnahme die von Albrecht Thaer begrün=
dete, von Block, Koppe, Pabst u. A. ausgebildete Fütterungs=Theorie
zum Grunde. Sie unterscheidet Erhaltungs= und Productions=
Futter. Unter ersterem wurde das zur Lebenserhaltung des Viehs,
unter letzterem das zur Production von Arbeitskraft, Milch, Wolle
und Fleisch erforderliche Futter verstanden. Als Normalfutter und
Rechnungseinheit zur Bestimmung des Futterbedarfs, sowie als Maß=
stab zur Vergleichung des Nährwerths verschiedener Futtermittel
wurde Wiesenheu von mittelguter Beschaffenheit angenommen. Um
die Futtermittel in „Heuwerth" auszudrücken, bediente man sich der
s. g. Heuwerthstabellen, welche die Gewichts=Verhältnißzahlen zwischen
Heu und einer demselben im Nahrungswerthe gleichen Menge von
den übrigen Futtermitteln angaben.

Nach Pabst (Lehrbuch der Landwirthschaft 6. Aufl. 1866 II. S. 35) sind
100 Pfund Heu im Nahrungswerthe gleich)

230 bis 300 Pfund Wintergetreidestroh,
175 = 200 = Sommergetreidestroh,
200 = Kartoffeln,
300 = Runkelrüben.

Nach der techn. Instr. für den Reg.=Bez. Frankfurt (2. Aufl. 1851 S. 127,
128) sind 10 Pfund guten Wiesenheus gleich 4,57 Pfd. Weizen, 5,13 Pfd.
Roggen, 5,26 Pfd. Gerste, 5,55 Pfd. Hafer, 5 Pfd. Bohnen, 4,76 Pfd. Erbsen,

20 Pfd. Kartoffeln, 46 Pfd. Runkelrüben, 35 Pfd. Steckrüben, 52 Pfd. Wasser-
rüben, 27 Pfd. Möhren, 60 Pfd. Weißkohl, 9 Pfd. Klee, Wickenheu, 47 Pfd.
Gras und grünem Klee; ferner

100 Pfd.	Roggenstroh	gleich	15 Pfd.	guten Wiesenheus,		
=	= Weizenstroh	=	20	=	=	=
=	= Gerstenstroh	=	65	=	=	=
=	= Haferstroh	=	55	=	=	=
=	= Buchweizenstroh	=	55	=	:	=
=	= Erbsenstroh	=	70	=	=	=

endlich, wenn der Strohgewinn einer Wirthschaft im Ganzen in Heuwerth ausgedrückt wird

bei Ueberwiegen des Sommerstrohs 100 Pfd. Stroh gleich 66⅔ Pfd Heu,

= = = Winterstrohs = = = = 50 = =

Der tägliche Futterbedarf in Heuwerth wurde veranschlagt:

bei Erhaltungsfütterung auf $\frac{1}{60}$ bis $\frac{1}{50}$ des Lebendgewichts,

bei Productionsfütterung auf $\frac{1}{30}$ des Lebendgewichts für Milch-
und Stallvieh, und auf $\frac{1}{20}$ für Mastvieh; oder an Gesammtfutter für je 100 Pfund Lebendgewicht

auf 3 bis 3½ Pfund bei Milch-, Woll- und Arbeitsvieh,

auf 3½ bis 5 Pfund bei Mastvieh.

Demgemäß würde der tägliche Futterbedarf einer Milchkuh nach dem
Futterprocentsatze von 3½% des Lebendgewichts betragen

bei einem Lebendgewicht von 200 kg: 7 kg Mittelheu,

= = = = 300 = 10,5 = =

= = = = 400 = 14 = =

Die Futterrechnung nach Mittel-Heuwerthen beruhte auf der
Voraussetzung, daß die Verschiedenheiten in der Futterqualität ihre
Ausgleichung in der Futterquantität fänden. Die Wahrnehmung,
daß dies den thatsächlichen Verhältnissen nicht entspreche, hat zur
Unterscheidung von Heuwerthklassen geführt, die, nach der von
Pflanzenart und Standort abhängigen Futterqualität gebildet, in
ihrem Werthverhältnisse nach Roggenwerth bestimmt wurden. Bei
der Weidewerthermittelung ist dann der Weg eingeschlagen worden,
den Futterbedarf ohne Rücksicht auf die Heuqualität lediglich nach
Gewichtsprocenten vom Lebendgewicht (in der Regel mit 3½ Procent)
zu bestimmen, dagegen den Weidewerth mit Rücksicht auf die Qualität des Weidefutters nach den gebildeten Heuwerthklassen entweder
unmittelbar nach dem Roggenwerthe des Weidefutterbedarfs oder
mittelbar nach dem Ertragswerthe (Nutzungswerthe, Productions-
werthe) der Weide zu ermitteln.

Diesen Weg haben die technischen Instructionen für die Auseinander-setzungs-Angelegenheiten in Frankfurt a. O., Pommern und Breslau eingeschlagen.

Die techn. Instruction für den Reg.-Bez. Frankfurt (§§ 4, 63) unter-scheidet 3 Heuwerthklassen. Nach derselben gehören:

Zur I. Klasse: gutes, fettes, kräftiges Heu mit einem Roggenwerthe von 7 Metzen pr. Ctr. altes Maß u. G. (23,4 l pr. Ctr. neues M. u. G.), zusammen-gesetzt aus folgenden Gräsern und Kräutern: Wiesenfuchsschwanz (Alopecurus pratensis L.), Wiesenrispengras (Poa pratensis und annua L.), Wasserrispen-gras, Mielitz (Poa aquatica L., Glyceria aquatica Whlbg.), Wiesen-Schwingel (Festuca elatior L.), Schwadengras, Mannagras (Festuca fluitans L., Gly-ceria fluitans Ross.), Knaulgras (Dactylis glomerata L.), Kammgras (Cy-nosurus cristatus L.), Wiesen-Liefchgras, Thimotheegras (Phleum pratense L.), Goldhafer (Avena flavescens L.), Französisch-Raygras (Avena elatior L., Arrhenatherum arenaceum P. B.), Kleearten (Rothklee Trifolium pratense L., Weißklee Tr. repens L., Goldklee Tr. agrarium L. und Tr. procumbens Pollich., Schotenklee Lotus corniculatus L., Hopfenklee, gelber Klee Medicago lupulina L.), Wiesen-Platterbse (Lathyrus pratensis L.), Wicken (Vicia cracca, sepium L.), Schafgarbe (Achillea millefolium).

Zur II. Klasse: mittleres, süßes Heu mit 5 Metzen Roggenwerth pro Centner altes M. u. G. (16,7 l pro Centner neues M. u. G.): Englisch-Ray-gras Lolium perenne L., wolliges Honiggras (Holcus lanatus L.), Ruchgras (Anthoxanthum odoratum L.), Schafschwingel und harter Schwingel (Festuca ovina und duriuscula L.), Wiesenhafer und weichhaariger Hafer (Avena pra-tensis und pubescens L.), Hunds-Windhalm (Agrostis canina L.), weich-haarige Trespe (Bromus mollis L.), Pimpinelle (Pimpinella saxifraga L.), Becherblume (Poterium sanguisorba L.), Wiesenknopf (Sanguisorba officinalis L.), Tausendgüldenkraut (Erythraea centaurium Pers.), Spitzwegerich (Plantago lanceolata L.)

Zur III. Klasse: schlechtes, binsiges, saures Heu mit 3 Metzen Roggenwerth pro Centner altes M. u. G. (10 l pro Centner neues M. u. G.) mit folgenden Pflanzenarten: Schachtelhalm (Equisetum L.), Seggen, Riedgräser (Carices L.), Hahnenfuß (Ranunculus L.), Kuhblume (Caltha palustris L.), Hahnenkamm (Rhinanthus crista galli L.), Ackermünze (Mentha arvensis L.), Habichtskraut (Hieracium Pilosella L.).

Zur III. Klasse gehören auch die trockenen Höhensandböden, durch das Vorkommen von Bocksbart (Nardus stricta L.) gekennzeichnet.

Die technische Instruction für Pommern (§ 32) unterscheidet ebenfalls 3, im Wesentlichen durch dieselben Pflanzenarten gekennzeichnete Heuwerthklassen mit einem Roggenwerthe von bez. 8, 6 und 4 Metzen auf den Centner altes M. u. G. (gleich 26,7, 20 und 13,4 l auf den Centner neues M. u. G.).

Ueber den Ertragswerth (Productionswerth) einer Kuhweide vergl. § 27 II.

b) Die neuere Fütterungslehre.

Vergl. darüber Dr. Emil Wolff, Die rationelle Fütterung der landwirth-schaftlichen Nutzthiere 3. Aufl. 1881.

Dr. Julius Kühn, Die zweckmäßigste Ernährung des Rindviehs 9. Aufl. 1887.

Die durch Albrecht Thaer begründete, mit Heuwerthen rechnende Fütterungslehre ist durch die neueren Forschungen über die physiologischen Gesetze der thierischen Ernährung, über die chemische Zusammensetzung der Futtermittel und über den durch zahlreiche, exacte Fütterungsversuche festgestellten Nutzeffect der Fütterung als unzureichend und unhaltbar erkannt worden. Auf den durch die Ergebnisse dieser Forschungen gewonnenen Grundlagen ist eine neue, noch nicht zum vollen Abschlusse gelangte Fütterungslehre aufgebaut worden, deren Grundzüge folgende sind.

Die pflanzlichen Nahrungsmittel bestehen aus Wasser und Trockensubstanz, die Trockensubstanz aus Mineralstoffen (Reinasche) und aus organischer Substanz, die organische Substanz theils aus stickstoffhaltigen Nahrungsstoffen (Rohproteïn d. s. Eiweißstoffe und Amidkörpern d. s. nicht eiweißartige Stickstoff-Verbindungen), theils aus stickstofffreien Nahrungsstoffen (Rohfaser, Rohfett und stickstofffreien Extractstoffen). Von den aufgenommenen Futtermitteln wird ein Theil verdaut und assimilirt, ein anderer Theil unverdaut ausgeschieden. Nur der verdaute Theil hat einen Nährwerth. Der verdaute Theil ist durch Fütterungsversuche in Verbindung mit chemischer Analyse sowohl des verabreichten Futters, als der unverdauten Auswurfsstoffe festgestellt und besteht, abgesehen von dem verdauten Theile der Mineralstoffe, aus Eiweiß (verdautes Rohproteïn) nebst Amidstoffen, aus Kohlehydraten (verdauter Theil der Rohfaser und der stickstofffreien Extractstoffe) und aus Fett.

Zu einer wirksamen Ernährung ist zunächst erforderlich, daß die verdaulichen Stoffe dem Vieh in einer genügenden, in einem bestimmten Verhältnisse zum Lebendgewichte stehenden Menge dargeboten werden. Weitere Bedingungen sind, daß auch die gesammte im Futter enthaltene organische Substanz in einem gewissen Verhältnisse zum Lebendgewichte steht, ferner, daß sich das Verhältniß zwischen den verdaulichen stickstoffhaltigen und den verdaulichen stickstofffreien organischen Nährstoffen (das Nährstoff-Verhältniß) in gewissen Grenzen bewegt.

Ueber diese 3 wesentlichen Erfordernisse einer wirksamen Ernährung, also über das Gewicht der verdaulichen Stoffe, das Gesammt-

gewicht der organischen Trockensubstanz und über das Nährstoff=
Verhältniß sind auf Grund der angestellten Fütterungs=Versuche,
verschieden nach Viehart, Zweck der Viehhaltung und Alter des Viehs,
„Fütterungsnormen" aufgestellt. Eine Uebersicht derselben, be=
zogen auf den Futterbedarf pro Tag und auf 1000 Kilogramm
Lebendgewicht ist in Tafel XXXII beigefügt.

Zur Erfüllung der Fütterungsnormen sind Art und Menge des
Futters so zu bemessen, daß den vorerwähnten 3 Bedingungen
einer wirksamen Fütterung wenigstens annähernd genügt wird. Zu
diesem Zwecke ist in Tafel XXXIII eine der Fütterungslehre von
Emil Wolff entlehnte Futtermitteltafel beigegeben, welche Zusammen=
setzung, verdauliche Bestandtheile, Nährstoffverhältniß und Geldwerth
der hauptsächlichsten Futtermittel für Weidevieh=Arten enthält.

Auf Grund derselben und der Fütterungsnormentafel wurde
endlich in der Futterbedarfstafel (Tafel XXXIV) der tägliche Futter=
bedarf auf 1000 Kilogramm Lebendgewicht für diejenigen Arten,
Altersstufen und Nutzungsklassen des Viehs berechnet, mit denen die
Waldweide vorzugsweise ausgeübt wird.

Die Benutzbarkeit der neueren Fütterungslehre für die Werth=
ermittelung von Waldweide=Berechtigungen ist eine beschränkte. Die
Vielartigkeit der Futterpflanzen auf Waldweiden, die Unzulänglichkeit
der vorliegenden chemischen Untersuchungen über den Nährstoffgehalt
vieler Futterpflanzen, sowie über den Einfluß des Standorts, des
Alters und der Beschattung auf den Nährstoffgehalt, die weiten
Grenzen, in denen sich dieser Nährstoffgehalt bewegt und die darin
beruhende Unzulänglichkeit ·der Futterbedarfs=Berechnung nach Mittel=
zahlen, die Unkenntniß endlich der Futtermengen, welche auf der
Weide von den einzelnen Futterpflanzen durch das Vieh angeeignet
werden, gestatten es in den meisten Fällen nicht, die Werthermitte=
lung unmittelbar und ausschließlich auf die Rechnungs=Ergebnisse der
Fütterungslehre zu begründen. Dazu kommt, daß von namhafter
Seite (Dr. Julius Kühn in dem oben angegebenen Werke) die Rich=
tigkeit der Futterbedarfs=Berechnungen nach den in Tafel XXXIV
zum Grunde gelegten Wolff'schen Fütterungsnormen und Futter=
mitteltafeln überhaupt angefochten wird. Immerhin geben die=
selben aber benutzbare Anhaltspunkte für die Werthbeurtheilung
der Weide bei voller Weideernährung, über das Werthverhältniß des

Futterbedarfs der einzelnen Vieh-Arten und -Klassen, über die Ver=
schiedenwerthigkeit der Futterpflanzen nach Art und Alter, (enges
Nährstoff-Verhältniß und demgemäß hoher Futterwerth des jungen,
durch Beweidung kurz gehaltenen Grases, abnehmender Futter=
werth nach der Blüthe, Geringwerthigkeit der für Schafe noch
ausreichenden Heide), endlich über die verschiedenen Ansprüche der
Vieh-Arten und -Klassen (Milchkühe, Jungvieh im ersten Jahre
mit engem, Schweine und Pferde mit mittlerem, Wollschafe mit
weitem Nährstoff-Verhältnisse). Aufgabe der landwirthschaftlichen
Sachverständigen wird es sein müssen, durch angemessene Berücksich=
tigung der maßgebenden örtlichen Verhältnisse die Futterbedarfs-Berech=
nungen richtig zu stellen.

c) Reduction des Futterbedarfs auf Mittelheu und
Kühe.

Ein Normal-Viehfutter in dem Sinne, daß dasselbe nach
Maßgabe seines Nähreffects für alle Vieharten und -Klassen in
gleicher Weise geeignet sei, giebt es nach den Ergebnissen der neueren
Fütterungslehre nicht. Die Werthermittelung der Waldweide-Berech=
tigungen bedarf aber im Falle der Waldunzulänglichkeit, wo der
Gesammt-Weidebedarf der verschiedenen Vieharten und der Gesammt=
Weideertrag der einzelnen Waldabtheilungen behufs Feststellung der
Zulänglichkeitsquote miteinander verglichen werden müssen, einer Rech=
nungseinheit für Weide-Bedarfs= und Ertrags-Schätzung. Hierzu
ist in der Futtermitteltafel (Tafel XXXIII Spalte 15) und in der
Futterbedarfstafel (Tafel XXXIV Spalte 20, 21) das früher als
Normalfutter übliche Wiesenheu mittlerer Beschaffenheit (Mittelheu)
insofern benutzt worden, als der Futterwerth sowohl der einzelnen
Futtermittel als des täglichen Futterbedarfs in Kilogrammen Mittel=
heuwerth ausgedrückt worden ist. Wie aus den Erläuterungen zu
der Futtermitteltafel hervorgeht, wurde bei der Werthreduction der
Futtermittel auf „Mittelheuwerth" nicht der physiologische, für die
verschiedenen Vieharten keine Vergleichung zulassende Futterwerth,
sondern der Geldwerth der in den Futtermitteln enthaltenen Nähr=
stoffe zum Grunde gelegt. Mit Rücksicht darauf erschien es zulässig,
in Tafel XXXIV auch den Futterbedarf der Schweine, die kein
Rauhfutter (Heu, Stroh) fressen, in Mittelheuwerth anzugeben.

Die Weidewerthermittelung bedient sich ferner hergebrachter Maßen der Reduction des Viehstands auf Kühe als Normalvieh und veranschlagt demgemäß häufig den Weideertrag nach Kuhweiden. (Vergl. über den Begriff der Kuhweide weiter unten S. 399.) Die Reduction erfolgt zweckmäßig nach dem täglichen Futterbedarf in Mittelheu, welcher sich für je 1 Stück der verschiedenen Vieharten und Viehaltersstufen aus dem täglichen Futterbedarf auf 1000 Kilogramm Lebendgewicht (Tafel XXXIV Spalte 21) und aus dem gegenüblichen mittleren Lebendgewicht pro Stück Vieh berechnet. Auf dieser Grundlage sind in Tafel XXXVI (Viehstands-Reductionstafel) für die Mark Brandenburg die Factoren zur Reduction des Viehstandes sowohl auf Altvieh jeder Viehart, als auf Kühe ermittelt worden. Die Tafel ist nur dazu bestimmt, für die Viehstands-Reduction einen allgemeinen Anhalt zu gewähren. Die Anpassung der Viehstands-Reductionszahlen an die örtlichen Verhältnisse ist Sache landwirthschaftlich technischer Schätzung.

Wie aus Tafel XXXVI hervorgeht, weichen die in derselben ermittelten Reductionszahlen nicht unerheblich von den in den technischen Instructionen für die Auseinandersetzungsbehörden für Frankfurt a. O. und Breslau ab. Der Grund dafür liegt hauptsächlich darin, daß früher der Futterbedarf, entsprechend der ehemaligen Fütterungstheorie, lediglich proportional dem Lebendgewichte ohne Rücksicht auf die Verschiedenheiten der Arten und Altersstufen des Viehs angenommen wurde.

2. Der weideberechtigte Viehstand.

Der Viehstand setzt sich zusammen aus Viehart (Gattung, Geschlecht, Altersklasse) und aus Stückzahl jeder Viehart.

Bezüglich des Verfahrens der Viehstands-Ermittelung, welches hier der Uebersicht wegen unter Bezugnahme auf die gesetzlichen Bestimmungen für die Regelung und Ablösung von Weideservituten vollständig dargestellt werden soll, sind bestimmte und unbestimmte Berechtigungen zu sondern.

A. Bei bestimmten Weideberechtigungen sind Viehart und Stückzahl jeder Viehart gegeben.

Innerhalb der bestimmten Stückzahl kann der Hütungsberechtigte sowohl eigenes, als fremdes Vieh auf die Berechtigungsweide bringen, wenn nur die Ausübung des Rechts für das berechtigte Grundstück einen Nutzen oder eine Annehmlichkeit gewährt.

OT. 6. Juni 1871. Strieth. Arch. Bd. 82 S. 188. Z. f. LEG. XXVIII S. 2140.

Fremdes Vieh ist solches, welches außer Beziehung zu dem berechtigten Gute steht und aus dessen Futtermitteln nicht überwintert wird.

OT. 28. April 1868. Strieth. Arch. Bd. 70 S. 219.

Saugvieh (Kälber, welche noch saugen) kann sowohl nach Preußischem, als nach gemeinem Rechte über die bestimmte Viehzahl hinaus auf die Berechtigungsweide getrieben werden.

ALR. I. 22 § 98. — Dernburg, Preuß. Privatrecht 1875 S. 665.

Das Gleiche gilt zufolge § 124 des Badischen Forstgesetzes und § 500 des Oester. bürgerl. Gesetzbuchs von 1811.

Das Bayer. Landrecht rechnet das Jungvieh so lange nicht in die be= stimmte Stückzahl ein, bis es ein Jahr alt geworden ist. (Roth, Forstrecht § 267.)

Gemeinrechtlich soll die Nichtanrechnung des Saugviehs nach Koch (Preuß. Landbr. 6. Ausg. Note 1 zu § 98 Tit. 22 Th. I) streitig sein.

In der Regel ist bei bestimmten Weideberechtigungen die Vieh= art nur in Betreff der Viehgattung, nicht hinsichtlich der Altersart, noch weniger rücksichtlich des Geschlechts bestimmt. Die Weidebe= rechtigungen hören dadurch nicht auf, bestimmte zu sein. Die Ver= theilung der Stückzahl nach Altersstufen und Geschlecht wird alsdann nach wirthschaftlicher Gewohnheit bestimmt.

Andere als die berechtigten Vieharten darf der Berechtigte nur insoweit auf die Berechtigungsweide bringen, als er durch Zufall oder höhere Gewalt auf eine Zeit lang genöthigt ist, die anderen Vieharten an Stelle der berechtigten zu halten und als dadurch dem dienstbaren Grundstücke keine größere Last erwächst.

ALR. I. 22. §§ 101, 102.

Eine Erweiterung bestimmter Weideberechtigungen durch Verjährung kann seit Publication der GThO. vom 7. Juni 1821 nicht mehr stattfinden. Dasselbe gilt für unbestimmte Weideberechtigungen mit bestimmter Viehart hin= sichtlich der letzteren.

OT. 1845. Koch, Preuß. Landbr. 6. Ausg. Note 20 zu § 13 Tit. 22 Th. I. ALR.

B. Bei unbestimmten Weideberechtigungen sind Viehart oder Stückzahl mitunter durch gesetzliche Vorschriften eingeschränkt.

Das Preuß. Landrecht (Th. I Tit. 22) beschränkt, soweit nicht andere Vieharten ausdrücklich verliehen oder seit rechtsverjährter Zeit eingetrieben sind, das Weiderecht auf „Zug=, Rind= und Schaf= Vieh" §§ 99, 100.

Das gemeine Recht enthält diese Beschränkung nicht. Bei unbestimmten Verjährungsberechtigungen erstreckt sich das Weiderecht nur auf diejenigen Vieh= arten, welche während rechtsverjährter Zeit auf die Weide getrieben sind.

Dernburg a. a. O.

Das Preußische Landrecht schließt ferner sowohl fremdes Vieh (§ 91),

Vergl. über den Begriff von fremdem Vieh oben bei A,

als auch der Regel nach eigenes Vieh aus, welches zum Handel be=
stimmt ist (§ 97).

Letzteres bestimmt ausnahmslos § 121 des Badischen Forstgesetzes und Art. 70 des Code forestier.

Zur Feststellung des weideberechtigten Viehstandes bei unbe=
stimmten Weideberechtigungen sind verschiedene Methoden üblich oder gesetzlich vorgeschrieben. Sie kann erfolgen:

nach der bisherigen Ausübung (dem Vergangenheits=Maß=
stabe),
nach dem Durchwinterungs=Maßstabe und·
nach dem Maßstabe des Haushaltsbedarfs.

Der Vergangenheits=Maßstab (Besitzstands=Maßstab) ist geeignet zur Ausmittelung sowohl der Viehart, als der Viehzahl. Seine Grundlage ist die bisherige Ausübung, welche für den Weide=
bedarf des berechtigten Grundstücks in der Regel ein sicheres und einfaches Merkmal darbietet. Der Vergangenheits=Maßstab stützt sich mehr auf die Thatsachen als auf das Recht, erfordert daher, um Rechtsverletzungen sowohl des Berechtigten als des Belasteten zu verhüten, eine vorsichtige, auf längere Zeiträume begründete und insoweit beschränkte Handhabung, als Zufälligkeiten und ungewöhn=
liche Vorfälle auf das Ergebniß der historischen Ermittelung ohne Einfluß bleiben müssen. Unter der letztgedachten Voraussetzung führt der Besitzstandsmaßstab zu einer den thatsächlichen Verhältnissen ent=
sprechenden, den Berechtigten nicht beeinträchtigenden, dem Belasteten dort günstigen Abfindung, wo eine rationelle Landwirthschaft den Uebergang zur Stallfütterung vollzieht.

In dem Württemberg'schen Ablösungsgesetze vom 26. März 1873 bildet die Ausübung der Weideberechtigung in den letzten 20 Jahren den Hauptmaß=
stab für die Ermittelung der Naturalweiderente.

Der Durchwinterungsmaßstab beruht auf dem Grundsatze, daß ein Landwirthschaftsgut zu einem geordneten Betriebe so viel Stück Vieh bedürfe und während der Vegetationszeit auf die Weide bringen dürfe, als es mit den auf ihm erzeugten Futtermitteln über Winter im Stalle erhalten könne. Er stellt den Sommerviehstand

(Weideviehstand) dem Winterviehstande gleich, gewährt nur ein Ur=
theil über die Viehzahl einer bestimmten Viehart, nicht über die
Viehart selbst, ist der althergebrachte, den markgenossenschaftlichen
Verhältnissen entstammende Weidetheilnahme-Maßstab.

„Was ein ungenoß uff dem gut gewintern mag ein jar, alzviel vichs sol
er daz ander jar uf demselben gut sumren."
Maurer, Frohnhöfe III. Bd. S. 212;

stützt sich auf die Verhältnisse der älteren Landwirthschaft, welcher
Futterbau und Sommer-Stallfütterung fremd waren und hat mit
den in dieser Beziehung erfolgten Umgestaltungen der Landwirthschaft
an Bedeutung verloren.

Der Maßstab des Haushaltsbedarfs endlich, welcher die
Viehzahl einer bestimmten Viehart nach dem Bedarfe der Haus=
haltung des Berechtigten an Milch, Butter, Fleisch u. s. w. veran=
schlagt, ist blos ein Hülfsmaßstab für Berechtigte ohne futterer=
zeugende Grundstücke.

In Preußen besteht hinsichtlich der Viehstandsermittelung bei
Ablösung und Feststellung von unbestimmten Weideberechtigungen
kein gleiches Recht. Es stehen, abgesehen von den weiterhin anzu=
gebenden Verschiedenheiten untergeordneter Art, einander gegenüber

zum Ersten der Gültigkeitsbereich der Altpreuß. GThO. vom
7. Juni 1821, sowie Schleswig-Holstein und Hohenzollern mit dem
Vergangenheits-Maßstabe als principalem, dem Durchwinterungs=
maßstabe als eventuellem und dem Maßstabe des Haushaltsbedarfs
als Ergänzungs-Maßstabe,

zum Zweiten der Bezirk der Rheinischen, Hessischen und Nas=
sau'schen Gem. Theil.=Ordnung mit dem Durchwinterungs-Maßstabe
als Hauptmaßstabe, dem Haushaltsbedarfe als Hülfs-Maßstabe,

zum Dritten Hannover, dessen Ablösungs-Ordnung, abgesehen
von den Bestimmungen über die Fixation von Weideberechtigungen
im Oberharze, keine Detail-Bestimmungen für die Viehstands-Ermit=
telung enthält.

a) Bezirk der Altpreuß. GThO. vom 7. Juni 1821.
GThO. v. 7. Juni 1821 §§ 32—43.
ALR. Th. I. Tit. 22 §§ 90—96.

Nach dem Landrechte war das Durchwinterungs-Princip (§ 90)
herrschend. Durch die Gem. Theilungs-Ordnung von 1821 ist dem=

felben der Vergangenheits-Maßstab (§§ 32—34) voran, der Maßstab des Haushaltsbedarfs (§§ 41, 42) zur Seite geftellt.

Die nach der GThO. gültigen gesetzlichen Vorschriften gelten gleichmäßig sowohl für Ablösungen, als für Fixationen von unbestimmten Weideberechtigungen.

OT. v. 30. Dec. 1843 Pr. 1389.

a) Befitzstands-Maßstab.

Hauptmaßstab sowohl für die Ermittelung des weideberechtigten Viehstandes nach Vieh-Zahl und -Art, als für die Feststellung der Weidezeit (s. darüber weiter unten bei 3) bei Ablösung und Fixation von unbestimmten Weideberechtigungen ist der Befitzstand in den letzten der Einleitung des Verfahrens vorhergegangenen 10 Jahren.

Die Altpreuß. Gem. Theilungs-Ordnung beftimmt darüber Folgendes:

> „§ 31. Welche Rechte jedem Betheiligten an dem Gegenstande der Gemeinheit zustehen und der Umfang dieser Rechte muss in Ermangelung rechtsbeständiger Willenserklärungen und rechtskräftiger Erkenntnisse zuvörderst nach den statutarischen Rechten, in deren Ermangelung nach den Provinzialrechten und wenn auch diese fehlen, nach den Vorschriften des A. L. R., worauf wir hiermit, jedoch unter Beziehung auf die nachfolgenden §§ verweisen, beurtheilt werden.
>
> § 32. Wenn solchergestalt bei gemeinschaftlichen Hütungen die Theilnehmungsrechte selbst feststehen, dahingegen aber das Mass und Verhältniss der Theilnahme eines jeden einzelnen Interessenten nicht durch Urkunden, Judicate oder Statuten bestimmt ist; so soll dies Mass und Verhältniss in der Regel nach dem Besitzstande in den letzten der Einleitung der Theilung vorhergegangenen 10 Jahren festgestellt werden.
>
> § 33. Dieser Besitzstand wird nach der Zahl des Viehs, nach der Art desselben und nach den Zeiträumen, mit und in welchen jährlich jeder Theilnehmer die Hütung ausgeübt hat, dergestalt berechnet, dass dabei der Durchschnitt aller drei Sätze aus den vorgedachten 10 Jahren zum Grunde gelegt wird. Es werden jedoch dabei
>
>> a) die Viehzahl verarmter oder durch Unglücksfälle betroffener Mitglieder bis zu der Mittelzahl erhöht, die andere seiner Classe gewöhnlich gehalten haben, und bis zu eben dieser Zahl der Viehstand derjenigen vermindert, welche denselben darüber hinaus erweitert haben; —
>>
>> b) Unglücksjahre, in welchen durch Seuchen, Krieg u. s. w. der Viehstand vermindert worden, übergangen und dafür die

unmittelbar vorhergehenden früheren Jahre zur Berechnung gezogen."

Es empfiehlt sich behufs Gewinnung einer zuverlässigen Grundlage für den weideberechtigten Viehstand, daß seitens des belasteten Waldeigenthümers genaue Aufzeichnungen über den zur Weide gebrachten Viehstand der Berechtigten (Viehstandsregister) geführt werden.

Die Anwendbarkeit des Vergangenheitsmaßstabes schließt die Anwendung der beiden übrigen Maßstäbe aus. Die Anwendbarkeit kann sich auf die Viehart beschränken, während die Stückzahl, sofern sie nach der bisherigen Ausübung nicht festgestellt werden kann, nach dem Durchwinterungsfuße oder dem Haushaltsbedarfsmaßstabe zu berechnen ist.

Unzulässig erscheint es dagegen, den weideberechtigten Viehstand für einen Theil der Berechtigten nach der bisherigen Ausübung, für einen anderen Theil nach dem Durchwinterungsvermögen zu ermitteln.

Eine andere Ansicht hat das Obertribunal in dem nachfolgenden Präjudiz vertreten:

„Bei der Auseinandersetzung gemeinschaftlicher Hütungsinteressenten ist es zulässig, die Theilnehmungsrechte Einiger nach den letzten der Theilung vorhergegangenen 10 Jahren, die Theilnehmungsrechte Anderer dagegen nach der Durchwinterung festzustellen, und mithin beide Berechnungen nebeneinander zum Grunde zu legen".

OT. 23. Nov. 1849. Präj. 936. Präj.-Samml. S. 339. Entsch. Bd. 6 S. 375.

Im Gegensatze zu diesem Präjudiz hält die Circ.-Verfügung des Min. des Innern, landw. Abtheilung, vom 16. Januar 1843 (abgedruckt in Koch, Agrargesetze 4. Aufl. S. 148) nur die Anwendung des einen oder des anderen Maßstabes für statthaft. Gleicher Ansicht sind Lette und von Rönne (Landes-cult.-Gesetzgeb. II. b. S. 71).

In der That kann die Anwendung des der wirklichen Ausübung entsprechenden Besitzstands-Maßstabes bei einem Theile, und des der möglichen Ausübung entsprechenden Durchwinterungsmaßstabes bei einem anderen Theile der Weideberechtigten zu erheblichen Ungerechtigkeiten führen, weil gleichartige Rechtsansprüche mit ungleichem Maße gemessen werden. Es erscheint deshalb geboten, einheitlich für alle Berechtigten entweder den Besitzstandsmaßstab oder den Durchwinterungsmaßstab anzuwenden. Diesem richtigen Grundsatze entspricht auch die Praxis der Auseinandersetzungsbehörden.

Vergl. Schneider, Landescult.-Gesetzgeb. des Preuß. Staats. 3. Abschn. 1882 S. 35.

Wenn sich bei Ermittelung des Umfangs der Theilnehmungsrechte nach § 32 der GThO. findet, daß ein Theilnehmer in einem der letzten 10 Jahre von seinem Rechte keinen Gebrauch gemacht hat und wenn derselbe sich dies

Jahr bei der Durchschnittsberechnung von 10 Jahren mit Null in Anschlag bringen lassen will, so steht den übrigen Interessenten kein Widerspruchsrecht da= gegen zu; sie sind nicht berechtigt, zu verlangen, daß das eventuell vorgeschriebene Durchwinterungsprincip zur Anwendung gebracht werde.

OJ. 23. März 1839. Präj. 638. Präj.=Samml. S. 339.

Ausschließlich maßgebend ist der Besitzstands=Maßstab für solche Vieharten (Schweine, Gänse), deren Stückzahl sich nicht nach dem Durchwinterungsmaßstabe bestimmen läßt, weil sie nicht mit Heu und Stroh erhalten werden.

Altpr. GThO. 7. Juni 1821 § 40.

b) Durchwinterungsmaßstab. Ein bloß eventueller Maß= stab zur Ermittelung der weideberechtigten Viehzahl, welcher nur eintritt, wenn einerseits die thatsächliche Ausübung nicht festgestellt werden kann, oder ihre Zugrundelegung wegen unterbliebener oder geringer Benutzung des Weiderechts zu Ungerechtigkeiten gegen den Berechtigten führen würde, und wenn andererseits das berechtigte Grundstück Futtermittel zur Durchwinterung von Vieh besitzt, ist nach der Preuß. Gem.=Thl.=Ordnung der Durchwinterungsmaßstab. Ueber seine Anwendbarkeit verbreitet sich

> § 34 der Altpr. G. Th.O. „Nur dann, wenn entweder der zehn-
> jährige Besitzstand nach vorstehenden Regeln (§§ 32, 33) nicht
> zuverlässig auszumitteln ist, oder aber von einzelnen Theilnehmern
> erwiesen wird, dass sie von ihrem (übrigens feststehenden)
> Rechte in den letzten zehn Jahren gar keinen oder doch einen
> minderen Gebrauch gemacht haben, als wozu sie nachweislich
> durch Urkunden, Judicate oder Statuten befugt waren, soll das
> Theilnahmeverhältniss nach den Vorschriften des A. L. R. Th. I
> Tit. 22 § 90 und folgende berechnet, jedoch alsdann das Nach-
> stehende beobachtet werden.“

Ueber die Grundsätze, nach denen die Durchwinterungs=Be= rechnung zu bewirken ist, enthalten die §§ 35—38, 41, 42 der GThO. 1821 und die in § 34 der letzteren in Bezug genommenen landrechtlichen Bestimmungen (ALR. Th. I Tit. 22 §§ 90—92, 94, 95) specielle Vorschriften.

Das auf Grund derselben einzuschlagende Verfahren ist fol= gendes:

Die Durchwinterungs=Berechnung beschränkt sich, wie früher erwähnt wurde, auf die Ermittelung der Stückzahl von den Rauh= futter (Heu und Stroh) fressenden Weidevieharten, erstreckt sich also nicht auf Schweine und Gänse. Die Viehart oder bei mehreren weideberechtigten Vieharten das für die letzteren anzunehmende Zahlen=Verhältniß sind nach dem Besitzstande oder, sofern dieser sich als ungeeignet erweist, auf Grund sachverständiger Begutachtung fest=zustellen.

Wenn von den Rauhfutter fressenden Vieharten des Berechtigten nur ein Theil z. B. nur Rindvieh weideberechtigt ist, und erweislich der gesammte Vieh=stand mit dem Futtergewinn des berechtigten Guts durchwintert wurde, so muß für die nicht zur Weide berechtigten Vieharten ein verhältnißmäßiger Theil des Winterfuttergewinns in Rechnung gestellt werden. Gekauftes oder auf nicht berechtigten Grundstücken gewonnenes Winterfutter ist auf die nicht zur Weide berechtigten Vieharten anzurechnen.

Die Durchwinterungs=Viehzahl ist abhängig von dem Futter, welches auf den berechtigten Grundstücken gewonnen wird.

> A. L. R. I. 22. § 90. „Ist die Anzahl des vorzutreibenden Viehs nicht bestimmt, so mag er (der Hütungsberechtigte) so viele Stücke, als er mit dem von den berechtigten Grundstücken gewonnenen Futter durchwintern kann, auf die Hütung bringen.“

Dieser Rechtsgrundsatz bezieht sich nach einem Präjudiz des OT. vom 21. April 1857 nur auf verliehene d. i. vertragsmäßige Weidegerechtigkeiten und kann daher nicht auf die durch Ersitzung erworbenen Weideberechtigungen wegen des Grundsatzes: quantum possessum, tantum praescriptum, angewendet werden.

Arch. f. Rechtsf. Bd. 25 S. 64 Nr. 17.

In Uebereinstimmung damit steht § 28 22. I. ALR.:

„Grundgerechtigkeiten, die durch Verjährung erworben worden, erstrecken sich nur so weit, als der Besitz während des Laufs der Verjährung gegangen ist.“

In früheren Fällen hat das Obertribunal erkannt, daß der Umfang der durch Verjährung erworbenen Weide= und Holzgerechtigkeit sich auf das Be=dürfniß des berechtigten Grundstücks während der Verjährungsperiode beschränke.

OT. 9. März 1854 (Präj. Nr. 2512).

OT. 13. Nov. 1851 (Strieth. Arch. Bd. 4 S. 83 Nr. 19).

Aus den angeführten Entscheidungen könnte gefolgert werden, daß der weideberechtigte Viehstand bei Verjährungsberechtigungen nach den Präj. von 1851, 1854 auf Grund des Durchwinterungsvermögens während der Ver=jährungszeit, dagegen nach dem Präj. von 1857 auf Grund des Viehstandes während der Verjährungszeit zu ermitteln sei, und daß demgemäß die Ent=scheidungen mit einander im Widerspruch ständen. Ein solcher Widerspruch dürfte indessen nicht vorliegen, weil das Weidebedürfniß des berechtigten Guts nicht blos in dem Durchwinterungsvermögen, sondern auch in dem thatsächlich zur Weide getriebenen Viehstande seinen Ausdruck findet.

Die Viehstandsermittelung bei unbestimmten, auf Verjährung beruhenden Weideberechtigungen hat in Gemäßheit der maßgebenden gesetzlichen Bestimmungen so zu verfahren, daß in erster Linie der erweislich während der Verjährungszeit gehaltene Viehstand, in zweiter Linie der 10jährige Besitzstand und in dritter Linie das Durchwinterungsvermögen zum Grunde zu legen ist.

Die Durchwinterungs-Viehzahl ergiebt sich einerseits aus dem Winter-Futtergewinne der berechtigten Grundstücke nach Futterart und Futtermenge und andererseits aus dem Winter-Futterbedarf für ein Stück Vieh der weideberechtigten Vieharten.

Winter-Futtergewinn und Winter-Futterbedarf sind, um mit einander verglichen werden zu können, in Mittelheu-Werth auszudrücken.

Winterfutterarten sind Stroh, Heu von Scheunenabgängen an Kaff u. f. w., ferner bedingungsweise das Futter aus Abgängen von Brauereien, Brennereien oder anderen Fabriken (Zuckerfabriken ꝛc.), letzteres nämlich in dem Falle, wenn das Recht, das aus diesen Abgängen erhaltene Vieh auf die Weide zu bringen, durch einen besonderen Titel erworben worden ist.

Altpr. GThO. vom 7. Juni 1821 §§ 37, 38.

Für die Veranschlagung der Futtermenge ist die landesübliche oder örtlich seit rechtsverjährter Zeit hergebrachte Wirthschaftsart maßgebend.

Ebendort § 37.

Nur derjenige Futterertrag, welcher nach Maßgabe der landesüblichen Bewirthschaftungsart zur Winterfütterung aufgespeichert wird, also nicht das Düngerstroh, das Beifutter während der Weidezeit, kommt in Betracht.

Die Veranschlagung der Winterfuttermenge ist Sache landwirthschaftlich sachverständiger Schätzung.

Zu den Grundstücken, auf welche sich die Winterfutterschätzung erstreckt, gehören:

die Grundstücke, welche Bestandtheile des berechtigten Guts bilden, nicht andere, dem Berechtigten eigenthümliche oder von demselben gepachtete Grundstücke.

ALR. I. 22. §§ 90, 91.

Ausgenommen von dieser Regel sind jedoch folgende Grundstücke, deren Futtergewinn bei Ermittelung der Durchwinterungs-Viehzahl in Anschlag zu bringen ist:

aa) Dem Berechtigten eigenthümliche, außerhalb der Feldmark des berechtigten Guts belegene Ländereien, wenn dieselben entweder schon bei der Verleihung des Rechts zu dem berechtigten Gute gehört haben oder seit rechtsverjährter Zeit dabei benutzt worden sind.

GThO. v. 7. Juni 1821 § 35.

Unter solchen Ländereien sind nicht selbstständige Vorwerke, sondern nur einzelne Aecker und Wiesen zu verstehen.

OT. v. 3. Juni 1844 Präj. Nr. 1449.

Die Ländereien müssen Zubehör des berechtigten Guts, dürfen nicht bloße Pachtländereien sein.

RC. 17. April 1846. OT. 10. Aug. 1848 (3. f. LCG. II. S. 328).

An sich nicht hütungsberechtigte Grundstücke, welche seit rechtsverjährter Zeit mit dem weideberechtigten Stammgrundstücke in wirthschaftlicher Verbindung gewesen sind, und deren Futterertrag zur Durchwinterung des berechtigten Viehs benutzt worden ist, erlangen keine selbstständigen Hütungsrechte.

RC. 27. März 1874. OT. 10. Nov. und 17. Dec. 1874 (3. f. LCG. Bd. 24 S. 238).

bb) Bei Gemeinde-Hütungsberechtigungen Pachtgrundstücke der zur berechtigten Gemeinde gehörenden Feldflur.

ALR. I. 22. § 92.

Nach diesem Principe muß auch das Vieh der später hinzukommenden, die Gemeinde vergrößernden Mitglieder aufgenommen werden, wenn dasselbe nur von zur Gemeindefeldflur gehörenden Grundstücken durchwintert wird.

OT. 31. Januar 1848 (Präj. 1982. Entsch. Bd. 16. S. 48).

Aus dem landrechtlichen Durchwinterungsprincip der §§ 90, 91 folgt einerseits, daß jeder Besitzer einer Stelle, auf welcher mit dem darauf gewonnenen Futter Vieh durchwintert wird, ein Theilnahmerecht hat, anderntheils, daß Besitzer von Stellen so geringen Umfangs, daß mit dem darauf gewonnenen Futter kein Stück Vieh durchwintert werden kann, von der Theilnahme ausgeschlossen sind.

OT. II. 23. Sept. 1858, Strieth. Arch. 30 S. 257.

Nur versteht sich, daß wenn solche Stellenbesitzer berechtigte Grundstücke anderer Mitglieder erpachtet haben, sie das Vieh, welches von diesen Pachtgrundstücken durchwintert werden kann, auf die Gemeindeweide zu bringen berechtigt sind.

OT. II. 27. September 1853, Strieth. Arch. 10 S. 152.

cc) Ländereien, von denen der Hütungsberechtigte einen Futterzehnten bezieht oder bezogen hat, wenn der Zehnte auf der Feldmark der zur Hütung berechtigten Theilnehmer erhoben wird, oder wenn der Zehnte außerhalb dieser Feldmark entweder seit rechtsverjährter Zeit bei dem berechtigten Gute gewesen und das Stroh davon zu

demselben benutzt worden, oder wenn er von einem Hütungsberech=
tigten erworben worden, der das Futter davon in Berechnung zu
ziehen befugt war.

GThO. 7. Juni 1821 § 36.

ALR. I. 22. §§ 94, 95.

Auch Naturalzehnten, die bereits vor Einleitung des Ablösungs=Ver=
fahrens in eine Rente umgewandelt worden, sind unter den angegebenen Be=
dingungen in Rechnung zu ziehen.

OT. 11. August 1847 (Präj. Nr. 1904, Entsch. Bd. 15 S. 489, 3. f. LCG. XI
Grundf. 651).

Die Veranschlagung des Winterfutterbedarfs pro Stück
Vieh ist Sache landwirthschaftlich technischer Schätzung. Seine
Größe setzt sich zusammen aus dem täglichen Futterbedarf und aus
der Dauer der Zeit, während welcher das Vieh über Winter im
Stalle gehalten wird.

Der tägliche Futterbedarf ist abhängig von Gattung, Race
(Schlag), Nutzzweck, Alter und Gewicht des Viehs, von der Beschaffen=
heit des Futters und von der ortsüblichen mehr oder minder reich=
lichen Art der Fütterung.

Vergl. über den täglichen Futterbedarf in Mittelheu die Futterbedarfstafel
(Tafel XXXIV) und die Viehstands=Reductionstafel (Tafel XXXVI).

Die Stallzeit ist verschieden nach Klima, Viehgattung und Orts=
gewohnheit.

Sie beträgt z. B. nach der Frankfurter techn. Instr. für Rindvieh 175 Tage,
für Schafe 150 Tage.

Vergl. S. 390.

Nach den angegebenen Schätzungs=Grundlagen für den Winter=
futterbedarf kann seine Größe für eine Kuh sehr verschieden sein.
Es sind daher bei Ermittelung desselben nicht allgemeine Durch=
schnittszahlen anzuwenden, sondern die örtlichen Verhältnisse in Be=
tracht zu ziehen.

Beispiel für die Berechnung des Durchwinterungs=Viehstandes.
Ertrag der berechtigten Grundstücke an Winterfutter in Mittelheu=Werth auf
Grund landwirthschaftlich-technischer Schätzung: 602 Centner.
Weidevieharten: Kühe, Schafe nach dem Zahlenverhältnisse 1:20, außerdem
Schweine. Die letzteren scheiden bei der Durchwinterungsberechnung aus.
Ihre Zahl ist nach dem Besitzstande zu berechnen.
Winterfutterbedarf:
für eine Kuh à 200 kg Lebendgewicht auf 175 Tage:
Täglicher Bedarf auf 1000 kg Lebendgewicht nach der Futterbedarfs=
tafel (Tafel XXXIV) 38 kg Mittelheuwerth,

mithin auf 200 kg täglich 7,6 kg,

während der Stallzeit 1330 kg = 26,6 Centner;

für ein Schaf à 20 kg Lebendgewicht auf 150 Tage:

Täglicher Bedarf auf 1000 kg Lebendgewicht nach der Futterbedarfs=
tafel 28 kg Mittelheuwerth,

=	=	= 20 kg	0,56 kg	=
=	=	für 150 Tage	84 kg	=
			= 1,68 Centner.	

Viehstandsberechnung:

Gesucht werden die Zahl k der Kühe und die Zahl s der Schafe, welche durchwintert werden können. Dieselben ergeben sich aus den beiden Gleichungen

$$s = 20\,k \; \text{(I)} \; \text{aus} \; k : s = 1 : 20$$
$$\text{und} \; 26{,}6\,k + 1{,}68\,s = 602 \; \text{(II)},$$

deren Auflösung k = 10, s = 200, also einen Durchwinterungs= Viehstand von

10 Kühen   à 26,6 Centner = 266 Centner

und von 200 Schafen à 1,68   =   = 336   =

zusammen 602 Centner Mittelheu

ergiebt.

c) Der Maßstab des Haushaltsbedarfs ist durch §§ 41 und 42 der Altpr. GThO. auf Gemeinde=Weideberechtigungen beschränkt, welche den Mitgliedern von Stadt= oder Dorf=Gemeinden auf Gemeinde=Grundstücken zustehen. Derselbe tritt nur ein, wenn der Vergangenheits=Maßstab wegen mangelnder Kenntniß und der Durchwinterungs=Maßstab wegen mangelnder Futtergrundstücke nicht anwendbar ist. Es sollen nämlich in Ermangelung des Vergangen= heits=Maßstabes, während die Hütungsrechte der mit Aeckern ange= sessenen Bürger und bäuerlichen Wirthe nach dem Durchwinterungs= Principe bemessen werden, die mit Häusern ohne Aecker angesessenen Bürger und bäuerlichen Wirthe, ingleichen diejenigen unangesessenen Bürger, welche nach der besonderen Ortsverfassung persönliche Hü= tungsrechte besitzen, sofern nicht die besondere Ortsverfassung das Verhältniß der Theilnahme an der Gemeindeweide regelt,

„so viel Vieh auf die Gemeindeweide zu bringen berechtigt sein, als erforderlich ist, um die nothwendigsten Bedürfnisse eines Haushaltes für Mann, Frau und drei Kinder zu befriedigen und dieses Bedürfniss zu anderthalb Kuhweiden berechnet werden.“

Läßt sich zwar der gesammte weideberechtigte Viehstand der Gemeinde, nicht aber der Viehstand der einzelnen Weideberechtigten

nach dem Vergangenheits-Maßstabe ausmitteln, so liefern die Be=
stimmungen in §§ 41, 42 der GThO. die Verhältnißzahlen zur
Untervertheilung der Weide-Abfindung an die Berechtigten.

Die Vorschriften der §§ 41 und 42 der GThO. vom 7. Juni 1821 be=
ziehen sich auf Gemeinde-Korporations-Vermögen und auf die Rechte, welche
den Betheiligten daran entweder als Gemeindegliedern vermöge dieser ihrer
Eigenschaft oder aus einem anderen Rechtstitel zukommen; nicht aber können
sie Platz greifen bei der Feststellung des Umfangs einer Hütungsgerechtigkeit,
welche einem ohne Aecker angesessenen Wirthe auf den Grundstücken eines
Anderen, als der Gemeinde, zusteht.
OT. 23. März 1865. Entsch. Bd. 53 S. 91. 3. f. LCG. XXI Grundf. 1570.

b) Bezirk der Schleswig-Holstein'schen und der Hohen=
zollern'schen Gem.-Theil.-Ordnung.

Im Wesentlichen gleichlautende Bestimmungen mit der Altpr.
GThO. über die Viehstandsermittelung bei Ablösung unbestimmter
Weideberechtigungen, jedoch ohne die detaillirten Ausführungs-Be=
stimmungen der letzteren, enthalten § 7 der Schleswig-Holstein'schen
Gem.-Thl.-Ordnung vom 17. August 1876 und § 10 der Hohen=
zollern'schen GThO. vom 23. Mai 1885. Die betreffenden Stellen
lauten:

„Bei Rechten zur Hütung ist in Ermangelung von Willenserklärungen, Erkenntnissen oder statutarischen Rechten das
Mass und Verhältniss der Theilnahme eines jeden einzelnen Interessenten in der Regel nach dem Besitzstande in den letzten
der Einleitung der Theilung oder Ablösung vorhergegangenen
zehn Jahren festzustellen.

Dieser Besitzstand wird nach der Zahl des Viehs, nach der
Art desselben und nach den Zeiträumen, mit und in welchen
jährlich jeder Theilnehmer die Hütung ausgeübt hat, dergestalt
berechnet, dass dabei der Durchschnitt aller drei Sätze aus den
vorgedachten 10 Jahren zum Grunde gelegt wird.

Es werden jedoch dabei

a) die Viehzahl verarmter oder durch Unglücksfälle be-
troffener Mitglieder bis zu der Mittelzahl erhöht, die Andere
seiner Classe gewöhnlich gehalten haben, und bis zu eben
dieser Zahl der Viehstand derjenigen vermindert, welche denselben darüber hinaus erweitert haben, und

b) Unglücksjahre, in welchen durch Seuchen, Krieg u. s. w.
der Viehstand vermindert worden, übergangen und dafür die
unmittelbar vorhergehenden früheren Jahre zur Berechnung
gezogen.

> Nur dann, wenn entweder der zehnjährige Besitzstand nicht
> zuverlässig auszumitteln ist, oder aber von einzelnen Theil-
> nehmern erwiesen wird, dass sie von ihrem (übrigens feststehen-
> den) Rechte in den letzten zehn Jahren gar keinen oder doch
> einen minderen Gebrauch gemacht haben, als wozu sie erweis-
> lich durch Urkunden, Erkenntnisse und Statuten befugt waren,
> ist die zur Weidetheilnahme berechtigte Viehzahl
>
> 1. bei den Interessenten, welche zur Erzeugung von Winter-
>   futter geeignete Grundstücke besitzen, nach dem Futter-
>   ertrage dieser Grundstücke,
> 2. bei anderen Interessenten und soweit die nach Nr. 1
>   festzustellende Viehzahl eine geringere ist, auf andert-
>   halb Kühe
>
> festzusetzen.“

Auch hier gilt daher in erster Linie die bisherige Ausübung, in
zweiter das Durchwinterungsprincip und erst in dritter Linie der
summarische Maßstab des Haushaltsbedarfs, jedoch mit Erweiterung
des letzteren auf Einzelberechtigungen und auf einen so unbedeutenden
Besitz von Futtergrundstücken, daß derselbe für 1 ¹/₂ Kühe kein Durch-
winterungsfutter gewährt.

c) Bezirk der Rheinischen, Hessischen und Nassau'-
schen Gem.-Theil.-Ordnungen.

Im Gegensatze zu den Altpreußischen, Schleswig-Holstein'schen
und Hohenzollern'schen Gem.-Theil.-Ordnungen ist in den Rheinischen,
Hessischen und Nassau'schen Gem.-Theilungs-Ordnungen als Haupt-
maßstab für die Viehstandsermittelung bei Ablösung unbestimmter
Weideberechtigungen das gemeinrechtliche Durchwinterungsprincip, als
Nebenmaßstab der Haushaltsbedarf aufgestellt. Die einschlägigen
Bestimmungen lauten in § 7 der Rhein. GThO.:

> „Die zur Weidetheilnahme berechtigte Viehzahl ist in Er-
> mangelung rechtsbeständiger Willenserklärungen und rechtskräf-
> tiger Erkenntnisse, statutarischer Rechte oder [Provinzialrechte]
>
> 1. bei den Interessenten, welche zur Erzeugung von Winter-
>   futter geeignete Grundstücke besitzen, nach dem Futter-
>   ertrage dieser Grundstücke [und dem Strohertrage der
>   bei denselben seit rechtsverjährter Zeit benutzten Zehnten];
> 2. bei anderen Interessenten und soweit die nach Nr. 1
>   festzustellende Viehzahl eine geringere ist, auf andert-
>   halb Kühe
>
> festzusetzen.“

§ 8 der Heſſiſchen und § 6 der Naſſau'ſchen GThO. weichen nur inſofern von der Rhein. GThO. ab, als die eingeklammerten Stellen weggelaſſen und anſtatt des Wortes „Provinzialrechte" die Worte „feſten Herkommens" geſetzt ſind.

d) Bezirk der Hannover'ſchen Gem.=Theil.=Ordnung.

Gar keine Beſtimmungen über die Viehſtands=Ermittelung bei Ablöſung von unbeſtimmten Weideberechtigungen enthält die Hanno=ver'ſche Gem.=Thl.=Ordnung vom 13. Juni 1873. Maßgebend für die Viehſtands=Ermittelung ſind daher die allgemeinen Beſtimmungen über die Werthsermittelung von Forſtberechtigungen, die nach § 7 der GThO.

> „nach der landesüblichen, örtlich anwendbaren Art ihrer Benutzung und dem nachhaltigen reinen Ertrage derselben in dem bisher rechtmässig genossenen Umfange u. s. w."

mithin nach dem Vergangenheits=Maßſtabe erfolgen ſoll.

Für die Fixation ungemeſſener Weideberechtigungen in den oberharziſchen Forſten des Amts Zellerfeld iſt die Feſtſtellung der Viehzahl und Viehart der einzelnen Berechtigten nach dem jährlichen Durchſchnitte der letzten zehn Jahre vor Einbringung des Fixations=Antrages vorgeſchrieben.

§ 16 der Hann. GThO.

3. Weidezeit.

Die Weidezeit iſt der Zeitraum im Jahre, während deſſen das Vieh auf die Weide getrieben wird, gegenüber der Stallzeit, während deren daſſelbe im Stalle verbleibt. Man unterſcheidet gemeine und beſondere, volle und beſchränkte, beſtimmte und unbeſtimmte Weidezeit.

Die gemeine Weidezeit bezieht ſich auf ſämmtliches Weidevieh, die beſondere Weidezeit auf die einzelnen Viehgattungen (Rindvieh=Weidezeit, Schaf=Weidezeit, Schweine=Weidezeit).

Die volle Weidezeit umfaßt die Zeit, in welcher das Vieh auf der Weide ſo viel Nahrung findet, daß ſich das Austreiben lohnt. Die Menge und Güte der Weidenahrung iſt abhängig von der Jahreszeit. Sie iſt geringe in der Zeit der Vegetationsruhe, fehlt im Winter bei Schnee für alle Vieharten, bei ſchneeloſem Froſt für Rindvieh und Schweine, während Schafweide zuläſſig iſt; ſie iſt ferner dürftig in der erſten Periode der Vegetationszeit, nimmt mit dem Fortſchritte der letzteren an Menge zu, an Güte meiſt ab, er=

reicht darauf quantitativ ihren Höhepunkt, bleibt längere Zeit reich=
lich, vermindert sich gegen Ende der Vegetationszeit, wird wieder
dürftig in der Zeit der Vegetationsruhe, hört auf mit Schnee
oder Frost.

Hieraus ergiebt sich, daß die Dauer der vollen Weidezeit sehr
verschieden ist nach Klima, Bodenbeschaffenheit und Viehart. Im
hohen Gebirge dauert die gemeine, volle Weidezeit nur 3—4 Mo=
nate, in der Ebene von Deutschland bis zu 9 Monaten, in südlichen
Gegenden länger als in nördlichen, auf warmem Boden (Kalk= und
Sandboden) beginnt sie eher als auf kaltem (Thonboden), auf
frischem, dem Graswuchs förderlichen Boden dauert sie länger, als
auf trockenem Boden. Die volle Weidezeit des Rindviehs ist auf
die Vegetationszeit beschränkt. Schafe können, wie schon erwähnt,
auch im Winter bei schneefreiem Boden, Schweine im Winter bei
schneefreiem, nicht gefrorenem Boden auf die Weide getrieben werden.
Die Dauer der vollen Weidezeit ist daher in jedem einzelnen Falle
nach den örtlichen Verhältnissen zu bestimmen.

Im Regierungsbezirke Frankfurt dauert für Rindvieh die volle Weidezeit
190 Tage (vom 1. Mai bis zum 6. November), die Stallzeit 175 Tage (vom
7. November bis 30. April), für Schafe die volle Weidezeit 215 Tage, die
Stallzeit 150 Tage.

Nach Krafft, Lehrbuch der Landwirthschaft 3. Aufl. 1881 II. Bd. S. 267
dauert die Weidezeit:

	für Rindvieh	für Schafe
in höheren und nördlichen Lagen	120—130	140—150 Tage,
= mittleren	= 150—160	170—180 =
= günstigen	= 180—200	220—230 =

Schlipf (Handbuch der Landwirthschaft) giebt die volle Weidezeit in gün=
stigem Klima für seine Schafe auf 160—220 Tage, für Landschafe auf 260
Tage an.

Beschränkt ist die Weidezeit, wenn sie sich nur auf einen Theil
der vollen Weidezeit erstreckt. Die Beschränkung kann herbeigeführt
werden durch die Weideart (Brachweide, Stoppelweide, Wiesenweide,
Nothweide, d. i. eine Weide, die nur bei außergewöhnlichen Zufällen,
z. B. bei Ueberschwemmungen der gewöhnlichen Weideplätze ausgeübt
werden darf), durch gesetzliche Bestimmungen, z. B. hinsichtlich der
Mastschonung, durch vertragsmäßige Festsetzung, Judicat oder Ge=
wohnheitsrecht.

Sowohl die volle als die beschränkte Weidezeit können durch

Willenserklärung, Erkenntniß, Statut, Gesetz bestimmt oder sie können unbestimmt sein.

A.L.R. I. 22. § 117.

> „Ist durch Verträge oder hergebrachte Gewohnheiten eine gewisse Zeit zum Anfange und zur Dauer der Hütung bestimmt, so hat es dabei sein Bewenden.“

In Baden (Forstgesetz § 33) darf die Weide nur in den Monaten Mai bis einschließlich October ausgeübt werden.

In früherer Zeit wurden die Hütungs= und sonstigen Berechtigungs= termine vielfach nach dem Julianischen Kalender berechnet. Durch Gesetz vom 31. August 1800 (Myl. N. C. C. Tom. X S. 3094) wurde angeordnet, daß für die bisher nach dem Julianischen Kalender berechneten Hütungs= und Hebungs= termine fortan diejenigen Jahrestage gelten sollten, auf welche die Termine für das Jahr 1800 nach dem 1581 eingeführten Gregorianischen Kalender fallen (11 Tage später).

Wo z. B. Lichtmeß (2. Februar) bisher nach dem Julianischen Kalender bestimmt war, dessen 2. Februar im Jahre 1800 dem 13. Februar nach dem Gregorianischen Kalender entsprach, da sollte in Zukunft anstatt des Julianischen Lichtmeß=Termins der 13. Februar angenommen werden. In gleicher Weise sollte für den Termin

Mariä Verkündigung	(25. März)	der 5. April,
Georgi	(23. April)	= 4. Mai,
Walpurgis	(1. Mai)	= 12. =
Bartholomäi	(24. August)	= 4. September,
Martini	(11. November)	= 22. November

gelten.

Die Rechnung nach dem Julianischen Kalender ist nur in evangelischen Ländern mehr oder minder lange Zeit nach Einführung des Gregorianischen Kalenders beibehalten worden. Es bleibt daher im gegebenen Falle zu unter= suchen, ob der in der Verordnung vom 31. August 1800 vorausgesetzte Fall der Julianischen Zeitrechnung zutrifft.

Nach der Altpreuß. Gem.=Theil.=Ordnung vom 7. Juni 1821 soll die Weidezeit, in welcher die Berechtigungsweide ausgeübt werden darf, sofern sie nicht durch Urkunden, Judicate oder Statuten be= stimmt ist, nach der thatsächlichen Ausübung in den letzten der Ein= leitung der Ablösung vorhergegangenen Jahren festgestellt werden.

G.Th.O. §§ 32, 33. Vergl. oben S. 379.

Die übrigen Preuß. Gem.=Theil.=Ordnungen enthalten über die Ermittelung der Weidezeit keine Bestimmungen.

Als Zeiteinheit wird bei Weideertrags=Ermittelungen die volle Weidezeit zum Grunde gelegt. Man schätzt den Weideertrag (die Weidemasse) eines Grundstücks nach dessen Futterertrag in der vollen

Weidezeit und drückt ihn unmittelbar in Heugewicht oder mittelbar in Kuhweiden aus.

Vergl. über die Rechnungseinheit bei Weideertragsermittelungen und über den Begriff der Kuhweide S. 399.

Wenn die Weidezeit beschränkt ist, bildet ihr Weideertrag nur einen Bruchtheil von dem Weideertrage der vollen Weidezeit. Um den Weideertrag beschränkter Weidezeiten in dem Ertragsmaße der Weide (in Heucentnern, Kuhweiden) auszudrücken, müssen die Ertragsver= hältnißzahlen der Weide in den einzelnen Zeitabschnitten der vollen Weidezeit bekannt sein. Wären die Weideerträge jederzeit gleichmäßig, so würden sie sich verhalten wie die Zeiten. In Wirklichkeit ist aber der Weideertrag, wie bereits angegeben wurde, im Laufe der Weidezeit auf einer und derselben Fläche verschieden. Die periodischen Verschiedenheiten des Weideertrags hat Meyer nach den Wahrneh= mungen, die er über den Ertrag von 1, 2 und 3 schürigen Wiesen im Hannover'schen Flachlande gemacht hat, bereits im Jahre 1804 in einer Tafel zusammengestellt, welche seitdem theils unverändert, theils mit einigen Modificationen nach Klima, Boden und Weideart bei Weideertrags=Ermittelungen unter dem Namen der Meyer'= schen Vegetationsscala vielfach angewendet worden ist. Meyer theilte die Futtererzeugung der Wiesen während der vollen gemeinen Weidezeit in 700 Einheiten und vertheilte letztere auf die von ihm gebildeten Vegetations=Perioden der vollen Weidezeit. Die Meyer'sche Vegetationsscala für Wiesen, die Umrechnung derselben in Procente, ferner die von der technischen Instruction für den Reg.=Bez. Frank= furt für die dortigen Verhältnisse veröffentlichte Weideprocent=Ta= belle gehen aus der in Tafel XXXVII beigefügten Weidezeit=Ertrags= tafel hervor.

Die darin enthaltenen Verhältnißzahlen beziehen sich nur auf das Verhältniß der Futtermengen, nicht auf die Verschiedenheiten der Futtergüte in den Perioden der vollen Weidezeit. Sie sind nicht gültig für Schweine, welche ihre Nahrung vorzugsweise unter der Bodenoberfläche suchen. Sie gestatten endlich nur eine bedingte Anwendbarkeit unter Verhältnissen, welche denjenigen gleichartig sind, für welche die Tafel entworfen ist. Daraus folgt, daß für ab= weichende Verhältnisse, wie sie durch die Verschiedenheiten des Klimas, des Bodens und des Waldbestandes bedingt werden, besondere, auf örtliche Untersuchungen gestützte Weidezeit=Ertragstafeln angewandt werden müssen.

Die Verhältnißtafeln der Frankfurter Instruction für Waldweide beziehen sich auf Kiefernwaldungen, in denen die Vegetation nach den dort gemachten Wahrnehmungen im ersten Frühjahr und im späten Herbst stärker, im Juli und August geringer sein soll, als auf raumen Flächen.

Von den Weidezeit=Ertragstafeln wird mitunter ein unrichtiger Gebrauch gemacht. Dieselben geben die Verhältnißzahlen an, nach denen sich der Weide= ertrag einer Fläche während der vollen Weidezeit auf die Perioden der letzteren vertheilt. Sie sind daher Ertragsverhältnißtafeln und dienen dazu, die Weide= erträge beschränkter Weidezeiten aus dem Weideertrage der vollen Weidezeit abzuleiten oder den Weideertrag der ersteren auf den Weideertrag der letzteren zu reduciren.

Wenn z. B. eine Waldweideberechtigung mit 100 Kühen auf die Monate Mai und Juni mit einem Ertragsantheil von 58 Procent des vollen Weide= zeitertrags (Frankfurter Skala) beschränkt ist und wenn der letztere auf 50 Kuh= weiden abgeschätzt ist, so beträgt die zur Befriedigung des Weiderechtsbedarfs verfügbare Weidemasse $50 \times 0{,}58 = 29$ Kuhweiden. Eine auf die Monate Juni bis zum Schlusse der Weidezeit beschränkte Weidezeit würde mit 68 Pro= cent oder mit $50 \times 0{,}68 = 34$ Kuhweiden für den Fall zu berechnen sein, daß der Weidewuchs bis Ende Mai anderweit angeeignet wird. Sollte letzteres nicht der Fall sein, so könnte es sich rechtfertigen, den Weideertrag der vollen Weidezeit in Rechnung zu stellen.

Dagegen dienen die Weidezeit=Ertragstafeln nicht zur Ermittelung des Weidebedarfs, sind keine Weidebedarfstafeln. Es würde fehlerhaft sein, in dem zuerst angeführten Beispiele den Weidebedarf auf $100 \times 0{,}58 = 58$ Kuh= weiden festzustellen, wie es mitunter geschieht. Der Weidebedarf für eine be= schränkte Weidezeit ergiebt sich vielmehr aus der Dauer der letzteren nach Tagen und aus dem durchschnittlich täglichen Weidefutterbedarf.

4. Nebenweiden.

Alt. Pr. GThD. v. 7. Juni 1821 §§ 44—50.

Der durch den täglichen Weidefutterbedarf für ein Stück Vieh, durch Viehstand und Weidezeit bestimmte Gesammtweidebedarf des Berechtigten erleidet unter Umständen eine Kürzung durch Anrechnung des auf Nebenweiden gedeckten Bedarfs (des Nebenweide=Bedarfs). In diesem Falle besteht der Weiderechts=Anspruch in dem Ueber= schusse des Gesammtweidebedarfs über den Nebenweidebedarf.

Nebenweiden (besondere Weiden) sind Weiden, welche dem Be= rechtigten außer der abzulösenden Berechtigungsweide zustehen. Die= selben können bestehen in eigenen und Berechtigungsweiden, in aus= schließlich besessenen (Privat=)Weiden und Gemeinweiden, in ständigen

und Zeitweiden, die letzteren in Ackerweiden (Dreesch=, Brach=, Stoppel=
und Saatweiden), in Wiesen=, Wald= und Heideweiden.

Auf ständigen Weiden bildet die Weide die Hauptnutzung, auf
Zeitweiden eine Nebennutzung.

Dreeschweiden, eine Art der Brachweiden, sind Weiden auf dem
unbestellt liegen gebliebenen Acker.

Brachweiden beziehen sich auf unbearbeiteten Acker (Dreesch) oder
auf bearbeiteten (umgebrochenen beziehungsweise gedüngten), aber
noch nicht mit Früchten bestellten Acker während seines Ruhezustandes.

Stoppelweide wird nach Aberntung der Felder (auf der Stop=
pel) ausgeübt.

Saatweide ist Behütung der jungen Saat im Herbst, Winter
oder Frühjahr. Sie beschränkt sich auf Schafe und wird in der
Regel nur kurze Zeit, etwa 14 Tage, ausgeübt.

Vergl. über die Beschränkungen der Berechtigungs=Saatweiden ALR. I. 22.
§§ 164—168. Die Bestimmungen haben zum großen Theile ihre Bedeu=
tung verloren.

Die Wiesenweiden zerfallen in Vor= (Frühjahrs=) und in Nach=
(Herbst=) Weiden, je nachdem sie im Frühjahre vor, oder im Herbste
nach der Heuernte stattfinden.

Vorweide ist, weil nachtheilig für den Heuertrag, selten. Nachweiden
beginnen nach der techn. Instruction für den Reg.=Bez. Frankfurt (2. Aufl.
S. 30) bei einschnittigen Wiesen am 24. August, bei zweischnittigen am
29. September.

Wald=Nebenweiden kommen in eigenen und als Berechtigungen
in fremden Wäldern vor,

Heideweiden bestehen in der Behütung von Heiden mit Schafen,
theils als Hauptnutzung, theils als Nebennutzung neben Heide=, Plag=
gen= und Bültenhieb.

Die Frage, ob und unter welchen Umständen Nebenweiden auf
den Weidebedarf des Berechtigten anzurechnen sind, ist abhängig von
Titel und Art der Weideberechtigung, von der landesüblichen Be=
wirthschaftung des berechtigten Grundstücks, von der Art und der
thatsächlichen Benutzung oder Nichtbenutzung der Nebenweiden und
von gesetzlichen Bestimmungen.

Berechtigungs=Nebenweiden, die dem Berechtigten außer der
abzulösenden Weideberechtigung zustehen, bedürfen unter allen Um=
ständen der Anrechnung.

Es fragt sich, ob auch abgelöste Berechtigungs-Nebenweiden anzurechnen sind. Die Frage ist unbedenklich zu bejahen, wenn die Ablösung innerhalb des Verjährungszeitraums eingetreten ist, dürfte dagegen zu verneinen sein, wenn die Ablösung früher stattgefunden hat. Im letzteren Falle kommt indessen, sofern eine Landabfindung erfolgt und diese zur Weide benutzt worden ist, die letztere als Nebenweide in Anrechnung. Dasselbe gilt für getheilte Gemeinweiden. Wenn daher Weideberechtigungen oder Gemeinweiden solcher Grundstücke abgelöst oder getheilt werden, denen auch eine Weideberechtigung in einem fremden Walde zusteht, so ist es für den Waldeigenthümer rathsam, bei der Auseinandersetzungs-Behörde die Wahrung seines Interesses zu beantragen.

Bei eigenen Nebenweiden des Berechtigten kommt es vorzugsweise auf die herkömmliche landwirthschaftliche Benutzungsart, auf die seitherige thatsächliche Benutzung und auf die Erwerbszeit an. Ist die Benutzung von Dreesch-, Brach-, Stoppel-, Saat- oder Wiesenweiden nicht üblich, oder hat dieselbe oder die Behütung eigener Holzungen des Berechtigten seit rechtsverjährter Zeit nicht stattgefunden, oder sind Nebenweiden später als das Weiderecht und nicht seit rechtsverjährter Zeit erworben, so unterbleibt die Anrechnung.

In Preußen enthält nur die Altpreuß. GTHO. vom 7. Juni 1821 Bestimmungen über die Anrechnung von Nebenweiden, welche nachstehend erörtert werden sollen. In den Gültigkeitsbezirken der übrigen Preußischen GThO. entscheiden Servituttitel und bisherige Ausübung über Zulässigkeit und Art der Anrechnung von Nebenweiden.

Nach § 44 der GThO. 1821 hat die Anrechnung der Nebenweiden im Falle der Viehstands-Ermittelung nach dem Durchwinterungs-Maßstabe zu erfolgen.

Die Viehstandsermittelung nach dem Besitzstande schließt die Anrechnung von Nebenweiden nur dann aus, wenn dabei zugleich die Weidezeit, während welcher die Servitutweide ausgeübt wurde, festgestellt worden ist.

Auch die Dorfbewohner ohne Äcker, deren Weidebedarf nach § 42 der GThO. 1821 auf 1½ Kuhweiden veranschlagt ist, haben sich die Anrechnung der Nebenweiden gefallen zu lassen.

OT. 22. Oct. 1847. Z. f. LGG. Bd. II. S. 449 Bd. XI Gr. 653.

Die Anrechnung soll ausgeschlossen sein:

bei Nebenweiden, die in neueren, die Verjährungsfrist nicht erreichenden Zeiten erworben sind (§ 45),

bei Nebenweiden, welche der Berechtigte für den Viehstand, mit welchem er die Berechtigungsweide auszuüben befugt ist, überhaupt nicht, oder doch nicht seit rechtsverjährter Zeit benutzt hat (§ 45), bei Hütungsberechtigungen, welche der Waldeigenthümer mit ausdrücklichem Verzicht auf eigene Theilnahme verliehen hat, sofern nicht andere Mit-Weideberechtigte auf die Anrechnung der besonderen Weiden antragen (§ 46), endlich

bei nach Viehzahl und zugleich nach Weidezeit bestimmten, auf Verleihung beruhenden Weideberechtigungen (§ 47).

Der Ausschluß der Anrechnung von Nebenweiden in der durch § 47 ausgesprochenen Allgemeinheit erscheint nicht gerechtfertigt. Der Ausschluß kann sich nur auf eigene Nebenweiden des Berechtigten, nicht auf Berechtigungs-Nebenweiden desselben erstrecken.

Die Anrechnung der Nebenweiden kann erfolgen nach deren Nutzungszeit oder nach deren Weideergiebigkeit, und im letzteren Falle nach dem Vollbetrage der Weideergiebigkeit der Nebenweiden oder nach dem Verhältnisse der Weideergiebigkeit der Nebenweiden zu der Gesammt-Ergiebigkeit der Nebenweiden und der Berechtigungsweide. Die GThO. von 1821 verordnet in erster Linie die Anrechnung nach der Weidezeit, in zweiter Linie die verhältnißmäßige Anrechnung nach der Weideergiebigkeit.

> „§ 48. Ist keiner dieser Fälle (§§ 45—47) vorhanden, so muss ein verhältnissmässiger Theil des Viehstandes, mit welchem der Berechtigte, er sei Miteigenthümer oder Dienstbarkeitsberechtigter, die Hütung auszuüben befugt ist, auf seine besonderen Weiden (§ 44) zurückgerechnet und nur nach dem dann verbleibenden Ueberschusse seines berechtigten Viehstandes, sein Theilnehmungsrecht bestimmt werden.
>
> § 49. Dieses Verhältniss ist nach dem Viehstande und nach der Zeit, in welcher nach einem Durchschnitte von zehn Jahren die Berechtigten die zu theilende gemeine Weide, ihre besondere und mit anderen gemeinschaftliche Weide behütet haben, zu bestimmen.
>
> § 50. Sind über den in den letzten 10 Jahren auf der zu theilenden Weide unterhaltenen Viehstand des Berechtigten keine zulänglichen Nachrichten zu beschaffen, so muss das Mass, in welchem ihm seine besonderen Weiden anzuschlagen sind, nach dem Verhältnisse sowohl seines, als des Viehstandes der mitberechtigten Weidetheilnehmer zu der Ergiebigkeit sämmtlicher von ihnen betriebenen gemeinschaftlichen und besonderen Weiden berechnet werden.“

Die Anrechnung nach der Weidezeit ist die einfachste, weil sie keine Weidebonitirung erfordert. Sie beschränkt sich darauf, für den

weideberechtigten, bestimmten oder unbestimmten, und im letzteren
Falle nach dem 10 jährigen Besitzstande oder nach dem Durchwinte=
rungsprincipe ausgemittelten Viehstand, die Zeit festzustellen, während
welcher seither die Nebenweiden und die Berechtigungsweiden behütet
sind und nach Verhältniß der Hütungszeiten den auf die Berechti=
gungsweide entfallenden Theil der Weidenutzung zu berechnen.

Beispiel.

Weideberechtigter auf Kühe reducirter Viehstand 100 Kühe. Die Weide
ist nach 10 jähr. Durchschnitte ausgeübt

auf der Berechtigungsweide vom 1. Mai bis Ende August mit 123 Tagen,
auf Nebenweiden von Anfang September bis Ende October mit 61 Tagen.

Alsdann beträgt der auf der Berechtigungsweide zu unterhaltende Vieh=
stand $\frac{123}{184} \times 100 = 67$ Kühe, der auf Nebenweiden abzurechnende Vieh=
stand $\frac{61}{184} \times 100 = 33$ Kühe.

Die Anrechnung der Nebenweiden nach der Weideergiebigkeit
erfordert eine Abschätzung der Weidemasse (Weidebonitirung), die sich
bei voller Anrechnung auf die Nebenweiden beschränkt, bei verhält=
nißmäßiger Anrechnung außerdem auf die Berechtigungsweide erstreckt.
Die volle Anrechnung der Nebenweiden vergütet nur den durch die
Nebenweiden nicht gedeckten Weidebedarf, gewährt mithin gar keine
Abfindung, wenn die Nebenweiden den Bedarf völlig decken und ist
deßhalb ungerecht; die verhältnißmäßige Anrechnung vertheilt den
Weidebedarf des berechtigten (bestimmten oder unbestimmten, und im
letzteren Falle nach Ausübung oder Durchwinterung ermittelten)
Viehstandes auf Berechtigungsweiden und Nebenweiden nach dem
Verhältnisse des Weideertrags, den beide liefern.

In diesem Sinne ist die in § 50 der Altpr. GThO. vorgeschriebene ver=
hältnißmäßige Anrechnung der Nebenweiden nach der Weideergiebigkeit zu ver=
stehen, dessen unklare Fassung zu manchen Mißdeutungen Anlaß gegeben hat.

Beispiel für die Anrechnung nach § 50 der GThO.

Auf einem Walde, dessen Weidezulänglichkeit außer Frage steht, mögen
die Weideberechtigungen von 3 Berechtigten B_1, B_2, B_3 lasten. Die nach der
Durchwinterung (oder auch nach der zehnj. Ausübung) ermittelten Viehstände

des Waldeigenthümers E mögen sich auf 200 Kühe,

= Berechtigten B_1	=	=	= 100	=
=	=	B_2	=	=	= 50	=
=	=	B_3	=	=	= 100	=

belaufen.

Die Weideergiebigkeit sei veranschlagt

für den Berechtigungswald auf 500 Kuhweiden,

= die Nebenweiden des Waldeigenthümers auf 130 Kuhweiden,

= = = = Berechtigten B_1 = 50 =

= = = = = = B_2 = 20 =

= = = = = = B_3 = 0 =

Alsdann vertheilen sich die Viehstände auf den Berechtigungswald und auf die Nebenweiden wie folgt:

Weide-Interessenten		Viehstand Kühe	Weideergiebigkeit (Weidemasse)		Der Viehstand vertheilt sich verhältnißmäßig auf die	
			der Neben-weiden	der Berech-tigungs-Waldweide	Neben-weiden	Berechti-gungs-Waldweide
			Kuhweiden		mit Kühen (Kuhweiden)	
Waldeigenthümer	E	200	130		41[1])	159[2])
Weideberechtigte	B_1	100	50	500	9	91
	B_2	50	20		2	48
	B_3	100	0		—	100
		450	200	500	52	398
			700		450	

Demgemäß haben Abfindung zu erhalten der Weideberechtigte B_1 für 91, B_2 für 48, B_3 für 100 Kuhweiden, oder, was gleichbedeutend ist, für 91, 48 resp. 100 Kühe, die während der vollen Weidezeit in dem Berechtigungs-walde geweidet werden.

Die Weideergiebigkeit (Weidemasse) nach Kuhweiden wird auf dem Wege der Weidebonitirung ermittelt, für Waldweiden durch forstliche, für landwirthschaftliche Nebenweiden durch landwirthschaft-liche Sachverständige.

Vergl. über die Bonitirung der Waldweide § 27, über die Bonitirung der ständigen Weiden und der Acker- und Wiesenweiden

Techn. Instr. für Frankfurt 2. Aufl. 1851 §§ 16—20.

= = = Pommern 1842 §§ 51—57.

Meyer, Gemeinh.-Theil. I. (1801) §§ 44—47, III. (1804) §§ 24—43,

ferner über die Bonitirung der Heideweide Meyer III. §§ 20—23.

Die techn. Instr. für Frankfurt veranschlagt die Dreeschweide gleich der vollen Weide d. h. einer solchen Weide, welche von dem unbestellten, zur Weide liegenbleibenden Boden hervorgebracht wird, die Stoppelweide bei 8—14 täg. Dauer auf $\frac{1}{12}$, die Stoppelweide einschließlich der späteren Herbstweide nach Sommergetreide auf $\frac{1}{10}$, nach Wintergetreide auf $\frac{1}{8}$ der vollen Weide, die

---

[1]) $630 : 130 = 200 : x.$

[2]) $630 : 500 = 200 : x.$

Brachweide (mit bearbeitetem Boden) auf ⅓ bis ⅖, die Wiesennachweide bei einschnittigen Wiesen auf 14 Procent, bei zweischnittigen auf 6 Procent der vollen Weide.

Die Altpr. GThO. vom 7. Juni 1821 und das Erg.-Ges. zu derselben vom 7. März 1850 befolgen rücksichtlich der Anrechnung der eigenen Befriedigungsmittel des Berechtigten verschiedene Grundsätze bei Weideberechtigungen einerseits und bei Brennholz- und Streuberechtigungen anderseits, indem bei diesen die volle, bei jenen die verhältnißmäßige Anrechnung vorgeschrieben ist.

5. **Verfahren zur Ermittelung des Weiderechts-Anspruchs.**

Aus den Elementen des Weiderechts-Anspruchs (täglichem Weidefutterbedarf für ein Haupt Vieh, weideberechtigtem Viehstand, Weidezeit und Anrechnung der Nebenweiden, s. I 1—4) ergiebt sich der Umfang desselben nach folgendem Verfahren.

Man unterscheidet 2 Rechnungseinheiten zur Größenbestimmung sowohl des Weidebedarfs, als des Weideertrags, die Gewichtseinheit (Centner) von Mittelheu und die Flächeneinheit einer Kuhweide.

Vergl. über Mittelheu als Rechnungseinheit S. 374.

Unter einer **Kuhweide** versteht man eine Weide, welche im Laufe einer Vegetationszeit den gesammten Futterbedarf für eine Kuh während der vollen Rindvieh-Weidezeit liefert, unter einer Schafweide, Pferdeweide, Schweineweide, Gänseweide diejenige Weide, welche im Laufe einer Vegetationszeit den gesammten Futterbedarf für ein Schaf, ein Pferd, ein Schwein, eine Gans im ausgewachsenen Zustande während der vollen Weidezeiten für diese Viehgattungen hergiebt.

Zur näheren Bestimmung einer Kuh-, Schaf- u. s. w. Weide kann sowohl die Futtermenge in Mittelheu-Centnern, als die Flächengröße dienen.

Die Futtermenge ergiebt sich als Product aus täglichem Futterbedarf und Dauer der Weidezeit.

Wenn z. B. der tägliche Futterbedarf in Mittelheuwerth
für 1 Kuh 10 kg, für ein Altschaf 1 kg beträgt, und die volle Weidezeit
für Rindvieh 190 Tage, für Schafe 215 Tage enthält, so muß
eine Kuhweide einen Futterwerth von 1900 kg oder von 38 Centnern,
, Schafweide , , , 215 , , , 4,3 ,
Mittelheuwerth liefern.

Die Flächengröße ergiebt sich als Quotient aus dem Futterbedarf in der vollen Weidezeit und aus dem Futterertrage von 1 Hectar während einer Vegetationszeit.

Wenn z. B. bei den vorhin angegebenen Futterbedarfssätzen und Weidezeiten 1 Hectar Weide jährlich einen Futterertrag von 30 Ctrn. Mittelheuwerth liefert, so enthält 1 Kuhweide $\frac{38}{30} = 1{,}27$ Hectar,

1 Schafweide $\frac{4{,}3}{30} = 0{,}143$,

Bei der Flächenermittelung einer Schweineweide ist zu berücksichtigen, daß Schweinefutter verschieden von Rindvieh-, Schaf- und Pferdefutter ist, und daß demzufolge eine und dieselbe Fläche einen verschiedenen Weidefutterertrag liefert, je nachdem sie zur Beweidung mit Schweinen oder mit anderen Vieharten benutzt wird.

Beträgt z. B.

der Jahresertrag von 1 Hectar an Schweinefutter

in Gras und Kräutern (Bodenweide) . . . 1500 kg Mittelheuwerth,

- Wurzeln, Insecten, Würmern (Erdweide)   500 ,   ,

zusammen 2000 kg Mittelheuwerth,

ferner der Weidefutterbedarf eines Schweines für

1 Tag 1,7 kg, für die Schweineweidezeit von

200 Tagen . . . . 200 × 1,7 =   340 ,   ,

so enthält eine Schweineweide $\frac{340}{2000} = 0{,}17$ ha.

Die Reduction der Schaf-, Pferde- und Schweineweiden auf Kuhweiden und umgekehrt erfolgt nach dem Verhältnisse der Weideflächen für je 1 Stück dieser Vieharten.

In den vorigen Beispielen würde eine Schafweide $\frac{0{,}143}{1{,}27} = 0{,}113$ Kuhweiden, eine Schweineweide $\frac{0{,}17}{1{,}27} = 0{,}134$ Kuhweiden, ferner eine Kuhweide mit 8,88 Schafweiden oder mit 7,47 Schweineweiden gleichwerthig sein.

Von den beiden Maßstäben für die Bedarfs- und Ertrags-Bestimmung der Weide ist der Kuhweide-Maßstab älter und gebräuchlicher, der Futter-Gewichtsmaßstab allgemeiner brauchbar.

In den im ungetheilten Besitze mehrerer Grundbesitzer befindlichen Alpen (Alpmarkgenossenschaften) wird nach altem Herkommen jeder Berg oder jede Alpe gestuhlt d. h. nach der Zahl des Viehs, welches daselbst den Sommer über ernährt (gesommert) werden kann, geschätzt. Als Schätzungsmaßstab wird dabei der Futterbedarf einer Kuh zum Grunde gelegt und darnach die Alpe in eben so viele Nutzungsantheile, als daselbst Kühe ernährt werden können, eingetheilt. Ein solcher Nutzungsantheil heißt ein Kuhhessen, ein Kuhrecht, eine Weide, Gras, Gräs, Rinderrecht, Alprecht, Stoß. Allenthalben pflegt genau bestimmt zu sein, wie viel anderes Vieh auf eine Kuhweide gerechnet werden soll. So wird eine Kuhweide gleichgerechnet im Kanton Uri ½ Pferdeweide, 1 Weide für ein Jahr alte Pferde, 1½ Weiden für Saugfüllen, 2 Rinder-, 3 Kälber-, 7 Schaf- oder Ziegenweiden;

im Kanton Glarus ½ Weide für ein ganzes Roß, 1 Weide für ein Halbroß, 10 Geißen-, 5 Schafweiden.

Vergl. Maurer, Geschichte der Markenverfassung in Deutschland 1856 S. 38.

Nach der Hannover'schen GThO. vom 25. Juni 1802 § 111 soll der Werth der Weideberechtigungen in Forsten nach Kuhweiden abgeschätzt werden.

Vergl. Meyer über Gem.-Th.-Ordn. III. Bd. S. 7.

Den Werth der Weide mit Pferden, Hornvieh, Schweinen, Schafen, Gänsen will Meyer nach der Morgenzahl schätzen, die auf eine Kuhweide zu rechnen ist.

Vergl. Meyer ibid. I. Bd. S. 85.

Auch die technischen Instr. für den Reg.-Bez. Frankfurt und für Pommern, ferner Pfeil in seiner Ablösung der Waldservituten bedienen sich des Schätzungs-Maßstabes der Kuhweide, wogegen die techn. Instr. für Breslau der Abschätzung des Weideertrags nach Centnergewicht in Heuwerth den Vorzug giebt. Zu Gunsten der letzteren Maßeinheit spricht einerseits, daß der Futterbedarf auch die Schätzungsgrundlage für die Kuhweide bildet, andererseits, daß sowohl die Weidezeiten, als die Futterbeschaffenheit für die verschiedenen Vieharten verschieden sind. Schafe und Schweine können, wie bereits erwähnt, früher und später im Jahre zur Weide ausgetrieben werden, als Kühe, Schafweiden auf trockenem, geringem Kiefernboden sind nicht zu Kuhweiden geeignet, Schafe nutzen den Weideertrag vollständiger aus, als Kühe, Schweineweide erstreckt sich auch auf Wurzeln und Insecten, Kuh- und Schafweide nicht. Handelt es sich blos um Rindviehweide, so ist die Maßeinheit der Kuhweide für die Bedarfs- und Ertragsschätzung durchaus geeignet, bei gemischten Weideberechtigungen mit verschiedenen Viehgattungen, zu verschiedenen Weidezeiten, bei Waldunzulänglichkeit ist dagegen die Maßeinheit des auf Wiesenheu reducirten Futter-Bedarfs und -Ertrags brauchbarer.

Der Weiderechts-Anspruch (Weiderechtsbedarf), d. i. der Ueberschuß des Gesammtweidebedarfs über den Nebenweiden-Bedarf (s. S. 393) ergiebt sich entweder aus Viehstand, täglichem Weidefutterbedarf für ein Haupt Vieh und Weidezeit allein (erster Fall), oder aus diesen Elementen und aus der Anrechnung der Nebenweiden nach der Weideergiebigkeit (zweiter Fall).

Der erste Fall tritt ein, wenn die Weidezeit, während welcher der weideberechtigte Viehstand ausschließlich auf der Berechtigungsweide geweidet worden ist, festgestellt werden kann.

Beispiele.

(1.) Mangel an Nebenweiden.

Viehstand (V) 100 Kühe.

Täglicher Weidefutterbedarf für 1 Kuh (F): 10 kg Heuwerth.

Volle Weidezeit (VZ): 190 Tage.

Weiderechtsbedarf: 3800 Centner Heuwerth oder 100 Kuhweiden.

(2.) Bestimmte Weidezeit, innerhalb derselben ausschließliche Benutzung der Berechtigungsweide.

V: 100 Kühe. F: 10 kg Heuwerth.

VZ: 190 Tage. Beschränkte Weidezeit (BZ) von Anfang Mai bis Ende Juli = 92 Tage.

Weidefutterbedarf einer Kuhweide: $190 \times 10 = 1900$ kg $= 38$ Ctr. Heuwerth.

Weiderechtsbedarf: $\dfrac{100 . 10 . 92}{50} = 1840$ Centner Heuwerth

ober $\dfrac{1840}{38} = 48{,}42$ Kuhweiden.

(3.) Unbestimmte Weidezeit. Ermittelung des auf die Berechtigungsweide und auf die Nebenweiden fallenden Theils der Weidezeit nach der bisherigen Benutzung (mittelbare Anrechnung der Nebenweiden nach der Weidezeit).

V: 100 Kühe. F: 10 kg Heuwerth. VZ: 190 Tage.

Die Weide ist thatsächlich während der Monate August und September (61 Tage) auf Nebenweiden des Berechtigten (Stoppel- und Wiesenweiden), während des übrigen Theils der Weidezeit $(190 - 61 = 129$ Tage) auf der Berechtigungsweide ausgeübt.

Weiderechtsbedarf: $\dfrac{100 . 10 . 129}{50} = 2580$ Centner Heuwerth

ober $\dfrac{2580}{38} = 67{,}9$ Kuhweiden.

Der zweite Fall tritt ein, wenn die Weide während der Weidezeit nicht ausschließlich auf der Berechtigungsweide, sondern auch auf Nebenweiden stattgefunden hat, und wenn die Weidezeit für beide Arten von Weiderevieren nicht festgestellt werden kann.

Beispiele.

(4.) Bestimmte Weidezeit. Gleichzeitige Behütung der Berechtigungs- weide und der Nebenweiden.

Einer Gemeinde steht in 2, verschiedenen Eigenthümern gehörigen Wäldern W_1 und W_2, die früher in einer Hand vereinigt waren, eine auf Verleihung beruhende Weideberechtigung mit 100 Kühen während der Zeit von Anfang Mai bis Ende August (123 Tage) zu. Der Eigenthümer des Waldes W_1 hat auf Ablösung angetragen. Die Weidemasse von W_1 beträgt 150, diejenige von W_2 200 Kuhweiden für die volle Weidezeit. Eine anderweite Weidebenutzung der beiden Wälder hat nicht stattgefunden. Beide sind während der angegebenen Weidezeit täglich behütet. F: 10 kg Heuwerth. VZ: 190 Tage. Gesammt- weidebedarf auf Berechtigungs- und Nebenweiden während der bestimmten

Weidezeit: $\dfrac{100 . 10 . 123}{50} = 2460$ Centner Heuwerth

ober: $\dfrac{2460}{38} = 64{,}74$ Kuhweiden.

Weideertragsprocent bis Ende August unter Hinzurechnung der anderweit nicht benutzten Weideproduction vor dem 1. Mai nach der Frankfurter Weide=zeitertragstafel (Tafel XXXVII) 84 %.

Mithin Weidemasse der beschränkten Weidezeit

für W_1 (Weiderechtsmasse) 150×0,84 = 126 Kuhw. ob. 126×38 = 4788 Ctr. Heuw.

= W_2 (Nebenweidenmasse) 200×0,84 = 168 = = 168×38 = 6384 = =

für W_1 u. W_2 (Gesammtweidemasse) 294 Kuhw. ob. 11172 Ctr. Heuw.

Weiderechtsbedarf nach dem Verhältnisse der Weidemassen

$$\frac{2460 \times 4788}{11172} = 1054 \text{ Centner Heuwerth}$$

$$\text{oder } \frac{64,74 \times 126}{294} = 27,75 \text{ Kuhweiden.}$$

(5.) Unbestimmte Weidezeit. Dem Weideberechtigten eigenthümliche Wald=nebenweide, die zu gleicher Zeit mit der Berechtigungsweide benutzt worden ist.

Dem Gute B mit einem servitutfreien Gutswalde W_1, dessen Weidemasse 50 Kuhweiden beträgt, steht mit 150 Kühen die Weideberechtigung in dem angrenzenden Walde W_2 mit 200 Kuhweiden Weidemasse zu, der anderweiter Beweidung nicht unterliegt. Die nicht bestimmte Weidezeit hat sich thatsächlich auf die volle Weidezeit (190 Tage) erstreckt. Die Weide ist während der ganzen Weidezeit täglich in beiden Wäldern ausgeübt. F: 10 kg Heuwerth.

Es beträgt:

	Kuhweiden	Heucentner
die Weiderechtsmasse in W_2	200	7600
= Nebenweidenmasse = W_1	50	1900
= Gesammtweidemasse in $W_2 + W_1 =$ . .	250	9500
der Gesammtweidebedarf	150 $= \dfrac{150.190.10}{50} = 5700$	
mithin der Weiderechtsbedarf: $\dfrac{150.200}{250} = 120$		= 4560
und = Nebenweidenbedarf	30	1140

II. Weide-Unzulänglichkeit.

Weide=Unzulänglichkeit des belasteten Waldes ist vorhanden, wenn dessen Jahresertrag an Weidefutter (die Weiderechtsmasse) hinter dem darauf angewiesenen Weidenutzungsanspruche aller be=theiligten Berechtigten zurückbleibt.

Betheiligt sind die Weideservitut=Berechtigten und der Wald=eigenthümer, und zwar der Letztere für den Bedarf der eigenen Wirthschaft, für den Weidebedarf der Forstbeamten und für etwaige, durch Ablösung von Weideservituten erworbene Weide=Theilnahme=rechte.

26*

Ueber die Concurrenz zwischen Weideservitutberechtigtem und Waldeigen=
thümer (Gleichberechtigung Beider oder Vorzugsrecht des einen oder anderen
Theils) s. III.

Wie der Gesammtweidebedarf des Berechtigten in Weiderechts=
bedarf und Nebenweiden=Bedarf zerfällt, so theilt sich auch die zur
Bedarfsbefriedigung verfügbare Gesammtweidemasse, je nachdem sie
der Servitutwald oder Nebenweiden liefern, in Weiderechtsmasse
und Nebenweidenmasse.

In dem Verhältnisse (dem Quotienten) aus Weiderechtsmasse
und Weide=Anspruch) aller Betheiligten stellt sich die Weidequote dar.

Je nachdem der Waldweideertrag bei den Aenderungen des
Waldzustandes gleich bleibt oder wechselt, können die periodischen
Weidequoten gleich oder ungleich, kann die Waldunzulänglichkeit eine
dauernde oder vorübergehende sein.

Die Waldunzulänglichkeit begründet, sofern sie nicht auf Ver=
schuldung des Waldeigenthümers beruht, eine Kürzung des Weide=
rechts=Anspruchs nach den bei Holzberechtigungen (§ 2 S. 11) erörter=
ten Grundsätzen. Im Falle der Gleichberechtigung zwischen Wald=
eigenthümer und Servitutberechtigten richtet sich das Maß der
Kürzung lediglich nach der Weidequote. Die dem Weideberechtigten
zustehende Weide=Naturalrente ergiebt sich dann als Product aus
Weiderechts=Anspruch und Weidequote.

Das Preuß. Landrecht bestimmt hierüber in Th. I Tit. 22 § 103
Folgendes:

> „Wird durch Zufall oder höhere Gewalt die Beschaffenheit
> des mit der Hütung belasteten Grundstücks dergestalt verändert,
> dass die bisherige Anzahl des Viehs nicht mehr darauf erhalten
> werden kann, so muss der Berechtigte sich eine Verminderung
> seines vorzutreibenden Viehstandes nach eben dem Verhältnisse,
> wie der Eigenthümer selbst gefallen lassen."

Vergl. auch den Schlußsatz des seinem Wortlaute nach S. 406 angeführten
§ 51 der GThO. vom 7. Juni 1821.

III. Weide-Mitnutzungsrecht des Waldeigenthümers.

Das Weidemitnutzungsrecht des Waldeigenthümers (jus compascendi) ist ein Ausfluß des Eigenthumsrecht.

Das Recht des Eigenthümers (jus compascendi) ist zu unterscheiden von
der servitus compascendi, worunter eine bedingte Weideservitut verstanden

wird, welche der Berechtigte nur dann durch Mithütung ausüben kann, wenn der Eigenthümer austreibt.

Koch, ALR. 6. Ausg. Note 89 zu § 89. 22. I. ALR.

Daraus folgt einerseits das Recht der Mithut des Waldeigenthümers,

A. L. R. I. 22 § 89. „Es wird niemals vermuthet, dass Jemand dem Anderen die Hütungsgerechtigkeit mit Ausschluss seines eigenen Viehs habe einräumen wollen,"

welches durch bloßen Nichtgebrauch nicht verloren geht, andererseits das Recht desselben, dritten Personen neben dem Berechtigten die Mitaufhütung ihres Viehs zu gestatten, insofern der zuerst Berechtigte weder ein entgegenstehendes Untersagungsrecht besonders erworben hat, noch auch durch die anderweitige Mithütung Nachtheil erleidet.

OT. 17. April 1855 (Strieth. Arch. Bd. 17 S. 115 Nr. 29).

Vergl. auch ALR. I. 19. § 19.

Das Theilnahmerecht des Waldeigenthümers erstreckt sich auch auf den Weidebedarf seiner Forstbeamten, sofern ihnen bisher die Ausübung der Waldweide eingeräumt worden ist.

Vergl. Th. I. § 3 S. 27.

Es kann zweifelhaft sein, ob im Falle der Waldunzulänglichkeit dem Weidebedarf der Forstbeamten ein Vorzugsrecht in gleicher Weise gebührt, wie solches durch oberstgerichtliche Entscheidung für Holz, Streu und Kien ausgesprochen ist. Die Frage wird nach der bisherigen Ausübung zu entscheiden sein. Wenn die Forstbeamten ihren Weidebedarf in dem Servitutwalde bisher vollständig, etwa durch Behütung besonderer Waldorte, befriedigt haben, so besitzen sie ein Vorzugsrecht vor den Servitutberechtigten. Wenn sie dagegen die Waldweide in gleicher Weise und an denselben Orten, wie die letzteren ausgeübt und demgemäß ihren Weidebedarf bisher nicht vollständig befriedigt haben, so sind sie nur als gleichberechtigt mit den Servitutberechtigten zu erachten.

Einige Schwierigkeiten verursacht die Bestimmung der Weidetheilnahmerechte des Waldeigenthümers und des Berechtigten im Falle der Weide-Unzulänglichkeit des belasteten Waldes für den Weiderechtsbedarf Beider. Es fragt sich, ob in diesem Falle Gleichberechtigung besteht, so daß der Weiderechtsbedarf Beider eine verhältnißmäßige Kürzung erfährt, oder ob dem Weideberechtigten ein Vorzugsrecht einzuräumen ist, so daß der Weiderechtsbedarf des Waldeigenthümers erst dann Berücksichtigung findet, nachdem der Weiderechtsbedarf des Berechtigten befriedigt ist. Gemeinrechtlich war die Frage controvers, indem einige Rechtslehrer unter allen Umständen ein Vorzugsrecht des Waldeigenthümers, andere ein Vor=zugsrecht des Berechtigten, noch andere die Gleichberechtigung Beider annahmen, und sich eine vierte Ansicht bei bestimmten Weideberech=tigungen für ein Vorzugsrecht des Berechtigten, bei unbestimmten Weideberechtigungen für Gleichberechtigung entschied.

Vergl. Z. f. LCG. I. S. 193 flg.

Das Obertribunals=Erkenntniß vom 2. Februar 1856 führt aus, daß die Frage gemeinrechtlich nur hinsichtlich der unbestimmten Weideberechtigungen streitig gewesen sei, daß dagegen bei bestimmten Weideberechtigungen das gemeine Recht dem Berechtigten ein Vorzugsrecht eingeräumt habe.

Z. f. LCG. IX. 152.

Nach Bayerischem Landrecht kann sich der Eigenthümer der Mithut nur insoweit bedienen, als solches zum Abbruch oder zur Schmälerung der Servitut nicht gereicht.

Roth, Forstrecht 1863 S. 269.

Das Preuß. Landrecht hat diese Streitfrage durch die §§ 103, 105, 106 Tit. 22 Th. I entschieden. Zur Ergänzung derselben dient der § 51 der GThO. vom 7. Juni 1821.

ALR. I. 22.

§ 103 f. den Wortlaut S. 404.

§ 105. „Ist aber die Anzahl des Viehs von Seiten des Be-rechtigten bestimmt, so trifft eine nothwendig gewordene Ver-minderung des Viehstandes zuerst den Eigenthümer des belasteten Grundstücks.“

§ 106. „Hat der Eigenthümer seinen Viehstand durch neue Wirthschaftsanstalten und Einrichtungen dergestalt vermehrt, dass die Hütung für die bisherige Anzahl des Viehs nicht mehr hinreicht, so muss er den Ausfall auch alsdann, wenn die An-zahl des Viehs von Seiten des Berechtigten nicht bestimmt war, allein tragen.“

GThO. v. 7. Juni 1821 § 51.

„Beruht die Berechtigung des abzufindenden Theilnehmers auf einem Dienstbarkeitsrechte und ergiebt sich, dass die nach §§ 48 und ff. berechnete Vergütung mit Inbegriff der besonderen Weide des Berechtigten unzureichend sein würde, so ist sein Theilnahmerecht bis zur Zulänglichkeit des Bedürfnisses zu er-höhen.“ (I)

„Dieses findet unter den §§ 105 und 106, Tit. 22, Th. I des A. L. R. bestimmten Voraussetzungen auch dann Anwendung, wenn die Weide für den Eigenthümer unzulänglich sein sollte;“ (II)

„ausserdem aber muss der Berechtigte eine Verminderung

seines Viehstandes nach eben dem Verhältnisse, wie der Eigenthümer sich gefallen lassen." (III)

Bei Zergliederung dieser nicht durch Klarheit ausgezeichneten
Gesetzes=Bestimmungen, die eine Reihe einander widersprechender
Rechtsentscheidungen herbeigeführt haben, kommen in Betracht:

einmal die Fälle, in denen dem Berechtigten ein Vorzugsrecht
vor dem Waldeigenthümer eingeräumt ist, gegenüber den
Fällen der Gleichberechtigung Beider (A),

zum Andern der Umfang und die Arten dieses Vorzugsrechts (B).

Maßgebend nach beiden Richtungen hin ist einerseits

die Art der Weideberechtigungen, je nachdem dieselben bestimmt
oder unbestimmt sind, und andererseits

die Geschichte der Waldunzulänglichkeit, je nachdem

a) die Waldunzulänglichkeit in gleichem Maße bereits bei
Begründung der Weideservitut vorhanden war, oder

b) die Waldunzulänglichkeit seit Begründung der Servitut
durch Verminderung der Weidemasse in Folge von Zu=
fall oder höherer Gewalt entstanden oder vermehrt
worden ist (ALR. I 22 § 103), oder endlich

c) die Waldunzulänglichkeit seit Begründung der Servitut
durch Viehstands=Vermehrung des Waldeigenthümers
entstanden oder vergrößert worden ist (ALR. I. 22.
§ 106).

Dem Falle ad c gleichzuachten, wenngleich in den gesetzlichen Be=
stimmungen nicht erwähnt, ist die Verminderung der Waldweidemasse durch
Handlungen des Waldeigenthümers z. B. durch übermäßigen Holzhieb und
Holzanbau.

A. Die Fälle, in denen dem Berechtigten bei Waldweide=
Unzulänglichkeit ein Vorzugsrecht vor dem Waldeigenthümer durch
das Gesetz eingeräumt ist, sind folgende:

a) 1. Fall. Bei bestimmten Weideberechtigungen, wenn die
Waldweidemasse seit Begründung der Servitut durch Zufall
oder höhere Gewalt vermindert worden ist.

ALR. I. 22. § 105, 103.

Das Vorzugsrecht des Weideservitutberechtigten bei bestimmten Weide=
berechtigungen im Falle der Waldunzulänglichkeit war Jahre lang Gegenstand
einer rechtlichen Controverse, sowohl in Bezug auf die Bedingungen, als hin=
sichtlich der Höhe dieses Vorzugsrechts.

Es standen einander 2 Rechtsansichten gegenüber.

Nach der einen, ältesten, Anfangs vom Preuß. Revif.-Collegium und Ober-tribunal getheilten Ansicht gebührte dem mit einer bestimmten Viehzahl Be-rechtigten bei Weideunzulänglichkeit unter allen Umständen ein Vorzugsrecht vor dem Waldeigenthümer und zwar bis zu dem Maße voller Bedarfs-befriedigung.

R.-C. 7. Juli 1846.

OT. 10. Februar 1847 (Entsch. Bd. XIV. S. 290), (3. f. LCG. Bd. I. S. 188 flg.).

OT. 13. Juli 1852, welches diesen Rechtsgrundsatz auch auf die auf Ver-jährung beruhenden bestimmten Weideberechtigungen ausdehnte.

(Präj.-Samml. Bd. 2 S. 43 Präj. 2392, Entsch. Bd. XXIII S. 321, Strieth. Arch. Bd. 7 S. 64 Nr. 11.)

OT. 5. Februar 1856, welches die entgegengesetzte Entscheidung des Rev.-Coll. v. 8. Juni 1855 vernichtete.

(Strieth. Arch. Bd. 9 S. 123 Nr. 32, 3. f. LCG. Bd. IX S. 144.)

Diese Entscheidungen stützten sich vorzugsweise auf die Ansicht, daß der § 105 Tit. 22 Th. I. ALR. eine allgemein gültige, von der Bestimmung in § 103 Tit. 22 Th. I. ALR. unabhängige Rechtsregel aufstelle.

Dem gegenüber wurde zuerst in einer Abhandlung in Bd. III. S. 419 der Zeitschr. für LCG. ausgeführt, daß der § 105 l. c. sich auf den Fall des § 103 l. c. beziehe, und daß demgemäß dem Berechtigten bei Waldunzuläng-lichkeit ein Vorzugsrecht vor dem Waldeigenthümer nur dann zustehe, wenn seit Begründung der Weideservitut

entweder bei bestimmten Weideberechtigungen eine Verminderung der Waldweidemasse durch Zufall oder höhere Gewalt (§§ 103, 105 l. c.),

oder sowohl bei bestimmten als unbestimmten Weideberechtigungen eine Viehstandsvermehrung seitens des Waldeigenthümers (§ 106 l. c.)

stattgefunden habe, daß aber außer diesen beiden Fällen, namentlich auch, wenn die Waldunzulänglichkeit in gleichem Maße schon bei Begründung der Weide-servitut vorhanden gewesen sei, Gleichberechtigung beider Interessenten bestehe und eine verhältnißmäßige Kürzung des Weiderechtsbedarfs Beider eintreten müsse.

Dieser Ansicht hat sich zunächst das Revisions-Collegium allein in der schon erwähnten, vom Obertribunal vernichteten Entscheidung vom 8. Juni 1855, demnächst in Uebereinstimmung mit dem Rev.-Colleg. auch das Obertribunal angeschlossen,

RC. 4. Sept. 1857 (3. f. LCG. Bd. X. S. 311 flg.).

RC. 21. Aug. 1857.

OT. 8. April 1858

und zugleich hinsichtlich der Höhe des Vorzugsrechts durch die letztgedachten beiden Entscheidungen den Rechtssatz aufgestellt, daß

„der mit einer bestimmten Stückzahl Vieh zur Weide auf fremden Grundstücken Berechtigte bei Unzulänglichkeit der Servitutweide für sein Vieh und das Vieh des belasteten Eigenthümers nur dann eine **volle** Weideabfindung für die berechtigte Stückzahl Vieh fordern kann, wenn

bei Conſtituirung der Servitut für das beiderſeitige Vieh volle Weide
vorhanden war und deren Unzulänglichkeit durch Zufall oder höhere
Gewalt oder durch die Handlungen des Belaſteten ſelbſt herbeigeführt
worden iſt".

Z. f. LCG. Bd. XII. S. 107.

Dieſer Rechtsſatz iſt durch die Entſcheidung des OT. vom 11. Juli 1867
(Entſch. Bd. 58 S. 204, Z. f. LCG. XXI. Grundſ. 1284)
beſtätigt und dadurch die Streitfrage zum Abſchluſſe gebracht worden.

b) 2. Fall. Bei beſtimmten und unbeſtimmten Weideberechti=
gungen, wenn die Waldunzulänglichkeit ſeit Begründung der
Servitut durch Viehſtands=Vermehrung des Waldeigen=
thümers herbeigeführt oder vergrößert worden iſt.

ALR. I. 22. § 106.

Andere Handlungen des Waldeigenthümers, wodurch die Waldunzuläng=
lichkeit herbeigeführt oder vermehrt worden, gehören ebenfalls unter dieſen Fall.

c) 3. Fall. Wenn außer den Fällen 1 und 2 bei Ueberzuläng=
lichkeit der Geſammtweidemaſſe des Waldeigenthümers (ein=
ſchließlich ſeiner Nebenweiden) und bei Unzulänglichkeit der
Geſammtweidemaſſe des Berechtigten (einſchließlich ſeiner Ne=
benweiden) die Feſtſtellung des Weiderechtsbedarfs durch mittel=
bare oder unmittelbare Anrechnung von Nebenweiden nach
§§ 48 bis 50 der GThO. vom 7. Juni 1821 ſtattgefun=
den hat.

GThO. v. 7. Juni 1821 § 51 I.

B. Umfang und Arten des Weide=Vorzugsrechts des
Servitutberechtigten beſtimmen ſich nach folgenden Regeln:

a) Das Vorzugsrecht des Weideberechtigten erſtreckt ſich nur auf
denjenigen Theil ſeines Geſammtweidebedarfs, welcher durch
ſeinen aus Weiderechtsbedarf und Weidequote berechneten
Antheil an der Waldweidemaſſe und durch ſeine geſammte
Nebenweidenmaſſe nicht gedeckt wird (Weidebedarfs=Deficit).

GThO. 7. Juni 1821 § 51 (I.) „mit Inbegriff der beſonderen Weide des
Berechtigten".

Eine Ausnahme machen nach § 47 der GThO. beſtimmte Weideberechti=
gungen mit beſtimmter Weidezeit, bei denen die Feſtſtellung des Weiderechts=
bedarfs ohne Anrechnung von Nebenweiden erfolgen ſoll. Auf die Unrichtigkeit
dieſer Forderung in ihrer durch § 47 GThO. hingeſtellten, auch auf Berech=
tigungs=Nebenweiden bezüglichen Allgemeinheit wurde bereits (S. 396) hin=
gewieſen.

b) Es finden nach den gesetzlichen Bestimmungen 3 Abstufungen des Vorzugsrechts statt.

α) Das am weitesten reichende Vorzugsrecht (VI) deckt das ganze Weidebedarfs-Deficit ohne Rücksicht auf Zulänglichkeit der Waldweidemasse und Bedarfsbefriedigung des Waldeigenthümers.

Dasselbe gilt in den Fällen A a und A b (1. und 2. Fall des Vorzugsrechts), wenn zur Zeit der Begründung der Servitut Waldzulänglichkeit vorhanden war.

b) Das Vorzugsrecht der 2. Stufe (VII) deckt das Weidebedarfs-Deficit des Berechtigten nur soweit, als die Weidemasse reicht, jedoch ohne Rücksicht auf die Bedarfsbefriedigung des Waldeigenthümers.

Dasselbe tritt in den Fällen A a, A b (1. und 2. Fall des Vorzugsrechts) dann in Geltung, wenn bereits bei Begründung der Servitut Weide-Unzulänglichkeit, wenngleich in geringerem Maße, vorhanden war.

c) Das Vorzugsrecht der 3. Stufe (VIII) deckt das Weidebedarfs-Deficit des Berechtigten nur insoweit, als einerseits die Waldweidemasse reicht, und andererseits der Waldeigenthümer vermöge seiner Nebenweiden einen Ueberfluß an Weidemasse besitzt, findet somit seine Grenze in der Waldweidemasse und in der vollen Weidebedarfsbefriedigung des Waldeigenthümers.

Dasselbe tritt in dem Falle A c (3. Fall des Weide-Vorzugsrechts) in Wirksamkeit.

Diese Begrenzung des Vorzugsrechts ergiebt sich aus dem Gegensatze der Sätze I und II des § 51 der GThO., indem es in Satz II heißt: „Dieses findet ..... auch dann Anwendung, wenn die Weide für den Eigenthümer unzulänglich sein sollte".

Zur besseren Uebersicht über die Weidetheilnahme-Rechte des Waldeigenthümers und des Berechtigten nach den casuistischen, wenig klaren Gesetzesbestimmungen der §§ 103—106 Tit. 22 Thl. I ALR. und des § 51 der GThO. vom 7. Juni 1821 auf Grundlage der unter A und B entwickelten Regeln für die Verschiedenheiten der Berechtigungsarten und der Waldunzulänglichkeit dienen die nachfolgende Uebersicht und die derselben beigefügten Beispiele.

Uebersicht

über die Weide-Theilnahmerechte des Waldeigenthümers und des Weide-Servitut-Berechtigten bei Waldunzulänglichkeit für den Bezirk der Altpreuß. GThO. v. 7. Juni 1821.

№	Verschiedenheit der Berechtigungsarten und der Waldunzulänglichkeit	Art und Umfang der Weidetheilnahme-rechte	Gesetzes-stellen	siehe Bei-spiel №
	A. Bestimmte Weideberechtigungen.			
	a. Waldunzulänglichkeit in gleichem Maße bereits bei Begründung der Servitut.			
1.	α) Weideüberfluß des Wald-eigenthümers durch Neben-weiden.	Vorzugsrecht des Be-rechtigten bis zur vollen Bedarfsbe-friedigung d. Wald-eigenthümers (V_{III}) in den Grenzen der Waldweidemasse.	GThO. § 51 (I).	I.
2.	b) Kein Weideüberfluß des Waldeigenthümers.	Gleichberechtigung bei-der Interessenten.	GThO. § 51 (III).	II.
	b. Verminderung der Wald-weidemasse durch Zufall oder höhere Gewalt seit Begrün-dung der Servitut.		ALR. I. 22 § 103 105.	
3.	α) Weidezulänglichkeit z. Zeit der Servitut-Begründung.	Vorzugsrecht des Be-rechtigten bis zu dessen Bedarfsbe-friedigung (V_I).	GThO. § 51 (II).	III.
4.	b) Weideunzulänglichkeit zur Zeit der Servitut-Begrün-dung.	Vorzugsrecht des Be-rechtigten bis zur Grenze der Wald-weidemasse (V_{II}).		{ IV. { V.
	c. Viehstandsvermehrung (auch Verminderung der Wald-weidemasse) durch den Wald-eigenthümer.		ALR. I. 22. § 106.	
5.	α) Weidezulänglichkeit (wie A b α Nr. 3).	Vorzugsrecht wie bei 3 (V_I).	GThO. § 51 II.	III.
6.	b) Weideunzulänglichkeit (wie A b b Nr. 4).	Vorzugsrecht wie bei 4 (V_{II}).	=	{ IV. { V.
	B. Unbestimmte Weideberechtigungen.			
	a. Bereits früher gleiche Waldunzulänglichkeit (wie A a).			
7.	α) Weideüberfluß des Wald-eigenthümers.	Vorzugsrecht wie bei 1 (V_{III}).	GThO. § 51 (I).	I.
8.	b) Kein Weideüberfluß des Waldeigenthümers.	Gleichberechtigung.	ib. § 51 (III).	II.

№	Verschiedenheit der Berechtigungsarten und der Waldunzulänglichkeit	Art und Umfang der Weidetheilnahmerechte	Gesetzesstellen	siehe Beispiel №
	b. Verminderung der Weidemasse (wie A b).		ALR. I. 22. § 103.	
9.	a) Weideüberfluß des Waldeigenthümers.	Vorzugsrecht wie bei 1 (V_{III}).	GThO. § 51 (I).	I.
10.	b) Kein Weideüberfluß des Waldeigenthümers.	Gleichberechtigung.	ALR. § 106.	II.
	c. Viehstandsvermehrung (bez. Verminderung der Weidemasse) durch den Waldeigenthümer (wie A c).			
11.	a) Früher Weidezulänglichkeit (wie A c a Nr. 5).	Vorzugsrecht wie bei 3 (V_{I}).	GThO. § 51 II.	III.
12.	b) Früher Weideunzulänglichkeit (wie A c b Nr. 6).	Vorzugsrecht wie bei 4 (V_{II}).		{ IV. { V.

Beispiel I zu Nr. 1, 7, 9 der Uebersicht.

1	2	3	4	5	6	7	8
		Weidemasse		Der Gesammtweidebedarf vertheilt sich verhältnißmäßig auf die		Der Antheil an der Weiderechtsmasse berechnet sich aus Weiderechtsbedarf (Rubr. 6) und aus der Zulänglichkeitsquote $\left(\frac{200}{338}=0{,}5917\right)$ auf Kuhweiden	Das Weide-Theilnahmerecht an der Berechtigungs-Waldweide (Sollhaben) wird wegen Ueberzulänglichkeit d. Weidemasse b. Waldeigenthümers festgestellt auf Kuhweiden
Weide-Interessenten	Gesammtweidebedarf Kuhweiden	der Nebenweiden (Nebenweidenmasse) Kuhweiden	der Berechtigungs-Waldweide (Weiderechtsmasse) Kuhweiden	Nebenweiden (Nebenweidenbedarf) Kuhweiden	Berechtigungswaldweide (Weiderechtsbedarf) Kuhweiden		
Waldeigenthümer E	200	300		120	80	47	—
Weideberechtigte							
B₁	100	100	} 200	33	67	40	40 [1])
B₂	100	20		9	91	54	72 [2])
B₃	100	0			100	59	88 [3])
		420	200	162	338		
	500	620		500		200	200

[1]) Der Berechtigte B₁ deckt seinen Weidebedarf für 100 Kühe mit 40 Kuhweiden auf der Berechtigungswaldweide, mit 60 Kuhweiden auf seinen

Beispiel II zu Nr. 2, 8, 10 der Ueberficht.

1		2	3	4	5	6	7
Weide = Intereffenten		Ge= fammt= weibe= bebarf Kuh= weiben	Weidemaffe		Der Gefammt= weibebebarf ver= theilt fich verhält= nißmäßig auf bie		Der Antheil an der Weiberechts= maffe (Rubr. 4) berechnet fich aus bem Weiberechts= bebarf (Rubr. 6) unb aus ber Zu= länglichkeitsquote $\frac{200}{391} = 0{,}5115$ auf Kuhweiben
			ber Neben= weiben (Neben= weiben= maffe) Kuhweiben	ber Be= rechti= gungs= Walb= weibe (Weibe= rechts= maffe)	Neben= weiben (Neben= weiben= bebarf) mit Kuhweiben	Berech= tigungs= Walb= weibe (Weibe= rechts= bebarf)	
Walbeigenthümer .	E	200	100		67	133	68
Weibeberechtigte	B_1	100	100	200	33	67	34
=	B_2	100	20		9	91	47
=	B_3	100	0		—	100	51
			220	200	109	391	
		500	420		500		200

Nebenweiben (= 100 Kuhweiben). Eine Erhöhung des Weibetheilnahmerechts finbet baher nicht ftatt.

²) Der Berechtigte B_2 beckt ben Weibebebarf für 100 Kühe
 mit 54 Kuhweiben in bem Berechtigungswalbe
  = 20   •   auf feinen Nebenweiben

zufammen 74   =
 mithin Mangel. . . . . 26 Kuhweiben.

³) Der Berechtigte B_3 •— ohne Nebenweiben — beckt ben Weibebebarf für 100 Kühe
 mit 59 Kuhweiben auf ber Berechtigungswalb•
 weibe, mithin Mangel 41   •

Der Weibemangel beider Berechtigten mit . . . . . 67 Kuhweiben
wirb aus bem Weibeüberfchuffe bes Walbeigenthümers = 47 Kuhweiben
mit $\frac{47}{67} = 0{,}7$ bes Weibemangels gebeckt, fo baß fich bas Weibetheilnahmerecht

von B_2 um $26 \times 0{,}7 = 18$ Kuhweiben, alfo auf 72 Kuhweiben,
  B_3 = $41 \times 0{,}7 = 29$ =   =   = 88   =

erhöht.

Beispiel III zu Nr. 3, 5, 11 der Uebersicht.

1	2	3	4	5	6	7	8
		Weidemasse der		Der Gesammt=weidebedarf (Rubr. 2) vertheilt sich ver=hältnißmäßig a. b.		Der Antheil an der Weide=rechtsmasse (Rubr. 4) be=rechnet sich aus b.Weiderechts=bedarf (Rubr. 6) und aus der Zulänglich=keitsquote $\frac{200}{391} = 0{,}5115$ auf Kuh=weiden	Das Weide=theilnahme=recht (Soll=haben) be=rechnet sich wegen des dem Berech=tigten zu=stehenden Vor=zugsrechts auf Kuhweiden
Weide= Interessenten	Ge=sammt=weide bedarf	Neben=weiden (Neben=weiben=masse)	Berechti=gungs=Wald=weibe (Weibe=rechts=masse)	Neben=weiden (Neben=weiben=bedarf)	Berechti=gungs=Wald=weibe (Weibe=rechts=bedarf)		
		Kuhweiben		mit Kuhweiben			
Waldeigenthümer E	200	100		67	133	68	—
Weideberechtigte							
B$_1$	100	100	200	33	67	34	34
B$_2$	100	20		9	91	47	80
B$_3$	100	0		—	100	51	100
		220	200	109	391		
	500	420		500		200	214

B$_1$ deckt seinen Gesammtweidebedarf (100 Kuhweiden) mit 34 Kuhweiden (Rubr. 7) aus der Weiderechtsmasse, mit dem Reste aus seinen überflüssigen Nebenweiden.

Es könnte mit Rücksicht auf die bei Begründung der Servitut vorhanden gewesene Weidezulänglichkeit zweifelhaft sein, ob B$_1$ nicht den Weiderechts=bedarf (Rubr. 6) mit 67 Kuhweiden zu beanspruchen hat. Dies steht indessen im Widerspruche mit der ausdrücklichen Bestimmung in § 51 (I.), die auch für § 52 (II.) gültig ist, wonach eine Erhöhung der nach der Zulänglichkeits=quote berechneten Vergütung bis zur Erfüllung des Gesammtbedarfs nur in=soweit stattfinden soll, als der Ausfall an dem Gesammtbedarf nicht durch die Nebenweiden gedeckt wird.

B$_2$ würde bei verhältnißmäßiger Kürzung . . . . 47 Kuhweiden
erhalten. Seine Nebenweiden enthalten . . . . 20 =

Summa = 67 =
An dem Gesammtweidebedarfe von . . . . 100 =
fehlen also noch . . . . 33 =
um welche sein Weiderechtsantheil erhöht wird, so daß dieser $47 + 33 = 80$ Kuhweiden beträgt.

B$_3$ erhält wegen Mangels an Nebenweiden den Gesammtbedarf mit 100 Kuhweiden als Weiderechtsantheil.

Der Waldeigenthümer fällt nicht nur selbst mit seinem Viehstande aus, sondern hat wegen ursprünglich vorhanden gewesener Weidezulänglichkeit noch 14 Kuhweiden über die gesammte Waldweidemasse zu vergüten.

Beispiel IV zu Nr. 4, 6, 12 der Uebersicht.

1	2	3	4	5	6	7	8
		Weidemasse		Der Gesammt= weidebedarf ver= theilt sich verhält= nißmäßig auf die		Ter Antheil an der Weide= rechtsmasse berechnet sich aus dem Weiderechts= bedarf (Rubr. 6) und aus der Zulänglich= keitsquote	Das Weide= theilnahme= recht an der Berechti= gungs=Wald= weide (Soll= haben) berech= net sich wegen des dem Be= rechtigten zu= stehenden Vorzugsrechts
Weide= Interessenten	Ge= sammt= weide= bedarf	der Neben= weiden (Neben= weiden= masse)	der Be= rechti= gungs= Wald= weide (Weide= rechts= masse)	Neben= weiden (Neben= weiden= bedarf)	Berechti= gungs= Wald= weide (Weide= rechts= bedarf)	$\frac{300}{469} = 0{,}64$	
	Kuh= weiden	Kuhweiden		der Kuhweiden		auf Kuh= weiden	auf Kuh= weiden
Waldeigenthümer E	200	—	300	—	200	128	72[4])
Weideberechtigte B₁	100	100		25	75	48	48[1])
B₂	100	20		6	94	60	80[2])
B₃	100	—		—	100	64	100[3])
		120	300	31	469		
	500	420		500		300	300

[1]) B₁. Gesammtweidebedarf 100 Kuhweiden.

Weiderechtsbedarf 75 Kuhw. Wegen Waldunzulänglichkeit reducirter Weiderechtsbedarf 48 Kuhweiden. Weidemangel ist nicht vorhanden, weil der Restbedarf auf Nebenweiden (100 Kuhw.) voll gedeckt wird. Daher kein Vor= zugsrecht gegenüber dem Waldeigenthümer.

[2]) B₂. Gesammtweidebedarf 100 Kuhw.

Weiderechtsbedarf 94 .

Wegen Waldunzulänglichkeit reducirter Weiderechtsbedarf 60 Kuhw.

Der Restbedarf (40 Kuhw.) wird mit 20 Kuhw. durch Nebenweiden gedeckt.

Es verbleibt ein Weidemangel von 20 Kuhweiden, welcher vor dem Waldeigenthümer aus der Weiderechtsmasse gedeckt wird, so daß sich das Wei= detheilnahmerecht auf 60 + 20 = 80 Kuhweiden erhöht.

[3]) B₃. Weiderechtsbedarf 100 Kuhw., wegen Waldunzulänglichkeit reducirt auf 64 Kuhw. Der Weidemangel mit 36 Kuhw. wird vor dem Wald= eigenthümer aus der Waldweidemasse gedeckt. Mithin Weidetheilnahmerecht 100 Kuhw.

[4]) E. Waldweidemasse 300 Kuhw.

Darauf kommen vorab zur Anweisung für B₁ 48, für B₂ 80, für B₃ 100, zusammen 228 Kuhweiden, so daß dem Waldeigenthümer als Weidetheilnahme= recht nur verbleiben 72 Kuhweiden.

Beispiel V zu Nr. 4, 6, 12 der Ueberſicht.

1	2	3	4	5	6	7	8
		Weidemaſſe der		Der Weidebedarf vertheilt ſich verhältnißmäßig auf die		Der Antheil an der Weiderechtsmaſſe berechnet ſich aus dem Weiberechtsbedarf (Rubr. 6) und aus dem Zulänglichkeitsfactor $\frac{200}{458} = 0{,}435$ auf	Das Weidetheilnahmerecht berechnet ſich wegen des dem Berechtigten zuſtehenden Vorzugsrechts auf
Weide-Intereſſenten	Geſammt-Weidebedarf	Nebenweiden	Berechtigungs-Waldweide	Nebenweiden (Nebenweidenbedarf)	Berechtigungs-Waldw. (Weiderechtsbedarf) mit		
				Kuhweiden			
Waldeigenthümer E	200	—		—	200	87	—
Weideberechtigte							
B₁	100	100	200	33	67	29	29
B₂	100	20		9	91	40	76
B₃	100	—		—	100	44	95
		120	200	42	458		
	500	320		500		200	200

B_1 erhält nur den rebucirten Weiberechtsbedarf mit 29 Kuhweiden, weil er den Reſtbedarf (81 Kuhweiden) durch ſeine Nebenweiden (100 Kuhweiden) voll deckt.

B_2 deckt ſeinen Weidebedarf (100 Kuhw.) mit 40 Kuhw.

durch den rebuc. Weiberechtsbedarf, = 20 =

durch ſeine Nebenweiden = 60 =

mithin Weidemangel 100—60 = 40 =

B_3 Weidemangel = 100—44 = 56 =

Mithin Weidemangel von B_2 und B_3 96 Kuhw.

Zur Deckung deſſelben dient wegen des den Berechtigten zuſtehenden Vorzugsrechts der rebucirte Weiberechtsbedarf des Waldeigenthümers mit 87 Kuhw.

Davon erhalten

$$B_1 \frac{40}{96}, \text{ alſo } 87 \times \frac{40}{96} = 36 \text{ Kuhw.}$$

$$B_2 \frac{56}{96}, \text{ alſo } 87 \times \frac{56}{96} = 51 \text{ =}$$

ſo daß ſich das Weidetheilnahmerecht von

B_1 auf $40 + 36 = 76$ Kuhw.

B_2 = $44 + 51 = 95$ =

erhöht.

Der Waldeigenthümer fällt mit ſeinem Viehſtande aus, vergütet aber nicht mehr, als die Weiberechtsmaſſe von 200 Kuhw.

IV. Waldwirthschaftsrecht des Waldeigenthümers.

Wirthschaftsrecht und Wirthschaftspflicht des Waldeigenthümers gegenüber dem Weideberechtigten äußern sich hauptsächlich in dem Holzschonungsrecht, dem Mastschonungsrecht und in den Beschränkungen des Wirthschaftsrechts.

1. Holzschonungsrecht.

Eine Weide ohne Schranken in der örtlichen Ausübung ist unverträglich mit der Walderhaltung. Der Umfang des Waldweiderechts muß daher im Interesse der Waldwirthschaft eine örtliche Beschränkung durch Ausschließung des jungen, der Beschädigung durch Weidevieh ausgesetzten Holzes von der Waldweide erleiden. Die in dem belasteten Walde von der Waldweide ausgeschlossenen Bestände heißen Schonungen, der Act der Ausschließung Schonung, das Recht der Ausschließung Schonungsrecht.

Zweck der Holzschonung ist die Nachzucht und Erhaltung des Waldes. Die letztere beruht auf der ersteren. So lange das Jungholz dem Maule des Weideviehs erreichbar ist, wird es verbissen. Fortgesetztes Verbeißen vernichtet den Holzbestand, führt zur Walddevastation. In den Zeiten des Waldüberflusses, dünner Bevölkerung, relativ geringen Viehstandes, niedriger Holzpreise, wo die Waldwirthschaft sich im Wesentlichen auf die Waldbenutzung beschränkte, das Holz eine Nebennutzung war, und der Waldschutz nicht der Holznutzung, sondern der Mast, Weide und Jagd galt, war der Weideschaden am Holze nach Umfang und Werth gering, die Ausübung der Waldweide örtlich nicht beschränkt. Ein Schonungsbedürfniß machte sich erst fühlbar, nachdem durch den Fortschritt der Waldverminderung, der Bevölkerungsmehrung und der daraus hervorgehenden Preissteigerung des Holzes der Schwerpunkt der Waldwirthschaft in die Holzproduction verlegt worden war, welche sich bei der mit dem Wachsthume der Bevölkerung stattgefundenen Vermehrung der Viehstände mit einer schonungslosen Ausübung der Waldweide nicht mehr vereinbaren ließ. In jener Periode, welche um die Mitte des 18. Jahrhunderts den Grund legte zu einer rationellen Forstwirthschaft, herrschte in Deutschland eine regellose Plänterwirthschaft, die wegen ihrer stammweisen, überall Jung-,

Mittel- und Altholz enthaltenden Vertheilung der Altersklassen der Weidebeschädigung in jedem Waldorte ausgesetzt war. Da die Landwirthschaft damals die Waldweide nicht entbehren konnte, so suchte und fand die Waldwirthschaft in dem Hochwaldbetriebe eine der Schlagwirthschaft des längst bekannten Nieder- und Mittelwaldes nachgebildete Betriebsform, welche durch flächenweise Sonderung der Altersklassen den größten Theil des Waldes der Weide ohne Nachtheil für die Nachzucht des Holzes zu öffnen gestattete. In Verbindung damit schloß die von der physiokratischen Theorie geleitete wirthschaftliche Gesetzgebung die den Weidebeschädigungen ausgesetzte jüngste Altersklasse des Hochwaldes von der Waldweide aus, indem sie dem Waldeigenthümer zunächst in den landesherrlichen Forstordnungen, sodann in den allgemeinen Gesetzbüchern und in Special-Kulturgesetzen ein mehr oder weniger umfangreiches Schonungsrecht nach verschiedenen Maßstäben verlieh. Dies Schonungsrecht erstreckte sich, soweit nicht privatrechtliche Rechtstitel entgegenstanden, mit wenigen Ausnahmen auf alle Waldungen und Betriebsformen. Solche Ausnahmen bildeten die in einigen Gegenden, namentlich in den Wesergebirgen üblichen Pflanzwaldungen, die in der Regel an den Waldgrenzen gelegen, den vorherrschenden Character des Weidewaldes behielten und wegen der Bestandsbegründung durch hochstämmige Heister keine Schonung bedurften, ferner die in denselben Gegenden noch jetzt bestehenden, offenen, ständigen Huden, die nur mit vereinzelten Bäumen bestanden, thatsächlich der Beweidung ohne Schonung überlassen wurden und in Folge dessen vom Holz-Nachwuchse frei geblieben sind, ohne daß der Regel nach die Einschonungsbefugniß des Waldeigenthümers nachweislich aufgegeben worden wäre.

Vgl. Anl. zu den stenograph. Berichten des Preuß. Abgeordn.-Hauses 1876 Aktenstück 226 S. 1438.

Der Pflanzwald, eine locale Form des Hochwaldes, ist aus dem Bedürfnisse einerseits der Waldweide, andererseits der Holzschonung hervorgegangen. Er ist als eine Abfindung zu betrachten für die Weideeinschränkungen, welche den Weideberechtigten durch das dem Waldeigenthümer eingeräumte Schonungsrecht auferlegt worden sind.

Im Hannover'schen Sollinge erstrecken sich die seit 200 Jahren eingerichteten, größtentheils aus Eichen bestehenden Pflanzwaldungen auf 21421 hann. Morgen, über 20 Procent des gesammten Waldareals, in den Fürstlich Lippe'schen Forsten auf 12175 lipp. Morgen, etwa 17 Procent der Waldfläche.

Regelmäßige, altersgleiche Pflanzwälder auf Abtriebsflächen sind im Fürstenthum Lippe-Detmold erst seit etwa 80 Jahren angelegt.

Vgl. Feße. „Die Hude- und Pflanzwälder in den Fürstl. Lippe'schen Forsten" in Grunert und Leo. Forstl. Blätter 1875.

Zur Bestimmung des Holzschonungsrechts dienen verschiedene Maßstäbe: die Bestandshöhe, das Holzalter, die Schonzeit, das Verhältniß der Schonungsfläche zur Waldfläche, das Weidebedürfniß, das Bedürfniß der Waldwirthschaft.

Nach dem Schonungsmaßstabe der Bestandshöhe unterliegen dem Schonungsrechte diejenigen Bestände, deren Wipfel dem Maule des Viehs noch nicht entwachsen sind, dem Hütungsrechte dagegen die Bestände, deren Wipfel von dem Vieh nicht mehr erreicht werden.

Der Schonungsmaßstab der Bestandshöhe ist ein leicht erkenn= barer, blos von der Viehart abhängiger. Er bezeichnet die obere, äußerste Grenze der Schonungsbedürftigkeit für den Einzelbestand. Mitunter sind indessen die Jungbestände z. B. Fichtenreihenpflan= zungen im Gebirge schon hutbar, wenn ihre Wipfel dem Vieh noch nicht entwachsen sind.

Vgl. darüber unter § 25 Bedeutung der Waldweide.

In dem Sächsischen Waldnebennutzungs=Mandat v. 13. Juli 1813 ist der Schonungsmaßstab der Bestandshöhe vorgeschrieben. Es soll nach § 7 die Weideschonung bis zu solcher Höhe des Holzes eintreten, daß dessen Wipfel durch den Verbiß des Viehs nicht mehr beschädigt werden können, und es ist in § 8 die Schonungshöhe festgesetzt auf 6 Ellen (4,1 Meter) bei Pferden, auf 4 Ellen (2,7 Meter) bei Rindvieh und auf 2½ Ellen (1,7 Meter) bei Schafen.

Der Schonungs=Maßstab der Bestandshöhe ist ferner, jedoch beschränkt durch den Schonungsflächen=Maßstab, in den vielfach gleichlautenden Forstord= nungen für Ostpreußen und Litthauen vom 3. Dec. 1775 und für Pommern vom 24. Dec. 1777 gewählt. Nach ihnen sollen die Jungbestände so lange geschont werden, bis das Vieh die Spitzen des Aufwuchses nicht mehr erreicht, jedoch die Schonungen nicht über ¼ des Hütungsreviers ausgedehnt werden.

Weit weniger bestimmt, als die Bestandshöhe ist das Be= standsalter für die Feststellung des Schonungsrechts, weil das Alter, in welchem die Holzbestände dem Weideschaden entwachsen sind, nicht nur nach Viehart, sondern auch nach Standort, Holz= art, Betriebsart und Bestandsbegründungsart verschieden ist. Das Schonungsalter läßt sich daher nicht allgemein, sondern nur für concrete Waldverhältnisse auf Grund forstsachverständiger Schätzung bestimmen.

27*

Der Schonungsmaßstab des Bestandsalters findet sich in der Magde=
burg=Halberstädter Forstordnung vom 3. October 1743 (für Rindvieh 6 bis
8 Jahre, für Schafe 4 bis 6 Jahre), ferner in dem Badischen Forstgesetz § 32
(im Hochwalde 35 Jahre bei Laubholz, 30 J. bei Nadelholz, im Niederwalde
25 J. bei hartem, 12 J. bei weichem Holze).

Dasselbe gilt von der Schonzeit, d. i. von dem Zeitraume
zwischen Bestandsbegründung und Hutbarkeit der Bestände. Alle
Umstände, welche das Schonungsalter bestimmen, beeinflussen auch
die Schonzeit. Außerdem ist die Dauer der letzteren von den Ge=
fahren, welche die jungen Holzbestände bedrohen (Insecten, Frost,
Dürre), und in höherem Maße, als das Schonungsalter von der
Art der Bestandsbegründung (Samenschläge, Saat, Pflanzung,
Pflanzenalter und Verband) abhängig.

Die Dauer der Schonzeit soll nach Pfeil (Ablösung der Waldservituten
3.[Aufl. 1854 S. 258) betragen

| Holzart | Betriebsart &c. | bei Beweidung mit | | |
		Pferden	Rindvieh	Schafen
		Jahre		
Eiche	Hochwald unter günstigen Verhält=nissen	20—24	18—20	12—15
	Hochwald unter ungünstigen Ver=hältnissen	30—34	25—30	15—20
	Nieder= und Mittelwald	—	10—16	6—10
Buche	Hochwald. Günstige Verhältnisse	20—25	15—20	12—15
	= Ungünstige Verhältnisse	25—30	20—25	15—18
	Niederwald (gemischte harte Hölzer)	16—20	12—18	10—16
Erle, Birke	aus Samen. Guter Boden	—	12—15	—
	Mittelmäßiger und schlechter Boden	—	15—18	—
	aus Stockausschlag. Guter Boden	—	3—6	—
	Mittelm. u. schlechter Boden	—	5—8	—
Ulme, Hasel	Niederwald	—	12—16	10—12
Kiefer	Hochwald. Guter Boden	—	15—20	10—16
	Mittelmäßiger u. schlech=ter Boden	—	20—25	12—16

Die Zahlen gewähren nur einen ganz allgemeinen Anhalt für die Dauer
der Schonzeit und machen die örtliche Schätzung der Schonzeit durch Sach=
verständige nicht entbehrlich, weil sie die große Mannigfaltigkeit der maßgeben=
den Verhältnisse nicht umfassen und keine hinreichenden Merkmale für die
Schätzung darbieten. So ist in Eichen=Hochwaldungen auf Auboden mit=
unter schon eine 10jährige Schonzeit für Rindviehweide mehr als ausreichend.

Nach anderen Rücksichten, wie für Pferde, Rindvieh und Schafe bestimmt sich die Schonzeit der Jungbestände gegen Schweine. Der meist geringfügige Schade, welchen dieselben anrichten, besteht nicht im Verbeißen, sondern in dem Bloslegen der Wurzeln, mitunter in dem Umlegen der Pflanzen durch Wühlen. So lange daher die Baumwurzeln noch nicht so tief eingedrungen, und die Pflanzen noch nicht so weit erstarkt sind, daß Wühlschaden von Belang nicht mehr zu besorgen steht, ist die Schonung gegen Schweineeintrieb als begründet anzuerkennen, deren Zeitdauer im Allgemeinen der Schafschonzeit gleichstehen mag. Daß die Schweineweide dem Walde überwiegend nützlich ist und selbst in ganz jungen Beständen (zur Säuberung von Maikäferlarven) sehr vortheilhaft sein kann, möge hier nur angedeutet werden.

Schonungshöhe, Schonungsalter und Schonzeit bestimmen das Schonungsrecht für die einzelnen Bestände. Man könnte sie Bestands-Schonungsmaßstäbe nennen. Die Gesammtheit der Bestände, welche der Schonung nach einem dieser Maßstäbe unterliegen, bildet die Schonungsfläche des belasteten Waldes. Sie wechselt mit dem Fortschritte des Hiebes und der Kultur, nach dem wechselnden Altersklassen-Verhältnisse. Das Recht des Waldeigenthümers, neue Schonungen anzulegen, schlechte Bestände in großer Ausdehnung zur Verjüngung zu ziehen, wird durch die Bestands-Schonungsmaßstäbe nicht begrenzt. Das Schonungsrecht ist daher durch sie nicht genau genug bestimmt.

Dies ist der Fall bei dem Schonungsflächen-Maßstabe, welcher das Schonungsrecht auf eine bestimmte, gleichbleibende Quote der belasteten Waldfläche beschränkt. Die Schonungsquote (F) wird für jeden derselben Holzart, Betriebsart und Umtriebszeit angehörigen Betriebsverband (Betriebsklasse) aus Schonzeit (s) und Umtriebszeit (u) bestimmt. Sie ist der Quotient aus Schonzeit und Umtriebszeit, $F = \frac{s}{u}$, die Schonungsfläche (S) für jede Betriebsklasse das Product aus Waldfläche (Betriebsfläche W) und Schonungsquote: $S = W \times \frac{s}{u}$.

In einem 1200 ha großen Kiefernhochwalde mit 120jähr. Umtriebe und 20jähr. Schonzeit ist z. B. die Schonungsquote $\frac{20}{120} = \frac{1}{6}$, die Schonungsfläche $1200 \times \frac{1}{6} = 200$ ha.

Die durchschnittliche Schonungsflächenquote wird angegeben

Holzart	Betriebsart ꝛc.	von Pfeil, Ablösung der Wald-servituten. 3. Aufl. S. 259. auf	in der techn Instruction für den Reg.-Bez. Frankfurt. 2. Aufl. S. 32. auf	von König (Grebe) Forst-benutzung 2. Aufl. S. 256. auf
Eiche	Hochwald	$\frac{1}{4}$	$\frac{1}{6}$	$\frac{1}{3}$
Buche	=	$\frac{1}{4}$	$\frac{1}{6}$	$\frac{1}{3}$
Erle	=	$\frac{1}{4}$	$\frac{1}{4}$	$\frac{1}{3}$
Birke ⎱ Kiefer ⎰	- 120 j. Umtrieb . . .	$\frac{1}{6}$	$\frac{1}{6}$	—
=	= 80 j. = . . .	$\frac{1}{4}$	—	—
Hartholz	Mittel- und Niederwald. Hoher Umtrieb	$\frac{1}{2}$	—	⎱
=	Mittel- u. Niederwald. Niedriger Umtrieb	$\frac{2}{3}$	—	⎰ $\frac{1}{2}$
Erle	Niederwald	$\frac{1}{3}$	—	

Zur allgemeinen Anwendung sind solche Zahlen wegen der örtlichen Ver-schiedenheiten der Schonzeiten und Umtriebszeiten ebenfalls unbrauchbar. Die Schonungsflächenquote ist vielmehr in jedem Falle, sofern sie nicht durch be-sondere Rechtstitel feststeht, durch Forstsachverständige zu ermitteln.

Der Schonungs-Flächen-Maßstab beruht auf der Annahme eines normalen Waldzustandes mit regelmäßigem Altersklassen-Verhältnisse und guter Bestockung. Bei unregelmäßigem Altersklassen-Verhältnisse wird durch seine Anwendung bald dem Schonungsbedürfnisse nicht genügt, bald die Weidefläche unnöthig beschränkt, je nachdem die jungen, schonungsbedürftigen Bestände überwiegen oder hinter deren Durchschnittsfläche im Normalwalde zurückbleiben. Bei schlechter Bestockung bildet das durch den Schonungsflächen-Maßstab beschränkte Einschonungsrecht ein Hinderniß einträglicher Waldwirth-schaft, weil es dem raschen Abtriebe und der Verjüngung der gering producirenden Holzbestände Schranken auferlegt.

Die Schlesische Forstordnung vom 19. April 1756 verordnet in § 9, „daß den Forsteigenthümern freistehen solle, den 10. Theil ihres Forstes zu hegen und zu schonen".

Das Schlesische Forstregulativ vom 26. März 1788 änderte diese Vor-schrift in §§ 7 und 15 dahin ab, daß für die Verschiedenheiten der Holzarten und Betriebsarten die Umtriebszeit und die Schonzeit bestimmt und danach der Schonungsflächentheil ermittelt werden sollten.

Es wurde für die damals auch im Baumholzbetriebe eingeführte Ein-theilung in Jahresschläge angeordnet

für	eine Umtriebszeit	eine Schonungs-zeit	mithin Schonungs-flächen-antheil
	von Jahren		
Erlen-Starkholzwaldungen	40—50	10	0,25—0,20
Kiefern-Bauholzwaldungen	120	15	0,125
Eichenwaldungen	150	20	0,133
Mittel- und Niederwaldungen bei einer Um-triebszeit von	12	6	0,5
do. do.	15	7	0,47
do. do.	18	8	0,44
do. do.	24	9	0,38
do. do.	32	10	0,31

In ähnlichen Fällen sollten Umtriebszeit (Zahl der Schläge) und Schon-zeit (Zahl der zu schonenden Schläge) nach der Eigenschaft des Holzes, des Grund und Bodens ꝛc. bestimmt werden.

Die Hannov. G.Th.O. v. 25. Juni 1802 bestimmt in § 113 die Scho-nungsflächenquote, welche der Waldeigenthümer in „Zuschlag" nehmen darf, auf ¹⁄₁₂ bei unbestandenem Forstgrunde, auf ¹⁄₁₀ bei Baumholzforsten, auf ⅙ bei Schlagholzforsten.

Im Großherzogth. Hessen gilt als Observanz, „daß sich der Berechtigte die Einhegung des dritten Theils der ganzen mit dem Weiderechte behafteten Waldfläche, ohne Unterschied der Qualität der Bestände, gefallen lassen muß".

Handb. der Forst- ꝛc. Verwaltung im Großherzogthum Hessen 1883 S. 180.

Unvereinbar mit einer geordneten Waldwirthschaft und mit den Grundsätzen der Volkswirthschaftspflege ist ferner die principielle Begrenzung des Schonungsrechts durch das Weidebedürfniß der Berechtigten, welche nur diejenigen Waldflächen zur Einschonung zu-läßt, die zur Ernährung des Weideviehs nicht erforderlich sind. Sie findet daher auch in der modernen wirthschaftlichen Gesetzgebung keine Stelle mehr.

Am günstigsten endlich für Wald- und Volkswirthschaft ist der **Schonungsmaßstab der geregelten Waldwirthschaft.** Der-selbe bestimmt die Schonungsfläche einerseits nach dem waldwirth-schaftlich nothwendigen Umfange der Schonungsanlagen und anderer-seits nach der gegen Weidebeschädigungen schützenden Schonzeit und bestimmt erstere auf der Grundlage einer zweckmäßigen Betriebs-Regelung nach dem Hiebs- und Kulturbedürfnisse, letztere nach dem Schonungsbedürfnisse der jungen Waldbestände. Allerdings legt dieser Schonungsmaßstab den Weideberechtigten bei übermäßiger

Weidebelastung des Waldes große Beschränkungen auf und kann zu einer Rechtsverletzung führen, wenn der Umfang des Weiderechts durch privatrechtliche Rechtstitel (Vertrag, Judicat, Verjährung) fest= gestellt ist. In diesem Falle muß das Schonungsrecht vor dem Weiderechte zurückweichen, und die Weide=Entlastung einer geordneten Waldwirthschaft den Weg bereiten. Abgesehen von diesem Falle dagegen erscheint das Schonungsrecht der geregelten Waldwirthschaft, begrenzt durch die hergebrachten Holzarten, Betriebsarten und Um= triebszeiten, unter denen das Weiderecht ausgeübt ist, aber nicht ein= geschränkt durch Altersklassen=Verhältniß und Bestockungsgrad (Holz= haltigkeit), als die durch Recht und Wirthschaft begründete Norm, welcher sich der Umfang der Weideberechtigung unterzuordnen hat.

Das unbedingte Schonungsrecht der geregelten Waldwirthschaft ist dem Waldeigenthümer eingeräumt

in dem Sächsischen Waldnebennutzungs=Mandate v. 13. Juli 1813 § 3, wonach der Berechtigte (auch für andere Waldnebennutzungen) verpflichtet ist, sich den Einrichtungen des Waldeigenthümers, welche zur Ordnung des Forst= haushalts gehören, und wodurch die bei Ausübung der Gerechtsame zu be= fürchtenden Mißbräuche und Nachtheile verhütet werden, zu fügen, ferner

in dem Code forestier v. 21. Mai 1827, Art. 65, 67, 119.

In Bayern (Forstgesetz Art. 43) ist dem Schonungsrechte der geregelten Waldwirthschaft dadurch genügt, daß „Junghölzer, Schläge und Holzanflüge mit dem Eintreiben von Weidevieh so lange zu verschonen sind, bis die Be= weidung ohne Schaden für den Nachwuchs geschehen kann", und daß einer waldwirthschaftlich nothwendigen Ausdehnung der Verjüngung rechtliche Be= schränkungen nicht entgegenstehen. „Bei Femel= (plänterweisem) Betriebe ist von der Forstpolizeibehörde die höchste Zahl des einzutreibenden Viehs zu be= stimmen."

In dem Oesterreich. Reichsforstges. v. 3. Dec. 1852 § 10 heißt es:

„Die Waldweide darf in den zur Verjüngung bestimmten Waldtheilen, in welchen das Weidevieh dem bereits vorhandenen oder erst nachzuziehenden Nachwuchse des Holzes verderblich wäre (Schonungsflächen, Hegeorte) nicht aus= geübt, und in die übrigen Waldtheile nicht mehr Vieh eingetrieben werden, als daselbst die erforderliche Nahrung findet.

Die Schonungsflächen sollen in der Regel bei dem Hochwalde minde= stens 1/6 und bei dem Nieder= und Mittelwalde mindestens 1/3 der gesammten Waldfläche betragen."

Das Schonungsrecht der Altpreußischen Gesetzgebung in dem Landes=Kulturedict vom 14. September 1811 und in dem Allge= meinen Landrechte bringt diesen Grundsatz nicht zur vollen Anerken= nung. Dasselbe nimmt einen vermittelnden Standpunkt ein zwischen dem Schonungsrechte der geregelten Waldwirthschaft und zwischen dem Bedürfnisse einer „wirklich unentbehrlichen Weide".

Im § 80 Tit. 22 I des Allg. Landrechts:

> „Wer das Recht hat, sein Vieh auf den Grundstücken eines anderen Guts zu hüten, muss sich desselben so bedienen, dass der Eigenthümer dadurch an der Substanz der Sache keinen Schaden leide und an der nach Landesart gewöhnlichen Cultur und Benutzung nicht gehindert werde",

eine Bestimmung, die durch § 174 der Preuß. Gem.-Th.O. vom 7. Juni 1821 auf alle Arten von ländlichen Grundgerechtigkeiten ausgedehnt worden ist,

ferner in § 27 des Landes-Kulturedicts vom 14. September 1811:

> „In Absicht der Waldweide ist es unser Wille, dass dabei die allgemeine gesetzliche Vorschrift, nach welcher die Ausübung von Servituten die eigentliche Bestimmung der damit belasteten Grundstücke nicht hindern darf, zur vollen Anwendung kommen soll"

ist allerdings das Schonungsrecht der geregelten Waldwirthschaft grundsätzlich anerkannt. Die Erhaltung der Substanz erfordert nothwendig die Gewährung der vollen, zur Abwehr von Weidebeschädigungen nothwendigen Schonzeit, weil die Holzbestände zur Substanz des Waldes gehören. Die nach Landesart gewöhnliche Kultur und Benutzung, die eigentliche Bestimmung des weidebelasteten Waldes werden gehindert, wenn der Waldeigenthümer durch das Weiderecht verhindert wird, die überhaubaren, schlecht bestockten Holzbestände und Räumden nach Maßgabe eines wirthschaftlich zweckmäßigen Betriebsplanes abzutreiben, und die holzleeren Flächen dem Betriebsplane gemäß mit Holz anzubauen. Ein wirthschaftlich zweckmäßiger Betriebsplan ist die Grundlage einer nach Landesart gewöhnlichen Benutzung.

Wenn daher das Landrecht und das Kulturedict keine weiteren Bestimmungen enthielten, so würde ihre Anwendung — soweit nicht privatrechtliche Rechtstitel entgegenstehen — mit Nothwendigkeit zu dem Schonungsrechte der geregelten Waldwirthschaft führen.

Allein sowohl das Landrecht als das Landes-Kulturedict enthalten Beschränkungen dieses Schonungsrechts.

Das Landrecht ordnet in I 22 §§ 170, 171 die Dauer der Schonzeit, in § 172 die Dauer der Umtriebszeit und bestimmt, daß

über beide durch das Gutachten vereideter Forstsachverständiger be=
funden werden soll.

> „§ 170. Wenn ein Wald in Schläge oder Haue ordentlich
> eingetheilt ist und solchergestalt forstmässig beholzt wird, so
> müssen die jungen Haue mit der Hütung so lange geschont
> werden, bis für das Holz keine Beschädigung mehr von dem
> Viehe zu besorgen ist.
>
> § 171. Auch einen bisher unordentlich und unwirthschaftlich
> beholzten Wald kann der Eigenthümer in Schläge eintheilen und
> von den Hütungsberechtigten verlangen, dass sie dieselben so
> weit schonen, als es zur Conservation des Waldes noth=
> wendig ist.
>
> § 172. Die Zahl der anzulegenden Schläge, und wie
> lange ein jeder derselben geschont werden müsse, ist nach Be-
> schaffenheit des Bodens und der Holzarten durch das
> Gutachten vereideter Forstverständiger zu bestimmen.“

In diesen Bestimmungen ist das Schonungsrecht nach dem
Schonungsflächenmaßstabe in gleicher Weise geregelt, wie durch das
Schlesische Forstregulativ vom 26. März 1788 (vergl. S. 423). Die
Schonungsflächenquote ergiebt sich als Quotient aus der Dauer der
Schonzeit (§§ 170, 171), die „zur Konservation des Waldes“ noth=
wendig ist, und aus der Dauer der Umtriebszeit, die gleich der „Zahl
der anzulegenden Schläge“ ist und nicht mit Rücksicht auf den gegen=
wärtigen Bestockungsgrad, sondern nach „der Beschaffenheit des Bodens und der Holzarten“ bestimmt werden soll. Die landrechtliche
Vorschrift bezieht sich auf die bei Emanation desselben auch im Hoch=
walde übliche, seitdem für diese Betriebsart längst durch andere Me=
thoden der Betriebsregelung ersetzte Schlageintheilung in gleich große
oder gleichwerthige (der Bodengüte oder der Bestandsgüte) proportio=
nale Jahresschläge, bei welcher der Wald in so viele Jahresschläge
eingetheilt wurde, als die zur Erziehung brauchbaren Holzes erfor=
derliche (technische) Umtriebszeit Jahre umfaßte. Das Schonungs=
recht war nicht, wie Greiff irrthümlich zu §§ 28, 29 des Landes=
Kulturedicts bemerkt, auf „die Konservation des Waldes“ d. h. auf
die Erhaltung des vorhandenen, selbst unvollkommenen Waldzustandes
beschränkt, sondern es erstreckte sich auch auf die Wiederherstellung
eines geordneten Waldzustandes, die durch den jährlichen Einschlag,
den Holzanbau und die Einschonung eines Jahresschlags bei einem
devastirten Walde längstens im Laufe einer Umtriebszeit erfolgte.

Vgl. Greiff, Die Preuß. Gesetze über Landescultur 1866 S. 61 Note 22.

Allein das landrechtliche Schonungsrecht genügte in einem devastirten Walde nicht den Anforderungen einer geregelten Wald=wirthschaft, weil der Hiebsfortschritt und der Holzanbau durch die Einhaltung der Jahresschläge gebunden war.

Ueberdies wurde das Schonungsrecht in § 173 a. a. O. auch noch durch das Weidebedürfniß des Berechtigten beschränkt.

> „§ 173. Wenn aber der ganze Wald ruinirt wäre, so kann doch der Eigenthümer denselben nicht auf einmal in Schonung legen, sondern er muss die Eintheilung so machen, dass die Wiederherstellung des Waldes nach und nach erfolgen könne und dennoch den Hütungsberechtigten die Nothdurft zur Un-terhaltung ihres berechtigten Viehstandes nicht entzogen werde.“

Die Nothdurft beschränkt sich nicht auf die Sicherung des Viehs vor dem Verhungern, sondern erfordert die volle Nahrung, welche zum Gedeihen und zur Nutzung des Viehs erforderlich ist.

Vgl. Koch, Allg. Landr. 6. Ausg. Note 41 zu § 173.

Jedoch wurde in § 174 bestimmt:

> „§ 174. Wenn die Wiederherstellung des Waldes nicht möglich ist, ohne den Viehstand, welcher auf die Hütung gebracht wer-den kann, einzuschränken, so müssen die Hütungsberechtigten eine solche Einschränkung auf so lange, als es nach dem Befin-den vereideter Sachverständiger nothwendig ist, sich gefallen lassen.“

Die Bestimmung bezieht sich auf die Anlage neuer Schonungen (zur „Wiederherstellung des Waldes“), nicht auf die gesetzliche Schonzeit in den bereits vorhandenen Jungbeständen. Bei übermäßigem Viehstande würde der Schonungsmaßstab des Weidebedürfnisses nach § 173 a. a. O. die Anlage neuer Schonungen ausschließen, die Ver-besserung eines devastirten Waldes verhindern und zur Devastation eines gut bestandenen Waldes führen. Einer derartigen Ausdehnung des Weiderechts wollte der Gesetzgeber durch § 174 a. a. O. entgegentreten.

Zu Gunsten der Waldwirthschaft ist dem Waldeigenthümer dann noch die Befugniß eingeräumt, die Schonungen in dem be-lasteten Walde über das gesetzliche Maß auszudehnen, wenn den Berechtigten für die dadurch entzogene Weide eine gleichwerthige Weidefläche an einem anderen Orte, z. B. .durch Oeffnung von Schonungen, welche das gesetzlich zulässige Schonungsalter noch nicht erreicht haben oder durch Ueberweisung von Weideflächen außerhalb des belasteten Waldes eingeräumt wird

ALR. I. 22 §§ 176—178.

Eine Erweiterung der landrechtlichen Bestimmungen über das Holz-Schonungsrecht ist durch die §§ 28 und 29 des Landeskultur-Edicts vom 14. September 1811 in Ausführung des schon (S. 425) angeführten Grundsatzes, welchen § 27 des LKE. aufstellt, eingetreten.

> „§ 28. Demgemäss wird die mit diesem Grundprincip im Widerspruch stehende Bestimmung, welche die Schonungsbefugniss der Waldeigenthümer auf einen gewissen Theil des Waldes eingeschränkt, hiermit aufgehoben und festgesetzt:
>
> > dass die Schonungsfläche hauptsächlich durch das Bedürfniss der Wiedercultur bestimmt werde.
>
> § 29. Sollte durch unbeschränkte Anwendung des eben erwähnten Grundsatzes eine wirklich unentbehrliche Weide zu sehr leiden, so soll eine billige Einschränkung desselben nach dem Urtheile der Schiedsrichter stattfinden.“

Das Bedürfniß der Wiederkultur ist der Schonungsmaßstab der geregelten Waldwirthschaft. Dasselbe ist nicht eingeengt durch den Schonungsflächen-Maßstab des Landrechts. Es erfordert die Bestandsbegründung auf Blößen,

Die Anwendbarkeit der Vorschriften in §§ 27—29 des Landescultur-Edicts vom 14. Sept. 1811 auf Blößen in der Forst, welche bisher nicht zur Holzgewinnung benutzt worden sind, ist vom Preuß. Obertribunal ausdrücklich ausgesprochen.

OT. E. v. 1. Dec. 1857, Entsch. Bd. 37 S. 183. Strieth. Arch. Bd. 28 S. 118 Nr. 28.

die Verjüngung der zum Hiebe gezogenen Bestände, die Regelung des Holzhiebs nach dem Hiebsbedürfnisse, die Feststellung des letzteren durch einen die rechtzeitige Abnutzung und Verjüngung der Bestände sichernden Betriebsplan und die Einhaltung der nothwendigen Schonzeit für die vorhandenen und neu anzulegenden Schonungen.

Eine billige Einschränkung des so bemessenen Schonungsrechts soll nur insofern und soweit stattfinden, als durch die unbeschränkte Anwendung desselben eine wirklich unentbehrliche Weide zu sehr leiden würde. Es fragt sich, was unter einer unentbehrlichen Weide und unter billiger Einschränkung zu verstehen ist. Unentbehrlich, worum es sich allein handeln kann, ist die Waldweide nur insoweit, als der Viehstand für den Betrieb des berechtigten Grundstücks unentbehrlich ist und mit den eigenen Futtermitteln des letzteren, sei es durch Stallfütterung oder durch Benutzung eigener Weiden nicht ernährt werden kann.

Ungerecht würde eine Beschränkung des Schonungsrechts sein, welche die Erhaltung oder Erneuerung des Waldbestandes, sei es durch Verkürzung der unbedingt erforderlichen Schonzeit oder durch Versagung des geringsten Flächenmaßes in der Anlegung neuer Schonungen vereiteln würde. Das geringste Flächenmaß der jährlich neu anzulegenden Schonungen ist aber diejenige Fläche, bei deren jährlich wiederholtem Anbau, entsprechend dem Begriffe der Umtriebszeit, spätestens im Laufe eines Umtriebs die Herstellung eines neuen Waldbestandes auf der gesammten Betriebsfläche an Stelle des vorhandenen Holzvorraths möglich ist. Diese unterste Grenze der jährlichen Schonungs=Anlage, an welcher auch eine wirklich unentbehrliche Weide Halt machen muß, ist der Jahresschlag des Normalwaldes oder der Quotient aus Betriebsfläche und Umtriebszeit. Für das schiedsrichterliche Urtheil bildet daher einerseits die Dauer der zur Walderhaltung erforderlichen niedrigsten Schonzeit rücksichtlich der vorhandenen Schonungen, anderseits die Größe des normalen Jahresschlags rücksichtlich der neu anzulegenden Schonungen den Maßstab, nach welchem die billige Einschränkung des Schonungsrechts der geregelten Waldwirthschaft zu erfolgen hat.

Unter den Schiedsrichtern in § 29 d. L.=C.=E. ist die schiedsrichterliche Instanz verstanden, deren Einrichtung § 42 d. L.=C.=Edicts ankündigt. Diese Anstalt ist jedoch nicht eingerichtet, vielmehr die Gemeinh.=Theil.=Behörde selbst als entscheidende Instanz eingesetzt worden. Daraus folgt, daß Streitigkeiten zwischen einem Weideberechtigten und dem servitutpflichtigen Waldeigenthümer darüber, in welchem Umfange das Hütungsrecht des ersteren durch die Ausübung der Schonungsbefugniß des letzteren eingeschränkt werden darf, zur Competenz der Auseinandersetzungs=Behörden gehören, auch wenn mit dem Antrage auf Schlichtung dieser Streitigkeiten nicht zugleich eine Provocation auf Ablösung des Hütungsrechts verbunden ist.

Erkenntn. d. Compet.=Gerichtshofs v. 4. Oct. 1856. J.=M. Bl. 1857 S. 12. Min.=Bl. d. i. V. 1857 S. 59.

Die Frage über die Einschränkung der Waldweide ist auch in den älteren westlichen Provinzen von Preußen nach dem Land.=Cult.=Ed. v. 14. Sept. 1811 zu beurtheilen und gehört behufs Entscheidung von Streitigkeiten mit Ausschluß der Gerichte vor die Gen.=Commissionen.

OT. 14. Mai 1850, Ulrich's Archiv Bd. 14 S. 601.

Durch das Zuständigkeitsgesetz vom 26. Juli 1876 bez. vom 1. August 1883 ist in dieser Hinsicht nichts geändert worden.

Nach Vorstehendem ist für Altpreußen das Holzschonungsrecht des Waldeigenthümers enthalten in den §§ 27 bis 29 des Landeskultur=

Edicts und in den durch letzteres nicht aufgehobenen §§ 80, 170, 174, 176 bis 178 Tit. 22 I des Allg. Landrechts.

Die Angabe von Greiff Note 22 zu §§ 28, 29 des L.-Cult.-Ed. (Preuß. Gesetze über Landescultur), daß an Stelle der landrechtlichen Vorschriften in §§ 170 flg. I 22 ALR. die §§ 28, 29 d. L.-Cult.-Ed. getreten seien, ist hinsichtlich der §§ 170, 174, 176—178 nicht richtig.

Das dem Waldeigenthümer durch das Landeskultur-Edict eingeräumte Holzschonungsrecht der geregelten Waldwirthschaft ist lediglich eine Erweiterung der in den Forstordnungen und in dem Allg. Landrechte vorgeschriebenen, beschränkteren gesetzlichen Schonungsbefugniß, findet dagegen auf die von dem Weideberechtigten durch specielle Rechtstitel (Vertrag, Judicat, Verjährung) erworbenen, weitergehenden Weiderechte keine Anwendung, selbst wenn das hierdurch bestimmte Holzschonungsrecht des Waldeigenthümers dem Bedürfnisse der Wiederkultur nicht genügen sollte.

RE. 27. April 1860 Z. f. LEG. Bd. XIII. S. 192. RE. 29. April 1864 Z. f. LEG. Bd. XIV. S. 389.

Auch die Altpreuß. GThO. vom 7. Juni 1821 bewegt sich auf dem Boden des Holzschonungsrechts der geregelten Waldwirthschaft, indem sie in § 134 bestimmt:

„Von der nach den Grundsätzen der §§ 131 und ff. ausgemittelten Weide muss ein verhältnissmässiger Theil für den Holzberechtigten in Rücksicht der nach den Grundsätzen der Forstcultur oder nach seiner beschränkten Befugniss (§ 133) anzulegenden Holzschonungen und für den Mastberechtigten in Rücksicht der gesetzlichen Mastschonungen abgerechnet werden.“

Unter dem „Holzberechtigten“ ist hier der Waldeigenthümer, unter dem Ausdrucke „Forstcultur“ eine geordnete Forstwirthschaft in dem Sinne von Agricultur zu verstehen. Der in Bezug genommene § 133 bezieht sich auf den Fall, daß der Waldeigenthümer durch Verträge, Verjährung oder Judicate die Befugniß, die Forstcultur bis zu dem Maße des mittelmäßigen Holzbestandes zu treiben, verloren hat.

Von den neueren Preußischen GThOrdnungen enthalten nur

die Hannover'sche GThO. vom 13. Juni 1873 in § 8,

die Schleswig-Holstein'sche GThO. vom 17. August 1876 in § 10 und

die Hohenzollern'sche GThO. vom 23. Mai 1885 in § 14 Bestimmungen über das Holz-Schonungsrecht bei Weideberechtigungen. Sie lauten in beinahe gleichlautender Fassung:

„Bei der Ermittelung des Jahreswerths „(der auf den Forsten
haftenden Dienstbarkeiten)" ist die durch die Rücksicht auf den
nachhaltigen Bestand der Forst bei deren ordnungsmässiger Bewirthschaftung gebotene Beschränkung der Berechtigung zu be-
achten."

„Bei der Weide ... Berechtigung muss ein verhältnissmässiger
Theil auf Schonung derart abgerechnet werden, dass derselbe
bei der Werthsermittelung der Berechtigung ausser Ansatz bleibt.
Steht dieser nicht durch Willenserklärungen, Verjährung oder
Erkenntniss fest, so ist er durch Schätzung zu bestimmen."

Hiernach ist für die Ablösungs-Berechnung der Schonungsmaßstab der geregelten Waldwirthschaft maßgebend, welcher die vorhandenen Jungbestände behufs Erhaltung des „nachhaltigen Bestandes"
sichert und die Anlage neuer Schonungen nach den Grundsätzen
„ordnungsmäßiger Bewirthschaftung" in allen Fällen gestattet, wo
nicht durch Privatrechtstitel die Grenzen der Schonungsbefugniß
feststehen.

Die Ausübung des Schonungsrechts legt dem Waldeigenthümer
die Verpflichtung auf, entweder die Schonungen durch Gräben,
Zäune u. s. w. einzufriedigen, oder doch ihre Grenzen in erkennbarer Weise mit Schonungszeichen (Tafeln, Strohwischen) zu versehen. Nur wenn dies geschehen, ist der Hütungsberechtigte für
Behütung der Schonungen strafbar, und der Waldeigenthümer zur
Pfändung des übergetretenen Viehs und zur Forderung von Ersatz-
geld bez. von Schadenersatz berechtigt.

ALR. I. 22 §§ 179, 180.

Die §§ 181—186 Tit. 22 I ALR. sind durch die Vorschriften des Preuß.
Feld- und Forstpolizei-Gesetzes vom 1. April 1880 über Viehpfändung (§§ 77
u. f.) aufgehoben und ersetzt.

2. Mastschonungsrecht.

Außer der Holzschonung erstreckt sich das Schonungsrecht des
Waldeigenthümers in Mastjahren auch auf diejenigen Waldorte und
Jahreszeiten, in denen die Schweinemast (Fruchtmast) ausgeübt wird.

Vgl. darüber § 15 S. 225 bei Mastberechtigungen.

3. Verfügungsrecht über die Bewirthschaftungsart des
Servitutwaldes.

Die allgemeinen Rechtsgrundsätze über Umfang und Schranken
des dem Waldeigenthümer in Servitutwaldungen zustehenden Ver-
fügungsrechts über die Bewirthschaftungsart wurden früher erörtert.

Th. I § 3 S. 24. Th. II § 2 S. 20.

Vgl. auch Danckelmann, Ueber die Grenzen des Servitutrechts und des Eigenthumsrechts bei Waldgrundgerechtigkeiten 1884 S. 40.

Hiernach ist der Waldeigenthümer nicht befugt, zum Nachtheile des Berechtigten die zur Zeit der Servitutbegründung vorhandenen Bewirthschaftungsarten (Holzarten, Betriebsarten, Umtriebszeiten) zu ändern, es sei denn, daß solche Aenderungen durch die Walderhaltung, die Erfüllung der Waldbestimmung oder durch eine diesen Zwecken dienende geregelte Waldwirthschaft geboten sind.

Wirthschaftsänderungen, welche anderen Zwecken, z. B. der Erhöhung des Waldertrags dienen, sind, sofern sie den Servitut= berechtigten benachtheiligen, Ueberschreitungen des Wirthschaftsrechts und begründen für den Berechtigten einen Entschädigungsanspruch gegen den Waldeigenthümer.

Bezüglich der Weideberechtigungen hat das Preußische Landrecht diesen Grundsätzen in Th. I Tit. 22 §§ 80, 81 zum Theile Ausdruck gegeben.

„§ 80. Wer das Recht hat, sein Vieh auf den Grundstücken eines anderen Guts zu hüten, muss sich desselben so bedienen, dass der Eigenthümer dadurch an der Substanz der Sache keinen Schaden leide und an der nach Landesart üblichen Cultur und Benutzung nicht gehindert werde.

§ 81. Andere Arten der Benutzung kann der Besitzer des belasteten Guts nur insofern ausüben, als der erforderliche Weide- bedarf des Berechtigten dadurch nicht geschmälert, oder dieser entgehende Bedarf durch Anweisung eines anderen gleich gut gelegenen Stücks vollständig vergütet wird.“

Unter dem „erforderlichen Weidebedarf des Berechtigten“ ist der für die Weide des berechtigten Viehs nothwendige zu verstehen.

OT. 9. Febr. 1865. Strieth. Arch. Bd. 58 S. 149.

Die „nach Landesart übliche Kultur und Benutzung“ des § 80, welche der Waldeigenthümer nach § 81 zum Nachtheile des Weide= berechtigten nicht ändern darf, bedeutet die in dem Servitutwalde zur Zeit der Servitutbegründung übliche Bewirthschaftungsart.

Seitens des OT. wurde in dem Erk. vom 27. Mai 1854 (Z. f. LCG. Bd. XXVII. S. 105) die Ansicht vertreten, daß es nicht auf die zur Zeit der Ser- vitutbegründung, sondern auf die zur Zeit der Wirthschaftsänderung „übliche Cultur und Benutzung“ ankomme. Dem gegenüber hat das Reichsgericht in dem Erkenntniß vom 13. April 1880 (Entsch. Bd. 1 S. 331 Z. f. LCG. XXVII. S. 291 XXVIII Gr. 2233) darauf hingewiesen, daß es auf die bei dem Erwerbe der Servitut vorhandene Beschaffenheit des dienenden Grundstücks ankomme. In sinngemäßer Uebereinstimmung damit befindet sich auch das Erk. des OT. vom

4. Juni 1864 (Strieth. Arch. Bd. 56 S. 40). Nach demselben ist der Grundeigenthümer nicht befugt, durch Einführung des Fruchtwechselsystems an Stelle
der Dreifelderwirthschaft die Ausübung des einem Dritten zustehenden Hütungsrechts zu vereiteln. Wenn es in der Landwirthschaft unzulässig ist, zum Nachtheile des Servitutberechtigten ein veraltetes Wirthschaftssystem durch ein neueres,
besseres, landüblich gewordenes zu ersetzen, so können derartige Aenderungen
der Bewirthschaftungsart blos deshalb, weil sie landüblich geworden sind, auch
in der Waldwirthschaft nicht zulässig sein.

Aenderungen der Waldbewirthschaftungsart, welche das Weiderecht beeinträchtigen können, sind: Umwandlung von Waldbeständen
in landwirthschaftliches Kulturland; Aenderungen der Holzart, z. B.
einer Lichtholzart (Eiche, Birke, Kiefer, Lärche) in eine Schattenholz-
art (Buche, Fichte); Unterbauung von Kiefernbeständen mit Buchen
bei bisher reinem Kiefernbetriebe; Umwandlungen der Betriebsart,
z. B. des Mittel- und Nieder- oder Pflanzwaldes in Hochwald;
Umtriebsverkürzungen, welche bei gleichbleibender Schonungszeit die
Weidefläche verkürzen.

Ueber die in § 81 a. a. O. behandelte Durchführung von Wald-
benutzungs-Aenderungen durch Ueberweisung von anderen Weideflächen
entscheidet in erster Instanz rücksichtlich der in städtischen Feldmarken
belegenen Waldungen der Magistrat, auf dem Lande der Kreislandrath, in der Recursinstanz die Auseinandersetzungs-Behörde.

Es tritt in diesem Falle mit Ausschluß der Competenz des ordentlichen
Richters das in den §§ 178—180 der Preuß. GThO. v. 7. Juni 1821 vorge-
schriebene Verfahren unter der Voraussetzung ein, daß das Weiderecht, dessen
Umfang sowie das belastete Grundstück festgestellt sind.

OT. v. 9. Februar 1865 (Arch. f. Rechtsf. Bd. 58 S. 149).

Durch das Zuständigkeitsgesetz vom 26. Juli 1876 bez. vom 1. Aug. 1883
ist diese Bestimmung unberührt geblieben.

Auch nach gemeinem Rechte ist der Eigenthümer des belasteten Grundstücks nicht berechtigt, dasselbe in einer Weise umzugestalten, bei welcher der
Ertrag des Weiderechts verringert, seine Ausübung beschränkt oder ganz un-
möglich gemacht wird.

von Gerber, System des deutschen Privatrechts 11. Aufl. 1873 § 145.

Der Verwendung von weidebelasteten Waldtheilen zu Dienstge-
bäuden oder Dienstländereien der Forstbeamten kann von dem Weideberechtigten nicht entgegengetreten werden.

ALR. I. 22. § 82. „Der Hütungsberechtigte kann den Eigenthümer eines mit der Hütung belasteten Waldes nicht hindern,
den Wald so weit zu behauen, als es zur Veranstaltung der
erforderlichen Forstaufsicht nothwendig ist.“

Die Auslegung der landrechtlichen Bestimmung, namentlich des Ausdrucks „bebauen" in dem angegebenen Sinne, ist durch die Präjudize des

OT. v. 21. Juni 1848 (Arch. f. Rechtsf. Bd. 4 S. 183 Nr. 89) und

= = 20. April 1852 (= = = = 5 = 180 = 33)

ausdrücklich ausgesprochen.

Vergl. Th. I § 3 S. 25.

V. Die Waldschonpflicht des Weideberechtigten,

geregelt durch das gemeine Recht, durch Specialgesetze, Localgesetze und Polizei-Verordnungen, erstreckt sich auf Nutzungsorte, Nutzungszeit und Nutzungsart.

Der örtlichen Weideschonung unterliegen die Holz= und Mast= Schonungen.

Vergl. darüber oben IV. 1, 2.

Bezüglich der Wiesenschonung enthalten das Preuß. Landrecht in Th. I Tit. 22 §§ 107—112 und das Landeskultur=Edict vom 14. September 1811 in §§ 21 und 22 Bestimmungen, welche auch für Waldwiesen Gültigkeit haben.

In Betreff der Weide=Nutzungszeit ist aus Rücksichten der Waldschonung Nachthütung untersagt.

In Preußen soll nach § 13 des Feld= und Forstpol.=Ges. v. 1. April 1880 die Ausübung der Nachtweide und des Einzelhütens durch Polizeiverordnung geregelt werden. Die nach § 96 d. G. bis zum Erlaß von Polizeiverordnungen gültigen Vorschriften über die Ausübung der Nachtweide und des Einzelhütens sind in der Bearbeitung des Feld= und Forstpol.=G. 1880 von v. Bülow und Sterneberg S. 120 zusammengestellt.

In Baden ist Nachthütung in Waldungen durch § 34 des Forstges. verboten.

Wo das Vieh über Nacht im Walde bleibt, soll es nach § 33 des Preuß. Landescult.=Ed. vom 14. Sept. 1811 und nach § 34 des Bad. FG. in Ein= friedigungen gehalten werden.

Die Schonungsvorschriften in Betreff der Weide=Nutzungsart beziehen sich auf Viehgattung, Weidefolge und Hirtenhaltung.

Wegen des Verbots der Waldweide mit Ziegen bez. Schafe f. § 23 S. 361.

Ueber die Weidefolge bei Hütungsberechtigungen mit verschie= denen Viehgattungen bestimmt das Preuß. Landrecht in Th. I Tit. 22 §§ 128, 129 Folgendes:

„§ 128. Wo mehrere Arten Vieh zu demselben Hütungsreviere berechtigt sind, da können die Schafe nur hinter dem Zug- und Rindvieh auf die Hütung getrieben werden.

§ 129. Schweine, Gänse und anderes Federvieh folgen erst hinter den Schafen, insofern denselben nicht nach der Observanz des Orts eine besondere Hütung angewiesen ist."

Hinsichtlich der Hirtenhaltung verordnet das Preuß. Landrecht in Th. I Tit. 22 § 83 die Weideausübung unter Aufsicht eines Hirten, bestimmt ferner das Preuß. Landeskultur-Edict in § 33 für die Ausübung der Waldweide durch Gemeinden die Haltung eines gemeinschaftlichen Hirten, untersagt Einzelhüten und hirtenlose Weide.

Wegen der Bestimmungen des Preuß. Feld- und Forstpol.-G. v. 1. April 1880 über Einzelhüten f. oben.

Aehnliche gesetzliche Vorschriften über das Einzelhüten enthalten das Badische Forstges. in § 38, das Bayer. Forstges. in Art. 43, das Großherz. Hess. Forstges. v. 4. Febr. 1837 in Art. 38 und der Code forestier in Art. 72, 112, 120.

Die Weide war in den Marken von jeher eine Gemeinde-Angelegenheit. Jeder Markgenosse war gehalten, sein Vieh durch den Gemeindehirten austreiben zu lassen. Einzelhüten war verboten. Die Gemeindehirten wurden von der Markgemeinde oder von den Markbeamten ernannt, nicht selten für die verschiedenen Viehgattungen besondere Schweine-, Schaf-, Kuh-, Pferdehirten bestellt.

von Maurer, Geschichte der Mark.-Verf. S. 147.

§ 25.

Bedeutung der Waldweide-Berechtigungen.

1. Vor Zeiten bildete die Viehweide im Walde, auf ständiger Weide und auf dem Felde ein unentbehrliches Glied in der ländlichen Wirthschafts-Organisation. Die Markgenossenschaft als älteste Art der Gemeindebildung in Deutschland (Mark-Gemeinde) war wesentlich eine Weide-Genossenschaft. Der mit den ständigen Weiden in ungetheilter Gemeinschaft besessene Wald, als Hauptbestandtheil der gemeinen Mark, war ein Mast- und Weidewald. Die Bewirthschaftung der als Sondereigen der Markgenossen ausgeschiedenen Felder (die Feldmark) war nach dem Weidebedürfnisse in gleicher Weise derartig geregelt, daß in jedem Jahre ein zusammenhängender Theil, in der Regel der 3. Theil der Feldmark (Dreifelderwirthschaft) der gemeinschaftlichen Behütung durch die Markgenossen unterlag. Zu dem Ende bestand eine Haupteintheilung der gesammten Feldmark in 3 Fluren (Esche) und eine Untertheilung jeder Flur in die

den einzelnen Markgenossen als Sondereigen überwiesenen Parcellen
(Loose). Der Wirthschaftszeitraum war dreijährig. Jede Flur
wurde im ersten Jahre mit Winterfrucht (Roggen), im zweiten Jahre
mit Sommerfrucht (Hafer) bestellt, und im dritten Jahre als Brache
zur gemeinschaftlichen Weide benutzt (Winterfeld, Sommerfeld, Brach-
feld). An diese Wirthschaftsfolge waren die Markgenossen gebunden
(Flurzwang). Brachweide, Waldweide und ständige Weiden, mitunter auch Stoppelweide, Wiesen-Nachweide dienten zur Ernährung
des Viehs im Sommer, der Futtergewinn von den als Sondereigen ausgeschiedenen natürlichen Wiesen zu seiner Ernährung über
Winter.

Vergl. v. Maurer, Einleitung z. Geschichte der Mark- rc. Verfassung § 33, 34.

Die auf Weide begründete Landwirthschaft der ländlichen Mark-
genossenschaften (Dorf- und Hofmarken) übertrug sich auf die aus
den Dorfmarken hervorgegangenen Städte. Die alten Städte waren
ummauerte Dörfer, ihre Verfassung eine Stadtmark-Verfassung, die
Beschäftigung der alten Stadtbürger Ackerbau und Viehzucht nach
markgenossenschaftlichem Rechte. Erst später mit der Entwickelung
des Verkehrs wurden die bedeutenden Städte Gewerbs- und Handels-
städte, während andere Ackerbaustädte blieben.

Vergl. v. Maurer, Geschichte der Städte-Verfassung I. 279, 654.

Die auf gemeinschaftlicher Weide in Wald und Feld beruhenden
Einrichtungen des landwirthschaftlichen Betriebes haben sich mehr
oder weniger vollständig noch lange Zeit erhalten, nachdem die
Marken-Verfassung durch die Ausbildung der Landeshoheit, durch
Reception des römischen Rechts und durch die Zunftverfassung vernichtet worden, die Markengenossenschaften römisch-rechtliche Gemeinheiten, die Markenwälder landesherrschaftliche oder grundherrschaftliche Waldungen, Gemeindewälder, Genossenschaftswälder oder Inter-
essentenwälder und die Markenberechtigten servitutberechtigte Mitglieder
der Gemeinde oder im günstigsten Falle Miteigenthümer geworden
oder Waldgenossen geblieben waren.

In Frankfurt a. M. besaßen die Bürger das Weiderecht nicht allein in
den gemeinen Weiden und Waldungen, sondern auch auf den Feldern, die nach
einer Verordnung des Raths von 1504 in jedem dritten Jahre in der Brache
liegen mußten.

Janßen, Geschichte des deutschen Volkes 1877 I. Bd. S. 293.

Noch im Jahre 1589 erkannte der Herzog von Bayern an, daß die Bürger=
schaft von München ohne gemeine Weide nicht bestehen könnte.
    v. Maurer, Geschichte der Städte=Verfassung 1869. I. 273.

Erst die Umgestaltung der Landwirthschaft, die Einführung eines
ausgedehnten Futterbaues, namentlich des Kleebaues seit Mitte des
18. Jahrhunderts, die dadurch ermöglichte Vertauschung der Drei=
felderwirthschaft mit der Fruchtwechselwirthschaft, die Verbreitung des
Kartoffelbaues mit seinem auf Stallfütterung hinweisenden großen
Düngerbedarf, sodann die aus der physiokratischen Wirthschafts=
theorie hervorgegangene Theilung der Gemeinweiden, die ihr entstam=
menden Grundsätze der Bodenbefreiung, die in stets weitere Kreise
vordringende, auf Tauschverkehr beruhende Geldwirthschaft anstatt der
Naturalwirthschaft mit Eigengewinnung des Lebensbedarfs, alle diese
Verhältnisse haben allmälig, an einem Orte mehr, am anderen
weniger, die Bedeutung der Waldweide herabgedrückt, ihre Ausübung
vermindert, den Wald von derselben entlastet, dessen Besitzer bereits
eigene Anstrengungen gemacht hatten, um sich der Schädlichkeit der
Waldweide durch Aenderung des Waldwirthschaftssystems (Hochwald
an Stelle von Plänterwald) zu erwehren. So ist es gekommen,
daß die Waldweide, dermaleinst Hauptnutzung im Walde, gegenwärtig
zu einer meist untergeordneten, für die Landwirthschaft häufig ent=
behrlichen Nebennutzung geworden ist. Nicht überall. Die Ursachen,
welche im Laufe der Jahrhunderte der Bedeutung der Waldweide
eine veränderte Stellung anwiesen, haben örtlich nicht gleichmäßig
gewirkt. Es giebt noch jetzt, auch abgesehen von den Alpen mit
ihren den alten Markengenossenschaften nahe gebliebenen Weidege=
meinschaften, Oertlichkeiten, wo der Wald eine geordnete Weide
ertragen muß, weil Land= und Volkswirthschaft sie noch nicht ent=
behren können.

2. Die Waldweide ist ohne Zweifel vielfach waldschädlich,
so gut wie der Wildstand. Sie wirkt bodenschädlich durch Los=
treten des Bodens an Hängen und auf Flugsand, Boden=Abschwem=
mung und Verwehung vorbereitend, durch Zertreten des Bodens in
Brüchern, in höherem Maße aber dadurch, daß sie das Aufkommen
des für Bodenfruchtbarkeit und Holzzuwachs wichtigen Bodenschutz=
holzes in sich lichtenden und licht gewordenen Beständen durch Ver=
beißen des Anflugs und Aufschlags verhindert. Sie schadet für die

Waldverjüngung durch Abbeißen der Holzknospen, Blätter und jungen Triebe (Verbeißen), durch Zertreten junger Pflanzen, durch Schälen, Abreiben der Rinde und Niederreiten von Jungwüchsen. Sie wird bei Weideunzulänglichkeit ein Hinderniß der Waldverbesserung und Ertragssteigerung, weil sie der Aenderung der Betriebsarten (Um= wandlung von Hochwald in Mittel= und Niederwald), der Holzarten (Fichte an Stelle von Laubholz) und der Umtriebszeiten (Umtriebs= Verkürzung) durch Weideverminderung hindernd im Wege steht.

Grad und Umfang der Waldschädlichkeit sind verschieden nach Viehart, Standort, Waldart und Weidemaß.

Pferde sind durch hochreichendes Verbeißen von Laub= und Nadelholz (selbst von Wachholder), durch Schälen und Zertreten her= vorragend schädlich.

Rindvieh schadet durch Verbiß und Tritt, namentlich am jungen Holze und Laube, zieht aber Gras= und Kräuterweide der Holzweide vor. Jung= und Zugvieh verbeißt mehr als Melkvieh.

Ziegen sind durch starkes Verbeißen selbst verholzter Triebe, na= mentlich im Laubwalde, wobei sie sich aufrichten, anerkannte Holz= verderber und von allen Vieharten am schädlichsten.

Auf das Verbot der Ziegenweide beziehen sich viele alte Wald= und Forst= ordnungen. So 1339 in der ostbevernschen Mark, 1559, 1749, 1762 im Canton Appenzell Inner=Rhoden, 1576 in der Röder Mark, 1763 in Bayern. Vergl. Bernhardt, Geschichte des Waldeigenthums I. 109, II. 75, Bericht an den Schweizerischen Bundesrath über die Untersuchung der Schweiz. Hochgebirgswaldungen von Landolt. 1862 S. 92, von Berg, Geschichte der deutschen Wälder S. 171.

Schafe sind minder schädlich als Rindvieh, verschmähen indessen weder Laub= noch Nadelholz, nehmen mit Vorliebe Heide und Besen= pfrieme. Der Grad der Schädlichkeit hängt vielfach von örtlicher Gewöhnung ab, indem das Holz bald stark verbissen, bald kaum berührt wird. Landschafe sollen schädlicher sein als Edelschafe.

Auffallend ist, daß sich die ältesten Verbote der Waldweide auf Schafe beziehen. So

1158 in einer Urkunde Friedrich I. über die Verleihung der Waldweide an das Kloster Neuenburg,

1169 in der darauf bezüglichen Bestätigungsurkunde von Heinrich VI.,

1164 bei Verleihung von Nutzungen im Hagenauer Walde an die Stadt Hagenau,

1221, 1344 im Reichswalde bei Frankfurt a. M.,

1354 im NürnbergerReichswalbe,
1573 in der Raeßfelder Mark.
Vergl. Bernhardt a. a. O. I. 109, II. 75.
von Berg a. a. O. S. 228, Schwappach, Forst- und Jagdgeschichte 1885 S. 169.

Der Grund dafür wird nicht sowohl in der Schädlichkeit für den Wald, als vielmehr theils in der vermeinten Benachtheiligung der Jagdnutzung, theils in der Beeinträchtigung der Rindviehweide durch die Schafweide gelegen haben. Aus jagdlichem Beweggrunde mag auch das 1326 in dem Weisthume über den Saltzforst bei Würzburg ergangene Verbot der gesammten Weidenutzung hervorgegangen sein.

Vergl. Bernhardt a. a. O. I. 109.

Ueberwiegend waldnützlich durch Vertilgung schädlicher Wald-insecten und durch Bodenvorbereitung für Waldverjüngungen, namentlich in Buchensamenschlägen, ist die Schweineweide, welche nur durch Benagen flach liegender Wurzeln, z. B. an Kiefern und durch Umwühlen des Bodens in Jungbeständen beim Brechen nach Un-krautwurzeln z. B. von Farnkraut hin und wieder Schaden an-richtet.

Auf fruchtbarem Boden und in frostfreien Lagen werden Weide-beschädigungen, denen das Holz rasch entwächst, leicht überwunden, auf geringem Boden und in Frostlagen können sie zur Bestands-Vernichtung oder Verkrüppelung führen.

Im Frühjahre bei jungem Laub, weichen Trieben und spär-lichem Graswuchse, ferner im Spätherbste, bei altem Grase ist die Waldweide meist gefährlicher, als im Sommer bei reichlicher Boden-weide und nach eingetretener Verholzung.

Bei nasser Witterung verschmäht das Vieh die Bodenweide (Gras und Kräuter) und nährt sich durch die Holzweide.

Die Eiche mit ihren Johannistrieben, Ulme, Ahorn, Esche, Hainbuche, Aspe, Weide sind dem Verbeißen mehr ausgesetzt als Buche, Buche mehr als Birke, Birke mehr als die wenig dem Ver-beißen ausgesetzte Erle, Weißerle mehr als Schwarzerle, Laubholz mit Ausnahme von Birke und Erle mehr als Nadelholz, Tanne und Lärche mehr als Kiefer, Kiefer mehr als Fichte, Stockausschlag mehr als Kernwuchs, eingesprengte und seltene mehr als bestandbildende und gegenbübliche Holzarten, Oberwuchs mehr als Unterwuchs.

Eiche, Ahorn, Kiefer ertragen das Verbeißen schlechter als Buche, Hainbuche, Esche, Ulme, Fichte und Tanne.

Saaten und Naturbesamungen leiden mehr als Pflanzungen, Reihensaaten mehr als Vollsaaten, Einzelpflanzungen mehr als Büschelpflanzungen, Reihenpflanzungen mit enger Pflanzweite in den Reihen und weitem Reihenstande weniger als Quadrat=Pflanzungen.

Plänterwald und Mittelwald sind mehr gefährdet als Hochwald und Niederwald, Betriebsklassen mit kurzen Umtrieben unter sonst gleichen Verhältnissen mehr als Betriebsklassen mit langen Umtrieben.

Der wesentlichste Unterschied des Plänterwaldes gegenüber dem Hoch= und Niederwalde besteht darin, daß die Altersklassen des Holzes bei jenem stammweise und gruppenweise, bei diesen flächenweise geordnet sind. Der Mittelwald hat im Oberholze eine stammweise, im Unterholze eine flächenweise Altersgliederung. Da der hauptsächlichste Weideschade, das Verbeißen, sich auf die jüngste Altersklasse beschränkt, so liegt es auf der Hand, daß die Waldbetriebsarten mit flächenweiser Altersanordnung (Schlagwirthschaft) der Weidebeschädigung weit weniger ausgesetzt sind, als der Plänterwald. Im Plänterwalde erstreckt sich der Weideschade zu jeder Zeit auf die gesammte Fläche, weil überall neben Alt= und Mittelholz Jungholz steht; im reinen Schlagwalde beschränkt er sich auf die mit solchem Jungholze bestockten Flächen, welches dem Maule des Viehs noch nicht entwachsen ist. Je länger der Umtrieb, desto geringer ist bei schlagweisem Betriebe der durch Weide gefährdete, der Weide=schonung bedürftige Flächentheil. Während der Plänterwald sich als Boden= und Witterungs= (Frost=, Wind=) Schutzwald darstellt, ist der Hochwald Weide=schutzwald. In dieser Eigenschaft des Hochwalds liegt eine wesentliche Ursache für die erst dem vorigen Jahrhunderte, einer Zeit, wo die Weide noch als unentbehrlich erachtet wurde, entstammende Ueberführung des Plänter= und Mittelwaldes in Hochwald, die jüngste unter den bestehenden Hauptbetriebs=arten. Die Entstehung des Hochwaldes ist daher auf die Waldweide zurückzu=führen. Die durch Einführung des Hochwaldbetriebs herbeigeführte Verminderung der Weidenutzung hat in einigen Gegenden namentlich in den Wesergebirgen zur Aussonderung der Pflanzwälder, als ständiger Hutwälder, in der Nähe der weideberechtigten Ortschaften geführt.

Mit einem mäßigen Viehstande ist eine gute Waldwirthschaft eher verträglich, als mit einem mäßigen Wildstande. Mit der Meh=rung des Viehstandes bis zur Waldunzulänglichkeit treten alle Nach=theile der Waldweide schärfer hervor.

Eine in mäßigen Schranken gehaltene, wohlgeordnete Wald=weide kann dem Walde sogar einigen Nutzen bringen. Von dem Dünger, welchen das Vieh in den Wald trägt, mag hier abgesehen

werden, da es demselben an Bodennahrung höchstens das wieder=
giebt, was es dem Waldboden an Futter entzieht. Dagegen kann
die Waldweide mit Vortheil zur Bodenvorbereitung für Verjüngun=
gen, zur Niederhaltung verdämmenden Gras= und Unkrautwuchses
in Laubholz=Anwüchsen bei trockenem Wetter, zur Abhütung von
verdämmenden Laubholz = Stockausschlägen in Fichten = Anlagen bei
nassem Wetter, zur Vertilgung von Mausebrutstätten in Buchen=
Jungwüchsen verwerthet werden. Des überwiegenden Nutzens der
Schweineweide für Waldbegründung und Walderhaltung wurde be=
reits früher gedacht.

3. Ueber die Bedeutung der Waldweide für die gegenwärtige
Landwirthschaft sind die Ansichten verschieden. Man hält sie bald,
selbst in den Kreisen der Landwirthe, für überflüssig, sogar für
nachtheilig, bald für unentbehrlich. Maßgebend für die Beurtheilung
sind einerseits die Elemente der Werthschätzung (Einfluß auf die
Production von Milch, Fleisch, Fett, Wolle, Dünger, auf Nachzucht,
Gesundheit, Futterwerth), andererseits die landwirthschaftlichen Betriebs=
verhältnisse (Art, Standort, Umfang des Betriebes).

Die Weidewirthschaft im Allgemeinen hat gegenüber der Stall=
fütterung den Nachtheil, daß der Viehhalter Art und Maß der
Fütterung nicht beherrscht. Die Stallfütterung gestattet eine gleich=
mäßige, nach Futterbeschaffenheit, Futtermenge und Zeit genau
bemessene, von der Witterung unabhängige Fütterung, die Weide
nicht, am wenigsten die Waldweide. Gleichmäßig angeeignetes, reich=
liches, nahrhaftes, namentlich auch leicht verdauliches Futter sind Be=
dingungen für eine gute Ernährung, und für die davon abhängige
Production von Milch, Fleisch und Fett, welche letztere überdies
durch die größere Bewegung beim Waldgange beeinträchtigt wird.
Man giebt daher bei Milch= und Mastvieh meist der Stallfütterung
den Vorzug, wo nicht reiche, besonders nahrhafte Weiden (Alpen,
Fettweiden) zu Gebote stehen. Bei der Waldweide ist die Ungleich=
mäßigkeit der Ernährung wegen Ungleichartigkeit und ungleicher
Vertheilung des Futters größer, als auf raumen Weiden. Die
Futterproduction ist quantitativ und qualitativ geringer. Sie wird
durch die Beschattung beeinträchtigt. Die Weide erfordert größere
Flächen. Die Wege zur Weide und während des Weidgangs sind

weiter. Der Wald enthält sehr nahrhaftes Futter (Kräuter), aber auch kraftloses, minder verdauliches Futter (Schattengras, Holz). Milch- und Fleisch-Production leiden darunter. Gesundheitsgefährliche Weidestellen sind nicht immer zu vermeiden. Das Vieh ist den Unbilden der Witterung ausgesetzt. Es fehlt häufig an Tränken. Die Pflege des Viehs ist eine minder sorgfältige. Durchtreiben der Schafe durch dicht bestandene Waldorte hat Wollverluste zur Folge. Der Dünger bleibt zum großen Theile im Walde und geht der Landwirthschaft verloren.

Andererseits fördert die Bewegung im Freien die körperliche Entwickelung, erzeugt bei gehöriger Sorgfalt und Vorsicht in der Auswahl der Weide Kraft und Gesundheit, ist daher für Zucht- und Jungvieh von nicht zu unterschätzendem Werthe.

Vergl. Weiske, Beiträge zur Frage über Weidewirthschaft und Stallfütterung. Breslau 1871.

Die landwirthschaftlichen Betriebssysteme mit ihren zahlreichen Verzweigungen zerfallen in 2 Hauptgruppen, in Ackerbau und Viehzucht, welche bei der Frage über die Bedeutung der Waldweide unterschieden werden müssen. Hauptzweck des Ackerbaus ist Production von Nutzpflanzen, Grundlage derselben Düngerbeschaffung. Die Viehhaltung ist dem Landbauer Mittel zum Zwecke, die Producte an Milch, Fleisch, Wolle sind für ihn Nebenproducte. Die Viehhaltung dient ihm in erster Linie theils zur Bereithaltung der erforderlichen Gespannkraft für Bestellungs- und Ernte-Arbeit, theils zur Erhaltung und Vermehrung der Bodenfruchtbarkeit mittelst Düngung, welche der Verminderung von Bodennährstoffen durch die Ernte Ersatz zu geben bestimmt ist. Durch die Waldweide wird die Dünger-Production, die Erhaltung der Bodenfruchtbarkeit, somit die Pflanzenproduction geschmälert. Sie wird daher von vielen umsichtigen Landwirthen als ein Uebel angesehen. Es wird darauf sogar von weideberechtigten Landwirthen vielfach verzichtet, weil der Acker bei der Waldweide in Fruchtbarkeit und Ertrag zurückgeht. Man hält es für vortheilhafter, das Vieh im Stalle, den Dünger auf dem Hofe und Felde zu behalten, bei Wiesen-Mangel einen Theil des Feldes dem Anbau von Viehfutter zu überweisen und erzielt ohne Waldweide größere Erträge, als mit derselben.

In sehr entschiedener Weise wird dieser Standpunkt von Settegast
vertreten. Derselbe bezeichnet es als eine starke Zumuthung für den Land-
mann, sein werthvolles, auf reichliche Ernährung mit gedeihlichem Futter an-
gewiesenes Vieh im Walde herumirren zu lassen, oder ihm die im Schatten
gewachsenen saft- und kraftlosen Gräser und Kräuter des Waldes vorzulegen.
„Wo die Rentabilität der Landwirthschaft nicht in ihr selbst beruht, sondern
erst durch Ausbeutung der Waldnutzungen von dem Forste erbettelt werden
muß, ... da haben wir es mit ungesunden Zuständen zu thun, mit einer
hungerleidenden Wirthschaft, der die innere Berechtigung abgeht, und deren
schmarotzerartiges Bestehen kein wirthschaftliches Interesse gewährt.... Ist die
Beschaffenheit der Grundstücke in der That derartig, daß sie durch landwirthschaftliche Benutzung einen Reinertrag nicht zu gewähren vermögen, so soll
ihnen die Ertragsfähigkeit nicht auf die denkbar theuerste Weise, durch Be-
raubung und allmähliche Vernichtung des Waldes verliehen werden. Man
überantworte sie alsdann dem Holzanbau, zu dem sie sich auf solchem absoluten
Waldboden allein schicken.“
Settegast, Die Landwirthschaft und ihr Betrieb 1875 S. 282.

In Württemberg wurde die Weideberechtigung je nach den verschiedenen
Gegenden auf 15 bis 34 Procent der belasteten Fläche in den letzten 20 Jahren
nicht mehr ausgeübt.
Vergl. Schwandner, Gesetz über die Ausübung und Ablösung der Weiderechte ꝛc. ꝛc. 1873 S. 6.

Aehnlich verhält es sich in manchen Gegenden von Bayern z. B. im
Steigerwalde, wo die Rindviehweide nach Einführung der Stallfütterung auf-
gehört hat, dagegen die Schafweide vor wie nach ausgeübt wird.

Stallfütterung erfordert reichlichen Futtergewinn, ausreichend
für die Ernährung des Viehs über Sommer und Winter, somit
entweder eine hinreichende Wiesenfläche, oder zum Bau von Futter-
kräutern geeigneten Boden von mindestens mittlerer Beschaffenheit
in genügender Fläche. Es muß den Anforderungen des Landbaus
an den Betriebs-Standort und an den Betriebs-Umfang genügt
werden, um ihn von der Waldweide unabhängig zu machen. In
der Regel ist dies der Fall, selbst in den Landwirthschaften der
norddeutschen Ebene, im Bereiche des Sandbodens und des Kiefern-
waldes, wo sich althergebrachte Gewöhnung am meisten gegen die
Verzichtleistung auf die Waldweide und auf die dadurch bedingte
Aenderung der Wirthschafts-Einrichtung sträubt.
Vergl. von Möllendorf und Thunig, Die Bewirthschaftung des Ackers ohne
Waldstreu und Waldweide. Görlitz 1850.

Allein es giebt auch Landbau-Wirthschaften von so geringem
Standorte oder Umfange, daß ihnen die Mittel zur eigenen Futter-

gewinnung fehlen, Walddörfer auf trockenem, sandigem Höhenboden, deren Begründung einer früheren Zeit mit ganz anderen Verhältnissen angehört, Waldkolonien vielleicht, welche der Waldwirthschaft die Arbeitskräfte liefern, Zwergwirthschaften, deren Entstehung auf die wirthschaftliche Gesetzgebung zurückzuführen ist. Hier können Wald= weide und Waldstreu Existenz=Bedingung, ihre Fortdauer geboten sein, weil es unrecht und unklug sein würde, die Bevölkerung einfach zu Grunde gehen zu lassen. Es wird unter solchen, allerdings vom specifisch landwirthschaftlichen Standpunkte aus ungesunden, mitunter aber z. B. in großen, dünn bevölkerten Waldgegenden nothwendigen Verhältnissen, Sache der Wirthschafts=Politik, der Staatsfürsorge sein können, eine Aenderung dieser Verhältnisse herbeizuführen, der Bevölkerung günstigere Existenzbedingungen zu verschaffen. So lange diese aber unverändert fortbestehen, wird auch die Waldweide nicht beseitigt werden dürfen.

Es giebt Oertlichkeiten, ganze Landstriche, in denen die Vieh= zucht lohnt, der Feldbau dagegen wegen ungünstiger Beschaffenheit der Terrainbildung oder des Klimas eine beschränkte Verbreitung findet oder gänzlich ausgeschlossen ist. Dahin gehören die Vorberge und Mittelgebirge mit steilen Hängen und engen Thälern, in denen der Feldbau auf die Thäler beschränkt ist, die höheren Gebirgs= lagen mit kurzer Vegetationszeit, in denen nur wenige Feldfrüchte und nur Sommerfrüchte (Sommerroggen, Hafer, Gerste, Kartoffeln, Kohl u. s. w.) zur Reife gelangen, endlich die Region der Voralpen, die Grenze des Waldes, ein dem Feldbau verschlossenes Gebiet, ge= eignet nur noch für Weide.

Es liegen die Terraingrenzen für Feldbau etwa bei 25 Grad, für Wiesen= bau bei 35 Grad, für Waldbau bei 45 Grad Neigungswinkel. Die räumliche Beschränkung des Feldbaus durch die Oberflächengestalt hat in dicht bevöl= kerten Gegenden seit Jahrhunderten zur Verbindung von Wald= und Feldbau in der Hackwald= (Haubergs)wirthschaft geführt (Westfalen, Rheingau, Oden= wald).

Die nach geographischer Lage und Himmelslage wechselnden Höhengrenzen der landwirthschaftlichen Kultur sind in Deutschland und in dem nördlichen Theile der angrenzenden Schweiz annähernd folgende:

1	2	3	4	5	6	7	8
Landwirthschaftliche Culturgewächse	HolzartenRegionen	Die land- und forstwirthschaftliche Cultur der Gewächse ad 1 und 2 reicht in den Breitengraden von					
		52°	51°	50°	49°	48°	47°
		im Harz	im Riesengebirge, Thüringer Walde, Westerwalde	im Glatzer G., Heuscheuer, Erz-G., Fichtel-G., Frankenwald, Rhön-G., Spessart, Odenwald, Taunus, Hundsrück, Eifel	im Bayerischen Walde	im Schwarzwalde, VogesenGebirge	in den NordAlpen
		bis zu einer Meereshöhe von Metern					
Wein, Mais	zahme Kastanie	—	—	—	—	—	620
Raps, Kernobst, Wallnuß	Eiche	500	550	600	750	840	950
Winterroggen, Kirschbaum	Buche, unterer Gürtel	—	—	—	—	—	1050
Sommerroggen, Gerste, Hafer, Kartoffeln, Flachs	Buche, oberer Gürtel	650	800	900	1200	1200	1400
Rüben, Kohl, Salat	Fichte	1000	1150	—	1450	—	1800

Wo auf diesen zum Theile natürlichen Betriebs-Standorten für Viehzucht die Landwirthschaft über eine hinreichende Fläche von Wiesen und raumen Weiden (Alpen) verfügt oder durch Landabfindung erlangt, um das Vieh im Sommer und Winter zu ernähren, kann die Waldweide entbehrt werden. Im anderen Falle ist diese, wenn überhaupt die Viehzucht fortgesetzt werden soll, ein unabweisbares Bedürfniß.

4. Die Untersuchung über die volkswirthschaftliche Bedeutung der Waldweide, über ihre Nothwendigkeit, Zuträglichkeit oder Entbehrlichkeit im allgemeinen Interesse, hat sich mit der Erörterung zu beschäftigen, ob die Landwirthschaft die hergebrachte Verbindung mit der Waldweide ohne Gefährdung ihrer Existenz oder

ihrer Rentabilität entbehren kann, ob verneinenden Falls der Bevöl=
kerung die Gelegenheit gegeben ist, in anderen Erwerbszweigen dau=
ernd ein gleiches oder besseres Auskommen zu finden, ob endlich,
falls die Entbehrlichkeit der Waldweide für die Landwirthschaft be=
jaht wird, die Gesammtproduction der Land= und Waldwirthschaft
sich günstiger gestaltet bei Fortdauer oder bei Beseitigung der Wald=
weide. Die Antwort auf diese Fragen und damit die Entscheidung
über die volkswirthschaftliche Zulässigkeit oder Unzulässigkeit der
Weideablösung kann nur nach dem Gesammtzustande der örtlichen,
wirthschaftlich bedeutungsvollen Verhältnisse, nach den Verhältnissen
der Bevölkerung, des Standorts, des Erwerbs und der Erwerbs=
Gelegenheit, des Verkehrs, des landwirthschaftlichen Besitzes und der
Waldwirthschaft gegeben werden.

In der Regel ist die Waldweide für Landbau und Viehzucht
bei dem heutigen Zustande der landwirthschaftlichen Kultur und des
Verkehrs nicht allein entbehrlich, sondern ein Hemmniß wirthschaft=
lichen Fortschritts, ihre Ablösung eine Wohlthat. Zahlreiche Ort=
schaften haben durch die für die Waldweide erhaltene Landabfindung
den Grund zu ihrem Wohlstande gelegt. Wald und Feld haben sich
bei der durch die Weideablösung angebahnten neuen Wirthschafts=
ordnung besser befunden.

Anderwärts kann zwar die Waldweide für die Fortführung des
landwirthschaftlichen Betriebes nicht entbehrt werden; der letztere selbst
gewährt aber, selbst mit Waldweide, sei es wegen Ungunst des Stand=
orts oder wegen Zersplitterung des Besitzes, weder zur Zeit einen
lohnenden Ertrag, noch kann er zu einer blühenden Entwickelung
gebracht werden. Zugleich bietet sich für die Bevölkerung die Ge=
legenheit dar, ihre wirthschaftliche Kraft in anderen Erwerbszweigen,
im Bergbau, in der Industrie oder im Handel besser zu verwerthen.
Auch in diesem Falle besteht kein volkswirthschaftliches Interesse, die
Waldweideberechtigung und durch sie eine unfruchtbare Landwirth=
schaft künstlich zu erhalten, obgleich es sich alsdann in der Regel
empfiehlt, die Durchführung der Ablösung nicht plötzlich, sondern in
einem zum Uebergang in die neuen Wirthschafts=Zustände hinreichend
langen Zeitraum zu bewirken.

Wo dagegen die Waldweide für den landwirthschaftlichen Betrieb
unentbehrlich ist, namentlich auch nicht durch Abfindung in Futter=

land erſetzt werden kann, und entweder bei einem kümmerlichen Feldbau (auf geringem Sandboden im Flachlande) die Gelegenheit zu anderweitem, dauernd lohnendem Erwerbe mangelt, oder eine blühende Viehzucht als Haupt- oder Nebenbetrieb hohe Erträge liefert (Gebirgsland), wo ferner ſelbſt bei Entbehrlichkeit der Wald- weide die letztere dem Walde mehr nützt als ſchadet (Schweineweide), oder die Wald- und Landwirthſchaft zuſammengenommen bei ausge- dehnten Waldungen, geringen Holzpreiſen und geſicherter Erhaltung des Waldbeſtandes in das Volkseinkommen höhere Erträge bei Fort- beſtand der Waldweide als ohne ſolche liefert, da iſt die Beſeitigung der Waldweide vom volkswirthſchaftlichen Standpunkte aus nicht wünſchenswerth, die geſetzliche Zwangsablöſung derſelben ein wirth- ſchaftspolitiſcher Fehler und nur die Regelung im Intereſſe der Wald- wirthſchaft Bedürfniß.

In den Harzer Staatsforſten des ehemaligen Königreichs Hannover (55 721 Hectar) weideten im jährlichen Durchſchnitte der 4 Jahre 1859/63 die ganze Weidezeit hindurch ungefähr:

6300 Milchkühe	=	6300 Kühe,
2200 Rinder	=	1467 =
900 Kälber	=	65 =
130 Ochſen	=	173 =
300 Ziegen	=	30 =
70 Füllen	=	47 =
10000 Schafe	=	1000 =
600 Schweine	=	100 =

mithin eine auf Kühe reducirte Viehzahl von 9182 Stück oder durchſchnittlich 6 Stück auf 1 Hectar.

Vergl. Burckhardt, Forſtl. Verh. des Königr. Hannover 1864 S. 103.

Es iſt bemerkenswerth, daß ſich gerade unter den Forſtleuten, welche mit den Bedürfniſſen der Landwirthſchaft bekannt zu ſein pflegen, und denen nicht ſelten der Vorwurf einer weitgehenden Vor- eingenommenheit für den Wald gemacht wird, angeſehene Männer in größerer Zahl gegen die unbedingte Ablöſung der Waldweidebe- rechtigung ausgeſprochen haben.

So G. L. Hartig, Beitrag zur Lehre von der Ablöſung der Holz-, Streu- und Weide-Servituten. Berlin 1829 S. 62.

Hundeshagen, Waldweide und Waldſtreu 1830 S. 164.

Pfeil, Ablöſung der Waldſervituten 3. Aufl. 1854 S. 48.

Burckhardt, Die forſtlichen Verhältniſſe des Königr. Hannover 1864 S. 103.

von Berg, Staatsforſtwirthſchaftslehre 1850 S. 219. Krit. Blätter von Nörd- linger Bd. 42 Heft 2 S. 159.

König, Forstbenutzung, herausgegeben von Grebe 2. Aufl. 1861 S. 251.
Gayer, Forstbenutzung 4. Aufl. 1876 S. 458.
Albert, Forstservitut-Ablösung 1868 S. 110.
Landolt in dem Berichte über die Untersuchung der schweiz. Hochgebirgs-
    waldungen 1862 S. 321, 353.

Die Ablösungs-Gesetzgebung in Preußen, mit Ausnahme des Ablösungsgesetzes für die Provinz Hannover, betrachtet jede Waldweideberechtigung als ein Kulturhinderniß, jede Ablösung derselben als zweckmäßig und verordnet die letztere auf Antrag des Berechtigten oder des Verpflichteten. Das Hannover'sche Ablösungsgesetz dagegen macht die Durchführung jeder beantragten Ablösung sowohl bei Weideservituten, als bei anderen ablösbaren Waldservituten nicht allein von der vorherigen Prüfung ihrer landespolizeilichen und landwirthschaftlichen Zulässigkeit abhängig, sondern untersagt auch für den Bezirk des Oberharzes, sofern nicht beide Interessenten mit der Weideablösung einverstanden sind, die letztere in dem Falle, wo nicht eine den gesetzlichen Vorschriften entsprechende Landabfindung gegeben wird. Hann. GThO. § 13.

Damit ist die Wahrung sowohl des volkswirthschaftlichen als des privatwirthschaftlichen Interesses der Betheiligten und die Verhütung nachtheiliger Ablösungen genügend gesichert.

Das Württemberg'sche Ablösungsgesetz vom 26. März 1873 verordnet zwar ebenfalls die Zwangsablösung der Waldweideservituten auf Antrag des Berechtigten oder des Verpflichteten ohne Prüfung ihrer Zweckmäßigkeit, mildert aber insofern die wirthschaftlichen Nachtheile, welche aus der Weideablösung für den Berechtigten erwachsen können, als die Fortsetzung der Weidenutzung nach Ausführung der Ablösung bei Privatweideberechtigungen noch 5 Jahre, bei Gemeindeberechtigungen noch länger als 5 Jahre gegen Entrichtung eines Weidepachtgeldes stattfinden kann. Bedingung für die Genehmigung der erweiterten Weidenutzungszeit bei Gemeindeberechtigungen ist einerseits die Bescheinigung des Gemeinderaths und Bürgerausschusses, daß die vom Waldeigenthümer angemeldete Ablösung den Nahrungsstand der Gemeinde-Angehörigen wesentlich gefährde, und andererseits, daß eine vom Minister des Innern für jeden einzelnen Fall zu berufende Kommission, welche über die Dauer der fortgesetzten Weidenutzungszeit befindet, die Nothwendigkeit der Uebergangszeit anerkennt. Art. 81 und 82 des Württ. Ablös.-Ges.

Nach § 141 Tit. 22. I. ALR (aufgehoben durch §§ 22—24 der GThO. 7. Juni 1821) durfte die Aufhebung einer Hütungsgerechtigkeit nur insofern stattfinden, „als der Berechtigte seinen Viehstand, den er auf die Hütung zu bringen befugt war, mit Inbegriff der ihm anzuweisenden Vergütung, ferner zu unterhalten" im Stande blieb.

§ 26.

Regelung der Waldweide=Berechtigungen.

I. Für die polizeiliche, durch Strafbestimmungen gesicherte Regelung der Waldweide=Berechtigungen ist im Allgemeinen genügend gesorgt.

Vergl. die gesetzlichen Bestimmungen in § 24 S. 434.

Nicht genügend berücksichtigt ist der Bodenschutz an solchen Oertlichkeiten, wo jede Weide schädlich wird. Dahin gehören Steilhänge und Flugsandböden, die ewiger Schonung unterliegen sollten.

Nach Lage der Gesetzgebung ist der Schutz solcher Oertlichkeiten in der Regel dadurch zu erreichen, daß dieselben als Schonungen dauernd gekenn= zeichnet werden.

In Baden (§ 121 des Forstges.), ferner in Elsaß=Lothringen und Frank= reich (Art. 67 des Code forestier) gewährt das dem Waldeigenthümer bezüglich der Weideorte zustehende Anweisungsrecht das Mittel zum Schutze der er- wähnten Waldorte.

II. Ueber die Antrags=Regelung von Waldweide=Berechti= gungen enthalten von den in Preußen geltenden Gesetzen nur die Altpreußische GThO. vom 21. Juni 1821 und die Hannover'sche GThO. vom 13. Juni 1873 Bestimmungen. Sie beziehen sich theils auf die Regelung der Weidefläche (der Weidereviere) durch Freilegung, Umlegung und Theilung, theils auf Regelung des Weide= maßes durch Feststellung und Einschränkung.

Die Tendenz der gesammten Servitut=Gesetzgebung in Preußen ist seit dem Jahre 1821 auf Beseitigung der Waldservituten gerichtet; indem ohne Beweisführung angenommen wurde, „daß jede Gemeinheits=Auseinandersetzung zum Besten der Landeskultur gereiche und ausführbar sei" und der Beweis des Gegentheils nur in einzelnen, genau formulirten, auf Naturaltheilung von gemeinschaftlichem Eigenthum beschränkten Fällen für zulässig erachtet wurde.

GThO. 7. Juni 1821 § 23.

Von der im II. Abschnitt der Altpr. GThO. als Uebergangs=Maßregel gestatteten Antragsregelung der Waldservituten ist daher auch nur ein verhält= nißmäßig geringer Gebrauch gemacht worden. Bei Erlaß der später ergangenen Gem.=Th.=Ordnungen hat man auf dieselbe meist verzichtet, weil man sie für eine halbe Maßregel hielt. Nur die Hannover'sche GThO. läßt in richtiger Würdigung von der unter gewissen Umständen vorhandenen örtlichen Unent= behrlichkeit oder Zuträglichkeit der Waldservituten Ausnahmen von der unbe= dingten Ablösbarkeit zu.

Der Antrag auf Regelung steht nur dem Waldeigenthümer zu.

1. Weide-Freilegung.

Vergl. Th. I § 8 IV. S. 70.

Die Weide-Freilegung, d. i. die Befreiung eines Theiles der weidebelasteten Fläche von der Weideberechtigung, kann eine selbständige oder eine durch Theil-Ablösungen bedingte sein.

a) Voraussetzung der selbständigen Weidefreilegung ist Weide-Uebermaß.

Ihre Zulässigkeit ist beschränkt auf den Bereich der Altpreußischen Gem.-Thl.-Ordnung und auf einseitige Hütungsberechtigungen.

Gesetzliche Grundlagen sind:

ALR. I. 22. § 29 und

Altpr. GThO. § 174.

S. den Wortlaut Th. I § 8 S. 70.

ferner § 32 des Landeskultur-Edicts vom 14. September 1811:

> „Insofern die Berechtigten grössere Waldstriche beweiden, als sie zur Hülfe für ihre Heerden bedürfen oder zu beziehen berechtigt sind, so müssen sie sich die Einschränkung auf kleinere Districte gefallen lassen."

Daß sich § 174 d. GThO. 1821, somit auch die Freilegung, nur auf einseitige, nicht auf gegenseitige Dienstbarkeiten bezieht, ist durch Entsch. d. RG. 5. Dec. 1845 Z. f. LEG. Bd. I 99 ausgesprochen.

Freilegungsbehörde ist die Auseinandersetzungsbehörde.

Eigenmächtige Freilegung seitens des Waldeigenthümers ist unstatthaft.

Das Freilegungs-Verfahren zerfällt in die Weide-Bedarfs- und -Ertrags-Ermittelung nach dem in § 27 dargestellten Verfahren, ferner in die Planlegung behufs Ausscheidung eines den Weiderechtsbedarf der Berechtigten dauernd erfüllenden, zweckmäßig gelegenen Waldbezirks.

Die dauernde Befriedigung des Weidebedarfs erfordert ein angemessenes Altersklassen-Verhältniß in dem zu bildenden Waldweide-Reviere.

b) Die Weidefreilegung nach Theil-Ablösungen ist mit Ausnahme der Rheinischen G.Th.O. in allen Preußischen G.Th.-Ordnungen vorgesehen (Th. I § 8 S. 72). Ihre Aufgabe besteht darin, von dem Berechtigungswalde einen Waldtheil auszuscheiden, dessen Weideertrag zu dem Weideertrage des Gesammtwaldes in demselben Verhältnisse steht, wie der Weiderechtsbedarf der abgelösten Berechtigten zu dem Weiderechtsbedarf aller Berechtigten. Das Freilegungs-Verfahren läuft daher hinaus:

auf die Weiderechtsbedarfs-Ermittelung sowohl der abgelösten als der übrigen Berechtigten einschließlich des Waldeigenthümers,

auf die nach Waldabtheilungen gesonderte Weideertrags-Ermittelung des belasteten Waldes (Weide-Bonitirung),

und auf die Ausweisung eines den Interessen der verbleibenden Berechtigten entsprechenden Weideplans.

2. Die Weide-Umlegung besteht in der Uebertragung (Verlegung) der Weideberechtigung von einem Theile der weidebelasteten Fläche auf eine andere, der Weideberechtigung nicht unterliegende Fläche.

Zulässig ist die Umlegung in dem Bezirke der GThO. vom 7. Juni 1821 auf Grund des § 174 und des darin in Bezug genommenen § 29 Tit. 22 I ALR.

Vergl. darüber § 2 S. 32.

Veranlassung zu derselben kann eine solche Aenderung der Bewirthschaftungsart, z. B. Rodung behufs Umwandlung in Kulturland sein, welche der Weideberechtigung einen Theil der belasteten Fläche dauernd entzieht und dadurch zur Weide-Unzulänglichkeit führen würde.

Das Umlegungs-Verfahren besteht in der Weideertrags-Ermittelung der aus der Weidenutzung ausscheidenden Fläche und in der Weideertrags-Ermittelung und Planlegung der an deren Stelle in die Weidenutzung eintretenden Fläche. Beide Flächen müssen in Bezug auf Weideertrag und Belegenheit gleichwerthig sein.

Umlegungs-Behörden sind in erster Instanz Magistrat oder Kreislandrath, in der Recurs-Instanz die Auseinandersetzungs-Behörden.

GThO. § 178—180.

Vergl. § 24 S. 433.

3. Die Weide-Theilung erstreckt sich auf solche Weidebezirke, welche einer Mehrzahl von Servitutberechtigten gemeinschaftlich zustehen (Gemeinschafts-Weiden, cumulative Weidebezirke). Sie besteht in der Auftheilung gemeinschaftlicher Weidebezirke in besondere (privative) Hütungsbezirke der einzelnen Weideberechtigten.

Veranlaſſung dazu kann namentlich darin liegen, daß mehrere Ortſchaften oder Güter weideberechtigt ſind, welche ihr Weiderecht vermöge der verſchiedenen Lage zum Walde in verſchiedenen Wald=theilen auszuüben pflegen.

Geſetzliche Grundlage der Weidetheilung iſt § 32 des Preuß. Landeskultur=Edicts vom 14. September 1811, auf deſſen Geltungs=bezirk ſich die Zuläſſigkeit dieſer Regelungsart in Preußen beſchränkt.

> „§ 32. Auch ist der Waldeigenthümer befugt, bei mehreren nicht zu einer Gemeinde gehörigen Berechtigten Jedem einen besonderen Weidedistrict anzuweisen, wenn dies convenabel für die Forstnutzung sein sollte.“

Es kann zweifelhaft ſein, ob die Weidetheilung der Zuſtändig=keit der Auseinanderſetzungs=Behörden unterliegt, indem ihrer weder die Gem.=Theil.=Ordnung und deren Ergänzungsgeſetz, noch die Ausführungsgeſetze zur GThO. Erwähnung thun. Die Frage dürfte indeſſen zu bejahen ſein, weil an Stelle der im Landeskultur=Edict verordneten Behörden für die Aufhebung und Einſchränkung von Gemeinheiten die gegenwärtigen Auseinanderſetzungs=Behörden getreten ſind.

Daß der Waldeigenthümer nicht einſeitig, ohne Zuſtimmung oder gegen den Willen der Weideberechtigten die Weidetheilung vor=nehmen darf, kann keinem Zweifel unterliegen.

Vergl. in dieſer Beziehung das OT.=Erkenntniß v. 27. März 1868 (Th. I. § 8 S. 71).

Zu einer practiſchen Bedeutung wird die Weidetheilung kaum gelangen, weil mehrere private Hütungsbezirke den forſtlichen Be=trieb in höherem Maße beengen, als eine Gemeinſchaftsweide.

Das Theilungsverfahren würde in der Weidebedarfsermittelung der einzelnen aus der Gemeinſchaft ſcheidenden Intereſſenten, in der nach Waldorten vorzunehmenden Weideertragsermittelung des belaſteten Waldes und in der Planlegung der einzelnen Hütungsbezirke nach den Grundſätzen wirthſchaftlicher Belegenheit und dauernd gleich=mäßiger Bedarfsbefriedigung beſtehen, derartig, daß jeder Intereſſent in ſeinem Weidebezirke bei Waldzulänglichkeit den vollen Weiderechts=bedarf, bei Waldunzulänglichkeit den aus dem Verhältniſſe des Weide=rechtsbedarfs und Weideertrags hervorgehenden Antheil des vollen Weiderechtsbedarfs erhält.

4. Weide=Feſtſtellung (Fixation).

Vergl. Th. I. § 8 V. S. 75.

Die Feſtſtellung des Nutzungsmaßes von unbeſtimmten Weide=
berechtigungen auf Antrag des verpflichteten Waldeigenthümers durch
Vermittelung der Auseinanderſetzungsbehörde iſt verordnet:

für den Bereich der Altpreußiſchen GThO. durch den § 167 der=
ſelben

> „Es kann insonderheit darauf angetragen werden, dass die
> Art und Zahl des Viehs, womit die Hütung ausgeübt werden
> kann, und die Zeit, wann die Hütung stattfindet, ausgemittelt und
> festgesetzt werde,"

für den Bereich des Amts Zellerfeld im Oberharz durch § 16 der
Hannov. GThO.

> „Ungemessene Berechtigungen zur Weide, welche den Be-
> wohnern oder Gemeinden des Amts Zellerfeld in den oberharzi-
> schen Forsten zustehen, sollen auf Antrag des belasteten Forst-
> eigenthümers in gemessene umgewandelt und fixirt werden."

Der Antrag auf Feſtſtellung ſteht nur dem Waldeigenthümer
zu. Der Antrag muß im Amte Zellerfeld ſtets ſämmtliche den Ein=
wohnern einer und derſelben politiſchen Gemeinde in den Forſten
des Antragſtellers zuſtehenden Weideberechtigungen umfaſſen.
§ 16 4. Abſatz der Hann. GThO.

Aufgabe des Weidefeſtſtellungs=Verfahrens iſt die Feſtſtellung
einerſeits des Viehſtandes nach Viehart und Viehzahl, mit welchem,
andererſeits der Weidezeit, innerhalb welcher die Waldweide in Zu=
kunft ausgeübt werden darf.

Dabei ſind in dem Bezirke der Altpreußiſchen GThO. dieſelben
Grundſätze maßgebend, welche für die Viehſtands= und Weidezeit=
Ermittelung bei Weide=Ablöſungen vorgeſchrieben ſind. Die Weide=
Feſtſtellung erfolgt daher zunächſt und als Regel nach dem Vergan=
genheitsmaßſtabe (nach dem 10 jährigen Beſitzſtande) und nur event.,
ſoweit der Vergangenheitsmaßſtab nicht anwendbar iſt, nach dem
Bedarfsmaßſtabe (Durchwinterungs= oder Haushaltsbedarf), nach
den näheren Beſtimmungen in § 24 S. 378 u. flg.
OT. 30. December 1843, Präj. 1389, Präj.=Samml. S. 338.

In dem Amte Zellerfeld ſoll, nach § 16 a. a. O., die Vieh=
ſtands=Ermittelung für jeden einzelnen Berechtigten bewirkt werden
und lediglich nach dem Vergangenheitsmaßſtabe erfolgen.

§ 16 Absatz 5. „Die Fixation ... hat den Zweck, den Umfang der ungemessenen Berechtigungen sowohl, als auch die etwaigen, den Berechtigten obliegenden Gegenleistungen ein für alle Mal nach Massgabe des rechtmässigen Besitzstandes festzustellen. Durch die Fixation der ungemessenen Weideberechtigungen wird die Anzahl und die Art des Viehs, welches in Zukunft der einzelne Berechtigte in die Harzforsten höchstens einzutreiben befugt sein soll, nach dem jährlichen Durchschnitte der letzten 10 Jahre vor Einbringung des Fixationsantrags festgestellt."

Das in den Hannover'schen Gesetzen über das Ablösungs=Verfahren vorgeschriebene Vorverfahren findet bei Weidefixationen im Amte Zellerfeld nicht statt.

Hann. GThO. § 26.

Die Weidefeststellung ergiebt nur die Grundlagen der Natural=Weiderente, nicht die letztere selbst, sie giebt daher kein Recht auf die Befriedigung des vollen Weidebedarfs für die festgestellten Vieh=stände und Weidezeiten.

5. Die Weide=Einschränkung besteht in der Verminderung des weideberechtigten Viehstandes bis zu demjenigen Viehstande, welcher während der rechtmäßigen Weidezeit in dem weidebelasteten Walde volle Ernährung findet. Sie ist Feststellung der Weide=Ausübung unter dem Weiderechtsbedarf und Gleichstellung mit dem Weideertrag. Sie ist beschränkt auf den Fall einer ohne Schuld des Waldeigenthümers eingetretenen Waldunzulänglichkeit und findet Anwendung auf bestimmte und unbestimmte Weideberechtigungen. Die Rechtmäßigkeit dauert nur so lange, als ihre Veranlassung, der Zustand und Grad der Waldunzulänglichkeit zur Zeit der Weide=einschränkung fortdauert.

Gesetzliche Grundlage für die Weideeinschränkung sind in dem Gültigkeitsbereiche des Preuß. Landrechts die §§ 103—106 Tit. 22 I des Allg. Landr.

„§ 103. Wird durch Zufall oder höhere Gewalt die Beschaffenheit des mit der Hütung belasteten Grundstücks dergestalt verändert, dass die bisherige Anzahl des Viehs nicht mehr darauf erhalten werden kann, so muss sich der Berechtigte eine Verminderung des vorzutreibenden Viehstandes nach eben dem Verhältnisse, wie der Eigenthümer selbst gefallen lassen.

§ 104. Wird für die Hütung etwas an Geld oder Naturalien entrichtet, so muss in dem angeführten Falle diese Abgabe verhältnissmässig heruntergesetzt werden.

§ 105. Ist aber die Anzahl des Viehs von Seiten des Berechtigten bestimmt, so trifft eine nothwendig gewordene Verminderung des Viehstandes zuerst den Eigenthümer des belasteten Grundstücks.

§ 106. Hat der Eigenthümer seinen Viehstand durch neue Wirthschaftsanstalten und Einrichtungen dergestalt vermehrt, dass die Hütung für die bisherige Anzahl des Viehs nicht mehr hinreicht, so muss er den Ausfall auch alsdann, wenn die Anzahl des Viehs von Seiten des Berechtigten nicht bestimmt war, allein tragen."

Hiernach ist die Weideeinschränkung zulässig, wenn die Wald=unzulänglichkeit durch Zufall oder höhere Gewalt eingetreten ist (§ 103), dagegen unzulässig, wenn dieselbe in gleichem Grade bereits bei Begründung der Weideberechtigung bestand, oder wenn sie durch Handlungen des Waldeigenthümers herbeigeführt wurde (§ 106). Es soll ferner bei unbestimmten Weideberechtigungen die Weideein=schränkung den Waldeigenthümer und den Weideberechtigten in gleichem Verhältnisse (§ 103), bei ursprünglich bestimmten (nicht bei fixirten) Weideberechtigungen dagegen die Viehstands=Verminderung zunächst den Waldeigenthümer treffen, so daß die Weideeinschränkung den Berechtigten nur insoweit trifft, als die Waldweidemasse für ihn nach Ausscheidung des Waldeigenthümers nicht mehr ausreicht.

Auch nach gemeinem Rechte ist eine Weideeinschränkung bei Waldunzulänglichkeit statthaft. Hierauf bezieht sich die Bestimmung in § 16 Abs. 9 der Hannov. GThO.

„In der Befugniss des Forsteigenthümers, im Falle der Un-zulänglichkeit der Forst die bezügliche Nutzung einzuschränken, wird durch die Fixation nichts geändert."

Streitig ist, ob nach gemeinem Rechte die Weideeinschränkung den Weideberechtigten und den Waldeigenthümer gleichmäßig trifft, oder ob dem Weideberechtigten ein Vorzugsrecht vor dem Wald=eigenthümer zusteht. Die Mehrzahl der gemeinrechtlichen Juristen beantwortet die Frage im Sinne der Gleichberechtigung.

Im Uebrigen ist von der Weideeinschränkung in den Preuß. Gem.=Theil.=Ordnungen nicht die Rede.

Aufgabe des Weide=Einschränkungs=Verfahrens ist die Ausmit=telung der Natural=Weiderente bei Waldunzulänglichkeit. Es folgt dem bei Ablösungen einzuschlagenden Verfahren (§ 27 S. 460).

Veranlassung zur Weide=Einschränkung kann die Thatsache ge=
ben, daß der Holzwuchs bei Nahrungs=Mangel an Gras= und
Kräuter = Weide größeren Beschädigungen ausgesetzt ist, als bei
Weidezulänglichkeit.

Dieser Gesichtspunkt ist indessen nicht gewichtig genug, um bei
ausreichendem Weideschonungsrecht den Waldeigenthümer zu bestim=
men, den Antrag auf selbständige Weideeinschränkung zu stellen und
die damit verbundenen, ihm ausschließlich zur Last fallenden Kosten
zu übernehmen. Es kommt hinzu, daß die Weideberechtigten bei
Weideunzulänglichkeit eher zur Weideablösung geneigt sind, als bei
Weide=Zulänglichkeit. Nur im Falle einer Theil=Ablösung von
Weideberechtigungen, wo ohnehin der Weiderechtsbedarf aller Be=
rechtigten und die Weidemasse ermittelt werden, kann es für den Wald=
eigenthümer rathsam sein, in Verbindung damit auch die Weide=
einschränkung der in der Ablösung nicht einbegriffenen Weideberech=
tigungen bei der in diesem Falle zuständigen Auseinandersetzungs=
Behörde zu beantragen, wenn es nicht den Vorzug verdient, die
Weidefreilegung nach II 1 b dieses § (S. 450) herbeizuführen.

§ 27.

Nutzwerthermittelung der Waldweide=Berechtigungen.

Die Nutzwerthermittelung zerfällt in die Ermittelung
der Weide=Naturalrente (Wnr),
der Weide=Geldrente (Wgr) und
des Weide=Ablösungs=Kapital (WK).

I. Die Ermittelung der Weide-Naturalrente

hat verschiedene Wege einzuschlagen, je nachdem es sich um Wald=
zulänglichkeit oder Waldunzulänglichkeit, um bestimmte oder unbe=
stimmte Weideberechtigungen, um Nichtanrechnung oder Anrechnung
von Nebenweiden, und im Falle der Waldunzulänglichkeit um
Gleichberechtigung zwischen Waldeigenthümer und Weideberechtigten
oder um ein Vorzugsrecht der Weideberechtigten handelt.

Der besseren Uebersicht wegen mögen zunächst der allgemeine Gang des Verfahrens für die vorkommenden Hauptfälle und demnächst die Einzelnheiten des Verfahrens zur Darstellung gelangen.

1. Gang des Verfahrens.

Es sind 5 Hauptfälle (I—V) zu unterscheiden:

Fall I. Waldzulänglichkeit. Bestimmte Weideberechtigung.

Viehstand und Weidezeiten, in denen ausschließlich die Berechtigungsweide ausgeübt worden ist, sind gegeben.

Die Weide-Naturalrente ist gleich dem Weiderechtsbedarf.

Der Weiderechtsbedarf, ausgedrückt in Mittelheu-Centnern oder in Kuhweiden oder in Weiden der einzelnen Viehgattungen (Kuhweiden, Schafweiden, Pferdeweiden, Schweineweiden) ergiebt sich wie folgt:

a) Ermittelung der Stückzahl von Normalvieh einer jeden Viehgattung durch Reduction der nach Alters- bezw. Nutzungsklassen angegebenen Viehzahlen auf Normalvieh (Kühe, Altschafe, Altpferde, Vollschweine);

b) Ermittelung des täglichen Weidefutterbedarfs (täglichen Gesammtfutterbedarfs abzüglich des Stall-Beifutters) für 1 Stück Normalvieh jeder Viehgattung in Mittelheu-Centnern;

c) Ermittelung des jährlichen Weidefutterbedarfs in Mittelheu-Centnern für 1 Stück Normalvieh jeder Viehgattung als Product aus dem täglichen Weidefutterbedarf (b) und aus der Tagezahl der Weidezeit;

d) Ermittelung des jährlichen Weidefutterbedarfs in Mittelheu-Centnern für die Gesammtheit jeder Viehgattung als Product aus den Zahlen bei a und c, endlich

e) Ermittelung des jährlichen Weidefutterbedarfs für den gesammten Viehstand, sei es

α) nach Mittelheu-Centnern durch Summirung der Zahlen bei d, oder

β) nach Kuhweiden mittelst Division dieser Summe (e α) durch den vollen Futterbedarf einer Kuh während der vollen Rindvieh-Weidezeit (Product aus täglichem, vollem Futterbedarf und Weidezeit), oder endlich

c) nach Weiden der einzelnen Viehgattungen (Kuh-, Schaf-
Pferdeweiden) mittelst Division der Einzelsummen ad d
durch den vollen Futterbedarf von 1 Stück Normalvieh
der betreffenden Vieharten in deren vollen Weidezeiten
(Product aus täglichem, vollem Futterbedarf einer Kuh bez.
eines Schafs u. s. w. und aus den Rindvieh- bez. Schaf-
u. s. w. Weidezeiten).

Beispiel.

Weideberechtigter Viehstand:

        Rindvieh 30 Kühe à 200 kg Lebendgewicht,
             10 Stück Jungvieh.
    Schafe   50 Altschafe à 30 kg Lebendgewicht,
           50 Jungschafe.
      Weidezeit für Rindvieh 190 Tage
        =   = Schafe 215 =

zu a) Die Viehstands-Reduction nach dem Satze
      von 1 Stück Jung-Rindvieh = 0,5 Kuh
        = 1 = Jung-Schaf = 0,7 Altschaf
ergiebt
        $30 + 10 \times 0,5 = 35$ Kühe
        $50 + 50 \times 0,7 = 85$ Altschafe

zu b) Täglicher Weidefutterbedarf
    Voller Futterbedarf für 1 Kuh   7,6 kg Mittelheuwerth
     =   =   = 1 Altschaf 0,84 =   =   ;
ab Beifutter im Stalle 10 %,
bleibt Weidefutter
      für 1 Kuh   6,84 kg Mittelheuwerth
       = 1 Altschaf 0,756 =   =

zu c) Jährlicher Weidefutterbedarf für
1 Kuh $190 \times 6,84 = 1299,6$ kg $= 26$ Centner Mittelheuwerth
1 Altschaf $215 \times 0,756 = 162,54$ = $= 3,25$ =   =

zu d) Jährlicher Weidefutterbedarf für
    35 Kühe   à 26 Centn. = 910 Cent. Mittelheuwerth
    85 Altschafe à 3,25 =   = 276   =

zu e) Jährlicher Gesammt-Weide-Futterbedarf
α) nach Mittelheucentnern $910 + 276 = 1186$ Mittelheucentn.
b) nach Kuhweiden bei einem vollen Futterbedarf von $190 \times 7,6 = 1444$ kg
    oder 28,9 Centn. Mittelheuw. für 1 Kuhweide
$$\frac{1186}{28,9} = 41 \text{ Kuhweiden.}$$
c) nach Kuh- und Schafweiden bei einem vollen Futterbedarf von
    28,9 Centn. M.h.w. für 1 Kuhweide und von $215 \times 0,84 = 180,6$ kg
    oder 3,61 Centn. M.h.w. für 1 Schafweide

$$\frac{910}{28,9} = 31,5 \text{ Kuhweiden und}$$

$$\frac{276}{3,61} = 76,5 \text{ Schafweiden.}$$

Vgl. auch die Beispiele 1 und 2 S. 401, 402.

Fall II. Waldzulänglichkeit. Unbestimmte Weide-berechtigung. Keine Anrechnung von Nebenweiden oder mittelbare Anrechnung derselben nach der Weidezeit (Nutzungszeit der Berechtigungsweide).

Die Weide-Naturalrente ist gleich dem Weiderechtsbedarf, welcher ermittelt wird wie folgt:

a) Viehstands-Ermittelung je nach Titel, gesetzlichen Vorschriften oder örtlichen Verhältnissen auf Grund des Besitzstandsmaß-stabs oder des Durchwinterungsmaßstabs oder des Haushalts-bedarfs-Maßstabs (§ 24 I 2 S. 377 u. flg.);

b) Ermittelung der Weidezeiten, in denen die Berechtigungsweide thatsächlich und ausschließlich ausgeübt worden ist;

c) Ermittelung des jährlichen Weidefutterbedarfs nach Mittelheu-Centnern oder Kuhweiden oder Weiden der einzelnen Vieh-gattungen wie bei Fall I a—e.

Beispiele s. § 24 S. 397 und 402 (Beisp. 3).

Fall III. Waldzulänglichkeit. Unbestimmte Weidebe-rechtigung. Verhältnißmäßige Anrechnung der Neben-weiden nach der Weideergiebigkeit.

Die Weide-Naturalrente ist gleich dem Weiderechtsbedarf. Die-selbe wird, wie folgt, ermittelt:

a) Viehstands-Ermittelung wie bei Fall II a,

b) Ermittelung der Weidezeit ohne Trennung derselben für Be-rechtigungs- und Nebenweiden,

c) Ermittelung der Weiderechts-Masse, der Nebenweiden-Masse und der Gesammt-Weidemasse (§ 24 I 4 S. 397).

d) Ermittelung des jährlichen Gesammt-Weidefutterbedarfs wie bei Fall I a—c,

e) Ermittelung des jährlichen Weiderechtsbedarfs aus Gesammt-Weidebedarf (d), Gesammtweide-Masse (c) und Weiderechts-Masse (c).

Beispiele s. § 24 S. 397 und S. 402, 403 Beisp. 4 und 5.

Fall IV. Waldunzulänglichkeit. Bestimmte oder un=
bestimmte Weideberechtigung, mit oder ohne Anrechnung
von Nebenweiden. Gleichberechtigung des Waldeigen=
thümers mit dem Weideberechtigten.

Die Weide=Naturalrente (Wnr) ergiebt sich aus dem Weide=
rechtsbedarfe (b) des abzulösenden Berechtigten, aus der Weiderechts=
masse (We) und aus dem Gesammtweiderechtsbedarfe (B) aller Be=
rechtigten, einschließlich des Waldeigenthümers, nach der Gleichung

$$\text{Wnr} = b \times \frac{\text{We}}{\text{B}}.$$

Das Verfahren zerfällt in

a) die Ermittelung des Weiberechtsbedarfs (b) wie bei Fall I, II
   oder III,

b) die Ermittelung der Weiberechtsmasse (We), d. i. des Weide=
   ertrags, welchen der belastete Wald liefert,

c) die Ermittelung des gesammten Weiderechtsbedarfs (B) aller
   Berechtigten und

d) in die Berechnung der Weide=Naturalrente nach der obigen
   Gleichung $\text{Wnr} = b \times \frac{\text{We}}{\text{B}}$ d. h. als Product aus Weiberechts=

   bedarf b und Weidequote $\frac{\text{We}}{\text{B}}$.

Fall V. Waldunzulänglichkeit. Bestimmte oder un=
bestimmte Weideberechtigung, mit oder ohne Anrechnung
von Nebenweiden, Vorzugsrecht des Weideberechtigten.

Die Weide=Naturalrente ergiebt sich aus Weiderechtsbedarf (b)
des abzulösenden Berechtigten, aus Weiderechtsmasse (We), aus ·Ge=
sammt=Weiderechtsbedarf (B) aller Berechtigten, einschließlich des
Waldeigenthümers und aus der Berücksichtigung des dem Weidebe=
rechtigten zustehenden Vorzugsrechts. Das Verfahren besteht

   a) in der Ermittelung derjenigen Wald=Naturalrente, welche dem
      Weideberechtigten bei Gleichberechtigung mit dem Waldeigen=
      thümer zukommen würde nach Fall IV a—d, und

   b) in der Erhöhung dieser Weide=Naturalrente nach Maßgabe
      des dem Weideberechtigten zustehenden Vorzugsrechts.

S. § 24 III S. 407 u. flg., sowie die Beisp. I—V (S. 412 flg.).

Eine nähere Erörterung bezüglich der Ermittelung der Weide=
Naturalrente erfordern die zu wählenden Rechnungseinheiten, die

Weidebedarfs-Ermittelung, die Weideertrags-Ermittelung, das Vor=
zugsrecht des Weideberechtigten bei Waldunzulänglichkeit und das bei
Waldunzulänglichkeit mit Concurrenz mehrerer Berechtigten in ver=
schiedenen Weide-Revieren einzuschlagende Verfahren.

2. Als Rechnungseinheiten für Weide-Bedarfs= und
Ertrags-Ermittelung sind üblich:

der Mittelheucentner, d. i. 1 Centner Heu von mittlerer Be=
schaffenheit,

die Kuhweide (als gemeinsame Rechnungseinheit für alle Vieh=
arten), d. i. die zur ausschließlichen Weide-Ernährung einer Kuh
während der vollen Rindviehzeit erforderliche Weide, endlich

die Kuh=, Schaf=, Pferde=, Schweine=, Gänse-Weide (als neben=
einander angewendete Rechnungseinheiten), d. i. die zur ausschließ=
lichen Weide-Ernährung einer Kuh, eines Altschafs, Altpferds, Alt=
schweins bez. einer Altgans während der vollen Weidezeiten dieser
Vieharten erforderliche Weide.

Vgl. § 24 S. 374, 399.

Welche von diesen Rechnungseinheiten zu wählen ist, hängt von
verschiedenen Verhältnissen ab.

In das Gewicht fällt namentlich der Umstand, für welchen
Schätzungsmaßstab die Geldwerth-Ermittelung am einfachsten und
sichersten zu bewirken ist.

Zu Gunsten des Mittelheu-Centners spricht die Thatsache, daß
Heu überall Gegenstand des Kaufs und Verkaufs ist, während Kuh=
weiden häufig keinen aus Weideverpachtung hervorgehenden Verkehrs=
werth besitzen. Wo letzteres der Fall ist, empfiehlt es sich in der Regel,
die Kuhweide als Rechnungseinheit zu wählen.

Von bestimmendem Einfluß kann ferner der Umfang der Weide=
berechtigung sein. Bei Waldzulänglichkeit und ausschließlicher Ernäh=
rung des Viehes auf der Weide während der vollen Weidezeit ist es
meist am einfachsten, die Kuh=, Schaf=, Schweineweiden nebenein=
ander als Rechnungseinheiten beizubehalten, während es bei Wald=
unzulänglichkeit, theilweiser Futterverabreichung im Stalle, beschränkten
Weidezeiten nicht zu umgehen ist, sich einer gleichmäßigen Rechnungs=
einheit, sei es von Mittelheu-Centnern, sei es von Kuhweiden, zu
bedienen.

Mitunter gewinnt die Rechnung dadurch an Ueberfichtlichkeit

und Klarheit, daß die Weide=Naturalrente sowohl in Mittelheu=Cent=
nern als in Kuhweiden ausgedrückt wird.

Die practische Würdigung der besonderen Verhältnisse wird in
allen diesen Beziehungen den richtigen Weg leicht erkennen lassen.

Vgl. hierüber auch die Erörterungen in § 24 S. 400.

3. Bei Ermittelung des Weidebedarfs können in Betracht
kommen:

der tägliche Bedarf an Gesammtfutter während der Weidezeit,
bestehend aus Weidefutter und Stallfutter (Beifutter), welches wäh=
rend der Weidezeit im Stalle verabreicht wird,

der Weide=Vollbedarf, bestehend aus dem Weiderechtsbedarf,
dessen Befriedigung bei Waldzulänglichkeit auf die Berechtigungs=
weide angewiesen ist, und aus dem Nebenweidenbedarf, dessen Befrie=
digung auf Nebenweiden des Berechtigten zu erfolgen hat,

der Weiderechtsbedarf des abzulösenden Berechtigten, und

der Weiderechtsbedarf sämmtlicher Weideberechtigten, einschließlich
des Waldeigenthümers (Gesammt=Weiderechtsbedarf).

Die Weidebedarfs=Ermittelung beschränkt sich bei Waldzuläng=
lichkeit (Fall I, II, III unter Nr. 1) auf den Weiderechtsbedarf des
abzulösenden Berechtigten und erstreckt sich bei Waldunzulänglichkeit
(Fall IV, V unter Nr. 1) außerdem auf den Gesammt=Weiderechtsbedarf.

Elemente des Weiderechtsbedarfs sind:

der weideberechtigte Viehstand und dessen Reduction auf Nor=
malvieh,

der tägliche Weidefutterbedarf,

die Weidezeit und unter Umständen

die Anrechnung von Nebenweiden.

Der weideberechtigte Viehstand ist bei bestimmten Weide=
berechtigungen gegeben (Fall I, IV, V unter 1). Bei unbestimmten
Weideberechtigungen (Fall II, III, IV, V unter 1) erfolgt die Vieh=
stands=Ermittelung entweder auf historisch=statistischem Wege (nach
dem Vergangenheitsmaßstabe, Besitzstandsmaßstabe) oder auf dem
Wege der Bedarfsschätzung (nach dem Durchwinterungsmaßstabe oder
dem Maßstabe des Haushaltsbedarfs).

Vgl. darüber § 24 I 2 S. 376 u. f.

Aus Rücksichten bequemer Rechnung wird der nach Alters= und
Nutzungsklassen ermittelte Viehstand nach Maßgabe des täglichen

Gesammtfutterbedarfs in Normalvieh ausgedrückt. Es geschieht dies je nach den Verhältnissen entweder blos innerhalb einer jeden Viehgattung durch Reduction auf Normalsorten (Altvieh), oder für sämmtliche Viehgattungen durch Reduction auf Kühe (Normalsorte der Normal-Viehgattung).

> Vgl. über die Reduction des Viehstands auf Normalvieh § 24 I 1 c S. 374, ferner die Viehstands-Reductionstafel, Taf. XXXVI.

Der nach Altvieh und Mittelheu-Gewicht zu veranschlagende tägliche Weidefutterbedarf für 1 Stück Vieh (s. Fall I b unter Nr. 1) ist, abhängig von Viehgattung, Viehgewicht und täglicher Beifutter-Portion, durch landwirthschaftlich sachverständige Schätzung unter Würdigung der gegenbüblichen Verhältnisse zu bestimmen. Einen Anhalt für seine Veranschlagung gewähren die grundsätzlichen Erörterungen in § 24 I 1 (S. 369 u. f.), sowie die Futterbedarfstafel, die Viehgewichtstafel und die Viehstands-Reductionstafel (Tafeln XXXIV, XXXV, XXXVI).

Die bestimmten oder unbestimmten, vollen oder beschränkten Weidezeiten für jede Viehgattung dienen, in Verbindung mit dem täglichen Weidefutterbedarf und mit den Viehstandszahlen dazu, den jährlichen Weidefutterbedarf für jede Viehgattung und für den gesammten Viehstand zu ermitteln (s. Fall I c bis e unter 1).

> Vgl. über die Weidezeit § 24 I 3 S. 389 u. f.

Der auf diese Weise für den abzulösenden Servitutberechtigten ermittelte jährliche Futterweidebedarf bildet dessen Weiderechtsbedarf für den Fall, daß Nebenweiden des Berechtigten nicht in Betracht kommen (Fall I a. a. O.). Sind dagegen Nebenweiden anzurechnen, so bedarf es einer Vertheilung dieses gesammten Weidebedarfs des Servitutberechtigten auf dessen Berechtigungsweide und Nebenweiden, um den Weiderechtsbedarf zu finden. Diese Vertheilung erfolgt entweder durch Ermittelung der Weidezeit-Abschnitte, während welcher einerseits die Berechtigungsweide, andererseits die Nebenweiden thatsächlich behütet worden sind, oder sie erfolgt nach der Weideergiebigkeit der Berechtigungsweide und der Nebenweiden.

Im ersten Falle, bei mittelbarer Anrechnung der Nebenweiden nach der Weidezeit (Fall II a. a. O.), ergeben der weideberechtigte Viehstand, der tägliche Weidefutterbedarf und die Weidezeit für die Berechtigungsweide den Weiderechtsbedarf.

Im zweiten Falle, bei Anrechnung der Nebenweiden nach der Weibeergiebigkeit, findet, je nach Lage der rechtlichen Verhältnisse (Gesetz, Titel, Ausübung), entweder eine verhältnißmäßige oder eine volle Anrechnung statt. Regel und in der Altpreuß. GThO. von 1821 vorgesehen ist die verhältnißmäßige Anrechnung. Bei ihr wird die Weidemasse sowohl der Berechtigungsweide als der Nebenweiden schätzungsmäßig festgestellt und der Weiderechtsbedarf (Wr B) aus dem Gesammtweidebedarfe (Gw B) des Servitutberechtigten, aus der Weiderechtsmasse (Wr M) und der Gesammtweidemasse (Gw M, d. i. Summe von Weiderechtsmasse und Nebenweidenmasse) nach der Gleichung $\mathrm{Wr\,B} = \mathrm{Gw\,B} \times \dfrac{\mathrm{Wr M}}{\mathrm{Gw M}}$ abgeleitet (Fall III a. a. O.). Bei voller Anrechnung dagegen ergiebt sich der Weiderechtsbedarf durch Abzug der vollen Nebenweidenmasse von dem Gesammtweidebedarfe des Servitutberechtigten.

> Vgl. über Zulässigkeit und Arten der Anrechnung von Nebenweiden § 24 I
> 4 S. 393 u. f.

Während sich im Falle der Waldzulänglichkeit (Fall I, II, III a. a. O.) die Ermittelung der Weide-Naturalrente darauf beschränkt, den Weiderechtsbedarf des abzulösenden Berechtigten zu ermitteln, hat sich die Weidebedarfs-Ermittelung im Falle der Waldunzulänglichkeit auch auf den Weiderechtsbedarf aller betheiligten Berechtigten (Gesammt-Weiderechtsbedarf) zu erstrecken (Fall IV, V a. a. O.).

Der Gesammt-Weiderechtsbedarf setzt sich zusammen aus dem Weiderechtsbedarfe des abzulösenden Servitutberechtigten, der bereits früher abgelösten Weideberechtigten, der noch vorhandenen, nicht in der Ablösung begriffenen Weideservitutberechtigten und des Waldeigenthümers. Der Weiderechtsbedarf der abgelösten Weideberechtigten ergiebt sich aus den Ablösungs-Urkunden. Die Ermittelung des Weiderechtsbedarfs für die übrigen Servitutberechtigten und für den Waldeigenthümer folgt den vorhin angegebenen Regeln.

> Vgl. über das Weidetheilnahmerecht des Waldeigenthümers für den eigenen
> Weidebedarf und denjenigen seiner Forstbeamten oben § 24 III S. 404
> und flgd.

Im Falle der Waldunzulänglichkeit kann unter Umständen, namentlich bei gleichzeitiger Ablösung aller Weideberechtigungen, und wenn seitens der Servitutberechtigten kein Vorzugsrecht gegenüber dem Waldeigenthümer geltend gemacht wird, eine erhebliche Abkür-

zung und Vereinfachung des Ablösungsgeschäfts dadurch erreicht wer=
den, daß an Stelle der zeitraubenden Ermittelung der Weiderechts=
Einzelbedarfe auf historischem oder taxatorischem Wege, die Liquidation
und gegenseitige Anerkennung des Weiderechtsbedarfs seitens aller
einzelnen Interessenten tritt. Da es sich in diesem Falle nur um
Ermittelung der Verhältnißzahlen handelt, nach denen die gesammte
Weiderechtsmasse des Waldes unter die einzelnen Weide=Interessenten
zu vertheilen ist, so kommt es nicht auf absolute Genauigkeit, son=
dern nur auf verhältnißmäßige Richtigkeit der zu liquidirenden
Weidebedarfsmengen an. Für diese leistet die gegenseitige Controlle
und die Bekanntschaft der einzelnen Weideinteressenten mit den thatsäch=
lichen Verhältnissen in der Regel ausreichende Gewähr. Die Rück=
sicht auf Kostenersparniß wird die Weideinteressenten in vielen Fällen
geneigt machen, auf das vergleichsweise Liquidations=Verfahren, welches
bei geschickter Behandlung in kurzer Zeit durchgeführt werden kann,
einzugehen.

4. Die Weide=Ertrags=Ermittelung.

Altpr. GThO. v. 7. Juni 1821 §§ 131—137, 139.
Land.=Cult.=Ed. v. 14. Sept. 1811 §§ 30, 31.
Rhein. GThO. v. 19. Mai 1851 § 11.
Hess. GThO. v. 13. Mai 1867 § 12.
Ergänz.=Ges. zur Hess. GThO. v. 13. Mai 1867 Art. 2.
Nass. GThO. v. 5. April 1869 § 10.
Hann. GThO. v. 13. Juni 1873 § 8.
Schlesw.=Holst. GThO. v. 17. Aug. 1876 § 10.
Hohenzollern'sche GThO. v. 23. Mai 1885 § 14.

Die Weideertrags=Ermittelung (Ermittelung der Weidemasse,
Weidebonitirung) besteht in der Erforschung des Natural=Weideer=
trags einer Weidefläche in einer gewissen Weidezeit. Sie kann sich
auf Berechtigungsweiden und auf Nebenweiden, und in Betreff der
letzteren auf Waldnebenweiden und landwirthschaftliche Nebenweiden
erstrecken. Nur die Bonitirung von Waldweiden ist Sache forsttech=
nischer Schätzung.

Die Lehre von der Waldweide=Bonitirung umfaßt die Grund=
lagen und das Verfahren der Bonitirung. Das Verfahren ist ver=
schieden, je nachdem der Waldzustand unter dem Einfluß einer ge=
regelten Wirthschaft erhebliche, den Weideertrag beeinflussende Aen=
derungen zu gewärtigen hat oder nicht. Im letzteren Falle ist der

jährliche Naturalweideertrag ein dauernd gleicher, im ersten Falle ist er anfangs (während des Einrichtungszeitraums zu einem geregelten Waldzustande) ein periodisch wechselnder und erst später (nach bewirkter Herstellung eines geregelten Waldzustandes) ein dauernd gleicher.

   A. **Grundlagen der Waldweide-Ertragsermittelung.**
   Elemente des Waldweideertrags sind:
der Waldzustand (Standort und Holzbestand nach Holzart, Alter
     und Holzhaltigkeit),
der Betrieb (Betriebsart, Umtriebszeit, Nebennutzungsbetrieb, Jagd-
     betrieb),
der Umfang der Weideberechtigung (Viehart, Weidezeit, Holzscho-
     nungsrecht),
der Umfang von anderen, den Weideertrag beeinträchtigenden
     Berechtigungen und von Unfällen (Mast-, Streu-, Plaggen-,
     Gräserei- 2c. Berechtigungen, Ueberschwemmungen).

   a) **Der Waldzustand.** Die Beschaffenheit des Standorts entscheidet über den Umfang und die Ertragsfähigkeit der Weidefläche.

   Nicht hütbare Flächen des Waldrevieres scheiden von der Weidefläche aus. Die Untauglichkeit zur Behütung ist theils eine unbedingte, theils eine bedingte, auf gewisse Viehgattungen beschränkte. Unbedingt weideuntauglich sind unbewachsene Wege und Gewässer, für das Vieh unzugängliche Brücher, Flugsandschollen, schroffe, felsige Hänge, Rollwände, Steinbrüche, Haus- und Hofräume, Gärten, Dienstländereien der Forstbeamten, andere Aecker und Wiesen, die bereits seit Begründung der Weideberechtigung oder seit rechtsverjährter Zeit nicht behütet worden sind, dagegen nicht die bewachsenen, wenig benutzten Waldwege und Gestelle, welche mitunter einen namhaften Weideertrag gewähren. Ungeeignet zur Rindviehweide, aber noch brauchbar als Schafweide ist der dürre, nahrungsarme Höhensandboden (Kiefernboden V. Klasse), untauglich zur Schafweide, dagegen tauglich als Rindviehweide der dem Weidevieh zugängliche nasse, bruchige Boden. Selbst flache, mit Binsen bewachsene Theile von Binnenseen werden vom Rindvieh beweidet.

   Von der Beschaffenheit des Standorts sind die Größe, die Güte und der Arten-Reichthum der vorzugsweise als Weidefutter dienenden

Gras= und Kräuter-Vegetation abhängig. Die geographische und die Höhenlage, die Terrainbildung, die Himmelslage und Neigungs=winkel der Hänge, die See= oder Binnenlage als Factoren der Luftwärme und Luftfeuchtigkeit, somit der Vegetation, ferner die Zusammensetzung, die Feuchtigkeitszustände, die Bindigkeit, Wärme=beschaffenheit und Tiefgründigkeit des Bodens sind einflußreiche Momente für die Artenverschiedenheit und die Massenerzeugung von Futterpflanzen. Selbst die Reichhaltigkeit des als Schweinenahrung dienenden animalischen Futters an Insecten, Würmern ꝛc., welches sich einer zuverlässigen Schätzung weit mehr entzieht, als die vegetabi=lische Futterproduction, ist vom Standorte abhängig. Aus der Mannigfaltigkeit dieser Verhältnisse ergiebt sich, daß die Erfahrungs=sätze über den Weidefutterertrag in der Oertlichkeit, worauf sich die Weideertragsschätzung bezieht, gewonnen werden müssen. Es giebt keine allgemeine, sondern nur örtliche Weideertragstafeln.

Die Weideertragsschätzung hat die in dem abzuschätzenden Weide=reviere vorkommenden Standorts-Verschiedenheiten, soweit sie einen deutlich hervortretenden Einfluß auf den Futterertrag erkennen lassen, nach Ertragsklassen (Weideertragsklassen) zu sondern, die Standorts=beschaffenheit jeder Weideklasse genau zu beschreiben, ihren Futterer=trag in Wiesenmittelheu nach örtlichen Erfahrungen oder nach Er=hebungen auf örtlich ausgewählten Probeflächen (Musterflächen) unter Zuziehung von landwirthschaftlichen Sachverständigen zu be=stimmen, dabei die nur für gewisse Vieharten tauglichen Weideklassen (Bruchweiden für Rindvieh, magere, trockene Sandweiden für Schafe) und Futterarten (Erdweide an Wurzeln, Insecten ꝛc. für Schweine) auszusondern und darnach örtliche Weideertragstafeln aufzustellen, welche im Eingange die Standortsbeschreibung, im Ergebnisse den Futterertrag der Flächeneinheit im holzreinen (raumen) Zustande nach Mittelheu=Centnern angeben. Dabei sind Weideflächen, welche nur für einzelne Vieharten, z. B. nur für Schafe, taugen, in be=sonderen Klassen nachzuweisen.

Einen Anhalt für die Anfertigung von örtlichen Weideertragstafeln geben die technischen Instructionen für die Auseinandersetzungs=Angelegenheiten in den Bezirken der Preuß. General=Commissionen, sowie einzelne Specialschriften über die Ablösung von Waldservituten.

Nach den Erfahrungssätzen der technischen Instruction für den Regierungs=bezirk Frankfurt a. O. (2. Aufl. 1851) über den Weideertrag des Acker= und

Wiesenbodens, über das Verhältniß der landwirthschaftlichen zu den forstlichen Bonitätsclassen und über den Futterbedarf einer Kuh während der vollen Weide= zeit in Heucentnern ist die in Tafel XXXVIII beigefügte Weideertragstafel für holzreinen Boden in der Mark Brandenburg aufgestellt worden. In Tafel XXXIXa ist ferner die von Pfeil für das nördliche Deutschland und für holz= reinen Boden zusammengestellte Weideertragstafel, in Tafel XXXIXb eine Weideertragstafel von Krafft für holzreinen Boden mitgetheilt worden.

Auf die Aussonderung derjenigen Weideflächen und Weideerträge bei der Bonitirung, welche ausschließlich für einzelne Viehgattungen, z. B. für Pferde, Schafe oder Schweine geeignet sind, von den für alle Weidevieharten tauglichen Weideflächen und Futterarten wird mitunter nicht die gebührende Rücksicht ge= nommen. Die gesonderte Behandlung ist nothwendig, weil sich dadurch die Weidequote für die verschiedenen Viehgattungen verschieden gestalten kann.

Der Einfluß des Holzbestandes (der Bestockung) auf den Weideertrag besteht in der Wirkung der Beschattung auf den Gras= und Kräuterwuchs. Je stärker der Beschattungsgrad, desto geringer ist im Allgemeinen die Futtererzeugung an Gräsern und Kräutern nach Quantität und Qualität, die bei dichter, den Zutritt des Son= nenlichts ausschließender Beschirmung gänzlich aufhört. Nur aus= nahmsweise auf trocknem Sand= und Kalkboden äußert eine mäßige Beschattung durch Erhaltung der Bodenfeuchtigkeit eine günstige Einwirkung auf die Gras= und Kräuter=Vegetation. Der Beschat= tungsgrad ist verschieden nach Holzart, Bestandsalter und Holz= haltigkeit.

Der Ertrag an Erdweide (Wurzeln, Insecten) wird durch die Bestockung nicht vermindert, mitunter, in Nadelholzforsten, sogar erhöht.

Die durch die Holzart bedingte Verschiedenheit des Beschat= tungsgrades hängt ab von der Dichtigkeit der Belaubung bezw. der Benadelung der einzelnen Stämme und von der Dichtständigkeit der Bäume im Bestande. Die Dichtigkeit der Belaubung am Einzel= stamm ist durch die Größe und Zahl der Blätter bez. Nadeln, die letztere durch deren größere oder geringere Lichtbedürftigkeit bedingt. Je größer die Fähigkeit der Blattorgane, Schatten zu ertragen (Schatten= fähigkeit), desto länger erhalten und erneuern sich sowohl die Blatt= organe als die Blattträger, die Zweige im Innern der Krone. Bei Kiefern sind nur die 1 und 2jährigen, bei Fichten noch die 5 bis 7jährigen, bei Weißtannen noch die 6 bis 8jährigen Zweige mit Nadeln besetzt. Je lichtbedürftiger die Blattorgane, desto mehr be= schränken sie sich auf den Umfang der Krone, desto rascher geht die

Stamm= und Kronenreinigung von Aesten und Zweigen vor sich. Dieselbe Erscheinung zeigt sich in dem Vorgange der Bestandsreinigung, d. h. in der Stammzahl-Verminderung durch Ueberschattung und Seitenbeschattung, so daß bei gleichem Standorte sowohl die Bestandsdichtigkeit (die Stammzahl im Bestande), als die Kronendichtigkeit auf den nach Holzarten verschiedenen Grad der Lichtbedürftigkeit der Blattorgane zurückzuführen ist. Der Einfluß des Standorts auf das Lichtverhalten einer Holzart äußert sich darin, daß Bodenreichhaltigkeit an mineralischen Nährstoffen, Boden= und Luftfeuchtigkeit die Schattenfähigkeit der Blattorgane und ihre Folgen, Kronen= und Bestandsdichtigkeit, vermehren, Bodenarmuth, Boden= und Luft=Trockenheit sie vermindern.

Wenn man die Holzarten nach ihrem Lichtverhalten und nach ihrer davon abhängigen mehr oder minder günstigen Einwirkung auf die Gras= und Kräuter=Vegetation in 3 Gruppen, in Licht=Hölzer (lichtbedürftige und lichtdurchlässige Holzarten), in Halb=Schattenhölzer und in Schattenhölzer (schattenfähige und dichtkronige Holzarten) sondert, so gehören

zu den Lichthölzern

Lärche, Birke, Kiefer, Aspe, Eiche,

zu den Halbschattenhölzern

Berg= und Spitzahorn, Schwarzerle, Weißerle, Esche, Ulme,

zu den Schattenhölzern

Feldahorn, Fichte, Linde, Hainbuche, Buche, Weißtanne.

Der Einfluß des Bestandsalters auf Beschattungsgrad und Gras= und Kräuter=Vegetation äußert sich in 2facher Richtung, insofern nämlich, als von ihm der Bestandsschluß und die Bestandshöhe abhängig sind, welche beide auf den Beschattungsgrad einwirken. Zunehmender Bestandsschluß vermehrt, zunehmende Bestandshöhe vermindert unter sonst gleichen Verhältnissen den Beschattungsgrad. Die Einwirkung dieser Verhältnisse auf die Gras= und Kräutervegetation, den Gradmesser der Beschattung, tritt am deutlichsten im Hochwalde mit langen Umtriebszeiten hervor. In ihm reihen sich folgende Formen der Bestandsentwickelung (natürliche Wachsthums= oder Altersklassen) an einander:

der Bestands=An= und Aufwuchs,

die Dickung,

das Stangenholz und

das Baumholz.

In der Altersklasse des An= und Aufwuchses ist der Bestands=
schluß noch nicht hergestellt. Es findet Stammreinigung von Aesten,
aber keine Bestandsreinigung durch Stamm=Ausscheidung statt. Nach
stattgefundenem Kahlabtriebe verschwindet die im Schatten des Alt=
bestandes erzeugte Boden=Vegetation (Schattenvegetation) zunächst
gänzlich. Im ersten Jahre nach dem Kahlabtriebe ist der Boden
beinahe unkrautrein und weideunfähig, darnach stellt sich, ver=
schieden nach dem Standort, eine rasch wechselnde, eigenthümliche
Schlagflora, in den ersten Jahren überwiegend aus Kräutern, später
überwiegend aus Gräsern ein, die sich, so lange der Holzanwuchs
noch eine geringe Schirmfläche einnimmt, mehr und mehr verdichtet
und den Holzanwuchs häufig gefährdet. Es ist dies die Periode
der reichsten Futtererzeugung, welche bei gehöriger Vorsicht durch
Graswerbung und Beweidung nutzbar gemacht werden kann. Mit
dem aufwachsenden Holzbestande nimmt die Gras= und Kräuter=
Vegetation ab, um so mehr, je mehr sich der „Holzaufwuchs" dem
Bestandsschlusse nähert, welcher in der „Dickung" zum Abschlusse
gelangt. In dieser bereitet sich der Proceß der Bestandsreinigung
durch Ueberwachsung und Unterdrückung der zurückbleibenden Stämme
vor, welche schließlich aus Lichtmangel absterben. Die Gras= und
Kräuter=Vegetation stirbt unter dem Einflusse des Bestandsschlusses
und des niedrigen Kronenansatzes ebenfalls ab. Sie verschwindet
je nach der Kronendichte der Holzarten entweder gänzlich oder sinkt
auf das geringste Maß herab. Mit dem Eintritte der Bestands=
reinigung geht die Dickung in das Stangenholz über, mit zu=
nehmender Stammstärke unter fortgesetzter Stammausscheidung voll=
zieht die Bestandsentwickelung den Uebergang aus dem geringen
Stangenholze (bis zu 10 Cent. mittlerem Stammdurchmesser in Brust=
höhe) in das starke Stangenholz (von 10 bis 20 Cent. Stamm=
durchmesser), aus dem starken Stangenholz in geringes (bis 35 Cent.
Stammd.), mittleres (bis 50 Cent. Stammd.) und starkes Baum=
holz (über 50 Cent. Stammd.). Mit Zunahme einerseits der
Bestandslichtung durch Stamm=Ausscheidung, die bis zum Bestands=
abtriebe fortdauert, andererseits der Bestandshöhe, die im Baumholz=
bestande zum Abschlusse gelangt, werden die Bedingungen für die

Gras= und Kräuter-Vegetation wieder günstiger, welche sich, je nach den Holzarten, in normalen Beständen bald früher, bald später, bei Lichthölzern bereits im geringen Stangenholze, bei Schattenhölzern erst im Baumholzbestande einstellt.

Aus dem Verlaufe dieses Vorganges der Bestands=, Gras= und Kräuter-Entwickelung ergiebt sich die Nothwendigkeit, die Weideertragsschätzung nach Altersklassen des Holzbestandes zu sondern. Es sind Weideertragsklassen nicht allein nach Standort und Holzart, sondern auch nach dem Holzalter und zwar mit Unterstellung normaler Bestandsentwickelung, vollen Holzbestandes zu bilden. Auch hier ist bei der großen Mannigfaltigkeit der Bestandsentwickelung und der Weidevegetation nach Holzarten=Mischung, Alters=Mischung und Art der Bestandsbegründung unter Zuziehung landwirthschaft= licher Sachverständiger der örtliche Befund auf Musterflächen zum Grunde zu legen.

Pfeil (Ablösung der Waldservituten 3. Aufl.) läßt das Alter bei der Bo= nitirung der Waldweide außer Betracht, indem er der Meinung ist, daß die Wirkung der Beschattung durchaus nicht vom Alter des Holzes, sondern ledig= lich von der Dichtigkeit des Schlusses abhänge (S. 263 a. a. O.). Unter voll= kommenem Schlusse scheint Pfeil denjenigen Bestandszustand zu verstehen, bei welchem die Bodenfläche vollständig beschattet, die Sonnenbestrahlung des Bo= dens völlig ausgeschlossen ist, unter unvollständigem Schlusse einen Bestands= zustand, bei welchem das Sonnenlicht auf den Boden fällt (S. 231 a. a. O.). Gegen die Pfeil'sche Ansicht läßt sich einwenden, daß augenscheinlich das Be= standsalter auf den Schlußgrad einwirkt, daß der letztere in dem von Pfeil verstandenen Sinne schwer erkennbar ist, daß Beschattungsgrad und Boden= vegetation nicht allein vom Grade des Bestandsschlusses, sondern auch von der Höhe des Kronenansatzes abhängen, wie solches von Pfeil selbst an anderer Stelle (S. 237) ausdrücklich hervorgehoben wird, daß endlich thatsächlich die Bodenvegetation mit Bestandshöhe und Bestandsalter wechselt, wie eine auch nur oberflächliche Beobachtung in den Lichtholz=Beständen verschiedenen Alters zeigt. Dazu kommt, daß in jedem eingerichteten Walde das Altersklassenver= hältniß bekannt ist, und daß sich die Weideertragsschätzung daran anlehnen kann, ohne besondere Vorarbeiten zu erfordern.

Die Nothwendigkeit der Weidebonitirung nach Altersklassen ist auch mehr= fach in der Literatur hervorgehoben worden.

Vgl. Stuhr, über die Abfindung der Hütungsberechtigten in den Forsten 1834 (S. 30—52).

Techn. Instr. für die General-Commission von Pommern 1842 S. 51.

Techn. Instr. für den Reg.=Bez. Frankfurt 2. Aufl. S. 33.

Aus der in Tafel XL beigefügten, nach den Angaben von Stuhr zusam=

mengestellten Weide=Beschattungstafel ist zu ersehen, wie der Weideertrag mit dem Holzalter zunimmt.

Neben Holzart und Holzalter ist die Holzhaltigkeit von Einfluß auf den Beschattungsgrad des Holzbestandes und auf das davon abhängige Ertragsverhältniß zwischen Schattenweide und raumer Weide (Gras= und Kräuterweide), welches die Waldweide= Bonitirung zu erforschen hat. Unter Holzhaltigkeit versteht man den Bruchtheil, welchen die (oberirdische) Holzmasse eines Bestandes von der Holzmasse eines Vollbestandes bei Gleichheit des Standorts der Holzart, Betriebsart und des Bestandsalters ausmacht. Unter Vollbestand (Normalbestand) wird derjenige Bestandszustand verstan= den, welcher erfahrungsmäßig für eine bestimmte Standortsbeschaffen= heit, Holzart, Betriebsart und für ein gegebenes Alter unter den günstigsten Verhältnissen auf großen Flächen erzielt wird. Ueber ihn geben die Holzertragstafeln (Erfahrungstafeln) Auf= schluß. Es werden die volle Holzhaltigkeit (der Vollbestandszustand) durch die Ziffer 1, geringere Zustände der Holzhaltigkeit in Dezimal= brüchen mit Abstufungen von 0,1 bezeichnet. Die Holzhaltigkeits= ziffern werden durch forsttechnische Schätzung bestimmt. Die Holz= haltigkeitsziffer 1 bezeichnet den stärksten Beschattungsgrad und den geringsten Weideertrag, die Holzhaltigkeitsziffer 0 den Zustand der Blöße, der raumen Weide und der Regel nach den größten Weide= ertrag. Eine Ausnahme von dieser Regel machen, wie schon er= wähnt, die trockenen Böden, auf denen eine mäßige Beschattung den Weideertrag durch Verminderung der Bodenverdunstung, somit durch Beförderung der Bodenfrische steigert. Abgesehen von diesem Ausnahmefalle nimmt der Weideertrag an Gräsern und Kräutern, zwischen dessen Unter= und Obergrenze (von der Holzhaltigkeitsziffer 1 bis 0) mit abnehmender Holzhaltigkeitsziffer zu, jedoch nicht in einem der Holzhaltigkeitsziffer umgekehrt proportionalen, sondern in einem nach der Untergrenze der Holzhaltigkeit progressiv steigenden Verhältnisse, welches nicht durch Rechnung, sondern lediglich durch örtliche Erhebung gefunden werden kann.

Aus dem Zusammenwirken der Holzart, des Bestandsalters und der Holzhaltigkeit ergiebt sich der Beschattungsfactor. Derselbe be= zeichnet innerhalb einer jeden Weideklasse und Holzart für die Ver= schiedenheiten des Bestandsalters und der Holzhaltigkeit den Bruch=

theil, am zweckmäßigsten nach Procenten, welchen der Ertrag der Schattenweide von dem Ertrage der raumen Weide an Gräsern und Kräutern ausmacht. Der Ertrag der Schattenweide stellt sich dar als Product des Ertrags der raumen Weide und des Beschattungs=factors. Der Einfluß der Beschattung erstreckt sich auf die Menge und Güte des Ertrags der Gras= und Kräuterweide. Beide werden durch die Beschattung vermindert.

Der Verlust an Nahrhaftigkeit des Schattenfutters wird

von der techn. Instr. für die Gen.=Commission zu Breslau (1846 S. 102) auf 5 bis 10 Procent,

von Ranke (Geldwerth der Forstberechtigungen 2. Aufl. S. 31) für Kiefern und Buchen auf 10 Procent, für Birken und Eichen auf 5 Procent gegenüber dem Futterwerthe der raumen Weide veranschlagt.

Der Qualitäts=Verlust der Schattenweide ist indessen nicht blos von der Holzart, sondern von der Gesammtheit der Verhältnisse (von Holzart, Alter und Holzhaltigkeit) abhängig, welche den Beschattungsgrad bilden. Er steigt ebenso wie der Quantitätsverlust mit erhöhtem Beschattungsgrade.

Es dient zur Vereinfachung der Waldweide=Bonitirung, in dem Beschattungsfactor den Einfluß der Beschattung sowohl auf die Menge als auf die Güte des Weidefutters an Gras und Kräutern auszudrücken, so daß das Product aus dem Beschattungsfactor und aus dem nach Wiesenmittelheu ermittelten Ertrage der raumen Weide ohne Weiteres den Ertrag der Schattenweide in Mittel=heuwerth ergiebt.

Nach den vorhergegangenen Erörterungen wächst der Beschat=tungsfactor im Allgemeinen mit Zunahme der Standortsgüte (na=mentlich der Bodennährkraft, der Boden= und Luftfeuchtigkeit), mit erhöhter Lichtkronigkeit der Holzarten und mit wachsendem Alter, während er mit zunehmender Holzhaltigkeit abnimmt. Neben Auf=stellung einer örtlichen Weideertragstafel nach der Standortsgüte (nach Weideklassen) für raume Weide bildet die Anfertigung einer auf örtlichen Erhebungen beruhenden Tafel (Beschattungstafel), welche für die Verschiedenheiten des Standorts und der Holzarten den Beschattungsfactor nach Maßgabe des Alters und der Holzhal=tigkeit angiebt, eine der wesentlichsten Grundlagen der Waldweide=Bonitirung.

Als Beispiel ist in Tafel XLI eine von dem Verfasser, auf Grund örtlicher Schätzung von Musterflächen durch landwirthschaftliche Sachverständige, ange=fertigte Weideertragstafel für raume Weide und Schattenweide beigefügt worden.

Sie wurde einem von dem Verfasser angefertigten Sachverständigen-Gutachten über die Weide- und Leseholz-Ablösung des Sachsenwaldes entnommen, welches von dem Waldeigenthümer, dem Fürsten Bismarck, und den zahlreichen Berechtigten ohne Einrede anerkannt worden ist.

Die Beschattungstafeln, welche Pfeil in seiner Ablösung der Waldservituten (3. Aufl. 1854 S. 265—275) giebt, bemißt die Wirkung der Beschattung auf die Verminderung der Grasproduction im Wesentlichen nach Holzart und Schirmfläche ohne Rücksichtnahme auf Holzalter und Standortsbeschaffenheit. Unter Schirmfläche versteht man die Projection des Kronenschirms auf den Boden, die in der Traufe, oder die im Hochsommer bei Mittagssonnenstande im Schatten liegende Bodenfläche.   Sie wird gefunden:

für einen einzelnen Baum, indem man von dem ganzen Umfange der Krone Senkrechte auf den Boden fällt, oder indem man durch mehrfache Messungen den mittleren Kronendurchmesser bestimmt und darnach die Schirmfläche nach der Kreisformel berechnet,

für den ganzen Bestand, indem man auf einer Probefläche die Gesammtzahl der Stämme nach gleichen Stammzahlen in mehrere, etwa in 5 Stammklassen sondert, für den Mittelstamm jeder Stammklasse (berechnet aus dem Quotienten der Stammgrundfläche und der Stammzahl jeder Klasse) den mittleren Kronendurchmesser bestimmt, und die ihm entsprechende Schirmfläche berechnet. Alsdann ergiebt sich die Schirmfläche jeder Stammklasse als Product aus der Schirmfläche des Mittelstamms und der Stammzahl, die Schirmfläche des Probebestandes als Summe der Schirmflächen der einzelnen Stammklassen. Die ganze Berechnung ist ohne practischen Werth, weil die Kronenbildung der Stämme einer Stammklasse eine sehr ungleichmäßige, bald einseitig, bald allseitig entwickelte ist, weil ferner die Bestimmung des Mittelstamms nach der mittleren Kronenbildung durchaus unzuverlässig ist, und weil endlich die Schirmfläche bei den meisten Stämmen auch nicht annähernd der Kreisform entspricht. Einen handgreiflichen Beweis für die Unbrauchbarkeit der sehr umständlichen und zeitraubenden Schirmflächen-Berechnung nach der Pfeil'schen Methode liefert die Thatsache, daß in mehreren Fällen die darnach mit Sorgfalt berechnete Schirmfläche auch in älteren Beständen mit nicht in einandergreifenden Kronen weit größer war, als die Bodenfläche. Will man die Pfeil'schen Beschattungstafeln anwenden, so ist es sicherer, den Schirmflächenfactor (den Bruchtheil der unter dem Bestandsschirme liegenden Bodenfläche) nach dem Lichteinfalle bei hohem Sonnenstande und unbedecktem Himmel oder nach den vorhandenen Bestandslücken zu schätzen, als ihn nach der obigen Methode zu berechnen.

Der Vollständigkeit wegen ist in Tafel XLII die sehr weitläufige Beschattungstafel von Pfeil in umgearbeiteter, einfacher Form beigefügt.

Die Pfeil'schen Beschattungstafeln leiden, abgesehen von der Unsicherheit in der Bestimmung der Schirmfläche, an dem Mangel, daß sie auf Standort und Holzalter keine Rücksicht nehmen.

Wie Pfeil gegenüber der von ihm behaupteten Einflußlosigkeit des Alters auf den Weideertrag dazu gekommen ist, für Eichen-Hochwald mit 120 jähr.

und mit 120—160jähr. Umtriebe verschiedene Beschattungstafeln aufzustellen, ist nicht abzusehen. Da die Standorte dieselben sind, so können die Verschiedenheiten der Beschattungsflächen nur in der durch die Verschiedenheit des Umtriebs begründeten Altersverschiedenheit eines Theils der Bestände liegen. Die Sonderung nach den Umtriebszeiten ist um so weniger angezeigt, als Pfeil die Bonitirung nicht etwa nach dem mittleren Waldzustande im Ganzen, sondern nach dem Bestandszustande der einzelnen Forstorte vornehmen will. Auch die rechnungsmäßige Ableitung des Beschattungsfactors ist in den Pfeil'schen Tafeln nicht genügend klar gelegt.

Die Gemeinheits-Theilungsordnungen in Preußen enthalten von der allgemeinen Regel, wonach bei Waldunzulänglichkeit die Ertragsermittelung des Berechtigungswaldes an servitutischen Nutzungen auf der Grundlage des Waldzustandes zur Zeit der Auseinandersetzung erfolgen soll, für Weide- und Gräserei-Berechtigungen eine wichtige Ausnahme. Es soll hier bei untermittelmäßigem Holzbestande die Weide- bezw. Gras-Ertragsermittelung nach „mittelmäßigem Holzbestande" erfolgen. Die gesetzlichen Bestimmungen darüber lauten:

für den Bezirk der Altpreuß. GThO. in dem Landescultur-Edicte v. 14. Sept. 1811

„§ 130. Bei der Abfindung muss zwar die Nutzung, welche die Weide gewährte, nach der Billigkeit in Anschlag kommen. Entstand sie aber hauptsächlich durch grosse Räumden und Blössen, so wird nicht die wirkliche Nutzung der letzten Zeit, sondern diejenige berücksichtigt, welche bei einem „mittelmässigen Bestande der Forst stattgefunden haben würde,"

in der GThO. vom 7. Juni 1821,

„§ 131. Bei der Ausmittelung der Entschädigung der Weideberechtigung in bestandenen Forsten kann die Weide „nie höher" abgeschätzt werden, als bei dem „Holzbestande"*) zur Zeit der Auseinandersetzung darin befindlich ist.

§ 132. Ist die Forst schlecht bestanden, so kann der Regel nach nur diejenige Weidenutzung abgeschätzt werden, welche bei einem „mittelmässigen Bestande der Forst" stattgefunden haben würde.

§ 133. Hat aber der Eigenthümer durch Verträge, Verjährung oder Judicate die Befugniss, die Forstcultur bis zu dem Maasse des „mittelmässigen Holzbestandes" zu treiben, verloren, so muss die Abschätzung nach dem Zustande der Zeit der Theilung geschehen.

---

*) d. h. Holzhaltigkeit a. d. H.

§ 139, Eben diese Grundsätze (§§ 132 flg.) finden in Rücksicht des ganz unbestandenen Forstgrundes statt,"

in dem Erg. Ges. vom 2. März 1850,

„Art. 11. Die in den §§ 131—137 und in § 139 der GThO. vom 7. Juni 1821 enthaltenen Bestimmungen sind auch auf die Berechtigung zur Gräserei in Forsten anwendbar,"

für den Bezirk der Rheinischen (§ 11), Hannover'schen (§ 8), Schleswig Holstein'schen (§ 10) und Hohenzollern'schen (§ 14) Gem.-Thl.-Ordnungen,

„Bei (der Ablösung der) Weide- (und Gräserei-) Berechtigungen ist ein „mittelmässiger Holzbestand" zum Grunde zu legen, wenn nicht der (die) Forst zur Zeit der Auseinandersetzung besser als mittelmässig bestanden, oder die Befugniss des Waldbesitzers (Forsteigenthümers), die (Forst-) Cultur bis zum mittelmässigen (Holz-) Bestande zu treiben, durch Verträge (Willenserklärungen), Verjährung oder Judicate (rechtskräftige Erkenntniss) verloren gegangen ist,"

für den Bezirk der Nassau'schen GThOrdnung in deren § 10 übereinstimmend hiermit, jedoch mit dem Zusatze:

„Bei den sogenannten Pflanzwaldungen ist der mittelmässige Holzbestand nach denjenigen Grundsätzen zu bemessen, welche für die Wiedercultur vor Erlass des gegenwärtigen Gesetzes massgebend gewesen sind."

Als Pflanzwaldungen sind solche Waldungen anzusehen, bei denen aus Rücksicht auf die Hudebelastung die Wiedercultur nur mit hochstämmigen Pflänzlingen im räumlichen Stande und mit gewisser Entfernung der Stämme vor Erlaß der V. v. 13. Mai 1867 grundsätzlich bestanden hat.

RG. 25. Juni 1875. Z. f. LCG. XXIV. 337.

für den Bezirk der Hessischen GThO. in deren § 12 übereinstimmend mit der Nassau'schen GThO.

ferner in dem Ergänzungsgesetze v. 25. Juli 1876 zu dieser GThO,

Art. 2. „Der § 12 der Verordnung" (d. i. der Hess. GThO.) „erhält am Schlusse folgende Zusätze:

Die sogenannten offenen und ständigen Huten werden für die Ablösung der darauf haftenden Weide- und Gräserei-Berechtigungen als Pflanzwaldungen angenommen, welche bei einer Pflanzweite von 12 Metern Entfernung zwischen den Pflanzlinien und 4 Metern Entfernung zwischen den Stämmen in der Linie im mittelmässigen Bestande sich befinden. Als offene und ständige Huten sind diejenigen einer Hütungs- oder Gräserei-Berechtigung unterliegenden Forstflächen anzusehen, bei welchen nicht nachgewiesen wird, dass ein forstmässig benutzter Holz-

bestand innerhalb eines Zeitraums von 40 Jahren, vom Erlass
der Verordnung vom 13. Mai 1867 zurückgerechnet, sich darauf
befunden hat, oder dass innerhalb desselben Zeitraums Forst-
culturen darauf bewirkt sind.

Der Ablösung der Weide- oder Gräsereiberechtigung auf einer
offenen und ständigen Hute wird der volle Nutzungswerth der
Hute zum Grunde gelegt, wenn ein Recht des Huteberechtigten,
den Waldeigenthümer von der forstmässigen Cultur der Hute-
fläche auszuschliessen, nachgewiesen werden kann."

Die Unbestimmtheit der im Gesetze gebrauchten Ausdrücke
„mittelmäßiger Bestand der Forst", mittelmäßiger Holzbestand hat
zu verschiedenen, den Weideertrag wesentlich beeinflussenden Aus=
legungen Veranlassung gegeben. Sie wurden theils auf die Ge=
sammtheit des Waldes, theils auf die einzelnen Waldabtheilungen,
bald auf die Holzmasse, bald auf Stammzahl oder Schirmfläche be=
zogen, und die gesuchten Mittel der Obergrenze der Bestandsbeschaffen=
heit (dem Vollbestande) bald mehr, bald weniger genähert. Bei
richtiger Auffassung der gesetzlichen Bestimmungen ist die Abschätzung
des mittelmäßigen Holzbestandes unter Zugrundelegung der vorhan=
denen Holzarten, Betriebsarten, Umtriebszeiten und Bestandsklassen
(Altersklassen) für jede einzelne, nach forsttechnischen Grundsätzen ge=
bildete Waldabtheilung vorzunehmen, derartig, daß für untermittel=
mäßige Bestände (mit Holz bestandene Flächen) 0,7 der Vollbestands=
masse, für Blößen 0,7 der Vollbestandsmasse haubarer Bestände als
mittelmäßiger Holzbestand angenommen wird.

Daß der Ertragsschätzung die vorhandene bez. bei Blößen die vorhanden
gewesene und nicht etwa die nach den Grundsätzen der einträglichsten Forst=
wirthschaft am meisten geeignete Holzart, Betriebsart und Umtriebszeit zum
Grunde zu legen sind, ist fast allgemein anerkannt. Aenderungen in diesen Be=
ziehungen, Umwandlung von Laubholz in Nadelholz, von Mittelwald in Hoch=
wald, Verkürzungen der Umtriebszeit würden in vielen Fällen zu Interessen=
Verletzungen des Berechtigten oder des Waldeigenthümers bezüglich der Höhe
der Servitutabfindung führen. Das Gesetz giebt zu derartigen Aenderungen
gar keinen Anhalt, da von einer mittelmäßigen Holzart, Betriebsart oder Um=
triebszeit nicht füglich die Rede sein kann. Die entgegengesetzte Auffassung und
Bestimmung der techn. Instruction für Pommern, nach welcher behufs Ermittelung des mittelmäßigen Holzbestandes zunächst festgestellt werden soll, „welche
Flächen nach der Beschaffenheit des Bodens sich für diese oder jene Holzart
eignen, welche Altersklassen bei einem regelmäßigen Umtriebe von jeder
Holzart anzunehmen sind", scheint daher völlig unhaltbar.

Vgl. S. 51 der techn. Instr.

Dagegen wird mehrfach nicht anerkannt, daß der Weideertragsschätzung das zur Zeit der Ablösung bestehende Altersklassen-Verhältniß zum Grunde zu legen sei, vielmehr die Annahme eines mittleren Altersklassen-Verhältnisses verlangt, und darunter ein normales, d. h. ein regelmäßiges, dem Normalwaldzustande nach dem Verhältnisse der Flächen oder Holzmassen entsprechendes Altersklassenverhältniß für jede Betriebsklasse (jeden Betriebsverband mit gleicher Holzart, Betriebsart und Umtriebszeit) verstanden, so daß z. B. in einem Kiefernhochwalde mit 100jähr. Umtriebe jede 20jähr. Altersklasse den fünften Theil der Betriebsklassenfläche einnimmt.

So in der techn. Instr. für Pommern S. 51;

in der techn. Instr. für den Reg.-Bez. Frankfurt S. 33;

in Ranke, Geldwerth der Forstberechtigungen 2. Aufl. S. 30.

Es wird dabei nicht der thatsächlich vorhandene, sondern ein fingirter Waldzustand zum Grunde gelegt. Die Weideertragsschätzung verläßt damit den Boden der Wirklichkeit und Wahrscheinlichkeit. Sie verstößt sowohl gegen den forstlichen Sprachgebrauch, welcher kein „mittelmäßiges Altersklassen-Verhältniß" kennt, als gegen die Auslegungsregeln, den Sinn und Wortlaut des Gesetzes, welches strenge zu interpretiren ist und in § 131 der Altpr. GThO. ausdrücklich verlangt, daß die Weideberechtigung „nie höher" abgeschätzt werden soll, als bei dem „Holzbestande" (d. i. der Holzhaltigkeit vgl. S. 472) zur Zeit der Auseinandersetzung, ferner daß nur bei untermittelmäßigem Holzbestande der Weideertrag des mittelmäßigen Holzbestandes zum Grunde gelegt werden soll, Bestimmungen, mit denen sich die Annahme eines mittleren (normalen) Altersklassenverhältnisses in einem überwiegend mit Jungholz bestandenen Walde nicht vereinbaren lassen.

Aus demselben Grunde ist es unzulässig, die Holzhaltigkeit, wie solches die techn. Instruction für die Gen.-Comm. zu Breslau (2. Aufl. S. 106) will, auf den ganzen Wald, anstatt auf die einzelnen Waldabtheilungen zu beziehen und somit auch die übermittelmäßig bestandenen Waldorte auf den Weideertrag des mittelmäßigen Holzbestandes abzuschätzen, ein Umstand, auf den schon Pfeil in seiner Ablösung der Waldservituten (3. Aufl. S. 228) mit Recht aufmerksam gemacht hat.

Den am meisten geeigneten Maßstab für die Bestimmung und Schätzung des mittelmäßigen Holzbestandes bildet ohne Zweifel die Holzmasse. Die gute oder geringe, somit auch die mittelmäßige Beschaffenheit eines Holzbestandes bestimmt sich neben der Qualität (Gesundheit, Astreinheit, Form) des Holzes, die für den Weideertrag unerheblich ist, nach dessen Masse, nicht in gleicher Weise nach der von der techn. Instr. für den Reg.-Bez. Frankfurt (S. 31 a. a. O.) vorgeschlagenen Stammzahl, die zwar ein Factor, aber kein Maßstab der Masse ist, auch nicht nach der von Pfeil vorgeschlagenen, schwer bestimmbaren Schirmfläche, an die der Gesetzgeber sicher nicht gedacht hat.

Als ein mittelmäßiger Holzbestand endlich ist derjenige zu erachten, welcher zwischen der Obergrenze des schlechten Bestandes (0,5 der Vollbestandsmasse) und zwischen der Untergrenze des guten Bestandes (0,9 der Vollbestandsmasse) die Mitte hält, also ein Bestand mit der Holzhaltigkeitsziffer 0,7, welcher 0,7 der Vollbestandsmasse enthält.

Andere Bestimmungen des mittelmäßigen Holzbestands sind erfolgt:

durch Pfeil nach dem Maßstabe der Schirmfläche auf 0,75 des voll beschirmten Bestandes, als Mittel zwischen halb (0,5) und voll beschirmten Bestande,

S. 232 a. a. O.,

in der techn. Instruction für den Reg.-Bez. Frankfurt nach dem Maßstabe der Stammzahl auf ⅔ des Vollbestandes, als Mittel zwischen Drittel und Vollbestand,

S. 31 a. a. O.,

in der technischen Instruction für Pommern (S. 107 a. a. O.), durch Oesten (Zeitschr. für Land.-Cult.-Ges. Bd. XVI S. 205) und Ranke (S. 29 a. a. O.) nach dem Maßstabe der Holzmasse auf ⅚ (= 0,55 . . .) der Vollbestandsmasse, als Mittel zwischen ⅓ Bestand und Vollbestand. Die letztere Bestimmung ist offenbar zu niedrig, da ein Bestand mit 0,55 der Vollbestandsmasse ohne Zweifel untermittelmäßig und in der Regel, sofern er nicht eine Ergänzung durch Lückenkultur gestattet, zur ferneren Erhaltung ungeeignet ist.

Während für Bestände das Alter gegeben ist, muß dasselbe behufs Einschätzung des mittelmäßigen Holzbestandes für Blößen bestimmt werden. Es dürfte sich rechtfertigen, den dem Blößen-Zustande unmittelbar vorhergegangenen Bestandszustand d. i. der Regel nach den haubaren Zustand der Altersbestimmung zum Grunde zu legen und Ausnahmen nur zuzulassen, wenn nachgewiesen wird, daß die Blößen durch Abtrieb hiebsunreifer Bestände, etwa in Folge von Bestandszerstörungen durch Waldbrand, Insecten oder sonstige Waldunfälle entstanden sind.

Die gesetzliche Bestimmung, wonach unbestockte Flächen (Blößen) nach dem Weideertrage mittelmäßiger Holzbestände eingeschätzt werden sollen, kann sich nur auf Blößen beziehen, die zur Holzzucht bestimmt und geeignet sind (sog. Holzbodenblößen). Nichtholzbodenblößen z. B. zur Holzerziehung untaugliche Brücher, hutbare Gestelle, holzreine Sicherheitsstreifen werden nach dem wirklichen Weideertrage mit Rücksicht auf etwaige Ertragsverminderung durch seitliche Beschattung vom angrenzenden Holzbestande her eingeschätzt.

In Uebereinstimmung mit den bisherigen Erörterungen ist in den angeführten Gesetzesstellen unter den Ausdrücken „Holzbestand, mittelmäßiger, schlechter Holzbestand" nach dem Zusamenhange, in welchem dieselben gebraucht sind, überall „Holzhaltigkeit" zu verstehen, welche den Maßstab der Bestandsbeschaffenheit bildet. Dies gilt auch von § 131 der Altpr. GEhO., wonach die Weide in bestandenen Forsten nie höher abgeschätzt werden soll, als bei dem Holzbestande zur Zeit der Auseinandersetzung. Es ist darunter namentlich nicht das Altersklassenverhältniß zu verstehen, welches bei ungeordnetem Zustande nothwendig durch den Fortschritt des Betriebs der Aenderung unterliegt. Da diese Aenderung eine Veränderung des von dem Altersklassenverhältnisse abhängigen Weideertrags und bei Ueberwiegen der jüngeren, weidearmen, zum

Theil in Schonung liegenden Bestände durch ihr Heraufwachsen eine Erhöhung des Weideertrags herbeiführt, so würde es eine Ungerechtigkeit gegen den Berechtigten sein, wenn die Weide niemals höher, als bei dem gegenwärtigen Altersklassen=Verhältnisse abgeschätzt werden dürfte.

b) Daß die Weide=Bonitirung sich auf die hergebrachten Be=triebsverhältnisse (Betriebsart, Umtriebszeit, Nebennutzungsbetrieb, Jagdbetrieb), unter denen die Weideberechtigung entstanden bez. seit=her ausgeübt worden ist, zu stützen hat, und daß bei der Ertrags=schätzung namentlich keine, dem Berechtigten nachtheilige Betriebs=Ver=änderungen angenommen werden dürfen, folgt aus der rechtlichen Natur der Servituten und aus den darauf beruhenden allgemeinen gesetzlichen Bestimmungen.

Vergl. § 24 IV 3 S. 431.

Unter den Betriebsarten sind Kopf=, Schneidel= und Pflanz=waldbetrieb dem Weideertrage durch weiten Baumstand, unvollkom=menen Schluß und ständige Weide=Ausübung günstig. Die Weide=nutzung ist hier mitunter Hauptnutzung, die Holznutzung Nebennutzung. Der Plänterwald mit seiner stamm= und gruppenweisen Altersord=nung und der daraus folgenden Vertheilung kleiner Hiebs= und Ver=jüngungsflächen über den ganzen Wald, welcher eine genügende Weideschonung ausschließt, liefert in der Regel einen ergiebigen Er=trag an Gras=, Kräuter= und Holzweide. Der Weideertrag des Mittel= und Niederwaldes hängt, abgesehen von Standort, Holzart und Holzhaltigkeit, hauptsächlich von der Dauer der Schonzeit ab. In der Regel pflegt hier die Weide gesetzlich, vertragsmäßig oder observanzmäßig schon in einem Bestandsalter (Hütung in das 7., 8., 9. Blatt) zu beginnen, bei welchem der Bestandsschluß noch nicht eingetreten, das Jungholz dem Vieh noch nicht völlig entwachsen ist, was bei dem raschen Wuchse der Stockausschläge weniger nachtheilig wirkt, als im Hochwalde, obgleich der Oberholz=Nachwuchs im Mittel=walde unter einer solchen frühzeitigen Behütung erheblich leidet. Unter solchen Umständen ist der Weideertrag im Mittel= und Nieder=walde häufig ein recht beträchtlicher. Dagegen ist der einfache Hoch=waldbetrieb, die Betriebsart der flächenweisen Altersordnung und des Waldschlusses, bei ausreichendem Weideschonungsrechte, dem Weideertrage am wenigsten günstig, weil die graswüchsigen Jungorte der Beweidung durch Einschonung entzogen sind und die geschlossene

Beschaffenheit der dem Weidevieh entwachsenen Waldorte den Gras=
und Kräuterwuchs theils beeinträchtigt, theils vernichtet. Alle Ver=
hältnisse, welche den Hochwaldschluß mehren oder mindern, die Zu=
sammensetzung der Bestände aus Schatten= oder Lichtholzarten, das
Vorhandensein oder Fehlen von bodenschirmendem Unterwuchs in
älteren Eichen= oder Kiefernbeständen, das seltenere oder häufigere
Vorkommen von bestandslichtenden Waldunfällen, vermindern bez.
vermehren den Weideertrag des Hochwaldes.

Lange Umtriebszeiten mit kleineren Schonungsflächen und
lichteren Altholzbeständen sind weideergiebiger als kurze Umtriebe.

Zu den Nebennutzungsbetrieben des Waldeigenthümers,
welche den Weideertrag schmälern, gehört namentlich die Mastnutzung.
Während der Mastzeit sind nach dem Preuß. Landrechte die Mastorte
für die Weidenutzung geschlossen.

Vergl. § 24 IV. 2 S. 431.

Der dadurch herbeigeführte Ausfall in der Weidemasse besteht
in dem Weideertrage der Mastorte während der Mastschonzeit in
Mastjahren. Er ergiebt sich aus der Größe, Standortsgüte, Be=
stockung der Mastorte, aus der Dauer der Mastschonungszeit, den
Weideertragsprocenten der letzteren von dem Ertrage der vollen
Weidezeit und aus der Wiederkehr der Mastjahre.

Weideertrags=Ausfälle durch Jagdbetrieb sind nach Art und
Größe des Wildstandes zu bemessen. Sie können bei starkem Roth=
wildstande von erheblichem Belange sein.

c) Einen wesentlichen Einfluß auf den Weideertrag des be=
lasteten Waldes hat ferner der Umfang der Weideberechtigungen
in Bezug auf Viehart, Weidezeit und Holzschonungsrecht. Der Um=
fang des Holzschonungsrechts begrenzt den Weideertrag hinsichtlich
der Weidefläche; beschränkte Weidezeiten lassen in der Regel nur
die Anrechnung eines Theiles des vollen Weideertrages der Weide=
fläche nach Maßgabe der Weidezeit=Ertragstafeln zu; ausschließ=
liche Schafweiden, z. B. leichter, trockener, armer Sandboden, bleiben
bei der Bonitirung von Rindviehweiden, ausschließliche Rindvieh=
weiden, z. B. Bruchweiden, bei der Bonitirung von Schafweiden
außer Ansatz; bei Schweineweiden ist der für Rindvieh und Schafe
ausfallende Ertrag an Erdweide in Anschlag zu bringen. Daraus
ergiebt sich, daß der Grad der Waldzulänglichkeit bei einer Weide=

berechtigung mit verschiedenen Vieharten, sowie bei Weideberechti=
gungen mit verschiedenen Weidezeiten verschieden sein kann.

Vergl. über den Umfang des Holzschonungsrechts § 24 IV. 1 S. 417,
über die Weideertragsprocente beschränkter Weidezeiten § 24 I. 3 S. 392.

d) Endlich ist die Verminderung des Weideertrages durch
andere Berechtigungen und in Folge von Waldunfällen bei der
Weidebonitirung in Anschlag zu bringen.

Vergl. § 136 der Altpr. GThO. v. 7. Juni 1821 rücksichtlich der Plaggen=,
Heide= und Bültenhiebs=Berechtigungen.

Bei Mastberechtigungen besteht der Ausfall, wie oben bemerkt
worden, in dem Weideertrage der Mastorte während der Mastschon=
zeit. Bei Streuberechtigungen kann derselbe mittelbar durch Ein=
schätzung der streubelasteten Flächen in eine geringere Bodenklasse in
Anschlag gebracht werden. Bei Plaggenberechtigungen tritt zu dem
in gleicher Weise zu veranschlagenden dauernden Ausfalle durch
Bodenverschlechterung noch der vorübergehende, periodisch wieder=
kehrende Ausfall, welcher durch Zerstörung der sich nur langsam
ergänzenden Bodennarbe herbeigeführt wird. Bei Gräserei=Berechti=
gungen besteht der Ausfall in der durch Grasnutzung entnommenen
Futtermenge. Bei Ueberschwemmungen ist er nach der unter
Wasser gesetzten Fläche, nach der durchschnittlichen Wiederkehr, Jahres=
zeit und Dauer der Ueberschwemmungen, sowie nach dem auch über
die Ueberschwemmungsdauer hinausgehenden Zeitraume, während dessen
die Weidenutzung ausgeschlossen ist, unter Benutzung der Weidezeit=
Ertragstafel in Anschlag zu bringen.

B. Verfahren der Weide=Ertragsermittelung.

Das Verfahren der Waldweidebonitirung ist verschieden, je nach=
dem Altersordnung und Holzhaltigkeit den Verhältnissen eines gere=
gelten (normalen) Waldzustandes nahe stehen oder nicht, und demge=
mäß voraussichtlich in Zukunft bei geordneter Wirthschaft in einem
annähernd gleichen Zustande verbleiben oder wesentlichen Aenderungen
unterliegen werden. Die thatsächlichen Zustände der Holzart, Be=
triebsart und Umtriebszeit sind als feste Grundlagen anzunehmen,
es sei denn, daß sie zum Nachtheile des Weideberechtigten vom
Waldeigenthümer einseitig und widerrechtlich abweichend von dem
früheren Waldzustande hergestellt seien.

Vergl. § 24 IV. 3 S. 432.

a) Verfahren der Weide-Ertragsermittelung bei geregeltem Waldzustande (Waldzustands-Verfahren).

Merkmale eines geregelten Waldzustandes in Bezug auf Altersordnung und Holzhaltigkeit sind eine dem Verhältnisse zwischen Umtriebszeit und Altersklassenzeitraum annähernd entsprechende Flächenvertheilung der Altersklassen innerhalb einer jeden Betriebsklasse (annähernd gleiche Altersklassenflächen bei Altersklassen von gleicher Dauer) und eine übermittelmäßige Holzhaltigkeit etwa von 0,8 des Vollbestandes und darüber. Bei einem derartigen, geregelten Waldzustande unterliegt die Weidemasse — eine geordnete Waldwirthschaft vorausgesetzt — keinen wesentlichen Aenderungen. Die Weidebonitirung hat sich daher auf die Erforschung der Weidemasse zur Zeit der Ablösung zu beschränken. Sie erfordert nach vorhergegangener Vermessung und Flächenermittelung der Waldabtheilungen in der Regel folgende Arbeiten für jedes Waldrevier:

a) Die Standorts- und Bestandsaufnahme für jede mit ihrem Flächeninhalt anzugebende Abtheilung nach Standortsklasse, Holzart, Bestandsalter und Holzhaltigkeit, mit gesonderter Behandlung der weidefähigen Nichtholzbodenflächen (Gestelle, holzleere Brücher u. s. w.);

b) die Feststellung der Weidefläche durch Ausscheidung der dauernd oder vorübergehend von der jährlichen Beweidung ausgeschlossenen Flächen. Zu den dauernd weidunfähigen Flächen gehören Flugsandschollen, schroffe, felsige Hänge, — bei ausschließlicher Rindviehweide dürrer, nahrungsarmer Höhensandboden u. s. w.

Vergl. § 26 I. S. 449.

Vorübergehend von der jährlichen Beweidung ausgeschlossen sind die Holzschonungen nach Maßgabe des gesetzlichen oder auf privatrechtlichem Titel beruhenden Holzschonungsrechts;

Vergl. § 24 S. 417.

c) die auf die volle Weidezeit bezügliche Ermittelung der Weidemasse auf der Weidefläche ad b in holzreinem Zustande nach Mittelheu-Centnern, auf Grund örtlicher Weideertragstafeln, unter Umständen mit getrennter Behandlung der nur für gewisse Vieharten tauglichen Weideflächen bez. Futtererträge (Erdweide für Schweine);

Vergl. § 27 S. 467.

b) die auf die volle Weidezeit bezügliche Ertragsermittelung der Schattenweide nach Mittelheu=Centnern für jeden der Weide=fläche angehörigen Waldort auf Grund örtlicher Einschätzung nach Beschattungstafeln und zwar für mittelmäßige und über=mittelmäßige Bestände, sowie für hütbare Nichtholzbodenflächen (zur Holzzucht untaugliche Brücher, Gestelle), nach dem wirt=lichen Befunde, für untermittelmäßige Bestände und Holz=bodenblößen nach dem Weideertrage mittelmäßiger Bestände, bei Schweineweiden mit Rücksicht auf den Ertrag an Erdweide (Wühlweide);

Vergl. § 27 S. 472 u. flg.

Hütbare Nichtholzbodenflächen (zur Holzzucht untaugliche Brücher, weide=fähige Gestelle, Sicherheitsstreifen 2c.) kommen mit dem vollen Weideertrage in Ansatz, soweit die Weideproduction nicht durch seitliche Beschattung vermindert wird.

e) die Reduction des Weideertrages in der vollen Weidezeit auf den Weideertrag etwaiger beschränkter Weidezeiten, für Gras= und Kräuterweide nach Maßgabe örtlicher Weidezeit=Ertrags=tafeln, für Schweineweide mit Rücksicht auf das nach den Jahreszeiten verschiedene Vorkommen von Insecten im Boden;

Vergl. § 24 I. 3 S. 392.

endlich

f) die Ermittelung des Ausfalls am Weideertrage, welcher durch Waldnebennutzungen des Waldeigenthümers und der Servitut=berechtigten, sowie durch sonstige Verhältnisse entsteht (Mast=nutzung, Wildstand, Streuberechtigungen, Plaggenberechtigungen, Gräsereiberechtigungen, Ueberschwemmungen u. s. w.).

Vergl. § 27 S. 482.

Der nach Abzug dieses Ausfalls verbleibende Weideertrag des Berechtigungswaldes bildet die zu ermittelnde Weiderechtsmasse, welche gegenwärtig und in Zukunft alljährlich zur Befriedigung des Weide=rechtsbedarfs des Waldeigenthümers und der Weideservitutberechtigten verfügbar ist.

Wenn die Geldwerth=Ermittelung der Weideberechtigungen sich auf Kuhweiden (Schafweiden 2c.) bezieht, so bedarf es schließlich noch der Umrechnung des Weideertrages aus Mittelheu=Centnern in Kuh=weiden (Schafweiden 2c.). Zu diesem Behufe wird mit dem vollen, in Mittelheu=Centnern ausgedrückten Futterbedarfe einer Kuh (eines

Schafes 2c.) während der vollen Weidezeit in den nach Mittelheu=
Centnern ermittelten Weideertrag dividirt.

Vergl. das ähnliche Verfahren bei Ermittelung des Weiderechtsanspruchs in
Kuhweiden (Schafweiden) § 27 I. 1 Fall I. S. 457.

Die Ermittelungen unter a, b, c, d sind speciell für jede Waldabtheilung
vorzunehmen und tabellarisch in Verbindung mit der Forstbeschreibung so dar=
zustellen, daß sich aus dem Abschlusse der letzteren der Weideertrag sowohl
der masttragenden Bestände als der gesammten Weidefläche für die volle Weide=
zeit ergiebt. Die Reduction des vollen Weideertrags mit Rücksicht auf be=
schränkte Weidezeit (lit. e) und Weideertragsausfälle (lit. f) kann, soweit letztere
z. B. für Ertragsausfälle durch Streuberechtigungen nicht schon durch die orts=
weise Bonitirung erfolgt ist, summarisch für die Gesammtheit der Mastorte
bez. der Weidefläche stattfinden.

b) Verfahren der Weide=Ertragsermittelung bei un=
geregeltem Waldzustande.

Von den beiden, der Aenderung durch den Betrieb unterliegen=
den Waldzustands=Verhältnissen, der Altersordnung· und der Holz=
haltigkeit, welche im Laufe der Wirthschaft eine Aenderung des Weide=
ertrages herbeiführen können, ist die Holzhaltigkeit am einflußreichsten.
Durch die gesetzliche Bestimmung, wonach Holzbodenblößen und
untermittelmäßige Bestände mit dem Weideertrage des mittelmäßigen
Holzbestandes in Rechnung gestellt werden sollen, wird freilich die Ein=
wirkung der Holzhaltigkeit auf den rechnungsmäßigen Weideertrag er=
heblich abgeschwächt. Es entsteht die Frage, ob dieser Gesetzes=Be=
stimmung nach dem Einflusse, welchen sie auf das Ergebniß der
Weidebonitirung ausübt, oder nach der Absicht des Gesetzgebers die
Bedeutung beiwohnt, daß von der Berechnung der künftigen
Weideerträge bei ungeregelten Waldzuständen Abstand zu nehmen ist.
Die Frage dürfte nach beiden Richtungen hin zu verneinen sein.
Was zunächst den Einfluß der Gesetzesbestimmung auf das Ergebniß
der Weidebonitirung angeht, so würde sie die Berechnung der
künftigen Weideerträge nur dann überflüssig machen, wenn zwischen
dem Weideertrage des geregelten Waldzustandes und des ungeregelten
Waldzustandes mit mittelmäßiger Holzhaltigkeit kein erheblicher Un=
terschied bestände. In der That kann aber dieser Unterschied recht
erheblich sein. Er beruht in dem Ertragsunterschiede, welcher
einerseits zwischen der Weide der mittelmäßigen Holzhaltigkeit und
der Holzhaltigkeit des geregelten Waldzustandes besteht, und an=
dererseits in der Weide bei ungeordnetem und bei geordnetem Alters=

klaſſen-Verhältniſſe hervortritt. Als Holzhaltigkeit des geregelten Waldzuſtandes iſt diejenige zu betrachten, welche ſich im großen Durchſchnitte bei einer geregelten Waldwirthſchaft herausſtellt. Die=ſelbe iſt, je nachdem der forſtliche Betrieb nach Holzart und Standort mehr oder weniger beſtands=lichtenden und vernichtenden Unfällen ausgeſetzt iſt, auf 0,8 (bei Nadelholzwaldungen) bis 0,9 (bei Laub=holzwaldungen) von dem Vollbeſtande zu veranſchlagen, ſo daß gegen die mittelmäßige Holzhaltigkeit von 0,7 des Vollbeſtandes ein Unter=ſchied von 0,1 bis 0,2 verbleibt, welcher den Weideertrag nicht unwe=ſentlich herabmindert. Ebenſo kann der Weideertrag bei geordnetem, allen Altersklaſſen gleiche Flächen zutheilendem Altersklaſſen=Verhält=niſſe weſentlich geringer ſein, als in einer Betriebsklaſſe, in welcher die Altholzbeſtände bedeutend überwiegen, und die Schonungsfläche hinter dem Durchſchnitte erheblich zurückbleibt.

Wenn es ferner in der Abſicht des Geſetzgebers gelegen hätte, durch die Anrechnung mittelmäßiger Holzhaltigkeit die Berechnung der künftigen, den veränderten Waldzuſtänden entſprechenden Weide=erträge auszuſchließen, ſo hätte dieſe Abſicht ausgeſprochen werden müſſen. Dies iſt nicht geſchehen. Der Gedanke, welcher den Ge=ſetzgeber geleitet hat, beſteht wohl darin, daß der Weideberechtigte bei dem mittelmäßigen Holzbeſtande Halt zu machen, auf den Weide=ertrag und die Erhaltung untermittelmäßiger Holzbeſtände keinen Anſpruch hat, weil ein Weiderecht in dauernd untermittelmäßigen Holzbeſtänden einem Rechte auf Waldbevaſtation gleichkommen und dem allgemeinen geſetzlichen Grundſatze, wonach die Ausübung der Servitut die eigentliche Beſtimmung des belaſteten Grundſtücks nicht hindern ſoll, widerſtreiten würde. Wenn dem Waldeigenthümer das Recht und die Wahrſcheinlichkeit zur Seite ſtehen, geregelte Wald=zuſtände herzuſtellen, was nicht bezweifelt werden kann, und wenn der Weideertrag des regelmäßigen Waldes von dem Weideertrage des ungeregelten Waldes mit mittelmäßiger Holzhaltigkeit weſentlich verſchieden iſt, was oben nachgewieſen wurde, ſo kann bei ungere=geltem Waldzuſtande die Ermittelung des künftigen, einer geregelten Wirthſchaft entſprechenden Weideertrages nicht von der Hand gewieſen werden, welche ſowohl dem Waldeigenthümer, als dem Berechtigten, letzteres bei Ueberwiegen der weidearmen Jungholzbeſtände und bei hoher Holzhaltigkeitsziffer, zu Gute kommen kann.

Das Verfahren der Weideertragsermittelung bei ungeregeltem Waldzuftande hat verfchiedene Wege einzufchlagen, je nachdem das Ziel der Waldwirthfchaft entweder die Herftellung des Normalwaldes mit geregeltem Altersklaffen=Verhältniffe und voller Holzhaltigkeit ift (Normalwald=Wirthfchaft), oder je nachdem von der Regelung des Altersklaffenverhältniffes abgefehen und nur die Herftellung des Nor= malbeftandes in jeder Waldabtheilung und deren Nutzung in dem vortheilhafteften Haubarkeitsalter erftrebt wird (Beftandswirthfchaft). Bei Normalwaldwirthfchaft find 2 Fälle zu unterfcheiden, der Fall einer gleichmäßigen und der Fall einer ungleichmäßigen Annäherung des gegenwärtigen Waldzuftandes an den Normalzuftand, bedingt durch geringere oder größere Unregelmäßigkeit des gegenwärtigen Waldzuftandes. Im erften Falle können die periodifch wechfelnden Weideerträge während des Einrichtungszeitraums unmittelbar aus den Weideerträgen des gegenwärtigen Waldzuftandes und des künf= tigen Normal=Waldzuftandes abgeleitet werden (Normalertrags=Ver= fahren). Im zweiten Falle ift zur Ermittelung der periodifchen Weideerträge des Einrichtungszeitraums die Fixirung der periodifchen Waldzuftände während des letzteren durch einen Betriebsplan er= forderlich (Betriebsplan=Verfahren). Bei allen 3 Methoden der Weideertragsermittelung für unregelmäßige Waldzuftände, die fich hiernach ergeben, find die beftehenden Holzarten, Betriebsarten und Umtriebszeiten zum Grunde zu legen. Die nachfolgende Darftellung des Verfahrens hat die Verhältniffe des Hochwalds vor Augen, aus denen fich das Verfahren für die übrigen Betriebsarten ab= leiten läßt.

Vergl. über die Methoden der Waldertragsermittelung in Theil I. § 15 S. 137 f.

α) **Normalertrags=Verfahren.** (Th. I § 15 S. 141.) Der Gang des Normalertrags=Verfahrens ift folgender:

a) Feftftellung der Einrichtungszeit. Sie wird häufig auf einen Theil der Umtriebszeit befchränkt werden können, wenn fich die jüngeren Altersklaffen bereits nach Flächen=Verhältniß und Holzhal= tigkeit in geregeltem Zuftande befinden. Die Einrichtungszeit ift in diefem Falle gleich der Differenz zwifchen Umtriebszeit und zwifchen dem Zeitraum, welchen die geregelten Altersklaffen umfaffen.

b) Weideertragsermittelung für den gegenwärtigen Waldzu= ftand bei Anfang der Einrichtungszeit, d. i. für den Waldzuftand zur Zeit der Auseinandersetzung nach dem Waldzustands-Verfahren ad a S. 483;

c) Weideertragsermittelung für den am Ende der Einrichtungszeit zu unterstellenden geregelten Waldzustand;

b) Weideertragsermittelung für den Beginn der II. und ferneren Perioden der Einrichtungszeit durch arithmetische Interpolation aus den Weideerträgen zu Anfang und Ende der Einrichtungszeit, indem von der Voraussetzung ausgegangen wird, daß die Annäherung an den normalen Weideertrag eine stetige ist;

e) Berechnung der durchschnittlich jährlichen Weideerträge in den einzelnen Perioden der Einrichtungszeit aus den arithmetischen Mitteln der Weideerträge zu Anfang und zu Ende der Perioden.

Beispiel.

Einrichtungszeit 60 Jahre = 3 20jähr. Perioden.

Jährlicher Weideertrag des ungeregelten Waldzustandes zu Anfang der Einrichtungszeit 200 Kuhweiden.

Jährlicher Weideertrag des geregelten Waldzustandes zu Ende der Einrichtungszeit 140 Kuhweiden.

Jährliche Weideerträge:

zu Anfang der	I.	Periode	. . . . .	200	Kuhw.
zu Ende der I.,	=	= II.	. . . . .	180	=
= = = II.,	=	= III.	. . . . .	160	=
= = = III.,	=	des geregelten Waldzustandes		140	=

Durchschnittlich jährliche Weideerträge:

in der I. Periode	. . . .	190	Kuhw.
= = II. =	. . . .	170	=
= = III. =	. . . .	150	=
jährl. Weideertrag vom Ende der III. Periode ab		140	=

Wenn der Unterschied zwischen den Weideerträgen am Anfange und am Ende der Einrichtungszeit kein sehr erheblicher ist, genügt es, von den Ermittelungen ad d, e abzusehen und für die gesammte Einrichtungszeit das arithmetische Mittel zwischen den Weideerträgen ad b und c, für die Folgezeit den Weideertrag ad c in Ansatz zu bringen.

β) Das Betriebsplan-Verfahren (Th. I § 15 S. 141) umfaßt folgende Arbeiten:

a) Feststellung der Einrichtungszeit. Sie ist der Umtriebszeit gleichzustellen, wenn bei sehr unregelmäßigen Waldzuständen die Herstellung des Normalzustandes nicht in kürzerer Zeit zu bewirken ist;

b) Weideertragsermittelung für den Anfang der Einrichtungs=
zeit;

c) Anfertigung eines Flächenbetriebsplans für die Einrichtungs=
zeit, welcher durch Ausstattung der gleich langen Perioden mit Ab=
triebsflächen den Weg zum Normalzustande zeigt;

b) Feststellung des Altersklassen= und Holzhaltigkeitszustandes zu
Anfang der II. und jeder folgenden Periode der Einrichtungszeit,
sowie am Ende der letzteren auf Grund des Betriebsplans ad c, des
gegenwärtigen Waldzustandes und der wahrscheinlichen Gestaltung der
künftigen Holzhaltigkeit;

e) Ermittelung des Weideertrags für dieselben Zeiträume;

f) Ermittelung der durchschnittlich jährlichen Weideerträge für
alle Perioden des Einrichtungszeitraums aus den arithmetischen
Mitteln der Weideerträge zu Anfang und zu Ende jeder Periode.

An die solcherart festgestellten periodischen Weideerträge des
ungeregelten Waldes während der Einrichtungszeit schließt sich dann
für die Folgezeit der ad e ermittelte jährlich gleiche Weideertrag des
Normalwaldzustandes.

γ) Verfahren der Bestandswirthschaft (Bestands=Ver=
fahren, Th. I § 15 S. 142).

Die vorzunehmenden Arbeiten sind:

a) Feststellung der Berechnungszeit auf 2 Umtriebszeiten mit
periodischer Gliederung;

b) Anfertigung eines Abtriebsplans, welcher die Abtriebsflächen
der einzelnen Bestände nach Maßgabe des vortheilhaftesten Haubar=
keitsalters im Anschlusse an die bestehenden Umtriebszeiten in die
Perioden des 1. und des 2. Umtriebs einreiht;

c) Feststellung der periodischen, auf den Anfang jeder Periode
bezogenen Waldzustände des ersten und zweiten Umtriebs;

b) Weideertragsermittelung für dieselben Zeiträume und Zeit=
punkte;

e) Berechnung der durchschnittlich jährlichen Weideerträge jeder
Periode des ersten und zweiten Umtriebs aus den arithmetischen
Mitteln der Weideerträge zu Anfang und zu Ende jeder Periode.

In der Literatur über Ablösung der Waldgrundgerechtigkeiten sind die
Grundsätze und das Verfahren der Weideertragsermittelung fast ohne Ausnahme

unvollständig und unrichtig dargestellt. Auf den Unterschied der Weideerträge bei ungeregeltem und geregeltem Waldzustande und auf die Nothwendigkeit ihrer gesonderten Ermittelung ist kaum irgendwo hingewiesen. Außerdem enthalten die Anleitungen über die Ermittelung des Weideertrags zur Zeit der Auseinandersetzung Unrichtigkeiten. So wird in der technischen Instruction für den Reg.-Bez. Frankfurt (2. Aufl. 1851 S. 31), ferner in Ranke's Geldwerth der Forstberechtigungen für die Ermittelung des Waldweideertrags bei mittelmäßigem Holzbestande ein normales Altersklassenverhältniß vorausgesetzt, ein Fehler, worauf schon S. 478 hingewiesen wurde; so nimmt ferner Oesten (Zeitschr. für Landescult.-Ges. Bd. XVI. S. 204) weder auf die wirklichen Schonungsflächen, noch auf das Altersklassenverhältniß der weidefähigen Bestände Rücksicht. Es erschien deshalb nothwendig, das Verfahren der Weideertrags-ermittelung unter verschiedenen Verhältnissen einer eingehenden Darstellung und Begründung zu unterziehen, die auch für die Behandlung der Ertragsermittelung bei anderen Waldgrundgerechtigkeiten (Streuberechtigungen, Gräserei-berechtigungen) zum Anhalte dienen kann.

5. **Vorzugsrecht des Weideservitutberechtigten bei Waldunzulänglichkeit.**

Aus dem dauernden oder veränderlichen Weideertrage des Berechtigungswaldes (der Weiderechtsmasse We) und aus dem auf den Berechtigungswald entfallenden unveränderlichen Weidebedarfe aller Weideberechtigten einschließlich des Waldeigenthümers (dem Weiderechts-Gesammtbedarf B) ergiebt sich für den Fall der Waldunzulänglichkeit die dauernd gleiche oder periodisch wechselnde Weidequote (We). Das Product ferner aus B, Weidequote und Weiderechtsbedarf (b) des abzulösenden Berechtigten ergiebt die dauernd gleiche oder periodisch veränderliche Natural-Sollhabenrente $\left(b \times \dfrac{We}{B} \right)$ des abzulösenden Berechtigten **für den Fall,** daß die Ansprüche des Weideservitutberechtigten und des Waldeigenthümers auf die Befriedigung des Weiderechtsbedarfs aus der Weiderechtsmasse gleich-werthig sind.

Vergl. § 27 I 1 Fall IV S. 460.

Wenn dagegen dem Weideservitutberechtigten auf Grund gesetzlichen oder privatrechtlichen Titels ein Vorzugsrecht gegenüber dem Waldeigenthümer zusteht, wird die in der vorhin angegebenen Weise zu berechnende gleiche oder veränderliche Weide-Naturalrente erhöht.

Vergl. Fall V S. 460 a. a. O.

In welchen Fällen, in welchem Umfange und nach welchem Verfahren diese Erhöhung eintritt, ist mit Rücksicht auf die gesetzlichen Bestimmungen für den Bezirk der Altpreuß. G.=Thl.=Ordnung in § 24 III S. 407 u. flg. dargelegt worden.

6. **Konkurrenz von mehreren Weideberechtigten in ver=schiedenen Weide-Revieren bei Waldunzulänglichkeit.**

Nicht selten kommt bei Weideberechtigungen der Fall vor, daß ein demselben Eigenthümer gehöriger Wald in mehrere Weidereviere (z. B. I, II, III) zerfällt, und daß eine Mehrzahl von Servitut=berechtigten (z. B. A, B, C) in verschiedenen Weiderevieren z. B.

der Berechtigte A in Weiderevier I und II

=   =   B =   =   II = III

=   =   C =   =   I, II und III

hütungsberechtigt sind. Wenn in diesem Falle Waldunzulänglichkeit besteht, und deßhalb der Weideertrag eines jeden Weidereviers ermit=telt werden muß, so ist weiter erforderlich, für jedes Weiderevier den Weiderechts=Anspruch sowohl jedes einzelnen Berechtigten als den Weiderechts=Gesammtbedarf aller Berechtigten festzustellen, um daraus wiederum für jedes Weiderevier die Weidequoten und als Product aus Weidequoten und Weiderechts=Ansprüchen die Weide=Naturalrenten eines jeden Berechtigten abzuleiten. Die Summe der einem Berech=tigten in verschiedenen Weiderevieren zustehenden Weide=Naturalrenten ergiebt dann dessen Gesammt=Weidenaturalrente.

Das für die Ermittelung der Gesammt=Naturalrente anzuwen=dende Verfahren ist aus der Darstellung zu entnehmen, welche in § 19 IV 4 S. 328 bezüglich der Rechstreu=Berechtigungen gegeben wurde.

II. Ermittelung der Weidegeldrente.

Die dem Weideservitut=Berechtigten zustehende, dauernd gleiche oder veränderliche Weidegeldrente bildet sich aus der gleichbleibenden oder veränderlichen Weide=Naturalrente und aus dem Geldwerthe der Rechnungseinheit, in welcher die Naturalrente ihren Ausdruck findet. Die zumeist üblichen Rechnungseinheiten, auf welche sich die Geld=werthermittelung zu erstrecken hat, sind (§ 27 I 2 S. 461):

der Mittelheu=Centner und

die Kuhweide

1. Die Geldwerth=Ermittelung des Mittelheu=Cent=ners hat den Nettogeldwerth des auf Mittelheuwerth reducirten

Futters zu erforschen, welches sich das Weidevieh auf der Berechti=
gungsweide angeeignet hat. Der Nettowerth besteht in dem Ueber=
schusse des Heupreises über die Kosten und Verluste, welche dem Be=
rechtigten durch die Futteraneignung mittelst Weideausübung er=
wachsen sind.

Der Heupreis ist aus Heu-Verkaufspreisen mit Rücksicht auf
Heu-Qualität und Gewinnungsart abzuleiten. Die Heuqualität muß
derjenigen gleichwerthig sein, auf welche sich die Weide-Naturalrente
bezieht (Mittelheu). Sind die Heupreise für diese Qualität nicht
zu ermitteln, so sind die für geringere oder bessere Heubeschaffenheit
ermittelten Heuverkaufspreise auf den Werth des Mittelheus nach
den Heuwerth-Reductionsfactoren (Spalte 15 der Futtermitteltaf=
fel XXXIII) umzurechnen.

Die Ermittelung der Weidenaturalrente sowohl hinsichtlich des Weidebedarfs als hinsichtlich des Weideertrags muß sich stets auf Heu von gleicher,
in der Regel von mittlerer Qualität (Mittelheu) beziehen. Wenn daher auf
der Berechtigungswaldweide, wie es fast stets der Fall ist, vermöge der Ver=
schiedenheit des Standorts und der Bestockung Weidefutter von verschiedenem
Futterwerthe vorkommt, so bedarf es einer Reduction auf Heuwerth gleicher
Qualität nach den Heuwerth-Reductionsfactoren. Anderenfalls würde das Er=
gebniß der Weideertragsermittelung durch Summirung ungleichwerthiger Größen
unrichtig werden. Bei der Weideertragsermittelung wird hiergegen häufig da=
durch gefehlt, daß der Weideertrag lediglich nach der Quantität des Heuertrags
veranschlagt wird.

Die Rücksicht auf den Gewinnungsort erfordert, den Heupreis
innerhalb des Weidereviers, am Besten in der Mitte des Weidereviers, festzustellen. Wenn dieser nicht unmittelbar aus Heu-
Versteigerungen abgeleitet werden kann, die dort, etwa auf Wald=
wiesen stattgefunden haben, so sind die Heupreise in den nächstbe=
legenen Ortschaften zu ermitteln, und von denselben die Transport=
kosten für die Entfernung des Verkaufsorts von der Mitte des Be=
rechtigungswaldes in Abzug zu bringen.

Mitunter wird der Heuwerth nicht nach Heuverkaufspreisen, sondern nach
den Verkaufspreisen des Roggenquantums ermittelt, welcher dem Heu im Futter=
werth gleich steht. (S. § 24 I 1 S. 369.) Dies ist unrichtig, weil die Preis=
bewegung des Roggens von anderen, nicht blos durch den Futterwerth be=
stimmten Umständen abhängig ist, als die Preisbewegung des Heus.

An Kosten und Verlusten, welche dem Weideberechtigten durch
Ausübung der Waldweide erwachsen, sind in Rechnung zu stellen:

die Kosten der Hirtenhaltung, Düngerverlust und Verluste durch Viehsterben, welche durch Weideausübung veranlaßt werden.

Die Kosten der Hirtenhaltung ergeben sich aus Weidezeit, Hirtentagelohn und Größe der Viehheerde.

Elemente für die Werthermittelung des Düngerverlustes sind: Düngerwerth pro Tag für ein Haupt Vieh, durchschnittliche Dauer der Tageszeit, während welcher das Vieh zur Weide ausgetrieben wird, Größe der Viehheerde und Dauer der Weidezeit.

100 kg Trockensubstanz an Futter geben bei Rindvieh und Schafen 50 kg Trockensubstanz an Dünger gleich 200 kg frischen Dünger.

Vergl. auch über Düngerertrag techn. Instr. für Pommern S. 59.

Der Verlust durch Viehsterben ist nach Erfahrungssätzen festzustellen.

Beispiel.

Weide-Naturalrente für eine Rindviehheerde von 40 Stück bei Waldzulänglichkeit, voller Weidezeit (190 Tage) und einem täglichen Weidefutterbedarf von 10 kg bei 10 stündiger Weidezeit

$$= \frac{190 \times 10 \times 40}{50} \text{ kg} = 1520 \text{ Centner Mittelheuwerth.}$$

Marktpreis pro Mittelheucentner 2 Mark.

Abzug für Entfernung des Marktorts vom Weidereviere 40 %, bleibt Heupreis pro Centner 1,2 Mark.

Mithin Bruttowerth der Weiderente 1520 × 1,2 = . . 1824 Mark.

Hirtenlohn für 190 Tage à 1 Mark = ... 190 ‒

Düngerverlust: Düngerertrag

     pro Stück Vieh täglich 20 kg,

     davon Düngerverlust nach dem Verhältniß der tägl.

     Stallzeit zur täglichen Weidezeit

$$20 \times \frac{10}{24} = 8{,}33 \text{ kg,}$$

    in der Weidezeit pro Stück: 1583 kg = 31,66 Centn.,

    für 40 Stück = 1266 Centn. giebt bei einem Düngerwerth von 30 Mpf. pro Centn. 1266 × 0,30 = 380 ‒

Mithin, da andere Verluste nicht in Rechnung zu stellen sind

               Summa an Kosten und Verlusten	570 Mark

       bleibt Netto-Weidegeldrente 1824 − 570 = 1254 Mark.

2. Der durch landwirthschaftliche Sachverständige mit Rücksicht auf die Entfernung des Weidereviers zu ermittelnde Geldwerth einer Kuhweide kann berechnet werden nach Futterwerth, Ertragswerth oder Weidegeld.

Die Berechnung nach **Futterwerth** ergiebt sich aus dem Weide=
futterbedarf einer Kuh in Mittelheu während der vollen Weidezeit,
aus Heupreis und aus den Unkosten und Verlusten der Weideaus=
übung.

Vergl. über Weidefutterbedarf S. 463; über Heupreis, Kosten und Verlust=
Ermittelung die vorstehende Geldwerthermittelung des Heus S. 491 flg.

Der **Ertragswerth** einer Kuhweide für den Berechtigten be=
steht in dem auf die Weidezeit entfallenden Ueberschusse des gesammten
jährlichen Nutzungswerths einer Kuh über den gesammten Jahres=
werth der Kosten und Verluste, welche die mit Weideausübung ver=
bundene Viehhaltung für eine Kuh verursacht. Die Qualität der
Kuhweide, auf welche sich die Ertragswerthberechnung bezieht, muß
der Qualität der Kuhweide (in der Regel Kuhweiden mittlerer
Beschaffenheit) gleichwerthig sein, in welcher die Weide=Natural=
rente ausgedrückt ist.

Der Ertragswerth einer Kuhweide ist berechnet (umgerechnet auf neues
Maß und Gewicht) für Kühe von 200 kg Lebendgewicht

in der techn. Instr. für den Reg.=Bez. Frankfurt (2. Aufl. S. 129—133)
für gute Weiden (Niederungen) auf 2,2 Hectol. Roggen
= mittelmäßige Weiden = 1,65 = =
= schlechte Weiden = 1,1 = = ,

in der techn. Instr. für Pommern, Beilage CC und S. 63 flg.
für Kuhweiden I. Weideklasse mit einem Futterwerthe
von 26,7 Lit. Roggen pro Centner
Weideheu auf . . . . 2,267 Hectl. Roggen
= = II. Weideklasse mit einem Futterwerthe
von 20 Lit. Roggen pro Centner
Weideheu auf . . . . 1,477 · =
= = III. Weideklasse mit 13,4 Lit. Roggen
Futterwerth pro Heucentner auf . . . 0,687 · =

Für Schweineweiden sind weder die Futterwerth=, noch die Er=
tragswerthberechnungen für Kühe recht geeignet, weil Schweine
kein Heu fressen und die Grundlagen des Ertragswerths ganz an=
dere sind.

Eine brauchbarere Grundlage für die Ermittelung des Ertrags=
werths einer Schweineweide gewährt der Unterschied der durchschnitt=
lichen Verkaufspreise eines Schweins bei Beginn und bei Ende der
Weidezeit. Von dem hiernach festzustellenden Bruttoertrage kommen
die Weideunkosten und Verluste in Abrechnung.

Eine Anleitung zur Ertragswerthberechnung einer Schafweide enthält die techn. Instr. für Pommern S. 60—71.

Weidegeld ist das Entgelb, welches dem Waldeigenthümer für die Waldweidenutzung seitens Unberechtigter gezahlt wird. Die in den letzten Jahren im Durchschnitte entrichteten Weidegelder würden eine sehr zuverlässige Grundlage für die Werthbemessung der Kuhweide (bez. Schweineweide, Schafweide) abgeben, wenn sie Ergebnisse öffentlichen Meistgebots wären. In der Regel ist dies nicht der Fall. Die Weidegelder beruhen vielmehr häufig theils auf alten, für die Gegenwart nicht mehr zutreffenden Sätzen, theils auf mehr oder minder willkürlichen Annahmen ohne ausreichende Begründung. Bei der Werthschätzung der Kuhweiden nach Weidegelbern ist daher mit Vorsicht zu verfahren.

Das Weidegeld, an dessen Stelle ursprünglich Naturalien (Weidehafer, Weidehammel) gegeben wurden, ist festgesetzt

> in der Holz-, Jagd- und Forstordnung für Ostpreußen und Litthauen vom 23. März 1739 Tit. XIV § 1 auf 3 bis 6 Gr. für das Stück Rindvieh.

III. Ermittelung des Weide-Ablösungs-Kapitals.

Die Kapitalisirung der aus den bisherigen Ermittelungen hervorgegangenen, dauernd gleichen oder anfangs veränderlichen, später nach Herstellung eines geregelten Waldzustandes gleichen Weide-Geldrente nach dem Weiderechtszinsfuße ergiebt das Nutzwerth-Kapital, welches dem Berechtigten als Entschädigung für die Aufhebung der Weidegerechtsame gebührt. Seine Höhe ist somit abhängig von der Weidegeldrente und dem Weiderechtszinsfuße, die Höhe des letzteren von den bei Ermittelung der Weidegeldrente nicht in Betracht gezogenen, von dem Waldzustande unabhängigen, in den landwirthschaftlichen Zuständen beruhenden Verhältnissen, die in Zukunft eine Verminderung, eine Erhöhung oder ein Gleichbleiben der WeideNutzrente in Aussicht stellen. Sinkende Weiderenten begründen niedrige Weidekapitalwerthe und hohe Weiderechtszinsfuße, steigende Weiderenten wirken entgegengesetzt, Beharren der Weiderenten auf gleicher Höhe entspricht Kapitalwerthen und Zinsfußen von mittlerer Höhe.

Nach dem Entwickelungsgange, welchen die Landwirthschaft genommen hat, bildet das Sinken des Weidewerths die überwiegende Regel. Wo die Viehzucht nicht Selbstzweck ist, sondern dem Ackerbau dient, an Futterland kein Mangel besteht, Stallfütterung einge führt wurde oder in Aussicht steht, nach Waldweide wenig Nachfrage herrscht, da führt die abnehmende Weidenutzrente mit Nothwendigkeit zu einem hohen, den Geldzinsfuß übersteigenden Weiderechtszinsfuß. Anders im Gebirgslande mit untergeordnetem, räumlich beschränktem, gering rentirendem Ackerbau, blühender Viehwirthschaft, steigenden Futter- und Viehpreisen, wo in Folge dessen die Weiderenten steigen, und deshalb niedrige, zu hohen Nutzwerthkapitalien führende Zinsfuße geboten sind. In der Mitte stehen die wenig rentablen Acker-wirthschaften, die wegen Bodenarmuth und Futtermangels zu keiner blühenden Entwickelung gelangen können, auf Weide angewiesen sind und von der Waldweide voraussichtlich in Zukunft gleiche Nutzrenten ziehen werden, wie bisher.

Nach Maßgabe dieser Verhältnisse wird der Weiderechtszinsfuß, entsprechend den im allgemeinen Theile entwickelten Grundsätzen schätzungsmäßig so festzustellen sein, daß die Untergrenze den land- und forstwirthschaftlichen Zinsfuß, die Obergrenze den Geldzinsfuß übertrifft.

§ 28.

Vortheils-Werthermittelung der Waldweide-Berechtigungen.

Der Vortheil, welcher dem Waldeigenthümer aus der Ablösung der Waldweide-Berechtigungen erwächst, kann ein unmittelbarer oder ein mittelbarer sein. In jedem dieser beiden Fälle zerfällt die Vor-theilswerthermittelung in die Ermittelung der Vortheilsrente und des Vortheilswerth-Kapitals.

1. Werthermittelung des unmittelbaren Vortheils.

Der dem Waldeigenthümer aus der Weide-Ablösung unmit-telbar zufallende Vortheil besteht in dem Erlöse, welchen er durch Selbstbenutzung oder durch Verpachtung der erworbenen Be-rechtigungsweiden zu erzielen im Stande ist. Der Jahreserlös dieser Benutzung bezw. Verwerthung ergiebt die Vortheilsrente, die Kapitali-sirung der Vortheilsrente das gesuchte Vortheilswerth-Kapital.

Die Vortheilsrente bildet sich aus dem verwerthbaren Theile der Weiderechts-Naturalrente und aus dem Gelbertrage für die Ein-

heit der Naturalrente. Die Ermittelung der Vortheilsrente zer=
fällt daher

in die Ermittelung der Weide=Naturalrente nach Mittelheucentnern
oder Kuhweiden (bezw. Schafweiden zc.) nach den Regeln in
§ 27 I S. 457;

in die Ermittelung des davon für den Waldeigenthümer mit Rück=
sicht auf die wirthschaftlichen Verhältnisse der Waldanwohner
verwerthbaren Theils; und

in die Veranschlagung des ebenfalls mit Rücksicht auf die wirth=
schaftlichen Verhältnisse der muthmaßlichen Weidepächter zu er=
wartenden Nutzungsgeldes.

Einen Maßstab für die Anzahl der durch Verpachtung verwerthbaren
Kuhweiden giebt die bisherige Weideausübung durch Berechtigte und Unbe=
rechtigte. Wo Stallfütterung eingeführt ist oder wird, ist bei größeren Landwirthschaften nicht mehr auf Anpachtung der Rindviehweide zu rechnen. Schafweide dagegen kann noch begehrt sein. Weidepächter werden unter solchen
Verhältnissen vorzugsweise kleine Leute mit geringem Grundbesitze sein, welche
nicht gewillt und nicht im Stande sind, viel für die Waldweidenutzung zu zahlen.
Hierauf ist bei der Feststellung des Weidegeldes Rücksicht zu nehmen. Der Ertrags=
werth einer Kuhweide ist bei solchen Pachtweiden nicht allein maßgebend. Dagegen
kann er für die Kuhweiden, welche der Waldeigenthümer selbst durch Weideausübung für die eigene Wirthschaft über das seitherige Weidetheilnahmerecht hinaus zu nutzen vermag, als Geldwerthmaßstab zum Grunde gelegt werden.

Die Kapitalisirung der Vortheilsrente nach dem Weiderechts=
Zinsfuß ergiebt das Vortheilswerth=Kapital. Seine Höhe ist
nach dem steigenden oder sinkenden Werthe der Weidenutzung zu be=
messen.

Vergl. über die Schätzung des Weiderechts=Zinsfußes § 27 S. 495.

2. Werthermittelung des mittelbaren Vortheils.

Der dem Waldeigenthümer aus der Weideablösung erwachsende
mittelbare Vortheil besteht in dem Kapitalwerthe des Mehrertrags,
welcher sich ergiebt, wenn die Erträge des Berechtigungswaldes nach
Einstellung aller Weidenutzungen mit den Walderträgen bei fort=
dauernder Weideberechtigung, — in beiden Fällen eine den Verhält=
nissen entsprechende geordnete Waldwirthschaft vorausgesetzt — ver=
glichen werden. Die jährlichen Mehrerträge bilden die Vortheils=
renten, ihr Kapitalwerth das Vortheilswerth=Kapital.

Mehrerträge durch Abstellung der Waldweide sind nur zu er=
warten, wenn die Ausübung der Berechtigungs=Waldweide die Ursache

von Ertragsverlusten, sei es durch Waldbeschädigung oder durch Ver-
hinderung der vortheilhaftesten Waldwirthschaft für die hergebrachten
Holzarten, Betriebsarten und Umtriebszeiten gewesen ist. Wo daher
die Waldweideberechtigung bei ausreichendem Schonungsrechte weder
schädlich noch hinderlich war, oder wo sie gar, wie z. B. bei der
Schweineweide, dem Walde überwiegend Nutzen brachte, da kann
von mittelbaren, mit der Ablösung verbundenen Vortheilen nicht die
Rede sein. Es wird in solchen Fällen immer nur der unmittelbare
Vortheil in Betracht kommen können.

Die wesentlichsten Fälle, in denen bei Weide-Ablösungen eine
Werthermittelung des mittelbaren Vortheils stattfindet, sind folgende:

a) Weideberechtigungen in Brüchern. Der Weide-Nachtheil besteht in Wurzel-Freilegung und Beschädigung durch Vieh-
tritt auf dem weichen Bruchboden und in dem dadurch herbeigeführten Zuwachsverluste. Durch Einstellung der Waldweide bessert
sich das Wachsthum in den vorhandenen Beständen mittleren und
jüngeren Alters. Sie ermöglicht ferner nach dem Abtriebe der gegenwärtigen Bestände die Erziehung voller und zuwachsreicher Orte. Die
volle Vortheilsrente tritt daher erst beim Abtriebe der nach der
Weideabstellung neu begründeten Bestände, ein Theil der Vortheilsrente schon bei den Abtriebs- und Durchforstungserträgen der jetzt
jungen und mittelalten Bestände hervor. Die Berechnungszeit ist
mindestens der ersten Umtriebszeit gleichzustellen.

b) Weideberechtigungen an steilen Hängen.

Der Weide-Nachtheil besteht in der Bodenschädigung durch Los-
treten und Abschwemmung des Bodens, in der Holzbeschädigung
durch Wurzelentblößung und in den durch beide Umstände herbeigeführten Zuwachsstörungen und Bestandslichtungen. Durch die Weide-
ruhe bildet sich allmälig, in jüngeren Beständen eher als in älteren,
eine haltbare Bodenkrume, deren vortheilhafte Einwirkung auf Zuwachs und Holzertrag in den älteren Beständen nicht mehr in be-
achtenswerther Weise, in den jüngeren Beständen in höherem Maße,
in vollem Maße aber gewöhnlich erst in den weidefrei erzogenen
Beständen hervortritt. Auch hier hat sich die Berechnungszeit auf
eine Umtriebszeit zu erstrecken.

c) Weideberechtigungen in Hochwaldungen, welche aus
Lichtholzarten bestehen.

In wild- und weidefreien Hochwaldungen, welche aus Lichtholzarten zusammengesetzt sind, namentlich in Eichen- und Kiefernhoch-
waldungen, bildet sich auf besserem Boden, begünstigt durch Misch-
hölzer, nach Beendigung des Haupthöhenwuchses, von dem Zeitpunkte
der beginnenden Bestandslichtung an, in jüngeren und älteren Baumholzbeständen ein Unterstand von Schattenholzarten, namentlich von
Buchen, Hainbuchen, Haseln, Tannen und Fichten, welcher auf die
physikalische Beschaffenheit des Bodens, besonders auf die Erhaltung
der Bodenfrische günstig einwirkt, den Boden deckt, den Bestand füllt,
an lichteren Bestandspartien heraufwächst, höhere Durchforstungser-
träge zuläßt und selbst die Abtriebserträge erhöht. Bei starkem
Weidegange wird die Bildung eines solchen Unterholz- und Zwischen-
holz-Bestandes verhindert. Die Beseitigung der Waldweide gestattet
und begünstigt die Ansiedelung und das Emporkommen desselben.
Da dazu jedoch längere Zeit gehört, so kommt die günstige Wirkung
des im weidefreien Zustande entstandenen Bodenschutz- und Bestands-
Füllholzes den älteren, bald abzutreibenden Beständen gar nicht
mehr, den bereits licht gewordenen Beständen mittleren Alters nur
zum Theile, dagegen den auf der Grenze der Bestandslichtung
stehenden und den jüngeren Beständen vollständig zu Statten. Die
Berechnungszeit muß daher mindestens denjenigen Zeitraum umfassen, welcher vergeht, bis der Abtrieb der bei der Weideeinstellung
auf der Grenze der Bestandslichtung stehenden Bestände beginnt.

Bei 120jähr. Umtriebe und bei einer im 50. Jahre eintretenden Bestandslichtung muß die Berechnungszeit mindestens 70 Jahre umfassen. Diese mindeste Dauer genügt nur dann, wenn nach 70 Jahren zugleich ein normaler
Waldzustand mit regelmäßigem Altersklassenverhältnisse und jährlich gleichem
Abnutzungssatze erreichbar ist.

d) Weideberechtigungen mit ungenügender Jugendschonzeit.

Der Nachtheil der Waldweide besteht in der Beschädigung des
jungen, dem Weidevieh noch nicht entwachsenen Holzes durch Verbeißen und in den nachtheiligen Folgen, welche letzteres auf den
Massenertrag und auf die Beschaffenheit des Holzes äußert. Diese
Folgen sind verschieden nach Art und Umfang der Weideservitut,
sowie nach Standortsgüte, Holzart und Betriebsart des Berechtigungswaldes, fühlbarer bei Rindvieh als bei Schafen, bei Weideüber-
lastung und Waldunzulänglichkeit, — um so eingreifender, je kürzer die

Schonzeit und je geringer die Standortsgüte, schädlicher für Eiche als für Buche, für Kiefer als für Fichte, in Mittel- und Plänterwald als in Hoch- und Niederwald, bald nur Ausfälle in den Vorerträgen herbeiführend, bald die Haubarkeitserträge in Bezug auf Masse und Gebrauchswerth des Holzes herabdrückend. Der Zeit, auf welche sich diese Ertragsverluste erstrecken, ist die mindeste Dauer der Berechnungszeit gleich zu stellen, mit deren Ablauf die volle aus der Weideaufhebung hervorgehende, in dem Mehrertrage an Vor- und Haubarkeitsnutzung bestehende Vortheilsrente eintritt.

e) Weideberechtigungen mit unzureichender Schonungsfläche in schlecht bestockten Waldungen.

Der Nachtheil der Weideberechtigung besteht darin, daß der Abtrieb und der Holzanbau von raumen Holzbeständen und Blößen nicht in dem Umfange und in der Zeit erfolgen kann, welche den Grundsätzen einer geordneten Waldwirthschaft und dem Kulturbedürfnisse des Waldes entsprechen. Die Weideablösung ermöglicht den alsbaldigen Abtrieb und Anbau der schlecht producirenden Bestände und Blößen, führt zu einer Erhöhung der Abtriebserträge und Kulturkosten der nächsten Zeit und zu einem frühzeitigen Bezuge der Durchforstungs- und Abtriebserträge von den eher angebauten Flächen. Zur Ermittelung des Vortheilswerth-Kapitals ist ein Betriebsplan sowohl für den servitutbelasteten, als für den servitutfreigewordenen Wald aufzustellen, welcher Abtrieb und Anbau beiderseits regelt und sich mindestens auf eine Umtriebszeit, sofern in ihr der Normalwaldzustand herzustellen ist, erstreckt. Die auf Grundlage desselben angestellte periodische Ertrags- und Kulturkosten-Berechnung für den ersten, die anschließende Berechnung der jährlichen Erträge für den zweiten Umtrieb ergiebt dann die zu kapitalisirenden Vortheilsrenten.

f) Weideberechtigungen mit breiten Triften.

Der Nachtheil besteht darin, daß der Holzzucht Flächen entzogen werden und für den Waldeigenthümer ertraglos bleiben, welche bei Weidefreiheit durch Holzanbau einträglich gemacht werden können. Die Steigerung des Waldreinertrags, welche durch die Ueberweisung der durch Ablösung weidefrei gewordenen Triften zur Holzzucht oder zur Grasnutzung erwartet werden kann, bildet den Vortheil. Zu berücksichtigen ist bei seiner Berechnung, daß in der Regel nur ein Theil der Triften eingezogen werden kann, ferner daß der Holz=anbau meist nicht sofort, sondern erst gelegentlich des Abtriebs der benachbarten Bestände statthaft ist.

Sonstige Vortheile z. B. Kosten=Ersparniß durch den Wegfall von Schonungstafeln können ihrer Unbedeutendheit wegen mit dem Verlust an Weidedünger compensirt werden.

Das Verfahren bei der Ermittelung des mittelbaren Vor=theils=Kapitals ist seinem allgemeinen Gange nach in Th. I § 16 S. 157 f. dargestellt. Seine Durchführung im Einzelnen in Bezug auf Berechnungszeit, Ertrags= und Kosten = Veranschlagung muß aus der Besonderheit der vorliegenden Fälle abgeleitet werden. Schwierigkeiten werden dabei namentlich die Ertragsansätze für den servitutfrei gewordenen Wald in manchen Fällen verursachen. Sie werden am besten durch Anlehnung an die örtlichen Verhält=nisse, namentlich durch Ertrags=Erhebungen und Vergleichungen in weidebelasteten und weidefreien Beständen unter sonst gleichen Ver=hältnissen überwunden. Wo eine derartige Anlehnung an die that=sächlichen Verhältnisse nicht möglich ist, und die Ertragssätze auch nicht auf andere Weise durch Benutzung von brauchbaren Ertrags=tafeln begründet werden können, muß auf die Ermittelung des mit=telbaren Vortheils verzichtet werden, die sich nicht in das Gebiet vager Spekulation verlieren darf.

§ 29.

Abfindung der Waldweide-Berechtigungen.

Gesetzliche Abfindungsmittel für Weide = Berechtigungen in Preußen sind:
landwirthschaftliches Kulturland und ablösbare Geldrente.

Die Landabfindung ist das principale, die Geldrenten=Abfindung das eventuelle Abfindungsmittel, welche letztere in Ermangelung an=derweiter Einigung nur dann eintritt, wenn den gesetzlichen Bedin=gungen der Kulturland=Abfindung nicht genügt werden kann.

Ausnahmen von den in den übrigen Landestheilen bestehenden gesetzlichen Bestimmungen hinsichtlich der Abfindung von Weidebe=

rechtigungen enthalten die Gem.-Th.-Ordnungen für Hannover und Hohenzollern.

Die Hannover'sche GThO. bestimmt in Betreff der Weidebe=rechtigungen in den oberharzischen Forsten des Amts Zellerfeld, daß dort in den Fällen, wo den gesetzlichen Bestimmungen über die Kultur=land=Abfindung nicht genügt werden kann, die Abfindung in Geld=rente gegen den Willen des Berechtigten oder des Belasteten nicht stattfinden darf, und demzufolge die Abstellung der Weideberechtigung unterbleiben muß.

Hannov. GThO. v. 13. Juni 1873 § 13.

In Hohenzollern ist nur Geldrente als Zwangs=Abfindungs=mittel zulässig.

Hohenzollern'sche GThO. 23. Mai 1885 § 20.

Ueber die Bedingungen, unter denen die beiden Abfindungsarten und die Ablösung der Geldrente eintreten, sowie über das Verfahren zur Ermittelung der Höhe der Abfindung vergl. Theil I. §§ 19, 25.

Die Landabfindung ist schon in dem Landes=Cult.=Ed. vom 14. Sept. 1811 für Weideberechtigungen in Laubholzwaldungen als Hauptabfindungsmittel be=zeichnet worden, indem es in § 30 heißt:

> „Da für die Laubholzwaldungen die Weide beinahe immer verderblich — der Boden derselben aber gewöhnlich von der Art ist, dass er mit Nutzen zu Ackerland oder Wiesen aptirt werden kann, so soll dies durch Abfindung der Weideberechti-gungen mittelst Abtretung eines Theils dieser Holzdistricte mög-lichst befördert werden."

In Ausführung dieser Bestimmung wurde in § 138 der Altpr. GThO. v. 7. Juni 1821 angeordnet, daß die Landabfindung in abgeholztem Forstlande nach dem Weidewerthe stattfinden solle.

> GThO. § 138. „Die Entschädigung der Weideberechtigten in Land wird ihnen in der Art angerechnet, wie letzteres nach ge-schehener Abholzung bei dem Dasein der Stubben zur Weide geschickt ist; — will aber der Eigenthümer die Weide als völlig raum abtreten, so muss er das Roden der Stämme und Ebenen der Löcher bewirken lassen oder die diesfallsigen Kosten dem abgefundenen Weideberechtigten ersetzen".

Diese sowohl die Rechte des Waldeigenthümers als das volkswirthschaft=liche Interesse verletzende Gesetzesbestimmung, welche dem Waldeigenthümer viele ungerechtfertigte Opfer auferlegt hat, ist durch Art. 10 des Erg.-Gesetzes vom 2. März 1850 aufgehoben worden.

§ 30.

Waldgräserei = Berechtigungen.

I. Begriff, Wesen, Arten.

1. Begriff und Wesen.

Waldgräserei-Berechtigungen sind Grundgerechtigkeiten auf Gras= und Kräuter=Nutzung durch Werbung mit der Hand in fremden Waldungen zur Viehfütterung.

Nutzungszweck ist Viehfütterung.

Die Einschränkung der Gräserei=Berechtigung auf den Zweck der Vieh= fütterung entspricht der herkömmlichen Auffassung. Gewisse Gräser dienen zwar auch anderen Verwendungszwecken z. B. das „Seegras" (Carex brizoïdes) zur Polsterung, sind aber schwerlich Gegenstand von Gräserei=Berechtigungen.

Das Preußische Recht enthält keine Begriffs= und Zweck=Bestimmung der Gräserei=Berechtigung. Es kann aber kaum einem Zweifel unterliegen, daß dasselbe den Nutzungszweck dieser Grundgerechtigkeit auf Viehfütterung be= schränkt. In Uebereinstimmung damit bezeichnet das Erk. des OT. vom 5. Dec. 1871 die Gräserei=Berechtigung als ein Surrogat der Weideberechtigung.

Strieth. Arch. Bd. 83 S. 180.

Z. f. LCG. XXIII. S. 305. XXVIII Gr. 2402.

Nutzungsgegenstand sind nicht blos Futtergräser, sondern auch die zwischen ihnen stehenden wilden Futterkräuter, z. B. Kleearten, Wicken, Wiesenplatterbse (Lathyrus pratensis L.), Wiesenknopf (Sanguisorba officinalis L.) u. a.

Futtergräser und Futterkräuter werden regelmäßig bei der Futtergräserei mit einander geworben, sind deshalb beide Nutzungsgegenstand der Gräserei= Berechtigung.

Das gewonnene Gras= und Kräuterfutter wird entweder blos zur Grünfütterung während der Vegetationszeit, oder auch zur Heufütterung im Winter verwendet. Von der Art dieser durch Rechtstitel oder thatsächliche Ausübung bestimmten Verwendung sind Umfang und Werth der Berechtigung abhängig.

Demselben Zwecke wie die Weideberechtigung dienend, unter= scheidet sich die Gräserei=Berechtigung von dieser dadurch, daß das Futter bei der Weideberechtigung durch Abweiden des Viehes ge= wonnen, bei der Gräserei=Berechtigung durch Menschenhand (mittelst Rupfens, Sichelns, Mähens) geworben und dem Vieh im Stalle verabreicht wird.

Eine Theilung des berechtigten Grundstücks hat hinsichtlich der auf die Erwerber der Theilstücke übergehenden Nutzungsrechte dieselben rechtlichen Folgen, wie bei Weideberechtigungen.

Vergl. Th. I § 5 S. 32.

Gräserei=Berechtigungen auf öffentlichen Wegen sind keine privatrechtlichen Servituten und daher nicht ablösbar.

RE. 16. Mai 1862 Z. f. LGG. XIV. S. 292 Gr. 1859.

2. Arten.

Zu unterscheiden sind:

nach dem Umfange der Berechtigung bestimmte und unbestimmte Gräserei=Berechtigungen,

nach der Werbungsart Gräserei=Berechtigungen zum Rupfen (Rupf= gräserei), zum Sicheln (Sichel=Gräserei) und zum Mähen (Sensen=Gräserei).

Welche von diesen Werbungsarten zulässig ist, richtet sich nach speciellen Rechtstiteln, allgemeinen gesetzlichen Bestimmungen oder Herkommen.

In der Preuß. Ablösungs = Gesetzgebung sind die ablösbaren Wald= Gräserei=Berechtigungen verschiedenartig bezeichnet, nämlich

in dem Erg.=Ges. vom 2. März 1850 Art. 1, 10, 11 als Berechtigung zur Gräserei ohne Angabe der Gewinnungsart,

in der Rheinischen, Hessischen, Hannover'schen und Schleswig=Holstein'schen GThO. als Berechtigung zum Grasschnitt,

in der GThO. für den Reg.=Bez. Wiesbaden § 1 als Berechtigung zum Grasschnitt (I. 4) und abweichend von den letzterwähnten GTh.=Ord= nungen zum Pflücken des Grases (Grasrupfen I. 5).

II. Der Umfang der Waldgräserei-Berechtigungen

richtet sich im Allgemeinen nach den für Weideberechtigungen ange= gebenen Gesichtspunkten und Regeln. Besonders hervorzuheben sind: der Grasrechtsbedarf, das Waldschonungsrecht des Waldeigenthümers und die Waldschonpflicht des Berechtigten.

1. Gräsereirechts=Bedarf.

Bestimmte Gräserei=Berechtigungen mit feststehendem, nach Raum= maß oder Gewicht bestimmtem Nutzungsmaße kommen nur aus= nahmsweise vor.

Bedarfsmaßstab für unbestimmte Berechtigungen ist der auf den Berechtigungswald bei Waldzulänglichkeit angewiesene Futterbe=

darf des berechtigten Viehstandes für denjenigen Zeitraum im Laufe eines Jahres, für welchen die Servitut Futter zu beschaffen hat. Elemente der Bedarfsermittelung sind daher Viehstand, täglicher Futterbedarf für 1 Stück Vieh, Futterberechnungszeit, anderweite Grasnutzungsmittel des Berechtigten.

Gesetzliche Bestimmungen über die Ermittelung des Gräserei-rechts-Bedarfs enthält für Preußen nur das Erg.-Ges. vom 2. März 1850 (Art. 3), gültig für den Bezirk der Altpr. GTO. vom 7. Juni 1821. Die Gesetzes-Bestimmung lautet:

> „Art. 3. Insoweit bei einer Mehreren gemeinschaftlich zu-stehenden Berechtigung zur Gräserei ... das Mass und Verhält-niss der Theilnahme aller oder einzelner Interessenten nicht durch Urkunden, Judicate oder Statuten bestimmt ist, soll dasselbe für deren berechtigte Besitzungen als ein gleiches behandelt werden.
>
> In Ortschaften, wo der Futterbedarf der berechtigten Stellen überwiegend durch Grasschnitt beschafft wird, bleibt es den Be-sitzern der einzelnen Stellen gestattet, zu beweisen, dass sie in den letzten 10 Jahren vor Einleitung der Theilung in einem grösseren, dem Viehstande oder der Fläche ihrer Stellen ent-sprechenden Masse den Grasschnitt benutzt haben, und erfolgt alsdann die Theilung der Gräserei nach diesem Nutzungsver-hältnisse.“

a) **Viehstand.** Vieharten sind die Weidevieharten. Wenn die Gräserei-Berechtigung sich nicht blos auf die Beschaffung von Grün-futter beschränkt, sondern auch auf Heubeschaffung für Winterfütte-rung erstreckt, so scheiden Schweine als Nichtheufresser für die Winter-futter-Ermittelung aus.

Da die Gräserei-Berechtigung meist nur von Kleinbesitzern aus-geübt wird, so gehören in der Regel nur Rindvieh, Schafe, Ziegen und Schweine zu dem berechtigten Viehstande.

Die Viehstands-Ermittelung erfolgt zweckmäßig nach dem bis-herigen Besitzstande in der für Weideberechtigungen angegebenen Art (§ 24 I 2 S. 379). Zur Viehstands-Reduction auf Normalvieh jeder Viehgattung bez. für den gesammten Viehstand kann Tafel XXXVI benutzt werden.

Wo nach Art. 3 des Erg.-Ges. vom 2. März 1850 Gleichbe-rechtigung aller Gräserei-Berechtigten einer Ortschaft anzunehmen ist, ergiebt sich der Viehstand des einzelnen Berechtigten entweder als

Quotient aus Gesammtviehstand und Anzahl der Berechtigten, oder durch Viehstands-Ermittelung für Durchschnittsstellen.

b) Der durch landwirthschaftliche Sachverständige zu veranschlagende tägliche Futterbedarf an Gras bez. Heu für 1 Stück Vieh besteht in dem Ueberschusse des vollen Futterbedarfs über die Quantität der verabreichten, sonstigen Futtermittel. Der volle Futterbedarf ergiebt sich aus Vieh-Gewicht (s. Tafel XXXV) und täglichem Futterbedarfe auf 1000 kg Lebendgewicht (s. Tafel XXXIV). Die in anderen Futtermitteln außer Gras bez. Heu verabreichte Futtermenge ist durch örtliche Ermittelung festzustellen.

c) Je nachdem sich die Gräserei-Berechtigung nach Titel oder Ausübung der Servitut nur auf Grünfütterung oder auch auf Heufütterung erstreckt, umfaßt die Futter-Berechnungszeit die Grasnutzungszeit oder das ganze Jahr. Ersteres bildet die Regel.

Die Grasnutzungszeit ist, wie die Weidezeit, eine volle oder beschränkte, eine durch specielle Rechtstitel bestimmte oder eine unbestimmte. Die vom Standorte abhängige, örtlich festzustellende volle Grasnutzungszeit beginnt später und endigt früher als die Weidezeit. Während im Frühjahr bald nach Eintritt der Grasvegetation geweidet werden kann, lohnt der Grasschnitt erst dann, wenn das Gras so hoch gewachsen ist, daß es sich mit der Hand in Büscheln zusammenfassen läßt. Im Herbste nach der Samenreife wird das Gras alsbald hartstengelig, dürr und zur Werbung nicht mehr geeignet. Im Allgemeinen läßt sich annehmen, daß im norddeutschen Flachlande die Grasnutzungszeit von Mitte Mai bis Ende September, also etwa 4½ Monate, dauert.

Innerhalb dieser Zeit ist die Graserzeugung sowohl nach Menge als nach Güte verschieden. In beiden Beziehungen sind die Standorts-Verhältnisse und die von denselben abhängigen Gras- und Kräuter-Arten, welche die Zusammensetzung der Bodennarbe bilden, von Einfluß. Bodenwärme, Bodenfeuchtigkeit und Licht beschleunigen die Entwickelung der Gräser und Kräuter, die entgegengesetzten Verhältnisse verzögern sie. Gewisse Futtergräser und Kräuter gelangen frühzeitig (im Mai, Juni), andere spät im Jahre (Juli, August) zur Entwickelung und Blüthe (Frühgräser, Spätgräser); ein Theil ist bei frühzeitiger Entwickelung und starker Reproductionsfähigkeit zweischnittig, ein anderer Theil unter den entgegengesetzten

Verhältnissen nur einschnittig. Die Futtergüte ist von der Verdau= lichkeit und dem Gehalte an stickstoffhaltigen Nährstoffen abhängig. Verschieden nach den Pflanzenarten sind beide im jugendlichen Zu= stande der Pflanzen bis zur Blüthezeit am größten. Von diesem Zeitpunkte an nimmt der Futterwerth ab. Beschattung mindert den Futterertrag quantitativ und qualitativ. Die in Tafel XLIII beigefügte, der Pflanzenbaulehre von Krafft entnommene Zusammenstellung giebt eine Uebersicht der nach der Blüthezeit bemessenen Entwickelungs= periode und des Nährstoff=Verhältnisses im jugendlichen, der Blüthe= zeit vorausgehenden Zustande für die wichtigsten Futtergräser.

Lehrbuch der Landwirthschaft auf wissenschaftlicher und praktischer Grundlage von Dr. Guido Krafft. Zweiter Band. Pflanzenbaulehre. 3. Aufl. S. 234.

Aus dieser Zusammenstellung in Verbindung mit den Angaben in der Futtermitteltafel (Tafel XXXIII) geht hervor, daß das Nährstoff= Verhältniß des Junggrases ein enges (zwischen 1 : 2,4 und 1 : 6,8) ist, welches sich nach der Blüthezeit (bis zu 1 : 8,2) erweitert, ferner daß das Gras rechtzeitig geschnitten ein Normalfutter für Milchkühe mit dem Nährstoff=Verhältnisse 1 : 5,4 und für die übrigen Rind= viehklassen mit dem Nährstoff=Verhältnisse 1 : 4,7 bis 1 : 8 bildet.

Vergl. die Fütterungsnormen=Tafel (Tafel XXXII).

Es ergiebt sich aus den verschiedenen Entwickelungszeiten der Grasarten weiter, daß der Grasertrag beschränkter Grasnutzungszeiten im Verhältnisse zu dem Ertrage der vollen Grasnutzungszeit je nach der Zusammensetzung der Grasnarbe sehr verschieden in Quantität und Qualität sein kann. Einen Anhalt für die Ertragsschätzung be= schränkter Grasnutzungszeiten gewährt die Weidezeit=Ertragstafel (Tafel XXXVII).

d) Von Titel und Ausübung der Gräserei=Berechtigung hängt es auch ab, ob auf den jährlichen Grasnutzungsbedarf, welcher sich aus Viehstand, täglichem Grasfutterbedarf bez. Heufutterbedarf für 1 Stück Vieh und Futterberechnungszeit ergiebt, andere Grasnutzungs= mittel des Gräserei=Berechtigten anzurechnen sind, und in welchem Umfange, ob voll oder verhältnißmäßig, die Anrechnung zu erfolgen hat. Gesetzliche Vorschriften über eine solche Anrechnung enthält die Preußische Gesetzgebung nicht. Zu unterscheiden sind hier, wie bei allen Waldgrundgerechtigkeiten, die auf eigenen Grundstücken des Berechtigten zu gewinnenden Futtermittel von denjenigen Grasnutzun=

gen, welche, außer der abzulösenden Gräsereiberechtigung, aus derar=
tigen Berechtigungen bezogen werden. Im letzteren Falle hat stets
eine verhältnißmäßige Anrechnung nach dem Futterertrage der ver=
schiedenen Berechtigungen stattzufinden, während im ersteren Falle, je
nach den Umständen, die volle oder die verhältnißmäßige Anrechnung
der eigenen Futtermittel zu beanspruchen ist.

2. Waldschonungs=Recht und =Pflicht.

Das Schonungsrecht des Waldeigenthümers und die demselben
entsprechende Schonungspflicht des Berechtigten beruhen bei Gräserei=
Berechtigungen, wie bei allen anderen Grundgerechtigkeiten, auf den
allgemeinen gesetzlichen Bestimmungen, wonach die Ausübung der
Servituten weder die Substanz der belasteten Grundstücke schädigen,
noch die eigentliche Bestimmung der letzteren hindern darf.

Vergl. Th. I § 3 S. 25.

Das aus den allgemeinen gesetzlichen Vorschriften folgende
Schonungsrecht des Waldeigenthümers erstreckt und beschränkt sich
auf das Holzschonungsrecht. Vermöge desselben ist der Wald=
eigenthümer befugt, Bestände, welche der Holzbeschädigung durch
Grasnutzung unterliegen, von der letzteren so lange auszuschließen,
bis sie der Beschädigung entwachsen sind. Eine Ausnahme von
dieser Regel findet nur dann statt, wenn der Berechtigte ein die
Schonungsbefugniß des Waldeigenthümers beschränkendes oder aus=
schließendes Gräsereirecht durch specielle Rechtstitel (Willenserklärung,
richterliches Urtheil, Verjährung) erworben hat, oder wenn die recht=
liche Natur der belasteten Waldflächen, z. B. bei Pflanzwaldungen,
ständigen Huten das Holzschonungsrecht ausschließt.

Vergl. § 24 S. 430, 418.

Der durch Grasnutzung verursachte Schade besteht darin, daß
die zwischen dem Grase stehenden jungen Holzpflanzen bei der Rupf=
gräserei mit den Wurzeln ausgerissen oder über der Erde abgerissen,
bei der Sichel= oder Sensengräserei abgeschnitten werden. Ausreißen
der Holzpflanzen bei der Rupfgräserei ist nur auf weichem, nassem
Boden und bei flachwurzelnden, ganz jungen Pflanzen (Birken, Erlen,
Fichten), Abreißen nur bei dünnstengeligen, krautartigen Holzpflanzen
in der ersten Jugend (Fichten, Kiefern) zu besorgen. In der Regel
wurzeln die Holzpflanzen schon im ersten Jahre so fest im Boden
und sind in ihrem holzigen Stengel so fest gebildet, daß sie dem

Ausreißen und Abreißen widerstehen. Weit gefährlicher als die Rupfgräserei ist die Sichelgräserei durch Abschneiden, jedoch nur dann, wenn die Holzpflanzen mit dem Grase im Gemenge stehen, also bei natürlichen Verjüngungen in Samen- und jüngeren Licht-Schlägen, in Erlen-Niederwaldungen mit Anflug, in Mittelwaldschlägen mit jungem Oberholz-Nachwuchs. Hier ist eine mehrjährige Schonung des Anwuchses gegen Sichelgräserei geboten, während bei Kahlhieben und Anbau aus der Hand in regelmäßigem Verbande jede Schonung der Jungbestände gegen Grasnutzung überflüssig erscheint. Bei der Sensengräserei treten die Gefahren und Beschädigungen der Sichelgräserei in erhöhtem Maße ein. ·

Hiernach wird je nach den Waldbestands- und Betriebs-Verhältnissen zu beurtheilen sein, ob und in welchem Umfang die Holzschonung geboten und berechtigt ist.

Die gesetzlichen Bestimmungen über das Holzschonungsrecht bei Gräserei-Berechtigungen beschränken sich auf Ablösungsgesetze und Forstordnungen. Das Preuß. Landrecht und das Landescultur-Edict vom 14. September 1811 enthalten darüber nichts.

Von den Ablösungsgesetzen erwähnt nur das Erg.-Gesetz vom 2. März 1850 jenes Schonungsrecht, indem es heißt in dessen

> „Art. 11. Die in den §§ 131 bis 137 und im § 139 der Gemeinheitstheilungs-Ordnung vom 7. Juni 1821 enthaltenen Bestimmungen über die Waldweide-Berechtigungen sind auch auf die Berechtigung zur Gräserei in Forsten anwendbar.“

Von den in Bezug genommenen §§ der G.Th.O. 1821 kommt hier nur § 134 in Betracht, welcher lautet

> „§ 134. Von der nach den Grundsätzen der §§ 131 u. ff. ausgemittelten Weide muss ein verhältnissmässiger Theil für den Holzberechtigten in Rücksicht der nach den Grundsätzen der Forstcultur oder nach seiner besonderen Befugniss (§ 133) anzulegenden Holzschonungen, und für den Mastberechtigten in Rücksicht der gesetzlichen Mastschonungen abgerechnet werden.“

Was die in § 134 erwähnte, durch Art. 11 des Erg.-G. 1850 auf Gräserei-Berechtigungen ausgedehnte Mastschonung anbetrifft, so ist eine solche für Gräserei-Berechtigungen schlechterdings nicht zu begründen, und ihre Ausschließung wohl nur aus Versehen in Art. 11 a. a. O. unterblieben.

In den übrigen Preußischen Gem.-Theil.-Ordnungen ist zwar des Holzschonungsrechts bei Gräserei-Berechtigungen nicht besonders gedacht, jedoch enthalten sowohl die Hannover'sche G.Th.O. in § 8,

als die Schleswig-Holstein'sche GThO. in § 10 die für alle Forstberechtigungen geltende Bestimmung, daß

> „bei der Ermittelung des Jahreswerths die durch die Rücksicht
> auf den nachhaltigen Bestand der Forst bei deren ordnungs-
> mässiger Bewirthschaftung gebotene Beschränkung der Berech-
> tigung zu beachten"

sei.

Die Forstordnungen enthalten folgende, noch zu Recht bestehende Vorschriften über das Holzschonungsrecht des Waldeigenthümers und über die Waldschonpflicht des Berechtigten bei Gräserei-
Berechtigungen:

a) die Märkische Forstordnung vom 20. Mai 1720 in Tit. IX
§ 2, daß „in denjenigen Orten, wo junge Eichen und Buchen aus
dem Kern aufschlagen, kein Gras abgemäht werden soll";

b) die Forstordnung für das Herzogthum Magdeburg und das
Fürstenthum Halberstadt vom 3. Oktober 1743 in Tit. I § 8, daß
„in unseren jedesmaligen Gehauen zur Beförderung des Anwachsens
der jungen Lohden in den ersten 3 Jahren gar nicht, in dem 4. Jahre
aber nicht anders, als mit Behutsamkeit und Schonung der jungen
Lohden mit Sicheln zu grasen verstattet sein soll";

c) die Schlesische Forstordnung vom 19. April 1756 in Tit. I
§ 8, „daß in den jungen Hauen kein Gras geschnitten oder gemäht
werden soll, ferner daß in lebendem Holze der Gebrauch der Sense
verboten und nur derjenige der Sichel gestattet ist"; und in Tit. II
§ 2, daß „in Unseren . . . Gehegen . . . ehender nicht, als bis solche
ganz freigegeben worden, bei doppelter Strafe Jemand Gras zu
schneiden sich unterfangen soll";

d) das Schlesische Forst-Regulativ vom 26. März 1788

in § 7, „daß in den Neusalzer, Wohlauer und Herenstädt'schen
Forsten die Erlenschläge, welchen bei dem Alter der Stöcke mit Be-
samung ausgeholfen werden muß, 6 Jahre mit der Sichelgräserei
verschont bleiben sollen", ferner

in § 15, daß außer den Fällen des § 7 die Grasschonung in
Schlagholzwaldungen dauern soll

bei 12jährigem Umtriebe 3 Jahre,
= 15　=　　=　4　=
= 18　=　　=　4　=
= 24　=　　=　5　=

bei 32jährigem Umtriebe 6 Jahre,
= Weidenwerdern   1 Jahr;

e) die Forstordnung für Ostpreußen und Litthauen vom 3. Dezember 1775 in Tit. II § 12, daß „in den Schonungen und Gehegen, wo Unterholz, junger Aufschlag und Lohden befindlich sind", Gras nicht geschnitten werden dürfe.

Das Sächsische Waldnebennutzungs-Mandat vom 30. Juli 1813 verordnet in § 13, daß das Grasen in frisch angesäten oder anfliegenden und aufschlagenden Schwarz- oder Laubhölzern gänzlich untersagt sei, ferner daß das Ausreißen und Abschneiden von Gras und anderen Gewächsen im reinen Niederwalde nicht vor dem 5., im Mittelwalde nicht vor dem 7., im Hochwalde nicht vor dem 11. Jahre stattfinden dürfe.

Nach dem Badischen Forstgesetze § 39 besteht für Gräsereiberechtigungen dasselbe Holzschonungsrecht, wie für Weideberechtigungen (§ 32).

Das Allg. Preuß. Landrecht enthält in Th. I Tit. 8 § 91 die Bestimmung:

„Sensen oder Blattsicheln, bei deren Gebrauch das heranwachsende junge Holz nicht gehörig geschont werden kann, sollen in Holzrevieren zum Grasmachen niemals gebraucht werden."

Die Bestimmung gehörte zu den landrechtlichen Beschränkungen des Waldeigenthums. Sie sind durch § 4 des Land.-Cult.-Ed. v. 14. Sept. 1811 aufgehoben.

Vergl. auch weiter unten IV S. 515.

III. Bedeutung der Waldgräserei-Berechtigungen.

In dem ehemaligen, dem Markenverbande entstammenden, auf Gemeinweide in Wald und Feld beruhenden landwirthschaftlichen Betriebssysteme der Dreifelderwirthschaft, ingleichen in der bis zur Mitte des vorigen Jahrhunderts herrschenden forstlichen Betriebsart bez. Benutzungsart des Plänterwaldes hatte die Waldgrasnutzung nur eine untergeordnete Bedeutung. Im Sommer lieferte die Weide, im Winter der Heuertrag von den natürlichen Wiesen das erforderliche Viehfutter. Der weidebelastete Plänterwald mit seinem Vollschatten oder Halbschatten war zu einer reichen, die Ausübung der Sichelgräserei lohnenden Grasproduction wenig geeignet. Nur die der Weideschonung unterworfenen Jungschläge des Mittel- und Niederwaldes lieferten einen ansehnlichen Grasertrag, welcher bei Mangel an Wiesenwuchs hauptsächlich zur Heubereitung und Winterfütterung an manchen Orten durch Sichelgräserei geworben

wurde. Daraus erklärt es sich, daß in den Wald= und Forstordnun=
gen der früheren Jahrhunderte zwar regelmäßig von der Waldweide,
aber nur ausnahmsweise von der Waldgräserei die Rede ist.

In der Ebersheimer Mark wird das Grasen, „das schädlich wäre“,
untersagt, und in den „gehägten Allmayen“ verboten.
Vergl. von Berg, Gesch. d. d. W. S. 230.
Grimm, IV. S. 560.

In Thüringen bestimmten die Forstordnungen des 16. Jahrhunderts, daß
wenigstens 5 Jahre lang, nachdem das Holz aus den Gehauen geschafft worden,
die Weiber nicht mit den Sicheln darin grasen sollten.
Vergl. Kius, Das Forstwesen Thüringens im 16. Jahrhundert S. 98.

Von den Forstordnungen für die Mark gedenkt zuerst die Holzordnung
vom 1. Februar 1622 der Gräserei, die unter Nr. 13 unter den Eingriffen
genannt wird. Die Holz-, Mast- und Jagdordnung vom 20. Mai 1720 untersagt sie in den jungen Eichen- und Buchen=Orten.

Was die Forstordnungen für die Provinz Preußen betrifft, so ist in der
Holz-, Jagd- und Forstordnung vom 23. März 1739 noch nicht die Rede von
der Gräserei, die in der FD. v. 3. Decbr. 1775 in Schonungen und Gehegen
verboten wird.
Vergl. über die Grasschonung in verschiedenen Preußischen Forstordnungen
S. 510.

In der Fürstlich Eisenach'schen Jagd- und Forstordnung vom 10. Oct.
1645 und in der FD. für das Fürstenthum Jena vom 1. Juni 1674 ist die
Gräserei=Schonungszeit für Junghölzer auf 8 Jahre festgesetzt.
Ebing, Rechtsverhältnisse des Waldes S. 94.

Die seit Mitte des vorigen Jahrhunderts eingetretenen Aende=
rungen in den Verhältnissen sowohl des Grundeigenthums, als
des land= und forstwirthschaftlichen Betriebes (Theilung der Gemein=
weiden, Grund=Befreiung und Parcellirung, Stallfütterung, Einführung
des grasreicheren Hochwaldes an Stelle des Plänterwaldes) haben
die Bedeutung der Waldgräserei für den kleinen Grundbesitzer und
Viehhalter vielfach gehoben, während sie die Bedeutung der Wald=
weide zurückdrängten.

Für die gegenwärtige, örtlich verschiedene, wald=, land= und
volkswirthschaftliche Bedeutung der Waldgräserei und für die
darnach zu beurtheilende Zuträglichkeit oder Unzuträglichkeit der Ab=
lösung von Waldgräserei=Berechtigungen sind folgende Gesichtspunkte
maßgebend.

Für den Wald ist die Grasnutzung, welche nur auf unbestock=
ten oder lichtbestockten Flächen lohnt und deshalb auf Schlagblößen,

Gestelle, wenig befahrene Wege, Jungbestände mit noch nicht ein=
getretenem Schluß (Anwuchs, Aufwuchs) sowie auf licht und lückig
bestandene Baumholzbestände beschränkt ist, nach einigen Richtungen
nachtheilig, nach anderen vortheilhaft. Waldschädlich kann die Gras=
nutzung theils durch Ausfuhr von mineralischen Nährstoffen, theils
durch Bestandsbeschädigung mittelst Abschneidens des jungen Holzes
sein. Waldnützlich wirkt sie durch Entfernung des die jungen Holz=
pflanzen verdämmenden Gras= und Unkrautwuchses, durch Vermin=
derung der durch Wärmeausstrahlung des Grases gesteigerten
Frostgefahr, endlich durch Beseitigung der Wohnstätten der wald=
schädlichen Feldmaus (Arvicola arvalis Pall), welche bei starkem
Gras= und Kräuterwuchse vom Felde in den Wald einwandert und
dort ihren Aufenthalt nimmt. Ob der Nutzen oder der Schade
der Grasnutzung für den Wald überwiegt, hängt von den örtlichen
Verhältnissen ab. Mineralisch kräftiger Boden, lange Umtriebszeiten
und dadurch bedingte seltene Wiederkehr der Grasnutzung, Schatten=
holzarten, Erhaltung des Waldschlusses und der Humusdecke, ferner
vorsichtige Handhabung der Grasnutzung, gesichert durch polizeiliche
Strafbestimmungen für Holzbeschädigungen in Verbindung mit guter
Waldaufsicht lassen die Waldgräferei mit den Regeln einer guten
Forstwirthschaft vereinbar erscheinen. Ueberlastung des Waldes mit
Grasrechten dagegen auf Mittelboden, bei Lichtholzarten und kurzen
Umtriebszeiten kann zu einer erheblichen Schwächung der Boden=
kraft, rücksichtslose Ausübung zur Zerstörung des Holz=Nachwuchses
führen.

In 1000 kg Wiesenheu werden dem Boden entzogen nach Krafft, Acker=
baulehre 3. Aufl. I. S. 149:

an Mineralstoffen 51,5 kg Asche,

nämlich 13,2 = Kali, 2,3 kg Natron,

8,6 = Kalk, 3,3 = Magnesia,

4,1 = Phosphorsäure,

2,4 = Schwefelsäure,

13,9 = Kieselsäure,

an Stickstoff: 15,5 = — mithin pro Jahr und Hectar bei holzreinem
Boden (vergl. Tafel XXXVIII):

auf	mit einem Heu-ertrage (Tafel XXXVIII) von kg	Asche kg	Kali	Natron	Kallerde	Bittererde	Phosphor-säure	Schwefel-säure	Kieselsäure	Stickstoff kg
					Kilogramm					
Eichen und Buchen-Höhenboden I. Cl. . .	1550	79,8	20,5	3,6	13,3	5,1	6,4	3,7	21,5	24,0
desgl. III. = . .	1050	54,1	13,7	2,4	9,0	3,5	4,3	2,5	14,6	16,3
Kiefern-Höhenboden I. Cl. . .	1300	67,0	17,2	3,0	11,2	4,3	5,3	3,1	18,1	20,2
desgl. III. = . .	750	38,6	9,9	1,7	6,5	2,5	3,1	1,8	10,4	11,6
Erlen-Niederungsboden I. Cl.	3150	162,2	41,6	7,2	27,1	10,4	12,9	7,6	43,8	48,8
desgl. III. =	1650	85,0	21,8	3,8	14,2	5,4	6,8	4,0	22,9	25,6

Eine Vergleichung dieser Zahlen mit dem Gehalte des Holzertrags an Bodennährstoffen (vergl. Tafel XXII) läßt ersehen, daß die Nährstoff-Ausfuhr durch Grasnutzung keineswegs unerheblich ist. Sie beträgt auf Boden gleicher Beschaffenheit das 5= und Mehrfache der Ausfuhr an wichtigen minera-lischen Nährstoffen durch den Jahreszuwachs an Holz. In Weidenhegern, deren Bewirthschaftung sich ohnehin nicht mit der Graswerbung verträgt, ferner in Mittel- und Niederwaldungen mit geringem Umtriebe kann daher eine unbe-schränkte Grasnutzung leicht zum Rückgange der Bodenfruchtbarkeit und der Holzproduction führen, während sie beschränkt auf guten Boden und auf eine mäßige, Bodenrückgang ausschließende Ausübung, ohne Nachtheil oder zum Nutzen für den Wald stattfinden kann. Unter welchen Verhältnissen und in welchem Umfange die Waldgräserei demgemäß für den Wald unzuträglich oder zuträglich ist, so daß vom Standpunkte der Waldwirthschaft aus die Ab-lösung der Waldgräserei-Berechtigung geboten erscheint oder nicht, ist nach den örtlichen Verhältnissen zu beurtheilen.

Für den landwirthschaftlichen Groß= und Mittelbetrieb ist die Waldgräserei ohne Bedeutung, weil die mühsame und zeitraubende Werbung des Waldgrases einen unverhältnißmäßig hohen Arbeits=Aufwand erfordert. Die landwirthschaftliche, noch mehr die volkswirthschaftliche Bedeutung der Waldgräserei liegt darin, daß sie dem Tagelöhner und dem ländlichen Kleinbesitzer die Mög=lichkeit gewährt, ein oder einige Stück Vieh zu halten, den Haus=bedarf an Milch, Butter, Fleisch in der eigenen Wirthschaft zu er=zielen, den Düngerbedarf zur Feldbestellung zu beschaffen, die brach liegende Arbeitskraft nutzbringend zu verwerthen. Sie ist oder kann sein ein Existenzmittel für die armen Leute, ein Schutzmittel gegen Pauperismus, ein Mittel, die Bevölkerung an ihrem Erwerbs= und

Ernährungsorte festzuhalten, selbst für den Waldeigenthümer zur Beschaffung der erforderlichen Arbeitskräfte und zur Verwerthung der Forstproducte mitunter von nicht zu unterschätzendem Werthe. Wo der Waldgräserei eine derartige, in das öffentliche Interesse hineinragende Bedeutung beiwohnt, im dünn bevölkerten, grasreichen, dem Ackerbau ungünstigen Gebirgslande mit beschränkter, anderweiter Erwerbsgelegenheit ebensowohl, wie bei dichter Bevölkerung und weitgehender Zersplitterung des Grundeigenthums im Flachlande, da ist die Beibehaltung der Waldgräserei-Berechtigung privatwirthschaftlich und waldwirthschaftlich gerechtfertigt, vielleicht geboten und nicht die Ablösung, sondern die Regelung derselben eine Maßregel verständiger Wirthschafts-Politik.

IV. Regelung der Waldgräserei-Berechtigungen.

1. Die allgemeine (polizeiliche) Regelung der Waldgräserei-Berechtigung kann erfolgen:

a) durch gesetzliche Strafbestimmungen für Holzbeschädigungen bei der Graswerbung. Sie bilden ein wichtiges, allgemein anwendbares und bei gehöriger Waldaufsicht wirksames Mittel zur Verhütung fahrlässiger oder absichtlicher Beschädigung des Holz-Nachwuchses. In Preußen ist die Sache ungleichmäßig und nicht überall genügend durch die älteren, noch gültigen Forstordnungen und durch die von den einzelnen Regierungen erlassenen Forstpolizei-Ordnungen geregelt;

b) durch Schließung derjenigen, mit jungem Holze bestandenen Waldorte, in denen der Holzbestand durch die Grasnutzung gefährdet ist (Holzschonung, Grasschonung).

Die in Preußen gültigen Bestimmungen der älteren Forstordnungen über die Grasschonung sind S. 510 angegeben.

In Baden fällt nach S. 511 die Jugendschonzeit bei Gräsereiberechtigungen mit der Weideschonzeit zusammen. Sie beträgt für Hochwald bei Laubholz 35 Jahre, bei Nadelholz 30 Jahre; für Niederwald bei Hartholz 25 Jahre, bei Weichholz 12 Jahre; geht weit über das Grasschonungsbedürfniß hinaus und kommt einem Grasungs-Verbote beinahe gleich.

Vergl. Badisches Forstgesetz nach der Fassung von 1855 § 32.

Eine Holzschonung ist in manchen Fällen (bei Naturbesamung, Vollsaaten) durch das Interesse der Waldverjüngung unbedingt geboten, in anderen Fällen (bei Kahlhieben, reihenweisem Anbau durch Kleinpflanzung oder Saat, Anbau durch Loden oder Heister) über= flüssig. Für die gesetzliche Regelung der Holzschonung besteht die Schwierigkeit, daß es an einem bestimmten, allgemein anwendbaren, Willkür ausschließenden Merkmale für die Fälle, in denen die Schonung eintreten muß, fehlt. Eine bestimmte Schonzeit läßt sich selbst für gewisse Holzarten und Betriebsarten nicht feststellen. Bei der großen Verschiedenheit der örtlichen Verhältnisse sind Merkmale von mehr allgemeiner Art anzuwenden. Dieselben können gefunden werden entweder in der Widerstandsfähigkeit der Holzpflanzen gegen Rupfen oder Schneiden, oder in der augenfälligen Erkennbarkeit der Holzpflanzen zwischen dem Grase, herbeigeführt durch regelmäßigen Stand oder durch Heraustreten derselben aus dem Grase. Um einen wirksamen Schutz gegen Gräserei = Beschädigungen herbeizuführen, würden die wegen des unregelmäßigen Standes der Holzpflanzen ge= fährdeten Jungbestände bis zur Erkennbarkeit der Holzpflanzen bei Rupfgräserei, bis zur Widerstandsfähigkeit derselben gegen Absicheln gegen Sichelgräserei zu schonen sein.

Ein weiteres Mittel polizeilicher Regelung ist

c) der Ausschluß bestandsgefährlicher Schneide=Werkzeuge. Da= hin gehört die Sense, welche selbst bei weitem Stande der Holz= pflanzen nicht ohne Nachtheil im Walde, sondern höchstens auf Waldblößen und Wegen gebraucht werden kann. Dagegen ist der Gebrauch der Schneidesichel unter den bei b angegebenen Schonzeit= Beschränkungen unbedenklich.

·Die Forstordnung für Waldeck vom 21. November 1853 untersagt in § 15 bei der Grasnutzung den Gebrauch von Schneidewerkzeugen vollständig.

Zu empfehlen endlich ist

d) die alljährliche Anweisung der zur Grasnutzung geöffneten Waldorte an die Berechtigten, so daß jeder einzelne Berechtigte eine bestimmte, zur Bedarfserfüllung ausreichende Grasfläche erhält, eine Maßregel, welche die Kontrolle der Graswerbung zur Verhütung von Holzbeschädigungen wesentlich erleichtert und den Berechtigten für den Mitschutz der ihm überwiesenen Parcelle interessirt.

Art. 29 der Sachsen=Meiningen'schen Forstordnung vom 29. Mai 1856 bestimmt:

„Das Grasen in den Waldungen darf nur nach vorgängiger
Einweisung von Seiten des Forstbeamten und nur da stattfinden,
wo es dem Walde keinen Schaden bringt.“

2. Auf dem Gebiete der Antragsregelung können bei Wald=
gräserei=Berechtigungen in Betracht kommen:

die selbständige Gräserei=Freilegung bei Wald=Ueberzulänglichkeit,
die Gräserei=Freilegung nach Theil=Ablösungen, und
die Gräserei=Umlegung.

Gräserei-Feststellung und =Einschränkung sind praktisch nicht durchführbar,
weil die Abgabe oder Bezugs=Controlle von Gras nach Raummaß oder Gewicht
wegen der in der Regel täglich erforderlichen Werbung der Forstverwaltung
einen ganz unverhältnißmäßigen Arbeitsaufwand auferlegen würde.

Specielle, auf die Waldgräserei=Berechtigung bezügliche Vor=
schriften enthalten die Preußischen Agrargesetze nicht. Die Zulässig=
keit und der allgemeine Gang des Verfahrens richten sich nach den
Erörterungen im allgemeinen Theile (Th. I § 8 S. 68) und bei den
Weideberechtigungen (Th. II § 26 II S. 450 f.). Die durch die Natur
der Gräsereiberechtigung bedingten Besonderheiten ergeben sich leicht
aus der Darstellung der unter V folgenden Nutzwerth=Ermittelung.

V. Nutzwerth-Ermittelung der Waldgräserei-Berechtigungen.

Bei der Nutzwerth=Ermittelung kommen in Betracht:
die Bedarfs=Ermittelung,
die Ertrags=Ermittelung,
die Geldwerth=Ermittelung der Nutzungseinheit,
der Berechtigungs=Zinsfuß.

1. Gräsereirechts=Bedarfsermittelung.

Als Nutzungseinheit für die Gräsereirechts=Bedarfs= und Ertrags=
Ermittelung, die Grundlagen für die Gras=Naturalrente, ist zweck=
mäßig die Gewichtseinheit (Kilogramm, Centner) des Grases von
mittelguter Beschaffenheit zu wählen. Die Bedarfsermittelung kann
erfolgen:

nach dem Futterbedarfe des berechtigten Viehstandes (Viehstands=
Maßstab),
nach dem Umfange der bisherigen Graswerbung (Werbungs=
Maßstab).

a) Die Bedarfs-Ermittelung nach dem Viehstands-Maßstabe umfaßt:

α) die Viehstands-Ermittelung nach Art und Zahl, für den Bereich der Altpreußischen Gem.-Thl.-Ordnung, welche allein Vorschriften über die Bedarfs-Ermittelung enthält, unter Beachtung der in Art. 3 des Erg.-Ges. vom 2. März 1850 gegebenen Bestimmungen.

Vergl. oben II. 1. S. 505.

Maßgebend für die Viehstands-Ermittelung bei unbestimmten Gräserei-Berechtigungen ist der Besitzstand der jüngsten Vergangenheit, nach Analogie der Weideberechtigungen der letzten 10 Jahre, nicht der Durchwinterungsmaßstab, welcher bei Kleinbesitz, um den es sich bei Gräserei-Berechtigungen fast immer handelt, unbrauchbar ist;

b) die Ermittelung des täglichen Futterbedarfs für das Normalvieh jeder Viehgattung und im Ganzen nach den bei der Weideberechtigung angegebenen Grundsätzen entweder unmittelbar in Mittelgras-Centnern oder nach Mittel-Heuwerth und Reduction desselben auf Mittelgras nach dem Gewichtsverhältnisse von Gras und Heu.

Vergl. oben II. 1. S. 506.

Der Gewichtsunterschied von Gras und Heu besteht in dem Gewichtsverluste, welchen das Grünfutter bei der Heubereitung durch Trocknen erleidet. Junges Schnittgras und Kräuter, aus denen das bei der Sichelgräserei gewonnene Futter besteht, enthalten im Durchschnitte 80 Gewichtsprocente, Mittelheu im Durchschnitte 14,3 Gewichtsprocente Wasser. (Vergl. die Futtermitteltafel Tafel XXXIII.) Der Gewichtsverlust des Grases durch Heubereitung beträgt daher rund 66 Procent. Mithin geben 100 kg Grünfutter 34 kg Heu, oder es sind die Gewichtsreductionsfactoren

von Gras zu Heu 0,34,
= Heu = Gras 2,94, rund 3.

Die technische Instruction für den Reg.-Bez. Breslau nimmt (S. 96) an, daß das Gras 75 Procent Feuchtigkeit enthalte und zieht daraus, indem sie auf den Wassergehalt des Heus keine Rücksicht nimmt, den unrichtigen Schluß, daß 4 Pfund Gras 1 Pfund Heu geben. Als untere und obere Grenzen werden 3 und 5 Pfund Gras gleich 1 Pfund Heu angegeben.

Auch Ranke (Geldwerth der Forstberechtigungen 2. Aufl. S. 33) macht, indem er den Feuchtigkeitsgehalt des Grases zu 80 Procent seines Gewichts angiebt und für Heu das absolute Trockengewicht anstatt des Lufttrockengewichts zum Grunde legt, denselben unrichtigen Schluß, demzufolge 5 Pfund Gras 1 Pfund Heu geben sollen.

Hieran schließt sich

c) die Feststellung der Ernährungszeit (Futterberechnungszeit), für welche das eingebrachte Gras verwendet worden ist, nach Maßgabe des Umfangs der Gräserei-Berechtigung. Je nachdem diese sich auf die Grünfütterung des Berechtigungsgrases beschränkt oder außerdem auf die Verwendung des letzteren zur Dürrfütterung erstreckt, umfaßt die Ernährungszeit blos die Grasnutzungszeit oder die Dauer des ganzen Jahres. Vergl. über die Dauer der Futterberechnungszeit II. 1 S. 506 in diesem §.

In beiden Fällen ist schließlich

d) die Ermittelung des anderweiten, auf eigenen Grundstücken des Berechtigten oder in anderen Berechtigungs-Revieren gewonnenen Futterbetrages nach den Grundsätzen der Grasertrags-Ermittelung (s. darüber unten S. 520) bez. auf Grund landwirthschaftlich technischer Schätzung vorzunehmen.

Alsdann ergiebt das Product aus täglichem Futterbedarf und Ernährungszeit (b, c), abzüglich der anderweiten Futtermittel (d), den gesuchten Grasrechtsbedarf.

b) Weit unsicherer als die Grasrechtsbedarfs-Ermittelung nach dem Viehstands-Maßstabe ist die Ermittelung nach dem Werbungs-Maßstabe oder nach der durch die Graswerbung eingebrachten bez. einzubringenden Futtermenge, wie sie unter Anderen von Pfeil in Vorschlag gebracht worden ist. Vergl. Pfeil, Ablösung der Waldservituten, 3. Aufl. S. 289.

Dieselbe nimmt, da von einer zuverlässigen historischen Feststellung der Grundlagen dieser Ermittelung kaum jemals die Rede sein kann, Möglichkeit für Wirklichkeit und kann wohl als Controllmittel, nicht aber, wenigstens der Regel nach, als Hauptgrundlage der Bedarfsermittelung angesehen werden. Das Verfahren schlägt folgenden Weg ein:

a) Veranschlagung der von einer Person in einem Tage zu werbenden Grasgewichtsmenge mit Rücksicht auf das Durchschnittsgewicht einer Tragelast und auf die mittlere Entfernung des Berechtigungswaldes von dem Berechtigungsorte;

b) Ermittelung der Personenzahl nach der Anzahl der ausgegebenen Graszettel;

c) Ermittelung der Graswerbungstage aus der Gesammtdauer der

jährlichen Grasnutzungszeit und aus der von ihr abzurechnen=
den Anzahl von Versäumnißtagen (Sonn= und Festtagen,
Regentagen, Krankheitstagen).

Das Product aus Zeit, Personenzahl und Tageswerbung soll
den Gesammtbedarf ergeben, wovon schließlich event. noch

b) der durch anderweite Futtermittel gedeckte Bedarf abzurechnen
sein würde, um den Gräsereirechtsbedarf zu erhalten.

Die Anzahl der Regentage während der Monate Mai bis September
kann aus den für die Jahre 1875 bis 1886 veröffentlichten Jahresberichten
der forstlich=meteorologischen Stationen in Preußen, Württemberg, Braunschweig,
den Thüringischen Staaten und den Reichslanden von Dr. Müttrich, Verlag
von Julius Springer, Berlin, entnommen werden.

Zu einer unmittelbaren Anwendung für die Feststellung der Regentage,
an denen die Grasnutzung ausgeschlossen ist, sind die Ergebnisse indessen nicht
geeignet, weil nicht alle in ihnen enthaltenen (24stündigen) Regentage, son=
dern nur die Tage mit anhaltendem Tages=Regen die Grasnutzung verhindern.

2. Waldgras=Ertragsermittelung (Gras=Bonitirung).

Die in den Standorts=, Holzbestands= und Betriebs=Verhält=
nissen beruhenden Grundlagen für die Ertrags=Ermittelung sind bei
Gräserei=Berechtigungen im Allgemeinen dieselben, wie bei Weidebe=
rechtigungen, da es sich bei beiden um dasselbe Ertragsobject, um
Vieh=, Gras= und Kräuterfutter handelt, und nur die Art der An=
eignung, Abweiden bei Weide, Handwerbung bei Gräserei, verschieden
ist. Diese Verschiedenheit in der Aneignungsart hat indessen einen
erheblichen Einfluß auf die Ertragsgröße. Durch die Weide kann
auch noch kurzes, sparsam stehendes Gras= und Kräuterfutter mit
Nutzen angeeignet werden, bei der Gräserei nicht, weil die Kosten der
Graswerbung in keinem Verhältnisse zu dem Ertragswerthe stehen
würden. Gräsereinutzung erfordert, wenn sie lohnen soll, reichliche
Graserzeugung, die nur auf einem Standorte von mindestens mittel=
guter Bodenbeschaffenheit, mittlerer Bodenfeuchtigkeit und bei einem
reichlichen Lichteinfalle stattfindet. Die noch weidefähigen Flächen
mit geringem, trocknem Boden, sowie unter günstigen Bodenverhält=
nissen mit einer erheblichen Schirmbeschattung, sind daher für Gras=
gewinnung ungeeignet. Andererseits verbreitet sich die Gräserei weit
mehr in die jüngeren Altersklassen, als die Weide, indem gerade die
in Weideschonung liegenden Jungbestände die Hauptertragsflächen für
die Grasnutzung liefern.

Von maßgebendem Einflusse auf die Waldgras=Ertragsberech=
nung sind insbesondere die Behandlung von untermittelmäßigen Be=
ständen und von Holzbodenblößen, das Holzschonungsrecht und die
Grasertrags=Verminderung durch andere Berechtigungen, sowie durch
Unfälle.

Untermittelmäßige Holzbestände und Holzbodenblößen sind nach
den Preußischen Ablösungsgesetzen genau in derselben Weise, wie bei
Weideberechtigungen, mit dem Grasertrage einer mittelmäßigen Be=
stockung zu veranschlagen.

Vergl. § 27 I. 4 S. 476 f.

Die von der Ertragsermittelung auszuschließenden Holzschonungs=
flächen sind unter Beachtung der in einzelnen Forstordnungen ent=
haltenen gesetzlichen Vorschriften nach den Grundsätzen einer geregelten
Forstwirthschaft festzustellen.

Vergl. oben II. 2 S. 508 f.

Ausfälle im Grasertrage durch andere Berechtigungen und Wald=
unfälle sind nach den bei den Weideberechtigungen erörterten Grund=
sätzen zu berücksichtigen.

Vergl. § 27 S. 482.

Bei der Grasertrags=Ermittelung des Berechtigungswaldes ist
ebenso wie bei der Weidebonitirung das Verfahren verschieden, je
nachdem sich die Bonitirung auf geregelte oder ungeregelte Waldzu=
stände bezieht.

a) Das Schätzungs=Verfahren bei geregeltem oder an=
nähernd geregeltem Waldzustande nimmt folgenden Gang:

α) Standorts= und Bestands=Aufnahme jeder Waldabtheilung, so=
wohl der Holzbodenflächen nach Standortsklasse, Holzart, Alter,
Holzhaltigkeit, als der graswüchsigen Nichtholzbodenflächen
(Gestelle, Wegeränder, Grabenböschungen, holzleere Brücher);

b) Feststellung der Grasnutzungsfläche.

Zu derselben gehören:

die graswüchsigen Nichtholzbodenflächen,

die graswüchsigen Holzboden=Blößen,

die der Grasnutzung geöffneten An= und Aufwüchse (Jung=
bestände vor Eintritt des Schlusses),

die wegen lichter Bestandsbeschaffenheit (Lichtholzarten,
räumlicher Stellung) grasefähigen älteren Holzbestände,

die grasefähigen Lücken und Blößen in übrigens nicht grasefähigen Beständen.

Zu der Grasnutzungsfläche gehören nicht:

die Flächen auf geringem, trockenem Boden mit dürftigem
Graswuchse (Kiefernboden IV. und V. Klasse),

die so dicht mit Holz bestandenen Flächen auf graswüchsigem
Boden, daß entweder gar kein oder kein die Werbung
lohnender Graswuchs stattfindet;

c) Schätzung des Grasertrags auf der Grasnutzungsfläche b nach
Grasgewicht von mittelguter Beschaffenheit bei voller Grasnutzungszeit. Die Schätzung kann folgenden Weg einschlagen:

α) Schätzung des Heuertrages nach Mittelheu-Centnern im
holzreinen Zustande,

β) Schätzung des wirklichen Heuertrages mit Rücksicht auf die
Ertrags-Verminderung in Menge und Güte, welche durch
Beschirmung und Seitenbeschattung herbeigeführt wird.
Dabei ist bei Holzbodenblößen und untermittelmäßigen
Beständen den in Preußen bestehenden gesetzlichen Bestim-
mungen gemäß die Schätzung auf den Ertrag des mittel-
mäßigen Holzbestandes zu beziehen,

γ) Reduction des Mittelheuertrages mit Rücksicht auf die Ertragsausfälle, welche durch Weide, Wild, Streu- und
Plaggenberechtigungen, Ueberschwemmungen entstehen,

δ) Umwandlung des verbleibenden Heuertrages in Grasertrag
nach dem Gewichts-Verhältnisse von Heu und Gras (1 : 3).

Die Heuertragsschätzung (α) ist nach örtlichen Erfahrungen, erforderlichen
Falls nach dem durch landwirthschaftliche Sachverständige abgeschätzten Ertrage
von zweckmäßig ausgewählten Musterflächen zu bewirken. Für die Mark
Brandenburg kann dabei die Weideertragstafel (Tafel XXXVIII) benutzt werden.
Unter günstigen Bodenverhältnissen gehen die Heuerträge weit höher. Die
technische Instruction für den Reg.-Bezirk Frankfurt (S. 13) unterscheidet
14 Wiesenklassen mit Heuerträgen von 16 bis 96 Centnern (800 bis 4800 kg)
auf dem Hectar. Pfeil (Ablösung der Waldserv. 3. Aufl. S. 29) bildet 6 Wiesenklassen mit 19,9 bis 87,9 Centnern Heuertrag pro Hectar, ohne indessen die
Merkmale der Klassen anzugeben. Der Heuertrag der besten 3 schürigen Niede-
rungs- oder Bewässerungswiesen reicht bis zu 150 Centnern auf dem Hectar.

Ueber die Ertragsverminderung in Bezug auf Menge und Güte, herbeigeführt durch Beschattung (β) vergl. Weideberecht. § 27 S. 468.

Hieran schließt sich:

b) bei beschränkter Grasnutzungszeit noch die Reduction des Gras=
     ertrages ad c auf den Grasertrag der beschränkten Gras=
     nutzungszeit.

Vergl. darüber Weideberechtigungen § 27 S. 484.

b) Das Schätzungs=Verfahren bei ungeregeltem Wald=
zustande, bei welchem der Grasertrag nicht wie bei a gleichbleibt,
sondern mit der Aenderung des Waldzustandes dem Wechsel· unter=
worfen ist, hat die periodisch wechselnden Graserträge (E_1, E_2 . . .)
zu ermitteln, um durch Gegenüberstellung derselben mit dem gleich=
bleibenden Gesammtbedarfe (B) die periodischen Quoten der Wald=
zulänglichkeit $\left(\frac{E_1}{B}\ \frac{E_2}{B} \ldots\right)$ festzustellen und als Producte aus diesen
und dem gleichbleibenden Einzelbedarfe des abzulösenden Berechtigten
(b) die periodischen Grasnaturalrenten ($b \times \frac{E_1}{B}$, $b \times \frac{E_2}{B}$ . . .) zu
finden. Das je nach den Zielen der Waldwirthschaft und der Ver=
schiedenheit der Waldzustände verschiedene Verfahren (Normalertrags=
Verfahren, Betriebsplan=Verfahren, Bestands=Verfahren) folgt den
bei der Nutzwerth=Ermittelung der Weideberechtigungen angegebenen
Regeln.

Vergl. darüber § 27 S. 485 u. f.

3. Geldwerth=Ermittelung des Grases.

Der reine (erntekostenfreie) Geldwerth für den Grascentner, aus
dessen Multiplication mit den jährlich gleichen oder periodisch wech=
selnden Gras=Naturalrenten die gleichen oder wechselnden Jahres=
geldwerthe der Gräserei=Berechtigung hervorgehen, ergiebt sich als
Ueberschuß des Bruttogeldwerths für den Centner Gras über die
darauf ruhenden Kosten.

a) Ermittelung des Bruttowerths. Gras ist selten Ver=
kaufs=Gegenstand, Heu fast überall. Der Graswerth ist daher aus
dem Heupreise und zwar aus dem Verkaufspreise von Mittelheu,
auf welches sich die Veranschlagung des Gras=Bedarfs und =Ertrags
bezieht, abzuleiten.

Heuverkäufe im Walde finden selten statt. Der Regel nach
wird sich deshalb die Ermittelung auf die Heupreise am Berechti=
gungsorte zu erstrecken haben.

Vergl. über Heuwerthermittelung unter Weideberechtigungen § 27 S. 491.

Von dem ermittelten Heupreiſe ſind, um den Grasbruttowerth zu erhalten, die Koſten der Heubereitung (Trocknen ꝛc.) in Abzug zu bringen. Aus dem hieraus hervorgehenden Heupreiſe und aus dem Gewichtsverhältniſſe von Gras und Heu (3 : 1) ergiebt ſich dann der Bruttowerth des Graſes.

b) Koſtenermittelung.

Die Werbungskoſten des Graſes beſtehen in der Abtrennung deſſelben vom Boden durch Rupfen oder Abſchneiden. Für Zuſammenbringen in Haufen ſind in der Regel keine Koſten zu veranſchlagen, weil das Gras gewöhnlich in Traglaſten oder mit Handkarren fortgeſchafft und unmittelbar am Werbungsorte in die Transportwerkzeuge eingelegt wird. Bei der Veranſchlagung der Werbungskoſten ſind die Gewinnungsart (Rupfen oder Sicheln) und der Umſtand zu berückſichtigen, daß die vorſichtige und vereinzelte Werbung zwiſchen jüngerem und älterem Holze einen größeren Zeitaufwand erfordert, als das Mähen oder Sicheln auf zuſammenhängenden, reinen Grasflächen.

Werbungskoſtenſätze.

Nach Kraut, Lehrbuch der Landwirthſchaft, mäht 1 Mann in 12 Arbeitsſtunden 0,28 bis 0,5 Hectar Wieſen. Das Sicheln auf zuſammenhängenden reinen Grasflächen erfordert den doppelten Zeitaufwand, kann aber wegen der geringen Arbeitskraft, die es erfordert, ebenſogut von Frauen, wie von Männern bewirkt werden, ſchafft daher in 12 Frauen-Arbeitsſtunden 0,14 bis 0,25 Hectar, im Mittel 0,20 Hectar. Beträgt in einem gegebenen Falle die Zeitverſäumniß durch den zerſtreuten Stand des Graſes zwiſchen dem Holze 50 Procent und der Grasertrag pro Hectar 100 Centner, ſo erfordert 1 Centner Gras einen Werbungskoſtenaufwand von $\frac{12}{10} = 1{,}2$ Frauenarbeitsſtunden.

Nach der Inſtr. für den Reg.-Bez. Frankfurt (S. 67 a. a. O.) mäht 1 Mann in 1 Stunde 24—60 □R. = 3,1 bis 8,8 Ar, mithin in 12 Stunden 0,37 bis 1,06 Hectar, alſo weit mehr als vorhin angegeben. 1 Centner Gras zu mähen ſoll 0,1 Stunde Mannsarbeit, das Sicheln von Waldgras den 4- bis 6fachen Arbeitskoſtenaufwand erfordern (S. 300).

Die techn. Inſtr. für Breslau (2. Aufl. S. 97) giebt an, daß eine weibliche Perſon mittleren Alters in 1 Stunde mit der Sichel ſchneiden und ſammeln könne:

auf holzbewachſenen Grasflächen je nach Holzbeſtand und Grasſtand 40 bis 90 Pfund (= 18,7 bis 42 kg),

auf raumen Flächen 60 bis 130 Pfund (= 28 bis 60,8 kg).

Nach Ranke (a. a. O. S. 33) ſchneidet 1 Perſon täglich 3,81 Alt-Centner (= 3,92 Neucentner) Gras im Walde.

Die Transportkosten für die Gewichtseinheit Gras ergeben sich, ausgedrückt in Arbeitszeit, aus dem Gewichte der Transporteinheit (Traglast, Karrenlast, Wagenlast) und aus der Entfernung zwischen der Mitte des Berechtigungswaldes und dem Wohnorte der Berechtigten.

Wenn die Frauen-Traglast Gras 1 Centner, die Entfernung 1 Stunde beträgt, so stellen sich die Transportkosten pro Grascentner auf 2 Frauenarbeitsstunden, oder bei 10stündiger Arbeitszeit auf 0,2 Frauentagelöhne.

4. **Graserechts-Zinsfuß.**

Die Gräserei-Geldrente hat im Allgemeinen eine steigende Tendenz. Vermehrung der Bevölkerung, des durch Gütertheilung beförderten ländlichen Kleinbesitzes und des von ihm unterhaltenen Viehstandes, Abstellung der Waldweide, Ausdehnung der Stallfütterung, Verminderung der Grasnutzungsfläche durch Verbesserung der Waldwirthschaft führen zu einer steigenden Preisbewegung des Waldgrases und bedingen niedrige, unter dem Geldzinsfuße stehende Zinssätze zur Kapitalisirung der jährlichen, gleichen oder periodisch wechselnden Gräserei-Geldrenten. Andererseits können Abnahme der Bevölkerung oder des Viehstandes, Entstehung neuer die ländliche Viehhaltung beeinträchtigender Erwerbszweige, Ueberfluß an Viehfutter, Erhöhung der Arbeitslöhne, die Nachfrage oder den Nettowerth des Waldgrases vermindern und zu höheren Graserechts-Zinsfußen führen. Die bisherige Bewegung der Futterpreise, die in der Vergangenheit hervorgetretene Mehrung oder Minderung der Nachfrage nach Waldgras sind als Maßstäbe für den Ansatz des Graserechts-Zinsfußes zu benutzen.

VI. Vortheils-Werthermittelung der Gräserei-Berechtigungen.

Von den beiden Vortheils-Arten, auf welche sich die Vortheils-Werthermittelung bezieht, kommt bei Gräserei-Berechtigungen nur der unmittelbare, durch Verwerthung der erworbenen Grasnutzung erzielbare Vortheil in Betracht.

Allerdings kann dem Waldeigenthümer thatsächlich auch ein mittelbarer, in Verbesserung des Waldzustandes und Steigerung des Holzertrags beruhender Vortheil dadurch erwachsen, daß die durch Grasnutzung herbeigeführten Holzbeschädigungen aufhören, oder daß die mit dem Grase dem Walde verbleibenden mineralischen

Nährstoffe eine Erhöhung der Bodenfruchtbarkeit bewirken. Die Anrechnung des erstgedachten Vortheils darf aber dem Waldeigenthümer nicht zugemuthet werden, weil die Holzbeschädigung vermieden werden kann, und als ein Mißbrauch, zu dem die Gräserei-Berechtigung kein Recht giebt, vermieden werden soll. Zur Größen- und Werth-Ermittelung des zweiten Vortheils fehlt es an den erforderlichen Grundlagen, weil die Wissenschaft noch nicht weit genug vorgeschritten ist, um die Wechselbeziehung zwischen Nährstoffverminderung und Holzzuwachs ziffernmäßig nachzuweisen.

Zu der Werthermittelung des unmittelbaren Vortheils ist nur bei beschränkter Verwerthbarkeit der durch die Servitut-Ablösung erworbenen Grasnutzungen Veranlassung vorhanden, weil die unmittelbare Vortheilsrente bei unbeschränkter Verwerthbarkeit der servitutischen Nutzwerthrente gleichsteht. Da letzteres die Regel bildet, so wird die unmittelbare Vortheilswerth-Ermittelung eine Ausnahme sein. Wo sie eintritt, folgt das Verfahren den bei der Vortheilswerthermittelung der Weideberechtigungen angegebenen Regeln.

Vergl. darüber § 28 S. 496.

VII. Die Abfindung der Waldgräserei-Berechtigungen

entspricht den für Weideberechtigungen maßgebenden gesetzlichen Bestimmungen und Regeln.

Vergl. darüber § 29 S. 501.

§ 31.

Brenntorf-Berechtigungen.

I. Begriff, Umfang.

Torf ist ein unter Einwirkung von stauendem Wasser gebildetes, vorherrschend aus Kohlenstoff bestehendes Zersetzungs-Product abgestorbener Pflanzen.

Man unterscheidet:

nach den Bildungsstätten: Hochmoortorf und Grünlands-Moortorf (Wiesentorf);

nach den davon abhängigen Bildungspflanzen: Moostorf, Haide-

torf (in Hochmooren) und Grastorf, Schilftorf (in Grünlands=
mooren);

nach Zersetzungsgrad und Aggregatzustand: Fasertorf, fest mit deut=
lich erkennbarer Structur der Bildungs=Pflanzen;

Pechtorf (Darg), fest, mit nicht mehr erkennbarer Structur der
Bildungspflanzen (amorph);

Schlammtorf (Baggertorf, Sumpftorf), zähflüssig, amorph;

nach der Gewinnungsart: Stechtorf (Stichtorf), Streichtorf,
Schlämmtorf, Preßtorf.

Mitunter hat sich über einem Wiesenmoore ein Hochmoor gebildet. Der=
artige Moore heißen Mischmoore.

Fasertorf entstammt den flach liegenden, Pechtorf und Schlämmtorf den
tiefer liegenden Schichten der Moore. Dem ersteren gehören die geringeren,
den letzteren die besten Torfsorten an.

Stechtorf wird in festem Zustande nach vorheriger Abwässerung des
Moors durch Handarbeit (Handstechtorf) oder ohne vorherige Abwässerung durch
Stechmaschinen gewonnen (Maschinenstechtorf).

Streichtorf (Formtorf) wird aus Baggertorf, Staubtorf, Bröckeltorf oder
aus zerkleinertem, festem Rohtorf, durch Kneten, Treten und durch Herstellung
eines angemessenen Feuchtigkeitsgrades in eine gleichartige formbare Masse ver=
wandelt, und dann mit der Hand in Formen gestrichen und getrocknet.

Schlämmtorf wird aus festem oder schlammigem Rohtorf durch maschinelle
Zerkleinerung, Wasserzuführung, Entfaserung, Niederschlag in Wasserbassins und
Zertheilung in Soden gewonnen.

Preßtorf endlich entsteht aus festem Rohtorf durch Zermalmung und
maschinelle Verdichtung mittelst Pressens entweder in nassem Zustande (Naßpreß=
torf), oder in trockenem, erhitztem, durch den dabei gebildeten Theer seine Bin=
dung erhaltenden Zustande (Trockenpreßtorf).

Schlämmtorf und Preßtorf bezeichnet man auch als Maschinentorf.

Jeder Torf enthält mineralische Bestandtheile (Aschenbestandtheile). Der
Aschengehalt beträgt zwischen 2 und 40 Gewichtsprocenten (Vogel).

Die Qualität des Torfs ist um so besser, je weiter vorgeschritten die
Zersetzung und je geringer der Aschengehalt ist.

Vergl. über Bildung, Bestandtheile, Arten und Gewinnung des Torfs:
Gayer, Forstbenutzung 6. Aufl. 1883 S. 605.

Sendtner, Vegetations=Verhältnisse von Südbayern 1854.

Dr. Vogel, Der Torf, seine Natur und Bedeutung. 1859.

Lesquereux, Ueber die Torfmoore im Allgemeinen. Herausgegeben von
von Lengerke 1847.

Bromeis, Die neuesten Methoden der Aufbereitung und Verdichtung des
Torfs 1859.

Hausding, Industrielle Torfgewinnung. 1877.

Die Torf-Berechtigungen erstrecken sich in der Regel auf Stechtorf, seltener auf Handstreichtorf zum Zwecke der Feuerung für den
Haus- und Wirthschaftsbedarf. Torfberechtigungen zur Dünger-Ge-
winnung sind eine seltene Ausnahme und von der nachfolgenden Be-
trachtung ausgeschlossen.

Der Torf ist meist ein geringwerthiges Düngemittel wegen seines geringen
Gehalts an Alkalien und Phosphorsäure. Guter Brenntorf ist schlechter Dünger-
torf und umgekehrt.

Die Arbeiten der Stechtorf-Gewinnung bei Torfberechtigungen
bestehen in dem Stechen und Trocknen. Das Einsetzen des Torfs
in Raummaße, wie es bei Stechtorf-Gewinnung zum Verkauf üblich
ist, fällt bei Torfberechtigungen fort.

Mit dem Stechen wird im Frühjahr begonnen, wenn keine
Nachtfröste mehr zu besorgen sind, weil schon ein Frost von 1 Grad
auf den gestochenen Torf die Wirkung ausübt, daß er sich nach
dem Aufthauen nicht in ein kleineres Volumen zusammenzieht und
im trockenen Zustande zerbröckelt. Das Stechen muß so zeitig
beendet werden, daß der Torf im Herbste bei hinreichend warmer
Witterung noch Zeit hat, gehörig austrocknen zu können, wozu
ein Zeitraum von 4 bis 6 Wochen meist genügt. Demgemäß
dauert die Stichzeit je nach den klimatischen Verhältnissen von Anfang bez. Ende Mai an bis Anfang bez. Ende August, also
unter günstigen Verhältnissen $2\frac{1}{2}$, unter minder günstigen 4 Monate.

Die jährliche Nutzungsgröße der Brenntorf-Bedarfs-Berechti-
gungen ergiebt sich aus dem Haus- und Wirthschafts-Bedarfe des
berechtigten Grundstücks abzüglich des Jahres-Betrags der demselben
eigenen, anderweiten Feuerungsmittel. Gesetzliche Bestimmungen
darüber enthält in Preußen nur Art. 4 des Ergänz.-Ges. vom
2. März 1850.

> „Wenn der Umfang der auf einer Dienstbarkeit beruhenden
> Berechtigung zur Nutzung von Schilf, Binsen oder Rohr ... sowie
> zur Torfnutzung, nicht durch Urkunden, Judicate oder Statuten
> in anderer Weise festgestellt ist, so wird derselbe nach den Vor-
> schriften der §§ 52—55 der Gem.-Th.-O. v. 7. Juni 1821 bestimmt,
> je nachdem die Berechtigungen die Düngung oder die Feuerung
> bezwecken; dabei kommen aber solche den Berechtigten gehörige
> Torflager, welche zur Zeit der Anbringung des Ablösungs-Antrags
> noch nicht aufgedeckt sind, nicht in Betracht.“

Vergl. über §§ 52—54 der Altpr. GJh., welche den Nutzungs-Maßstab des Bedarfs und die Abrechnung der eigenen Befriedigungsmittel des Berechtigten für Plaggen-, Heide- und Bültenhiebs-Berechtigungen zur Düngung (§§ 52, 53) und zur Feuerung (§ 54) anordnen, Th. I § 15 S. 131, Th. II § 7 S. 104, § 18 S. 282.

II. Bedeutung der Brenntorf-Berechtigungen.

Die Torfnutzung ist uralt in waldarmen, neueren Ursprungs in waldreichen Gegenden.

Plinius der Aeltere (gestorben 79 n. Chr.) berichtet in seiner Naturgeschichte (16,1) von den Chaucen, welche den waldleeren Landstrich zwischen Ems und Elbe bewohnten, daß sie Torfschlamm mit den Händen formten, um ihn am Winde mehr als an der Sonne zu trocknen, und daß sie diese Erde brannten, um ihre Speisen zu kochen und ihre von Kälte starrenden Körper zu wärmen.

> „Captumque manibus lutum ventis magis, quam sole siccantes: terra cibos et rigentia septentrione viscera sua urunt."

Seitdem blieben jene Gegenden und das Gebiet westlich der Ems bis in das heutige Holland der Sitz der Torfwirthschaft, sowohl für die Gewinnung von Brennmaterial, als hinsichtlich der landwirthschaftlichen Cultur der Torfmoore. In Süddeutschland hat die Torfnutzung erst gegen Ende des 18. Jahrhunderts Eingang gefunden.

Vergl. Vogel, Der Torf 1859 S. 3.

Vor Zeiten waren die Moore Gemeineigenthum nach markgenossenschaftlichem Rechte, wie die Wälder und Heiden. Dieselben Verhältnisse, welche allmälig eine Umwandlung der Markwaldungen in servitutbelastete Herrschaftswaldungen oder durch Theilung in Privatwaldungen zu Wege brachten, führten auch zur Umwandlung und Aufhebung der Moormarken, zu Torfberechtigungen in Herrschaftsmooren und zu Privatmooren.

In Schleswig-Holstein befanden sich vor der, Ende des vorigen Jahrhunderts bewirkten, Gemeinheitstheilung die meisten Moore als sog. Gemeinheiten im Eigenthum des Staats, belastet mit Brenntorf- und Weideberechtigungen der Gemeinden. Ein kleiner Theil der Moore gehörte schon früher zu den erblichen bäuerlichen Gütern (Bondegütern, Erbpachthöfen oder Festehöfen). Die Holz- und Jagdverordnung vom 14. April 1737 bestimmte für Berechtigungsmoore das Bedarfsquantum an Torf

für einen Ganz- oder Dreiviertel-Hufner auf 40 Fuder,
=   =   Halbhufner auf 30 Fuder,
=   =   Viertelhufner = 20   =

à 400 Soden, und ordnete für alle Moore behufs Torf-Nachwuchses an, daß der Torf nicht bis auf den Sand auszustechen wäre, sondern daß eine Torfschicht von 2 Soden Stärke stehen bleiben sollte. Weitere Bestimmungen über die nachhaltige Benutzung der Moore enthielten die Forst- und Jagdverordnungen vom 30. April 1781 und vom 2. Juli 1784.

In Folge der Gem.-Th.-Ordnungen vom 26. Januar 1770 und 19. April 1771 wurden die meisten Berechtigungsmoore des Staats getheilt. Dabei sind etwa 15660 Hectar Torfmoore an die bäuerlichen Besitzer abgetreten. Noch gegenwärtig im Besitze des Staats sind 6466 Hectar Torfmoore.

Vergl. Wagner, Die Holzungen und Moore Schleswig-Holsteins. 1875. S. 325 flg.

Ein rationeller Torfbetrieb, namentlich bei größeren Mooren, erfordert Planmäßigkeit und einheitliche Leitung des Betriebs. Ein solcher ist bei ungeregelten Torfberechtigungen nicht zu erwarten, um so weniger, je größer die Zahl der Berechtigten und der Umfang der Moore sind. Jeder Berechtigte entnimmt seinen Torfbedarf auf die ihm bequemste Weise, in jährlich neu gegrabenen Löchern, ohne Rücksicht auf wirthschaftliche Benutzung und regelmäßigen, auf Torf-Nachwuchs oder landwirthschaftliche Kultur der Untergründe gerichteten Abbau. Ein Raubbau der schlimmsten Art, gleich nachtheilig für den Mooreigenthümer, den Berechtigten und für das Volkseinkommen, ist häufig genug die Folge. Die gründliche, eine planmäßige Benutzung sicher stellende Regelung oder die Ablösung der Torfberechtigungen sind hier unerläßliche Erfordernisse. Den Vorzug verdient die Ablösung, weil nur sie dem Mooreigenthümer das zur vortheilhaftesten Benutzung des Moores erforderliche freie Verfügungsrecht gewährt und den vollen Ersatz der mitunter bedeutenden, durch Entwässerungs- und Wegeanlagen, sowie durch kunstmäßige Torfbereitung herbeigeführten Wirthschaftskosten sichert.

III. Die Regelung der Torfberechtigungen

kann, abgesehen von polizeilichen Bestimmungen zur Abwendung von Gefahren, auf zweierlei Art erfolgen. Sie kann bestehen entweder:

in der Feststellung und örtlichen Anweisung des Berechtigungs-Bedarfs zur Selbstgewinnung durch den Berechtigten unter den die regelmäßige Ausbeutung und Behandlung des Torfmoors sichernden Bedingungen (Fixation mit Werbung durch den Berechtigten), oder

in der Feststellung, Werbung und Ueberweisung des Berechti=
gungs-Bedarfs durch den Mooreigenthümer (Fixation mit Werbung
durch den Belasteten).

In beiden Fällen erfolgt die Feststellung des Berechtigungsbe=
darfs nach den unter Nr. IV bei der Nutzwerth=Ermittelung der
Torfberechtigungen angegebenen Regeln. Da der Brennwerth des
Torfs in einem und demselben Moore nach der Lagerstelle des Torfs,
namentlich nach der Tiefe, aus welcher er gewonnen wird, ver=
schieden ist, so ist es erforderlich, die Größe des Berechtigungs=Be=
darfs für die verschiedenen, vorkommenden Torfklassen zu bestimmen.

Bei der Fixation mit Werbung durch den Berechtigten erfolgt
die Ueberweisung des Bedarfs am zweckmäßigsten nach Fläche und
Stichtiefe; bei der Fixation mit Werbung durch den Mooreigenthümer
nach Raummaß oder Zahl der Torfstücke.

Die Fixation mit Werbung durch den Berechtigten erfordert
eine genaue Regelung und Innehaltung nicht allein des Ortes und
der Art, sondern auch der Zeit der Gewinnung, damit der regel=
mäßige Fortgang des Torfbetriebes nicht gehindert wird, und bei dem=
selben der Eine dem Anderen nicht im Wege steht. Auf eine strenge
Durchführung der hierzu nöthigen Bestimmungen wird selten zu
rechnen sein. Die gegenseitige Abhängigkeit, in welcher die Berechtigten
und der Mooreigenthümer sowie die Berechtigten unter sich bei
der Werbung stehen würden, läßt die Fixation mit Werbung durch
den Mooreigenthümer zweckmäßiger erscheinen. Gegen diese spricht
der Umstand, daß die Güte des Torfes von der Stichzeit und von
der sorgfältigen Trocknung abhängig ist, daß Versäumnisse oder Miß=
griffe in dieser Hinsicht seitens des Mooreigenthümers die Berech=
tigten schädigen und beinahe unabweisbar zu Beschwerden und Ent=
schädigungs=Forderungen des Torfberechtigten führen. Es erscheint
daher auch aus diesem Grunde die Ablösung der Torfberechtigungen
zweckmäßiger, als ihre Regelung.

IV. Nutzwerth-Ermittelung der Brenntorf-Berechtigungen.

Bei der Nutzwerth=Ermittelung kommen in Betracht:
die Bedarfsermittelung,
die Moor=Ertragsermittelung bei Unzulänglichkeit,

die Geldwerthermittelung der Nutzungseinheit, und
die Kapitalisirung nach dem Torfrecht=Zinsfuße.

1. Torfrechts=Bedarfsermittelung.

Rechnungseinheiten für Bedarfs= und Ertragsermittelung sind ent=
weder das Festmeter, oder das Raummeter, oder das Tausend Soden
Trockentorf von der mittleren in dem Berechtigungsmoore vertretenen
Torfqualität bei dem durch die Trocknung erlangten mittleren Wasser=
gehalt.

Am besten geeignet als Rechnungseinheit ist das Festmeter, berechnet nach
den mittleren Dimensionen der getrockneten Torfsoden. Raummeter und Torf=
tausend sind unbestimmtere Angaben wegen der großen Verschiedenheit der Luft=
zwischenräume bei Raummaß und wegen der Ungleichmäßigkeit in den Dimensionen der Torfe bei der Stückzahlrechnung. Nicht nur die Stich= und Form=
Dimensionen der frischen Torfziegel sind örtlich sehr verschieden, sondern auch
bei gleichen Dimensionen im frischen Zustande die von der Torfqualität bei
gleichem Wassergehalte abhängigen Trockendimensionen. Je besser die Torf=
qualität, desto stärker ist das Schwinden (die Volumen=Verminderung) durch
Trocknen. Während geringe Torfsorten nur wenig durch Trocknen schwinden,
beträgt das Trockenvolumen der besten Stechtorfsorten nur 25 bis 30 Procent
des Frischvolumens. Nach Bromeis (a. a. O. S. 5) beträgt das Trockenvolumen
des Stechtorfs zwischen $66\frac{2}{3}$ und $33\frac{1}{3}$ Procent seines Frischvolumens. Der
Wassergehalt des frisch gestochenen Torfs beträgt 70 bis 90 Gewichtsprocente,
des lufttrockenen Stechtorfs 25 bis 30 Procent bei den besseren, bis zu 20 Ge=
wichtsprocente bei den geringen, faserigen Sorten, gute Trocknung vorausgesetzt.
Der Gewichtsverlust durch Wasserverdunstung ist daher unter gleichen äußeren
Bedingungen der Trocknung bei dem lockeren Fasertorf größer, als bei dem dichten
Pechtorf. Künstliche Trocknung (Darren) gestattet eine Verminderung des
Wassergehalts bis zu 5 Gewichtsprocenten.

Der Berechtigungsbedarf besteht in dem Ueberschusse des vollen
Brennbedarfs über den davon durch anderweite Feuerungsmittel des
Berechtigten gedeckten Theil.

Die Ermittelung des Brenn=Vollbedarfs erfolgt am zweck=
mäßigsten nach örtlichen Erfahrungen mit Rücksicht auf Torfbeschaffen=
heit, Umfang der berechtigten Wirthschaften, klimatische Verhältnisse,
Landes=Gewohnheit und Art der Feuerungs=Anlagen unmittelbar
in Torf.

Meyer giebt für die Verhältnisse der Hannover'schen Torfgegenden in
seiner Gemeinheitstheilung III. Th. 1804 S. 156 flg. die in Tafel XLIV mitge=
theilten, örtlichen Erfahrungen und Untersuchungen entnommenen, auf neues
Maß und Gewicht umgerechneten Bedarfssätze.

In Ermangelung brauchbarer Erfahrungssätze über den jährlichen Vollbedarf an Torf kann der letztere auch mittelbar durch Anwendung von Brennholz-Bedarfssätzen und Umrechnung derselben in eine dem Brennwerthe nach gleiche Torfmasse von der mittleren Torfqualität des Berechtigungsmoors ermittelt werden.

Ueber den Brennholzbedarf ländlicher Wirthschaften s. die Brennholzbedarfs-Tafel (Tafel X).

Bei der außerordentlichen Verschiedenheit des Brennwerthes, welche beim Torfe gefunden wird, bedarf die Umrechnung des Holzbedarfs in Torfbedarf besonderer Vorsicht. In wald- und torfmoorreichen Gegenden, wo Brennholz und Torf zum regelmäßigen Verkaufe gelangen, können die Versteigerungspreise für Holz und Torf zur Ermittelung der Werthverhältnißzahlen zwischen beiden benutzt werden. In waldarmen Torfgegenden dagegen wird anstatt des Geldwerthmaßstabes das Brennwerth-Verhältniß zwischen Holz und Torf zur Ermittelung der Reductionszahlen zum Grunde zu legen sein.

Der Brennwerth des Torfs unterliegt wegen der großen Verschiedenheiten im Wassergehalte (zwischen 20 und 40 Procent), im specifischen Gewicht (nach Karmarsch zwischen 0,213 beim geringsten Fasertorf und 1,039 beim besten Pechtorf), im Aschengehalt (zwischen 2 und 40 Procent) noch größeren Schwankungen, als der Brennwerth des Holzes. Die Brennwerth-Verhältnißzahlen zwischen Torf und Holz können daher nur für bestimmte Torfsorten Werth haben. Selbst mit dieser Beschränkung gewährt die Brennwerthbestimmung bei der Unzulänglichkeit der vorliegenden Untersuchungen über die Brennkraft von Torf, deren Ergebniß Tafel IX ersehen läßt, und mit Rücksicht auf die verschiedenen dabei maßgebenden Verhältnisse nur eine beschränkte Genauigkeit.

2. Torfmoor-Ertragsermittelung.

Der Torf ist kein Waldproduct, die Torfnutzung keine Waldnutzung, die Torfberechtigung keine Waldgrundgerechtigkeit. Die Ermittelung des Torfmoorertrages und der Natural-Torfrente bei Unzulänglichkeit zeigt daher einige Abweichungen von der Ertragsermittelung der Waldgrundgerechtigkeiten. Während bei diesen der jährliche Waldertrag die obere Grenze der Servitutnutzung bildet, so daß bei Waldunzulänglichkeit dem Berechtigten nicht der volle Jahresbedarf (b), sondern nur derjenige Bruchtheil davon zukommt, welcher sich aus Waldertrag (W) und Gesammtbedarf (B) ergiebt $\left(b \times \dfrac{W}{B} \right)$,

entnimmt der Torfberechtigte auch bei Unzulänglichkeit des Berechti=
gungsmoors zur dauernden Bedarfsbefriedigung den vollen Berechti=
gungsbedarf so lange, als Torf vorhanden ist. Die Waldgrund=
gerechtigkeiten schonen bis zu einem gewissen Grade die Substanz, die
Torfberechtigungen consumiren sie bei Moor=Unzulänglichkeit. Eine
nachhaltige Benutzung, welche die Nutzung nach dem Zuwachse bemißt,
liegt nicht in dem Wesen der Torfberechtigung.

Diesen Gesichtspunkt hat auch das Preußische Obertribunal in dem Er=
kenntnisse vom 3. März 1854 hervorgehoben, indem darin ausgesprochen ist,
daß der Torf eines Grundstücks nicht zu dessen Früchten, sondern zu seiner
Substanz gehört. (Strieth. Arch. Bd. XIII. S. 36).

Daraus folgt für die Torfmoor=Ertragsermittelung die Aufgabe,
aus dem Torfvorrathe und event. aus dessen Wiedererzeugung die
Zeitdauer bez. die Perioden zu ermitteln, in denen der Berechtigte
seinen vollen Berechtigungsbedarf zu befriedigen im Stande ist. Die
Torf=Naturalrente ist, je nachdem der Torf nachwächst (Zuwachs=
Moore) oder nicht (zuwachslose Moore), entweder eine aussetzende
Periodenrente, welche bis zur Erschöpfung des gegenwärtigen Torf=
vorraths dauert, dann aussetzt, bis die Neubildung nutzbaren Torfs
beendet ist, um darauf je nach den Perioden der Ausbeutung und
Neubildung wiederzukehren, oder aber sie ist eine bloße Zeitrente,
welche eine gewisse Reihe von Jahren dauert und dann, ohne wieder=
zukehren, aufhört.

a) Ertragsermittelung zuwachsloser Torfmoore.

Bildungs=Bedingung des Torfs ist stauende Nässe des Bodens,
sowohl zur Erzeugung der Torfpflanzen, als zu ihrer Verkoh=
lung durch Abschluß der Luft. Wo das Bildungswasser des
Torfs, wie es als Folge weit vorgeschrittener Entwässerung häufig
vorkommt, nicht mehr vorhanden ist, hört mit der Ausbeutung
des vorhandenen Torfvorraths die Torfnutzung auf. Die Ertrags=
ermittelung beschränkt sich in diesem Falle, bei den zuwachslosen
Mooren, auf die Ermittelung des Torf=Vorraths. Der Quotient
aus Torf=Vorrath und aus dem Jahresbedarf aller Berechtigten,
einschließlich des Mooreigenthümers, ergiebt die Torfnutzungszeit.
Aus Torfnutzungszeit, Jahresgeldwerth des Berechtigungsbedarfs für
den abzulösenden Berechtigten und aus dem Torfrechts=Zinsfuße be=
rechnet sich das Torf=Ablösungskapital.

Das Verfahren der Ertrags=Ermittelung ist folgendes.

a) Inhalts=Ermittelung des Moors an Festmetern Torf im frischen Zustande (Naßtorf), gesondert nach Torfklassen, begründet auf Flächen=Vermessung, netzweise Probebohrungen bis zur Sohle des Torfmoors mit dem Torfbohrer, welcher die verschiedenen Torf= sorten und ihre Mächtigkeit erkennen läßt, sowie auf ein Nivellement der Oberfläche (bei Hochmooren) und der Sohle des Moors.

b) Abzug des Torf=Verlustes bei der Torfgewinnung mit Rück= sicht auf die übliche Gewinnungsart.

Der Verlust bei der Gewinnung von Handstichtorf besteht in der oberen, durch die Einwirkung der Witterung namentlich des Frostes bindungslosen, daher nicht stechbaren Schicht (Bunkererde), in den äußeren, aus demselben Grunde zu Stichtorf untauglichen Verticalschichten der offenen Torfstichgräben, und aus dem Torfe der zwischen den Torffeldern stehen bleibenden Kämme (Wasserbänke). Die Größe dieses Verlustes kann bis zu 30 Procent der Torf= masse betragen.

Bei der Gewinnung von Handstreichtorf bleibt dieser Verlust außer Ansatz.

c) Ertragsermittelung des Torfs in lufttrocknem Zustande (Trockentorf) nach dem erfahrungsmäßigen Schwindungsbetrage des Naßtorfs für die verschiedenen Torfsorten.

Vergl. über die Schwindungsbeträge S. 532.

b) Reduction der verschiedenen Torfsorten auf die als Rech= nungseinheit angenommene, mittlere Torfqualität des Moors nach den für sie festgestellten Reductionsfactoren.

Vergl. oben S. 533 und Tafel IX.

b) Die Ertragsermittelung von Zuwachs=Mooren hat außer dem gegenwärtigen, im Abbau begriffenen Torfvorrathe auch die künftigen, aus der Neubildung des Torfs hervorgehenden Vorräthe und die Zeiten ihrer Ausnutzung nach folgenden Normen zu bestimmen, um durch Kapitalisirung der aussetzenden periodischen Geldrenten das Ablösungs=Kapital zu finden.

a) Ermittelung des gegenwärtigen Torf=Vorraths und seiner Ausnutzungs=Periode.

Der Ertrag des gegenwärtigen Torflagers an Lufttrocken= torf wird auf die vorhin (unter 2 a) angegebene Art be= rechnet, jedoch mit dem Unterschiede, daß bei der Vorraths= ermittelung die zum Nachwachsen erforderliche unterste Torf=

schicht (Nachwuchsschicht) von etwa 10 bis 15 Cent. Mächtigkeit
außer Betracht bleibt.

b) Berechnung der Betriebszeit für das gegenwärtige Torflager
als Quotient aus Torf-Vorrath und jährlichem Gesammtbedarf.

c) Bestimmung der Mächtigkeit, bis zu welcher das Moor nachwachsen muß, um bauwürdig zu sein.

d) Ermittelung der Zeit, welche zur Neubildung des Torfmoors
bis zu der angegebenen Höhe erforderlich ist (Neubildungszeit) auf Grund örtlicher Erfahrungen.

Ein Nachwachsen des Torfmoors findet ohne Zweifel vielfach statt. In
dem Gnagelander Moore der Oberförsterei Stepeniß am großen Haff, wo seit
langer Zeit ein regelmäßiger Abbau nach der ostfriesischen Stichmethode stattfindet, läßt sich ein solches mit Bestimmtheit nachweisen und die Größe des
Zuwachses feststellen. Die Angaben in der Torfliteratur über die Größe des
Torfnachwuchses sind begreiflicher Weise sehr verschieden.

Es beträgt der Höhenzuwachs ausgestochener Torfmoore:

nach Meyer (Gemeinheitstheilungs-Ordnung III. S. 136 1804):

bei Zurücklassung einer Nachwuchsschicht von 15 cm und zweckmäßiger
Wasseraufstauung in 20 Jahren 15 cm;

bei Nichtanwendung dieser Mittel auf Grund der Untersuchungen
von Torfmooren bei Celle in Hannover, die mehrere Jahrhunderte lang
benutzt worden sind, in 90 bis 120 Jahren 1,17 bis 1,46 m leichten Torf;

nach Lesquereux a. a. O. S. 80 in den Jura-Torfmooren jährlich etwa
2,6 cm;

nach Citaten Sendtners (a. a. O. S. 646) über die Beobachtungen

von Hoffmann	in 50 Jahren	2,34 m	(jährlich	4,5 cm),	
= van Marum =	5 =	1,17 =	=	29,2 =	(?)
= de Luc =	30	1,75 =	=	5,8 =	
= Voigt =	6 =	1,66 =	=	27,2 =	(?);

nach Senft zu Eisenach auf dem Warmbüchener Torfmoore (Hannover) in
30 Jahren 1,17 bis 1,75 m (jährlich 3,9 bis 5,5 cm). Vergl. Lesquereux
a. a. O. S. 85;

nach Gayer a. a. O. S. 612 jährlich von einigen Millimetern bis zu 20 und
mehr Centimetern (?).

Nach Sprengel wird an einigen Orten in Hannover auf ausgestochenen
Torfgründen bei Wasserüberstauung bereits nach 30 Jahren wieder Torf an
derselben Stelle gestochen.

Vergl. Lesquereux a. a. O. S. 80 Anm. 129.

Zu berücksichtigen bleibt aber, daß der in Zeiträumen von etwa 100 Jahren
neugebildete Torf von geringerer Beschaffenheit ist, ferner daß kurze Beob-
achtungszeiträume zu unrichtigen Ergebnissen führen, weil die anfänglich hoch

aufgetriebenen, schwammigen Torfnachwuchsmassen im Laufe der Zeit bei fort=
schreitender Verkohlung und unter dem Drucke der darüber liegenden Massen
ein weit geringeres Volumen annehmen.

> e) Vorrathsermittelung für die neugebildeten Torflager bis zu
> der angenommenen Tiefe mit Rücksicht auf die Beschaffenheit
> des zu erwartenden Torfs.

> f) Ermittelung der Abbauzeiten für die Neumoore aus Vor=
> rath und Jahresbedarf.

Beispiel. Es möge betragen der noch übrige nutzbare Vorrath eines
seit 50 Jahren im Betriebe befindlichen, zum größeren Theile abgebauten und
in der Neubildung begriffenen Berechtigungsmoors 6000 Festmeter Trockentorf,
der jährliche Berechtigungsbedarf 200 Festmeter, somit die Abbauzeit für den

alten Torf=Vorrath $\dfrac{6000}{200} = 30$ Jahre;

ferner die bauwürdige Höhe des heranwachsenden neuen Torflagers 1,5 m,

der jährliche Höhenzuwachs 1,5 cm, mithin die Neubildungszeit $\dfrac{150}{1,5} = 100$ Jahre

endlich der Vorrath des bis zu bauwürdiger Mächtigkeit herangewachsenen
Neumoors 8000 Festmeter Trockentorf, mithin dessen Abnutzungsperiode

$$\dfrac{8000}{200} = 40 \text{ Jahre.}$$

Alsdann belaufen sich)
die I. mit dem Abbau des alten Torfvorraths endigende Nutzungsperiode
auf 30 Jahre,
die I. daran anschließende Periode des Nutzungsausfalls auf 100 — (50 + 30)
= 20 Jahre,
die II. Nutzungsperiode, in welcher sich der Abbau des Neumoors vollzieht,
auf 40 Jahre,
die II. nach 40 + 20 + 30 = 90 Jahren beginnende Ausfallperiode auf
60 Jahre,
alle folgenden, mit einander wechselnden Nutzungs= und bez. Ausfallperioden
auf 40 bez. 60 Jahre.

Voraussetzung für die vorstehend angegebene Ermittelung des
Ertrags, der Nutzungsperioden und der Nutzungs=Ausfallperioden bei
Nachwuchsmooren ist, daß an dem im Abbau begriffenen Torfvor=
rathe der laufenden Betriebsperiode kein Zuwachs stattfindet, ferner,
daß der Torfnachwuchs auf den abgebauten Torffeldern der Abnutzung
unmittelbar folgt. Wo dagegen auf einen Zuwachs an den im
Abbau begriffenen Vorrath, z. B. bei Baggertorf oder Stichtorfge=
winnung unter Wasser mit Torfstechmaschinen zu rechnen ist, besteht
der Torfertrag einer Nutzungsperiode aus dem Vorrath (v) und dem

daran innerhalb der Abnutzungszeit erfolgenden progressionsmäßig verminderten Zuwachs (z). Die Dauer der Nutzungszeit ergiebt sich in diesem Falle als Quotient aus Vorrath und Zuwachs und aus dem Jahresbedarf (b); sie ist $= \frac{v + z}{b}$. Bei Torfmooren endlich, deren Neubildung erst nach völligem Abbau beginnt, sind die Pe= rioden des Nutzungsausfalls den Neubildungszeiten gleich.

Es bedarf kaum der Erwähnung, daß die Ertragsermittelungen für Nachwuchsmoore an einer großen Unsicherheit leiden, weil einer= seits in den meisten Fällen weder die Größe des Torfnachwuchses, noch die Torfqualität der Neumoore mit ausreichender Genauigkeit festzustellen sein wird, und weil andererseits das Nachwachsen von einem geregelten, eine zweckmäßige Durchwässerung der abgebauten Torffelder gestattenden Betriebe abhängig ist, welcher bei Berechtigungs= mooren selten zu erwarten ist.

Einen wesentlich anderen Weg, wie bei der bisher angenommenen willkürlichen Benutzung, hat die Ermittelung des Torfertrags und der Torf=Naturalrente einzuschlagen, wenn ausnahmsweise die Aus= übung der Torfberechtigung an die Bedingung nachhaltiger Benutzung geknüpft ist. Alsdann besteht die Aufgabe der Torfertragsermittelung in der Ausmittelung des jährlich gleichen Nachhaltertrags. Die Be= triebszeit (Umtriebszeit) ist in diesem Falle gleich der Neubildungs= zeit; der Nachhaltertrag gleich dem Quotienten aus Umtriebsertrag und Umtriebszeit, der Umtriebsertrag gleich der Summe aus Vorrath und Vorraths=Zuwachs. Die Natural=Torfrente (Nr) endlich bildet sich, wie bei den eigentlichen Waldgrundgerechtigkeiten, aus dem Berechtigungsbedarf (b) des abzulösenden Berechtigten, aus dem Gesammtbedarf (B) aller Nutzungsberechtigten und aus dem jähr= lichen Nachhaltertrage (E); — $Nr = b \times \frac{E}{B}$.

3. Geldwerth=Ermittelung des Torfs.

Die Geldwerthermittelung erstreckt sich auf den erntekostenfreien Werth (Nettowerth) der Nutzungseinheit, in welcher die Torfnatural= rente ausgedrückt ist (Festmeter, Torftausend, Raummeter Lufttrocken= torf). Der Nettowerth besteht in dem Ueberschusse des Bruttowerths über die Werbungskosten.

a) Der Bruttowerth ist aus den Verkaufspreisen des luft= trocknen Torfs im Berechtigungsmoor zu ermitteln.

Im Carolinenhorster Torfmoor (Regierungsbezirk Stettin) betrug bei einem Verkaufspreise des Kiefern=Scheitholzes von 3 Mark der Verkaufspreis für 1 Raummeter Stechtorf der

I. Kl., Pechtorf (Darg) mit 420 Stück Trockentorf, frisch gestochen in Soden von 31,4 cm, 13,1 cm und 10,5 cm . . . 1 M. 80 Pf.

II. = Hagetorf mit 389 Stück Trockentorf . . . . . . 1 = 35 =

III. = brauner Moostorf mit 359 Stück Trockentorf . . 1 = 8 =

IV. = leichter = = 329 = = . . — = 90 =

b) Die Werbungskosten bestehen, abgesehen von Ent= wässerungs= und Wegeanlagen, die bei dem rohen Betriebe in Be= rechtigungsmooren gewöhnlich wegfallen, beim Stechtorf im Stechen und Trocknen, beim Handstreichtorf im Herbeischaffen, Zubereiten, Formen und Trocknen.

Erfahrungssätze:

In den Torfmooren von Fehrbellin, Linum, Friesack stechen 4 Mann täglich 12960 Torfziegel von 31,4 cm Länge, 13,1 cm Breite und 10,5 cm Höhe mit einem Gesammtinhalte von 56 cbm im frischen Zustande (1 Tage= werk) für einen Accordsatz von 8 Mark 40 Pf.

Vergl. Bromeis a. a. O. S. 39.

Im Carolinenhorster Torfmoore enthält 1 Tagewerk, welches 4 Mann fördern, 60,29 cbm oder 14400 Stück Torfziegel von denselben Dimensionen. Die Kosten des Stechens und Aufsetzens betragen 8 Mark 50 Pf., die Kosten des Trocknens pro Tagewerk 1,80 Mark. Es betragen daselbst mithin die Kosten

	für 1000 Stück Torfe	für 1 Raummeter Naßtorf
des Stechens	0,590 Mark	0,141 Mark
des Trocknens	0,125 =	0,003 =
die gesammten Werbungs= kosten ohne Aufsetzen .	0,715 Mark	0,144 Mark
oder bei einem Tagesver- dienst von 2,125 Mark bei Stücklohnarbeit .	0,34 Mannstagelöhne	0,07 Mannstagelöhne.

Danach berechnen sich die Werbungskosten des Stechens und Trocknens für Trockentorf pro Festmeter

bei den besseren Torfsorten mit 66⅔ % Schwindverlust auf 0,21 Manns= tagelöhne,

bei den geringeren Torfsorten mit 33⅓ % Schwindverlust auf 0,105 Manns= tagelöhne.

Die Werbung des Handstreichtorfs erfordert ungefähr den 3= bis 4fachen Aufwand.

Bei der im Mai 1877 auf dem Westerbecker Moor bei Gifhorn in Hannover stattgefundenen Ausstellung von Torfmaschinen und der damit ver= bundenen Darstellung von Torfbetriebsergebnissen sind durch die Ausstellungs=

Commission folgende Arbeitsaufwendungen und Kostensätze für Handbetrieb festgestellt worden:

Gifhorner Stichmethode: 1 Mann und 1 Frau liefern in 1 Stunde 1000 Soden à 25 × 8 × 9 cm und setzen sie in Haufen.

Landsberger Methode: 2 Mann stechen und setzen in Haufen in 1 Stunde 800 Soden à 25 × 10 × 10 cm Größe.

Ostfriesische Stichmethode: 4 Mann stechen und setzen in 1 Stunde 1000 bis 1200 Soden à 40 × 10 × 10 cm. Arbeitslohn pro 1000 Soden für Stechen und Setzen 80 Pf., für Trocknen außerdem 20 Pf.

Hannover'scher Handstreichtorf: 1 Mann gräbt, zertritt und wirft heraus, 1 Mann mischt in einem auf Schienen befindlichen Kasten und transportirt die Masse an den Formtisch, wo 1 Frau sie in eine 4sodige Form schlägt. Soden à 25 × 10,5 × 10,5 cm. Leistung 400 pro Stunde.

Vergl. Hausding, Bericht über die Gifhorner Torfmaschinen-Concurrenz und Ausstellung 1877.

4. Torfrechtszinsfuß.

Seitdem es in den letzten Jahrzehnten gelungen ist, durch Verdichtung des Torfs im Wege der Schlämm- und Preßtorf-Bereitung ein vorzügliches, auf weite Entfernungen transportfähiges Brennmaterial herzustellen, welches dem Gewichte nach den Brennwerth des Holzes übertrifft und $\frac{2}{3}$ des Brennwerths besserer Steinkohlen erreicht, hat der früher gering geachtete und nur in der näheren Umgebung der Torfmoore absetzbare Torf eine ausgebreitete Verwendung, sowohl zur Befriedigung des häuslichen Brennbedarfs, als zur Locomotiven-Feuerung beim Eisenbahn-Betriebe und zu metallurgischen Zwecken gefunden. Außerdem hat die Einführung der Torfstreu das Absatzgebiet der Torfmoore erweitert. Diesen einer steigenden Preisbewegung des Torfs günstigen Umständen stehen jedoch einerseits der gewaltige Aufschwung der Steinkohlenförderung, andererseits die Aufschließung ausgedehnter, bisher unbenutzter Torfmoore aufhebend und preismindernd gegenüber, so daß thatsächlich die Torfpreise in neuerer Zeit vielfach einen erheblichen Rückschlag erfahren haben. Bei den unermeßlichen Brennstoff-Vorräthen, welche Steinkohlenlager und Torfmoore in Deutschland enthalten, läßt sich für die Zukunft kaum auf eine günstigere Preisgestaltung rechnen. Diese Verhältnisse weisen im Allgemeinen auf die Anwendung eines hohen TorfrechtsZinsfußes bez. eines niedrigen Kapitalisirungsfactors zur Kapitalisirung der Torfgeldrenten hin, deren Feststellung im concreten Falle unter Berücksichtigung der örtlichen Verhältnisse, namentlich der

Concurrenz von anderen Brennmaterialien, der Bewaldungs= und Bevölkerungsziffer, der Ausdehnung der Torfmoore, der Gewinnungs=art des Torfs und der Transport=Einrichtungen zu erfolgen hat.

V. Zu einer **Vortheils-Werthermittelung** ist bei Torfbe=rechtigungen keine Veranlassung vorhanden, weil der Torfmoor=Eigenthümer auch unter den heutigen Verhältnissen im Stande sein wird, die Torfnutzung so hoch wie der Torfberechtigte zu ver=werthen.

VI. Abfindung.

Altpr. GThO. 7. Juni 1821 §§ 66, 77 und Erg.=Ges. vom 2. März 1850 Art. 1.
Rhein. GThO. 19. Mai 1851 § 15.
Hann. GThO. 13. Juni 1873 § 12.
Schleswig=Holst. GThO. 17. August 1876 § 14.
Hohenzollern'sche GThO. vom 23. Mai 1885 § 20.

Die Nassau'sche und die Hess. GThO. enthalten keine Bestimmungen über die Ablösung von Torfberechtigungen.

Gesetzliche Abfindungsmittel sind Land= und ablösbare feste Geldrente.

a) Landabfindung soll mit Ausnahme von Hohenzollern die Regel bilden. Sie braucht von dem Verpflichteten nur gegeben zu werden in Theilen des belasteten Grundstücks, kann von ihm aber auch unter den durch das Gesetz vorgeschriebenen Bedingungen in servitutfreien Grundstücken gewährt und muß dann von dem Be=rechtigten in solchen angenommen werden. Die Landabfindung ist beschränkt auf Torfland und landwirthschaftliches Kulturland. Wald=land=Abfindung kann einseitig weder gegeben noch verlangt werden.

Die Abfindung in Torfland ist nur zweckmäßig, wenn es ent=weder nach Beschaffenheit und Belegenheit dem Berechtigten eine ge=regelte, nachhaltige, auf Torf=Nachwuchs begründete Torfnutzung ge=stattet, oder wenn es nach erfolgtem Abbau eine landwirthschaftliche Kultur des Untergrundes zuläßt. Die durch Torfland=Abfindung an viele Berechtigte herbeigeführte Zersplitterung eines großen, zur regel=mäßigen Torfwirthschaft oder behufs landwirthschaftlicher Kultur der Untergründe der Entwässerung bedürftigen Torfmoors entspricht weder dem Interesse der Berechtigten, noch dem volkswirthschaftlichen Interesse, weil die Abhängigkeit der Torfparcellen=Besitzer von ein=ander es nicht gestattet, die Abfindung in der vortheilhaftesten Weise

zu benutzen und einen geregelten, nur bei einheitlicher Betriebsleitung
möglichen Betrieb zu führen, der sich blos durch genossenschaftliche
Einrichtungen bewerkstelligen lassen würde.

b) **Geldabfindung** ist nach der Hohenzollern'schen GThO.
das ausschließliche, im Uebrigen das eventuelle, in solchen Fällen
eintretende Abfindungsmittel, wo eine Landabfindung nach den ge=
setzlichen Bestimmungen vom Verpflichteten nicht gegeben oder vom
Berechtigten nicht angenommen zu werden braucht.

Vergl. über Landabfindung Th. I § 21 S. 228.

Geldabfindung Th. I § 23 S. 233.

§ 32.

Fischerei-Berechtigungen.

I. Begriff, Arten, Umfang.

Gegenstand der Fischerei (des Fischfangs) sind: Fische, Krebse,
Austern, Muscheln und andere nutzbare Wasserthiere, soweit sie nicht
Gegenstand des Jagdrechts sind.

Fischereigesetz für den Preuß. Staat v. 30. Mai 1874 (G.=S. S. 197) § 2.

Vergl. auch ALR. Th. I Tit. 9 §§ 170 bis 175.

Nach der Beschaffenheit und rechtlichen Natur der zum Preuß.
Staatsgebiete gehörigen Fisch=Gewässer unterscheidet man

Küstenfischerei und Binnenfischerei;

Fischerei auf öffentlichen und auf Privat=Gewässern;

Fischerei auf geschlossenen und offenen Gewässern.

Küstenfischerei ist in Preußen diejenige Fischerei, welche in den
zum Staatsgebiete gehörigen Theilen der Nord= und Ostsee, in den
offenen Meeresbuchten, den Haffen und in den größeren Strömen
vor ihrer Einmündung in das Meer betrieben wird;

Binnenfischerei die in den übrigen Gewässern, und zwar rück=
sichtlich der Flüsse bis abwärts zu dem Punkte, wo die Küstenfischerei
beginnt, betriebene Fischerei.

§ 3 d. Fisch.=Ges. v. 30. Mai 1874.

Oeffentliche d. h. im gemeinen Eigenthume des Staats befind=
liche Gewässer (res publicae, nicht res fisci) sind nach Preuß.

Landrechte die von Natur ſchiffbaren Gewäſſer (Meer, Haffe, ſchiff=
bare Flüſſe ꝛc.).

Die Nutzungen der öffentlichen Gewäſſer, alſo auch die Fiſcherei=
nutzung, gehören zu den Regalien (d. i. den nutzbaren Hoheitsrechten)
des Staats und können vom Staate abgetreten, auch von Com=
munen und Privatperſonen erworben und beſeſſen werden. Privat=
flüſſe können durch Schiffbarmachung ſeitens des Staats in öffent=
liche Flüſſe umgewandelt werden. Vom Staate angelegte Kanäle
nehmen die Natur öffentlicher Gewäſſer an.

Vergl. RC. 2. Sept. 1851 nebſt Motiven. Z. f. LCG. IV. 344.

ALR. Th. II Tit. 14 § 21, Tit. 15 § 38.

Durch Entſcheidung vom 22. Novbr. 1850 (Pr. 2253, Arch. f. Rechtsf.
Bd. I S. 131) hatte das Obertribunal den Rechtsſatz aufgeſtellt, daß Flüſſe,
die auch nur theilweiſe von Natur ſchiffbar ſind, in ihrer ganzen Ausdehnung
als öffentliche Flüſſe im Sinne des § 38 Tit. 15 Th. II. ALR. anzuſehen ſeien.
Durch Plenarbeſchluß (Pr. 2748) des OT. vom 3. Juni 1867 (J.=M.=Bl.
S. 323 und Entſch. Bd. 58 S. 1) wurde dieſe Entſcheidung aufgehoben und an⸗
ſtatt ihrer der Rechtsſatz angenommen: „Die von Natur ſchiffbaren Ströme und
Flüſſe ſind nur von dem Punkte an, wo dieſe Schiffbarkeit beginnt, als öffent⸗
liche, im Sinne des § 38 Tit. 15 Th. II des ALR. anzuſehen“.

Dieſer Rechtsſatz findet jedoch keine Anwendung auf einen Fluß, welcher
auf einer Strecke von ſeinem Urſprunge an bez. vor ſeiner Vereinigung mit
einem ſchiffbaren Fluße von Natur ſchiffbar, dagegen in ſeinem größeren Laufe
zwiſchen dieſen beiden Strecken nicht ſchiffbar iſt.

OT. 19. April 1877, Entſch. Bd. 80 S. 137, Z. f. LCG. XXVIII. Gr. 2209.

Auf das Flußbett der öffentlichen Flüſſe erſtreckt ſich das Eigenthum des
Staats nach den angeführten landrechtlichen Beſtimmungen nicht ohne Weiteres.
Vielmehr beſtimmen §§ 67, 68 Tit. 15 Th. II ALR., daß nach den Provinzial⸗
geſetzbüchern beſtimmt werden ſolle, ob entſtehende Inſeln und verlaſſene Fluß⸗
betten von öffentlichen Flüſſen dem Staate gehören oder von den Ufer=Eigen⸗
thümern in Beſitz genommen werden können.

Durch Erkenntniß des OT. vom 21. Mai 1841 iſt ferner entſchieden, daß
das Flußbett eines öffentliches Fluſſes nicht Gegenſtand des beſonderen Eigen⸗
thums des Fiscus ſei.

Privat=Gewäſſer ſind die von Natur nicht ſchiffbaren Gewäſſer.
Sie zerfallen in geſchloſſene und offene.

Geſchloſſene Gewäſſer ſind nach dem Preuß. Fiſcherei=Geſetze
(§ 4) alle künſtlich angelegten Fiſchteiche, mögen ſie mit einem
natürlichen Gewäſſer in Verbindung ſtehen oder nicht, ferner alle
Gewäſſer, denen es an einer für den Wechſel der Fiſche geeigneten
Verbindung fehlt.

Eigenthum und Nutzungen geſchloſſener Gewäſſer ſtehen in der Regel den anliegenden Grundbeſitzern nach der Ausdehnung ihres Uferbeſitzes zu.

ALR. Th. I Tit. 9 § 176.

Ueber das Eigenthum und die Nutzungen an den offenen, von Natur nicht ſchiffbaren Gewäſſern enthält das Preuß. Landrecht in Folge eines bei deſſen Redaction gemachten Verſehens keine allge=meine Vorſchrift. Die Rechtspraxis iſt aber niemals darüber zweifel=haft geweſen, daß dieſe nach Verhältniß der Ausdehnung der daran ſtoßenden Ufer bez. bis zu ihrer Mitte ſich in dem Privateigenthum der Uferbeſitzer befinden.

OT. 31. Aug. 1846 (Entſch. Bd. 15 S. 361).

OT. 8. Juni 1857 (Strieth. Arch. Bd. 25 S. 145).

Vergl. auch OT. 24. Nov. 1870 in Z. f. LCG. XXII. S. 210, ferner daſ. XX. S. 187.

Das Fiſcherei=Recht kann ſein:

ein Recht des freien Fiſchfangs,

ein Ausfluß des Fiſcherei=Regals,

ein Ausfluß des Grundeigenthums,

eine Grundgerechtigkeit.

Die freie Fiſcherei, ein Recht der urſprünglichen Beſitznehmung, bildet nach altdeutſchem Herkommen bei der Küſtenfiſcherei der weſtlichen Landestheile die Regel, iſt dagegen in den Binnengewäſſern eine Ausnahme, die indeſſen mitunter z. B. im Fürſtenthume Oſtfriesland eine größere Ausdehnung beſitzt.

Auf dem Fiſcherei=Regal beruhen die ausſchließlichen, durch Verleihung erworbenen Fiſchereiberechtigungen auf den öffentlichen Küſten und Binnen=gewäſſern.

Fiſchereirechte des Grundeigenthümers (Uferbeſitzers) werden durch Fiſcherei=Grundgerechtigkeiten (Servituten) in Privatgewäſſern nicht ausgeſchloſſen.

OT. 23. Septbr. 1845 Pr. 1628.

Das ausſchließende Recht, welches dem Inhaber einer Fiſchereigerechtigkeit nach § 170 Tit. 9 Th. I ALR. zuſteht, bezieht ſich nur auf öffentliche Gewäſſer.

Das einer Privatperſon zuſtehende Recht zum Fiſchfange in einem öffent=lichen Strome iſt nur in ſoweit ein ausſchließliches, als es dem Fiſchereiberech=tigten erweislich vom Staate als Privilegium verliehen worden iſt.

OT. II. Pr. 2576 v. 7. Dec. 1854. Entſch. 30 S. 185.

Vergl. Koch ALR. 7. Ausgabe Note 53 zu § 170 l. c.

Die durch die Gemeinheitstheilungs=Ordnungen in Preußen feſt=geſetzte Ablösbarkeit von Fiſcherei=Berechtigungen erſtreckt ſich nur

auf Fischerei-Grundgerechtigkeiten in stehenden oder fließenden Privatgewässern.

Erg.-Ges. v. 2. März 1850 Art. 1 Nr. 7.

Rhein. GThO. 17. Mai 1851 §§ 1, 11.

Nass. GThO. 5. April 1869 §§ 1, 7.

Schlesw.-Holst. GThO. 17. August 1876 §§ 1, 7.

Die Hessische, Hannover'sche und Hohenzollern'sche GThO. enthalten keine
Bestimmungen über die Ablösbarkeit der Fischereiberechtigungen.

Unter „Privatgewässern" ist der Gegensaß zu den öffentlichen Gewässern
verstanden. Die im besonderen (fiscalischen) Eigenthum des Staats befindlichen
Gewässer gehören zu den Privatgewässern.

Der Regalitäts-Charakter einer Fischerei-Grundgerechtigkeit schließt deren
Ablösbarkeit nicht aus.

RG. 2. Sept. 1851, Z f. LCG. IV. S. 344.

In einzelnen Fällen unterlag die Fischereigerechtigkeit in Privatgewässern
schon vor Erlaß der vorhin genannten Ablösungsgeseße der gesetzlichen Aufhebung gegen Entschädigung, so

nach dem Vorfluth-Edicte vom 15. Nov. 1811 §§ 11 flg.

> bei neuen, durch einen offenbar überwiegenden Vortheil für die Boden-
> cultur oder Schifffahrt gerechtfertigten Entwässerungen,

nach § 18 des Privatflußges. vom 28. Februar 1843

> bei Bewässerungs-Anlagen der Uferbesißer,

nach den Fischereiordnungen für die Provinz Posen und für die Binnen-
gewässer der Provinz Preußen v. 7. März 1845 § 6 (G.-S. S. 107, 120).

Diese Bestimmungen sind durch Art. 1 des Erg.-Ges. v. 2. März 1850
nicht abgeändert, sondern in dessen Art. 6 ausdrücklich bestätigt.

Auch das Fischereigeseß vom 30. Mai 1874 gestattet in § 5 auf Antrag
des Staats oder von Fischereiberechtigten und Fischereigenossenschaften die Aufhebung solcher Fischereiberechtigungen gegen vollständige Entschädigung, welche
auf die Benußung einzelner bestimmter Fangmittel oder ständiger Fischerei-
vorrichtungen (Wehre, Zäune, Sperrneße rc.) gerichtet sind und einem wirthschaftlichen Betriebe der Fischerei entgegenstehen.

Eigentliche d. h. an den Waldbestand gebundene Waldgrundgerechtigkeiten sind die Fischerei-Berechtigungen ebensowenig wie die
Torfberechtigungen. Sie können den Waldgrundgerechtigkeiten nur
insofern beigezählt werden, als die belasteten Fischgewässer im Walde
liegen.

Je nachdem die Fischerei-Berechtigungen sich auf die Befriedigung des Hausbedarfs des Berechtigten beschränken oder auch auf
den Verkauf der Fische rc. erstrecken, unterscheidet man Fischerei-Be-
darfs- und Verkaufs-Berechtigungen.

Fischerei-Grundgerechtigkeiten zum Bedarf schließen die selbstänbige (ohne das berechtigte Grundstück stattfindende) Verpachtung der Fischerei und den Handel mit Fischen, dagegen nicht die Verpachtung des berechtigten Grundstücks mit der Fischerei aus.

ALR. Th. II Tit. 15 §§ 75, 76.

Die Ausübung der Fischereiberechtigungen ist in Preußen theils einheitlich durch das für den ganzen Umfang der Monarchie gültige Fischereigesetz vom 30. Mai 1874 (G.-S. S. 197), (in Lauenburg eingeführt durch G. v. 4. April 1877 G.-S. S. 122) und durch das dazu ergangene Erg. Ges. v. 30. März 1880 (G.-S. S. 228), theils provinziell durch die auf Grund des § 22 des Fischerei-Gesetzes erlassenen, landesherrlichen Ausführungs-Verordnungen geregelt und beschränkt.

Die Ausführungs-Verordnungen sind erlassen unter dem 8. August 1887 für die Provinzen Ostpreußen (GS. S. 337), Westpreußen (GS. S. 348), Brandenburg (GS. S. 397), Pommern (GS. S. 360), Schlesien (GS. S. 406), Sachsen (GS. S. 414), Schleswig-Holstein (GS. S. 376), Hannover (GS. S. 385), Westfalen (GS. S. 423), für den Regierungsbezirk Kassel (GS. S. 441), für Hohenzollern (GS. S. 433); ferner unter dem 23. Juli 1886 für die Rheinprovinz (GS. S. 189) und für den Reg.-Bezirk Wiesbaden (GS. S. 197), endlich unter dem 20. Mai 1877 für die Provinz Posen (GS. S. 161), für welche der Erlaß einer neuen Ausführungs-Verordnung bevorsteht.

Vor Erlaß des Fischereigesetzes vom 23. Mai 1874 war die Fischereigesetzgebung in Preußen, abgesehen von den Vorschriften des Allg. Landrechts (Th. I Tit. 9 §§ 170 flg., Th. II Tit. 15 §§ 73 flg.) provinziell oder local behandelt. Die zahlreichen, älteren und neueren, ohne inneren Grund ungleichartigen, lückenhaften und zum Theile unzweckmäßigen Fischerei-Verordnungen sind durch das Fischereigesetz und dessen Ausführungs-Verordnungen nur insoweit aufgehoben, als sie den Bestimmungen der letzteren entgegenstehen.

Aus der einheitlichen, durch das Fischerei-Gesetz getroffenen Regelung der Fischerei-Berechtigungen sind folgende Gegenstände hervorzuheben:

Fischerei-Berechtigungen, welche bisher, ohne mit einem bestimmten Grundbesitze verbunden zu sein, von allen Einwohnern oder Mitgliedern einer Gemeinde ausgeübt werden konnten, sollen künftig der politischen Gemeinde zustehen. Gemeinden können die ihnen zustehende Binnenfischerei nur durch besonders angestellte Fischer oder durch Verpachtung nutzen.

Fisch.-G. §§ 6, 8.

Die §§ 6, 8 a. a. O. sind nicht anwendbar auf solche Fälle, in denen es

sich um die Berechtigung zum Fischen zu des Tisches Nothdurft (d. i. zum häus=
lichen Bedarf) handelt.

OT. 6. Nov. 1877 Z. f. LEG. XXVIII Grundf. 2571. Min.-Circ. 18. Dec. 1878.

Zur Ausübung der Fischerei in nicht geschlossenen Gewässern
ist eine Bescheinigung der Aufsichtsbehörde erforderlich.

Fisch.-G. § 16.

Die Anwendung schädlicher oder explodirender Stoffe beim
Fischfang ist verboten.

Fisch.-G. § 21.

Ständige Fischerei-Vorrichtungen zum Zwecke des Fischfangs
dürfen, sofern es sich nicht um auf dieses besondere Fangmittel gerichtete
Fischereiberechtigungen handelt, die Breite der Gewässer niemals auf
mehr, als auf die Hälfte der Wasserfläche bei gewöhnlichem, niedrigem
Wasserstande versperren.

Fisch.-G. § 20.

Durch Verfügung des Ministers für landwirthschaftliche Ange=
legenheiten können nach Anhörung der betheiligten Berechtigten solche
Wasserstrecken, welche vorzugsweise geeignete Plätze zum Laichen der
Fische und zur Entwickelung der jungen Brut bieten, zu „Laich=
Schonrevieren", ferner solche Wasserstrecken, welche den Eingang der
Fische aus dem Meere in die Binnen-Gewässer beherrschen, zu „Fisch=
Schonrevieren" erklärt werden.

Die örtliche Regelung durch die Ausführungs-Verordnungen
hat sich hauptsächlich erstreckt:

auf die Schonung junger Fische durch Feststellung des Maßes,
    unter welchem Fische nicht gefangen werden dürfen,
auf die Schonzeiten. Unterschieden werden die wöchentliche
    Schonzeit (von Sonnenuntergang am Samstag bis Sonnen=
    untergang am Sonntag), und die jährliche Schonzeit (ent=
    weder Winterschonzeit meist von Mitte October bis Mitte
    Dezember, oder Frühjahrsschonzeit meist von Mitte April
    bis Mitte Juni);
auf das Verbot von schädlichen Fangmitteln und die Beschaffen=
    heit (Maschenweite pp.) erlaubter Fanggeräthe.

Eine commentirte Zusammenstellung des Fischereigesetzes und der Aus=
führungs-Verordnungen zu demselben, die auch die Angabe der älteren Fischerei-
Verordnungen enthält, ist erschienen bei Wiegandt und Hempel in Berlin
unter dem Titel „Das Fischerei-Gesetz für den Preuß. Staat 2c."

Empfehlenswerth ist ferner „Das Fischereigesetz für den Preuß. Staat nebst Ausführungs-Verordnungen. Mit 33 Fischabbildungen. Berlin. Paul Parey. 1887."

II. Bedeutung der Fischerei-Grundgerechtigkeiten.

Die privatwirthschaftliche und volkswirthschaftliche Bedeutung der Fischereinutzung findet in Deutschland vielfach nicht die gebührende Würdigung. Daß das Fischfleisch ein vorzügliches, mit wenig Kosten in großen Massen herstellbares, daher auch dem Unbemittelten zugängliches Nahrungsmittel ist, daß das Wasser einer rationellen und einträglichen Bewirthschaftung ebenso fähig ist, wie das Land, daß Deutschland in seinen Strömen, Flüssen, Bächen und Landseen ein großes Areal von nutzbaren Fischwassern besitzt, scheint selbst unter Gebildeten eine wenig bekannte Thatsache zu sein. Sonst wäre es nicht zu erklären, daß eine geordnete, auf Schutz und Pflege, Erhaltung und Nachzucht des Fischbestandes beruhende Fischwirthschaft selten gefunden wird, vielmehr eine nur auf den augenblicklichen Vortheil bedachte Ausnutzung der Fischgewässer die Regel bildet. Theils diese auf Unkenntniß und Eigennutz beruhende Unwirthschaft, theils die nachtheiligen Einwirkungen von Entwässerungen, Flußregulirungen, wasserverunreinigenden Fabrikanlagen, Schifffahrtseinrichtungen haben eine erhebliche Verminderung des Fischbestandes in den Binnengewässern und einen Verfall der Binnenfischerei herbeigeführt, welcher durch eine ungenügende und mehrfach unzweckmäßige Gesetzgebung nicht hat aufgehalten werden können.

Erst in neuerer Zeit ist in Gesetzgebung, Vereinsthätigkeit und Wirthschaft die Anbahnung besserer Zustände hervorgetreten.

Neuere Gesetze sind:

das Königl. Sächsische Gesetz über die Ausübung der Fischerei in fließenden Gewässern vom 15. October 1868;

das Badische Gesetz, die Ausübung und den Schutz der Fischerei betreffend, vom 3. März 1870;

das Württembergische Gesetz über die Fischerei vom 27. November 1865;

das Fischereigesetz für den Preußischen Staat vom 30. Mai 1874.

Zu den in Preußen eingeschlagenen gesetzlichen Mitteln, die Fischerei zu heben, wird auch die durch das Fischerei-Gesetz unberührt gebliebene Ablösung von Fischerei-Grundgerechtigkeiten auf Privat-

Gewässern gezählt, deren Zulässigkeit durch die meisten Preußischen Gem. Theil.-Ordnungen ausgesprochen ist.

Die Bedeutung der Fischerei-Grundgerechtigkeiten, von welcher die Zweckmäßigkeit der Ablösung abhängig ist, muß erwogen werden einerseits im privatwirthschaftlichen Interesse sowohl des belasteten Grundeigenthümers (Wassereigenthümers), als des Fischerei-Berechtigten, andererseits in volkswirthschaftlicher Hinsicht.

Fließendes Wasser kann nicht Gegenstand des Eigenthums sein. Das sog. Wassereigenthum kann hier nur uneigentlich so genannt werden, und besteht in dem Eigenthum am Flußbett und in dem Benutzungsrecht der vorüberfließenden Welle.

Die Fischerei-Berechtigung ist nicht, wie viele Waldgrundgerechtigkeiten es sind und die Jagdgerechtigkeit es war, in dem Sinne kulturschädlich, daß ihre Ausübung andere Wirthschaftszweige schädigt. Sie hindert ferner in den meisten Fällen den Grundeigenthümer weder in der vortheilhaftesten Bewirthschaftung des mit dem Fischwasser grenzenden Landes, noch in der anderweiten, außerhalb der Fischerei liegenden Benutzung des Berechtigungswassers. Ein solches Hinderniß kann aber die Fischerei-Berechtigung bereiten, indem sie Entwässerungen oder Bewässerungen oder gewerbliche Anlagen ausschließt, welche einen höheren Ertrag, als die Fischereinutzung liefern. Wo dies der Fall ist, muß die Ablösung möglich sein.

Für den Berechtigten ist die Fischerei-Berechtigung bald ein Nebengewerbe von untergeordneter Wichtigkeit, bald das hauptsächlichste oder gar alleinige Erwerbsmittel für zahlreiche Familien, ganze Ortschaften und Gegenden. Je nachdem das eine oder das andere der Fall ist, wird die Ablösung der Fischerei-Grundberechtigungen als zulässig oder unzulässig erachtet werden müssen.

In der Abmessung dieser zunächst privatwirthschaftlichen Verhältnisse des Belasteten und des Berechtigten liegt zugleich ein Bestimmungsgrund für die volkswirthschaftliche Zuträglichkeit oder Unzuträglichkeit der Fischereirechts-Ablösungen. Die Hauptfrage für die volkswirthschaftliche Bedeutung der Fischereiberechtigungen und ihrer Ablösung wird aber dahin zu richten sein, ob die Binnenfischerei selbst, ihre geordnete Bewirthschaftung und Hebung mehr gesichert, vielleicht gar bedingt ist durch die Fortdauer der Fischereiberechtigungen oder durch die Aufhebung und den Heimfall derselben an den

Wassereigenthümer. Die Beantwortung dieser Frage ist abhängig von der wirthschaftlichen Eigenthümlichkeit des Fischereibetriebs, von der Beschaffenheit und von den Eigenthums-Verhältnissen der Fisch=gewässer.

Die Fische binden sich nicht an die Eigenthumsgrenzen, sondern nur an die Wassergrenzen. Es genügen denselben, je nach den Fischarten, bald kleine Wasserflächen zur Brut, zum Wachsen und Gedeihen, bald suchen sie ihre Laichstätten weit entfernt von den Nahrungsstätten auf und durchwandern dann ein großes oder kleines Wassergebiet, mitunter vom Meere die Ströme und Flüsse hinauf bis in deren durch die Gebirgsbäche gebildeten Verästelungen hin.

Auf geschlossenen, einem einzigen Eigenthümer gehörigen Seen wird es fast immer am zweckmäßigsten sein, wenn das Recht zum Fischen dem Grundeigenthümer allein zusteht. Alleingut ist hier besser als Gemeingut, weil nur der Wassereigenthümer einen wirk=samen Schutz der Fische gegen Raub=Säugethiere und Raubvögel bewerkstelligen kann, nur er die mitunter widerstreitenden Interessen der Jagd und der Fischerei zu ordnen vermag, und weil kostspielige Verbesserungen der Fischerei durch Aussetzung von Fischen u. s. w. nicht oder nicht in gleicher Weise weder von den Fischereiberechtigten, noch von dem mitberechtigten Grundeigenthümer zu erwarten sind, wenn zwei oder mehrere ernten, was einer sät. Wenn dagegen ein See einer größeren Anzahl von Grundeigenthümern, etwa nach dem Längen= oder Flächen=Verhältnisse ihres Uferbesitzes gehört, wird durch Ablösung der darauf lastenden Fischerei=Grundgerechtigkeiten kein Alleineigenthum der Fischerei mit seinen Vortheilen für den Fischerei=Betrieb geschaffen. Hier ist Genossenschaftsbildung für Fischschutz und Fischwirthschaft zwischen Grundeigenthümern und Grundberechtigten, wie sie das Fischerei=Gesetz vom 30. Mai 1874 zuläßt, wirksamer als Ablösung. Aehnlich verhält es sich mit nicht geschlossenen Gewässern. Ein Forellenbach, welcher in seiner ganzen Länge innerhalb eines, demselben Eigenthümer gehörigen Privatwalds liegt, ist am besten servitutfrei. Gehört ein und dasselbe, aus zu=sammenhängenden, fließenden Gewässern bestehende, mit Fischereibe=rechtigungen belastete Fischrevier fischereimitberechtigten Grundeigen=thümern, von denen jeder auf seiner Strecke fischt, so ist die Ab=lösung wirkungslos. Sie würde schädlich wirken können, wenn ein einziger Fischereiberechtigter ein die Mitfischerei der Grundeigenthümer ausschließendes Recht besitzt.

Aus allem diesen ergiebt sich schließlich, daß die Ablösung von Fischerei-Grundgerechtigkeiten, sowohl vom privatwirthschaftlichen, wie vom volkswirthschaftlichen Gesichtspunkte aus betrachtet, im einzelnen Falle nützlich sein kann, aber nicht in jedem Falle förderlich ist, und sogar in gewissen Fällen mehr Schaden als Nutzen zu stiften vermag. Die Vorschrift der Preußischen Ablösungsgesetze über die unbedingte Ablösbarkeit der Fischerei-Grundgerechtigkeiten bei Antrag des Berechtigten oder Verpflichteten geht daher zu weit. Eine bedingte, von Fall zu Fall auf Grund sachverständiger Prüfung auszusprechende (stattnehmig zu erklärende), und dann auch auf Regalitäts-Berechtigungen auszudehnende Ablösbarkeit verdient den Vorzug. Neben einer beschränkten Ablösbarkeit ist der von der Preußischen Fischerei-Gesetzgebung eingeschlagene Weg der Bildung von Fischerei-Schutz-, Aufsichts- und nach Umständen von Wirthschafts-Genossenschaften in jeder Weise zu begünstigen.

III. Die Regelung

der Fischerei-Grundgerechtigkeiten umfaßt:

die allgemeine polizeiliche Regelung von Art, Zeit und Ort der Servitut-Ausübung zum Schutze des Fischbestandes, und

die Vereinigung der Fischerei-Berechtigten zu Schutz-, Aufsichts- und Wirthschafts-Genossenschaften.

Dagegen ist die bei anderen Grundgerechtigkeiten zweckmäßige Nutzungsregelung durch Umwandlung, Freilegung, Fixation oder Einschränkung bei Fischerei-Berechtigungen wegen der Eigenthümlichkeiten der Fischereinutzung weder erforderlich und durchführbar, noch durch Gesetz vorgesehen.

Die allgemeine polizeiliche Regelung ist in Preußen in dem Fischerei-Gesetze vom 30. Mai 1874, in dessen Erg.-Ges. vom 30. März 1880, in den auf Grund des Fischerei-Gesetzes erlassenen Ausführungs-Verordnungen und in den älteren, theils gemeinrechtlichen, theils provinzialrechtlichen Bestimmungen, soweit letztere durch das Fischerei-Gesetz in Gültigkeit geblieben sind, enthalten.

Vergl. darüber I. S. 546.

Die genoſſenſchaftliche Regelung iſt durch §§ 9 und 10 des Preußiſchen Fiſchereigeſetzes angeordnet. Sie erſtreckt ſich auf Eigen=thums=, Regalitäts= und Grundgerechtigkeiten und kann beſtehen ent=weder in der Bildung von Fiſcherei=Schutz= und Aufſichts=Genoſſen=ſchaften, oder in deren Erweiterung zu Wirthſchafts= und Benutzungs=Genoſſenſchaften.

Die Vereinigung der Berechtigten eines größeren, zuſammen=hängenden Fiſchereigebiets zu Schutz= und Aufſichts=Genoſſenſchaften geſchieht auf Grund eines Statuts, welches bei Widerſpruch auch nur eines Berechtigten (Zwangsgenoſſenſchaften) der landesherrlichen, im Falle freiwilliger Uebereinkunft aller Berechtigten dagegen der Genehmigung durch den Oberpräſidenten bez. durch den Miniſter für Landwirthſchaft bedarf.

Die Bildung von Wirthſchafts= und Benutzungs=Genoſſenſchaften kann nur auf Antrag eines oder mehrerer Betheiligten geſchehen. Sie iſt zuläſſig bei Zuſtimmung aller Betheiligten ohne Beſchrän=kung auf die Art der Genoſſen und Berechtigten, bei dem Wider=ſpruch auch nur eines Berechtigten dagegen beſchränkt auf nicht geſchloſſene Binnengewäſſer, auf das ausſchließliche Vorhandenſein von Fiſchereirechten der Uferbeſitzer und unter der weiteren Bedin=gung, daß der ſelbſtändige Fiſchereibetrieb der einzelnen Anlieger mit einer wirthſchaftlichen Fiſchereinutzung der Gewäſſer im Ganzen un=vereinbar iſt. In formeller Hinſicht iſt das Zuſtandekommen der Wirthſchafts = Genoſſenſchaften an dieſelben Bedingungen geknüpft, welche für Schutz= und Aufſichts=Genoſſenſchaften gelten.

Die Aufſicht über die nach den §§ 9 und 10 des Fiſch.=Geſ. vom 30. Mai 1874 gebildeten Genoſſenſchaften führt der Kreis=(Stadt=) Ausſchuß (Zuſtändigkeits = Geſ. v. 1. Aug. 1883 § 100 GS. S. 274).

IV. Ueber die **Nutzwerth-Ermittelung** der Fiſcherei=Grund=gerechtigkeiten enthält für Preußen nur das Erg.=Geſ. vom 2. März 1850 in Art. 6 ausführliche Beſtimmungen. Sie lauten:

„In allen anderen" (nicht durch das Vorfluthedict vom 15. Nov. 1811, das Privatflussgesetz vom 28. Febr. 1843 und die Fischereiordnungen für Posen und Preussen vorgesehenen) „Fällen wird der jährliche Reinertrag der Fischereiberechtigung in Privat-gewässern durch das Gutachten Sachverständiger festgestellt, welche dabei den von den Berechtigten in den letzten 10 Jahren vor Anbringung der Provocation durchschnittlich aus der Fischerei gezogenen Nutzen zu berücksichtigen haben. Der jährliche Reinertrag bildet den Massstab für die Höhe der Abfindung der Fischerei-Berechtigten, und diese ist, in Ermangelung einer anderweiten Einigung der Parteien, in Rente oder Capital zu gewähren.

Hat der Belastete auf Ablösung angetragen, so ist der Berechtigte ausserdem zu verlangen befugt, dass ihm seine noch brauchbaren Fischereigeräthe gegen Ersatz des Werths derselben von dem Provocanten abgenommen werden."

Die in dem letzten Absatze enthaltene Vorschrift ist auch in die übrigen, die Ablösung der Fischerei-Grundgerechtigkeiten behandelnden Preußischen Ablösungsgesetze übernommen.

Rhein. GThO. § 14.

Nass. GThO. § 13.

Schlesw.-Holst. GThO. § 13.

Die hier vorgeschriebene Begründung des Ablösungs-Nutzwerth-Kapitals auf die Vergangenheitsrente bildet sowohl bei Fischerei-Bedarfs- als Verkaufsberechtigungen den sichersten Maßstab der Werthermittelung. Die Bedarfsermittelung würde sich in weiten Grenzen bewegen und an die Ortsgewohnheit anschließen müssen, wofür am ersten noch in katholischen Gegenden in dem Abstinenz-gebote, welches an gewissen Tagen die Enthaltung von Fleischspeisen fordert, den Genuß von Fischspeisen gestattet, ein Anhalt gefunden werden könnte. Die Ertragsschätzung der Fischgewässer, welche den Fischstand der verschiedenen Fischarten, die Alters- und Größeklassen und den nachhaltigen Nutzungsbetrag zu ermitteln hätte, ist eine schwer lösbare Aufgabe. Die Werthermittelung nach dem Vergangenheits-Maßstabe hilft über diese Schwierigkeiten hinweg. Die Naturalrente ist in Gewicht der vorhandenen Fischarten auszudrücken.

Ein Fischereiberechtigter, dessen Berechtigung unstreitig nur zur Gewinnung des eigenen Bedarfs besteht, kann auf die Bestimmung des Art. 6 a. a. O. nicht den Anspruch gründen, daß deren Reinertrag unter Berücksichtigung der in den letzten 10 Jahren von ihm verkauften Fische geschätzt werde.

RG. 23. Nov. 1877. OT. 26. Sept. 1878. ALR. II. 15. §§ 75—78.

Vergl. Schneider, Landes-Cult.-Gesetzgeb. des Preuß. Staats III. Abschn. S. 47 Note 60.

Die Preisermittelung hat die durchschnittlichen Verkaufspreise an der Fangstelle zu erforschen. An Kosten sind in Rechnung zu

ſtellen der Arbeitsaufwand, die Zinſen, Reparatur- und Erneuerungs-
koſten des Anlagekapitals an Fiſcherkähnen und Fangwerkzeugen.
Der Fiſchrechts-Zinsfuß behufs Kapitaliſirung des jährlichen Reiner-
trages iſt nach dem muthmaßlichen Verlaufe der künftigen Fiſcherträge,
Fiſchpreiſe und Koſtenſätze mit Rückſicht auf die Fingerzeige, welche
die Statiſtik, die Betriebs-, Verzehrs- und Verkehrsverhältniſſe an die
Hand geben, feſtzuſtellen.

V. Zu einer von der Nutzwerthermittelung verſchiedenen **Vortheilswerth-Ermittelung** geben die Fiſchereiberechtigungen keinen
Anlaß.

VI. Als **Abfindungsmittel** iſt in allen, die Ablöſung der
Fiſcherei-Grundgerechtigkeiten behandelnden Preußiſchen Gem.-Theil.-
Ordnungen ausſchließlich Geldabfindung in Ermangelung anderweiter
Vereinbarung vorgeſchrieben.

Erg.-Geſ. v. 2. März 1850 Art. 7.

Rhein. GThO. 17. Mai 1851 § 14.

Naſſ. GThO. 5. April 1869 § 13.

Schlesw.-Holſt. GThO. 17. Auguſt 1876 § 13.

I. Chronologisches Register.

1814.

FD. vom 30. Juli, erlassen von dem österreichisch-bayrischen Gouvernement. I 18.
Großherz. Hess. GThO. vom 7. Sept. I 89.

1816.

Deklaration vom 29. Mai wegen Regulirung der gutsherrlichen und bäuerlichen
Verhältnisse. I 30.

1817.

Verordnung vom 20. Juni. I 94.

1821.

Altpr. GThO. vom 7. Juni. I 19, 22, 71, 72, 76, 89, 130, 137, 139, 144,
159, 172, 178, 181, 189, 229, 236, 246; II 12, 32, 37, 38, 54, 58, 61,
80, 91, 104, 196, 205, 207, 238, 239, 240, 274, 281, 282, 290, 317,
325, 350, 367, 378 u. f., 386, 391, 395, 396, 406, 409, 411, 425, 430,
433, 449, 453, 465, 475, 478, 482, 502, 505, 509, 529, 541.

1825.

Geschäftsanweisung für die Regierungen vom 31. Dec. I 123.

1827.

Ges. vom 19. Mai. I 100.
Code forestier vom 21. Mai. I 79, 114; II 13, 25, 39, 51, 73, 74, 124,
213, 225, 233, 361, 377, 424, 435, 449.
FD. vom 6. Juli (Sigmaringen). I 18.
Ordonnance réglementaire vom 1. Aug. I 114.

1831.

Revidirte Städte-Ordn. vom 17. März. I 10.

1832.

Sächsische GThO. vom 17. März. I 97.

1833.

Sächsische Instruction vom 21. Jan. I 97.
Badisches Forstgesetz vom 15. Nov. I 99; II 13, 18, 22, 25, 51, 59, 65, 73,
97, 126, 165, 182, 186, 196, 211, 213, 223, 259, 260, 275, 279, 285,
361, 364, 376, 377, 391, 420, 434, 449, 511, 515.

1834.

Verordnung vom 30. Juni. I 94.
Braunschweigische GThO. vom 20. Dec. I 104.

1835.

Ges. vom 29. Juni. I 174.

1836.

Verordnung vom 1. Juni (Königr. Sachsen). I 97.

1837.

Großherz. Hess. Forstges. vom 4. Febr. II 435.
Sachsen-Altenburg, Ablös.-Ges. vom 23. Mai. I 106.
Verordnung vom 6. Juli. I 97.

1838.

Reuß-Schleiz, Ablös.-Ges. vom 23. März. I 111.
Verordnung vom 28. Juli. I 125.
Lippe-Detmold, Ablös.-Ges. vom 4. Sept. I 112.

1839.

Großherz. Hess. Ges. vom 2. Juli. II 279, 292, 299.
Verordnung vom 5. August. I 97.

1841.

LGO. für Westfalen vom 31. Oct. I 10.

1842.

Braunschw. Erg. Ges. vom 12. Febr. I 104.
Hann. Ges. vom 30. Juni. I 94.

1843.

Ges. über Privatflüsse vom 28. Febr. II 545.
Waldstreu-Ges. vom 5. März. II 275, 278, 288, 292, 294, 296, 298, 299, 318.
Verordnung vom 24. Aug. I 97.

1844.

Ges. vom 8. Nov. (Sigmaringen). I 18.
Verordnung vom 22. Nov. I 94.

1845.

Fischerei-Ordn. für die Binnen-Gewässer der Prov. Posen vom 7. März. II 545.
GO. für die Rheinprovinz vom 23. Juli. I 10.

1846.

Ges zur Aufhebung aller fremden Weiderechte in Hohenz.-Sigm. vom 12. Febr. I 90.
Pfälzer FG. vom 23. Mai. I 97.

1847.

Decl. vom 26. Juli betr. d. nutzbare Gemeindevermögen. I 10; II 366.

1848.

Sachsen-Weimar'sches Ges. vom 18. Mai. I 101.
Anhalt. Verordnung vom 19. Dec. I 103.

1849.

Sachsen-Koburg, Ablös.-Ges. vom 25. Jan. I 107.
Sachsen-Altenburg, Ablös.-Ges. vom 16. Febr. I 106.
Braunschweig, Erg.-Ges. vom 28. Febr. I 104.
Großherz. Hess. Ges. vom 7. Mai. I 93.
Oldenburg Entschädigungs-Ges. vom 14. Oft. I 101.

1850.

Lippe-Detmold. Ablös.-Ges. vom 17. Jan. I 112.
Verfassungsurkunde vom 31. Jan. I 84.
Erg.Ges. vom 2. März. I 6, 89, 173, 178, 182, 198, 201, 202, 229, 232, 237, 246, 248; II 104, 107, 115, 117, 281, 290, 476, 502, 504, 505, 518, 528, 545, 552, 554.

Städte-Ordn. und Landgem.Ordn. für Braunschweig vom 19. März. I 45.
Anhalt. Separationsgesetz vom 26. März. I 102.
Schwarzburg-Sondershausen, Ges. über Ablös. der Weiberechte vom 9. April. I 108.
Sachsen-Meiningen, Ablös.Ges. vom 5. Mai. I 105.

1851.

Oldenburgisch. Nachtrags-Ges. vom 3. Febr. I 102.
Anhalt. Erg.Ges. vom 20. Febr. I 102.
Sächs. Ges. vom 15. Mai. I 97.
Rhein. GThO. vom 19. Mai. I 90, 94, 178, 182, 186, 190, 198, 201, 221,
 239, 248; II 37, 388, 450, 465, 476, 541, 545, 554.
Verf.Ges. vom 19. Mai zur Rhein. GThO. I 94.
Braunschweig. Ablös.Ges. vom 3. Juli. I 104.

1852.

Anhalt. Ges. vom 1. März. I 103.
LGO. vom 4. März (Hannover). I 45.
Bayer. FG. vom 28. März. I 77, 95; II 13, 43, 50, 59, 62, 73, 74, 78, 260,
 278, 292, 296, 317, 339, 362, 424, 435.
Oesterr. Reichs-FG. vom 3. Dez. II 25, 27, 279, 285, 286, 287, 299, 339,
 355, 424.

1853.

Städte-Ordn. für die 6 östl. Prov. vom 30. Mai. I 10.
Oesterr. Patent vom 5. Juli. I 115; II 78.
Oesterr. Min.V. vom 15. Aug. I 115.
Sachsen-Gotha, Grundlasten-Ablösungs-Ges. vom 5. Nov. I 108.
FO. für Waldeck vom 21. Nov. II 516.

1854.

Schwarzburg-Sondershausen, Ablös.Ges. vom 2. April. I 108.
Kais. Verordn. vom 12. April (Els.Lothr.). I 114.
Schwarzburg-Sondershausen, Staatsvertrag mit Preußen vom 9. Oct. I 109.
Sachsen-Gotha, Erg.Ges. vom 11. Dez. I 108.

1855.

Schwarzburg-Sondershausen, Ablös.Ges. vom 6. Jan. I 109.
Schwarzburg-Rudolstadt, Staatsvertrag mit Preußen vom 21. Dez. I 110.

1856.

Schwarzburg-Rudolstadt, Staatsvertrag mit Preußen vom 4. Jan. I 110.
Schwarzburg-Rudolstadt, Ablös.Ges. vom 7. Jan. I 110.
Schwarzburg-Rudolstadt, Ges. vom 11. Jan. I 110.
Städteordn. für Westfalen vom 19. März. I 10.
Sachsen-Meiningen, FO. vom 29. Mai. II 516.
Gesetz vom 8. Nov. (Hannover). I 94

1857.

Kais. Verordn. vom 19. Mai (Elsaß-Lothringen). I 114.
Franz. Ablös.Ges. vom 19. Mai. II 51, 107.

Lippe-Detmold, Ges. vom 26. Aug. I 112.
Anhalt. Ges. vom 30. Aug. I 103.
Oesterr. MB. vom 31. Oct. I 116.

1858.

Reuß-Schleiz, Ges. vom 15. Jan. I 111.
Oldenburg, Ablös.Ges. vom 15. Mai. I 101.

1861.

Grundsteuer-Ges. vom 21. Mai. 1 193.

1862.

Anhalt. Erg.Ges. vom 6. Juli. 1 103.
Hessen-Homburg, Ges. vom 8. Juli. 1 90.

1863.

Hann. Waldstreu-Ges. vom 7. Jan. II 283, 284, 334.

1864.

Reuß-Schleiz, Ges. vom 6. Juni. 1 111.

1865.

Anhalt. Ablös.Ges. vom 30. Jan. I 102.
Sachsen-Meiningen, Erg.Ges. vom 12. Juni. 1 105.

1867.

Grundsteuer-Ges. vom 8. Febr. 1 193.
V. vom 22. Febr. (Bestandtheile des Reg.Bez. Wiesbaden). 1 93.
V. vom 28. April (Hannover, Grundsteuer). 1 193.
V. vom 11. Mai (Wiesbaden, Grundsteuer). 1 193.
Hess. GThO. vom 13. Mai. 1 72, 92, 178, 186, 190, 201, 211, 221, 239,
    248; II 37, 45, 78, 389, 465, 476.
V. 4. Juni (Grundsteuer). 1 193.
V. 24. Juni (Grundsteuer). I 193.
V. v. 2. Sept. (Hinterland-Kreis). I 92.
Regul. V. für den Oberharz vom 14. Sept. I 76, 77, 91, 149, 178; II 33,
    37, 38, 45, 58, 61, 62, 72, 73, 74, 101.
V. v. 20. Sept. (Kreis Meisenheim). 1 90.

1868.

Sachsen-Gotha, Ges. vom 5. Mai. 1 108.

1869.

Waldeck, Ges. vom 25. Jan. I 92, 110.
Sachsen-Meiningen, Erg.-Ges. vom 9. Febr. I 105.
Sachsen-Meiningen, Ges. vom 10. Febr. I 105.
Ges. vom 5. April (Zusammenlegung Ehrenbreitstein). I 90.
Nass. GThO. vom 5. April. 1 72, 93, 178, 182, 186, 190, 201, 211, 221
    239, 248; II 37, 38, 389, 465, 476, 545, 554.
Sachsen-Weimar'sches Ablös.-Ges. vom 28. April. 1 101.
Waldeck, Verordnung vom 24. Mai. 1 110.

1870.

Grundsteuerges. vom 11. Febr. I 192.

Schaumburg-Lippe, Ablös.-Ges. vom 28. April. I 113.

1871.

Elsaß-Lothringen, Ges. vom 30. Dec. I 114.

1872.

Ges. vom 2. April (Zusammenlegung). I 89.

Ges. über den Eigenthumserwerb vom 5. Mai. I 2.

Schaumburg-Lippe, Staatsvertrag mit Preußen vom 20. Okt. I 113.

Schaumburg-Lippe, Ablös.-Ges. vom 11. Dec. I 113.

1873.

Württemberg, Ablös.-Ges. vom 26. März. I 98, 135, 174; II 377, 448.

Reuß-Greiz, Ablös.-Ges. vom 10. Juni. I 111.

Hann. G.Th.O. vom 13. Juni. I 72, 76, 90, 178, 183, 184, 186, 199, 201, 211, 219, 241, 244, 248; II 34, 37, 226, 235, 244, 389, 430, 448, 449, 453, 455, 465, 476, 502, 510, 541.

Württemberg, Min.-Instr. vom 5. Juli. I 98.

1874.

Schwarzburg-Sondershausen, Ablös.-Ges. vom 9. Febr. I 109.

Pr. Fischerei-Ges. vom 30. Mai. I 79; II 542, 545, 552.

Anhalt, Staatsvertrag mit Preußen vom 18. Sept. I 103.

Anhalt, Ges. vom 16. Nov. I 103.

1875.

Ges. vom 26. Juni (Grundsteuerkataster). I 194.

Waldeck, Verordnung vom 27. Dec. I 110.

1876.

Sachsen-Gotha, Forstablös.-Ges. vom 5. März. I 108.

Ges. vom 23. Juli betr. die Ablösung der Reallasten im R.-B. Cassel. I 150.

Hess. Erg.-Ges. vom 25. Juli. I 76, 92, 145, 150, 178, 184, 221; II 33, 35, 38, 465, 476.

G.Th.O. für Schleswig-Holstein vom 17. Aug. I 72, 90, 178, 183, 186, 190, 201, 211, 239, 248; II 37, 226, 235, 244, 387, 430, 465, 476, 510, 541, 545, 554.

1878.

Ges. vom 25. Febr. (Lauenburg). I 90.

1879.

Elsaß-Lothringen, Ges. vom 4. Juli. I 115.

1880.

Pr. Feld- und F.-Pol.-Ges. vom 1. April. II 167, 278, 434.

1885.

Hohenzollern, G.Th.O. vom 23. Mai. II 33, 34, 35, 37, 45, 58, 78, 121, 145, 226, 235, 244, 291, 387, 430, 465, 476, 502, 541.

II. Alphabetisches Sachregister.

Die Ablösung und Regelung

der

Waldgrundgerechtigkeiten.

Von

Dr. jur. Bernhard Danckelmann,

Königl. Preußischem Oberforstmeister und Director der Forstakademie zu Eberswalde.

Dritter Theil.

Hülfstafeln zur Werthermittelung von Waldgrundgerechtigkeiten.

Berlin.

Verlag von Julius Springer.

1888.

Tafeln.

Tafel I.

Holzertragstafel für Buche.

Tafel I. Holzertragstafel für Buche.

2*

Es sind bei Vollbestand an oberirdischer Holzmasse zu erwarten:

		An Vorertrag									An Hauptertrag							An Gesammtertrag			
		in dem in Rubrik 1 angegebenen Jahre					mit Einschluß der früheren Vorerträge				nach Masse				nach Sortimenten			pro Hectar 8 + 12 resp. 9 + 13		pro Jahr und Hectar (Durchschn.-Zuwachs)	
Im Alter von Jahren	Bei einer Bestandsmittelhöhe des Hauptbestandes von Metern	nach Masse		nach Sortimenten			pro Hectar		pro Jahr und Hectar (Durchschn.-Zuwachs)		pro Hectar		pro Jahr und Hectar (Durchschn.-Zuwachs)								
		Derbholz	Gesammt-masse	Kloben	Knüppel	Reisig	Derbholz	Gesammt-masse	Derbholz	Gesammt-masse	Derbholz	Gesammt-masse	Derbholz	Gesammt-masse	Kloben	Knüppel	Reisig	Derbholz	Gesammt-masse	Derbholz	Gesammt-masse
	fm pr. ha	Procente					Festmeter				Festmeter				Procente			Festmeter			
1.	2.	3.	4.	5.	6.	7.	8.	9.	10.	11.	12.	13.	14.	15.	16.	17.	18.	19.	20.	21.	22.
								I. Ertragsklasse.													
20	5·1	—	12	—	—	100	—	12	—	0·6	16·0	79·8	0·80	3·99	—	20	80	16·0	91·8	0·8	4·6
30	9·9	—	20	—	—	100	—	32	—	1·1	61·2	160·5	2·04	5·35	—	38	62	61·2	192·5	2·0	6·4
40	14·9	9	28	—	31	69	9	60	0·2	1·5	138·0	248·0	3·45	6·20	·7	49	44	147·0	308·0	3·7	7·7
50	18·6	21	35	—	61	39	30	95	0·6	1·9	247·5	338·0	4·95	6·76	36	37	27	277·5	433·0	5·6	8·7
60	21·6	29	38	6	71	23	59	133	1·0	2·2	354·0	422·0	5·90	7·03	58	26	16	413·0	555·0	6·9	9·3
70	24·0	32	38	21	64	15	91	171	1·3	2·4	429·0	502·0	6·13	7·17	70	15	15	520·0	673·0	7·4	9·6
80	26·0	30	35	35	52	13	121	206	1·5	2·6	491·0	580·0	6·14	7·25	74	11	15	612·0	786·0	7·7	9·8
90	28·0	25	28	44	44	12	146	234	1·6	2·6	551·0	651·0	6·12	7·23	76	9	15	697·0	885·0	7·7	9·8
100	29·8	21	24	60	29	11	167	258	1·7	2·6	610·9	720·5	6·11	7·20	78	7	15	777·9	978·5	7·8	9·8
110	30·8	18	20	67	23	10	185	278	1·7	2·5	667·0	784·0	6·06	7·13	78	7	15	852·0	1062·0	7·7	9·6
120	31·8	16	18	75	15	10	201	296	1·7	2·5	717·0	840·6	5·98	7·00	78	7	15	918·0	1136·6	7·7	9·5
								II. Ertragsklasse.													
20	4·3	—	11	—	—	100	—	11	—	0·6	—	58·2	—	2·91	—	—	100	—	69·2	—	3·5
30	8·2	—	17	—	—	100	—	28	—	0·6	46·4	114·2	1·55	3·81	—	41	59	46·4	142·2	1,6	4·7
40	12·4	2	24	—	9	91	2	52	0·05	0·6	108·6	186·6	2·71	4·66	—	58	42	110·6	238·6	2,8	6·0
50	16·4	14	28	—	49	51	16	80	0·3	1·6	193·7	263·5	3·87	5·27	17	56	27	209·7	343·5	4,2	6·9
60	19·0	21	30	2	68	30	37	110	0·6	1·8	273·1	343·4	4·55	5·72	46	33	21	310·1	453·4	5,2	7·6
70	21·0	25	31	14	68	18	62	141	0·9	2·0	339·4	415·5	4·85	5·93	61	21	18	401·4	556·5	5,7	8·0
80	23·0	25	29	21	64	15	87	170	1·1	2·1	400·5	481·8	5·01	6·02	69	14	17	487·5	651·8	6,1	8·1
90	25·0	21	24	36	51	13	108	194	1·2	2·2	456·0	544·4	5·07	6·05	73	11	16	564·0	738·5	6,3	8·2

100	26·6	19	22	49	39	12	127	216	1·3	2·2	508·5	602·8	5·08	6·03	76	8	16	635·5	818·8	6·4	8·2
110	27·6	15	17	60	29	11	142	233	1·3	2·1	558·9	659·0	5·08	5·99	78	7	15	700·9	892·0	6·4	8·1
120	28·6	14	16	67	23	10	156	249	1·3	2·1	607·1	713·2	5·06	5·94	78	7	15	763·1	962·2	6·4	8·0

III. Ertragsklasse.

20	3·0	—	9	—	—	100	—	9	—	0·5	—	40·2	—	2·01	—	—	100	—	49·2	—	2·5
30	6·0	—	14	—	—	100	—	23	—	0·8	21·0	84·4	0·7	2·81	—	25	75	21·0	107·4	0·7	3·6
40	10·0	—	18	—	—	100	—	41	—	1·0	73·5	138·5	1·84	3·46	—	53	47	73·5	179·5	1·8	4·5
50	14·0	4	20	—	20	80	4	61	0·08	1·2	140·5	193·8	2·81	3·88	—	72	28	144·5	254·8	2·9	5·1
60	16·9	13	23	—	55	45	17	84	0·3	1·4	209·0	250·6	3·48	4·18	28	55	17	226·0	334·6	3·8	5·6
70	18·9	18	25	2	68	30	35	109	0·5	1·6	268·4	309·6	3·83	4·42	49	38	13	303·4	418·6	4·3	6·0
80	20·9	18	23	10	70	20	53	132	0·7	1·7	321·0	365·0	4·01	4·56	61	27	12	374·0	497·0	4·7	6·2
90	22·0	17	20	16	68	16	70	152	0·8	1·7	371·0	420·0	4·12	4·67	70	18	12	441·0	572·0	4·9	6·4
100	23·0	15	17	25	61	14	85	169	0·9	1·7	416·0	472·0	4·16	4·72	75	13	12	501·0	641·0	5·0	6·4
110	24·0	11	13	35	52	13	96	182	0·9	1·7	456·0	520·4	4·15	4·73	77	11	12	552·0	702·4	5·0	6·4
120	25·0	11	12	50	38	12	107	194	0·9	1·6	493·0	566·8	4·11	4·62	78	9	13	600·0	760·8	5·0	6·3

IV. Ertragsklasse.

20	2·4	—	7	—	—	100	—	7	—	0·4	—	24·9	—	1·24	—	—	100	—	31·9	—	1·6
30	5·0	—	10	—	—	100	—	17	—	0·6	—	60·2	—	2·01	—	—	100	—	77·2	—	2·6
40	8·0	—	12	—	—	100	—	29	—	0·7	32·8	103·2	0·82	2·58	—	32	68	32·8	132·2	0·8	3·3
50	11·0	1	15	—	9	91	1	44	0·02	0·9	77·5	146·2	1·55	2·92	—	53	47	78·5	190·2	1·6	3·8
60	13·5	5	17	—	31	69	6	61	0·1	1·0	127·8	191·6	2·13	3·19	8	59	33	133·8	252·6	2·2	4·2
70	15·5	10	18	—	55	45	16	79	0·2	1·1	175·0	237·0	2·50	3·39	25	49	26	191·0	316·0	2·9	4·5
80	17·5	11	16	2	64	34	27	95	0·3	1·2	220·0	279·8	2·75	3·50	43	36	21	247·0	374·8	3·1	4·7
90	18·6	11	14	6	71	23	38	109	0·4	1·2	265·0	320·0	2·94	3·55	54	29	17	303·0	429·0	3·4	4·8
100	19·6	9	11	14	68	18	47	120	0·5	1·2	306·0	360·0	3·06	3·60	66	19	15	353·0	480·0	3·4	4·8

V. Ertragsklasse.

20	1·2	—	4	—	—	100	—	4	—	0·2	—	17·1	—	0·9	—	—	100	—	21·1	—	1·1
30	3·0	—	6	—	—	100	—	10	—	0·3	—	38·5	—	1·3	—	—	100	—	48·5	—	1·6
40	5·5	—	8	—	—	100	—	18	—	0·5	10·0	63·5	0·25	1·59	—	16	84	10·0	81·5	0·3	2·0
50	8·0	—	10	—	—	100	—	28	—	0·6	35·0	88·5	0·70	1·77	—	40	60	35·0	116·5	0·7	2·3
60	10·0	—	11	—	—	100	—	39	—	0·7	64·6	116·4	1·08	1·94	—	56	44	64·6	155·4	1·1	2·6
70	12·0	2	12	—	20	80	2	51	0·03	0·7	99·5	150·0	1·42	2·14	6	60	34	101·5	201·0	1·5	2·9
80	14·0	5	11	—	49	51	7	62	0·09	0·8	138·0	181·0	1·72	2·26	18	57	24	145·0	243·0	1·8	3·0
90	15·0	6	10	1	60	39	13	72	0·1	0·8	178·0	211·0	1·98	2·34	42	42	16	191·0	283·0	2·1	3·1
100	16·0	6	8	4	70	26	19	80	0·2	0·8	212·0	241·0	2·02	2·41	52	36	12	231·0	321·0	2·3	3·2

Quellen: für Haupterträge „Baur, Die Rothbuche in Bezug auf Ertrag, Zuwachs und Form 1881".
    „   für Vorerträge und Sortimente „Danckelmann, Zeitschrift für Forst- und Jagdwesen 1887. S. 73".

Tafel II. Holzertragstafel für Kiefer.

		Es sind bei Vollbestand an oberirbischer Holzmasse zu erwarten:																			
		An Vorertrag								An Hauptertrag								An Gesammtertrag			
Im Alter von Jahren	Bei einer Bestandsmittelhöhe des Hauptbestandes von Metern	in dem in Rubrik 1 angegebenen Jahre				mit Einschluß der früheren Vorerträge				nach Masse				nach Sortimenten			pro Hectar 8 + 12 resp. 9 + 13		pro Jahr und Hectar (Durchschn.-Zuwachs)	
		nach Masse		nach Sortimenten		pro Hectar		pro Jahr und Hectar (Durchschn.-Zuwachs)		pro Hectar		pro Jahr und Hectar (Durchschn.-Zuwachs)								
		Derbholz	Gesammtmasse	Kloben	Knüppel	Reisig	Derbholz	Gesammtmasse	Derbholz	Gesammtmasse	Derbholz	Gesammtmasse	Derbholz	Gesammtmasse	Kloben	Knüppel	Reisig	Derbholz	Gesammtmasse	Derbholz	Gesammtmasse
		fm pr. ha		Procente			Festmeter				Festmeter				Procente			Festmeter			
1.	2.	3.	4.	5.	6.	7.	8.	9.	10.	11.	12.	13.	14.	15.	16.	17.	18.	19.	20.	21.	22.
										I. Ertragsklasse.										
20	7·3	—	15	—	—	100	—	15	—	0·8	55	162	2·8	8·1	—	34	66	55	177	2·8	8·9
30	11·6	4	20	—	22	78	4	35	0·1	1·2	155	255	5·2	8·5	18	43	39	159	290	5·3	9·7
40	15·7	21	29	3	68	29	25	64	0·6	1·6	271	336	6·8	8·4	46	35	19	296	400	7·4	10·0
50	19·4	30	34	13	74	13	55	98	1·1	2·0	354	407	7·1	8·1	63	24	13	409	505	8·2	10·1
60	22·1	36	39	32	59	9	91	137	1·5	2·3	421	472	7·0	7·9	75	14	11	512	609	8·5	10·2
70	24·3	32	35	52	40	8	123	172	1·8	2·5	475	525	6·8	7·5	81	9	10	598	697	8·5	10·0
80	26·0	31	33	67	26	7	154	205	1·9	2·6	519	569	6·5	7·1	85	6	9	673	774	8·4	9·7
90	27·5	27	28	78	16	6	181	233	2·0	2·6	556	606	6·2	6·7	87	5	8	737	839	8·2	9·3
100	28·5	22	23	85	10	5	203	256	2·0	2·6	587	637	5·9	6·4	88	4	8	790	893	7·9	9·0
110	29·3	19	20	87	9	4	222	276	2·0	2·5	614	664	5·6	6·0	88	4	8	836	940	7·6	8·5
120	30·0	17	18	88	8	4	239	294	2·0	2·5	634	684	5·3	5·7	89	4	7	873	978	7·2	8·2
										II. Ertragsklasse.										
20	5·7	—	12	—	—	100	—	12	—	0·6	5	107	0·3	5·4	—	5	95	5	119	0·3	6·0
30	9·3	—	16	—	—	100	—	28	—	0·9	82	193	2·7	6·4	—	42	58	82	221	2·7	7·3
40	12·5	7	22	—	33	67	7	50	0·2	1·3	198	270	4·9	6·7	22	51	27	205	320	5·1	8·0
50	15·6	19	27	4	67	29	26	77	0·5	1·5	276	332	5·5	6·6	48	35	17	302	409	6·0	8·1
60	18·2	27	31	13	74	13	53	108	0·9	1·8	328	379	5·5	6·3	65	22	13	381	487	6·4	8·1
70	20·5	26	28	32	59	9	79	136	1·1	1·9	367	417	5·2	6·0	75	13	12	446	553	6·4	7·9
80	22·3	23	25	58	35	7	102	161	1·3	2·0	400	448	5·0	5·6	81	8	11	502	609	6·3	7·6
90	23·9	22	23	71	23	6	124	184	1·4	2·0	427	475	4·7	5·3	85	5	10	551	659	6·1	7·3

100	25·2	17	18	78	16	6	141	202	1·4	2·0	448	496	4·5	5·0	86	4	10	589	698	5·9	7·0
110	26·3	14	15	84	11	5	155	217	1·4	2·0	468	516	4·3	4·7	86	4	10	623	733	5·7	6·7
120	27·0	12	13	86	10	4	167	230	1·4	1·9	486	534	4·1	4·5	87	4	9	653	764	5·5	6·4

III. Ertragsklasse.

20	4·7	—	9	—	—	100	—	9	—	0·5	2	90	0·1	4·5	—	2	98	2	99	0·1	5·0
30	7·8	—	12	—	—	100	—	21	—	0·7	58	150	1·9	5·0	—	39	61	58	171	1·9	5·7
40	10·6	4	17	—	22	78	4	38	0·1	1·0	138	203	3·5	5·1	16	52	32	142	241	3·6	6·1
50	13·2	12	21	1	55	44	16	59	0·3	1·2	189	247	3·8	4·9	33	43	24	205	306	4·1	6·1
60	15·4	19	24	7	74	19	35	83	0·6	1·4	231	284	3·8	4·7	51	30	19	266	367	4·4	6·1
70	17·4	21	23	17	72	11	56	106	0·8	1·5	267	317	3·8	4·5	63	21	16	323	423	4·6	6·0
80	19·1	19	21	32	59	9	75	127	0·9	1·6	298	346	3·7	4·3	72	14	14	373	473	4·7	5·9
90	20·4	16	17	52	40	8	91	144	1·0	1·6	323	371	3·6	4·1	77	10	13	414	515	4·6	5·7
100	21·5	13	14	63	30	7	104	158	1·0	1·6	343	390	3·4	3·9	80	8	12	447	548	4·5	5·5
110	22·3	11	12	71	23	6	115	170	1·0	1·5	360	407	3·3	3·7	82	6	12	475	577	4·3	5·2
120	23·0	9	10	73	21	6	124	180	1·0	1·5	373	420	3·1	3·5	84	5	11	497	600	4·1	5·0

IV. Ertragsklasse.

20	3·9	—	7	—	—	100	—	7	—	0·4	—	74	—	3·7	—	—	100	—	81	—	4·1
30	6·8	—	10	—	—	100	—	17	—	0·6	31	122	1·0	4·1	—	25	75	31	139	1·0	4·7
40	9·3	—	14	—	—	100	—	31	—	0·8	90	166	2·3	4·1	3	51	46	90	197	2·3	4·9
50	11·2	4	17	—	22	78	4	48	0·1	1·0	143	204	2·9	4·1	17	53	30	147	252	2·9	5·1
60	12·9	11	19	1	55	44	15	67	0·3	1·1	183	235	3·1	3·9	32	46	22	198	302	3·3	5·0
70	14·5	14	18	5	72	23	29	85	0·4	1·2	215	261	3·1	3·7	48	34	18	244	346	3·5	4·9
80	15·9	14	16	13	74	13	43	101	0·5	1·3	234	279	2·9	3·5	58	26	16	277	380	3·5	4·8
90	17·0	13	14	20	70	10	56	115	0·6	1·3	247	292	2·7	3·2	64	20	16	303	407	3·4	4·5
100	—	10	11	26	64	10	66	126	0·7	1·3	—	—	—	—	—	—	—	—	—	—	—

V. Ertragsklasse.

20	3·3	—	6	—	—	100	—	6	—	0·3	—	57	—	2·9	—	—	100	—	63	—	3·2
30	5·8	—	8	—	—	100	—	14	—	0·5	25	97	0·8	3·2	—	26	74	25	111	0·8	3·7
40	7·7	—	11	—	—	100	—	25	—	0·6	63	133	1·6	3·3	—	47	53	63	158	1·6	3·9
50	9·4	2	14	—	15	85	2	39	—	0·8	100	162	2·0	3·2	9	53	38	102	201	2·0	4·0
60	10·7	5	16	—	33	67	7	55	0·1	0·9	131	187	2·2	3·1	17	53	30	138	242	2·3	4·0
70	11·7	8	14	1	55	44	15	69	0·2	1·0	157	208	2·2	3·0	24	51	25	172	277	2·5	4·0
80	13·0	9	13	2	63	35	24	82	0·3	1·0	176	223	2·2	2·8	32	47	21	200	305	2·5	3·8
90	13·7	8	11	4	67	29	32	93	0·4	1·0	188	231	2·1	2·6	38	43	19	220	324	2·4	3·6
100	14·0	7	9	5	72	23	39	102	0·4	1·0	—	—	—	—	—	—	—	—	—	—	—

Quellen: für Haupterträge „Weise, Ertragstafeln für die Kiefer 1880."
   „   „ Vorerträge und Sortimente „Danckelmann, Zeitschrift für Forst= und Jagdwesen 1887 S. 73."

Tafel III. Holzertragstafel für Fichte.

6*

Im Alter von Jahren	Bei einer Bestandsmittelhöhe des Hauptbestandes von Metern	Es sind bei Vollbestand an oberirdischer Holzmasse zu erwarten:																			
		An Vorertrag									An Hauptertrag							An Gesammtertrag			
		in dem in Rubrik 1 angegebenen Jahre					mit Einschluß der früheren Vorerträge				nach Masse				nach Sortimenten			pro Hectar 8 + 12 resp. 9 + 13		pro Jahr und Hectar (Durchschn.-Zuwachs)	
		nach Masse		nach Sortimenten			pro Hectar		pro Jahr und Hectar (Durchschn.-Zuwachs)		pro Hectar		pro Jahr und Hectar (Durchschn.-Zuwachs)								
		Derbholz	Gesammt-masse	Kloben	Knüppel	Reisig	Derbholz	Gesammt-masse	Derbholz	Gesammt-masse	Derbholz	Gesammt-masse	Derbholz	Gesammt-masse	Kloben	Knüppel	Reisig	Derbholz	Gesammt-masse	Derbholz	Gesammt-masse
	(m pr. ha)	Procente					Festmeter				Festmeter				Procente			Festmeter			
1.	2.	3.	4.	5.	6.	7.	8.	9.	10.	11.	12.	13.	14.	15.	16.	17.	18.	19.	20.	21.	22.
I. Ertragsklasse.																					
20	5·1	—	—	—	—	—	—	—	—	—	77	152	3·8	7·6	—	51	49	77	152	3·9	7·6
30	9·8	12	35	—	34	66	12	35	0·4	1·2	182	294	6·7	9·8	13	49	38	194	329	6·5	11·0
40	14·5	26	40	—	64	36	38	75	1·0	1·9	332	446	8·3	11·1	35	40	25	370	521	9·3	13·0
50	19·1	33	47	9	68	23	71	122	1·4	2·4	505	603	10·1	12·1	60	21	19	576	725	11·5	14·5
60	23·4	46	55	21	63	16	117	177	2·0	3·0	644	743	10·7	12·4	75	10	15	761	920	12·7	15·3
70	26·9	59	65	46	45	9	176	242	2·5	3·5	740	853	10·6	12·2	82	5	13	916	1095	13·1	15·6
80	29·7	55	60	75	16	8	231	302	2·9	3·8	815	924	10·2	11·5	84	4	12	1046	1226	13·1	15·3
90	32·1	51	55	80	12	8	282	357	3·1	4·0	878	982	9·8	10·9	86	3	11	1160	1339	12·9	14·9
100	34·3	41	45	83	9	8	323	402	3·2	4·0	930	1029	9·3	10·3	88	2	10	1253	1431	12·5	14·3
110	35·9	37	40	85	7	8	360	442	3·3	4·0	977	1068	8·8	9·7	90	2	8	1337	1510	12·2	13·7
120	37·0	28	30	85	7	8	388	472	3·2	3·9	1020	1100	8·5	9·2	90	2	8	1408	1572	11·7	13·1
II. Ertragsklasse.																					
20	3·5	—	—	—	—	—	—	—	—	—	22	83	1·1	4·1	—	27	73	22	83	1·1	4·2
30	6·9	—	28	—	—	100	—	28	—	0·9	83	172	2·8	5·7	—	48	52	83	200	2·8	6·7
40	10·7	22	32	—	34	66	22	60	0·6	1·5	175	281	4·4	7·0	13	50	37	197	341	4·9	8·5
50	14·4	21	37	—	58	42	43	97	0·9	1·9	292	405	5·8	8·1	29	43	28	335	502	6·7	10·0
60	18·2	31	44	3	68	29	74	141	1·2	2·4	435	549	7·2	9·1	51	28	21	509	690	8·5	11·0
70	21·9	42	52	10	70	20	116	193	1·7	2·8	553	663	7·9	9·5	67	17	16	669	856	9·6	12·2
80	25·3	42	48	25	63	12	158	241	2·0	3·0	650	750	8·1	9·4	77	10	13	808	991	10·1	12·4
90	27·9	40	44	60	31	9	198	285	2·2	3·2	723	817	8·0	9·1	82	6	12	921	1102	10·2	12·2

100	29·8	37	40	71	21	8	235	325	2·4	3·3	778	867	7·8	8·7	85	5	10	1013	1192	10·1	11·9
110	31·4	29	32	75	17	8	264	357	2·4	3·2	821	910	7·4	8·2	87	3	10	1085	1267	9·9	11·5
120	32·5	22	24	77	15	8	286	381	2·4	3·2	858	950	7·1	7·9	87	3	10	1144	1331	9·5	11·1

III. Ertragsklasse.

20	2·0	—	—	—	—	—	—	—	—	—	7	54	0·3	2·7	—	13	87	7	54	0·4	2·7
30	4·8	—	21	—	—	100	—	21	—	0·7	33	113	1·1	3·8	—	29	71	33	134	1·1	4·5
40	7·8	19	25	—	25	75	19	46	0·5	1·2	87	193	2·2	4·8	—	45	55	106	239	2·7	6·0
50	11·2	15	30	—	50	50	34	76	0·7	1·5	180	297	3·6	5·9	17	44	39	214	373	4·3	7·5
60	14·7	24	35	—	68	32	58	111	1·0	1·9	280	394	4·7	6·6	30	41	29	338	505	5·6	8·4
70	18·0	29	39	2	73	25	87	150	1·2	2·1	365	482	5·2	6·9	50	26	24	452	632	6·5	9·0
80	20·7	30	36	14	68	18	117	186	1·5	2·3	435	559	5·4	7·0	62	16	22	552	745	6·9	9·3
90	22·6	29	33	25	63	12	146	219	1·6	2·4	496	620	5·5	6·9	68	12	20	642	839	7·1	9·3
100	24·2	27	30	36	55	9	173	249	1·7	2·5	554	674	5·5	6·7	71	11	18	727	923	7·3	9·2
110	25·3	22	24	46	46	8	195	273	1·8	2·5	608	720	5·5	6·5	73	10	17	803	973	7·3	9·0
120	26·1	17	18	62	30	8	212	291	1·8	2·4	652	760	5·4	6·3	76	10	14	864	1051	7·2	8·8

IV. Ertragsklasse.

20	1·4	—	—	—	—	—	—	—	—	—	—	35	—	1·7	—	—	100	—	35	—	1·8
30	3·2	—	15	—	—	100	—	15	—	0·5	10	73	0·3	2·4	—	14	86	10	88	0·3	2·9
40	5·5	—	17	—	—	100	—	32	—	0·8	36	128	0·9	3·2	—	28	72	36	160	0·9	4·0
50	8·0	3	20	—	15	85	3	52	0·1	1·0	90	195	1·8	3·9	—	46	54	93	247	1·9	4·9
60	10·7	10	23	—	43	57	13	75	0·2	1·3	156	263	2·6	4·4	18	41	41	169	338	2·8	5·6
70	13·3	17	26	—	64	36	30	101	0·4	1·4	216	323	3·1	4·6	27	43	30	246	424	3·5	6·1
80	15·7	18	25	2	69	29	48	126	0·6	1·6	265	367	3·3	4·6	45	27	28	313	493	3·9	6·2
90	17·4	17	22	9	68	23	65	148	0·7	1·6	305	403	3·4	4·5	—	—	25	370	551	4·1	6·1
100	18·7	16	20	20	60	20	81	168	0·8	1·7	339	437	3·4	4·4	—	—	23	420	605	4·2	6·1

Quellen: für Haupterträge „Lorey, Ertrags-Untersuchungen in Fichtenbeständen. Supplement zur Allgem. Forst- und Jagd-Zeitung Bd. XII. Heft 1". —
„ „ Vorerträge und Sortimente „Dankelmann, Zeitschrift für Forst- und Jagdwesen 1887 S. 72".

Tafel IV. Holzertrags-Tafel für Weißtanne.*)

Es sind bei Vollbestand an oberirdischer Holzmasse zu erwarten:

im Alter von	bei einer Mittelhöhe des Hauptbestandes von	an Hauptertrag			
		pro Hectar		pro Jahr und Hectar (Durchschnittszuwachs)	
		Derbholz	Gesammtmasse	Derbholz	Gesammtmasse
Jahren	Metern	Festmeter			
1	2	3	4	5	6
I. Ertragsklasse.					
20	1·9	—	70	—	3·5
30	4·5	57	130	1·9	4·3
40	8·1	136	221	3·4	5·5
50	12·8	242	335	4·8	6·7
60	17·3	371	465	6·2	7·8
70	21·1	517	607	7·4	8·7
80	24·5	674	762	8·4	9·5
90	27·3	816	915	9·1	10·2
100	29·5	930	1039	9·3	10·4
110	31·2	1021	1137	9·3	10·3
120	32·6	1103	1217	9·2	10·1
130	33·8	1175	1285	9·0	9·9
140	34·8	1240	1343	8·9	9·6
II. Ertragsklasse.					
20	1·5	—	47	—	2·4
30	3·4	21	92	0·7	3·1
40	6·0	78	158	2·0	4·0
50	8·8	154	240	3·1	4·8
60	11·9	251	333	4·2	5·6
70	15·3	350	436	5·0	6·2
80	18·5	452	547	5·7	6·8
90	21·5	569	673	6·3	7·5
100	24·2	679	793	6·8	7·9
110	26·7	778	900	7·1	8·2
120	28·6	867	985	7·2	8·2
130	30·1	944	1055	7·3	8·1
140	31·0	1005	1105	7·2	7·9
III. Ertragsklasse.					
20	1·0	—	28	—	1·4
30	2·2	—	60	—	2·0
40	3·9	25	103	0·6	2·6
50	6·1	77	158	1·5	3·2
60	8·4	146	225	2·4	3·8
70	10·9	227	303	3·2	4·3
80	13·7	312	396	3·9	5·0
90	16·6	407	500	4·5	5·6
100	19·4	518	608	5·2	6·1
110	22·0	614	712	5·6	6·5
120	24·3	691	795	5·8	6·6
130	26·0	756	856	5·8	6·6
140	27·1	815	900	5·8	6·4

*) Quelle: Dr. Lorey, Ertragstafeln für die Weißtanne. Frankfurt a. M. Sauerländer. 1884.

Tafel V. Festgehalts-Tafel

Ordnungs-nummer	Holz- und Rinden-Sortimente	1 Raummeter Eiche		
		von	bis	im Mittel
1	2	3	4	5
	A. Festgehalt von Raummetern, 1 m lang, hoch, tief.			
	I. Scheitholz (Klobenholz). Mit Rinde. Waldfrisch.			
1	Nutzscheite, glatt, gerade, schwach (über 14 bis mit 30 cm Durchmesser)	70	81	74
2	= = = , stark (über 30 = =)	71	88	79
3	Brennscheite = = , schwach (über 14 bis mit 30 = =)	69	75	70
4	= = = , stark (über 30 = =)	70	84	75
5	= knorrig, krumm, schwach (über 14 bis mit 30 = =)	55	72	62
6	= = = , stark (über 30 = =)	57	75	65
	II. Knüppelholz (Prügelholz). Mit Rinde. Waldfrisch. Rund.			
7	Nutzknüppel, glatt, gerade, schwach (über 7 bis mit 10 cm Durchmesser)	—	—	—
8	= = = , stark (= 10 = = 14 = =)	—	—	—
9	Brennknüppel = = , schwach (= 7 = = 10 = =)	53	71	64
10	= = = , stark (= 10 = = 14 = =)	63	80	70
11	= knorrig, krumm, schwach (= 7 = = 10 = =)	—	—	—
12	= = = , stark (= 10 = = 14 = =)	54	72	62
	III. Reisigholz. Mit Rinde. Waldfrisch.			
13	Reisknüppel (über 4 bis mit 7 cm Durchmesser) Stamm-Reisig	30	68	54
14	= (= = = = = = =) Ast- = ...	—	—	—
15	Langreisig (= 0 = = 7 = =) Stamm- = ...	—	—	—
16	= (= = = = = = =) Ast- = ...	—	—	—
17	Abfallreisig (Abfall von ausgeknüppeltem Reisig Nr.13) Stamm-	—	—	—
18	= (= = = = = 14) Ast- = ...	—	—	—
	IV. Stockholz. Waldfrisch.			
19	Stockholz, stark, mit wenig Wurzelholz	40	63	45
20	= , schwach, = viel = ...	—	—	—
	V. Rinde. Waldtrocken.			
21	Altrinde, in Platten, ungeputzt. Eichen	—	—	42
22	= = = Weißtannen	—	—	—
23	= = = geputzt. Eichen	34	40	37
24	= = Rollen, ungeputzt. Fichten	—	—	—
	B. Festgehalt von Wellen-Hunderten (100 Wellen 1 m lang, 1 m im Umfang).			
	I. Reisigholz. Mit Rinde. Waldfrisch.			
25	Reisknüppel (über 4 bis mit 7 cm Durchmesser) Stamm-Reisig	—	—	—
26	= (= = = = = = =) Ast- = ...	—	—	—
27	Langreisig (= 0 = = 7 = =) Stamm- = ...	—	—	—
28	= (= = = = = = =) Ast- = ...	130	260	200
29	Abfallreisig (Abfall von ausgeknüppeltem Reisig) Stamm-	—	—	—
30	= (= = = =) Ast- = ...	120	200	150
	II. Rinde. Waldtrocken.			
31	Altrinde, ungeputzt. Fichten	—	—	—
32	Reidelrinde. Eichen (28—35 jähr.)	130	191	160
33	Jungrinde. = (13—22 =)	126	240	148
	C. Festgehalt von Metercentnern (100 kg). Rinde. Waldtrocken.			
34	Altrinde in Raummetern, Platten (Eichen, Tannen) oder Rollen (Fichten) ungeputzt	—	—	14·5
35	= = = geputzt	12·8	13·5	13·0
36	= = Wellen	—	—	—
37	Reidelrinde = = (28—35 jähr.)	11·8	13·6	12·8
38	Jungrinde = = ...	12·0	14·7	13·1

*) Quelle: Dr. Baur, Untersuchungen über den Festgehalt und das Gewicht des Schichtholzes und der Rinde. Quantitäten von Holz oder Rinde erstreckt haben.

für Holz und Rinde*).

(Nr. 1 bis 24), Wellenhundert (Nr. 25 bis 33), Metercentner (100 kg) (Nr. 34 bis 38) enthält Hundert-theile eines Kubikmeters fester Masse (Festmeter)																					Anzahl der untersuchten		
Buche			Erle			Birke			Kiefer			Fichte			Tanne			Durchschnitt für alle Holzarten					
von	bis	im Mittel	von	bis	i. Mitt.	von	bis	im Mittel	von	bis	im Mittel	von	bis	im Mittel	von	bis	im Mittel	von	bis	im Mittel	Raummeter	Wellenhundert	Metercentner
6	7	8	9	10	11	12	13	14	15	16	17	18	19	20	21	22	23	24	25	26	27	28	29
71	82	75	—	—	—	—	—	—	—	—	—	72	82	76	—	—	—	70	82	75	103	—	—
76	87	81	—	—	—	—	—	—	72	85	79	73	87	80	76	83	82	71	88	80	335	—	—
60	81	74	64	75	69	60	82	70	62	81	72	61	83	72	64	80	72	57	86	72	3812	—	—
66	85	76	—	—	—	—	—	—	67	87	75	64	84	75	67	85	76	64	87	75	1695	—	—
57	73	66	—	—	—	62	76	67	58	73	67	57	77	68	54	75	69	54	77	66	614	—	—
62	74	69	—	—	—	—	—	—	68	88	71	57	82	69	65	80	73	57	88	69	302	—	—
—	—	—	—	—	—	—	—	—	—	—	—	—	—	—	—	—	—	51	80	66	24	—	—
—	—	—	—	—	—	—	—	—	—	—	—	—	—	—	—	—	—	55	82	72	39	—	—
49	73	63	59	67	65	53	69	55	57	75	67	52	78	67	62	74	68	49	78	66	530	—	—
59	79	71	—	—	—	59	81	68	61	80	73	55	81	72	67	79	74	55	81	72	695	—	—
49	66	58	—	—	—	—	—	—	57	72	63	—	—	—	—	—	—	49	73	60	89	—	—
55	72	64	—	—	—	—	—	—	53	74	63	—	—	—	—	—	—	53	76	64	204	—	—
38	58	51	—	—	—	—	—	—	45	66	54	62	74	67	—	—	—	30	74	55	242	—	—
39	53	45	—	—	—	—	—	—	42	54	47	—	—	—	—	—	—	39	59	47	82	—	—
—	—	—	—	—	—	—	—	—	—	—	—	—	—	—	—	—	—	35	60	48	35	—	—
14	26	16	—	—	—	16	25	17	12	21	15	—	—	—	—	—	—	12	27	16	320	—	—
—	—	—	—	—	—	—	—	—	—	—	—	—	—	—	—	—	—	19	56	39	38	—	—
11	25	14	—	—	—	—	—	—	7	23	13	—	—	—	—	—	—	7	25	13	456	—	—
38	61	42	—	—	—	—	—	—	37	65	46	39	55	50	—	—	—	37	65	47	332	—	—
—	—	—	—	—	—	—	—	—	38	50	48	32	54	46	—	—	—	30	54	46	167	—	—
—	—	—	—	—	—	—	—	—	—	—	—	—	—	—	—	—	—	—	—	42	10	—	—
—	—	—	—	—	—	—	—	—	—	—	—	—	—	—	38	54	48	38	45	48	30	—	—
—	—	—	—	—	—	—	—	—	—	—	—	—	—	—	—	—	—	34	40	37	26	—	—
—	—	—	—	—	—	—	—	—	—	—	—	11	21	15	—	—	—	11	21	15	33	—	—
—	—	—	—	—	—	—	—	—	—	—	—	240	560	350	—	—	—	240	560	350	—	8	—
210	390	250	—	—	—	—	—	—	—	—	—	180	410	220	160	450	200	160	450	220	—	33	—
240	300	280	—	—	—	—	—	—	—	—	—	—	—	—	—	—	—	160	350	270	—	8	—
130	270	190	—	—	—	160	250	200	140	310	190	120	290	180	140	300	210	120	310	190	—	45	—
—	—	—	—	—	—	—	—	—	—	—	—	260	360	310	—	—	—	210	360	300	—	4	—
120	210	170	—	—	—	—	—	—	—	—	—	140	220	180	—	—	—	120	320	180	—	9	—
—	—	—	—	—	—	—	—	—	—	—	—	136	189	152	—	—	—	136	189	152	—	2	—
—	—	—	—	—	—	—	—	—	—	—	—	—	—	—	—	—	—	130	191	160	—	3	—
—	—	—	—	—	—	—	—	—	—	—	—	—	—	—	—	—	—	126	240	148	—	15	—
—	—	—	—	—	—	—	—	—	—	—	—	13·0	13·6	13·3	10·9	14·5	12·4	10·9	14·5	12·9	—	—	179
—	—	—	—	—	—	—	—	—	—	—	—	—	—	—	—	—	—	12·8	13·5	13·0	—	—	46
—	—	—	—	—	—	—	—	—	—	—	—	12·9	13·6	13·2	—	—	—	12·9	13·6	13·2	—	—	19
—	—	—	—	—	—	—	—	—	—	—	—	—	—	—	—	—	—	11·8	13·6	12·8	—	—	32
—	—	—	—	—	—	—	—	—	—	—	—	—	—	—	—	—	—	12·0	14·7	13·1	—	—	174

Augsburg. 1879. In dieser Tafel sind nur solche Festgehalts-Untersuchungen berücksichtigt, welche sich auf größere

Tafel VI. Holzwerbungskosten-Tafel.

Ord.-No.	Holz-Sortimente	Maß-Einheit	Durchschnittliche Werbungskosten für		Bemerkungen
			Nadelholz u. anderes Weichholz	Buchen u. anderes Hartholz	
			Wintertagelöhne		
1.	2.	3.	4.	5.	6.
	Nutzholz.				1) Der in den Spalten 4 und 5 nach Wintertage- löhnen angegebene Arbeits-Aufwand bildet für die Ordn.- Nr. 1—19 den Durchschnitt der in 54 typischen Ober- förstereien sämmt- licher Regierungs- bezirke des Preußi- schen Staats beste- henden tarmäßigen Holzwerbungs- kosten.
1	Lang-Abschnitte	1 fm	0,450	0,550	
2	Scheite	1 rm	0,600	0,700	
3	Knüppel	"	0,480	0,600	
4	Derbstangen I. Kl. 12 bis 14 cm stark, 10 b. 13 m lang	1 Stück à 0,09 fm	0,060	0,060	
5	Derbstangen II. Kl. 10 bis 12 cm stark, 8 b. 13 m lang	" à 0,06 fm	0,045	0,045	
6	Derbstangen III. Kl. 7 bis 10 cm stark, 6 b. 11 m lang	" à 0,03 fm	0,030	0,030	
7	Reisigstangen IV. Kl. 6 bis 7 cm stark, 6 b. 11 m lang	100 Stück à 2,00 fm	1,500	1,500	
8	Reisigstangen V. Kl. 4 bis 6 cm stark, 5 bis 8 m lang	" à 1,30 fm	1,100	1,100	
9	Reisigstangen VI. Kl. 4 bis 5 cm stark, 3 bis 6 m lang	" à 0,60 fm	0,850	0,850	
10	Reisigstangen VII. Kl. bis 4 cm stark, 3 bis 6 m lang	" à 0,30 fm	0,600	0,600	Die letzteren ent- halten das Hauer- lohn und für die Ordn.-Nummern 2—19 das Rücker- lohn für Entfer- nungen bis zu 50 m.
11	Reisigstangen VIII. Kl. bis 4 cm stark, 1,4 bis 3 m lang	" à 0,10 fm	0,450	0,450	
	Brennholz.				
12	Scheite	1 rm	0,450	0,550	
13	Rundknüppel	"	0,360	0,480	
14	Spaltknüppel	"	0,500	—	
15	Reisig I. Kl. 4 bis 7 cm stark, 1 m lang (Reisknüppel)	" à 0,40 fm	0,310	0,420	2) Zu Ordn.-Nr. 20. Nach Mitthei- lung der Theer- schwelerei von Fr. Schlobach und Schmidt in Neu- hammer bei Rau- scha.
16	Reisig II. Kl. (Langreisig) bis 7 cm stark	" à 0,20 fm	0,190	0,135	
17	Reisig III. Kl. (Abraum- reisig) 1 bis 4 cm stark	" à 0,20 fm	0,140	0,125	
18	Reisig IV. Kl. (Gesträpp- und Ausbuschreisig)	" à 0,20 fm	0,100	0,100	Für Faulstöck- ien sind die Kosten des Rodens und Putzens etwa um ¼ bis ⅓ niedriger.
19	Stockholz	" à 0,40 fm	1,100	1,200	
20	Kien zum Theerschwelen von Frisch-Stockholz	1 rm Kien			
	a) Stockroden		1,08		
	b) Putzen		1,05		
	c) Spalten		0,64		

Tafel VII. Bau-Perioden-Tafel.

Baulichkeit	Nach	Bauart			Bemerkungen
		Massivbau	Eichen	Nadelholz	
			Fachwerk resp. Holzbau		
		Länge der Bauperiode. Jahre			
Wohnhäuser	Eytelwein Gen.-Kom. Breslau	175-200	133-160	100-120	
	Burckhardt	250-400	175-225	120*)-170*)	*) Fichten
	Gen.-Kom. Frankfurt	200-250	160	120	
Scheunen	Eytelwein Gen.-Kom. Frankfurt Gen.-Kom. Breslau	175	107	80	
	Burckhardt	300-400	200-225	133-170*)	*) Fichten
Pferde-, Rindvieh- u. Schafställe	Eytelwein	150	100	75	
	Burckhardt	250-300	175	117-130*)	*) Fichten
	Gen.-Kom. Frankfurt	150-160	100	75	
	Gen.-Kom. Breslau	150	120	90	
Schweineställe	Eytelwein Gen.-Kom. Frankfurt	100	67	50	
	Burckhardt	200-250	125-150	83-112*)	*) Fichten
	Gen.-Kom. Breslau	—	67	50	
Molkenhäuser, Wasch- und Brühküchen	Eytelwein Gen.-Kom. Frankfurt	125	80	60	
	Burckhardt	250-275	175	117-130*)	*) Fichten
Brau- und Brennerei-Gebäude	Burckhardt	225-250	150	100-112*)	*) Fichten
	Eytelwein Gen.-Kom. Breslau	75	67	50	
Backöfen ohne Ueberbau	Eytelwein Gen.-Kom. Frankfurt	25	—	—	
Wassermühlen	Gen.-Kom. Breslau	120	80	60	
Schleusen	desgl.	—	27-67	20-50	
Gerinne	desgl.	—	27	20	
Windmühlen	desgl.	—	53	40	
Pfahl-Roste, liegende Roste	desgl. Eytelwein	—	267	200	
Brunnen	Eytelwein Gen.-Kom. Frankfurt	60	20	15	
	Gen.-Kom. Breslau	—	20	15	
	Burckhardt	75-200	—	—	Quadern 200 J.
Röhrenleitungen	Eytelwein Gen.-Kom. Breslau	—	13	10	Auch Brunnenrohre Brunnenbeläge *) von Steingut in Sand in Thon
	Burckhardt	200*)	15-20	10-15*)	
	Gen.-Kom. Frankfurt	—	13-20	10-15	
		—	27-33	20-25	

14*

Tafel VIII. Bau-Reparatur-Tafel.

A. Nach Eytelwein und der Technischen Instruction für die General-Kommission zu Frankfurt a./O.

Baulichkeit	Massive Gebäude		Hölzerne Gebäude von Kiefern, Fichten u. Tannen	
	Dauer Jahre	Reparatur-Procente des Werths	Dauer Jahre	Reparatur-Procente des Werths
a) Ein Wohnhaus oder Kornspeicher	200—250	$\frac{1}{2}$	120	1
b) Ein dergleichen, wenn das Fundament von Feldsteinen, die Ecken und Thürpfosten von gebrannten Steinen und der übrige Theil der Wände von Luftziegeln	100—150	$\frac{2}{3}$	—	—
c) Scheunen, Holzställe, Wagenremisen und Federviehställe	175	$\frac{1}{2}$	80	1
d) Pferde=, Rindvieh= und Schafställe	150—160	$\frac{2}{3}$	75	$1\frac{1}{2}$
e) Molkenhäuser, Wasch= und Brühküchen	125	$\frac{3}{4}$	60	$1\frac{1}{3}$
f) Schweineställe	100	1	50	2
g) Feldbacköfen ohne Ueberbau	25	2	—	··
h) Hof= und Garten=Einfriedigungen	150	$\frac{1}{2}$	15	1
i) Brunnen, ausgeschürzte Brunnen.	60	$1\frac{1}{3}$	15	$1\frac{1}{3}$
k) Brunnenröhren und Brunnenbeläge.	··	—	10	$1\frac{1}{3}$
l) Brücken, Schleusen und Bollwerke von gewöhnlichem Mauerwerk resp. von Kiefernholz	50	$1\frac{1}{2}$	20—25	$2\frac{1}{3}$
m) Wasserleitungen				
in Thon	—	—	20—25	$1\frac{1}{8}$
= Sand	—	—	10—15	$1\frac{1}{3}$

Gebäude von Eichenholz haben eine um ein Drittel längere Dauer als solche von Kiefern. Halbmassive Gebäude werden ihrer Dauer ꝛc. nach zwischen massive und hölzerne in die Mitte gestellt.

B. Nach der Technischen Instruction für die General-Kommission zu Breslau.

Holztheile	Reparatur-Holzbedarf neuer Fachwerk= und Holzbauten							
	Wohnhäuser		Scheunen		Ställe		Brücken	
	Reparatur							
	Zeit	Maß in Procent. des Neu=Bauholzbedarfs	Zeit	Maß in Procent. des Neu=Bauholzbedarfs	Zeit	Maß in Procent. des Neu=Bauholzbedarfs	Zeit	Maß in Procent. des Neu=Bauholzbedarfs
	Alle Jahr	%	Alle Jahr	%	Alle Jahr	%	Alle Jahr	%
1. Schwellen.	20	100	200	100	15	100	—	—
2. Stiele, Riegel	20	5	20	5	15	10	—	—
3. Dielen, Verschläge. . . .	20	10	—	—	—	—	—	—
4. Unterlagen	20	20	—	—	—	—	—	—
5. Dachlatten	20	10	20	5	15	10	—	—
6. Dachstöcke.	—	—	20	100	—	—	—	—
7. Forst= und Windlatten . .	—	·	—	··	10	100	—	—
8. Thore, Thüren	··	··	20	100	15	100	—	—
9. Krippen, Tröge.	·	—	—	·	10	100	—	—
10. Bohlen und Unterlagen der Viehstände	—	··	—	—	10	50	··	—
11. Beläge und Geländer . .	—	··	—	—	—	··	5—10	100

Das Verhältniß des Reparaturholzbedarfs zum Alter der Gebäude wird in der Technischen Instruction für Breslau (S. 152) dahin angegeben, daß von dem gesammten Reparaturholzbedarfe einer Bauperiode

$\frac{1}{16}$ im ersten Viertel der Bauperiode,
$\frac{3}{16}$ = zweiten = = =
$\frac{5}{16}$ = dritten = = =
$\frac{7}{16}$ = vierten = = =

erforderlich werden.

Tafel IX. Brennwerth-Tafel für Holz und Torf.

A. Brennwerth für die Gewichtseinheit lufttrockenen Brennmaterials.

Ordnungs-Nummer	Bezeichnung des Brennmaterials	Die Verbrennung von 1 kg lufttrockenen Brennmaterials		Brennwerthverhältniß, bezogen auf die Verbrennungswärme von 1 kg lufttrockenem Buchen-Scheitholz = 100		
		erhöht von Wasser mit 0° die Temperatur um 1° Celf. für eine Wassermenge von kg (Calorien)	verwandelt von Wasser mit 0° in Dampf eine Wassermenge von kg	nach Spalte 3	nach Spalte 4	im Mittel
1.	2.	3.	4.	5.	6.	7.
	Holz.					
1	Rothbuche, 100—130jähr. mit 12,95 Procent Wassergehalt	4168				
2	= 100j. Kalkboden. 13,75% WG.	4114				
3	= 60j. Sandlehm. 13,95% WG.	4101				
	Zusammen 1—3	12383				
	Mittel =	4128		100	—	100
4	= 80/150j. aus Mecklenburg	—	3,63	—	100	100
5	Stieleiche, 180j. mit 13,3% WG.	3990	—	97	—	
6	= (und Traubeneiche) 300j. Neumark	—	3,74	—	103	100
7	Esche, 40j. 11,8% WG.	4155	—	101	—	101
8	Hainbuche, 70j. 12,02% WG.	4161	—	101	—	101
9	= 100j. Posen	—	3,66	—	101	101
10	Birke, 50j. 11,83% WG.	4207	—	102	—	102
11	= 35—40j. Neumark	—	3,75	—	103	102
12	Schwarzerle, 35—45j.	—	3,82	—	105	105
13	Kiefer, 40j. 12,17% WG.	4422	—	107	—	106
14	= 45/50j. Mecklenburg	—	3,83	—	106	106
15	= 200/300j. Posen. Sandboden. Harzreich	—	4,19	—	—	115
16	Fichte, 40j. 11,8% WG.	4485	—	108	—	108
	Torf.					
	Rhinluch. Mark Brandenburg.					
17	Linum. I. Sorte. Sehr wenig Pflanzenreste. Schwarz. Spec. Gew. bei 25% WG. : 0,741	—	3,66			
18	= II. S. Beträchtlich mehr Pflanzenreste	—	3,62			
19	= III. S. Leichter, lockerer Rasentorf. Röthlich braun	—	3,65			
20	Büchfeld. I. S. Wie Nr. 18. Tiefschwarz. Trocken, sehr hart. Spec. Gew. : 0,773	—	3,65			
21	= II. S. Spec. Gew. : 0,586	—	3,43			
	Zusammen 18—21	—	18,01			
	Mittel =	—	3,60	—	99	99

[1]) Zu Spalte 3. Quelle: Journal für practische Chemie von Kolbe und von Meyer (früher Erbmann) 136. Bd. 1883 S. 385. Kalorimetrische Versuche von Gottlieb mit entrindeten Hölzern aus Dänemark und Südschweden. Die untersuchten Holzstücke sind meist etwa 1 m über dem Boden entnommen.

[2]) Zu Spalte 4. Quelle: Dr. W. Brix, Untersuchungen über die Heizkraft der wichtigeren Brennstoffe des Preuß. Staates. 1853. Die Untersuchungen erstrecken sich auf Scheitholz (Klobenholz). Die Zahlen in Spalte 4 sind die S. 38 des Werks angegebenen, für einen Wassergeh. von 15% bei Holz, 25% bei Torf berechneten Durchschn.-Erg.

[3]) Nach Dr. Vogel „Der Torf" 1859 S. 158 flg. beträgt die durch Verbrennung von 1 kg verdampfter Wassermenge: nach den in Hannover angest. Versuchen für 4 versch. Torfarten (Rasentorf bis Pechtorf) zw. 3,53 u. 3,91 kg, — n. d. v. Vogel m. lufttrocken. Stichtorf (Fasertorf) angest. Verf. b. 25—30% WG. 3—3,5 kg, bei 20% WG. 4—4,5 kg.

B. Brennwerth für die Volumeneinheit lufttrockenen Brennmaterials.

Ordnungs-Nr.	Bezeichnung des Brenn-Materials	Specifisches Lufttrocken-Gewicht	Brennwerth-Verhältniß		
			der Gewichts-einheit, bezogen auf den Brenn-werth von lufttrocknem Buchen-Scheit-holz = 100 nach A Spalte 7	der Volumeneinheit (z. B. des Festmeters)	
				Probuct aus Spalte 3 und 4	bezogen a. d. Brenn-werth luft-trockenen Buchen-Scheit-H. = 100
1.	2.	3.	4.	5.	6.
	Holz.				
	Rothbuche. 80/130j. Bayern:				
1	Scheitholz	0,714	100	71,4	100
2	Knüppelholz	0,730	100	73,0	102
3	Reisigholz	0,750	100	75,0	105
	Stieleiche. Jungh. 50j. Planegg. Bayern:				
4	Scheitholz	0,721	100	72,1	101
5	Knüppelholz	0,737	100	73,7	103
6	Reisigholz	0,767	100	76,7	107
	‗ Altholz. 200jähr.:				
7	Scheitholz (Kernholz) . . .	0,669	100	66,9	94
8	Knüppelholz	0,703	100	70,3	98
9	Reisigholz	0,702	100	70,2	98
10	Esche. 64jähr. Scheitholz. Rindenstück . .	0,763	101	77,1	108
	Hainbuche. 87jähr.:				
11	Knüppelholz	0,762	101	77,0	108
12	Reisigholz	0,780	101	78,8	110
	Birke. 30 bis 85j. Planegg. Bayern:				
13	Scheitholz	0,633	102	64,6	90
14	Knüppelholz	0,639	102	65,2	91
15	Reisigholz	0,601	102	61,3	86
	Schwarzerle. 65j.				
16	Scheitholz	0,563	105	59,1	83
17	Knüppelholz	0,502	105	52,7	74
18	Reisigholz	0,489	105	51,3	72
	Kiefer. Jungholz. 25—35jähr. Münchener Stadtwald:				
19	Scheitholz	0,516	106	54,7	77
20	Knüppelholz	0,453	106	48,0	67
21	Reisigholz	0,434	106	46,0	64
	‗ Mittelholz. 70—90j.				
22	Scheitholz. Bayern	0,492	109	53,6	75
23	‗ Mark Brandenburg	0,530	109	57,8	81
24	Knüppelholz. Bayern . . .	0,483	109	52,6	74
25	Reisigholz ‗ . . .	0,458	109	49,9	70

[1] Quellen für Rubr. 3, Nr. 1—6, 13—15, 19—22, 24—26, 28, 30, 34—57.: R. Hartig, „Untersuchungen aus dem forstbotanischen Institut zu München" Bd. II 1882 und R. Hartig, „Das Holz der deutschen Nadelwaldbäume" 1885. Die Untersuchungen beziehen sich auf absolutes Trockengewicht und Schaftholz. Aus den Hartig'schen, nach Durchmesserstärken angegebenen Zahlen sind die Durchschnitte für absolutes Trockengewicht von Scheitholz, Knüppelholz und Reisig berechnet. Sobann wurden auf Grund der Hartig'schen Untersuchungen in Bd. III 1883 a. a. O. die gefundenen Durchschnitte des absoluten Trockengewichts bei Eichen um 4 %, bei den übrigen Laubhölzern um 3 %, bei Nadelhölzern um 2 % erhöht, um das specifische Lufttrockengewicht zu erhalten.

[2] Quellen für Rubr. 3, Nr. 7—12, 16—18.: Baur, „Untersuchungen über den Festgehalt und das Gewicht des Schichtholzes u. s. w." 1879 S. 148.

[3] Quellen für Rubr. 3, Nr. 23, 27, 29, 31—33.: R. Hartig, „Das specifische Frisch- und Trockengewicht des Kiefernholzes" in Dauckelmann, Zeitschrift für Forst- und Jagdwesen 6. Bd. 1874. S. 194.

Ordnungs-Nr.	Bezeichnung des Brenn-Materials	Specifisches Lufttrocken-Gewicht	Brennwerth-Verhältniß		
			der Gewichts-einheit, bezogen auf den Brennwerth von lufttrocknem Buchen-Scheitholz = 100 nach **A** Spalte 7	der Volumeneinheit (z. B. des Festmeters)	
				Product aus Spalte 3 und 4	bezogen a. b. Brennwerth lufttrockenen Buchen-Scheit-H. = 100
1.	2.	3.	4.	6.	6.
	Kiefer. Altholz. 100—140j.				
26	Scheitholz. Bayern	0,492	112	55,1	77
27	= Mark Brandenburg	0,526	112	58,9	82
28	Knüppelholz. Bayern . . .	0,472	112	52,9	74
29	= Mark Brandenburg	0,494	112	55,3	77
30	Reisigholz. Bayern	0,474	112	53,1	74
31	= Mark Brandenburg	0,500	112	56,0	78
32	Stockholz. =	0,648	112	72,6	102
	(vom Stamme)				
33	Wurzelholz. Mark Brandenburg	0,566	112	63,4	89
=	**Hochaltholz. 235j. Bayern:**				
34	Scheitholz	0,500	115	57,5	81
35	Knüppelholz	0,545	115	62,7	88
	Fichte. Jungholz. 25—35j. Bayern:				
36	Scheitholz	0,421	108	46,5	65
37	Knüppelholz	0,431	108	46,5	65
38	Reisigholz	0,415	108	44,8	63
=	**Mittelholz. 65—80j. Bayern:**				
39	Scheitholz	0,451	108	48,7	68
40	Knüppelholz	0,487	108	52,6	74
41	Reisigholz	0,521	108	56,3	79
	Altholz 115—130j. Bayern:				
42	Scheitholz	0,494	108	53,4	75
43	Knüppelholz	0,483	108	52,2	72
44	Reisigholz	0,528	108	57,0	80
45	Wurzelholz	0,438	108	47,3	66
	Weißtanne. Altholz. 90—110j. Kranz-berg. Bayern:				
46	Scheitholz	0,437	108	47,2	66
47	Knüppelholz	0,438	108	47,3	66
48	Reisigholz	0,469	108	50,7	71
=	**Hochaltholz. Bayern. 660 m:**				
49	Scheitholz	0,494	108	53,4	75

⁴) Für Fichten-Ast-Reisholz wurde in einem Falle ein specifisches absolutes Trockengewicht von 0,721 gefunden, was einem spec. Luft-Trockengewicht von 0,741 entspricht.

⁵) Quelle für Ordn.-Nr. 59—65.: Meyer, „Ueber die Gemeinheitstheilung". III. Th. 1804. S. 136.

⁶) Zu Ordn.-Nr. 22—33. Die Brennwerth-Verhältnißzahlen in Spalte 4 sind für Kiefern-Mittel- und -Altholz durch arithmetische Interpolation aus den für Kiefern-Jungholz mit 106 und für Kiefern-Hochaltholz mit 115 ermittelten Brennwerthen gefunden.

⁷) Zu Ordn.-Nr. 46—57. Für Weißtanne und Lärche standen keine ausreichenden Untersuchungen über die Verbrennungswärme zur Verfügung. Die in Spalte 4 angegebenen Zahlen stützen sich für die Weißtanne auf die Untersuchungen von Nördlinger. Derselbe fand als Wasserdampfmenge

für 1 kg Buchen-Scheitholz . . . 2,93 kg = 100
= = Weißtannen = . . . 3,17 = = 108

(wie beim Fichtenholze). Vgl. Nördlinger, „Die technischen Eigenschaften der Hölzer" 1860. S. 444.

Die Verbrennungswärme von Kiefer und Lärche nach Trockengewicht für Zimmerheizung stimmen nach Th. Hartig, „Ueber das Verhältniß des Brennwerths verschiedener Holz- und Torfarten" 1855 überein. Vergl. Nördlinger a. a. O. S. 433. Mit Rücksicht hierauf sind vorstehend in Spalte 4 für die Lärche die relativen Brennwerthzahlen der Kiefer angenommen.

Ordnungs-Nr.	Bezeichnung des Brenn-Materials	Specifisches Lufttrocken-Gewicht	Brennwerth-Verhältniß		
			der Gewichts-einheit, bezogen auf den Brennwerth von lufttrocknem Buchen-Scheit-holz = 100 nach A Spalte 7	der Volumeneinheit (z. B. des Festmeters) Product aus Spalte 3 und 4	bezogen a. b. Brennwerth lufttrockenen Buchen-Scheit-H. = 100
1.	2.	3.	4.	5.	6.
	Lärche. Jungholz. 45/55j. Bayern:				
50	Scheitholz	0,541	106	57,3	80
51	Knüppelholz	0,527	106	55,9	78
52	Reisigholz	0,528	106	56,0.	78
	= **Mittelholz. 70j. Kranzberg. Bayern:**				
53	Scheitholz	0,559	109	60,9	85
54	Knüppelholz	0,542	109	59,1	83
55	Reisigholz	0,471	109	51,3	72
	* **Altholz. 100j. Tirol:**				
56	Scheitholz	0,618	112	69,2	97
57	Wurzelholz	0,410	112	45,9	64
	Torf.				
58	Linumer Pechttorf (s. A 17). Beste Qualität, 25% Wassergehalt	0,741	99	73,3	103
	Hannoversche Torfarten.				
59	I. Sorte. Klipptorf. Pechttorf. Schwarz, zähe. Trocken: hart, dicht . .	0,587	99	58,1	81
60	II. = Dunkelbraun. Schwerer Faser-torf	0,391	99	38,7	54
61	III. = Braun. Schwerer Fasertorf. .	0,274	99	27,1	38
62	IV. = Mit schwarzen Adern. Viele un-verweste Bestandtheile. Mittel-schwerer Fasertorf. „Bunter Torf"	0,215	99	21,3	30
63	V. = Mit vielen Zweigen und Wur-zeln. Mittelschwerer Fasertorf. „Holteriger Torf"	0,176	99	17,4	24
64	VI. = Hellbraun. Mit vielen Riedwurzeln u. Schilf durchwachsen. Leichter Fasertorf. „Piperiger Torf" .	0,137	99	13,6	19
65	VII. * Gelb, hochhellbraun. In den oberen Lagen. Leichter Fasertorf. „Ziegeltorf"	0,108	99	10,7	15

⁸) Zu Ordn.-Nr. 59—65. Nach Meyer, „Gemeinheitstheilung" a. a. O. ist ein Festmeter Buchen-scheitholz im Brennwerthe gleich

1,31 Festmeter Torf I. Sorte		3,37 Festmeter Torf IV. Sorte	
1,85 = = II. =		4,12 = = V. =
2,66 = * III. =		5,29 = = VI. =

6,77 Festmeter Torf VII. Sorte.

Tafel X. Brennholz-Bedarfstafel.

Ordn.-No.	Bedarfsart	Jährlicher Brennbedarf		
		in Brandenburg[1]	in Pommern[2]	nach G. L. Hartig[3]
		fm Kiefern Scheitholz		
1.	2.	3.	4.	5.
	I. Gesammt-Bedarfssätze für Haus- und Landwirthschaft.			
1.	**Mittelgut mit 383 bis 409 ha Ackerland.**			
a.	für Heizung	—	—	39,6
b.	„ Kochen	—	—	29,7
c.	„ Backen	—	—	14,8
d.	„ Waschen, Bleichen, Schlachten u. Brühen des Viehfutters	—	—	24,7
e.	„ Molkerei	—	—	4,9
f.	Gesammtbedarf a—e	—	—	113,7
2.	**Gut mit 204 ha Mittelboden.**			
a.	für Heizung (256 Kubikmeter Heizraum)	—	45,9	—
b.	„ Kochen (für 30 Personen)	—	28,3	—
c.	„ Backen, Waschen, Bleichen, Schlachten	—	18,5	—
d.	„ Molkerei und Viehwirthschaft	—	7,0	—
e.	Gesammtbedarf a—d	—	99,7	—
3.	**Bauerngut mit 23 bis 31 ha.**			
	Gesammtbedarf	25,5[4]	—	24,7[5]
4.	**Bauerngut in Pommern.**			
a.	für Heizung	—	13,9	—
b.	„ Kochen	—	7,0	—
c.	„ Backen	—	4,6	—
d.	„ Waschen, Bleichen, Schlachten	—	2,3	—
e.	Gesammtbedarf a—d	—	27,8	—
5.	**Bauerngut mit 15,3 b. 23,0 ha** Gesammtbedarf.	20,9[6]	—	—
6.	desgl. „ 15,3 b. 19,1 ha „	—	—	19,8[7]
7.	desgl. „ 7,7 b. 15,3 ha „	16,2[8]	—	—
8.	desgl. „ 7,7 b. 11,5 ha „	—	—	14,8[9]
9.	**Kossäthengut mit 2 b. 7,7 ha** „	12,8[10]	—	—
10.	desgl. „ 2 b. 3,8 ha „	—	—	9,9[11]
11.	desgl. in Pommern			
a.	für Heizung	—	7,0	—
b.	„ Kochen	—	4,6	—
c.	„ Backen	—	3,5	—
d.	„ Waschen, Bleichen, Schlachten	—	1,1	—
e.	Gesammtbedarf a—d	—	16,2	—
12.	**Büdner (Häusler). Tagelöhnerstellen ohne Land.**			
a.	für Heizung	—	6,5	—
b.	„ Kochen	—	2,3	—
c.	„ Backen, Waschen, Bleichen, Schlachten	—	2,8	—
d.	Gesammtbedarf a—c	9,3	11,6	6,2[12]

[1] Technische Instruction der General-Kommission zu Frankfurt a./O. 2. Aufl. 1851. S. 278. — [2] Technische Instruction der Gen.-Kommission für Pommern. 1848. S. 103. — [3] G. L. Hartig, Ablösung der Holz- pp. Servituten. 1829. S. 16. — [4] Von 23,2 bis 27,8 fm. — [5] Von 19,8 bis 29,7 fm. — [6] Von 18,6 bis 23,2 fm. — [7] Von 14,8 bis 22,3 fm. — [8] Von 13,9 bis 18,6 fm. — [9] Von 12,4 bis 15,4 fm. — [10] Von 11,6 bis 13,9 fm. — [11] Von 7,4 bis 10,4 fm. — [12] Von 5,6 bis 7,4 fm.

Ordn.-No.	Bedarfsart	Jährlicher Brennbedarf in		
		Branden-burg	Pom-mern	Schle-sien[13]
		fm Kiefern Scheitholz		
1.	2.	3.	4.	5.
	II. Einzel-Bedarfssätze.			
	A. Haushaltsbedarf.			
13. a.	Heizung für 1 Kubikmeter Heizraum bei Fachwerk.	0,19	0,19[14]	0,19
b.	„ „ 1 „ „ „ Massivbau.	0,13	—	0,13
14.	Kochen für 1 Person			
a.	in größeren Wirthschaften	1,55	—	—
b.	„ kleineren bäuerlichen Wirthschaften . . .	1,14	—	—
c.	im Durchschnitt	—	1,79[17]	—
15.	Backen für 1 Person	0,77[15]	—	—
16.	„ und Waschen für 1 Person	—	1,02[17]	—
17.	Waschen, Schlachten, Bleichen, Flachs- und Obstdarren für 1 Person[16]			
a.	für bäuerliche Stellen, und für Gesinde . .	0,59	—	—
b.	„ Gutsbesitzer und Wirthschaftsbeamten . .	0,77	—	—
18.	Kochen und Waschen für 1 Person	—	—	1,54[18]
19.	Backen, Flachs- und Obstdarren für 1 Person.	—	—	0,90[19]
20.	Schlachten, Leinwand- und Garnbleichen, im Ganzen			
a.	auf bäuerlichen Stellen	—	—	0,96[20]
b.	„ größeren Gütern	—	—	3,48[21]
	B. Landwirthschaftlicher Betriebsbedarf.			
21.	Brühen des Viehfutters und Molkerei.			
a.	für 1 Kuh	0,35[22]	—	0,52
b.	„ 1 Ferse (zweijährig)	—	—	0,26
c.	„ 1 altes Schwein	0,17[23]	—	0,26
	C. Gewerblicher Bedarf.			
22.	Malzdarren für 1 hl Malz	0,06	—	—
23.	Brauen „ 1 hl „	0,18	—	—
24.	Darren und Brauen für 1 hl Malz	—	—	0,29
25.	Branntweinbrennen für 1 hl Schrot . . .	0,22	—	—
26.	„ „ 1 hl Branntwein . .	—	—	0,9
27.	Ziegelbrennen für 1000 Mauerziegel	—	—	3,84[24]

[13] Technische Instruction der General-Kommission in Breslau 1846. S. 135. — [14] An Heizraum werden gerechnet: a) für eine Bauernstelle: 1 Stube für den Wirth mit 46—62 cbm, 1 Stube für den Altsitzer mit 23—31 cbm, b) für eine Kossäthenstelle: 1 Stube mit 39—46 cbm, c) für eine Büdnerstelle: 1 Stube mit 33—39 cbm. — [15] Für 3,8 bis 4,4 hl Getreide. — [16] In der Regel mit dem Koch- und Backholze zu bestreiten. — [17] Es werden gerechnet bei einer Bauernstelle 8—10 Personen, bei einer Kossäthenstelle 6—7 Personen, bei einer Büdnerstelle 4—5 Personen. — [18] Von 1,4—1,94 fm, 2 Kinder werden gleich 1 Erwachsenen gerechnet. — [19] Von 0,77—1,02 fm. — [20] Von 0,77—1,02 fm. — [21] Von 2,32—4,64 fm. — [22] Von 0,23—0,46 fm. — [23] Von 0,11—0,23 fm. — [24] Von 3,49—4,19 fm.

Tafel XI. Ermittelung des mineralischen Nährstoff-Kapitals, welches dem Boden durch die Leseholznutzung im normalen Kiefernwalde auf Mittelboden entzogen wird.

Mineralstoffe	Durch vollständige Leseholznutzung werden einem normalen Kiefernbestande auf Mittelboden im Laufe eines 100=jährigen Umtriebs an Mineralstoffen entzogen auf 1 ha												durch Streu=rechen werden dem Boden entzogen in einem Nadelabfalle
	durch den Abraum						durch Trocken=leseholz		im Ganzen durch das Leseholz		Mithin während des 100=jährigen Umtriebs in Procenten von dem Gehalte des Bodens an Mineral=stoffen bis zu 1,57 m Tiefe		
	an Holz		an Nadeln								Bodengehalt		
	pro fm Reisig[1]	im Ganzen (durch 100 fm Reisig=holz)	in 1000 kg Nadeln[2]		im Mittel	im Gan=zen (durch 15500 kg Nadeln)	pro 1000 kg [3]	im Gan=zen (durch 30 000 kg)[4]	in 100 Jahren	durch=schnitt=lich jährlich	kg[5]	%	kg[6]
			jährige Nadeln	über=jährige									
	Kilogramm												
1.	2.	3.	4.	5.	6.	7.	8.	9.	10.	11.	12.	13.	14.
Kali	0·793	79·3	6·25	4·17	5·21	80·8	0·43	12·9	173·0	1·73	7996	2·16	4·84
Natron	0·103	10·3	0·43	0·57	0·50	7·8	0·12	3·6	21·7	0·22	587	3·70	2·04
Kalkerde	2·150	215·0	1·89	4·93	3·41	52·9	3·69	110·7	378·6	3·79	19638	1·93	18·87
Magnesia	0·554	55·4	1·34	1·48	1·41	21·9	0·45	13·5	90·8	0·91	16282	0·55	4·80
Eisenoryd	0·053	5·3	0·35	0·51	0·43	6·7	0·83	24·9	36·9	0·37	—	—	4·07
Manganoxydoxydul .	0·016	1·6	0·44	1·02	0·73	11·3	0·18	5·4	18·3	0·18	—	—	
Phosphorsäure . .	0·626	62·6	2·98	2·41	2·70	41·9	0·30	9·0	113·5	1·14	7735	1·47	3·68
Schwefelsäure. . .	0·091	9·1	0·65	0·84	0·75	11·6	0·30	9·0	29·7	0·30	—	—	1·69
Kieselsäure. . . .	0·287	28·7	0·51	1·10	0·81	12·6	3·65	109·5	150·8	1·51	—	—	6·53
Chlor	0·003	0·3	—	—	—	—	—	—	0·3	—	—	—	—
Gesammt=Reinasche .	4·676	467·6	15·62	18·94	17·29	268·0	14·01	423·0	1158·6	11·59	—	—	46·53

[1] Nach den Analysen von Vonhausen und Heyer. Ebermayer, Waldstreu S. 112.
[2] Nach den Analysen von Dr. Schröder in Tharand. Ebermayer, Waldstreu S. 19.
[3] Nach den Analysen von Dr. Schröder in Tharand. Ebermayer, Waldstreu S. 20. Die Zahlen beziehen sich auf absolut trockene, abgestorbene Kiefern=äste und sind der Berechnung für das gesammte Leseholz (Rubr. 9) zum Grunde gelegt.
[4] Nach Pfeil, Ablösung der Waldservituten. 3. Aufl. S. 125 flg. sind auf Kiefernboden III. Klasse im Normalwalde bei richtiger Berechnung jährlich pro Morgen höchstens zu erwarten an Astabfallholz 1,13 c', an Trockengertenholz 4,53 c', zusammen 5,66 c', oder 0,68 fm pro ha. Rechnet man 1 fm Trocken=leseholz mit 600 kg und 26% Wassergehalt, so liefert 1 ha jährlich 302, rund 300 kg, mithin in 100 Jahren 30000 kg völlig trockenes Leseholz.
[5] Nach den Analysen von Schütze in Neustadt E/w., Danckelmann, Zeitschr. für Forst= u. Jagdwesen. Bd. 1. S. 500 flg. Bd. 3. S. 367 flg.
[6] Ebermayer, Waldstreu S. 117.

Tafel XII.

Ertrags- und Gewichts-Tafel für Trocken-Leseholz und Trocken-Astholz.

Holzart.	Bestands-Alter		Trocken = Leseholz							Trockenastholz am Stamme	
			Jährlicher Ertrag auf 1 ha				Gewicht von 1 fm			Jährl. Ertrag auf 1 ha	Gewicht von 1 fm
			Aftabfall am Boden	Abbruchholz am Stamme		Zusammen	Aftabfall	Aftabbruchholz	Gertenholz		
				Äfte	Gerten						
	von	bis	Festmeter				Kilogramm			fm	kg
1.	2.	3.	4.	5.	6.	7.	8.	9.	10.	11.	12.
Kiefer	11	20	0·41	2·41	0·34	3·19	544	520	560	2·73	520
=	21	30	2·87	—	0·83	3·70	578	555	576	2·41	555
=	31	40	2·05	—	0·68	2·73	638	565	625	1·45	565
=	41	50	1·47	—	—	1·47	671	565	—	0·71	565
=	51	60	0·96	—	—	0·96	671	565	—	0·57	565
=	61	70	0·78	—	—	0·78	671	565	—	0·57	565
=	71	80	0·78	—	—	0·78	671	565	—	0·57	565
=	81	90	0·78	—	—	0·78	671	565	—	0·57	565
=	91	100	0·78	—	—	0·78	671	565	—	0·57	565
Buche	31	40	1·74	—	1·68	3·42	682	722	736	0·47	722
=	41	50	1·03	—	0·30	1·33	682	722	736	0·25	722
=	51	60	0·62	—	0·30	0·92	682	722	736	0·24	722
=	61	70	0·61	—	—	0·61	682	722	—	0·24	722
=	71	80	0·61	—	—	0·61	682	722	—	0·24	722
=	81	90	0·61	—	—	0·61	682	722	—	0·24	722
=	91	100	0·61	—	—	0·61	682	722	—	0·24	722
Fichte	21	30	0·52	0·39	0·17	1·08	685	781	773	—	—
=	31	40	0·80	—	0·42	1·22	685	781	773	—	—
=	41	50	0·59	—	0·15	0·74	685	781	773	—	—

1. Die Angaben beziehen sich auf volle Hochwaldbestände und mittelguten Boden, etwa der II. Ertragsklasse. Für die übrigen Ertragsklassen können die Leseholz= bezw. Astholz=Erträge nach dem Verhältnisse der Haupt=Erträge in den Tafeln I bis III ermittelt werden.

2. Den Ertrags= und Gewichts=Angaben liegen die Untersuchungs=Ergebnisse auf Leseholz=Ertrags=Probeflächen zum Grunde, welche seit 1881 eingerichtet und meist 2 bis 3 mal auf Leseholz untersucht worden sind. Es sind eingerichtet:

      für die Kiefer . . . . . . 23 Probeflächen
      = = Buche . . . . . . 16 =
      = = Fichte . . . . . 4 =

3. Die Tafel enthält nur Trockenleseholz, nicht Abraum (Grün=Leseholz). An Leseholzsorten sind unterschieden:

    in Spalte 4: „Aftabfall", d. h. die am Boden liegenden, abgefallenen Trockenäste (Raffholz).
    = = 5: „Aftabbruch", d. h. die vom Boden aus mit der Hand erreichbaren, durch Abbrechen mit der Hand gewonnenen Trockenäste.
    = = 6: „Gerten"=Abbruch, d. h. die geringen durch Abbrechen mit der Hand gewonnenen Trocken=Stangen (Gerten).

4. Von dem gesammten Leseholzertrage in Spalte 4—7 bleiben die geringen Aeste auf dem Boden und am Stamme in der Regel ungenutzt.

5. Das Trocken=Astholz (Spalte 11) bezieht sich auf die trocknen, am Stamme sitzenden Aeste, die theils vom Boden aus mit der Hand (Spalte 5), theils in größerer Höhe mit Haken (Hakholz) abgebrochen werden. Hakholz ist kein Leseholz. Die Erträge sollen zur Ertragsermittelung von Berechtigungen auf trockene Aeste dienen.

Tafel XIII. Stockholz-Ertragstafel.

Holzart	Bestandsalter		Auf 100 Festmeter Derbholz kommen Raummeter Stockholz																		Die Ermittelung hat sich erstreckt bei	
			Baumrobung bei einer Stockhöhe bis zu									Stockrobung bei einer Stockhöhe bis zu									Baumrobung	Stockrobung
			0,2 m			0,3 m			0,4 m u. darüber			0,2 m			0,3 m			0,4 m u. darüber			auf Raummeter Stockholz	
	von	bis	von	bis	i. Mittel	von	bis	i. Mittel	von	bis	i. Mittel	von	bis	i. Mittel	von	bis	i. Mittel	von	bis	i. Mittel		
1.	2.	3.	4.	5.	6.	7.	8.	9	10.	11.	12.	13.	14.	15	16.	17.	18.	19.	20.	21.	22.	23.
Kiefer	41	60	39	56	46	—	—	—	—	—	—	—	—	—	—	—	—	—	—	—	857	...
	61	80	31	69	46	—	—	—	—	—	—	—	—	—	—	—	—	—	—	—	2435	—
	81	100	35	64	47	32	110	49	34	63	55	24	56	40	—	—	—	—	—	—	14209	4233
	101	120	32	54	41	39	55	42	37	56	46	25	66	39	30	43	38	—	—	—	18570	10271
	121	145	28	46	35	38	43	40	41	59	48	—	—	—	23	42	29	—	—	—	7516	3110
	41	145	28	69	44	32	110	45	34	63	48	24	66	39	23	43	32	—	—	—	43587	17614
Fichte	61	80	—	—	—	—	—	—	—	—	—	—	—	—	60	60	60	43	79	49	—	2009
	81	100	50	118	75	—	—	—	—	—	—	—	—	—	—	—	—	50	112	63	635	11121
	101	130	61	90	83	—	—	—	—	—	—	—	—	—	—	—	—	39	61	47	1162	8517
	61	130	50	118	80	—	—	—	—	—	—	—	—	—	60	60	60	39	112	55	1797	21647
Eiche	61	120	18	46	33	19	81	26	—	—	—	—	—	—	—	—	—	—	—	—	3018	—
	121	160	—	—	—	17	29	23	43	53	48	—	—	—	—	—	—	—	—	—	2426	—
	161	200	—	—	—	—	—	—	19	104	56	—	—	—	—	—	—	29	37	32	2634	414
	201	350	—	—	—	—	—	—	41	112	85	—	—	—	—	—	—	—	—	—	5030	—
	61	350	18	46	33	17	81	25	19	104	67	—	—	—	—	—	—	29	37	32	13108	414
Rothbuche	41	60	33	33	33	—	—	—	—	—	—	—	—	—	—	—	—	—	—	—	16	..
	61	80	51	51	51	—	—	—	—	—	—	—	—	—	—	—	—	—	—	—	23	..
	101	120	—	—	—	64	64	64	—	—	—	—	—	—	—	—	—	—	—	—	141	..
	160	220	—	—	—	28	83	50	—	—	—	—	—	—	—	—	—	—	—	—	165	..
	41	220	33	51	41	28	83	56	—	—	—	—	—	—	—	—	—	—	—	—	345	...

¹) Die Ermittelungen sind in folgenden Preußischen Oberförstereien angestellt:

für Kiefern=Baumrobung in Rehhof (Westpreußen), Jägerhof (Pommern), Biesenthal, Elers=
walde (Brandenburg), Nimkau, Tschiefer, Schöneiche (Schlesien)
Letzlingen (Sachsen).

= Stockrobung in Mirau (Posen), Hohenbrück, Jägerhof (Pommern), Masin
(Brandenburg), Tschiefer (Schlesien).

für Fichten=Baumrobung in Gauleden, Sablowo (Ostpreußen).

= Stockrobung in Schleusingen (Sachsen), Osterode, Westerhof (Hannover).

für Eichen=Baumrobung in Freienwalde (Brandenburg), Nimkau, Tschiefer, Schöneiche,
(Schlesien), Letzlingen (Sachsen), Haste (Westfalen), Oberaula
(Hessen=Nassau).

= Stockrobung in Masin (Brandenburg).

für Buchen=Baumrobung in Mühlenbeck (Pommern), Freienwalde, Glambeck (Brandenburg),
Oberaula (Hessen=Nassau).

²) Die mittleren Procentziffern sind nach dem Verhältnisse des Gesammt=Derbholzes zum Gesammt=
Stockholze berechnet.

Tafel XIV. Astholz-Ertragstafel.

Holzart	Bestandsalter	An Astholz sind zu erwarten									
		in der I.		in der II.		in der III.		in der IV.		in der V.	
		Ertragsklasse									
		auf 1 ha	von der Hauptertragsmasse	auf 1 ha	von der Hauptertragsmasse	auf 1 ha	von der Hauptertragsmasse	auf 1 ha	von der Hauptertragsmasse	auf 1 ha	von der Hauptertragsmasse
	Jahre	fm	%	fm	%	fm	%	fm	%	fm	%
1.	2.	3.	4.	5.	6.	7.	8.	9.	10.	11.	12.
Buche	20	32	39·7	24	41·5	19	46·5	12	48·0	9	51·2
	30	48	29·7	38	33·3	32	37·6	24	39·7	18	46·5
	40	48	19·3	45	23·7	41	29·7	34	33·3	25	38·7
	50	60	17·8	48	18·2	40	20·7	40	27·3	29	33·3
	60	73	17·4	61	17·7	45	17·9	42	21·6	34	29·7
	70	87	17·3	73	17·5	55	17·7	46	18·9	37	24·9
	80	102	17·6	83	17·2	64	17·5	50	17·9	38	20·7
	90	117	18·0	95	17·4	73	17·4	57	17·8	41	19·3
	100	135	18·6	106	17·7	81	17·2	64	17·7	42	18·5
	110	148	18·9	118	17·9	93	17·3	—	—	—	—
	120	161	19·1	129	18·1	99	17·4	—	—	—	—
Kiefer	20	33	20·5	26	24·7	32	35·6	34	45·3	22	38·2
	30	40	15·7	34	17·4	30	19·8	26	21·2	22	22·9
	40	43	12·8	40	15·0	33	16·4	29	17·4	27	20·5
	50	39	9·6	42	12·8	36	14·6	33	16·1	28	17·4
	60	40	8·5	41	10·9	36	12·8	34	14·6	31	16·4
	70	45	8·6	38	9·0	36	11·2	35	13·5	32	15·3
	80	50	8·8	38	8·5	34	9·9	35	12·4	33	14·6
	90	54	8·9	41	8·6	33	9·0	34	11·6	33	14·3
	100	57	8·9	43	8·6	34	8·6	—	—	—	—
	110	59	9·0	46	8·8	35	8·5	—	—	—	—
	120	61	9·0	47	8·9	36	8·5	—	—	—	—
Fichte	20	55	36·1	34	40·9	25	46·3	17	48·0	—	—
	30	72	24·6	50	29·2	41	36·1	31	42·7	—	—
	40	83	18·7	67	23·8	54	27·8	43	33·4	—	—
	50	92	15·2	76	18·7	69	23·1	54	27·8	—	—
	60	93	12·5	86	15·7	74	18·7	63	23·8	—	—
	70	90	10·5	91	13·7	76	15·7	60	18·7	—	—
	80	86	9·3	86	11·5	80	14·3	65	17·7	—	—
	90	80	8·2	82	10·0	77	12·5	65	16·0	—	—
	100	77	7·4	79	9·1	82	12·2	68	15·5	—	—
	110	70	6·6	77	8·5	82	11·5	—	—	—	—
	120	73	6·6	77	8·1	86	11·3	—	—	—	—

[1]) Die Ertragsklassen beziehen sich auf die Holzertragstafeln für Buche, Kiefer, Fichte (Tafel I, II, III).

[2]) Unter der in den Spalten 4, 6, 8, 10, 12 in Bezug genommenen „Hauptertragsmasse" wird die in Spalte 9 der Tafeln I, II, III angegebene Gesammtmasse an Derbholz und Reisig verstanden.

[3]) Die Astholzmassen (Spalten 3, 5, 7, 9, 11) sind ermittelt aus der Hauptertragsmasse (Gesammtholzmasse) nach dem Verhältnisse der Schaftholzformzahlen zu den Gesammtholzformzahlen. Die Gesammtholzformzahlen ergeben sich aus den Ertragstafeln. Für Kiefer und Fichte sind die Schaftholzformzahlen von Kunze zum Grunde gelegt. Für die Buche sind die Schaftholzformzahlen aus einer Formzahltafel entnommen, welche für den vorliegenden Zweck aus 909 von der Preußischen Hauptstation für forstliches Versuchswesen ermittelten Buchen-Formzahlen angefertigt wurde.

Tafel XV. Mast-Erträge der Eiche an Einzelbäumen.

Drd.-No.	Mastjahr	Ober-Försterei	Des Baumes			Mastertrag									Be-merkungen
			Durch-messer bei 1·3 m Höhe	Derb-holz-masse	Schirm-fläche	des Baumes			auf 1 fm Derbholz			auf 1 Hectar Schirmfläche			
						an keim-fähigen	an nicht keim-fähigen	zu-sammen an	an keim-fähigen	an nicht keim-fähigen	zu-sammen an	an keim-fähigen	an nicht keim-fähigen	zu-sammen an	
						Eicheln									
			cm	fm	qm	Liter						Hectoliter			
1.	2.	3.	4.	5.	6.	7.	8.	9.	10.	11.	12.	13.	14.	15.	16.
						A. Traubeneiche.									1) 1878, 1881, 1884, 1886 war Halbmast.
1	1878	Freienwalde	99	9·9	169	162	13	175	16·4	1·3	17·7	95·9	7·7	103·6	2) Die untersuch-
2	=	=	104	9·0	225	80	6	86	8·9	0·7	9·6	35·6	2·6	38·2	ten Bäume waren
3	=	=	88	7·7	225	133	11	144	17·3	1·4	18·7	59·1	4·9	64·0	freiständig und tru-
4	=	=	92	8·9	100	75	6	81	8·4	0·7	9·1	75·0	6·0	81·0	gen volle Mast.
5	1881	=	92	8·2	112	80	12·5	92·5	9·8	1·5	11·3	71·4	12·1	83·5	3) Die Schirm-
6	=	=	96	8·4	121	95·5	30·0	125·5	11·4	3·5	14·9	79·0	24·7	103·7	flächen (Spalte 6)
7	=	=	90	7·1	56·3	40·5	95·0	135·5	5·7	13·4	19·1	71·9	168·8	240·7	sind als Quadrate
8	=	=	94	9·0	110	112	20	132	12·3	2·4	14·7	101·8	18·2	120·0	der Kronen-Durch-
9	=	=	76	5·7	225	90	2	92	15·8	0·3	16·1	40·0	0·9	40·9	messer berechnet.
10	=	=	70	5·5	225	126	2	128	22·9	0·4	23·3	56·0	0·9	56·9	4) Pfeil (Ab-
11	=	=	80	6·1	324	52	1	53	8·5	0·3	8·8	16·0	0·4	16·4	lösung der Wald-
12	1884	=	87	7·5	289	152	3	155	11·4	0·2	11·6	52·6	1·1	53·7	servituten. 3. Aufl.
		Zusammen	—	93·0	2181·3	1198·0	201·5	1399·5	148·8	26·1	174·9	754·3	248·3	1002·6	S. 202) rechnet bei
		Im Durchschnitt	—	—	—	—	—	—	**12·4**	2·2	14·6	**62·9**	20·7	83·6	Vollmast auf 1
						B. Stieleiche.									Raummeter Ast-
13	1884	Freienwalde	63	4·6	100	35·4	0·6	36·0	7·7	0·1	7·8	35·4	0·6	36·0	holz zwischen 8 und
14	=	=	72	4·8	121	78·5	1·5	80·0	16·4	0·3	16·7	64·9	1·2	66·1	20 Liter Eicheln.
15	1886	Rotenkirchen	96	11·4	182	261	2	263	22·9	0·2	23·1	143·4	1·1	144·5	
16	=	=	74	6·2	210	107	9	116	17·3	1·4	18·7	51·0	4·2	55·2	
17	=	=	90	9·9	361	212	20	232	21·4	2·0	23·4	58·7	5·6	64·3	
18	=	=	74	5·9	289	138	7	145	23·4	1·2	24·6	47·8	2·4	50·2	
		Zusammen	—	42·8	1263	831·9	40·1	872·0	109·1	5·2	114·3	401·2	15·1	416·3	
		Im Durchschnitt	—	—	—	—	—	—	**18·2**	0·9	19·1	**66·9**	2·5	69·4	
		Im Durchschnitt A B	—	—	—	—	—	—	**15·3**	1·6	16·9	**64·9**	11·6	76·5	

Tafel XVI. Masterträge der Eiche in Beständen.

Ordnungs-Nummer	Mastjahr	Mastgüte	Oberförsterei	Des Bestandes			Mastertrag								
							des Bestandes			auf 1 fm Derbholz			auf 1 ha		
				Größe	Alter	Derb-holz-masse	an keim-fähigen	an nicht keim-fähigen	zu-sammen an	an keim-fähigen	an nicht keim-fähigen	zu-sammen an	an keim-fähigen	an nicht keim-fähigen	zu-sammen an
							Eicheln								
				ar	Jahre	fm	Liter						Hektoliter		
1.	2.	3.	4.	5.	6.	7.	8.	9.	10.	11.	12.	13.	14.	15.	16.
A. Traubeneiche.															
1	1878	Halbmast	Freienwalde	—	200/300	84	396	—	—	4·7	—	—	—	—	—
2	1881	=	=	1·67	·	18	63	63	126	3·5	3·5	7·0	37·7	37·7	75·4
3	=	=	=	3·46	=	10·1	92	3	95	9·1	0·3	9·4	26·6	1·2	27·8
4	=	=	=	2·69	=	6·9	86·5	3	89·5	12·5	0·5	13·0	32·2	1·1	33·3
		Halbmast	zusammen	7·82	—	119	637·5	69	310·5	29·8	4·3	(29·4)	96·5	40·0	136·5
			im Durchschn.	—	—	—	—	—	—	7·5	1·4	8·9	32·2	13·3	45·5
B. Stieleiche.															
5	1884	Geringe Halbmast	Freienwalde	6·76	200	10·7	90·5	1·5	92	8·5	0·1	8·6	13·4	0·2	13·6

Tafel XVII. Masterträge der Rothbuche an Einzelbäumen.

Ordnungs-No.	Mast-jahr	Oberförsterei	Des Baumes			Mastertrag								
			Durchmesser bei 1,3 m Höhe	Derbholzmasse	Schirmfläche	des Baumes			auf 1 fm Derbholz			auf 1 ha Schirmfläche		
						an keim-fähigen	an nicht keimfähigen	zusammen an	an keim-fähigen	an nicht keimfähigen	zusammen an	an keim-fähigen	an nicht keimfähigen	zusammen an
						Bucheln								
			cm	fm	□m	Liter						Hectoliter		
1.	2.	3.	4.	5.	6.	7.	8.	9.	10.	11.	12.	13.	14.	15.
1	1881	Chorin	62	3·5	42	7·25	5·25	12·50	2·1	1·5	3·6	17·3	12·5	29·8
2	=	=	54	2·9	49	8·0	6·5	14·5	2·8	2·2	5·0	16·3	13·3	29·6
3	=	=	56	2·9	64	5·5	3·25	8·75	1·9	1·1	3·0	8·6	5·1	13·7
4	=	Mühlenbeck	52	3·9	72	7·5	4·0	11·5	1·9	1·0	2·9	10·4	5·6	16·0
5	1882	Georgsplatz	48	2·2	90	5·3	0·3	5·6	2·4	0·1	2·5	5·9	0·3	6·2
6	1884	Freienwalde	61	3·7	144	17	1	18	4·6	0·3	4·9	11·8	0·7	12·5
7	=	,	69	5·2	121	51·5	2·5	54·0	9·9	0·5	10·4	42·6	2·0	44·6
8	=	=	54	3·0	121	21	1	22	7·0	0·3	7·3	17·4	0·8	18·2
9	=	=	82	8·1	225	40	2·5	42·5	4·9	0·3	5·2	17·8	1·1	18·9
10	=	=	77	6·9	144	35	2	37	5·1	0·3	5·4	24·3	1·4	25·7
11	,	=	40	1·6	36	16	1	17	10·0	0·6	10·6	44·4	2·8	47·2
12	=	=	65	4·9	121	33	1·5	34·5	6·7	0·3	7·0	27·3	1·2	28·5
13	=	=	62	4·4	56	17	1	18	3·9	0·2	4·1	30·4	1·7	32·1
14	=	=	33	0·8	42	12	1	13	15·0	1·3	16·3	28·6	2·4	31·0
15	,	=	33	1·1	56	13	1	14	11·8	0·9	12·7	23·2	1·8	25·0
16	=	·	33	0·9	56	12	0·5	12·5	13·3	0·6	13·9	21·4	0·9	22·3
17	=	=	80	7·3	324	168	10	178	23·0	1·4	24·4	51·9	3·0	54·9
18	,	=	54	} 9·2	289	80	4	84	8·7	0·4	9·1	27·7	1·4	29·1
19	=	=	73											
20	=	Chorin	40	1·4	64	6·7	1·3	8·0	4·8	0·9	5·7	10·5	2·0	12·5
21	=	=	66	3·6	110	23·7	2·3	26·0	6·6	0·6	7·2	21·5	2·1	23·6
22	=	·	48	} 5·5	412	33·2	6·8	40·0	6·0	1·3	7·3	8·1	1·6	9·7
23	=	=	60											
24	=	=	56	} 4·7	204	45·0	5·5	50·5	9·6	1·1	10·7	22·1	2·7	24·8
25	=	=	48											
26	1886	Freienwalde	64	4·3	121	19·6	2·2	21·8	4·6	0·5	5·1	16·2	1·8	18·0
27	=	=	61	3·4	81	22·4	2·0	24·4	6·6	0·6	7·2	27·7	2·4	30·1
28	=	=	66	4·5	36	10·5	1·5	12·0	2·3	0·4	2·7	29·2	4·1	33·3
29	=	=	64	4·4	49	11·2	1·0	12·2	2·5	0·3	2·8	22·9	2·0	24·9
30	=	=	70	5·3	64	21·0	2·1	23·1	4·0	0·4	4·4	32·8	3·3	36·1
31	=	=	45	2·1	36	22·4	3·0	25·4	10·7	1·4	12·1	62·2	8·4	70·6
32	=	=	62	3·7	64	10·5	1·5	12·0	2·8	0·4	3·2	16·4	2·4	18·8
33	=	=	102	11·8	324	56	14	70	4·7	1·2	5·9	17·3	4·3	21·6
34	=	=	97	10·1	324	68	17	85	6·7	1·7	8·4	21·0	5·2	26·2
Zusammen			—	137·3	3941	899·25	108·5	1007·75	206·9	24·1	231·0	735·2	100·3	835·5
Im Durchschnitt			—	—	—	—	—	—	6·7	0·8	7·5	23·7	3·2	26·9

[1] 1881, 1882 war gute Sprengmast, 1884 Vollmast, 1886 Halbmast.
[2] Die untersuchten Bäume waren freistänbig unb trugen volle Mast.
[3] Die Schirmflächen sind als Quadrate des Kronendurchmessers berechnet.

Tafel XVIII. Masterträge der Rothbuche in Beständen.

				Des Bestandes			Mastertrag								
							Des Bestandes			auf 1 fm Derbholz			auf 1 ha		
Ord.-No.	Mastjahr	Mast-güte	Ober-försterei	Größe	Alter	Derb-holz-masse	an keim-fähigen	an nicht keim-fähigen	zu-sam-men an	an keim-fähigen	an nicht keim-fähigen	zu-sam-men an	an keim-fähigen	an nicht keim-fähigen	zu-sam-men an
							Bucheln								
				ar	Jahre	fm	Liter						Hectoliter		
1.	2.	3.	4.	5.	6.	7.	8.	9.	10.	11.	12.	13.	14.	15.	16.
1	1884	Vollmast	Reinfeld	4·2	170	27	70	13	83	2·6	0·5	3·1	16·7	3·1	19·8
2	„	=	Freienwalde	30·2	120	69·3	1195	55	1250	17·2	0·8	18·0	39·6	1·8	41·4
3	=	=	=	12·5	90	50·3	425	3	428	8·4	0·1	8·5	34·0	0·2	34·2
4	=	=	Chorin	1·0	90	6·0	9·5	0·5	10	1·6	0·1	1·7	9·5	0·5	10·0
			Zusammen	47·9	—	152·6	1699·5	71·5	1771	29·8	1·5	31·3	99·8	5·6	105·4
			Im Durchschnitt	—	—	—	—	—	—	7·4	0·4	7·8	25·0	1·4	26·4

Nach Pfeil, „Ablösung der Waldf." 3. Aufl. S. 202 liefert 1 Hectar 80–120 jähr. vollen Bestandes auf gutem Boden bei Vollmast 31 Hectoliter guter Bucheln.

Tafel XIX. Harzertragstafel.

A. Baum-Ertragstafel nach den Untersuchungen von Heyse[1].

Der Fichten		Zweijähriger Ertrag einer Lache an Scharrharz		Anzahl der Lachen pro Stamm	Einjähriger Ertrag an Scharrharz pro Stamm nach Rubr. 3, 4, 5		Alter des Mittelstammes in Normalbeständen bei den Stammstärken in Rubr. 1 nach den Ertragstafeln von Lorey auf der Ertragsklasse	
Durchmesser bei 1,3 m Höhe	Umfang	auf Porphyr	auf Buntsandstein		auf Porphyr	auf Buntsandstein	I.	II. [3]
cm		kg			kg		Jahre	
1.	2.	3.	4.	5. [2]	6.	7.	8.	9.
15	47	0·028	0·048	1	0·014	0·024	40	55
24	75	0·036	0·079	2	0·036	0·079	65	80
33	104	0·045	0·113	3	0·067	0·169	90	120
42	132	0·061	0·121	3	0·091	0·181	—	—
51	160	0·064	—	4	0·128	—	—	—
60	188	0·065	—	5	0·162	—	—	—
im Durchschnitt bei frischen Lachten . .		0·059	0·098	—	—	—	—	—
bei alten Lachten . .		0·067	0·109	—	—	—	—	—

[1] Die Untersuchungen sind 1862 bis 1864 von dem Forstmeister Heyse in Ilmenau auf Porphyr bei 518 bis 722 m Meereshöhe an 121 Lachten im Baumalter von 85 bis 100 Jahren, auf Buntsandstein bei 424 m Meereshöhe an 164 Lachten im Baumalter von 70 Jahren angestellt. Die Lachten waren 1862 frisch angerissen.

[2] Auf 35 cm Umfang ist eine Lacht gerechnet.

[3] Die Ertragstafel mußte auf die I. und II. Ertragsklasse beschränkt werden, weil für die III. und IV. Ertragsklasse die Stammzahlen fehlen.

B. Bestands-Ertragstafel für Normalbestände auf Buntsandstein.

Bestands-Alter	I. Ertragsklasse						II. Ertragsklasse					
	des Mittelstammes Durchmesser bei 1,3 m	Stammzahl pro ha	Einjähriger Ertrag an Scharrharz bei Beginn des Jahrzehnts		im Durchschnitt des Jahrzehnts		des Mittelstammes Durchmesser bei 1,3 m	Stammzahl pro ha	Einjähriger Ertrag an Scharrharz bei Beginn des Jahrzehnts		im Durchschnitt des Jahrzehnts	
			pro Stamm n. Taf. A Rubr. 7	pro ha	von — bis zu Jahren	pro ha			pro Stamm n. Taf. A Rubr. 7	pro ha	von — bis zu Jahren	pro ha
Jahre	cm	ha	kg			kg	cm	pro ha	kg			kg
1.	2.	3.	4.	5.	6.	7.	8.	9.	10.	11.	12.	13.
40	14·5	2632	0·020	53	40/50	66·5						
50	18·5	1788	0·045	80	50/60	86·5						
60	23·0	1272	0·073	93	60/70	99·0	17·0	2080	0·036	75	60/70	80·0
70	27·0	964	0·109	105	70/80	107·5	20·0	1580	0·054	85	70/80	87·5
80	30·0	792	0·139	110	80/90	111·5	23·5	1200	0·075	90	80/90	97·5
90	33·5	664	0·170	113	90/100	108·0	28·0	880	0·119	105	90/100	106·0
100	35·5	600	0·172	103	100/110	100·5	30·5	744	0·144	107	100/110	109·5
110	37·0	564	0·174	98	110/120	98	31·5	724	0·154	111	110/120	112·5
120	37·5	560	0·175	98	—	—	32·0	720	0·159	114	—	—
Zusamm. Scharrharz (Lachtenharz)						777·5	—	—	—	—	—	593·0
pro Jahr und ha der harzbaren Fläche					40/120	97·2	—	—	—	—	60/120	98·8
= = = = = Gesammtfläche .					0/120	66·6	—	—	—	—	0/120	49·4

C. Bestands-Ertragstafel für Normalbestände auf Porphyr.

	I. Ertragsklasse						II. Ertragsklasse					
Be=stands= Alter Jahre	des Mittel=stammes Durch=messer bei 1,3 m cm	Stamm=zahl pro ha	Einjähriger Ertrag an Scharrharz bei Beginn des Jahrzehnts — pro Stamm n.Taf. A Rubr. 7 kg	pro ha	im Durchschnitt des Jahrzehnts — von — bis zu Jahren	pro ha kg	des Mittel=stammes Durch=messer bei 1,3 m cm	Stamm=zahl pro ha	Einjähriger Ertrag an Scharrharz bei Beginn des Jahrzehnts — pro Stamm n.Taf. A Rubr. 7 kg	pro ha	im Durchschnitt des Jahrzehnts — von — bis zu Jahren	pro ha
1.	2.	3.	4.	5.	6.	7.	8.	9.	10.	11.	12.	13.
40	14·5	2632	0·013	34	40/50	37·5						
50	18·5	1788	0·023	41	50/60	42·0						
60	23·0	1272	0·034	43	60/70	43·5	17·0	2080	0·019	40		
70	27·0	964	0·046	44	70/80	44·5	20·0	1580	0·026	41	60/70	40·5
80	30·0	792	0·057	45	80/90	45·0	23·5	1200	0·035	42	70/80	42·5
90	33·5	664	0·068	45	90/100	44·5	28·0	880	0·050	44	80/90	43·0
100	35·5	600	0·074	44	100/110	44·0	30·5	744	0·058	43	90/100	43·5
110	37·0	564	0·078	44	110/120	44·0	31·5	724	0·062	45	100/110	44·0
120	37·5	560	0·079	44			32·0	720	0·064	46	110/120	45·5
Zusammen Scharrharz						345·0	. .	—	—	. .	—	259·0
pro Jahr u. ha der harzbaren Fläche					40/120	45·6	—	--	—	---	60/120	43·2
= = . = = Gesammtfläche .					0/120	28·7	. .	—	—	—	0/120	21·6

Nach Grebe ist zu rechnen im großen Durchschnitt von 1 ha harzbaren Bestandes jährlich

1,4 Centner Lachtenharz
1,7   =   Flußharz

ferner an Flußharz überhaupt 1¼ bis 1½ so viel, als Lachtenharz.

Tafel XX. Erträge und Kosten für Pech- und Kienruß-Betrieb.

A. Pechbetrieb.

a. Material-Aufwand.

1. Rohharz-Verbrauch für 1 Pechbrand (12—24 Stunden)
   auf 1 Pechtopf nach von Holleben[1] . . . . 1⅛ Centner Scharrharz,
   auf 1 Pechofen mit 6 Pechtöpfen nach Toepfer[2] 8,3   =   =
   =   =   =   = 6 bis 8 Pechtöpfen, je nach
   Zahl und Größe der Pechtöpfe nach Grebe[3] 8—14   ·   =

2. Brennholzverbrauch zum Pechsieden
   für 1 Pechbrand mit 6 Pechtöpfen mit 8,3 Centner Rohharz, 3,96 Centner Pechausbeute nach
   Toepfer . . . . 2,12 rm Fichtenscheitholz
   somit für 1 Centner Pech rund 0,5   =   =

3. Nutzholz-Verbrauch zu Pechstutzen (Pechkübeln) für
   Auffangen und Versendung des Pechs
   für 1 Centner Pech nach Toepfer . . . . . 0,07 fm Fichtennutzholz.

b. Natural-Rohertrag.

4. Pechertrag.
   100 kg Rohharz geben Pech nach Grebe . . . . 40—60 kg Pech,
   nach von Holleben auf Grund des Ertrags in
   3 Pechhütten während der 10 Jahre 1868/77 40,7—62,9 kg Pech
            Nettogewicht,
   im Durchschnitt für diese Zeit . . . . . . 48,2 kg Pech Nettogew.,
            50,7   = Bruttogew.[4]),
   nach Toepfer . . . . 48,1 kg Pech.

5. Pechgriefen-Ertrag.
   100 kg Rohharz geben Pechgriefen (Harzgriefen)
   nach Grebe . . . . 30—40 kg Pechgriefen,
   nach von Holleben bis 1860 . . . . 23—32   =   =
   im Durchschnitt 1868/77 in Folge Einführung
   von Pechpressen und Ueberlassung der Nester
   an die Pechbrenner als Accidenz 21,3   =   =
   nach Toepfer 46,3   =   =

6. Pechöl-Ertrag.
   100 kg Rohharz geben Pechöl (Terpentinöl)
   nach Grebe . . . . 0,4—0,8 kg Pechöl.
   Auf 100 kg Pech kommen Pechöl
   nach von Holleben (Accidenz des Pechbrenners) . 0,5—1,5   =   =
   =   =   = in 10jährigem Durchschnitt . 0,9   =   =

---

[1] Nach Mittheilung des Oberforstmeisters von Holleben zu Katzhütte (Schwarzburg-Rudolstadt).

[2] Nach Mittheilungen des Forstmeisters Toepfer zu Ilmenau.

[3] Grebe, Forstbenutzung. 3. Aufl. 1882. S. 385.

[4] Pech und Pechkübel.

c. **Geldrohertrag.**

7. **Pechpreis.** 1 Centner Pech kostet an der Pechhütte

  nach von Holleben im Durchschnitt 1868/77 . 33,11 *M.* für Nettogewicht,

  = = = = = = . 31,46 = = Bruttogew.,

  nach Toepfer im Durchschnitt 1855/60 . . . 21,27 =

  = Grunert[5]) = 1857/66 . . . 22,95

  = = = 1852 . . . 22 =

  = Grebe[6]) während des amerikanischen Krieges 39—48 *M.*

8. **Pechgriefen-Preis.** 1 Centner Pechgriefen kostet an der Pechhütte

  nach von Holleben im Durchschnitt 1868/77 . . 2,205

  = = in früherer Zeit . . . . 3—4,5 =

  = = = 1879 . . . . . 1,5 =

  = Toepfer 1855/60 . . . . 3,84 =

  = Grebe 1865 . . . . 3 =

  = Grunert 1852 . . . . 5 =

9. **Pechöl-Preis.** 1 kg Pechöl kostet an der Pechhütte

  nach von Holleben in 10jährigem Durchschnitt

  (Accidenz des Pechbrenners) . . . . . . 1—1,8 =

  nach Grebe 1865 . . . . 1 =

  = Grunert 1852 . . . . 1,4 =

d. **Betriebskosten.**

10. **Preis des Rohharzes.** 1 Centner (50 kg) Rohharz (Scharrharz) kostete an der Pechhütte

  nach Toepfer 1855/60 . . . . 10,91 =

  = Grebe 1862 in Folge des amerikan. Krieges 15,1—19,8 *M.*,

      im Durchschnitt 17,3 *M.*

11. **Werbungskosten des Rohharzes (Scharrharzes)**

  a) Anlachten (erstmaliges Anreißen)

   nach Grebe (A. d. B.) auf 600 Lachten . . . 1 Mannstagelohn,

    auf 1 Centner Harz bei 10jähr. Nutzung 0,2 =

   nach von Holleben 1868/77 auf 1 Centner Harz 0,16 *M.*,

    auf 1 Centner Pech Bruttogewicht (5% Tara) 0,32 =

    = 1 = Nettogewicht . . . . . 0,33 =

   nach Toepfer auf 700 Lachten . . . . . 1 Mannstagelohn.

  b) Harzscharren

   nach Grebe auf 1 Centner Harz . . . . 1,25—2 =

    nach Toepfer auf 1 Centner auf Buntsandstein 1,3

      = Porphyr . . 2,0

  c) Zusammenbringen in Stücken (Gefäß. v. Fichtenrinde)

   nach Grebe auf 1 Centner Harz. . . . . . 0,2 *M.*

  d) Fuhrlohn für den Transport aus dem Walde bis zur Hütte, abhängig von der Entfernung.

---

[5]) In der Abhandlung: Die Harznutzung im Thüringer Walde. Forstliche Blätter 15. Heft 1868. S. 156.

[6]) Grebe in der Abhandlung: Die neuere Harznutzung im Thüringer Walde. Burckhardt, Aus dem Walde. 1. Heft 1865.

e) Gesammtkosten

    nach Toepfer für einen Centner Rohharz an der

        Pechhütte 1878 . . . . 3,36 $\mathit{M.}$

12. Pechlerlohn (Siedelohn)

    nach Grebe für 1 Centner Pech . . . . . . 3,6 =

    =   =   = 1   = Rohharz . . . . . 1,8 =

13. Erbauung und Unterhaltung einer Pechhütte.

    Baukosten nach Pfeil[7]) 800 $\mathit{M.}$, davon 5% Zinsen 40 =

    Unterhaltungskosten nach v. Holleben jährl. 1868/77 46 =

14. Gesammt-Betriebskosten

    nach Grebe für 1 Centner Pech

        dem Pechler für Harzscharren, Pechsieben, Pech-

        stußfertigen und andere Pechhüttenarbeiten . 3—4 Mannstagelöhne,

        für Harz-, Holz- und Pechfuhren . . . . . ½—1 Tagelohn,

        = Holz zu Pechstußen und zur Feuerung . 0,12—0,15 Festmeter,

        in Procenten des Roherlöses für Pech, Pech-

        griesen und Pechöl . . . . 20—25 Procent,

    nach von Holleben 1868/77 nach den Betriebskosten

        für die 3 Pechhütten Katzhütte, Cursdorf und

        Sitzendorf für 1 Centner Pech

	Brutto-gewicht	Netto-gewicht
Pechlerlohn, einschließlich der Kosten des Schar-rens. Pechnester und Pechöl sind außerdem Accidenz des Pechlers	5,139[8])	5,408 $\mathit{M.}$
Holzwerth und Spalterlohn	0,747	0,786 =
Harz-, Pech- und Holzfuhren (0,716 + 0,222 + 0,128 $\mathit{M.}$ nach Pech-Bruttogewicht). .	1,066	1,124 =
Pechkübel	1,219	1,284 =
Anlachten	0,316	0,333 =
Tagelöhne beim Reinigen, Wägen . . .	0,065	0,069 =
Oel, Docht ꝛc.	0,021	0,022 =
Baukosten	0,604	0,636 =
zusammen	9,177	9,662 $\mathit{M.}$

  c. Reinertrag

15. nach von Holleben 1868/77 für 3 Pechhütten

    für 1 Centner Pech Bruttogewicht (nach No. 7 u. 14)

                31,46 — 9,18 = 22,28 $\mathit{M.,}$

    für 1 Centner Pech Nettogewicht 33,11 — 9,66 = 23,45 =

außerdem = 1   = Pechgriesen nach No. 8 . . . . 2,20 =

    für 1 Pechhütte 1868/77

        mit einem Jahresverbrauche von 149,8 Centnern

        Rohharz

---

[7]) Pfeil, Forstbenutzung. 3. Aufl. 1845. · · Jetzt höher.

[8]) 1878 6,86 Mark.

mit einem Jahres-Rohertrage

an Pech von 76 Centnern mit   2390,5 M.

 = Pechgriefen von 32,5 Ctrn. mit   70,4 =

             = 2460,9 M.

mit einem jährlichen Betriebskosten-

aufwande von . . . .   697,6 =

mithin jährlicher Reinertrag . . . 1763,3 M.   1763 M.

B.   Kienruß-Betrieb.

a. Material-Aufwand.

16. Verbrauch an Pechgriefen und Flußharz   150—180 kg Pechgriefen und Flußharz.

nach Grebe an 1 Tage mit 10—12 Brandabsätzen à 15 kg; 1 Brand erfordert 12 bis 14 Stunden Brennzeit und ebenso lange Zeit zur Abkühlung des Ofens.

Der Gesammt-Verbrauch eines Jahres ergiebt sich aus dem Quantum des beim Flußmachen gewonnenen Flußharzes und der beim Pechbetriebe gewonnenen Pechgriefen.

b. Natural-Rohertrag.

17. Kienruß-Ausbeute. Es liefern

nach Grebe 100 kg Pechgriefen . . . .   12,7—16,7 kg Kienruß.

       100 = Flußharz . . . .   6—8   =   =

nach Voelker[9]) 100 kg Pechgriefen und Flußharz .   10—12,7 =   =

c. Geldrohertrag.

18. Kienrußpreis. 1 kg Kienruß kostet

nach Pfeil . . . .   0,4 M.

d. Betriebskosten.

19. Pechgriefen. Preis s. unter Nr. 8.

20. Flußharz-Preis. 1 Centner Flußharz kostet

nach Grunert 1852 . . . .   2,5 =

   = Toepfer 1855/60 . . . .   1,88 =

21. Werbungskosten des Flußharzes.

     a) Flußscharren

nach Grebe 1 Centner Flußharz zu sammeln und die Lachten auszuziehen, erfordert . . . . .   1,3—1,4 Mannstage

     b) Zusammenbringen in Stücken sowie Fuhrlohn s. 11 c, b.   · löhne.

22. Kienruß. Bereitungslohn

nach Pfeil für einen Centner Kienruß   2,4   =

23. Einrichtung einer Kienrußhütte nach Pfeil . . . . .   400 M.

Davon 10% Zinsen und Unterhaltungskosten pro Jahr   40 =

---

[9]) Forsttechnologie. 1803. S. 616.

Nährstoffgehalts-Tafel für Streumittel.

Ord.-No.	Streu-mittel	1000 Gewichtstheile Trockensubstanz (wasserfrei) enthalten Gewichtstheile von				100 Gewichtstheile Reinasche								
			Reinasche			Kali K$_2$O			Kalkerde Ca O			Bittererde Mg O		
		Stick-stoff.	von	bis	im Mit-tel	von	bis	im Mit-tel	von	bis	im Mit-tel	von	bis	im Mit-tel
1.	2.	3.	4.	5.	6.	7.	8.	9.	10.	11.	12.	13.	14.	15.
	I. Streustroh.													
1	Winterroggen	4·7[1]	28	60	44·6	9·8	32·5	22·6	4·1	11·6	8·2	1·8	5·1	3·1
2	Winterweizen	5·6[1]	45	70	53·7	9·5	27·4	13·7	2·7	8·9	5·8	1·3	5·2	2·5
3	Hafer	6·5[1]	33	132	71·7	11·0	45·2	26·4	2·5	15·2	7·0	1·9	7·4	3·7
4	Gerste	7·4[1]	30	100	53·5	10·8	44·5	23·3	1·9	13·1	7·2	1·6	5·7	2·6
	II. Rechstreu.													
5	Eichen-Laubstreu	15·7[3]	43·9	63·2	53·6	5·7	9·2	7·5	35·4	38·9	37·2	4·7	13·7	9·2
6	Buchen-Laubstreu	13·4[3]	40	73	54·3	1·5	11·8	4·9	28·3	66·4	45·3	3·4	13·4	6·6
7	Hainbuchen-Laub, frisch gefallen	13·7	—	—	52·5	—	—	12·6	—	—	48·0	—	—	8·6
8	Spitzahorn-Laub desgl.	10·6	—	—	67·8	—	—	15·7	—	—	42·7	—	—	4·2
9	Rothrüstern-Laub desgl.	12·6	—	—	139·0	—	—	16·6	—	—	34·1	—	—	7·7
10	Winterlindenlaub desgl.	16·6	—	—	62.4	—	—	18·4	—	—	45·4	—	—	4·0
11	Kiefern-Nadelstreu	9·1[3]	10·7	20	14·1	6·6	20·8	10·5	22·0	58.6	37·6	6·1	14·2	9·8
12	Fichten-Nadelstreu	10·6[3]	31	102	46·1	1·1	5·6	3·3	·5·4	70·9	39·8	1·1	9·0	4·5
13	Weißtannen-Nadelstreu	—	20	58	37·8	2·2	16·3	8·3	36·3	78·9	59·3	2·4	12·7	7·7
14	Lärchen-Nadelstreu	8·8[10]	—	—	39·9	—	—	4·6	—	—	22·0	—	—	6·9
15	Moos	14·0[12]	13	89	27·4	3·8	30·0	16·4	1·1	26·3	14·3	0·0	10·7	6·3
	Hungermoos (Cenomyce rangiferina)	—	—	—	11·4	—	—	—	—	—	—	—	—	—
	III. Unkrautstreu.													
16	Farrenkraut	—	43	79	64·9	19·4	58·8	38·1	4·1	21·4	11·4	1·5	8·3	6·4
17	Heidelbeere	—	—	—	34·4	—	—	—	—	—	—	—	—	—
18	Heidekraut	12·5[1]	8·4	33	20·8	2·7	34	12·9	12·0	33·5	21·5	4·9	15·5	9·4
19	Besenpfrieme	—	—	—	18·1	—	—	—	—	—	—	—	—	—
20	Riedgräser	—	48	137	69·8	23·0	43·1	33·7	3·4	11·2	5·9	1·4	9·6	4·3
21	Buchen, Simsen	—	34	92	65·1	10·1	48·1	30·1	4·5	10·4	7·5	2·6	8·3	5·4
22	Schilf	—	—	—	40·9	—	—	—	—	—	—	—	—	—
	IV. Reißstreu.													
23	Fichte. Reißholz mit Nadeln 100 j.	6·0	—	—	21·6	—	—	13·1	—	—	19·6	—	—	6·1
24	Desgl. 40 j.	—	—	—	24·1	—	—	—	—	—	—	—	—	—
25	Weißtanne. Reißholz mit Nadeln 90 j.	7·8	—	—	23·0	—	—	17·8	—	—	11·1	—	—	7·7
26	Desgl. 40 j.	—	—	—	19·4	—	—	—	—	—	—	—	—	—
27	Lärche desgl. 40 j.	—	—	—	16·4	—	—	—	—	—	—	—	—	—

[1]) Berechnet nach Wolff, Practische Düngerlehre, 8. Aufl. 1880. S. 186, 187. — [2]) Wolff, Aschen-Analysen II. 1880. S. 133, 144. — [3]) Boussingault resp. Schroeder, in Ebermayer, Physiolog. Chemie der Pflanzen. 1882. S. 59. — [4]) Dult, Weber, Ebermayer in Wolff. Asch-Anal. 1880. S. 80, 149. — [5]) Weber, Ebermayer, Dult a. a. O. S. 76, 138, 149. f. auch die bei No. 6 nicht berücksichtigten 9 Buch.-Streu-Analysen von Councler in Danckelmann, Z. f. F. u. J.-W. 15. J. S. 121. — [6]) Councler in Danckelmann, Zeitschr. für F.- u. J.-W. Bd. 15. S. 324. — [7]) Weber, Eber-

(Spalte 4—6) enthalten Gewichtstheile an — 1000 Gewichtstheile Trockensubstanz (wasserfrei) enthalten Gewichtstheile von — Zahl der Aschen-Analysen

Fe_2O_3 von	Fe_2O_3 bis	Fe_2O_3 im Mittel	P_2O_5 von	P_2O_5 bis	P_2O_5 im Mittel	SO_3 von	SO_3 bis	SO_3 im Mittel	SiO_2 von	SiO_2 bis	SiO_2 im Mittel	K_2O	CaO	MgO	Fe_2O_3	P_2O_5	SO_3	SiO_2	Zahl der Aschen-Analysen
16.	17.	18.	19.	20.	21.	22.	23.	24.	25.	26.	27.	28.	29.	30.	31.	32.	33.	34.	35.
0·2	4·7	1·9	3·1	12·7	6·5	0·8	13·2	4·3	25·8	65·2	49·3	10·1	3·7	1·4	0·8	2·9	1·9	22·0	25[2]
0·1	1·2	0·6	2·2	8·9	4·8	0·7	5·6	2·4	49·6	72·5	67·5	7·3	3·1	1·3	0·3	2·6	1·3	36·2	18[2]
0·1	4·6	1·2	1·7	15·9	4·6	1·2	5·4	3·2	21·9	67·9	46·7	18·9	5·0	2·6	0·8	3·3	2·3	33·4	38[2]
0·0	3·4	1·1	2·2	7·2	4·2	0·8	8·0	3·9	32·1	68·5	51·0	12·4	3·8	1·4	0·6	2·3	2·1	27·3	30[2]
2·2	2·6	2·4	3·8	4·8	4·3	1·7	2·2	2·0	24·7	42·0	33·4	4·0	19·9	4·9	1·2	2·3	1·1	17·9	2[4]
1·4	10·5	3·1	2·3	9·1	5·2	1·0	5·9	2·1	14·2	52·2	31·0	2·7	24·6	3·6	1·7	2·8	1·1	16·9	23[5]
—	—	1·0	—	—	6·5	—	—	3·7	—	—	12·6	6·6	25·3	4·5	0·5	3·4	1·9	6·6	1[6]
—	—	3·9	—	—	4·7	—	—	3·1	—	—	18·6	10·6	29·0	2·9	2·6	3·2	2·1	12·6	1[6]
—	—	1·6	—	—	6·4	—	—	2·0	—	—	28·7	23·2	47·4	10·6	2·3	8·9	2·7	39·9	1[6]
—	—	2·6	—	—	3·2	—	—	3·5	—	—	17·7	11·4	28·3	2·5	1·7	2·0	2·2	11·0	1[6]
1·8	13·4	4·7	4·3	14·3	8·5	2·7	7·5	3·9	7·9	20·7	15·1	1·5	5·3	1·4	0·7	1·2	0·6	2·1	14[7]
0·4	7·4	3·0	0·6	8·6	5·0	0·9	2·7	1·6	11·0	76·2	45·0	1·5	18·4	2·1	1·4	2·3	0·8	20·8	24[8]
0·8	3·5	2·6	4·5	20·5	8·3	1·8	3·9	2·4	4·1	10·5	7·7	3·1	22·4	2·9	1·0	3·1	1·6	2·9	5[9]
—	—	2·8	—	—	3·7	—	—	1·6	—	—	57·0	1·8	8·7	2·8	1·1	1·5	0·7	22·8	1[11]
1·1	19·3	9·2	1·1	20·1	7·6	2·8	6·8	5·2	7·1	61·8	26·4	4·5	3·9	1·7	2·5	2·1	1·4	7·2	11[13]
—	—	—	—	—	—	—	—	—	—	—	—	0·8	1·3	0·2	—	0·3	0·2	8·0	[17]
0·3	3·9	1·7	1·8	20·0	7·6	0·5	6·6	3·4	2·2	53·0	20·4	24·8	7·4	4·1	1·1	4·9	2·2	13·3	9[14]
—	—	—	—	—	—	—	—	—	—	—	—	9·7	9·5	4·3	—	3·3	1·8	2·3	[17]
1·5	12·8	4·1	0·6	21·4	6·7	1·0	11·1	4·1	7·0	48·4	29·7	2·7	4·5	2·0	0·9	1·4	0·9	6·2	11[14]
—	—	—	—	—	—	—	—	—	—	—	—	6·5	2·9	2·1	0·8	1·5	0·6	1·7	2[14]
1·5	5·3	3·1	3·1	11·0	7·0	1·4	5·7	3·4	13·7	53·3	31·3	23·5	4·1	3·0	2·1	4·9	2·3	21·9	12[14]
0·3	4·9	2·9	4·6	12·5	7·7	1·6	6·1	3·6	5·5	51·0	21.1	19·6	4·9	3·5	1·9	5·0	2·3	13·7	11[14]
—	—	—	—	—	—	—	—	—	—	—	—	7·3	3·2	1·1	0·8	2·2	0·9	24·4	4[14]
—	—	2·0	—	—	8·7	—	—	3·5	—	—	35·6	2·8	4·2	1·3	0·4	1·9	0·7	7·7	1[15]
—	—	—	—	—	—	—	—	—	—	—	—	3·0	10·2	1·3	0·3	1·6	0·6	6·6	1[16]
—	—	5·2	—	—	10·0	—	—	6·6	—	—	8·8	4·1	2·6	1·8	1·2	2·3	1·5	2·0	1[15]
—	—	—	—	—	—	—	—	—	—	—	—	3·4	10·0	1·8	0·2	2·0	1·2	0·5	1[16]
—	—	—	—	—	—	—	—	—	—	—	—	3·1	8·6	1·2	0·2	1·4	0·5	0·7	1[16]

mayer, Krutzsch u. Schroeder in Wolff, Asch-Anal. S. 87, 138, 149. — [8] Desgl. a. a. O. S. 95. 139, 150. — [9] Weber und Ebermayer a. a. O. S. 100, 139, 150. — [10] Krutzsch in Ebermayer, Waldstreu. 1876. S. 75. — [11] Weber in Wolff, A.-A. S. 89, 150. — [12] Hofmann in Ebermayer. Physiol. Chemie. S. 60. — [13] Dull, Weber, Ebermayer in Wolff, A.-A. S. 110, 139, 150. — [14] Wolff, A.-A. 1880. S. 139, 140, 150. — [15] Schroeder in Wolff, A.-A. S. 92, 99, 150. — [16] Councler in Dandelmann, Z. f. F.- u. J.-W. Bd. 18. S. 435. — [17] Ebermayer, Waldstreu. 1876. S. 115.

Tafel XXII. Nährstoff-Verbrauch in Land- und Forstwirthschaft.

(Nährstoff-Verbrauchstafel.)

Ordn.-No.	Wirthschaftsart	Jahres-Ertrag Nutzungs-art	Größe auf 1 ha	Durch einen Jahresertrag (Spalte 4) werden dem Boden auf 1 ha entzogen Kilogramm Mineralstoffe								
				Stickstoff	Reinasche	Kali K_2O	Kalkerde CaO	Bittererde MgO	Eisenoxyd Fe_2O_3	Phosphorsäure P_2O_5	Schwefelsäure SO_3	Kieselsäure SiO_2
1.	2.	3.	4.	5.	6.	7.	8.	9.	10.	11.	12.	13.
	A. Landwirthschaft.											
1	Winter-Weizen [1]	Körner	1600 kg	32·5	27·0	8·5	1·0	3·2	—	12·6	0·2	0·6
		Stroh	3200 =	15·4	147·5	20·2	8·6	3·5	—	7·0	3·5	99·8
		=	4800 =	47·9	174·5	28·7	9·6	6·7	—	19·6	3·7	100·4
2	Winter-Roggen [1]	Körner	1400 =	24·6	25·1	7·8	0·7	2·9	—	11·8	0·3	0·6
		Stroh	3900 =	15·6	158·0	30·4	13·7	4·3	—	8·2	4·3	89·3
		=	5300 =	40·2	183·1	38·2	14·4	7·2	—	20·0	4·6	89·9
3	Gerste [1]	Körner	1600 =	25·6	35·5	7·2	1·0	3·0	—	12·3	0·6	9·8
		Stroh	2200 =	14·1	90·9	20·7	7·0	2·4	—	4·2	3·3	47·3
		=	3800 =	39·7	126·4	27·9	8·0	5·4	—	16·5	3·9	57·1
4	Hafer [1]	Körner	1300 =	25·0	35·1	5·7	1·3	2·5	—	8·1	0·5	15·6
		Stroh	2500 =	14·0	101·0	22·3	9·0	4·0	—	4·8	3·3	49·0
		=	3800 =	39·0	136·1	28·0	10·3	6·5	—	12·9	3·8	64·6
5	Buchweizen [1]	Körner	900 =	13·1	10·6	2·4	0·5	1·4	—	5·1	0·2	0·1
		Stroh	1800 =	23·4	93·1	43·6	17·1	3·4	—	11·0	4·9	5·2
		=	2700 =	36·5	103·7	46·0	17·6	4·8	—	16·1	5·1	5·3
6	Erbse [1]	Körner	1300 =	46·5	30·6	12·7	1·6	2·5	—	11·2	1·0	0·3
		Stroh	2000 =	20·8	88·0	20·2	32·4	7·0	—	7·0	5·4	6·0
		=	3300 =	67·3	118·6	32·9	34·0	9·5	—	18·2	6·4	6·3
7	Raps [1]	Körner	1200 =	37·4	46·9	11·5	6·6	5·5	—	19·8	1·1	0·6
		Stroh	3400 =	19·0	138·7	37·8	39·4	8·5	—	8·2	10·5	8·8
		=	4600 =	56·4	185·6	49·3	46·0	14·0	—	28·0	11·6	9·4
8	Hopfen [1]	Dolden	300 =	—	20·0	6·9	3·3	1·1	—	3·4	0·7	3·3
		Trockene Blätter u. Ranken	1400 =	—	57·0	16·0	17·6	3·8	—	6·2	1·8	4·8
		=	—	—	77·0	22·9	20·9	4·9	—	9·6	2·5	8·1
9	Tabak [1]	Blätter	1500 =	—	226·5	45·5	94·2	26·6	—	7·2	8·7	20·3
10	Kartoffeln [1]	Knollen	15000 =	51·0	141·0	85·5	3·0	6·0	—	24·0	9·0	3·0
		Kraut	7500 ·	36·8	147·8	32·3	48·0	24·8	—	12·0	9·8	6·8
		=	22500 =	87·8	288·8	117·8	51·0	30·8	—	36·0	18·8	9·8
11	Rothklee [1]	Heu	4000 =	78·8	227·6	73·2	80·0	24·4	—	22·4	6·8	5·6
12	Wiesenheu [1]	=	4000 =	62·0	206·0	52·8	34·4	13·2	—	16·4	9·6	55·6
13	Weinbau [2]	=	—	—	224·4	93·6	45·5	16·9	—	27·2	—	5·6

[1] Berechnet nach Krafft: Pflanzenbaulehre. 3. Aufl. 1881. II. Band (hinsichtlich der zum Grunde gelegten mittleren Erntebeträge) und

Wolff: Praktische Düngerlehre. 8. Aufl. 1880. S. 184 flg. (hinsichtlich des Nährstoffgehalts).

[2] Neubauer in Ebermayer, Waldstreu. 1876. S. 292.

Ordn.-Nr.	Wirthschaftsart	Jahres-Ertrag Nutzungsart	Größe auf 1 ha	Stickstoff	Reinasche	Kali K_2O	Kalkerde CaO	Bittererde MgO	Eisenoxyd Fe_2O_3	Phosphorsäure P_2O_5	Schwefelsäure SO_3	Kieselsäure SiO_2
1.	2.	3.	4.	5.	6.	7.	8.	9.	10.	11.	12.	13.
	B. Forstwirthschaft.											
14	Eichen-Schälwald, 20jähr. Umtrieb [3]	Rinde, Holz	—	—	56·7	9·4	31·9	5·9	—	6·3	1·2	0·8
15	Rothbuchen-Hochwald, 120jähr. Umtr. I. Ertragskl. [4]	Holz	7·0 fm Hauptertr. 2·5 = Vorertrag =9·5 = Gef.=Ertr. ohne Stockholz.	10·8	44·7	9·8	20·0	5·1	—	3·7	—	2·2
16	desgl. 120j. U. II. Ertr.=Kl. [4]	=	5·9 fm H.=E. 2·1 = B.=E. =8·0 = G.=E.	9·3	38·0	8·3	17·0	4·3	—	3·2	—	1·9
17	= = = III. = [4]	=	4·6 = H.=E. 1·6 = B.=E. =6·2 = G.=E.	7·6	31·3	6·8	13·9	3·6	—	2·7	—	1·7
18	= 100j. = IV. = [4]	=	3·6 = H.=E. 1·2 = B.=E. =4·8 = G.=E.	6·6	26·5	5·7	11·6	3·0	—	2·5	—	1·6
19	= = = V. = [4]	=	2·4 = H.=E. 0·8 = B.=E. =3·2 = G.=E.	4·9	18·7	3·9	8·2	2·2	—	1·8	—	1·1
20	Rothbuchen-Hochw. I.—III. Ertragsklasse [5] in 21—40jähr. Beständen	Streu, jährl. Nutzg.	35 Met.=Ctr. à 100 kg lufttr.	46·9	265·2	10·4	86·2	12·7	5·4	11·0	3·8	63·6
	= 41—60 = =	=	42 =	53·3	318·2	12·5	103·4	15·3	6·5	13·2	4·6	76·3
	= 61—80 = =	=	46 =	61·6	345·5	13·5	112·8	16·6	7·0	14·3	5·0	83·4
	= 81—100 = =	=	50 =	67·0	378·8	14·9	123·1	18·2	7·7	15·7	5·5	90·8
	= über 100jähr. =	=	45 =	60·3	340·9	13·4	110·8	16·4	6·9	14·1	4·9	81·7
21	Rothbuchen-Hochwald IV., V. Ertragsklasse [5] in 41—60jähr. Beständen	=	35 =	46·9	265·2	10·4	86·2	12·7	5·4	11·0	3·8	63·6
	= 61—80 = =	=	39 =	52·3	295·5	11·8	96·0	14·2	6·0	12·3	4·3	70·8
	= 81—100 = =	=	42 =	53·3	318·2	12·5	103·4	15·3	6·5	13·2	4·6	76·3
22	Weißbuche [6]	Holz	4·5 fm G.=E.	—	29·8	3·7	20·0	1·3	0·3	2·2	1·1	0·4
23	Schwarzerle, 60j. Umtr. [7]	=	4·5 = =	—	18·0	2·0	12·0	0·7	—	1·5	0·9	0·4
24	Birke, 50jähr. Umtr. [8]	=	4·1 fm H.=E. 1·2 = B.=E. =5·3 = G.=E., außerdem 0·6 fm Stockholz	7·2	12·3	2·3	3·9	1·7	0·2	1·3	0·1	0·9
25	Korbweiden, 1jähr. [9] a. S. viminalis, Thonlehm	Holz u. Rinde, frisch	797 Ctr. à 50 kg	85·0	—	61·9	105·8	10·2	—	26·0	—	—
	= Torfboden	=	347 =	47·5	—	22·1	50·7	9·2	—	7·7	—	—
	b. S. amygdalina, Thonlehm	=	693 =	100·4	—	61·3	60·2	19·7	—	22·6	—	—
	= Torfboden	=	651 =	123·0	—	55·0	56·9	20 8	—	26·6	—	—
	c. S. purpurea viminalis, Thonlehm	=	571 =	82·7	—	28·2	69·8	13·7	—	16·2	—	—
	= Torfboden	=	309 =	40·5	—	17·6	42·9	6·4	—	10·4	—	—
	d. S. purpurea, Thonlehm	=	397 =	36·3	—	19·6	58·7	7·0	—	18·3	—	—
	= Torfboden	=	373 =	50·0	—	20·0	54·0	6·9	—	11·3	—	—
	e. S. caspica, Thonlehm	=	138 =	18·6	—	8·8	13·6	3·2	—	2·7	—	—
	= Torfboden	=	170 =	20·7	—	10·1	13·6	2·2	—	6·8	—	—

[3] Wolff, Aschen-Analysen II. 1880. S. 79, berechnet nach dem Ertrage der Badischen Eichen-Schälwaldungen, s. Baur, Monatsschrift für Forst- und Jagdwesen 1875. S. 566. — [4] Ramann in Danckelmann, Zeitschrift für Forst- u. Jagdwesen Bd. 19. 1887. S. 618. Die Holzerträge sind der Tafel I. entnommen. Stockholz ist nicht berücksichtigt. — [5] Berechnet von Ramann auf Grund der Rechstreu-Ertragstafel für Rothbuche. (Tafel XXVI.) — [6] Ramann und Will in Danckelmanns Zeitschrift 14. Bd. S. 498. — [7] Desgl. S. 60. — [8] Schröber, Forstchemische Untersuchungen 1878. S. 31, 51. — [9] Councler in Danckelmanns Zeitschrift für Forst- und Jagdwesen Bd. 18. S. 154.

Ordn.-Nr.	Wirthschaftsart	Jahres-Ertrag Nutzungs-art	Größe auf 1 ha	Stickstoff	Reinasche	Kali K₂O	Kalkerde CaO	Bittererde MgO	Eisenoxyd Fe₂O₃	Phosphorsäure P₂O₅	Schwefelsäure SO₃	Kieselsäure SiO₂
1.	2.	3.	4.	5.	6.	7.	8.	9.	10.	11.	12.	13.
26	Kiefer, I. Ertragskl., 120j. U. [10]	Holz mit Nadeln	5·7 fm Hauptertr. 2·5 = Vorertrag =8·2 = Ges.-Ertr.	7·8	15·0	2·3	7·7	1·5	—	1·0	—	0·7
27	= II. = , [10]	=	4·5 fm H.-E. 1·9 = V.-E. =6·4 = G.-E.	6·3	12·0	1·9	5·6	1·2	—	0·9	—	0·6
28	= III. = . [10]	=	3·5 = H.-E. 1·5 = V.-E. =5·0 = G.-E.	5·3	10·0	1·6	5·0	1·0	—	0·7	—	0·5
29	= IV. = 90j. [10]	=	3·2 = H.-E. 1·3 = V.-E. =4·5 = G.-E.	5·5	11·0	1·7	4·9	1·0	—	0·8	—	0·5
30	= V. = = [10]	=	2·6 = H.-E. 1·0 = V.-E. =3·6 = G.-E.	5·2	9·1	1·7	4·4	0·9	—	0·8	—	0·5
31	Kiefer, I.—III. Ertragskl. [11] in 21—40j. Beständen	Streu, jährl. Nutzg.	33 Met.-Ctr. à 100 kg lufttr.	39·6	48·3	5·0	19·6	5·0	1·6	3·8	1·7	6·8
	= 41—60j. =	=	32 =	38·4	46·9	4·9	19·0	4·8	1·6	3·7	1·7	6·6
	= 61—80j. =	=	32 =	38·4	46·9	4·9	19·0	4·8	1·6	3·7	1·7	6·6
	= 81—100j. =	=	31 =	37·2	45·4	4·7	18·4	4·7	1·5	3·6	1·6	6·4
	= über 100j. =	=	30 =	36·0	44·0	4·6	17·9	4·5	1·5	3·5	1·6	6·2
32	Kiefer, IV. u. V. Ertragskl. [12] in 21—40j. Beständen	=	24 =	22·6	41·8	1·9	10·2	1·4	1·2	3·2	0·3	12·0
	= 41—60j. =	=	23 =	21·6	40·1	1·9	9·8	1·3	1·1	3·0	0·3	11·5
	= 61—80j. =	=	22 =	20·7	38·4	1·8	9·4	1·3	1·1	2·9	0·3	11·0
	= 81—100j. =	=	20 =	18·8	34·9	1·6	8·5	1·1	1·0	2·6	0·3	10·0
	= über 100j. =	=	19 =	17·9	33·1	1·2	8·1	1·1	0·9	2·5	0·2	9·5
33	Fichte, I. Ertragskl., 120j. U. [13]	Holz mit Nadeln	9·2 fm H.-E. 3·9 = V.-E. =13·1 = G.-E.	13·7	34·6	5·2	15·9	2·6	—	2·0	—	1·0
	= II. = .	=	7·9 = H.-E. 3·2 = V.-E. =11·1 = G.-E.	12·6	32·5	4·9	13·8	2·4	—	2·0	—	1·9
	= III. = .	=	6·3 = H.-E. 2·4 = V.-E. =8·7 = G.-E.	10·9	28·8	4·3	11·3	2·2	—	1·8	—	0·9
	= IV. = 100j. =	=	4·4 = H.-E. 1·7 = V.-E. =6·1 = G.-E.	9·4	26·1	3·9	8·5	2·0	—	1·8	—	0·5
34	Fichte, I.—IV. Ertragskl. [14] in 21—40j. Beständen	Streu, jährl. Nutzg.	31 Met.-Ctr. à 100 kg lufttr.	32·9	140·3	5·0	62·8	7·2	3·0	6·6	2·2	51·3
	= 41—60j. =	=	37 =	39·2	167·5	6·0	75·0	8·9	3·4	7·9	2·6	61·2
	= 61—80j. =	=	38 =	40·3	172·0	6·1	77·0	8·8	3·5	8·1	2·7	62·9
	= 81—100j. =	=	36 =	38·2	163·0	5·8	73·0	8·4	3·4	7·7	2·5	59·4
	= über 100j. =	=	34 =	36·0	153·9	5·5	68·9	7·9	3·2	7·3	2·4	56·3
35	Weißtanne, 90j. Umtr. [15]	Holz	7·1 fm H.-E. 4·0 = V.-E. =11·1 = G.-E u. 2·8 = Stockholz	13·3	39·4	10·0	4·7	3·2	1·4	3·1	1·7	2·1
		Streu	[16] —	32·8	116·5	8·6	79·6	8·3	—	9·2	3·1	7·7

[10] Ramann in Danckelmanns Zeitschr. f. F.- u. J.-Wesen Bd. 19. S. 615. Die Holzerträge sind der Tafel II entnommen. Stockholz ist nicht berücksichtigt. — [11] Berechnet von Ramann auf Grund der Nechstreu-Ertragstafel für Kiefer (Tafel XXVII) und der Analysen von Ebermayer. — [12] Berechnet von Ramann auf Grund der Tafel XXVII und von Analysen, die in Eberswalde angestellt wurden. — [13] Ramann in Danckelmanns Zeitschr. f. F.- u. Jagdwesen Bd. 19. S. 617. Die Holzerträge sind der Tafel III entnommen. Stockholz ist nicht berücksichtigt. — [14] Berechnet von Ramann auf Grund der Nechstreu-Ertragstafel für Fichten (Taf. XXVIII). — [15] Schroeder, Forstchem. Untersuch. 1878. S. 50. — [16] Nach Ebermayer, Physiolog. Chem. S. 67, 751.

Wirkung des Streurechens auf den Nährstoffgehalt und die physikalische Beschaffenheit von Sandboden.

Ordn.-No.	Beschreibung der Versuchsflächen	Bezeichnung der Nährstoffe	Nährstoff-Gehalt des Bodens.					
			an Gesammt-Nährstoffen			an in Salzsäure löslichen Nährstoffen		
			auf der unberechten Fläche	auf der berechten Fläche	mithin auf der berechten Fläche weniger (—)	auf der unberechten Fläche	auf der berechten Fläche	mithin auf der berechten Fläche weniger (—) mehr (+)
			Kilogramm pro Hectar					
1.	2.	3.	4.	5.	6.	7.	8.	9.
1.	Oberförsterei Biesenthal. Jag. 214 Altalluvialer Sand, trocken Kiefernboden V. Classe	Kali	23 040	16 380	— 6 660	1 622	589	— 1 033
		Natron	10 125	8 325	— 1 800	1 919	418	— 1 501
		Kalkerde	4 747	4 117	— 630	853	551	— 302
	Die Bodenuntersuchung erstreckte sich bis zu 1·5 m Tiefe	Bittererde	1 462	1 372	— 90	992	778	— 214
	Kiefern geringes Stangenholz 45jährig.	Eisenoxyd	13 275	5 130	— 8 145	7 299	5 017	— 2 282
	Fläche I unberecht.	Thonerde	73 372	66 307	— 7 065	11 131	9 967	— 1 164
	Bodendecke: Moose, Flechten, Nadeln							
	Fläche II 16 Jahre lang jährlich berecht.	Manganoxyduloxyd	2 025	765	— 1 260	558	402	— 156
	Bodendecke: Nadeln, wenig Heide u. Flechten, kein Moos	Phosphors.	2 340	1 102	— 1 238	850	898	+ 48
		Schwefelsäure	—	—	—	180	49	— 131
		Kieselsäure Mineralst.	—	—	—	14 830	12 647	— 2 185
		i. Ganzen	—	—	—	41 267	34 735	— 6 532
		Stickst. 1 a)	540	472	— 68			
2.	Rev. Reudnitz. Sachsen Sandboden, Kiefernboden III. Classe	Kali	—	—	—	5 363	3 803	— 1 560
		Kalkerde	—	—	—	4 029	2 801	— 1 228
	Die Bodenuntersuchung erstreckte sich bis zu 47 cm Tiefe	Bittererde	—	—	—	1 138	309	— 829
		Phosphorsäure	—	—	—	5 232	4 799	— 433
	Fläche I, unberechte Kiefern 50jährig	Schwefelsäure	—	—	—	2 148	1 640	— 508
	Fläche II. Periodisch	Kieselsäure	—	—	—	1 262	1 430	+ 168
	berecht. Blöße	Stickstoff	8 112	4 733	— 3 379			
3.	Quadersandsteinboden.	Kali	—	—	—	2 878	2 402	— 476
	Die Bodenuntersuchung	Kalkerde	—	—	—	1 489	981	— 508
	hat sich erstreckt für den	Bittererde	—	—	—	1 047	898	— 149
	unberechten Boden bis zu 20 cm Tiefe, für den mindestens seit 12 J. berechten Boden nur	Phosphorsäure	—	—	—	635	505	— 130
	bis zu 18 cm Tiefe.	Stickstoff	9 981	7 577	— 2 404			

Ordn.-No.	Beschreibung der Versuchsflächen	Bezeichnung der Nährstoffe	Gesammt-Nährstoffgehalt d. unberechten Bod.				
			I	II	III	IV	V
			Ertragsklasse				
			Kilogramm pro Hectar				
4.	Diluvial- und Alluvial-Sandboden der Lehroberförstereien d. Forstakademie Eberswalde. Die Untersuch. erstreckte sich auf 1·57 m Tiefe.	Kali	9 317	12 882	7 996	4 906	4 385
		Kalkerde	38 488	33 066	19 638	5 505	9 231
		Bittererde	9 860	14 591	16 283	11 006	8 940
		Phosphors.	10 228	11 615	7 735	6 063	4 808

Nährstoffgehalt der dem Boden entnommenen Streu	In dem berechten Boden ist die Nährstoff-Ausfuhr durch Streu (Spalte 10) kleiner (−) bez. größer (+) als der Nährstoff-Verlust bez. Gewinn (Spalte 6 und 9)		
	Bezeichnung der Nährstoffe	Gesammt-Nährstoffen	an löslichen Nährstoffen
		Kg. pro ha	
10.	11.	12.	13.
21	Kali	− 6 639	− 1 012
6	Natron	− 1 794	− 1 495
107	Kalkerde	− 523	− 195
16	Bittererde	− 74	− 198
43	Eisenoxyd	− 8 102	− 2 239
75	Thonerde	− 6 990	− 1 089
24	Mangan-oxyduloxyd	− 1 236	− 132
44	Phosphors.	− 1 194	+ 92
4	Schwefel-säure		− 127
168	Kieselsäure		− 2 015
287	Stickstoff	+ 219	

Physikalische Beschaffenheit des Bodens	Wassergehalt		Wasserhaltende Kraft		Feinerdegehalt	
in der Boden-schicht	des unberechten Bodens	des berechten Bodens	des unberechten Bodens	des berechten Bodens	des unberechten Bodens	des berechten Bodens
	vom Mai bis Sept.					
	Gewichtsprocente		Gew.-Proc.		Gewichtsprocente	
14.	15.	16.	17.	18.	19.	20.
Oberfläche	7·23	8·66	—	—	—	—
In 25−35 cm Tiefe	3·81	4·29				
In 50—55 cm Tiefe	3·49	4·04				
In 75—80 cm Tiefe	3·27	4·04				
Dammerden-schicht (humoser Sand)	—	—	31·8	27·1	2·88	3·15
Verwitterungsschicht (gelber Sand)	—	—	26·7	26·7	0·94	0·49
Urboden (weißer Sand)	—	—	25·3	26·2	0·43	0·50
Gesammtboden bis zu 1·5 m Tiefe	—	—	—	—	0·66	0·65
Obergrund	—	—	47	34		
Untergrund	—	—	38	31		
Gesammterde	—	—	—	—	1000 kg Feinerbe 1315	577

Zu 1. Ramann in Danckelmann's Zeitschrift für Forst= und Jagdwesen. Bd. XV. 1883. S. 577, 633 flg. a) Der Stickstoffvorrath auf geschontem und berechtem Boden ist noch auf weiteren 3 Streu=Versuchsflächen unter=sucht worden. Es ergab sich nach 16 jähr. Streurechen der Stickstoffgehalt auf geschontem Boden (g) resp. berechtem Boden (b) in einem Kiefern=Bestande der Bodenklasse

		g	b
III	105/118 j. zu	0·024 %	0·031 %
III	82/94 j. =	0·034 %	0·031 %
III	52/67 j. =	0·036 %	0·038 %

Zu 2. Stöckhardt in Landwirthsch. Vers.=Stat. VII. 1865. S. 235, — s. Danckelmann's Zeitschrift a. a. O. und Ebermayer. Waldstreu. 1876. S. 270.

Zu 3. Hanamann in Vereinsschrift des Böhmischen Forst=Vereins. 1881. S. 48. Wegen der um 1/10 ge=ringeren Tiefe der zur Untersuchung gelangten berechten Schicht, ist deren Nährstoffgehalt (Spalte 5 und 8) um 0·1 zu erhöhen, der Nährstoffverlust entsprechend zu vermindern.

Zu 4. Schütze in Danckelmann's Zeitschrift für Forst= und Jagdwesen. Bd. 1. S. 500. Bd. 3. S. 367.

Ordn.-Num.	Quelle.	Der Streu-Versuchsfläche		
		Orts-Lage	Standort	Holzbestand
1.	2.	3.	4.	5.
1.	Kreß. Ueber die Schädlichkeit der Streunutzung in Schmidl, Vereinsschrift des Böhmischen Forstvereins 1866. III S. 3.	Forstort Großhag bei Lukawitz.	Frischer sandiger Lehm.	Kiefern, 1852 50/55 jährig 1864 63/68 jährig
2.	Krutzsch. Untersuchungen über die Waldstreu im Tharander Jahrbuch 1869 S. 210.	Lausnitzer Revier Bezirk Marschallsruhe.	Diluvialsand.	Kiefern aus Saat 1860 45 jährig 1866 51 =
3.	desgl. S. 215.	Lausnitzer Revier Bezirk Spieß.	Diluvialsand.	Kiefern a. 3jährig. Einzel-Pflanzung de 1818. 1860 45 jährig 1866 51 =
4.	desgl. S. 220.	Grillenburger Revier Bezirk X Telle.	Porphyrboden, thonig, steinig.	Fichten a. Pflanzung 1861 46 jährig 1865 50 =
5.	desgl. S. 224.	Grillenburger Revier Bezirk Brandholz.	desgl.	Fichten aus Saat 1861 46 jährig 1865 50 =
6.	Schröder. Ueber den Einfluß des Streurechens 2c. Tharander Jahrbuch 1876 S. 310.	Grillenburger Revier „Hohe Buchen".	Meereshöhe 367 m Gneiß, milder Lehm.	Buchen aus Naturbesamung 1849 50/60 jährig
7.	Kunze. Ueber die Einwirkung des Streurechens auf den Massenzuwachs der Fichte. Tharander Jahrbuch 1881 S. 47.	Marbacher Revier „Zellwald".	Meereshöhe 300 m. Diluviallehm auf Thonschiefer.	Fichten aus Rinnensaat vom Jahre 1832. 1876 44 jährig.
8.	desgl. S. 53.	Reichenbacher Revier	Meereshöhe 340 m. Diluviallehm auf Thonschiefer.	Fichten aus Saat v. Jahre 1828. 1876 48 jährig.
9.	Schwappach. Ueber den Einfluß des Streurechens auf den Holzbestand in Danckelmann, Zeitschrift für Forst- u. Jagdwesen 1887 S. 401.	Oberförsterei Wiesenthal Jag. 214, 215.	Alluvialsand. Kiefernboden V. Klasse.	Kiefern 1887 40 jährig.
10.	Ramann. Die Wirkung der Streu-Entnahme auf Sandboden. desgl. S. 406.	desgl.	desgl.	desgl.

Umfang	Des Streurechens Wirkung auf Holzzuwachs und Holz-Qualität
6.	**7.**
5 je ½ Joch gr. Probeflächen. I unberecht. II jährlich. III alle 2 Jahre. IV alle 3 Jahre. V alle 5 Jahre berecht. Im Herbst mit hölzernen Rechen. Von 1852 bis 1864, 13 Rech-Jahre.	Der 13jährige Massenzuwachs hat von dem Zuwachs der niemals berechten Fläche I (= 100) betragen auf Fläche V (5jähr. Umlauf) 93 % = = IV (3 = =) 80 % = = III (2 = =) 76 % = = IV (1 = =) 70 %
2 Versuchsflächen: A unberecht. B 1848, und 1861 bis incl. 1868 jährlich berecht. 9 Rech-Jahre.	Der an je 4 Probestämmen ermittelte 7jährige Grundflächen-Zuwachs (1860/66) betrug im jährl. Durchschnitte auf Fläche A 4,06 % = = B 2,34 % oder 58 % von A.
desgl.	Der in gleicher Weise ermittelte Grundflächen-Zuwachs betrug auf Fläche A 4,09 % = = B 3,50 % oder 86 % von A.
desgl. B 1861 bis incl. 1865 jährlich berecht. 5 Rech-Jahre.	Durchschnittl. jährlicher Stammgrundflächen-Zuwachs pro 1862/65, ermittelt an je 4 Probestämmen auf Fläche A 2,69 % = = B 2,98 % oder 111 % von A.
desgl.	desgl. auf Fläche A 2,78 % = = B 2,83 % oder 102 % von A.
desgl. B 1849 und 1861 bis incl. 1874 jährlich berecht. 15 Rech-Jahre.	Nach den Berechnungen an je 25 Probestämmen für 1860/74 jährl. Flächenzuwachsprocent auf A 2,45 % = B 2,29 % oder 93 % von A. Das Holz der berechten Fläche A war in Bezug auf die wichtigsten Mineralstoffe bedeutend ärmer als das Holz der nicht berechten Fläche B. Die Reinasche des Holzes der berechten Fläche B betrug nur 70 % der Reinasche des Holzes der nicht berechten Fläche A. Durch das Streurechen wird daher eine sehr merkbare und nachhaltige Verminderung des Mineralstoffgehaltes im Holze hervorgebracht.
desgl. Fläche B 1865, 1866, 1868, 1869, 1871, 1874 berecht. 6 Rech-Jahre.	An 5 Klassen-Probestämmen Jährl. Massenzuwachsprocent 1864/76 auf Fläche A 5,39 % B 4,63 % oder 86 % von A. 12jähr. Höhenzuwachs auf Fläche A 2,77 m B 1,67 m Astmassenprocent von der Gesammtmasse = 29,2 % = 16,4 %.
desgl.	An 5 Klassen-Probestämmen auf Fläche A Fläche B Jährl. Massenzuwachsproc. 1864/76 4,30 % 3,25 % oder 76 % von A. 12jähr. Höhenzuwachs 4,14 m 3,30 m Astmassenprocent von der Gesammtmasse 16,1 % 14,3 %
Fläche A gar nicht berecht. Fläche B seit 21 Jahren 1866/1886 jährlich berecht.	Nach den Berechnungen an je 6 Klassen-Probestämmen Jährl. Massenzuwachsprocent 1866/86 auf Fläche A 6,4 % auf Fläche B 4,8 % oder 75 % von A. Höhenzuwachs 1866/86 auf Fläche A 3,80 m = = B 2,81 m.
desgl.	Die Aschen-Analysen d. Holzes ergaben f. d. berechte Fläche B einen erhebl. Mindergehalt an Kalk. Im Uebrigen zeigten sich keine wesentliche Verschiedenheiten in der Zusammensetzung der Reinasche für das Holz beider Versuchsflächen.

Tafel XXV. Werth-Verhältniß der Streumittel (Streuwerths-Tafel).

46*

Ordnungs=Nummer	Streumittel	Einstreu=Werth			Dünger=Werth												Gesammtwerth=Verhältniß			
		Saugfähigkeit[1]). 100 kg lufttrockene Streu saugen Wasser auf	Werthverhältniß nach Saugfähigkeit (Roggenstroh = 100)	Reinlichkeit, Weichheit	Nährstoffgehalt nach Tafel XXI. 1000 kg Trockensubstanz enthalten			Geldwerth des Nährstoffgehalts in Spalte 6 bis 8[2]). nach dem Satze von pro 1 kg					Geldwerth=verhältniß Roggenstroh = 100		Zersetzbarkeit ꝛc.	mit		ohne	
					Stick=stoff	Kali	Phos=phor=säure	Stick=stoff 1 ℳ	Kali 0,2 ℳ	Phos=phor=säure 0,3 ℳ	zusammen 9 bis 11	Spalte 10, 11	nach Spalte 12	nach Spalte 13		Mittel aus Spalte 4 und 14	Berichtigt mit Rücksicht auf Spalte 5, 16	Mittel aus Spalte 4 und 15	Berichtigt nach Spalte 4 und 13
		kg			Kilogramm			Mark											
1.	2.	3.	4.	5.	6.	7.	8.	9.	10.	11.	12.	13.	14.	15.	16.	17.	18.	19.	20.
1	Winterroggen=Stroh	275	100	gut	4·7	10·1	2·9	4·7	2·0	0·9	7·6	2·9	100	100	gut	100	100	100	100
2	Buchen=Laubstreu [3])	233	85	mittel=mäßig	13·4	2·7	2·8	13·4	0·5	0·8	14·7	1·3	193	45	mittel=mäßig, klumpig	139	120	65	50
3	Kiefern=Nadelstreu [3])	143	52	dgl.	9·1	1·5	1·2	9·1	0·3	0·4	9·8	0·7	129	24	mittel=mäßig	90	80	38	30
4	Fichten=Nadelstreu [3])	150	54	dgl.	10·6	1·5	2·3	10·6	0·3	0·7	11·6	1·0	153	34	dgl.	103	90	44	35
5	Moos=Streu [4])	283	103	gut	14·0	4·5	2·1	14·0	0·9	0·6	15·5	1·5	204	56	gut	153	150	80	80
6	Farnkraut=Streu	259	94	gut	—	24·8	4·9	—	5·0	1·5	—	6·5	—	224	gut	—	—	159	160
7	Heide=Streu	131	48	mittel=mäßig	12·5	2·7	1·4	12·5	0·5	0·4	13·4	0·9	176	31	schlecht	112	100	40	25

[1]) Ebermayer, Waldstreu 1876. S. 176.

[2]) Nach Wolff, Practische Düngerlehre. 8. Aufl. 1880. S. 195.

[3]) Die Angaben beziehen sich auf die in Buchen=, Kiefern= und Fichtenwaldungen vorhandene, bei 1= oder mehrjährigem Streurechen geworbenen Bodendecke, welche nicht blos Laub bezw. Nadeln, sondern auch Moos, Holz= und Rindentheile ꝛc. enthält.

[4]) Die Angaben beziehen sich auf reines oder fast reines Waldmoos (meist Hypnum-Arten).

Rechstreu-Ertragstafel für Normalbestände v. Rothbuchen-Hochwald.

auf der Bodenklasse	in der Altersklasse		in bereits bisher berechten Beständen				in noch nicht berechten Beständen (Streuvorrath)
	vom	bis	bei einer Streu-Umlaufszeit von				
			1	2	4	6	
			Jahren				
	Jahren		Metercentner à 100 kg				
1.	2.	3.	4.	5.	6.	7.	8.
I bis III	21	40	35	59	63	70	81
Guter bis mittel-	41	60	41	68	73	82	95
mäßiger Boden	61	80	46	77	82	92	107
	81	100	50	83	89	100	116
	101	120	45	75	80	90	104
		u. mehr					
IV, V	41	60	35	59	63	70	81
Untermittelmäßiger	61	80	37	62	66	74	86
und geringer Boden	81	100	42	70	75	84	97
		u. mehr					

[1] Vergl. die Abhandlung in Danckelmann's Zeitschritt für Forst- und Jagdwesen. 1887. S. 577
[2] Der Ertragstafel liegen die 4 bis 15 Jahre lang fortgesetzten Erhebungen auf 16 Preußischen, 1 Elsässischen, 25 Bayrischen, zusammen 42 Streu-Versuchsflächen zum Grunde. [3] Die Bodenklassen entsprechen den Bodenklassen in Tafel I.

Tafel XXVII.
Rechstreu-Ertragstafel für Normalbestände von Kiefern.

auf der Bodenklasse	in der Altersklasse		in bereits bisher berechten Beständen				in noch nicht berechten Beständen (Streuvorrath)
	vom	bis	bei einer Streu-Umlaufszeit von				
			1	2	4	6	
			Jahren				
	Jahren		Metercentner à 100 kg				
1.	2.	3.	4.	5.	6.	7.	8.
I bis III	21	40	33	54	80	102	145
Guter bis mittel-	41	60	32	53	78	99	140
mäßiger Boden	61	80	32	53	78	99	140
	81	100	31	51	75	96	136
	101	120	30	50	73	93	131
		u. mehr					
IV, V	21	40	24	40	58	76	105
Untermittelmäßiger	41	60	23	38	56	71	101
und geringer Boden	61	80	22	36	53	68	96
	81	100	20	33	49	62	88
	101	120	19	31	46	59	83
		u. mehr					

[1] Vergl. die Abhandlung in Danckelmann's Zeitschrift für Forst- u. Jagdwesen. 1887. S. 458.
[2] Die Ertragstafel stützt sich auf 21 jährige Erhebungen auf 20 Versuchsflächen in den zur Forst-Akademie Eberswalde gehörigen Oberförstereien. [3] Die Bodenklassen entsprechen den Bodenklassen in Tafel II. [4] Der Streu-Ertrag bezieht sich auf den Boden-Ueberzug an Nadeln, Moos, Holz- und Erdtheilen, der bei gewöhnlichem, ohne erhebliche Anstrengung mit hölzernen Harken ausgeführtem Streurechen gewonnen wird.

Tafel XXVIII.

Rechstreu-Ertragstafel für Normalbestände von Fichten.

1 Hectar liefert an lufttrockner Streu						
auf der Bodenklasse	in der Alters=klasse		in bereits bisher be=rechten Beständen bei einer Streu-Umlaufs=zeit von			in noch nicht be=rechten Be=ständen (Streu=vor=rath)
	von	bis	1	3	6	
	Jahren		Jahren			
			Metercentner à 100 kg			
1.	2.	3.	4.	5.	6.	7.
I, II Guter und mittler Boden	21	40	30	66	89	125
	41	60	35	77	104	146
	61	80	43	94	128	179
	81	100	45	99	134	188
	101	120 und mehr	36	79	107	150
III, IV Untermittelmäßiger und geringer Boden	21	40	26	56	76	106
	41	60	30	65	90	124
	61	80	37	80	109	152
	81	100	39	84	114	159
	101	120 und mehr	31	67	90	128

[1]) Vergl. die Abhandlung in Danckelmann's Zeitschrift für Forst= und Jagdwesen. 1887. S. 577.

[2]) Der Ertragstafel liegen die Erhebungen auf 5 Preußischen, 1 Anhaltischen und 27 Baye=rischen Versuchsflächen zum Grunde.

[3]) Die Bodenklassen entsprechen den Bodenklassen in Tafel III.

Tafel XXIX. Rechftreu-Erträge von einzelnen Eichen- und Weiß-tannen-Hochwald-Beständen.

Ordnungs-Nummer	Holz-art	Ortslage (Staat, Waldgegend, Forftrevier)	Standort (Meereshöhe, Gebirgsart, Boden)	Beftand	1 Hectar lieferte an lufttrockner Waldftreu			in noch nicht berechten Beständen (Streuvorrath)
					in bereits berechten Beständen bei einer Streu-Umlaufszeit von			
					1	3	6	
					Jahren			
					Metercentner à 100 kg			
1.	2.	3.	4.	5.	6.	7.	8.	9.
1	Eiche	Bayern. Speffart. Rohrbrunn.	520 m. Buntfandftein Lehmfand.	Eichen, 54—61 jähr., mit einzelnen Buchen 240 fm pro ha, 4,5 fm Durchschnitts-zuwachs.	30 (23—47)	—	—	118
2	=	Bayern. Haardtwald. Meerzalben.	350 m. Buntfandftein. Gering-lehmiger Sandboden.	Eichen, 65—71 jähr., mit Buchen 214—283 fm pro ha, 3,7 fm Durchschnitts-zuwachs.	38 (33—43)	53 (47—59)	54	54 (53—55)
3	Weiß-tanne	Bayern. Frankenwald. Effelter.	600 m. Grauwacke, Thonschiefer. Thonboden.	Weißtanne und Fichte, 37—44 jähr., 260—288 fm pro ha, 7,3 fm Durchschnitts-zuwachs.	12 (4—16)	22 (12—32)	—	28 (26—31)
4	=	Bayern. Frankenwald. Geroldsgrün.	650 m. Grauwacke, Thonschiefer. Sandthon-boden.	Weißtanne mit einzelnen Fichten, 125 jähr., 573—745 fm pro ha, 5,3 fm Durchschnitts-zuwachs.	38 (28—47)	—	—	—

1) Quelle: Ebermayer, Waldftreu. 1876. 7 Jahre berecht.
2) Desgl. 7 Jahre berecht.
3) Desgl.
4) Desgl. 2 Jahre berecht.

Tafel XXX. Streu-Gewichtstafel.

Ord.-No.	Streuart	Ertrags-Klasse No.	Werbungszeit bezw. Beschaffenheit der Streu	Witterung zur Zeit der Werbung	Zahl der Untersuchungen	Volumen-Gewicht									
						frischer Streu							lufttrockener Streu		
						1 Raummeter frisch wog			100 kg frisch wogen lufttrocken			1 rm frisch wog lufttrocken im Mittel	1 Raummeter fest zusammengedrückt wog		
						von	bis	im Mittel	von	bis	im Mittel	im Mittel	von	bis	im Mittel
						Kilogramm									
1.	2.	3.	4.	5.	6.	7.	8.	9.	10.	11.	12.	13.	14.	15.	16.

A. Nach Untersuchungen der Preußischen Hauptstation des forstlichen Versuchswesens.

Ord.-No.	Streuart	Ertrags-Klasse No.	Werbungszeit bezw. Beschaffenheit der Streu	Witterung	Zahl	7	8	9	10	11	12	13	14	15	16
1	Buchen-Rechstreu[1]	I.—V.	Herbst, bald nach dem Haupt-Laub-abfall	trocken	61	33	746	332	21	91	41	136			
2				feucht, naß	37	146	636	343	20	72	40	137			
3			Frühjahr (März, April)	trocken	66	36	321	148	48	100	83	123			
4				feucht, naß	15	57	475	329	40	76	51	168			
5			Ges.-Durchsch. 1/4					288			54	156			
6	Kiefern-Rechstreu[1]	I.—V.	Herbst, kurz vor dem Haupt-Nadelabfall	trocken	99	61	347	139	47	99	83	115			
7				feucht, naß	94	100	445	224	27	95	64	143			
8			Herbst, bald nach dem Haupt-Nadel-abfall	trocken	96	100	435	210	25	98	66	139			
9				feucht, naß	135	125	540	267	22	88	55	147			
10			Ges.-Durchsch. 6/9					210			67	141			
11	[2])				7								132	178	158
12	Fichten-Rechstreu[1]	I.—IV.	Frühjahr (April bis Juni)	trocken	49	77	655	239	45	97	72	172			
13				feucht, naß	48	169	571	325	40	80	57	185			
14			Ges.-Durchsch. 12/13					282			65	183			

B. Nach Untersuchungen von Ebermayer[3]).

Ord.-No.	Streuart	Ertrags-Klasse No.	Werbungszeit bezw. Beschaffenheit der Streu	Witterung	Zahl	7	8	9	10	11	12	13	14	15	16
15	Buchen-Laub	—	Herbst, gleich nach dem Laubabfall. Unzersetzt. Frühjahr und Sommer, zum Theile zersetzt, ein- und mehrjährig	—	—	—	—	—	—	—	—	—	51	73	62
16				—	—	—	—	—	—	—	—	—	—	—	85
17				—	—	—	—	—	—	—	—	—	—	—	100
18			Ges.-Durchschnitt aller Untersuchungen: bei 13% Wassergehalt										—	—	78
19			= 18% .										—	—	82

Ord.-No.	Streuart	Ertragsklasse No.	Werbungszeit bezw. Beschaffenheit der Streu	Witterung zur Zeit der Werbung	Zahl der Untersuchungen	Volumen-Gewicht									
						frischer Streu							lufttrockener Streu		
						1 Raummeter frisch wog			100 kg frisch wogen lufttrocken			1 rm frisch wog lufttrocken im Mittel	1 Raummeter fest zusammengedrückt wog		
						von	bis	im Mittel	von	bis	im Mittel		von	bis	im Mittel
						Kilogramm									
1.	2.	3.	4.	5.	6.	7.	8.	9.	10.	11.	12.	13.	14.	15.	16.
20	Kiefern-Nadeln		Reine Nadeln	—		—	—	—	—	—	—	—	96	106	101
21			Mit Humus und Aestchen	—		—	—	—	—	—	—	—	113	129	121
22			Ges.-Durchschnitt aller Untersuchungen: bei 11 % Wassergehalt										—	—	114
23			⸗ 14 % ⸗										—	—	117
24	Fichten-Nadeln		Unzersetzt	—		—	—	—	—	—	—	—	148	156	152
25			Zum Theile zersetzt	—		—	—	—	—	—	—	—	160	175	168
26			Ges.-Durchschnitt aller Untersuchungen: bei 12 % Wassergehalt										—	—	164
27			⸗ 15 % ⸗										—	—	168
28	Fichten-Nadeln mit Moos												—	—	138
29	Moosstreu		Rein	—		—	—	—	—	—	—	—	77	100	88
30			Mit Humus	—		—	—	—	—	—	—	—	—	126	—
31			Ges.-Durchschnitt für reine Moosstreu: bei 15 % Wassergehalt										—	—	99
32			⸗ 20 % ⸗										—	—	104
33	Farnkraut		—	—		—	—	—	—	—	—	—	—	—	59
34	Heidekraut		Mit holzigen Stengeln	—		—	—	—	—	—	—	—	—	—	60
35	Roggenstroh		—	—		—	—	—	—	—	—	—	58	77	70

¹) Die Streu enthält alle Bestandtheile, welche beim Rechen gewonnen werden; also außer Laub, Nadeln und Moos auch Gras, Holz, Rinde, Erde. Hierin vorzugsweise beruhen die Gewichts-Unterschiede zwischen A und B.

Für die „frische Streu" ist das Volumen-Gewicht unmittelbar nach der Werbung, für die „lufttrockene Streu" das Gewicht nach mehrmonatlicher Aufbewahrung der Streu in bedeckten Räumen ermittelt worden.

²) Nach Ramann in Danckelmann's Zeitschrift für Forst- und Jagdwesen. Bd. 20. 1888. S. 100. — Die Zusammensetzung der Streu ist dieselbe, wie unter 1. — Nach Ebermayer (Waldstreu S. 57) wiegt ein Kubikmeter solcher Kiefernstreu im Mittel 162 kg.

³) Nach Ebermayer, Waldstreu. 1876. S. 54. Die Gewichts-Ermittelungen bezogen sich auf völlig lufttrockene, von fremden Beimengungen völlig freie, fest zusammengedrückte Streu.

⁴) Die Gesammt-Durchschnitte in den Spalten 9 und 12 sind als arithmetische Mittel aus den daselbst nachgewiesenen Einzel-Mittelzahlen berechnet. Die Gesammt-Durchschnitte der Spalte 13 ergeben sich aus den Gesammt-Durchschnitten der Spalten 9 und 12.

Tafel XXXI.
Werbungs-Aufwand, Transport und Geldwerth der Waldstreu.

A. Werbungs-Aufwand.

Ordn.-No.	Streuart	das Maß bezw. Gewicht von	Werbungs-Aufwand für			
			Abrechen	Zusammenbringen	Aufmetern	im Ganzen
			Arbeitsstunden			
1.	2.	3.	4.	5.	6.	7.
	a) Nach Untersuchungen der Forst-Akademie Eberswalde.					
1	Buchen-Rechstreu [1]	1 Raummeter frischer Streu	1·5	1·8	0·4	3·7
2	" [2]	1 Met.-Ctr. = 100 kg frischer Streu	0·5	0·6	0·1	1·2
3	" [3]	1 Met.-Ctr. = 100 kg lufttrockner Streu	0·9	1·1	0·2	2·2
4	Kiefern-Rechstreu [4]	1 Raummeter frischer Streu	2·6	1·1	0·4	4·1
5	" [2]	1 Met.-Ctr. = 100 kg frischer Streu	1·2	0·5	0·2	1·9
6	" [3]	1 Met.-Ctr. = 100 kg lufttrockner Streu	1·8	0·7	0·3	2·8
	b) Technische Instruction für die General-Kommission zu Breslau 2. Ausg. 1846. S. 129.					
7	Waldstreu [5]	1 Met.-Ctr. = 100 kg frischer (waldtrockner) Streu . .	2·4		—	—
	c) Nach Oesten in der Zeitschrift für Landes-Kulturgesetzgebung Bd. XVI S. 303.					
8	Waldstreu	1 Met.-Ctr. = 100 kg frischer Waldstreu	2		—	—
	d) Nach Weber's „Allgemeiner Anzeiger für den Forst-Producten-Verkehr" 1888 No. 15.					
9	Buchen-Rechstreu [6]	1 Raummeter frischer, fest zusammengetretener Streu	2·9		—	—

[1] Durchschnitt aus 12 Erhebungen.

[2] Zur Umrechnung aus Raummaß in Frischgewicht sind die Gesammt-Durchschnittszahlen in Tafel XXX Spalte 9 benutzt.

[3] Zur Umrechnung aus Frischgewicht in Lufttrockengewicht sind die Gesammt-Durchschnittszahlen in Tafel XXX Spalte 12 benutzt.

[4] Durchschnitt aus 24 Erhebungen.

[5] Einschließlich der Hülfe beim Aufladen.

[6] Einschließlich der Hülfe beim Verladen.

B. Transport und Geldwerth.

Ord.-Nr.	Quelle	Erfahrungssätze
1	Technische Instruction für die General-Kommission zu Breslau 2. Aufl. 1846 S. 129.	Ladegewicht einer 2spännigen Fuhre: 4,5—5 Metercentner à 100 kg.
2	Technische Instruction für die General-Kommission von Pommern 1842 S. 97.	Ladegewicht einer 2spännigen Fuhre: 2—2,5 Metercentner à 100 kg.
3	Ranke, Geldwerth der Forstberechtigungen 2. Aufl. 1856 S. 27.	Ladegewicht einer 2spännigen Fuhre: 5 Metercentner à 100 kg.
4	Oesten in der Zeitschrift für Landeskultur-Gesetzgebung Bd. XVI S. 303.	Ladegewicht einer 2spännigen Fuhre: 6 Metercentner à 100 kg.
5	Arndts in Danckelmann's Zeitschrift für Forst- und Jagdwesen Bd. 5 S. 235.	Ladegewicht eines 2spännigen Ochsenkarrens mit 1,39 Kubikmeter Laderaum: 493,5 kg oder rund 5 Metercentner völlig waldtrockenen Buchenlaubs.
6	Handbuch für die Forst- und Cameral-Verwaltung im Großherzogthum Hessen 1883. S. 550. (Reglement v. 8. April 1870.)	1 Traglast Waldstreu = 0,4 Kubikmeter, 1 Schiebkarren = = 0,8 =
7	Desgl. Preistarif von 1874.	Nettowerth im Walde von 1 Kubikmeter: Laub, Nadeln, Moos . . 0,3 bis 0,9 Mark, Unkrautstreu (Heide, Heidelbeere rc.) . . . . . 0,15 = 0,45 =
8	Ebermayer, Waldstreu 1876 S. 279.	Taxe für 1 Kubikmeter Laub-, Nadel- und Moosstreu: in Mittelfranken . . . . 2,4 Mark, im Nürnberger Reichswalde 2,7 =
9	Weber, Allgemeiner Anzeiger für den Forstproducten-Verkehr 1888 No. 15.	Frische Buchenstreu im Spessart für 100 kg im Walde: Bruttowerth (Steigerpreis) 13,2 bis 23,7 Pfg., Werbungskosten . . . . 6,2 = 10,8 = Nettowerth . . . . . 7,0 = 12,9 = Nettowerth bei Selbstwerbung durch die Streukäufer . . . 21,5 =

Tafel XXXII. Fütterungsnormen für landwirthschaftliche Nutzthiere.

(Fütterungsnormen-Tafel.)

Ordnungs-No.	Art, Nutzzweck und Alter des Viehs	Täglicher Futterbedarf auf 1000 kg Lebendgewicht					Nähr-stoff-Ver-hältniß
		Or-ganische Trocken-substanz im Ganzen	Verdauliche Stoffe				
			Eiweiß	Kohle-hydrate	Fett	im Ganzen	
		Kilogramm					
1.	2.	3.	4.	5.	6.	7.	8.
	Rindvieh.						
1	Milchkühe	24·0	2·5	12·5	0·4	15·4	1 : 5·4
2	Kälber, 2—3 Monate	22·0	4·0	13·8	2·0	19·8	1 : 4·7
3	= 3—6 = ...	23·4	3·2	13·5	1·0	17·7	1 : 5·0
4	= 6—12 = ...	24·0	2·5	13·5	0·6	16·6	1 : 6·0
5	Rinder, 12—18 Monate	24·0	2·0	13·0	0·4	15·4	1 : 7·0
6	= 18—24 = ...	24·0	1·6	12·0	0·3	13·9	1 : 8·0
7	Arbeitsochsen bei mittlerer Arbeit .	24·0	1·6	11·3	0·3	13·2	1 : 7·5
8	Mastochsen I. Periode	27·0	2·5	15·0	0·5	18·0	1 : 6·5
9	= II. = ...	26·0	3·0	14·8	0·7	18·5	1 : 5·5
10	= III. = ...	25·0	2·7	14·8	0·6	18·1	1 : 6·0
	Schafe.						
11	Wollschafe, stärkere Racen	20·0	1·2	10·3	0·2	11·7	1 : 9·0
12	= feinere = ...	22·5	1·5	11·4	0·25	13·15	1 : 8·0
13	Lämmer, 5—6 Monate	28·0	3·2	15·6	0·8	19·6	1 : 5·5
14	= 6—8 = ...	25·0	2·7	13·3	0·6	16·6	1 : 5·5
15	= 8—11 = ...	23·0	2·1	11·4	0·5	14·0	1 : 6·0
16	Jährlinge, 11—15 Monate . . .	22·5	1·7	10·9	0·4	13·0	1 : 7·0
17	= 15—20 = ...	22·0	1·4	10·4	0·3	12·1	1 : 8·0
18	Mastschafe I. Periode	26·0	3·0	15·2	0·5	18·7	1 : 5·5
19	= II. = ...	25·0	3·5	14·4	0·6	18·5	1 : 4·5
	Pferde.						
20	Pferde bei mäßiger Arbeit . . .	21·0	1·5	9·5	0·4	11·4	1 : 7·0
21	= = mittlerer = . . .	22·5	1·8	11·2	0·6	13·6	1 : 7·0
	Mast-Schweine.						
22	Schweine, 8—12 Monate	21·0	2·5	16·2		18·7	1 : 6·5
23	Läufer, 2—3 Monate	42·0	7·5	30·0		37·5	1 : 4·0
24	= 3—5 = ...	34·0	5·0	25·0		30·0	1 : 5·0
25	= 5—6 = ...	31·5	4·3	23·7		28·0	1 : 5·5
26	= 6—8 = ...	27·0	3·4	20·4		23·8	1 : 6·0
27	Mastschweine I. Periode	36·0	5·0	27·5		32·5	1 : 5·5
28	= II. = ...	31·0	4·0	24·0		28·0	1 : 6·0
29	= III. = ...	23·5	2·7	17·5		20·2	1 : 6·5

[1]) Quelle: Wolff, Die rationelle Fütterung. 3. Aufl. 1881. S. 227.
[2]) Die Tafel enthält Durchschnittszahlen für eine reichlich genügende Fütterung.
[3]) In Rubrik 4 „Eiweiß" sind die Amidkörper einbegriffen.
[4]) Die Rubrik 8 „Nährstoffverhältniß" giebt das Gewichtsverhältniß zwischen den = 1 gesetzten ver-baulichen stickstoffhaltigen zu den verbaulichen stickstofffreien Nährstoffen an. Das Nährstoffverhältniß ergiebt sich, wenn das Fett (Rubrik 6) mit seinem Stärkemehläquivalent (Fett × 2,44) den Kohlehydraten (Rubrik 5) hinzugerechnet und die daraus hervorgehende Summe mit dem Eiweißgewicht (Rubrik 4) verglichen wird.

Tafel XXXIII.
Zusammensetzung, verdauliche Bestandtheile, Nährstoffverhältniß und Geldwerth der Futtermittel. (Futtermittel-Tafel.)

Ord-No.	Futtermittel	Wasser	Trocken-substanz		Organ. Substanz (Rubr. 5)				Verdauliche Stoffe			Nähr-stoff-Ver-hält-niß 1:	Geldwerth	
			Reinasche	Organische Substanz	Rohprotein	Rohfaser	Stickstofffreie Extractstoffe	Rohfett	Eiweiß	Kohlehydrate	Fett		für 1 Centner à 50 kg Mark	im Ver-hält-niß zu Mittelheu = 1
						in Gewichtsprocenten des Futters								
1.	2.	3.	4.	5.	6.	7.	8.	9.	10.	11.	12.	13.	14.	15.
	I. Heu													
1	Wiesenheu, geringes	14·3	5·0	80·7	7·5	33·5	38·2	1·5	3·4	34·9	0·5	10·6	2·18	0·75
2	= besseres	14·3	5·4	80·3	9·2	29·2	39·7	2·0	4·6	36·4	0·6	8·3	2·50	0·86
3	= **mittleres**	**14·3**	**6·2**	**79·5**	**9·7**	**26·3**	**41·4**	**2·5**	**5·4**	**41·0**	**1·0**	**8·0**	**2·92**	**1**
4	= sehr gutes	15·0	7·0	78·0	11·7	21·9	41·6	2·8	7·4	41·7	1·3	6·1	3·41	1·17
5	= vorzügliches	16·0	7·7	76·3	13·5	19·3	40·4	3·0	9·2	42·8	1·5	5·1	3·85	1·32
6	Süßgräser im Mittel	14·3	5·8	79·9	9·5	28·7	39·1	2·6	5·3	40·9	1·1	8·2	2·92	1
7	Thimotheegras	14·3	4·5	81·2	9·7	22·7	45·8	3·0	5·8	43·4	1·4	8·1	3·18	1·09
8	Franz. Raygras	14·3	9·9	75·8	11·1	29·4	32·6	2·7	5·6	33·1	0·8	6·3	2·60	0·89
9	Engl. Raygras	14·3	6·5	79·2	10·2	30·2	36·1	2·7	5·1	35·3	0·8	7·3	2·59	0·89
10	Klee: Rothklee, mittelgut	16·0	5·3	78·7	12·3	26·0	38·2	2·2	7·0	38·1	1·2	5·9	3·16	1·08
11	Weißklee, mittelgut	16·5	6·0	77·5	14·5	25·6	33·9	3·5	8·1	35·9	2·0	5·0	3·46	1·18
12	Hopfenklee	16·7	6·0	77·3	14·6	26·2	33·2	3·3	9·2	36·4	2·0	4·5	3·70	1·27
13	Schwedischer Klee	16·0	6·0	78·0	15·0	24·0	32·7	3·3	8·6	34·8	1·8	4·6	3·47	1·19
14	Lupinen, mittelgut	16·7	4·6	78·7	17·1	28·5	30·9	2·2	11·3	37·3	0·7	3·4	3·89	1·33
15	Brennnesselblätter	11·4	14·0	74·6	18·3	10·6	38·0	7·7	12·8	36·0	4·9	3·8	4·98	1·71
16	Laubfutter, Ende Juli	16·0	7·0	77·0	10·5	14·2	49·3	3·0	6·2	37·8	2·4	7·0	3·23	1·11
17	Pappellaub, October	16·0	7·5	76·5	10·8	17·4	39·6	8·7	6·0	31·8	6·9	8·2	3·85	1·32
	II. Grünfutter													
18	Gras: Weidegras	80·0	2·0	18·0	3·5	4·0	9·7	0·8	2·5	9·9	0·4	4·4	0·98	0·34
19	Fettweidegras	78·2	2·2	19·6	4·5	4·0	10·1	1·0	3·4	10·9	0·6	3·6	1·24	0·42
20	Gras kurz vor der Blüthe	75·0	2·1	22·9	3·0	6·0	13·1	0·8	2·0	13·0	0·4	7·0	1·00	0·34
21	Süßgräser im Mittel	70·0	2·1	27·9	3·4	10·1	13·4	1·0	1·9	14·2	0·5	8·1	1·05	0·36
22	Thimothee-Gras	70·0	2·2	27·8	3·4	8·0	16·3	1·1	2·1	16·0	0·5	8·2	1·16	0·40
23	Engl. Raygras	70·0	2·0	28·0	3·6	10·6	12·8	1·0	1·8	12·2	0·4	7·2	0·93	0·32
24	Klee: Weideklee, junger	83·0	1·5	15·5	4·6	2·8	7·2	0·9	3·6	7·4	0·6	2·5	1·14	0·39
25	Rothklee, vor der Blüthe	83·0	1·5	15·5	3·3	4·5	7·0	0·7	2·3	7·4	0·5	3·8	0·86	0·29
26	Rothklee, in der Blüthe	80·4	1·3	18·3	3·0	5·8	8·9	0·6	1·7	8·7	0·4	5·7	0·77	0·26
27	Weißklee, in der Blüthe	80·5	2·0	17·5	3·5	6·0	7·2	0·8	2·2	7·9	0·5	4·2	0·86	0·29
28	Hopfenklee	80·0	1·5	18·5	3·5	6·0	8·2	0·8	2·2	8·7	0·5	4·6	0·89	0·30
29	Schwedischer Klee in der Blüthe	82·0	1·8	16·2	3·3	6·0	6·3	0·6	1·8	6·9	0·3	4·3	0·70	0·24
30	Lupinen, mittelgut	85·0	0·7	14·3	3·1	5·1	5·7	0·4	2·0	6·7	0·2	3·6	0·71	0·24

Ord.-No.	Futtermittel	Wasser	Trockensubstanz Reinasche	Trockensubstanz Organische Substanz	Organische Substanz (Rubr. 5) Rohprotein	Rohfaser	Stickstofffreie Extractstoffe	Rohfett	Verdauliche Stoffe Eiweiß	Kohlehydrate	Fett	Nährstoffverhältniß 1:	Geldwerth für 1 Centner à 50 kg Mark	im Verhältniß zu Mittelheu = 1
1.	2.	3.	4.	5.	6.	7.	8.	9.	10.	11.	12.	13.	14.	15.
31	Distel, jung	86·7	2·0	11·3	2·9	1·4	6·1	0·9	2·2	6·0	0·6	3·4	0·80	0·27
32	Ginster	51·5	4·0	44·5	4·5	21·0	17·0	2·0	2·3	17·1	0·8	8·3	1·30	0·45
33	Stechginster	39·0	3·5	57·5	6·0	28·5	21·8	1·2	1·8	25·2	0·6	14·5	1·49	0·51
34	Heidekraut	54·6	3·7	41·7	3·7	19·7	15·1	3·0	1·9	15·6	1·0	9·5	1·20	0·41
35	Futterlaub, Juli	55·0	3·8	41·2	5·6	7·6	26·5	1·5	3·8	24·5	0·9	6·9	1·92	0·66
36	Pappellaub, Anfang October	55·0	4·0	41·0	5·8	9·3	21·3	4·6	3·2	17·1	3·6	8·2	2·04	0·70
	III. Stroh													
37	Winterhalmstroh, mittelgut	14·3	4·8	80·9	3·0	42·0	34·9	1·3	0·8	36·0	0·4	46·3	1·68	0·58
38	= Weizen	14·3	4·6	81·1	3·0	40·0	36·9	1·2	0·8	35·6	0·4	45·8	1·66	0·57
39	= Roggen	14·3	4·1	81·6	3·0	44·0	33·3	1·3	0·8	36·5	0·4	46·9	1·60	0·55
40	Sommerhalmstroh, mittelgut	14·3	4·1	81·6	3·8	39·7	36·4	1·7	1·4	40·4	0·6	31·0	2·02	0·69
41	= Gerste	14·3	4·1	81·6	3·5	40·0	36·7	1·4	1·3	40·6	0·5	32·2	1·98	0·68
42	= Hafer	14·3	4·0	81·7	4·0	39·5	36·2	2·0	1·4	40·1	0·7	29·9	2·02	0·69
43	Lupinen	16·0	4·1	79·9	5·9	40·8	32·1	1·1	2·2	41·6	0·3	19·4	2·16	0·74
	IV. Knollen, Früchte, gewerbliche Producte, Insecten													
44	Kartoffel	75·0	0·9	24·1	2·1	1·1	20·7	0·2	2·1	21·8	0·2	10·6	1·33	0·46
45	Roggen	14·3	1·8	83·9	11·0	3·5	67·4	2·0	9·9	65·4	1·6	7·0	4·92	1·68
46	Roggenkleie	12·5	5·2	82·3	14·5	5·7	58·6	4·5	12·2	46·2	3·6	4·5	5·01	1·72
47	Hafer	14·3	2·7	83·0	12·0	9·3	55·7	6·0	9·0	43·3	4·7	6·1	4·47	1·53
48	Lupinen, gelbe	13·3	3·8	82·9	36·2	13·8	28·0	4·9	34·4	41·8	4·9	1·6	9·53	3·26
49	= blaue	13·2	3·2	83·6	24·8	12·5	41·7	4·6	23·6	54·2	4·6	2·8	7·81	2·67
50	Eicheln, frisch	55·3	1·0	43·7	2·5	4·4	34·8	1·9	2·0	30·9	1·5	18·2	1·94	0·67
51	= halbtrocken	37·7	1·6	60·7	3·5	7·8	46·6	2·8	2·8	41·9	2·2	17·0	2·68	0·92
52	Buchelkuchen	16·1	5·2	78·7	18·2	23·9	28·3	8·3	13·5	22·2	6·6	2·8	4·91	1·68
53	Maikäfer, frisch	70·4	2·3	27·3	18·8	4·8 *)	—	3·7	13·0	—	3·1	0·6	3·22	1·10

Erläuterungen:

1) Quelle Wolff. Die rationelle Fütterung der landwirthschaftlichen Nutzthiere. 3. Aufl. 1881. S. 212.

2) Wegen des Nährstoff-Verhältnisses Rubr. 13 f. Tafel XXXII, Bemerkung 4.

3) Bei der Berechnung des Geldwerths (Rubr. 14) sind nur die verdaulichen Stoffe nach den Sätzen von 20 Pfennig für 1 ℔ Eiweiß, 20 Pf. für 1 ℔ Fett und 4 Pf. für 1 ℔ Kohlehydrate berücksichtigt.

4) Rubrik 15 giebt den relativen Geldwerth der Futtermittel, berechnet aus Rubr. 14 und bezogen auf den Geldwerth 1 für Mittelheu (Ord.-No. 3), somit die Heuwerths-Reductionsfactoren an.

5) Unverdauliches Chitin der Maikäfer. Ordn.-No. 53, Rubr. 7. *)

Tafel XXXIV.

Täglicher Futterbedarf der Hauptvieharten auf 1000 kg Lebendgewicht.

Tafel XXXIV. Täglicher Futterbedarf der
(Futterbedarfs-

Ordn.-Nr.	Viehart	Futtermittel	Zusammensetzung der Futtermittel					
			Taf. 33 Ordn.-Nr.	Organische Trocken-substanz	Verdauliche organische Stoffe			
					Eiweiß	Kohle-hydrate	Fett	im Ganzen
					Gewichtsprocente des Futters			
1.	2.	3.	4.	5.	6.	7.	8.	9.
	I. Rindvieh.							
1	Milchkühe	Wiesenheu, sehr gut bis vorzüglich . .	4, 5	77·2	8·3	42·3	1·4	52·0
2	Jungvieh:							
	Kälber 3—12 Mon.	desgl.	4, 5	77·2	8·3	42·3	1·4	52·0
3	Rinder 12—24 ⸗	Junges Gras, Süß-gräser	20, 21	25·4	1·9	13·6	0·4	15·9
4	Arbeitsochsen . . .	Wiesenheu, 0,7 mittle-res, 0,3 sehr gutes	3, 4	79·0	6·0	41·2	1·1	48·3
	II. Schafe							
5	Altschafe	Wiesen-Mittelheu . .	3	79·5	5·4	41·0	1·0	47·4
6	Jungschafe:							
	Lämmer unt. 1 Jahr	Wiesenheu, sehr gut bis vorzüglich . .	4, 5	77·2	8·3	42·3	1·4	52·0
7	Jährlinge 1—2 ⸗	Wiesen-Mittelheu . .	3	79·5	5·4	41·0	1·0	47·4
	III. Pferde.							
8	Arbeitspferde bei mitt-lerer Arbeit . . .							
		a) Wiesen-Mittelheu	3	79·5	5·4	41·0	1·0	47·4
		b) Winterroggen-Stroh (Häcksel) .	39	81·6	0·8	36·5	0·4	37·7
		c) Hafer	47	83·0	9·0	43·3	4·7	57·0
		Summa a—c						
	IV. Schweine.							
9	Schweine 8—12 Mon.							
		a) Kartoffeln . . .	44	24·1	2·1	21·8	0·2	24·1
		b) Roggenkleie . . .	46	82·3	12·2	46·2	3·6	62·0
		Summa a, b						
10	Läufer (Faselschweine) 2—8 Mon.							
		a) Kartoffeln . . .	44	24·1	2·1	21·8	0·2	24·1
		b) Roggenkleie . . .	46	82·3	12·2	46·2	3·6	62·0
		Summa a, b						

Erläuterungen.

1) Die Fütterungsnorm (FN, Spalte 14 bis 19) ergiebt sich aus Tafel 32.

2) Zur Erfüllung der Fütterungsnorm durch den Futtermittelbedarf (FB, Spalte 13 bis 19) sind Futtermittel von solcher Zusammensetzung und in solcher Menge gewählt, daß der Fütterungsnorm in Bezug auf organische Trocken-substanz (Spalte 14), verdauliche organische Stoffe (Spalte 15—18) und Nährstoffverhältniß (Spalte 19) wenigstens annähernd entsprochen wird.

3) Die Zusammensetzung der Futtermittel (Spalte 5—10) ist aus Tafel 33 entnommen.

4) Das organische Trockensubstanzgewicht ergiebt sich aus Gesammtsubstanzgewicht (Spalte 13) und Gewichts-procent der organischen Trockensubstanz (Spalte 5).

Hauptvieharten auf 1000 kg Lebendgewicht.

Tafel.)

Nährstoffverhältniß 1:	FN bez. FB	Taf. 32 Ordn.-Nr.	Gesammtsubstanz	Organische Trockensubstanz	Eiweiß	Kohlehydrate	Fett	im Ganzen	Nährstoffverhältniß 1:	für 1 kg	im Ganzen
						Füllerungsnorm (FN) und Futtermittelbedarf) FB)				Mittelheuwerth — Der Futterbedarf (Spalte 13) hat	
					Verdauliche organische Stoffe					einen Geldwerth von kg Mittelheu	
			kg pro Tag und 1000 kg Lebendgewicht								
10.	11.	12.	13.	14.	15.	16.	17.	18.	19.	20.	21.
5·5	FN	1	—	24·0	2·5	12·5	0·4	15·4	5·4	1·25	
	FB		30	23·2	2·5	12·7	0·4	15·6	5·5		38
5·5	FN	3, 4	—	23·7	2·8	13·5	0·8	17·1	5·5	1·25	
	FB		32	24·7	2·7	13·5	0·4	16·6	5·4		40
7·7	FN	5, 6	—	24·0	1·8	12·5	0·4	14·7	7·5	0·35	
	FB		94	23·9	1·8	12·8	0·4	15·0	7·7		33
7·4	FN	7	—	24·0	1·6	11·3	0·3	13·2	7·5	1·05	
	FB		30	23·7	1·8	12·4	0·3	14·5	7·3		32
8·0	FN	12	—	22·5	1·5	11·4	0·25	13·15	8·0	1·0	
	FB		28	22·3	1·5	11·5	0·3	13·3	8·2		28
5·5	FN	13—15 im Mittel	—	25·3	2·7	13·4	0·6	16·7	5·5	1·25	
	FB		32	24·7	2·7	13·5	0·4	16·6	5·4		40
8·0	FN	17	—	22·0	1·4	10·4	0·3	12·1	8·0	1·0	
	FB		26	20·7	1·4	10·7	0·3	12·4	8·2		26
	FN	21	—	22·5	1·8	11·2	0·6	13·6	7·0		
8·0	FB		12	9·5	0·6	4·9	0·1	—	—	1·0	12
46·9	=		2	1·6	—	0·7	—	—	—	0·55	1·1
6·1	=		13	10·8	1·2	5·6	0·6	—	—	1·53	19·9
			27	21·9	1·8	11·2	0·7	13·7	7·2	—	33
	FN	22		21	2·5	16·2		18·7	6·5	—	
10·6	FB		42	10·1	0·9	9·2	0·1	—	—	0·46	19·3
4·5	=		14	11·5	1·7	6·5	0·5	—	—	1·72	24·1
			56	21·6	2·6	15·7	0·6	18·9	6·6		43·4
						16·3					
	FN	23—26 im Mittel	—	33·6	5·0	24·8		29·8	5·0		43
10·6	FB		24	5·8	0·5	5·2	—	—	—	0·46	11·0
4·5	=		36	29·6	4·4	16·6	1·3	—	—	1·72	61·0
			60	35·4	4·9	21·8	1·3	28·0	5·1		72·9
						93·1					73

[5]) Die Gewichtsmenge des Futterbedarfs (FB) an verdaulichen organischen Stoffen (Spalte 15—18) ist aus Gesammtsubstanz (Spalte 13) und den Verdauungs-Procenten (Spalte 6—9) berechnet.

[6]) Das Nährstoffverhältniß des Futtermittelbedarfs ergiebt sich, wenn die Summe der verdaulichen Kohlehydrate (Spalte 16) und 2,44 × Fett (Spalte 17) durch das verdauliche Eiweiß (Spalte 15) dividirt wird.

[7]) Der Mittelheuwerth des Futterbedarfs, ausgedrückt in kg Mittelheu, ist das Product aus Futterbedarfsgewicht (Spalte 13) und dem aus Tafel 32 entnommenen Aequivalentwerthe von 1 kg des betreffenden Futtermittels in Mittelheugewicht.

Tafel XXXV. Viehgewichts-Tafel für die Mark Brandenburg.

Ordnungs-No.	Viehart	Durchschnittliches Lebendgewicht eines Thieres mittlerer Qualität					
		auf schwerem Boden			auf leichtem Boden		
		von	bis	im Mittel	von	bis	im Mittel
		Kilogramm					
1.	2.	3.	4.	5.	6.	7.	8.
	I. Rindvieh.						
1	Kälber bei der Geburt	¹/₁₂ bis ¹/₁₄ des Gewichts der Mutter.					
2	= unter 2 Monaten	50	100	75	50	70	60
3	= von 2 bis zu 3 Monaten .	100	140	120	70	100	85
4	= = 3 = = 6 = .	140	200	170	100	150	125
5	= = 6 = = 12 = .	200	300	250	150	250	200
6	Rinder von 12 bis zu 18 Monaten	300	380	340	250	300	275
7	= = 18 = = 24 =	380	440	410	300	350	325
8	Kühe von 2 bis zu 4 Jahren . .	440	460	450	350	400	375
9	= über 4 Jahre	460	510	500	400	450	425
10	Ochsen und Stiere bis zu 3 Jahren	450	550	500	350	450	400
11	= = = über 3 Jahre .	550	650	600	450	500	475
	II. Schafe.						
12	Lämmer bei der Geburt	3	4	—	2·5	3	—
13	= unter 2 Monaten . . .	7	13	10	5	10	7·5
14	= von 2 bis zu 3 Monaten .	13	19	16	10	14	12
15	= = 3 = = 6 = .	19	23	21	14	18	16
16	= = 6 = = 12 = .	23	35	29	18	22	20
17	Jährlinge von 12 bis zu 18 Monaten	35	39	37	22	30	26
18	= = 18 = = 24 =	39	45	42	30	34	32
19	Schafe über 2 Jahre	45	50	47·5	34	36	35
	III. Pferde.						
20	Fohlen bei der Geburt	—	—	50	—	—	—
21	= 3 Monate alt	130	180	155	110	140	40
22	= von 6 bis zu 12 Monaten .	180	300	240	140	220	125
23	= = 1 = = 2 Jahren . .	300	420	360	220	300	180
24	= = 2 = = 3 = . .	420	480	450	300	360	260
25	Pferde über 3 Jahre	480	540	510	360	400	330

Ordnungs-No.	Viehart	Englische Kreuzung			Landschweine		
		von	bis	im Mittel	von	bis	im Mittel
	IV. Schweine.	Kilogramm					
26	Ferkel bei der Geburt	—	—	1	—	—	1·25
27	= von 1 bis zu 2 Monaten .	7	15	11	5	12	8·5
28	Läufer = 2 = = 3 = .	15	22	18·5	12	17	14·5
29	= = 3 = = 6 = .	22	43	32·5	17	36	26·5
30	= = 6 = = 9 = .	43	64	53·5	36	50	43
31	Schweine von 9 bis zu 12 Monaten	64	85	74·5	50	65	57·5
32	= 1 Jahr alt und älter . .	—	—	100	—	—	75

Erläuterungen.

¹) Die von dem Generalsecretär des landwirthschaftlichen Provinzialvereins der Mark Brandenburg, Oekonomierath Dr. Freiherrn von Canstein mitgetheilten Zahlen gründen sich auf statistische Aufnahme.

²) Mästung ist nicht in Betracht gezogen.

Tafel XXXVI. Viehstands-Reductions-Tafel.

| Ordn.-No. | Viehart | Durchschnittliches Lebendgewicht für 1 Stück Vieh | | Täglicher Futterbedarf in Mittel-heu-Centnern | | Viehstands-Reductionsfactoren zur Reduction | |
| | | nach Tafel 35 Spalte 8 | in | für 1000 kg Lebendgewicht | für 1 Stück Vieh | auf das Normalsortiment jeb. Viehgattung = 1 | auf Kühe = 1 |
		Ordn.	Kilogr.	Kilogramm			
1.	2.	3.	4.	5.	6.	7.	8.
	I. Rindvieh						
1	Milchkühe, 2—4 Jahre (Normalvieh)	8	375	38	14·25	1	1
2	Jungvieh, Kälber 3—12 Monate	4·5	162·5	40	6·50	0·46	0·46
3	Jungvieh, Rinder 18 bis 24 Monate	6·7	300	33	9·90	0·69	0·69
4	Ochsen über 3 Jahre	10	475	32	15·20	1·07	1·07
	II. Schafe						
5	Schafe über 2 Jahre (Normalsortiment)	19	35	28	0·98	1	0·07
6	Jungschafe, Lämmer unter 1 Jahr	15·16	18	40	0·72	0·73	0·05
7	Jungschafe, Jährlinge 1—2 Jahre	17·18	29	26	0·75	0·77	0·05
	III. Pferde						
8	Pferde über 3 Jahre	25	380	33	12·50	1	0·88
	IV. Schweine						
9	Schweine, 9—12 Monate (Normalsortiment)	31	57·5	43	2·47	1	0·17
10	Läufer 2—9 Monate	28, 29, 30	28	73	2·04	0·83	0·14

[1]) Das durchschnittliche Lebendgewicht für 1 Stück Vieh (Spalte 4), entnommen aus Taf. 35 Sp. 8, bezieht sich auf Vieh von leichtem Boden, bei Schweinen auf Landschweine, nach den in der Mark Brandenburg vorkommenden Durchschnittszahlen. Für Vieh auf schwerem Boden bez. für Schweine englischer Kreuzung würden die Viehstands-Reductionsfactoren nach den Lebendgewichten in Spalte 5 zu berechnen sein. [2]) Der tägliche Futterbedarf in Centnern Mittelheuwerth (Spalte 5) ist aus Taf. 34 Sp. 21 entnommen. [3]) Der tägliche Futterbedarf in Centnern Mittelheuwerth für 1 Stück Vieh (Spalte 6) berechnet sich aus den Zahlen in den Spalten 5 und 4. [4]) Die Viehstands-Reductionsfactoren in Spalte 7 (bezogen auf die Einheit des Normalsortiments jeder Viehgattung) berechnen sich aus den Zahlen in Spalte 6 z. B. für Ordn.-No. 5 aus $0·98 : 0·72 = 1 : X$ giebt $X = 0·73$. [5]) Dasselbe gilt für die Viehstands-Reductionsfactoren in Spalte 8 (bezogen auf Kühe als Einheit), z. B. für Ordn.-No. 6 aus $14·25 : 0·72 = 1 : X$ giebt $X = 0·05$. [6]) Nach der technischen Instruction für die Auseinandersetzungsbehörden des Regierungsbezirks Frankfurt (2. Aufl. S. 127) betragen die auf der veralteten Thaer'schen Fütterungslehre beruhenden Zahlen zur Reduction auf Kühe

für Rindvieh, Jungvieh	(Ordn.-No. 2, 3)	0·50	1 Kuh	= 2	Stück Jungvieh
= Ochsen	(= 4)	1·33	1 Ochse	= 1¹⁄₃	Kühe
= Landschafe aller Art	(= 5 bis 7)	0·10	1 Kuh	= 10	Schafen
- Edelschafe	(= —)	0·125	1	— : = 8	—
= Altpferde	(= 8)	1·50	1 Pferd	= 1·5	Kühen
= Füllen	(—)	0·66	1 Kuh	= ²⁄₃	Füllen
= Schweine aller Art	(9, 10)	0·125-0·166	1 Kuh	= 8·6	Schweinen
· 1 Sau mit Zuzucht		0·50	1 Kuh	= 2	Sauen mit Zuzucht
= 1 Gans		0·042	1 Kuh	= 24	Gänsen
= 1 Altgans nebst Zuzucht		0·25	1 Kuh	= 4	Gänsen mit Zuzucht.

Die in der technischen Instruction für den Bezirk der General-Commission zu Breslau (1846 S. 83) gegebenen Verhältnißzahlen stimmen hiermit meist überein. [7]) Krafft, Lehrbuch der Landwirthsch. 3. Aufl. 1881. II. Bd. S. 267 giebt an, daß auf einer Weidefläche, auf welcher 1 Kuh von 500 kg Lebendgewicht ausreichende Nahrung findet, auch ernährt werden können: 2 Stück Jungvieh, ²⁄₃ bis ³⁄₄ Zugochsen, 10 Schafe, ¹⁄₂ bis ²⁄₃ Pferd, 1¹⁄₂ Füllen, 8 Schweine, 24 bis 50 Gänse.

Tafel XXXVII. Verhältniß, nach welchem sich der Futtererfrag in der vollen Weidezeit auf die Zeiträume der letzteren vertheilt.

(Weidezeit-Ertragstafel.)

Ordnungs-No.	auf nachstehende Zeiträume	von 700 (Ertrags-theilen nach Meyer bei Wiesen) Theile	von 100 Ertragstheilen — nach Meyer bei Wiesen	nach der Frankfurter Instruction — bei Feld- u. Wiesen-weide	bei Wald-weide
	Von dem Futterertrage in der vollen Weidezeit fallen		Theile (Procente)		
1.	2.	3.	4.	5.	6.
	A. Nach den Zeiträumen der Meyer'schen Vegetations-Skala.				
1	von Ende Winter bis zum 15. April	4	0·57	1	1
2	vom 16. bis zum 30. April	8	1·14	2	3
3	= 1. = = 12. Mai (alter Maitag)	25	3·57	5	8
4	= 13. = = 15. =	15	2·14	} 19	20
5	= 16. = = 31. =	85	12·15		
6	= 1. = = 30. Juni	250	35·72	33	30
7	= 1. = = 31. Juli	125	17·86	18	13
8	= 1. = = 31. August	75	10·71	10	9
9	= 1. = = 30. September	67	9·57	6	8
10	= 1. = = 31. October	33	4·71	4	5
11	= 1. = = 11. November. (Allerheiligen) (Martini)	7	1·00	1	1
12	vom 12. November bis zum Frost	6	0·86	1	2
		700	100	100	100
	B. Nach Monaten.				
13	April	12	1·71	3	4
14	Mai	125	17·86	24	28
15	Juni	250	35·72	33	30
16	Juli	125	17·86	18	13
17	August	75	10·71	10	9
18	September	67	9·57	6	8
19	October	33	4·71	4	5
20	November	13	1·86	2	3
		700	100	100	100

Quellen: Meyer, Ueber die Gemeinheitstheilung. III. Theil. 1804. § 27. S. 27.

Technische Instruction für die Auseinandersetzungs-Angelegenheiten im Regierungsbezirk Frankfurt. 2. Aufl. 1851. S. 26.

Tafel XXXVIII.
Weide-Ertragstafel für holzreinen Boden in der Mark Brandenburg.

Ordnungs-Nummer	Holzarten	Holz-Ertrags-Klassen														
		I. Klasse			II. Klasse			III. Klasse			IV. Klasse			V. Klasse		
		Landwirthschaftliche Bonitätsklassen für	1 Hectar liefert in der vollen Weidezeit auf		Landwirthschaftliche Bonitätsklassen für	1 Hectar liefert in der vollen Weidezeit auf		Landwirthschaftliche Bonitätsklassen für	1 Hectar liefert in der vollen Weidezeit auf		Landwirthschaftliche Bonitätsklassen für	1 Hectar liefert in der vollen Weidezeit auf		Landwirthschaftliche Bonitätsklassen für	1 Hectar liefert in der vollen Weidezeit auf	
			Niederungs-Boden	Höhen-Boden		Niederungs-Boden	Höhen-Boden		Niederungs-Boden	Höhen-Boden		Niederungs-Boden	Höhen-Boden		Niederungs-Boden	Höhen-Boden
			Heucentner à 50 kg			Heucentner à 50 kg			Heucentner à 50 kg			Heucentner à 50 kg			Heucentner à 50 kg	
1.	2.	3.	4.	5.	6.	7.	8.	9.	10.	11.	12.	13.	14.	15.	16.	17.
1	Eichen, Buchen	Weizen I, II Gerste I	52	31	Gerste II	35	26	Hafer I	35	21	Hafer II	26	17	Hafer III Roggen I	21	13
2	Birken	Gerste II	35	26	Hafer I	35	21	Hafer II	26	17	Hafer III Roggen I	21	13	Roggen II	13	9
3	Kiefern	Gerste I, II	42	26	Hafer I	35	21	Hafer II, III Roggen I	23	15	Roggen II 3 jähr. Roggenland	13	9	6, 9 und 12jähr. Roggenland	8	5
4	Erlen	Wiesen I	63 und mehr	—	Wiesen II	51	—	Wiesen III	33	—	Wiesen IV	20	—	Wiesen V	12	—

Bemerkungen:

¹) Aufgestellt unter Benutzung der Erfahrungssätze, welche die technische Instruction für die Auseinandersetzungs-Angelegenheiten im Regierungsbezirke Frankfurt, 2. Aufl. 1851 §§ 6, 16, 64, enthält.

²) Die Tafel giebt den Heuertrag an Gras und Kräutern, nicht den Ertrag an Erdweide (Wurzeln, Insecten ꝛc.), ferner das Heugewicht in den dem Standorte entsprechenden Güteklassen des Heus, nicht den auf Mittelheu reducirten Ertrag. Bei Anwendung derselben ist daher, wenn es sich um Schweineweide handelt, der Ertrag an Erdweide besonders abzuschätzen. Es sind ferner, wenn verschiedenwerthige Heuklassen vorkommen, die Heuerträge auf Mittelheu zu reduciren.

Tafel XXXIX.

A. Weide=Ertragstafel für holzreinen Boden in Norddeutschland von Pfeil.

№	Der Weideklasse Standortsbeschreibung	Landwirth= schaftliche Ertragsklassen	Forstwirth= schaftliche Ertragsklassen	1 Hectar liefert in der vollen Weidezeit Kuh= weiden
1.	2.	3.	4.	5.
I.	Flußmarschboden, Seemarschboden.	Fettweiden, Weizenbod. I.	Esche, Ulme, Eiche, Erle I.	2·61
II.	Alluviallehm, der Ueberschlickung nicht unter= worfen, feuchter Diluviallehm, Lehmbruch, frische thonige Verwitterungsböden von Granit, Porphyr, Grünstein, Gneis, Grau= wacke, Thonschiefer, Basalt, — feuchter thonig=kalkiger Verwitterungsboden der Kalkgesteine. Meereshöhe bis 470 m.	Weizenboden II.	Buche, Eiche, Ulme, Esche, Ahorn, Erle I.	1·96
III.	Feuchter, humoser Sandboden, — mitteltiefe, thonige Verwitterungsböden im Gebirge, — Nordhänge des thonigen Muschelkalk= bodens, feuchte, schirmfreie Flußniederun= gen ohne Schlickablagerung.	Gerstenboden I.	Buche, Eiche I. und II. Erle II., Fichte I. u. II. Cl.	1·56
IV.	Thonige, flachgründige Gebirgsverwitterungs= Böden, thoniger Sandsteinboden, sandiger Diluviallehm; — Niederungen, nicht ganz frei von Säuren; Angerweiden auf trockenem Kalkboden.	Gerstenboden II. Haferboden I.	Eiche, Buche III. Erle III. Fichte II., III. Kiefer I.	1·15
V.	Frischer, humoser Sandboden, — etwas saurer Niederungs= und Sumpfboden, — bessere Moor= und Torfbrücher, — mittel= tiefe Südhänge bis zu 10° Neigungswinkel.	Haferboden II.	Buche, Eiche IV., V. Erle III. Fichte III. Kiefer II.	0·78
VI.	Geringe Moor= und Torfbrücher, mäßig frischer Sandboden, flache Südhänge, trockne Kalkberge, humusarmer Lehmsand= boden, steile flache Berghänge, stark heide= wüchsige Flächen.	Roggenboden I., II.	Kiefer III. Fichte IV. Erle IV.	0·65
VII.	Trockner Sandboden der Kiefernheiden, trock= ner sandiger Sandsteinboden, trocken geleg= ter Moorboden, moosbewachsene Brücher.	3jähriges Roggenland.	Kiefer IV. Fichte V. Erle V.	0·52
VIII.	Geringer Sandboden.		Kiefer V.	0·26

B. Weide=Ertragstafel für holzreinen Boden nach Krafft.

(Quelle: Krafft, Lehrbuch der Landwirthschaft 1883. II. Bd. S. 268.)

Weide= masse №	Weide=Qualität	Weideertrag in Heu Meterctr. à 100 kg
I.	Vorzügliche Fettweide oder Niederungsweide für Mastvieh .	50—70
II.	Sehr gute Kuhweide oder mittelgute Fettweide	40—50
III.	Gute Kuhweide	30—40
IV.	Geringe Kuhweide oder gute Schafweide	25—30
V.	Sehr geringe Kuhweide oder mittelmäßige Schafweide . .	15—25
VI.	Magere Schafweide	7—14
VII.	Geringe Schafweide	3—6

Tafel XL.
Weidebeschattungstafel nach Stuhr für die Altersabstufungen von Vollbeständen.

Holzart	Weideklasse. 1 ha Holzreih liefert Kuhweiden	Der Ertrag der Schattenweide bei vollem Holzbestande beträgt von dem Ertrage der raumen Weide					
		Procente					
1.	2.	3.	4.	5.	6.	7.	8.
Eiche		in der Dickung	im Stangenholze	im geringen	im mittleren	im starken	
				Baumholze			
	1.31	20.1	30	37.5	42.9	60	
	1.12	19.4	25	31.8	43.8	58.3	
	0.87	20.5	28.1	32.1	40.9	50	
	0.78	18.5	25	27.8	33.3	45.5	
im Durchschnitt	1.02	19.6	27	32.3	40.2	53.5	
Buche		im Alter von Jahren					
		31—50	51—70	71—90	91—110	111—130	131—150
	1.57	5	5.6	6.3	6.6	7.1	8.3
	1.31	5.5	5.8	6.3	6.8	7.9	9.1
	0.98	6.7	7.4	8	8.9	11.4	14.3
im Durchschnitt	1.29	5.7	6.3	6.9	7.4	8.1	10.6
Birke		16—20	21—30	31—40	41—50	51—60	
	1.31	15	16.7	20	30	50	
	0.78	16.7	20	22.5	29.4	41.7	
	0.65	18.8	21.4	27.3	37.5	50	
	0.49	23.5	25.8	30.8	40	57.1	
	0.33	33.3	40	46.2	60	85.7	
im Durchschnitt	0.71	21.5	24.8	29.4	39.4	56.9	
Kiefer		21—40	41—60	61—80	81—100	101—120	121—140
	0.98	6.7	8	10	16.7	33.3	40
	0.78	8.3	9.6	11.1	16.7	31.3	35.7
	0.56	11.7	12.9	14.6	19.4	29.2	35
	0.49	13.3	14.5	16	20	26.7	—
	0.33	20	21.4	24	27.3	33.3	—
	0.26	21.4	25	27.3	30	—	—
	0.20	26.7	30.8	34.5	41.7	—	—
im Durchschnitt	0.51	15.4	17.5	19.6	24.5	30.8	36.9

Tafel XLI.

Weideertragstafel für raume Weide und Schattenweide im Sachsenwalde von Danckelmann.

A. Weideertrags-Tafel für raume Weide.

Der Weideklasse				Der Holzbodenklasse			
No.	Weideertrag des holzreinen Bodens während der Weidezeit pro ha in Centnern à 50 kg Mittelheu	Höhenboden H., Niederungsboden N.	Bodenbeschaffenheit	Holzart	Höhenboden H., Niederungsboden N.	No.	Weideertrag in Centnern à 50 kg Mittelheu
1.	2.	3.	4.	5.	6.	7.	8.
I.	23 bis 26	H.	Lehm u. Sandlehm, tief, frisch,	Ei / Bu	H.	II.	26
			milde	–	–	0,5 II. / 0,5 III.	23
		N.	Starklehmiger Sand, feucht	–	N.	III.	23
		–	Anmooriger Sand . . .	Ki / Fi	–	II.	26
II.	18 bis mit 22,9	H.	Starklehmiger Sand, grandig, frisch, tief	Ei / Bu	H.	III.	20
						0,5 III. / 0,5 IV.	18
				Ki / Fi	–	II.	18
		N.	Mooriger Sandboden, feucht	Bi	N.	III.	22
		–	do.	Ki / Fi	–	0,5 II. / 0,5 III.	22
		–	Sand-Moorboden, feucht, naß	–	–	III.	18
III.	14 bis mit 17,9	H.	Geringlehmiger Sand, frisch	Ei / Bu	H.	IV.	16
			grandig	Bi	–	III.	16
			do.	Ki / Fi	–	0,5 II. / 0,5 III.	16
			do.	–	–	III.	14
IV.	10 bis mit 13,9	H.	Sandboden, heidewüchsig .	Ei / Bu	H.	V.	12
		–	do.	Ki / Fi	–	0,5 III. / 0,5 IV.	12
V.	unter 10	N.	Moorboden, naß	Ki / Fi	N.	V.	7

B. Weideertrags-Tafel für Schattenweide.

Holzart	Höhenboden (H.) Niederungsboden (N.)	Holzbodenklasse No.	Weideklasse No.	Weideertrag holzrein Centner Mittelheu	Beschattungsfaktor Baumholz für die Holzhaltigkeit				starkes Stangenholz				geringes Stangenholz			
					1	0·9	0·8	0·7	1	0·9	0·8	0·7	1	0·9	0·8	0·7
					Procente von dem Ertrage der holzreinen Weide											
1.	2.	3.	4.	5.	6.	7.	8.	9.	10.	11.	12.	13.	14.	15.	16.	17.
Eiche	H.	II.	I.	26												
=	=	III.	II.	20												
=	=	IV.	III.	16	5	10	15	20	4	8	12	15	--	—	—	—
=	=	V.	IV.	12												
Buche	=	II.	I.	26												
=	=	III.	II.	20												
=	=	IV.	III.	16	0	0	4	10	0	0	2	5	0	0	0	3
=	=	V.	IV.	12												
=	N.	III.	1.	23												
Birke	H.	III.	III.	16	5	10	15	20	4	8	12	15	3	6	10	12
=	N.	III.	II.	22												
Kiefer	II.	II.	II.	18												
=	=	III.	III.	14												
=	=	IV.	IV.	10												
=	N.	II.	I.	26	5	10	15	20	4	8	12	15	3	6	10	12
=	=	III.	II.	18												
=	=	IV.	III.	14												
=	=	V.	V.	7												
Fichte	H.	II.	II.	18												
=	=	III.	III.	14												
=	=	IV.	IV.	10												
=	N.	II.	I.	26	0	0	3	6	0	0	2	5	0	0	0	3
=	=	III.	II.	18												
=	=	IV.	III.	14												
=	=	V.	V.	7												

Tafel XLII. Weide-Beschattungstafel nach Pfeil.

Holzart, Bestandsart	Schirm=flächen=factor	Beschattungs=factor der beschirmten Fläche Procent	Beschattungs=factor der unbeschirmten Fläche Procent	Beschattungs=factor der gesammten Bestandsfläche (Bestandsbeschattungsfactor) Procent
1.	2.	3.	4.	5.
Buche, Hainbuche, Linde, Fichte, Tanne, andere sehr dunkel belaubte Bäume im Hochwalde, — im geschlossenen (?) Niederwalde und im Unterholze des Mittelwaldes, sobald das Holz dem Vieh entwachsen ist	0·9	0	50	5
do.	0·8	0	50	10
do.	0·75	0	75	18·75
Eiche. Hochwald. 120jähr. Umtrieb	1	10	—	10
Kiefern. do.	0·9	10	100	19
do.	0·8	10	100	28
do.	0·75	10	100	32·5
Eiche. Hochwald. 160—200jähr. Umtrieb . .	1	20	—	20
do. . .	0·9	20	100	28
do. . .	0·8	20	100	36
do. . .	0·75	20	100	40
Birken, Erlen. Hochwald. 60jähr. Umtrieb . .	1	50	—	50
do. . .	0·9	50	100	55
do. . .	0·8	50	100	60
do. . .	0·75	50	100	62·5

Tafel XLIII.

Entwickelungsperioden und Nährstoff-Verhältniß der wichtigsten Futtergräser.

(Futtergräser=Tafel.)

Ordnungs=No.	Grasart	Entwickelungs = Periode		Nährstoffverhältniß des jungen Schnittgrases	Sonstige Eigen= schaften
		Allgemeine Be= zeichnung	Blüthezeit		
1.	2.	3.	4.	5.	6.
1	Wiesenfuchsschwanz (Alopecurus pratensis L.)	Frühgras	Mai, Juni	1 : 3·8	2schnittig. Hochgras (Obergras).
2	Knaulgras (Dactylis glomerata L.)	=	Juni, Juli	1 : 4·7	Breitblättrig. Reicher Futterertrag.
3	Wiesenrispengras (Poa pratensis L.)	=	Mai, Juni	1 : 4·3	Ertragreich.
4	Gemeines Rispengras (Poa trivialis L.)	Spätgras	Juni bis Aug.	1 : 4	Bodengras (Unter= gras). Dichte Rasen.
5	Wiesenschwingel (Festuca pratensis Huds.)	=	=	1 : 4	Auf feuchtem Boden. Obergras.
6	Rother Schwingel (Festuca rubra L.)	Frühgras	Mai, Juni	1 : 4·3	Trockene Wiese.
7	Englisch Raygras (Lolium perenne L.)	Spätgras	Juni bis Aug.	1 : 3·8	Dichte Rasen.
8	Italienisch Raygras (Lolium italicum A. Br.)	=	=	1 : 4·7	
9	Französisch Raygras (Arrhenatherum elatius Beauv)	Frühgras	Juni, Juli	1 : 3·2	Obergras, — erträgt trockenen Boden und Beschattung.
10	Wiesenliefchgras (Timothee, Phleum pratense L.)	Spätgras	=	1 : 6·8	Feuchter Standort. Großer Massenertr.
11	Windhalm (Fioringras, Agrostis stolonifera L.)	=	=	—	
12	Goldhafer (Avena flavescens L.) .	=	=	1 : 6	
13	Weichhaariger Hafer (Avena pubescens L.)	Frühgras	Mai, Juni	1 : 5·9	Auf trockenem Boden.
14	Weiße Trespe (Bromus mollis L.)	=	=	1 : 2·4	Obergras.
15	Honiggras (Holcus lanatus L.) . .	Spätgras	Juni bis Aug.	1 : 3·8	Nasser Boden. Massig.

Bezeichnung der bäuerlichen Besitzer	Größe der jährlichen Ackerfläche unter dem Pfluge	Inhalt der zu heizenden Wohnräume	Personenzahl des Hausstandes	Jährlicher Brenntorfbedarf zum Heizen,								
				I			II			III		
				Es beträgt pro Festmeter Lufttrockentorf das Gewicht								
				G. Z. 587 964		Kg	G. Z. 391 843		Kg	G. Z. 274 711		Kg
				Stück Soden	Fest=meter		Stück Soden	fm		Stück	fm	
	ha	cbm										
Häusler, Neubauer	—	26·3	3—4	9600	10	5870	12600	14·9	5826	15200	21·4	5863
Brinksitzer	1·57	31·1	4	10560	10·9	6398	13800	16·4	6412	16720	23·5	6439
Halbkäthner	3·15	38·8	5	12480	12·9	7572	16380	19·4	7585	19760	27·8	7617
Vollkäthner	6·29	47·8	6	15390	16·0	9392	20160	23·8	9305	24320	34·2	9371
¼ Meier	9·44	57·4	7—8	19200	19·6	11505	25200	29·9	11691	30400	42·8	11727
½ Meier	15·73	74·9	9	24000	24·9	14616	31500	37·4	14623	38000	53·4	14632
¾ Meier	20·97	81·3	10	26400	27·4	16084	34650	41·1	16070	41800	58·8	16111
Vollmeier	26·21	92·4	11	28800	29·9	17551	37800	44·8	17517	45600	64·1	17563

Quelle: Meyer. Ueber die Gemeinheitstheilung. III. Theil. 1804. S. 156 und flg.

darfstafel nach Meyer.

Baden, Brauen, Waschen und den Heerd von der Torfklasse												Der Brenn-bebarf vertheilt sich auf			
IV			V			VI			VII						
(G) in kg, bez. die Zahl (Z) der Soden v. 24·33, 8·11 u. 8·11 Cent. i. frisch. Zust.															
G. Z.	215 631	Kg	G. Z.	176 574	Kg	G. Z.	137 482	Kg	G. Z.	108 402	Kg	Heizen	Kochen	Baden Waschen	Brauen
Stück	fm		Stück	fm		Stück	fm		Stück	fm		mit Procent			
17130	27·1	5727	19070	33·2	5841	20570	42·6	5836	21820	54·5	5886	30	40	20	10
18840	29·9	6429	20980	36·6	6222	22630	47·0	6439	24000	59·7	6448	30	40	20	10
22270	35·3	7590	24790	43·2	7603	26740	55·5	7604	28350	70·5	7614	35	37	18	10
27410	43·4	9331	30510	53·1	9346	32910	68·3	9357	34910	86·8	9374	34	38	19	9
34260	54·3	11675	38140	66·4	11686	41140	85·4	11700	43640	108·6	11729	33	38	19	10
42830	67·9	14599	47680	83·0	14608	51430	106·7	14618	54550	135·7	14656	34	38	19	9
47110	74·7	16061	52490	91·4	16086	56580	117·4	16084	60000	149·3	16124	34	38	19	9
51390	81·4	17501	57210	99·7	17547	61710	128·0	17536	65460	162·8	17582	35	37	19	9